有机化学

（第二版）

薛思佳　主编

科学出版社

北京

内 容 简 介

本书是"有机化学(第二版)立体化教材"的《有机化学》部分,是在第一版《有机化学(上、下)》教学实践的基础上进行修订的。与第一版比较,本书的基本框架仍是按官能团体系叙述,分为烃、烃的衍生物、天然和生物有机化合物专论三部分。为了突出基础学科教学的特点,本书在加强有机化学基础知识论述的同时,尽可能加大教材的信息量,对某些章节进行了调整;大部分章节增加了新的反应和学科的新知识;重新编写并核实了各章的练习和习题;新编了各章的"知识亮点"。

本书可作为高等学校化学、化学(师范)、应用化学和化学工程与工艺专业,以及材料化学、生物技术、制药工程、食品、医药卫生、环境科学和园艺等相关专业的有机化学教材,也可供相关专业的教师和学生参考。

图书在版编目(CIP)数据

有机化学/薛思佳主编. —2 版. —北京:科学出版社,2015.6
ISBN 978-7-03-045007-4

Ⅰ.①有…　Ⅱ.①薛…　Ⅲ.①有机化学-高等学校-教材　Ⅳ.O62

中国版本图书馆 CIP 数据核字(2015)第 130023 号

责任编辑:丁　里 / 责任校对:赵桂芬
责任印制:张　伟 / 封面设计:迷底书装

科 学 出 版 社 出版
北京东黄城根北街 16 号
邮政编码:100717
http://www.sciencep.com

天津市新科印刷有限公司 印刷
科学出版社发行　各地新华书店经销

*

2008 年 2 月第　一　版　开本:787×1092　1/16
2015 年 6 月第　二　版　印张:32
2024 年 1 月第十次印刷　字数:816 000

定价:89.00 元
(如有印装质量问题,我社负责调换)

第二版前言

本书是"有机化学(第二版)立体化教材"的《有机化学》部分,是在第一版《有机化学(上、下)》教学实践的基础上进行修订的。

近年来,有机化学在理论、方法学和前沿领域的应用等方面都已取得了极大的进展。有机化学教学在教学内容、教学手段和教学模式上也已有了很大的变化。为了适应新形势下教学改革的要求和学科发展的方向,本次修订的基本想法是,在保持第一版特色的基础上,适当调整体系,更新和增加新的内容,加强与现代科学技术发展的联系,为培养具有创新能力的人才、全面提高学生综合素质发挥一定的作用。

本次修订本着"少而精"的原则,将第一版的上、下册合并为一册,精简了较为陈旧的内容,尽可能地加大教材的信息量,较好地涵盖了有机化学基本概念、基本理论、基本方法、基本反应和基本反应机理。修订主要集中在以下几方面。

(1)烃类和烃的衍生物各章的主要内容包括:各类化合物的分类、命名;结构;物理性质和光谱性质;化学反应;典型反应介绍;重要反应机理和各类化合物的制备方法等。各章中插编了练习题,各章末是知识亮点和习题。在教材体系上,以官能团为主线,将第一版的第2~5章合并改写为第2章(烷烃和环烷烃)、第3章(烯烃)和第4章(炔烃和二烯烃),并将有关周环反应、高分子化学基础、元素和有机金属化合物的内容择其要点分散编入有关章节。

(2)为了使本书具有较好的普适性,能够较好地适应师范类、非师范类、工科类及其他各类相关专业的基础有机化学课程的教学要求,本书在内容编排上主要参考了多所院校化学(师范)、应用化学和化学工程与工艺及多个相关专业的教学大纲;在论述上力求做到概念清楚,叙述精练,文字好读,条理清晰,由浅入深,并理论联系实际。为了满足各院校不同专业和不同层次教学的需要,本书将教材内容分别采用正常字体和小号字体印刷,以便于教师教学和学生自学。

(3)题解是学好有机化学的重要环节,为此本书修改并适当增加了各章的练习和习题,选题注重基础知识的掌握,难易度考虑了各专业、各层次教学的要求。本书练习和习题的参考答案编于《有机化学学习指导(第二版)》中,可配合教学使用。

(4)为了更好地向读者介绍有机化学的新知识、新反应及其应用,扩大读者的知识面,本书增加了"知识亮点"的内容,为激发学习积极性,介绍了一些重要人名反应的发现和曾荣获诺贝尔化学奖的科学家。

(5)与本书配套还出版了《有机化学学习指导(第二版)》和《Experimental Organic Chemistry(有机化学实验,英汉双语版)》。

本书由薛思佳担任主编,参加本书编写的有上海师范大学薛思佳、刘国华、肖海波、林静容、许东芳、刘泓,石家庄学院朱云云、贾会珍、张文娜、朱晔,忻州师范学院赵三虎、孙金鱼、翟保评,黑河学院郝文博,龙岩学院何立芳、吴粦华等教学一线教师。

由于编者水平有限,书中疏漏和不妥之处难以避免,敬请读者批评指正。欢迎使用,更期盼读者能够喜欢本立体化教材。

薛思佳

2015 年 5 月

◆ **本书配套教辅资源**

书名:《有机化学学习指导(第二版)》

作者:薛思佳

书号:9787030473578

科学出版社电子商务平台购买二维码如下:

第一版前言

本书是"上海市高校本科教育高地建设项目"的研究成果。

有机化学是化学、应用化学、化学工程与工艺及相关专业本科生的一门重要的学位课程。为适应当前地方高校本科有机化学教学改革的需要,在"上海市高校本科教育高地建设项目"的资助下,在总结编者几十年有机化学教学经验并结合地方高校本科生实际教学情况的基础上,我们参考了多本国内外名校有机化学教材,完成了《有机化学》(上、下册)的编写。为了有助于有机化学教学,本书配套出版了《有机化学学习指导》一书。

本书较全面地论述了有机化学的核心内容。为使本书具有较好的普适性,在内容编排上以化学、应用化学和化学工程与工艺等多个专业的教学大纲为依据,力求做到概念清楚,叙述精练,表达通顺,条理清晰,由浅入深并理论联系实际,便于教师教学和学生自学。为此,将烷、烯、炔、脂环烃的结构、命名及同分异构合并为一章编写,即第 2 章。并将有关高分子化学基础、周环反应、元素和有机金属化合物的内容要点分散编入有关章节。

本书在选材上注重新概念、新理论、新思想和新方法的介绍,为扩大视野,在一些章节后,结合该章节的内容,针对性地编有"知识亮点"专栏。另外,本书部分章节的标题附有英文对照。

题解是学好有机化学的重要环节,在各章节介绍基础知识和基本理论后,有针对性地设置了练习。在每章结尾均有习题,题量适中,难易度恰当,注意巩固学生基础知识的掌握。本书练习和习题的参考答案或提示编于《有机化学学习指导》(薛思佳,科学出版社,2008 年)书中,可配合本书教学使用。

本书由上海师范大学主持编写,参加编写的院校有徐州师范大学、黄冈师范学院、淮阴师范学院、石家庄学院和台州学院。

本书由薛思佳主编,参加编写的人员有覃章兰、沈宗旋、周建峰、赵胜芳、王香善、朱云云、蒋华江。王庆东参加了本书的编排、绘图等工作。

本书得到了"上海市高校本科教育高地建设项目"的资助,张雅文教授审阅了本书的下册。赛默飞世尔科技(上海)有限公司分子光谱部(原美国热电尼高力仪器公司)为本书提供了部分红外光谱图,在此一并致谢。

限于编者水平,书中错误和不妥之处在所难免,敬请读者批评指正。

编 者

2007 年 11 月于上海

目　录

第1章 绪 论
(Introduction)

1.1 有机化合物和有机化学
(Organic Compounds and Organic Chemistry)

1.1.1 有机化合物和有机化学概述

有机化学是一门非常重要的基础科学,它是化学的一个分支,是研究有机化合物的组成、结构、性质及变化规律的科学。

有机化合物在组成上通常含有碳氢两种元素,从结构上讲,可以将碳氢化合物看作有机化合物的母体,而将其他的有机化合物看作是碳氢化合物分子中的氢原子被其他原子或基团直接或间接取代后生成的衍生物。因此,有机化合物(简称有机物)可定义为碳氢化合物及其衍生物。有机化学是研究碳氢化合物及其衍生物的化学。

有机化学作为一门独立的学科,一方面是因为有机化合物的数目非常庞大,且种类繁多,结构复杂,用途广泛。据统计目前有机化合物有几千万种以上,这个数目还在不断增长,而其他 100 多种元素形成的无机物只有几万种。更主要的原因是有机化合物在结构和性质上与典型的无机化合物有着明显的区别。

在结构上,组成有机化合物最基本的原子是碳原子,碳原子是四价的,难以得失电子,碳原子与碳原子之间、碳原子与其他原子之间能够形成稳定的共价键,可以通过单键、双键、叁键连接成链状或环状化合物。在有机化合物分子中,主要的、典型的化学键是共价键。共价键是一种刚性键,以共价键相连接的原子有一定的次序,组成相同的化合物,由于原子相互连接的次序不同,化合物的性质也不同,这就产生了各种同分异构体。有机化合物的同分异构现象很普遍,造成有机化合物的数目非常庞大。

有机化合物与无机化合物相比,性质上有明显差异:①有机化合物的分子组成复杂,虽然组成有机化合物的元素不多,但有机化合物的结构复杂,同分异构现象相当普遍,造成分子数目非常庞大;②有机化合物一般可以燃烧,而绝大多数无机化合物不能燃烧;③有机化合物的熔点较低,一般不超过 400℃,而无机化合物熔点高,通常难于熔化;④大多数有机化合物不溶于水,而易溶于非极性或极性小的有机溶剂,如苯、乙醚、丙酮、石油醚等,而无机化合物则相反;⑤有机化合物的反应速率一般较小,通常需要加热或加催化剂,且副反应较多,而无机化合物的反应一般在瞬间完成。当然也有例外,如四氯化碳不但不易燃烧,而且可以作为灭火剂;糖、乙醇极易溶于水;三硝基甲苯(TNT)的反应以爆炸的方式进行。

有机化合物与人类的生活有着极为密切的关系,人们的衣、食、住、行都离不开有机物。脂肪、蛋白质和糖这三大类重要的食物是有机化合物,煤、天然气、木材、石油是有机化合物;羊毛、棉花、纤维、塑料、染料、化妆品,以及各种药物、添加剂等几乎都是有机化合物。人体本身的变化就是一连串复杂、彼此制约和协调的有机化合物的变化过程。在有机化学基础上发展起来的有机化学工业,在国民经济发展和现代科学技术发展的过程中占有极为重要的地位。近年来,有机化学在物理、数学、生物等学科及化学其他分支学科,如物理化学和生物化学的配合下,对复杂的有机分子,特别是和生命现象密切相关的蛋白质、核酸等天然有机物的结构、性能和合成方法的认识有了迅速的发展。这不仅使有机化学本身得到进一步发展,同时对于人们认识复杂的生命现象,控制遗传,征服顽固病症和造福人类都起着重要的作用。

1.1.2 有机化合物的构造式

分子是由组成的原子按一定的排列顺序,相互影响、相互作用而结合在一起的一个整体,这种排列顺序和相互关系称为分子结构。分子中原子的连接次序和键合性质称为构造,表示分子构造的式子称为构造式。有机化合物的构造式常用以下四种方法表示。

1. 路易斯式

路易斯(Lewis)式是用元素符号和电子符号来表示化合物构造的化学式,在书写时,每个原子最外层电子都必须表示出来,单键用一对电子表示,双键用两对电子表示,未成键电子也要表示出来。例如:

$$
\underset{\text{甲烷}}{\overset{\displaystyle H}{\underset{\displaystyle H}{H:C:H}}}
\qquad
\underset{\text{乙烯}}{\overset{\displaystyle H\ \ H}{H:C::C:H}}
\qquad
\underset{\text{乙炔}}{H:C::C:H}
\qquad
\underset{\text{甲醛}}{\overset{\displaystyle H}{H:C::O:}}
$$

2. 蛛网式

用元素符号和价键符号表示化合物构造的化学式称为蛛网式,也称凯库勒式。书写时用一短线表示一个共价键,如果有孤对电子,仍然用点表示。例如:

$$
\underset{\text{甲烷}}{\overset{\displaystyle H}{\underset{\displaystyle H}{H-C-H}}}
\qquad
\underset{\text{乙烯}}{\overset{\displaystyle H\ \ H}{H-C=C-H}}
\qquad
\underset{\text{丙酮}}{\overset{\displaystyle H\ \ O\ \ H}{\underset{\displaystyle H\ \ \ \ H}{H-C-C-C-H}}}
$$

3. 构造简式

为了简化构造式的书写,通常将碳氢之间的键线省略,或将碳氢和碳碳单键之间的键线都省略,主键沿水平线书写,与碳原子相连的氢原子通常写在相应碳原子的右边,同一碳原子上的氢合并,用阿拉伯数字表示氢的数目写在 H 的右下角。主链上的其他取代基用一短线与主键连接起来。例如:

$$
\underset{\text{3-甲基戊烷}}{\overset{\displaystyle }{\underset{\displaystyle CH_3}{CH_3CH_2CHCH_2CH_3}}}
\qquad
\underset{\text{3-甲基-1-丁烯}}{\underset{\displaystyle CH_3}{CH_3CHCH=CH_2}}
\qquad
\underset{\text{丙酮}}{\overset{\displaystyle O}{\overset{\displaystyle \|}{CH_3CCH_3}}}
$$

4. 键线式

键线式是将碳、氢元素符号省略,用键线表示碳架,两根单键之间或一根双键和一根单键之间的夹角为 120°,一根单键和一根叁键之间的夹角为 180°,其他杂原子及与杂原子相连的氢原子需要保留。例如:

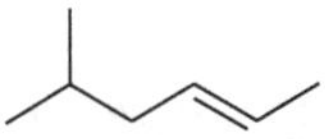

5-甲基-2-己烯 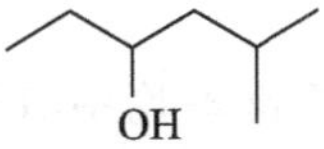　　　5-甲基-3-己醇 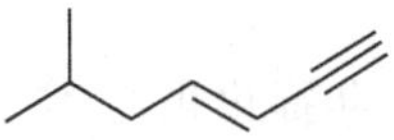　　　6-甲基-3-庚烯-1-炔 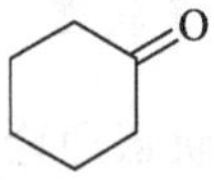　　　环己酮

1.2 共 价 键
(Covalent Bonds)

共价键的概念是路易斯于 1916 年提出来的,所谓共价键即电子对共用,或者说是电子配对形成的化学键。共价键是有机化合物分子中主要的、典型的化学键,以共价键结合是有机化合物分子基本和共同的结构特征。为此,下面重点论述有关共价键的形成、共价键的属性和共价键的断裂等方面的问题。

1.2.1 共价键的形成

对于共价键形成的理论解释,常用的有价键理论和分子轨道理论。

1. 价键理论

价键理论认为:共价键是原子轨道的交盖或两个原子自旋反平行的未成对电子的配对形成的化学键。其主要内容如下:

(1) 成键原子的原子轨道(从电子云的概念讲也可以说是电子云)相互交盖形成共价键。若两个原子轨道中各有一个未成对且自旋反平行的电子就可以偶合配对,形成一个共价键,若各有两个或三个未成对电子,可以形成双键和叁键。在轨道交盖区域内,未成对电子为两原子共有,增加了成键原子核之间的吸引力,使体系能量降低而成键。例如,氢分子的形成如图 1-1 所示。

图 1-1　两个氢原子的 1s 轨道交盖形成氢分子

(2) 电子云交盖越多,形成的键越强,即共价键的键能与原子轨道的交盖程度成正比。因此,要尽可能在电子云密度最大的地方交盖,这就是共价键的方向性。例如,1s 轨道与 $2p_x$ 轨道在 x 轴方向有最大的交盖,可以形成共价键(详见 2.1 节)。

(3) 如果一个原子的未配对电子已经配对,就不能再与其他原子的未配对电子配对,这就是共价键的饱和性。

（4）能量相近的原子轨道可以进行杂化，组成能量相等、成键能力更强的杂化轨道，成键后可以达到最稳定的分子状态，如碳原子的 sp^3、sp^2 和 sp 杂化轨道（详见 2.1 节）。

根据价键理论的观点，成键电子处于两原子之间，即分子中的价电子被定域在两原子核区域内运动，是定域的。价键理论对由单键、双键交替出现的多原子分子形成的共价键（共轭双键）无法形象地表示和解释。后来发展起来的分子轨道理论对这些问题有了较满意的解释。

2. 分子轨道理论

分子轨道理论是 1932 年提出来的，它放弃了价键理论中有成对电子的主张，认为分子中的电子属整个分子所有，从分子的整体出发研究分子中的电子运动状态。

分子轨道即是分子中各种电子的运动状态，用波函数（状态函数）ψ 表示。目前在分子轨道理论中广泛应用的是原子轨道线性组合法，其主要内容如下：

（1）分子轨道可以通过原子轨道（波函数 φ）的线性组合得到。原子轨道线性组合法假定，分子轨道也有不同的能级，每个轨道只能容纳两个自旋反平行的电子；电子首先占据能量最低的轨道，按能量递增，依次排列。按照分子轨道理论，原子轨道的数目与形成的分子轨道的数目是一样的。以氢分子的形成为例，两个氢原子轨道组成两个分子轨道，一个是由两个原子轨道的波函数（分别用 φ_1 和 φ_2 表示）相加组成，用 ψ_1 表示；另一个是由两个原子轨道的波函数相减组成，用 ψ_2 表示。

$$\psi_1 = \varphi_1 + \varphi_2 \qquad \psi_2 = \varphi_1 - \varphi_2$$

当两个氢原子轨道（φ_1 和 φ_2）的波函数符号相同，即波的相位相同时，相互交盖，得到比原子轨道能量低的成键分子轨道；当两个氢原子轨道的波函数符号相反，即波的相位相反时，相互抵消，得到比原子轨道能量高的反键分子轨道。图 1-2 是氢分子轨道形成示意图。图 1-3 是氢原子轨道形成分子轨道的能级。

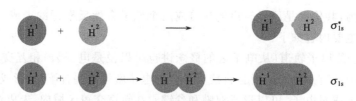

图 1-2　氢分子轨道形成示意图

反键轨道在两个原子核间有一节面，节面上的电子云密度为 0，氢的成键轨道和反键轨道对于键轴均呈圆柱形对称，成键轨道用 σ 表示，反键轨道用 σ^* 表示。σ 轨道上的电子形成的共价键称为 σ 键。

（2）原子轨道线性组合形成分子轨道时，必须具备能量相近、电子云最大程度重叠和对称性相同三个条件，也称为成键三原则。

a. 只有能级相近的原子轨道才能有效地组合成分子轨道。例如，2s 和 2s 轨道可组合成成键 σ 轨道和反键 σ^* 轨道，$2p_y$ 和 $2p_y$ 轨道可组合成成键 π 轨道和反键 π^* 轨道（图 1-4）。

由图 1-4 可知，两个 $2p_y$ 轨道沿键轴平行地交盖形成 π 轨道，相位相同的两个 2p 轨道平行交盖形成成键 π 轨道，相互抵消形成反键 π^* 轨道。成键 π 轨道上的电子形成的共价键称为

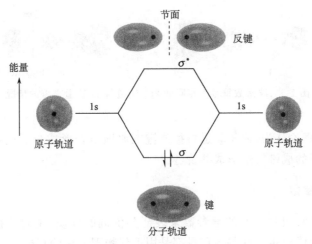

图 1-3　氢原子轨道形成分子轨道的能级

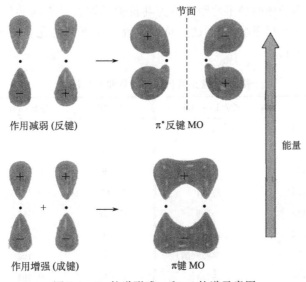

图 1-4　2p 轨道形成 π 和 π* 轨道示意图

π 键。

　　b. 原子轨道相互交盖的程度越大,形成的键越稳定,因此轨道重叠时必须有一定的方向。例如,一个原子的 1s 轨道与另一原子的 2p 轨道能量相近,两者可以在 x 键轴方向有最大交盖,形成共价键,而在其他方向则不能。

　　c. 只有对称性相同即相位相同的原子轨道才能组合成分子轨道,由于原子轨道在不同的区域波函数有不同的符号,波函数符号相同的交盖能有效地成键,符号不同的则不能有效地成键(图 1-5)。

　　d. 电子运动于整个分子中,与原子轨道相同,分子轨道在容纳电子时也遵循电子填充三原则。

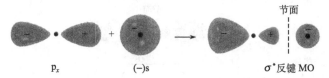

图 1-5　波函数符号不相同的 $2p_x$ 轨道与 1s 轨道交盖的情况

总之,分子轨道理论认为,原子轨道根据成键三原则组合形成分子轨道,电子按照电子填充三原则进入能量低的成键轨道形成共价键。

1. 2. 2　共价键的键参数

在有机化学中经常用共价键的键参数来表征共价键的性质,主要的键参数包括键长、键角、键能和键的极性(偶极矩),这些物理量都是用近代物理方法测得的。

1. 键长

形成共价键的两原子核间的平均距离称为共价键的键长。不同共价键具有不同的键长,由于分子中共价键之间相互影响,相同的共价键的键长在不同的化合物中也会稍有差别。常见共价键的键长见表 1-1。

表 1-1　常见共价键的键长和平均键能

共价键	键长/nm	键能/(kJ·mol^{-1})	共价键	键长/nm	键能/(kJ·mol^{-1})
C—H	0.109	414.2	C=N	0.130	615
C—C	0.154	347.3	C≡N	0.116	889.5
C=C	0.134	610	C—F	0.141	485.3
C≡C	0.120	835.1	C—Cl	0.177	338.9
C—O	0.143	359.8	C—Br	0.191	284.5
C=O	0.122	736.4(醛)	C—I	0.212	217.6
		748.9(酮)	N—H	0.103	389.1
C—N	0.147	305.4	O—H	0.097	464.4
Cl—Cl		242.7	S—H	0.135	347.3

2. 键角

分子内同一原子形成的两个化学键之间的夹角称为键角,通常以度数表示。因为化学键之间有键角,所以共价键有方向性。键角决定着分子的空间结构即立体形状。例如,甲烷 (CH_4) 分子中 $\angle HCH$ 是 $109.5°$,所以其立体形状为正四面体。

3. 键的离解能和平均键能

当 A 和 B 两个原子(气态)结合生成 A—B 分子(气态)时,放出的能量称为键能。同样 A—B 分子(气态)离解为 A 和 B 两个原子(气态)所吸收的能量称为键的离解能。对于双原子分子来说,共价键的形成所放出的能量与共价键断裂所吸收的能量数值是相同的,故双原子分子的键能就是它的键离解能。对于多原子分子,由于每一根键的离解是不相同的,所以多原子分子中共价键的键能是指同一类共价键的离解能的平均值。例如,甲烷分子中,第一个 C—H 键的离解能为 $439.3\mathrm{kJ \cdot mol^{-1}}$,而第二、第三个 C—H 键的离解能为 $442\mathrm{kJ \cdot mol^{-1}}$,第四个 C—H 键的离解能为 $338.6\mathrm{kJ \cdot mol^{-1}}$,甲烷 C—H 键的平均键能为$(439.3＋442＋442＋338.6)/4=415.5(\mathrm{kJ \cdot mol^{-1}})$。常见的共价键的键能见表 1-1。

4. 共价键的极性

对于两个相同的原子形成的共价键,如 H—H、Cl—Cl,电子云对称地分布在两个成键原子之间,这种共价键没有极性,称为非极性共价键。当两个不相同的原子形成共价键时,由于成键原子的电负性不同,其吸引电子的能力不同,导致电负性较强的原子一端电子云密度较大,具有部分负电荷(常用 δ^- 表示);另一端则电子云密度较小,具有部分正电荷(常用 δ^+ 表示),这样的共价键具有极性,称为极性共价键,如 H—Cl、C—Cl 等。

共价键的极性是用偶极矩(μ)来度量的。偶极矩是电荷(q)与正、负电荷中心之间的距离(d)的乘积($\mu=q\times d$),单位是 C・m(库仑・米),过去也用德拜(deb)表示,$1\mathrm{deb}=10\sim18\mathrm{esu \cdot cm}$(静电单位・厘米)$=3.3336\times10^{-30}\mathrm{C \cdot m}$。偶极矩是矢量,有方向性,一般用 ⟶ 箭头表示由正端指向负端。例如:

$$
\underset{\longrightarrow}{\mathrm{H—Cl}} \qquad \underset{\longrightarrow}{\mathrm{H_3C—Cl}}
$$

在双原子分子中,键的偶极矩就是分子的偶极矩。但在多原子分子中,分子的偶极矩是整个分子中各个键的偶极矩的矢量和。例如:

$\mu=0$　　　　　　$\mu=6.47\times10^{-30}\mathrm{C \cdot m}$　　　　　　$\mu=3.28\times10^{-30}\mathrm{C \cdot m}$

偶极矩为 0 的分子是非极性分子,偶极矩不为 0 的分子是极性分子,偶极矩越大,分子的极性越强。

1.2.3　共价键的断裂和有机反应类型

有机化合物的化学反应是旧键断裂和新键生成的过程。根据共价键的断裂方式,可以把有机反应分为游离基(也称自由基)反应和离子型反应两大类。

共价键的断裂有两种方式,一种是均裂,即成键的一对电子平均分给两个成键的原子或基团。例如:

$$
\mathrm{A \underset{\lrcorner}{\overset{\llcorner}{|}} B \longrightarrow A \cdot + B \cdot}
$$

均裂产生的具有未成对电子的原子或基团称为游离基(或自由基)。

另一种断裂是异裂,即成键的一对电子完全为成键原子中的一个原子或基团占有,形成正离子和负离子。例如：

$$A \overset{|}{\vdots} B \longrightarrow A^+ + B^-$$

当成键原子中有一个原子是碳原子时，异裂既可生成碳正离子，也可生成碳负离子。例如：

$$-\overset{|}{\underset{|}{C}}{}^+ + L{:}^- \xleftarrow{\text{异裂}} -\overset{|}{\underset{|}{C}}{:}L \xrightarrow{\text{异裂}} -\overset{|}{\underset{|}{C}}{:}^- + L^+$$

　　上述游离基、碳正离子和碳负离子都是反应过程中暂时生成的、瞬间存在的反应活性中间体。通过共价键均裂生成游离基活性中间体的反应属于游离基反应（或自由基反应）；通过共价键异裂生成碳正离子或碳负离子中间体的反应属于离子型反应。离子型反应又根据反应试剂是亲电试剂（缺电子试剂，如碳正离子）还是亲核试剂（富电子试剂，如碳负离子），分为亲电反应和亲核反应。

　　在有机化学中还有一类反应，反应无中间体生成，反应过程中旧键的断裂和新键的生成同时进行，这类反应称为协同反应。

1.3　有机化合物分类
（Classification of Organic Compounds）

　　有机化合物数量极其庞大，而且还在不断地合成和发现新的有机化合物。为了系统地学习和研究，将它们进行科学的分类是非常必要的。一般按两种方法分类，一种是根据分子中碳原子的连接方式（碳的骨架）分类，另一种是按照决定分子主要化学性质的特殊原子或基团即官能团分类。

1.3.1　按碳的骨架分类

　　根据碳的骨架可以把有机化合物分为三类。

　　1. 开链化合物

　　这类化合物中的碳原子相互连接形成链状，由于脂肪类化合物具有这种结构，所以开链化合物也称为脂肪族化合物。分子中两个相连的碳原子可以通过单键、双键和叁键相连。例如：

$$CH_3CH_2CH_2CH_2CH_3 \qquad CH_3\overset{|}{\underset{CH_3}{C}}HCH_2CH_3 \qquad CH_3CH_2CH{=\!=}CH_2 \qquad CH_3CH_2CH_2CH_2OH$$

　　　　戊烷　　　　　　　　　2-甲基丁烷　　　　　　　　1-丁烯　　　　　　　　正丁醇

　　2. 碳环化合物

　　根据碳环的特点可将碳环化合物分为以下两类。

　　1）脂环化合物

　　分子中的碳原子相互连接成环状，其化学性质与开链化合物（脂肪族化合物）相似，故称为脂环化合物。分子中成环的两个相连的碳原子可以通过单键、双键和叁键相连。例如：

环戊烷　　　　环己烯　　　　环戊二烯

2）芳香族化合物

芳香族化合物分子中一般含有苯环结构，其性质不同于脂环化合物，而具有"芳香性"（详见第 6 章）。例如：

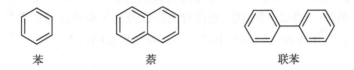

苯　　　　　　萘　　　　　　联苯

3. 杂环化合物

分子中含有由碳原子和其他原子（有机化学中将碳、氢以外的原子通称为杂原子，如 O、S、N 等）连接成环的一类化合物称为杂环化合物。例如：

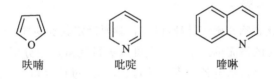

呋喃　　　　吡啶　　　　喹啉

1.3.2 按官能团分类

官能团是指分子中比较活泼且容易发生反应的原子或原子团，它通常决定化合物的性质。含有相同官能团的化合物具有相似的性质，为此将它们归属于一类，按官能团进行研究和学习有机化学比较方便。常见的重要官能团如表 1-2 所示。

表 1-2　一些重要官能团的结构和名称

化合物类别	官能团构造	官能团名称	化合物类别	官能团构造	官能团名称
烯烃	$\rangle C = C \langle$	双键	羧酸	$-\overset{\overset{O}{\|\|}}{C}-OH$	羧基
炔烃	$-C \equiv C-$	叁键	硝基化合物	$-NO_2$	硝基
卤代烃	$-X(F,Cl,Br,I)$	卤基	胺	$-NH_2$	氨基
醇和酚	$-OH$	羟基	腈	$-CN$	氰基
醚	$(C)-O-(C)$	醚键	磺酸	$-SO_3H$	磺酸基
醛	$-\overset{\overset{O}{\|\|}}{C}-H$	醛基	硫醇和硫酚	$-SH$	巯基
酮	$-\overset{\overset{O}{\|\|}}{C}-$	酮基			

本书将上述两种分类方法结合起来应用，先按碳骨架分类介绍开链烃、脂环烃和芳香烃，然后按官能团分类学习烃类的含卤素、含氧和含氮等衍生物。

1.4 研究有机化合物的一般步骤
(General Steps of Study Organic Compounds)

研究一个新的有机化合物,通常需要经历以下步骤。

1.4.1 分离提纯

研究一个新化合物首先需要将它分离提纯,保证它达到应有的纯度。分离提纯的方法很多,常用的有重结晶法、升华法、蒸馏法、色谱分离法以及离子交换法等。尤其是近年来发展起来的高压液相层析法,是实验室中很有用的一种高效分离提纯的方法。

1.4.2 纯度的检验

经过分离提纯后,该物质是否达到应有的纯度,必须经过纯度检验。纯净的有机化合物具有固定的物理常数,因此测定有机化合物的物理常数就可以检验其纯度。例如,测定其熔点、沸点、相对密度和折射率等。

1.4.3 实验式和分子式的确定

经分离提纯的有机化合物并确定其纯度以后,就要确定其实验式,实验式是表示化合物分子中各元素原子的相对数目的最简单式子。首先可以进行元素定性分析,确定它是由哪些元素组成的,然后进行元素定量分析,确定各元素的质量比,再通过计算得出它的实验式。目前有机化合物的元素分析一般用元素分析仪测定,比化学分析简便得多。实验式不能确切表示分子真实的原子个数,必须进行相对分子质量的测定(目前可用质谱法测定)后,才能确定分子式。

例如,一个未知化合物样品 100g,经元素定量分析得知含有 40.0% 的碳和 6.67% 的氢,剩余 53.3% 为氧,实验测得相对分子质量为 60。试确定该化合物的分子式。

第一步确定实验式。依据百分含量得到每一种元素的质量,再用每种元素的质量除以该种元素的相对原子质量就得到 100g 样品中所含该种原子的物质的量;然后用最小的物质的量除以每一种元素的物质的量,得出各元素的比例。

$$C: \frac{40.0}{12.0} = 3.33 \qquad \frac{3.33}{3.33} = 1$$

$$H: \frac{6.67}{1.01} = 6.66 \qquad \frac{6.66}{3.33} = 2$$

$$O: \frac{53.3}{16.0} = 3.33 \qquad \frac{3.33}{3.33} = 1$$

所以 $C:H:O=1:2:1$,实验式为 CH_2O。

第二步根据相对分子质量为 60,可以选择实验式的恰当倍数,确定分子式。

$$(CH_2O)_n = 60$$
$$n(12+1\times2+16) = 60$$
$$n = 2$$

所以该化合物的分子式为 $C_2H_4O_2$。

1.4.4　结构式的确定

确定有机化合物结构的方法有化学法和物理法。20 世纪 50 年代前,只能用化学方法确定有机化合物的结构,这一工作相当复杂而费时,甚至在测定的过程中,还可能伴随着某些化学变化或分子重排等反应发生,容易得到错误的结论。例如,胆固醇结构式的确定花了 38 年的时间,后来发现还有某些错误。应用现代物理方法,有机化合物结构的测定变得迅速而准确,大大丰富了鉴定有机化合物结构的手段,提高了确定有机化合物结构的水平。现代物理方法包括:X 射线衍射、气相色谱、液相色谱、紫外光谱、红外光谱、核磁共振谱、质谱等(详见第 7 章)。

1.5　酸碱的概念
(The Concepts of Acids and Bases)

近代酸碱理论是 19 世纪后期开始的,先后提出的主要有五种酸碱理论:酸碱电离理论、酸碱溶剂理论、酸碱质子理论、酸碱电子理论和软硬酸碱理论。本章仅对前四种酸碱理论作简单介绍。

1.5.1　酸碱电离理论

该理论是 19 世纪由阿伦尼乌斯(S. Arrhenius,1859—1927)提出来的。其对酸碱的定义是:凡在水溶液中能电离放出 H^+ 的物质称为酸,能电离放出 OH^- 的物质称为碱。该理论将酸碱的定义局限在水溶液中,对于非水体系的酸碱及不含 H^+ 和 OH^- 的物质的酸碱性则无能为力。

1.5.2　酸碱溶剂理论

该理论是由富兰克林(Franklin)于 1905 年提出的,其对酸碱的定义是:能生成与溶剂相同正离子的物质为酸,能生成与溶剂相同负离子的物质为碱。酸碱溶剂理论比酸碱电离理论的应用范围宽,但它的缺点是只能应用于能电离的溶剂中,无法解释在不电离的溶剂中的酸碱或无溶剂的酸碱体系。

1.5.3　酸碱质子理论

该理论是 1923 年分别由丹麦化学家布朗斯台德(Brönsted)和英国化学家劳里(Lowry)同时提出来的,又称为布朗斯台德-劳里质子理论。其对酸碱的定义是:能够给出质子的任何物质都是酸,酸给出质子后,剩余的基团即为该酸的共轭碱;能够结合质子的任何物质都是碱,碱得到质子后生成的质子化物即为该碱的共轭酸。例如:

$$HCl + NaOH \rightleftharpoons NaCl + H_2O$$
　　酸　　　　碱　　　　　　　共轭碱　　　共轭酸

$$HCl + CH_3CH{=}CH_2 \rightleftharpoons Cl^- + CH_3\overset{+}{C}HCH_3$$
　　酸　　　　碱　　　　　　　共轭碱　　　共轭酸

酸的强度最常用的是在水溶液中,通过酸的离解常数 K_a 来测定:

$$HA + H_2O \xrightleftharpoons{K_a} H_3O^+ + A^-$$

$$K_a = \frac{[H_3O^+][A^-]}{[HA]}$$

K_a 值越大,表示酸性越强。酸的强度也可以用酸离解常数的负对数 pK_a 值表示,pK_a 值越小,酸性越强。

$$pK_a = -\lg K_a$$

碱的强度可以近似地用碱的离解常数 K_b 来测定:

$$B^- + H_2O \xrightleftharpoons{K_b} BH + OH^-$$

$$K_b = \frac{[BH][OH^-]}{[B^-]}$$

K_b 值越大,表示碱性越强,也可以用碱离解常数的负对数 pK_b 值表示,pK_b 值越小,碱性越强。

$$pK_b = -\lg K_b$$

K_a 与 K_b 的乘积为水的离解常数 K_w。

$$K_a \cdot K_b = K_w = 1.0 \times 10^{-14}$$

$$pK_a + pK_b = 14$$

若 K_a 值大,K_b 值必然小,所以酸性越强,其共轭碱的碱性就越弱;反之,其共轭碱的碱性就越强。常见有机酸、无机酸及其共轭碱的相对强度见表 1-3。

表 1-3　常见酸的相对强度(25℃)

酸	共轭碱	pK_a	酸	共轭碱	pK_a
HI	I⁻	-5.2	H_2S	HS^-	7.0
H_2SO_4	HSO_4^-	-5.0	C_6H_5SH	$C_6H_5S^-$	7.8
HBr	Br^-	-4.7	HCN	CN^-	9.22
HCl	Cl^-	-2.2	NH_4^+	NH_3	9.24
HNO_3	NO_3^-	-1.3	C_6H_5OH	$C_6H_5O^-$	10.00
HF	F^-	3.2	C_2H_5SH	$C_2H_5S^-$	10.60
HCOOH	$HCOO^-$	3.75	CH_3OH	CH_3O^-	15.5
CH_3COOH	CH_3COO^-	4.74	H_2O	OH^-	15.7
H_2CO_3	HCO_3^-	6.35	CH_3CH_2OH	$CH_3CH_2O^-$	15.9

(左侧:酸性增强↑　右侧:碱性增强↓)

酸碱质子理论扩大了酸碱的范围,且应用方便,其缺点是不交换 H^+ 而又具有酸性的物质不包括在内。

1.5.4　酸碱电子理论

酸碱电子理论是美国化学家路易斯(1875—1946)于 1923 年提出来的。其对酸碱的定义是:酸是电子的接受体,碱是电子的给予体。酸碱反应是酸从碱接受一对电子,形成配价键,得到一个加合物。

路易斯酸主要包括:①正离子,如 R^+,$R-\overset{O}{C}{}^+$,H^+,$\overset{+}{N}O_2$,Br^+ 等;②可以接受电子的分子,如 BF_3,$AlCl_3$,$SnCl_4$,$FeCl_3$ 等;③金属离子,如 Li^+,Na^+,Ag^+,Cu^+ 等。实际上,路易斯酸是亲电试剂。

路易斯碱主要包括:①负离子,如 HO^-,RO^-,R^-,HS^- 等;②具有未共用电子对的分子,如 $\ddot{N}H_3$,$R\ddot{N}H_2$,$R\ddot{O}H$,$R\ddot{O}R$,$RCHO$,R_2CO,$R\ddot{S}H$ 等;③烯烃和芳香化合物。实际上,路易斯碱是亲核试剂。

路易斯碱和布朗斯台德碱两者没有多大区别,路易斯酸比布朗斯台德酸的范围广泛,并把质子作为酸,按布朗斯台德酸的定义,能够产生质子的分子和离子称为酸,如 HCl;而按路易斯酸的定义,HCl 是酸碱加合物。

知识亮点

贝采里乌斯首次引用"有机化学"概念

瑞典化学家贝采里乌斯(J. J. Berzelius, 1779—1848)是世界最著名的化学家之一,他是硅、硒、钍和铈元素的发现者,现代化学命名体系的建立者,与道尔顿和拉瓦锡并称为现代化学之父。

19 世纪初,化学家发现有机化合物较不稳定,加热后即分解,这和矿物与动植物的区别相似,故把有机物与无机物决然地划分开。贝采里乌斯花了整整 15 年的时间,试图用碳、氢、氧、水等无机化合物来合成有机化合物,结果失败了,于是他认为有机物不能人工合成,只能在生物的细胞中受一种特殊的力量——生命力——的作用才会产生。1806 年贝采里乌斯首先引用了"有机化学"的概念,以区别于其他的矿物质化学——无机化学。"生命力论"曾一度牢固地统治着有机化学界,阻碍了有机化学的发展。

1828 年,28 岁的德国有机化学家维勒(F. Wöhler, 1800—1882)在实验室首次从无机物氰酸铵合成了有机物尿素。同年,他发表《论尿素的人工合成》,介绍了人工合成尿素的方法,以雄辩的事实打破了有机物和无机物有着不可逾越的人为界限,以及有机物只能通过生物体才能得到的观点。维勒人工合成尿素之后,贝采里乌斯受到极大启发,他想到自己曾发现雷酸银和氰酸银是两种组成相同而性质不同的物质,酒石酸和葡萄酸也有类似情况,于是他说:"我建议把相同组成而不同性质的物质称为'同分异构'的物质。"同分异构现象的发现及其理论阐明在物质组成和有机结构理论发展中迈出了重要的一步,促进了有机化学的发展。

1845 年法国有机化学家柯尔伯(H. Koble, 1818—1884)合成了乙酸,1854 年法国有机化学家、物理化学家和科学史学家贝特洛(M. P. E. Berthelot, 1827—1907)合成了油脂等,至此"生命力"学说才彻底被否定。

习题(Exercises)

1.1 解释下列术语。

(1) 键能　　(2) 极性键　　(3) 有机物　　(4) 有机化学　　(5) 分子式　　(6) 实验式

(7) 游离基　(8) 异裂　　　(9) 构造式

1.2 把下列式子改成键线式。

(1)
$$
\overset{\text{O}}{\overset{\|}{\text{CH}_3\text{CH}_2\text{CH}_2\text{C}}} - \text{H}
$$

(2)
$$
\underset{\underset{\text{OH}}{|}}{\text{CH}_3\text{CH}_2\text{CHCH}_3}
$$

(3) $\text{CH}_3\text{CH}_2\text{CH}_2\text{OCH}_2\text{CH}_3$

(4)
$$
\begin{array}{c} \text{H}_2\text{C}-\text{CH}_2 \\ | \qquad\qquad \\ \text{H}_2\text{C} \qquad \text{CHCH}_2\text{CH}_2\text{COCH}_3 \\ | \qquad\qquad \\ \text{H}_2\text{C}-\text{CH}_2 \end{array}
$$

(5)
$$
\underset{\underset{\text{CH}_3}{|}}{\text{CH}_3\text{CHCH}_2\text{CH}}\underset{\underset{\text{CH}_3}{|}}{\text{CHCH}_2\text{CH}_3}
$$

1.3 将下列共价键按极性大小排列,并表示偶极矩方向。

C—H, N—H, B—H, F—H, O—H

1.4 一种醇经过元素定量分析,得知含碳 70.4%,含氢 13.9%,试计算并写出其实验式。

1.5　写出下列键线式相应的构造简式。

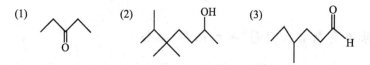

(1)　　　　　　(2)　　　　　　(3)

1.6　按酸碱质子理论或电子理论,在下列方程式中,哪个反应物是酸? 哪个反应物是碱?

(1)　H₃C—$\overset{\overset{\text{O}}{\|}}{\text{C}}$—H ＋ HCl ⟶ H₃C—$\overset{\overset{+\text{OH}}{\|}}{\text{CH}}$ ＋ Cl⁻

(2)　BH₃ ＋ CH₃OCH₃ ⟶ H₃C—$\overset{+}{\underset{}{\text{O}}}$—CH₃ （⁻BH₃）

(3)　H₃C—$\overset{\overset{\text{O}}{\|}}{\text{C}}$—H ＋ OH⁻ ⟶ H₃C—$\overset{}{\underset{\text{OH}}{\text{CH}}}$（O⁻）

(4)　CH₃NH₂ ＋ CH₃—Cl ⟶ CH₃$\overset{+}{\text{N}}$H₂CH₃ ＋ Cl⁻

第 2 章　烷烃和环烷烃
（Alkanes and Cycloalkanes）

烷烃（alkane）是由碳和氢两种元素组成，碳与碳均以单键相连的一类化合物，链烷烃的通式为 C_nH_{2n+2}。分子中含有环状结构的烷烃称为环烷烃，只含有一个环的环烷烃称为单环烷烃，它的通式是 C_nH_{2n}。含有两个或多个环的环烷烃称为多环烷烃，如螺环烃、桥环烃和稠环烷烃等。

2.1　烷烃的结构
（Structure of Alkanes）

2.1.1　碳原子轨道的 sp^3 杂化

基态时碳原子的电子层结构为 $1s^2 2s^2 2p_x^1 2p_y^1 2p_z^0$，故碳原子应该是二价，但烷烃中的碳原子是四价，且四价完全相同。杂化轨道理论认为，碳原子在成键时，$2s$ 轨道中的一个电子激发到能量相近的 $2p$ 轨道上，然后一个 $2s$ 轨道和三个 $2p$ 轨道进行杂化（能量相近的原子轨道重新组合，形成成键能力更强的新的原子轨道的过程称为杂化），形成四个能量相等的杂化轨道，这种杂化方式称为 sp^3 杂化，sp^3 杂化轨道的形成见图 2-1。

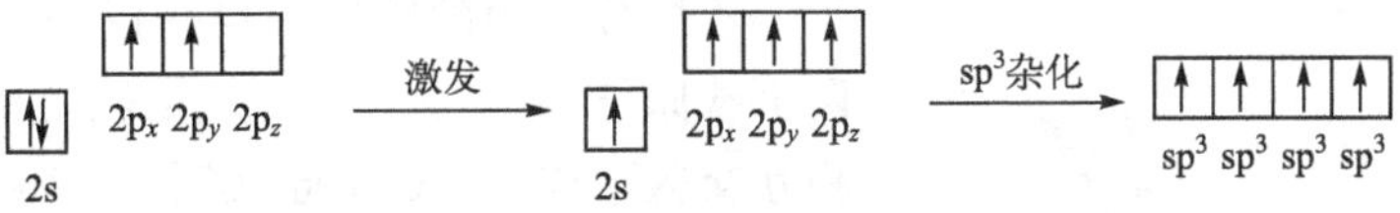

图 2-1　sp^3 杂化轨道的形成

一个 sp^3 杂化轨道的形状见图 2-2(a)，它含有 1/4 的 s 成分和 3/4 的 p 成分。为了使成键电子之间的斥力最小且最稳定，四个 sp^3 杂化轨道在空间的取向是以碳原子为中心，四个轨道分别指正四面体的四个顶点，两个轨道对称轴之间的夹角（键角）为 109.5°。碳原子 sp^3 杂化轨道的构型见图 2-2(b)。

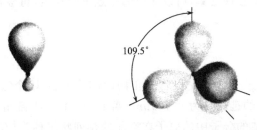

(a) sp^3 杂化轨道的形状　　　(b) 碳原子 sp^3 杂化轨道的构型

图 2-2　碳原子的 sp^3 杂化轨道

> **练习 2.1**　预测氨分子(NH₃)中氮原子的杂化方式,画出氨分子的三维结构图。试比较它与甲烷的构型有何异同点。

2.1.2　烷烃的结构分析

1. 甲烷和乙烷的形成

甲烷分子中的碳原子以 sp^3 杂化轨道成键,分别沿对称轴方向与四个氢原子的 1s 轨道相互交盖,形成四个相等的碳氢键,即为甲烷分子(图 2-3)。

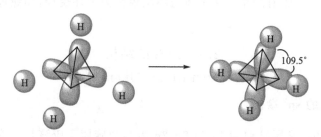

图 2-3　甲烷分子形成示意图

由成键原子轨道沿键轴(核间连线)相互交盖,形成对键轴呈圆柱形对称的轨道,称为 σ 轨道。由 σ 轨道构成的共价键称为 σ 键,σ 轨道上的电子称为 σ 电子。甲烷分子中的 C—H 键和 C—C 键均是 σ 键。

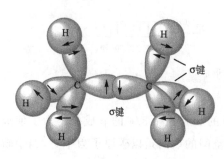

图 2-4　乙烷分子形成示意图

乙烷分子中的碳原子也是以 sp^3 杂化轨道成键,两个碳原子各以一个 sp^3 杂化轨道沿着对称轴方向相互交盖形成 C—C σ 键(键长 0.154nm),两个碳原子剩余的六个 sp^3 杂化轨道分别沿对称轴方向与六个氢原子 1s 轨道相互交盖,形成六个 C—H σ 键(键长 0.111nm)。乙烷分子的形成见图 2-4。

σ 键存在于任何含有共价键的有机分子中。由于 σ 键是成键原子轨道沿键轴方向相互交盖而成,交盖程度较大,且呈圆柱形对称分布,电子云密集在两个原子间,对称轴上的电子云最密集,所以 σ 键的特点是较稳定,可极化性较小,可以沿键轴自由旋转而键不易被破坏。

2. 烷烃的构型

由图 2-5 可知,甲烷分子的碳原子位于正四面体的中心,四个氢原子在正四面体的四个顶点上。甲烷四个碳氢键的键长均为 0.109nm,四个 H—C—H 键角均为 109.5°。在有机立体化学中,将具有一定构造的分子中的原子在空间的排列状况称为构型,甲烷具有正四面体的构型。为了帮助了解分子的立体形象,可以使用分子模型。常使用的有凯库勒球棒模型和斯陶特比例模型(图 2-5)。

由于 sp^3 杂化轨道保持了 109.5° 的键角,烷烃的碳链不可能是直线形,而是弯曲的。例

(a) 凯库勒球棒模型　　　　(b) 斯陶特比例模型

图 2-5　甲烷分子的模型

如,正戊烷的碳链可以表示如下:

3. 烷烃的构象

构象是指具有一定构造的分子围绕 σ 键旋转而产生的分子中各原子或原子团在空间的不同排布方式。一种排布方式就相当于一种构象,由于转动的角度可以无限小,因此分子可以有无穷多的构象。

1) 乙烷的构象

乙烷是最简单的含有碳碳 σ 键的化合物,碳碳 σ 键的旋转使乙烷分子具有无穷多的构象。但从能量上来说,只有两种典型的构象,一种是两个碳原子上的氢原子彼此相距最近的构象,即两个甲基相互重叠的构象,称为重叠式或顺叠式构象;另一种是两个碳原子上的氢原子彼此相距最远的构象,即一个甲基上的氢原子处于另一个甲基上两个氢原子正中间的构象,称为交叉式或反叠式构象。

在立体化学中,构象可以用伞形式、锯架式和纽曼(Newman)投影式表示,见图 2-6。

图 2-6　用伞形式、锯架式和纽曼投影式表示的乙烷重叠式和交叉式构象

伞形式是眼睛垂直于 C—C 键轴方向看,实线表示键在纸面上,虚线表示键伸向纸面后方,楔形线表示键伸向纸面前方。

锯架式是从 C—C 键轴斜 45°方向看,每个碳原子上的其他三根键夹角均为 120°。

纽曼投影式是从 C—C 键的轴线上看,前面的碳原子用 ⋏ 表示,后面的碳原子用 ⋎ 表示。在重叠式构象中,两个碳原子上的氢是重叠的,应该看不到,但为了能表示出来,稍偏一个角度。

图 2-7 是乙烷不同构象的能量曲线,由图 2-7 可知,乙烷从交叉式构象转变为重叠式构象需要吸收 $12.6kJ \cdot mol^{-1}$ 的能量,相反,由重叠式转变为交叉式时要放出 $12.6kJ \cdot mol^{-1}$ 的能量,因而乙烷的交叉式构象能量最低,是最稳定的构象。

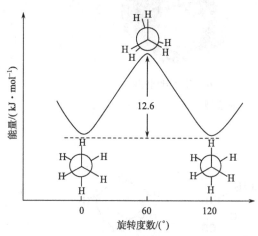

图 2-7　乙烷不同构象的能量曲线

由于室温下分子热运动已具有 $60\sim80kJ \cdot mol^{-1}$ 的能量,而交叉式与重叠式的能量相差为 $12.6kJ \cdot mol^{-1}$,因此在室温下乙烷的两种构象可以相互转换,但不能分离出某一种构象。只有在低温下,如 $-172℃$ 时,乙烷交叉式的构象为 100%。

2) 正丁烷的构象

正丁烷可以看作是乙烷分子中每个碳原子上各有一个氢原子被甲基取代的化合物,只需讨论 $C_2—C_3$ 之间 σ 键的旋转,其典型构象有四种,即对位交叉式(反叠式)、邻位交叉式(顺错式)、部分重叠式(反错式)和全重叠式(顺叠式),这四种典型构象的伞形式、锯架式和纽曼投影式如下:

	伞形式	锯架式	纽曼投影式
对位交叉式(反叠式)			
邻位交叉式(顺错式)			
部分重叠式(反错式)			

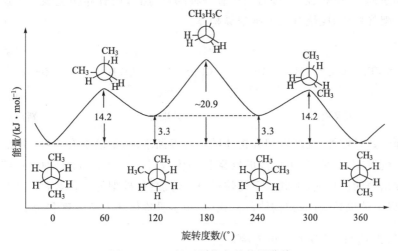

上述四种构象的能量关系可以用图 2-8 表示。

图 2-8　正丁烷不同构象的能量曲线

图 2-8 显示,正丁烷四种典型构象的稳定性顺序是对位交叉式＞邻位交叉式＞部分重叠式＞全重叠式,但它们之间的能量差别不大,在室温下仍可以通过 σ 键的旋转相互转化,达到动态平衡时,70％以稳定的对位交叉式构象存在。

构象对有机化合物的性质和反应有重要影响,因此掌握有机化合物的构象是很必要的。

练习 2.2　以锯架式和纽曼投影式画出正戊烷的主要构象式,并排列它们的稳定性顺序。

2.2　烷烃的同分异构现象和命名
(Isomerism and Nomenclature of Alkanes)

有机化学中的同分异构现象极为普遍,分子式相同结构不同的化合物称为同分异构体。同分异构体分为构造异构体和立体异构体两大类。构造异构体是指因分子中的原子相互连接的顺序不同或键合性质不同而引起的异构体,主要包括碳架异构体、位置异构体、官能团异构体和互变异构体。因碳架不同而产生的异构体称为碳架异构体,烷烃的构造异构体均是由碳骨架不同引起的,均属于碳架异构。

2.2.1　烷烃的构造异构

1844 年,法国化学家日拉尔(C. F. Gerhardt,1816—1856)在对有机化合物进行分类的工作中,首次提出了有机化合物"同系列"和"同系物"的概念。他认为碳氢化合物的同系列都有自己的代数组成式,如烷烃的通式为 C_nH_{2n+2}(代数组成式)。像烷烃这样具有同一通式,在组成上相差一个或多个 CH_2 的一系列化合物称为同系列,同系列中的各个化合物彼此互为同系物,CH_2 称为同系差。由于同系列中的化合物的分子结构有规则地改变,其物理和化学性质的变化也呈现一定的规律,故掌握其中典型化合物的化学性质,便可以推测出同系列中其他化合物的性质,这给研究和学习有机化学带来很大的方便。但同系列中的第一个化合物,由于其构造与其他同系物有较大的差别,往往表现出某些特性。

在烷烃同系列中,甲烷、乙烷和丙烷只有一种结合方式,没有异构现象。丁烷有正丁烷和异丁烷两个碳架异构体,戊烷有三个碳架异构体:

$$CH_3 - CH_2 - CH_2 - CH_2 - CH_3 \qquad CH_3 - CH - CH_2CH_3 \qquad CH_3 - \underset{\displaystyle CH_3}{\overset{\displaystyle CH_3}{\underset{|}{\overset{|}{C}}}} - CH_3$$

$$\underset{\displaystyle CH_3}{|}$$

　　　　　正戊烷　　　　　　　　　　　异戊烷　　　　　　　　　新戊烷

随着碳原子数目增加,烷烃碳架异构体的数目逐渐增加,如己烷有 5 种,庚烷有 9 种,癸烷有 75 种,十五烷有 4347 种,二十烷烃的碳架异构体数目已高达 366319 种。这些数值是通过数学方法推导出来的。目前,十碳以下的烷烃,已经发现的碳架异构体数目与推算的数目是一致的,但十碳以上的烷烃,有的异构体已存在,但很多异构体还有待发现和合成。

练习 2.3　写出 C_6H_{14} 烷烃的构造异构体。

2.2.2　烷烃的命名

有机化合物种类繁多,数目庞大,结构复杂,因此有机化合物的命名是有机化学的一项重要内容。现在书籍和期刊中经常使用普通命名法和国际纯粹与应用化学联合会(International Union of Pure and Applied Chemistry)命名法,后者简称 IUPAC 命名法。系统命名法是采用 IUPAC 命名原则,结合我国文字特点而制定的,经我国化学会多次修订,最近一次是 1980 年修订通过的。烷烃是有机化合物的母体,因此首先学习烷烃的命名。

1. 系统命名法

1) 碳原子和氢原子的级

在下面烷烃的构造式中有四种不同的碳原子:①与一个碳原子相连的碳原子是一级碳原子,用 $1°C$ 表示,或称为伯碳原子,$1°C$ 上的氢称为一级氢,用 $1°H$ 表示;②与两个碳原子相连的碳原子是二级碳原子,用 $2°C$ 表示,或称为仲碳原子,$2°C$ 上的氢称为二级氢,用 $2°H$ 表示;③与三个碳原子相连的碳原子是三级碳原子,用 $3°C$ 表示,或称为叔碳原子,$3°C$ 上的氢称为三级氢,用 $3°H$ 表示;④与四个碳原子相连的碳原子是四级碳原子,用 $4°C$ 表示,或称为季碳原子。

2）烷基

烷烃分子中去掉一个氢原子后剩下的原子团称为烷基,英文名称为 alkyl。烷基可以用系统命名法命名,也可以用普通命名法命名。一些常见烷基的中、英文名称见表 2-1。

表 2-1　一些常见烷基的名称

烷基	普通命名法 中文名称(英文名称,缩写)	系统命名法 中文名称(英文名称,缩写)
CH_3-	甲基(methyl, Me)	甲基(methyl, Me)
CH_3CH_2-	乙基(ethyl, Et)	乙基(ethyl, Et)
$CH_3CH_2CH_2-$	(正)丙基(n-propyl, n-Pr)	丙基(propyl, Pr)
$(CH_3)_2CH-$	异丙基(isopropyl, i-Pr)	1-甲基乙基(1-methylethyl)
$CH_3CH_2CH_2CH_2-$	(正)丁基(n-butyl, n-Bu)	丁基(butyl, Bu)
$(CH_3)_2CH_2CH_2-$	异丁基(isobutyl, i-Bu)	2-甲基丙基(2-methylpropyl)
$CH_3CH_2CH(CH_3)-$	仲丁基或二级丁基(sec-butyl, s-Bu)	1-甲基丙基(1-methylpropyl)
$(CH_3)_3C-$	叔丁基或三级丁基($tert$-butyl, t-Bu)	1,1-二甲基乙基(1,1-dimethylethyl)
$CH_3CH_2CH_2CH_2CH_2-$	(正)戊基(n-pentyl 或 n-amyl)	戊基(pentyl)
$(CH_3)_3CCH_2-$	新戊基(neopentyl)	2,2-二甲基丙基(2,2-dimethylpropyl)

练习 2.4　试指出下列化合物含有的一级碳、二级碳、三级碳和一级氢、二级氢、三级氢。

(1)　$CH_3CH_2CH_2CH_3$　　　(2)　　　　(3)　

3）直链烷烃的命名

根据直链烷烃所含碳原子数命名为"某烷",当碳原子数为 1~10 时,依次用天干甲、乙、丙、丁、戊、己、庚、辛、壬、癸表示,碳原子数超过 10 时,用数字表示。烷烃的英文名称是 alkane,词尾用 ane。例如:

$CH_3CH_2CH_2CH_2CH_3$　　　$CH_3CH_2CH_2CH_2CH_2CH_3$　　　$n\text{-}C_{11}H_{24}$

戊烷　　　　　　　　　　己烷　　　　　　　　　　十一烷

n-pentane　　　　　　　n-hexane　　　　　　　n-undecane

4）支链烷烃的命名

(1) 确定主链。

选择含碳原子数最多的碳链作为主链,根据主链的碳原子数命名为"某烷"。若有两条或多条等长的最长碳链时,则根据侧链的数目来确定主链,侧链多的优先;若仍无法确定主链,则依次考虑以下原则:侧链位次小的优先,各侧链碳原子数多的优先,侧链分支少的优先。例如:

(a)　───────────────────

(b)　$CH_3CH_2CH - CH - CH - CH_3$

$\quad\quad\quad\quad CH_3\ \ CH_2\ \ CH_3$

$\quad\quad\quad\quad\quad\quad\ \ CH_3$

(a)、(b)碳链均有 6 个碳原子,(a)有 3 个取代基,(b)只有两个,选择(a)为主链。

　　(2) 给主链编号。

　　从靠近支链的一端对主链上的碳原子用阿拉伯数字依次编号,编号遵循支链具有"最低系列"的原则,最低系列原则的内容是:使取代基的编号尽可能小,若有多种编号方法时,逐个比较几种编号方法中表示支链位次的数字,最先遇到的位次最小者定为最低系列。例如:

$$
\overset{1}{CH_3}-\overset{2}{CH}-\overset{3}{CH_2}-\overset{4}{CH_2}-\overset{5}{CH_2}-\overset{6}{CH_2}-\overset{7}{CH}-\overset{8}{CH}-\overset{9}{CH_2}-\overset{10}{CH_3}
$$
（下方编号：10 9 8 7 6 5 4 3 2 1，2位与7、8位带 CH_3 支链）

若从左到右编号,取代基的位次分别是"2,7,8";若从右到左编号,取代基的位次分别是"3,4,9",根据最低系列编号原则,前一种编号方法是正确的,该化合物命名为 2,7,8-三甲基癸烷(2,7,8-trimethyldecane)。

　　(3) 命名取代基。

　　命名时将取代基的名称写在主链名称之前,取代基的位次用阿拉伯数字表示,写在取代基名称之前。若有多个相同的取代基时,合并命名,中文用一、二、三、四……表示其数目,英文分别用词头 mono、di、tri、tetra、penta、hexa 表示一、二、三、四、五、六。若有多个不相同的取代基时,取代基的排列顺序,中文命名按"顺序规则"所规定的"较优"基团后列出,英文命名则按取代基英文名称的首字母的顺序排列。命名时阿拉伯数字间用逗号(,)相隔,阿拉伯数字与汉字之间用半字线(-)相连。例如:

2,4-二甲基-3-乙基己烷

3-ethyl-2,4-dimethylhexane

2-甲基-3-乙基-4-异丙基庚烷

3-ethyl-2-methyl-4-isopropylheptane

　　(4) 如果支链上有取代基,可用带"撇"的数字标明取代基在支链中的位次,支链的编号从直接与主链相连的碳原子开始。还可以将带有取代基的支链的全名放在括号中命名。例如:

2-甲基-5-(1,2-二甲基丙基)壬烷或2-甲基-5-1′,2′-二甲基丙基壬烷

2-methyl-5-(1,2-dimethylpropyl)nonane 或 2-methyl-5-1′,2′-dimethylpropyl nonane

2. 普通命名法

　　普通命名法对直链烷烃的命名与系统命名法相同。命名有支链的烷烃时,用"正"表示无分支;用"异"表示链端有 $(CH_3)_2CH-$ 构造,且无其他支链的烷烃,命名为"异某烷";用"新"表

示链端有 $(CH_3)_3CCH_2$—构造的含有五或六个碳原子的烷烃,命名为"新某烷"。例如:

$$CH_3CH_2CH_2CH_2CH_2CH_3$$

正己烷

n-hexane

$$CH_3—CHCH_2CH_2CH_3$$
$$|$$
$$CH_3$$

异己烷

isohexane 或 *i*-hexane

$$CH_3$$
$$|$$
$$H_3C—C—CH_2CH_3$$
$$|$$
$$CH_3$$

新己烷

neohexane

3. 衍生物命名法

以甲烷为母体,其他的烷烃看作甲烷的衍生物来命名,命名时最好是选择连有烷基最多的碳原子作为母体甲烷的碳原子。例如:

$$CH_3 \boxed{CH} CH_2CH_2CH_3$$
$$|$$
$$CH_3$$

二甲基丙基甲烷

$$CH_3CH_2— \boxed{C} —CHCH_3$$

二甲基乙基异丙基甲烷

三苯基甲烷

普通命名法和衍生物命名法都只能适用于比较简单的烷烃。

4. 顺序规则

有机化合物中的各种基团按一定的规则来排列先后顺序,这个规则就是顺序规则,其主要内容如下:

(1) 对于单原子取代基,按原子序数大小排列,原子序数大的顺序在前,原子序数小的顺序在后,同位素中质量高的顺序在前。几种常见的元素顺序为

$$I > Br > Cl > S > P > F > O > N > C > D > H$$

(2) 对于多原子的取代基,如果两个基团的第一个原子相同,则比较与它直接相连的第二个原子的原子序数,若第二个原子也相同,再比较第三个原子的原子序数,依此类推,直至比较出先后顺序时为止。例如:

$$H_3C—\overset{\displaystyle CH_3}{\underset{\displaystyle CH_3}{C}}— \quad > \quad \overset{\displaystyle H_3C}{\underset{\displaystyle H_3C}{>}}CH— \quad > \quad \overset{\displaystyle H_3C}{\underset{\displaystyle H_3C}{>}}CHCH_2— \quad > \quad CH_3—$$

(C,C,C) 　　　 (C,C,H) 　　　 (C,H,H) 　　　 (H,H,H)

(3) 含有双键和叁键的基团,可以认为双键或叁键原子连接着两个或三个相同的原子。例如:

$$HC≡C— \quad > \quad CH_2=CH— \quad > \quad CH_3CH_2—$$

(C,C,C) 　　　 (C,C,H) 　　　 (C,H,H)

练习 2.5　用系统命名法命名下列化合物。

(1)
$$\underset{\underset{CH_3}{\mid}}{CH_3CH}-\underset{\underset{CH_2CH_3}{\mid}}{CH}-\underset{\overset{\mid}{CH_2CH_3}}{CH}-CH_3$$

(2)
$$CH_3-\underset{\underset{CH(CH_3)_2}{\mid}}{CH}-CH_2-\underset{\underset{CH_3}{\mid}}{CH}-CH_3$$

(3)

2.3　烷烃的物理性质
(Physical Properties of Alkanes)

有机化合物的物理性质通常指的是在常温、常压下的状态、熔点、沸点、相对密度、溶解度、折射率等。在一定条件下,纯净物质的物理性质都有固定的数值,所以也常把这些数值称为物理常数。物理常数是用物理方法测定出来的,可以从化学和物理手册中查到。通过物理常数的测定,可以鉴定化合物的纯度或鉴别个别的化合物。常见直链烷烃的物理常数见表 2-2,从表中可以看出直链烷烃的物理性质随着碳数的增加而呈现出规律性的变化。

表 2-2　常见直链烷烃的名称和物理常数

名称	分子式	沸点/℃	熔点/℃	相对密度(d_4^{20})	折射率(n_D^{20})
甲烷	CH_4	−161.7	−182.6	0.424	—
乙烷	C_2H_6	−88.6	−172.3	0.546	—
丙烷	C_3H_8	−42.4	−187.1	0.501	1.3397
丁烷	C_4H_{10}	−0.5	−135.3	0.579	1.3562
戊烷	C_5H_{12}	36.1	−129.3	0.626	1.3577
己烷	C_6H_{14}	68.7	−94.0	0.659	1.3750
庚烷	C_7H_{16}	98.4	−90.6	0.684	1.3877
辛烷	C_8H_{18}	125.7	−56.8	0.703	1.3976
壬烷	C_9H_{20}	150.7	−53.7	0.718	1.4056
癸烷	$C_{10}H_{22}$	174.0	−29.7	0.730	1.4120
十一烷	$C_{11}H_{24}$	195.8	−25.6	0.740	1.4173
十二烷	$C_{12}H_{26}$	216.3	−9.6	0.749	1.4216
十三烷	$C_{13}H_{28}$	230.4	−5.5	0.757	1.4233
十四烷	$C_{14}H_{30}$	250.7	5.9	0.764	1.4290
十五烷	$C_{15}H_{32}$	267.6	10	0.769	1.4315
十八烷	$C_{18}H_{38}$	308.1	28.2	0.777	1.4349
二十烷	$C_{20}H_{42}$		36.4	0.778	1.4425

2.3.1　物质状态

在常温、常压(25℃,0.1MPa)下,$C_1 \sim C_4$ 的直链烷烃是气体,$C_5 \sim C_{17}$ 的直链烷烃是液体,C_{18} 以上的直链烷烃是固体。

2.3.2　沸点

1. 直链烷烃

直链烷烃的沸点随着碳数增加而有规律地缓慢升高,见表 2-2 和图 2-9。化合物的沸点是它的蒸气压力与外界压力达到平衡时的温度。化合物的蒸气压力与分子间的作用力大小有关,若分子之间的作用力小,蒸气压力就比较高,只需要外界提供较小的能量,便可使它的蒸气压力与外界压力相等,该化合物的沸点较低。反之,化合物的沸点则较高。

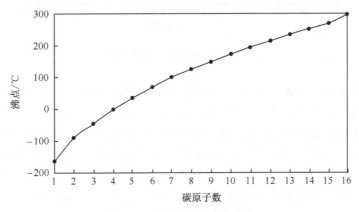

图 2-9　直链烷烃的沸点曲线

沸点与分子间的作用力——范德华力有关,烷烃为非极性分子,偶极矩为零,范德华力主要产生于色散力。非极性分子在不停的运动过程中可以产生瞬间偶极,当分子充分靠近时,会产生很弱的分子间的吸引力,这种吸引力就是色散力。色散力的大小与分子中原子的数目和大小有关,随着直链烷烃分子中碳原子数目的增加,色散力也随着增大,分子间的范德华力作用力也增大,沸点随之升高,所以直链烷烃的沸点随着碳原子数目的增加而升高。

2. 支链烷烃

含同数碳原子的支链烷烃的沸点比相应直链烷烃的低。例如,戊烷三种异构体的沸点高低顺序是:正戊烷(36.1℃)>异戊烷(27.9℃)>新戊烷(9.5℃)。因为烷烃的色散力只有在近距离内才能有效地产生作用,支链烷烃不如直链烷烃分子间排列紧密,导致支链烷烃分子间作用力减小,支链越多,分子间越不易靠近,色散力越小,沸点越低,所以含同数碳原子的支链烷烃的沸点比相应直链烷烃的低。

2.3.3　熔点

$C_1 \sim C_3$ 的直链烷烃的熔点变化不规则,C_4 以上烷烃的熔点随碳原子数目的增加而升高,见表 2-2 和图 2-10。

直链烷烃熔点的变化与沸点基本相似,随着相对分子质量的增减而相应增减。含偶数碳原子烷烃的熔点通常比含奇数碳原子烷烃的熔点升高较多,构成相应的两条熔点曲线,偶数居上,奇数在下,且随着相对分子质量的增加,两条曲线逐渐趋于一致,如图 2-10 所示。

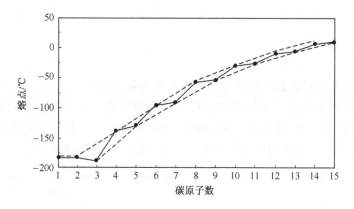

图 2-10　直链烷烃的熔点曲线

在晶体中,分子间的作用力不仅取决于分子的大小,还与晶体中晶格排列的对称性有关,对称性高的烷烃晶格排列比较紧密,熔点相对较高。X 射线衍射方法对烷烃结构的分析证明:直链烷烃的晶体呈锯齿形,含偶数碳烷烃两端的甲基在锯齿链两边,具有较好的对称性;而奇数碳烷烃两端的甲基处于锯齿链的同一边,对称性较差。所以随着碳数增加,含偶数碳烷烃通常比含奇数碳烷烃的熔点升高较多。在戊烷的三种异构体中,新戊烷的对称性最高,所以戊烷三种异构体的熔点顺序是:新戊烷(-16.6℃)>正戊烷(-129.7℃)>异戊烷(-159.9℃)。

2.3.4　相对密度

烷烃的相对密度也是随着碳原子数目的增加而逐渐增大,但均小于 1,都在 0.78 左右,见表 2-2。这也与范德华力有关,分子间作用力大,则分子间的距离相应减小,所以相对密度必然增加。

2.3.5　溶解度

烷烃是非极性分子,在水中的溶解度很小,几乎不溶于水,而易溶于非极性或弱极性的有机溶剂(如苯、氯仿、四氯化碳)及其他烃类溶剂中。结构相似的化合物,它们的分子间作用力相近,因此彼此互溶,通常称为"相似互溶"规则。

2.4　烷烃的化学反应
(Chemical Reactions of Alkanes)

烷烃是饱和烃,分子中的 C—C 键和 C—H 键均为 σ 键,键能较大,不易极化,在常温下烷烃的化学性质是很稳定的,它们与强酸、强碱、强氧化剂、强还原剂及活泼金属都不发生反应,因此常把烷烃作为反应的溶剂使用。但烷烃的稳定性是相对的,在一定条件下,如光照、高温或催化剂作用下,也可以发生某些反应,且这些反应在工业上具有重要的意义。

2.4.1 氧化反应

在室温下,烷烃一般不与氧化剂反应,与空气中的氧也不发生反应。但烷烃在空气(氧气)中可以燃烧,燃烧时若有充足的氧气则完全氧化,生成二氧化碳和水,同时放出大量的热能。例如:

$$CH_4 + 2O_2 \xrightarrow{\text{点燃}} CO_2 + 2H_2O + 890kJ \cdot mol^{-1}$$

$$C_6H_{14} + 9\frac{1}{2}O_2 \xrightarrow{\text{点燃}} CO_2 + 7H_2O + 4145kJ \cdot mol^{-1}$$

上述反应就是汽油或柴油在内燃机或柴油机内的基本变化,燃烧产生大量的热能,然后将热能转变成机械能。这种燃烧往往不完全,特别是在氧气不充足的情况下,会产生大量的CO! 汽车排放的烟雾和CO是当今空气污染的一个严重的问题。

在适当的催化剂作用下,用空气或氧气氧化烷烃,可以得到醇、醛、酮、羧酸等含氧衍生物,这些产品用途广,且烷烃原料易得,因此在工业上用烷烃的选择性氧化反应制备含氧衍生物具有实用意义。目前已经将丁烷在 170~200℃/7MPa 条件下氧化生产乙酸。将石蜡($C_{20} \sim C_{30}$ 烷烃)氧化成高级脂肪酸,用来替代动植物油脂制造肥皂,该反应通式如下:

$$\underbrace{R-CH_2-CH_2-R'}_{\text{石蜡}} + O_2 \ (\text{空气}) \xrightarrow[120\sim150℃]{\text{锰盐}} RCOOH + R'COOH$$

2.4.2 裂化反应

烷烃在无氧条件下进行的热分解反应称为裂化反应。裂化是石油加工的一个重要反应,将高沸点馏分裂化为相对分子质量较小的低沸点馏分,可以提高汽油、柴油的质量,并可以从石油裂化气中得到大量相对分子质量较小的烯烃等化工原料。

在无催化剂条件下的加热裂化(一般要求裂化温度为 500~700℃,而且一般要求有一定的压力)称为热裂反应。热裂反应是一个复杂的过程,分子中的 C—C 键和 C—H 发生断裂,形成较小的分子,烷烃分子中所含的碳原子数越多,裂化产物越复杂,反应条件不同产物也相应不同。例如:

$$CH_3CH_2CH_2CH_3 \xrightarrow{400℃以上} \begin{cases} CH_3CH_2CH=CH_2 + H_2 \\ CH_3CH=CH_2 + CH_4 \\ CH_2=CH_2 + CH_3CH_3 \\ CH_2=CH-CH=CH_2 + 2H_2 \end{cases}$$

由于 C—H 键的键能($414 \ kJ \cdot mol^{-1}$)比 C—C 键的键能($347 \ kJ \cdot mol^{-1}$)大,一般 C—C键比 C—H 键易断裂,所以 CH_4 热裂需要更高的分解温度,其他烷烃热裂的温度低得多。

$$CH_4 \xrightarrow{1200℃} HC\equiv CH + 3H_2$$

　　在催化剂作用下的裂化反应称为催化裂化。催化裂化要求的温度较低（450～500℃），一般可以在常压下进行，其目的是生产高辛烷值的汽油。

　　在高于 700℃ 下石油的裂化反应称为深度裂化，在石油化工中称为裂解。裂解的目的是获得低级烯烃，如乙烯、丙烯、丁烯、丁二烯等，这些烯烃都是很重要的化工原料。

2.4.3　卤代反应

　　烷烃分子中的氢原子被其他原子或基团所取代的反应称为取代反应。被卤素取代的反应称为卤代反应。被氯或溴取代的反应分别称为氯代反应和溴代反应。卤代反应的通式为

$$\ce{>C-H} + X_2 \longrightarrow \ce{>C-X} + HX \qquad X = F, Cl, Br, I$$

1. 甲烷的氯代

　　甲烷与氯气在黑暗中不反应，在强烈的日光照射下则发生剧烈反应，甚至会引起爆炸。

$$CH_4 + 2Cl_2 \xrightarrow{\text{强烈日光}} 4HCl\uparrow + C + 热$$

　　在漫射光、热或引发剂作用下，甲烷分子中的氢被氯取代生成一氯甲烷和氯化氢。生成的一氯甲烷还可以继续发生氯代，生成二氯甲烷、三氯甲烷（氯仿）和四氯化碳。

$$CH_4 \xrightarrow{Cl_2/\text{光}} CH_3Cl \xrightarrow{Cl_2/\text{光}} CH_2Cl_2 \xrightarrow{Cl_2/\text{光}} CHCl_3 \xrightarrow{Cl_2/\text{光}} CCl_4$$

　　上述反应的产物为四种取代物的混合物。如果控制反应条件或者原料的用量比，可以使其中某一取代物成为主要产物。例如，控制温度为 400～450℃，$CH_4 : Cl_2 = 10 : 1$（物质的量比），主要产物为一氯甲烷；如果控制温度在 400℃，$CH_4 : Cl_2 = 0.263 : 1$（物质的量比），主要产物为四氯化碳。

2. 其他烷烃的卤代

　　其他烷烃的卤代反应与甲烷的氯代相似，但随着碳原子数目增加，氢原子的类型增加，取代产物更为复杂。乙烷分子中只有一类氢，一卤代物只有一种。

$$CH_3CH_3 + Cl_2 \xrightarrow{\text{光}} CH_3CH_2Cl + HCl$$

　　丙烷分子中有 6 个伯氢、2 个仲氢，理论上产物 1-氯丙烷和 2-氯丙烷的比例应为 3:1，但室温下丙烷氯代反应两种产物的比例是 43:57。这表明仲氢比伯氢活泼，容易被取代。

$$CH_3CH_2CH_3 + Cl_2 \xrightarrow[25℃]{\text{光}} \underset{43\%}{CH_3CH_2CH_2Cl} + \underset{57\%}{CH_3-\overset{Cl}{\underset{|}{C}H}-CH_3}$$

$$\frac{仲氢}{伯氢} = \frac{57/2(仲氢数)}{43/6(伯氢数)} = \frac{4}{1}$$

可见仲氢与伯氢的相对反应活性之比为 4:1。

异丁烷在光照下的一氯代反应如下：

$$H_3C-\overset{\overset{\displaystyle CH_3}{|}}{\underset{\underset{\displaystyle CH_3}{|}}{C}}-H \ + \ Cl_2 \ \xrightarrow[25℃]{光} \ ClCH_2-\overset{\overset{\displaystyle CH_3}{|}}{\underset{\underset{\displaystyle CH_3}{|}}{C}}-H \ + \ CH_3-\overset{\overset{\displaystyle CH_3}{|}}{\underset{\underset{\displaystyle CH_3}{|}}{C}}-Cl$$

$$\qquad\qquad\qquad\qquad\qquad\qquad\qquad\qquad\qquad 64\% \qquad\qquad\qquad 36\%$$

$$\frac{叔氢}{伯氢} = \frac{36/1(叔氢数)}{64/9(伯氢数)} = \frac{5}{1}$$

实验结果表明，烷烃氯代时，叔氢：仲氢：伯氢的相对活性之比为 5：4：1，当温度升高时，比例逐渐接近 1：1：1。不同类型氢的相对活性，对于预测某一烷烃在室温下氯代产物异构体的产率是很有意义的。例如：

$$CH_3CH_2CH_2CH_3 \ + \ Cl_2 \ \xrightarrow{光} \ CH_3CH_2CH_2CH_2Cl \ + \ CH_3-\overset{\overset{\displaystyle Cl}{|}}{C}HCH_2CH_3$$

$$\frac{1\text{-}氯丁烷含量}{2\text{-}氯丁烷含量} = \frac{伯氢总数}{仲氢总数} \times \frac{伯氢相对活性}{仲氢相对活性} = \frac{6}{4} \times \frac{1}{4} = \frac{3}{8}$$

所以

$$1\text{-}氯丁烷的产率 = \frac{3}{3+8} \times 100\% = 27\%$$

$$2\text{-}氯丁烷的产率 = \frac{8}{3+8} \times 100\% = 72\%$$

烷烃溴代反应的相对反应活性之比为叔氢：仲氢：伯氢＝1600：82：1。

氯和溴与烷烃反应常生成一卤代烷和多卤代烷，氟与烷烃反应剧烈，难以控制，而碘则通常不反应。所以卤素对烷烃的相对反应活性顺序为 $F_2>Cl_2>Br_2>I_2$。

2.5 烷烃卤代反应的反应机理
(Mechanism：Halogenation of Alkanes)

反应机理是指化学反应所经历的途径或过程，也称为反应历程。反应机理的研究是理论有机化学的重要组成部分，它是根据大量实验事实作出的理论推测，实验事实越丰富，推测出的机理可靠性越大。在学习烷烃卤代反应的反应机理前，先简单介绍反应活化能和过渡态的概念。

2.5.1 反应的活化能和过渡态

过渡态理论认为，反应物分子在相互接近的反应过程中，先被活化形成高能量的活化络合物即过渡态，过渡态再分解为产物。过渡态只是反应进程中的一个中间阶段的结构，不能分离得到。例如：

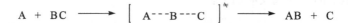

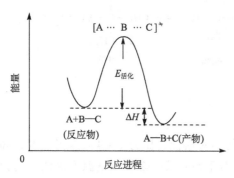

图 2-11　反应进程中的能量变化示意图

反应进程是指从反应物到产物所经过的能量要求最低的途径。如果把反应进程作横坐标,能量作纵坐标,反应体系的能量变化曲线如图 2-11 所示。

由图 2-11 可知,反应的活化能(用 $E_{活化}$ 表示,单位:$kJ \cdot mol^{-1}$)是反应物与过渡态之间的能量差,是反应物发生反应必须克服的最小能垒。ΔH 是反应热(单位:$kJ \cdot mol^{-1}$),是反应物与产物间的能量差。若反应物的能谷比产物的能谷高,说明反应物 A + BC 转变为 AB + C 的反应为放热反应,反之为吸热反应。

2.5.2　甲烷氯代反应的机理

烷烃氯代反应的反应机理是比较清楚的。例如,甲烷的氯代经链引发、链传递和链终止三个反应阶段进行。

1. 链引发

氯分子在光照或高温下发生共价键均裂,分解成两个氯原子,氯原子带有未成对电子,也称氯自由基(或氯游离基),氯自由基非常活泼,引发反应开始,这一阶段的反应称为链引发阶段。

$$Cl : Cl \xrightarrow{h\nu 或 \triangle} 2Cl \cdot \tag{1}$$

2. 链传递

$Cl\cdot$ 自由基很快夺取 CH_4 分子中的氢原子生成氯化氢和甲基自由基($CH_3 \cdot$)。甲基自由基也很活泼,又立即从氯分子中夺取一个氯原子,生成产物氯甲烷和氯自由基。

$$Cl\cdot + H-CH_3 \longrightarrow HCl + \dot{C}H_3 \tag{2}$$

$$\dot{C}H_3 + Cl_2 \longrightarrow CH_3-Cl + Cl\cdot \tag{3}$$

新生成的氯自由基又夺取甲烷中的氢原子,甲基自由基又与氯分子反应,生成产物氯甲烷和氯自由基,反应(2)和(3)周而复始,反复不断地进行下去,这一阶段的反应称为链传递(或链增长)阶段。

3. 链终止

随着反应的进行,自由基之间的碰撞概率增加,彼此反应,使得自由基减少以至于消失,反应就逐渐停止。这一阶段的反应称为链终止阶段。

$$Cl\cdot + Cl\cdot \longrightarrow Cl_2 \qquad\qquad (4)$$

$$\dot{C}H_3 + Cl\cdot \longrightarrow CH_3Cl \qquad\qquad (5)$$

$$\dot{C}H_3 + \dot{C}H_3 \longrightarrow CH_3CH_3 \qquad\qquad (6)$$

下面进一步分析甲烷氯代反应机理中第(1)～(3)步的反应热和活化能数据：

$$Cl_2 \longrightarrow 2Cl\cdot \qquad \Delta H = +241.7\,kJ\cdot mol^{-1} \qquad (1)$$

$$Cl\cdot + CH_3{-}H \longrightarrow \dot{C}H_3 + HCl \qquad \begin{array}{l}\Delta H = +7.5\,kJ\cdot mol^{-1} \\ E_{活化} = +16.7\,kJ\cdot mol^{-1}\end{array} \qquad (2)$$

$$\dot{C}H_3 + Cl_2 \longrightarrow CH_3Cl + Cl\cdot \qquad \begin{array}{l}\Delta H = -112.9\,kJ\cdot mol^{-1} \\ E_{活化} = +8.3\,kJ\cdot mol^{-1}\end{array} \qquad (3)$$

由上述数据可知，第(1)步和第(2)步都是吸热反应，分别需要吸收 241.7 kJ・mol^{-1} 和 7.5 kJ・mol^{-1} 的热量，第(3)步是一放热反应，放热 112.9 kJ・mol^{-1}。(2)+(3)共放热 105.4 kJ・mol^{-1}，因此从反应热看，反应是可以进行的。分析该两步的反应活化能可知：第(2)步的活化能为 +16.7 kJ・mol^{-1}，第(3)步的活化能为 +8.3 kJ・mol^{-1}，故第(2)步是慢步骤，是甲烷氯代反应中决定反应速度的步骤。第(2)步和第(3)步的能量变化如图 2-12 所示。

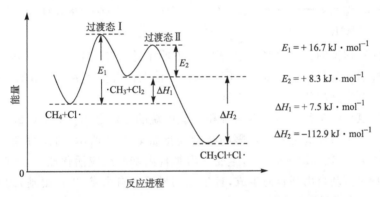

$$E_1 = +16.7\,kJ\cdot mol^{-1}$$
$$E_2 = +8.3\,kJ\cdot mol^{-1}$$
$$\Delta H_1 = +7.5\,kJ\cdot mol^{-1}$$
$$\Delta H_2 = -112.9\,kJ\cdot mol^{-1}$$

图 2-12　CH_4 和 $Cl\cdot$ 生成 CH_3Cl 反应进程中的能量变化示意图

上述甲烷的氯代反应是由氯自由基引发，很快就连续不断地进行下去，这样的反应一般称为链反应（或连锁反应），也称为自由基反应或自由基链反应。自由基反应通常包括链引发、链传递（或链增长）和链终止三个阶段。

自由基反应的主要特点是：①在光、热或自由基引发剂（容易产生自由基的物质，如过氧化苯甲酰、偶氮二异丁腈）引发下开始反应；②反应在气相或液相中进行，在液相中进行时，溶剂的极性变化对反应影响小；③反应一般不被酸、碱催化；④反应一旦开始，常以很快的速率进行连锁反应；⑤反应被自由基抑制剂（能够抑制或缓和化学反应的物质，如酚类、分子氧等）抑制或减缓。

甲烷的氯代反应是一个由氯自由基引发的取代反应，是典型的自由基取代反应。

2.5.3　卤代反应的取向和自由基稳定性

　　烷烃卤代反应时伯氢、仲氢和叔氢原子被卤代的难易不同(见 2.4.3)，氯代的反应活性之比为叔氢：仲氢：伯氢＝5：4：1，溴代的反应活性之比为叔氢：仲氢：伯氢＝1600：82：1，故氢原子被卤代的难易顺序为叔氢＞仲氢＞伯氢。

　　氢原子被卤代的活性顺序与伯、仲、叔氢的 C—H 键离解能有关。同一类型的键(如C—H)发生均裂时，键的离解能(E_d)越小，键越易断裂，自由基越容易生成，生成的自由基的热力学能较低，较稳定。下面是一些伯、仲、叔氢的 C—H 键的离解能。

$$CH_3—H \longrightarrow CH_3· + H· \qquad E_d = +439.3\ kJ·mol^{-1}$$

$$CH_3CH_2—H \longrightarrow CH_3CH_2· + H· \qquad E_d = +410.0\ kJ·mol^{-1}$$

$$CH_3CH_2CH_2—H \longrightarrow CH_3CH_2CH_2· + H· \qquad E_d = +410.0\ kJ·mol^{-1}$$

$$\underset{\overset{|}{H}}{CH_3CHCH_3} \longrightarrow CH_3\overset{·}{C}HCH_3 + H· \qquad E_d = +397.5\ kJ·mol^{-1}$$

$$\underset{\overset{|}{CH_3}}{\overset{\overset{CH_3}{|}}{H_3C—C—H}} \longrightarrow \underset{\overset{|}{CH_3}}{\overset{\overset{CH_3}{|}}{H_3C—\overset{·}{C}}} + H· \qquad E_d = +389.1\ kJ·mol^{-1}$$

　　上述离解能数据说明：C—H 键的离解能大小顺序是 1°C—H ＞ 2°C—H ＞ 3°C—H，故自由基的稳定性顺序是叔碳自由基＞仲碳自由基＞伯碳自由基＞甲基自由基。所以烷烃卤代反应的相对活性顺序是叔氢＞仲氢＞伯氢。

　　室温下丙烷氯代的两种产物 1-氯丙烷和 2-氯丙烷的比例是 43：57(见 2.4.3)，这是由反应机理决定的。决定该反应速率的步骤的能量变化如图 2-13 所示，由图可知，生成丙基自由基的反应活化能 $E_1 = 12.6\ kJ·mol^{-1}$，生成异丙基自由基的反应活化能 $E_2 = 8.3\ kJ·mol^{-1}$，故异丙基自由基比丙基自由基容易生成，且生成的异丙基自由基(2°自由基)的能量比丙基自由基(1°自由基)的能量低 $12.5\ kJ·mol^{-1}$[$34.3-21.8=12.5(kJ·mol^{-1})$]，即异丙基自由基较稳定，所以丙烷氯代反应的主产物是 2-氯丙烷。

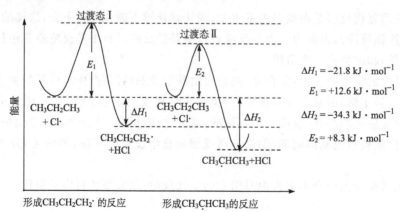

图 2-13　形成丙基自由基和异丙基自由基反应进程中的能量变化示意图

2.5.4　卤素与甲烷的相对反应活性

在 2.4.3 的学习中已知,卤素与烷烃的相对反应活性顺序为 $F_2 > Cl_2 > Br_2 > I_2$。在同一类型反应中,可以通过比较决定反应速率一步的活化能大小来比较反应进行的难易。下面是甲烷卤代决定反应速度的第(2)步反应的活化能($E_{活化}$,kJ·mol^{-1})和反应热(ΔH,kJ·mol^{-1})数据:

X· + CH₃—H ⟶ CH₃· + H—X	ΔH/(kJ·mol^{-1})	$E_{活化}$/(kJ·mol^{-1})
F·	−128.9	+4.2
Cl·	+7.5	+16.7
Br·	+73.2	+75.3
I·	+141	>+141

由上述数据可知,甲烷氟代反应大量放热,但仍需要 +4.2kJ·mol^{-1} 的活化能,一旦发生反应,大量的热难以移走,破坏了生成的氟甲烷,而得到碳与氟化氢,所以直接氟代的反应难以实现。碘与甲烷反应需要大于 141kJ·mol^{-1} 的活化能,反应难以进行。氯代的活化能(+16.7kJ·mol^{-1})小于溴代(+75.3kJ·mol^{-1}),所以卤代反应主要是氯代和溴代,氯代比溴代容易进行。

2.6　烷烃的主要来源和制备
(Sources and Preparation of Alkanes)

烷烃的天然来源主要是石油和天然气。石油是古代动植物体经细菌、地热、压力及其他无机物的催化作用而生成的物质,是各种烃类(开链烷烃、环烷烃和芳香烃等)的复杂混合物。天然气也广泛存在于自然界,其主要成分是低级烷烃的混合物,通常含甲烷 75%、乙烷 15%、丙烷 5%。烷烃不仅可直接作为燃料,还可用作现代化学工业的原料。但要得到纯净的烷烃,从石油和天然气的混合物中分离是十分困难的,常必须通过实验室方法合成。

1. 用还原反应制备烷烃

1) 烯烃和炔烃催化氢化(详见 3.4.1 和 4.4.3)
例如:

$$RCH = CH_2 + H_2 \xrightarrow{Ni} RCH_2CH_3$$

2) 卤代烷还原(详见 8.3.4)
例如:

$$\underset{\overset{|}{Br}}{CH_3CH_2CHCH_2CH_3} + LiAlH_4 \xrightarrow{四氢呋喃} CH_3CH_2CH_2CH_2CH_3 + AlH_3 + LiCl$$

2. 科里-豪斯反应

卤代烷与金属锂作用生成烷基锂,烷基锂与氯化亚铜反应生成二烃基铜锂,二烃基铜锂与卤代烃偶联生成烷烃,该反应称为科里-豪斯(Corey-House)反应(详见 8.3.3)。例如:

$$CH_3CH_2CH_2Br \ + \ 2Li \ \xrightarrow{\text{醚}} \ CH_3CH_2CH_2Li \ + \ LiBr$$

$$CH_3CH_2CH_2Li \ + \ CuI \ \xrightarrow{\text{无水乙醚}} \ (CH_3CH_2CH_2)_2CuLi$$

$$(CH_3CH_2CH_2)_2CuLi \ + \ 2CH_3CH_2Br \ \longrightarrow \ 2CH_3CH_2CH_2CH_2CH_3 \ + \ LiBr \ + \ CuBr$$

2.7　环烷烃的同分异构现象和命名
（Isomerism and Nomenclature of Cycloalkanes）

2.7.1　环烷烃的同分异构现象

1. 构造异构

环烷烃系列存在构造异构现象。例如,分子式为 C_5H_{10} 的环烷烃具有以下构造异构体:

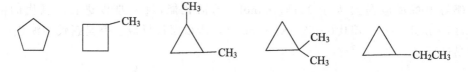

由于单环烷烃与单烯烃的通式相同,故还可以写出 C_5 烯烃的构造异构体(见 3.2.1)。

2. 顺反异构

环烷烃分子的环上 C—C σ 键是不能自由旋转的,当环上两个碳原子各连有两个不相同的原子或基团时,这两个原子或基团就会有两种不同的空间排布方式,产生顺反异构体。两个相同基团在环同侧的称为顺式,在异侧的称为反式。例如,1,2-二甲基环丙烷存在顺反异构体。

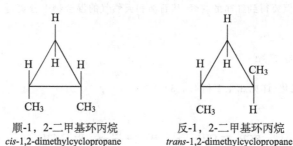

顺-1,2-二甲基环丙烷　　　　　　反-1,2-二甲基环丙烷
cis-1,2-dimethylcyclopropane　　　　trans-1,2-dimethylcyclopropane

3. 构象异构

详见 2.8.1 和 2.8.2。

2.7.2　环烷烃的命名

1. 单环环烷烃

单环环烷烃的命名与烷烃相似,根据环上碳原子的数目称为"环某烷",英文名称只需要在相应的英文名称前加 cyclo。例如:

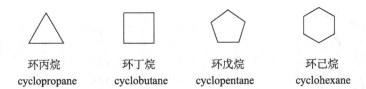

环丙烷　　　　　　环丁烷　　　　　　环戊烷　　　　　　环己烷
cyclopropane　　　cyclobutane　　　cyclopentane　　　cyclohexane

当环上有两个或多个取代基时,要对母体环进行编号,编号遵循最低系列原则,给较优基团以较大编号,并使所有取代基的编号尽可能小。当环上取代基较复杂时,应将链烃作为母体,环作为取代基命名。例如:

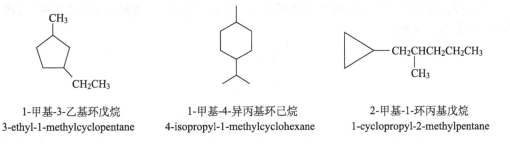

1-甲基-3-乙基环戊烷　　　　　　1-甲基-4-异丙基环己烷　　　　　　2-甲基-1-环丙基戊烷
3-ethyl-1-methylcyclopentane　　4-isopropyl-1-methylcyclohexane　　1-cyclopropyl-2-methylpentane

2. 螺环烃

螺环烃是指单环之间共用一个碳原子的多环烷烃,共用的碳原子称为螺原子,根据成环碳原子的总数命名为"螺某烷"。编号从与螺原子相连的小环上的碳原子开始顺序编号,由第一个环顺序编到第二个环。若有取代基,编号时应使取代基的位次号最小。命名时先写词头螺,再在方括号内按编号顺序用阿拉伯数字写出除螺原子外的两个环的碳原子数,数字之间用圆点隔开。例如:

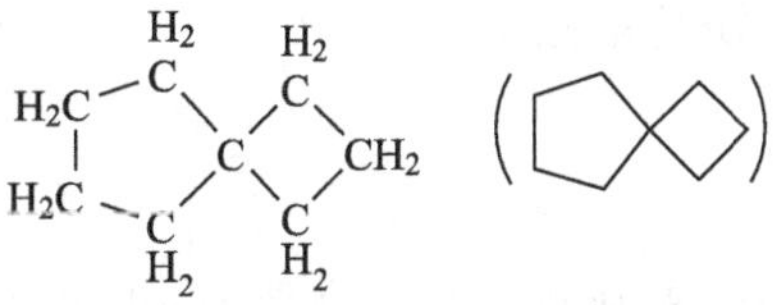

螺[3.4]辛烷　　　　　　　　　　　　　　　1-甲基螺[3.5]壬烷
spiro[3.4]octane　　　　　　　　　　　　1-methylspiro[3.5]nonane

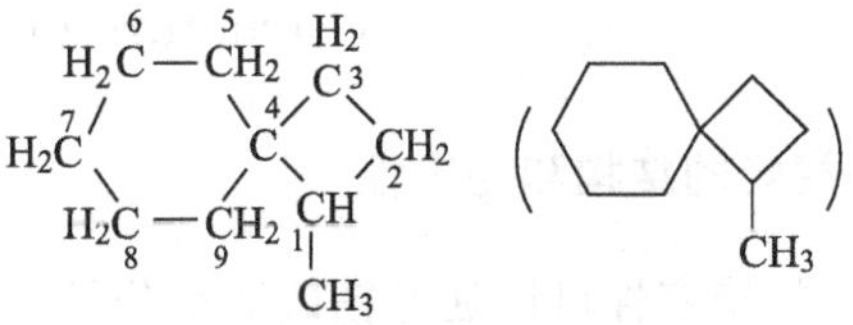

3. 桥环烃和稠环烃

桥环烃是指共用两个或两个以上碳原子的多环烷烃,共用的碳原子称为桥头碳,两个桥头碳之间可以是碳链,也可以是一个键,称为桥。桥环烃的环数是依据将其断裂碳链变为链状化合物时需要断裂的次数确定的,如需要断裂两次的桥环烃称为二环,依此类推。由几环组成的桥环就用几环做词头命名,根据成环的碳原子的总数命名为"某烷"。编号从一个桥头碳开始,沿着最长桥到第二个桥头碳,再沿次长桥到第一桥头碳,最短的桥上的碳原子最后编号。若有取代基,则应使取代基的位次号尽可能小。在环字后面的方括号内按编号顺序,用阿拉伯数字标出各桥所含碳原子数目,数字之间用圆点隔开。取代基的位次和名称写在词头之前。例如:

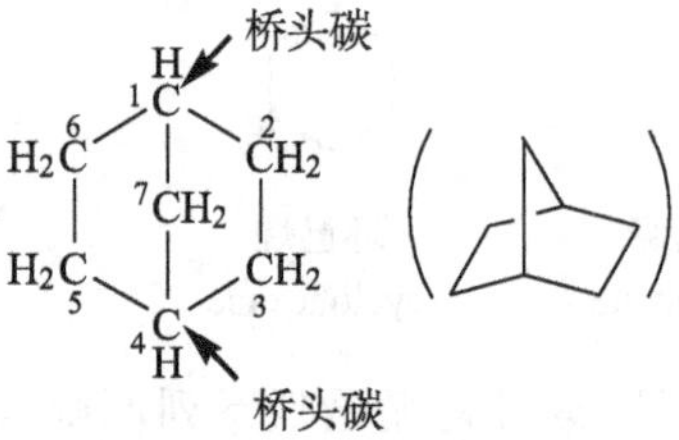

二环[2.2.1]庚烷　　　　　　　　　　　1,2,8-三甲基-6-氯二环[3.2.1]辛烷

bicyclo[2.2.1]heptane　　　　　6-chloro-1,2,8-trimethylbicyclo[3.2.1]octane

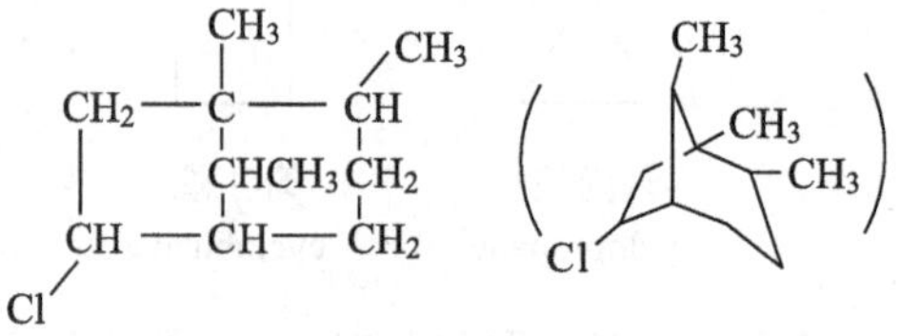

　　稠环烃是指共用两个相邻碳原子的桥环烃,它的最短的桥上的碳原子数目为零,可按桥环的命名法命名。例如:

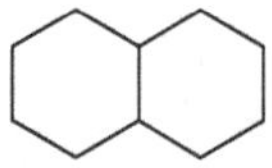

二环[4.4.0]癸烷(或十氢化萘)

练习 2.6　命名下列环烷烃。

(1) 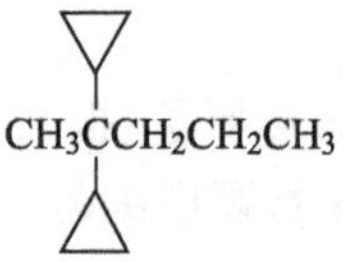　CH₃CCH₂CH₂CH₃　　(2) 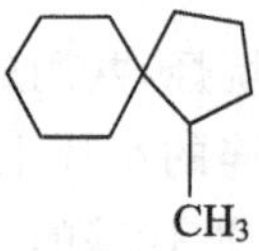 　　(3)

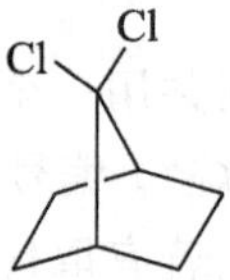

2.8　环烷烃的结构
(Structure of Cycloalkanes)

2.8.1　环烷烃的结构和稳定性

　　环烷烃的稳定性可以通过精确测量分子的燃烧热来判断。燃烧热是 1mol 化合物与过量的氧气在一个弹式量热计的密封容器内完全燃烧时放出的热量。如果化合物有环张力,则产生额外能量,其额外能量会在燃烧时释放出来。环烷烃可以看作是由数目不等的亚甲基连接起来的化合物,如果取亚甲基单元的平均燃烧热,不同的环烷烃是可以比较的。常见简单环烷烃每个 CH_2 的燃烧热$(kJ \cdot mol^{-1})$如表 2-3 所示。

表 2-3　常见简单环烷烃每个 CH_2 的燃烧热$(kJ \cdot mol^{-1})$

碳原子数 n	燃烧热 $\Delta H_c/n$	碳原子数 n	燃烧热 $\Delta H_c/n$
3	697	8	664
4	686	9	665
5	664	10	664
6	659	11	663
7	662	12	660

碳原子数 n	燃烧热 $\Delta H_c/n$	碳原子数 n	燃烧热 $\Delta H_c/n$
13	660	16	660
14	659	17	657
15	660		

注：表中 ΔH_c 为摩尔燃烧热（ $kJ \cdot mol^{-1}$ ）。

由表 2-3 可以看出，从环丙烷到环己烷，随着环的增大，每个 CH_2 的燃烧热值依次降低，这表明环越小，能量越高，也越不稳定。由环己烷开始每个 CH_2 的燃烧热趋于恒定。可见环丙烷和环丁烷不稳定，环戊烷和环己烷较稳定，环己烷每个 CH_2 的燃烧热数据与开链烷烃相同（ $659kJ \cdot mol^{-1}$ ），最稳定。稳定性的不同说明碳数不同的环烷烃在结构上是存在差异的。

近代结构理论指出，原子间形成共价键是成键原子轨道相互交盖的结果，交盖程度越大，形成的键越牢固，越稳定。烃分子中碳原子以 sp^3 杂化轨道成键，当∠CCC 为 109.5°左右时，两个成键碳原子的 sp^3 杂化轨道的对称轴处于同一直线上，可以达到最大程度的交盖，生成稳定的 C—C σ 键。研究结果表明，环丙烷不稳定的原因是成环碳原子的 sp^3（或含有更多的 p）杂化轨道以弯曲方向重叠形成 C—C σ 键（图 2-14），形成的弯曲键交盖程度较少而不

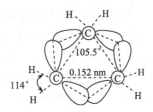

图 2-14　环丙烷的弯曲键

稳定，容易断裂而易发生开环反应（见 2.9.2）。现代物理实验方法测试结果表明，环丙烷分子的三个碳原子处于同一平面上，因此它的两个相邻碳原子的 sp^3 杂化轨道不可能沿对称轴方向彼此交盖形成 C—C σ 键，而只能是以弯曲方向交盖形成共价键。现代量子化学计算结果显示，环丙烷的∠CCC＝105.5°（小于丙烷∠CCC＝109.5°），C—C 键长为 0.152nm（小于丙烷 C—C 键长 0.154nm），∠HCH ＝ 114°，这些数据均说明环丙烷分子中的 C—C σ 键是弯曲键。由弯曲键形成的环丙烷分子产生了一种要求恢复正常键角的力，这种由键角偏差引起的力称为角张力。角张力是影响环烷烃稳定性的因素之一，尤其对环丙烷和环丁烷等小环更为重要。

环丁烷分子也存在角张力，但比环丙烷小一些。环戊烷分子键角已接近 109.5°，角张力更小。从环丁烷开始，组成环的碳原子均不在同一平面上。例如，环丁烷是蝴蝶型结构，环戊烷有信封型结构。

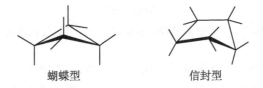

蝴蝶型　　　　　　　　信封型

环己烷的燃烧热最小，稳定性最好。下面重点讨论环己烷及其衍生物的构象。

2.8.2　环己烷及取代环己烷的构象

1．环己烷的构象

环己烷分子中碳原子是以 sp^3 杂化，六个碳原子不在同一平面上，键角∠CCC 可以保持 109.5°，因此环己烷是一个无张力的稳定的环。通过 σ 键的旋转和键角的扭转，环己烷有两种

极限构象,一种称为椅式构象,另一种称为船式构象。根据热力学计算,环己烷椅式构象的能量比船式的低 29.7kJ·mol^{-1},在常温下两种构象处于相互转变的动态平衡体系中,但主要以椅式构象存在,约占 99.9%,见图 2-15。

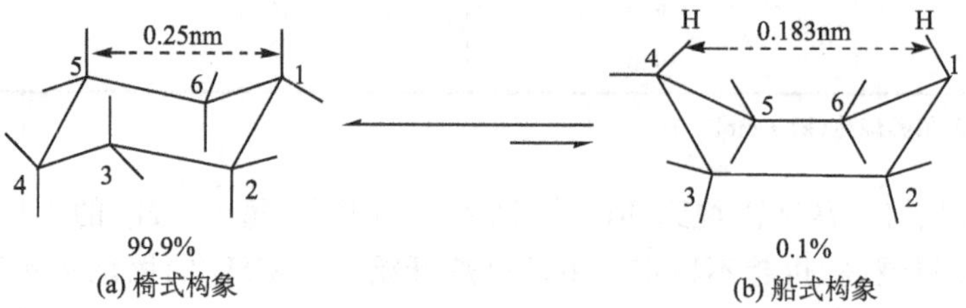

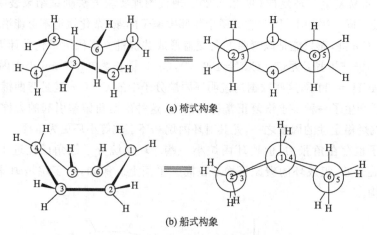

图 2-15　环己烷的椅式和船式构象

图 2-16 为环己烷的椅式和船式构象及其纽曼投影式。从椅式构象的纽曼投影式可以看出,其 C—C—C 键角基本上维持在 109.5°,且所有相邻两个碳原子的碳氢键均处于邻位交叉式(顺错式)位置,既没有角张力,也没有扭转张力,是一个无张力的环,具有与烷烃相似的稳定性。而在船式构象的船底碳原子,C_2 与 C_3、C_5 与 C_6 的碳氢键则处于全重叠式(顺叠式)位置,存在扭转张力。另外,船式构象中 C_1 和 C_4 两个向上向内伸展的碳氢键相距较近(0.18nm),小于两个氢原子间的范德华半径之和(0.24 nm),产生斥力,该斥力称为非键张力。由于扭转张力和非键张力的存在,船式构象能量较高,没有椅式构象稳定。

(a) 椅式构象

(b) 船式构象

图 2-16　环己烷的椅式和船式构象及其纽曼投影式

在环己烷的椅式构象中,六个碳原子处在两个平面内,从图 2-17 中可见,C_1、C_3、C_5 在上面的平面,C_2、C_4、C_6 在下面的平面,两个平面之间的距离为 0.05nm。分子的对称轴是穿过分子的一直线,该对称轴垂直于分子的两个平面。

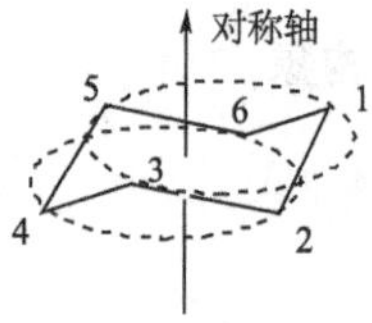

图 2-17　环己烷椅式构象碳原子所在两个平面示意图

椅式构象中的十二个 C—H 键可以分为两类:第一类是与对称轴平行的六个 C—H 键,称为直立键或 a 键(axial bond),三个朝上,另三个朝下,交替排列[图 2-18 (a)];第二类是与平面呈 19.5° 的夹角,向外伸出的六个 C—H 键,称为平伏键或 e 键(equatorial bond),三个向上斜伸,三个向下斜伸[图 2-18(b)]。每个碳原子上具有一个 a 键、一个 e 键,如 a 键向上,则 e 键向下,在环中交替排列,见图 2-19。

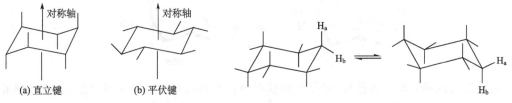

(a) 直立键　　　　(b) 平伏键

图 2-18　环己烷的直立键和平伏键　　　　图 2-19　环己烷的两种椅式构象相互转变

通过 σ 键的旋转和键角的扭转,环己烷可以从一种椅式构象翻转成另一种椅式构象(图 2-19),经翻转后原来的 a 键转变成 e 键,原来的 e 键转变成 a 键。室温下 $10^4 \sim 10^5$ 次・秒$^{-1}$。

2. 取代环己烷的构象

环己烷的一元取代物,取代基可以连在 e 键上,也可以连在 a 键上,在一般情况下,取代基以 e 键相连的构象占优势。例如,室温下甲基环己烷的甲基在环己烷 e 键上的构象占 95%,在 a 键上的构象占 5%。取代基越大,以 e 键构象为主的现象越明显。例如,室温下叔丁基环己烷的叔丁基以 e 键与环相连的构象接近 100%。

因为取代基在 a 键时,与邻位碳所连的碳架处于邻位交叉式(顺错式)的位置,而取代基在 e 键上时,与相邻碳所连碳架处于对位交叉式(反叠式)的位置,后者构象较稳定(图 2-20)。

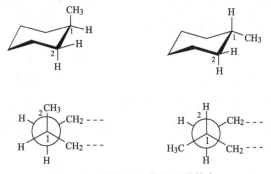

图 2-20　甲基环己烷的两种构象

还因为取代基在 a 键时,甲基的 H 原子与 3 位和 5 位 a 键上的 H 原子的距离为 0.233nm,小于两个氢原子间的范德华半径之和(0.24nm),产生斥力(该斥力称为非键张力),使该构象不够稳定。

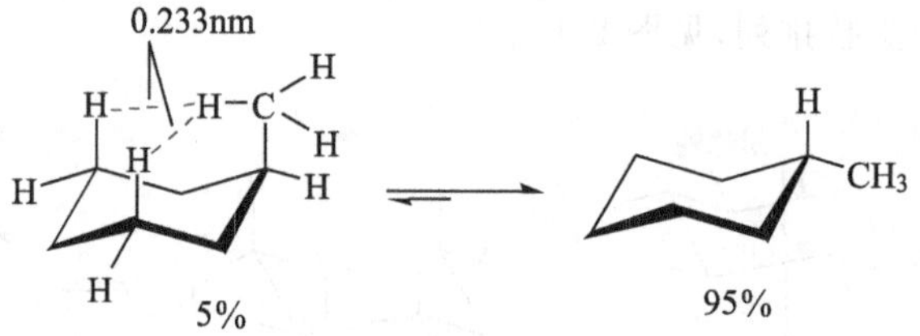

对于二元或多元取代环己烷,根据大量实验事实总结出一般规律:①取代基处于 e 键最多的构象为最稳定构象;②环上有不同取代基时,大的取代基在 e 键的构象为稳定构象。

例如,反-1-甲基-4-异丙基环己烷,甲基与异丙基均在 e 键上的构象为较稳定的构象。

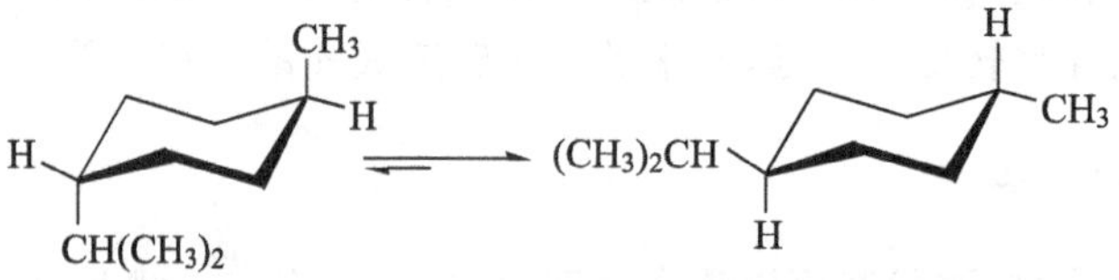

又如,顺-1-甲基-2-乙基环己烷,甲基处于 a 键、乙基处于 e 键上的构象为较稳定的构象。

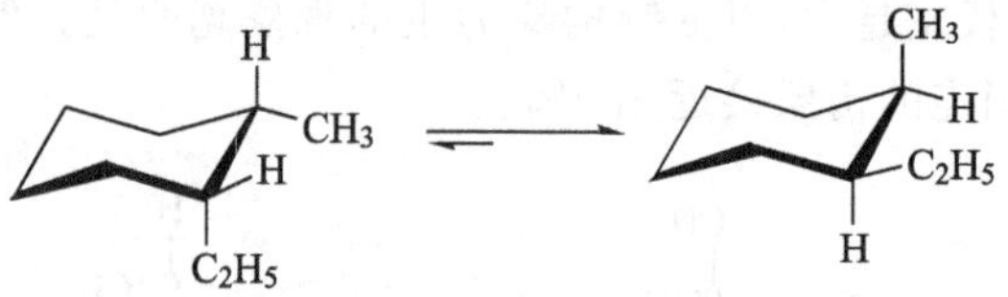

练习 2.7　写出反-1-甲基-3-叔丁基环己烷的稳定构象。

2.8.3　十氢化萘的构象

十氢化萘是萘完全氢化后的产物,两个六元环共用两个碳原子。十氢化萘现已分离出两种异构体,一种是顺式十氢化萘,另一种是反式十氢化萘。

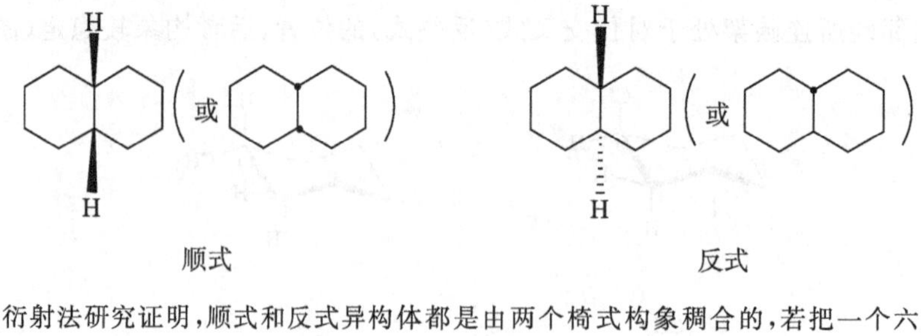

顺式　　　　　　　　　　　　　　　　　反式

经 X 射线衍射法研究证明,顺式和反式异构体都是由两个椅式构象稠合的,若把一个六元环看成是首、尾相连的两个取代基,不难看出反式十氢化萘为 e、e 键型,顺式十氢化萘为 e、a 键型。因此,反式十氢化萘比顺式十氢化萘稳定。

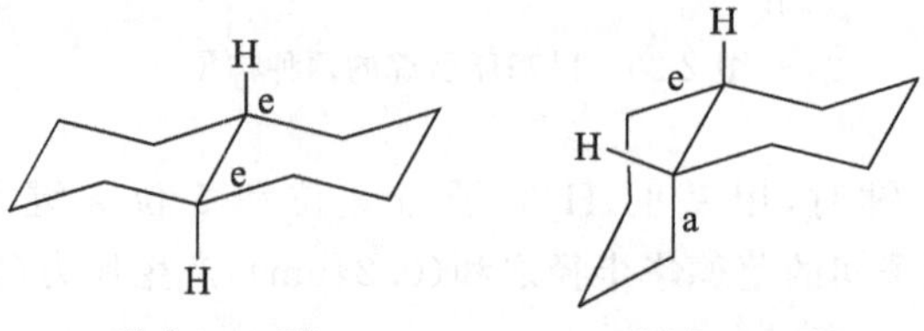

反式 (e、e 型)　　　　　　　　　　　　顺式(a、e型)

2.9　环烷烃的物理性质和化学反应
(Physical Properties and Chemical Reactions of Cycloalkanes)

2.9.1　环烷烃的物理性质

环烷烃的物理性质及其递变规律与烷烃相似,随着成环碳原子数目的增加,沸点和熔点逐渐升高。常温下环丙烷和环丁烷为气体,其他环烷烃为液体,大环环烷烃为固体。

环烷烃的沸点、熔点和相对密度均比同碳数的烷烃高,常见环烷烃的物理常数见表 2-4。

表 2-4　常见环烷烃的物理常数

名称	分子式	沸点/℃	熔点/℃	相对密度(d_4^{20})
环丙烷	C_3H_6	−32.9	−127.6	0.720(−79℃)
环丁烷	C_4H_8	12.0	−80.0	0.703
环戊烷	C_5H_{10}	49.3	−94.0	0.745
甲基环戊烷	C_6H_{12}	72.0	−142.4	0.779
环己烷	C_6H_{12}	80.8	6.5	0.799
甲基环己烷	C_7H_{14}	100.8	−126.5	0.769
环庚烷	C_7H_{14}	118.0	−12.0	0.800

2.9.2　环烷烃的化学反应

环烷烃的化学性质与烷烃相似,环戊烷和环己烷等较稳定的环主要进行氧化和取代反应。环丙烷和环丁烷等小环容易破环,与烯烃相似,易进行加成开环反应。

1. 取代反应

环戊烷、环己烷以及更高级的环烷烃在光或热的作用下,可以发生自由基卤代反应,生成相应的卤代物。例如:

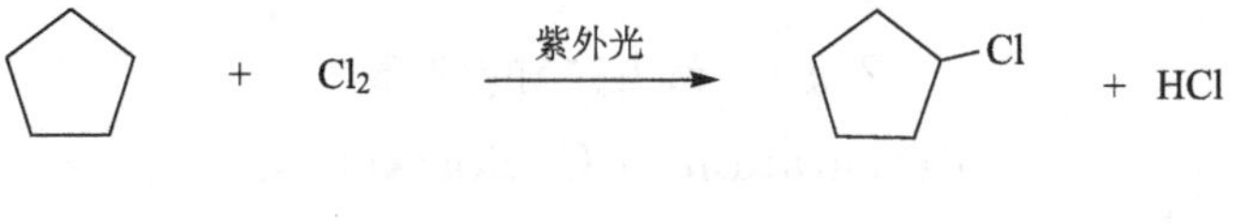

2. 氧化反应

环烷烃在常温下不被高锰酸钾水溶液或臭氧氧化,可用 $KMnO_4$ 水溶液来鉴别烯烃和环烷烃。但在加热下用强氧化剂,或在催化剂存在下用空气直接氧化,则环烷烃也能被氧化。例如:

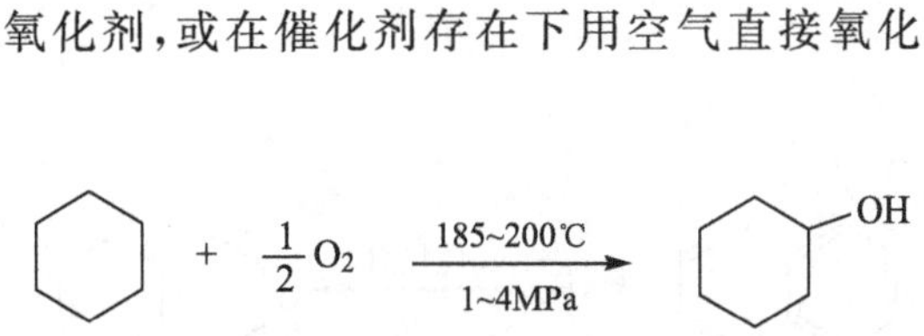

3. 加成反应

环丙烷和环丁烷虽然没有碳碳双键,但与烯烃相似,容易进行加成反应而开环,这是小环化合物的特性。

1) 催化加氢

在镍催化剂的作用下,环丙烷、环丁烷分别在 80℃、200℃的条件下与氢进行加成反应,分别得到正丙烷、正丁烷,而上述反应环戊烷需要在 300℃下才能得到正戊烷。

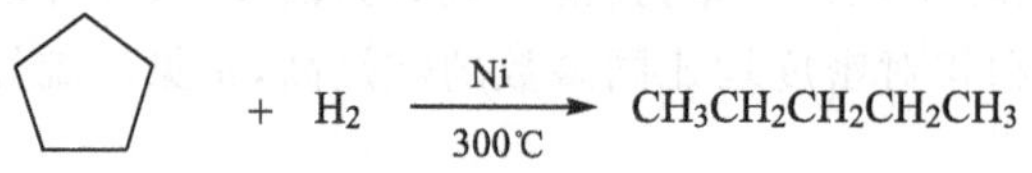

$$\text{（环戊烷）} + H_2 \xrightarrow[300℃]{Ni} CH_3CH_2CH_2CH_2CH_3$$

可见发生开环反应的难易顺序是环丙烷＞环丁烷＞环戊烷。这三个环的稳定性顺序则是环戊烷＞环丁烷＞环丙烷。

2) 加溴

环丙烷在室温下就能与溴加成,但环丁烷必须在加热条件下才能加溴开环。

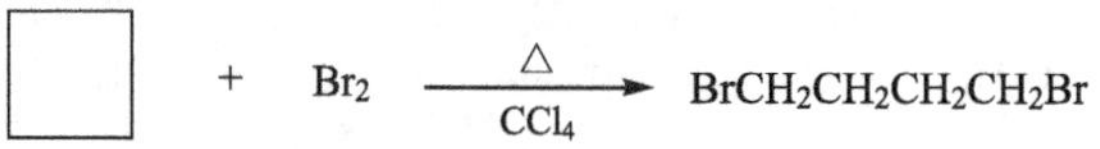

$$\text{（环丁烷）} + Br_2 \xrightarrow[CCl_4]{\triangle} BrCH_2CH_2CH_2CH_2Br$$

3) 加溴化氢

环丙烷的烷基衍生物与 HX 反应时,加成方向符合马氏规则,即氢原子加在含氢较多的碳原子上,卤原子加在含氢较少的碳原子上的产物为主要产物。例如:

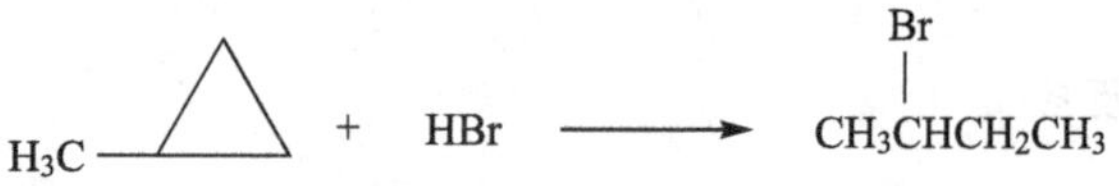

$$H_3C-\text{（环丙烷）} + HBr \longrightarrow CH_3\underset{|}{\overset{Br}{C}}HCH_2CH_3$$

环丁烷在常温下与 HX 不发生加成反应,环戊烷以上的环烷烃就更难了。

> **练习 2.8**　写出下列反应产物。
>
> $$\underset{H_3C}{\overset{H_3C}{}}\text{（环丙烷）}CH_3 + HBr \longrightarrow$$

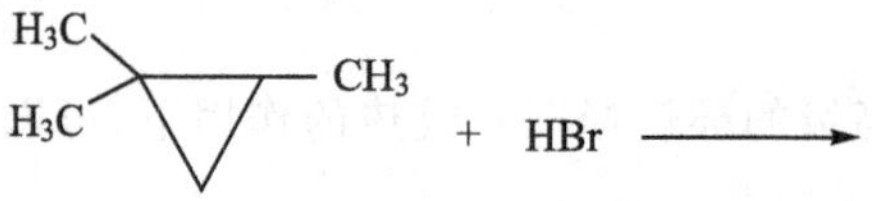

2.10　环烷烃的制备
（Preparation of Cycloalkanes）

环烷烃的天然来源主要是石油,含量为 0.1%～1.0%。石油中所含的环烷烃主要是五元、六元环,其中有环己烷、甲基环己烷、甲基环戊烷和 1,2-二甲基环戊烷等。环烷烃的制备方法主要有以下几种。

1. 芳烃的催化氢化

例如:

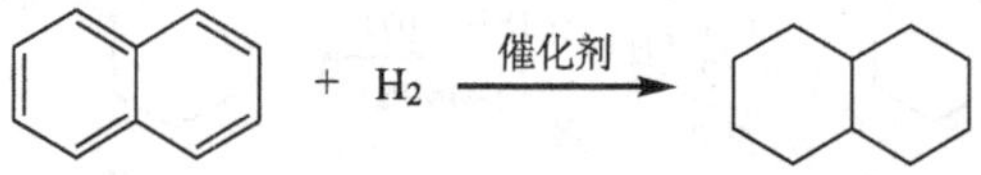

$$\text{（萘）} + H_2 \xrightarrow{催化剂} \text{（十氢化萘）}$$

十氢化萘

2. 分子内关环反应

在实验室中可用 Zn 或 Na 与二卤代烷反应,合成环丙烷和环丁烷等小环环烷烃,大环产率很低。当用 Na 反应时,可看作是发生在分子内的武兹反应。例如:

$$Br\text{——}\diagdown\text{——}Br \ + \ Zn \ \xrightarrow[\triangle,\ 80\%]{NaI,\ 乙醇} \ \triangle \ + \ ZnBr_2$$

3. 以卡宾为活性中间体制备三元环化合物

详见 3.4.6 和 14.3.3。

 知识亮点

IUPAC 命名法和系统命名法

有机化合物的命名是有机化学的一项重要内容,现在书籍和期刊中经常使用普通命名法、系统命名法和国际纯粹与应用化学联合会命名法,后者简称 IUPAC 命名法。

国际纯粹与应用化学联合会(IUPAC)成立于 1919 年,它是一个由世界著名化学家和各国化学团体联合组成的学术组织,是顺应当时国际社会对化学方面日益强烈的标准要求而诞生的。1892 年,各国化学家在日内瓦举行国际化学会议,拟定了有机化合物系统命名法,称为“日内瓦命名法”。1930 年在比利时的列日召开国际化学联合会,修订并发展了该命名法。此后经 IUPAC 多次修订,于 1979 年公布了 IUPAC 命名法,该命名法已被世界各国普遍采用至今。

1960 年,中国化学会采用 IUPAC 命名原则,结合我国文字特点,制定了我国的系统命名法。1980 年又进行了增补和修订,公布了《有机化学命名原则》,并沿用至今。

习题(Exercises)

2.1 用系统命名法命名下列化合物。

(1) $CH_3CH_2\text{—}\underset{\underset{CH(CH_3)_2}{|}}{CH}\text{—}CH_2\text{—}\underset{\underset{CH_3}{|}}{CH}\text{—}CH_3$

(2) $(CH_3)_2CHC\text{—}\underset{\underset{CH_3}{|}}{\overset{\overset{CH_3}{|}}{C}}\text{—}CH_2CH(CH_3)_2$

(3) $CH_3\underset{\underset{CH_2}{|}}{\overset{}{CH}}\text{—}\underset{\underset{CH_2CH_2CH_3}{|}}{CH}\text{—}\underset{\underset{}{\overset{\overset{CH_2CH_3}{|}}{CH}}}\text{—}CH_3$
$\qquad\quad\underset{CH_3}{|}$

(4)

(5) $CH_3CH(CH_2CH_3)CH_2C(CH_3)_2CH(CH_2CH_3)CH_3$

(6)

2.2 写出下列化合物的构造式。

(1) 仅含有伯氢,没有仲氢和叔氢的分子式为 C_5H_{12} 的化合物

(2) 由一个丙基和一个异丙基组成的烷烃

(3) 相对分子质量为 114,同时含有伯、仲、叔、季碳原子的烷烃

(4) 2,2,4,4-四甲基-3-乙基己烷

(5) 2,2,5-三甲基-4-丙基庚烷

2.3　以 C_2—C_3 的 σ 键为轴旋转,画出 2,3-二甲基丁烷的典型构象式,并指出哪一个是最稳定的构象式。

2.4　试画出下列二元取代环己烷可能的顺反构象式,并判断哪种构象稳定。

(1) 1,3-二甲基环己烷　　　　　　　　　　　　(2) 1-甲基-4-异丙基环己烷

2.5　试画出下列化合物的优势构象式。

(1) 顺-1-甲基-3-叔丁基环己烷　　　　　　　　(2) 顺-1,2,4-三甲基环己烷

2.6　写出下列化合物的构造式。

(1) 3-甲基二环[3.2.1]辛烷　　　　　　　　　(2) 6-甲基螺[4.5]癸烷

(3) 1,1-二甲基环丙烷

2.7　不查物理常数表,试推测下列化合物沸点高低的一般顺序。

(1) 正庚烷　　　　(2) 正癸烷　　　　(3) 2-甲基戊烷　　　　(4) 正己烷

2.8　比较下列自由基的稳定性,从大到小排列成序。

(1) $CH_3\dot{C}HCH(CH_3)_2$　　　(2) $(CH_3)_2CHCH_2\dot{C}H_2$　　　(3) $CH_3CH_2\dot{C}(CH_3)_2$　　　(4) $\dot{C}H_3$

2.9　写出下列化合物在室温下进行一氯代反应的产物的构造式。

(1) 正戊烷　　　　(2) 异戊烷　　　　(3) 新戊烷

2.10　根据以下溴代反应事实,推测相对分子质量为 72 的烷烃异构体的构造式。

(1) 能生成三种一溴代产物;(2) 能生成四种一溴代产物;(3) 仅生成一种一溴代产物。

2.11　解释甲烷氯化反应中观察到的现象。

(1) 甲烷和氯气的混合物在室温下和黑暗中可以长期保存而不发生反应。

(2) 将氯气用光照射后,在黑暗中放一段时间再与甲烷混合,不发生氯化反应。

(3) 将氯气先用光照射,然后迅速在黑暗中与甲烷混合,可以得到氯化产物。

(4) 将甲烷先用光照射,再在黑暗中与氯气混合,不发生氯化反应。

2.12　已知烷烃中伯、仲、叔氢在氯化时相对活性为 1∶4∶5,求 $CH_3CH_2CH_3$ 氯化时得到的一氯代产物各占的百分含量。

2.13　命名下列化合物。

2.14　完成下列反应式。

2.15　某烃分子式为 C_6H_{12},它在室温下不能使高锰酸钾溶液褪色,与 HI 反应生成 $C_6H_{13}I$,氢化后只得一个产品即甲基二乙基甲烷。试推测该烃的结构。

第3章 烯 烃
（Alkenes）

烯烃是分子中含有碳碳双键的化合物。含有一个碳碳双键的化合物称为单烯烃,链状单烯烃的结构通式为 C_nH_{2n}。碳碳双键是烯烃的官能团。

3.1 烯烃的结构
（Structure of Alkenes）

3.1.1 碳原子轨道的 sp^2 杂化

乙烯是烯烃中最简单的分子,其分子式为 C_2H_4,构造式为 $H_2C=CH_2$。现代物理实验方法证明,乙烯分子的所有原子在同一平面上,键角接近 $120°$。乙烯的键长和键角分别如下:

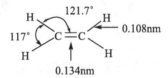

按照轨道杂化理论,乙烯碳原子成键时是由一个 2s 轨道和两个 2p 轨道进行杂化,重新组成三个相等的 sp^2 杂化轨道。sp^2 杂化轨道的形成见图 3-1。

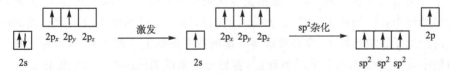

图 3-1 sp^2 杂化轨道的形成

三个 sp^2 杂化轨道的对称轴分布在同一平面上,并以碳原子为中心,分别指向三角形的三个顶点。对称轴之间的夹角为 $120°$。sp^2 杂化轨道的形状与 sp^3 杂化轨道相似,也是一头大一头小,见图 3-2(a)。每一个 sp^2 杂化轨道相当于 1/3 s 轨道成分和 2/3 p 轨道成分。乙烯分子中碳原子进行 sp^2 杂化,每个碳原子还剩下一个未参与杂化的 p 轨道,其对称轴垂直于三个 sp^2 杂化轨道对称轴所在的平面。sp^2 杂化轨道与 p 轨道的关系见图 3-2(b)。

3.1.2 乙烯的形成和 π 键的特性

当两个碳原子结合形成乙烯时,彼此各用一个 sp^2 杂化轨道相互交盖形成一个 C—C σ键,又各以两个 sp^2 杂化轨道与两个氢原子的 1s 轨道形成两个 C—H σ键,这样形成的五个 σ键处于同一个平面上,键角∠HCC 为 $121.7°$,∠HCH 为 $117°$。分子中的 σ键见图 3-3。

乙烯中两个未参与杂化的 p 轨道的对称轴垂直于 σ键所在的平面,彼此平行,且电子的自

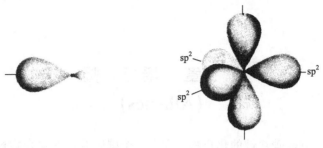

(a) sp² 杂化轨道的形状　　　　　　　(b) sp² 杂化轨道与p轨道的关系

图 3-2　碳原子 sp² 杂化轨道的形状及与 p 轨道的关系

旋方向相反,沿 x 轴平行地侧面交盖形成 π 键。所以,乙烯的碳碳双键是由一个 σ 键和一个 π 键组成的。乙烯分子中的 π 键见图 3-4。

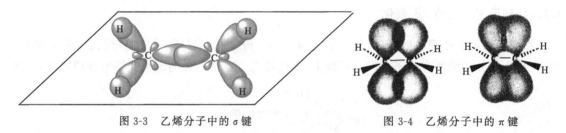

图 3-3　乙烯分子中的 σ 键　　　　　　　　　　图 3-4　乙烯分子中的 π 键

　　与 σ 键相比,π 键的主要特性是:①以 π 键相连的两原子不能自由旋转,这是因为 π 键是由两个 p 轨道侧面平行交盖形成的,只有当两个 p 轨道的对称轴平行时交盖程度最大,若旋转则平行被破坏,π 键必将减弱或断裂;②π 键不如 σ 键牢固,不稳定而容易断裂,原因是两个 p 轨道侧面平行交盖的程度比轨道沿对称轴交盖的程度小;③π 键不能单独存在,只能与 σ 键共存于双键和叁键中;④π键表现出较大的化学活泼性,因为 π 键的电子云不像 σ 键的电子云那样集中在两个原子核的连线上,而是分散在 σ 键所在平面的上方和下方,这样原子核对 π 电子的束缚力较小,π 电子云具有较大的流动性,容易受外来试剂的影响而发生极化。

　　π 键的形成也可以用分子轨道理论来解释。两个碳原子各以一个 p 原子轨道线性组合形成两个分子轨道,一个是能量低于原子轨道的 π 成键轨道,另一个是能量高于原子轨道的 π* 反键轨道,基态时乙烯分子的两个 π 电子处于 π 成键轨道上,形成 π 键。π 键分子轨道能级图见图 3-5。

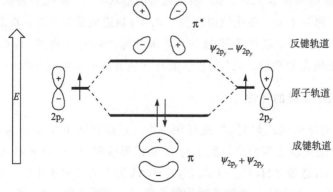

图 3-5　π 键分子轨道能级图

3.2 烯烃的同分异构现象和命名
(Isomerism and Nomenclature of Alkenes)

3.2.1 烯烃的同分异构现象

1. 构造异构

烯烃有碳碳双键官能团,构造异构包括碳架异构和双键的位置异构。例如,C_5H_{10}烯烃的同分异构体为

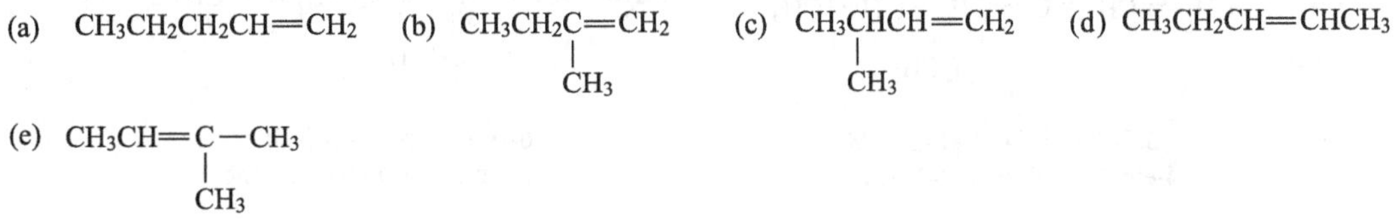

(a) $CH_3CH_2CH_2CH=CH_2$ (b) $CH_3CH_2C=CH_2$ (c) $CH_3CHCH=CH_2$ (d) $CH_3CH_2CH=CHCH_3$
$\qquad\qquad\qquad\qquad\qquad\qquad\quad |$ $\qquad\qquad\qquad\qquad |$
$\qquad\qquad\qquad\qquad\qquad\qquad\ CH_3$ $\qquad\qquad\qquad CH_3$

(e) $CH_3CH=C-CH_3$
$\qquad\qquad\quad\ |$
$\qquad\qquad\quad CH_3$

其中(a)、(b)、(c)、(e)互为碳架异构,(a)与(d)是位置异构。

2. 顺反异构

由于烯烃的碳碳双键不能绕键轴自由旋转,因此当两个双键碳原子上各连有两个不同的原子或基团时,可能产生两种不同的空间排列方式,如 2-丁烯。

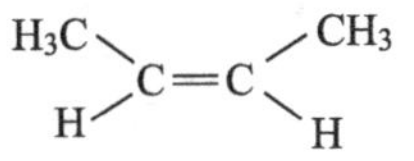

顺-2-丁烯 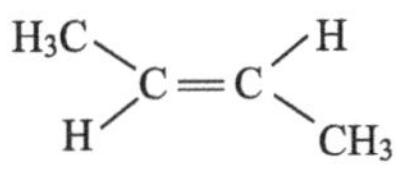　　　　　　　　反-2-丁烯

相同基团处于双键同一侧的称为顺式,相同基团处于双键异侧的称为反式。分子中原子或基团在空间的排列称为构型。顺-2-丁烯与反-2-丁烯的分子式相同,构造式也相同,但两个甲基在空间的排列不同,它们互为构型异构体。像顺-2-丁烯与反-2-丁烯这样的构型异构体称为顺反异构体(过去也称几何异构体),顺反异构体具有不同的物理性质和化学性质。

产生顺反异构的必要条件是构成双键的任何一个碳原子上所连接的两个原子或基团都不相同。若其中有一个碳原子上连有两个相同的原子或基团,则不存在顺反异构现象。例如:

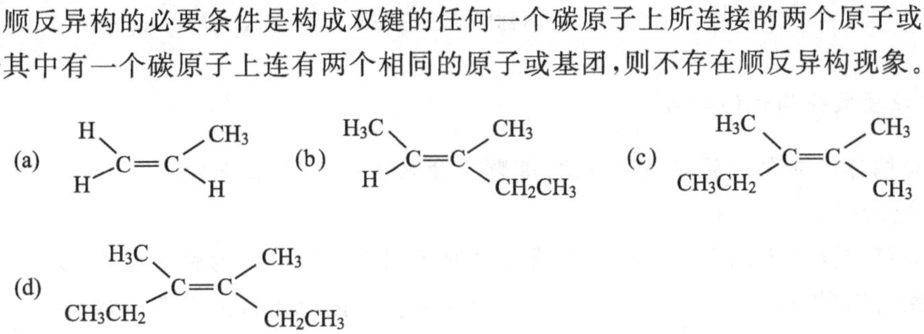

其中(b)和(d)有顺反异构体,(a)和(c)没有顺反异构体。

练习 3.1 试判断下列化合物有无顺反异构体,如果有则写出其构型。
(1) 4-甲基-3-庚烯　　(2) 2-甲基-2-丁烯

3.2.2　烯烃的命名

1. 系统命名法

（1）选择含有碳碳双键的最长碳链为主链，根据主链的碳原子数目命名为"某烯"。烯烃的英文名称是将相应烷烃名称的词尾"ane"改成"ene"即可。

（2）从靠近双键的一端开始编号，使双键位次最小，位次用阿拉伯数字表示，并将数字与某烯名称之间用半字线(-)隔开，写在某烯的名称之前。例如：

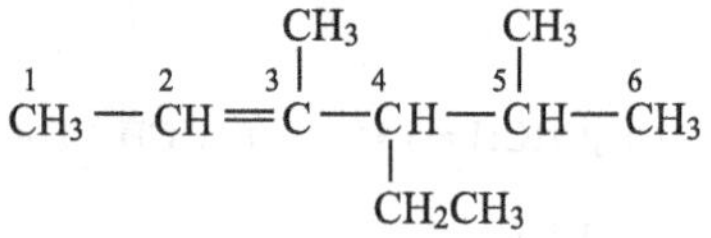

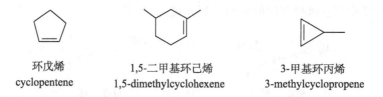

3,5-二甲基-4-乙基-2-己烯　　　　　　　　　6-甲基-3-丙基-2-庚烯
4-ethyl-3,5-dimethyl-2-hexene　　　　　　6-methyl-3-propyl-2-heptene

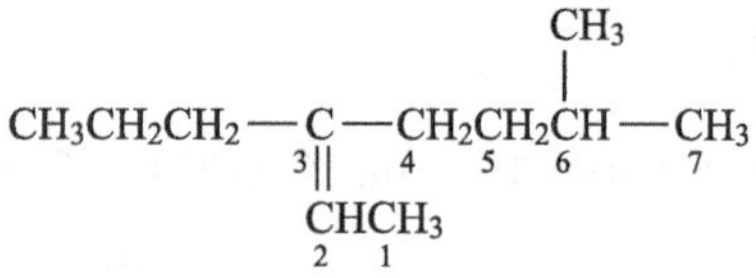

通常将双键在 1 位的烯烃称为 α-烯烃或末端烯烃，命名时常将"1"省去。烯烃其他命名的方法与烷烃相同。

（3）环烯烃的命名与开链烯烃相似，只需在名称前冠以"环(cyclo)"字，编号采用最低序列原则，尽可能使双键位次最小。例如：

环戊烯　　　　　　　　1,5-二甲基环己烯　　　　　　3-甲基环丙烯
cyclopentene　　　　1,5-dimethylcyclohexene　　3-methylcyclopropene

2. 衍生物命名法

烯烃的衍生物命名法是以乙烯为母体，将其他烯烃看作是乙烯的烷基衍生物来命名。例如：

$CH_2=CH-CH_3$　　　　$CH_3CH_2CH=CH-CH_3$　　　　$CH_2=C(CH_3)_2$

甲基乙烯　　　　　　　对称甲基乙基乙烯　　　　　不对称二甲基乙烯

3. 烯烃顺反异构体的命名

顺反异构体的命名可采用两种方法，即顺反命名法和 Z/E 命名法。

1）顺反命名法

两个双键碳原子上两个相同的原子或基团处于双键的同一侧的称为顺式，反之称为反式，命名时分别冠以"顺(cis)"或"反(trans)"，并用半字线与化合物名称相连。例如：

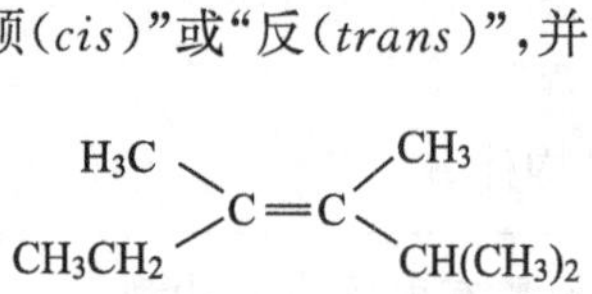

顺-2,3,4-三甲基-3-己烯　　　　　　　　反-2,2-二甲基-3-己烯
cis-2,3,4-trimethyl-3-hexene　　　　trans-2,2-dimethyl-3-hexene

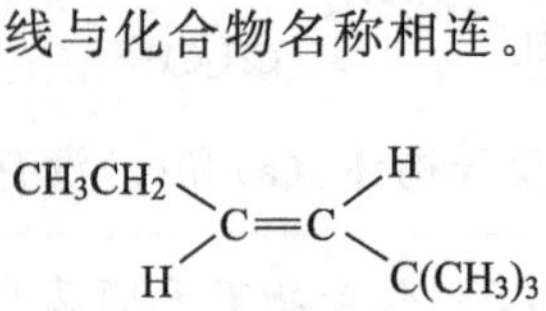

当双键碳原子所连的四个原子或基团都不相同时,就无法用顺反来命名了。例如:

$$
\begin{array}{c}
H_3C \\
CH_3CH_2
\end{array}
C=C
\begin{array}{c}
CH_2CH_2CH_3 \\
CH(CH_3)_2
\end{array}
$$

可见顺反命名法虽然简单,但有局限性。而 Z/E 命名法可适用于所有烯烃的顺反异构体的命名。

2) Z/E 命名法

在用 Z/E 命名法时,先根据"顺序规则"比较出两个双键碳原子上所连接的两个原子或基团的优先顺序。当双键碳原子上的"较优"原子或基团处于双键的同侧时,命名为 Z 式(Z 是德文 Zusammen 的字首,同一侧之意);反之命名为 E 式(E 是德文 Entgegen 的字首,相反之意)。将 Z 或 E 加括号放在烯烃名称之前,并用半字线(-)将它们相连,即得全称。例如:

$$
\begin{array}{c}
CH_3CH_2 \\
H
\end{array}
C=C
\begin{array}{c}
CH_2CH_2CH_3 \\
C(CH_3)_3
\end{array}
$$

左端:CH_3CH_2— 为较优基团

右端:—$C(CH_3)_3$ 为较优基团

两个较优基团在双键的异侧,为 E 构型,其名称为(E)-4-叔丁基-3-庚烯,(E)-4-*tert*-butyl-3-heptene。

值得提出的是,顺反命名法和 Z/E 命名法中的顺和 Z、反和 E 并无对应关系,顺式可以是 Z 式,也可以是 E 式,反之亦然。例如:

$$
\begin{array}{c}
H_3C \\
H
\end{array}
C=C
\begin{array}{c}
CH_3 \\
H
\end{array}
\qquad
\begin{array}{c}
Cl \\
Br
\end{array}
C=C
\begin{array}{c}
H \\
Cl
\end{array}
$$

顺-2-丁烯　　　　　　　　反-1,2-二氯-1-溴乙烯

(Z)-2-丁烯　　　　　　　(Z)-1,2-二氯-1-溴乙烯

4. 烯基

烯烃分子去掉一个氢原子后剩下的基团称为烯基,常见的烯基有

	$CH_2=CH-$	$CH_2=CHCH_2-$	$CH_3CH=CH-$
普通命名:	乙烯基	烯丙基	丙烯基
	vinyl	allyl	propenyl
IUPAC命名:	乙烯基	2-丙烯基	1-丙烯基
	ethenyl	2-propenyl	1-propenyl

练习 3.2　用系统命名法命名下列化合物。

(1)
$CH_3(CH_2)_{15}CH=CH_2$

(2)

(3)
$$
\begin{array}{c}
H_3C \\
CH_3CH_2
\end{array}
C=C
\begin{array}{c}
CH_2CH_3 \\
CH(CH_3)_2
\end{array}
$$

3.3　烯烃的物理性质
(Physical Properties of Alkenes)

烯烃的物理性质与烷烃相似,在常温、常压下,$C_2 \sim C_4$ 的烯烃为气体,$C_5 \sim C_{15}$ 的烯烃为液体,高级烯烃为固体。它们的相对密度都小于1,难溶于水,易溶于非极性和弱极性的有机溶剂。常见烯烃的物理常数如表 3-1 所示。

表 3-1　常见烯烃的名称和物理常数

名称	结构式	沸点/℃	相对密度(d_4^{20})
乙烯	$CH_2{=}CH_2$	−103.7	0.570(沸点时)
丙烯	$CH_3CH{=}CH_2$	−47.7	0.610(沸点时)
2-甲基丙烯	$CH_3C{=}CH_2$，下接 CH_3	−6.9	0.631(−10℃)
1-丁烯	$CH_2{=}CHCH_2CH_3$	−6.4	0.625(沸点时)
顺-2-丁烯	H_3C、CH_3 同侧 $C{=}C$（H、H 同侧）	3.5	0.6213
反-2-丁烯	H_3C、H 与 H、CH_3 $C{=}C$	1.0	0.6042
3-甲基-1-丁烯	$(CH_3)_2CHCH{=}CH_2$	25	0.633(15℃)
1-戊烯	$CH_2{=}CHCH_2CH_2CH_3$	30.1	0.643
反-2-戊烯	H_3C、H 与 H、CH_2CH_3 $C{=}C$	36	0.647
顺-2-戊烯	H_3C、CH_2CH_3 与 H、H $C{=}C$	37	0.655
2-甲基-2-丁烯	$(CH_3)_2C{=}CHCH_3$	39	0.660
1-己烯	$CH_2{=}CH(CH_2)_3CH_3$	63.5	0.673
2,3-二甲基-2-丁烯	$(CH_3)_2C{=}C(CH_3)_2$	73	0.705
1-庚烯	$CH_2{=}CH(CH_2)_4CH_3$	93.6	0.697
环己烯	(环己烯结构式)	83	0.810
氯乙烯	$CH_2{=}CHCl$	−14	—

根据碳原子的杂化理论,在 sp^n 杂化轨道中,n 的数值越小,s 轨道的性质就越强。由于 s 轨道中的电子比 p 轨道中的电子靠近原子核,受原子核的束缚力大,因此在杂化轨道中,s 轨道的成分越多,碳原子的电负性越大。因此,不同杂化状态碳原子的电负性的大小次序是:

$C_{sp} > C_{sp^2} > C_{sp^3}$。由于烯烃 sp^2 碳原子的电负性比 sp^3 碳原子的大,所以烯烃比烷烃容易极化而成为有偶极的分子。例如,丙烯的偶极矩 $\mu = 1.17 \times 10^{-30}$ C · m 。对于其他 RCH =CH$_2$ 型的烯烃,当 R 为无张力的烷基时,其偶极矩 $\mu = 1.17 \times 10^{-30} \sim 1.33 \times 10^{-30}$ C · m。

顺-2-丁烯是非对称分子,偶极矩 $\mu = 1.10 \times 10^{-30}$ C · m,反-2-丁烯是对称分子,偶极矩为 0。顺-2-丁烯的沸点比反式略高,而熔点则是反式的高,这是由于顺式异构体有弱极性,分子间偶极-偶极相互作用增强,故沸点略高。而反式异构体为对称分子,在晶格中排列较紧密,所以熔点较高。

3.4　烯烃的化学反应
(Chemical Reactions of Alkenes)

碳碳双键是烯烃的官能团,它由一个 σ 键和一个 π 键组成。由于 π 键受核的束缚力较小,容易给出电子而受到缺电子试剂(亲电试剂)的进攻,故烯烃的典型反应是双键中的 π 键断裂,反应后生成两个更强的 σ 键,这样的反应称为加成反应。烯烃的加成反应主要有离子型的亲电加成反应和自由基加成反应两种。

受碳碳双键的影响,与其直接相连的烷基碳原子上的氢原子表现出一定的活泼性。像这种与官能团直接相连的碳原子称为 α-碳原子,α-碳原子上的氢原子称为 α-氢原子。烯烃的 α-氢原子较活泼,易发生卤代反应和氧化反应。

碳碳双键的活泼性还表现为易被氧化和氢化,并易发生聚合反应等,下面逐一讨论。

3.4.1　催化氢化反应和氢化热

1. 催化氢化

在催化剂的作用下烯烃与氢分子加成生成相应的烷烃的反应称为催化氢化(或称为催化加氢)。常用的催化剂有铂黑、钯粉、雷尼(Raney)镍等金属。例如:

$$CH_3CH = CHCH_3 \ + \ H_2 \ \xrightarrow{\ Pt\ } \ CH_3CH_2CH_2CH_3$$

一般认为,催化氢化的反应是在催化剂表面进行的,氢气与烯烃被金属催化剂表面所吸附,这是一种化学吸附,氢分子发生键的断裂生成活泼的氢原子,烯烃的 π 键也因被吸附而松弛,活化了的烯烃与氢原子发生顺式加成反应,生成相应的烷烃,然后产物脱离催化剂表面。图 3-6 是 1,2-二氘代环己烯催化氢化生成 1,2-二氘代环己烷的反应机理。

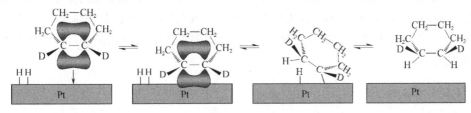

图 3-6　1,2-二氘代环己烯催化氢化反应机理

上述铂、钯、镍等金属类的催化剂均不溶于有机溶剂,一般称之为非均相催化剂。能与反应物处于同一均匀物相(液相)中的催化剂称为均相催化剂,它具有催化活性高、活性不易丧失或降低、并可在常温常压下进行催化反应等优点。1964 年,英国化学家威尔金森(G. Wilkinson,1921—)发现,三苯基膦和三氯化铑的烷烃溶液能将溶于其中的烯烃催化氢化,且表现出极大的催化活性。均相催化剂的概念由此产生,并命名为威尔金森均相催化剂。

烯烃的催化加氢是定量进行的,因此可以通过测量氢气体积的方法确定烯烃中双键的数目。催化氢化的反应是可逆的,一般在高温下会发生脱氢反应,故需控制温度。

2. 氢化热与烯烃的稳定性

烯烃的氢化反应是放热反应,1mol 烯烃氢化时所放出的热量称为氢化热,每个双键的氢化热大约为 125kJ·mol^{-1}。氢化热值越大,分子的热力学能越高,稳定性越低,因此可以用氢化热值的大小来衡量烯烃的稳定性。表 3-2 列举了一些烯烃的氢化热数据。

表 3-2　一些烯烃的氢化热(kJ·mol^{-1})

烯烃	氢化热	烯烃	氢化热
CH_2=CH_2	137	顺-CH_3CH=$CHCH_3$	120
CH_3CH=CH_2	126	反-CH_3CH=$CHCH_3$	115
CH_3CH_2CH=CH_2	127	顺-CH_3CH_2CH=$CHCH_3$	120
$CH_3(CH_2)_2CH$=CH_2	126	反-CH_3CH_2CH=$CHCH_3$	116
$(CH_3)_2CHCH$=CH_2	127	$(CH_3)_2C$=$CHCH_3$	113
$CH_3CH_2C(CH_3)$=CH_2	119	$(CH_3)_2C$=$C(CH_3)_2$	111
$(CH_3)_2C$=CH_2	119		

由表 3-2 中列出的乙烯和一、二、三、四取代乙烯的氢化热数据可知,双键碳原子上连接的烷基数目越多,该烯烃的氢化热值越小,即相对较稳定。由烯烃顺反异构体的氢化热数据可知,反式异构体的氢化热值较小,相对较稳定。一般烯烃的稳定性次序是

$$R_2C=CR_2>R_2C=CHR>R_2C=CH_2>RCH=CHR>RCH=CH_2>CH_2=CH_2$$

3.4.2　亲电加成反应

由亲电试剂进攻不饱和键而引起的加成反应称为亲电加成反应。所谓亲电试剂是指在反应过程中接受电子或共用电子的试剂。常见的与烯烃发生亲电加成反应的亲电试剂有以下几种:卤素(Cl_2、Br_2);无机酸(H_2SO_4、HCl、HBr、HI、HOCl、HOBr);含有空轨道的金属离子[如$(CH_3COO)Hg^+$等];未满足八隅体的缺电子化合物,如乙硼烷及碳正离子等。亲电加成是烯烃的特征反应。

1. 与卤素加成

氟太活泼,反应非常剧烈,放出大量热而使烯烃分解;碘与烯烃不进行离子型加成反应,所以烯烃主要是与氯和溴加成,反应的活性是氯>溴。对烯烃而言,其与相同卤素反应的活性顺序如下:

$$(CH_3)_2C{=}C(CH_3)_2 > (CH_3)_2C{=}CHCH_3 > (CH_3)_2C{=}CH_2 > CH_3CH{=}CH_2 > CH_2{=}CH_2$$

将烯烃通入溴的四氯化碳溶液中即生成邻二溴化物。由于溴的红褐色消失明显,广泛应用于烯烃的检验。

氯与乙烯加成,生成的 1,2-二氯乙烷是很好的溶剂,也是重要的工业原料。

2. 与卤化氢加成、马尔科夫尼科夫规则

卤化氢气体或发烟氢卤酸溶液和烯烃加成时,可得到一卤代烷。例如:

$$CH_2{=}CH_2 + HX \longrightarrow CH_3CH_2X$$

浓氢碘酸、浓氢溴酸也能和烯烃反应,但浓盐酸一般不起反应,要用 $AlCl_3$ 等催化剂才行。该加成反应是按碳正离子中间体进行的,反应机理可表述如下:

反应分两步进行,第一步是 H^+ 向碳碳双键进攻,生成碳正离子中间体,这是决定反应速度的慢步骤。第二步是碳正离子与卤负离子结合生成加成产物。

反应机理表明:烯烃双键上的电子云密度越高,氢卤酸的酸性越强,反应越容易进行。卤化氢与烯烃加成的反应活泼性顺序是 $HI > HBr > HCl$。烯烃与相同卤化氢反应的活性顺序与烯烃与卤素加成的活性顺序相同。

丙烯等不对称烯烃与卤化氢加成可能生成两种产物。例如:

$$CH_3CH{=}CH_2 \begin{array}{l} \longrightarrow CH_3\underset{\underset{Cl}{|}}{C}HCH_3 \text{(主要产物)} \\ \longrightarrow CH_3CH_2CH_2Cl \end{array}$$

1875 年,俄国化学家马尔科夫尼科夫(V. W. Markovnikov,1838—1904)根据许多实验结果,总结出一条烯烃亲电加成反应的经验规则:不对称烯烃与氯化氢等极性试剂进行加成反应时,酸中的氢原子(或其他带正电性部分的原子或基团)加到含氢较多的双键碳原子上,氯原子(或其他带负电性部分的原子或基团)加到含氢较少的或不含氢的双键碳原子上。该经验规则用他的名字命名,称为马尔科夫尼科夫规则,简称马氏规则。

上述烯烃与卤化氢加成的反应是一种区域选择性的反应。所谓区域选择性反应,是指当反应的取向有可能产生几个异构体时,只生成或主要生成一个产物的反应。马尔科夫尼科夫规则是历史上发现的第一个区域选择性规则,应用马氏规则可以预测许多亲电加成反应的产物。例如:

$$CH_3CH_2CH{=}CH_2 + HBr \xrightarrow{\text{乙酸}} CH_3CH_2\underset{\underset{Br}{|}}{C}HCH_3$$

马尔科夫尼科夫规则可以用反应过程中生成的碳正离子中间体的稳定性来解释。图 3-7 是丙烯与卤化氢加成第一步反应的能量-反应进程图,由图可知,第一步反应可能生成两种碳正离子:

$$CH_3CH = CH_2 \xrightarrow[-X^-]{HX} \begin{cases} CH_3\overset{+}{C}HCH_3 \\ （Ⅰ） \\ CH_3CH_2\overset{+}{C}H_2 \\ （Ⅱ） \end{cases}$$

　　由图 3-7 可知,碳正离子中间体（Ⅰ）比（Ⅱ）稳定,生成所需活化能相对较低,即 $E_1 < E_2$,因此（Ⅰ）比（Ⅱ）容易生成,反应速率相对较大。可见,烯烃与卤化氢加成反应的速率和取向主要取决于碳正离子中间体的形成及其稳定性,越是稳定的碳正离子越易生成,生成后也越稳定。

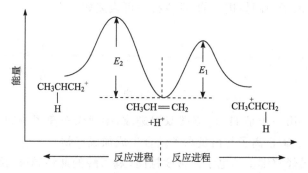

图 3-7　丙烯与卤化氢加成第一步反应的能量-反应进程图

　　碳正离子的稳定性顺序是叔>仲>伯>甲基碳正离子。例如:

$$H_3C-\overset{\overset{\displaystyle CH_3}{|}}{\underset{\underset{\displaystyle CH_3}{|}}{C^+}} \quad > \quad H_3C-\overset{\overset{\displaystyle H}{|}}{\underset{\underset{\displaystyle CH_3}{|}}{C^+}} \quad > \quad H_3C-\overset{\overset{\displaystyle H}{|}}{\underset{\underset{\displaystyle H}{|}}{C^+}} \quad > \quad H-\overset{\overset{\displaystyle H}{|}}{\underset{\underset{\displaystyle H}{|}}{C^+}}$$

　　由于反应经过碳正离子中间体,生成的碳正离子可以通过 1,2-氢迁移或 1,2-甲基迁移重排成更加稳定的碳正离子。因此,具有某种结构的烯烃发生上述反应时,通常会有重排产物生成,有时可能还是主要产物。例如:

$$\underset{\overset{\displaystyle |}{\underset{\displaystyle H}{}}}{\overset{\overset{\displaystyle CH_3}{|}}{CH_3CH}}=CH_2 \xrightarrow{H^+} \underset{\overset{\displaystyle |}{\underset{\displaystyle H}{}}}{\overset{\overset{\displaystyle CH_3}{|}}{CH_3C}}-\overset{+}{C}HCH_3 \xrightarrow{Cl^-} \underset{\overset{\displaystyle |}{\underset{\displaystyle Cl}{}}}{\overset{\overset{\displaystyle CH_3}{|}}{CH_3CH}}CHCH_3$$

$$\downarrow \text{1,2-氢迁移}$$

$$\overset{\overset{\displaystyle CH_3}{|}}{CH_3\overset{+}{C}CH_2CH_3} \xrightarrow{Cl^-} \underset{\overset{\displaystyle |}{\underset{\displaystyle Cl}{}}}{\overset{\overset{\displaystyle CH_3}{|}}{CH_3C}}CH_2CH_3$$

重排产物

练习 3.3 预测下列化合物与溴化氢反应时的主要产物。
(1) 1-甲基环戊烯　　　(2) 3-甲基-1-丁烯　　　(3) 2,4-二甲基-2-戊烯

3. 与硫酸加成

将乙烯通入冷的浓 H_2SO_4 中生成硫酸氢乙酯,硫酸氢乙酯可被水解转变成乙醇。

$$CH_2{=}CH_2 + \overset{+}{H}\overset{-}{O}SO_2OH \xrightarrow{0\sim15℃} CH_3CH_2OSO_2OH$$

$$CH_3CH_2OSO_2OH \xrightarrow[90℃]{H_2O} CH_3CH_2OH + H_2SO_4$$

烯烃加硫酸后水解,其总的结果是烯烃加一分子水得到醇,这是工业上制备醇的方法之一,称为间接水合法或硫酸法。

如果把水蒸气直接通入烯烃中也能合成醇,但需要用酸(如磷酸)催化并在高温高压下进行反应,这也是醇的工业制法之一,称为直接水合法。例如:

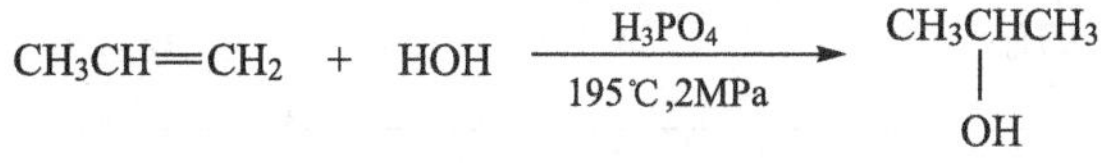

$$CH_3CH{=}CH_2 + HOH \xrightarrow[195℃,2MPa]{H_3PO_4} CH_3\underset{OH}{CH}CH_3$$

不对称烯烃与硫酸加成的取向符合马氏规则。例如:

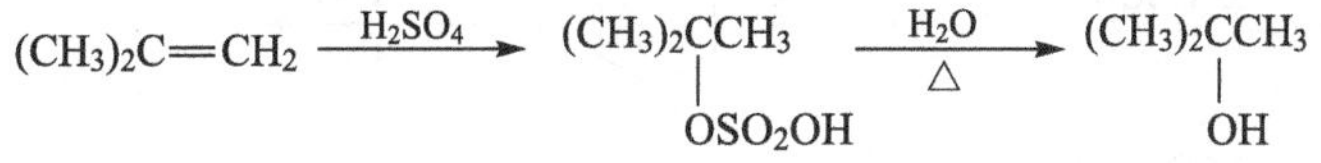

$$(CH_3)_2C{=}CH_2 \xrightarrow{H_2SO_4} (CH_3)_2\underset{OSO_2OH}{C}CH_3 \xrightarrow[\triangle]{H_2O} (CH_3)_2\underset{OH}{C}CH_3$$

4. 与次卤酸加成

烯烃与次氯酸和次溴酸加成,生成 β-卤代醇(2-卤代醇)。由于次氯酸不稳定,常用氯和水直接反应。例如,将乙烯和氯气直接通入水中得到 β-氯乙醇,反应机理可表示如下:

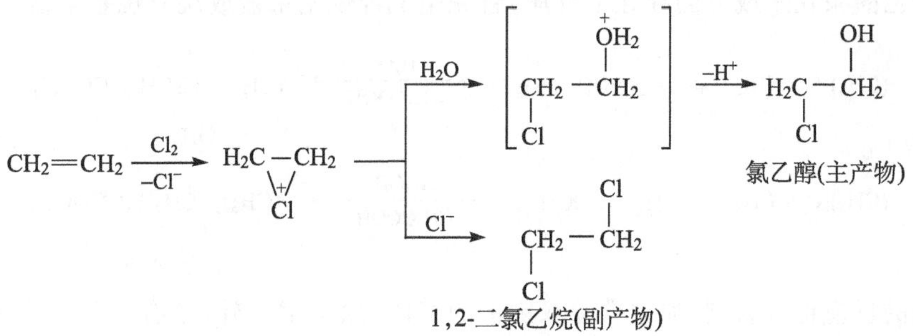

氯先与烯烃加成生成环状氯鎓离子中间体,然后氯鎓离子与水反应得到反式加成产物。由于溶液中有 Cl^- 存在,故有副产物1,2-二氯乙烷生成。

不对称烯烃和次氯(溴)酸加成也遵循马氏规则,亲电试剂氯(溴)正离子加到含氢较多的双键碳原子上,水分子加到含氢较少的碳原子上。例如:

$$CH_3CH=CH_2 \xrightarrow[-Cl^-]{Cl_2} CH_3CHCH_2 \xrightarrow[-H^+]{H_2O} CH_3CHCH_2$$

（带 Cl 取代基，及 $\overset{+}{Cl}$ 桥式中间体，产物为 1-氯-2-丙醇，带 Cl 和 OH）

1-氯-2-丙醇

5. 与有机酸、醇、酚的加成

烯烃与有机酸加成生成酯，与醇或酚加成生成醚。强有机酸（如三氟乙酸）可直接与烯烃发生加成反应，而弱有机酸以及醇和酚只有在强酸[如硫酸、对甲苯磺酸（简写成 TsOH）或氟硼酸等]催化下才能发生加成反应，反应遵循马氏规则。例如：

$$CH_2=CH_2 + H_3C-\overset{\overset{\displaystyle O}{\|}}{C}-OH \xrightarrow{H^+} CH_3COOC_2H_5$$

乙酸乙酯

$$H_3C-\overset{\overset{\displaystyle}{|}}{\underset{CH_3}{C}}=CH_2 + CH_3OH \xrightarrow[160℃]{HBF_4} (CH_3)_3COCH_3$$

甲基叔丁基醚

练习 3.4 完成下列反应。

(1) [环己烯结构，带 CH₃] $\xrightarrow{CF_3COOH}$

(2) [环己烯结构，带 Ph] $\xrightarrow{Cl_2,\ H_2O}$

(3) $CH_3\overset{\overset{\displaystyle}{|}}{\underset{Ph}{C}}=CH_2 \xrightarrow{CH_3COOH,H^+}$

---

6. 与乙酸汞的反应

烯烃与乙酸汞在水或醇的存在下反应，首先生成羟烷基汞盐或烷氧烷基汞盐。例如：

$$(CH_3)_2C=CH_2 + Hg(OCOCH_3)_2 \xrightarrow[-CH_3COOH]{H_2O} (CH_3)_2CCH_2HgOCOCH_3$$
$$\underset{OH}{|}$$

$$(CH_3)_2C=CH_2 + Hg(OCOCH_3)_2 \xrightarrow[-CH_3COOH]{CH_3OH} (CH_3)_2CCH_2HgOCOCH_3$$
$$\underset{OCH_3}{|}$$

从上面的反应可以看到，加到碳碳双键上的基团，除了汞以外，还有溶剂分子也参加了反应，因此该反应也称为溶剂汞化反应。

用硼氢化钠（NaBH₄）还原羟烷基汞盐或烷氧烷基汞盐，可将产物中的汞原子用氢取代，该步反应称为去汞反应。烯烃的溶剂汞化-去汞反应速率快，条件温和，无重排且产率高（通常达 90%），相当于烯烃与水或醇按马氏规则进行加成，是实验室制备醇或醚的一种有用的方法。例如：

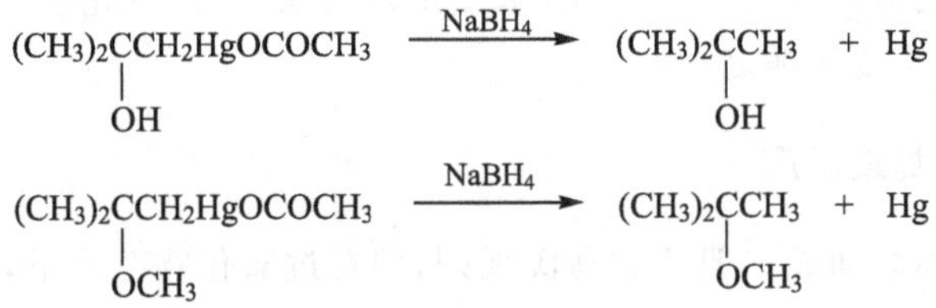

$$(CH_3)_2CCH_2HgOCOCH_3 \xrightarrow{NaBH_4} (CH_3)_2CCH_3 + Hg$$
$$\underset{OH}{|} \qquad\qquad\qquad \underset{OH}{|}$$

$$(CH_3)_2CCH_2HgOCOCH_3 \xrightarrow{NaBH_4} (CH_3)_2CCH_3 + Hg$$
$$\underset{OCH_3}{|} \qquad\qquad\qquad \underset{OCH_3}{|}$$

环戊烯的羟汞化-去汞反应机理如下：

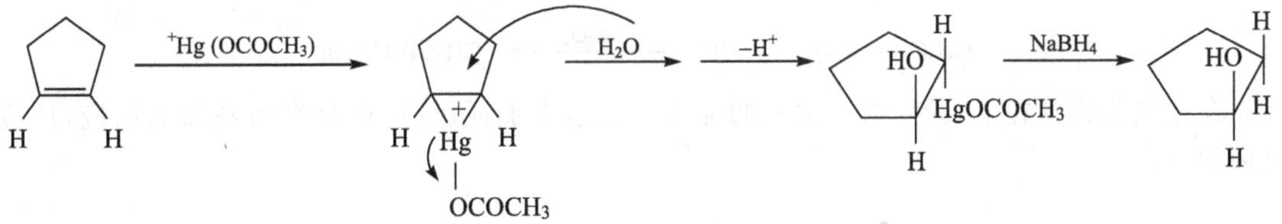

由反应机理可知,反应具有立体选择性,得到反式加成产物。但由于汞及其可溶性盐均有毒,因此本反应的应用受到限制。

7. 硼氢化-氧化反应

烯烃与甲硼烷作用生成烷基硼的反应称为烯烃的硼氢化反应。由于甲硼烷极不稳定,实际使用的是乙硼烷的醚溶液。乙硼烷与烯烃发生加成反应生成烷基硼,后者在碱性条件下与过氧化氢作用生成醇,该反应称为硼氢化-氧化反应。这是烯烃间接水合制备醇的又一方法。例如：

$$3CH_3CH{=}CH_2 + 1/2 (BH_3)_2 \longrightarrow (CH_3CH_2CH_2)_3B \xrightarrow{H_2O_2/OH^-} 3CH_3CH_2CH_2OH + H_3BO_3$$

硼氢化反应的机理如下：

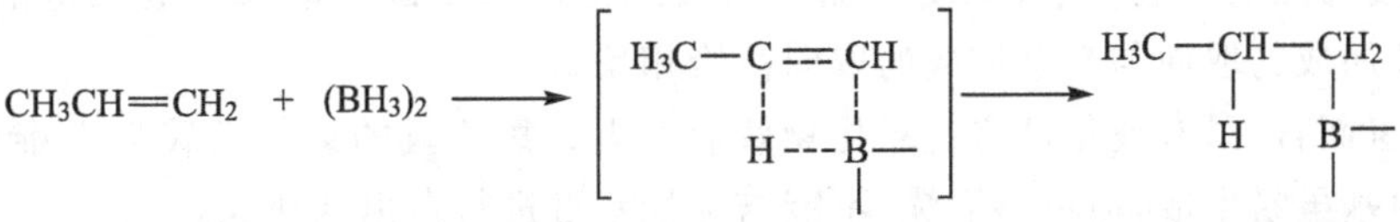

反应机理表明:①对于不对称烯烃,加成反应的取向是反马氏规则的,因为硼的电负性(2.0)比氢的电负性(2.1)小,且硼加到取代基较少的双键碳原子上的空间位阻较小,使反应容易发生;②反应经环状四中心过渡态,反应有很强的立体专一性,得到顺式加成产物。

练习 3.5 完成下列反应。

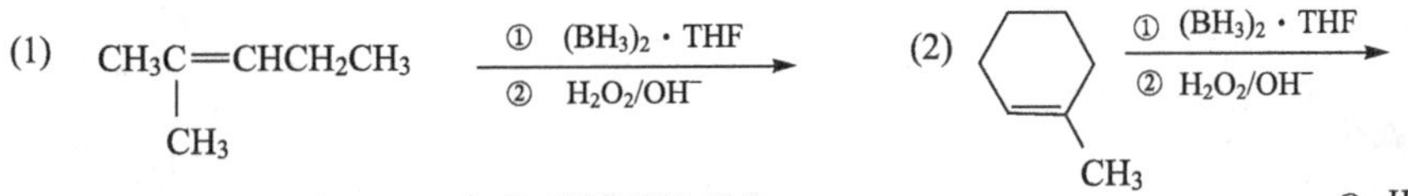

(1) $CH_3C{=}CHCH_2CH_3$ $\xrightarrow[\text{② } H_2O_2/OH^-]{\text{① } (BH_3)_2 \cdot THF}$
　　　　　$\underset{CH_3}{|}$

(2) (环己烯,带CH_3取代基) $\xrightarrow[\text{② } H_2O_2/OH^-]{\text{① } (BH_3)_2 \cdot THF}$

(3) $CH_3CH_2CH{=}CH_2$ $\xrightarrow[\text{② } NaBH_4]{\text{① } Hg(OCOCH_3)_2,H_2O}$

(4) $(CH_3)_2C{=}CHCH_3$ $\xrightarrow[\text{② } NaBH_4]{\text{① } Hg(OCOCH_3)_2,CH_3OH}$

与烯烃通过硫酸间接水合制备醇不同,末端烯烃经硼氢化-氧化反应均得到伯醇,且反应产率高,这是该反应的主要用途之一。

3.4.3　烯烃的自由基加成反应

卤化氢与不对称烯烃加成一般遵循马氏规则,但在过氧化物存在下,溴化氢与不对称烯烃的加成则是反马氏规则的。这种由于过氧化物存在而引起烯烃加成取向改变的现象称为过氧化物效应。例如:

$$CH_3CH=CH_2 + HBr \xrightarrow{R_2O_2} CH_3CH_2CH_2Br$$

在过氧化物存在下,烯烃与溴化氢的加成不是亲电加成反应,而是自由基加成反应,反应机理如下:

链引发:　$R-O-O-R \xrightarrow[\text{或} h\nu]{\triangle} 2RO\cdot$

　　　　　$RO\cdot + HBr \longrightarrow ROH + Br\cdot$

链增长:　$Br\cdot + CH_3CH=CH_2 \longrightarrow CH_3\dot{C}HCH_2Br$
　　　　　　　　　　　　　　　　　　　　(主)

　　　　　$CH_3\dot{C}HCH_2Br + HBr \longrightarrow CH_3CH_2CH_2Br + Br\cdot$
　　　　　　　　　　　　　　　　　　　　　　(主)

链终止:　$Br\cdot + Br\cdot \longrightarrow Br_2$

　　　　　$CH_3\dot{C}HCH_2Br + CH_3\dot{C}HCH_2Br \longrightarrow CH_3CH(CH_2Br)CH(CH_2Br)CH_3$

　　　　　$Br\cdot + CH_3\dot{C}HCH_2Br \longrightarrow CH_3CHBrCH_2Br$

在上述自由基加成反应中,首先进攻烯烃的是溴原子(自由基),只有溴原子加到丙烯双键的末端碳上,才能生成稳定的碳自由基,然后氢原子加到碳自由基上,得到加成产物。而亲电加成首先进攻烯烃的是氢质子,氢质子加到丙烯双键的末端碳上能够生成稳定的碳正离子。因此,自由基加成的取向与亲电加成的取向恰恰相反。

对卤化氢而言,只有溴化氢有过氧化物效应。因为氯化氢的氯氢键较强而难以生成氯自由基,碘自由基虽易生成,但不够活泼,不能与烯烃双键进行自由基加成。

练习 3.6　*写出下列反应的主要产物。*

(1)　$\xrightarrow{HBr, H_2O_2}$　　　(2)　$H_2C=CCH_2CH_3 \xrightarrow{HBr}$
　　　　　　　　　　　　　　　　　　　　|
　　　　　　　　　　　　　　　　　　　CH_3

3.4.4　烯烃的氧化

1. 被高锰酸钾氧化

烯烃可以被碱性或中性的高锰酸钾水溶液氧化生成邻二醇,高锰酸钾先与烯烃形成环状中间体,后者水解生成顺式邻二醇。例如:

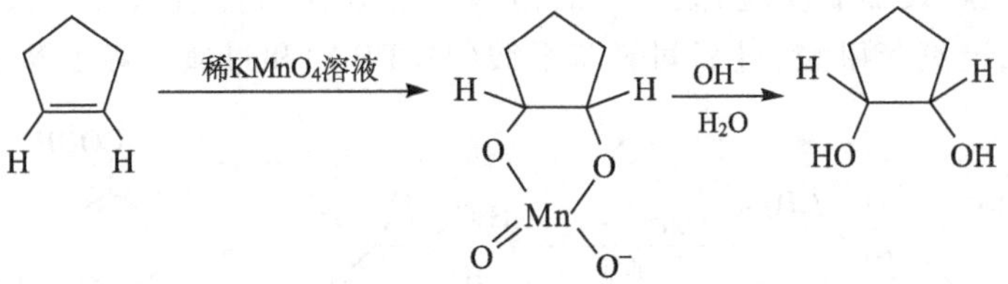

此反应使高锰酸钾的紫色消失,同时生成褐色二氧化锰沉淀,可用来鉴别含有碳碳双键的化合物,称为拜耳(Baeyer)试验。

在较强烈的条件下(如加热或使用较浓的高锰酸钾水溶液,或在酸性条件下),生成的邻二醇会进一步氧化,碳碳双键断裂,得到酮或酸。烯烃结构不同,氧化产物不同,此反应可用于推测原烯烃的结构。反应通式为

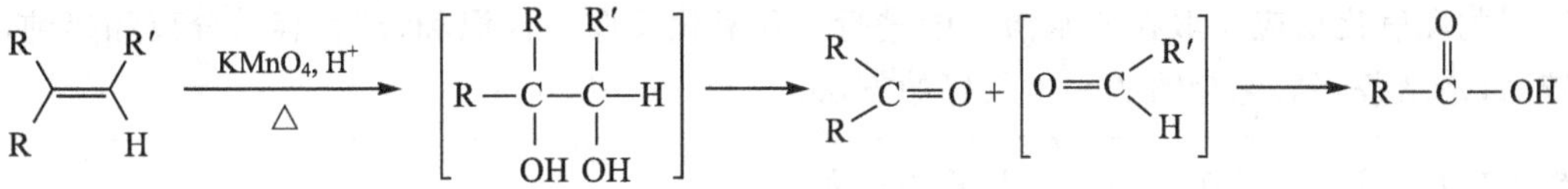

例如:

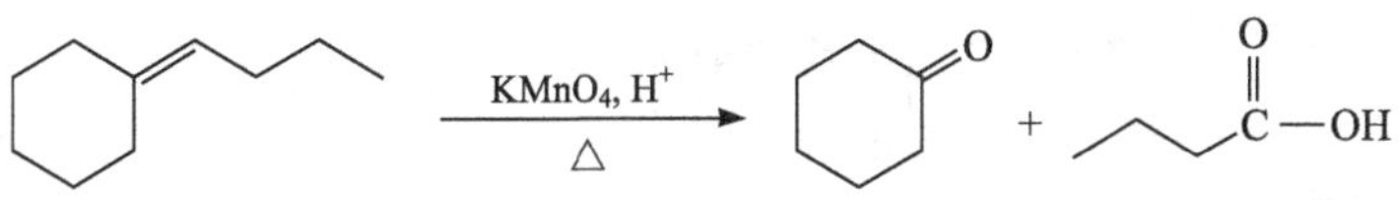

2. 被四氧化锇氧化

用四氧化锇(又称锇酸)在乙醚、四氢呋喃等非水溶剂中与烯烃反应,也能将烯烃氧化成顺式邻二醇。

四氧化锇价格昂贵且有毒,较经济的做法是用 H_2O_2 氧化催化量的 OsO_4。首先是 OsO_4 与烯烃反应,OsO_4 被还原成 OsO_3,OsO_3 再与 H_2O_2 反应,生成 OsO_4,如此反复进行,直到反应完成。例如:

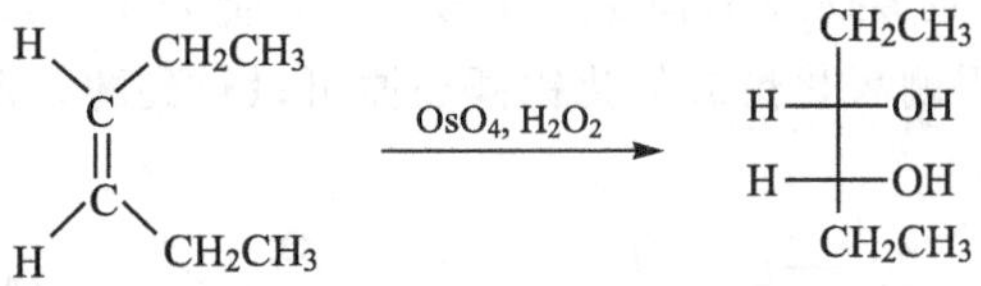

3. 环氧化

烯烃被过氧酸($R—\overset{O}{\underset{}{C}}—O—O—H$)氧化生成 1,2-环氧化合物的反应称为环氧化反应。反应通式如下:

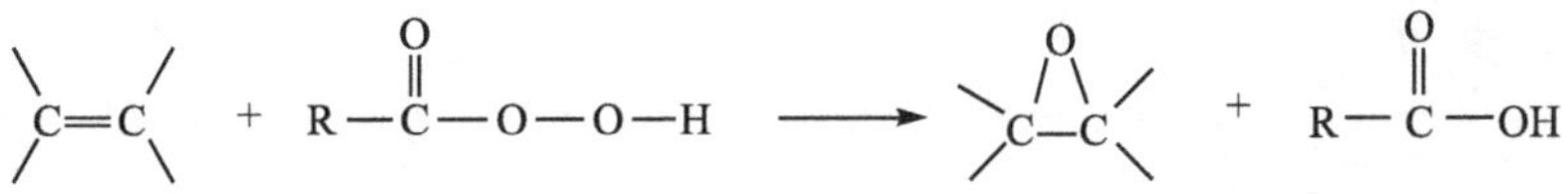

环氧化反应是顺式加成反应,故产物的构型与反应物的构型保持一致。常用的有机过氧酸有过氧乙酸、过氧苯甲酸、过氧间氯苯甲酸(MCPBA)和过氧三氟乙酸等。例如:

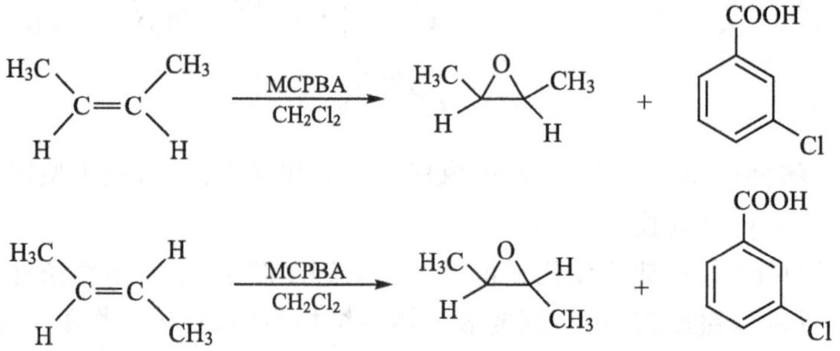

由于环氧化合物比较活泼,容易发生反应,尤其容易与含有活泼氢的化合物反应(见 10.5 节),因此环氧化反应一般在非水溶剂中进行。环氧化反应条件温和,产物容易分离和提纯,产率较高,是制备环氧化合物的一种很好的方法。

练习 3.7 　写出下列反应的反应物的构造式。

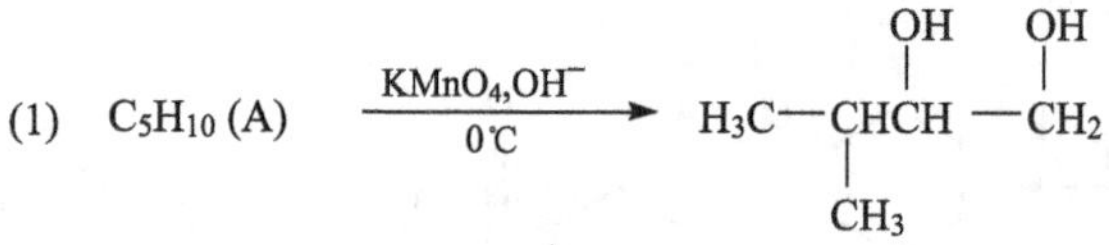

(1) 　C_5H_{10} (A) $\xrightarrow[0℃]{KMnO_4,OH^-}$ H₃C—CHCH—CH₂ (with OH, OH, CH₃ substituents)

(2) 　C_8H_{16} (B) $\xrightarrow{KMnO_4,H^+}$ (CH₃)₂CHCH₂COOH 　+ 　CH₃CH₂COOH

---

4. 臭氧化-分解反应

烯烃在低温和惰性溶剂(如 CCl_4)中与臭氧发生加成生成臭氧化物的反应称为烯烃的臭氧化反应。臭氧化物不稳定易爆炸,故反应不需分离而直接被水分解成醛或酮,该反应称为臭氧化物的分解反应。

在分解反应中,除了得到两个羰基化合物外,还得到一分子 H_2O_2,为避免醛被进一步氧化成酸,在用水(或酸)分解时加入 Zn,使 Zn 与 H_2O_2 生成 $Zn(OH)_2$,或用二甲硫醚,使其与 H_2O_2 生成二甲亚砜。若用硼氢化钠或氢化铝锂还原可以得到醇。反应通式如下:

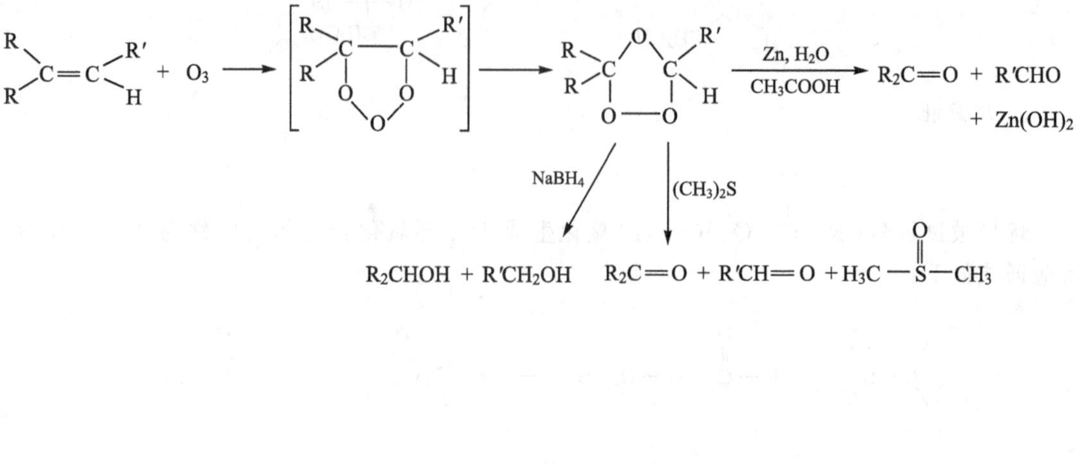

例如：

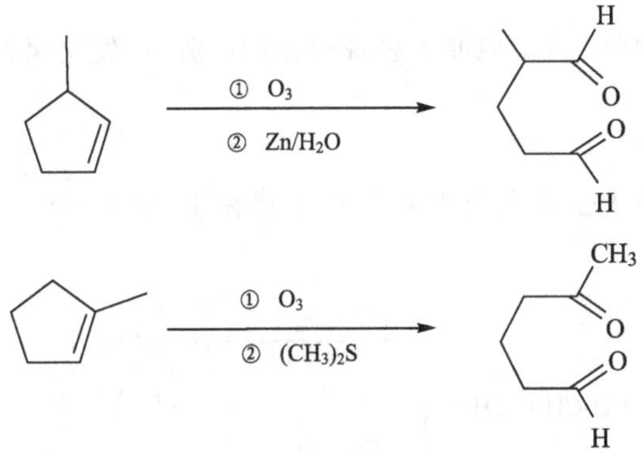

由于双键的臭氧化可以定量地进行,选择性又强,故此反应常用于研究烯烃的结构,根据还原水解的产物,推测原烯烃的结构。

练习 3.8 某些烯烃经臭氧化还原水解,分别得到下列化合物,试推测原烯烃的结构。

(1) CH_3CHO + $H_3CC\overset{O}{\parallel} - CH_2CHO$ + CH_3CHO (2) $H_3C - \overset{O}{\underset{\parallel}{C}} - CH_2CH_2CH_2 - \overset{O}{\underset{\parallel}{C}} - CH_2CH_3$

练习 3.9 写出下列反应的主要产物。

(1) 3-甲基-3-辛烯与 O_3 反应后用 $(CH_3)_2S$ 还原水解。

(2) 3-甲基-3-辛烯与浓热高锰酸钾水溶液反应。

(3) 1-乙基环戊烯与稀冷高锰酸钾水溶液反应。

(4) 2-戊烯与 O_3 反应后用硼氢化钠还原。

---

5. 催化氧化

在催化剂存在的条件下,用空气中的氧气作为氧化剂进行的氧化反应称为催化氧化。此反应在工业上已获得较广泛的应用。

乙烯在银催化剂存在下,被空气中的氧气直接氧化,双键中的 π 键打开,生成环氧乙烷,这是工业上生产环氧乙烷的方法。环氧乙烷用于制备乙二醇、合成洗涤剂、乳化剂和塑料等。

$$H_2C\!=\!\!CH_2 + 1/2\,O_2 \xrightarrow[200\sim300\,℃,\ 1\sim2MPa]{Ag} H_2C\underset{O}{\overset{\textstyle\frown}{-}}CH_2$$

在氯化钯-氯化铜催化下,烯烃被空气中的氧气氧化成醛或酮。例如:

$$H_2C\!=\!\!CH_2 + 1/2\,O_2 \xrightarrow[125\sim130℃,\ 0.4MPa]{PdCl_2\text{-}CuCl_2,\ H_2O} CH_3CHO$$

$$H_3CHC\!=\!\!CH_2 + 1/2\,O_2 \xrightarrow[120℃]{PdCl_2\text{-}CuCl_2,\ H_2O} CH_3\overset{O}{\overset{\parallel}{C}}CH_3$$

工业上已利用此方法由乙烯生产乙醛。乙醛和丙酮都是重要的化工原料。

3.4.5　烯烃 α-氢原子的反应

受碳碳双键的影响,烯烃的 α-氢原子表现得比较活泼,易发生卤代反应和氧化反应。

1. 卤代反应

烯烃与卤素在室温下发生亲电加成反应,但在高温下(500~600℃)则发生 α-H 的自由基卤代反应。例如:

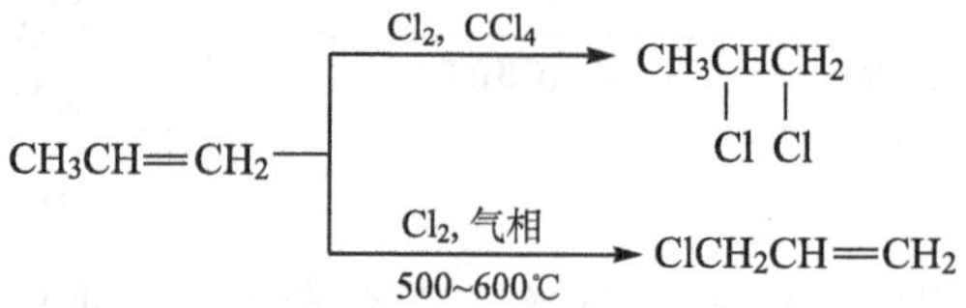

$$CH_3CH=CH_2 \begin{cases} \xrightarrow{Cl_2,\ CCl_4} CH_3CHCH_2 \ (|Cl\ |Cl) \\ \xrightarrow[500\sim600℃]{Cl_2,\ 气相} ClCH_2CH=CH_2 \end{cases}$$

烯烃自由基氯代反应机理如下:

链引发:　$Cl_2 \xrightarrow{高温} 2Cl\cdot$

链转移:　$Cl\cdot + H_3CHC=CH_2 \longrightarrow H_2\dot{C}HC=CH_2 + HCl$

$H_2\dot{C}HC=CH_2 + Cl_2 \longrightarrow ClH_2CHC=CH_2 + Cl\cdot$

链终止:　略

若希望在较低温度下进行烯烃的 α-H 卤代反应,常用的方法是用溴化剂 N-溴代丁二酰亚胺(N-bromosuccinimide,简称 NBS)。在光或引发剂(如过氧化苯甲酰)作用下,在惰性溶剂(如 CCl₄)中,NBS 与烯烃反应生成 α-溴代烯烃。例如:

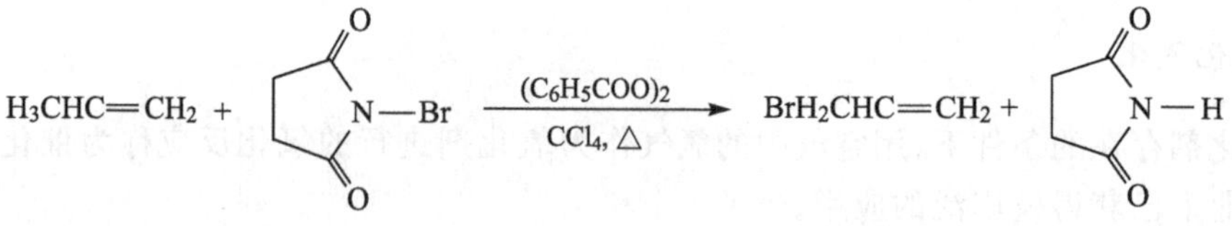

当 α-烯烃的烷基不止一个碳原子时,经常发生烯丙基自由基重排而得到重排产物。例如:

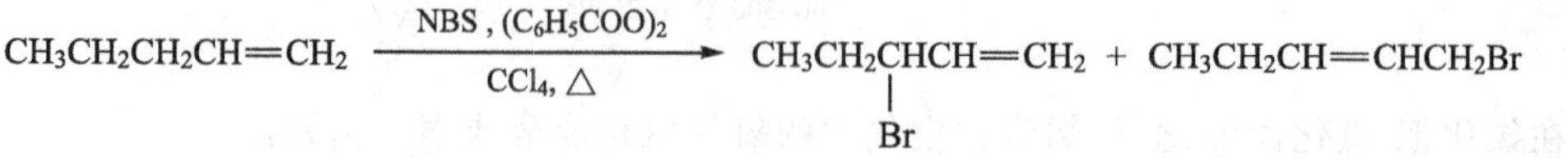

$$CH_3CH_2CH_2CH=CH_2 \xrightarrow[CCl_4,\ \triangle]{NBS,\ (C_6H_5COO)_2} CH_3CH_2CHCH=CH_2\ (|Br) + CH_3CH_2CH=CHCH_2Br$$

2. 氧化反应

烯烃的 α-H 易被氧化,如丙烯可被氧化成丙烯醛,这是目前工业上生产丙烯醛的主要方法。

$$H_2C=CHCH_3 + O_2 \xrightarrow[300\sim400℃,\ 0.2\sim0.3MPa]{钼酸铋等} H_2C=CHCHO + H_2O$$

异丁烯在催化剂存在下,用空气中的氧气氧化生成 α-甲基丙烯醛,进一步氧化生成 α-甲基丙烯酸,再与甲醇反应生成 α-甲基丙烯酸甲酯,后者是生产有机玻璃的重要单体。

$$H_2C=\underset{\underset{CH_3}{|}}{C}-CH_3 \xrightarrow[300\sim400\ ℃]{O_2,\ Mo\text{-}W\text{-}Te} H_2C=\underset{\underset{CH_3}{|}}{C}-CHO \xrightarrow[270\sim350\ ℃]{O_2,\ 钼等杂多酸} H_2C=\underset{\underset{CH_3}{|}}{C}-COOH \xrightarrow[\triangle]{CH_3OH,\ H^+}$$

$$H_2C=\underset{\underset{CH_3}{|}}{C}-COOCH_3$$

α-甲基丙烯酸甲酯　　　　　　　　　　　　　　　　　α-甲基丙烯酸

练习 3. 10　完成下列反应。

(1) $CH_3CH=CHCH_3 \xrightarrow[高温]{Cl_2}$　　　　(2) $CH_3CH_2CH=CH_2 \xrightarrow[引发剂]{NBS}$

3.4.6　烯烃与卡宾的反应

卡宾(carbene)也称碳烯,是由一个碳和两个原子或基团以共价键结合形成的含两价碳的电中性化合物。最简单的卡宾是亚甲基卡宾,其他卡宾可以看作是取代亚甲基卡宾,结构通式是:CR_2($R=H$、R、Ar、X 等)。卡宾很不稳定,是瞬时存在而不能分离得到的有机反应活性中间体。

多卤代烷(如 $CHCl_3$、$CHBr_3$、$CHCl_2Br$ 等)在碱(如 t-BuOK、RLi、OH^-)等作用下,在同一碳原子上进行消除(α-消除)是制备卡宾的重要方法。例如:

$$CHCl_3 + (CH_3)_3COK \xrightarrow{(CH_3)_3COH} Cl_3C^- + (CH_3)_3COH + K^+$$

$$\downarrow {-Cl^-}$$

$$:CCl_2$$
二氯卡宾

重氮甲烷在加热或光照下即可生成卡宾(见 14.3.3)。

$$H_2\bar{C}-\overset{+}{N}\equiv N \xrightarrow{h\nu} H_2C: + N_2\uparrow$$
亚甲基卡宾

卡宾易与烯烃发生立体专一的顺式加成,这是制备三元环的一个重要方法。例如:

有机锌化合物 ICH_2ZnI 称为类卡宾,类卡宾与烯烃发生立体专一的顺式加成,也是制备三元环的一个重要方法,类卡宾比卡宾活性低,反应温和,副反应少,立体选择性好,此反应称为西蒙斯-史密斯(Simmons-Smith)反应。例如:

3.4.7　烯烃的聚合反应

在一定的条件下,烯烃分子中的 π 键打开,彼此相互加成,生成相对分子质量巨大的高分子化合物,这种反应称为聚合反应。在齐格勒-纳塔(Ziegler-Natta)催化剂(烷基铝-四氯化钛络合物)(见本章"知识亮点")的作用下,乙烯和丙烯可在低压下,在烃溶剂中分别聚合成聚乙烯和聚丙烯。

$$n\ H_2C{=}CH_2 \xrightarrow[0.1\sim1MPa,60\sim75\ ℃]{TiCl_4\text{-}Al(C_2H_5)_3} \left[\!CH_2{-}CH_2\!\right]_n$$
聚乙烯

$$n\ CH_3CH{=}CH_2 \xrightarrow[0.1\sim1MPa,60\sim75\ ℃]{TiCl_4\text{-}Al(C_2H_5)_3} \left[\!\begin{array}{c}CH{-}CH_2\\|\\CH_3\end{array}\!\right]_n$$
聚丙烯

能够进行聚合反应的相对分子质量低的化合物称为单体(如乙烯),高分子化合物也称聚合物。烯烃单体的聚合大多为链聚合反应,根据反应过程中形成的活性中间体的不同,链聚合反应又可分为自由基聚合反应、正离子聚合反应和负离子聚合反应等。

3.5　诱 导 效 应
(Inductive Effect)

诱导效应是有机化学中一种重要的电子效应。因分子中原子或基团的电负性不同而引起成键电子云按取代基(原子或基团)电负性所决定的方向,沿着原子链移动的效应称为诱导效应。例如,氯丙烷中的电子云沿着 σ 键向氯原子移动,这是因为氯的电负性比碳大。

$$\overset{\delta\delta\delta^+}{CH_3}\to\overset{\delta\delta^+}{CH_2}\to\overset{\delta^+}{CH_2}\to\overset{\delta^-}{Cl}$$

诱导效应的特点是:①由成键原子的电负性不同引起;②电子云是沿原子链传递的;③其作用随着距离增长而迅速下降,一般只考虑三根键的影响。

诱导效应一般用 I 表示,以氢为比较标准。如果取代基的吸电子能力比氢强,则该取代基具有吸电子的诱导效应,用 $-I$ 表示。如果取代基的给电子能力比氢强,则其具有给电子的诱导效应,用 $+I$ 表示。

$$X\leftarrow CR_3 \qquad H{-}CR_3 \qquad Y\to CR_3$$
吸电子诱导效应(-I)　　　标准　　　给电子诱导效应(+I)

一些常见基团的诱导效应的大小顺序如下:

吸电子基团:

$$NO_2 > CN > F > Cl > Br > I > C{\equiv}C > OCH_3 > OH > C_6H_5 > C{=}C > H$$

给电子基团:

$$(CH_3)_3C > (CH_3)_2CH > CH_3CH_2 > CH_3 > H$$

与碳原子直接相连的原子的诱导效应强弱的一般规律是:同族原子随原子序数增加,其吸

电子诱导效应降低。同一周期的原子自左向右电负性增强,吸电子诱导效应增加。例如:

$$-I 效应: \quad -F \ > \ -Cl \ > \ -Br \ > -I$$

$$-OR \ > \ -SR$$

$$-F \ > \ -OR \ > \ -NR_2 \ > \ -CR_3$$

与碳原子直接相连的基团,不饱和程度越大,吸电子诱导效应越强。这是因为不同杂化状态碳原子的电负性大小顺序为 $C_{sp} > C_{sp^2} > C_{sp^3}$。

$$-I 效应: \quad -C \equiv CR \ > \ -CH = CR_2 \ > \ -CH_2CR_3$$

一般带正电荷的基团具有强的吸电子诱导效应,带负电荷的基团则具有强的给电子诱导效应。例如:

$$-I: \quad -\overset{+}{N}R_3 \ > \ -NR_2 \qquad -\overset{+}{O}R_2 \ > \ -OR$$

$$+I: \quad -O^- \ > \ -OH \qquad -O^- \ > \ -OR$$

上述因成键原子电负性不同而引起的诱导效应称为静态诱导效应,是一种永久性的效应。当发生化学反应时,分子的反应中心受到极性试剂的进攻,引起分子中电子云分布状态的暂时改变,称为动态诱导效应,它是一种暂时的、随时间变化的效应。动态诱导效应的比较标准及强度大小与静态诱导效应相同。

3.6　烯烃亲电加成反应的反应机理
(Mechanism:Electrophilic Addition to Alkenes)

与烯烃发生亲电加成反应的亲电试剂可以分为两类:①对称的亲电试剂(如卤素);②不对称的亲电试剂(如 HX、H_2SO_4、H_2O 等)。烯烃的亲电加成反应主要按下列两种反应机理进行。

(1) 碳正离子机理:

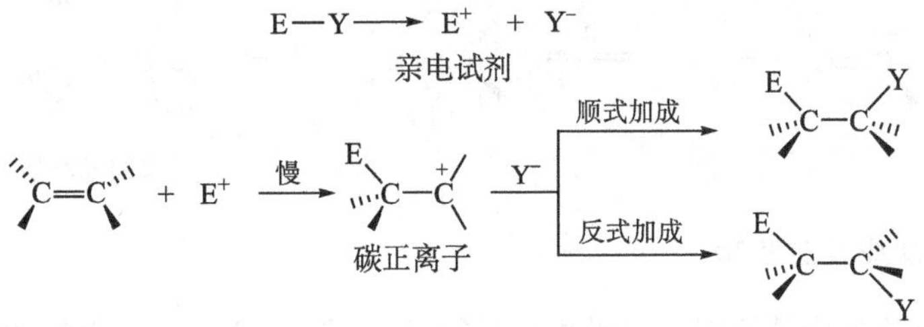

(2) 环状正离子机理:

3.6.1　与卤素加成反应机理

烯烃与卤素的亲电加成反应是通过环状正离子中间体机理进行的,反应分两步进行,得到反式加成产物。下面以烯烃与溴加成的实验事实给予说明。

(1)溴与一些典型的烯烃在 CH_2Cl_2 溶液中,$-78℃$ 时加成的相对反应速率见表 3-3。

表 3-3　溴与一些典型的烯烃加成的相对反应速率

化合物	相对速率	化合物	相对速率
$CH_2=CH_2$	1	$PhCH=CH_2$	3.4
$CH_3CH=CH_2$	2.03	$CH_3CH=CHCOOH$	0.26
$(CH_3)_2C=CH_2$	5.53	$BrCH=CH_2$	0.04
$(CH_3)_2C=CHCH_3$	10.4	$CH_2=CHCOOH$	0.03
$(CH_3)_2C=C(CH_3)_2$	14		

由表 3-3 中的数据可知:①反应速率主要取决于双键上取代基的电子效应,取代基的空间效应对反应速率的影响不大;②当碳碳双键与给电子的烷基相连,相对反应速率加快,且双键上烷基增加,反应速率增加;③当碳碳双键与溴和羧基等吸电子基相连,反应速率大大降低。这些实验事实说明反应是亲电加成反应。

(2)溴与乙烯在不同的介质中反应的结果如下:

$$H_2C=CH_2 + Br_2 \xrightarrow{H_2O} BrCH_2CH_2Br + BrCH_2CH_2OH$$

$$H_2C=CH_2 + Br_2 \xrightarrow{CH_3OH} BrCH_2CH_2Br + BrCH_2CH_2OCH_3$$

上述两个反应的产物均有 $BrCH_2CH_2Br$,说明第一步是 Br^+ 与 $CH_2=CH_2$ 加成生成 $BrCH_2\overset{+}{C}H_2$,这是决定反应速率的一步。然后溴乙基碳正离子再与 Br^-、OH^- 或 CH_3O^- 加成得到上述产物。

(3)反应是通过环状正离子中间体的反式加成,反应具有立体选择性。溴与烯烃加成反应的反应机理如下:

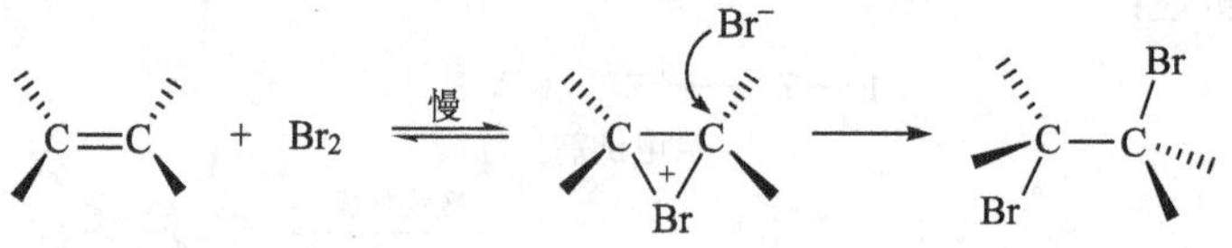

3.6.2　与卤化氢加成反应机理

烯烃与卤化氢的加成是按碳正离子机理进行的,一般的烯烃与卤化氢的加成反应机理可表示如下:

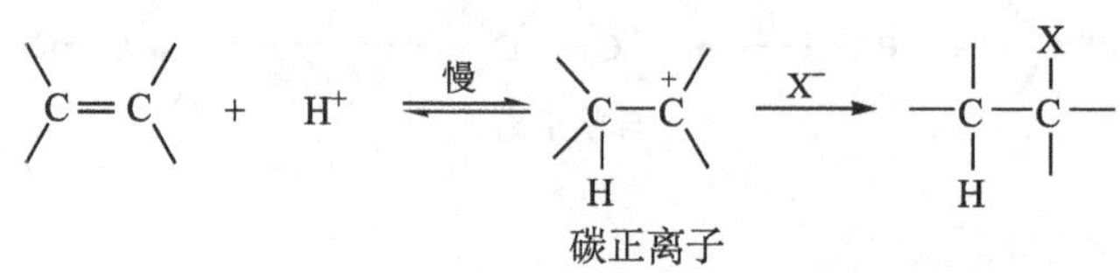

上述反应机理可由以下实验事实得到证实：

（1）HCl 和 HBr 与环己烯和 3-己烯加成反应的动力学研究结果表明，反应在乙醚中的速率小于在庚烷中的速率，原因是乙醚能与 H^+ 形成锌盐，而庚烷不能，说明 H^+ 进攻烯烃的第一步是决定反应速率的步骤。

（2）烯烃与 HCl 和 HB 加成时，往往伴随重排产物的生成，说明反应是经碳正离子中间体进行的。例如：

$$(CH_3)_2CHCH\!=\!CH_2 \xrightarrow[CH_3NO_2]{HCl} (CH_3)_2CHCHCH_3 \ \underset{Cl}{|} + (CH_3)_2CCH_2CH_3 \ \underset{Cl}{|}$$

$$40\% \qquad\qquad 60\%(重排产物)$$

上述重排反应的机理如下：

$$(CH_3)_2CHCH\!=\!CH_2 \xrightarrow{H^+} \underset{CH_3}{\overset{H}{CH_3C}}\!-\!\overset{+}{C}HCH_3 \xrightarrow{H迁移} (CH_3)_2\overset{+}{C}CH_2CH_3 \xrightarrow{Cl^-} (CH_3)_2CCH_2CH_3 \ \underset{Cl}{|}$$

很多情况下，烯烃与 HX 加成主要得到反式加成产物。例如：

3.7　烯烃的制备
（Preparation of Alkenes）

3.7.1　卤代烷消除卤化氢

卤代烷在碱（如氢氧化钾的醇溶液、氢氧化钠的醇溶液、醇钠或氨基钠）的作用下，分子中脱去一分子卤化氢得到烯烃（详见 8.3.2）。例如：

$$H_3C\!-\!\overset{CH_3}{\underset{CH_3}{\overset{|}{C}}}\!-\!Br + OH^- \xrightarrow{C_2H_5OH} H_2C\!=\!C\overset{CH_3}{\underset{CH_3}{\diagdown}} + H_2O$$

$$>90\%$$

消除反应的取向遵循札依采夫（Saytzeff）规则（详见 8.3.2），即含氢较少的 β-碳原子提供氢原子，生成取代基较多的较稳定的烯烃。例如：

$$H_3C\!-\!\overset{H}{\underset{H}{\overset{|}{C}}}\!-\!\overset{CH_3}{\underset{Br}{\overset{|}{C}}}\!-\!CH_2 \xrightarrow[(CH_3)_3COH]{(CH_3)_3CO^-} H_3CHC\!=\!C\overset{CH_3}{\underset{CH_3}{\diagdown}} + \overset{H_3CH_2C}{\underset{H_3C}{\diagup}}C\!=\!CH_2$$

$$72\% \qquad\qquad 28\%$$

3.7.2　邻二卤代烷消除卤素

邻二卤代烷在金属锌或镁的作用下,可以消除卤原子生成烯烃(详见 8.3.2)。例如:

$$H_3CHC-CHCH_3 \;+\; Zn \xrightarrow{\;CH_3COOH\;} H_3CHC=CHCH_3 \;+\; ZnBr_2$$
$$\quad\; | \quad\; |$$
$$\quad Br \quad Br$$

碘化物(如 NaI)和邻二卤代烷反应也可以失去卤原子生成烯烃。例如:

$$\xrightarrow{\;NaI\;} \qquad + \; BrI \; + \; NaBr$$

由于邻二卤代烷都是由烯烃加卤素制得的,所以该方法合成意义不大,不过这个反应可以用来保护碳碳双键。

3.7.3　醇脱水

1. 酸催化脱水

在实验室中常用醇和酸(硫酸或磷酸)一起加热,使醇分子失去一分子水生成烯烃(详见 9.5.6)。例如:

$$CH_3CH_2OH \xrightarrow[170\ ℃]{98\%\ H_2SO_4} H_2C=CH_2 \;+\; H_2O$$

$$CH_3CH_2CH_2CHCH_3 \xrightarrow[95\ ℃]{62\%\ H_2SO_4} CH_3CH_2CH=CHCH_3 + CH_3CH_2CH_2CH=CH_2 + H_2O$$
$$\qquad\qquad\quad |$$
$$\qquad\qquad\quad OH \qquad\qquad\qquad\qquad\quad 主 \qquad\qquad\qquad\qquad 少量$$

2. 用氧化铝或硅酸盐加热脱水

工业上常用醇在 350～400℃,氧化铝或硅酸盐表面上脱水制备烯烃(详见 9.5.6)。例如:

$$CH_3CH_2OH \xrightarrow[400\ ℃]{Al_2O_3} H_2C=CH_2 \;+\; H_2O$$

$$n\text{-}C_6H_{13}CHCH_3 \xrightarrow[350\ ℃]{Al_2O_3} n\text{-}C_5H_{11}CH=CHCH_3$$
$$\qquad\quad |$$
$$\qquad\quad OH$$

3.7.4　炔烃的还原

炔烃在催化剂存在下,与控制量的氢气加成生成烯烃(详见 4.4.3)。

3.7.5　烯烃的工业来源与制备

乙烯、丙烯和丁烯等低级烯烃都是重要的化工原料。过去主要是从石油炼制过程中产生的炼厂气和热裂气中分离得到低级烯烃。现在,低级烯烃主要是通过石油的各种馏分裂解和原油直接裂解获得。例如:

$$C_6H_{14} \xrightarrow{700～900℃} CH_4 + CH_2=CH_2 + CH_3CH=CH_2 + 其他$$
$$\qquad\qquad\qquad 15\% \qquad 40\% \qquad\quad 20\% \qquad\quad 25\%$$

烷烃在铂等催化剂作用下,高温脱氢也可以得到烯烃,一般为混合物。例如:

$$CH_3CH_2CH_2CH_3 \xrightarrow{Pt,500℃} CH_2=CHCH_2CH_3 + CH_3CH=CHCH_3 + CH_2=CHCH=CH_2 + H_2$$

　　　　　　　　　　　　　　　　　　　　　顺和反-2-丁烯

 知识亮点（Ⅰ）

齐格勒-纳塔催化剂

　　在 20 世纪 50 年代以前,乙烯聚合采用的是自由基聚合,不仅需要高压反应条件,而且反应中存在多种链转移反应,导致支化产物的生成。丙烯的问题更为严重,无法合成高聚合度的聚丙烯。

　　1953 年德国化学家齐格勒(K. Ziegler)采用三乙基铝和四氯化钛为催化剂,在常压下合成出白色粉末状聚乙烯。1954 年意大利化学家纳塔(G. Natta)将齐格勒催化剂进一步改进为三氯化钛与烷基铝体系,并将其应用于聚丙烯的生产,得到了高聚合度、高规整度的聚丙烯。这类催化剂称为齐格勒-纳塔催化剂。

　　齐格勒-纳塔催化剂的应用使加聚反应由高压转变为低压,生产成本大大降低;不仅可以生成无支链的聚乙烯、聚丙烯等,还可以让乙烯或丙烯等按一定的方向聚合,甚至可以按需要来设计大分子的结构。该催化剂的应用使高分子材料的工业生产发生了革命性的变化,也为塑料、橡胶、纤维的生产开辟了新的途径,导致了 20 世纪 50 年代世界石油化工的蓬勃发展。鉴于齐格勒和纳塔在该领域的杰出贡献,他们共同获得了 1963 年诺贝尔化学奖。

 知识亮点（Ⅱ）

烯烃的复分解反应

　　20 世纪 50 年代人们首次发现,在金属化合物的催化作用下,烯烃的碳碳双键会被拆散、重组、形成新的分子,这种过程被命名为烯烃复分解反应。但当时没有人知道这类金属催化剂的分子结构,也不知道它是怎样起作用的。

　　1970 年,法国科学家肖万(Y. Chauvin)和他的学生发表了一篇论文,提出烯烃复分解反应中的催化剂应当是金属卡宾,并详细地阐述了催化机理。

　　1990 年,美国化学家施罗克(R. R. Schrock)和他的合作者将金属钼的卡宾化合物作为烯烃复分解反应的催化剂,该催化剂在烯烃复分解反应中有很高的活性,但对氧和水非常敏感,对某些含有羰基和羟基的化合物也不适用。

　　1992 年,美国化学家格拉布(R. H. Grubbs)等发现,金属钌的卡宾化合物也能作为烯烃复分解反应的催化剂,该催化剂不但对空气稳定,甚至在水、醇和酸的作用下仍可以保持催化活性。1992 年格拉布又对钌催化剂做了改进,使其具有更高的活性和稳定性,成为应用最广泛的烯烃复分解反应的催化剂,并成为检验新型催化剂性能的标准。

这三位科学家的工作使烯烃的复分解反应变得更加简单、快捷,生产效率更高,副产品更少,产生的有害废物也更少,有利于保护环境,成为"绿色化学"的典范,该反应在化工、食品、医药和生物技术产业方面有着巨大应用潜力。2005 年的诺贝尔化学奖授予肖万、施罗克和格拉布这三位科学家,以表彰他们在有机合成的复分解反应研究方面作出的杰出贡献。

习题(Exercises)

3.1　命名下列化合物,如有顺反异构体则写出构型式,并用 Z/E 命名法命名。

(1)　$(CH_3)_2C \!=\! CHCH(CH_3)CH_2CH_3$

(2)　$CH_3CH_2CH \!=\! C(CH_3)CH_2CH_3$

(3)　$CH_3CH_2CH_2CH \!=\! C(CH_2CH_3)_2$

(4)　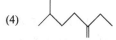

(5)　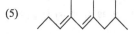

(6)　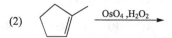

3.2　写出下列化合物的构造式。

(1)(Z)-3-甲基-4-异丙基-3-庚烯

(2)顺-4,4-二甲基-2-戊烯

(3)(E)-3-甲基-4-乙基-2-己烯

(4)3,3,4-三氯-1-戊烯

3.3　写出 C_5H_{10} 所有异构体的构造式,用系统命名法命名,如有顺反异构体,则写出构型式,并用 Z/E 命名法命名。

3.4　写出 2-甲基-1-丁烯与下列试剂反应的主要产物。

(1)　HI

(2)　$Br_2(H_2O)$

(3)　H_2,Pt

(4)　①OsO_4；②H_2O_2

(5)　HBr,H_2O_2

(6)　PhCOOOH

(7)　$KMnO_4$(稀,冷)

(8)　①O_3；②$(CH_3)_2S$

(9)　①$Hg(OAc)_2$,H_2O；②$NaBH_4$

(10)　①$1/2(BH_3)_2$,THF；②H_2O_2,OH^-

(11)　H^+,H_2O

(12)　$KMnO_4$,OH^-(浓,热)

3.5　完成下列反应式,注意立体构型。

(1) ![structure]
　① $(BH_3)_2/THF$
　② H_2O_2, OH^-

(2) ![structure]
　OsO_4,H_2O_2

(3) ![structure]
　$PhCO_3H$

(4) ![structure]
　$KMnO_4$, OH^-

(5) ![structure]
　H_2, Pt

(6) ![structure]
　H^+, H_2O

(7) ![structure]
　① $Hg(OAc)_2$, H_2O
　② $NaBH_4$

(8) ![structure]
　Cl_2, H_2O

(9) ![structure]
　NBS, 引发剂

(10) ![structure]
　CF_3COOH

3.6 推测下列反应可能的反应机理。

(1)

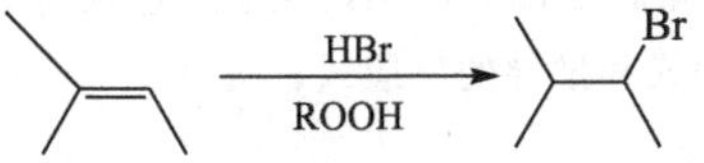

(2)

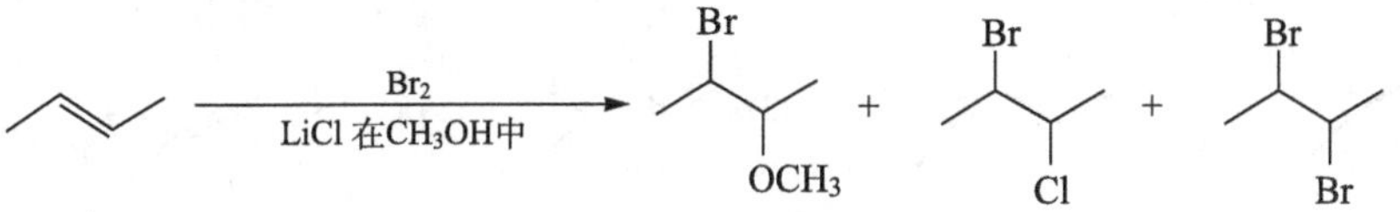

(3)

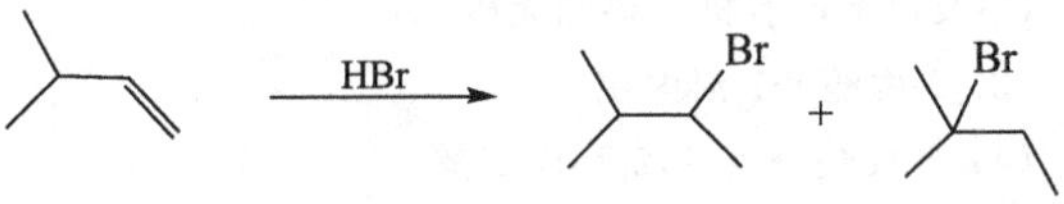

3.7 下列反应的主要产物是(i),其次是(ii),只有少量的(iii),为什么?

$$(CH_3)_3CCH=CH_2 \xrightarrow{H^+, H_2O} (CH_3)_2CCH(CH_3)_2 + (CH_3)_3CCHCH_3 + (CH_3)_3CCH_2CH_2OH$$

(i)   (ii)   (iii)

3.8 苧烯(limonene)也称 1,8-萜二烯,存在于橘子油和柠檬油中,用过量氢在 Pt 催化下加氢的产物是 1-异丙基-4-甲基环己烷。经 O_3 氧化后,用 Zn 和 CH_3COOH 处理后的产物是 HCHO 和下面的化合物。推测苧烯的结构式。

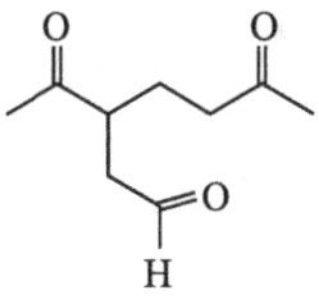

3.9 从亚甲基环己烷出发合成下列化合物。

(1) 溴甲基环己烷   (2) 羟甲基环己烷

(3) 1-甲基环己醇   (4) 1-甲基-1-甲氧基环己烷

3.10 松节油(turpentine)的成分之一是 α-蒎烯(α-pinene),分子式为 $C_{10}H_{16}$,请按下列反应图推测 α-蒎烯的结构和 A~E 的结构式。

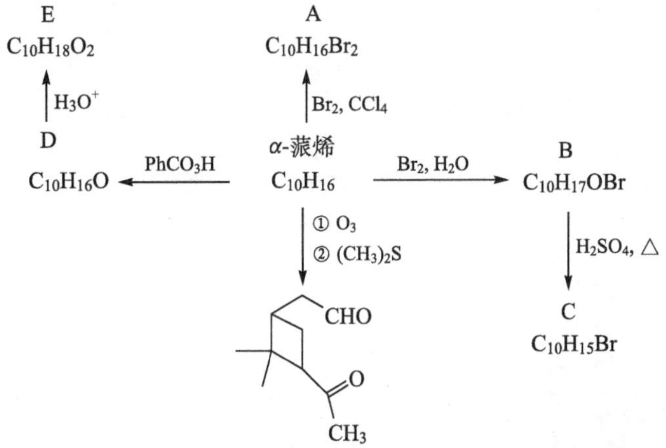

3.11 某化合物 A 分子式为 C_8H_{12},在催化剂作用下可与 2mol 氢加成,A 经臭氧氧化后,用 Zn 与 H_2O 分解得丁二醛,试推测 A 的结构式。

3.12 化合物 A,分子式为 C_7H_{12},在 $KMnO_4$-H_2O 中加热回流,只生成环己酮。A 与 HBr 作用得 B,B

在 C_2H_5ONa-C_2H_5OH 溶液中反应得 C,C 可使 Br_2 的 CCl_4 溶液褪色后生成 D,D 用 C_2H_5ONa-C_2H_5OH 处理得 E,E 用 $KMnO_4$-H_2O 加热回流得 $HOOCCH_2CH_2COOH$ 和 $CH_3COCOOH$。C 用 O_3 反应后再用 Zn、H_2O 处理得 $CH_3CO(CH_2)_4CHO$。请写出化合物 A~E 的结构式和推导的反应式。

3.13 比较下列碳正离子的稳定性。

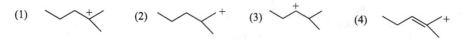

3.14 从指定原料出发合成下列化合物,C_4 及以下的有机原料和无机试剂任选。

(1) 1-丙烯→2-溴丙烷 (2) 2-丙醇→1-溴丙烷

(3) 环戊烷→顺-1,2-环戊二醇 (4) 环戊烷→反-1,2-环戊二醇

3.15 完成下列合成。

(1) 由丙烯合成 3-氯-1,2-二溴丙烷 (2) 由 1-丁烯合成 1-丁醇

(3) 由 1-戊烯合成 2-戊醇(两种方法) (4) 由丙烯合成 1,2,3-三溴丙烷

(5) 由 1-丁烯合成顺-2,3-丁二醇 (6) 由 2-丁烯合成反-2,3-丁二醇

第 4 章 炔烃和二烯烃
（Alkynes and Dienes）

炔烃是含有碳碳叁键的不饱和烃,链状单炔烃的通式是 C_nH_{2n-2},碳碳叁键是炔烃的官能团。二烯烃是含有两个碳碳双键的不饱和烃,链状二烯烃的通式也是 C_nH_{2n-2}。含同数碳原子的炔烃和二烯烃是同分异构体,但它们是两类不同的不饱和烃。

4.1 炔烃的结构
（Structure of Alkynes）

4.1.1 碳原子轨道的 sp 杂化

现代物理实验方法证明,乙炔分子中四个原子都在一条直线上,键角∠CCH 为 180°。杂化轨道理论认为,乙炔碳原子成键时,激发态的碳原子是由一个 2s 轨道和一个 2p 轨道进行杂化,形成两个能量相等的 sp 杂化轨道,这种杂化方式称为 sp 杂化(图 4-1),每个 sp 杂化轨道包含 1/2 s 成分和 1/2 p 成分。两个 sp 杂化轨道的对称轴在一条直线上,对称轴之间形成 180°的夹角。sp 杂化轨道的形状与 sp^3 和 sp^2 杂化轨道相似,也是一头大一头小。乙炔中碳原子进行 sp 杂化,每个碳原子还剩下两个互相垂直的未参与杂化的 2p 轨道,这两个 2p 轨道的对称轴均垂直于 sp 杂化轨道对称轴所在的直线,sp 杂化轨道示意图见图 4-2。

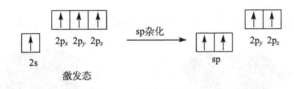

图 4-1 sp 杂化轨道的形成

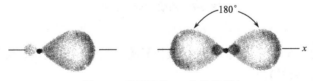

图 4-2 碳原子的 sp 杂化轨道

4.1.2 乙炔的形成和碳碳叁键

乙炔是最简单的炔烃,分子式为 C_2H_2,构造式为 HC≡CH。碳碳叁键的键长比碳碳双键短,为 0.120nm,乙炔的键长和键角如图 4-3 所示。

乙炔分子的两个碳原子各以一个 sp 杂化轨道相互沿对称轴方向交盖形成碳碳 σ 键,同时两个叁键碳原子各以另一个 sp 杂化轨道和一个氢原子的 1s 轨道形成碳氢 σ 键,因此乙炔分子中的四个原子都处在一条直线上。乙炔分子的 σ 键形成见图 4-4。

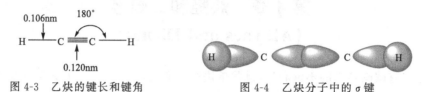

图 4-3　乙炔的键长和键角　　　　　　图 4-4　乙炔分子中的 σ 键

另外,在两个叁键碳原子上各余下两个相互垂直的 2p 轨道,其对称轴两两平行,从侧面交盖而形成两个互相垂直的 π 键,如图 4-5 所示。碳碳叁键是由一个 σ 键和两个 π 键组成的。乙炔两个 π 键的电子云位于 σ 键键轴的上下和前后部位,对称分布在碳碳 σ 键周围,形成一个以 σ 键轴为对称轴的圆柱体形状,如图 4-6 所示。

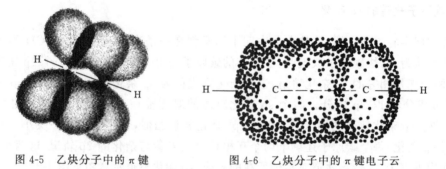

图 4-5　乙炔分子中的 π 键　　　　　　图 4-6　乙炔分子中的 π 键电子云

乙炔分子可以用球棒模型[图 4-7(a)]和比例模型[图 4-7(b)]表示。

(a)　　　　　　　　　　　　(b)

图 4-7　乙炔的分子模型

炔烃的同分异构现象比烯烃简单,包括碳架异构、位置异构(碳碳叁键的位置)和官能团异构(与同数碳原子的二烯烃)。

4.2　炔烃的命名
(Nomenclature of Alkynes)

4.2.1　系统命名法

炔烃的系统命名与烯烃类似,选择含叁键在内的最长碳链为主链,根据主链所含碳原子数命名为"某炔"。炔烃的英文名称是将相应烯烃的词尾"ene"改为"yne"即可。主链编号从靠近叁键一端开始,使叁键的位次最小。例如:

$$(CH_3)_2CHC \equiv CCH_2CH_3 \qquad\qquad (CH_3)_3CC \equiv CCH_2CH(CH_3)_2$$

2-甲基-3-己炔   2,2,6-三甲基-3-庚炔

2-methyl-3-hexyne   2,2,6-trimethyl-3-heptyne

同时含有双键和叁键的分子称为烯炔。它的命名原则是选择含有双键和叁键在内的最长碳链为主链,主链的编号按最低系列原则,使双键和叁键具有尽可能低的位次号。若双键与叁键的位次号相同时,则应使双键位次号最小,先命烯后命炔。例如:

3-甲基-1-己烯-5-炔   3,3-二甲基-4-己烯-1-炔   4-乙烯基-1-庚烯-5-炔

3-methyl-1-hexen-5-yne   3,3-dimethyl-4-hexen-1-yne   4-ethenyl-1-hepten-5-yne

4.2.2 衍生物命名法

一些简单的炔烃以乙炔为母体,将其他炔烃看作乙炔的烃基衍生物来命名。例如:

$$CH_3-C \equiv C-CH_3 \qquad CH_2=CH-C \equiv CH \qquad CH_2=CH-C \equiv C-CH=CH_2$$

二甲基乙炔   乙烯基乙炔   二乙烯基乙炔

练习 4.1 *用系统命名法命名下列化合物。*

(1) $H_2C=CHCH_2C \equiv CH$ (2) $CH_3CH_2C \equiv CCH_2CH_3$

(3) $(CH_3)_2CHC \equiv CC(CH_3)_3$ (4) $CH_3CH-CHC \equiv CH$ (有 CH_3 及 $HC=CHCH_3$ 取代基)

4.3 炔烃的物理性质
(Physical Properties of Alkynes)

炔烃的物理性质与烯烃相似,常温、常压下,$C_2 \sim C_4$ 的炔烃是气体,从 C_5 开始为液体,高级炔烃为固体。简单炔烃的沸点、熔点一般比相同碳原子数的烯烃高 $10 \sim 20\,℃$,相对密度也比相应的烯烃稍大。炔烃分子的极性比烯烃略大。例如,1-丁炔和1-丁烯的偶极矩分别为 $2.67 \times 10^{-30}\,C \cdot m$ 和 $1.00 \times 10^{-30}\,C \cdot m$。炔烃不溶于水,易溶于石油醚、乙醚、苯和四氯化碳中。常见炔烃的名称和物理常数见表 4-1。

表 4-1　常见炔烃的名称和物理常数

化合物	构造式	熔点/℃	沸点/℃	相对密度(d_4^{20})
乙炔	CH≡CH	−82	−82(升华)	0.618(沸点时)
丙炔	CH₃C≡CH	−102.5	−23	0.671(沸点时)
1-丁炔	CH≡CCH₂CH₃	−122	8	0.668(沸点时)
2-丁炔	CH₃C≡CCH₃	−24	27	0.694
1-戊炔	CH≡C(CH₂)₂CH₃	−98	40	0.695
2-戊炔	CH₃C≡CCH₂CH₃	−101	56	0.714
3-甲基-1-丁炔	CH≡CCH(CH₃)₂	—	28(10kPa)	0.67
1-己炔	CH≡C(CH₂)₃CH₃	−124	71	0.719
2-己炔	CH₃C≡C(CH₂)₂CH₃	−88	84	0.730
3-己炔	CH₃CH₂C≡CCH₂CH₃	−105	81	0.725
1-庚炔	CH≡C(CH₂)₄CH₃	−80	100	0.733
1-辛炔	CH≡C(CH₂)₅CH₃	−70	125	0.750
1-壬炔	CH≡C(CH₂)₆CH₃	−50	151	0.760
1-癸炔	CH≡C(CH₂)₇CH₃	−36	174	0.770

4.4　炔烃的化学反应
(Chemical Reactions of Alkynes)

4.4.1　亲电加成反应

1. 与卤化氢和卤素加成

炔烃与卤化氢和卤素加成反应机理和烯烃的相似,也是分两步进行的,且多数为反式加成,但反应一般比烯烃难,选择适当的反应条件可以使反应停留在第一步,这是制备卤代烯烃的方法。例如:

$$C_2H_5C \equiv CC_2H_5 + HCl \longrightarrow \underset{\substack{Cl \qquad C_2H_5}}{\overset{\substack{C_2H_5 \qquad H}}{C=C}} + \underset{\substack{Cl \qquad H}}{\overset{\substack{C_2H_5 \qquad C_2H_5}}{C=C}}$$

不对称炔烃与卤化氢的加成反应遵循马氏规则,与一分子卤化氢加成生成卤代烯烃,继续与第二个卤化氢分子加成则生成同碳二卤代烷。例如:

$$CH_3C \equiv CH \xrightarrow{HBr} \underset{\substack{Br}}{\overset{}{CH_3C=CH_2}} \xrightarrow{HBr} H_3C-\underset{\substack{| \\ Br}}{\overset{\substack{CH_3 \\ |}}{C}}-Br$$

有过氧化物存在时,炔烃与卤化氢发生自由基加成,得到反马氏规则的产物。例如:

$$CH_3C \equiv CH \xrightarrow[H_2O_2]{HBr} CH_3CH=CHBr \xrightarrow[H_2O_2]{HBr} CH_3CHBrCH_2Br$$

由于 $CH_3CHBr\dot{C}HBr$ 比 $CH_3\dot{C}HCBr_2$ 稳定,所以得到 1,2-二溴丙烷。

由于炔烃与卤素加成反应一般比烯烃难,所以烯烃可使溴的四氯化碳溶液立即褪色,而炔烃需要几分钟后才能使其褪色。当烯炔加卤素时,首先加在双键上。例如:

$$H_2C=CH-CH_2-C\equiv CH + Br_2 \longrightarrow H_2C-\overset{H}{\underset{Br}{C}}-CH_2-C\equiv CH$$

2. 与水加成

炔烃在酸性溶液中用汞盐作催化剂可与水加成。例如,乙炔在 10% 硫酸和 5% 硫酸汞水溶液中发生加成反应生成乙醛。

$$CH\equiv CH \xrightarrow[Hg^{2+}]{H_2O, H^+} \left[\begin{array}{c} \overset{H}{\underset{H}{C}}=\overset{H}{\underset{OH}{C}} \end{array} \right] \Longleftrightarrow CH_3CH\overset{O}{\parallel}$$

乙烯醇 (烯醇式)   乙醛 (酮式)

像乙烯醇这样羟基直接和双键碳原子相连的化合物称为烯醇。烯醇一般不稳定,容易发生重排而转变为酮式,如乙烯醇重排为乙醛。这种重排又称为烯醇式和酮式的互变异构。所谓互变异构是指因分子中某一原子(如氢原子)在两个位置迅速移动而产生的官能团异构,它是构造异构的一种特殊形式。在酸性介质中乙烯醇和乙醛互变异构的机理可表示如下:

$$H^+ + CH_2=C\overset{OH}{\underset{H}{}} \Longleftrightarrow \left[CH_3-\overset{+}{C}-\overset{O-H}{\underset{H}{}} \right] \Longleftrightarrow CH_3-\overset{O}{\underset{H}{C}}-H + H^+$$

烯醇式   酮式

炔烃与水的加成遵循马氏规则,因此除乙炔外,所有的取代乙炔和水的加成物都是酮。

一元取代的乙炔与水加成的产物是甲基酮(CH_3COR),二元取代的乙炔($RC\equiv CR'$)得到的是两种酮的混合物。例如:

$$CH_3C\equiv CH \xrightarrow[Hg^{2+}]{H_2O, H^+} \left[\begin{array}{c} \overset{OH}{\underset{}{}} \\ CH_3\overset{|}{C}=CH_2 \end{array} \right] \Longleftrightarrow CH_3\overset{O}{\underset{}{C}}CH_3$$

$$CH_3C\equiv CCH_2CH_3 \xrightarrow[Hg^{2+}]{H_2O, H^+} \left[CH_3\overset{OH}{\underset{}{C}}=CHCH_2CH_3 + CH_3CH=\overset{OH}{\underset{}{C}}CH_2CH_3 \right] \Longleftrightarrow$$

$$CH_3\overset{O}{\underset{}{C}}CH_2CH_2CH_3 + CH_3CH_2\overset{O}{\underset{}{C}}CH_2CH_3$$

练习 4.2 写出下列化合物在汞盐催化下,与稀硫酸水溶液反应的主要产物。

(1) $CH_3CH_2C\equiv CH$　　　(2) ⬡$-C\equiv CH$　　　(3) $(CH_3)_3CC\equiv CCH_3$

3. 与乙硼烷加成（硼氢化-氧化反应）

与烯烃相似，炔烃也容易进行硼氢化-氧化反应，且该加成反应在形式上也是反马氏规则的。乙硼烷与炔烃加成后生成烯基硼烷，后者在碱性过氧化氢中氧化得到烯醇，烯醇异构化后生成醛或酮。一取代炔烃经硼氢化后氧化水解后得到醛，二取代炔烃经硼氢化-氧化反应通常得到两种酮的混合物。例如：

$$6RC\equiv CH \ + \ (BH_3)_2 \longrightarrow 2(R-CH=CH)_3B \xrightarrow{H_2O_2, \ OH^-} 6[R-CH=CH-OH]$$

$$\rightleftharpoons 6RCH_2CHO$$

$$6CH_3C\equiv CCH_2CH_3 + (BH_3)_2 \longrightarrow \xrightarrow{H_2O_2, \ OH^-} CH_3-\overset{O}{\overset{\|}{C}}-CH_2CH_2CH_3 \ + \ CH_3CH_2\overset{O}{\overset{\|}{C}}CH_2CH_3$$

4.4.2 亲核加成反应

炔烃比烯烃难以进行亲电加成反应，但比烯烃容易发生亲核加成反应。乙炔及其一元取代物较易与 ROH、HCN、RCOOH 等含有活泼氢的化合物进行亲核加成反应，生成含有乙烯基的产物。例如：

$$HC\equiv CH \ + \ C_2H_5OH \xrightarrow[0.1\sim1.5MPa]{碱, \ 150\sim180℃} H_2C=CH-OC_2H_5$$
$$\text{乙烯基乙醚}$$

$$HC\equiv CH \ + \ HCN \xrightarrow[70℃]{CuCl_2, \ 水溶液} CH_2=CH-CN$$
$$\text{丙烯腈}$$

$$HC\equiv CH \ + \ CH_3COOH \xrightarrow[170\sim210℃]{Zn(OAc)_2, \ 活性炭} CH_3COOCH=CH_2$$
$$\text{乙酸乙烯酯}$$

丙烯腈是制备聚丙烯腈的单体，聚丙烯腈可用于合成腈纶纤维、塑料和丁腈橡胶。乙酸乙烯酯是制备多种聚合物的原料，这种聚合物主要以胶乳形式用于乳胶漆和其他表面涂料、黏合剂等。

4.4.3 炔烃的还原

1. 催化氢化

在常用的催化剂（如 Pt 和 Pd）催化下，炔烃和 2 mol H₂ 加成得到烷烃，难以分离得到中间产物烯烃。

$$R-C\equiv C-R \ + \ 2H_2 \xrightarrow{Pt 或 Pd} RCH_2CH_2R$$

但用林德拉（Lindlar）催化剂（用喹啉或乙酸铅部分毒化附着于 CaCO₃ 上的 Pd）可以使加氢反应停留在烯烃阶段，且可控制产物的构型，获得 Z 型烯烃。此法在合成 Z 型烯烃上有着广泛的用途。例如：

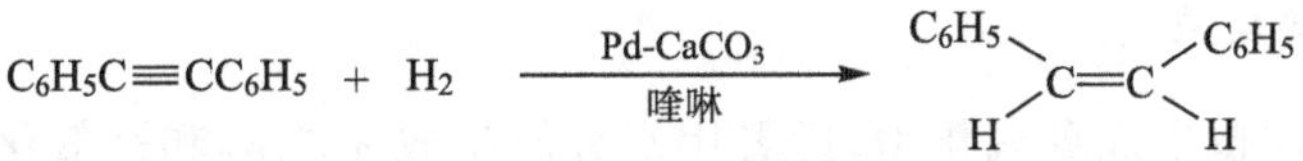

$$CH_3CH_2C \equiv CCH_3 \xrightarrow[\text{喹啉}]{\text{Pd-CaCO}_3} \begin{array}{c} C_6H_5 \quad C_6H_5 \\ C=C \\ H \qquad H \end{array}$$

（以图示）C₆H₅C≡CC₆H₅ + H₂ —Pd-CaCO₃/喹啉→ 顺式二苯乙烯

用硫酸钡作载体的钯催化剂在吡啶中，也可以使含碳碳叁键的化合物只加一分子氢且生成 Z 型烯烃的衍生物。

若分子中同时含有叁键和双键，用林德拉催化剂催化氢化，反应首先发生在叁键上，双键可以保留。例如：

$$HC \equiv C - \underset{\underset{CH_3}{|}}{C} = CHCH_2CH_2OH + H_2 \xrightarrow[\text{喹啉}]{\text{Pd-CaCO}_3} H_2C = HC - \underset{\underset{CH_3}{|}}{C} = CHCH_2CH_2OH$$

2. 用碱金属和液氨还原

炔类化合物在液氨中用金属钠还原，主要生成 E 型烯烃衍生物。例如：

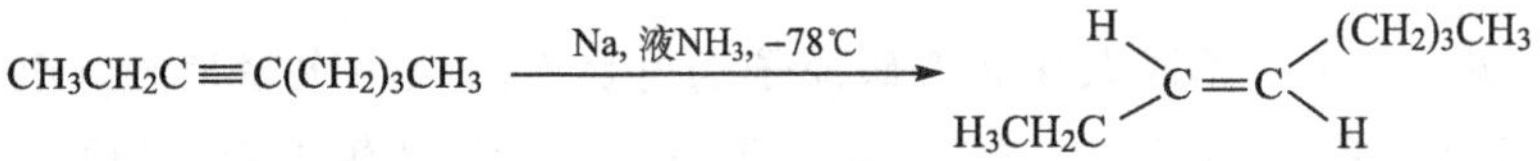

$$CH_3CH_2C \equiv C(CH_2)_3CH_3 \xrightarrow{\text{Na, 液NH}_3, -78℃} \begin{array}{c} H \qquad (CH_2)_3CH_3 \\ C=C \\ H_3CH_2C \qquad H \end{array}$$

练习 4.3　完成下列反应式。

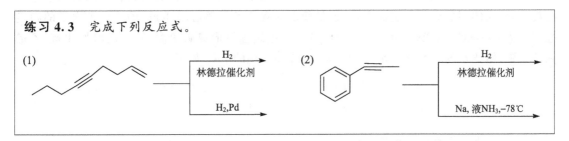

(1) —(己-?-烯炔)— $\xrightarrow{\text{H}_2}{\text{林德拉催化剂}}$　$\xrightarrow{\text{H}_2, \text{Pd}}$

(2) —(苯丙炔)— $\xrightarrow{\text{H}_2}{\text{林德拉催化剂}}$　$\xrightarrow{\text{Na, 液NH}_3, -78℃}$

4.4.4　氧化反应

1. 被高锰酸钾氧化

与烯烃相似，炔烃也可以被高锰酸钾溶液氧化。在较温和的条件下氧化时，非端位炔烃生成 α-二酮。例如：

$$CH_3(CH_2)_7C \equiv C(CH_2)_7COOH \xrightarrow[\text{pH=7.5}]{\text{KMnO}_4, \text{H}_2\text{O}, 常温} CH_3(CH_2)_7 - \overset{O}{\overset{||}{C}} - \overset{O}{\overset{||}{C}} - (CH_2)_7COOH$$

在强烈条件下氧化，非端位炔烃生成羧酸（盐），端位炔烃生成羧酸（盐）、二氧化碳和水。例如：

$$CH_3CH_2CH_2C \equiv CCH_2CH_3 \xrightarrow[\text{25℃}]{\text{KMnO}_4, \text{OH}^-} \xrightarrow{\text{H}^+} CH_3CH_2CH_2COOH + CH_3CH_2COOH$$

$$n\text{-}C_4H_9 - C \equiv CH \xrightarrow[]{\text{KMnO}_4, \text{OH}^-} \xrightarrow{\text{H}^+} n\text{-}C_4H_9COOH + CO_2 + H_2O$$

和烯烃的氧化一样，根据高锰酸钾的褪色可以鉴别炔烃，根据所得产物的结构也可以推测原炔烃的结构。

2. 臭氧化-分解反应

炔烃与臭氧反应也生成臭氧化物,后者用水分解生成 α-二酮和过氧化氢,随后过氧化氢将 α-二酮氧化成羧酸。例如:

$$CH_3CH_2CH_2C\equiv CCH_2CH_3 \xrightarrow[CCl_4]{O_3} \xrightarrow{H_2O} CH_3CH_2CH_2COOH + CH_3CH_2COOH$$

根据此反应产物的结构可推测叁键的位置和原化合物的结构。

> **练习 4.4**　某不饱和烃经臭氧化水解后生成 CH_3CHO、CH_3COCH_2COOH 和 CH_3COOH,试推测原化合物的结构。

4.4.5　炔烃活泼氢的反应

1. 炔氢的酸性

如前所述(见 3.3 节),不同杂化状态碳原子的电负性的大小次序是 C_{sp}(电负性 3.29)> C_{sp^2}(电负性 2.73)> C_{sp^3}(电负性 2.48)。杂化碳原子的电负性越大,与其相连的氢原子越容易离去,生成的碳负离子也越稳定,且越是稳定的碳负离子越容易生成,因此碳负离子的稳定性顺序为 $CH\equiv C^->CH_2=CH^->CH_3CH_2^-$。乙炔容易形成碳负离子,它的酸性比氨、乙烯和乙烷强,但比水的酸性弱。水、乙炔、氨、乙烯和乙烷的 pK_a 如下:

	H_2O	$CH\equiv CH$	NH_3	$H_2C=CH_2$	CH_3CH_3
pK_a	15.7	25	35	44	50

2. 金属炔化物的生成及其应用

由于炔氢的弱酸性,乙炔和端位炔烃能与碱金属(如钠或钾)或强碱(如氨基钠)等作用,生成金属炔化物。例如:

$$CH\equiv CH \xrightarrow[\text{或NaNH}_2,\text{液氨},-33℃]{Na,110℃} CH\equiv CNa \xrightarrow[\text{或NaNH}_2,\text{液氨},-33℃]{Na,190\sim220℃} NaC\equiv CNa$$

$$CH_3CH_2C\equiv CH + NaNH_2 \xrightarrow[\text{液氨}]{-33℃} CH_3CH_2C\equiv CNa + NH_3$$

乙炔和端位炔烃分子中的炔氢还可以被重金属 Ag^+ 或 Cu^+ 取代,分别生成炔化银或炔化亚铜。将乙炔或丙炔通入硝酸银的氨溶液或氯化亚铜的氨溶液中,生成乙炔银、丙炔银或乙炔亚铜等。例如:

$$CH_3CH\equiv CH + 2Ag(NH_3)_2NO_3 \longrightarrow CH_3C\equiv CAg\downarrow + 2NH_4NO_3 + 2NH_3$$
丙炔银(白色)

$$CH\equiv CH + 2Cu(NH_3)_2Cl \longrightarrow CuC\equiv CCu\downarrow + 2NH_4Cl + 2NH_3$$
乙炔亚铜(棕红色)

上述两种反应现象明显,可以用来鉴定乙炔和 R—C$\equiv$CH 型炔烃。

干燥的银或亚铜的炔化物受热或震动时易发生爆炸或生成金属和碳,为避免危险,实验后应立即用酸处理,将炔化物分解。

$$AgC \equiv CAg \longrightarrow 2Ag^+ + 2C + 364kJ \cdot mol^{-1}$$

$$AgC \equiv CAg + 2HCl \longrightarrow CH \equiv CH + 2AgCl \downarrow$$

$$CuC \equiv CCu + 2HCl \longrightarrow CH \equiv CH + Cu_2Cl_2 \downarrow$$

金属炔化物既是强碱,也是很强的亲核试剂,它可以与伯卤代烷发生亲核取代反应,用来合成高级炔烃同系物。例如:

$$CH_3CH_2C \equiv CNa + CH_3CH_2Br \xrightarrow[6h]{液氨,-33℃} CH_3CH_2C \equiv CCH_2CH_3$$

练习 4.5　用乙炔和适当的卤代烷合成下列化合物。
(1) 2-庚炔　　　　　　　　　　(2) 5-甲基-2-己炔

4.4.6　乙炔的聚合

乙炔在不同的催化剂作用下,可以有选择地聚合成链形或环状化合物。与烯烃不同,它一般不聚合成高聚物。在氯化亚铜和氯化铵作用下,乙炔二聚或三聚成乙烯基乙炔和二乙烯基乙炔。

$$HC \equiv CH \xrightarrow[NH_4Cl]{Cu_2Cl_2} CH_2 \equiv CH-C \equiv CH \xrightarrow[Cu_2Cl_2,NH_4Cl]{HC \equiv CH} CH_2 \equiv CH-C \equiv C-CH \equiv CH_2$$

乙炔在高温下(400～500℃)可三聚成苯,此反应产量低,无制备价值,但为研究苯的结构提供了有力的线索。

$$3HC \equiv CH \xrightarrow{500℃} \bigcirc$$

乙炔在四氢呋喃中,经氰化镍催化,于 1.5～2MPa 下聚合,可生成环辛四烯。

$$4HC \equiv CH \xrightarrow[1.5\sim2MPa]{\substack{Ni(CN)_2 \\ 50℃}} \bigcirc$$

目前尚未发现环辛四烯的工业用途,但该化合物在认识芳香族化合物的过程中起着很大的作用。

4.5　炔烃的制备
(Preparation of Alkynes)

4.5.1　由二卤代物双脱卤化氢

二卤代烷有两种:

$$—CHX—CHX— \qquad —CH_2—CX_2—$$
$$邻二卤代烷 \qquad\quad 偕二卤代烷$$

　　二卤代烷脱第一个卤化氢分子是较容易的,产生的乙烯基卤代衍生物(—CH =CX—)再失去一分子卤化氢则较为困难。因为卤原子与碳碳双键共轭,产生如下共振极限式:

$$\overset{>}{/}C = CH - \overset{..}{\underset{..}{X}} \quad\longleftrightarrow\quad \overset{>}{/}\bar{C} - CH = \overset{+}{X}$$

　　从上式右边的结构可以看出,卤原子缺少电子,作为负离子离去是很困难的,因此需使用热的氢氧化钾(或氢氧化钠)的醇溶液或用 $NaNH_2$ 才能形成炔烃。例如:

$$CH_3CH_2\underset{\underset{Br}{|}}{C}H\underset{\underset{Br}{|}}{C}H_2 \xrightarrow[\triangle]{KOH,\ C_2H_5OH} CH_3CH_2CH = CHBr \xrightarrow{NaNH_2} CH_3CH_2C \equiv CH$$

$$CH_3CHBrCH_2Br \xrightarrow[150℃]{NaNH_2,矿物油} CH_3C \equiv CH$$

　　对于相对分子质量较大的炔烃,氢氧化钾(或氢氧化钠)的醇溶液常使末端炔键向中位移动,而氨基钠会使叁键移向末端。例如:

$$CH_3CH_2C \equiv CH \xrightarrow[\triangle]{KOH,\ C_2H_5OH} CH_3C \equiv CCH_3$$

$$n\text{-}C_4H_9C \equiv CCH_3 \xrightarrow[150℃]{NaNH_2,矿物油} n\text{-}C_5H_{11}C \equiv CNa \xrightarrow{H_2O} n\text{-}C_5H_{11}C \equiv CH$$

　　偕二卤代烷可以直接从酮制取,酮在吡啶的干燥苯液中与 PCl_5 回流,即可制取炔烃。

$$R - \underset{\underset{O}{\|}}{C} - CH_2R' \xrightarrow[苯]{PCl_5/吡啶} R - \underset{\underset{Cl}{|}}{\overset{\overset{Cl}{|}}{C}} - CH_2R' \longrightarrow R - C \equiv C - R'$$

　　碱催化下邻二卤代烷和偕二卤代烷脱两分子卤化氢时,往往会生成混合物,用熔融的 KOH 在 200℃反应时,主要生成更加稳定的炔烃。当用 $NaNH_2$ 作为碱,150℃反应后,用水淬火,可以得到末端炔烃。例如:

$$\left.\begin{array}{l} CH_3\underset{\underset{Br}{|}}{C}H - \underset{\underset{Br}{|}}{C}H - CH_2CH_3 \quad\quad BrCH - CH_2CH_2CH_3 \\[3mm] \quad\quad\quad \underset{\underset{Br}{|}}{B}r \\[1mm] H_3C - \underset{\underset{Br}{|}}{\overset{\overset{Br}{|}}{C}} - CH_2CH_2CH_3 \quad\quad Br - CH_2 - \underset{\underset{Br}{|}}{C}H - CH_2CH_2CH_3 \end{array}\right\} \xrightarrow{KOH,\ 200℃} CH_3C \equiv C - CH_2CH_3$$

$$CH_3C \equiv C - CH_2CH_3 \xrightarrow[②\ H_2O]{①\ NaNH_2,150℃} HC \equiv C - CH_2CH_2CH_3$$

4.5.2　由炔烃的烷基化制备

　　乙炔与氨基钠在液氨中形成乙炔钠,后者与一级卤代烷发生 S_N2 反应(见 8.3.1),生成一元取代乙炔。一元取代乙炔可用于进一步合成二元取代乙炔。

$$HC \equiv CH + NaNH_2 \xrightarrow[-33℃]{液NH_3} CH \equiv CNa \xrightarrow{RX} CH \equiv CR + NaX$$

$$R-C\equiv CH + NaNH_2 \xrightarrow[-33℃]{液NH_3} R-C\equiv CNa \xrightarrow{R'X} R-C\equiv CR' + NaX$$

若 R＝R′，则不必分两步。

练习 4.6　以乙炔和卤代烷为原料合成下列化合物。

(1) $CH_3CH_2C\equiv CCH_2CH_3$　　　　　　　　(2) $CH_3CH_2CH_2C\equiv CH$

练习 4.7　以烯烃为原料合成下列化合物。

(1) $CH_3C\equiv CCH_2CH_3$　　　　　　　　　(2) $CH\equiv CCH_2CH_3$

4.6　二烯烃的分类和命名
(Classification and Nomenclature of Dienes)

4.6.1　二烯烃的分类

分子中含有两个碳碳双键的化合物称为二烯烃(或双烯烃)，根据两个双键的相对位置不同可以分为以下三类。

(1) 孤立二烯烃：两个双键被两个或两个以上单键隔开的二烯烃，它们的性质和一般烯烃相似，结构通式为 $\diagdown C=CH-(CH_2)_n-CH=C\diagup$（$n\geqslant 1$）。

例如：

$$H_2C=CH-CH_2-CH=CH_2$$
$$1,4\text{-戊二烯}$$

(2) 累积二烯烃：两个双键连接在同一碳原子上的二烯烃，这类烯烃数量不多，但其立体化学有意义(参见 4.7.1)，结构通式为 $\diagdown C=C=C\diagup$。

例如：

$$H_2C=C=CH_2 \qquad\qquad H_3C-CH=C=CH_2$$
$$\text{丙二烯} \qquad\qquad\qquad 1,2\text{-丁二烯}$$

(3) 共轭二烯烃：两个双键被一个单键隔开的二烯烃，它们有一些独特的物理性质和化学性质，是最重要的二烯烃，结构通式为 $\diagdown C=C-C=C\diagup$。

例如：

$$H_2C=CH-CH=CH_2 \qquad\qquad\qquad\overset{\textstyle CH_3}{\underset{\textstyle}{H_2C=C-CH=CH_2}}$$
$$1,3\text{-丁二烯} \qquad\qquad 2\text{-甲基-}1,3\text{-丁二烯(异戊二烯)}$$

4.6.2　二烯烃的命名

二烯烃的命名与单烯烃相似，但主链应包括两个双键在内，并标明两个双键的位置。其英文名称是将烯烃的词尾"ene"改为"adiene"。

具有顺反异构的二烯烃的命名与单烯烃相似,命名时要逐个标明两个双键的构型。例如:

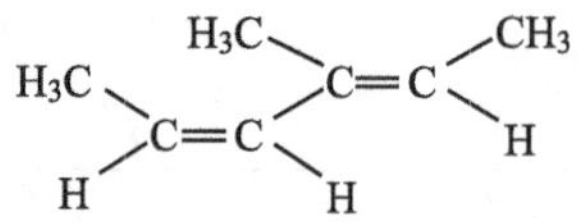

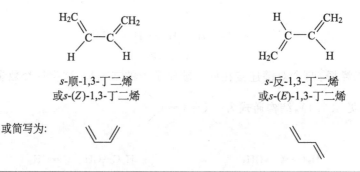

顺,顺-3-甲基-2,4-己二烯
或 (2E,4Z) -3-甲基-2,4-己二烯
(2E,4Z) -3-methyl-2,4-hexadiene

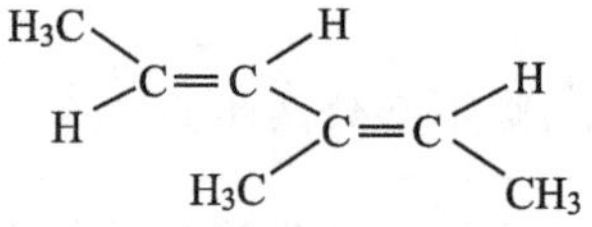

顺,反-3-甲基-2,4-己二烯
或 (2E,4E) -3-甲基-2,4-己二烯
(2E,4E) -3-methyl-2,4-hexadiene

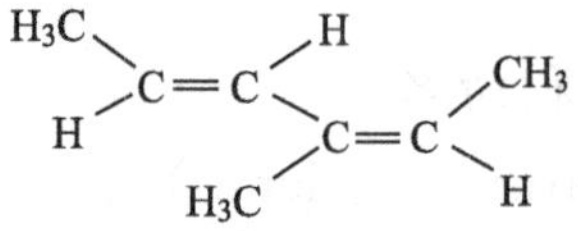

反,反-3-甲基-2,4-己二烯
或(2Z,4E)-3-甲基-2,4-己二烯
(2Z,4E)-3-methyl-2,4-hexadiene

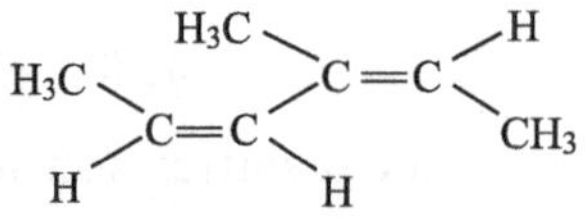

反,顺-3-甲基-2,4-己二烯
或(2Z,4Z)-3-甲基-2,4-己二烯
(2Z,4Z)-3-methyl-2,4-hexadiene

在 1,3-丁二烯中,两个双键可以绕碳碳单键(C_2 和 C_3 之间)自由旋转,生成两种不同的构象,两个双键在单键同侧的称为 s-顺式,两个双键在单键异侧的称为 s-反式,或分别称为 s-(Z)和s-(E)。例如:

s-顺-1,3-丁二烯
或s-(Z)-1,3-丁二烯

s-反-1,3-丁二烯
或s-(E)-1,3-丁二烯

或简写为:

练习 4.8 用系统命名法命名下列化合物。

(1) CH_3CH＝$CHCH_2CH$＝CH_2　　(2) 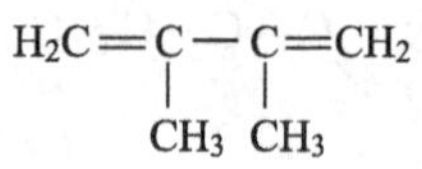 H_2C＝C－C＝CH_2（CH_3 CH_3）　　(3)

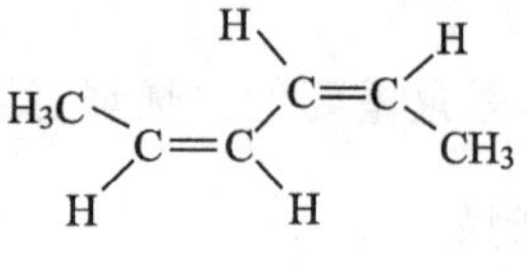

4.7　二烯烃的结构
(Structure of Dienes)

4.7.1　丙二烯的结构

丙二烯是最简单的累积二烯烃,分子中的三个碳原子在一条直线上。两边的碳原子为

sp^2 杂化成键,中间的碳原子为 sp 杂化,剩下两个相互垂直的 2p 轨道分别与两边的两个碳原子上的 2p 轨道互相交盖,形成相互垂直的两个 π 键。其结构见图 4-8。

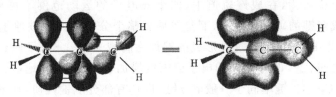

图 4-8　丙二烯的结构

丙二烯较不稳定,性质活泼。分子中的两个双键可以一个一个打开,发生酸催化水化等加成反应,并可以发生异构化反应。

4.7.2　1,3-丁二烯的结构

现代物理实验方法测定结果表明,1,3-丁二烯分子中四个碳原子和六个氢原子都在同一平面上。其键长和键角如下:

$$\text{0.137nm} \quad \text{122.4°} \quad \text{119.8°} \quad \text{0.148nm} \quad \text{0.137nm}$$

在 1,3-丁二烯分子中,碳碳双键键长为 0.137nm,碳碳单键键长为 0.148nm,单键比乙烷的碳碳单键(键长为 0.154nm)短,双键比乙烯的碳碳双键(键长为 0.134nm)长。由此可见,1,3-丁二烯分子中碳碳键的键长在一定程度上趋于平均化了。

在 1,3-丁二烯分子中,四个碳原子都是 sp^2 杂化,相邻碳原子之间均以 sp^2 杂化轨道相互交盖形成碳碳 σ 键,其余的 sp^2 轨道则分别与氢原子的 1s 轨道形成碳氢 σ 键。因为每个碳原子的 sp^2 杂化轨道都在同一平面上,所以 1,3-丁二烯分子中所有以 σ键相连的原子在同一平面上,它是一个平面分子,分子中的键角都接近 120°。另外,每个碳原子还剩下一个未参与杂化的 2p 轨道,这四个 2p 轨道都垂直于 σ 键所在的平面,且彼此相互平行,互相侧面平行交盖,形成了一个包含四个 p 轨道和四个 p 电子

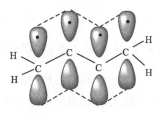

图 4-9　1,3-丁二烯分子的 π 键和 σ 键

的大 π 键。因为不仅在 C_1 和 C_2、C_3 和 C_4 之间形成了双键,C_2 和 C_3 之间也具有部分双键的性质,所以 1,3-丁二烯分子的键长趋于平均化。1,3-丁二烯的 π 键和 σ 键见图 4-9。

分子轨道理论认为,1,3-丁二烯的四个 p 原子轨道可以线性组合成四个 π 分子轨道,其中两个成键轨道(ψ_1 和 ψ_2)、两个反键轨道(ψ_3 和 ψ_4),见图 4-10。从图 4-10 可以看到,ψ_4 轨道在垂直于碳碳 σ 键键轴方向有三个节面,ψ_3 有两个节面,ψ_2 有一个节面,ψ_1 无节面。在节面上的电子云密度为零,所以轨道的能量随节面数的增加而升高。ψ_1 和 ψ_2 的能量低于原来的原子轨道,ψ_3 和 ψ_4 则高于原来的原子轨道,所以在基态时,1,3-丁二烯的四个 π 电子填充在

ψ_1 和 ψ_2 这两个成键轨道中,两个反键轨道 ψ_3 和 ψ_4 是空着的。只有在分子吸收能量被激发的状态下,π 电子才会跃迁到反键轨道中。

分子轨道理论还认为,在成键轨道中,四个 π 电子的运动范围不再局限于 C_1—C_2 和 C_3—C_4 这两对构成双键的碳原子之间,而是扩展到整个分子的四个碳原子之间的 π 分子轨道中,这种现象称为电子的离域,这样形成的键称为离域 π 键。π 分子轨道 ψ_1 和 ψ_2 的交盖不但使 C_1 和 C_2 之间、C_3 和 C_4 之间的电子云密度增加,而且还部分地增加了 C_2 和 C_3 之间的电子云密度,使 C_2—C_3 键不同于一般的 σ 键,也具有部分双键性质,使分子的键长趋于平均化。

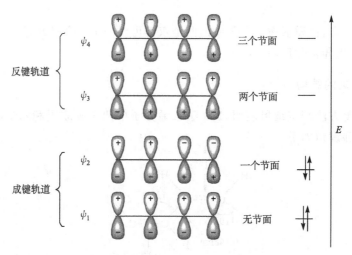

图 4-10　1,3-丁二烯 π 分子轨道图

4.8　共轭二烯烃的反应
(Reactions of Conjugated Dienes)

4.8.1　1,4-和 1,2-亲电加成反应

共轭二烯烃可以和卤素、卤化氢等发生亲电加成反应,当与一分子溴或溴化氢等亲电试剂反应时,共轭二烯烃通常可能生成 1,2-加成和 1,4-加成两种产物。例如:

$$H_2C=CH-CH=CH_2 \xrightarrow{Br_2} \underset{\substack{|\ \ |\\ Br\ Br}}{H_2C-\overset{\overset{\displaystyle H}{|}}{C}-CH=CH_2} + \underset{\substack{|\\ Br}}{H_2C-CH=CH-\underset{\substack{|\\ Br}}{CH_2}}$$

$$\xrightarrow{HBr} \underset{\substack{|\\ Br}}{H_3C-\overset{\overset{\displaystyle H}{|}}{C}-CH=CH_2} + H_3C-CH=CH-\underset{\substack{|\\ Br}}{CH_2}$$

具体到某一反应,是 1,2-加成为主还是 1,4 加成为主,受到多方面因素的影响,一般是低温有利于 1,2-加成,高温有利于 1,4-加成。例如:

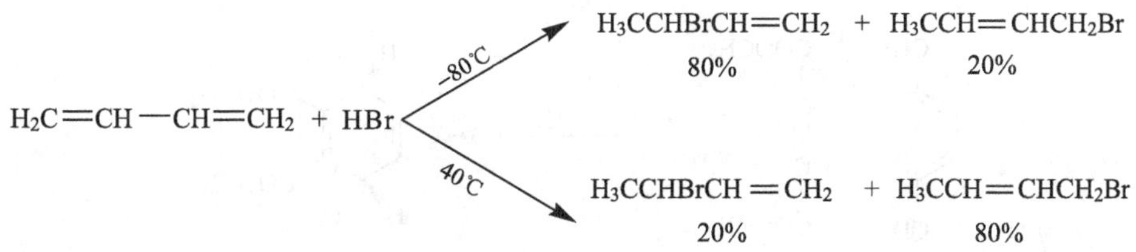

在相同的温度下，一般是极性较强的溶剂有利于 1,4-加成。例如，1,3-丁二烯与溴在 −15℃时反应，若用正己烷作溶剂，以 1,2-加成产物为主（62%），当改用氯仿为溶剂时，以 1,4-加成产物为主（63%）。

练习 4.9 写出下列反应的主产物。

(1) 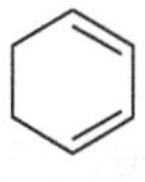 + Br₂ $\xrightarrow{-15℃}$ (2) H₃CCH=CH—CH=CH₂ + HBr $\xrightarrow{60℃}$

4.8.2 第尔斯-阿尔德环加成反应

在 20 世纪 30 年代以前，尽管自然界中有很多含有六个碳原子的环状化合物，但当时的科学家对从开链化合物合成六个碳原子的环状化合物还束手无策。1928 年，德国化学家第尔斯（O. Diels）和阿尔德（K. Alder）发现，共轭二烯烃与含有双键和叁键的化合物进行 1,4-加成反应后，生成六元碳环化合物，人们以他们的名字将该反应命名为第尔斯-阿尔德（Diels-Alder）反应（简称第-阿反应）。例如：

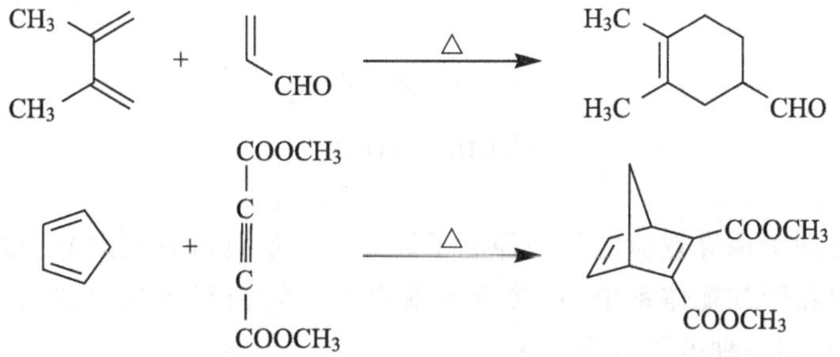

由于第-阿反应是以二烯烃为原料进行的，故又称为双烯合成反应，共轭二烯烃称为双烯体，烯烃或炔烃称为亲双烯体。在第-阿反应中，共轭二烯烃的 4 个 π 电子和烯烃或炔烃中的 2 个 π 电子相互作用，π 键断裂，并在两端生成两个 σ 键，闭合形成六元环，所以该类反应也称为 [4＋2]环加成反应（见 4.10 节）。在进行环加成反应时，旧的 π 键的断裂和新的 σ 键的生成同时进行，具有这样特点的反应称为协同反应，环加成反应就是一种协同反应。

第-阿反应只需要加热条件，并具有高度的立体选择性，对于双烯体和亲双烯体均是顺式加成反应。例如：

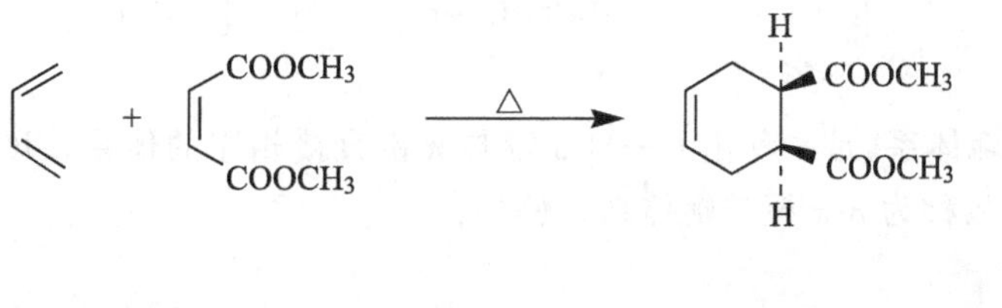

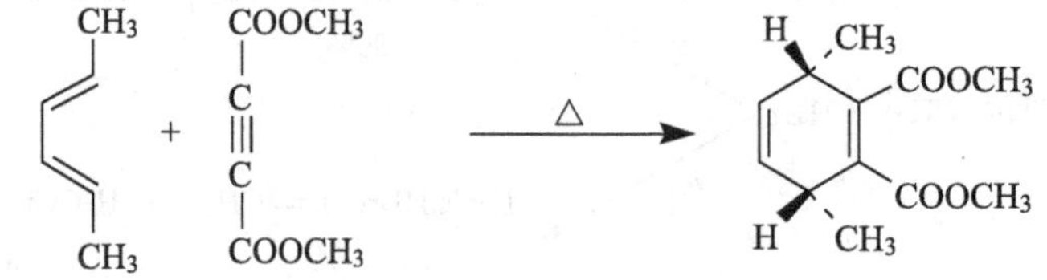

不对称试剂的第尔斯-阿尔德反应有较高的位置选择性。实验事实表明,双烯体上的给电子取代基(D)和亲双烯体上的吸电子取代基(W)在产物中通常处于1,2-或1,4-的位置。根据上述选择规律,可以预测第尔斯-阿尔德反应的主要产物。例如:

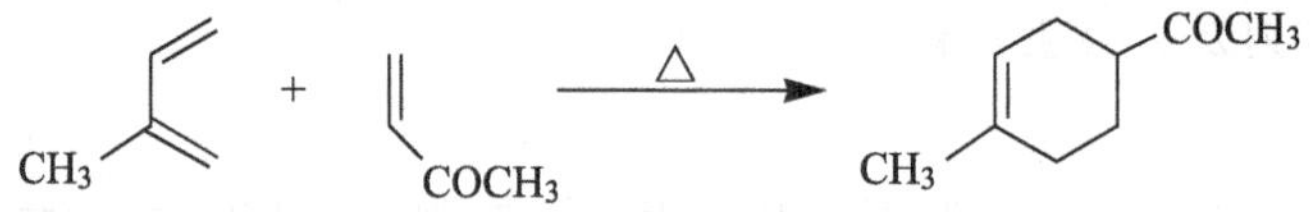

第尔斯-阿尔德反应为人们提供了一种崭新的合成六元碳环化合物的方法,应用范围和格利雅反应一样广泛,因此第尔斯和阿尔德荣获了1950年诺贝尔化学奖。

练习 4.10　预测下列第尔斯-阿尔德反应的产物。

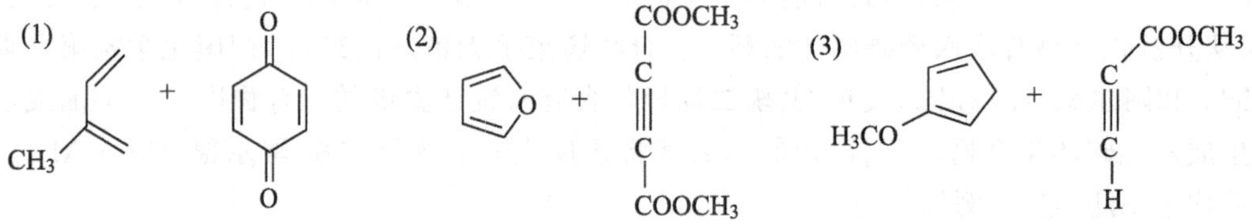

4.9　共 轭 效 应
(Conjugation)

共轭效应是区别于诱导效应的另一种电子效应。它是轨道离域或电子离域而产生的一种效应。共轭效应存在于共轭体系中,是共轭体系中原子间相互影响使体系内 π 电子(或 p 电子)的分布发生变化的一种电子效应。

4.9.1　共轭体系和共轭效应

按参加共轭的化学键或电子类型分类,共轭体系可分为以下几种。

（1）π-π 共轭体系,是一种单、双键交替出现的体系。例如:

$$CH_2=CH-CH=CH_2 \qquad CH_2=CH-CH=O$$

（2）p-π 共轭体系,是一种由 π 轨道与相邻 p 轨道组成的体系。例如:

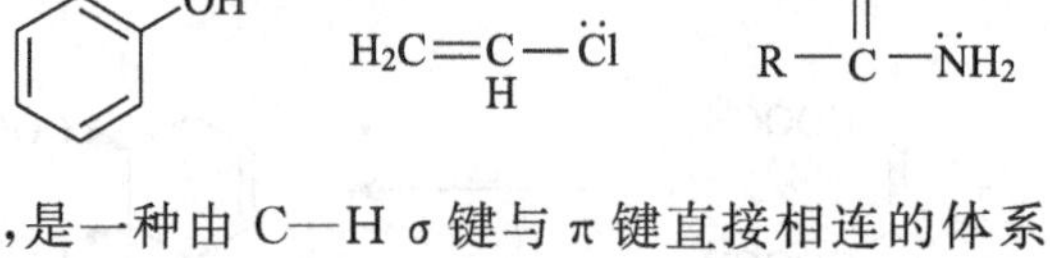

（3）σ-π 超共轭体系,是一种由 C—H σ 键与 π 键直接相连的体系。该体系涉及 σ 键轨道与 π 键轨道参与,故称为 σ-π 超共轭体系。例如:

$$CH_3-CH=CH_2 \qquad H_3C-\text{（苯环）} \qquad H_3CCH=CHCH_2CH_3$$

分子中的电子通过共轭体系传递的现象称为共轭效应。π-π 共轭体系中,由 π 电子离域所体现的共轭效应称为 π-π 共轭效应;p-π 共轭体系中,p 电子的离域现象称为 p-π 共轭效应;σ-π 超共轭体系中,C—H 键 σ 电子的离域现象称为 σ-π 超共轭效应。σ-π 超共轭效应比 π-π 共轭效应弱得多。

4.9.2　共轭效应的传递

共轭效应只能在共轭体系中传递,无论共轭链有多长,共轭效应能贯穿于整个共轭体系中。当共轭链的一端受到电场的影响,就能沿共轭链传递得较远,且不随链长而减弱。同时,体系中出现了正、负电荷交替分布的情况。例如:

$$CH_3\longrightarrow CH=CH-CH=CH-CH=CH_2$$
$$\qquad\quad \delta^+ \quad \delta^- \quad \delta^+ \quad \delta^- \quad \delta^+ \quad \delta^-$$

$$CH_2=CH-CH=CH-CH=CH-C\equiv N$$
$$\quad \delta^+ \quad \delta^- \quad \delta^+ \quad \delta^- \quad \delta^+ \quad \delta^- \quad \delta^+ \quad \delta^-$$

在共轭体系中,π 电子的离域一般用弯箭头表示,弯箭头是从双键到与该双键直接相连的原子或单键上,箭头所指的方向是 π 电子离域的方向。

在共轭体系中,凡能降低体系 π 电子云密度的取代基具有吸电子的共轭效应,用−C 表示,如−NO$_2$、−CN、−COOR、−COR 等;凡能增强体系 π 电子云密度的取代基具有给电子的共轭效应,用+C 表示,如−NH$_2$、−NHCOR、−OH、−OR、−OCOR 等。

取代基的共轭效应和诱导效应的方向,有的一致(如−NO$_2$、−CN、−CHO 等),有的不一致(如−NH$_2$、−NHCOR、−OH 等)。例如:

$$CH_2=CH-CH=CH\longrightarrow CH(=O) \qquad \text{共轭效应和诱导效应方向一致}$$

$$CH_2=CH-CH=CH\longrightarrow \overset{..}{N}H_2 \qquad \text{共轭效应和诱导效应方向不一致}$$

4.9.3　共轭效应的特征

(1) 键长趋于平均化。在链状共轭体系中,共轭链越长,双键和单键的键长越接近,在环状共轭体系中,如苯的六个碳碳键的键长完全相等。

(2) 共轭体系的能量低。1,3-丁二烯的氢化热低于 1-丁烯的两倍,这是因为分子中的四个 π 电子处于离域的 π 轨道中,电子离域的结果使共轭体系具有较低的热力学能,分子较稳定。

(3) 折射率较高。由于共轭体系中 π 键电子的离域运动,减弱了原子核对电子的束缚力,所以 π 键电子容易极化,它的折射率比相应的孤立二烯烃高。例如:

$$CH_2=CH-CH_2-CH=CH_2 \quad n_D^{20}=1.3888 \qquad CH_3-CH=CH-CH=CH_2 \quad n_D^{20}=1.4284$$

(4) 共轭体系具有特殊的波谱性质(详见第 7 章)。

4.9.4　共轭二烯烃 1,4-加成的理论解释

下面以 1,3-丁二烯与溴化氢的亲电加成反应为例,用共轭效应解释共轭二烯烃能够发生 1,4-加成反应的原因。

当溴化氢进攻 1,3-丁二烯的一端时,共轭体系的电子云发生形变,形成交替极性。

$$\overset{\delta^+}{CH_2}=\overset{\delta^-}{CH}-\overset{\delta^+}{CH}=\overset{\delta^-}{CH_2} \quad + \quad \overset{\delta^+}{H}-\overset{\delta^-}{Br}$$

该亲电加成反应分两步进行,第一步是 H^+ 与 1,3-丁二烯反应生成活性中间体碳正离子,由于共轭,该碳正离子的 C_2 和 C_4 均带有部分正电荷。

第一步:

$$CH_2=CH-CH=CH_2 \quad + \quad H^+ \quad \longrightarrow \quad \overset{\delta^+}{H_2C}=\!=\!=\overset{\delta^-}{CH}=\!=\!=\overset{\delta^+}{CH}-CH_3$$

第二步:Br^- 既可以进攻 C_2,发生 1,2-加成,也可以进攻 C_4,发生 1,4-加成。

$$\overset{\delta^+}{H_2C}=\!=\!=\overset{\delta^-}{CH}=\!=\!=\overset{\delta^+}{CH}-CH_3 \xrightarrow{Br^-}$$

1,2-加成 → $CH_2=CH-\underset{Br}{CH}-CH_3$

1,4-加成 → $\underset{Br}{CH_2}-CH=CH-CH_3$

为什么低温下有利于 1,2-加成,温度较高时有利于 1,4-加成呢? 图 4-11 是 1,3 丁二烯与 HBr 加成的第二步反应的能量曲线图。当反应在较低温度下进行时,碳正离子与溴负离子的加成是不可逆的,生成产物的比例由反应速率决定,而反应速率的大小是由反应的活化能 E_a 决定的,1,2-加成反应的活化能较小,反应速率较快,所以低温下 1,2-加成产物为主。这种情况称为反应的动力学控制(或速率控制),1,2-加成产物称为动力学控制产物。

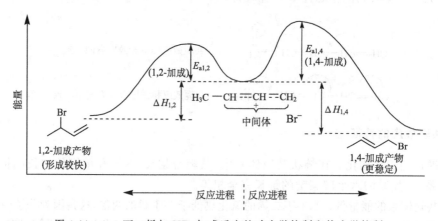

图 4-11　1,3-丁二烯与 HBr 加成反应的动力学控制和热力学控制

当反应温度较高时,碳正离子与溴负离子的加成反应是可逆的,此时决定反应产物的主要因素是化学平衡,1,2-加成和 1,4-加成产物的比例取决于它们的相对稳定性,由于 1,4-加成产物较稳定,所以 1,4-加成产物为主。这种情况称为反应的热力学控制(或平衡控制),1,4-加成

产物称为热力学控制产物。

依据反应条件的不同,许多加成反应的产物会受热力学控制或动力学控制。一般来说,不容易发生逆反应的反应受动力学控制,因为平衡几乎不能建立。在受动力学控制的反应中,具有最低过渡态能量的产物是主产物。容易发生逆反应的反应受热力学控制,在受热力学控制的反应中,能量最低的产物为主产物。

4.10　周环反应(Ⅰ):电环化反应和环加成反应
[Pericyclic Reactions(Ⅰ):Electrocyclic Reactions and Cycloadditions]

周环反应是指通过环状过渡态而发生的一些协同反应。与已经学过的离子型反应和游离基反应相比,周环反应的特点是:①反应的唯一动力是光和热;②反应中两个以上的键同时断裂和生成;③反应过渡态中原子的排列是高度有序的;④反应有突出的立体专一性。前面所讲的第尔斯-阿尔德环加成反应和下面介绍的电环化反应均是重要的周环反应。

4.10.1　电环化反应

在加热或光照的条件下,共轭多烯烃可以发生分子内 π 键断裂,同时双键两端的碳原子以 σ 键相连,形成一个环状分子。像这样共轭多烯烃转化为环烯烃或其逆反应环烯烃转化为共轭多烯烃的反应称为电环化反应。例如:

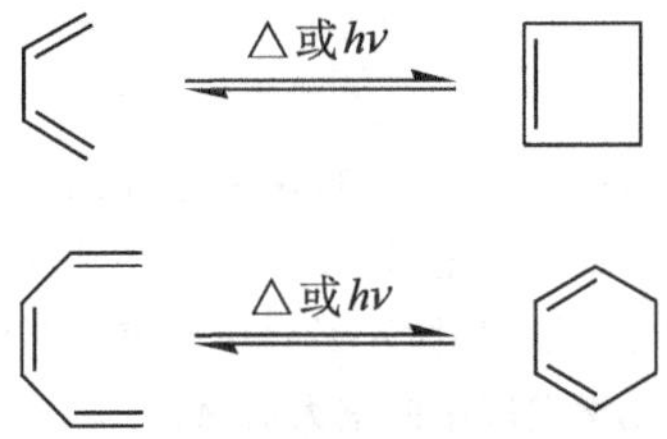

电环化反应是受热或光驱动的,反应的显著特点是具有高度的立体专一性,即一定构型的反应物在一定的反应条件下(热或光)只生成一种特定构型的产物。例如:

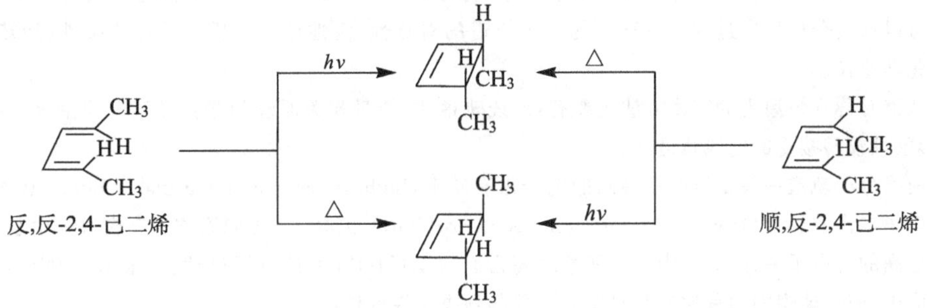

反,反-2,4-己二烯在光照条件下只生成顺-3,4-二甲基环丁烯,在加热条件下只生成反-3,4-二甲基环丁烯;而顺,反-2,4-己二烯的结果恰恰相反,在加热条件下生成顺-3,4-二甲基环丁烯,在光照条件下生成反-3,4-二甲基环丁烯。

反,顺,反-2,4,6-辛三烯发生电环化反应的立体选择性为加热只生成顺-5,6-二甲基-1,3-己二烯,光照只生成反-5,6-二甲基-1,3-己二烯。

在许多其他的电环化反应中也能观察到这样的立体化学控制。大量实验事实表明：像 1,3-丁二烯这样，含有 $4n$ 个 π 电子的共轭多烯烃的电环化反应规律与 1,3-丁二烯相同，即加热条件下，顺旋关环（C_1—C_4 的 p 轨道各自绕共轭体系内的碳碳 σ 键，沿同一方向旋转 90°），光照条件下，对旋关环（C_1—C_4 的 p 轨道各自绕共轭体系内的碳碳 σ 键，沿相反方向旋转 90°）；像 2,4,6-辛三烯这样，含有 $4n+2$ 个 π 电子的共轭多烯烃的电环化反应规律与 2,4,6-辛三烯相同，即加热条件下对旋关环，光照条件下顺旋关环。这是由相关的 π 分子轨道的对称性所决定的。伍德沃德-霍夫曼（Woodward-Hoffmann）规则（表 4-2）描述了电环化反应的条件和立体化学途径，可以用于预测电环化反应的条件（加热或光照）和方式（顺旋或对旋）。

表 4-2　电环化反应的伍德沃德-霍夫曼规则

π 电子数	双键数	热反应过程	光反应过程
$4n$	偶数	顺旋	对旋
$4n+2$	奇数	对旋	顺旋

如何解释上述电环化反应的伍德沃德-霍夫曼规则呢？下面简单介绍分子轨道对称守恒原理，并用前线轨道理论解释电环化反应的伍德沃德-霍夫曼规则。

4.10.2　分子轨道对称守恒原理

1965 年，伍德沃德（R. B. Woodward,1917—1979）和霍夫曼（R. Hoffmann,1937—）在总结了大量有机合成经验规律的基础上，把量子力学的分子轨道理论引入周环反应的机理研究，发现周环反应是受分子轨道对称性控制的反应，提出了分子轨道对称守恒原理，揭开了周环反应的奥秘。这是近几十年来理论有机化学领域取得的一次重大突破，也是当代有机化学发展中的重大成果。

分子轨道对称守恒原理认为，化学反应是分子轨道重新组合的过程。在反应过程中，当反应物和产物的分子轨道对称特征一致时，反应就容易进行，若不一致时，反应就难以发生。也就是说，反应物总是倾向于按照保持其分子轨道对称性不变的方式发生反应，得到轨道对称性不变的产物。因此，电环化和环加成反应等周环反应可以通过分析反应过程中所涉及的分子轨道的对称性，定性地判断反应进行的条件（加热或光照）以及立体化学途径。

分子轨道对称守恒原理的表述方法主要有：前线轨道法、能量相关原理和芳香过渡态理论等。本节仅介绍简单、形象且较易接受的前线轨道法。

所谓前线分子轨道一般是指能量最高的电子占有轨道（highest occupied molecular orbital，HOMO）和能量最低的电子未占有轨道（lowest unoccupied molecular orbital，LUMO）。正如原子在反应过程中起关键作用的是能量最高的价电子一样，分子中处于能量最高占有轨道（HOMO）的电子最活泼，最易推动反应的进行。在周环反应中，前线轨道的对称性通常对反应进程起到决定性的作用。

4.10.3　电环化反应的理论解释

根据前线轨道理论，在电环化反应中 HOMO 的对称性将决定反应进行的条件（加热还是光照）和立体化学途径（顺旋还是对旋）。

1,3-丁二烯的 HOMO 是 ψ_2，基态时 ψ_2 的轨道图如下：

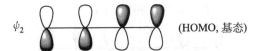

ψ_2 （HOMO, 基态）

　　1,3-丁二烯转变为环丁烯的过程中，C_1 和 C_4 的 p 轨道必须各自绕本身所在的共轭体系内的碳碳 σ 键旋转 90°，才能形成 C_1—C_4 的 σ 键。旋转有两种方法，一种是沿同一方向各旋转 90°，称为顺旋；另一种是沿相反方向各旋转 90°，称为对旋。

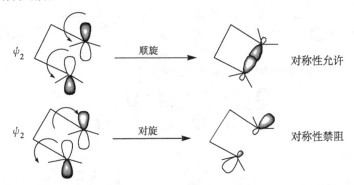

　　只有对称性相同即相位相同的轨道才能交盖成键，在基态时加热 1,3-丁二烯，顺旋关环是对称性允许的反应，而对旋关环是对称性禁阻的反应。

　　但在光照作用下，由于光的激发，1,3-丁二烯 ψ_2 上的一个电子被激发到 ψ_3 轨道，这样 ψ_3（LUMO）就变成了能量最高的电子占有轨道（HOMO）。ψ_3 的轨道图如下：

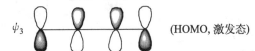

ψ_3 （HOMO, 激发态）

　　显然，对于 ψ_3 来说只有对旋才能使两个相位相同的轨道交盖成键，即在光照条件下，顺旋是对称性禁阻的反应，对旋是对称性允许的反应。

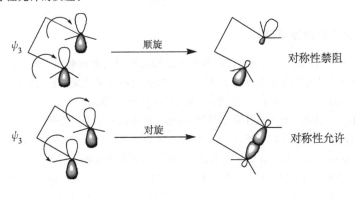

所以

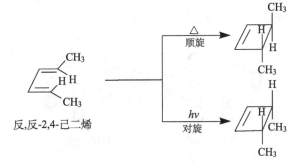

反,反-2,4-己二烯

1,3,5-己三烯的 HOMO 是 ψ_3,基态时 ψ_3 的轨道图如下:

在基态时,加热 1,3,5-己三烯,对旋关环是对称性允许的反应,而顺旋关环是对称性禁阻的反应。

在光照时,1,3,5-己三烯的 HOMO 是 ψ_4,ψ_4 的轨道图如下:

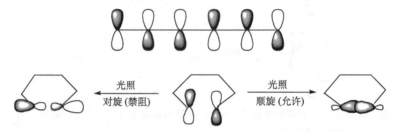

在激发态时,顺旋关环是对称性允许的反应,而对旋关环是对称性禁阻的反应。所以

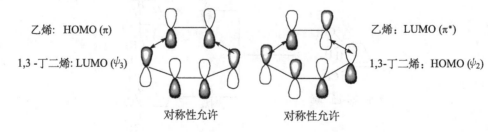

4.10.4　环加成反应的理论解释

第尔斯-阿尔德[4+2]环加成反应也可以用前线轨道理论得到满意的解释。与上述电环化反应不同的是,环加成反应是两分子间进行的反应,如乙烯和 1,3-丁二烯的环加成反应。根据前线轨道法,两分子进行环加成时,起决定作用的是两个分子中的前线轨道,即 HOMO 和 LUMO。

两个分子在进行环加成反应的过程中彼此接近,逐渐由原来的 π 电子在两个分子之间形成新的 σ 键。由于原来两个分子的 HOMO 都已充满电子,且一个轨道只能容纳 2 个电子,因此两个新的 σ 键的生成只能是电子从一个分子的 HOMO 流入另一个分子的 LUMO,从而相互交盖成键。

加热条件下的环加成反应是基态反应,基态时乙烯的 HOMO 是 π 轨道,1,3-丁二烯的 LUMO 是 ψ_3,两者的对称性是匹配的。若乙烯用 LUMO(π^*)与 1,3-丁二烯的 HOMO(ψ_2)反应,两者的对称性也是匹配的。因此,在加热下第尔斯-阿尔德反应可以顺利进行,如下所示:

乙烯: HOMO (π)　　　乙烯:LUMO (π*)
1,3-丁二烯: LUMO (ψ_3)　　　1,3-丁二烯:HOMO (ψ_2)
对称性允许　　　对称性允许

知识亮点(Ⅰ)

伍德沃德和霍夫曼提出"分子轨道对称守恒原理"

1965 年,美国化学家伍德沃德和他从事量子化学研究的学生美国化学家霍夫曼在总结了大量有机合成经验规律的基础上,把量子力学的分子轨道理论引入周环反应的机理研究,提出了分子轨道对称守恒原理,这是近代有机化学也是分子轨道理论最重大的成果之一。

伍德沃德是世界有机合成大师,他一生合成了众多复杂的有机化合物。1944 年,年仅 27 岁的伍德沃德因合成了治疗疟疾的生物碱奎宁而崭露头角,此后他陆续合成了胆固醇、肾上腺皮质激素、番木鳖碱、利血平等。1960 年,伍德沃德用 55 步合成了叶绿素。他合成的 6-去甲基-6-去氧四环素为生产一系列四环素类抗生素奠定了基础。1965 年,伍德沃德因在有机合成上的杰出成就而获得诺贝尔化学奖。在获得诺贝尔化学奖后,他花了 11 年时间,用上百步的反应完成了结构庞大复杂的维生素 B_{12} 的全合成,达到了当代有机合成的顶峰。

与伍德沃德共同提出"分子轨道对称守恒原理"的美国化学家霍夫曼和提出"前线轨道理论"的日本化学家福井谦一(Fukui Kenichi,1918—1998)因"各自独立发展了化学反应过程的理论"而分享了 1981 年诺贝尔化学奖。此时,伍德沃德已去世,若不是他早去世了两年,他可能是很少数两次获得诺贝尔奖的科学家之一。

知识亮点(Ⅱ)

萨巴蒂尔发明催化氢化反应

催化氢化反应是法国物理化学家萨巴蒂尔(P. Sabatier,1854—1941)在 1897 年发明的。

1897 年,萨巴蒂尔和学生桑代朗(J. B. Senderens,1856—1937)在研究乙炔在热的氧化镍作用下的氢化作用时发现,高度分散状态的金属镍具有很高的催化不饱和烃加氢反应的活性,并利用它将苯催化加氢成环己烷。

1897~1900 年,萨巴蒂尔对许多有机物的催化加氢和脱氢反应的选择性和催化机理进行了系统的研究。1902 年在德国建成了第一套加氢工业装置。在镍催化下,将具有不饱和碳碳双键的液态油脂催化加氢生产成饱和的固态脂,他的研究成果为人造黄油、石油馏分加氢和合成甲醇等工业的发展奠定了基础。催化氢化反应过程简单,产率高,容易推广。萨巴蒂尔对科学和人类生活作出了不可估量的贡献,他因发明有机化合物催化氢化方法的贡献而与格利雅共获 1912 年诺贝尔化学奖。

习题（Exercises）

4.1 用系统命名法命名下列化合物。

(1) $CH_2{=}CH{-}CH{=}CH{-}\underset{\underset{CH_3}{|}}{C}{=}CH_2$
　　(2) $CH_3{-}\underset{\underset{CH_3}{|}}{CH}{-}CH_2{-}\underset{\underset{CH=CH-CH_3}{|}}{CH}{-}C{\equiv}CH$

(3) $H_3C-C\equiv C-CH_2-\underset{\underset{CH_3}{|}}{\overset{\overset{CH_3}{|}}{CH}}$ 　　　　(4) $\underset{H}{\overset{CH_3CH_2}{\diagdown}}C=C\underset{H}{\overset{CH=CH_2}{\diagup}}$

4.2 写出 1-戊炔与下列试剂反应的产物。

(1) 1 mol HBr 　　　(2) 2 mol HBr 　　　(3) 过量 H_2，Ni 　　　(4) H_2，Pd / $CaCO_3$，喹啉

(5) 2 mol Br_2 　　　(6) $KMnO_4$（水） 　　　(7) $NaNH_2$ 　　　(8) $H_2SO_4 / HgSO_4$，H_2O

(9) $KMnO_4$（热、浓），OH^- 　　　(10) $Ag(NH_3)^+$

4.3 完成下列转变。

(1) 2,2-二溴丁烷 $\longrightarrow$ 1-丁炔 　　　　　(2) 2-己烯 $\longrightarrow$ 2-己炔

(3) 2-己烯 $\longrightarrow$ 1-己炔 　　　　　(4) 2-己烯 $\longrightarrow$ 顺-2-己烯

(5) 1-己炔 $\longrightarrow$ 2-己酮 [$CH_3CO(CH_2)_3CH_3$]

(6) 1-己炔 $\longrightarrow$ 己醛 [$CH_3(CH_2)_4CHO$]

4.4 用乙炔和四个碳（包括四个碳）以下的化合物为原料合成下列化合物。

(1) 2-己炔 　　　　　　　　　　　(2) 顺-3-己烯

(3) 戊醛（$CH_3CH_2CH_2CH_2CHO$） 　　　(4) 2-戊酮

(5) 2,2-二溴己烷 　　　　　　　　　(6) 3,4-二溴己烷

4.5 某化合物 A，用银氨溶液处理生成白色沉淀。A 与 O_3 反应后，用二甲亚砜（由 CH_3SCH_3 氧化得到）处理，然后水解可以得到甲酸、3-氧代丁酸和己醛。试推测 A 的结构。

4.6 按下列反应方程式提供的有关信息，推测 A～F 的结构。

$$2,3\text{-二溴己烷} \xrightarrow{\text{KOH, 200℃}} A(\text{混合物})$$

$$\downarrow Cu(NH_3)_2Cl$$

$$D \xleftarrow{H_3O^+} B \qquad C$$

b.p. 71℃　　　　（沉淀）　（溶液中，蒸馏，收集80～85℃馏分）

$$\downarrow \begin{array}{l} ① \ NaNH_2,150℃ \\ ② \ H_2O \end{array}$$

$$E(\text{炔烃})$$

4.7 有化合物 A 和 B，互为构造异构体，都能使溴的四氯化碳溶液褪色，A 与 $Ag(NH_3)_2NO_3$ 反应生成沉淀，用 $KMnO_4$ 溶液氧化生成丙酸和 CO_2，B 不与 $Ag(NH_3)_2NO_3$ 反应，用 $KMnO_4$ 溶液氧化只生成一种羧酸。试推测 A 和 B 的结构。

4.8 预测下列第尔斯-阿尔德反应的产物，包括立体化学选择性。

(1) 　　　　　　　　　　　(2) 　　　　　　　　　　　(3)

4.9 推测下列 A～M 的结构。

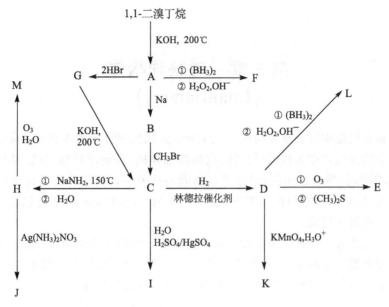

4.10 按稳定性降低的顺序排列下列碳正离子。

(1) $CH_2 = CH - \overset{+}{C}H_2$ (2) $CH_2 = \overset{+}{C}H$ (3) $CH_3CH = CH - \overset{+}{C}HCH_3$

(4) $CH_2 = CH - CH = CH - \overset{+}{C}H_2$

4.11 写出下列反应的预测产物。

(1)   [化学结构式] $\xrightarrow{h\nu}$ (2)   [化学结构式] $\xrightarrow{h\nu}$

(3)   [化学结构式] $\xrightarrow{\triangle}$ (4)   [化学结构式] $\xrightarrow{\triangle}$

4.12 写出下列化合物和 1 mol 溴反应生成的主要产物。

(1) $(CH_3)_2C = CHCH_2CH = CH_2$ (2) $CH_3CH = CHCH = CH_2$（较高温度）

(3) $CH_3CH = CHCH = CHCH = CH_2$（较高温度）

4.13 合成下列化合物。

(1) 从乙炔出发合成内消旋的 3,4-二氯己烷

(2) 以乙炔和 C_4 以下的化合物为原料合成 2,2-二溴己烷

4.14 具有相同分子式的四种化合物 A、B、C、D,氢化后都可以生成戊烷,且都可以和两分子 HBr 加成,其中只有 A 能与银氨溶液作用生成白色沉淀,只有 B 能发生第尔斯-阿尔德反应。用酸性 $KMnO_4$ 氧化 C 和 D 时,C 有 CO_2 放出,D 的氧化产物为两种不同的羧酸。试写出 A~D 的构造式。

4.15 用化学方法区别下列化合物。

(1) $CH_3(CH_2)_5CH = CH_2$ (2) $CH_3(CH_2)_4C \equiv CCH_3$ (3) $CH_3(CH_2)_5C \equiv CH$ (4)

第5章 对映异构体
（Enantiomers）

同分异构是有机化学极为重要的概念。凡分子式相同而分子中各原子的成键顺序或键合性质不同而产生的异构体称为构造异构体,包括碳架异构、官能团异构、位置异构和互变异构等。凡分子式相同,构造式也相同,但原子在空间的排列不同而产生的异构体称为立体异构体。立体异构包括构型异构和构象异构(见 2.1.2 和 2.8.2),构型异构包括顺反异构(见2.7.1 和 3.2.1)和对映异构。

对映异构是立体异构中极为重要的一种异构现象。因原子在空间的排列不同而使两种异构体互呈实物和镜像的对映关系,就像人的左手和右手一样,相似而不能重叠(图 5-1),这种现象称为对映异构现象。这种异构体称为对映异构体,简称对映体。

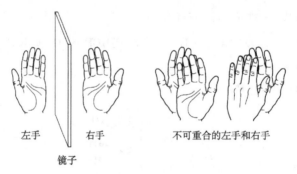

左手　　右手　　　　　　不可重合的左手和右手

镜子

图 5-1　左手和右手互为对映异构关系

对映异构现象在天然和合成的有机化合物中普遍存在,如生物碱、氨基酸、蛋白质、核酸、萜类物质和糖类化合物等天然化合物都具有对映异构现象,人工合成的医药和农药也往往与对映异构现象密切相关。目前,对映异构现象的研究已经成为有机立体化学研究的一个重要方面,它对阐明天然有机化合物的结构,指导有机合成和有机反应机理的研究,以及有机物结构与生理活性关系的深入研究等都起着重要的作用。

5.1　物质的旋光性
（Optical Activity of Substances）

5.1.1　平面偏振光和旋光性物质

1. 平面偏振光

光波是一种电磁波。光波振动的方向与其传播方向垂直,普通光和单色光可以在垂直于光波前进方向的所有平面上振动。如果将普通光通过一个由方解石晶体片制成的尼科尔

（Nicol)棱镜,只有与棱镜晶轴平行的平面上振动的光能够通过,而在其他平面上振动的光被挡住了。像这样只在一个平面上振动的光称为平面偏振光,简称偏光,如图 5-2 所示。

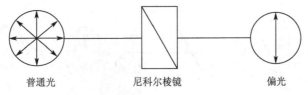

普通光　　　　　尼科尔棱镜　　　　　偏光

图 5-2　普通光变成偏光的示意图

2. 旋光性物质

若将两个尼科尔棱镜的晶轴平行放置,通过第一个尼科尔棱镜产生的偏光必然会通过第二个尼科尔棱镜。如果在两个棱镜之间放置盛满水、乙醇、乙酸等液体的盛液管,偏光仍然可以通过第二个棱镜;如果盛液管中装的是乳酸、葡萄糖等水溶液,偏光不能通过第二个棱镜,这是因为偏光通过这些物质后,它的振动平面旋转了一定的角度,需要将第二个棱镜旋转一定的角度后,偏光才能通过,如图 5-3 所示。这种能使偏光振动平面旋转的性质称为物质的旋光性或光学活性。乳酸、葡萄糖等具有旋光性的物质称为旋光性物质或光学活性物质。能使偏光振动平面向右(顺时针方向)旋转的物质称为右旋体,用(+)表示,能使偏光振动平面向左(逆时针方向)旋转的物质称为左旋体,用(−)表示。旋转的角度称为旋光度,通常用 α 表示。

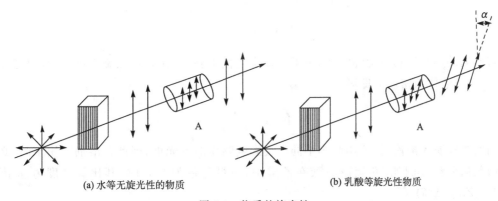

(a) 水等无旋光性的物质　　　　　　　(b) 乳酸等旋光性物质

图 5-3　物质的旋光性

A 为装有盛液体的管子

5.1.2　旋光仪和比旋光度

旋光仪是测量物质的旋光度的仪器,主要部件有光源、起偏镜(过滤器)、盛液管、检偏振器、刻度盘、目镜等。光源通常使用单色钠光灯,起偏镜和检偏振器为两个尼科尔棱镜。旋光仪的工作原理示意图如图 5-4 所示。光源发出一定波长的光,通过起偏镜成为平面偏振光,当通过盛有旋光性样品的盛液管后,偏振光的振动平面向右或向左旋转一定的角度 α,此时必须将检偏振器向右或向左旋转相应的角度后,偏光才能通过,由连在检偏振器上的刻度盘读出读数,这就是被测样品的旋光度。

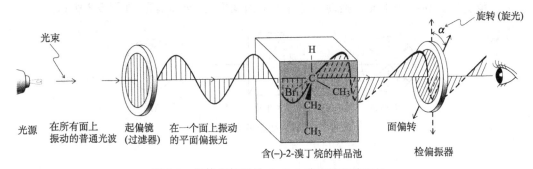

图 5-4　用旋光仪测量（一）-2-溴丁烷的旋光性

　　每种旋光性物质在一定的条件下都有一定的旋光度。在旋光仪中测得的旋光度 α 值与旋光性物质的结构、浓度、样品池的长度、光波的波长、溶剂和温度等都有关。为了比较不同物质的旋光性能,通常规定 1mL 中含有 1g 旋光性物质的溶液放在 1dm 长的盛液管中测得的旋光度称为该旋光性物质的比旋光度,用 $[\alpha]_\lambda^t$ 表示,t 为测定时的温度(如 20℃),λ 为入射光的波长,通常为钠灯波长($\lambda=589$nm),用 D 表示。例如,肌肉乳酸的比旋光度为 $[\alpha]_D^{20}=+3.8°$,这表明肌肉乳酸在 20℃,用钠光作光源时,其比旋光度为 +3.8°。

　　物质在质量浓度 ρ_B 或管长(l)条件下测得的旋光度(α)可以通过下面的公式换算成比旋光度:

$$[\alpha]_\lambda^t=\frac{\alpha}{l\times\rho_B}$$

　　若所测的旋光性物质为纯液体,也可放在旋光仪中测定,在计算比旋光度时,只要把公式中的 ρ_B 换成液体的密度 ρ 即可。

$$[\alpha]_\lambda^t=\frac{\alpha}{l\times\rho}$$

　　当所测物质为溶液时,所用溶剂不同也会影响物质的旋光度,因此在溶剂不用水时,必须注明溶剂的名称。例如,右旋酒石酸在乙醇中,质量分数为 5% 时,其比旋光度为 $[\alpha]_D^{20}=+3.79°$(乙醇,5%)。

　　比旋光度是旋光性物质的一个物理常数,一种旋光性物质,其比旋光度往往是已知的,可以从相关手册中查到,因此可以利用比旋光度的计算公式来计算物质的浓度或鉴定物质的纯度。例如,某浓度的果糖水溶液,在 1dm 长的盛液管内,测得的旋光度为 −4.65°,已知果糖水溶液的比旋光度$[\alpha]_D^{20}=-93°$,试求该果糖水溶液的浓度。根据比旋光度的计算公式有:$-93=-4.65/1\times\rho_B$,可求得该果糖水溶液的浓度为 0.05g/mL。

　　练习 5.1　将 2-丁醇的某对映体 6 g,用水稀释到 40 mL,将溶液放入 200 mm 盛液管中待测,观测到的旋光度为逆时针 4.05°。试确定该 2-丁醇对映体的比旋光度。

　　练习 5.2　比旋光度为 +40° 的某物质,在 1dm 的盛液管中测得的旋光度值为 +10°。此物质溶液的百分浓度是多少?

5.2 手性和对称因素
(Chirality and Symmetry Factor)

5.2.1 手性和手性分子

在自然界中,有的化合物是以一种对映体形式存在的。例如,天然的丙氨酸仅以 L-2-氨基丙酸存在。有的化合物是以两种对映体的形式存在。例如,乳酸（2-羟基丙酸）在血液和肌肉中以右旋体存在,而在酸奶、一些水果和植物中则以两种对映体混合物的形式存在。

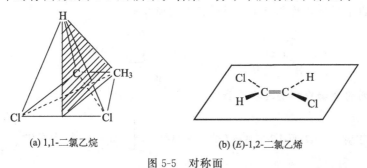

2-氨基丙酸 (丙氨酸)　　　　　　2-羟基丙酸 (乳酸)

乳酸分子和它的镜像不能重叠,好像人的左手和右手一样,互为实物与镜像,但彼此不能重叠,物质的这种特性称为手性(或称手征性)。具有这种特性的分子称为手性分子,手性分子都能使平面偏振光的振动平面旋转,都具有旋光性。

丙氨酸、乳酸分子中的中心碳原子周围都连有四个不同的基团（或原子）,这种碳原子称为手性碳原子或不对称碳原子,用 C^* 标记。

手性是物质具有对映异构现象和旋光性的必要条件,也是本质的原因。若某物质的分子具有手性,就必定有对映异构现象,就具有旋光性;反之,若某物质的分子不具有手性,就能与其镜像叠合,就不具有对映异构现象,也表现不出旋光性。

5.2.2 手性与对称因素

一个有机分子是否为手性分子,除了根据分子的实物与镜像是否能重叠来判断外,还可以根据分子具有的对称因素来判断。下面介绍几种有机化学中常用的对称因素。

1. 对称面

假如有一个平面能把分子分割成两部分,其中一部分正好是另一部分的镜像,这个平面就是该分子的对称面(用 σ 表示)。例如,在 1,1-二氯乙烷分子中,一个碳原子连接两个相同的氯原子,分子有一个对称面,如图 5-5(a)所示。若某一分子中所有原子都在同一平面上,如(E)-

(a) 1,1-二氯乙烷　　　　　(b) (E)-1,2-二氯乙烯

图 5-5　对称面

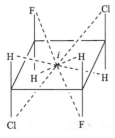

图 5-6 对称中心

1,2-二氯乙烯,如图 5-5(b)所示,该平面是分子的对称面。具有对称面的分子是对称的非手性分子,无旋光性和对映异构。

2. 对称中心

若分子中有一点,通过该点画任何直线,在离该点等距离直线的两端有相同的原子或基团,则该点就称为该分子的对称中心,用符号 i 表示。例如,反-1,3-二氟-反-2,4-二氯环丁烷就具有对称中心(图 5-6)。具有对称中心的分子无手性,也无旋光性和对映异构。

3. 对称轴

若穿过分子画一条直线,以它为轴将分子旋转 $360°/n$ 后,所得的构型与原来的分子叠合,这条直线就为该分子的 n 重对称轴,用 C_n 表示。例如,(E)-1,2-二氯乙烯绕对称轴旋转 180°,分子的构型与原来的完全叠合,所以 (E)-1,2-二氯乙烯具有二重对称轴(C_2)。同理,环丁烷有一个四重对称轴(C_4),苯有一个六重对称轴(C_6)。

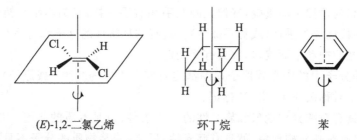

(E)-1,2-二氯乙烯   环丁烷   苯

上述具有对称轴的分子都不具有手性,仔细观察会发现,它们的分子同时具有对称面和对称中心,因此不具有手性。而有些含对称轴的化合物并不含对称面和对称中心,则是手性分子。例如,反-1,2-二氯环丙烷分子含有 C_2 对称轴,但不含对称面和对称中心,因此是手性分子。

综上所述,凡在结构上具有对称面或对称中心的物质分子就不具有手性,没有旋光性。反之,在结构上既不具有对称面又不具有对称中心的分子具有手性,它和镜像互为对映异构体,具有旋光性。因此,判断分子是否具有手性,起决定性作用的对称因素是对称面和对称中心。至于对称轴的存在与否不能作为判断的依据。

手性碳原子所连的四个原子或基团都不相同,既没有对称面,也没有对称中心,所以含一个手性碳原子的化合物具有手性。此外,含有其他手性因素的化合物,如一些含手性氮原子、手性磷原子等手性中心的化合物也会具有手性并产生对映异构现象。

练习 5.3 指出下列化合物分子中的对称面和对称中心。

(1) CHCl₃ (2) (3)

练习 5.4 下列化合物中哪些具有手性?

(1) 顺-1,2-二溴环丁烷 (2) 反-1,2-二溴环丁烷 (3) (4)

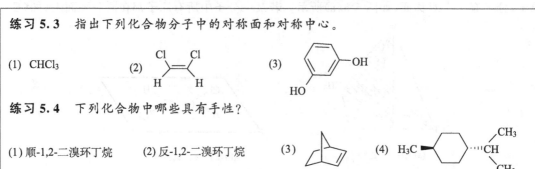

5.3　含有一个手性碳原子化合物的对映异构
（Enantiomers with One Chiral Carbon Atom）

5.3.1　对映体和外消旋体

1. 对映体

乳酸是含有一个手性碳原子化合物的典型例子,它在空间有两种不同的排布方式(图5-7),相当于右旋乳酸和左旋乳酸的构型。由于这两种立体异构体互呈物体和镜像的对映关系,因此互称为对映异构体,简称对映体。

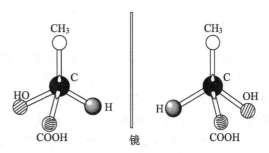

图 5-7　乳酸的对映异构体

在对映异构体中,由于围绕着手性碳原子的四个基团间的距离是相同的,即在几何尺寸上是完全相等的,所以对映异构体的物理性质和化学性质一般都相同,比旋光度的数值相等,仅旋光方向相反。例如,乳酸的一对对映体的物理性质见表 5-1。

表 5-1　乳酸对映体物理性质比较

化合物	熔点/℃	比旋光度 $[\alpha]_D^{20}$(水)	pK_a(25℃)
(＋)-乳酸	53	＋3.82°	3.79
(－)-乳酸	53	－3.82°	3.79

在手性条件下,如手性试剂、手性溶剂、手性催化剂的存在下,对映体会表现出某些不同的性质。例如,它们与手性试剂反应的反应速率有差异,甚至其中的一个异构体会一点反应也不发生。又如,(＋)-葡萄糖在动物体内的代谢作用极为重要,具有营养价值,但其对映体(－)-葡萄糖则不能被动物代谢;左旋氯霉素有抗菌作用,而右旋氯霉素则无疗效;左旋尼古丁的毒性比右旋体的大很多。

2. 外消旋体

将一对对映体等量混合,可以得到一个旋光度为 0 的组合物,称为外消旋体,用符号(±)或(dl)来表示。外消旋体中的左旋体和右旋体对偏光的作用相互抵消,因而没有旋光性。

外消旋体和相应的左旋体或右旋体的化学性质基本相同,但物理性质有差异。例如,左、右旋乳酸的熔点均为 53℃,而外消旋体的熔点为 18℃。在生理作用方面,外消旋体仍各自发挥其所含左旋和右旋体的相应效能。

5.3.2　对映异构体的表示方法

为了确切表示对映体的构型,可采用模型,这是一种准确又直观的方法。在纸上用透视式和费歇尔投影式来表示对映体的构型。

1. 透视式

透视式表示法是将手性碳原子置于纸面,两条细实线表示处于纸面上,一条楔形实线表示伸向纸面前方,一条虚线表示伸向纸面后方。例如,乳酸的一对对映体可表示为

$$\begin{array}{cc} \text{COOH} & \text{COOH} \\ \text{H} \cdots \text{C} \text{—OH} & \text{HO—} \text{C} \cdots \text{H} \\ \text{H}_3\text{C} & \text{CH}_3 \end{array}$$

2. 费歇尔投影式

费歇尔(Fischer)投影式是表达立体构型最常用的一种方法,它是一种用平面形式来表示具有手性碳原子的分子立体模型的式子。投影的规定是:将手性碳原子置于纸面,以横竖两线的交点代表这个手性碳原子,竖线相连的两个基团位于纸平面的后方,横线相连的两个基团位于纸平面的前方,即基团的位置关系是"横前竖后",习惯将碳链放在竖直方向,按 IUPAC 命名法对碳链由上到下编号,氧化程度高的基团置于顶部。例如,上述乳酸的对映体可用费歇尔投影式表示如下:

$$\begin{array}{cc} \text{COOH} & \text{COOH} \\ \text{H}\!\!-\!\!\!|\!\!-\!\!\text{OH} & \text{HO}\!\!-\!\!\!|\!\!-\!\!\text{H} \\ \text{CH}_3 & \text{CH}_3 \end{array}$$

费歇尔投影式可适用于两个或多个手性碳原子的化合物。在使用投影式时,要注意投影式中基团的前后位置关系,为此必须注意以下几点。

(1) 费歇尔投影式可以在纸面上旋转 180°,但不能在纸面上旋转 90°或其奇数倍,也不能离开纸面翻转 180°,因为这些操作将得到它的对映体。例如:

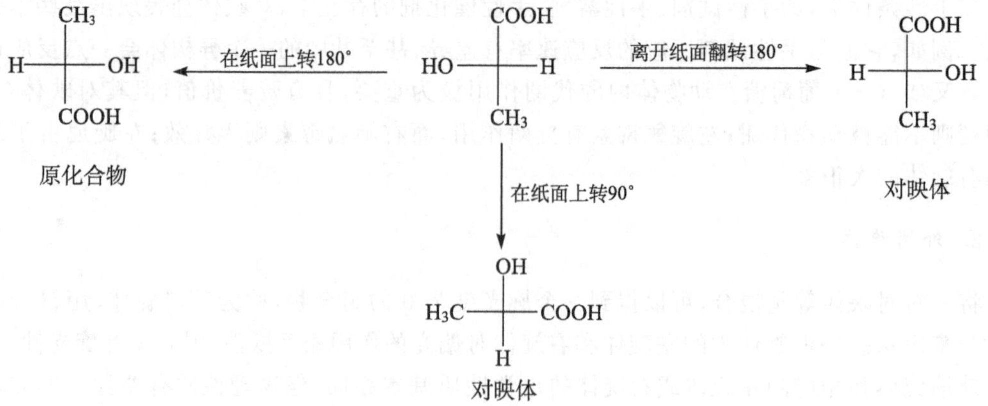

(2) 任意交换手性碳原子上所连的任意两个基团,将得到其对映体。例如:

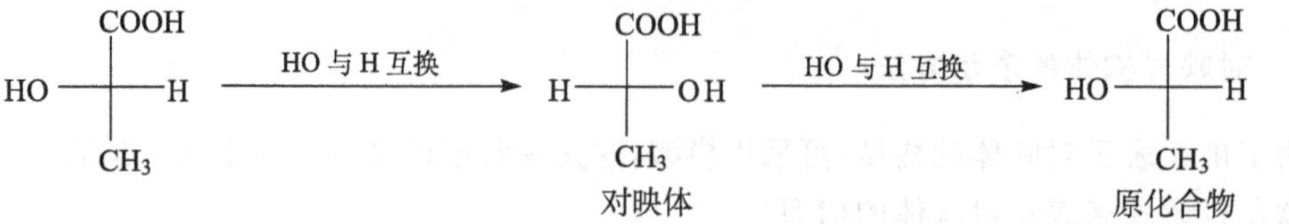

（3）固定投影式中的一个基团，依次将另外三个基团按顺时针或逆时针地交换位置，不会改变原化合物的构型。例如：

$$
\underset{CH_3}{\overset{COOH}{H_2N-\!\!\!\overset{\displaystyle|}{\underset{\displaystyle|}{C}}\!\!\!-H}}
\ ===\
\underset{H}{\overset{COOH}{CH_3-\!\!\!\overset{\displaystyle|}{\underset{\displaystyle|}{C}}\!\!\!-NH_2}}
\ ===\
\underset{NH_2}{\overset{COOH}{H-\!\!\!\overset{\displaystyle|}{\underset{\displaystyle|}{C}}\!\!\!-CH_3}}
\ ===\
\underset{CH_3}{\overset{NH_2}{H-\!\!\!\overset{\displaystyle|}{\underset{\displaystyle|}{C}}\!\!\!-COOH}}
$$

练习 5.5　下面是 CHClFBr 的费歇尔投影式，指出结构（2）～（6）与（1）的关系。

$$
(1)\ \underset{Br}{\overset{H}{F-\!\!\!\overset{|}{\underset{|}{C}}\!\!\!-Cl}}
\quad(2)\ \underset{H}{\overset{Br}{F-\!\!\!\overset{|}{\underset{|}{C}}\!\!\!-Cl}}
\quad(3)\ \underset{Br}{\overset{F}{H-\!\!\!\overset{|}{\underset{|}{C}}\!\!\!-Cl}}
\quad(4)\ \underset{Cl}{\overset{F}{H-\!\!\!\overset{|}{\underset{|}{C}}\!\!\!-Br}}
\quad(5)\ \underset{F}{\overset{Br}{Cl-\!\!\!\overset{|}{\underset{|}{C}}\!\!\!-F}}
\quad(6)\ \underset{F}{\overset{H}{Cl-\!\!\!\overset{|}{\underset{|}{C}}\!\!\!-Br}}
$$

5.3.3　相对构型与绝对构型

有机化合物的绝对构型是指分子中各原子或基团在空间排列的真实情况。在 1951 年以前，没有适当的方法测定旋光性物质的绝对构型，人们只能采用相对构型来表示化合物构型之间的关联。相对构型是人为规定的，用甘油醛为标准来确定对映体的相对构型，并用 D/L 标记法（命名法）命名。甘油醛的费歇尔投影式如下式所示，规定在费歇尔投影式中羟基在手性碳原子右边是右旋甘油醛，此构型被定义为 D 型；在费歇尔投影式中羟基在手性碳原子左边是左旋甘油醛，此构型被定义为 L 型。因此，（+)-甘油醛是 D-(+)-甘油醛，它的对映体则是 L-(-)-甘油醛。

$$
\underset{CH_2OH}{\overset{CHO}{H-\!\!\!\overset{|}{\underset{|}{\overset{*}{C}}}\!\!\!-\boxed{OH}}}
\qquad\qquad\qquad\qquad
\underset{CH_2OH}{\overset{CHO}{\boxed{HO}-\!\!\!\overset{|}{\underset{|}{\overset{*}{C}}}\!\!\!-H}}
$$

右侧　　　左侧

D-(+)-甘油醛　　　　　　　　L-(-)-甘油醛

其他化合物的构型可以通过与甘油醛进行关联后确定，在不涉及手性碳原子的前提下，任何可以从 D-甘油醛出发，通过化学反应得到的化合物，或可以转变成 D-甘油醛的化合物，都具有与 D-甘油醛相同的构型，即 D 型。同样，与 L-甘油醛有相同构型的为 L 型。值得注意的是，D 和 L 只代表构型，与旋光方向无关，即 D 型不一定是右旋的，L 型也不一定是左旋的。例如，D-（+)-甘油醛经选择性氧化，得到的是 D-(-)-甘油酸。

$$
\underset{CH_2OH}{\overset{CHO}{H-\!\!\!\overset{|}{\underset{|}{C}}\!\!\!-OH}}
\quad\xrightarrow[\text{选择性氧化}]{[O]}\quad
\underset{CH_2OH}{\overset{COOH}{H-\!\!\!\overset{|}{\underset{|}{C}}\!\!\!-OH}}
$$

D-(+)-甘油醛　　　　　　　　　　D-(-)-甘油酸

1951 年毕育特(J. M. Bijvoet)利用 X 射线衍射技术确定了右旋酒石酸的绝对构型，然后根据甘油醛与酒石酸构型之间的关系证实了 D-甘油醛是右旋的，L-甘油醛是左旋的。这与原来人为确定的（＋)-甘油醛是 D 型,(－)-甘油醛是 L 型恰好吻合。毕育特的工作不仅证明了甘油醛的相对构型就是绝对构型,而且凡是与甘油醛关联的那些化合物的相对构型也是绝对构型了。

现在可以通过单晶 X 射线衍射分析确定化合物的绝对构型,采用 R/S 构型命名法命名。虽然 D/L 构型命名法有一定的局限性,但目前在氨基酸和碳水化合物（糖)中仍采用此种命名法。

5.3.4　*R/S* 命名法

R/S 命名法又称 R/S 标记法,与顺反异构中的 Z/E 命名法相似,其要点如下:

(1) 根据顺序规则,将手性碳原子所连的四个原子或基团按优先顺序排列。

(2) 将优先顺序中编号最小的原子或基团（通常是氢原子)放在距离眼睛最远处。

(3) 观察余下三个基团或原子由大到小的顺序,若为顺时针,称为 R 型,若为逆时针,称为 S 型。例如,乳酸的一对对映体,其中一个是 R 构型,一个是 S 构型。

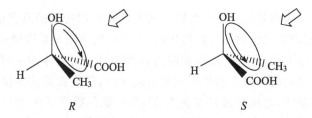

当化合物以费歇尔投影式表示时,也可直接采用投影式确定 R、S 构型。将优先顺序中最小的原子或基团处于投影式上方或下方(竖线),其他三个原子或基团由大到小排列,若顺时针方向排列,该化合物构型为 R 型,反之为 S 型。例如:

$$\begin{array}{cc}
\text{(R)-甘油醛} & \text{(S)-2-丁醇}
\end{array}$$

当优先顺序中编号最小原子或基团处于投影式的左面或右面时（横线),其他三个原子或基团由大到小排列,若逆时针方向排列,该化合物构型为 R 型,若顺时针方向排列则为 S 型,例如:

$$\begin{array}{cc}
\text{(S)-甘油醛} & \text{(R)-甘油醛}
\end{array}$$

为什么最小顺序的原子或基团处于投影式的上、下方与处于投影式的左、右面时构型会相反呢? 这是因为它们之间相当于最小顺序的基团交换了位置,交换后的化合物即为原化合物的对映体。另外,费歇尔投影式若在纸面上旋转 90°或其奇数倍,得到的是原化合物的对映体,将最小顺序的原子或基团从投影式的上、下方换成左、右面时,就相当于在纸面上旋转了 90°。

这里也应指出,对映体的 R 型和 S 型与旋光方向之间没有必然的联系,R 型不一定是右旋体,同理,S 型不一定是左旋体。对于含多个手性碳原子的化合物,需用 R 或 S 标记出每个手性碳原子的构型,其命名原则与命名含有一个手性碳原子的分子相同。例如:

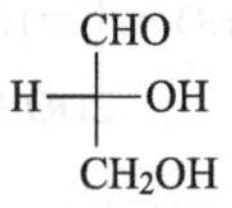

$$(R)\text{-}(+)\text{-甘油醛} \qquad (R)\text{-}(-)\text{-乳酸} \qquad 2S,3S \qquad 2R,3S$$

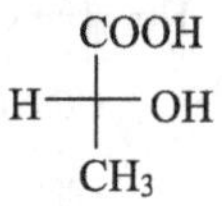

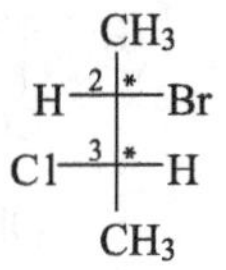

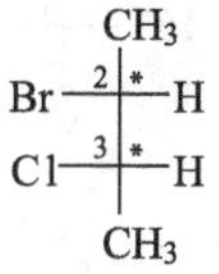

练习 5.6 指出下列化合物是 R 构型还是 S 构型。

(1) 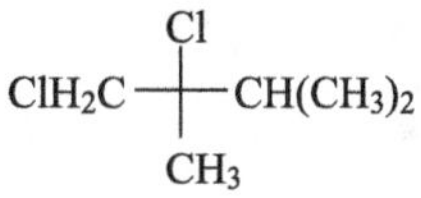 ClH_2C—$CH(CH_3)_2$ (2) $H_2C=C$—CH_2CH_3 (3) H—$COOH$

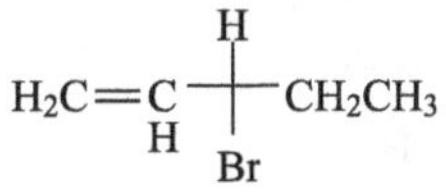

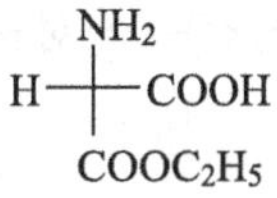

5.4 含有两个手性碳原子化合物的对映异构
(Enantiomers with Two Chiral Carbon Atoms)

具有 n 个手性碳原子的化合物应有 2^n 个对映异构体。含有两个手性碳原子的化合物分为以下两种情况。

5.4.1 含有两个不相同的手性碳原子的化合物

含有两个不相同手性碳原子的化合物有 $4(2^2)$ 个对映异构体,即两对对映。例如,2-氯-3-溴丁烷有两个不相同的手性碳原子,在空间有四种不同的排列,即有四种对映体,其构型分别如下:

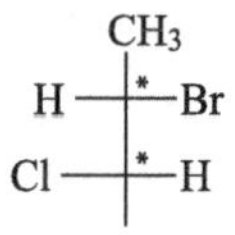

$$(Ⅰ) \qquad (Ⅱ) \qquad (Ⅲ) \qquad (Ⅳ)$$

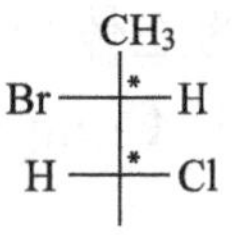

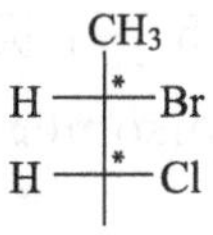

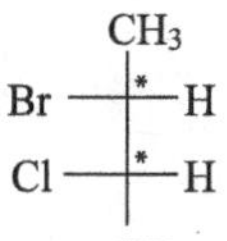

(Ⅰ)与(Ⅱ)、(Ⅲ)与(Ⅳ)分别组成两对对映体,(Ⅰ)与(Ⅲ)或(Ⅰ)与(Ⅳ)不呈对映关系,这种不呈对映关系的光学异构体称为非对映体。同理,(Ⅱ)与(Ⅲ)或(Ⅱ)与(Ⅳ)也是非对映体。

非对映体中的两个化合物具有不同的物理和化学性质,如它们有不同的熔点、沸点、密度和比旋光度。由于它们的物理性质及能量不同,所以可以通过分馏、结晶或色谱法分离。

5.4.2 含有两个相同的手性碳原子的化合物

酒石酸分子中含有两个相同的手性碳原子,用投影式可以写出四种对映异构体。

$$
\begin{array}{cccc}
\text{COOH} & \text{COOH} & \text{COOH} & \text{COOH} \\
\text{H}\!\!-\!\!*\!\!-\!\!\text{OH} & \text{HO}\!\!-\!\!*\!\!-\!\!\text{H} & \text{H}\!\!-\!\!*\!\!-\!\!\text{OH} & \text{HO}\!\!-\!\!*\!\!-\!\!\text{H} \\
\text{HO}\!\!-\!\!*\!\!-\!\!\text{H} & \text{H}\!\!-\!\!*\!\!-\!\!\text{OH} & \text{H}\!\!-\!\!*\!\!-\!\!\text{OH} & \text{HO}\!\!-\!\!*\!\!-\!\!\text{H} \\
\text{COOH} & \text{COOH} & \text{COOH} & \text{COOH} \\
(\text{I}) & (\text{II}) & (\text{III}) & (\text{IV})
\end{array}
$$

（Ⅰ）与（Ⅱ）是对映异构体，（Ⅲ）与（Ⅳ）表面上呈现对映关系，但不是对映异构体，因为若将（Ⅲ）在纸面旋转 180°，即得到（Ⅳ），说明（Ⅲ）和（Ⅳ）是同一个化合物。

从化合物（Ⅲ）的构型看，如果在下列投影式虚线处放一镜面，那么分子上半部正好是下半部的镜像，说明这个分子内有一个对称面。

$$
\begin{array}{c}
\text{COOH} \\
\text{H}\!\!-\!\!\underset{2}{*}\!\!-\!\!\text{OH} \\
\text{-----------} \text{对称面} \\
\text{H}\!\!-\!\!\underset{3}{*}\!\!-\!\!\text{OH} \\
\text{COOH}
\end{array}
$$

实验测得此化合物没有旋光性。像这种由于分子中存在对称面而使分子内部旋光性相互抵消的非光学活性化合物称为内消旋体，用 *meso* 表示。因此，酒石酸仅有三种异构体，即右旋体、左旋体和内消旋体，右旋体和左旋体等量混合可组成外消旋体。

内消旋酒石酸和左旋或右旋体之间不是镜像关系，互为非对映异构体。内消旋体和外消旋体虽然都不具有旋光性，但它们有着本质的不同，内消旋体是一种纯物质，它不像外消旋体那样可以拆分成具有旋光性的两种物质。

练习 5.7　用费歇尔投影式表示 2,4-二溴-3-氯戊烷所有的立体异构体的构型。

5.5　环状化合物的立体异构
（Stereoisomers of Cyclic Compounds）

5.5.1　环丙烷衍生物

环状化合物的立体异构现象比较复杂，往往顺反异构和对映异构同时存在。在 1-氯-2-溴环丙烷分子中有顺反异构体，由于 C_1、C_2 为两个不相同的手性碳原子，所以顺式和反式各存在一对对映体。

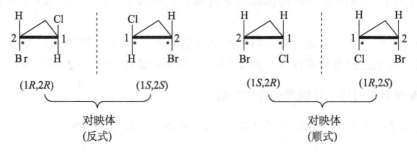

$$(1R,2R) \qquad\qquad (1S,2S) \qquad\qquad\qquad (1S,2R) \qquad\qquad (1R,2S)$$

对映体　　　　　　　　　　　　　　　对映体
（反式）　　　　　　　　　　　　　　（顺式）

若环中 C_1、C_2 为两个相同的手性碳原子，顺式异构体分子具有对称面，相当于内消旋体，没有旋光性。例如，1,2-环丙烷二甲酸分子有一个内消旋体（顺式），一对反式对映体。

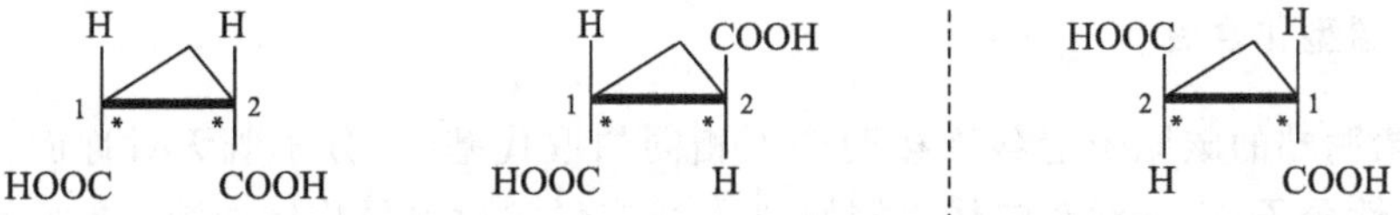

(1R,2S)　　　　　　(1R,2R)　　　　　　(1S,2S)
（顺式）

对映体
（反式）

5.5.2 环己烷衍生物

四元以上的环状化合物是非平面分子,以稳定的构象存在,如环己烷主要以椅式构象存在。由于构象的转变非常迅速,不会引起化学键的断裂,故不会改变构型。因此,在研究环己烷等碳环化合物的对映异构时,对构象引起的手性现象可以不予考虑,而只考虑顺反异构和对映异构,并可以用平面六角形来观察,同样可以得到正确的结果。例如,1,2-环己二甲酸有一个顺式异构体,相当于内消旋体,反式异构体则有一对对映体。

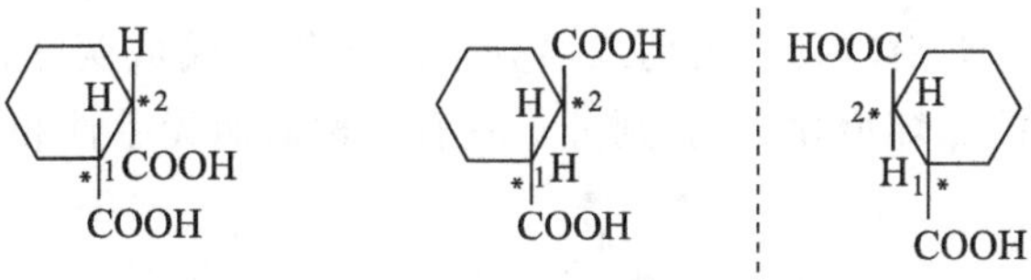

(1R,2S)　　　　　　(1R,2R)　　　　　　(1S,2S)
（顺式）

对映体
（反式）

其他 1,2-二取代环己烷衍生物和 1,3-二取代环己烷衍生物的立体异构情况与 1,2-环己二甲酸相同,而 1,4-二取代环己烷衍生物由于分子中存在对称面,所以都没有对映异构体,只有顺反异构。

练习 5.8 写出下列化合物的构型,指出哪些是手性的,哪些是内消旋的,并表示出内消旋化合物中镜面的位置。

(1) 顺-1,2-二氯环戊烷和反-1,2-二氯环戊烷

(2) 顺-1,3-二氯环戊烷和反-1,3-二氯环戊烷

(3) 顺-1,2-二氯环己烷和反-1,2-二氯环己烷

(4) 顺-1,3-二氯环己烷和反-1,3-二氯环己烷

5.6 不含手性碳原子化合物的对映异构
(Enantiomers without Chiral Carbon Atom)

有些化合物虽然不含手性碳原子,但分子不具有对称面和对称中心,也会产生对映异构现象,如下面所述的丙二烯型化合物和单键旋转受阻的联苯型化合物。

5.6.1　丙二烯型化合物

　　当丙二烯两端的碳原子上各连接两个不相同的取代基时,分子既无对称面,也无对称中心,是一个手性分子,有一对对映体。例如,2,3-戊二烯的对映异构体如图 5-8 所示。

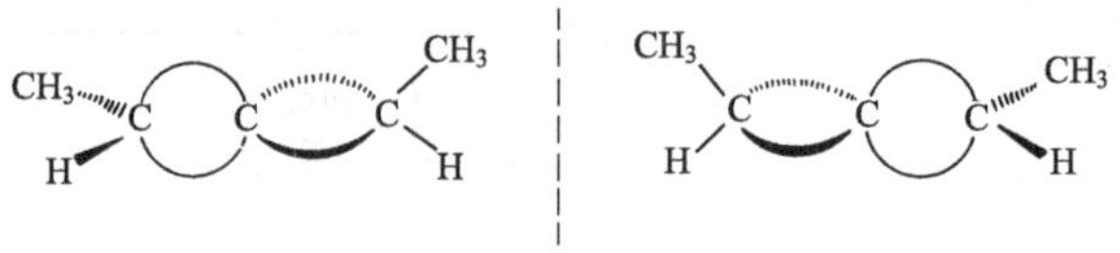

图 5-8　2,3-戊二烯的对映异构体

　　由于 2,3-戊二烯的 C_3 原子是 sp 杂化状态,C_2 和 C_4 都是 sp^2 杂化状态,使 C_2 上所连的甲基和氢原子所在的平面和 C_4 上所连的甲基和氢原子所在的平面相互垂直,而这两个平面又都不是分子的对称面。该分子虽然不含手性碳原子,但分子不具有对称面和对称中心,所以它是手性分子,有一对对映体。

　　结构通式为(1)、(2)、(3)的丙二烯型化合物与 2,3-戊二烯相同,分子不具有对称面和对称中心,是手性分子,有一对对映体。若丙二烯分子的任何一端或两端连有相同的取代基,如结构通式为(4)和(5)的丙二烯型化合物,则分子具有对称面而无手性和旋光活性。

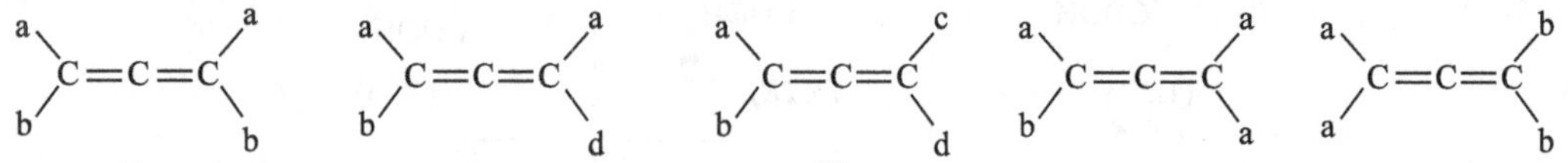

(1)　　　　(2)　　　　(3)　　　　(4)　　　　(5)

5.6.2　单键旋转受阻的联苯型化合物

　　联苯分子中的两个苯环是可以围绕单键自由旋转的,如果在联苯的 2,6-位和 2′,6′-位上分别引入位阻较大的基团,则苯环绕单键旋转受阻,使两个苯环不能处在同一个平面上而互成一定的角度,如图 5-9 所示。

(a) 两个苯环不能在同一个平面内　　(b) 两个苯环成一定的角度

图 5-9　单键旋转受阻的联苯型化合物

　　当联苯的 2,6-位和 2′,6′-位上分别连有不相同的较大取代基时,如 2,2′-二溴-6,6′-二碘联苯,分子既无对称面也无对称中心,是一个手性分子,存在一对对映体。若联苯的 2,6-位或 2′,6′-位上连有相同的较大取代基时,如 2,6-二硝基-2′-溴-6′-碘代联苯,以及联苯的 2,6-位和 2′,6′-位上分别连有相同的较大取代基时,如 2,6-二硝基-2′,6′-二羧基联苯,它们都不是手性分子,因为前者的分子有一个对称面,后者有两个对称面,故均无对映异构和旋光活性。

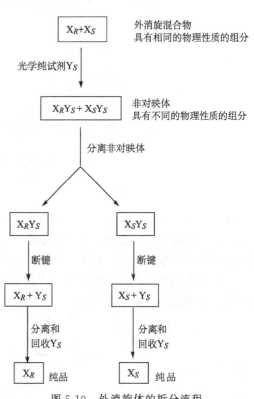

5.7　外消旋体的拆分
(Resolution of Racemates)

　　利用一定的手段,将外消旋体拆分成纯左旋体或纯右旋体的过程称为外消旋体的拆分。常用方法有生化分离法、晶种结晶法、色谱法和化学拆分法等。

　　生化分离法(酶解法)是利用酶优先与外消旋体混合物中的一种异构体发生作用,从而达到拆分的目的。晶种结晶法是在外消旋混合物中加入某一种纯光学活性异构体的晶种,以促使这种异构体析出结晶而实现分离。色谱法是利用对映体与色谱柱中手性填充物形成非对映异构体复合物,这些非对映异构体复合物在柱中与填充物结合的牢度不同,从而从柱上解脱出来的时间不同而得到分离。目前这种方法在工业上已应用于移动床工艺分离对映体。

　　最常用的拆分方法是化学拆分法,其原理是基于非对映体的物理性质不同。将一种光学体化合物(Y_S)与外消旋混合物(X_R,X_S)反应,使其生成一对非对映异构体($X_R Y_S$＋$X_S Y_S$),利用非对映异构体的物理性质不同,可通过分级结晶、蒸馏或色谱法将非对映体分离,然后断开各个已分离纯化的非对映体中的 X 和 Y 之间的键,释放出纯的对映体 X_R 和 X_S,同时回收光学纯试剂 Y_S,如图 5-10 所示。

图 5-10　外消旋体的拆分流程

　　(＋)-(R,R)-酒石酸,即(＋)-(R,R)-2,3-二羟基丁二酸,被广泛应用于拆分外消旋体的醇或胺。例如,可用该试剂拆分(±)-3-丁炔-2-胺,具体的操作是:(±)-3-丁炔-2-胺先用(＋)-(R,R)-酒石酸处理,形成两个非对映体的酒石酸盐,(＋)-酒石酸-(R)-铵盐从溶液中析出,过滤后从溶液中分离。留在溶液中的是(＋)-酒石酸-(S)-铵盐。用碱处理(＋)-酒石酸-(R)-铵盐得到(＋)-(R)-3-丁炔-2-胺,溶液经相似处理可得到(−)-(S)-3-丁炔-2-胺。拆分流程见图 5-11。

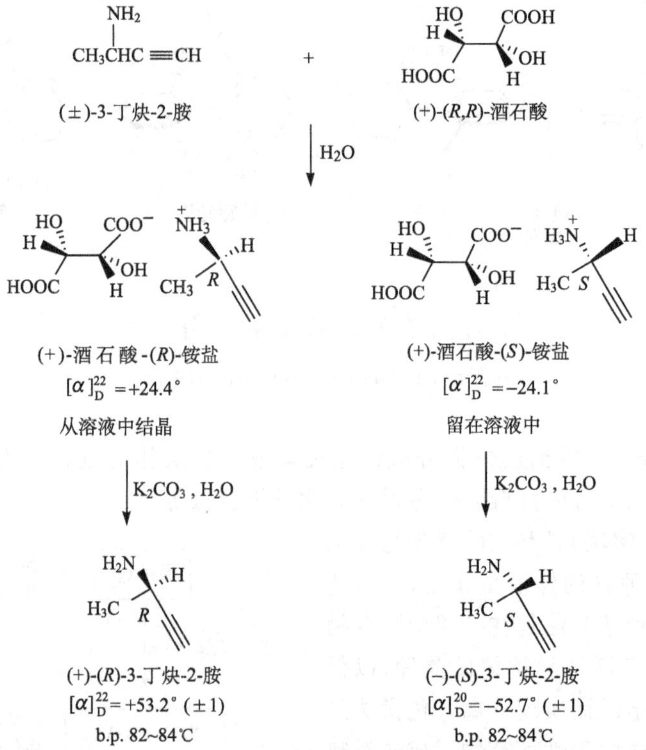

$$CH_3CHC\equiv CH$$

(±)-3-丁炔-2-胺　　　　　　　　　　　　　(+)-(R,R)-酒石酸

H_2O

(+)-酒石酸-(R)-铵盐　　　　　　　　　　　(+)-酒石酸-(S)-铵盐
$[\alpha]_D^{22}=+24.4°$　　　　　　　　　　　　　$[\alpha]_D^{22}=-24.1°$
从溶液中结晶　　　　　　　　　　　　　　　留在溶液中

K_2CO_3, H_2O　　　　　　　　　　　K_2CO_3, H_2O

(+)-(R)-3-丁炔-2-胺　　　　　　　　　　　(-)-(S)-3-丁炔-2-胺
$[\alpha]_D^{22}=+53.2°$ (±1)　　　　　　　　　$[\alpha]_D^{20}=-52.7°$ (±1)
b.p. 82~84℃　　　　　　　　　　　　　　b.p. 82~84℃

图 5-11　用(+)-(R,R)-酒石酸拆分 3-丁炔-2-胺

5.8　亲电加成反应的立体化学
（Stereochemistry of Electrophilic Addition Reactions）

在第 3 章已介绍了烯烃与卤素的亲电加成反应的机理,它是通过环状正离子中间体进行的反式加成。正确的反应机理应能说明包括立体化学在内的所有实验事实,下面以 2-丁烯与溴加成的立体化学实验事实证实上述反应机理,说明立体化学在反应机理研究中的应用和重要性。

实验事实表明,顺-2-丁烯与溴加成只生成外消旋体的 2,3-二溴丁烷,而反-2-丁烯与溴加成只生成内消旋的 2,3-二溴丁烷。

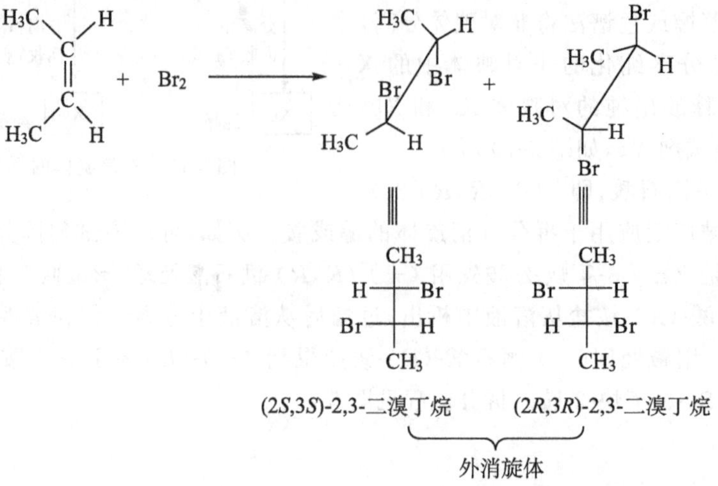

(2S,3S)-2,3-二溴丁烷　　(2R,3R)-2,3-二溴丁烷

外消旋体

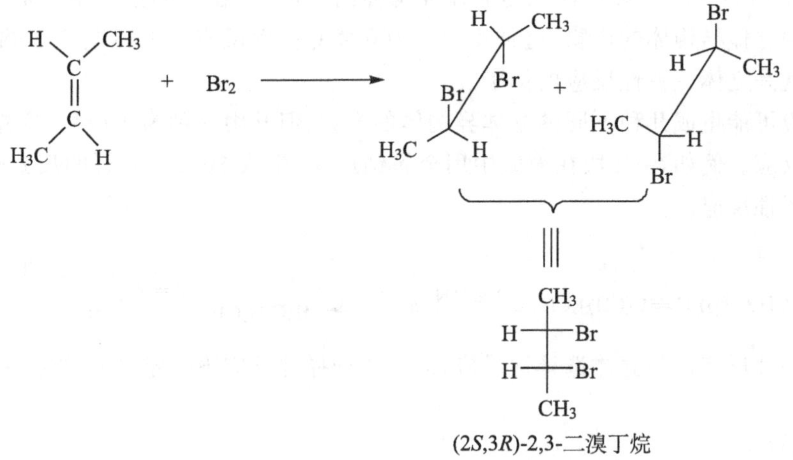

(2S,3R)-2,3-二溴丁烷
(内消旋体)

顺-2-丁烯与溴加成的反应机理如下:

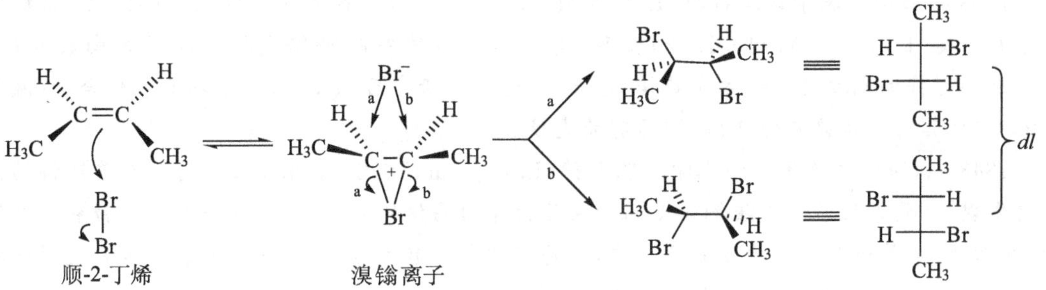

反-2-丁烯与溴加成生成内消旋体的反应机理如下:

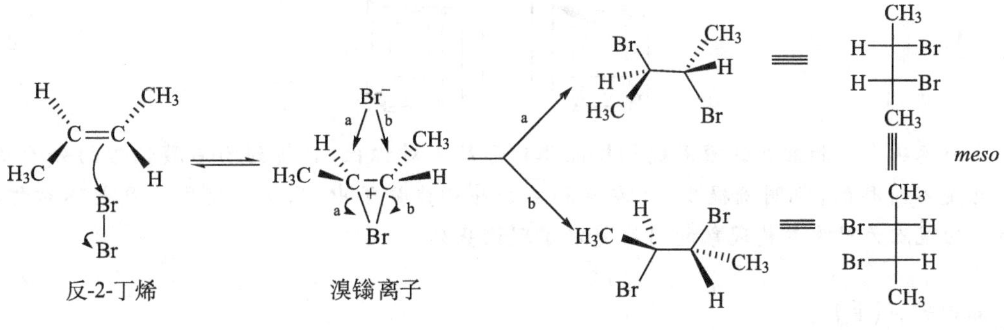

因形成了环状的溴鎓离子中间体,阻止了环绕碳碳单键的自由旋转,限制了 Br⁻ 只能从三元环的反面进攻,由于 Br⁻ 进攻两个碳原子的机会均等,因此顺-2-丁烯与溴加成得到外消旋体,反-2-丁烯与溴加成得到内消旋体。

上述实验事实证实:顺-2-丁烯和反-2-丁烯与溴的加成都是通过生成环状溴正离子中间体(溴鎓离子)进行的反式加成。

上述立体化学实验事实是不能用生成碳正离子中间体机理解释的,因为碳正离子中间体是平面构型,且碳碳单键可自由旋转,不能立体选择性地限制 Br⁻ 的进攻方向,产物无特定立体选择性,与实验结果不符。

　　像顺-2-丁烯和反-2-丁烯这样互为立体异构体的反应物,在相同条件下与同一试剂反应,分别生成不同立体异构体的产物,这种反应称为立体专一性反应。上述顺-2-丁烯和反-2-丁烯与溴的加成就是立体专一性反应的例子。

　　有些反应可能生成几种不同的立体异构体的产物,但其中一种为主产物,这样的反应称为立体选择性反应。例如,5-癸炔在液氨中用金属钠还原,生成 80%～90% 的反式烯烃,这就是一个立体选择性反应。

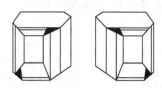

$$CH_3(CH_2)_3C \equiv C(CH_2)_3CH_3 \xrightarrow{\text{Na, 液NH}_3, -33℃}$$

　　立体专一性反应都是立体选择性反应,但立体选择性反应不一定是立体专一性反应。

 知识亮点(Ⅰ)

对映异构现象的发现

　　1808 年法国物理学家马吕斯(E. L. Malus, 1775—1812)首次发现偏光。1813 年,法国物理学家毕奥(J. B. Biot,1774—1862)发现,有些石英石的结晶将偏光按顺时针方向旋转(右旋),有些则将偏光按逆时针方向旋转(左旋)。进一步研究后他又发现,某些有机化合物(液体或溶液)也具有旋转偏光的作用,即具有旋光性。

　　1848 年,法国生物学家和化学家巴斯德(L. Pasteur,1822—1895)在研究酒石酸钠铵的晶体时发现,无旋光性的酒石酸钠铵是两种互为镜像的晶体的混合物,他用一只放大镜和一把镊子,细心地、辛苦地把混合物分成两小堆,并将它们分别溶于水,测定它们的旋光度后发现一种是右旋的,另一种是左旋的,且两者比旋光度相等。

　　巴斯德从左旋和右旋的酒石酸钠铵晶体外形的不对称性,联想到酒石酸钠铵的分子结构一定也是不对称的,他明确提出,在左旋和右旋异构体分子中,原子在空间排列是不对称的。巴斯德的观点为对映异构现象的研究奠定了理论基础。

 知识亮点(Ⅱ)

手 性 药 物

　　手性药物的研究已成为当前国际新药研究的主要方向之一。当一个手性化合物进入生命体时,它的两个对映异构体通常会表现出不同的生物活性。对于手性药物,一个异构体可能是有效的,而另一个异构体可能是无效甚至是有害的。一个悲剧性的例子是镇静药沙利度胺(thalidomide,反应停),该药于 1960 年以外消旋体形式进入欧洲市场,导致了数百万婴儿畸形。后续的研究表明,S 型对映体的代谢物致畸。又如,克他命是一种高效麻醉剂,但它的用途是有限的,因为它能引起幻觉,原因是 S 型有药效,而 R 型有致幻的效果。

鉴于以上情况,美国食品药品管理局(FDA)修改了手性药物商品化的方针,鼓励制药公司生产单一对映体的药物制剂,从而促进了手性合成的新兴技术,使手性药物的生产与销售得到了飞速发展。

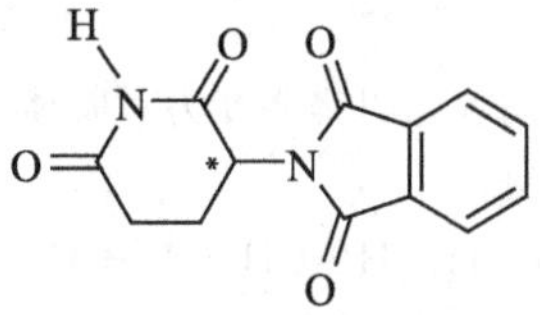

沙利度胺
(反应停)

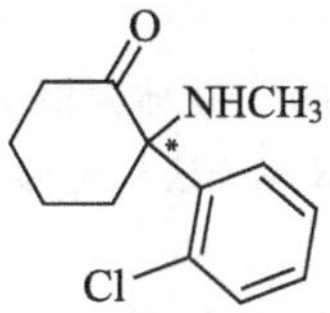

克他命

习题(Exercises)

5.1　(S)-2-碘丁烷的比旋光度为+15.90°。

(1) 写出(S)-2-碘丁烷的费歇尔投影式;(2) 预测(R)-2-碘丁烷的比旋光度。

5.2　标明下列分子中的不对称碳原子的构型,写出下列四个构型式的相互关系。

(1)

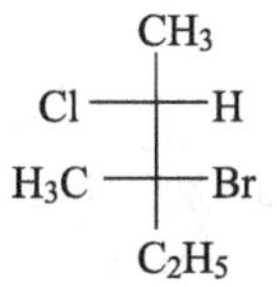

(2)

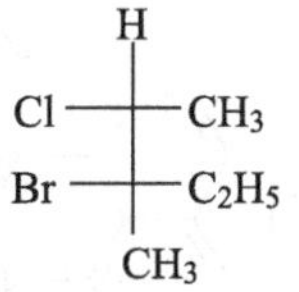

(3)

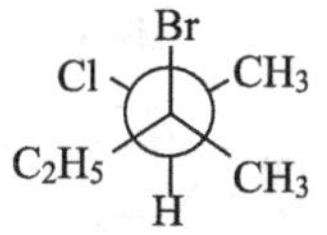

(4)

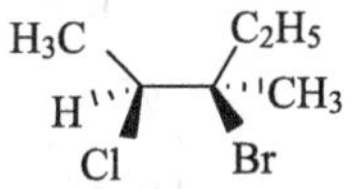

5.3　写出(2R,3S)-3-溴-2-碘戊烷的费歇尔投影式,并分别写出其优势构象的锯架式、楔形式和纽曼投影式。

5.4　用费歇尔投影式表示下列化合物的结构。

(1) (R)-2-甲基-1-苯基丁烷

(2) (2R,3S,4S)-3,4-二氯-2-己醇

(3)

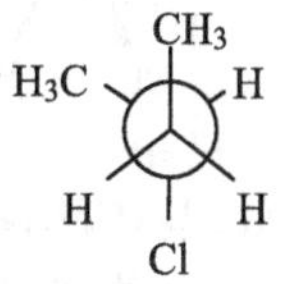

(4)

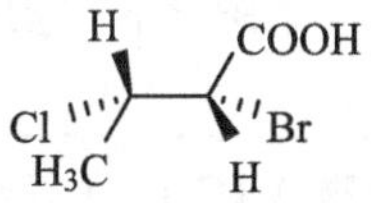

5.5　薄荷醇分子的结构式是 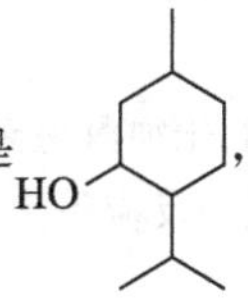 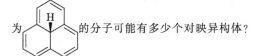 ,分子中有几个手性碳原子? 可能有多少个对映异构体? 结构式

为 　　　　　 的分子可能有多少个对映异构体?

5.6　判断下列化合物中哪些具有不对称碳原子,哪些没有不对称碳原子但具有手性。

(1) 1,3-二氯丙二烯　　　(2) 1-氯-1,2-丁二烯　　　(3) 3-甲基-1-氯-1,2-丁二烯

(4) 1-氯-1,3-丁二烯　　　(5) 溴代环己烷

(6)

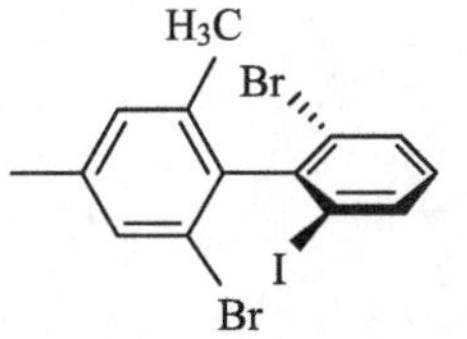

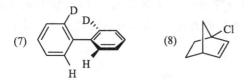

(7) 　　　　　　　　　　　　　(8)

5.7　写出下列化合物所有立体异构体的费歇尔投影式,说明哪些互为对映体,哪些是内消旋体,哪些异构体有光学活性,并以 R/S 标记法标记每个异构体的构型。

(1) 1-氘-1-氯丁烷　　　　　　　　　　(2) $CH_3CHBrCH(OH)CH_3$

(3) $C_6H_5CH(CH_3)CH(CH_3)C_6H_5$　　　(4) $HOCH_2CH(OH)CH(OH)CH(OH)CH_2OH$

5.8　判断下列各组中化合物的关系,写出它们的费歇尔投影式,以 R、S 标注不对称碳原子的构型。

(1) 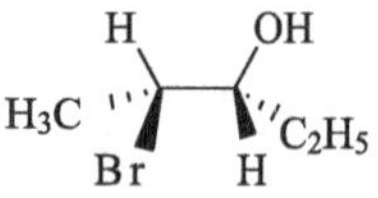　　　　　　　　　　　　　　　　　(2)

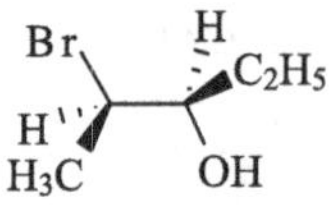

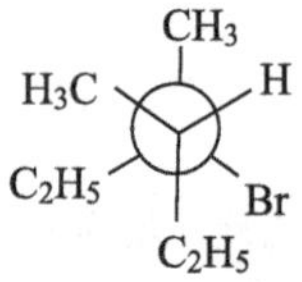

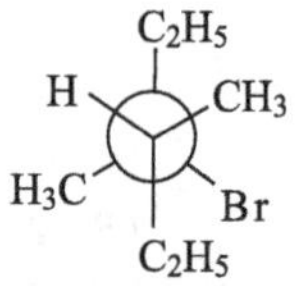

5.9　试判断下列化合物中哪些具有光学活性。

(1) 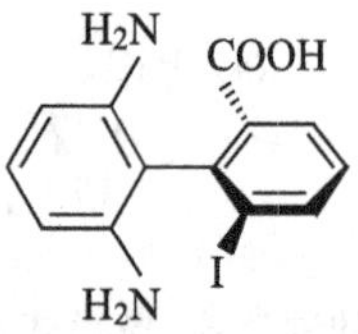　　　　(2) 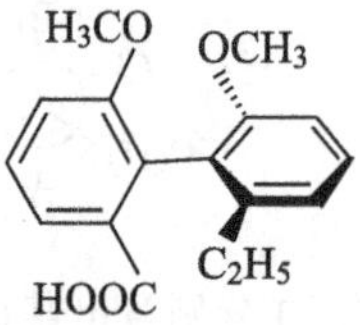　　　　(3) 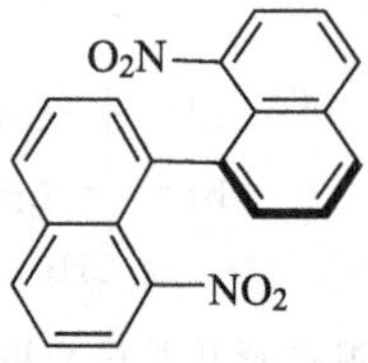　　　　(4)

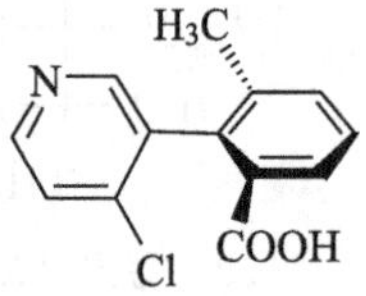

5.10　试判断下列四个化合物的相互关系,它们是互为对映体、非对映体或相同化合物?

(1) 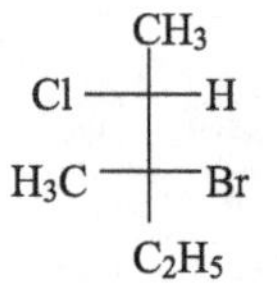　　　　(2) 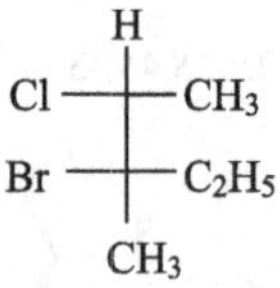　　　　(3) 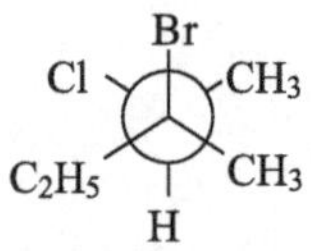　　　　(4)

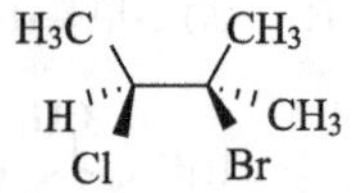

5.11　有一光学活性化合物 A(C_6H_{10}),能与 $AgNO_3/NH_3$ 溶液作用生成白色沉淀 B(C_6H_9Ag)。将 A 催化加氢生成 C(C_6H_{14}),C 没有旋光性。试写出 B、C 的构造式和 A 的对映异构体的投影式,并用 R/S 命名法命名 B。

5.12　化合物 A 的分子式为 C_8H_{12},有光学活性。A 用铂催化加氢得到 B(C_8H_{18}),无光学活性,用林德拉催化剂小心氢化得到 C(C_8H_{14}),有光学活性。A 和钠在液氨中反应得到 D(C_8H_{14}),无光学活性。试推断 A~D 的结构。

第6章 芳 香 烃
（Aromatic Hydrocarbons）

芳香烃（简称芳烃）是芳香族碳氢化合物。芳香烃最初是指从天然树脂、香精油中提取出来的具有芳香气味的物质，由于这些物质的分子中都含有苯环，于是将苯及其衍生物称为芳香化合物。随着有机化学的发展，发现了一些不具有苯环的环状烃，它们也具有苯及其衍生物的特点，如特殊的稳定性、较高的 C/H 值等。因此，人们将具有特殊稳定性的不饱和环状化合物称为芳香化合物。芳香化合物一般具有平面或接近平面的环状结构，链长趋于平均化，有较高的 C/H 值，从性质上看，一般难以氧化、加成，而易发生亲电取代反应，且具有一些特殊的光谱特征（见 7.2.3、7.3.3 和 7.4.2），上述这些特点就是人们常说的芳香性。具有芳香性的碳氢化合物即为芳香烃，而芳香族化合物是芳香烃及其衍生物的总称。

芳香烃按其是否含有苯环可分为苯系芳烃和非苯芳烃；苯系芳烃按结构又可分为单环芳烃（如苯、甲苯）和多环芳烃（如联苯）、多苯代脂肪烃和稠环芳烃。本章的重点是苯系单环芳烃。

6.1 苯 的 结 构
（Structure of Benzene）

苯是芳香化合物最典型的代表，分子式为 C_6H_6，有较高的 C/H 值，碳氢比是 1:1。在一般条件下，苯不被高锰酸钾氧化，也不与卤素、卤化氢等加成，却容易发生卤代、硝化、磺化等取代反应。苯还具有特殊的光谱性质（详见第 7 章），苯及其同系物可以由煤在 1000℃ 以上的高温下干馏获得，说明苯环结构相当稳定。那么怎样来表达苯的结构呢？

6.1.1 苯的凯库勒式

早在 1857 年，德国化学家凯库勒（F. A. Kekulé,1829—1896）从苯的分子式出发，根据苯的一元取代物只有一种，首先提出了苯的环状构造式，也称苯的凯库勒式（详见本章"知识亮点"）。

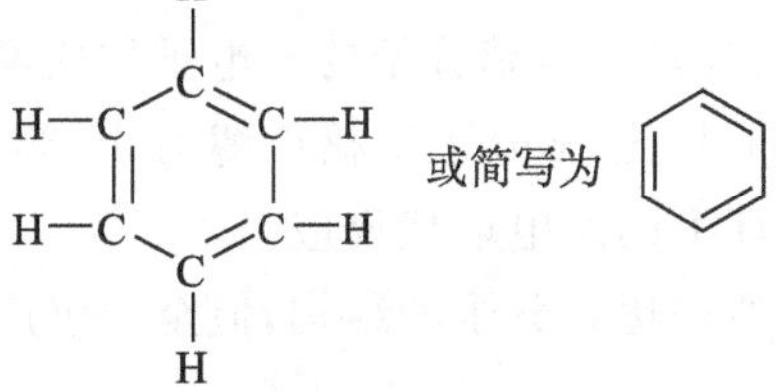

苯的凯库勒式可以说明苯分子的组成及原子间连接的次序，但有很多实验事实不能解释。
（1）凯库勒式中含有三个双键，但苯却不发生类似烯烃的加成反应。

（2）按凯库勒式，苯的邻位二取代物应有以下两种，但事实上苯只有一种。

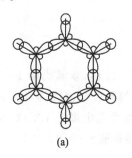

（3）凯库勒式是一个环己三烯结构，但苯的六个碳碳键的键长相等，没有单、双键之分。

（4）按凯库勒式，苯有三个双键，其氢化热应该是环己烯的 3 倍（环己烯的氢化热为 120kJ· mol^{-1}），即为 $3×120＝360(kJ·mol^{-1})$，但实测值为 208kJ· mol^{-1}，表明苯具有大的稳定性。

可见，凯库勒式不能确切反映苯的结构。为此，提出了各种关于苯的结构理论，主要有以下三种。

6.1.2　价键理论

现代物理方法如 X 射线衍射和光谱法证明，苯分子的六个碳原子和六个氢原子都在同一平面上，呈正六边形的碳架，键角均为 120°，环上碳碳键键长均为 0.1397nm。

价键理论认为，苯分子中的六个碳原子都是 sp^2 杂化，每个碳原子的两个 sp^2 杂化轨道分别与相邻两个碳原子的 sp^2 杂化轨道相互交盖，形成六个等同的 C—C σ 键，组成一个正六边形环。同时，六个碳原子分别以 sp^2 杂化轨道与六个氢原子的 1s 轨道交盖，形成六个相同的 C—H σ 键，苯分子的六个 C—C σ 键和六个 C—H σ 键同处于一个平面上，苯的 σ 键的形成见图 6-1(a)。

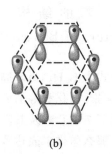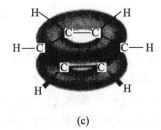

图 6-1　苯的结构

每个碳原子剩下一个未参与杂化的 p 轨道，其对称轴垂直于 σ 键所在的平面，彼此相互平行，相互侧面交盖，形成一个闭合的大 π 键，如图 6-1(b)所示。由于闭合大 π 键的 π 电子离域，电子云均匀分布，使苯分子能量降低而稳定，所以苯不易被氧化，难以发生类似烯烃和炔烃的加成反应。由于 π 电子的离域，使苯的键长平均化，苯分子没有单、双键之分，所以苯的邻位二取代产物只有一种。如图 6-1(c)所示，苯分子的 π 电子构成两个车胎形的电子云，分布在 σ 键所在平面的上、下方，与 σ 电子相比，π 电子受核束缚力小，容易受到亲电试剂的进攻，所以容易发生卤代、硝化、磺化等苯环上的亲电取代反应。

虽然苯的凯库勒式不能完整表达苯分子的结构，但至今仍用凯库勒式表示，苯结构式主要有以下三种，且完全等价。

6.1.3 分子轨道理论

分子轨道理论认为,苯分子形成 σ 键后,苯环上六个碳原子的六个 p 轨道线性组合成六个 π 分子轨道,其中三个是成键轨道,分别用 ψ_1、ψ_2、ψ_3 表示,三个是反键轨道,分别用 ψ_4、ψ_5、ψ_6 表示,这六个 π 分子轨道的形状如图 6-2 所示。

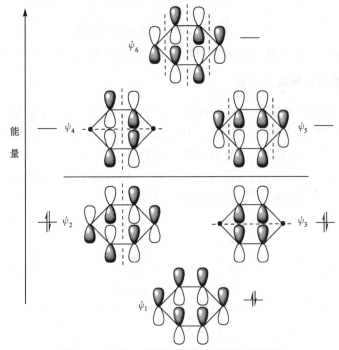

图 6-2 苯的 π 分子轨道和轨道能级示意图

在图 6-2 中,用虚线表示节面,三个成键轨道中 ψ_1 没有节面,是能量最低的,ψ_2 和 ψ_3 的能量比 ψ_1 高,各有一个节面,能量相等,称为简并轨道。反键轨道的能量比成键轨道高,ψ_4 和 ψ_5 各有两个节面,它们也是能量相等的简并轨道,ψ_6 有三个节面,是能量最高的反键轨道。在基态时,苯分子的六个 π 电子成对地填入三个成键轨道中,三个反键轨道是空着的。由于成键 π 轨道的能量比原子轨道(p 轨道)的能量低,且这时所有的成键轨道全部填满电子,所以苯分子能量较低、较稳定。苯分子的大 π 键可以看作是三个成键轨道交盖的结果,ψ_1、ψ_2、ψ_3 互相交盖的结果使 π 电子云对称地分布在苯环平面的上、下方,又由于碳碳 σ 键也是均等的,所以苯的碳碳键的键长完全相等,形成一个正六边形的碳架。

6.1.4 共振论对苯分子结构的解释

共振论认为,苯的结构是两个或多个经典结构的共振杂化体,即苯的结构是下面(a)～(g)经典结构的共振杂化体。

(a)   (b)   (c)   (d)   (e)   (f)   (g)

(a)～(g)这些经典的结构式称为共振"极限式",用"⟷"表示各极限式间的共振。

苯的真实结构不是上述经典结构式中的任何一种,而是它们的共振杂化体。(a)和(b)的键长、键角完全相等,能量低,对苯结构的贡献大,故苯的极限结构通常用(a)和(b)表示。(c)、(d)、(e)的键长、键角不等,(f)和(g)分别带有正和负电荷,均不稳定,它们对苯结构的贡献小。共振使苯的能量比假想的1,3,5-己三烯低149.4 kJ·mol^{-1},此即为苯的共振能或离域能。

共振的结果使苯分子中碳碳键的键长平均化,故邻位二取代物只有一种,与实验完全相符。

6.2　芳烃的同分异构及命名
(Isomerism and Nomenclature of Aromatic Hydrocarbons)

6.2.1　单环芳烃的同分异构及命名

单环芳烃是指分子中含有一个苯环的芳烃,包括苯及其同系物。苯的同系物是苯环上的氢原子被烃基取代的取代苯,分为一烃基苯、二烃基苯和三烃基苯等。当苯环上的氢原子被卤素、硝基等各种取代基取代后生成的化合物称为苯的衍生物。

苯的一烃基取代物只有一种,有两种命名方法,一种是将苯作为母体,烃基作为取代基命名。英文命名是在 benzene 前冠以烃基的名称。例如:

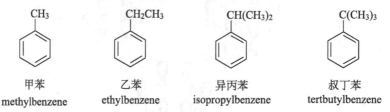

甲苯　methylbenzene　乙苯　ethylbenzene　异丙苯　isopropylbenzene　叔丁苯　tertbutylbenzene

另一种命名方法是将苯作为取代基,苯以外的部分作为母体来命名。苯基是苯去掉一个氢原子后剩下的基团,英文名称为 phenyl,简写为 Ph—。例如:

苯乙烯　phenylethene　苯乙炔　phenylethyne　3-苯基-1-丙烯　3-phenyl-1-propene　2-甲基-3-苯基戊烷　2-methyl-3-phenylpentane

苯的二烃基取代物有三种异构体,命名时分别用"邻"或 o(ortho)、"间"或 m(meta)和"对"或 p(para)表示两个烃基在苯环上的相对位置。"邻"表示两个基团处于相邻的位置,"间"表示两个基团处于相隔一个碳原子的位置,"对"表示两个基团处于对角的位置。邻、间、对也可以分别用1,2-、1,3-、1,4-表示。例如:

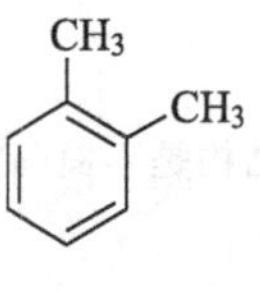

邻二甲苯(o-二甲苯)　间二甲苯(m-二甲苯)　对二甲苯(p-二甲苯)
(1,2-二甲苯)　(1,3-二甲苯)　(1,4-二甲苯)
o-dimethylbenzene　m-dimethylbenzene　p-dimethylbenzene

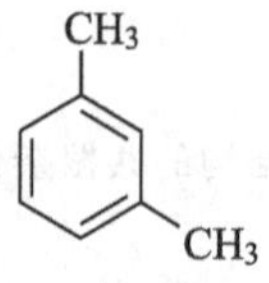

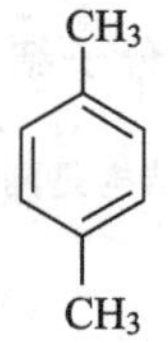

若苯环上连有三个相同的烃基,常用"连"(*vic*)、"偏"(*unsym*)和"均"(*syn*)表示三个基团分别处于苯环上的 1,2,3-位、1,2,4-位和 1,3,5-位。例如:

<table>
<tr><td style="text-align:center">连三甲苯
(1,2,3-三甲苯)
1,2,3-trimethylbenene</td><td style="text-align:center">偏三甲苯
(1,2,4-三甲苯)
1,2,4-trimethylbenene</td><td style="text-align:center">均三甲苯
(1,3,5-三甲苯)
1,3,5-trimethylbenene</td></tr>
</table>

若苯环上连有两个或多个取代基时,苯环上的编号应符合最低系列原则。当用最低系列原则无法确定编号时,系统命名应让顺序规则中较小基团的位次尽可能小。英文命名时,按英文字母顺序,使字母排在前面的基团的位次尽可能小。例如:

<table>
<tr><td style="text-align:center">1-甲基-2-乙基-4-丙基苯
2-ethyl-1-methyl-4-propylbenzene</td><td style="text-align:center">1-甲基-3-乙基-5-丙基苯
3-ethyl-1-methyl-5-propylbenzene</td></tr>
</table>

6.2.2 多环芳烃的命名

1. 多苯代脂肪烃

链烃分子中的氢被两个或多个苯基取代的化合物称为多苯代脂肪烃。一般将苯作取代基,链烃作母体命名。例如:

<table>
<tr><td style="text-align:center">三苯甲烷
triphenylmethane</td><td style="text-align:center">1,3-二苯丙烷
1,3-diphenylpropane</td><td style="text-align:center">1,2-二苯乙烯
1,2-diphenylethene</td></tr>
</table>

2. 联苯型化合物

两个或多个苯环以单键直接相连的化合物称为联苯型化合物。例如:

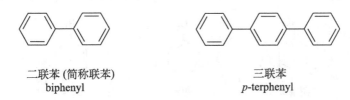

<table>
<tr><td style="text-align:center">二联苯 (简称联苯)
biphenyl</td><td style="text-align:center">三联苯
p-terphenyl</td></tr>
</table>

命名时以联苯为母体。编号从苯环与单键直接连接处开始,第二个苯环的编号分别加上一撇,第三个苯环上的编号分别加上两撇,其他依此类推。苯环上若有取代基,编号的方向应使取代基的位次尽可能小。例如:

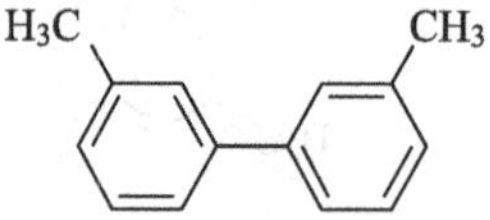

3,3′-二甲基联苯
3,3′-dimethylbiphenyl

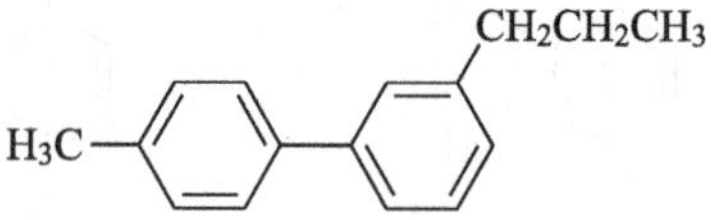

4′-甲基-3-丙基联苯
4′-methyl-3-propylbiphenyl

3. 稠环芳烃

分子中含有两个或多个苯环,彼此间通过共用两个相邻碳原子稠合而成的芳烃称为稠环芳烃。最简单的稠环芳烃是萘、蒽、菲。萘、蒽、菲的编号是固定的,如下所示:

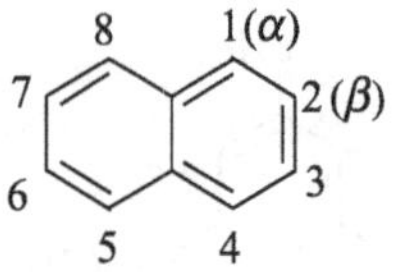

萘　naphthalene

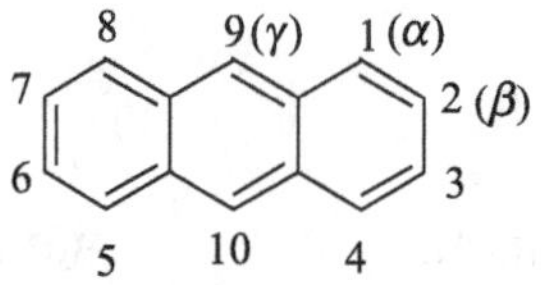

蒽　anthracene

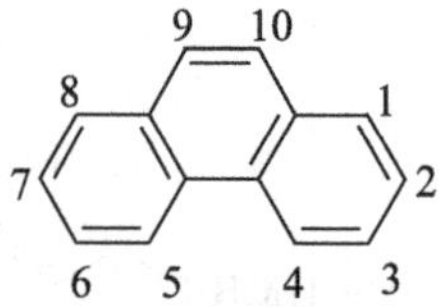

菲　phenanthrene

萘的 1,4,5,8 位是等同的位置,称为 α-位,2,3,6,7 位也是等同的位置,称为 β-位。蒽的 1,4,5,8 位也称为 α-位,2,3,6,7 位也称为 β-位,9,10 位称为 γ-位。菲有五对等同的位置,分别是 1,8、2,7、3,6、4,5、9,10。取代稠环芳烃命名格式与有机物命名的基本格式一致。例如:

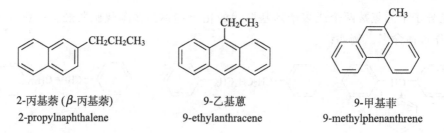

2-丙基萘 (β-丙基萘)
2-propylnaphthalene

9-乙基蒽
9-ethylanthracene

9-甲基菲
9-methylphenanthrene

6.2.3　苯的衍生物的命名

苯系芳烃苯环上的氢被除烃基以外的取代基取代后生成的化合物称为苯的衍生物。命名的主要原则如下:

(1) 硝基($-NO_2$)、亚硝基($-NO$)、卤素($-X$)等基团只作取代基,苯作母体命名。例如:

硝基苯　nitrobenzene　　　氯苯　chlorobenzene　　　溴苯　bromobenzene

（2）当取代基为氨基（—NH$_2$）、羟基（—OH）、磺酸基（—SO$_3$H）、醛基（—CHO）、羧基（—COOH）等时，则把它们看作一类化合物，分别称为苯胺、苯酚、苯磺酸、苯甲醛、苯甲酸等。

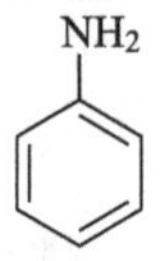

| 苯胺 | 苯酚 | 苯磺酸 | 苯甲醛 | 苯甲酸 |
| benzeneamine | phenol | benzenesulfonic acid | benzaldehyde | benzoic acid |

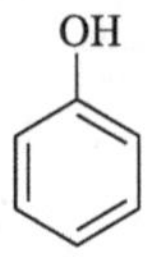

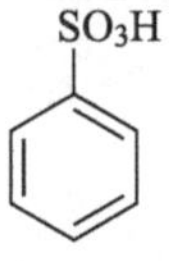

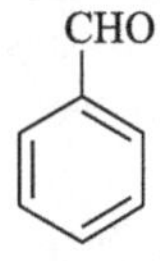

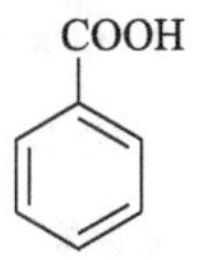

（3）当苯环上有多种取代基，首先选择母体。系统命名法和 IUPAC 命名法中选择母体的顺序都是 —NO$_2$，—X，—R，—OR，—NH$_2$，—OH， C＝O，—CHO，—CN，—CONH$_2$，—COX，—COOR，—SO$_3$H，—COOH，—$\overset{+}{\text{N}}$R$_3$。在上述顺序中，排在后面的为母体，前面的为取代基。例如：

4-氯苯酚　　　　2-硝基苯甲酸　　　　3-甲苯胺　　　　4-溴苯甲醛
4-chlorophenol　　2-nitrobenzoic acid　　3-methylbenzeneamine　　4-bromobenzaldehyde

（4）芳烃分子中失去一个氢原子后剩下的基团称为芳基，用 Ar（Aryl 的缩写）表示，苄基或苯甲基 C$_6$H$_5$CH$_2$—用 Bz（Benzyl 的缩写）表示。

练习 6.1 　写出下列化合物的结构式。

（1）3,4-二甲基-1-苯基-2-戊烯　　　（2）β-萘酚　　　（3）4-甲基-2-硝基苯磺酸

（4）4-乙基-3-溴苯甲酸　　　（5）8-氯-1-萘酚　　　（6）9-甲基菲

6.3　单环芳烃的物理性质

（Physical Properties of Monocyclic Aromatic Hydrocarbons）

苯及其同系物一般为无色液体，比水轻，相对密度为 0.86～0.93，不溶于水，易溶于石油醚、醇、醚等有机溶剂，液态芳烃本身就是一种常用的良好的有机溶剂。芳烃燃烧时火焰带有较浓的黑烟。苯及其同系物具有一定的毒性，长期吸入它们的蒸气会损坏造血器官和神经系统，因此使用时要切实采取防护措施。常见单环芳烃的物理常数见表 6-1。

表 6-1　常见单环芳烃的名称和物理常数

名称	熔点/℃	沸点/℃	相对密度（d_4^{20}）
苯	5.5	80.1	0.8786
甲苯	−95	110.6	0.8669
乙苯	−95	136.2	0.8670
邻二甲苯	−25.2	144.4	0.8802

续表

名称	熔点/℃	沸点/℃	相对密度(d_4^{20})
间二甲苯	−47.9	139.1	0.8642
对二甲苯	13.2	138.4	0.8611
正丙苯	−99.6	159.3	0.8620
异丙苯	−96	152.4	0.8618
苯乙烯	−30.6	145.1	0.9074
苯乙炔	−44.8	142.1	0.9295
连三甲苯	−25.5	176.1	0.8944
偏三甲苯	−43.9	169.2	0.8758
均三甲苯	−44.7	164.7	0.8652

6.4　单环芳烃的化学反应
(Chemical Reactions of Monocyclic Aromatic Hydrocarbons)

6.4.1　芳香亲电取代反应

亲电试剂取代苯环上的氢的反应称为苯环上的芳香亲代取代反应。硝化、卤化、磺化、烷基化和酰基化是典型的芳香亲电取代反应。

1. 硝化反应

苯与浓硝酸和浓硫酸(也称混酸)共热,苯环上的一个氢被硝基(—NO_2)取代,生成硝基苯。有机化合物分子中的氢被硝基(—NO_2)取代的反应称为硝化反应。例如:

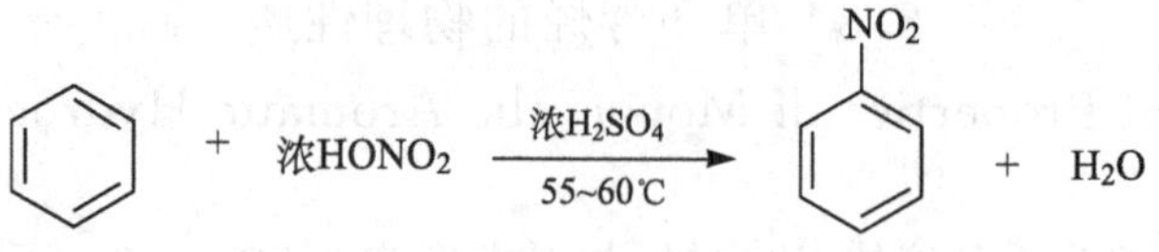

如果增加硝酸的浓度,升高反应温度,硝基苯能够继续被硝化,主要产物为间二硝基苯,若继续硝化,则需要更激烈的反应条件。例如:

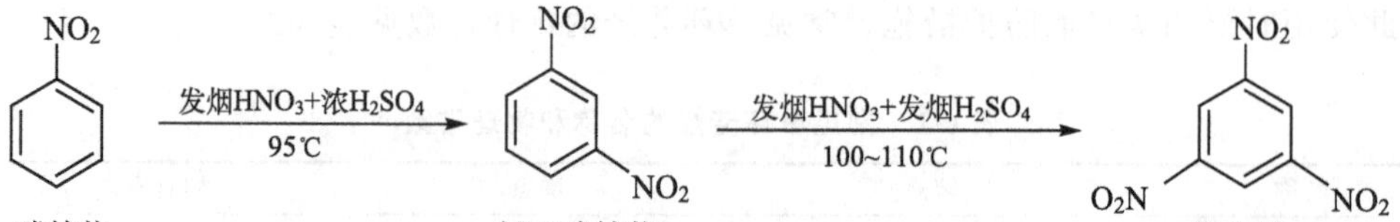

硝基苯　　　　　间二硝基苯　　　　　极少量

烷基苯比苯容易发生硝化反应。例如,甲苯在低于 50℃ 时就可以硝化,主要生成邻硝基甲苯和对硝基甲苯。硝基甲苯进一步硝化可以得到 2,4,6-三硝基甲苯,即炸药 TNT。

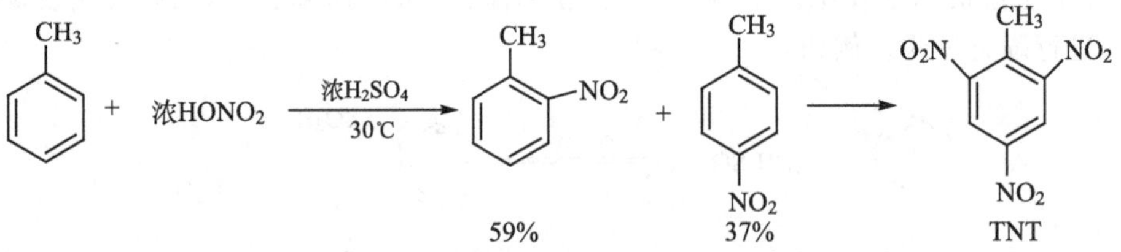

三硝基甲苯(TNT)是一种安全性高、性能优良的烈性炸药,在军事上应用非常广泛,TNT在常温下非常稳定,用铁锤敲打或石臼捣磨也不会爆炸。但如果用雷管引发,则瞬时产生几十万个大气压,足以摧毁巨大的山岩和坚固的碉堡。

2. 卤代反应

有机化合物分子中的氢被卤素原子(—X)取代的反应称为卤代反应。苯在路易斯酸如$FeCl_3$、$AlCl_3$ 等催化下与氯或溴反应,生成相应的氯苯或溴苯,并放出卤化氢。例如:

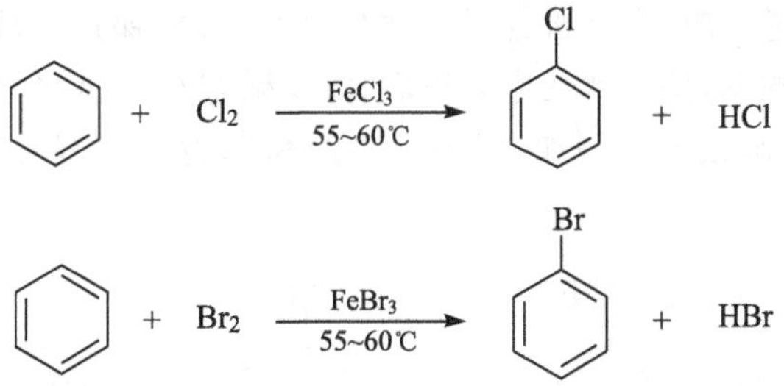

卤代苯在较剧烈条件下可以继续与卤素作用,主要生成邻位和对位二卤代苯。例如:

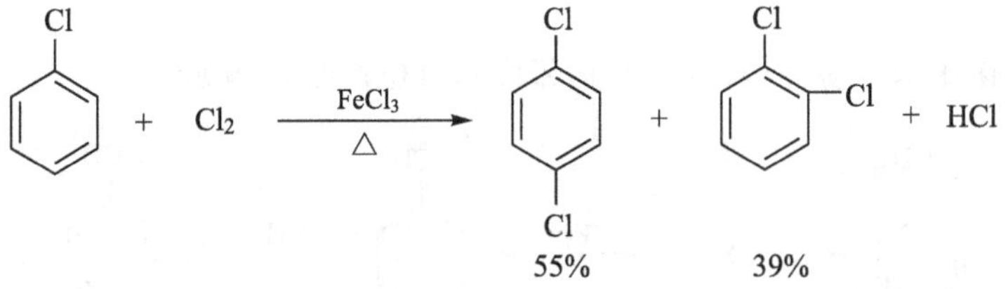

在相似条件下,烷基苯与卤素也能发生苯环上取代反应,反应比苯容易进行,主要得到邻位和对位产物。例如:

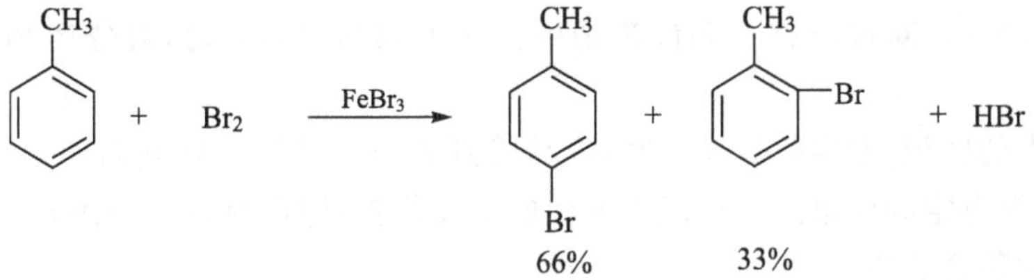

3. 磺化反应

苯与98%的浓硫酸在75～80℃的温度下发生反应,苯环上的氢原子被磺酸基取代生成苯磺酸。有机分子中的氢被磺酸基(—SO_3H)取代的反应称为磺化反应。磺化反应是一个可逆

反应,反应中生成的水能使浓硫酸稀释,磺化速率减慢,水解速率加快,因此常用发烟硫酸在 30～35℃进行磺化反应。例如:

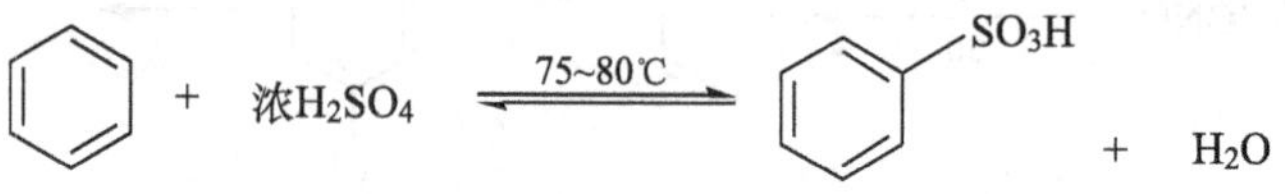

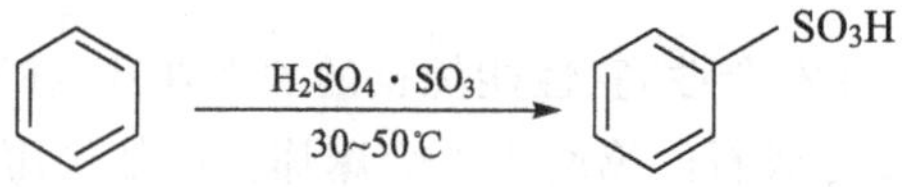

生成的苯磺酸若在较高温度下继续反应,则主要生成间苯二磺酸。

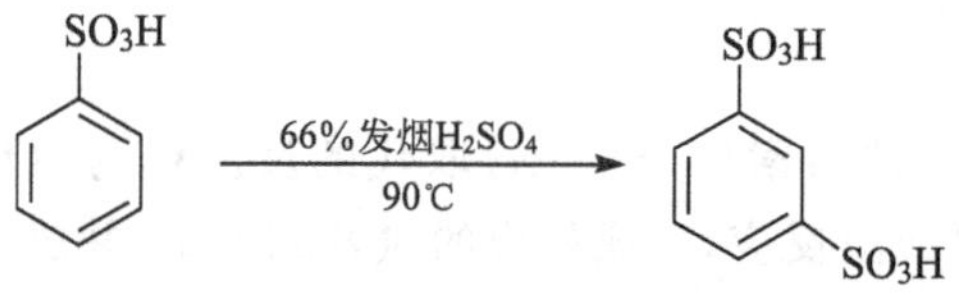

磺化反应是一个可逆反应,在有机合成中,常用磺化反应保护芳环上的某一位置,即在某些特定位置上先引入磺酸基,待其他反应完毕后,将苯磺酸在过热水蒸气中或与稀 H_2SO_4、稀 HCl 共热,可以水解脱去磺酸基。例如,以甲苯为原料制备不含有对位取代产物的邻氯甲苯的方法如下:

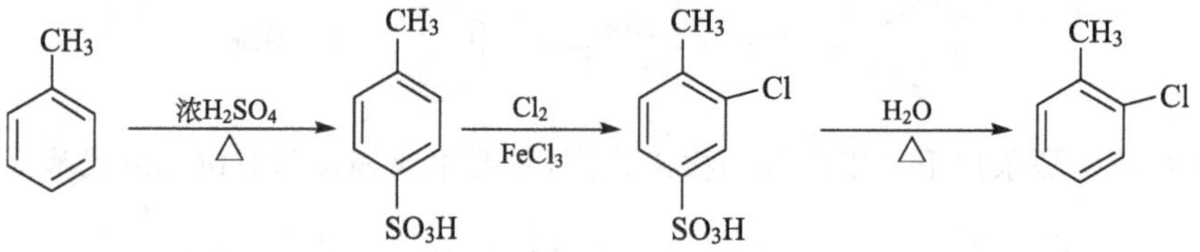

烷基苯的磺化比苯容易进行,且主要是邻位和对位产物。例如:

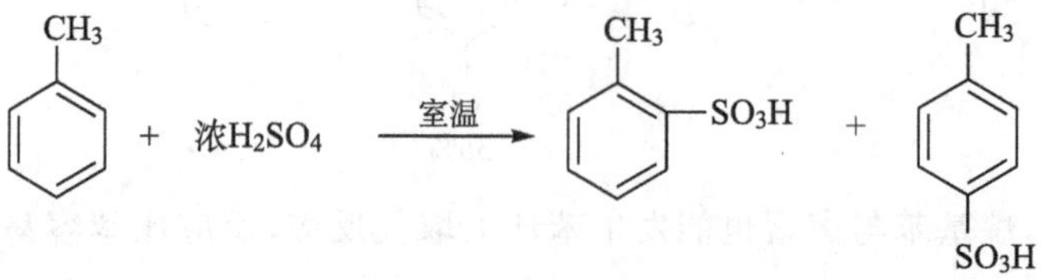

在上述甲苯磺化反应的产物中,邻位和对位异构体的比例是随着磺化反应温度的不同而变化的。例如,0℃时,对位产物:邻位产物=53%:43%;100℃时,对位产物:邻位产物= 79%:13%。

磺基有较大的体积,发生取代反应时,容易受到邻位取代基的空间阻碍。在较高温度时,反应达到平衡,没有空间位阻的对位成为取代的主要位置,因而对位异构体成为主要产物。这种空间效应也称邻位效应。

4. 傅瑞德尔-克拉夫茨烷基化反应

在无水 $AlCl_3$ 等催化剂作用下,芳烃与卤代烷反应,环上的氢原子被烷基取代的反应称为傅瑞德尔-克拉夫茨(Friedel-Crafts)烷基化反应,简称傅-克烷基化反应,卤代烷称为烷基化试

剂。有机化合物分子中的氢被烷基(—R)取代的反应称为烷基化反应。例如:

$$\text{C}_6\text{H}_6 + \text{CH}_3\text{CH}_2\text{Cl} \xrightarrow[0\sim25℃]{\text{AlCl}_3} \text{C}_6\text{H}_5\text{CH}_2\text{CH}_3 + \text{HCl}$$

傅-克烷基化反应常用的催化剂有无水 $AlCl_3$、$FeCl_3$、$SnCl_4$、$ZnCl_2$、BF_3 等。其中以无水 $AlCl_3$ 的活性最高。常用的烷基化试剂除卤代烷外,还有烯烃和醇。当用烯烃和醇作为烷基化试剂时,质子酸也可作催化剂,常用的质子酸有 HF、H_2SO_4 和 H_3PO_4 等。例如,工业上就是采用乙烯和丙烯作为烷基化试剂制取乙苯和异丙苯。

$$\text{C}_6\text{H}_6 + \text{CH}_2=\text{CH}_2 \xrightarrow{\text{AlCl}_3} \text{C}_6\text{H}_5\text{CH}_2\text{CH}_3$$

$$\text{C}_6\text{H}_6 + (\text{CH}_3)_2\text{CHOH} \xrightarrow{\text{H}_2\text{SO}_4} \text{C}_6\text{H}_5\text{CH}(\text{CH}_3)_2$$

用大于三个碳的伯卤代烷作烷基化试剂时,烷基会发生重排,如苯与氯丙烷反应的主要产物是异丙苯(见 6.5 节)。

$$\text{C}_6\text{H}_6 + \text{CH}_3\text{CH}_2\text{CH}_2\text{Cl} \xrightarrow{\text{AlCl}_3} \text{C}_6\text{H}_5\text{CH}(\text{CH}_3)_2 (70\%) + \text{C}_6\text{H}_5\text{CH}_2\text{CH}_2\text{CH}_3 (30\%)$$

苯环上引入烷基后,由于生成的烷基苯比苯更容易进行亲电取代反应,所以傅-克烷基化反应不能停留在一元取代的阶段上,反应产物通常是一元、二元、多元取代苯的混合物。若苯大大过量,则可得到较多的一元取代物。

当苯环上连有—NO_2、—$COOH$、—COR、—CF_3、—SO_3H 等强吸电子基团时,傅-克烷基化反应不能发生。当苯环连有—NH_2、—NHR 或—NR_2 时,也不能发生傅-克烷基化反应,因为氨基或取代氨基会与路易斯酸 $AlCl_3$ 作用生成铵盐。

练习 6.2 写出下列反应的主要产物。

$$\text{C}_6\text{H}_6 + \text{CH}_3-\underset{\underset{\text{CH}_3}{|}}{\overset{\overset{\text{CH}_3}{|}}{\text{C}}}-\text{CH}_2\text{Cl} \xrightarrow{\text{AlCl}_3}$$

练习 6.3 由苯及必要的原料合成下列化合物。

(1) $\text{C}_6\text{H}_5\text{COCH}_2\text{CH}_2\text{COOH}$ (2) $\text{C}_6\text{H}_5\text{COCH}_2\text{CH}_3$ (3) 异丙苯   (4) 叔丁苯

---

5. 傅瑞德尔-克拉夫茨酰基化反应

在无水 $AlCl_3$ 等催化剂作用下,苯与酰氯或酸酐等能发生傅瑞德尔-克拉夫茨酰基化反应

（简称傅-克酰基化反应），生成芳酮，酰氯和酸酐等称为酰基化试剂。有机分子中的氢被酰基（RCO—）取代的反应称为酰基化反应。例如：

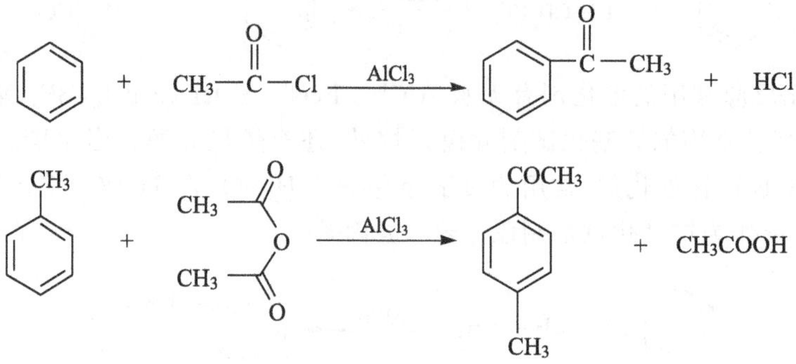

酰基化反应没有重排现象，利用这一特点，可以制备含有三个或三个以上碳原子的直链烷基苯。首先发生酰基化反应，然后将羰基还原成烷基（见11.4.2）。例如：

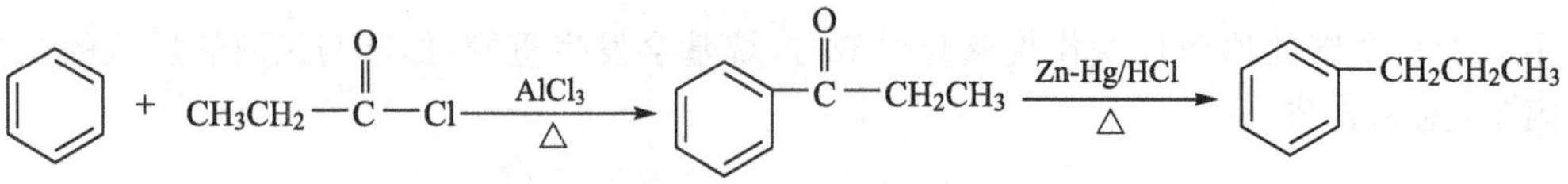

由于酰基是吸电子基团，引入一个酰基后，苯环的活性降低了，控制合适的反应条件，反应可停止在一元取代这一步，不会生成多元取代的混合物 。

与傅-克烷基化反应相似，当环上连有硝基、磺酸基等吸电子基团时，傅-克酰基化反应也不能发生。由于 AlCl₃能与羰基络合，因此酰化反应的催化剂用量比烷基化反应多，若用酰卤为酰化剂，催化剂用量比烷基化反应多 1mol，若用酸酐为酰化剂，催化剂用量比烷基化反应多 2mol。

6.4.2　加成反应

苯具有特殊的稳定性，一般不易发生加成反应，但在一定条件下可以与氢气、氯气等发生加成，而且总是三个双键同时发生反应，形成一个环己烷体系。例如，在镍催化下，于 180～200℃，苯加氢生成环己烷。在紫外光照射下，苯与氯加成生成六氯化苯。

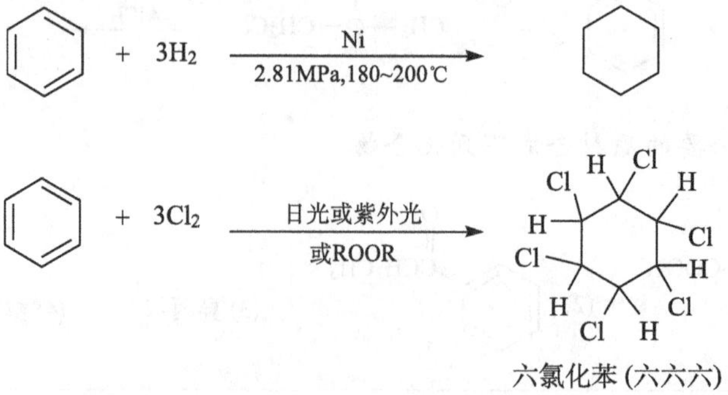

六氯化苯 (六六六)

六氯化苯也称 1,2,3,4,5,6-六氯环己烷，分子式为 $C_6H_6Cl_6$，简称六六六，六六六曾是一种大量使用的杀虫剂，由于其化学性质稳定，残存毒性大和对环境污染，现已被禁止使用。

6.4.3 氧化反应

苯环不易被氧化,只有在高温和催化剂存在下才能被氧化,生成顺丁烯二酸酐。这是工业上制备顺丁烯二酸酐的方法之一。例如:

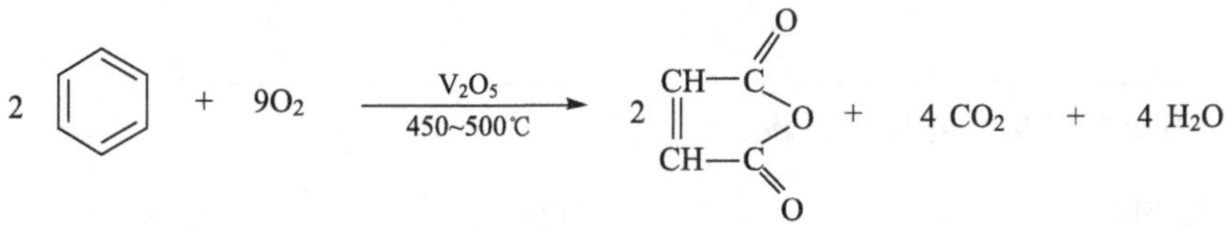

6.4.4 烷基苯的反应

1. 烷基苯侧链卤代

烷基苯在光照或高温条件下,与卤素发生侧链烷基上 α-氢的取代反应,该反应为自由基取代反应。例如:

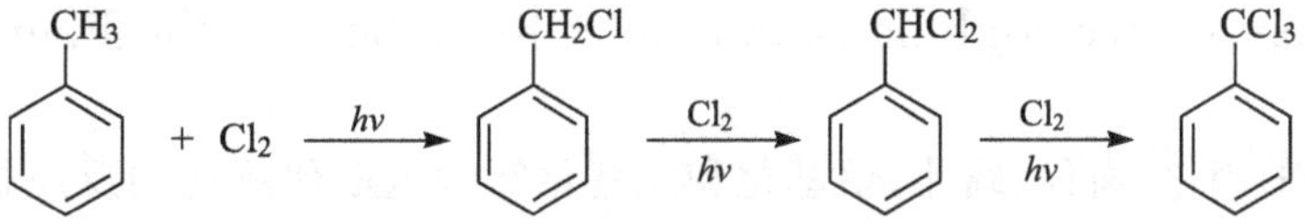

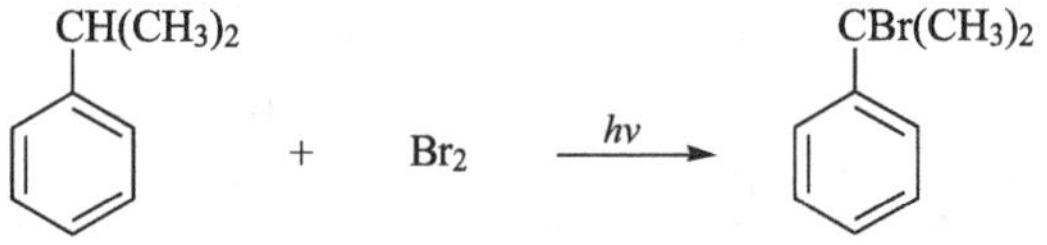

> **练习 6.4** 乙苯与氯气在 $FeCl_3$ 催化下和光照时反应的产物分别是什么？写出反应式。

2. 烷基苯侧链氧化

受苯环的影响,烷基苯侧链上的 α-氢原子变得比较活泼,在高锰酸钾的酸性或碱性溶液中侧链均易被氧化,而且无论侧链多长,产物都为苯甲酸;若苯环上有多个含 α-氢的侧链,可被一起氧化成羧基;若两个侧链处于邻位,氧化的最后产物是酸酐。例如:

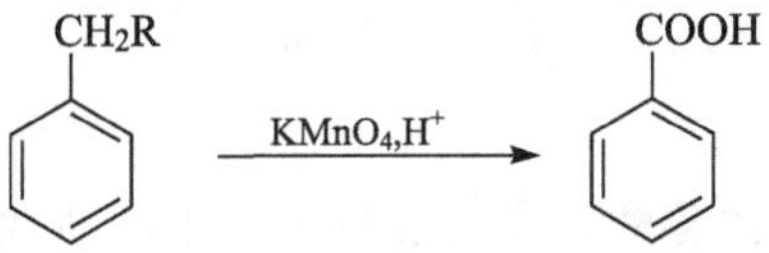

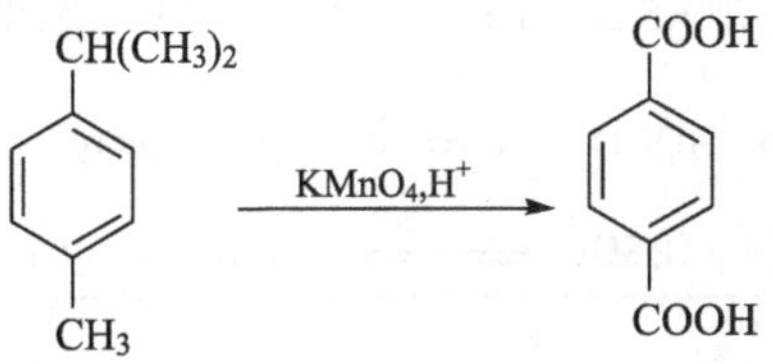

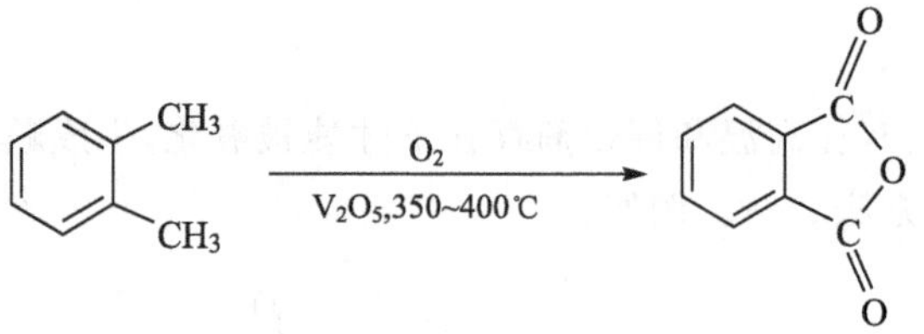

练习 6.5　写出下列反应的主要产物。

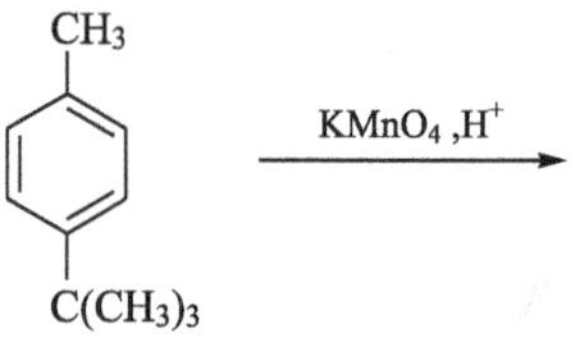

6.5　苯环上的芳香亲电取代反应的反应机理
（Mechanism：Electrophilic Aromatic Substitution on the Phenyl Ring）

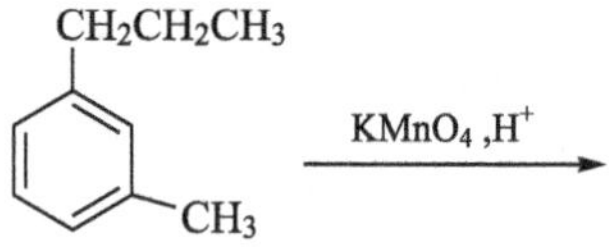

上述苯环上的硝化、卤代、磺化、烷基化和酰基化等亲电取代反应的反应机理可以用以下通式表示：

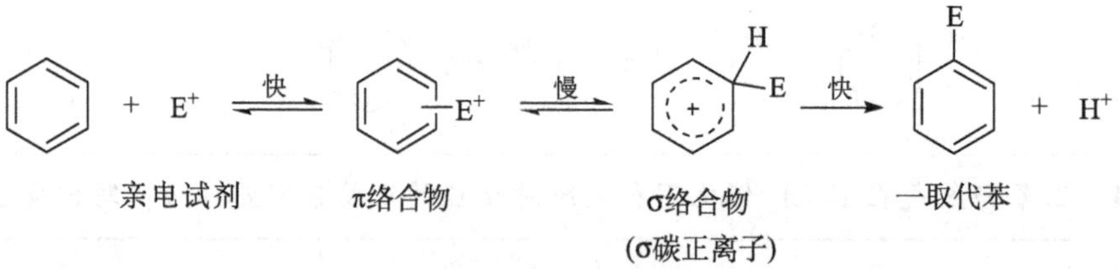

亲电试剂　　　　π络合物　　　　σ络合物　　　　一取代苯
　　　　　　　　　　　　　　　（σ碳正离子）

反应分两步进行，第一步：亲电试剂进攻苯环，先生成 π 络合物，然后与苯环上的一个碳原子以 σ 键相连，形成一个带正电荷的环状碳正离子中间体，称为 σ 络合物或 σ 碳正离子。σ 碳正离子是一个活泼的中间体，它的形成必须经过一个势能很高的过渡态，因此整个反应的反应速率主要取决于第一步。第二步：σ 碳正离子失去一个氢质子，恢复苯环结构，得到取代苯。下面分别讨论硝化、卤化、磺化、傅-克烷基化和傅-克酰基化的反应机理。

6.5.1　硝化反应的机理

硝化反应需要用浓硝酸和浓硫酸组成的混酸作硝化试剂，浓硫酸在反应中并不是起脱水剂的作用，而是与浓硝酸反应生成硝基正离子（$^+NO_2$），其反应如下：

$$H_2SO_4 + HONO_2 \rightleftharpoons H_2\overset{+}{O}-NO_2 + HSO_4^-$$

$$H_2\overset{+}{O}-NO_2 + H_2SO_4 \rightleftharpoons \,^+NO_2 + H_3O^+ + HSO_4^-$$

$$2H_2SO_4 + HONO_2 \rightleftharpoons H_3O^+ + \overset{+}{N}O_2 + 2HSO_4^-$$

实验证明:硝基正离子是硝化反应中的亲电试剂,苯的硝化反应是由硝基正离子的进攻引起的。反应机理如下:

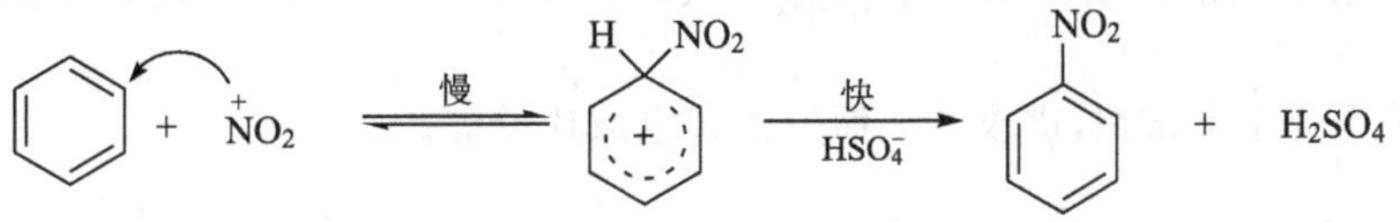

6.5.2 卤代反应的机理

以氯代反应为例。氯分子经路易斯酸(三氯化铁)活化而异裂,生成氯正离子。Cl^+ 作为亲电试剂,进攻苯环生成 σ 碳正离子中间体,然后 σ 碳正离子失去 H^+,恢复苯环结构,生成氯苯。反应机理如下:

$$FeCl_3 + Cl:Cl \longrightarrow FeCl_4^- + Cl^+$$

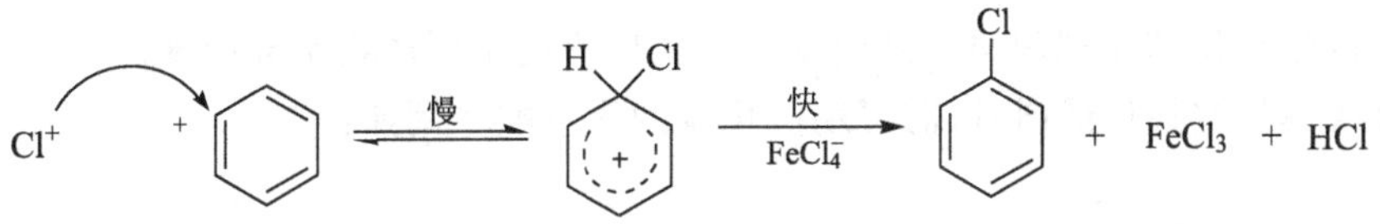

6.5.3 磺化反应的机理

苯用浓硫酸磺化的反应很慢,但用发烟硫酸磺化,反应在室温下即可进行。因此,目前多数认为磺化反应的亲电试剂可能是 SO_3。以浓硫酸为磺化试剂存在以下平衡:

$$2H_2SO_4 \Longrightarrow SO_3 + H_3O^+ + HSO_4^-$$

SO_3 虽然不是正离子,但它是缺电子试剂,可以作为亲电试剂与苯环生成 σ 碳正离子中间体。磺化反应的机理如下:

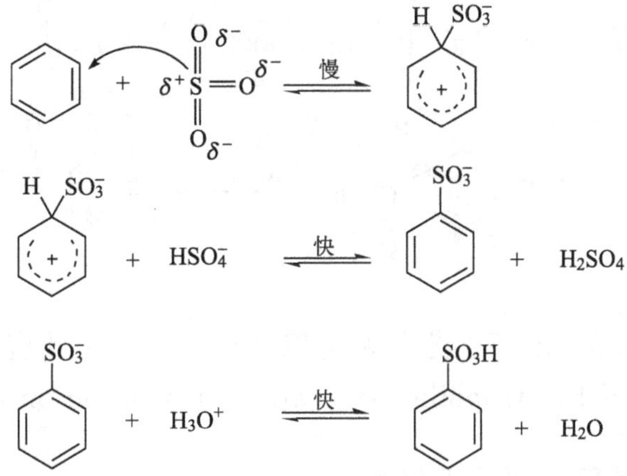

6.5.4 傅-克烷基化反应机理

傅-克烷基化反应常用的催化剂三氯化铝是路易斯酸,卤代烷可以看作弱的路易斯碱,两

者首先结合生成酸碱络合物,然后离解成碳正离子。例如:

$$CH_3CH_2Cl + AlCl_3 \rightleftharpoons \left[CH_3CH_2 \overset{\delta^+}{\cdots} Cl \overset{\delta^-}{\cdots} AlCl_3 \right] \rightleftharpoons CH_3\overset{+}{C}H_2 + AlCl_4^-$$

碳正离子作为亲电试剂,进攻苯环而发生亲电取代反应。

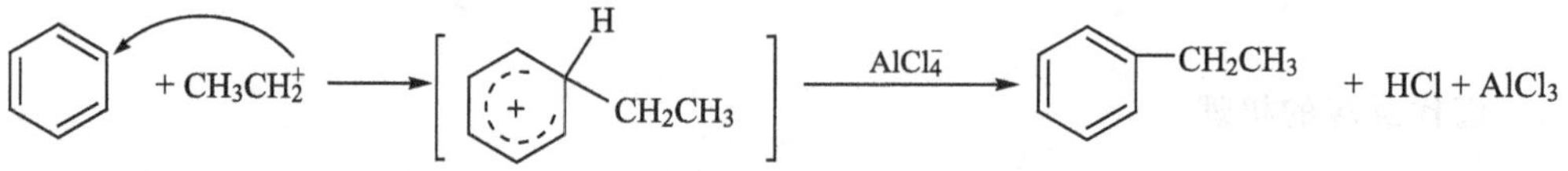

当所用的卤代烷具有三个碳以上的直链烷基时,由于一级碳正离子的稳定性小于二级或三级碳正离子,所以烷基会发生重排。例如:

$$CH_3CH_2CH_2 \overset{\delta^+}{\cdots} Cl \overset{\delta^-}{\cdots} AlCl_3 \xrightarrow{-AlCl_4^-} CH_3CH_2\overset{+}{C}H_2 \xrightarrow{重排} CH_3\overset{+}{C}HCH_3$$

所以用1-氯丙烷为烷基化试剂与苯发生亲电取代反应的主要产物是异丙苯。

用烯烃或醇作烷基化试剂时,需要用催化量的质子酸。例如:

$$CH_3CH=CH_2 \xrightarrow{H^+} CH_3-\overset{+}{C}H-CH_3 \xrightarrow[BF_3]{ArH} Ar-CH(CH_3)_2 + HBF_3$$

$$CH_3-\overset{OH}{C}H-CH_3 \xrightarrow{H^+} CH_3-\overset{+OH_2}{C}H-CH_3 \xrightarrow{-H_2O} CH_3\overset{+}{C}HCH_3 \xrightarrow[BF_3]{ArH} Ar-CH(CH_3)_2 + HBF_3$$

6.5.5 傅-克酰基化反应的机理

酰基化反应的机理与烷基化反应相似,亲电试剂为缺电子的酰基正离子。例如:

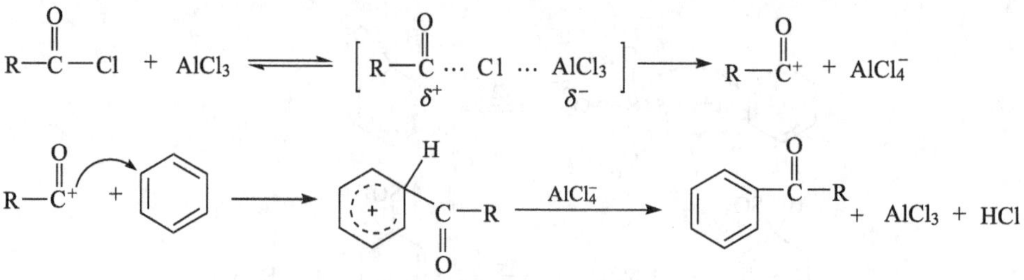

6.6 苯环上芳香亲电取代反应的定位效应
(Directing Effect of Electrophilic Aromatic Substitution on the Phenyl Ring)

6.6.1 取代基的定位效应——两类定位基

一取代苯在进行亲电取代反应时,新导入的取代基(E)可以进入原有取代基(G)的邻位、间位或对位,分别得到邻、间、对三种二取代苯。

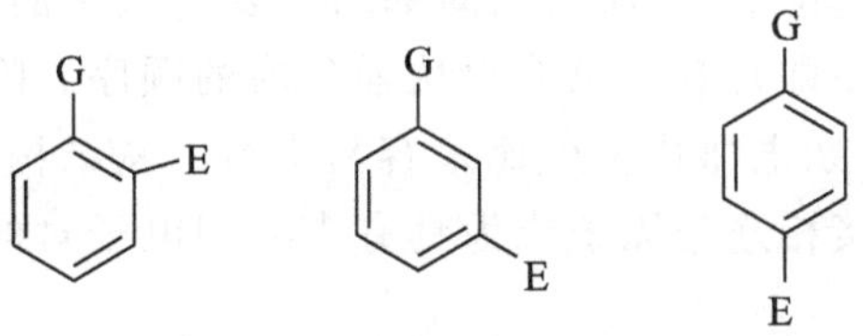

邻位取代物　　间位取代物　　对位取代物

新引入的基团 E 进入苯环的位置和反应的活性主要取决于原来的取代基 G 的性质,即原来的取代基 G 对新引入的基团 E 有定位作用,所以称原来的取代基 G 为定位基。

苯环上亲电取代反应的实验事实说明,烷基苯在发生亲电取代反应时,反应比苯容易进行,即烷基对苯环有"活化"作用,且新引入的基团主要进入烷基的邻位和对位。硝基苯硝化和苯磺酸磺化等反应比苯难进行,即硝基和磺酸基对苯环有"致钝"作用,且新引入的基团主要进入硝基或磺酸基的间位。一些一元取代苯硝化反应的产物及反应速率见表 6-2。

表 6-2　一元取代苯硝化反应的产物及反应速率

定位基	相对反应速率	邻位产物/%	间位产物/%	对位产物/%	(邻+对)/间
—OH	很快	55	极少量	45	100/0
—NHCOCH₃	快	19	1	80	99/1
—CH₃	24	57	3	40	97/3
—C(CH₃)₃	16	12	8	80	92/8
—CH₂Cl	0.3	32	16	52	84/16
—F	0.03	12	微量	88	100/0
—Cl	0.03	30	1	69	99/1
—Br	0.03	37	1	62	99/1
—I		38	2	60	98/2
—H	1.0		相对反应速率以氢为标准		
—NO₂	~10⁻⁸	6	93	1	7/93
—C(O)—OC₆H₅	3×10⁻⁴	28	68	4	32/68
—N⁺(CH₃)₃	慢	0	89	11	11/89
—COOH	慢	19	80	1	20/80
—SO₃H	慢	21	72	7	28/72
—CF₃	慢	0	100	0	0/100

根据大量实验事实,可以把常见基团按定位效应分为两大类。

1. 第一类定位基——邻、对位定位基

第一类定位基主要有:—O⁻、—NR₂、—NHR、—NH₂、—OH、—OR、—NHCOR、—OCOR、—R、—CH=CH₂、—C₆H₅、—X 等。

当苯环上连有第一类定位基时,新引入的基团主要进入它的邻位和对位,因而也称邻、对位定位基。上述排列顺序即是其定位能力从强到弱的顺序。除卤素以外,第一类定位基对苯环都有"活化"作用,即亲电取代反应比苯容易进行。从结构特点分析,除烃基外,其余第一类定位基中与苯环直接相连的原子或为具有未共用电子对的杂原子,或为带负电荷的杂原子。

2. 第二类定位基——间位定位基

第 二 类 定 位 基 主 要 有:$-\overset{+}{N}H_3$、$-\overset{+}{N}R_3$、$-NO_2$、$-CF_3$、$-CCl_3$、$-C\equiv N$、$-SO_3H$、$-\overset{\displaystyle O}{\overset{\|}{C}}-H$、$-\overset{\displaystyle O}{\overset{\|}{C}}-R$、$-\overset{\displaystyle O}{\overset{\|}{C}}-OH$、$-\overset{\displaystyle O}{\overset{\|}{C}}-OR$、$-\overset{\displaystyle O}{\overset{\|}{C}}-NR_2$等。

当苯环上连有第二类定位基时,新引入的基团主要进入它的间位,因而也称间位定位基。上述排列顺序也是其定位能力从强到弱的顺序。第二类定位基对苯环都有"钝化"作用,即亲电取代反应比苯难进行。从结构特点分析,间位定位基与苯环直接相连的原子一般都含有不饱和键,或为电负性较强的原子,或定位基本身带有正电荷。

6.6.2　定位效应的理论解释

苯环上亲电取代反应的定位效应是由其反应机理决定的。一取代苯亲电取代反应的机理与苯相似,反应分两步进行,第一步决定反应速率,反应速率取决于 σ 碳正离子的形成及其稳定性,即 σ 碳正离子越容易形成,形成后越稳定,反应速率越快。

第一类定位基(除卤素外)均为供电子的电子给予体(D),它能中和生成的 σ 碳正离子的正电荷,使其正电荷分散而能量降低,稳定性增高,第一步反应的活化能降低,亲电取代反应比苯容易进行,即使苯环活化。第二类定位基为吸电子的电子接受体(A),它使 σ 碳正离子的正电荷相对集中,能量升高,稳定性降低,第一步反应的活化能升高,亲电取代反应比苯难进行,即使苯环钝化。当苯环上分别连有第一和第二类定位基时,亲电试剂(E^+)进攻对位生成的 σ 碳正离子的稳定性顺序为

为什么第一类定位基为邻、对位定位基,第二类定位基为间位定位基?卤素使苯环钝化,但为邻、对位定位基呢?通过比较 σ 碳正离子的相对稳定性可以得到解释。

亲电试剂(E^+)进攻苯环生成的 σ 碳正离子的结构可用下面的共振式表示:

由上述共振式可知，虽然 σ 碳正离子的正电荷是分布在苯环的五个碳原子上，但主要分布在 2、4、6 三个碳原子上。

连有第一类定位基(D)的一取代苯发生亲电取代反应时，E^+ 进攻其对、邻和间位时，分别生成(2)、(3)和(4)三种 σ 碳正离子，由于生成的 σ 碳正离子的正电荷主要分布在定位基(D)的邻、对位(2、4、6 三个碳原子)上，定位基(D)的给电子作用使 σ 碳正离子(2)和(3)的正电荷的分散情况好于(1)，也好于(4)，其稳定性顺序为(2)＞(3)＞(4)＞(1)。因此，连有第一类定位基(D)的一取代苯发生亲电取代反应时主要生成邻、对位取代产物。

(2) (3) (4) (1)

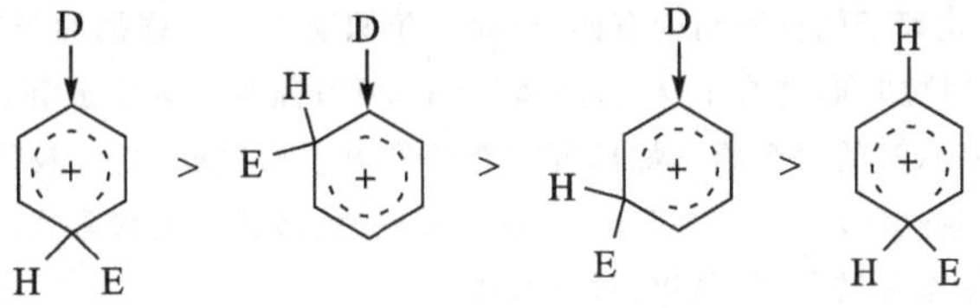

连有第二类定位基(A)的一取代苯发生亲电取代反应时，E^+ 进攻其间、邻和对位时，分别生成(5)、(6)和(7)三种 σ 碳正离子，由于生成的 σ 碳正离子的正电荷主要分布在定位基(A)的邻、对位(2、4、6 三个碳原子)上，定位基(A)的吸电子作用使 σ 碳正离子(6)和(7)的正电荷比(5)相对集中，也就是说 σ 碳正离子(5)的稳定性好于(6)和(7)，其稳定性顺序为(1)＞(5)＞(6)＞(7)。因此，连有第二类定位基(A)的一取代苯发生亲电取代反应时主要生成间位取代产物。

(1) (5) (6) (7)

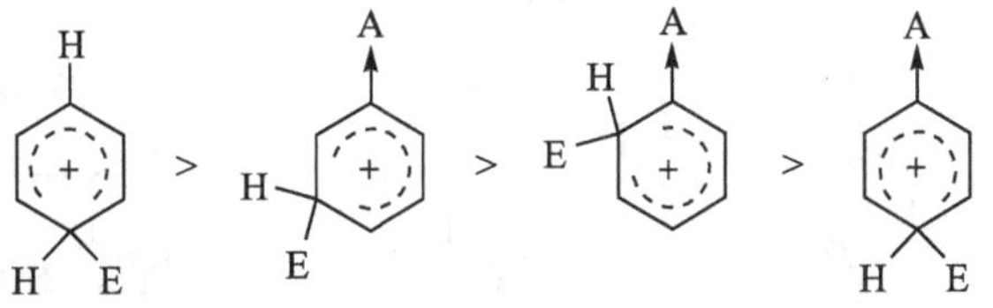

当取代基为卤原子时，卤原子的吸电子诱导效应使亲电取代反应生成的 σ 碳正离子的稳定性降低，取代反应速率小于苯，使苯环钝化。但卤素的 p-π 共轭效应(给电子的共轭效应)使 E^+ 进攻邻、对位时生成的 σ 碳正离子的正电荷得到较好分散而较稳定，由于共轭效应不能传递到间位，因而 E^+ 进攻邻、对位的反应速率大于间位。

下面用共振结构分析氯苯亲电取代反应生成的对、邻和间位 σ 碳正离子的稳定性。

(1) 特别不稳定　(2) 较稳定　(3)　(4)

(5) 特别不稳定　(6) 较稳定　(7)　(8)

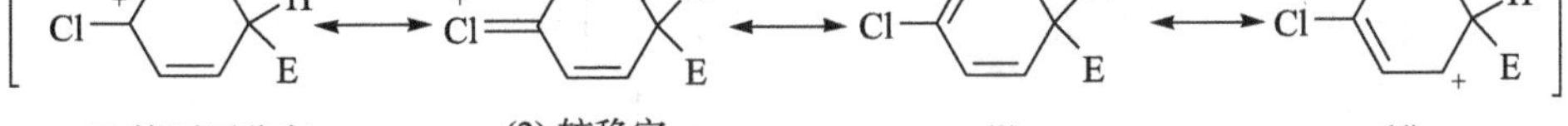

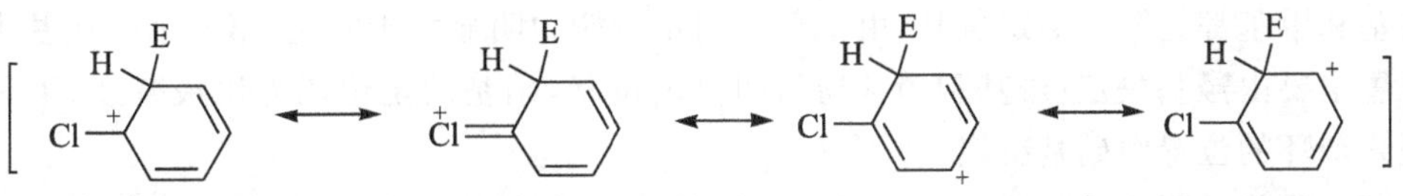

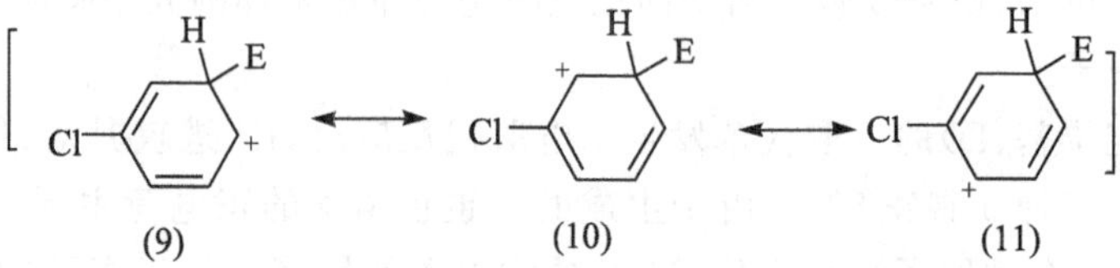

$$(9) \qquad (10) \qquad (11)$$

从上述共振结构式可知，E^+进攻氯原子的对位时，生成的 σ 碳正离子的结构是(1)～(4)四个共振极限式的共振杂化体；E^+进攻氯原子的邻位时，生成的 σ 碳正离子中间体的结构是(5)～(8)四个共振极限式的共振杂化体；E^+进攻氯原子的间位时，生成的 σ 碳正离子的结构是(9)～(11)三个共振极限式的共振杂化体，即参与形成邻、对位取代的 σ 碳正离子的极限结构有四个，而间位只有三个。根据参与杂化的极限结构越多越稳定的规则可知，E^+进攻邻、对位时形成的 σ 碳正离子较稳定，所以氯苯容易生成邻、对位取代产物。另外，E^+进攻邻、对位时，极限式(2)和(6)的每个原子都具有完整的外电子层结构，是比较稳定的，因而较易生成。而 E^+进攻间位生成的三个极限式(9)～(11)均不是类似(2)和(6)的较稳定的极限式。因此，氯苯发生亲电取代反应时，反应速率小于苯，使苯环钝化，但是邻、对位取代。

6.6.3　二元取代苯的定位效应

如果苯环上已经有了两个取代基，则第三个取代基进入的位置取决于原有两个取代基的性质和位置，归纳起来一般有以下两种情况。

1. 原有两个取代基属于不同类定位基

如果苯环上原有两个取代基属于不同类的定位基，则第三个取代基进入的位置由第一类定位基即邻、对位定位基的定位效应决定。例如：

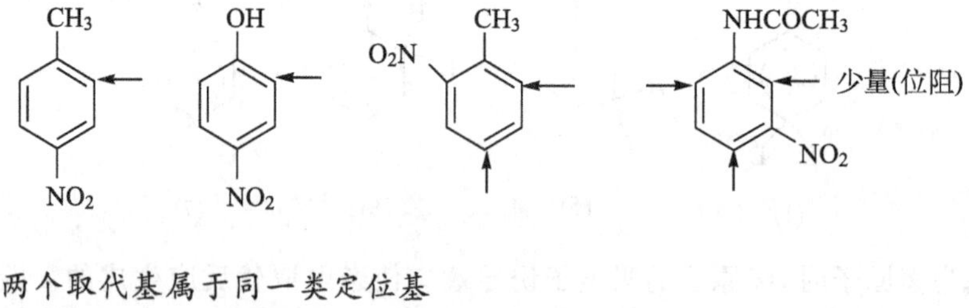

2. 原有两个取代基属于同一类定位基

如果苯环上原有的两个取代基属于同一类定位基，则第三个取代基进入的位置主要由定位效应强的定位基决定。例如：

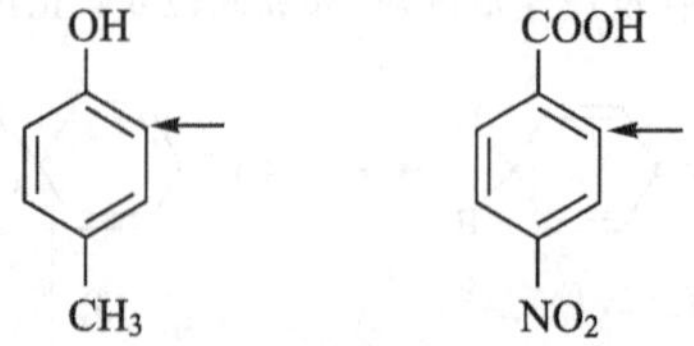

羟基和甲基都是第一类定位基，由于羟基的定位能力明显大于甲基，第三个取代基进入苯环的位置主要由羟基决定；羧基和硝基均为间位定位基，硝基的定位能力比羧基强，第三个取代基进入苯环的位置由硝基决定。

当两种取代基所处的位置对于第三个取代基的定位效应一致时，则由两者的定位效应决定。例如：

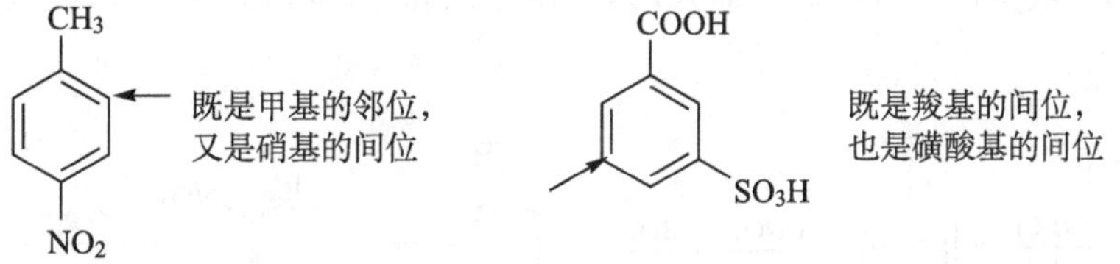

既是甲基的邻位，
又是硝基的间位

既是羧基的间位，
也是磺酸基的间位

6.6.4 取代定位效应在有机合成中的应用

苯环上亲电取代反应的定位规律可以用来预测取代苯亲电取代反应的主要产物,更重要的用途是指导多官能团取代苯的合成。下面举例说明。

例 6.1 预测下列化合物进行硝化反应时硝基基进入苯环的位置(用箭头表示)。

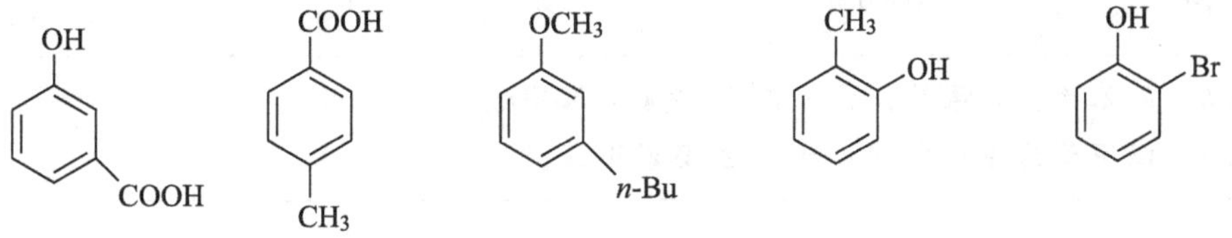

解

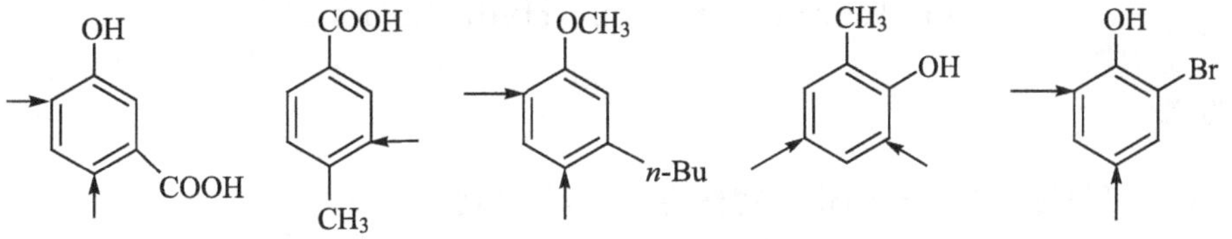

例 6.2 由苯合成间硝基氯苯。

分析:由于氯原子是邻、对位定位基,硝基是间位定位基,要合成间硝基氯苯,必须先硝化后氯化。

解

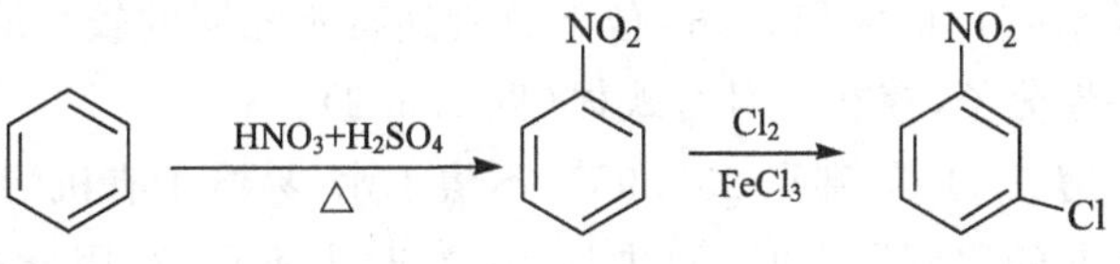

例 6.3 由苯合成对硝基氯苯。

分析:根据定位规律,要合成对硝基氯苯,必须先氯化后硝化,再分离纯化产物。

解

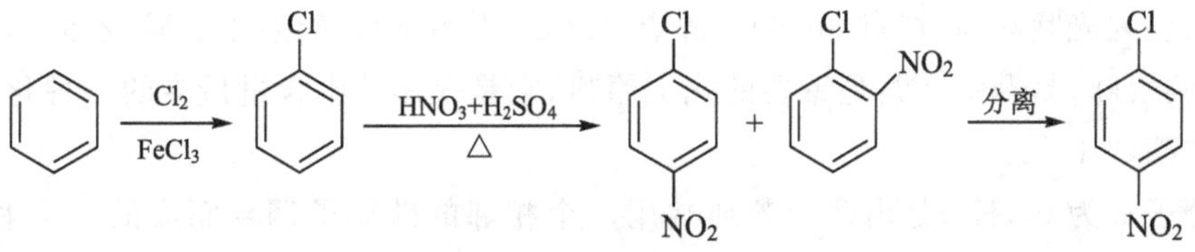

例 6.4 以苯为主要原料合成对硝基苯甲酸。

分析：羧基一般是由烷基的氧化而来的，根据定位规律，应先引入甲基，再硝化，最后氧化。

解

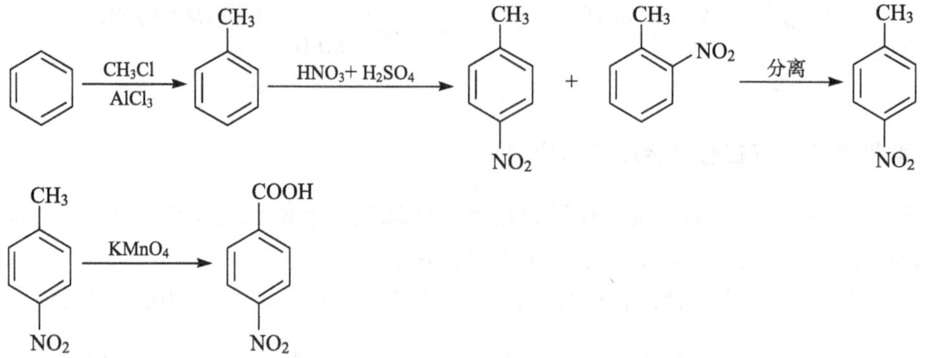

练习 6.6 以苯为主要原料合成 3-溴-5-磺酸基苯甲酸。

练习 6.7 以甲苯为原料合成 4-硝基-2-溴苯甲酸。

6.7　多环芳烃
（Polycyclic Aromatic Hydrocarbons）

6.7.1　联苯

两个苯环以单键直接相连的化合物称为联苯，其结构式如下：

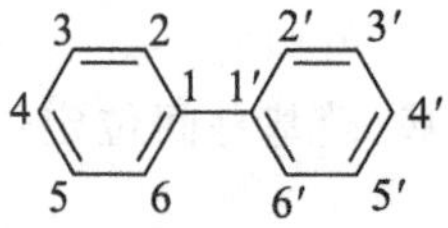

联苯可以看作是苯环上的一个氢原子被另一个苯环取代的化合物。连接两个苯环的单键可以自由旋转，但当联苯的 2,6-位和 2′,6′-位上分别连有不相同的较大取代基时，该分子无对称面和对称中心，是手性分子，存在一对对映体（见 5.6.2）。

联苯为无色晶体，熔点 71℃，沸点 255.9℃，不溶于水，易溶于有机溶剂，热稳定性好，联苯与二苯醚以 26.5∶73.5 的比例混合时，加热到 400℃时也不分解，因此被广泛用作高温传热介质（适用范围 130～360℃），工业上称为"联苯醚"。

6.7.2　萘

萘是白色闪光状晶体，熔点 80.6℃，沸点 218℃，不溶于水，能溶于乙醇、乙醚、苯等有机溶剂，有特殊的气味，易升华。萘是重要的化工原料，它是煤焦油中含量最多的一种化合物，高温煤焦油中含萘约 10%。

萘的分子式为 $C_{10}H_8$，是由两个苯环共用两个相邻的碳原子稠合而成的。X 射线分析证明，萘分子中的两个苯环共平面，萘分子碳碳键的键长如图 6-3 所示。

物理方法已证明,萘与苯相似,分子具有平面结构。萘分子中的碳原子都是以 sp² 杂化轨道彼此形成 C—C σ 键,每个碳上未参与杂化的 p 轨道,其对称轴垂直于环平面,相互平行侧面交盖形成一个大 π 轨道。由于萘分子 9 和 10 位上的 p 轨道除了彼此交盖以外,还分别与 1、8 位和 4、5 位碳原子的 p 轨道交盖,故萘分子中的 π 电子云不是均匀分布在 10 个碳原子上,α-碳原子上的电子云密度比 β-位上高,9 和 10 位碳原子上的电子云密度最低。萘和苯一样也具有芳香性,离域能约为 254.98kJ·mol⁻¹,比较稳定,但其离域能小于两个单独苯的离域能(150.48kJ·mol⁻¹)的总和(300.96kJ·mol⁻¹),故萘的芳香性比苯差,化学性质比苯活泼,加成、氧化和取代反应都比苯容易进行。

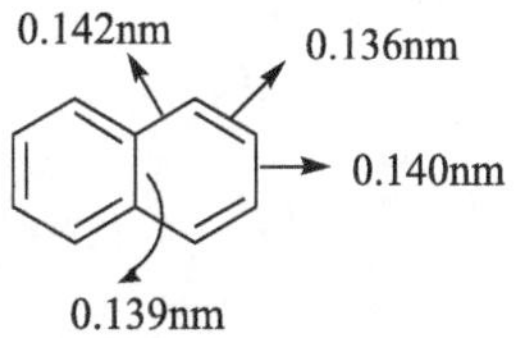

图 6-3 萘的键长

1. 亲电取代反应

萘的亲电取代反应比苯容易进行。由于萘分子 α-位的电子云密度高于 β-位,因此一元亲电取代反应主要发生在 α-位。

1) 卤代反应

在 $FeCl_3$ 作用下,将氯气通入萘的苯溶液中,主要生成 α-氯萘。在没有催化剂存在的情况下,萘与溴反应主要生成 α-溴化萘。

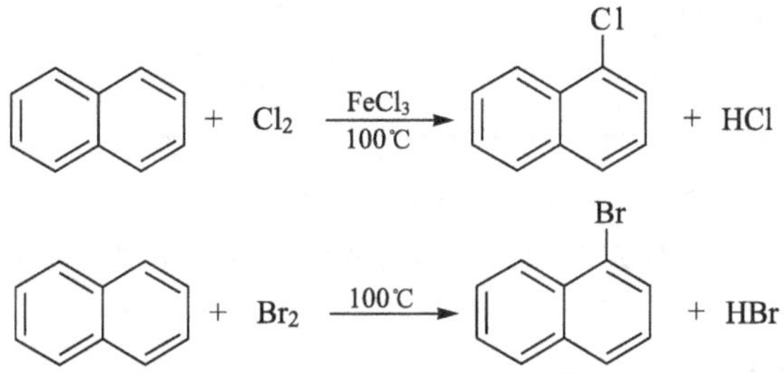

2) 硝化反应

萘的硝化反应,α-位比苯快 750 倍,β-位比苯快 50 倍,萘用混酸硝化时,室温下就可进行,主要产物是 α-硝基萘。

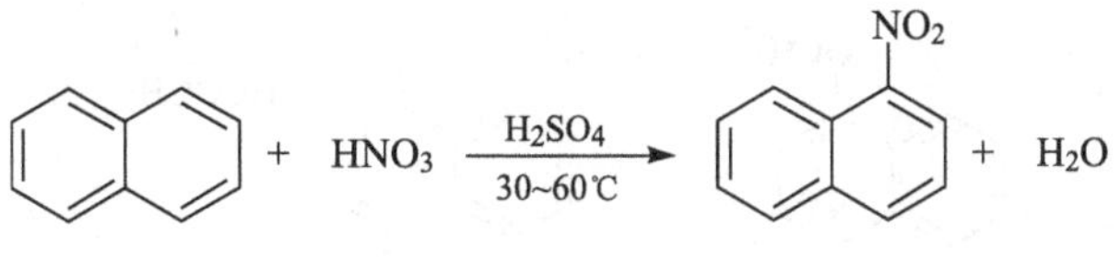

3) 磺化反应

萘磺化反应的产物常因温度而异。在较低温度下,主要得到 α-萘磺酸,而较高温度下,主要得到 β-萘磺酸。α-萘磺酸与硫酸共热到 165℃时转变成 β-萘磺酸。

图 6-4 是萘磺化生成 α-萘磺酸和 β-萘磺酸反应进程中的能量变化。磺化反应是可逆反应,由图 6-4 可知,由于 α-位比 β-位活泼,生成 α-萘磺酸所需的活化能较低,反应速率较快,但 α-位的磺酸基因受到 8-位上氢的空间阻碍,稳定性较差,温度较高时这种影响更显著,所以较低温度时主要得到 α-萘磺酸。β-萘磺酸比 α-萘磺酸具有较高的热力学稳定性,β-萘磺酸的生成及其逆反应均较难发生,故较高温时 β-萘磺酸为主要产物。

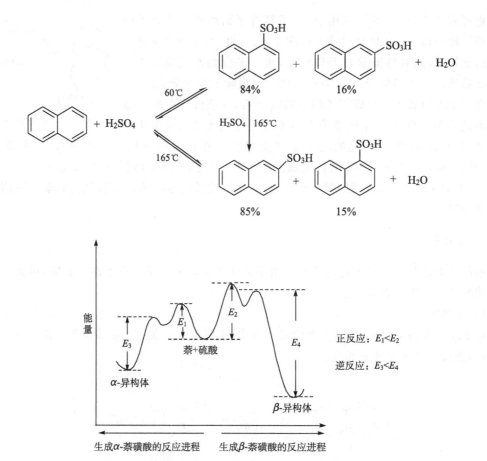

图 6-4　萘磺化生成 α、β-异构体反应进程中的能量变化

4）萘的亲电取代反应的定位效应

（1）萘环上原有取代基是第一类定位基时，第二个取代基进入原取代基所在的苯环，即同环取代。若原有取代基在 α-位，则第二个取代基主要进入 4-位；若原有取代基在 β-位，则第二个取代基主要进入 1-位。例如：

（2）萘环上原有取代基是第二类定位基时，第二个取代基进入另一个苯环的 5-位或 8-位，即异环取代。例如：

萘环二元取代反应比苯环复杂得多,上述定位效应只适合一般情况,有些反应并不遵循上述定位效应,如 2-甲基萘的磺化反应:

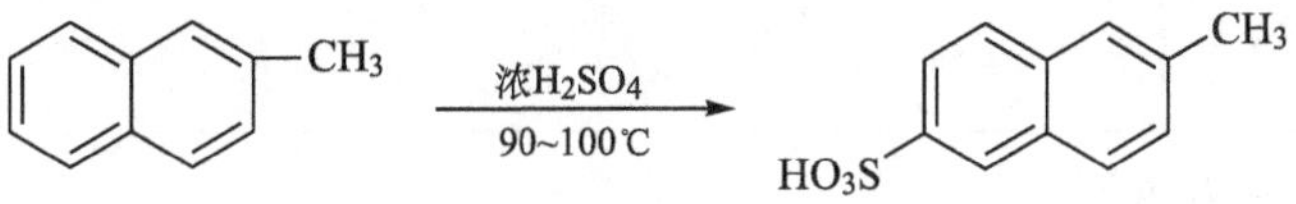

2. 氧化反应

萘比苯容易氧化。高温下以五氧化二钒作催化剂,萘的蒸气可被空气氧化生成邻苯二甲酸酐。邻苯二甲酸酐是重要的有机化工原料,目前萘大量用来制造邻苯二甲酸酐。

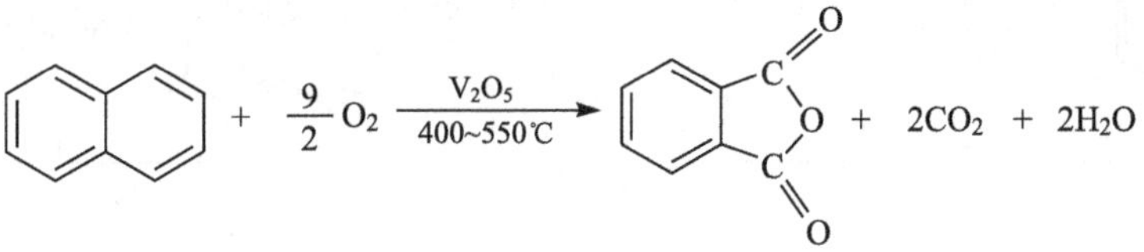

乙酸溶液中,萘用三氧化铬氧化生成 1,4-萘醌,但产率较低。

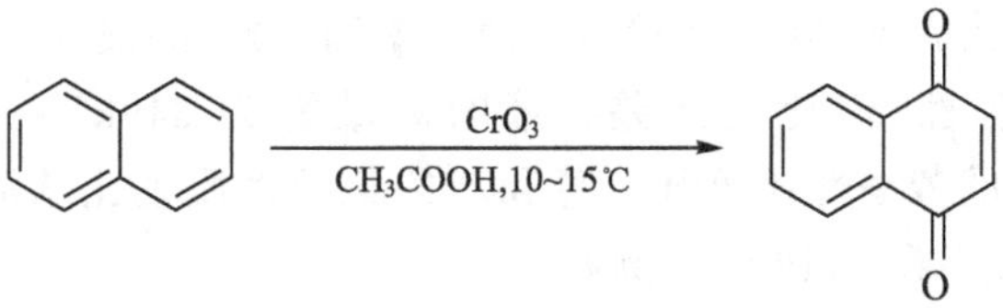

萘环上有取代基时,活化基常使氧化反应在同环发生,钝化基则使氧化反应在异环发生。例如:

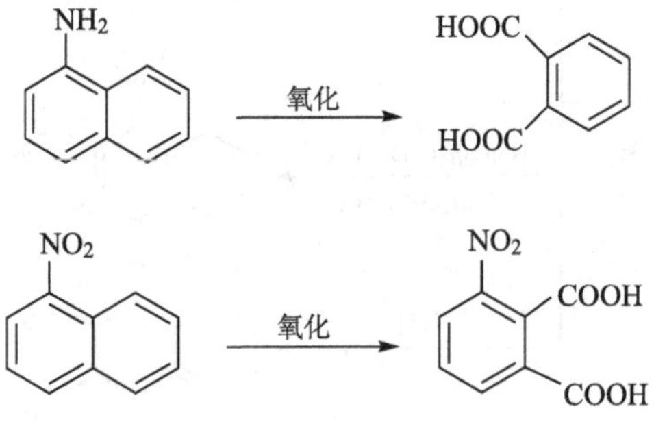

3. 加成反应

萘比苯容易发生加氢反应,在不同条件下可以发生部分加氢或全部加氢,如用金属钠在液氨和乙醇的混合物中进行还原时,得到 1,4-二氢萘。

萘在剧烈条件下加氢,可生成四氢化萘或十氢化萘。

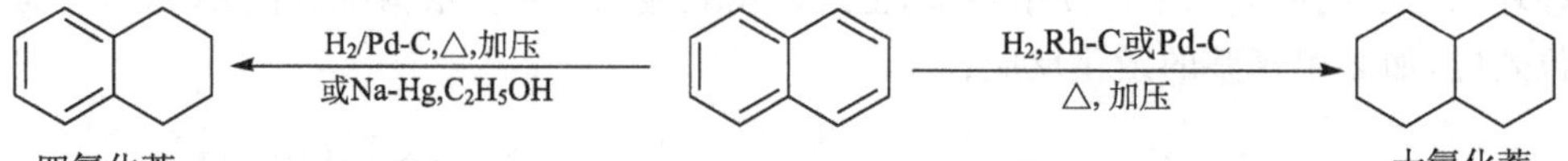

四氢化萘　　　　　　　　　　　　　　　　　　　　　　　　　十氢化萘

练习 6.8 完成下列反应式。

(1) 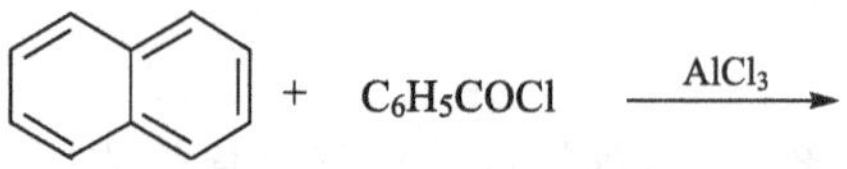 + C₆H₅COCl —AlCl₃→

(2) 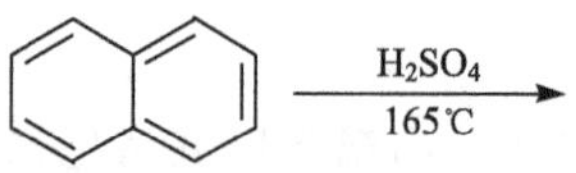 —H₂SO₄/165℃→

(3) 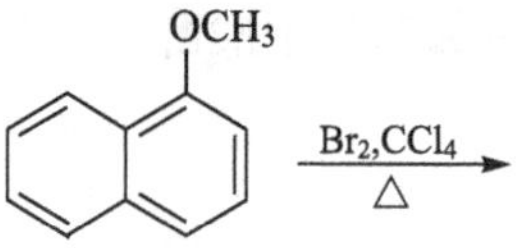 —Br₂,CCl₄/△→

(4) 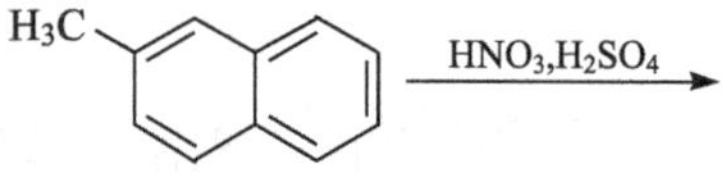 H₃C —HNO₃,H₂SO₄→

6.7.3 蒽和菲

　　蒽和菲都存在于煤焦油中,蒽为无色晶体,熔点 216.2～216.4℃,在紫外光照射下发强烈蓝色荧光。菲为无色层状晶体,熔点 101℃,易溶于苯和乙醚,溶液发蓝色荧光。

　　蒽和菲都具有芳香性,但比萘还差。蒽的离域能为 349kJ·mol⁻¹,菲的离域能为 381.63kJ·mol⁻¹,故菲的芳香性比蒽强。蒽和菲的化学性质也比苯活泼,易发生加成、氧化和还原反应等,均主要发生在 9、10 位。例如:

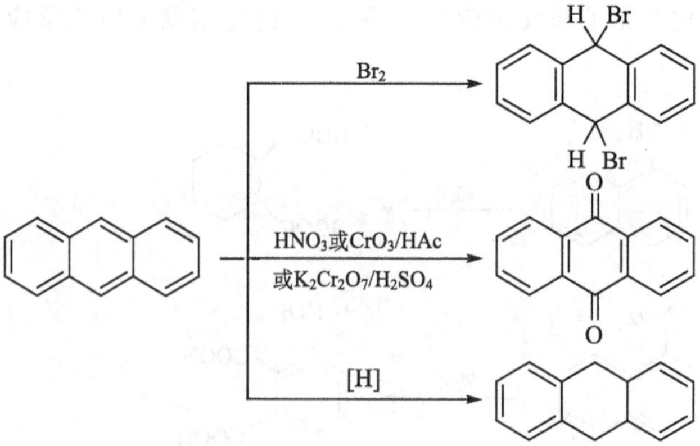

Br₂ → 9,10-二溴代蒽

HNO₃或CrO₃/HAc 或K₂Cr₂O₇/H₂SO₄ → 9,10-蒽醌

[H] → 9,10-二氢蒽

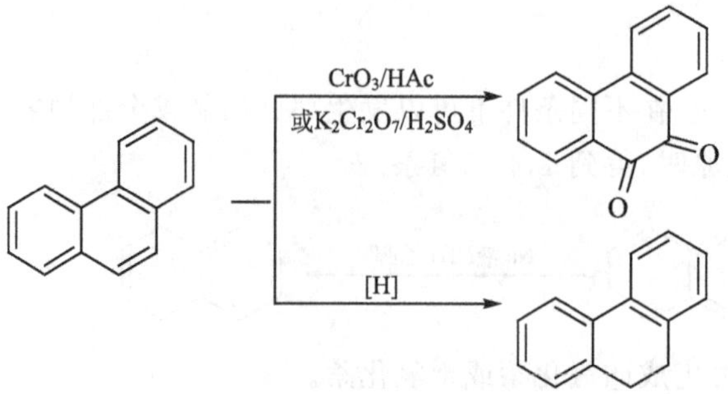

CrO₃/HAc 或K₂Cr₂O₇/H₂SO₄ → 9,10-菲醌

[H] → 9,10-二氢菲

蒽还可以作为双烯体发生第尔斯-阿尔德反应。例如：

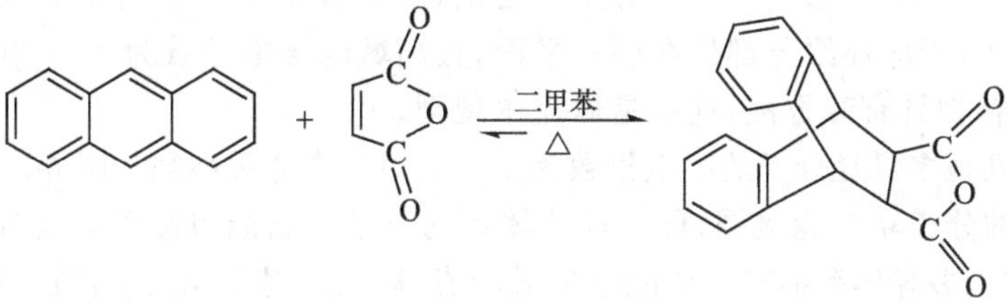

6.7.4 致癌稠环芳烃

稠环芳烃中有的具有致癌性，称为致癌芳烃。例如：

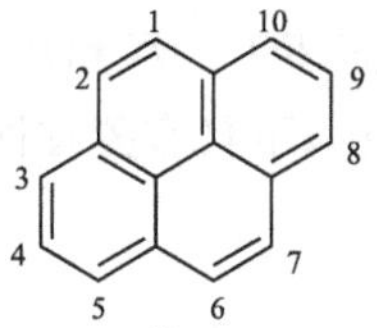

芘

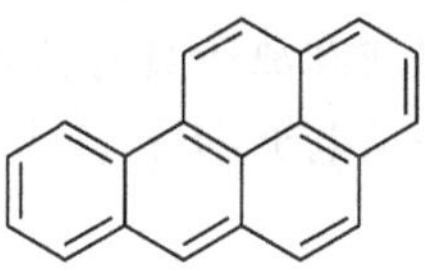

3,4-苯并芘

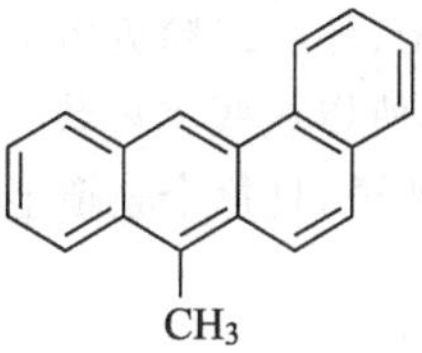

10-甲基-1,2-苯并蒽

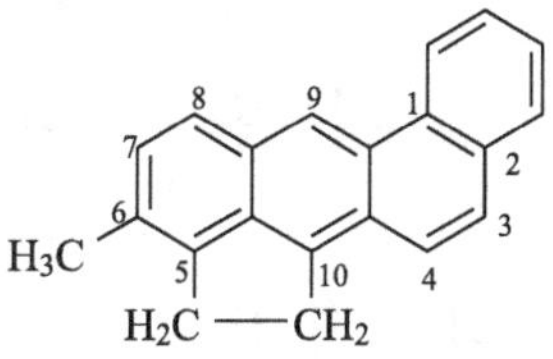

6-甲基-5,10-亚乙基-1,2-苯并蒽

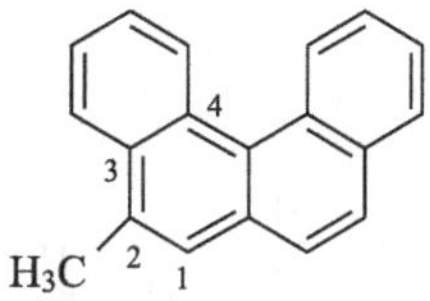

2-甲基-3,4-苯并菲

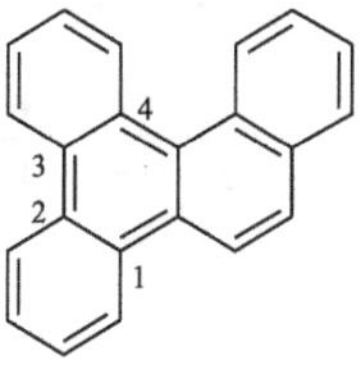

1,2,3,4-二苯并菲

有些致癌芳烃在煤、石油、木材和烟草等燃烧不完全时能够产生，煤焦油中也含有某些致癌芳烃。

6.8 非苯芳烃
(Non-benzene Aromatics)

6.8.1 休克尔规则

苯环可以看成是一个环状的共轭多烯烃，具有芳香性。其他的环状共轭多烯烃如环丁二烯和环辛四烯等是否也具有芳香性呢？实验事实表明，环丁二烯很不稳定，经多年努力，在超低温（-268℃）的条件下制得了环丁二烯，然而当温度达到-238℃，它就会发生聚合。直到1948 年，才从乙炔的四聚物中获得较多量的环辛四烯，经研究发现，环辛四烯具有典型烯烃的性质，X 射线衍射结果表明，环辛四烯碳碳键的键长是交替的 0.133nm 和 0.146nm，它不是平面分子，而是一个"盆形"结构，所以环丁二烯和环辛四烯都不具有芳香性。

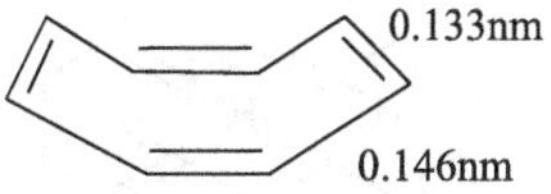

环辛四烯的盆形结构

是否芳香性只局限于苯、萘和蒽及其同系物呢？为了判别一个化合物是否具有芳香性，1931 年休克尔(E. Hückel)通过简单的分子轨道法计算，提出了一个简单的判别规则：对于单环共轭多烯烃分子，当成环原子都处在同一平面，且离域的 π 电子数为 $4n+2(n=0,1,2,3,\cdots$ 正整数)时，该化合物具有芳香性，这就是休克尔规则。

为什么单环共轭多烯烃分子的 π 电子数为 $4n+2$ 时具有芳香性呢？图 6-5 是一些单环共轭多烯烃或其离子的分子轨道能级图，分析这些体系的分子轨道能级图可以找到答案。由图 6-5 可知，每个单环共轭多烯体系都有一个能量最低的成键轨道，对于能量最高的反键轨道，当 p 轨道为单数时，有两个简并的能量最高的反键轨道；当 p 轨道为双数时，则只有一个能量最高的反键轨道。其余那些能量较高的成键轨道和反键轨道或非键轨道都是两个简并的轨道。休克尔指出，当成键轨道完全填满电子时，它们具有类似稀有气体的结构，因此体系趋向稳定。图 6-5 中环丙烯正离子、环戊二烯负离子、苯、环庚三烯正离子的成键轨道都填满电子，它们的 π 电子数都是 $4n+2$ 个，所以这些单环共轭多烯烃或其离子具有芳香性。而环丁二烯和环辛四烯各有两个简并的非键轨道，且每个轨道上只有一个电子，不符合休克尔规则，不具有芳香性。

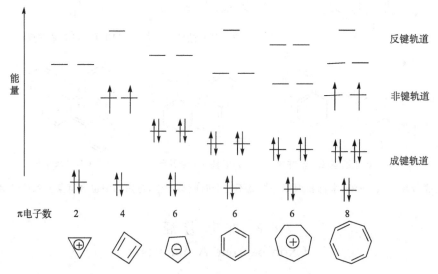

图 6-5　单环共轭多烯烃或其离子的分子轨道能级图

6.8.2　非苯芳烃

典型的非苯芳烃有以下三类。

1. 轮烯

单环共轭多烯烃也称轮烯，轮烯的分子式为 $(CH)_x (x \geqslant 10)$，命名时按碳氢的数目，x 等于几就称为几轮烯。例如：

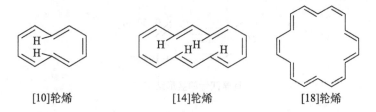

[10]轮烯　　　　　　　　[14]轮烯　　　　　　　　[18]轮烯

此类化合物是否具有芳香性主要取决于下列条件：

(1) 分子共平面或接近平面，平面扭转不大于 0.01nm。

(2) 环内氢原子间没有或很少有空间排斥作用。

(3) π 电子数目符合 $4n+2$ 规则。

上述[10]轮烯和[14]轮烯的 π 电子数分别为 10 和 14，符合 $4n+2$ 规则，本应具有芳香性，但因为它们环内的氢原子具有强烈排斥作用，使环不能在同一平面上，故无芳香性。而[18]轮烯的 π 电子数为 18，符合 $4n+2$ 规则，经过 X 射线衍射证明，环中碳碳键长几乎相等，整个分子基本上处于同一平面上，具有芳香性。

2. 环状芳香离子

某些环状烃虽然没有芳香性，但转变为离子(正或负离子)后则有可能显示芳香性。

1) 环戊二烯负离子

环戊二烯无芳香性。但与强碱如叔丁醇钾(或与金属钠或镁)作用时，生成环戊二烯负离子。

环戊二烯负离子的五个碳原子在同一平面上，π 电子数为 6，分布在五个碳原子上，符合 $4n+2$ 规则($n=1$)，它虽然不含苯环，但具有芳香性，是一个稳定的碳负离子。

2) 环庚三烯正离子

环庚三烯无芳香性，当与三苯甲基正离子在乙腈或液态 SO_2 溶液中反应时，生成环庚三烯正离子(也称䓕鎓离子)，它具有平面结构，6 个 π 电子离域在 7 个碳原子上，符合 $4n+2$ 规则($n=1$)，具有芳香性，是一个稳定的碳正离子。

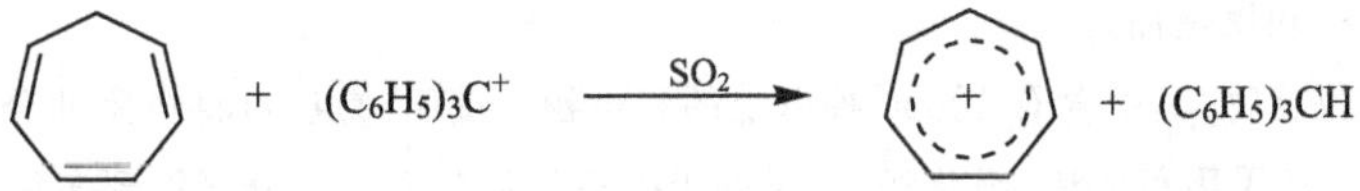

环丙烯正离子和环辛四烯二价负离子也都具有平面结构，且 π 电子数分别为 2 和 10，都符合休克尔规则，都具有芳香性。

环丙烯正离子　　　　　　环辛四烯二负离子

3. 稠合环系

与萘、蒽等稠环芳烃相似，对于非苯系的稠环化合物，如果考虑其成环碳原子的外围 π 电子，也可用休克尔规则判断其芳香性。例如，薁是由一个五元环的环戊二烯和七元环的环庚三烯稠合而成的，它是蓝色片状固体，熔点 90℃，俗称蓝烃。

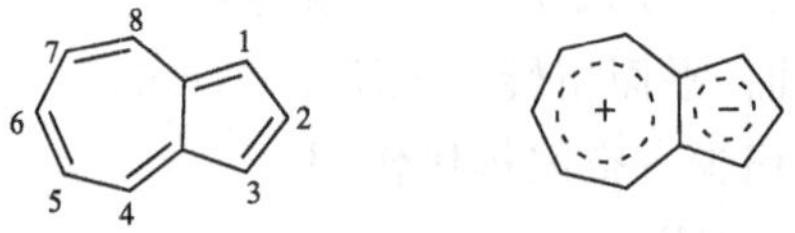

奠

奠成环原子的外围有 10 个 π 电子,相当于[10]轮烯,有芳香性,它能发生亲电取代反应,取代基进入 1-位和 3-位。例如:

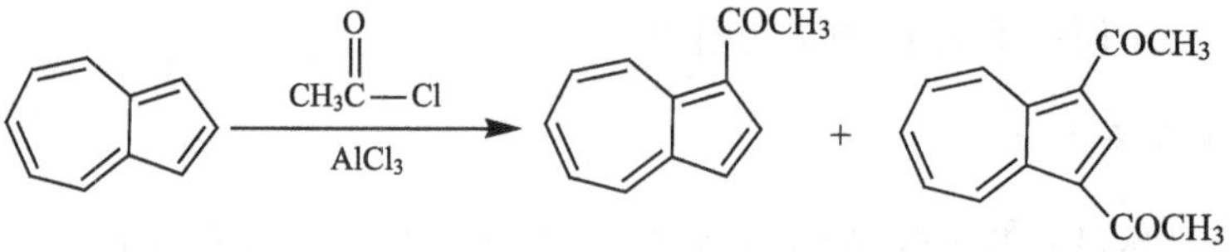

奠分子有明显的极性,偶极矩为 3.34×10^{-30} C·m(1.0deb),环戊二烯环带负电荷,环庚三烯环带正电荷,可以看成是环庚三烯正离子和环戊二烯负离子稠合而成的,两个环分别有 6 个 π 电子,所以稳定,是典型的非苯芳烃。

练习 6.9　试判断 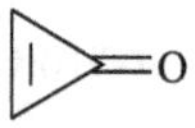 是否具有芳香性。为什么?

6.9　芳烃的来源
(Source of Aromatics)

6.9.1　炼焦副产物回收芳烃

把煤放在密闭的炼焦炉内,隔绝空气加热到 1000～1300℃ 使煤分解,得到焦煤,这个过程称为炼焦。炼焦的副产物是焦炉煤气和煤焦油。

煤焦油是黑色黏稠状物,其中含有 10000 种以上的有机物。按照沸点,可将煤焦油分成若干馏分,各馏分的成分如表 6-3 所示。常采用萃取法、磺化法、分子筛吸附法等从各馏分中分离得到多种芳烃。

表 6-3　煤焦油各馏分中的主要烃类

馏分	沸点范围/℃	馏分所含的主要烃类
轻油	<170	苯、甲苯、二甲苯等
中油(酚油)	170～210	酚类、异丙苯、均四甲苯等
重油(萘油)	210～230	萘、甲基萘、二甲基萘等
汽油	230～300	联苯、芴、苊等
蒽油	300～360	蒽、菲及其衍生物等
沥青	>360	沥青、炭等

焦炉煤气中含有氨和苯。将焦炉煤气经水吸收,制成氨水,再经重油吸收,苯溶于重油中。蒸馏此重油得到粗苯为浅黄或褐色液体,其中含苯 57%～70%,甲苯 15%～22%,二甲苯 4%～8%,以及环戊二烯二聚体等。

6.9.2 从石油裂解产品中分离

以石油裂解制乙烯、丙烯时,所得的副产物中含有芳烃。将副产物分馏可得到裂解轻油和裂解重油。裂解轻油所含的芳烃主要是苯,裂解重油中主要含有烷基萘。

6.9.3 石油的芳构化

石油中一般含芳烃较少。但在一定的温度和压力下,可使石油中的烷烃和环烷烃经催化脱氢转变为芳烃。例如,在 480~530℃,约 2.5MPa 下,用铂作催化剂将石油的 C_6~C_8 馏分进行重整得到芳烃,这种转化称为石油的芳构化,也称铂重整。重整的结果使芳烃的含量从原来的 2% 增加到 25%~60%。重整芳构化过程是复杂的,主要有以下反应。

环烷烃脱氢形成芳烃。例如:

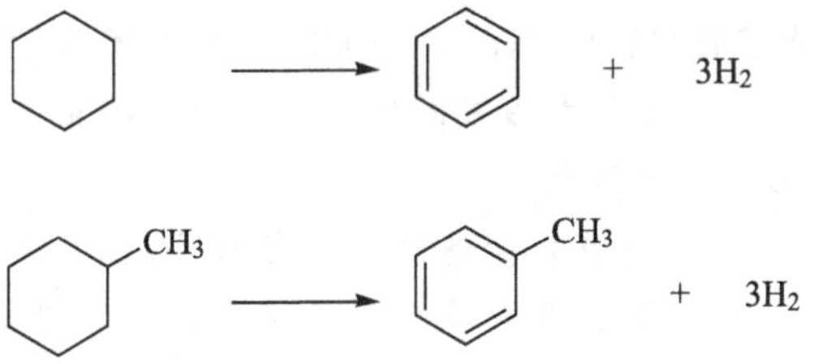

环烷烃异构化,脱氢形成芳烃。例如:

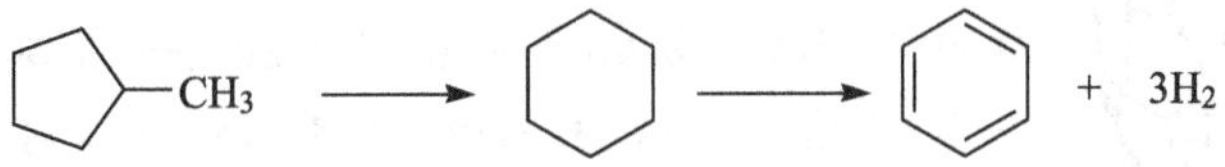

烷烃芳构化。例如:

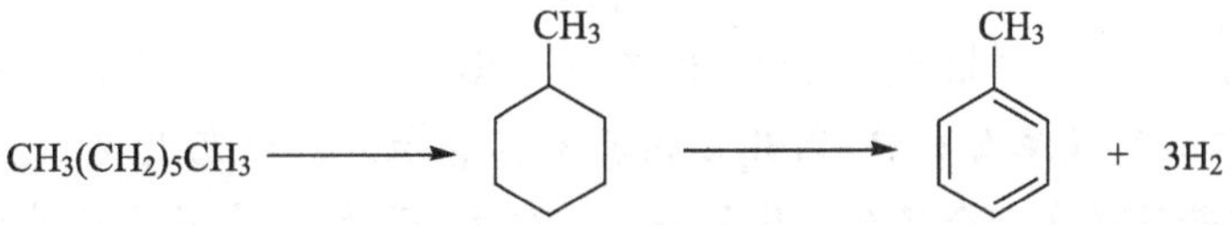

$$CH_3(CH_2)_5CH_3 \longrightarrow$$

知识亮点(Ⅰ)

凯库勒提出苯环的结构式

1857 年,德国化学家凯库勒通过对一系列化学反应的归纳后,把原子价的概念引入碳化合物的研究,提出了碳原子是四价的学说。1858 年,凯库勒进一步强调碳是四价的学说,并提出碳原子间可以相连成链状的碳链学说,开辟了理解脂肪族化合物的途径。运用凯库勒的碳四价和碳链理论,可以十分满意地说明脂肪族化合物的性质与结构特征,但不能说明芳香族化合物的性质与结构。

凯库勒认为苯在芳香族化合物中起着核心作用。因此,要弄清芳香族化合物的结构,必须先弄清楚苯的结构。凯库勒经过认真艰苦的思考,先提出了多种苯的开链式结构,但因其与实验结果不符而一一被否定。凯库勒早年曾受过建筑师的训练,具有良好的形象思维能力,善于运用模型把化合物的性能与结构联系起来。1865 年他终于悟出闭合链的形式是解决苯分子结构的关键,提出了苯的环状结构学说,一举提出了苯的凯库勒结构,即六个碳原子头尾相接连成一个六元环，每个碳上连有一个氢，六个氢所占的地位相等，碳与碳之间单键与双键交替连接。苯环结构的诞生是有机化学发展史上的重要里程碑，打开了芳香族化学的大门。凯库勒把他的研究成果以《论芳香族化合物的结构》为题发表在《法国化学会通报》上。根据现代量子化学的描述，苯分子中的六个 π 电子作为一个整体，分布在环平面的上方和下方，在六个碳原子间作离域运动。

由于凯库勒的价键理论被应用到许多其他有机化合物的研究中，19 世纪中叶，有机化学在理论上取得了蓬勃的发展。

 知识亮点(Ⅱ)

富 勒 烯

1985 年，英国化学家克罗托(H. W. Kroto, 1939—)和美国科学家斯莫利(R. E. Smalley, 1943—)等在氮气流中，从激光气化蒸发石墨的实验中首次制得由 60 个碳组成的 C_{60} 原子簇，为此，克罗托获得 1996 年诺贝尔化学奖。

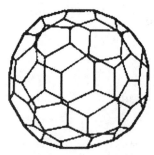

图 6-5　C_{60}的立体结构

克罗托受建筑学家富勒(R. B. Fuller, 1895—1983)设计的美国万国博览馆球形圆顶薄壳建筑的启发，认为 C_{60} 可能具有类似球体的结构，因此将其命名为 buckminster fullerence(巴克明斯特·富勒烯，简称富勒烯)。后经实验证明，C_{60} 具有笼形结构，为球形 32 面体，由 60 个碳原子以 20 个六元环和 12 个五元环连接而成，具有 30 个碳碳双键，呈足球状空心对称分布，富勒烯因此也称为足球烯，其立体结构见图 6-5。

在 C_{60} 中，每个碳原子以 sp^2 杂化轨道与相邻的三个碳原子相连，剩余的 60 个未杂化的 p 轨道互相交盖形成离域大 π 键，即在球壳的外围和内腔形成球面 π 键，因此应该具有芳香性。但研究发现 C_{60} 的碳碳键长并不完全相等，分子中并不存在一个完全离域的共轭 π 体系，而是 12 个五元环最大程度地被 20 个六元环分隔开，具有较好的对称性，化学活泼性大于芳香族化合物。C_{60} 的空心中可以容纳某些金属离子，特别是碱金属离子，如嵌入钾则具有超导体性质；其表面可以通过某些化学反应加以修饰改造，因此是一个内容丰富且相当活跃的研究方向。

富勒烯衍生物的奇特性质也为物理学、化学与材料学的发展开辟了广阔的前景，其许多特性几乎都可以在现代科技和工业部门找到实际应用价值，已经预见到富勒烯材料的应用是多方面的，包括润滑剂、催化剂、研磨剂、高强度碳纤维、半导体、非线性光学器件、超导材料、光导体、高能电池、燃料、传感器、分子器件以及医学成像及治疗等。富勒烯大量进入实用领域必将带来材料技术的一场革命，具有重大而深远的意义。

习题(Exercises)

6.1　写出下列化合物的构造式。

(1) 2,3-二硝基-4-氯甲苯　　　　　(2) 间二乙烯基苯

(3) 6-氯-1-萘磺酸　　　　　(4) 二苯基甲烷

（5）（E）-1,2-二苯乙烯　　　　（6）对氨基苯甲酸
（7）2,6-二硝基-3-甲氧基甲苯　　（8）α-硝基萘

6.2　命名下列化合物。

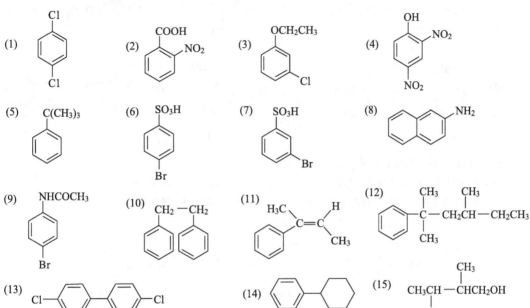

6.3　完成下列反应。

6.4　用箭头指出下列化合物引入第二个或第三个取代基时进入苯环的位置。

(1) 对硝基甲苯 CH_3 / NO_2 苯环

(2) 间硝基乙酰苯胺 $NHCOCH_3$ / NO_2

(3) 对氯苯酚 Cl / OH

(4) CH_3 / $COCH_3$ 间位

(5) 对甲基苯酚 OH / CH_3

(6) 邻氯硝基苯 Cl / NO_2

(7) 对甲基苯甲酸 $COOH$ / CH_3

(8) 联苄 C_6H_5—CH_2CH_2—C_6H_5

6.5 比较下列各组化合物进行硝化反应时的难易。

（1）苯、硝基苯、间二硝基苯、甲苯

（2）苯、苯胺、乙酰苯胺、甲苯

（3）甲苯、苯甲酸、对甲苯甲酸、对苯二酸

（4）乙苯、硝基苯、苄基溴

6.6 指出下列反应中的错误步骤，并说明理由。

（1）
$$C_6H_5NO_2 \xrightarrow[\text{AlCl}_3, (A)]{CH_3CH_2Cl} \text{（间）} \xrightarrow[(B)]{KMnO_4, \triangle} \text{（间）}$$

（2）
$$C_6H_5COOH \xrightarrow[(A)]{CH_3COCl, AlCl_3} \text{（间 COCH}_3\text{）} \xrightarrow[(B)]{Br_2, Fe} \text{（Br）}$$

（3）
$$C_6H_6 \xrightarrow[(A)]{CH_3(CH_2)_2Cl, AlCl_3} C_6H_5(CH_2)_2CH_3 \xrightarrow[(B)]{Cl_2, \text{光}} C_6H_5(CH_2)_2CH_2Cl$$

（4）
$$\text{1-硝基萘} \xrightarrow{HNO_3, H_2SO_4} \text{1,4-二硝基萘}$$

6.7 写出下列反应中反应物的构造式。

（1）$C_8H_{10} \xrightarrow[\triangle]{KMnO_4}$ C_6H_5COOH

（2）$C_8H_{10} \xrightarrow[\triangle]{KMnO_4}$ 对苯二甲酸

（3）$C_9H_{12} \xrightarrow[\triangle]{KMnO_4, H^+}$ C_6H_5COOH

（4）$C_9H_{10} \xrightarrow[\triangle]{KMnO_4, H^+}$ 间苯二甲酸

6.8 以苯、甲苯为主要有机原料合成下列化合物。

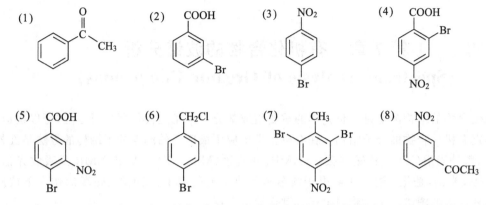

6.9 甲、乙、丙三种芳烃，分子式同为 C_9H_{12}，氧化时，甲得一元羧酸，乙得二元羧酸，丙得三元羧酸；硝化时，甲和乙分别生成两种一硝基化合物，丙只得一种一硝基化合物。试写出甲、乙、丙的构造式。

6.10 某烃 A 的实验式为 CH（C∶H＝1∶1），相对分子质量为 208。用高锰酸钾氧化得苯甲酸，臭氧氧化后还原水解得苯乙醛。试推测 A 的构造式。

6.11 某烃 A 的分子式为 $C_{10}H_{10}$，与氯化亚铜的氨溶液不起作用，在 $HgSO_4$ 与 H_2SO_4 存在下与水反应，生成 $B(C_{10}H_{12}O)$，B 中有一个羰基。A 和 B 氧化均生成间苯二甲酸。试写出 A 和 B 的构造式及各步反应式。

6.12 试比较下列碳正离子的稳定性。

(1) $R_3\overset{+}{C}$ (2) $Ar\overset{+}{C}H_2$ (3) $Ar_3\overset{+}{C}$ (4) $Ar_2\overset{+}{C}H$ (5) $\overset{+}{C}H_3$

6.13 指出下列化合物中哪些具有芳香性。

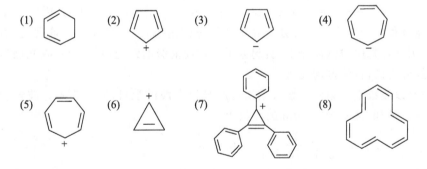

第7章 有机化合物的波谱分析
(Spectrum Analysis of Organic Compounds)

有机化合物的结构测定是有机化学的重要组成部分。采用现代仪器分析方法,可以快速、准确地测定有机化合物的分子结构。在有机化学中应用最广泛的测定分子结构的方法是红外光谱(IR)、紫外光谱(UV)、核磁共振谱(NMR)和质谱(MS)。IR、UV 和 NMR 是吸收光谱,MS 不是吸收光谱,是化合物分子经电子流轰击形成正电荷离子,在电场、磁场的作用下按质量大小排列而成的图谱。本章将对上述四谱作简单介绍。

7.1 红 外 光 谱
(Infrared Spectroscopy)

7.1.1 红外光和红外光谱

红外光是一种电磁波,波长为 $0.78 \sim 500 \mu m$,分为三个段,即近红外区,波长(λ)为 $0.78 \sim 2.5 \mu m$,频率(σ)为 $12820 \sim 4000 cm^{-1}$;中红外区(转动-振动区),波长(λ)为 $2.5 \sim 25 \mu m$,频率(σ)为 $4000 \sim 400 cm^{-1}$;远红外区(骨架振动区),波长(λ)为 $25 \sim 500 \mu m$,频率(σ)为 $400 \sim 20 cm^{-1}$。一般的红外光谱仪所用的频率为 $4000 \sim 625 cm^{-1}$,即中红外区。

分子内部的运动主要包括转动、振动和电子运动,相应状态的能量是量子化的,因此分子具有转动能级、振动能级和电子能级。通常分子处于低能量的基态,从外界吸收能量后,会引起分子能级的跃迁。用红外光照射试样分子,引起分子中振动能级的跃迁,测得的吸收光谱为红外吸收光谱,简称红外光谱,也称振动光谱。

红外光谱图中一般以波数表示频率。波数是指每厘米所含波的数目,以 σ 表示。波长和波数的关系是:$\sigma = 1/\lambda$。例如,波长为 $2.5 \mu m$ 的波数为

$$\sigma = \frac{1}{2.5 \times 10^{-4} cm} = 4000 cm^{-1}$$

红外光谱图一般以波长 λ 或波数 σ 为横坐标,表示吸收峰的位置,以透光率(T)或吸光度(A)为纵坐标,表示吸收强度。常见的红外光谱图中,多数用透光率为纵坐标,所以吸收峰为向下的谷。横坐标多用波数(σ/cm^{-1})表示。图 7-1 是甲苯的红外光谱图。

7.1.2 分子的振动与红外光谱

1. 分子的振动方式

分子中化学键的振动方式可以分为两类:伸缩振动和弯曲振动。伸缩振动是原子沿键轴方向振动,振动时键长改变,键角不变。弯曲振动是原子垂直于化学键的振动,振动时键角改变,键长不变。

伸缩振动可以分为对称伸缩振动和不对称伸缩振动两种;弯曲振动可以分为面内弯曲和

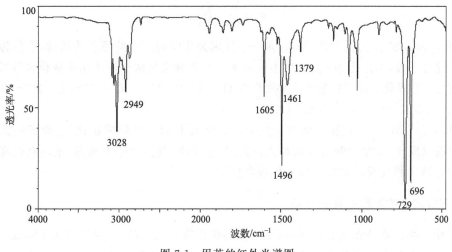

图 7-1　甲苯的红外光谱图

面外弯曲振动两种,其中面内弯曲振动又可以分为剪式振动和平面(面内)摇摆振动,面外弯曲振动又可以分为非平面(面外)摇摆振动和扭曲振动。具体振动的方式如图 7-2 所示。

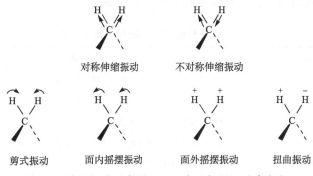

图 7-2　分子振动示意图(＋,－表示与纸面垂直方向)

　　虽然分子的振动方式很多,但不是所有的振动都引起红外吸收,只有偶极矩发生变化的振动才能在红外光谱中有相应的吸收峰。例如,乙炔的偶极矩为 0,伸缩振动无偶极矩变化,不引起红外吸收。偶极矩变化大的振动,吸收峰强,如羰基(＼C═O)的伸缩振动。

　　2. 振动方程式

　　双原子分子的振动可近似地看成用弹簧连接的两个小球的简谐振动,根据胡克(Hooke)定律,其振动频率(ν)是化学键力常数(k)和原子质量(m₁ 和 m₂)的函数:

$$\nu=\frac{1}{2\pi}\sqrt{\frac{k}{\mu}} \qquad \mu=\frac{m_1 m_2}{m_1+m_2} \tag{7-1}$$

将频率(ν)、波数(σ)与光速(c)的关系 σ＝ν/c 代入式(7-1)得

$$\sigma = \frac{1}{2\pi c} \sqrt{\frac{k}{\mu}} \qquad\qquad (7\text{-}2)$$

式中：π 和 c 为常数；μ 为折合质量；m_1 和 m_2 分别为化学键所连两原子的质量，单位为 g（克）；k 为化学键力常数，单位为 $N \cdot cm^{-1}$（牛·厘米$^{-1}$），其含义是两个原子由平衡位置伸长 0.1nm 后的恢复力。常见化学键力常数的大小顺序为 O—H＞N—H＞≡C—H＞=C—H＞—C—H＞C≡N＞C≡C＞C=O＞C=C＞C—O＞C—C。

由式(7-2)可知，化学键振动频率与化学键力常数 k 的平方根成正比，与原子的折合质量 μ 的平方根成反比，即化学键力常数越大，折合质量越小，其振动频率越高，振动吸收峰将出现在高波数区域。相反吸收峰就出现在低波数区域。

7.1.3　有机化合物基团的特征频率

有机化合物的红外光谱资料显示，在不同的化合物中，具有同一类型的化学键或官能团的红外吸收总是出现在一定的波数范围内。这种能代表某基团存在的较高强度的吸收峰称为该基团的特征峰，该特征峰吸收最大值对应的频率即为该化学键或基团的特征频率。鉴别不同官能团引起的特征吸收峰是解析红外光谱的基础。表 7-1 列举了红外光谱中常见的八个重要区段，根据该表可以推测某一化合物可能具有的红外特征吸收；还可以根据红外光谱中吸收峰的位置、强度以及形状判断化合物中是否存在哪些官能团。

表 7-1　红外光谱中常见的八个重要区段

区段	波数/cm^{-1}	键的振动类型
Ⅰ	3750~3000	O—H，N—H(O—H 和 N—H 伸缩振动区)
Ⅱ	3300~3010	≡C—H，=C—H(不饱和 C—H 伸缩振动区)
Ⅲ	3000~2800	C—H(饱和 C—H 伸缩振动区)
Ⅳ	2400~2100	C≡C，C≡N，C=C=O(叁键和累积双键伸缩振动区)
Ⅴ	1900~1630	C=O(羰基伸缩振动区)
Ⅵ	1675~1500	C=C，C=N(双键伸缩振动区)
Ⅶ	1475~1300	C—H(饱和 C—H 面内弯曲振动区)
Ⅷ	1000~650	C=C—H，Ar—H(不饱和 C—H 面外弯曲振动区)

从红外光谱图的整个范围来看，可分为 4000~1350cm^{-1} 和 1350~650cm^{-1} 两个区域，前者是由键的伸缩振动产生的吸收带，不同官能团的化合物有很强的特征吸收，称为官能团区。后者是由键的弯曲振动产生的吸收带，该区域的吸收峰特别密集，光谱非常复杂，分子结构稍有不同，此区吸收就会有明显的差异，像人的指纹一样，所以称为指纹区。在 4000~1350cm^{-1} 的官能团区，原则上每个吸收峰都与某一具体的官能团相对应，因此该区域称为特征频率区。表 7-2 列举了有机化合物重要基团伸缩振动的特征频率，主要用于确定某种特殊键或官能团，对结构鉴定非常有用。例如，叁键的吸收峰在 2200cm^{-1} 左右，累积的双键在 2000cm^{-1} 左右。双键包含 C=O、C=N 和 C=C，可以出现在 1850~1600cm^{-1} 区域。含苯环类的化合物通常在 1600~1450cm^{-1} 区域出现四个吸收峰，此为苯环的骨架振动吸收峰。这些吸收带的位置和强度的特征可以作为鉴定官能团的依据。在 1300~650cm^{-1} 的指纹区，C—C、C—N 和 C—O

等单键的伸缩振动和各种弯曲振动吸收峰往往出现在该区域,除对映异构外,每个化合物都有自身特有的指纹光谱。在未知物的红外光谱图中,若指纹区与某一个标准样品相同,就可断定它和标准样品是同一化合物。因此,红外光谱可用于有机化合物的结构鉴定。

表 7-2　有机化合物重要基团伸缩振动的特征频率

伸缩振动类型	特征频率(波数/cm^{-1})
O—H 伸缩	醇、酚单体:3650～3590(s);缔合:3400～3200(s,b) 酸单体:3650～3500(m);缔合:3000～2500(s,b)
N—H 伸缩	胺:3500(m)和～3400(m),3500～3300(m);亚胺:3400～3300(m);酰胺:3350(m)和3180(m)
≡C—H 伸缩	炔:3310～3300(s)
＝C—H 伸缩	烯:3100～3010(m)
Ar—H 伸缩	芳环:3030
C—H 伸缩	3000～2800
C≡C 伸缩	RC≡CR:2260～2190(v,w);RC≡CH:2140～2100(s)
C≡N 伸缩	腈:2260～2240(m)
C＝C＝O 伸缩	烯酮:～2150
C＝C＝C 伸缩	1980～1930
C＝O 伸缩	酸酐:1850～1800(s);1790～1740(s);酰卤:1815～1770(s);酯:1750～1735(s);醛:1740～1720(s); 酮:1725～1705(s);酸:1725～1700(s);酰胺:1690～1630
C＝N 伸缩	亚胺:1690～1640(v)
C＝C 伸缩	烯烃:1680～1620(v);芳环:1600(v),1580(m),1500(v),1450(m)
N＝N 伸缩	偶氮:1630～1575(v)
N＝O	1600～1500

注:强度符号:vs(很强)、s(强)、m(中)、w(弱)、v(可变);峰形符号:b(宽)。

练习7.1　1-戊炔的 IR 图谱显示以下主要吸收峰:3350cm^{-1},2110 cm^{-1} 和 620 cm^{-1},请指出它们的归属。

7.1.4　影响基团特征频率的因素

化学键和基团的特征吸收频率取决于化学键的力常数和原子的折合质量,化学键的力常数越大,原子的折合质量越小,则振动频率越高,吸收峰将出现在高波数区(短波长区),相反,吸收峰将出现在低波数区(长波长区)。凡是对化学键的力常数和折合质量有影响的因素都会对基团特征频率产生影响。

1. 诱导效应

原子或基团的诱导效应会引起分子中电子分布的变化,从而引起化学键力常数的变化而影响基团的特征频率。一般吸电子诱导效应使化学键的力常数增加,吸收向高波数方向位移;给电子诱导效应使化学键的力常数减小,吸收向低波数方向位移。例如,羰基上连有吸电子基

团时,其伸缩振动的特征频率向高波数方向位移。例如:

$$\begin{array}{cccc} \underset{H_3C-C-CH_3}{\overset{\displaystyle O}{\parallel}} & \underset{Cl-C-CH_3}{\overset{\displaystyle O}{\parallel}} & \underset{Cl-C-Cl}{\overset{\displaystyle O}{\parallel}} & \underset{F-C-F}{\overset{\displaystyle O}{\parallel}} \end{array}$$

$\sigma_{C=O}/cm^{-1}$　　　1715　　　　　1806　　　　　1828　　　　　1942

2. 共轭效应

共轭效应使共轭体系中的电子云密度平均化,结果使原来双键处的电子云密度降低,双键的力常数减小,振动频率降低,特征频率向低波数方向位移。例如:

　　　　　　　　　CH_3COCH_3　$PhCHO$　$4\text{-}Me_2NC_6H_4CHO$　$4\text{-}NO_2C_6H_4CHO$

$\sigma_{C=O}/cm^{-1}$　　　1715　　　1695　　　　　1655　　　　　　　1710

3. 空间效应

空间效应也会影响基团的特征吸收频率,当共轭体系的共平面性受到空间位阻的影响时,共轭效应会减弱,此时共轭体系中相应基团的吸收频率向高波数方向位移。例如:

$\sigma_{C=O}/cm^{-1}$　　1665　　　　　　1668　　　　　　　1700

4. 溶剂

一般来说,溶剂的极性增强,一些化合物的特征频率会降低。例如,甲醇的羟基伸缩振动频率随溶剂极性的增强而降低,甲醇在四氯化碳、乙醚和三乙胺中,羟基的伸缩振动频率（cm^{-1}）分别为 3644、3508 和 3243。

7.1.5　烃的红外光谱

烷烃的 C—H 伸缩振动在 $2960 \sim 2850\,cm^{-1}$ 有一强的吸收峰,可用于区别饱和烃和不饱和烃;烷烃的 C—H 弯曲振动的吸收峰在 $1475 \sim 1300\,cm^{-1}$ 区域,对分子结构测定十分有用。例如,甲基和次甲基的不对称弯曲振动（面内摇摆振动）在 $1460\,cm^{-1}$ 有吸收峰;甲基的对称弯曲振动（剪式振动）在 $1375 \sim 1380\,cm^{-1}$ 有一个特征吸收峰,异丙基则在 $1385\,cm^{-1}$ 和 $1370\,cm^{-1}$ 左右出现两个强度相同的吸收峰,往往称为兔耳峰;叔丁基在 $1395\,cm^{-1}$ 和 $1370\,cm^{-1}$ 左右出现两个强度不等的吸收峰,后者强于前者。—$(CH_2)_n$（$n>3$）一般在 $720\,cm^{-1}$ 处有弱的吸收峰。烷烃的 C—C 键在 $1200 \sim 700\,cm^{-1}$ 区域有一个很弱的吸收峰,在结构分析中用处不大。

烯烃中双键的伸缩振动吸收峰一般出现在 $1680 \sim 16200\,cm^{-1}$ 区域,具体位置取决于双键上取代基的数量和双键的共轭情况。烯烃中=C—H 的伸缩振动在 $3100 \sim 3010\,cm^{-1}$ 区域有中等强度的吸收峰。=C—H 的弯曲振动吸收峰出现在 $980 \sim 650\,cm^{-1}$ 区域。表 7-3 列举了各种取代烯烃=C—H 及芳烃和取代芳烃 Ar—H 弯曲振动吸收峰的特征频率,根据待测物的吸收峰频率及峰的强度,结合表 7-3 可以获得烯烃上取代基的数目、相对位置和顺反异构,以及芳烃上取代基的数目等信息。

炔烃的叁键的伸缩振动在 $2140\sim2100cm^{-1}$ 区域出现吸收峰,炔烃中不饱和的≡C—H 伸缩振动在 $3310\sim3300cm^{-1}$ 区域有强而尖的吸收峰,其弯曲振动吸收峰一般在 $700\sim600cm^{-1}$ 区域出现。

表 7-3　烯烃和芳烃弯曲振动吸收频率

键的类型	波数/cm^{-1}	峰的强度
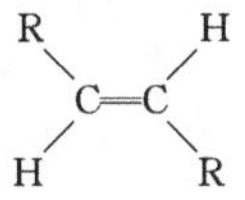 R—CH=CH—R (trans)	980～965(面外)	强(s)
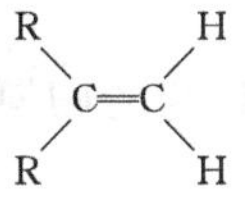 R_2C=CH—R	895～885(面外)	强(s)
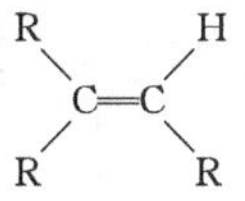 R—CH=CH—R (cis)	840～790(面外)	强(s)
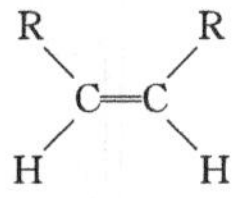 R_2C=CH$_2$	730～650(面外)	弱(w)
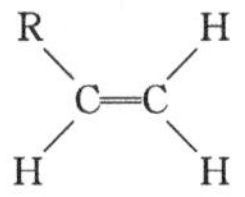 R—CH=CH$_2$	910～905 / 995～985(面外)	强(s) / 强(s)
Ar—H	1225～950(面内)	弱(w)
Ar—H	900～650(面外)	强(s)
单取代	710～690 和 770～730	强(s) / 强(s)
邻二取代	770～735	强(s)
间二取代	710～690 和 810～750	中(m) / 强(s)
对二取代	833～810	强(s)

芳烃的骨架振动一般在 $1600\sim1450cm^{-1}$ 出现四个吸收峰,但有双键和苯环共轭时往往只有三个吸收峰。芳环上 C—H 伸缩振动的吸收峰接近 $3030cm^{-1}$,根据其弯曲振动的吸收峰频率可以判断苯环的取代情况(表 7-3)。

7.1.6　红外光谱图解析

在利用红外光谱解析化合物结构之前,通常先要根据其分子式来计算该化合物的不饱和度 U,不饱和度的计算公式为

$$U = n_4 + 1 + \frac{1}{2}(n_3 - n_1) \tag{7-3}$$

式中：n_1、n_3 和 n_4 分别表示一价原子、三价原子和四价原子的数目。如 $U=0$，则表明分子中不存在不饱和度，为开链饱和化合物；如 $U=1$，分子中含有一个双键或为环状化合物；如 $U=2$，可以是一个含叁键的化合物，可以是含两个双键的化合物，可以是含两个环的化合物，还可以是含一个双键和一个环的化合物。当 U 的值大于或等于 4，可以考虑含有苯环。

例 7.1　某化合物的分子式为 C_6H_6O，计算其不饱和度 U。

解　已知：$n_4=6$，$n_1=6$，$n_3=0$，则

$$U = 6 + 1 + \frac{1}{2} \times (0-6) = 4$$

所以该化合物的不饱和度是 4。

例 7.2　图 7-3 是邻二甲苯的红外光谱图，请解析图中已标明波数的各峰的归属。

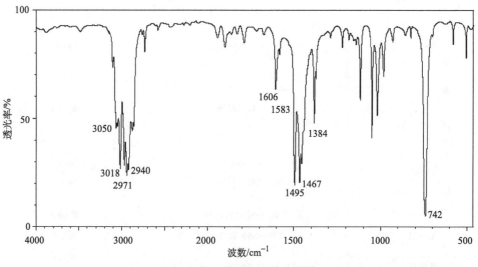

图 7-3　邻二甲苯的红外光谱图

解　在邻二甲苯的红外光谱图中，$3050cm^{-1}$ 和 $3018cm^{-1}$ 是不饱和 Ar—H 的伸缩振动吸收；$2971cm^{-1}$ 和 $2940cm^{-1}$ 是甲基上饱和 C—H 的伸缩振动吸收；$1606cm^{-1}$，$1583cm^{-1}$，$1495cm^{-1}$ 和 $1467cm^{-1}$ 是苯环骨架振动吸收；$1384cm^{-1}$ 是甲基的对称剪式振动吸收；$742cm^{-1}$ 是苯环邻二取代的弯曲振动吸收。

例 7.3　图 7-4 是苯胺的红外光谱图，请解析图中已标明波数的各峰的归属。

解　在苯胺的红外光谱图中，$3429cm^{-1}$ 和 $3354cm^{-1}$ 是强的氨基的 N—H 伸缩振动吸收；$3037cm^{-1}$ 附近是不饱和 Ar—H 的伸缩振动吸收；$1621cm^{-1}$、$1601cm^{-1}$、$1498cm^{-1}$ 和 $1467cm^{-1}$ 是苯环骨架振动吸收；$754cm^{-1}$ 是苯环单取代的弯曲振动吸收。

例 7.4　图 7-5 是化合物环己酮的红外光谱图，请解析图中已标明波数的各峰的归属。

解　在环己酮的红外光谱图中，$2941cm^{-1}$ 和 $2864cm^{-1}$ 为亚甲基上饱和 C—H 的吸收峰；$1716cm^{-1}$ 为羰基的伸缩振动吸收峰。

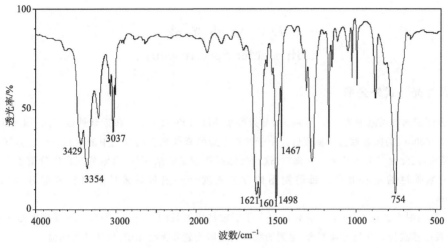

图 7-4　苯胺的红外光谱图

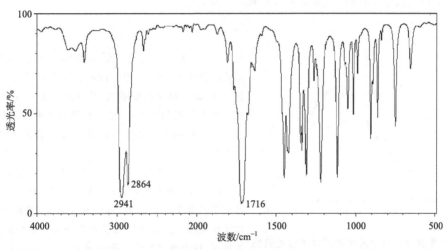

图 7-5　环己酮的红外光谱图

练习 7.2　下面是苯乙炔的红外光谱图,试对图中已标注吸收频率的峰进行归属。

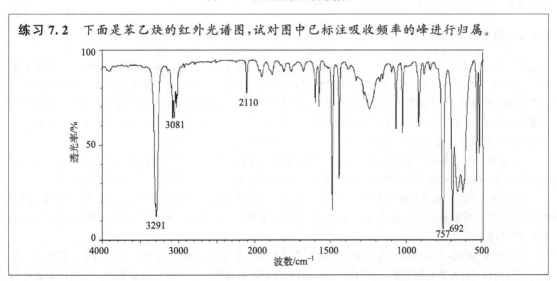

7.2　紫 外 光 谱
（Ultraviolet Spectroscopy）

7.2.1　紫外光与紫外光谱

紫外光区域的波长范围为 $100\sim400nm$，分为远紫外区（$100\sim200nm$）和近紫外区（$200\sim400nm$）。波长范围为 $400\sim800nm$ 的区域称为可见光区。由于波长很短的紫外光会被空气中的水汽、氧气、氮气和二氧化碳等气体吸收，因此测定系统必须处于真空，这给实际操作带来困难，所以远紫外区应用价值不大。通常紫外光谱指近紫外区的吸收光谱。目前使用的分光光度计一般包括紫外和可见两部分，波长范围为 $200\sim800nm$。

用紫外光照射有机分子，分子中的外层价电子吸收特定波长的紫外光，从基态跃迁到能量较高的激发态，将吸收强度随波长的变化记录下来，得到的吸收曲线即为紫外吸收光谱，简称紫外光谱。

紫外光谱图的横坐标一般以波长 λ 表示（单位：nm）；纵坐标是吸收强度，多用吸光度 A、摩尔吸收系数 κ 或 $\lg\kappa$ 表示。吸光强度遵守朗伯-比尔（Lambert-Beer）定律：

$$A = \lg\frac{I_0}{I} = \kappa c l \tag{7-4}$$

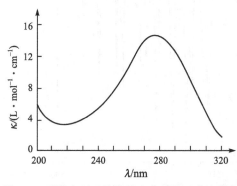

图 7-6　丙酮在环己烷溶液中的紫外吸收光谱图

式中：A 为吸光度；I_0 为入射光强度；I 为透过光强度；c 为溶液的物质的量浓度（单位：$mol \cdot L^{-1}$）；l 为液层厚度（单位：cm）；κ 为摩尔吸收系数，是浓度为 $1mol \cdot L^{-1}$ 的溶液在 1cm 厚度的吸收池中，于一定波长下测得的吸光度，单位是 $cm^2 \cdot mol^{-1}$（通常可以省略）。κ 值越大，测定的灵敏度越高。

由于分子吸收紫外光发生电子跃迁时，通常伴随着振动和转动能级的跃迁，所以紫外光谱图由吸收带组成。一般文献报道吸收带上最大吸收的波长（λ_{max}）和其对应的摩尔吸收系数（κ_{max}）。图 7-6 为丙酮在环己烷中的紫外吸收光谱图，最大吸收处最大吸收波长为 280nm，对应摩尔吸收系数为 15，可以表示为：$\lambda_{max}=280nm$（$\kappa=15$）。

7.2.2　电子跃迁的类型

有机化合物中主要有三种电子：形成单键的 σ 电子、形成双键的 π 电子、未成键的孤对电子（也称 n 电子）。基态时，σ 电子和 π 电子分别处在 σ 成键轨道和 π 成键轨道上，n 电子处于非键轨道上。处于基态的电子吸收合适的能量后，可以跃迁到能量较高的反键轨道上。图 7-7 为价电子跃迁的类型及各种电子跃迁的相对能量示意图，由图可知，各种电子跃迁的能量大小顺序为：$n\to\pi^* < \pi\to\pi^* < n\to\sigma^* < \pi\to\sigma^* < \sigma\to\pi^* < \sigma\to\sigma^*$，其中有机分子最常见的跃迁是 $\sigma\to\sigma^*$、$\pi\to\pi^*$、$n\to\sigma^*$ 和 $n\to\pi^*$ 的跃迁。

（1）$\sigma\to\sigma^*$ 跃迁：价电子从能量最低的 σ 成键轨道跃迁到能量最高的 σ^* 反键轨道，该跃迁能量大，吸收光的波长在 200nm 以下，处于远紫外区。烷烃分子只有 σ 键，只能发生 $\sigma\to\sigma^*$ 跃迁，其吸收带在远紫外区。

（2）$n\to\pi^*$ 跃迁：氮、氧、硫和卤素等原子上的未共用电子受到辐射后跃迁到 π^* 反键轨道，产生的吸收带称为 R 带，需要的能量最小，一般在 200nm 以上，即在近紫外区。例如，醛、酮分子中的羰基在 $275\sim295nm$ 均有吸收带。

（3）$\pi\to\pi^*$ 跃迁：不饱和键上的 π 电子被激发跃迁到其反键轨道，乙烯中 $\pi\to\pi^*$ 跃迁的吸收带在远紫外区。当双键和其他不饱和键共轭，由于共轭作用，其吸收带移至近紫外区。由共轭双键产生的紫外吸收带称为 K 带,利用其最大吸收波长可判断分子中共轭双键的信息。

（4）n→σ* 跃迁:杂原子上的未成键的孤对电子受到辐射后跃迁到 σ* 反键轨道,这种跃迁的能量明显大于 n→π* 跃迁,吸收带一般出现在远紫外区。常见的醇和醚均存在 n→σ* 跃迁,在 200～400nm 的近紫外区没有吸收峰,所以一般可以用作紫外光谱测量的溶剂。

一般紫外光谱是指波长在 200～400nm 的近紫外区的吸收光谱,因此只有 n→π* 跃迁和 π→π* 跃迁有实际用途,可以用来判断分子中的不饱和结构,特别是共轭体系。芳香族化合物都是共轭体系,其吸收带都在近紫外区,通常在 230～270nm 有吸收峰,称为 B 吸收带。

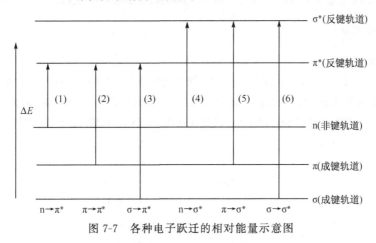

图 7-7　各种电子跃迁的相对能量示意图

7.2.3　烃的紫外光谱

1. 紫外光谱常用的几个术语

1）生色基

凡是能在某一段光波内产生吸收的基团就称为这一段波长的生色基。表 7-4 列出了常见紫外光谱的生色基及其紫外吸收峰的位置。紫外光谱的生色基包括:碳碳共轭结构,含有杂原子的共轭结构,能进行 n→π* 跃迁或能进行 n→σ* 跃迁并在近紫外区有吸收的原子或基团。

表 7-4　常见生色基的紫外吸收峰

生色基	化合物	λ_{max}/nm	κ_{max}	溶剂
$H_2C = CH_2$	乙烯	171(π→π*)	15530	庚烷
$HC \equiv CH$	乙炔	173(π→π*)	6000	气态
$(CH_3)_2C = O$	丙酮	279(n→π*)	22	环己烷
		190(π→π*)	1000	
H_2CO	甲醛	289(n→π*)	12.5	蒸气
		182(π→π*)	10000	蒸气
—COOH	乙酸	204(n→π*)	40	水
$—COOC_2H_5$	乙酸乙酯	204(n→π*)	60	水
—COCl	乙酰氯	240(n→π*)	160	庚烷
$—CONH_2$	乙酰胺	295(n→π*)	63	水
$—NO_2$	硝基甲烷	270(n→π*)	14	水
		210(π→π*)	(强)	

2）助色基

具有非键电子的原子连在双键或共轭体系上,形成 p-π 共轭,使电子活动范围增大,吸收向长波方向位移,并使颜色加深,这种基团称为助色基,如—NH₂、—OH、—OR、—SH、—SR、—Cl、—Br 和—I 等。

3）红移

由于分子的结构变化或溶剂的影响,吸收峰向长波方向移动的现象称为红移。

4）蓝移

由于分子结构的变化或溶剂的影响,吸收峰向短波方向移动的现象称为蓝移。

2. 烃的紫外光谱

1）饱和烃及其衍生物

饱和烃类只具有 σ 键,σ 价电子结合牢固,只有获得很大能量后才能产生 σ→σ* 跃迁,在近紫外区没有吸收峰,通常用作测定紫外光谱的溶剂,如正己烷、环己烷等。饱和烃的衍生物如醇、醚、胺、卤代烃等,由于具有 n 电子,容易产生 n→σ* 跃迁,能量相对比 σ→σ* 跃迁低,所以吸收峰向长波方向移动。例如:

CH_4	λ_{max}	125nm	σ→σ* 跃迁
CH_3Cl	λ_{max}	172nm	n→σ* 跃迁
CH_3OH	λ_{max}	183nm	n→σ* 跃迁
CH_3OCH_3	λ_{max}	185nm	n→σ* 跃迁
CH_3Br	λ_{max}	204nm	n→σ* 跃迁
CH_3NH_2	λ_{max}	215nm	n→σ* 跃迁
CH_3I	λ_{max}	258nm	n→σ* 跃迁

2）烯烃

烯烃的碳碳双键易产生 π→π* 跃迁,能量较低,但孤立双键的吸收峰仍然出现在远紫外区。例如,乙烯 π→π* 跃迁的 $\lambda_{max}=165nm$。共轭多烯烃的离域大 π 键,能级间的能量差减小,导致吸收波长向长波方向移动。例如,1,3-丁二烯 π→π* 跃迁的 $\lambda_{max}=210nm$。

3）炔烃

炔烃的紫外吸收和烯烃相似,乙炔 π→π* 跃迁的 $\lambda_{max}=173nm$。共轭炔烃的最大吸收波长也明显增加,产生明显的红移现象。

4）芳香族化合物

苯是最简单的芳香族化合物,具有环状的共轭体系。一般来说有三个吸收带:带 I 的 $\lambda_{max}=184nm(\kappa=47000)$,带 II 的 $\lambda_{max}=204nm(\kappa=6900)$,带 III 的 $\lambda_{max}=255nm(\kappa=230)$。其中带 I 位于真空紫外区,带 II 吸收强度较大,带 III 吸收强度较小。

练习 7.3　试写出下列化合物可能存在的电子跃迁的方式。哪些化合物可能在近紫外区有吸收?
(1) CH_3OH　　　(2) CH_3COCH_3　　　(3) $CH_2=CH—CH=CH_2$　　　(4) $PhNH_2$

7.2.4　紫外光谱的应用

1. 化合物微量杂质检查

若试样中的杂质有紫外吸收,即使是微量的杂质,也能用紫外光谱检测。例如,环己烷中含有微量的苯,因为环己烷在近紫外区域没有吸收峰,而苯在255nm有明显的吸收峰(带 III),所以可以根据样品在255nm处是否有吸收峰来判断环己烷中是否存在微量的杂质苯。

2. 未知样品的鉴定

可以根据文献的标准紫外光谱图和实验测定的数据比较,鉴定未知物是否和标准物质相同。如果没有标准图谱,有标准的样品,则可以使用相同的溶剂,把标准样品和未知物配制成相同的浓度,分别测定其紫外光谱。若两者的紫外光谱图相同,则结构一定相同。

3. 确定共轭体系

通过测定化合物的紫外光谱,可初步判断该化合物是否含有共轭体系及其共轭体系的大小。若在210nm 以下无吸收带,可以认定不存在共轭体系;若在 210~250nm 有吸收带,认为可能存在两个共轭的双键,如 1,3-丁二烯的最大吸收波长为 217nm;若在 260~350nm 有吸收带,可以初步认为含有 3~5 个共轭的双键。

4. 鉴别顺反异构体

利用紫外吸收光谱可以鉴别共轭体系的顺反异构体。一般反式的共轭效果比顺式好,在紫外光谱中,反式比顺式异构体的最大吸收峰的波长长,相应的吸收强度大。例如,顺-1,2-二苯基乙烯的 $\lambda_{max} = 280nm (\kappa = 14000)$,反-1,2-二苯基乙烯的 $\lambda_{max} = 295nm (\kappa = 27000)$。

> **练习 7.4**　1,2-二苯基乙烯的最大紫外吸收波长是反式($\lambda_{max} = 295nm$)比顺式($\lambda_{max} = 280nm$)长,为什么?

7.3　核　磁　共　振
(Nuclear Magnetic Resonance)

1945 年底和 1946 年初,美国哈佛(Harvard)大学的珀塞尔(E. M. Purcell)和斯坦福(Stanford)大学的布洛赫(F. Bloch)分别独立观察到了一般状态下物质的核磁共振(nuclear magnetic resonance,简称 NMR)现象。1953 年美国瓦里安(Varian)公司研制成功世界上第一台商品化的核磁共振仪(质子工作频率 30MHz,磁场强度 0.78T,磁体为电磁铁),并用该仪器开始氢核磁共振谱的测定。随着科学技术的更新,相继出现商品化 300MHz、400MHz、500MHz、600MHz、750MHz 和 950MHz 的脉冲傅里叶变换核磁共振仪(FT-NMR)。随后 NMR 技术逐渐用于测定 ^{13}C、^{15}N、^{29}Si、^{31}P 和 ^{11}B 等其他原子,而且研究对象由简单的小分子扩展到了复杂的生物大分子(如蛋白质),从液体扩展到了固体。最普通和具有实用价值的包括氢谱和碳谱,分别用符号 ^{1}H NMR 和 ^{13}C NMR 表示。

7.3.1　核磁共振的基本原理

核磁共振主要是由原子核的自旋运动引起的,具体地说是处于磁场中的分子内的自旋核吸收电磁波辐射后引起自旋能级跃迁而产生的。质子的原子序数为 1,是最简单的原子核。氢核自旋时产生磁场,形成磁矩。在没有外加磁场的情况下,氢核的自旋是杂乱无章的任意旋转,但在外加磁场作用下,它就有两种取向,一种是与外磁场(B_0)方向相同的,为低能级,称为 α 自旋状态;另一种是与外磁场(B_0)方向相反的,为高能级,称为 β 自旋状态(图 7-8)。

一个质子的两种自旋状态的能量差(ΔE)很小,在 25000 Gs 的强外加磁场中大约只有 $4 \times 10^{-5} kJ \cdot mol^{-1}$。自旋核要从低能态跃迁到高能态,必须吸收 ΔE 的能量。当电磁波辐射的能

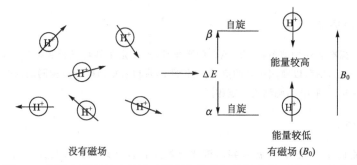

图 7-8　质子在无磁场中的运动情况和有外加磁场中的两种取向示意图

量恰好等于自旋核两种不同取向的能量差时,处于低能态的自旋核吸收电磁波辐射后能跃迁到高能态,这种现象称为核磁共振。共振所吸收电磁波的频率称为共振频率。ΔE 与磁场强度成正比,其关系式如式(7-5)。

$$\Delta E = \gamma \frac{h}{2\pi} B_0 = h\nu \tag{7-5}$$

式中:h 为普朗克常量;B_0 为外加磁场的强度;γ 为磁旋比,它是物质的特征常数,质子的磁旋比值为 $2.675 \times 10^8 A \cdot m^2 \cdot J^{-1} \cdot s^{-1}$。根据式(7-5),可以推导出质子在外加磁场中的共振频率 ν 与外加磁场大小 B_0 和质子的磁旋比 γ 成正比:

$$\nu = \frac{1}{2\pi} \gamma B_0 \tag{7-6}$$

通过式(7-6)计算,如采用的电磁波照射频率为 60MHz,共振所需外加磁场强度要达到 14092Gs,100MHz 的需要 23486Gs,400MHz 的高达 93967Gs。有机化学经常研究的是 ^1H 和 ^{13}C 核磁共振谱图,本章主要介绍 ^1H 核磁共振谱(质子核磁共振谱)。

7.3.2　核磁共振仪

目前使用的核磁共振仪,按工作方式可以分为连续波核磁共振仪和脉冲傅里叶核磁共振仪两大类,后者在 20 世纪 70 年代中期出现,它的出现使 ^{13}C NMR 的研究得到迅速发展。根据扫描方式的不同,核磁共振仪可以分为扫场式(固定照射频率,改变磁场强度)和扫频式(固定磁场强度,改变照射频率)两大类,一般常用前者。图 7-9 为连续波核磁共振仪的简单构造示意图,主要包括以下部件:①稳定的磁体,主要功能是产生一个稳定的磁场,主要有永久磁铁、电磁铁和超导磁铁三种,磁铁上备有扫描线圈,用来保证磁铁产生的磁场均匀,并能在一个较窄的范围内连续精确变化;②射频发射器,主要功能是产生固定频率的电磁辐射波;③检测器和放大器,主要用来检测和放大共振信号;④记录仪,主要功能是将共振信号绘制成共振谱图。

图 7-10 是对二甲苯的氢核磁共振(^1H NMR)谱图,图的横坐标是化学位移(δ)。一张核磁共振谱图通常可以给出三种重要的信息:化学位移、自旋裂分和偶合常数、峰面积(积分曲线)。图 7-10 中 6H 的峰表示苯环上两个甲基氢的化学位移,4H 的峰表示苯环上氢的化学位移。

7.3.3　化学位移

1. 化学位移的由来

在 7.3.1 中讨论的是裸露的质子在外加磁场中的自旋,然而质子在分子中不是完全裸露

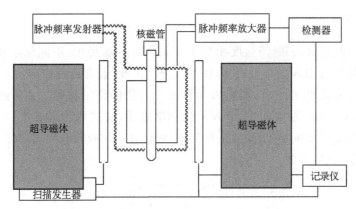

图 7-9　连续波核磁共振仪的简单构造示意图

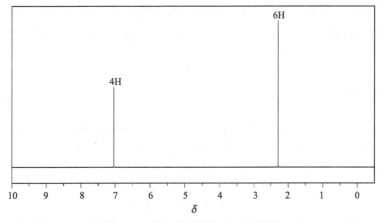

图 7-10　对二甲苯的^{1}H NMR 谱图

的,它是被价电子包围的。在外加磁场作用下,核外电子在垂直于外加磁场的平面内绕核旋转,当产生的感应磁场(B')与外磁场方向相反时,质子实际感受到的磁场强度(B)为

$$B = B_0 - B' = B_0 - \sigma B_0 = B_0(1 - \sigma) \tag{7-7}$$

式中:σ 为屏蔽常数。核外电子对质子产生的这种作用称为屏蔽作用,也称抗磁屏蔽作用。质子周围的电子云密度越高,屏蔽效应越大。此时,只有增加磁场强度才能使其发生共振吸收。反之,若感应磁场与外加磁场方向相同,质子实际感受到的磁场强度为外磁场和感应磁场之和,这种作用称为去屏蔽,也称顺磁屏蔽作用。此时,在较小外磁场强度下质子就能发生共振吸收。

在有机化合物分子中,不同化学环境的质子,周围的电子云密度不同,受到的屏蔽作用也不同,因而在相同的照射频率下,将在核磁共振谱不同的位置上出现吸收峰,或在相同的磁场中,质子在不同的照射频率下发生共振,显示吸收峰。这种由于核外电子的屏蔽作用和去屏蔽作用,磁核的核磁共振吸收峰之间的距离称为化学位移。化学位移可以用来鉴定或测定有机化合物的结构。

2. 化学位移的表示方法

300MHz 核磁共振仪,其磁场强度相当于 70459Gs 的磁场中,不同化学环境中质子的信号峰之间差距往往只有 1Gs 的千分之几,很难区分。因此,通常选择标准物质为原点,测出化合物的吸收峰与原点之间的距离,该距离即为该化合物的化学位移。最常选用四甲基硅烷(tetramethylsilicane,简写为 TMS)为 NMR 的标准物质,主要因为硅的电负性比碳小,TMS 甲基上的氢周围电子云密度小,屏蔽效应很高,一般化合物的吸收峰都在它的左边(低场)。化学位移用 δ 来表示,其定义为

$$\delta = \frac{\nu_{样品} - \nu_{TMS}}{\nu_0} \times 10^6 \tag{7-8}$$

式中:$\nu_{样品}$ 为样品的共振频率;ν_{TMS} 为四甲基硅烷的共振频率;ν_0 为操作仪器选用的共振频率。按 IUPAC 的建议,TMS 的 δ 值为 0,这样其他化合物的 δ 值应为负值,但文献上为了方便起见将负号省略,改为正号。因此,δ 值越大,吸收峰出现在低场,而 δ 值越小,吸收峰出现在高场。待测试样一般配制成溶液,所用溶剂不含质子,如氘代氯仿($CDCl_3$)、氘代二甲亚砜等。

3. 化学位移的特征值

由于不同类型的质子所处的化学环境不同,其化学位移值不同,因此化学位移值对于分辨各类质子是重要的。表 7-5 列出了一些常见基团中质子的化学位移近似值,根据 δ 值可以确定质子的类型,这对于阐明分子结构具有十分重要的意义。

表 7-5　特征质子的化学位移

质子的类型	化学位移(δ)	质子的类型	化学位移(δ)
$\underset{H_2C\!\!-\!\!CH_2}{\overset{CH_2}{}}$	0.22	ROH	0.5～5.5
$(CH_3)_4Si$	0.00	$RCH_2O\underline{H}$	3.4～4
RCH_3	0.9	$ROCH_3$	3.5～4
R_2CH_2	1.3	ArOH	4.5～7.7
R_3CH	1.5	RCHO	9～10
$RCH\!=\!CH_2$	4.5～5.0	$RCOCH_3$	2.0
$RC\!\equiv\!CH$	2～3.5	$RCOCH_2R$	2.2
RNH_2	0.5～5.0	$RCOCHR_2$	2.4
RCH_2F	4～4.5	$RCONH_2$	5～6.5
RCH_2Cl	3～4	$RCOOCH_3$	3.7～4
RCH_2Br	3.5～4	RCOOH	10～13
RCH_2I	3.2～4	RSO_3H	11～12

4. 影响化学位移的因素

化学位移来源于核外电子对核产生的屏蔽效应,因此影响电子云密度的因素都将影响化学位移。主要的影响因素包括诱导效应、共轭效应、磁各向异性效应、氢键和溶剂效应。其中影响最大的是诱导效应和磁各向异性效应。

1) 诱导效应

电负性大的原子或基团吸电子能力强,通过诱导效应使邻近质子核外电子云密度降低,屏蔽效应随之降低,质子的共振频率移向低场,δ 值增大。反之,给电子基团使邻近质子核外电子云密度增加,屏蔽效应随之增强,质子的共振频率移向高场,δ 值减小。所以,δ 值随着邻近原子电负性的增大而增大;随着电负性大的原子数目增加而增大;随着与电负性大的原子的距离增大而减小。表 7-6 列举了乙烷和卤代甲烷中质子的化学位移值。由于电负性是 F>Cl>Br>I,故 δ 值是 $CH_3F(4.26)>CH_3Cl(3.05)>CH_3Br(2.68)>CH_3I(2.16)$。

表 7-6　乙烷和卤代甲烷中质子的化学位移

	CH_3CH_3	CH_3Cl	CH_2Cl_2	$CHCl_3$	CH_3F	CH_3Br	CH_3I
δ	0.90	3.05	5.33	7.26	4.26	2.68	2.16

2) 共轭效应

共轭效应对化学位移的影响与诱导效应相似,具有吸电子共轭效应的基团使邻近质子的化学位移值增大,具有给电子共轭效应的基团使邻近质子的化学位移值减小。例如,苯甲醛、4-甲氧基苯甲醛和4-硝基苯甲醛中醛基上氢的化学位移分别为10.02、9.86 和 10.18,因为甲氧基具有给电子的共轭效应,所以醛基上氢的化学位移值减小,硝基具有吸电子共轭效应,使醛基上氢的化学位移值增大。

$$4\text{-}CH_3OC_6H_4CHO \qquad PhCHO \qquad 4\text{-}NO_2C_6H_4CHO$$

| δ | 9.86 | 10.02 | 10.18 |

练习 7.5　分别将下列每个化合物中的质子按化学位移值由大到小的顺序排列。

(1) CH_3CH_2CHO

(2) $ClCH_2COOH$

(3) $CH_3COOCH_2CH_3$

(4) FCH_2CHCl_2

(5) $H_3C\!-\!\!\!\bigcirc\!\!\!-OH$

(6) $CH_3CH\!=\!CH_2$

---

3) 磁各向异性效应

在外磁场作用下,构成化学键的电子产生一个各向异性的磁场,使处于化学键不同空间位置上的质子受到不同的屏蔽效应,这就是磁各向异性效应。处于去屏蔽区的质子,δ 移向低场;处于屏蔽区的质子,δ 移向高场。

苯环上的质子具有典型的磁各向异性效应。苯环的 π 电子体系在外磁场的影响下产生环电流(感应电流),并产生感应磁场,如图 7-11 所示。苯环上的质子位于 π 键环电流产生的磁场与外加磁场方向(B_0)一致的区域,该区域一般称为去屏蔽区,存在去屏蔽效应,因此苯环上的质子的化学位移值较大,$\delta=7.27$。而苯环平面的上、下方位于苯环 π 键环电流产生的磁场

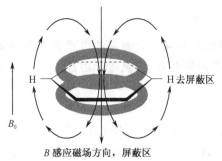

B 感应磁场方向，屏蔽区

图 7-11　苯环的磁各向异性效应

与外加磁场方向(B_0)相反的区域,该区域一般称为屏蔽区,存在屏蔽效应。

和苯环上的质子相似,含有双键的化合物也具有屏蔽区和去屏蔽区,如图 7-12(a)所示。双键的上、下方为屏蔽区,双键所在的平面为去屏蔽区,因此双键上的质子的吸收峰位于稍低的磁场区域,$\delta=4.5\sim5.7$。

炔烃的磁各向异性效应如图 7-12(b)所示,叁键的 π 电子体系在外磁场影响下产生的感应磁场方向和双键不同,叁键上的质子位于屏蔽区,吸收峰位于较高的磁场区域,$\delta=1.7\sim1.9$。

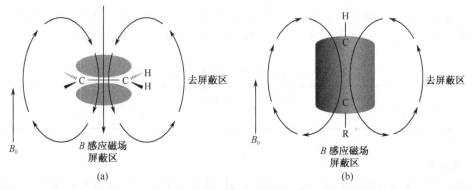

图 7-12　烯烃(a)和炔烃(b)的磁各向异性效应

羰基也和苯环相似,其磁各向异性效应如图 7-13 所示。羰基上的氢(醛基)位于去屏蔽区,δ 值较大。例如,$CH_3\underline{CHO}$:$\delta=9.79$;$Ph\underline{CHO}$:$\delta=10.02$。

4) 氢键效应

氢键使参与形成氢键的质子的化学位移值较大,主要原因是质子形成氢键后,质子周围的电子云密度受到另一个电负性较大的原子影响而降低,其化学位移值明显增大。例如,羧酸中羧基的质子容易在两分子间形成氢键,形成二聚体,羧基中质子的化学位移在低场区域,$\delta=10\sim13$。

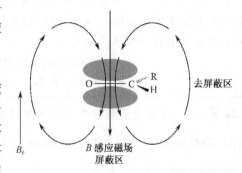

图 7-13　羰基的磁各向异性效应

5) 溶剂效应

质子处在不同的溶剂中,由于溶剂的影响使化学位移发生变化的效应称为溶剂效应。这和溶剂的极性、是否和溶剂形成氢键以及溶剂自身屏蔽效应有直接关系。例如,当溶液为 $0.05\sim0.5$mol·L^{-1}时,烷基上的质子在 CCl_4 和 $CDCl_3$ 中 δ 值变化很小,大约小于 0.1,但在氘代的苯和吡啶中 δ 值变化可达到 0.5,可能是这两种溶剂的屏蔽区和去屏蔽区对邻近分子的影响造成的。

练习 7.6　[18]轮烯的 ^1H NMR 化学位移值为:$\delta=-1.86$(6H),$\delta=5.84$(12H),请结合[18]轮烯的结构,对这两组氢进行归属,并解释两者均为双键上的质子,为什么其化学位移值却差别这么大。

7.3.4　自旋偶合与自旋裂分

1. 自旋偶合与裂分的产生

在溴乙烷的 ^{1}H NMR 谱图(图 7-14)中有两组峰,由积分曲线得知其积分面积比为 2:3。由此可判断 $\delta = 3.43$ 为亚甲基的吸收峰,$\delta = 1.68$ 为甲基的吸收峰,且亚甲基是一个四重峰,甲基是一个三重峰,这是由甲基和亚甲基上的氢原子核之间的相互干扰引起的。

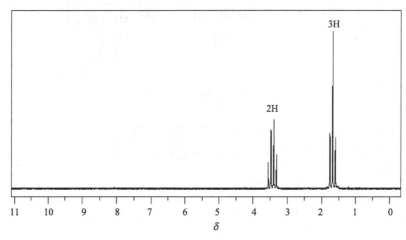

图 7-14　溴乙烷的 ^{1}H NMR 谱图

在 7.3.3 已介绍了核外电子的屏蔽作用对质子化学位移的影响。如果质子的周围还有其他质子,这些质子的小磁场也会对该质子的吸收频率产生影响。这种原子核之间的相互干扰称为自旋偶合,由自旋偶合引起的谱线裂分或增多的现象称为自旋裂分。

谱线裂分是怎么产生的? 在外磁场作用下,自旋的质子会产生一个小的磁矩,通过成键价电子的传递,对邻近的质子产生影响。质子的自旋有两种取向,假如外磁场感应强度为 B_0,自旋时与外磁场取顺向排列的质子,使受它作用的邻近质子感受到的总的磁感应强度为 $B_0 + B_1$,若自旋时与外磁场取反向排列的质子,使受它作用的邻近质子感受到的总的磁感应强度为 $B_0 - B_1$,所以当发生核磁共振时,一个质子发出的信号就裂分成两个。一般只有相隔三个化学键之内的不等价质子间才会发生自旋裂分的现象。例如,在溴乙烷中,亚甲基上两个 H_b 的自旋取向有三种排列方式(图 7-15):第一种是都与外磁场取顺向排列;第二种是一个与外磁场取顺向排列,另一个与外磁场取反向排列;第三种是都与外磁场取反向排列,使邻近甲基上三个质子(H_a)感受到的总的磁感应强度分别为:$B_0 + 2B_1$、$B_0 + 2B_1 - 2B_1$、$B_0 - 2B_1$。当发生核磁共振时,这两个质子就裂分为三重峰。由于这三种取向排列的比是 1:2:1,所以这三重峰的强度比为 1:2:1。同理,甲基上三个质子(H_a)的自旋取向有四种排列方式,使邻近的亚甲基上的质子(H_b)自旋裂分为四重峰,强度比为 1:3:3:1,如图 7-15 所示。

2. 自旋偶合裂分的一般规律

(1) $n+1$ 规则:如果质子的邻位具有 n 个化学等价质子,那么这个质子就裂分为 $n+1$ 重峰。例如,在 CH_3CHCl_2 分子中,甲基的邻位只有一个质子,那么甲基就裂分为双重峰(1+

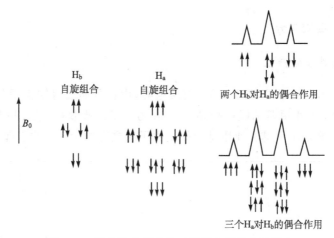

图 7-15　溴乙烷中甲基和亚甲基上氢的自旋偶合

$1=2, n=1)$；次甲基的周围有三个化学等价质子，所以次甲基裂分为四重峰$(3+1=4, n=3)$。表 7-7 列出了常见邻位偶合裂分的峰数目、表示方法和峰的强度比。

表 7-7　常见邻位偶合裂分及其强度比

n	裂分数目	英文	缩写	峰强度比
0	单峰	singlet	s	1
1	双重峰	doublet	d	1 : 1
2	三重峰	triplet	t	1 : 2 : 1
3	四重峰	quartet	q	1 : 3 : 3 : 1
4	五重峰	quintet	—	1 : 4 : 6 : 4 : 1
5	六重峰	sextet	—	1 : 5 : 10 : 10 : 5 : 1
6	七重峰	septet	—	1 : 6 : 15 : 20 : 15 : 6 : 1
n	多重峰	multiplet	m	$(a+b)^n$ 展开式系数比

　　(2) 若质子的两边存在两种化学不等价的质子(n 和 n'个)，则裂分为$(n+1) \times (n'+1)$重峰。例如，$Cl_2CH—CH_2—CH_2Br$ 结构中，左边的次甲基满足 $n+1$ 规则，裂分为三重峰；右边的亚甲基也满足 $n+1$ 规则，裂分为三重峰；但中间的亚甲基不满足 $n+1$ 规则，裂分为$(n+1) \times (n'+1) = (1+1) \times (2+1) = 6$ 重峰。当质子的两边存在两种化学不等价的质子时，在分辨率高的仪器中裂分更加复杂。

　　(3) 偶合峰的强度比：对于$(n+1)$的简单情况，如表 7-7 所示。当质子的两边存在两种化学不等价的质子(n 和 n'个)时，情况比较复杂。例如，$(1+1) \times (1+1)$的情况，四个峰的强度一样，这和简单的四重峰明显不同，一般文献称之为 dd 峰(两个双重峰)，dd 峰具有两个偶合常数，而一般的四重峰只有一个偶合常数。

　　3. 核的化学等价和磁等价

　　1) 化学等价
在 NMR 谱中，化学环境相同的核具有相同的化学位移，这些化学位移相同的核称为化学等价核(全同核)。化学位移相同的质子称为化学等价质子,例如,$CH_2 = CF_2$ 中亚甲基上两个质子的化学位移相同,这两个质子是化学等价质子。

2) 磁等价

如分子中某一组质子的化学位移相同,并对组外任何一个原子核都以相同大小的偶合常数偶合,即偶合常数也彼此相同,则这组核称为磁等价核(磁全同核)。例如,在 $ClCH_2CHCl_2$ 分子中,亚甲基上两个质子化学位移相同,偶合常数也相同,所以是化学等价,也是磁等价的。磁等价的核之间的偶合作用不产生峰的裂分。

4. 偶合常数

自旋偶合的量度称为自旋的偶合常数,一般用符号 J 表示,单位是 Hz。偶合常数的大小表示了偶合作用的强弱,主要与两个相互作用的核之间的相对位置有关,相隔单键数(n)小于等于 3 时,可以发生自旋偶合,相隔 3 个以上单键,J 值为 0。偶合常数是质子自旋裂分时的两个核磁共振能之差,它通过共振吸收的位置差别来体现,在核磁共振谱图上就是自旋裂分所产生的谱线之间的距离。

根据相互偶合质子间相隔键数的多少,可将偶合作用分为同碳偶合、邻碳偶合和远程偶合,在 ^1H NMR 中最常见的偶合作用是邻碳偶合。处于同一个碳上的两个氢的偶合称为同碳偶合,偶合常数用 $^2J_{H-C-H}$ 或 $J_{同}$ 表示,^2J 一般为负值,受分子内的电负性、π 键等影响大。处于相邻碳上的两个氢之间的偶合称为邻碳偶合,偶合常数用 $^3J_{H-C-C-H}$ 或 $J_{邻}$ 表示,^3J 受两个 C—H 键之间的夹角的影响较大,可以用卡普鲁斯(Karplus)的理论计算公式,根据两个 C—H 之间的夹角计算 ^3J。分子中相隔四个或更多化学键的氢之间的偶合称为远程偶合,远程偶合能沿着 π 键传递,所以一般存在于芳环体系、双键和叁键体系中。

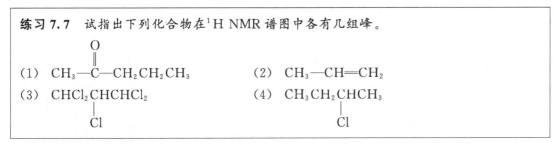

练习 7.7　试指出下列化合物在 ^1H NMR 谱图中各有几组峰。

(1)　$CH_3\overset{\overset{O}{\|}}{-C}-CH_2CH_2CH_3$　　　　(2)　$CH_3-CH=CH_2$

(3)　$CHCl_2\underset{\overset{|}{Cl}}{CHCHCl_2}$　　　　(4)　$CH_3CH_2\underset{\overset{|}{Cl}}{CHCH_3}$

7.3.5　峰面积与氢原子数目

一组峰的面积与对应峰的氢的数目成正比,计算出每组峰的面积,根据其比值再结合化合物分子式,就可以得出每组化学等价质子的数量。如何知道每组峰的面积呢?最原始的方法是称重法。在已知分子式的情况下,用所有吸收峰纸片的质量除以氢原子总数,得到一个氢原子的纸重,再用每组峰的纸重除以一个氢原子的纸重,得到每组峰对应的氢原子数目。

现在均采用积分曲线法。这种方法是仪器上自带的软件对各组峰的面积进行自动积分,得到的数值用阶梯式曲线表示,称为积分曲线。积分曲线起点到终点的高度与分子中总的氢原子数目成正比,每个阶梯的高度和对应每组共振峰的氢原子数目成正比。积分曲线的高度可以通过标尺或坐标方格纸度量(图 7-16)。现在 NMR 仪器可以指定图中面积最小一组氢的数目为 1(结合分子结构设定),仪器软件可以自动给出每组峰对应氢的数目。

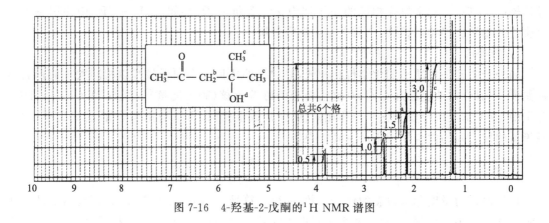

图 7-16　4-羟基-2-戊酮的 ^{1}H NMR 谱图

7.3.6　氢核磁共振谱图解析及应用

^{1}H NMR 谱图的解析主要获得以下三个方面信息:①每组氢的化学位移,根据其大小判断质子所处的化学环境;②每组峰裂分的数目和偶合常数,判断质子之间的关系;③每组峰的积分面积(积分曲线的高度),判断每组氢的数目。根据这些信息可以初步判断出化合物的结构,再结合其他图谱和方法作进一步判断。

例 7.5　图 7-17 是乙酸乙酯的 ^{1}H NMR 谱图(400MHz),试对所标注的各组氢进行归属。

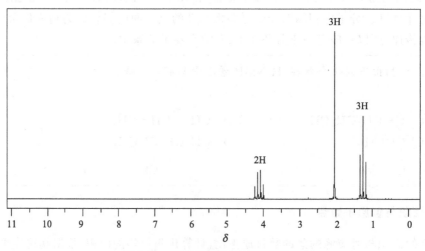

图 7-17　乙酸乙酯的 ^{1}H NMR 谱图

解　乙酸乙酯中存在一个乙基和一个甲基,其中和羰基相连的甲基邻位没有质子,应该显示单峰,所以 $\delta=2.04$ 是该甲基的吸收峰;乙基中的甲基的邻位有两个质子,根据 $n+1$ 规则,应该裂分为三重峰,且化学位移值较小,所以 $\delta=1.26$ 是乙基中甲基的吸收峰;$\delta=4.12$ 是亚甲基的吸收峰。

例 7.6　图 7-18 是丁酸的 ^{1}H NMR 谱图(400MHz),试对所标注的各组氢进行归属。

解　丁酸中共存在 4 种质子,羧基中的质子的化学位移 $\delta=11.51$(单峰);和羧基直接相

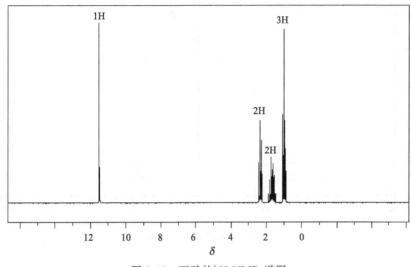

图 7-18　丁酸的^{1}H NMR 谱图

连的亚甲基氢的化学位移 $\delta=2.33$(三重峰)；甲基的化学位移 $\delta=0.98$(三重峰)。3 位上的亚甲基的化学位移 $\delta=1.68$(12 重峰)，因为其邻位的甲基和亚甲基的质子化学环境不等同，基本满足 $(n+1)\times(n'+1)$ 规则。

7.4　质　　谱

(Mass Spectrometry)

质谱简称 MS，具有用量小(小于 10^{-3} mg)、快速和准确的特点。通过质谱分析可以获得被测样品精确的相对分子质量、分子式和分子结构等信息。MS 在结构分析上具有重要的地位，已成为化学、化工、材料、环境、药物、生命科学、刑侦、能源和运动医学等各个领域中不可缺少的分析方法。

7.4.1　质谱分析的基本原理

被测样品在高真空条件下气化，经高能电子流轰击，失掉一个外层电子而生成分子离子。不同化合物产生的分子离子的质荷比(m/z，即质量与所带电荷之比)是不同的，在电场和磁场的综合作用下，按质荷比(m/z)大小依次排列，质谱仪记录后得到质谱图。通过分子离子峰可以确定试样精确的相对分子质量。

高能分子离子通常不稳定，分子离子中的化学键在电子流轰击下会连续发生断裂，按原化合物的碳架和官能团不同，生成较小的各种带正电荷和不带电荷的碎片，其中带正电荷的碎片在电场和磁场的作用下，按质荷比(m/z)大小依次排列，根据这些碎片离子峰的位置和相对强度可以分析被测样品的分子结构。

分子离子峰和碎片离子峰的相对强度称为丰度，丰度最高的峰称为基峰，其强度为 100，其他峰的高度为该峰的相对百分比。质谱图都用棒图表示，以每个质量离子的质荷比(m/z)为横坐标，相对丰度为纵坐标，如环己酮的质谱图(图 7-19)，其 m/z 值 55 为基峰，m/z 值 98 为分子离子峰。

7.4.2　质谱解析

1. 确定未知物的分子式

分子离子和碎片离子通常只带一个电荷，因此分子离子峰的质荷比值即为相对分子质量，碎片离子的质

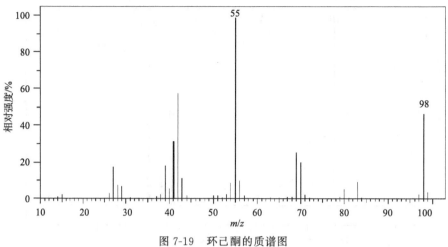

图 7-19　环己酮的质谱图

荷比值即为碎片的式量。普通的质谱给出的质量接近整数,如氢的质量接近于 1,而氢的实际质量是 1.00783amu。表 7-8 给出了有机化合物中常见元素的原子质量。

表 7-8　有机化合物中常见元素的原子质量

元素	原子质量/amu	元素	原子质量/amu
^{12}C	12.00000	^{35}Cl	34.96885
^{1}H	1.00783	^{19}F	18.99840
^{14}N	14.00305	^{32}S	31.97207
^{16}O	15.99491	^{79}Br	78.91834

高分辨质谱仪能够精确测出百万分之一的质量差别,如 C_3H_8(丙烷)、C_2H_4O(乙醛)、CO_2(二氧化碳)和 CH_4N_2 的精确质量分别为 44.0626、44.0262、43.9898 和 44.0374。若高分辨质谱给出某化合物的相对分子质量为 44.0250,该值与乙醛的精确质量最吻合,所以该化合物的分子式应为 C_2H_4O(乙醛)。因此,通过高分辨质谱可以测定有机化合物的精确相对分子质量,进而确定分子式。

2. 确定未知物的分子离子峰

(1) 分子离子峰的丰度按下列顺序依次减弱:芳烃>共轭烯烃>脂环烃>直链烷烃>支链烷烃;酮>胺>酯>醚>羧酸>醛>卤代烃>醇。

(2) 同位素峰的应用。

在质谱图上可以观察到,在分子离子峰附近高出 1 或 2 个质荷比单位处常伴有 M+1 或 M+2 的小峰,分别称为 M+1 峰或 M+2 峰。这些小峰都为同位素峰。表 7-9 给出一些常见元素组成及其 M+1 和 M+2 峰的情况。

利用同位素的含量及其 M+1 和 M+2 峰的信息,可以判断分子中可能含有的特征元素。若 M+2 峰的丰度是 M^+ 的 1/3,可以判断分子中含有氯,如苄氯的质谱图中 M^+ 为 126,M+2(^{37}Cl)峰为 128,是 ^{35}Cl 的同位素峰(图 7-20);若 M+2 峰的丰度与 M^+ 的丰度几乎相同,可以判断分子中含有溴。

表 7-9 一些常见元素的同位素组成

元素	M+	M+1	M+2
碳	^{12}C 98.9%	^{13}C 1.1%	
氮	^{14}N 99.6%	^{15}N 0.4%	
氧	^{16}O 99.8%		^{18}O 0.2%
硫	^{32}S 95.8%		^{34}S 4.2%
氯	^{35}Cl 75.5%		^{37}Cl 24.5%
溴	^{79}Br 50.5%		^{81}Br 49.5%

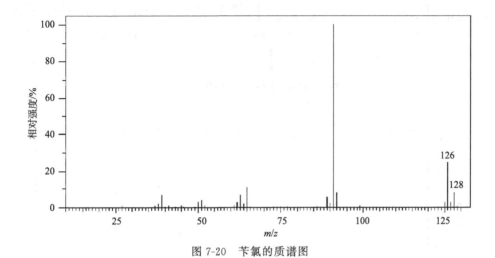

图 7-20 苄氯的质谱图

（3）氮规律。

分子中含有奇数个氮原子,其质量数为奇数;若不含或含偶数个氮原子,其质量数为偶数,这就是氮规律。当 M+ 为奇数时,可以判断分子中含有氮,如苯胺的质谱图（图 7-21）。

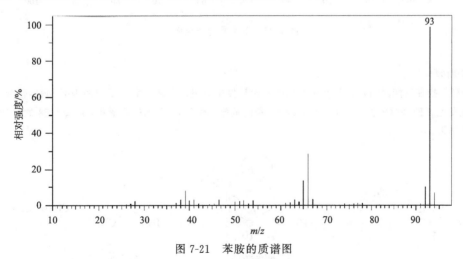

图 7-21 苯胺的质谱图

（4）比分子离子少 4～13 个质量单位处不会出现碎片离子峰。

3. 推测未知物的分子结构

根据质谱裂分的一般规律和碎片峰的丰度可以推测化合物的分子结构。因此,学习有机化合物分子常见的断裂方式,有助于更好地解析质谱。

1) α-断裂

α-断裂是指与官能团直接相连的共价键发生断裂。常见发生 α-断裂的为醛、酮类化合物。这类化合物往往失去未参加成键的孤对电子形成分子离子峰。例如,在 2-戊酮的质谱图(图 7-22)中,$m/z = 43$ 和 $m/z = 71$ 的碎片峰都是 α-断裂的结果。

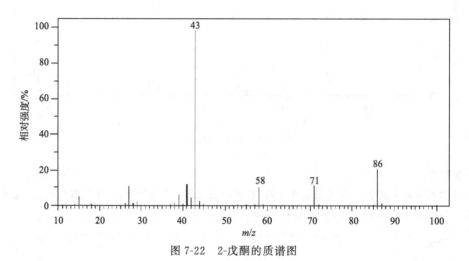

图 7-22　2-戊酮的质谱图

2) β-断裂

β-断裂是指在官能团的 α-位与 β-位之间的共价键发生断裂。常见发生 β-断裂的为醛、酮类化合物,这类化合物在发生 β-断裂时失去一分子乙烯,又称为麦氏重排。例如,2-戊酮的质谱中,$m/z = 58$ 的碎片峰是麦氏重排的结果。

3) 烷烃的断裂方式

烷烃不具有官能团,往往在支链处断裂。2-甲基戊烷的质谱图(图 7-23)中,$m/z=86$ 为分子离子峰 M^+;$m/z=71$ 为分子离子失去甲基自由基的碎片峰;$m/z=43$ 为失去丙基自由基得到的异丙基正离子碎片峰。由于异丙基正离子在碎片峰中最稳定,所以该峰为基峰。

图 7-23　2-甲基戊烷的质谱图

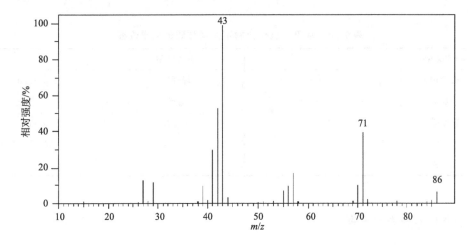

知识亮点(Ⅰ)

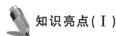

碳-13 核磁共振谱简介

在有机结构分析中,碳谱(^{13}C NMR)的重要性仅次于氢谱。但和 ^{1}H 相比,^{13}C 在自然界中的丰度很低,仅为 1.1%,^{12}C 的质量数为偶数,又没有核磁共振现象,另外其磁旋比也仅是 ^{1}H 的 1/4,所以 ^{13}C 的检测灵敏度很低,相当于 ^{1}H 的 1/6000。直到 20 世纪 60 年代后期,采用脉冲傅里叶变换技术才解决了灵敏度的问题。所谓的脉冲技术就是首先在很短的时间内(约 0.1ms),用使所有磁核都发生共振吸收的宽频带去照射样品,然后停止照射让受到激发的磁核弛豫,而得到自由衰减信号(FID),最后将照射后得到的多次脉冲 FID 累加起来,再通过傅里叶变换技术将 FID 转换成核磁共振信号。

1. 碳的化学位移

和氢相比,碳的化学位移要大 15～20 倍,表 7-10 给出常见有机化合物不同类型碳的化学位移。

表 7-10　常见有机化合物不同类型碳的化学位移

碳的类型	δ_C	碳的类型	δ_C
烷烃碳	0～55	烯烃碳	100～150
炔烃碳	60～90	芳碳	125～145
羰基碳	150～230	C—X	30～75
C—O	40～85	C—N	20～75
C—S	10～70		

2. 偶合现象和去偶方法

由于 ^{13}C 的自然丰度很低,在同一个分子中相邻两个碳原子都是 ^{13}C 的机会很少,所以在 ^{13}C NMR 中观察不到 $^{13}C—^{13}C$ 的自旋偶合裂分。但是 $^{13}C—^{1}H$ 之间的偶合常数较大,为 120～320 Hz,裂分符合正常的 $n+1$ 规则。例如,简单的 CH_3I 中的 ^{13}C 被相连的三个氢裂分为四重峰,偶合常数为 150 Hz。但对于结构复杂的化合物来说,^{13}C 和直接相连的 ^{1}H 及邻近 ^{1}H 都会发生偶合,给谱图解析带来困难,所以一般采用去偶的方法来简化谱图。宽带去偶又称为质子噪声去偶,是常用的简化方法,即通过高频辐射质子,消除所有的 $^{13}C—^{1}H$ 偶合,从而使每个化学环境不同的质子只出现单峰。偏共振去偶是部分去偶,是通过选择合适的频率辐射质子,消除其他 $^{13}C—^{1}H$ 偶合,只保留和碳直接相连氢的偶合。这样季碳、次甲基、亚甲基和甲基分别显示单峰、双重峰、三重峰和四重峰,在结构分析中具有重要的用途,可以用来判断不同级别的碳。

 知识亮点(Ⅱ)

核磁共振影像

核磁共振影像的全称是核磁共振电子计算机断层扫描术(简称 MRI-CT 或 MRI),完全不同于传统的 X 射线和 CT,它是一种生物磁自旋成像技术,利用人体中遍布全身的氢原子在外加的强磁场内受到射频脉冲的激发,产生核磁共振现象,经过空间编码技术,用探测器检测并接受以电磁形式放出的核磁共振信号,经过计算机数据处理转换,最后将人体各组织的形态形成图像。核磁共振影像的图像异常清晰、精细、分辨率高、对比度好、信息量大,特别对软组织层次显示得好。利用核磁共振影像,可以早期并全面地显示心肌运动障碍的范围和位置;能明确地划分出血栓形成的范围及显示人体组织中含水、含脂肪的部分;还能进行早期肿瘤识别,把正常的组织结构、良性肿瘤结构与恶性肿瘤结构区分开(图 7-24)。

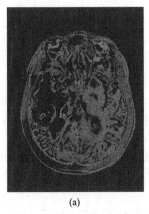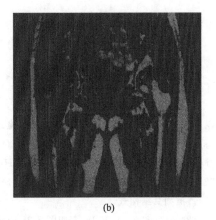

图 7-24　（a）一个人脑的 MRI 图,表明在一个脑半球有一个转移性瘤
（b）骨盆区域的 MRI 图,显示有严重的腰骨关节损伤

习题（Exercises）

7.1　有两个化合物的分子式均为 C_4H_6,A 的红外光谱在 $2200cm^{-1}$ 有吸收峰,紫外光谱在 210nm 以上无吸收;B 的红外光谱在 $1650cm^{-1}$ 有吸收峰,紫外光谱有吸收峰,$\lambda_{max}=210nm$。试推测 A 和 B 的可能结构式。

7.2　用红外光谱鉴别下列各对异构体。

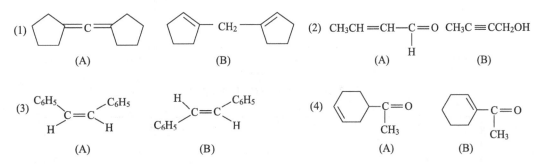

7.3　指出下列化合物各有几组不等价质子。

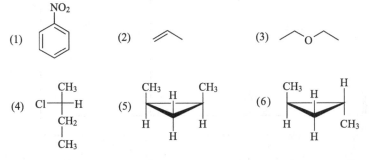

7.4　化合物 A、B 的分子式分别为 C_6H_{12}、C_5H_{12},它们的 ^1H NMR 谱图中都只有一个单峰,写出 A、B 的可能结构式。

7.5　二甲基环丙烷有三个异构体,^1H NMR 谱图分别给出 2、3 和 4 组峰,试画出这三个异构体的可能结构式。

7.6　指出下列化合物可能的电子跃迁的方式。

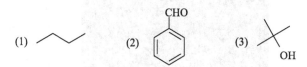

(1)　　　　　　　(2)　　　　　　　(3)

7.7　根据以下数据,推测化合物 A 的结构式。实验式:C_3H_6O;^{1}H NMR:$\delta=1.2(6H,s)$,$\delta=2.2(3H,s)$,$\delta=2.6(2H,s)$,$\delta=4.0(1H,s)$;IR:在 1700cm^{-1} 及 3400cm^{-1} 处有吸收峰。

7.8　从一种毛状蒿中分离出茵陈烯,分子式为 $C_{12}H_{10}$,该化合物的 UV 谱最大吸收波长为 239nm($\kappa=5000$),IR 谱在 2210cm^{-1}、2160cm^{-1} 处有吸收。其 ^{1}H NMR 谱的主要信息为:$\delta=7.1(5H,m)$,$\delta=2.3(2H,s)$,$\delta=1.7(3H,s)$。推测其结构式。

7.9　已知化合物 A($C_4H_6O_2$),其 IR 谱如图 7-25 所示,^{1}H NMR 谱如图 7-26 所示,试推测其结构式。

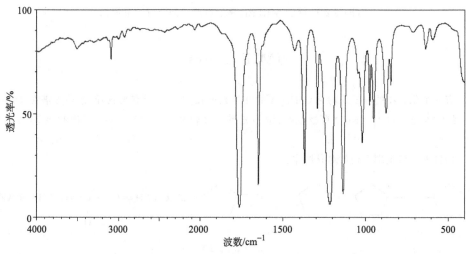

图 7-25　化合物 A($C_4H_6O_2$)的 IR 谱

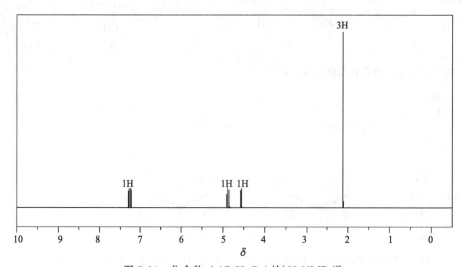

图 7-26　化合物 A($C_4H_6O_2$)的 ^{1}H NMR 谱

7.10 化合物 B,分子式为 C_9H_{12},其红外光谱如图 7-27 所示,主要特征吸收峰频率:3030cm^{-1},1600～1450cm^{-1}(出现四个吸收峰),1375～1380cm^{-1},781cm^{-1} 及 698cm^{-1};^{1}H NMR 谱如图 7-28 所示,推测其结构式。

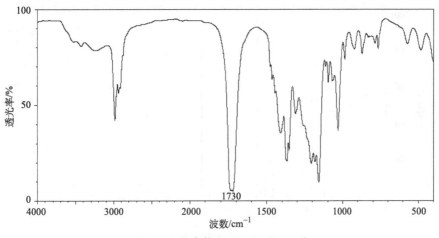

图 7-27 化合物 B(C_9H_{12})的 IR 谱

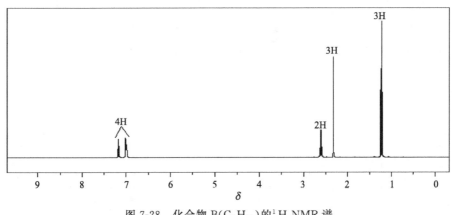

图 7-28 化合物 B(C_9H_{12})的^{1}H NMR 谱

7.11 按紫外吸收波长的长短顺序,排列下列各组化合物。

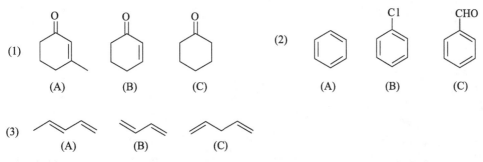

7.12 两种互为异构体的烃类化合物 A 和 B,分子式为 C_6H_8,A 和 B 经催化氢化后得到 C,C 的^{1}H NMR谱只在 $\delta=1.40$ 处有一个吸收峰。A 和 B 的^{1}H NMR 谱中,$\delta=1.5$～2.0 和 $\delta=5.0$～5.7 区域有两

个强度相同的吸收峰。UV 谱表明,化合物 C 在 200nm 以上无吸收,B 在～200nm 有吸收,A 在 250～260nm 有较强的吸收。试推测 A 和 B 的结构式。

　　7.13　图 7-29 为化合物 3-己酮的质谱图,试对其强峰进行归属。

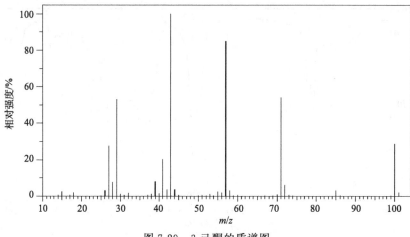

图 7-29　3-己酮的质谱图

第8章 卤 代 烃
(Halohydrocarbons)

烃分子中的一个或几个氢原子被卤素原子取代后生成的化合物称为卤代烃,一般用 RX 表示一卤代烃,X 表示卤原子(F、Cl、Br、I),卤原子是卤代烃的官能团。

卤代烃在自然界中很少存在,多数为合成产物。卤代烃用途非常广泛,可用作溶剂、农药、制冷剂、灭火剂、医药和防腐剂等。

8.1 卤代烃的分类和命名
(Classification and Nomenclature of Halohydrocarbons)

8.1.1 卤代烃的分类

(1) 根据分子中所含卤原子的数目不同分为:一卤代烃,如 CH_3CH_2Cl(氯乙烷);二卤代烃,如 $BrCH_2CH_2Br$(1,2-二溴乙烷);多卤代烃,如 $CHCl_3$(氯仿)、CCl_4(四氯化碳)等。

(2) 根据分子中烃基的类型不同分为:饱和卤代烃(又称卤代烷烃),如 $CH_3CH_2CH_2Cl$ (1-氯丙烷);不饱和卤代烃(包括卤代烯烃和卤代炔烃等),如 $CH_2\!\!=\!\!CHCl$(氯乙烯);芳香族卤代烃(又称卤代芳烃),如 C_6H_5Cl(氯苯)和 C_6H_5Br(溴苯)。

(3) 根据分子中与卤原子直接相连的碳原子的级数不同分为:一级(1°)卤代烃或称为伯卤代烃;二级(2°)卤代烃或称为仲卤代烃;三级(3°)卤代烃或称为叔卤代烃。例如:

$$RCH_2X \qquad R_2CHX \qquad R_3CX$$
$$\text{伯(1°)卤代烃} \qquad \text{仲(2°)卤代烃} \qquad \text{叔(3°)卤代烃}$$

8.1.2 卤代烃的命名

1. 系统命名法

(1) 选择连有卤原子的碳原子在内的最长碳链作为主链,将卤原子和支链作为取代基命名。英文命名也是将卤原子作为取代基,烃作为母体命名,卤原子的英文名称为:氟(fluoro)、氯(chloro)、溴(bromo)、和碘(iodo)。

(2) 主链的编号遵循最低系列原则,当主链有两个取代基且其一为卤原子时,由于在立体化学顺序规则中,卤原子优于烷基,应给予卤原子所连接的碳原子以较大的编号。

(3) 命名时取代基列出的顺序按照"顺序规则",较优基团在后命名。当用英文命名时,取代基列出的顺序是按照取代基英文名称第一个字母的顺序来排列的。例如:

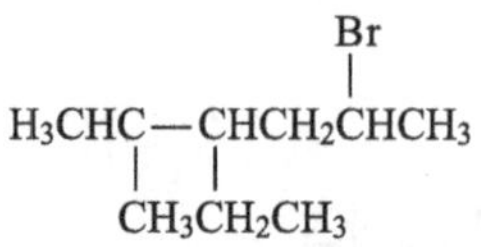

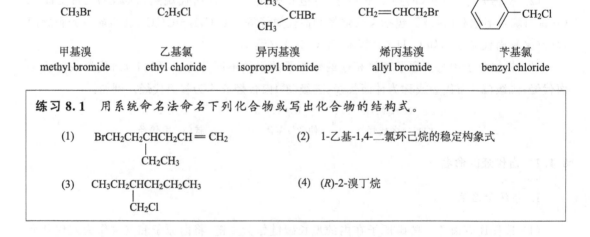

卤代芳香烃的命名见 6.2.3。卤代烯烃的系统命名通常以烯烃为主链,卤原子作取代基,然后按烯烃的命名原则命名。例如:

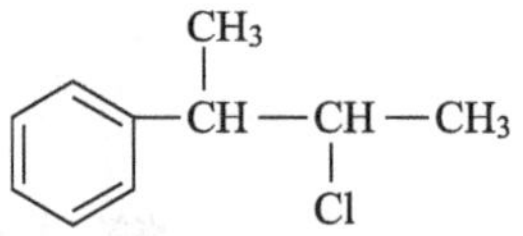

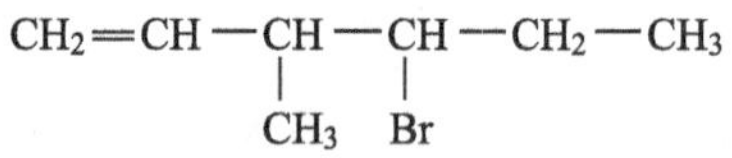

2. 普通命名法

卤代烃的普通命名是根据烃基的名称来命名的,称为"某基卤"。英文名称是在烃基的名称后分别加上:氟化物(fluoride),氯化物(chloride),溴化物(bromide),碘化物(iodide)。例如:

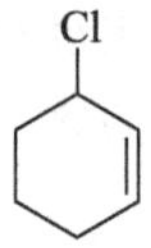

CH₃Br	C₂H₅Cl		CH₂=CHCH₂Br	
甲基溴	乙基氯	异丙基溴	烯丙基溴	苄基氯
methyl bromide	ethyl chloride	isopropyl bromide	allyl bromide	benzyl chloride

---

练习 8.1　　用系统命名法命名下列化合物或写出化合物的结构式。

(1)　BrCH₂CH₂CHCH₂CH=CH₂
　　　　　　　　|
　　　　　　　CH₂CH₃

(2)　1-乙基-1,4-二氯环己烷的稳定构象式

(3)　CH₃CH₂CHCH₂CH₂CH₃
　　　　　　|
　　　　　CH₂Cl

(4)　(R)-2-溴丁烷

8.2　卤代烃的物理性质和光谱性质

(Physical Properties and Spectroscopic Properties of Halohydrocarbons)

8.2.1　物理性质

在室温下,除氯甲烷、氯乙烷及溴甲烷是气体外,其他常见的 C_{15} 以下的卤代烃均为液体,C_{15} 以上的高级卤代烃为固体。一卤代烷具有令人不愉快的气味,其蒸气有毒,使用时应尽量避免吸入体内。在美国职业安全与健康管理局(OSHA)公布的致癌和可能致癌的物质中包括 1,2-二溴乙烷($BrCH_2CH_2Br$)和氯甲基甲醚($ClCH_2OCH_3$)。常见卤代烃的物理常数见表 8-1。

表 8-1　常见卤代烃的名称和物理常数

名称	构造式	沸点/℃	相对密度(d_4^{20})
氯甲烷	CH_3Cl	-24	—
氯乙烷	CH_3CH_2Cl	12.3	—
1-氯丙烷	$CH_3CH_2CH_2Cl$	46.6	0.890
溴甲烷	CH_3Br	3.6	—
溴乙烷	CH_3CH_2Br	38.4	1.440
1-溴丙烷	$CH_3CH_2CH_2Br$	71.0	1.353
碘甲烷	CH_3I	42.3	2.279
碘乙烷	CH_3CH_2I	72.3	1.933
1-碘丙烷	$CH_3CH_2CH_2I$	102.5	1.747
二氯甲烷	CH_2Cl_2	40.0	1.336
三氯甲烷(氯仿)	$CHCl_3$	61.2	1.489
四氯化碳	CCl_4	76.8	1.595
三碘甲烷	CHI_3	升华	4.008
1,2-二氯乙烷	$ClCH_2CH_2Cl$	83.5	1.257
1,2-二溴乙烷	$BrCH_2CH_2Br$	131	2.170
氯乙烯	$CH_2{=}CHCl$	-14.0	—
溴乙烯	$CH_2{=}CHBr$	15.8	1.4933
3-氯-1-丙烯	$CH_2{=}CHCH_2Cl$	45.7	0.938
3-溴-1-丙烯	$CH_2{=}CHCH_2Br$	70.0	—
3-碘-1-丙烯	$CH_2{=}CHCH_2I$	102	1.848
氯苯	C_6H_5Cl	132.0	1.106
溴苯	C_6H_5Br	155.5	1.495
碘苯	C_6H_5I	188.5	1.832

由表 8-1 可知,一卤代烷的沸点随碳原子数目的增加而有规律地升高。含同数碳原子的一卤代烷的沸点高低顺序为 RI>RBr>RCl>RF>RH。一氟代烷和一氯代烷的相对密度小于1,一溴代烷、一碘代烷和卤代芳烃的相对密度均大于1。

所有卤代烃均不溶于水,易溶于乙醇、乙醚、烃等有机溶剂,有些卤代烷本身就是常用的有机溶剂,如三氯甲烷、二氯甲烷等。

卤代烃在铜丝上燃烧时,能产生绿色火焰,可作为鉴别卤代烃的简便方法。

由于卤原子的电负性[F(4.0),Cl(3.0),Br(2.9),I(2.6)]比碳原子的电负性(2.5)大,所以卤代烷分子中的 C—X 键为极性共价键,致使许多卤代烷分子具有较弱的极性。例如:

	CH_3CH_2Cl	CH_3CH_2Br	CH_3CH_2I
$\mu/(C\cdot m)$(气相)	6.83×10^{-30}	6.77×10^{-30}	6.37×10^{-30}

练习 8.2　将下列化合物按偶极矩从大到小的顺序排列。

CH_3CH_2I　　　　CH_3CH_2Br　　　　CH_3CH_2Cl

8.2.2　光谱性质

1. 红外光谱

在红外光谱中,碳卤键的伸缩振动频率(波数)随着卤原子相对原子质量的增加而减小。例如,C—F 为 $1400\sim1000\text{cm}^{-1}$(强),C—Cl 为 $800\sim600\text{cm}^{-1}$(强),C—Br 为 $600\sim500\text{cm}^{-1}$(强),C—I 为 500cm^{-1}(强)。图 8-1 为 1-氯己烷的红外光谱图。

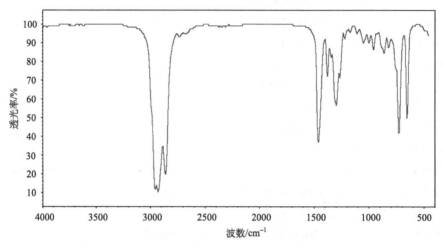

图 8-1　1-氯己烷的红外光谱图

2. 氢核磁共振谱

卤素的电负性较强,使与其直接相连的碳及邻近碳上的氢的化学位移向低场方向移动,且卤原子的电负性越大,化学位移越移向低场。例如:

CH₃F	CH₃Cl	CH₃Br	CH₃I
δ 4.26	3.05	2.68	2.16

卤代烃 β-碳原子上的氢所受影响减小,其化学位移值 $\delta=1.24\sim2.00$。图 8-2 为 1-氯丙烷的氢核磁共振谱图。

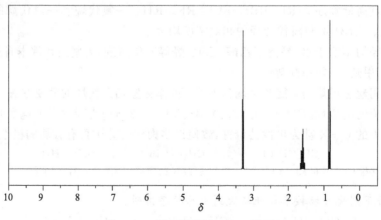

图 8-2　1-氯丙烷的 ^{1}H NMR 谱图

8.3 卤代烷的化学反应
(Chemical Reactions of Haloalkanes)

除 C—F 键外,卤代烷分子中 C—X 键的平均键能均比 C—C 键和 C—H 键的平均键能小。一些共价键的平均键能数据为:C—I($217.6kJ \cdot mol^{-1}$),C—Br($284.5kJ \cdot mol^{-1}$),C—Cl($339.0kJ \cdot mol^{-1}$),C—F($485.3kJ \cdot mol^{-1}$),C—C($347.3kJ \cdot mol^{-1}$),C—H($435.1kJ \cdot mol^{-1}$)。因此,C—X 键较容易断裂,发生各种类型的化学反应而转化为其他的有机化合物,卤代烷及其衍生物在有机合成上具有重要的作用。

8.3.1 亲核取代反应

有机化合物分子中的原子或基团被亲核试剂取代的反应称为亲核取代反应。由亲核试剂进攻卤代烷 C—X 键中带部分正电荷的碳所引起的亲核取代反应称为饱和碳原子上的亲核取代反应。反应通式如下:

$$R—X + Nu:^- \longrightarrow RNu + :X^-$$
$$\text{反应底物} \quad \text{亲核试剂} \qquad \text{反应产物} \quad \text{离去基团}$$

带有负电荷的离子或带有孤对电子的中性分子,在反应中易与缺电子的碳形成共价键,这样的试剂称为亲核试剂。例如,HO^-、RO^-、CN^-、HS^-、$RCOO^-$、NH_2^- 以及 H_2O、ROH、HCN、H_2S、RCOOH、NH_3 等都可以作为亲核试剂,在一定条件下和卤代烷发生亲核取代反应,分别生成醇、醚、腈、硫醇、羧酸酯、胺。

1. 水解反应

卤代烷与水作用,可水解生成醇,这个反应是可逆的。

$$RX + H_2O \rightleftharpoons ROH + HX$$

通常情况下,该反应进行得较慢,为了提高反应速率和使反应进行完全,常将卤代烷与强碱(NaOH 或 KOH)的水溶液共热水解。例如,工业上将 1-氯戊烷各种异构体的混合物通过碱性水解反应制得混合戊醇,用作工业溶剂。

$$C_5H_{11}Cl + NaOH \xrightarrow{H_2O} C_5H_{11}OH + NaCl$$
$$\text{混合物} \qquad\qquad \text{混合物}$$

由于 OH^- 是比 H_2O 更强的亲核试剂,所以反应容易进行。反应中产生的 HX 被碱中和生成盐,从而加速反应并提高醇的产率。

$$RX + NaOH \longrightarrow ROH + NaX$$

卤代烷一般是由相应的醇制备的,只有当一些较复杂的分子中难引入羟基时,才会采用先引入卤素原子,然后水解的方法来制备相应的醇。

2. 与氰化钠作用

卤代烷与氰化钠(或氰化钾)反应,卤原子被氰基(—CN)取代生成腈(RCN)。例如:

$$C_5H_{11}Br + NaCN \xrightarrow{C_2H_5OH, H_2O} C_5H_{11}CN + NaBr$$

该反应主要适用于伯卤代烷,因为 NaCN 是碱,在此碱性条件下,叔卤代烷易发生消除生成烯烃。

卤代烷转变成腈后,分子中增加了一个碳原子,这是有机合成中增长碳链的方法之一。此反应的主要用途是将氰基转变成其他官能团,如羧基、氨基等。例如:

$$RCN \xrightarrow{H_2O} R-\overset{\overset{\displaystyle O}{\|}}{C}-NH_2 \xrightarrow{H_2O} R-\overset{\overset{\displaystyle O}{\|}}{C}-OH$$
$$\qquad\qquad\quad 酰胺 \qquad\qquad\qquad 羧酸$$

$$RCN \xrightarrow{[H]} R-CH_2NH_2$$
$$\qquad\qquad\qquad 胺$$

3. 与醇钠作用

卤代烷与醇钠在相应醇溶液中反应,卤原子被烷氧基(—OR)取代生成醚,这是制备混合醚的方法,称为威廉姆森(Williamson)合成法(详见 10.4.1)。该反应一般用伯卤代烷,仲卤代烷产率低,叔卤代烷主要得到烯烃。例如:

$$CH_3CH_2CH_2Cl+CH_3CH_2CH_2CH_2ONa \xrightarrow{ROH} CH_3CH_2CH_2CH_2OCH_2CH_2CH_3$$

4. 与氨作用

卤代烷与氨反应,卤原子可被氨基(—NH₂)取代生成一级胺。产物一级胺还可继续与 RX 反应,逐步生成 R₂NH(仲胺)、R₃N(叔胺)及 RNH₂·HX(铵盐)等。若用过量的氨,可主要制得一级胺(伯胺)。该反应主要适用于伯卤代烷。例如:

$$ClCH_2CH_2Cl+4NH_3 \xrightarrow[115\sim120℃,5h]{封闭容器} NH_2CH_2CH_2NH_2+2NH_4Cl$$
$$\qquad\qquad\qquad\qquad\qquad\qquad 一级胺$$

5. 卤离子交换反应

在丙酮中,氯代烷和溴代烷分别与碘化钠反应生成碘代烷。由于氯化钠和溴化钠不溶于丙酮,而碘化钠溶于丙酮,因此反应能够进行。此反应可用于实验室制备碘代烷,还可用于检验氯代烷和溴代烷。例如:

$$\underset{\overset{|}{Br}}{CH_3CHCH_3} + NaI \xrightarrow[25℃]{CH_3COCH_3} \underset{\overset{|}{I}}{CH_3CHCH_3} + NaBr\downarrow$$

6. 与硝酸银作用

卤代烷与硝酸银的乙醇溶液反应生成硝酸酯,同时有卤化银沉淀生成,反应现象明显,用于鉴定不同结构的卤代烷。

$$RX + AgNO_3 \xrightarrow{CH_3CH_2OH} RONO_2 + AgX\downarrow$$
$$\qquad\qquad\qquad\qquad\qquad 硝酸酯$$

一般来说,对于烃基相同而卤原子不同的卤代烷,反应的活性顺序是 RI＞RBr＞RCl。对于卤原子相同而烃基不同的卤代烷,反应的活性顺序是 3°RX＞2°RX＞1°RX＞CH₃X。3°RX

和 RI 在室温下可以与 $AgNO_3$ 的乙醇溶液反应生成卤化银沉淀,而 $2°RX$ 和 $1°RX$ 需加热几分钟后才能生成卤化银沉淀。另外,生成卤化银的颜色也有区别,AgI 为黄色沉淀,AgBr 为浅黄色沉淀,AgCl 为白色沉淀,此反应可用于卤代烷的定性分析。

练习8.3 写出异丙基溴分别与下列试剂反应的主要产物。

(1) $NaOH/H_2O$　　　　　(2) C_2H_5ONa/C_2H_5OH　　　(3) $AgNO_3/C_2H_5OH$

(4) NaI/CH_3COCH_3　　　(5) $NaCN/C_2H_5OH-H_2O$　　(6) CH_3CH_2SNa

---

8.3.2　消除反应

一卤代烷与氢氧化钠(或氢氧化钾)的醇溶液作用时,卤原子常与 β-碳上的氢原子脱去一分子的卤化氢而生成烯烃,这种在分子中脱去两个原子或基团的反应称为消除反应。由于该消除反应是在相邻的两个碳原子上发生的,所以称为 1,2-消除,又称为 β-消除,是最常见的一种消除反应。

$$R \overset{\beta}{-} CH_2 \overset{\alpha}{-} CH_2 - X + NaOH \xrightarrow{ROH} RCH = CH_2 + NaX + H_2O$$

实验证明,卤代烷消除卤化氢的反应活性顺序是 $3°RX > 2°RX > 1°RX$。

仲卤代烷和叔卤代烷脱卤代氢时,可能有两种或三种不同的 β-氢原子供消除,得到两种或三种不同的产物。例如:

$$\underset{\beta}{CH_3CH_2}\underset{}{CH}\underset{\beta'}{CH_3} \text{(Br)} \xrightarrow{KOH,CH_3CH_2OH} \underset{81\%}{CH_3CH=CHCH_3} + \underset{19\%}{CH_3CH_2CH=CH_2}$$

$$\underset{\beta}{CH_3CH_2} \overset{CH_3}{\underset{Br}{-}} \overset{\beta'}{C} - CH_3 \xrightarrow{KOH,CH_3CH_2OH} \underset{71\%}{CH_3CH=\overset{CH_3}{C}-CH_3} + \underset{29\%}{CH_3CH_2\overset{CH_3}{C}=CH_2}$$

实验证明:卤代烷脱卤化氢时,主要是从含氢较少的 β-碳原子上脱去氢原子,生成双键碳上连有较多取代基的烯烃(较稳定的烯烃)。这个经验规则称为札依采夫规则。

在大多数情况下,卤代烷的消除反应与取代反应是同时进行且相互竞争的,究竟哪一种反应占优势,与反应物的结构和反应条件有关(详见 8.4.2)。

练习8.4 写出下列反应的主要产物。

(1) $\underset{CH_3}{H_3CHC}-\underset{Br}{CHCH_3} \xrightarrow[\triangle]{KOH/C_2H_5OH}$　　　(2) $CH_3CH_2\overset{CH_3}{\underset{Br}{C}}-CH_3 \xrightarrow[\triangle]{KOH/C_2H_5OH}$

8.3.3　与金属反应

卤代烷能与某些活泼金属反应生成有机金属化合物。所谓有机金属化合物是指金属原子直接与碳原子相连的化合物,即含有碳金属键的化合物。由于碳和金属之间的键容易断裂,因此有机金属化合物能发生各种化学反应,在有机合成上具有重要的意义。

1. 与金属镁反应

卤代烃与金属镁在无水乙醚中反应,生成卤代烃基镁(RMgX),RMgX 称为格利雅试剂(Grignard Reagent),简称格氏试剂。

$$RX + Mg \xrightarrow{\text{无水乙醚}} RMgX$$

乙醚在格氏试剂的制备中有重要作用,因为它能与格氏试剂生成稳定的络合物,且生成的格氏试剂能溶解于乙醚中。格氏试剂生成后一般不需分离提纯,可直接进行下一步反应。

$$
\begin{array}{c}
C_2H_5 \quad\ \ \, C_2H_5 \\
\diagdown\ \ \diagup \\
\overset{..}{O} \\
| \\
R—Mg—X \\
| \\
\overset{..}{O} \\
\diagup\ \ \diagdown \\
C_2H_5 \quad\ \ \, C_2H_5
\end{array}
$$

一般情况下,脂肪族和芳香族一卤代烃都可以与金属镁生成格氏试剂。卤代烷生成格氏试剂的活性顺序是 RI > RBr > RCl,碘代烷因太贵而不常用,常用溴代烃和氯代烃来制备格氏试剂。所用溶剂除乙醚外,还可以用四氢呋喃等。

格氏试剂性质活泼,能慢慢吸收空气中的氧气而被氧化,遇到含活泼氢的化合物会迅速分解成烷烃。因此,制备格氏试剂时一定要严格防止有活泼氢的物质存在,严格控制无水条件,必须使用无水试剂、绝对无水溶剂和干燥的反应器。反应需在氮气保护下于低温进行。

格氏试剂与含活泼氢的化合物的反应是定量进行的。在有机分析中,用定量的碘化甲基镁(CH₃MgI)和一定数量的含活泼氢的化合物作用,通过测定甲烷的体积,可以计算出化合物所含活泼氢的数量,该方法称为活泼氢测定法。

格氏试剂是有机合成中用途极为广泛的一种有机金属试剂,可以用来合成烃、醇、羧酸等各类化合物(详见 11.4.1 和 12.10.4)。

2. 与金属锂反应

一卤代烃在苯、醚或环己烷等溶剂中和金属锂反应生成烃基锂,即有机锂化合物。例如:

$$CH_3CH_2CH_2CH_2Br + 2Li \xrightarrow[-10℃]{C_2H_5OC_2H_5} CH_3CH_2CH_2CH_2Li + LiBr$$

制备有机锂化合物所用的卤代烃一般为氯代烃或溴代烃(包括溴代芳烃),碘代烃易与有机锂发生偶联反应。氯代芳烃活性太低而不容易与锂发生反应。

有机锂化合物的性质与格氏试剂很相似,但反应性能更为活泼,遇水、醇、酸等立即分解。因此,反应需在氮气保护下于低温进行,所用的溶剂和试剂在使用前必须进行无水处理。

烃基锂在无水乙醚或无水四氢呋喃溶剂中与碘化亚铜反应生成二烃基铜锂(R₂CuLi),它是重要的烃基化试剂,称为有机铜锂试剂,能与多种有机物反应。例如,二烃基铜锂与卤代烷反应生成烷烃的反应称为科里-豪斯反应(见 2.6 节),这是制备烷烃的一种方法。

科里-豪斯反应最好用伯卤代烷(R′X),也可用烯丙式卤代烃(详见 8.5.1)或苄基式卤代烃(详见 8.5.1),若用叔卤代烷,则反应活泼性降低。R_2CuLi 中的 R 可以是伯、仲烷基,也可以是烯丙基、苄基、乙烯基、芳基等烃基。科里-豪斯反应还有以下特点:若 $R'X$ 为手性化合物,反应后 R' 的构型保持不变;若分子中含有羟基、氨基、羰基、酯基、羧基等,对反应没有影响。因此,此反应常用来制备各种高级烷烃、烯烃和芳烃等。例如:

$$2\ n\text{-}C_4H_9Li + CuI \xrightarrow{(CH_3CH_2)_2O} (n\text{-}C_4H_9)_2CuLi$$

$$(n\text{-}C_4H_9)_2CuLi + CH_3\text{—}\!\!\bigcirc\!\!\text{—}Br \xrightarrow{(CH_3CH_2)_2O} CH_3\text{—}\!\!\bigcirc\!\!\text{—}n\text{-}C_4H_9$$

8.3.4 还原反应

一卤代烷可以被还原成烷烃,这是制备纯粹烷烃的一种重要方法。反应通式为

$$RX \xrightarrow{[H]} RH$$

适用的还原剂有 $LiAlH_4$(氢化铝锂)、$NaBH_4$(硼氢化钠)、$Na+NH_3$(液)、$Zn+HCl$ 等。$LiAlH_4$ 还原能力强,但选择性较差,它能还原除碳碳双键和碳碳叁键以外的所有不饱和基团,缺点是在水中易分解。例如:

$$CH_3(CH_2)_6CH_2Br \xrightarrow[\text{THF, 1h, 25}^\circ\text{C}]{LiAlH_4} CH_3(CH_2)_6CH_3 + AlH_3 + LiBr$$

$NaBH_4$ 是一种选择性较强的还原剂,它只还原醛、酮和酰卤的羰基,不还原—COOH、—CN、—COOR 等,具有能溶于水而不被水分解的优点。

一卤代烷发生上述还原反应的活性顺序是伯卤代烷>仲卤代烷>叔卤代烷。对于具有相同烃基结构的卤代烃,碘代烷反应速率最快,溴代烷次之,氯代烷较慢。

练习 8.5 下列反应是否正确?并说明理由。

$$HO\text{—}\!\!\bigcirc\!\!\text{—}CH_2Br + Mg \xrightarrow{\text{无水乙醚}} HO\text{—}\!\!\bigcirc\!\!\text{—}CH_2MgBr$$

练习 8.6 完成下列反应式。

(1) $CH_3CH_2MgBr + CH_3CH_2OH \longrightarrow$

(2) $\underset{\overset{|}{CH_3}}{CH_3CH_2CHBr} + Mg \xrightarrow{\text{无水乙醚}}$

(3) $CH_3CH_2CH_2CH_2Cl \xrightarrow{\underset{\text{四氢呋喃}}{Li}}$

(4) $C_5H_{11}Cl + \left[(CH_3)_3C\right]_2CuLi \longrightarrow$

8.4 饱和碳原子上的亲核取代反应的反应机理

(Mechanism:Nucleophilic Substitution on the Saturated Carbon Atom)

卤代烷的亲核取代反应即饱和碳原子上的亲核取代反应是有机合成中一类非常重要的反应。化学动力学和立体化学等许多实验结果表明,反应是按两种不同的反应机理进行的。

8.4.1　两种反应机理

1. 亲核取代反应的双分子反应(S_N2)机理

实验事实表明,溴甲烷在氢氧化钠溶液中水解反应的速率(v)与溴甲烷的浓度成正比,也与氢氧化钠溶液的浓度成正比,即

$$CH_3Br + OH^- \longrightarrow CH_3OH + Br^-$$
$$v = k[CH_3Br][OH^-]$$

在动力学上,把反应速率公式中各浓度项的指数称为级数,把所有浓度项指数的总和称为该反应的反应级数。上述反应的反应速率与反应物浓度的二次方成正比,是一个二级反应。速率公式说明,CH_3Br 和 OH^- 都参与了该步反应。

像溴甲烷碱性水解反应这样,有两种分子参与了决定反应速率步骤的亲核取代反应称为双分子亲核取代反应,用 S_N2 表示。S 表示取代反应,N 表示亲核,2 表示有两种分子参与了速控步骤的反应。

溴甲烷水解反应过程可以描述如下:亲核试剂(OH^-)从离去基团(Br^-)的背面进攻溴甲烷的中心碳,反应经过一个过渡态后,一步生成产物(图 8-3),该步反应即为决定反应速率的步骤。

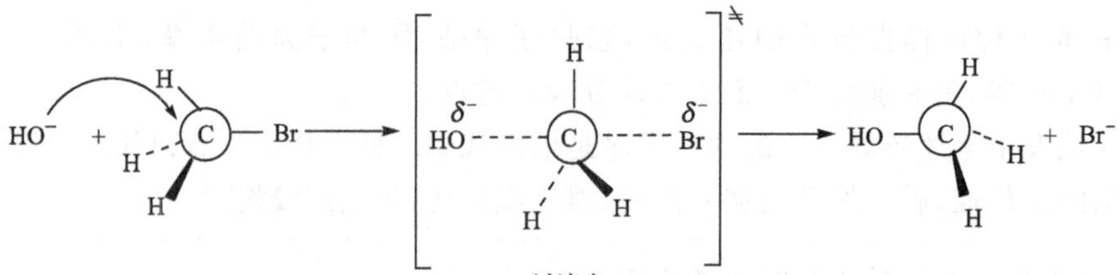

图 8-3　溴甲烷碱性水解反应的反应机理

进一步分析图 8-3 可知,OH^- 从 Br 的背面沿 C—Br 的键轴线进攻中心碳,O—C 键逐渐形成,C—Br 键则同时逐渐伸长和变弱,与此同时,甲基上的三个氢原子逐渐向溴原子偏转。当到达过渡态时,氢氧基、中心碳和溴差不多在一条直线上,而中心碳上的三个氢原子则在垂直于这条线的平面上。反应由过渡状态转化成产物时,O—C 键形成,C—Br 同时断裂,甲基上的三个氢原子也完全偏到溴原子的一边,整个过程好像雨伞在大风中被吹得向外翻转一样。

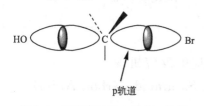

图 8-4　过渡态时中心碳的 p 轨道
与 HO 和 Br 的轨道重叠

从结构上看,溴甲烷转变为过渡态时,中心碳原子由原来的 sp^3 四面体结构转变成 sp^2 三角形平面结构,此时,碳上还有一个垂直于该平面的 p 轨道,该 p 轨道的一侧与亲核试剂(OH^-)的轨道交盖,另一侧与离去基团(Br^-)的轨道交盖(图 8-4)。

在 S_N2 反应中,亲核试剂(OH^-)从离去基团的背面进攻溴甲烷的中心碳和离去基团(Br^-)的离去是一个同步的过程,即 O—C 键的生成和 C—Br 键的断裂是协同进行的,过渡态时体系的能量达到最大值,图 8-5 是溴甲烷碱性水解的能量曲线图。

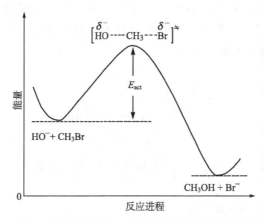

图 8-5　溴甲烷碱性水解反应的能量变化示意图

由于亲核试剂是从离去基团的背面进攻中心碳原子的,所以含有手性碳原子的卤代烃发生 S_N2 水解反应时,产物将具有与反应物相反的构型,这种构型转变的过程称为构型反转或构型转化。由于构型反转的现象是德国化学家瓦尔登(P. Walden,1863—1957)在 1896 年首先发现的,故在亲核取代等反应中发生的构型反转的现象称为瓦尔登构型反转,简称瓦尔登转化。这在当时是一项十分重大的发现。

瓦尔登转化是 S_N2 反应在立体化学上的重要特征。例如,(S)-(＋)-2-溴辛烷在氢氧化钠溶液中水解生成(R)-(－)-2-辛醇,证明发生了构型反转。

$$OH^- \quad + \quad \begin{matrix} CH_3(CH_2)_5 \\ | \\ H\cdots C-Br \\ | \\ H_3C \end{matrix} \longrightarrow \begin{matrix} (CH_2)_5CH_3 \\ | \\ HO-C\cdots H \\ | \\ CH_3 \end{matrix} \quad + \quad Br^-$$

(S)-(+)-2-溴辛烷　　　　　　　　　　　(R)-(−)-2-辛醇

$[\alpha]_D^{20} = -34.2°$　　　　　　　　　　　$[\alpha]_D^{20} = +9.9°$

2. 亲核取代反应的单分子反应(S_N1)机理

实验事实表明,叔丁基溴在氢氧化钠溶液中水解反应的速率(v)只与叔丁基溴的浓度成正比,而与氢氧化钠溶液的浓度无关,是一个一级反应,即

$$(CH_3)_3CBr + OH^- \longrightarrow (CH_3)_3COH + Br^-$$
$$v = k[(CH_3)_3CBr]$$

叔丁基溴碱性水解反应的机理反应机理如下:

$$(CH_3)_3CBr \underset{}{\overset{慢}{\rightleftharpoons}} (CH_3)_3\overset{+}{C} + Br^-$$

$$(CH_3)_3\overset{+}{C} + OH^- \xrightarrow{快} (CH_3)_3COH$$

反应分两步进行,第一步,叔丁基溴的碳溴键异裂,生成叔丁基碳正离子和溴负离子,这是决定反应速率的步骤;第二步,叔丁基碳正离子迅速与氢氧根离子结合生成叔丁醇。

像叔丁基溴碱性水解反应这样,只有一种分子参与了速控步骤的亲核取代反应称为单分子亲核取代反应,用S_N1表示。1表示只有一种分子参与了决定反应速率步骤的反应。叔丁基溴碱性水解的能量曲线图见图8-6。

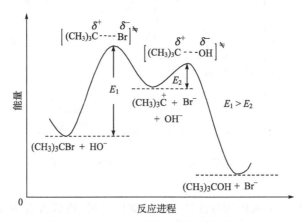

图 8-6　叔丁基溴碱性水解的能量变化示意图

从结构上看,叔丁基溴离解为碳正离子时,中心碳原子由sp^3杂化转化为sp^2杂化,第二步反应后,中心碳原子又由sp^2杂化转化为sp^3杂化。由于碳正离子中间体具有平面构型,亲核试剂向碳正离子平面两侧进攻的概率是相等的,所以当反应物的中心碳原子是手性碳时,生成的产物理论上应该是无光学活性的外消旋化合物。例如:

　　　　　　　　　　　　　　　　　　　构型保持　　　　　构型转化

例如,α-溴代乙苯水解反应的产物是等量的"构型保持"和"构型转化"的外消旋体混合物。

　　　　　　　　　　　　　　　　　　　构型保持　　　　　构型转化

但在很多情况下,情况并不那么简单,往往在外消旋化的同时还伴随部分构型转化,从而使产物具有不同程度的旋光性。例如,(R)-$(-)$-2-溴辛烷在含水乙醇中水解,构型转化的产物占83%,构型保持的产物占17%。

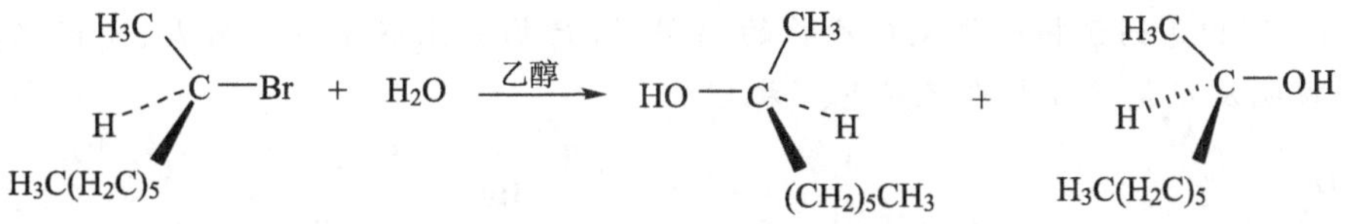

(R)-$(-)$-2-溴辛烷   构型转化(83%)   构型保持(17%)

温斯坦(Winstein)用离子对机理对上述实验现象进行了解释。他认为某些 S_N1 反应不是通过碳正离子中间体，而是通过离子对进行的。在进行 S_N1 反应时，底物(反应物)按下列方式离解：

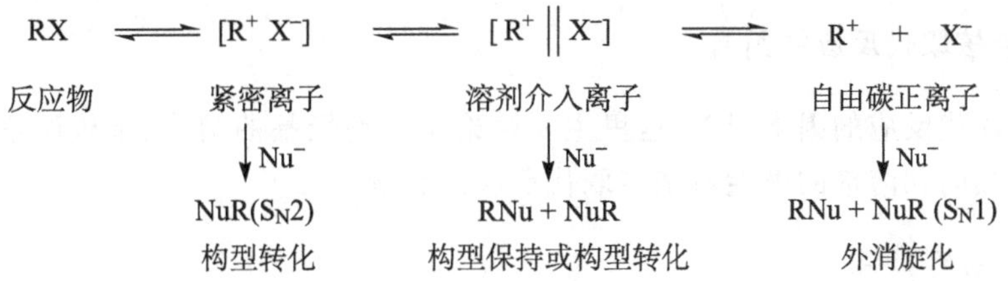

$$RX \rightleftharpoons [R^+ X^-] \rightleftharpoons [R^+ \| X^-] \rightleftharpoons R^+ + X^-$$

反应物   紧密离子   溶剂介入离子   自由碳正离子

$\downarrow Nu^-$ $\downarrow Nu^-$ $\downarrow Nu^-$

$NuR(S_N2)$ $RNu + NuR$ $RNu + NuR (S_N1)$

构型转化   构型保持或构型转化   外消旋化

这个过程是可逆的，反向的过程称为返回。离解的方式与底物有关，也与溶剂有关。在非极性溶剂中，倾向于形成紧密离子对和溶剂介入离子对，而在强极性溶剂中，倾向于形成自由碳正离子。在 S_N1 反应中，亲核试剂可以在任何一个阶段进攻中心碳原子，若进攻紧密离子对，亲核试剂只能从 X 原子的背面进攻，得到构型转化产物。溶剂介入离子对的结合不如紧密离子对紧密，得到构型保持和构型转化的混合物。自由碳正离子是平面构型，亲核试剂从平面两侧进攻机会均等，得到外消旋产物。用离子对的概念较好地解释了一些 S_N1 反应得到部分构型转化和部分构型保持的产物的实验事实。

在 S_N1 反应中，若生成的碳正离子中间体不够稳定，则会发生碳正离子的重排反应，生成较稳定的碳正离子，因此 S_N1 反应还常伴有重排取代和消除反应的发生。例如：

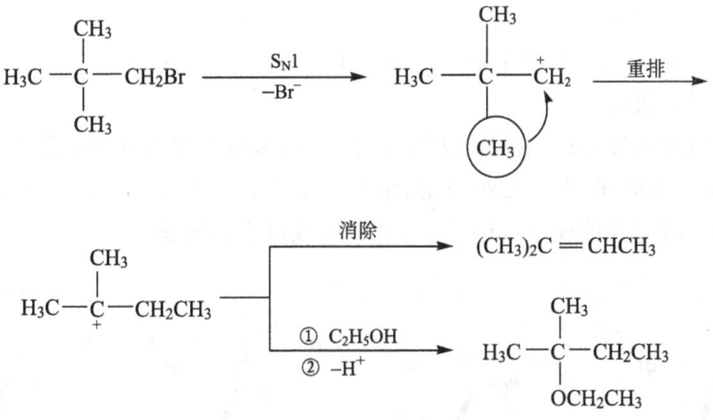

练习 **8.7** 卤代烷与 NaOH 在水与乙醇的混合溶液中进行反应，指出下列哪些是 S_N2 机理，哪些是 S_N1 机理。
(1) 产物的构型转化；(2) 碱的浓度增大，反应速率加快；(3) 增加溶剂的含水量，反应速率明显加快；(4) 有重排现象；(5) 反应速率是一级卤代烷大于三级卤代烷；(6) 进攻试剂亲核性越强，反应速率越快。

练习 **8.8**　写出下列亲核取代反应产物的构型式,产物有无旋光性? 用 R、S 标记产物的构型,并说明反应是 S_N1 机理还是 S_N2 机理。

$$(1)\quad \underset{H_3C}{\overset{D}{\underset{|}{\overset{|}{\underset{}{}}}}} H\cdots C-Br \;+\; :NH_3 \xrightarrow{\ CH_3OH\ }$$

$$(2)\quad C_2H_5\cdots \underset{C_3H_7}{\overset{H_3C}{\underset{|}{\overset{|}{\underset{}{}}}}} C-I \xrightarrow[\triangle]{\ H_2O\ }$$

8.4.2　影响亲核取代反应的因素

影响亲核取代反应的因素很多,这里主要讨论反应物烃基的结构、亲核试剂的亲核性、离去基团的离去倾向和溶剂的极性对亲核取代反应的影响。

1. 烃基结构的影响

反应物烃基的电子效应和空间效应对亲核取代反的应速率都具有较大的影响,一般情况下,烃基的电子效应对 S_N1 反应的影响较大,空间效应对 S_N2 反应的影响较大。

1) 对 S_N2 反应的影响

溴甲烷、溴乙烷、2-溴丙烷和 2-甲基-2-溴丙烷等化合物在极性较小的无水丙酮中与碘化钾反应生成碘代烷,反应按 S_N2 机理进行的相对反应速率如下:

$$RBr + KI \xrightarrow[S_N2]{\text{无水丙酮}} RI + KBr$$

RBr	CH_3Br	CH_3CH_2Br	$(CH_3)_2CHBr$	$(CH_3)_3CBr$
相对速率	30	1	0.01	0.001

上述反应的相对反应速率顺序是 $CH_3Br > CH_3CH_2Br > (CH_3)_2CHBr > (CH_3)_3CBr$,这是由 S_N2 反应的机理决定的。

由 S_N2 反应机理可知,反应速率取决于过渡态的形成及其稳定性,形成过渡态所需的活化能越小,过渡态越易形成,形成后越稳定,S_N2 反应速率越快。在上述 S_N2 反应中,亲核试剂 I^- 从离去基团 Br^- 的背面进攻中心碳原子,分别形成以下过渡态:

$$
\begin{array}{cccc}
\underset{H}{\overset{H}{I\cdots\overset{|}{C}\cdots Br}} &
\underset{H}{\overset{CH_3}{I\cdots\overset{|}{C}\cdots Br}} &
\underset{H}{\overset{CH_3}{I\cdots\overset{|}{C}\cdots Br}} &
\underset{CH_3}{\overset{CH_3}{I\cdots\overset{|}{C}\cdots Br}} \\
(\text{I}) & (\text{II}) & (\text{III}) & (\text{IV})
\end{array}
$$

当中心碳原子上连有较多甲基时,由于空间位阻的影响,亲核试剂较难从离去基团的背面进攻中心碳原子,过渡态就较难形成,所以上述各反应形成过渡态由易到难顺序为(Ⅰ)>(Ⅱ)>(Ⅲ)>(Ⅳ),相对反应速率顺序是 $CH_3Br > CH_3CH_2Br > (CH_3)_2CHBr > (CH_3)_3CBr$。

当 β-碳原子上支链增多时,空间位阻增大,S_N2 反应速率明显降低。例如,溴乙烷及其 β-碳原子上的氢逐个被甲基取代后,在无水乙醇中,55℃时,与 $C_2H_5O^-$ 按 S_N2 反应生成醚的相对反应速率如下:

$$RBr + C_2H_5O^- \xrightarrow{\text{乙醇}} ROC_2H_5 + Br^-$$

RBr	CH_3CH_2Br	$CH_3CH_2CH_2Br$	$(CH_3)_2CHCH_2Br$	$(CH_3)_3CCH_2Br$
相对速率	1	0.28	0.03	0.42×10^{-5}

上述反应的相对反应速率顺序是 $CH_3CH_2Br > CH_3CH_2CH_2Br > (CH_3)_2CHCH_2Br > (CH_3)_3CCH_2Br$。可见烃基的空间效应对 S_N2 反应的影响是较大的。

烷基的电子效应对反应速率也有影响,随着中心碳原子上的甲基数目增多,甲基的给电子诱导效应使中心碳原子上的电子云密度增大,不利于亲核试剂进攻,导致反应速率减慢。在烷基的空间效应和电子效应的共同影响下,一卤代烷 S_N2 反应的速率顺序是

$$CH_3X > CH_3CH_2X > (CH_3)_2CHX > (CH_3)_3CX$$
$$1°(RX) \qquad 2°(RX) \qquad 3°(RX)$$

2) 对 S_N1 反应的影响

若将上述四种溴代烷在极性较强的甲酸溶液中水解,反应按 S_N1 机理进行,测得的相对反应速率如下:

$$RBr + H_2O \xrightarrow{\text{甲酸}} ROH + HBr$$

RBr	$(CH_3)_3CBr$	$(CH_3)_2CHBr$	CH_3CH_2Br	CH_3Br
相对速率	1.2×10^6	12	1.7	1.0

上述反应的相对反应速率顺序是 $(CH_3)_3CBr > (CH_3)_2CHBr > CH_3CH_2Br > CH_3Br$,这是由 S_N1 反应的机理决定的。

由 S_N1 反应机理可知,反应速率取决于碳正离子中间体的形成及其稳定性。由于生成较稳定的碳正离子所需的活化能较小,容易生成,且生成后较稳定,所以反应速率较快。碳正离子的稳定性顺序是 $(CH_3)_3C^+ > (CH_3)_2CH^+ > CH_3CH_2^+ > CH_3^+$,卤代烷发生 S_N1 反应的相对速率顺序是

$$(CH_3)_3CX > (CH_3)_2CHX > CH_3CH_2X > CH_3X$$
$$3°(RX) \qquad 2°(RX) \qquad 1°(RX)$$

3) 对桥环化合物的影响

当卤原子直接连在桥环化合物的桥头碳原子上时,进行 S_N1 和 S_N2 反应都非常困难。例如,1-氯-7,7-二甲基双环[2.2.1]庚烷与硝酸银的乙醇溶液回流 48h,或与 30% KOH 醇溶液回流 21h,都看不出氯原子被取代的反应发生。

若反应按 S_N1 机理进行,由于桥环的牵制,不能生成平面型的碳正离子,阻碍了氯化物的离解,使反应很难发生。例如:

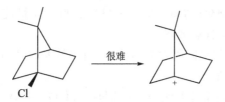

若反应按 S_N2 机理进行,由于桥环的阻碍使亲核试剂无法从 C—Cl 键的背面进攻,所以反应也难以发生。

练习 8.9

(1) 按 S_N1 反应的活性顺序排列下列化合物。

　　2-甲基-1-溴丁烷、3-甲基-2-溴丁烷、2-甲基-2-溴丁烷

(2) 按 S_N2 反应的活性顺序排列下列化合物。

　　1-溴丁烷、2,2-二甲基-1-溴丁烷、2-甲基-1-溴丁烷

2. 亲核试剂的影响

在 S_N1 反应中,亲核试剂不参与控速步骤的反应,因此反应速率受亲核试剂影响较小。

在 S_N2 反应中,由于亲核试剂参与了过渡态的形成,所以亲核试剂的亲核能力(亲核性)和浓度将直接影响反应速率。亲核试剂的亲核能力越强,浓度越大,反应速率越快。

亲核性和碱性是亲核试剂的两种性质,亲核试剂的亲核性是指进攻中心碳原子并与其成键的能力;碱性是指其与质子结合的能力。在多数情况下,亲核试剂的亲核性和碱性的强弱顺序是一致的。

(1) 带负电荷的亲核试剂比相应的中性试剂的亲核性强,碱性也强。例如,碱性和亲核性的强弱顺序均为 $OH^- > H_2O$,$NH_2^- > NH_3$。

(2) 当试剂中亲核原子相同时,其亲核性与碱性的强弱顺序一致。例如,碱性和亲核性的强弱顺序均为 $RO^- > HO^- > ArO^- > RCOO^-$。

(3) 周期表中同一周期的元素形成的同一类型的亲核试剂,其亲核性与碱性的强弱顺序一致。随着原子序数增大,碱性减弱,亲核性也减弱。例如,碱性和亲核性的强弱顺序均为 $R_3C^- > R_2N^- > RO^- > F^-$。

(4) 在非质子性溶剂中,如二甲亚砜 $[(CH_3)_2SO$,简称 DMSO]、N,N-二甲基甲酰胺 $[HCON(CH_3)_2$,简称 DMF],周期表中同族元素形成的同类型亲核试剂的碱性与亲核性的强弱顺序一致,即随着原子序数增大,碱性减弱,亲核性减弱。例如,碱性和亲核性的强弱顺序均为 $F^- > Cl^- > Br^- > I^-$。原因是在非质子性溶剂中,卤素负离子没有溶剂化,所以碱性和亲核性的强弱顺序一致。

然而,由于试剂的亲核性受到溶剂和空间效应的影响,所以下述两种情况,试剂的亲核性与碱性的强弱顺序不同。

(1) 在质子性溶剂中,如醇和水等,周期表中同族元素形成的同类型亲核试剂的碱性与亲核性的强弱顺序不一致,即随着原子序数增大,碱性减弱,亲核性增强。例如,卤素负离子的碱性强弱顺序为 $F^- > Cl^- > Br^- > I^-$;亲核性强弱顺序为 $F^- < Cl^- < Br^- < I^-$。原因是在质子性溶剂中,卤素负离子被溶剂化(与质子形成氢键),其形成氢键能力是 $F^- > Cl^- > Br^- > I^-$,形成氢键能力较强者,其亲核性就较弱。

(2) 试剂的亲核性还受到空间因素的影响,空间位阻大的试剂亲核性小。例如,烷氧负离子的亲核性与碱性的强弱顺序不一致。

碱性强弱顺序:$CH_3O^- < CH_3CH_2O^- < (CH_3)_2CHO^- < (CH_3)_3CO^-$

亲核性强弱顺序:$CH_3O^- > CH_3CH_2O^- > (CH_3)_2CHO^- > (CH_3)_3CO^-$

3. 离去基团的影响

S_N1 和 S_N2 反应的控速步骤都包含 C—X 键的裂断,离去基团(X^-)的离去倾向大,对 S_N1

和 S_N2 反应都有利,但对 S_N1 的影响更大。

在亲核取代反应中,离去基团(X^-)是带着一对电子离去的,因此离去基团越容易接受一对电子,即碱性越弱,则离去倾向越大。卤素负离子(X^-)的碱性大小次序为 $I^- < Br^- < Cl^- \ll F^-$,它们的离去倾向则为 $I^- > Br^- > Cl^- \gg F^-$。

离去基团的离去倾向与其可极化性有关,可极化性较大的基团的离去倾向较大。卤素负离子的可极化性大小顺序是 $I^- > Br^- > Cl^- > F^-$,离去倾向的大小顺序是 $I^- > Br^- > Cl^- > F^-$。值得指出的是,I^- 既是好的亲核试剂,又是好的离去基团。因此,当伯卤代烷进行 S_N2 水解反应时,常加入少量 I^-,可使反应速率加快。例如:

$$RCH_2Cl + H_2O \xrightarrow{\text{很慢}} RCH_2OH + HCl$$

$$RCH_2Cl + I^- \xrightarrow{\text{快}} RCH_2I + Cl^- \quad (I^-作为亲核试剂)$$

$$RCH_2I + H_2O \xrightarrow{\text{快}} RCH_2OH + I^- \quad (I^-作为离去基团)$$

4. 溶剂极性的影响

在 S_N1 反应中,决定反应速率的步骤是碳卤键异裂生成碳正离子中间体,过渡态是高度极化的。

$$R—X \longrightarrow |\overset{\delta^+}{R}\text{---}\overset{\delta^-}{X}| \longrightarrow R^+ + X^-$$

由于过渡态的极性比反应物(RX)大,因此极性较大的溶剂能较好地稳定过渡态,使过渡态的能量降低,反应的活化能就随之降低,反应速率增加。且极性溶剂的溶剂化作用能使碳正离子稳定,所以极性较大的溶剂对 S_N1 反应有利。

在 S_N2 反应中,过渡态的负电荷比亲核试剂的负电荷分散,增大溶剂的极性,不利于过渡态的形成和稳定,所以非极性溶剂和极性小的溶剂有利于 S_N2 反应。

$$Nu^- + R—X \longrightarrow |\overset{\delta^-}{Nu}\text{---}R\text{---}\overset{\delta^-}{X}] \longrightarrow NuR + X^-$$

8.5 卤代烯烃和卤代芳烃
(Haloalkenes and Halogenated Aromatics)

8.5.1 卤代烯烃

1. 卤代烯烃的分类

烯烃分子中一个或多个氢原子被卤原子取代后的产物称为卤代烯烃。根据碳碳双键和卤原子的相对位置不同,卤代烯烃可分为以下三类。

(1) 乙烯型卤代烃:卤原子直接与碳碳双键相连的卤代烯烃,通式为 RCH $=$ CHX,如 $CH_2 = CHCl$(氯乙烯)。

(2) 烯丙型卤代烃和苯甲型卤代烃:烯丙型卤代烃是卤原子与双键隔一个饱和碳原子的

卤代烯烃,通式为 RCH＝CHCH$_2$X,如 CH$_2$＝CHCH$_2$Br(烯丙基溴)。苯甲型卤代烃也称苄基型卤代烃,通式为 C$_6$H$_5$CH$_2$X,如 C$_6$H$_5$CH$_2$Br。

(3) 隔离型卤代烯烃:卤原子与双键相隔两个或多个饱和碳原子的卤代烯烃,通式为 RCH＝CH(CH$_2$)$_n$X(n≥2),如 CH$_2$＝CHCH$_2$CH$_2$Br(4-溴-1-丁烯)。

2. 卤代烯烃的化学反应

烃基的结构对卤代烯烃的反应活性有很大影响。烯丙型和苄基型卤代烃反应活性最大,乙烯型卤代烃的化学性质最不活泼,隔离型卤代烯烃的化学性质与相应的卤代烷相似。

和三级卤代烷一样,烯丙型卤代烃和苄卤在室温下就能和 AgNO$_3$ 的乙醇溶液反应,生成 AgX 沉淀。乙烯型卤代烃和卤苯即使在加热下也不与 AgNO$_3$ 的乙醇溶液反应。各类卤代烯烃与 AgNO$_3$ 的乙醇溶液反应的活性顺序为

$$\underset{\diagup}{\overset{\diagup}{C}}=\overset{|}{C}-CH_2X, \quad \text{〈苯环〉}-CH_2X > R_3CX > R_2CHX > RCH_2X > CH_3X > CH_2=CHX$$

上述反应的现象明显,可用于各类卤代烃的鉴定。上述与 AgNO$_3$ 的乙醇溶液反应的活性顺序也是各类卤代烃发生其他亲核取代反应的活性顺序。

(1) 烯丙型卤代烃:烯丙型卤代烃容易发生 S$_N$1 和 S$_N$2 反应,反应主要按 S$_N$1 机理进行。例如:

$$CH_2=CHCH_2Br \xrightarrow{-Br^-} \left[CH_2=CH-\overset{+}{C}H_2 \longleftrightarrow \overset{+}{C}H_2-CH=CH_2 \right] \xrightarrow[\text{慢}]{OH^-} CH_2=CHCH_2OH$$

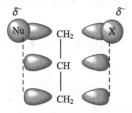

图 8-7　烯丙型卤代烃 S$_N$2 反应过渡态的结构

当烯丙型卤代烃按 S$_N$1 机理反应时,由于烯丙基碳正离子的空 p 轨道与碳碳双键形成 p-π 共轭体系,正电荷可以分散至碳碳双键的 π 轨道中,电荷分散使其较稳定而较易生成,反应易按 S$_N$1 机理进行。

当烯丙型卤代烃按 S$_N$2 机理反应时,过渡态中心碳原子是 sp^2 杂化,碳上未参与杂化的 p 轨道可与碳碳双键上的 p 轨道交盖,形成一个共轭体系,使过渡态得到稳定(图 8-7),所以 S$_N$2 反应也容易发生。

苄卤的结构和性质均与烯丙型卤代烃相似,容易发生 S$_N$1 和 S$_N$2 反应。例如:

$$\text{Cl—〈苯环〉—CH}_2\text{Cl} + Mg \xrightarrow{(CH_3CH_2)_2O} \text{Cl—〈苯环〉—CH}_2\text{MgCl}$$

(2) 乙烯型卤代烃:在一般条件下,乙烯型卤代烃不发生亲核取代反应。例如,氯乙烯与碱溶液或氨溶液不反应。在氯乙烯分子中,氯原子孤对电子所在的 p 轨道与碳碳双键的 π 轨道形成 p-π 共轭体系(图 8-8),p-π 共轭效应使 C—Cl 键的极性减小,键长缩短,键能增加,Cl$^-$ 不易离去,S$_N$1 和 S$_N$2 反应均难以发生。氯乙烯的 p-π 共轭体系及分子中的电子云转移如图 8-8 所示。

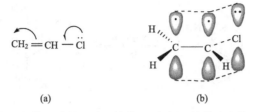

图 8-8　氯乙烯分子中的电子云转移(a)和氯乙烯分子中的 p 轨道(b)

练习 8.10　将下列各组化合物按照与 $AgNO_3$/乙醇的反应活性大小顺序排列。
(1) α-苯基乙基溴、β-苯基乙基溴、对溴甲苯
(2) 2-氯丁烷、2-溴丁烷、2-碘丁烷

练习 8.11　解释下列反应。

$$CH_3CH=CHCH_2Br \xrightarrow{\text{NaOH(H}_2\text{O)}} CH_3CH=CHCH_2OH + CH_3\underset{\underset{OH}{|}}{C}HCH=CH_2$$

8.5.2　卤代芳烃

1. 卤代芳烃的反应

卤代芳烃中的卤原子与芳环直接相连,与乙烯型卤代烃相似,不易发生亲核取代反应。例如,在氯苯中,氯原子上的 p 轨道与苯环的 π 轨道形成 p-π 共轭体系,其未共用的 p 电子对向苯环转移(图 8-9),p-π 共轭效应使 C—Cl 键的极性减小,键的强度增加,不易离解为芳基碳正离子,并且芳基正离子极不稳定,所以 S_N1 反应不能进行。受到芳环的阻碍,亲核试剂难以从氯原子的背面进攻,也不易发生 S_N2 反应。

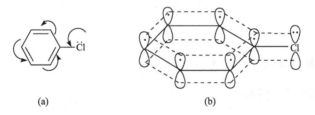

图 8-9　氯苯分子中的电子云转移(a)和氯苯分子中的 p 轨道(b)

实验事实表明,室温下卤代芳烃与氢氧化钠水溶液和硝酸银的乙醇溶液都不发生反应。

溴代芳烃在乙醚溶液中与金属镁生成格氏试剂,但氯代芳烃只有在四氢呋喃溶液中才能生成格氏试剂。

当氯苯的邻、对位上连有硝基时,可以发生芳环上的亲核取代反应(见 14.1.3)。例如:

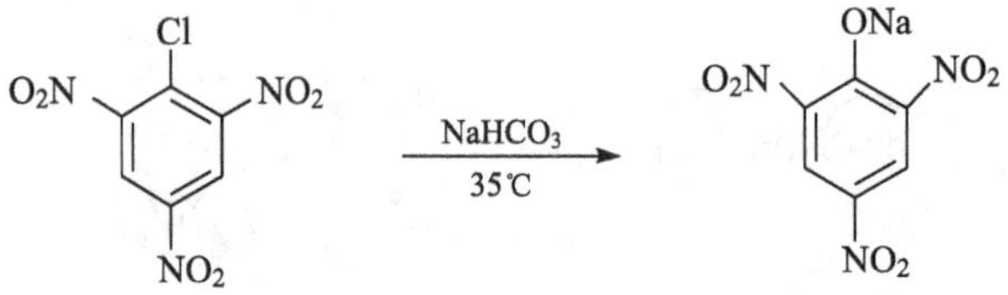

2. 赫克反应

卤代芳烃或卤代烯烃与乙烯基化合物在过渡金属（如 Pd 等）的催化下，形成碳碳键的偶联反应称为赫克(Heck)反应。这个反应是 20 世纪 70 年代由赫克和沟吕木(Mizoroki)分别独立发现的。例如：

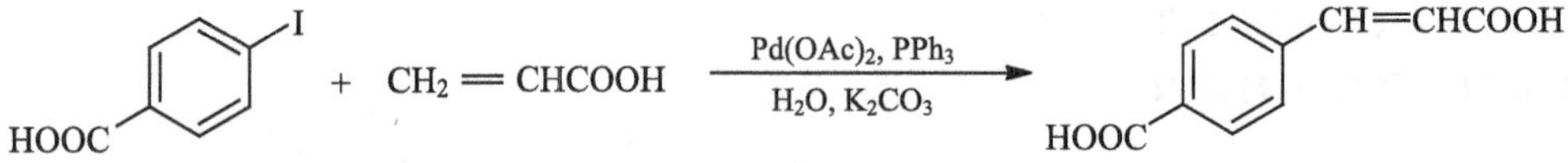

赫克反应是合成带各种取代基的不饱和化合物最有效的偶联方法之一。利用分子内的赫克反应，可构筑稠环体系，在天然产物合成中具有很好的应用前景。例如：

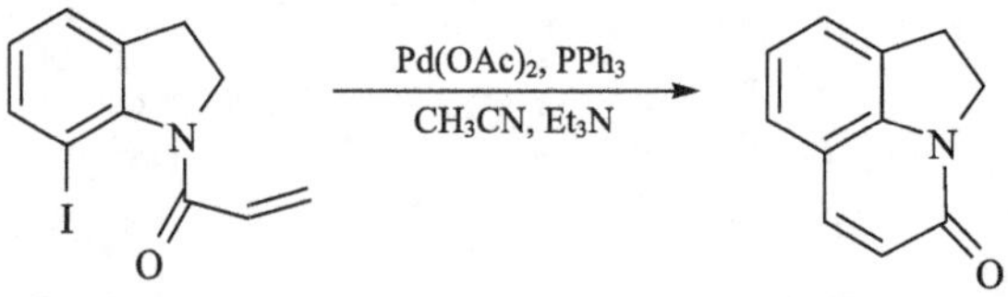

赫克反应的缺点是反应条件较苛刻，需严格的无水无氧操作，且钯催化剂的价格昂贵，限制了它在工业上的应用。

8.6　卤代烃的制备
(Preparation of Halohydrocarbons)

8.6.1　由烃制备

1. 烷烃和环烷烃的卤代

详见 2.4.3 和 2.9.2。例如：

2. 不饱和烃加卤素和卤化氢

详见 3.4.2 和 4.4.1。例如：

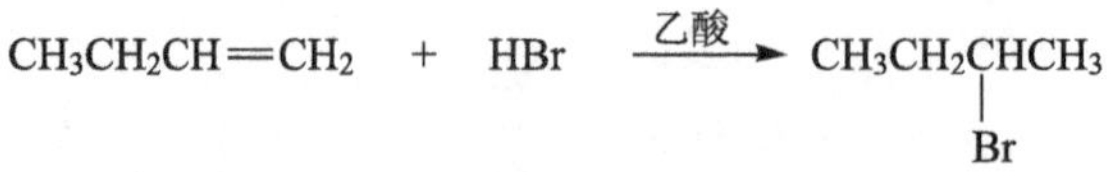

$$CH_3CH_2CH=CH_2 \ + \ HBr \ \xrightarrow{乙酸} \ CH_3CH_2\underset{\underset{Br}{|}}{C}HCH_3$$

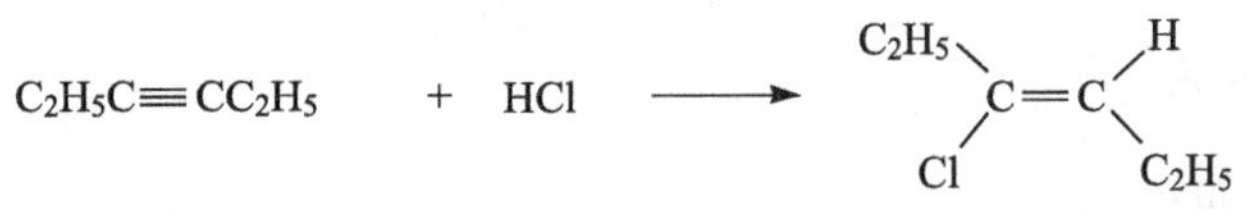

$$C_2H_5C\equiv CC_2H_5 \quad + \quad HCl \longrightarrow \underset{Cl}{\overset{C_2H_5}{C}}=\underset{C_2H_5}{\overset{H}{C}}$$

3. 芳烃的卤代

详见 6.4.1。

4. α-H 的卤代

详见 3.4.5 和 6.4.4。例如：

$$CH_3-CH=CH_2 \quad + \quad Cl_2 \xrightarrow{\text{高温}} ClCH_2CH=CH_2$$

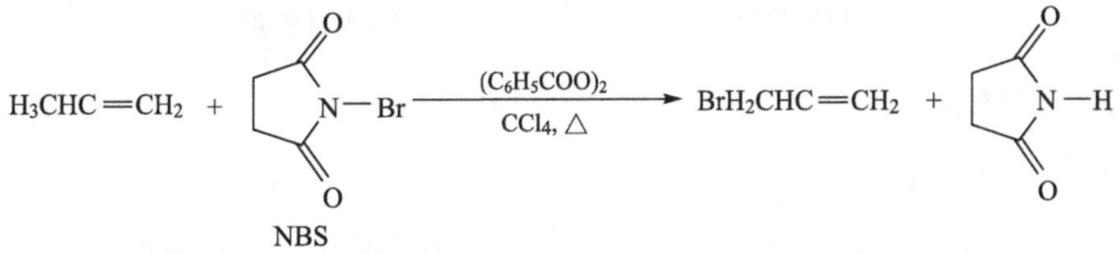

$$H_3CHC=CH_2 + \text{NBS} \xrightarrow[CCl_4,\ \triangle]{(C_6H_5COO)_2} BrH_2CHC=CH_2 \quad + \quad \text{N—H}$$

5. 氯甲基化反应

在无水氯化锌催化下,芳烃与甲醛和氯化氢反应,可以在芳环上引入氯甲基(—CH₂Cl),该反应称为氯甲基化反应。例如：

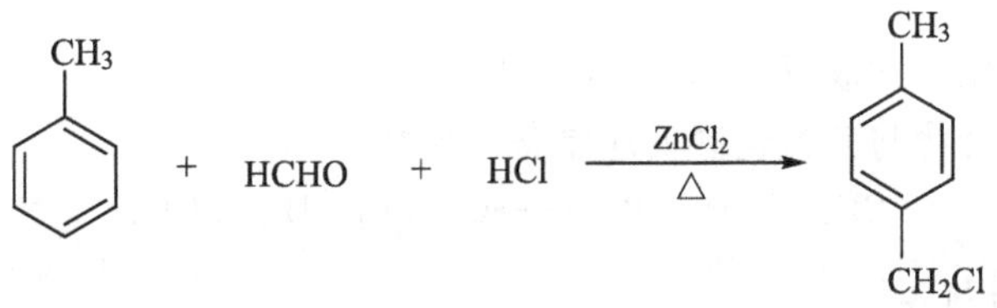

$$\text{苯} \quad + \quad HCHO \quad + \quad HCl \xrightarrow[\triangle]{ZnCl_2} \text{对甲基苄氯}$$

芳环上连有第一类定位基(卤素除外)时,氯甲基化反应容易进行;连有第二类定位基及卤素时反应难以进行。由于引入的氯甲基可以转化成其他基团,所以该反应在有机合成中有重要用途。

8.6.2 由醇制备

卤代烃大多是由醇制备的,醇分子中的羟基可被卤原子取代得到相应的卤代烃,这是制备卤代烃的常用方法,无论是实验室或工业上都可采用。

1. 醇与氢卤酸作用

详见 9.5.1。例如：

$$CH_2=CHCH_2OH \quad + \quad HBr(48\%) \xrightarrow[80\%]{\text{回流}} CH_2=CHCH_2Br + H_2O$$

$$CH_3CH_2CH_2CH_2OH \quad + \quad HBr \xrightarrow[\text{回流},\ 95\%]{H_2SO_4(\text{浓})} CH_3CH_2CH_2CH_2Br$$

2. 醇与卤化磷作用

详见 9.5.3。例如：

$$3CH_3CH_2CHCH_3 + PBr_3 \longrightarrow 3CH_3CH_2CHCH_3 + H_3PO_3$$
$$\qquad\quad |\qquad\qquad\qquad\qquad\qquad\qquad |$$
$$\qquad\quad OH\qquad\qquad\qquad\qquad\qquad\qquad Br$$

3. 醇与氯化亚砜作用

详见 9.5.2。例如：

$$\qquad\qquad\qquad OH\qquad\qquad\qquad\qquad\qquad\qquad\qquad Cl$$
$$\qquad\qquad\qquad |\qquad\qquad\qquad\qquad\qquad\qquad\qquad\qquad |$$
$$CH_3(CH_2)_4CH_2CHCH_3 \xrightarrow[\text{二氧六环}]{SOCl_2} CH_3(CH_2)_4CH_2CHCH_3$$
$$\qquad\text{(R)-2-辛醇}\qquad\qquad\qquad\qquad\text{(R)-2-氯辛烷}$$

8.6.3　卤代物的互换

详见 8.3.1。例如：

$$CH_3CHCH_2CH_3 + NaI \xrightarrow[25℃]{CH_3COCH_3} CH_3CHCH_2CH_3 + NaBr\downarrow$$
$$\qquad |\qquad\qquad\qquad\qquad\qquad\qquad\qquad\qquad |$$
$$\qquad Br\qquad\qquad\qquad\qquad\qquad\qquad\qquad\qquad I$$

8.6.4　多卤代烷的制备

1. 偕二卤代烷的制备

可以用炔烃和卤化氢加成反应制备（详见 4.4.1）。
还可以用羰基化合物与五氯化磷反应制备。例如：

$$CH_3COCH_3 + PCl_5 \longrightarrow CH_3CCl_2CH_3 + POCl_3$$

2. 连二卤代烷的制备

可以用烯烃和卤素加成反应制备（详见 3.4.2）。

3. 三卤代烷（卤仿）的制备

可以用乙醇或丙酮与次卤酸钠反应制备（详见 11.4.3）。例如：

$$\qquad\qquad O$$
$$\qquad\qquad \|$$
$$CH_3CCH_3 \xrightarrow{NaOI} CH_3COOH + CHI_3$$

练习 8.12　完成下列反应式。

(1) 环戊烯-CH$_3$ + NBS $\xrightarrow[\text{CCl}_4, \triangle]{\text{引发剂}}$

(2) 甲苯 + HCHO + HCl $\xrightarrow[\triangle]{ZnCl_2}$

(3) HOCH$_2$CH$_2$Cl + NaI $\xrightarrow{\text{丙酮}}$

(4) HOCH$_2$CH$_2$Cl + SOCl$_2$ $\longrightarrow$

练习 8.13 用 C_3 和 C_3 以下的卤代烷为主要原料合成下列化合物。

(1) CH₃CHCH₂CH₂CH₃   (2) CH₃CH₂CH₂C=CH₂
        | |
        CH₃   CH₃

 知识亮点(Ⅰ)

有机氟化合物

有机氟化合物是烃分子中的氢被氟取代的化合物的总称。有机化合物分子中全部碳氢键都转化为碳氟键的化合物称为全氟化合物,部分碳氢键被碳氟键取代的称为单氟或多氟有机化合物。有机氟化物种类很多,有含氟烷烃、含氟烯烃、含氟芳烃、含氟羧酸等。

与其他卤化物相比,氟化物在性质上有一些相似的地方,但表现出不少特性。例如,在常温下,一氟代烷烃很不稳定,容易自行失去氟化氢而转变成烯烃。但同一个碳原子上连有两个氟原子的化合物性质就很稳定,特别是多氟代烃具有很强的化学稳定性、很高的耐热性、耐腐蚀性和很低的表面性能等。由于氟化物的特性,它的用途相当广泛。例如,聚四氟乙烯是一种非常稳定的塑料,它的最大特点是耐腐蚀性,不被任何化学药品腐蚀,也不与强酸、强碱作用,甚至在"王水"中煮沸也无变化。它耐高温可达 250℃,耐低温达 −200℃。聚四氟乙烯不溶于任何溶剂,也不燃烧,具有极好的耐磨性、绝缘性和不黏附性,同时无毒性、有润滑作用,是一种非常有用的工程医用塑料,可用作人造关节的部件,长期用于人体内。

分子中同时含有氟和氯的多卤代烷统称氟氯烷,其商品名为氟利昂。氟利昂主要是指含有一个和两个碳原子的氟氯烷。例如,ClF_2CCF_2Cl 称为 F-114,F 代表氟利昂,个位数代表氟原子数,十位数代表氢原子数加 1,百位数代表碳原子数减 1。又如,F-11(CCl_3F),F-113($CClF_2CCl_2F$)等。对含有溴的氟化物,溴原子个数用 Bx 置于式后面,如 $CBrF_3$ 为 F-13B1;环状氟化物的表示需加 C,如全氟环丁烷表示为 F-C318。

氟利昂多数为气体和低沸点的液体,不燃烧、无毒,耐热和耐腐蚀性好,化学性质稳定,主要用作制冷剂和气雾剂。氟利昂作为传统的制冷剂已应用 50 多年,已对大气臭氧层产生了严重的破坏作用。氟利昂进入大气层后,受紫外线辐射分解产生氯自由基而破坏高空的臭氧层。高空臭氧层具有保护地球免受宇宙强烈紫外光侵害的作用,若臭氧层被破坏,将丧失原来的保护作用,对人类造成很大的危害。因此,1987 年,国际《蒙特利尔协议书》已规定,20 世纪末在全球范围内禁止使用这种制冷剂。目前已开发了一些氟利昂的替代品,如五氟乙烷(HFC-125)、四氟乙烷(HFC-134a)、二氟甲烷(HFC-32),以及混合制冷剂如 R404A 由 HFC-125、HFC-134a 和 HFC-143(CHF_2CF_3/CF_3CH_2F/CH_3CF_3)混合而成,还有 R406A、R409A、R502 混合制冷剂等,替代工作正在加紧研究中。

 知识亮点(Ⅱ)

格利雅发现"格利雅试剂"

格利雅试剂(简称格氏试剂)是法国化学家格利雅(V. Grignard,1871—1935)于 1901 年发现的。由于格氏试剂对有机合成的贡献,格利雅和法国物理化学家萨巴蒂尔共享了1912年诺贝尔化学奖。

1891年格利雅入里昂大学学习数学,毕业后改学有机化学,师从当时学校的有机化学权威巴比尔(P. A. Barbier,1848—1922)。1901年,他在巴比尔教授的指导下研究用镁进行缩合反应时,发现烷基卤化物易溶于醚类溶剂,与镁反应生成烷基卤化镁,即格利雅试剂。他在博士论文中阐述了有机镁化合物及其在有机合成中的重要作用,同年被授予博士学位。

格利雅试剂可以把两个化合物的碳和碳连接成键,为有机化学领域中增长碳链的合成打开了一扇便捷之门,开创了有机合成的新局面。从格利雅试剂出发可以制取烷烃、醇、醛、羧酸等各类有机化合物。格利雅一生共发表学术论文170多篇,在人生的最后阶段还在努力撰写专著《有机化学论》,该书最终由他的同伴在1959年完成并出版。

习题(Exercises)

8.1　命名下列化合物。

(1) $CH_3CHCH-CH_2CH-CH_3$（含Br、CH₃、CH₃取代）

(2) $CH_3CH-CH_2-CH-CHCH_3$（含Br、CH₃、Cl取代）

(3) 环戊烷结构，含 H、CH₃、Br、Br 取代

(4) $CH_2=CH-CH-CH_2CH_2CH-CH_3$（含Cl、CH₃取代）

(5) 苯环-$CH-CH-CH_2CH_3$（含Br、CH₃取代）

(6) 苯环，含 CH₃、Cl、Cl 取代

8.2　写出下列化合物的构造式。

(1) α-苯基乙基溴　　　　(2) 对氯苄基溴　　　　(3) β-苯基乙基溴　　　　(4) 烯丙基氯
(5) 异丙基溴　　　　　　(6) 叔丁基溴　　　　　(7) 2-甲基-5-氯-2-戊烯　　(8) 3-溴环己烯
(9) 2-甲基-5-氯-2-戊烯　(10) 2,3-二甲基-3-氯己烷

8.3　写出一氯代丁烯的各种异构体及其命名,并指出哪些是乙烯型卤代烃,哪些是烯丙型卤代烃。

8.4　写出分子式为 C_4H_9Br 的同分异构体的构造式和命名,并指出伯、仲、叔卤代烷。

8.5　用化学反应式表示 1-溴丙烷与下列化合物反应的主要产物。

(1) $NaOH/H_2O$　　　　(2) KOH/醇　　　　　(3) NaCN　　　　　(4) NH_3(过量)
(5) NaI+丙酮　　　　　(6) $AgNO_3$/乙醇　　　(7) Mg+无水乙醚　　(8) 产物(7)+HC≡CH

8.6　用简便化学方法区别下列各组化合物。

(1) $CH_3CH=CHCl$,$CH_2=CHCH_2Cl$,$CH_3CH_2CH_2Cl$

(2) 3-溴环己烯、氯代环己烷、碘代环己烷

8.7　完成下列反应式。

(1) 苯环-CHClCH₃(对位Cl) + H_2O $\xrightarrow{NaHCO_3}$

(2) $CH_3CH=CH_2$ + HBr $\xrightarrow{过氧化物}$ (A) $\xrightarrow{NaCN}$ (B)

(3)
+ Mg $\xrightarrow{\text{无水乙醚}}$

(4)
—CH$_2$Br + NaI $\longrightarrow$

(5)
$\xrightarrow{\text{KCN}}$

(6)
$\xrightarrow[\triangle]{\text{NBS,引发剂}}$

(7) $CH_3CH_2CH_2CH_2OH$ $\xrightarrow[\triangle]{SOCl_2}$ (A) $\xrightarrow{\left(\text{C}_6\text{H}_5\right)_2\text{CuLi}}$ (B)

(8)
+ HCHO + HCl $\xrightarrow[\triangle]{ZnCl}$ (A) $\xrightarrow[\text{乙醚}]{Mg}$ (B) $\xrightarrow{CH_3C\equiv CH}$ (C)

8.8 将下列各组化合物按不同的要求排序。

(1) S_N1 反应的活性顺序。

(a)
$$CH_3CH\underset{\overset{|}{CH_3}}{CH_2}CH_2Br \qquad CH_3CH_2\underset{\overset{|}{Br}}{\overset{|}{C}}CH_3 \qquad CH_3\underset{\overset{|}{CH_3}}{CH}CHCH_3$$

(b)

(2) S_N2 反应的活性顺序。

$$CH_3CH_2CH_2CH_2Br \qquad CH_3CH_2\underset{\overset{|}{CH_3}}{\overset{\overset{\displaystyle CH_3}{|}}{C}}CH_2CH_2Br \qquad CH_3CH_2\underset{\overset{|}{CH_3}}{CH}CH_2Br \qquad CH_3\underset{\overset{|}{CH_3}}{CH}CH_2CH_2Br$$

(3) 在 NaI 丙酮溶液中反应的活性顺序。

$$H_2C=CHCH_2Br \qquad H_2C=CHBr \qquad CH_3CH_2CH_2CH_2Br \qquad CH_3\underset{\overset{|}{Br}}{CH}CH_2CH_3$$

(4) 在 2%AgNO$_3$/乙醇溶液中反应的活性顺序。

$CH_3CH_2CH_2CH_2Br$ $\qquad$ $CH_3CH_2CH_2CH_2Cl$ $\qquad$ $CH_3CH_2CH_2CH_2I$

8.9 卤代烷与 NaOH 在水与乙醇的混合溶液中进行反应,指出下列哪些是 S_N2 机理,哪些是 S_N1 机理。

(1) 反应一步完成;

(2) 碱的浓度增大,反应速率加快;

(3) 增加溶剂的含水量,反应速率明显加快;

(4) 产物的构型转化;

(5) 三级卤代烷反应速率大于二级卤代烷;

(6) 有重排现象;

(7) 进攻试剂亲核性越强,反应速率越快。

8.10　2,2-二甲基-3-碘丁烷与 NaOH 的醇溶液反应,形成三种消除产物,写出它们的结构,哪一种是主要产物?

8.11　解释下列反应结果。

$$CH_3CH_2CHCH = CH_2 \xrightarrow[C_2H_5OH]{C_2H_5ONa} CH_3CH_2CHCH = CH_2$$

$$\underset{|}{Br} \qquad\qquad \underset{|}{OC_2H_5}$$

(A)

$$\downarrow C_2H_5OH$$

$$CH_3CH_2CHCH = CH_2 \quad + \quad CH_3CH_2CH = CHCH_2OC_2H_5$$

$$\underset{|}{OC_2H_5}$$

(A)　　　　　　　　　　　　　　(B)

8.12　试判断下列各步反应有无错误(孤立地看),如有错误请指出。

(1)　$CH_3CH = CH_2 + HOBr \xrightarrow{(A)} CH_3CH - CH_2 \xrightarrow[(B)]{Mg,乙醚} CH_3 - \underset{}{CHCH_2OH}$

$$\underset{|}{Br}\ \underset{|}{OH} \qquad\qquad \overset{MgBr}{\underset{}{}}$$

(2)　$CH_2 = C(CH_3)_2 + HCl \xrightarrow{(A)} (CH_3)_3CCl \xrightarrow[(B)]{NaCN} (CH_3)_3CCN$

(3)　$HC \equiv CH \xrightarrow[(A)]{HCl / HgCl_2} CH_2 = CHCl \xrightarrow[(B)]{Mg, 乙醚} CH_2 = CHMgCl$

(4)　 $\xrightarrow[(A)]{NBS}$ $\xrightarrow[(B)]{NaOH,H_2O}$

8.13　完成下列转变。

(1)　$CH_3\overset{Br}{\underset{|}{C}HCH_3} \longrightarrow CH_3CH_2CH_2Br$

(2)　$CH_3 - \underset{|}{CH} - CH_3 \longrightarrow CH_3 - \overset{Cl}{\underset{|}{C}} - CH_3$

$$\underset{Cl}{} \qquad\qquad \underset{Cl}{}$$

(3)　$CH_3 - \underset{|}{CH}CH_3 \longrightarrow ClCH_2 - \underset{|}{CH} - \underset{|}{CH_2}$

$$\underset{Br}{} \qquad\qquad \underset{Cl}{}\ \underset{Cl}{}$$

(4)　 $\longrightarrow$

(5)　 $\longrightarrow$

(6)　1-溴丙烷 $\longrightarrow$ 顺-2-己烯

8.14　以丙烯为原料合成下列化合物(无机试剂任选)。

(1) 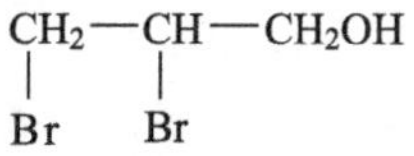 $\underset{\underset{Br}{|}}{CH_2}—\underset{\underset{Br}{|}}{CH}—CH_2OH$　　　(2) $CH_3—\underset{\underset{CH_3}{|}}{CH}CH_2CH_2CH_3$　　　(3) $CH_3C≡CCH_2CH_2CH_3$

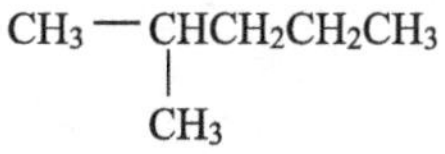

8.15　回答下列问题。

(1) 氯乙烷与 NaOH 水溶液生成乙醇的反应,若加入少量 KI,反应速率大大增加,试解释 KI 的催化作用。

(2) 苄溴与水在甲酸溶液中反应生成苯甲醇,反应速率与[H_2O]无关,若与 C_2H_5ONa 在无水乙醇中反应生成乙基苄基醚,反应速率取决于[$C_6H_5CH_2Br$][$C_2H_5O^-$],试解释上述实验事实。

8.16　写出下列卤代烷在 KOH 的乙醇溶液中反应的主要产物。

(1) 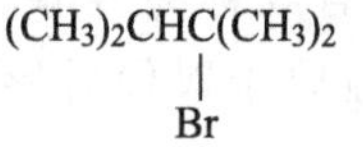 $(CH_3)_2CH\underset{\underset{Br}{|}}{C}(CH_3)_2$　　　(2) $(CH_3)_2CH\underset{\underset{Br}{|}}{C}HCH_3$　　　(3) $(CH_3)_2C\underset{\underset{Br}{|}}{C}H_2CH_3$

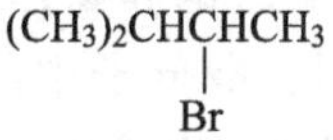

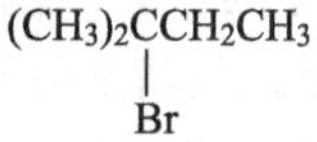

(4) 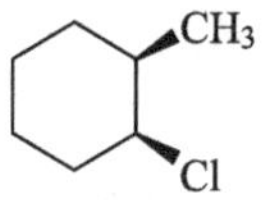　　　　　　　　　　(5)

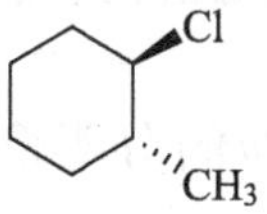

8.17　以苯或甲苯为主要原料合成下列化合物(其他有机试剂和无机试剂任选)。

(1) 对溴苄基溴　　　(2) 苯乙酸　　　(3) 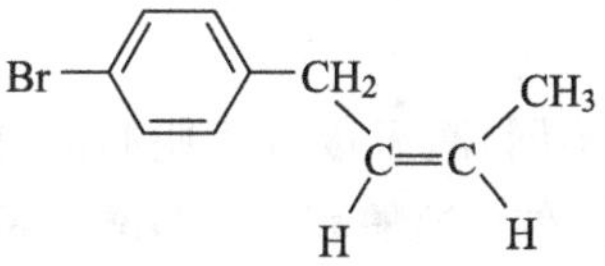 $Br\!-\!\!\bigcirc\!\!-\!CH_2\!-\!\!\underset{H}{\overset{}{C}}\!\!=\!\!\underset{H}{\overset{CH_3}{C}}$

8.18　某烃类化合物 A,分子式为 C_5H_{10},与 $KMnO_4$ 不发生反应,在紫外光照射下与溴作用只得一种产物 B(C_5H_9Br)。将化合物 B 与 KOH 的醇溶液作用得 C(C_5H_8),化合物 C 经臭氧化并在锌粉存在下水解得戊二醛。写出化合物 A~C 的构造式和各步反应式。

8.19　某开链烃 A,分子式为 C_6H_{12},具有旋光性,加氢后生成相应饱和烃 B,B 无旋光性。A 与 HBr 反应生成 C($C_6H_{12}Br$),C 有旋光性。试写出 A~C 的构造式和各步反应式。

第9章 醇 和 酚
(Alcohols and Phenols)

醇是烃分子中饱和碳原子上的氢原子被羟基(—OH)取代后的生成物。饱和一元醇的通式为 $C_nH_{2n+1}OH$,用 R—OH 表示。羟基直接与芳环相连的化合物称为酚,用通式 Ar—OH 表示,如苯酚和 α-萘酚等。羟基与芳环侧链上的饱和碳原子相连的化合物称为芳醇,如苯甲醇和 α-呋喃甲醇等。羟基是醇和酚的官能团。醇分子中的氧原子被硫原子取代后形成的化合物称为硫醇,通式为 RSH。HS—(巯基)是硫醇的官能团。

9.1 醇和酚的分类和命名
(Classification and Nomenclature of Alcohols and Phenols)

9.1.1 醇和酚的分类

按醇分子中烃基的不同,醇可以分为脂肪醇、脂环醇和芳香醇。按羟基所连碳原子的级数不同,醇可分为伯(1°)醇、仲(2°)醇和叔(3°)醇。例如:

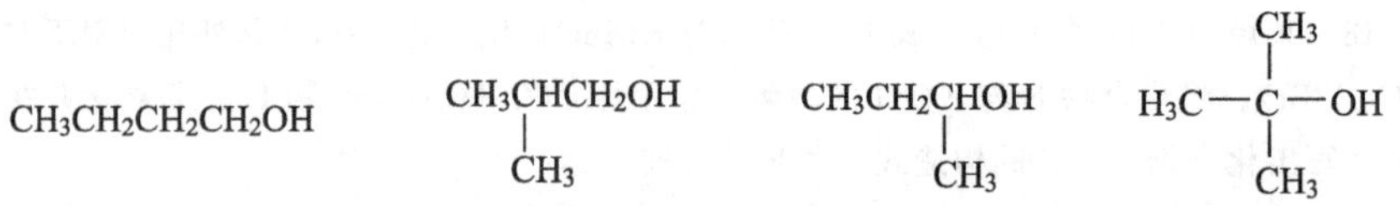

CH₃CH₂CH₂CH₂OH	CH₃CHCH₂OH CH₃	CH₃CH₂CHOH CH₃	CH₃ H₃C—C—OH CH₃

| 普通命名法 | 正丁醇(1°醇)
n-butyl alcohol | 异丁醇(1°醇)
isobutyl alcohol | 仲丁醇(2°醇)
sec-butyl alcohol | 叔丁醇(3°醇)
tert-butyl alcohol |

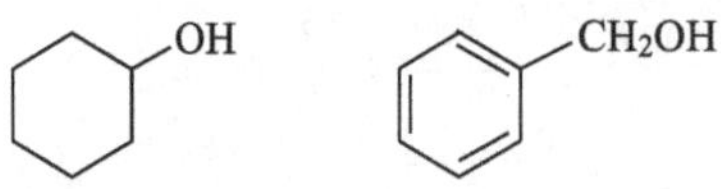

普通命名法	环己醇 cyclohexyl alcohol	苯甲醇 benzyl alcohol

按醇分子中所含羟基的数目不同,醇可以分为一元醇、二元醇和三元醇等,如乙二醇、丙三醇(甘油)等。醇的同分异构体包括碳架异构和位置异构。例如,上述丁醇的四个同分异构体就包括了碳架异构和位置异构。

酚按芳环上所含羟基的数目不同,可以分为一元酚、二元酚和三元酚等。

9.1.2 醇和酚的命名

1. 醇的命名

1) 普通命名法

结构较简单的醇用普通命名法命名。醇的普通命名法是按烷基的普通名称命名的,即在烷基的名称后面加一个"醇"字,英文加 alcohol,如上述丁醇的四个同分异构体的命名和环己醇和苯甲醇的命名。

2) 系统命名法

结构较复杂的醇一般采用系统命名法命名,其命名要点如下。

(1) 选择含羟基的最长碳链为主链,从靠近羟基的一端编号,根据主链碳原子的数目命为"某醇",若有取代基,则应在母体名称前标出取代基的位置与名称。醇的英文名称是用醇的特征词尾 ol 替代烷烃词尾 ane 中的 e,羟基的英文名称是 hydroxyl。例如:

$(CH_3)_2CHCH_2OH$ $CH_3CH_2CHCH_2OH$ CH_2CH_3

2-甲基-1-丙醇   2-乙基-1-丁醇   2-甲基环己醇
2-methyl-1-propanol   2-ethyl-1-butanol   2-methylcyclohexanol

(2) 不饱和醇的命名是选择含有羟基和重键的最长碳链为主链,从靠近羟基的一端开始编号,命名为"某烯醇"或"某炔醇"。英文名称是用醇的特征词尾 ol 替代烯烃词尾 ene 中的 e。若有构型异构体,则应将构型命出。例如:

$CH_2{=}CH{-}CH_2OH$ HO

2-丙烯醇   反-2-戊烯-1-醇   (Z)-4-氯-3-丁烯-2-醇
2-propenol   *trans*-2-penten-1-ol   (Z)-4-chloro-3-buten-2-ol

2. 硫醇的命名

硫醇的命名与醇相似,只是在母体名称中"醇"字前面加一个"硫"字。例如:

CH_3SH $CH_3CH_2CH_2CH_2SH$ $CH_3CH{=}CHCH_2SH$

甲硫醇   1-丁硫醇   2-丁烯-1-硫醇
methanethiol   1-butanethiol   2-butene-1-thiol

3. 酚的命名

酚的命名一般是在"酚"字前加上芳环的名称作为母体,再加上取代基的名称和位次。酚的英文名称为 phenol。例如:

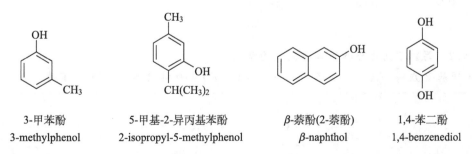

3-甲苯酚   5-甲基-2-异丙基苯酚   β-萘酚(2-萘酚)   1,4-苯二酚
3-methylphenol   2-isopropyl-5-methylphenol   β-naphthol   1,4-benzenediol

9.1.3 多官能团化合物的系统命名法

当化合物中有两个或两个以上官能团时,应根据"主官能团优先顺序"命名,比较它们在表 9-1 中的优先顺序,以其中最优者为母体命名。例如:

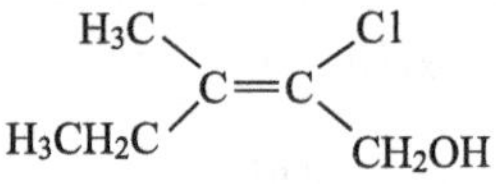

(E)-3-甲基-2-氯-2-戊烯-1-醇
(E)-2-chloro-3-methyl-2-panten-1-ol

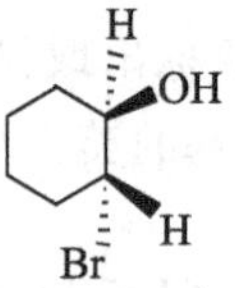

反-2-溴环己醇
trans-2-bromocyclohexanol

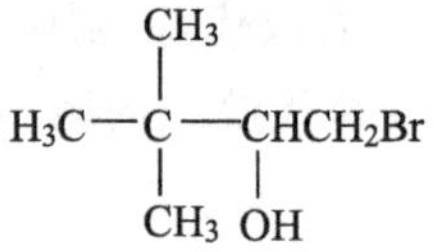

3,3-二甲基-1-溴-2-丁醇
1-bromo-3,3-dimethyl-2-butanol

表 9-1　主官能团的优先顺序（按优先递降排列）

类别	官能团	类别	官能团	类别	官能团
羧酸	—COOH	醛	—CHO	胺	—NH$_2$
磺酸	—SO$_3$H	酮	C=O	炔烃	—C≡C—
羧酸酯	—COOR	醇	—OH	烯烃	C=C
酰卤	—COX	酚	—OH	醚	—O—
酰胺	—CONH$_2$	硫醇	—SH	卤化物	—X
腈	—CN				

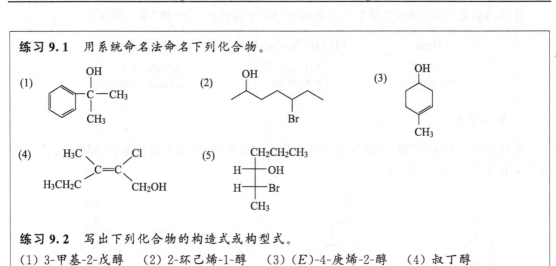

练习 9.1　用系统命名法命名下列化合物。

(1)　　　　　　　　(2)　　　　　　　　(3)

(4)　　　　　　　　(5)

练习 9.2　写出下列化合物的构造式或构型式。

(1) 3-甲基-2-戊醇　　(2) 2-环己烯-1-醇　　(3) (E)-4-庚烯-2-醇　　(4) 叔丁醇

9.2 醇和酚的物理性质和光谱性质
（Physical Properties and Spectroscopic Properties of Alcohols and Phenols）

9.2.1 醇的物理性质和光谱性质

1. 醇的物理性质

在直链饱和一元醇中，C_4 以下的醇为具有酒味的流动液体，$C_5 \sim C_{11}$ 的醇为具有不愉快气味的油状液体，C_{12} 以上的醇为无臭无味的蜡状固体。常见醇的物理常数见表 9-2。

表 9-2 常见醇的名称和物理常数

醇	熔点/℃	沸点/℃	相对密度(d_4^{20})
甲醇 CH_3OH	−97.8	65.0	0.79
乙醇 CH_3CH_2OH	−114.7	78.5	0.79
正丙醇 $CH_3(CH_2)_2OH$	−126.5	97.4	0.80
异丙醇 $(CH_3)_2CHOH$	−89.5	82.4	0.79
正丁醇 $CH_3(CH_2)_3OH$	−90.0	117.3	0.81
仲丁醇 $CH_3CH_2CH(CH_3)OH$	−114.7	99.5	0.81
异丁醇 $(CH_3)_2CHCH_2OH$	−108.0	107.9	0.80
叔丁醇 $(CH_3)_3COH$	25.5	82.5	0.79
正戊醇 $CH_3(CH_2)_4OH$	−79	138	0.82
异戊醇 $(CH_3)_2CHCH_2CH_2OH$	−117	131.5	0.81
新戊醇 $(CH_3)_3CCH_2OH$	53	114	0.81
正己醇 $CH_3(CH_2)_5OH$	−52	155.8	0.82
环己醇 〈 〉—OH	24	161.5	0.96
正庚醇 $CH_3(CH_2)_6OH$	−34	176	—
正辛醇 $CH_3(CH_2)_7OH$	−16	194	0.83
正壬醇 $CH_3(CH_2)_8OH$	−6	214	0.83
正癸醇 $CH_3(CH_2)_9OH$	6	233	0.83
烯丙醇 $CH_2{=}CHCH_2OH$	−129	97	0.86
苯甲醇 $C_6H_5CH_2OH$	−15	205	1.05
二苯甲醇 $(C_6H_5)_2CHOH$	69	298	1.10
三苯甲醇 $(C_6H_5)_3COH$	162.5		1.20
1,2-乙二醇 $HOCH_2CH_2OH$	−16	197	1.11
1,2,3-丙三醇 $HOCH_2CH(OH)CH_2OH$	18	290	1.26

醇的沸点比相对分子质量相近的醚和烷烃高得多，如乙醇（相对分子质量 46）的沸点是 78℃，二甲醚（相对分子质量 46）的沸点是 −25℃，丙烷（相对分子质量 44）的沸点是 −42℃。这是由于醇分子中的氢氧键高度极化，它们能通过氢键相互缔合。液态醇气化时不仅要破坏

分子间的范德华力,还要有足够的能量使氢键破坏(氢键的键能约为 20.9kJ·mol^{-1})。从表 9-2 中可以看出,直链饱和一元醇的沸点随碳原子数目增加上升,每增加一个碳原子,沸点升高 18～20℃。碳原子数相同的醇中,含支链越多者沸点越低,其原因是范德华力相对较小。

甲醇、乙醇、丙醇、异丙醇和叔丁醇在室温条件下与水混溶,而正丁醇在水中的溶解度仅为 9.1%,异丁醇为 10%,正戊醇为 2.7%,正己醇为 0.6%,环己醇为 3.6%,高级醇与烷烃一样几乎完全不溶于水。

低级醇能与水混溶是因为能与水分子形成氢键,随着醇分子中烃基的增大,形成氢键的能力减小,因而溶解度降低。

2. 醇的红外光谱和氢核磁共振谱

醇的红外特征吸收峰主要有:①游离羟基的 O—H 键的伸缩振动吸收峰,吸收位置在 3650～3590cm^{-1}(尖峰,强度较弱);②分子间缔合的羟基的 O—H 键的伸缩振动吸收峰,位置在 3400～3200cm^{-1}(峰强而宽);③醇的 C—O 键的伸缩振动吸收峰,伯醇在 1085～1050cm^{-1},仲醇在 1125～1100cm^{-1},叔醇在 1200～1150cm^{-1}(图 9-1 和图 9-2)。

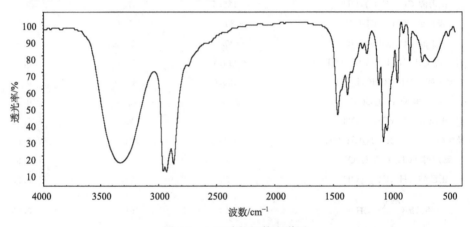

图 9-1　1-丁醇的红外光谱图

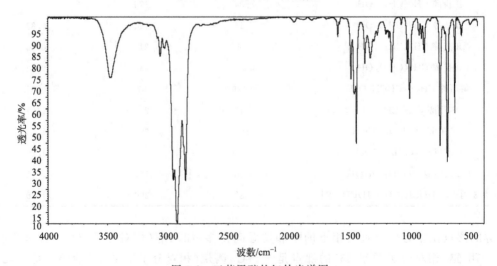

图 9-2　三苯甲醇的红外光谱图

在醇的[1]H NMR 谱图中,由于受分子间氢键的影响,羟基中质子的化学位移值 $\delta = 1 \sim 5.5$,有时也可能隐藏在烃基质子的峰中,常可通过计算质子数而把它找出来。由于氧的电负性较大,α-碳氢的化学位移值 $\delta = 3.4 \sim 4.0$。图 9-3 为乙醇的[1]H NMR 谱图。

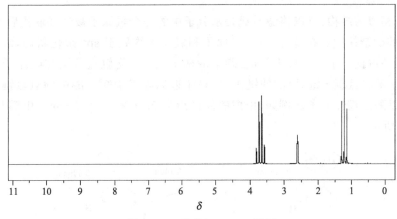

图 9-3　乙醇的[1]H NMR 谱图

9.2.2　酚的物理性质和光谱性质

酚多为固体,少数烷基酚为液体。酚微溶于水,在 25℃时 100g 水可溶解约 9g 苯酚,加热时苯酚可在水中无限地溶解。与醇类似,由于分子间形成氢键,酚具有高的沸点。常见酚的物理常数见表 9-3,酚的毒性很大,口服致死量为 $530 \text{mg} \cdot \text{kg}^{-1}$(体重)。

表 9-3　常见酚的名称和物理常数

名称	熔点/℃	沸点/℃	溶解度 g・(100g H₂O)⁻¹	pKₐ(25℃)
苯酚	40.8	181.8	9.3	9.89[20]
邻甲苯酚	30.5	191	2.5	10.20
间甲苯酚	11.9	202.2	2.6	10.09
对甲苯酚	34.5	201.8	2.3	10.26
邻硝基苯酚	44.5	214.5	0.2	7.22
间硝基苯酚	96	194(9333Pa)	1.4	8.39
对硝基苯酚	114	279(分解)	1.7	7.15
邻苯二酚	105	245	45	9.4
间苯二酚	110	281	123	9.4
对苯二酚	170	285	8	10.35[20]
α-萘酚	94	279	难	9.34
β-萘酚	123	286	0.1	9.51

酚的红外光谱具有芳环和羟基的特点,酚的 O—H 键的伸缩振动吸收峰在 $3650 \sim 3200 \text{cm}^{-1}$,是一宽而强的吸收峰;C—O 键的伸缩振动吸收峰在 $1300 \sim 1200 \text{cm}^{-1}$。

酚羟基的[1]H NMR 的化学位移值 $\delta = 4 \sim 9$。

9.3　醇 的 结 构
(Structure of Alcohols)

　　醇和水有相似的结构,可以将醇看成是水分子中的一个氢原子被烃基取代后的生成物,图9-4是水和甲醇的结构图。在醇分子中,碳原子和氧原子均处于 sp³ 杂化状态,氧原子中两对未共用电子对各占据一个 sp³ 杂化轨道,剩下的两个 sp³ 杂化轨道分别与碳原子和氢原子结合,形成碳氧 σ 键和氢氧 σ 键,甲醇的键角∠COH 近似等于 109°。醇中的氧氢键和碳氧键都是极性键,所以醇是极性分子。例如,甲醇的偶极矩为 $5.70 \times 10^{-30} C \cdot m$。甲醇和水的键长、键角如图 9-4 所示。

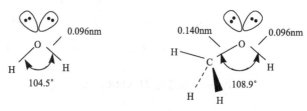

图 9-4　水和甲醇的结构图

　　醇的羟基氧原子上的两对未共用电子对使醇既有碱性又有亲核性。在强酸性条件下,羟基中的氧作为碱接受质子生成锌盐,所以醇具有碱性,但醇的亲核性较弱。在醇羟基中,由于氧的电负性大于氢的电负性,极性的氧氢键使醇也具有酸性。醇的酸性和碱性的大小和与羟基相连的烃基的电子效应有关,烃基的吸电子能力越强,酸性越强,碱性越弱;相反,烃基的给电子能力越强,酸性越弱,碱性越强。烃基的空间位阻对醇的酸碱性也有影响。

9.4　醇、硫醇和酚的酸性
(The Acidity of Alcohols, Thiols and Phenols)

9.4.1　醇的酸性

　　醇存在与水相似的酸性和类似的自电离平衡。

$$H_2O + H_2O \rightleftharpoons H_3\overset{+}{O} + OH^-$$

$$CH_3OH + CH_3OH \rightleftharpoons CH_3\overset{+}{O}H_2 + CH_3O^-$$

　　由表 9-4 中的数据可知,甲醇的酸性略比水强;酚的酸性比水强;烃基上连有吸电子基团的醇的酸性增强;而乙醇等大多数醇的酸性比水弱。

表 9-4　几种醇、水、苯酚、乙酸和盐酸的 K_a 值和 pK_a 值

化合物	K_a	pK_a
甲醇	3.2×10^{-16}	15.5
乙醇	1.3×10^{-16}	15.9

续表

化合物	K_a	pK_a
2-氯乙醇	5.0×10^{-15}	14.3
2,2,2-三氯乙醇	6.3×10^{-13}	12.2
异丙醇	3.2×10^{-17}	16.5
叔丁醇	1.0×10^{-18}	18.0
环己醇	1.0×10^{-18}	18.0
苯酚	1.0×10^{-10}	10.0
水	1.8×10^{-16}	15.7
乙酸	1.6×10^{-5}	4.8
盐酸	$1.6 \times 10^{+2}$	-2.2

醇具有弱酸性,可与活泼金属钠、钾等反应并放出氢气。

$$ROH + Na \longrightarrow RONa + \frac{1}{2}H_2 \uparrow$$

由于醇的酸性比水弱,此反应较缓和,可利用此反应来销毁某些反应中剩余的金属钠,而不会引起燃烧或爆炸。各类醇与金属钠反应的速率顺序为甲醇>伯醇>仲醇>叔醇。

醇的共轭碱是醇钠,醇钠为白色固体,是比氢氢化钠还强的碱,工业上利用醇与氢氧化钠反应制取醇钠,为使反应顺利进行,需移去反应体系中的水。醇钠的化学性质相当活泼,极易水解成醇和氢氧化钠,在有机合成上常作为碱和缩合剂使用。

$$RONa + H_2O \rightleftharpoons NaOH + ROH$$

仲醇特别是叔醇易与金属钾反应生成醇钾。例如:

$$(CH_3)_3C-OH + K \longrightarrow (CH_3)_3C-OK + \frac{1}{2}H_2 \uparrow$$

仲醇和叔醇还易与金属铝反应生成醇铝。例如,叔丁醇铝$[(CH_3)_3CO]_3Al$ 和异丙醇铝 $[(CH_3)_2CHCO]_3Al$ 是很好的催化剂和还原剂,在有机合成上都有重要用途。一些与金属钠或钾均反应慢的醇可与氢化钠在四氢呋喃(THF)中反应生成醇钠。

9.4.2 硫醇的酸性

硫醇的酸性比相应的醇强。例如,乙硫醇的 pK_a 为10.5,乙醇的 pK_a 为15.9。硫醇可溶于稀氢氧化钠溶液中,生成较稳定的硫醇盐。

$$RSH + NaOH \rightleftharpoons RSNa + H_2O$$

硫醇还能与一些重金属离子如 Hg^{2+}、Cu^{2+}、Pd^{2+} 等形成不溶于水的硫醇盐,这个反应可以用于鉴别硫醇。例如:

$$2C_2H_5SH + HgO \longrightarrow (C_2H_5S)_2Hg \downarrow + H_2O$$

许多重金属盐能导致人畜中毒,这是因为这些重金属盐能与肌体内某些酶中的巯基结合,使酶丧失其正常的生理作用。医药上常用二巯基丙醇 $HSCH_2CH(SH)CH_2OH$ 作为重金属盐中毒的解毒剂,它可以夺取与体内酶结合的重金属,生成更稳定的配合物而从尿中排出体外。

9.4.3 酚的酸性

酚的酸性比醇强。例如,苯酚的 $pK_a=10$,而环己醇的 $pK_a=18$。酚的酸性较强的原因是苯酚氧原子上的未共用电子对与苯环上的 π 电子形成 p-π 共轭,降低了氧原子上的电子云密度,有利于质子离去,更重要的是,酚离解生成的酚氧负离子的负电荷可以通过 p-π 共轭体系被分散到苯环上,使酚氧负离子稳定而使其酸性增强。苯酚与氢氧化钠水溶液作用,生成可溶于水的苯酚钠。

向苯酚钠水溶液中通入 CO_2,则可游离出苯酚。利用该反应可分离、提纯苯酚。

当酚羟基的邻位或对位有强的吸电子基(如—NO_2 等)时,酚的酸性增强,相反,有给电子基时,酚的酸性减小。随着吸电子基数目增多,酸性增加更多。例如,2,4,6-三硝基苯酚(苦味酸)的 $pK_a=0.25$,其酸性已与强无机酸相近(详见 14.1.3)。

当吸电子基连在羟基的间位时,由于它们之间只存在诱导效应的影响,因此酸性增加不十分明显。

练习 9.3 列出 1-戊醇、2-戊醇、2-甲基-2-丁醇与金属钠反应的活性顺序,再列出这三种醇钠的碱性大小顺序。

练习 9.4 将下列化合物按酸性强弱顺序排列。

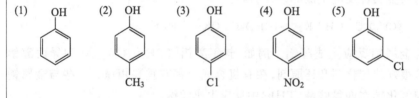

9.5 醇的化学反应
(Chemical Reactions of Alcohols)

醇是一类重要的有机化合物,分子中含有 O—H 键和 C—O 键这两种极性共价键,O—H键的极性使醇具有酸性,可与活泼金属反应;C—O 键的极性使其在酸性条件下可发生亲核取代反应。另外,醇的 α-H 具有一定的活性,可使醇发生氧化反应。当醇发生分子内脱水反应时,β-C—H 键断裂。

9.5.1 与氢卤酸反应

醇与氢卤酸发生亲核取代反应生成卤代烃和水,这是制备卤代烃的重要方法,该反应是卤

代烃水解反应的逆反应,反应通式如下:

$$R\!-\!OH + H^+ \rightleftharpoons R\overset{+}{O}H_2 \xrightarrow[S_N1 或 S_N2]{X^-} RX + H_2O$$

醇与氢卤酸反应的速率与氢卤酸的种类和醇的结构有关。氢卤酸与相同的醇反应的活性顺序是 HI>HBr>HCl。例如,正丁醇与浓氢碘酸一起加热就能生成碘代正丁烷;与浓氢溴酸在脱水剂 H_2SO_4 催化下加热生成溴代正丁烷;与浓盐酸在无水 $ZnCl_2$ 催化下加热生成氯代正丁烷。

$$CH_3CH_2CH_2CH_2OH \xrightarrow[\triangle]{HI(浓)} CH_3CH_2CH_2CH_2I + H_2O$$

$$CH_3CH_2CH_2CH_2OH \xrightarrow[\triangle]{HBr (浓), H_2SO_4} CH_3CH_2CH_2CH_2Br + H_2O$$

$$CH_3CH_2CH_2CH_2OH \xrightarrow[\triangle]{HCl(浓), ZnCl_2} CH_3CH_2CH_2CH_2Cl + H_2O$$

醇与相同的氢卤酸反应的活性顺序是烯丙型醇>叔醇>仲醇>伯醇。例如,烯丙醇与 48% HBr 回流生成烯丙基溴;正丁醇则需与氢溴酸在 H_2SO_4 催化下加热生成溴代正丁烷。

利用不同的醇与浓盐酸反应的速率不同,可区分伯、仲、叔醇。所用的试剂为无水 $ZnCl_2$ 与浓 HCl 配成的溶液,称为卢卡斯(Lucas)试剂。水溶性较好的醇与卢卡斯试剂反应后生成不溶于水的卤代烃,形成乳状浑浊液或分层。根据与卢卡斯试剂反应形成浑浊液或出现分层的时间,可以区分 C_6 以下的一元伯、仲、叔醇。例如,卢卡斯试剂与叔丁醇在室温下立即反应,反应液变浑浊;与 2-丁醇在室温需放置片刻后反应,反应液变浑浊;正丁醇需加热后反应,反应液变浑浊。C_6 以上的醇水溶性较差,难以用卢卡斯试剂鉴别。

烯丙型醇、叔醇、仲醇与氢卤酸按 S_N1 机理反应,伯醇一般按 S_N2 机理反应。异丙醇和正丁醇与卢卡斯试剂反应机理为

$$(CH_3)_2CH\!-\!OH \underset{ZnCl_2}{\rightleftharpoons} (CH_3)_2CH\!-\!\overset{\underset{|}{ZnCl_2}}{\overset{+}{O}}H \underset{-[HOZnCl_2]^-}{\overset{慢}{\rightleftharpoons}} (CH_3)_2\overset{+}{CH} \xrightarrow{Cl^-} (CH_3)_2CH\!-\!Cl$$

$$CH_3CH_2CH_2CH_2\!-\!OH \overset{ZnCl_2, HCl}{\underset{慢}{\rightleftharpoons}} \left[\begin{array}{c} CH_2CH_2CH_3 \\ \overset{+}{H}Cl^- \quad \overset{\curvearrowright}{C}\overset{\curvearrowleft}{\!-\!}\overset{\cdot\cdot}{O}\!:\!ZnCl_2 \\ H \quad H \quad H \end{array}\right] \longrightarrow CH_3CH_2CH_2CH_2Cl + H_2O + ZnCl_2$$

醇与氢卤酸易发生消除副反应;β-C 上有支链的伯醇与氢卤酸反应时易生成部分重排产物,故限制了用此法制备卤代烃。例如:

$$n\text{-}C_4H_9OH + NaBr \xrightarrow[\triangle]{H_2SO_4} n\text{-}C_4H_9Br + CH_3CH_2CH=CH_2$$

$$\begin{array}{c} CH_3 \\ | \\ CH_3\!-\!HC\!-\!CH_2OH \end{array} \xrightarrow[\triangle]{NaBr, H_2SO_4} \begin{array}{c} CH_3 \\ | \\ CH_3\!-\!HC\!-\!CH_2Br \end{array} + \begin{array}{c} CH_3 \\ | \\ CH_3\!-\!C\!-\!CH_3 \\ | \\ Br \end{array}$$

练习 9.5　用化学方法鉴别下列各组化合物。

(1) 1-丁醇、2-丁醇、2-甲基-2-丙醇

(2) 苯甲醇、2-苯基乙醇、1-苯基-2-丙醇

9.5.2　与氯化亚砜反应

　　醇与氯化亚砜在加热条件下反应可得到氯代烃,反应的副产物是二氧化硫和氯化氢气体,易于分离,且该反应的产率高,是由醇制备氯代烃的一种好方法。该反应常用二氯甲烷、DMF、二氧六环等作溶剂,反应时常加入有机碱性化合物如吡啶,以除去反应生成的氯化氢,反应通式如下:

$$ROH \; + \; Cl\!-\!\overset{\displaystyle O}{\underset{\displaystyle \parallel}{S}}\!-\!Cl \; \xrightarrow{\triangle} \; RCl \; + \; SO_2\uparrow \; + \; HCl\uparrow$$

反应可能的机理如下:

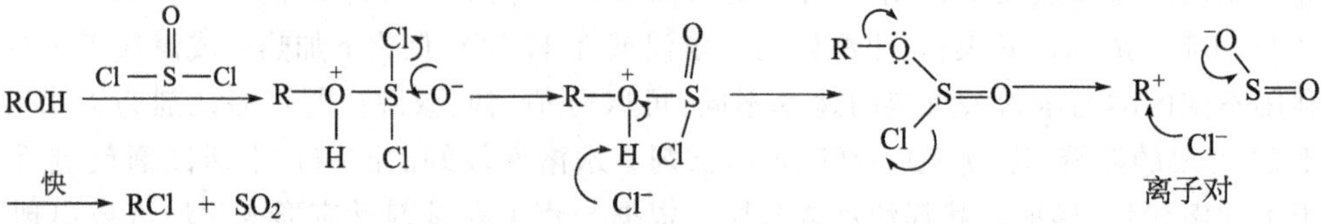

$$\xrightarrow{\text{快}} RCl \; + \; SO_2$$

　　这是一个分子内的 S_N1(记作 S_Ni)反应,经离子对中间状态,Cl^- 只能从 R^+ 的前面进攻,得到构型保持的产物。由于反应不生成碳正离子中间体,所以没有重排副产物生成。例如:

9.5.3　与卤化磷反应

　　醇与三卤化磷(常用三氯化磷或三溴化磷)或五氯化磷反应得到卤代烃。三碘化磷不稳定,常用磷与 I_2 反应生成三碘化磷后立即使用。

$$3R\!-\!OH + PCl_3 \longrightarrow 3RCl \; + \; H_3PO_3$$

$$3R\!-\!OH + PBr_3 \longrightarrow 3RBr \; + \; H_3PO_3$$

$$6R\!-\!OH + 2P + 3I_2 \longrightarrow 6RI \; + \; 2H_3PO_3$$

$$R\!-\!OH + PCl_5 \longrightarrow RCl \; + \; POCl_3 \; + \; HCl$$

　　伯醇和仲醇用上述方法均能生成高产率的卤代烃,而叔醇则不能。用此法制备卤代烃能避免重排反应的发生。例如:

> **练习 9.6**　写出下列化合物分别与（a）HCl，$ZnCl_2$；（b）HBr；（c）PBr_3；（d）P/I_2；
> （e）$SOCl_2$ 反应的产物。
> （1）1-丁醇　　　（2）2-丁醇　　　（3）2,2-二甲基-1-丁醇

9.5.4　与酸反应

1. 与无机酸反应

醇可与含氧无机酸如硫酸、硝酸及磷酸等发生分子间脱水反应，生成无机酸酯。

甲醇与浓硫酸反应，首先生成硫酸氢甲酯，再经减压蒸馏可得到硫酸二甲酯。用同样的方法也可以制得硫酸二乙酯。

$$CH_3OH + H_2SO_4 \rightleftharpoons CH_3OSOH + H_2O$$

硫酸氢甲酯

$$CH_3OSOH + HOSO_2OCH_3 \xrightarrow{\text{减压蒸馏}} CH_3OSO_2OCH_3 + H_2SO_4$$

硫酸二甲酯

硫酸二甲酯和硫酸二乙酯在实验室和化工生产中均可作为重要的烷基化试剂使用。但硫酸二甲酯有剧毒，使用时应注意安全。高级醇的酸性硫酸酯钠盐如十二烷基硫酸钠（$C_{12}H_{25}OSO_2ONa$）是一种常用的合成洗涤剂。

醇与硝酸反应可以生成硝酸酯。甘油三硝酸酯也称硝酸甘油，是一种猛烈的炸药，也可用作心血管扩张药。

$$\begin{matrix} CH_2OH \\ | \\ CHOH \\ | \\ CH_2OH \end{matrix} + 3HNO_3 \xrightarrow[100℃]{H_2SO_4} \begin{matrix} CH_2ONO_2 \\ | \\ CHONO_2 \\ | \\ CH_2ONO_2 \end{matrix} + 3H_2O$$

醇与磷酸反应生成磷酸酯，磷酸酯常用作杀虫剂、增塑剂和萃取剂。例如：

$$3CH_3CH_2CH_2CH_2OH + \begin{matrix} HO \\ HO \\ HO \end{matrix}P=O \longrightarrow (CH_3CH_2CH_2CH_2O)_3P=O + 3H_2O$$

此反应即使在催化剂作用下也较难进行。因此，一般磷酸酯的制备是在吡啶存在下，由醇与三氯氧磷反应制备。

2. 与有机酸反应

醇与有机酸或酰氯作用得到酯，制备方法及反应机理等将在第 12 章中加以讨论。

醇与磺酰氯作用生成磺酸酯。例如：

$$CH_3-\!\!\!\!\!\!\!\!\!\!\!\!\!\!\!\!\!\!\!-SO_2Cl + C_2H_5OH \xrightarrow{OH^-} CH_3-\!\!\!\!\!\!\!\!\!\!\!\!\!\!\!\!\!\!\!-SO_2OC_2H_5$$

对甲苯磺酸乙酯

对甲苯磺酸酯简写为 TsOR,结构式如下:

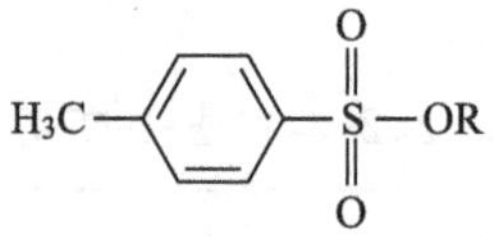

$$H_3C-\underset{\underset{O}{\parallel}}{\overset{\overset{O}{\parallel}}{\underset{}{\text{（苯环）}}}}S-OR$$

对甲苯磺酸根负离子,即对甲苯磺酰氧基(简写为 TsO$^-$),是一个好的离去基团。在有机合成中,为了使亲核取代反应容易进行,常将醇与对甲苯磺酰氯反应,使醇羟基(离去基团)转变成对甲苯磺酰氧基,即将强碱性基团转变为弱碱性基团,以利于亲核取代反应的发生。例如:

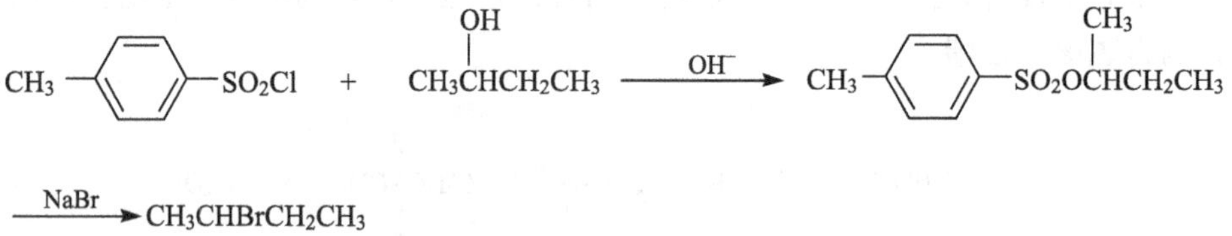

$$CH_3-\text{（苯环）}-SO_2Cl \ + \ CH_3\underset{\underset{OH}{|}}{CH}CH_2CH_3 \xrightarrow{OH^-} CH_3-\text{（苯环）}-SO_2O\underset{\underset{CH_3}{|}}{CH}CH_2CH_3$$

$$\xrightarrow{NaBr} CH_3CHBrCH_2CH_3$$

9.5.5　氧化和脱氢

伯醇和仲醇分子中的 α-H 比较活泼,容易被氧化,常用的氧化剂有 $K_2Cr_2O_7$-H_2SO_4、CrO_3-CH_3COOH 和 $KMnO_4$ 等。伯醇氧化生成醛和酸,仲醇氧化生成酮。将伯醇氧化成醛而避免醛进一步被氧化成酸的选择性氧化剂是吡啶氯铬酸盐(pyridinium chlorochromate,简写为 PCC),PCC 也可将仲醇氧化成酮。PCC 可表示为

$$\text{（吡啶环）}\overset{+}{N}HCrO_3Cl^- \qquad \text{或} \qquad Py\overset{+}{H}CrO_3Cl^-$$

例如:

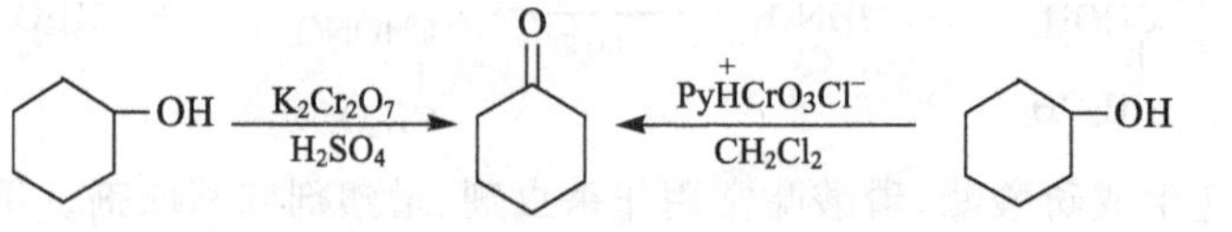

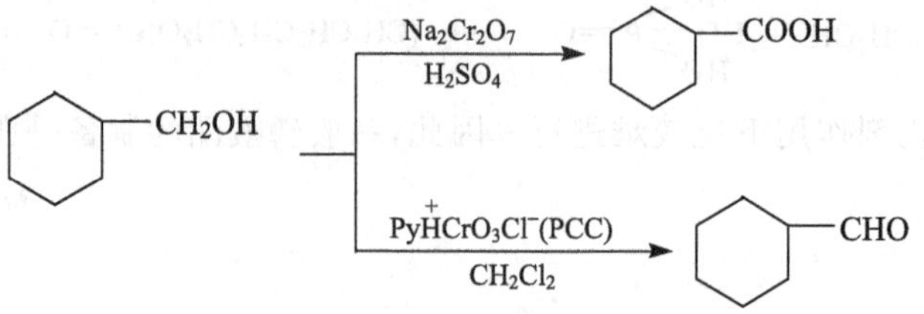

用铬酐(CrO$_3$)与吡啶反应形成的铬酐-双吡啶络合物称为沙瑞特(Sarrett)试剂,用 $(C_5H_5N)_2 \cdot CrO_3$ 表示,它是一种吸潮性红色结晶,沙瑞特试剂可以高产率地使一级醇氧化成醛,二级醇氧化成酮。反应一般在二氯甲烷中于 25℃左右进行,具有较好的选择性,不会使醛进一步被氧化成酸,分子中若有双键或叁键也不会受到影响。由于吡啶是碱性的,对在酸中不稳定的醇是一种很好的氧化剂。例如:

$$CH_3(CH_2)_4CH_2OH \xrightarrow[25℃,CH_2Cl_2]{(C_5H_5N)_2\cdot CrO_3} CH_3(CH_2)_4CHO$$

$$CH_3CH_2CH_2C\equiv CCH_2OH \xrightarrow[25℃,CH_2Cl_2]{(C_5H_5N)_2\cdot CrO_3} CH_3CH_2CH_2C\equiv CCHO$$

另一种有选择性地氧化醇的方法称为欧芬耐尔（Oppenauer）氧化法，即在叔丁醇铝或异丙醇铝存在下，二级醇和丙酮（或甲乙酮、环己酮）一起反应（有时用苯或甲苯作溶剂），醇变成酮，丙酮被还原成异丙醇。反应通式为

$$RR'CH{-}OH + CH_3\overset{O}{\overset{\|}{C}}CH_3 \xrightleftharpoons{[(CH_3)_2CHO]_3Al} RR'C{=}O + H_3C{-}\underset{OH}{\underset{|}{CH}}{-}CH_3$$

该反应是可逆反应，若反应时加入大量的丙酮，可以使反应向生成酮的方向进行。该反应具有很高的专一性，只使羰基与醇羟基互变而不影响其他基团，当分子中含有碳碳双键或其他对酸不稳定的基团时，可以用此法制备酮。例如：

$$CH_3\overset{OH}{\overset{|}{C}H}CH{=}CH_2 + CH_3\overset{O}{\overset{\|}{C}}CH_3 \xrightleftharpoons{[(CH_3)_2CHO]_3Al} CH_3\overset{O}{\overset{\|}{C}}CH{=}CH_2 + CH_3\overset{OH}{\overset{|}{C}H}CH_3$$

该反应的逆反应称为麦尔外因-彭杜尔夫（Meerwein-Ponndorf）还原法（详见 11.4.2）。

叔醇分子中没有 α-H，在上述条件下不被氧化，但在剧烈条件下，如与 $KMnO_4$ 或 $K_2Cr_2O_7$-H_2SO_4 溶液一起回流，则被氧化成含碳原子较少的产物。例如：

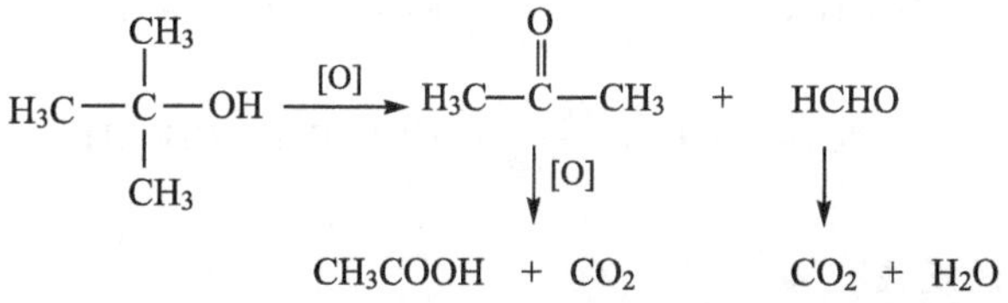

脂环醇氧化生成环酮，如用浓 HNO_3 等强氧化剂氧化，碳环破裂生成含同数碳原子的二元羧酸。例如：

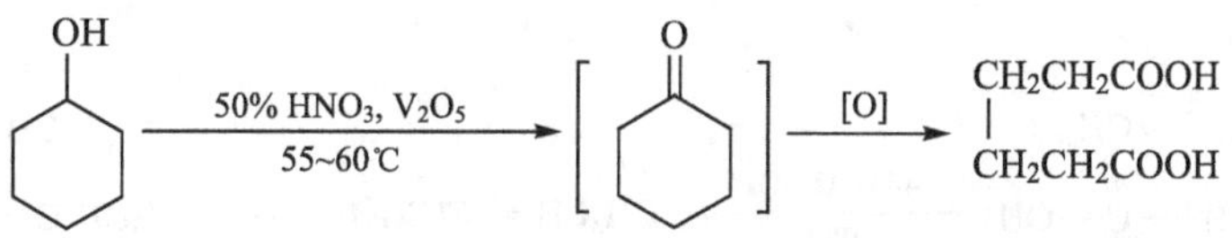

用铬酸试剂氧化醇的反应可用于区别伯、仲醇与叔醇，具体的做法是，将醇加入铬酸试剂的水溶液中，伯、仲醇可使橙红色的六价铬还原成绿色的三价铬，而叔醇无此颜色变化。

$$3C_2H_5OH + \underset{橙红色}{2K_2Cr_2O_7} + 8H_2SO_4 \longrightarrow 3CH_3COOH + \underset{绿色}{2Cr_2(SO_4)_3} + 2K_2SO_4 + 11H_2O$$

伯醇或仲醇的蒸气在高温下通过活性铜（或银、镍等）催化剂的表面时，可发生脱氢反应，分别生成醛或酮，这是催化氢化反应的逆过程。例如：

$$CH_3CH_2OH \underset{250\sim350℃}{\overset{Cu}{\rightleftharpoons}} CH_3CHO + H_2$$

$$\overset{\displaystyle OH}{\underset{\displaystyle CH_3CHCH_3}{|}} \underset{500℃,0.3MPa}{\overset{Cu}{\longrightarrow}} CH_3COCH_3 + H_2$$

该反应的优点是产品较纯,缺点是脱氢过程是吸热的,反应要消耗热量,且这是一个可逆反应。若同时通入空气,使氢被氧化成水,则反应可以进行到底。例如:

$$CH_3CH_2OH + 1/2\,O_2 \underset{550℃}{\overset{Cu或Ag}{\rightleftharpoons}} CH_3CHO + H_2O$$

练习 9.7 完成下列反应式。

(1) $CH_3CH_2CH_2OH \xrightarrow[\triangle]{K_2Cr_2O_7/H_2SO_4(稀)}$

(2) $CH_3CH=CHCH_2OH \xrightarrow{?} CH_3CH=CHCHO$

(3) $CH_3CHOHCH_2CH_3 \xrightarrow[\triangle]{K_2Cr_2O_7/H_2SO_4(稀)}$

(4) $CH_3CH_2CHOHCH_3 \xrightarrow[500℃,0.3MPa]{Cu}$

9.5.6 脱水反应

醇在质子酸(如 H_2SO_4、H_3PO_4 等)或路易斯酸(如 $AlCl_3$)的催化下加热,发生分子内或分子间的脱水反应,分别生成烯烃或醚。例如:

$$CH_3CH_2OH \xrightarrow[或\ Al_2O_3,360℃]{浓\ H_2SO_4,170℃} CH_2=CH_2 + H_2O$$

$$2CH_3CH_2OH \xrightarrow[140℃]{浓\ H_2SO_4} CH_3CH_2OCH_2CH_3$$

1. 脱水生成烯烃的反应

醇在酸催化下的脱水反应是一个 β-消除反应(详见 9.6 节),是实验室制备烯烃的常用方法,脱水反应的取向符合札依采夫规则,主要生成双键碳原子上烃基较多即比较稳定的烯烃。例如:

$$\underset{\displaystyle CH_3}{\overset{\displaystyle CH_3}{CH_3CH_2-\underset{|}{\overset{|}{C}}-OH}} \xrightarrow[90℃]{48\%\ H_2SO_4} \underset{84\%}{CH_3CH=C(CH_3)_2} + \underset{少量}{\overset{\displaystyle CH_3}{\underset{|}{CH_3CH_2C}}=CH_2}$$

醇在酸催化下脱水生成烯烃的反应按 E1(单分子消除)反应机理进行。例如,乙醇在硫酸催化下脱水生成乙烯的反应机理可表示为

$$CH_3CH_2OH + H_2SO_4 \underset{-HSO_4^-}{\overset{快}{\rightleftharpoons}} CH_3CH_3\overset{+}{O}H_2 \underset{-H_2O}{\overset{慢}{\rightleftharpoons}} CH_3\overset{+}{C}H_2 \underset{-H^+}{\overset{快}{\longrightarrow}} CH_2=CH_2$$

羟基是不好的离去基团,用酸将醇羟基质子化,羟基以水的形式离去,形成碳正离子中间体,这是决定反应速度的步骤。然后与碳正离子相邻的碳上失去一个质子,形成碳碳双键。

由于碳正离子的稳定性顺序是 $3° > 2° > 1°$，各类醇发生 E1 消除反应的活性顺序也是 $3°$醇 $> 2°$醇 $> 1°$醇，所以常用 $2°$醇和 $3°$醇的脱水来制备烯烃。

由于反应经碳正离子中间体，所以醇在酸催化下的脱水反应常有重排副反应发生。醇在酸性条件下发生的重排反应称为瓦格涅尔-麦尔外因（Wagner-Meerwein）重排，重排生成的碳正离子活性中间体可进行 S_N1 或 E1 反应（详见 14.4.1）。由于有重排等副反应发生，酸催化下醇脱水反应只用于制备简单的烯烃。若酸催化下醇脱水生成的烯烃有顺反异构体时，反式烯烃为主要产物。例如：

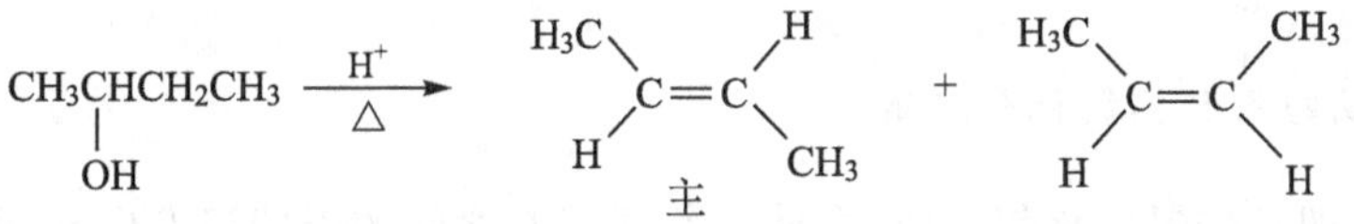

醇在酸催化下的脱水反应与烯烃酸催化下加水反应互为可逆反应，若控制条件，可以使反应向某一方向进行。例如，用较浓的酸或将易挥发的烯烃从反应体系中移走，反应将有利于生成烯烃。

练习 9.8 试将下列各组化合物按 E1 机理反应时的速率快慢排序。

(1) $(CH_3)_2CHCH_2CH_2OH$、$(CH_3)_2COHCH_2CH_3$、$(CH_3)_2CHCHOHCH_3$

(2) $(CH_3)_3CI$、$(CH_3)_3CCl$、$(CH_3)_3CBr$

---

2. 分子间脱水生成醚

醇在酸催化下分子间脱水生成醚是典型的 S_N2 反应。例如，正丁醇脱水生成正丁醚的反应机理如下：

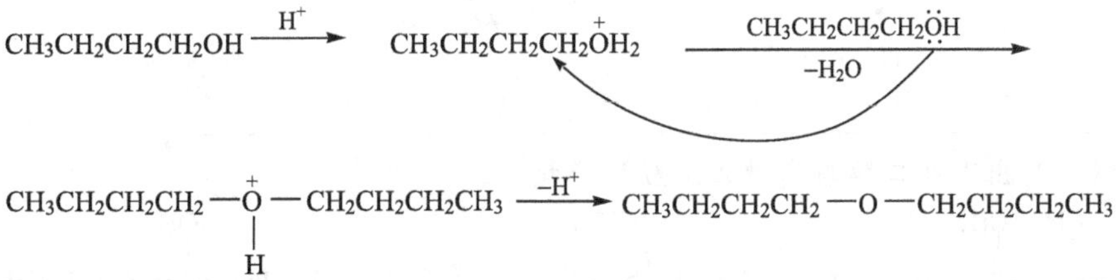

练习 9.9 指出下列醇在 H_2SO_4 催化下的脱水产物。

(1) 1-甲基环己醇   (2) 新戊醇

(3) 2-甲基环己醇   (4) 1-苯基-2-丙醇

练习 9.10 选用适当的醇合成下列烯烃。

(1) $(CH_3)_2C\!=\!CHCH_3$ (2) $CH_3CH_2CH\!=\!CH_2$ (3) $(CH_3)_2C\!=\!CH_2$

9.5.7 二元醇的特殊反应

根据两个羟基的相对位置不同，二元醇可分为 1,2-二醇（也称邻二醇）、1,3-二醇（也称 β-二醇）和 1,4-二醇（也称 γ-二醇）。

1. 频哪醇重排

邻二叔醇也称频哪醇(pinacol)，在酸(硫酸或盐酸)的催化下，脱水并重排生成 3,3-二甲基丁酮(俗称频哪酮)，此反应称为频哪醇重排(反应机理详见 14.4.1)。例如：

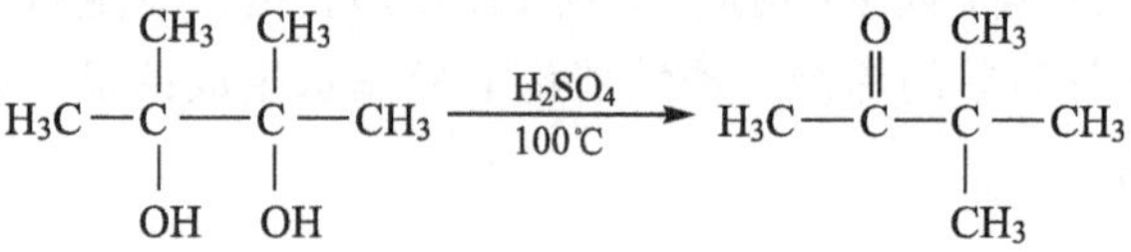

2. 高碘酸或四乙酸铅氧化邻二醇

用高碘酸或四乙酸铅氧化邻二醇，会使相邻两羟基之间的碳碳键发生断裂，生成两分子羰基化合物。这个反应是定量进行的，可用来测定 1,2-二醇的含量，在测定糖的结构中已被应用。反应通式如下：

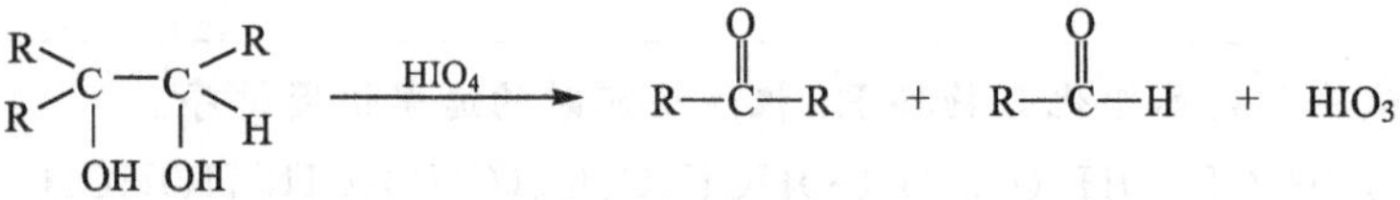

反应可能是经过一个高碘酸酯中间体进行的。例如：

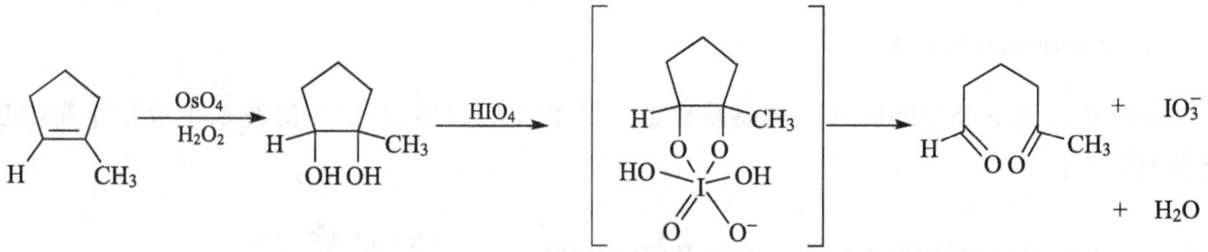

练习 9.11　写出下列二醇与高碘酸反应的产物。

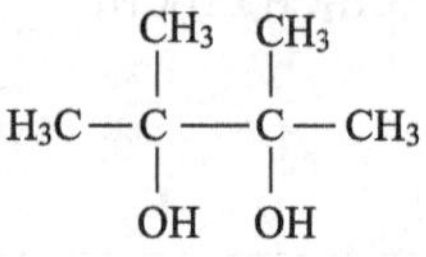

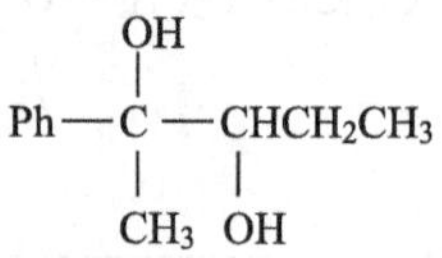

9.6　β-消除反应的反应机理
(Mechanism：β-Elimination)

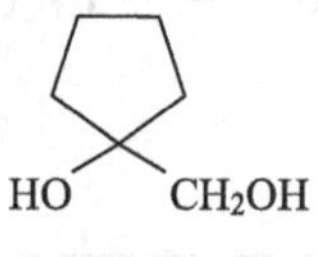

一卤代烷与氢氧化钠(或氢氧化钾)的醇溶液作用时脱去卤化氢，发生 β-消除反应生成烯烃(详见 8.3.2)；醇在质子酸(如 H_2SO_4、H_3PO_4 等)或路易斯酸(如 $AlCl_3$)的催化下加热，发生 β-消除反应(分子内脱水反应)生成烯烃(详见 9.5.6)。实验事实表明 β-消除反应和亲核取代反应类似，存在单分子和双分子两种反应机理。E1 和 E2 分别代表单分子 β-消除反应和双分子 β-消除反应。

9.6.1 两种反应机理

1. 双分子消除反应(E2)的机理

1-溴丙烷在乙醇钠的乙醇溶液中加热,主要产物为丙烯。反应按双分子消除反应机理进行,反应机理可表示为

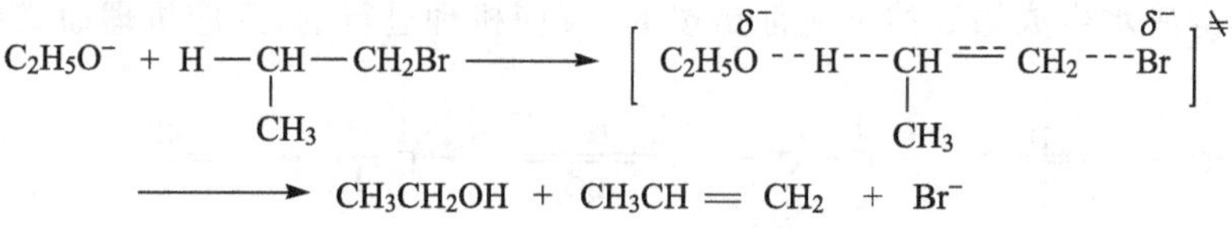

$$C_2H_5O^- + H-\underset{\underset{CH_3}{|}}{C}H-CH_2Br \longrightarrow \left[C_2H_5O\cdots H\overset{\delta^-}{\cdots}\underset{\underset{CH_3}{|}}{C}H \overset{}{=\!=\!=} CH_2\overset{\delta^-}{\cdots}Br \right]^{\neq}$$

$$\longrightarrow CH_3CH_2OH + CH_3CH=CH_2 + Br^-$$

$$v = k_2[CH_3CH_2CH_2Br][C_2H_5O^-]$$

上述速率公式表明,反应速率与反应物浓度的二次方成正比,是一个二级反应。反应经反应物到过渡态到产物一步完成,反应物 $CH_3CH_2CH_2Br$ 和 $C_2H_5O^-$ 都参与了控速步骤的反应,是一个双分子消除反应,用 E2 表示,E 表示消除反应,2 表示是一个双分子反应。

E2 反应的动力学特征和所形成的过渡态与 S_N2 很相似,区别是在 E2 反应中,碱进攻 β-H,而 S_N2 反应中,亲核试剂进攻 α-碳原子。

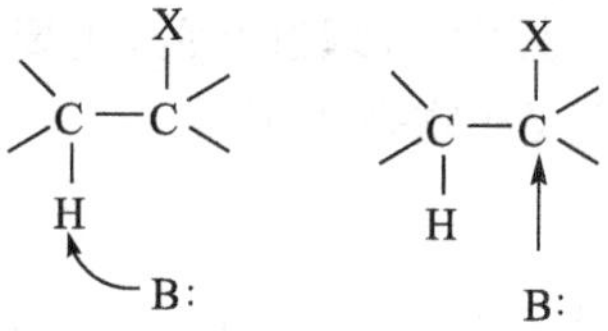

B:代表碱性试剂(亲核试剂),X 代表离去基团。因此,E2 和 S_N2 往往同时发生。实验事实证明,大多数卤代烷在强碱作用下发生消除反应是按 E2 机理进行的。

2. 单分子消除反应(E1)的机理

无碱存在下,叔丁基溴在乙醇中的消除反应是按 E1 机理进行的,反应机理可表示为

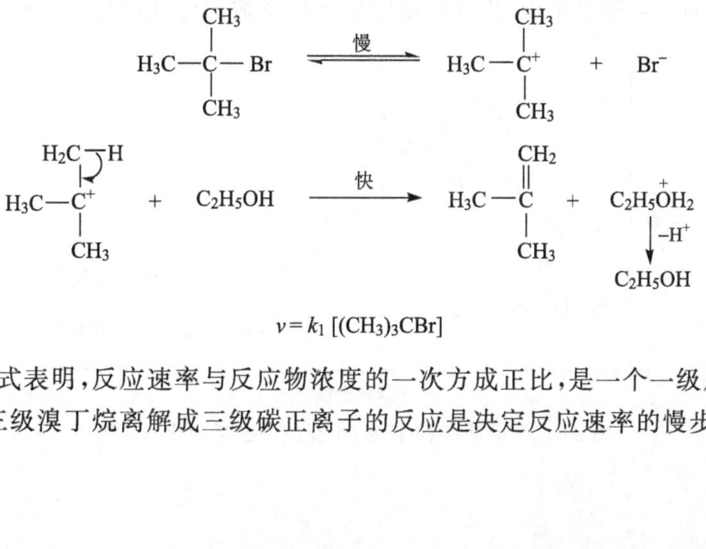

$$v = k_1[(CH_3)_3CBr]$$

上述速率公式表明,反应速率与反应物浓度的一次方成正比,是一个一级反应。反应分两步进行,第一步三级溴丁烷离解成三级碳正离子的反应是决定反应速率的慢步骤,故为单分子

消除反应,用 E1 表示。

E1 反应与 S_N1 反应的反应机理和反应动力学特征相似,第一步均生成碳正离子中间体,区别在第二步,E1 反应是碱进攻 β-H 生成烯烃,而 S_N1 反应是亲核试剂进攻中心碳原子,得到亲核取代产物,所以 E1 和 S_N1 互为竞争反应,且均有重排副反应发生。

三级卤代烃和烯丙型卤代烃在碱作用下的消除反应是按 E1 机理进行的,通常情况下,得到的主要产物是经碳正离子重排后的产物。

酸催化下醇脱水生成烯烃的反应都是按 E1 反应机理进行的,反应机理通式如下:

$$-\overset{|}{\underset{H}{C}}-\overset{|}{\underset{OH}{C}}- \quad\underset{}{\overset{H^+}{\rightleftharpoons}}\quad -\overset{|}{\underset{H}{C}}-\overset{|}{\underset{\overset{+}{O}H_2}{C}}- \quad\underset{-H_2O}{\overset{慢}{\rightleftharpoons}}\quad -\overset{|}{\underset{H}{C}}\overset{|}{\underset{+}{C}}- \quad\underset{}{\overset{-H^+}{\rightleftharpoons}}\quad \overset{}{\underset{}{C}}=\overset{}{\underset{}{C}}$$

由于氢氧根负离子(HO^-)的碱性较强,是一个不好的离去基团,因此用酸将其质子化,使其转变成较好的离去基团(H_2O)离去,形成碳正离子,然后失去 β-H 生成烯烃。

9.6.2　β-消除反应的取向

当卤代烃或醇的分子中含有两种不同的 β-H 时,E1 和 E2 反应均遵守札依采夫规则,即含氢较少的 β-碳提供氢原子,生成取代基较多的较稳定烯烃。例如,2-甲基-2-溴丁烷在氢氧化钠的乙醇中消除溴化氢的反应是按 E1 机理进行的,主要产物是 2-甲基-2-丁烯。2-溴丁烷与乙醇钾的反应按 E2 机理进行,主要产物是 2-丁烯。

$$\underset{\overset{|}{CH_3}}{\overset{\overset{CH_3}{|}}{CH_3CH_2-\underset{}{\overset{}{C}}-Br}} \quad\xrightarrow{NaOH,C_2H_5OH}\quad \underset{主}{CH_3CH=C(CH_3)_2} \quad+\quad \underset{\overset{}{CH_3CH_2C=CH_2}}{\overset{CH_3}{|}}$$

$$\underset{}{\overset{\overset{Br}{|}}{CH_3CH_2CHCH_3}} \quad\xrightarrow{KOC_2H_5}\quad \underset{主}{CH_3CH=CHCH_3} \quad+\quad CH_3CH_2CH=CH_2$$

消除反应的取向是由 E1 和 E2 反应机理决定的。图 9-5 是 2-甲基-2-溴丁烷在氢氧化钠的乙醇溶液中进行消除反应的能量变化示意图,由图可知,E1 反应的第一步决定反应速率,第二步决定反应取向。在第二步中,生成较稳定的烯烃所需的活化能较小,反应较易发生,所以

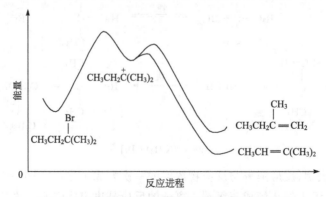

图 9-5　2-甲基-2-溴丁烷 E1 反应的能量变化示意图

2-甲基-2-丁烯是主要产物。

　　E2 消除反应的取向是由过渡态的相对稳定性决定的。图 9-6 是 2-溴丁烷与乙醇钾按 E2 机理进行反应的能量变化示意图,由图可知,E2 反应的过渡态已具有部分双键性质,经较稳定的过渡态生成的烯烃较稳定。过渡态(Ⅰ)比过渡态(Ⅱ)稳定,形成过渡态(Ⅰ)所需活化能较低,因此 2-丁烯(札依采夫烯烃)是主要产物。

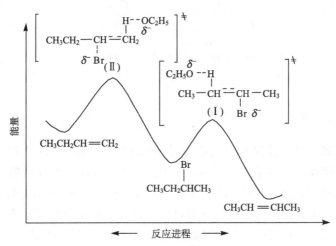

图 9-6　2-溴丁烷 E2 反应的能量变化示意图

练习 9.12　写出下列反应可能的反应机理。

(1)

![image] 反应式 (1)

(2)

![image] 反应式 (2)

9.6.3 β-消除反应的立体化学

1. E1 反应的立体化学

若酸催化下醇脱水生成的烯烃有顺反异构体时,反式烯烃为主要产物。例如:

$$CH_3CHCH_2CH_3 \ \underset{OH}{\ } \xrightarrow[\triangle]{H^+} \quad \text{顺-2-丁烯(主)} \quad + \quad \text{反-2-丁烯}$$

上述反应按 E1 机理进行,生成顺-2-丁烯和反-2-丁烯相应的碳正离子的构象式如(Ⅰ)和(Ⅱ)所示,由于碳正离子(Ⅱ)的构象相对较稳定,由此构象生成的反-2-丁烯也较稳定,是主要产物。

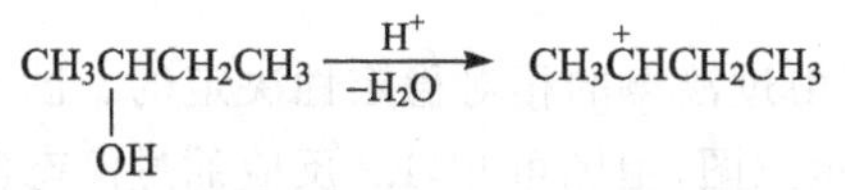

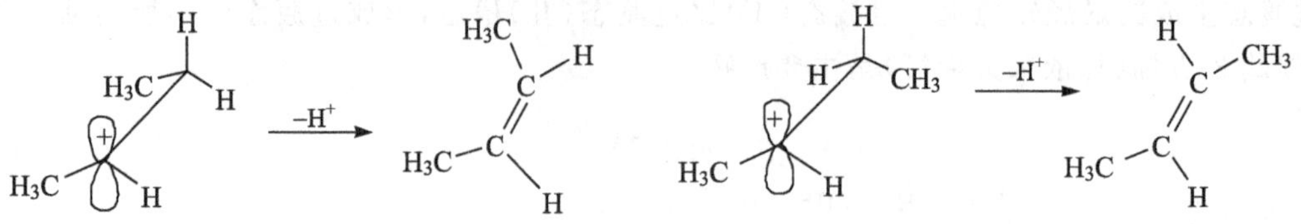

$$CH_3CHCH_2CH_3 \xrightarrow[-H_2O]{H^+} CH_3\overset{+}{C}HCH_2CH_3$$
$$\underset{OH}{\ }$$

（Ⅰ） 　　顺-2-丁烯　　　　（Ⅱ）　　　反-2-丁烯

2. E2 反应的立体化学

在 E2 反应中,碱进攻卤代烷的 β-氢原子,在形成过渡态时,C—H 键和 C—X 键已开始变弱,α-和 β-碳原子逐渐由 sp³ 杂化转变为 sp² 杂化,并逐渐形成一个 p 轨道。要使产物形成 π 键,就要求卤代烷中的 H—C—C—X 四个原子必须在一个平面上,只有这样,C—H 键的 H 原子和 C—X 键的 X 原子离去后所形成的 p 轨道才能彼此平行交盖形成 π 键。能满足这一几何要求的只有两种情况,一种是分子取反叠构象,进行反式消除;另一种是分子取顺叠构象,进行顺式消除。

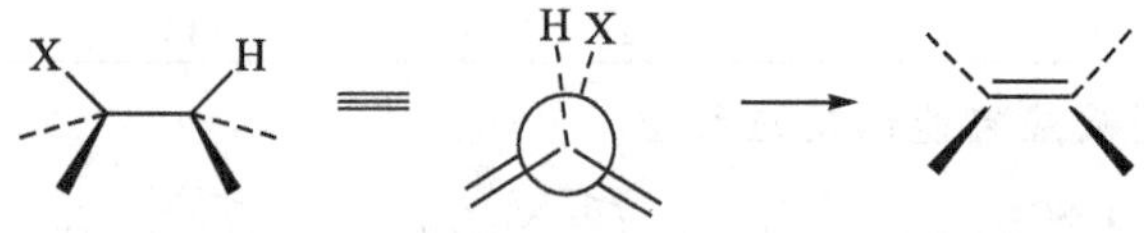

顺叠　　　顺式消除　　　顺式烯烃

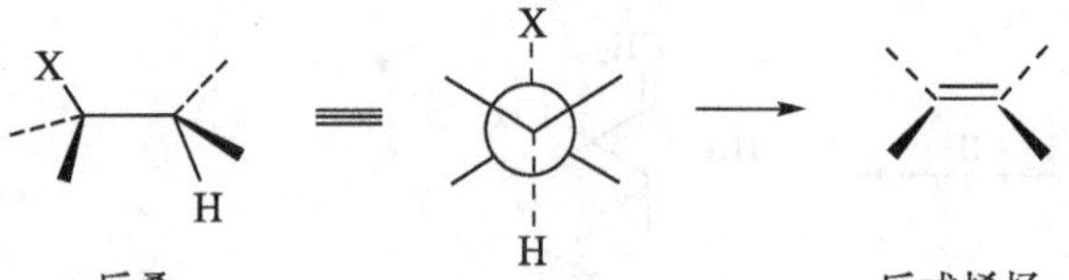

反叠　　　反式消除　　　反式烯烃

由于反叠构象较稳定,E2 消除是反式消除,因此 E2 消除反应的立体化学要求是:被消除的基团必须处于反式共平面。例如:

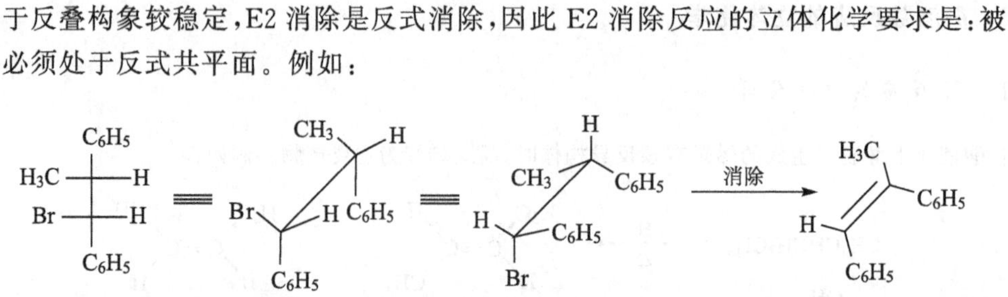

(1R,2R)-1,2-二苯基-1-溴丙烷　　　　　　　　　顺-1,2-二苯基-1-丙烯

卤代环烷烃发生消除反应时,被消除的基团也必须处于反式共平面的位置,反应的取向遵守札依采夫规则。例如:

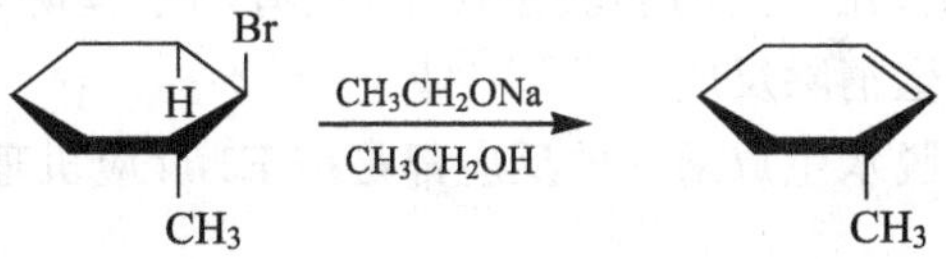

> **练习 9.13** 写出下列反应的产物。
>
>

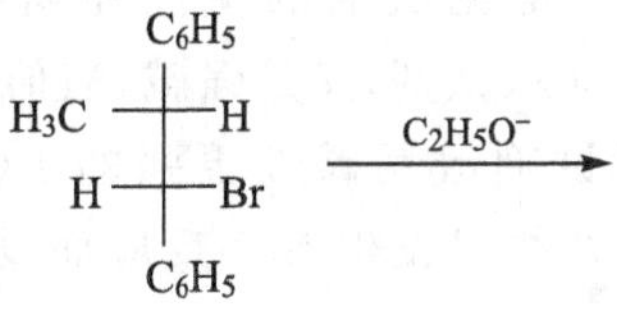

9.6.4 β-消除反应与亲核取代反应的竞争

β-消除反应和亲核取代反应往往是同时发生和相互竞争的。影响二者产物比例的主要因素包括:反应物的结构、进攻试剂的碱性、溶剂的极性和反应温度等。

1. 反应物的结构

表 9-5 列举了一些溴代烷与乙醇钠/乙醇在相同的温度下进行 S_N2 和 E2 反应时产物的比例,由表 9-5 可知,在强亲核试剂乙醇钠的作用下,没有支链的伯卤代烷主要发生 S_N2 反应;当伯卤代烷 β-H 的酸性增大时,有利于碱进攻 β-H,使 E2 产物的比例增加。当 α-或 β-碳原子上支链增加时,不利于 S_N2,也使 E2 产物的比例增加。

表 9-5 一些溴代烷进行 S_N2 和 E2 反应时产物的比例

反应物	温度/℃	进攻试剂	S_N2 产物/%	E2 产物/%
$CH_3CH_2CH_2CH_2Br$	55	$C_2H_5ONa+C_2H_5OH$	90.2	9.8
$(CH_3)_2CHCH_2Br$	55	$C_2H_5ONa+C_2H_5OH$	40.5	59.5
$C_6H_5CH_2CH_2Br$	55	$C_2H_5ONa+C_2H_5OH$	5	95(β-H 酸性大)
$CH_3CH_2CH_2Br$	55	$C_2H_5ONa+C_2H_5OH$	91	9
CH_3CH_2Br	55	$C_2H_5ONa+C_2H_5OH$	99	1
$(CH_3)_2CHBr$	25	$C_2H_5ONa+C_2H_5OH$	19.7	80.3

叔卤代烷在没有强碱存在时,常得到 S_N1 和 E1 产物的混合物,但是当有强碱存在时,则有利于消除反应。例如:

$$(CH_3)_3CBr \xrightarrow[25℃]{C_2H_5OH} \underset{81\%}{(CH_3)_3COC_2H_5} + \underset{19\%}{(CH_3)_2C{=}CH_2}$$

$$(CH_3)_3CBr \xrightarrow[C_2H_5OH,\ 25℃]{C_2H_5ONa} \underset{7\%}{(CH_3)_3COC_2H_5} + \underset{93\%}{(CH_3)_2C{=}CH_2}$$

　　仲卤代烷情况比较复杂,在不同的实验条件下,或有利于消除,或有利于取代,但是当 β-碳上支链增加时,则容易发生消除反应。

　　酸催化下,伯、仲、叔醇脱水生成烯烃的反应都是按 E1 反应机理进行的。

　　2. 进攻试剂的碱性

　　进攻试剂的碱性对 E1 和 S_N1 均无明显影响。试剂的碱性越强,浓度越大,越有利 E2;试剂的亲核性越强,越有利于 S_N2。常见试剂的碱性强弱顺序为 $NH_2^- > RO^- > HO^- > CH_3COO^- > I^-$。例如,$HO^-$ 既是亲核试剂,又是强碱,当伯或仲卤代烷与 NaOH 反应时,既有取代产物,又有消除产物,如果试剂改用碱性更强的 RONa,主要得到消除产物。当用 CH_3COO^- 和 I^- 作为进攻试剂时,往往只发生 S_N2 反应而没有消除反应,因为 CH_3COO^- 和 I^- 的碱性比 HO^- 弱,它能进攻 $\alpha\text{-C}$ 而不进攻 $\beta\text{-H}$。

　　碱的浓度增大,有利于 E2,不利于 S_N2。例如:

$$CH_3CH_2-\underset{\underset{Br}{|}}{\overset{\overset{CH_3}{|}}{C}}-CH_3 + C_2H_5ONa \xrightarrow[25\%]{C_2H_5OH} CH_3CH_2-\underset{\underset{OC_2H_5}{|}}{\overset{\overset{CH_3}{|}}{C}}-CH_3 + CH_3CH\!=\!\underset{\overset{CH_3}{|}}{C}CH_3$$

C_2H_5ONa/mol	S_N2/%	E2/%
0	64	36
0.02	54	46
0.08	44	56
1.00	2	98

　　进攻试剂的体积增大,有利于 E2,不利于 S_N2。

　　3. 溶剂的极性和反应温度

　　一般来说,增加溶剂的极性有利于取代反应,不利于消除反应,所以常用 $KOH\text{-}H_2O$ 从卤代烷制备醇,而用 $KOH\text{-}C_2H_5OH$ 从卤代烷制备烯烃。

　　对于 S_N2 和 E2 反应,溶剂的极性增大,将较有利于 S_N2,不利于 E2,两者的过渡态的电荷分散情况如下:

$$\left[\,\overset{\delta^-}{HO}\cdots\overset{\backslash\;/}{\underset{|}{C}}\cdots\overset{\delta^-}{X}\,\right]^{\neq} \qquad \left[\,\overset{\delta^-}{HO}\cdots H\text{-}\overset{|}{C}\!=\!\overset{|}{C}\cdots\overset{\delta^-}{X}\,\right]^{\neq}$$

$\quad\quad\quad\quad\quad S_N2$过渡态 $\quad\quad\quad\quad\quad\quad\quad\quad$ E2过渡态

　　由于 E2 过渡态的电荷比 S_N2 过渡态的电荷分散性大,溶剂的极性增大时,不利于电荷分散,所以增加溶剂的极性不利于 E2 反应。

　　溶剂的极性对单分子消除反应也有类似的影响,即溶剂极性的增加对 S_N1 有利。

　　升高温度对取代和消除反应都有利,但更有利于消除反应。由于消除反应的活化过程中需要拉长 C—H 键,而在亲核取代反应中则没有这种情况,即消除反应形成过渡态所需的活化能较大,升高温度有利于提高消除反应产物的比例。例如,在酸催化下,乙醇 170℃时主要生成乙烯,140℃时主要生成乙醚。

综上所述,对于卤代烷消除卤化氢的反应,有利的反应条件主要有:采用较高浓度的强碱性试剂,使用极性较小的溶剂,在较高的温度下进行反应。

4. E1 消除反应的副反应

除与 S_N1 反应竞争外,E1 消除的主要副反应是重排反应。例如,醇在酸催化下脱水常发生重排反应,该重排反应称为瓦格涅尔-麦尔外因重排(详见 14.4.1)。因此,酸催化下醇的脱水反应只用于制备简单的烯烃。例如:

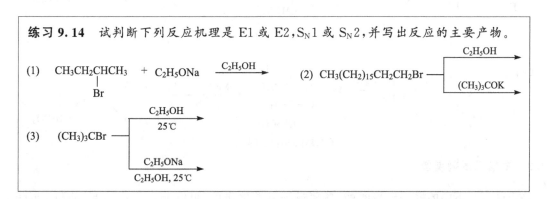

> **练习 9.14**　试判断下列反应机理是 E1 或 E2,S_N1 或 S_N2,并写出反应的主要产物。
>
> (1)　CH₃CH₂CHCH₃ + C₂H₅ONa ——C₂H₅OH——→　(2)　CH₃(CH₂)₁₅CH₂CH₂Br ——C₂H₅OH——→ / (CH₃)₃COK ——→
> 　　　　　　|
> 　　　　　　Br
>
> (3)　(CH₃)₃CBr ——C₂H₅OH,25℃——→ / C₂H₅ONa,C₂H₅OH,25℃——→

9.7　醇 的 制 备
(Preparation of Alcohols)

9.7.1　卤代烃水解

通常卤代烃是由相应的醇制备,只有在卤代烃容易得到时才采用卤代烃水解制备醇。例如:

$$H_2C=CHCH_2Cl \xrightarrow[NaOH]{H_2O} H_2C=CHCH_2OH$$

9.7.2　由烯烃制备

(1)烯烃间接水合法(见 3.4.2)。

(2)羟汞化-去汞反应(见 3.4.2)。例如:

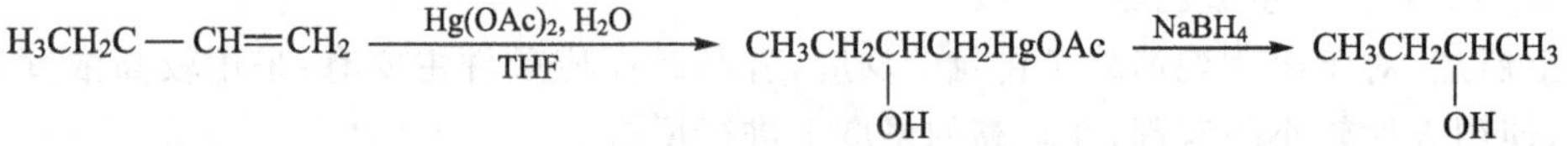

$$H_3CH_2C-CH=CH_2 \xrightarrow[THF]{Hg(OAc)_2, H_2O} \underset{\underset{OH}{|}}{CH_3CH_2CHCH_2HgOAc} \xrightarrow{NaBH_4} \underset{\underset{OH}{|}}{CH_3CH_2CHCH_3}$$

反应具有高度的位置和立体选择性,取向遵循马氏规则,主要得到反式加成产物。

(3) 硼氢化-氧化反应(见 3.4.2)。例如:

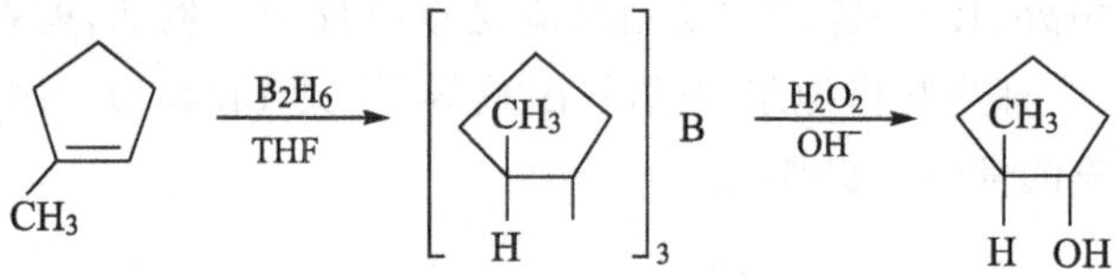

反应具有高度的位置和立体选择性,取向不遵循马氏规则,主要得到顺式加成产物。

(4) 直接水合法(见 3.4.2),是工业上制备相对分子质量较低的醇的重要方法。例如:

$$H_2C=CH_2 \quad + \quad H_2O \xrightarrow[300℃, 7\sim8MPa]{H_3PO_4} CH_3CH_2OH$$

(5) 由烯烃合成 1,2-二醇(邻二醇)。

烯烃经碱性高锰酸钾(稀、冷)氧化或过氧酸氧化后水解得到 1,2-二醇(邻二醇)。例如:

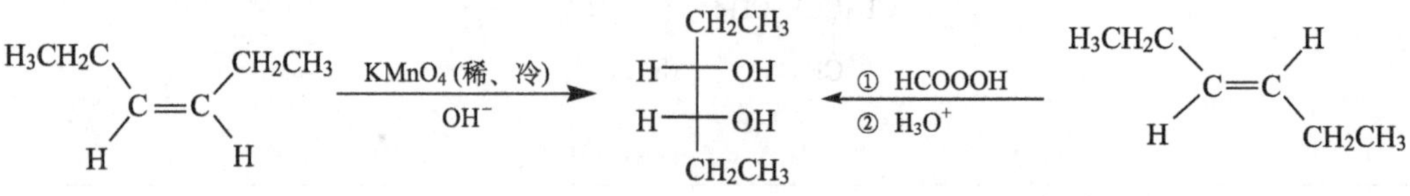

(3S,4R)-3,4-己二醇

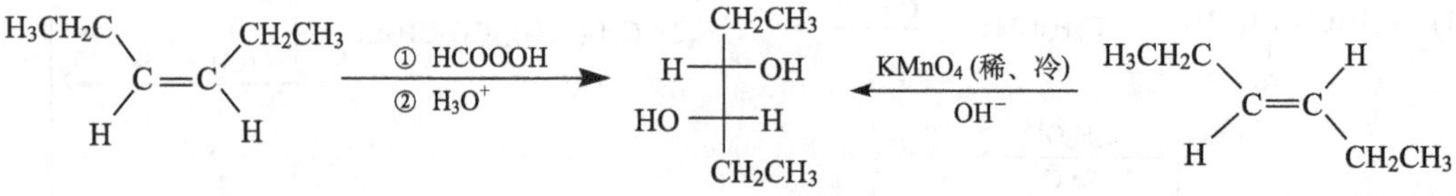

(3S,4S)-3,4-己二醇

9.7.3 由格氏试剂制备

格氏试剂与不同的醛、酮、羧酸酯、酰氯或环氧乙烷作用,可以分别生成伯醇、仲醇、叔醇(详见 10.5.4、11.4.1 和 12.10.4)。例如:

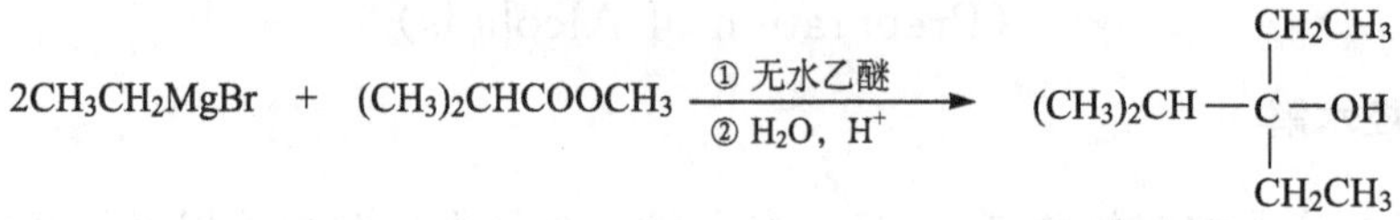

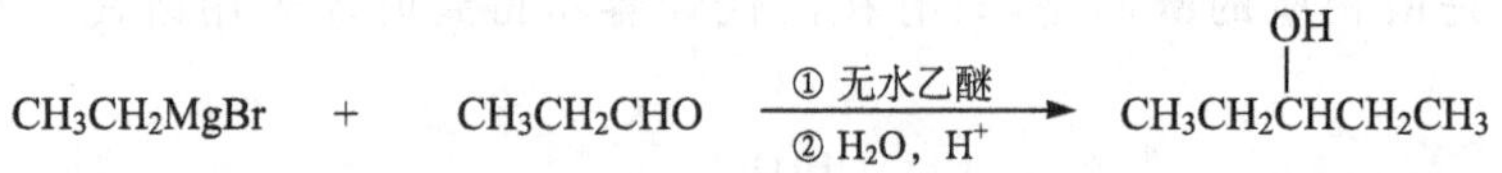

练习 9.15 **试用格氏试剂合成下列醇。**

(1) Ph_3C-OH (2) 2-甲基-3-乙基-3-戊醇   (3) 二环己基苯基甲醇

9.7.4　羰基化合物的还原

醛、酮、羧酸和羧酸酯等羰基化合物,利用催化氢化还原、金属氢化物还原或溶解金属还原等方法可以生成醇(详见 11.4.2 和 12.10.3)。例如:

$$CH_3CH_2OC(CH_2)_8COC_2H_5 \xrightarrow{Na,C_2H_5OH} HOCH_2(CH_2)_8CH_2OH + 2CH_3CH_2OH$$

9.8　硫　　醇
（Thiols）

9.8.1　物理性质

由于硫醇分子中硫原子的电负性较小,分子间形成氢键能力较弱,故硫醇的沸点较低。因相似的原因,硫醇在水中的溶解度也较小。相对分子质量较低的硫醇有毒,具有极其难闻的臭味。乙硫醇在空气中的浓度达到 10^{-11} g · L^{-1} 时即能为人所感觉。环境污染中硫醇为恶臭的重要来源,硫醇的气味随着相对分子质量增大而逐渐变小。

9.8.2　制备方法

硫醇可由卤代烃与硫氢化钠在乙醇溶液中共热制备。

$$RX + NaSH \xrightarrow[\triangle]{乙醇} RSH + NaX$$

该反应的副产物是硫醚,是由生成的硫醇进一步被烷基化而生成的。因此,实验室通常用硫脲代替硫氢化钠,生成一个稳定的盐(异硫脲盐),然后碱性水解得到硫醇。

$$RBr + H_2N-\overset{\overset{\displaystyle S}{\|}}{C}-NH_2 \xrightarrow[\triangle]{乙醇} H_2N-\overset{\overset{\displaystyle R-S}{\|}}{C}=\overset{+}{N}H_2Br^- \xrightarrow{H_2O, NaOH} RSH + H_2NCN + NaBr + H_2O$$

9.8.3　化学反应

1. 氧化反应

在缓和的氧化剂(如 I_2、稀 H_2O_2 等)存在下,甚至在空气的氧化作用下,以铜、铁作为催化剂,硫醇可以被氧化成二硫化物。例如:

$$2C_5H_{11}SH+I_2+2NaOH \longrightarrow C_5H_{11}-S-S-C_5H_{11}+2NaI+2H_2O$$

在强氧化剂(如 HNO_3、$KMnO_4$ 等)的作用下,硫醇可被氧化成磺酸。例如:

$$5C_2H_5SH+6MnO_4^-+18H^+ \longrightarrow 5C_2H_5SO_3H+6Mn^{2+}+9H_2O$$

2. 亲核取代和亲核加成反应

硫醇的酸性比醇强,其共轭碱 RS^- 的碱性比 RO^- 弱,由于硫的价电子受核的束缚力较小,极化度较大,所以 RS⁻ 的亲核性比 RO⁻ 强得多。因此,RS⁻ 很容易与卤代烷发生 S_N2 反应生成硫醚,提供了制备硫醚的一般方法。例如:

$$CH_3CH_2SH + (CH_3)_2CHCH_2Br \xrightarrow[OH^-]{H_2O} (CH_3)_2CHCH_2SCH_2CH_3$$

硫醇易与羰基化合物发生亲核加成反应,还易与羧酸衍生物发生加成-消除反应。例如,硫醇与酰卤、酸酐反应生成硫代羧酸酯,在酸性催化剂存在下与醛、酮反应生成硫代缩醛或硫代缩酮。

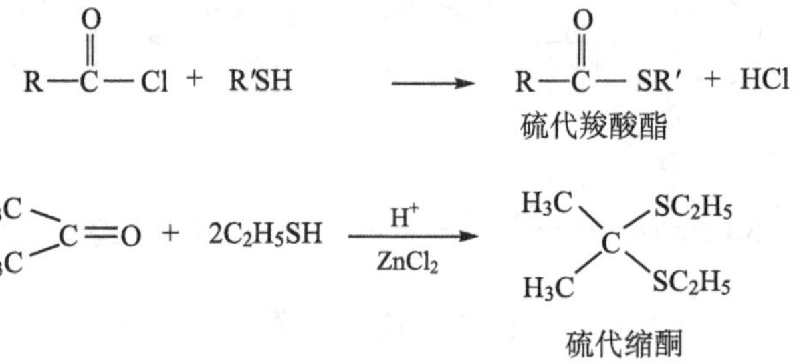

$$\underset{\text{硫代羧酸酯}}{R-\overset{\overset{\displaystyle O}{\|}}{C}-SR'} + HCl$$

硫代缩酮

硫代缩醛或缩酮在 $HgCl_2$ 等存在下很易水解,再生成醛、酮。因此,在有机合成中硫醇也可以用来保护醛、酮中的羰基。例如:

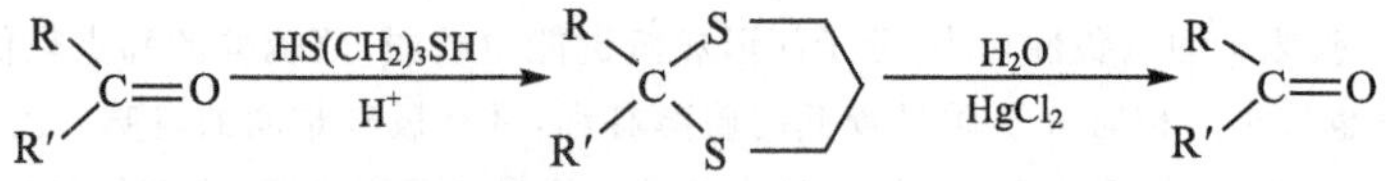

9.9　酚的反应
(Chemical Reactions of Phenols)

酚羟基与醇羟基在许多方面有相似的化学反应,如酚有酸性,能被酰化生成酯,也能用威廉姆森合成法制备醚等,但酚的酸性比水强,更比醇强。酚氧负离子和酚较弱的亲核性使其成酯反应困难,故酚酯一般采用酰氯或酸酐与酚盐或酚反应制备。例如:

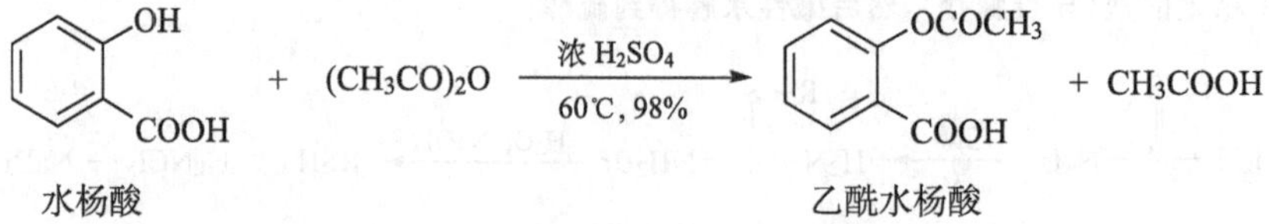

乙酰水杨酸俗称阿司匹林(aspirin),是常用的止痛解热药。

酚也能生成醚,但不能用分子间脱水制醚。芳基烷基醚可利用威廉姆森合成法制备,它是通过酚氧负离子与卤代烃或其衍生物,或硫酸酯等经 S_N2 反应制得。例如:

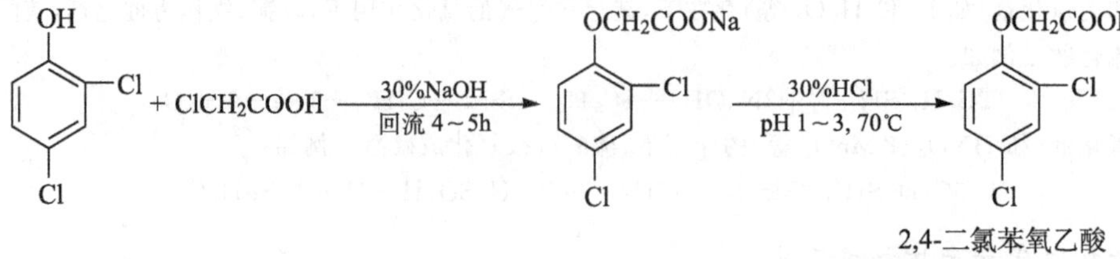

2,4-二氯苯氧乙酸又称 2,4-D,是一种广泛使用的除阔叶杂草的除草剂。

9.9.1 与三氯化铁的显色反应

酚具有烯醇式结构,可以与三氯化铁溶液发生颜色反应。不同的酚与三氯化铁溶液显示不同的颜色,如苯酚显蓝紫色,邻苯二酚显深绿色,对甲苯酚显蓝色等。该反应可用于定性分析。例如:

$$6C_6H_5OH + FeCl_3 \longrightarrow H_3[Fe(OC_6H_5)_6] + 3HCl$$
$$\text{蓝紫色}$$

9.9.2 氧化和还原反应

酚用铬酸氧化生成醌。在空气中或光照下,许多酚缓慢地自动氧化成含醌的黑色混合物。苯酚经催化加氢可以还原成环己醇。例如:

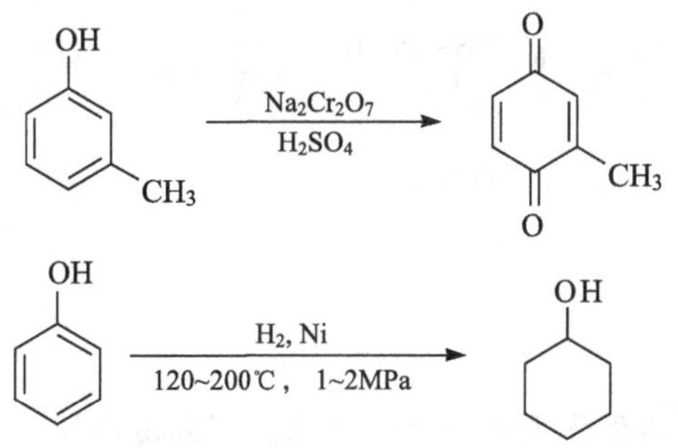

9.9.3 芳环上的亲电取代反应

1. 卤化

酚很容易被卤化,如苯酚的溴化比苯约快 10^{11} 倍。当苯酚与过量的溴水作用,立即生成 2,4,6-三溴苯酚沉淀,且反应定量完成,本反应可用于苯酚的定量和定性分析。

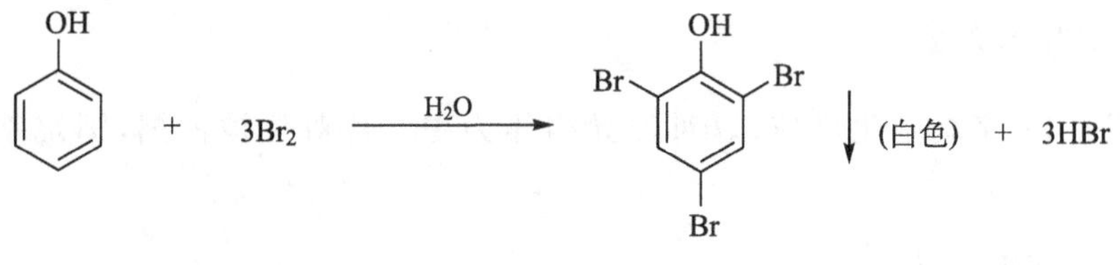

在强酸性溶液中,苯酚的溴化反应可停留在 2,4-二溴苯酚的阶段。

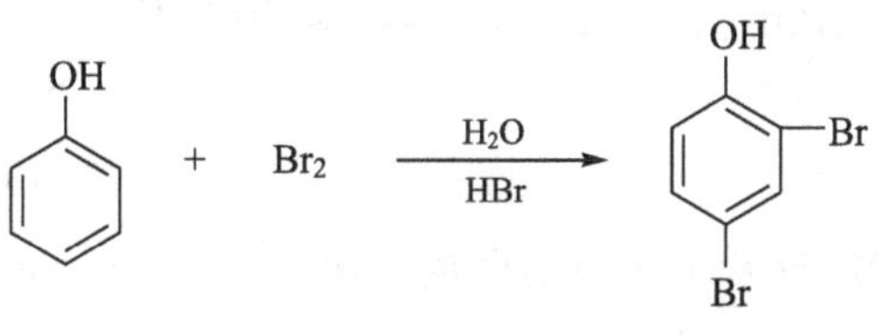

2. 硝化

苯酚在室温下用稀硝酸硝化,生成邻硝基苯酚和对硝基苯酚的混合物。邻硝基苯酚可以形成分子内氢键,故沸点较低,能进行水蒸气蒸馏;对硝基苯酚形成分子间氢键,不能进行水蒸气蒸馏,因而二者便于分离提纯。该反应可用于实验室制备邻硝基苯酚和对硝基苯酚。

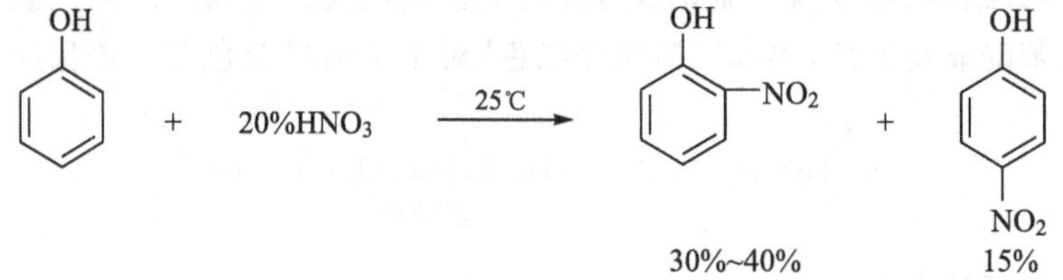

由于苯酚易被氧化,因此多硝基苯酚需采用间接法制备,即先磺化再硝化的方法。例如,2,4,6-三硝基苯酚(俗称苦味酸)就是用间接法制备的。

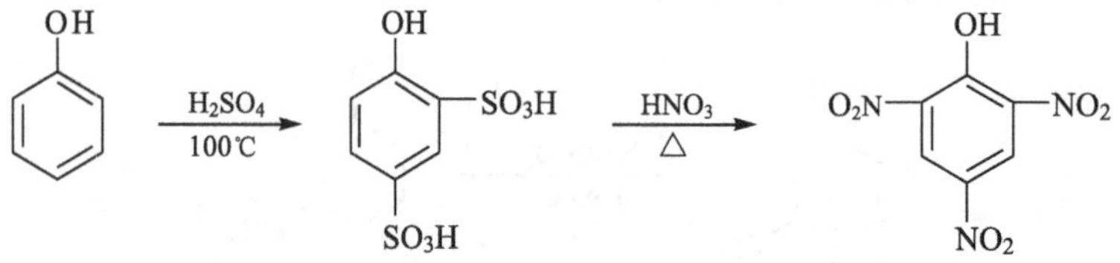

3. 磺化

磺化反应是可逆的,酚的磺化主要受平衡控制。当温度高至 100℃,较稳定的对位异构体达 90%,继续磺化或苯酚与浓硫酸加热下直接作用,可得到苯酚二磺酸。

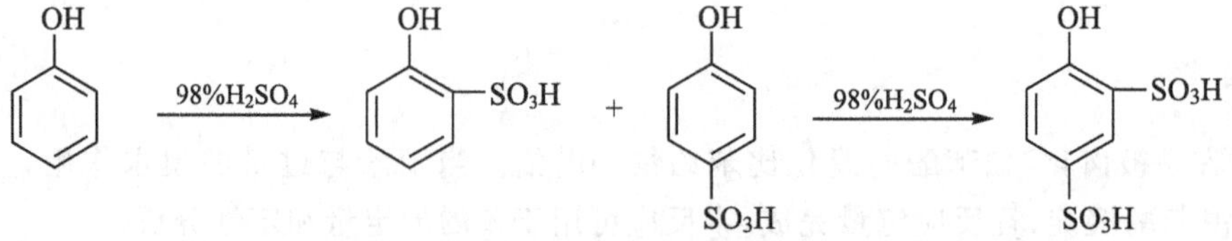

4. 傅-克烷基化反应

酚容易发生傅-克烷基化反应,以对位异构体为主。若对位被占据,则烷基进入邻位。例如:

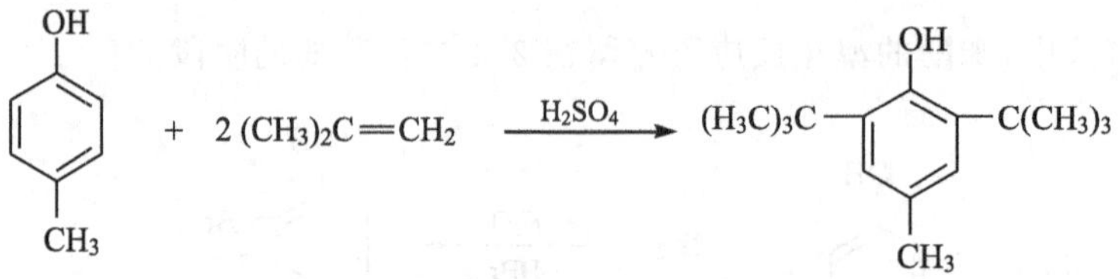

4-甲基-2,6-二叔丁基酚(简称 BHT)是白色晶体,熔点 70℃,可用作有机物的抗氧化剂和食品防腐剂。

5. 亚硝化

苯酚能与弱的亚硝基正离子(NO⁺)发生反应,生成对亚硝基苯酚,再用稀硝酸将其顺利氧化成对硝基苯酚。

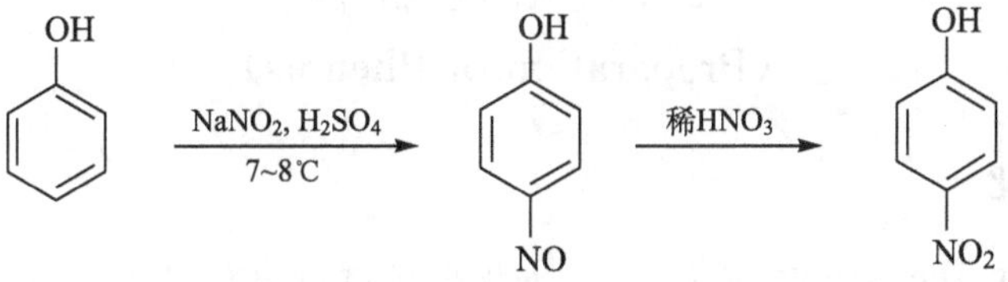

6. 缩合反应

1）与甲醛缩合——酚醛树脂的合成

酚羟基邻、对位上的氢原子可与羰基化合物发生缩合反应。例如,苯酚和甲醛作用,生成邻或对羟基苯甲醇,进一步反应可得到线型和体型结构的缩合物,称为酚醛树脂。

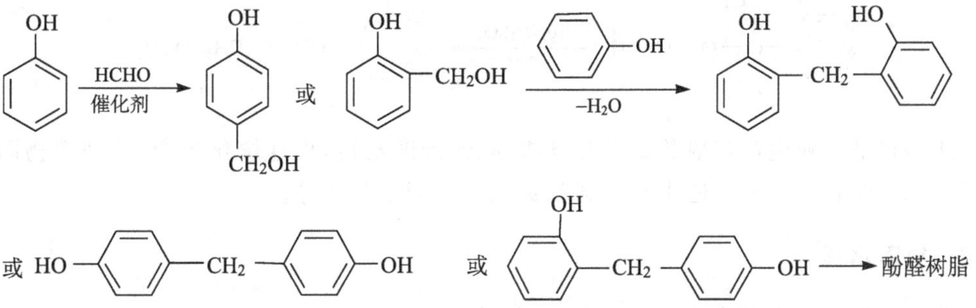

酚醛树脂是酚与醛缩聚而生成的第一个合成树脂,具有较好的绝缘、耐温和耐老化等性能,可作为模压塑料、层压塑料、涂料、胶黏剂等,广泛地用于电气和电子工业、木材工业及其他工业。

2）与丙酮缩合——双酚 A 及环氧树脂的合成

在酸催化下,两分子苯酚可与丙酮在羟基的对位缩合,生成 2,2-二对羟基苯基丙烷,俗称双酚 A。

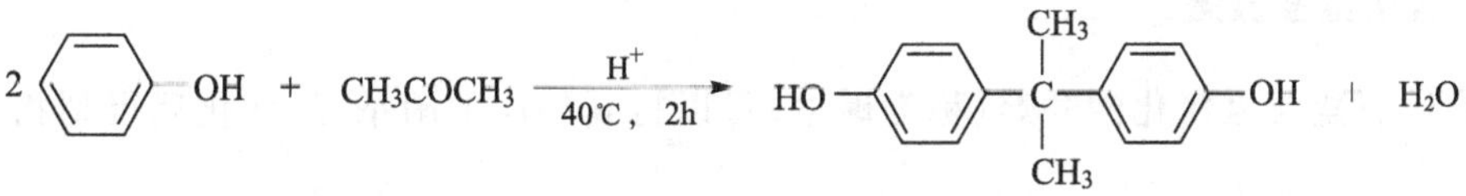

双酚 A 为无色针状晶体,熔点 153～156℃,不溶于水,溶于甲醇、乙醇、乙醚、丙酮和冰醋酸,是制造环氧树脂、聚碳酸酯、聚砜等的原料。例如,双酚 A 与环氧氯丙烷反应可生成环氧树脂。环氧树脂有很强的黏结性能,可牢固地黏结多种材料,俗称万能胶[见本章"知识亮点(Ⅱ)"]。

练习 9.16 写出下列反应的主要产物。

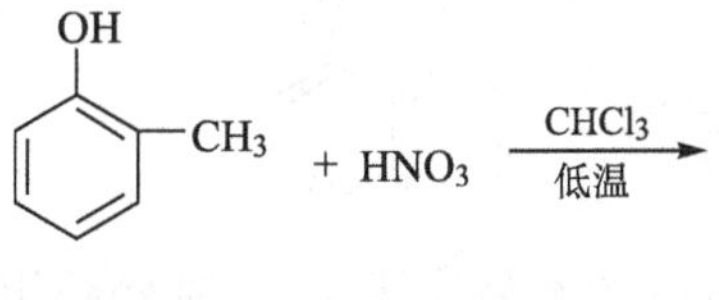

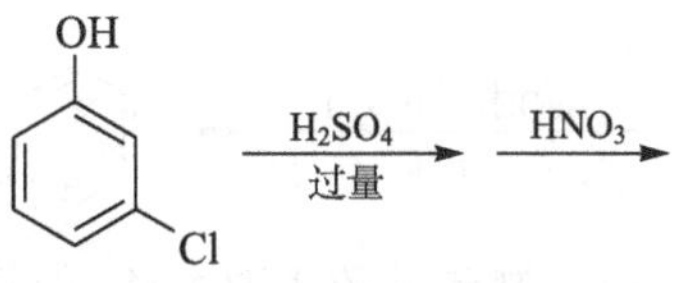

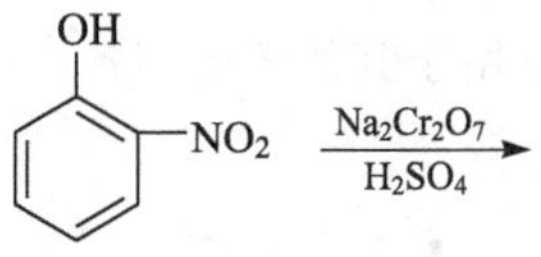

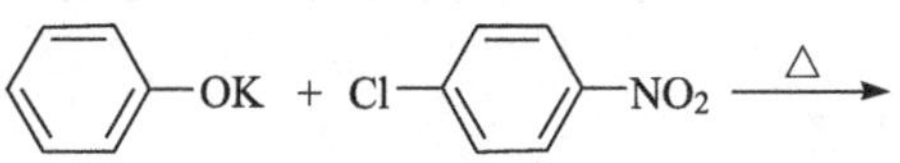

9.10　酚 的 制 备
（Preparation of Phenols）

9.10.1　异丙苯氧化

异丙苯在液相于 $100\sim120℃$ 通入空气，氧化生成氢过氧化异丙苯，后者在强酸或酸性离子交换树脂作用下，分解生成苯酚和丙酮。例如：

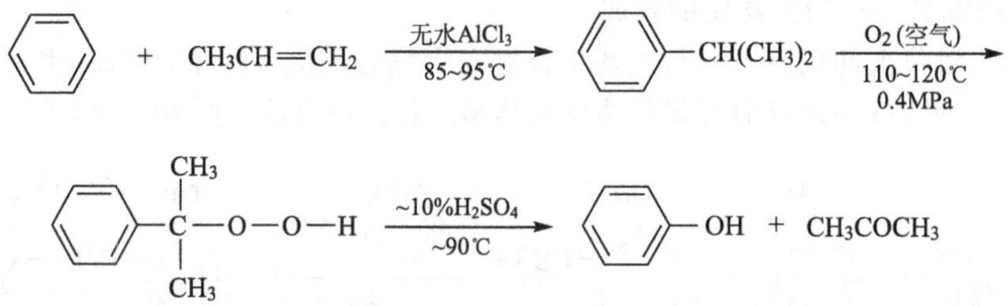

此法是目前工业生产苯酚的最主要方法，原料价廉易得，可连续化生产，且副产物丙酮也是重要的化工原料。工业上还用此法制备 α-萘酚和间甲苯酚等。

9.10.2　氯苯水解

工业上常用此法生产取代苯酚。例如：

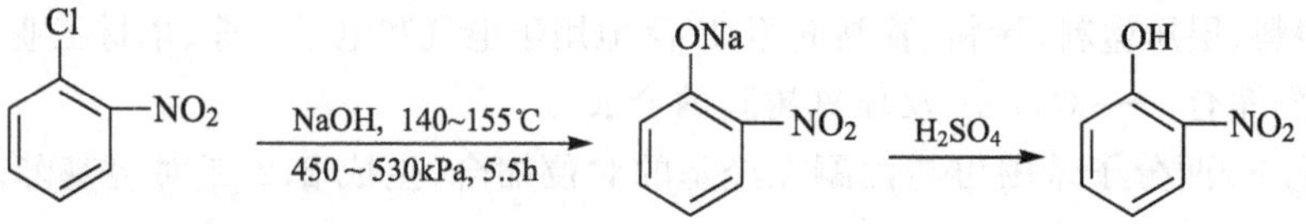

9.10.3　芳磺酸盐碱熔

将芳磺酸盐与氢氧化钠共熔（称为碱熔）可以得到相应的酚钠，经酸化后得到相应的酚。例如：

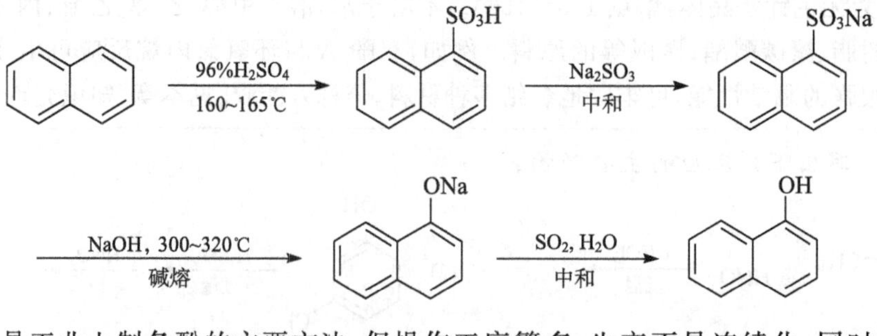

此法曾是工业上制备酚的主要方法，但操作工序繁多，生产不易连续化，同时要耗用大量的硫酸和烧碱，应用有一定的限制，现已很少用于苯酚的合成，主要用于其他酚的制备。

9.11 周环反应(Ⅱ):σ迁移反应
[Pericyclic Reaction(Ⅱ):Sigmatropic Reaction]

在 4.10 节中已介绍了周环反应的概念和特点,学习了电环化和环加成这两种重要的周环反应。本节将简单介绍第三种重要的周环反应,即 σ 迁移反应。

在共轭 π 体系中,一个原子的 σ 键迁移到另一个碳原子上,随之共轭链发生转移的反应称为 σ 迁移反应。

克莱森(Claisen)重排是一种重要的 σ 迁移反应。苯基烯丙基醚及其类似物在加热条件下发生分子内重排生成邻烯丙基苯酚(或其他取代苯酚),此反应称为克莱森重排。例如:

$$\text{C}_6\text{H}_5\text{O—CH}_2\text{CH}=\text{CH}_2 \xrightarrow{200℃} \text{邻-HO-C}_6\text{H}_4\text{-CH}_2\text{CH}=\text{CH}_2$$

若苯基烯丙基醚的两个邻位已有取代基,则重排反应发生在对位。

$$\text{2,6-(CH}_3)_2\text{C}_6\text{H}_3\text{OCH}_2\text{CH}=\text{CH}_2 \xrightarrow{\triangle} \text{2,6-(CH}_3)_2\text{-4-(OCH}_2\text{CH}=\text{CH}_2)\text{-C}_6\text{H}_2\text{OH}$$

反应过程中,通过电子转移形成环状过渡态,烯丙基不仅发生了重排,同时也进行了异构化。重排反应的机理如下:

$$\text{环状过渡态} \xrightarrow{\triangle} [\quad] \longrightarrow \text{酮式} \rightleftharpoons \text{邻-HO-C}_6\text{H}_4\text{-CH}_2\text{—CH}=\text{CH}_2$$

 知识亮点(Ⅰ)

醇的生物氧化

当人体乙醇轻度中毒时,我们说他(或她)喝醉了。为了解毒乙醇,肝脏会分泌乙醇脱氢酶(ADH)。氧化剂烟酰胺(NAD^+)在乙醇脱氢酶催化下,可将乙醇氧化成乙醛,而 NAD^+ 被还原成 NADH。随后乙醛在醛脱氢酶(ALDH)催化下,被氧化剂烟酰胺(NAD^+)氧化成正常的代谢产物乙酸。上述氧化还原过程可用下面的反应式说明:

$$\text{CH}_3\text{CH}_2\text{OH} + \text{NAD}^+ \xrightarrow{ADH} \text{CH}_3\text{CHO} + \text{NADH} + \text{H}^+$$

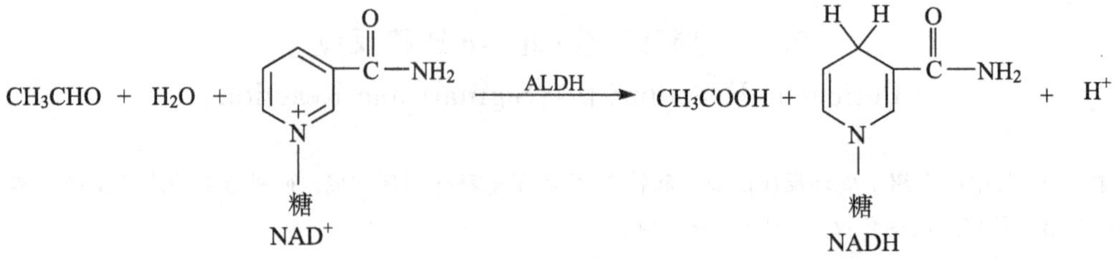

（图：CH₃CHO + H₂O + [烟酰胺/NAD⁺结构式] ——ALDH→ CH₃COOH + [NADH结构式] + H⁺）

大多数低级 1° 醇都能发生上述氧化反应,但其他醇的氧化产物的毒性比乙酸更大。例如,甲醇被氧化成甲醛和甲酸,甲醛能影响视觉的生理化学过程,引起失明或死亡。甲酸会异常降低血液的 pH,在这种条件下会阻断氧气在血液中的传输而引起昏迷。乙二醇是一种有毒的二元醇,它的氧化产物是草酸,草酸会引起肾衰竭,导致死亡。

处理甲醇和乙二醇中毒的方法是一样的,给患者静脉注射稀乙醇。由于 ADH 对乙醇的亲和力比对甲醇大得多,ADH 被所有的乙醇淹没,大量的乙醇拴住了 ADH,从而可阻止甲醇被氧化为有害的甲醛,有时间将其大部分排泄掉。

 知识亮点（Ⅱ）

环氧树脂——现代胶黏剂

环氧树脂俗称万能胶,是一种广泛使用的有很强黏结性能的现代胶黏剂。它可以牢固地黏结多种材料,用环氧树脂浸渍玻璃纤维制得的玻璃钢强度很大,常用作结构材料。

最常见的环氧树脂是用双酚 A(2,2-二对羟苯基丙烷)与环氧氯丙烷反应得到的聚合物。

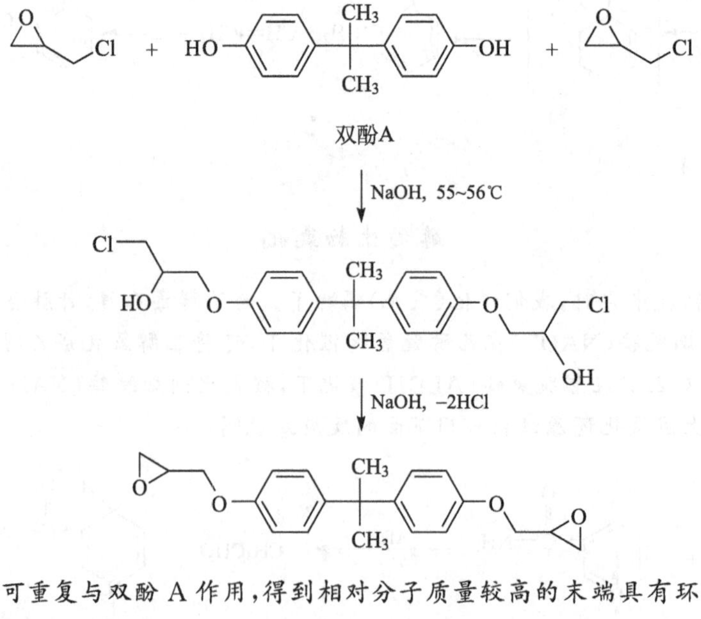

（反应式：[环氧氯丙烷] + HO—[苯环]—C(CH₃)₂—[苯环]—OH + [环氧氯丙烷]）

双酚A

（↓ NaOH, 55~56℃）

（Cl—CH₂—CH(OH)—CH₂—O—[苯环]—C(CH₃)₂—[苯环]—O—CH₂—CH(OH)—CH₂—Cl）

（↓ NaOH, −2HCl）

（[环氧基]—CH₂—O—[苯环]—C(CH₃)₂—[苯环]—O—CH₂—[环氧基]）

上述化合物可重复与双酚 A 作用,得到相对分子质量较高的末端具有环氧基的线型高分子化合物,所以称为环相氧树脂。

线型的环氧树脂与乙二胺、间苯二胺等多胺作用形成体型高分子化合物,乙二胺、间苯二胺等称为固化剂。体型结构的高聚物非常结实,可以防止化学试剂的侵蚀。例如,环氧树脂与乙二胺作用，可具有以下结构：

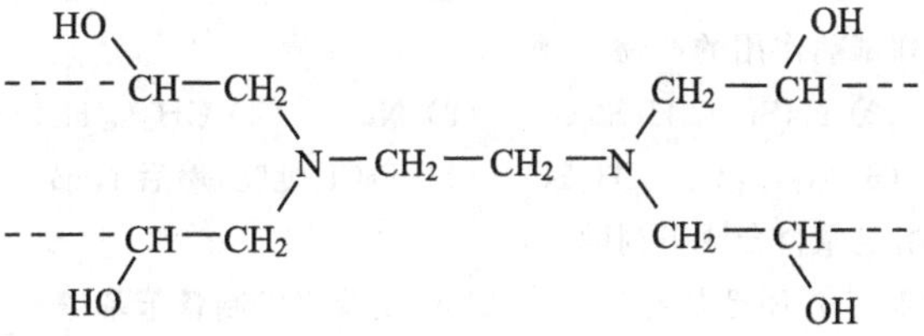

习题（Exercises）

9.1 用系统命名法命名下列化合物。

(1)

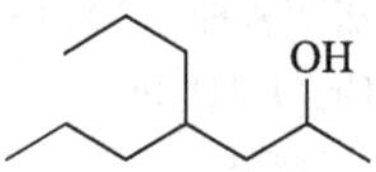

(2)

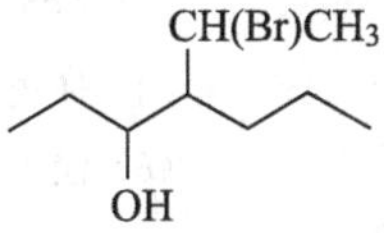

(3)

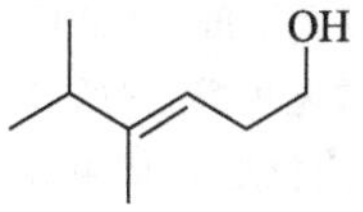

(4)

(5)

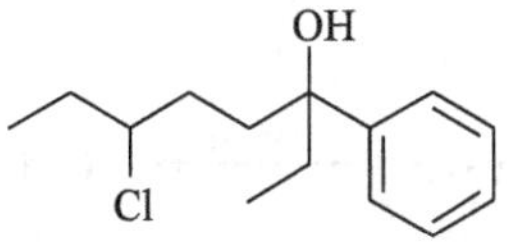

(6)

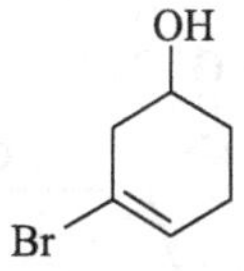

9.2 写出下列化合物的构造式。

（1）3-溴甲基-4-辛醇 （2）3-环戊烯-1-醇 （3）2,4-戊二醇（内消旋） （4）($3R$,$4R$)-3,4-己二醇

9.3 完成下列反应。

(1) $(CH_3)_2CHMgI$ + $PhCHO$ $\xrightarrow{\text{醚}}$ $\xrightarrow{H_3O^+}$

(2) 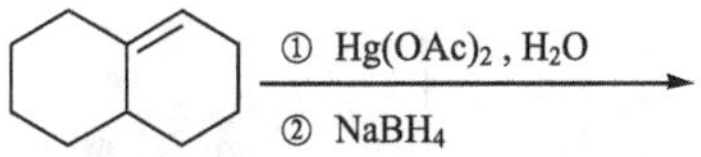 $\xrightarrow[\text{② } NaBH_4]{\text{① } Hg(OAc)_2, H_2O}$

(3) 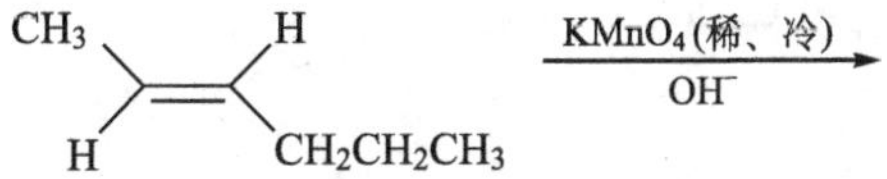 $\xrightarrow[OH^-]{KMnO_4(\text{稀、冷})}$

(4) $HOCH_2CH_2OH$ + $2HNO_3$ $\xrightarrow{H_2SO_4}$

(5) $2\ PhMgBr$ + $CH_3CH_2COOCH_3$ $\xrightarrow{\text{醚}}$ $\xrightarrow{H_3O^+}$

(6) $(CH_3)_3C{-}CH_2OH$ $\xrightarrow[\triangle]{H_2SO_4}$

(7) $2\ CH_3CH_2CH_2CH_2MgCl$ + $PhCOCl$ $\xrightarrow{\text{醚}}$ $\xrightarrow{H_3O^+}$

(8) 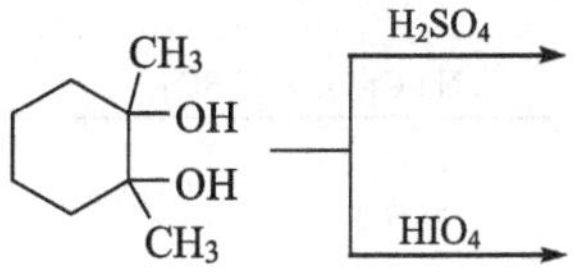 $\xrightarrow{H_2SO_4}$

$\xrightarrow{HIO_4}$

(9) 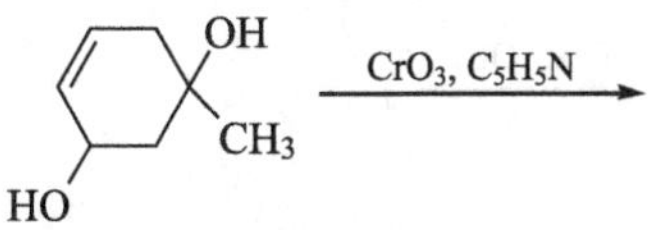 $\xrightarrow{CrO_3, C_5H_5N}$

(10) 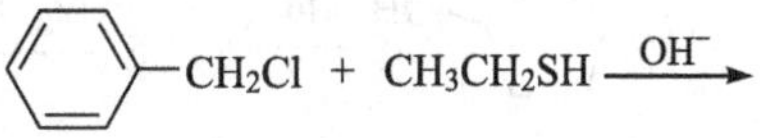 $-CH_2Cl$ + CH_3CH_2SH $\xrightarrow{OH^-}$

(11) 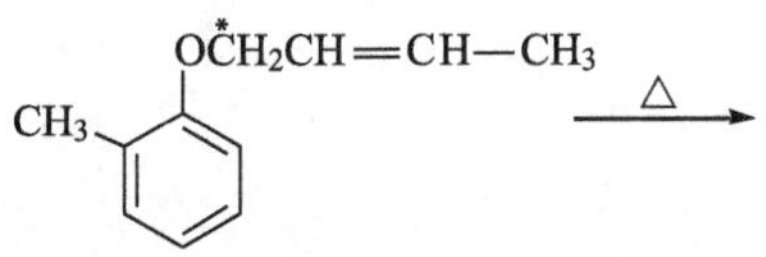 $\xrightarrow{\triangle}$

(12) 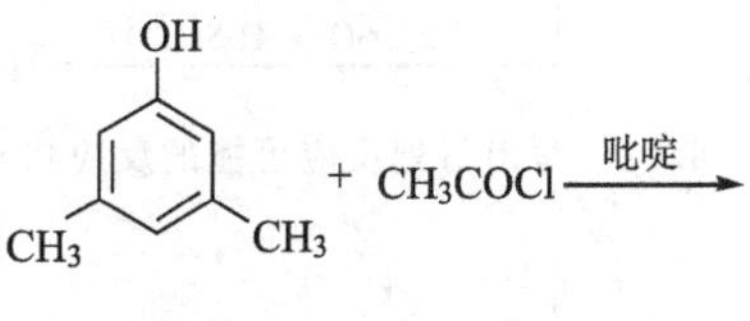 + CH_3COCl $\xrightarrow{\text{吡啶}}$

有机化学

9.4 指出下列醇脱水反应的主要产物。

(1) 2-戊醇 (2) 1-甲基环戊醇 (3) 2-甲基环己醇 (4) 2,2-二甲基-1-丙醇

9.5 写出 2-丁醇与下列试剂作用的产物。

(1) H_2SO_4，>160℃ (2) NaBr + H_2SO_4 (3) Na (4) $CH_3C_6H_4SO_2Cl$

(5) Cu, 加热 (6) $K_2Cr_2O_7 + H_2SO_4$ (7) TsCl/吡啶，然后 NaBr (8) $SOCl_2$

9.6 用格氏试剂法由指定原料合成下列醇。

(1) 由溴代环己烷出发制备 2-环己基乙醇 (2) 由溴苯出发制备苄基醇

(3) 由苯甲醛出发制备环戊基苯基甲醇 (4) 由己醇出发制备 3-辛醇

9.7 用简单的化学方法区别下列化合物。

(1) 2-丁醇和 2-甲基-2-丁醇 (2) 环己醇和环己烷

9.8 用化学方法鉴别苯酚、苯甲醇和苯甲醚。

9.9 写出下列反应的主产物(包括立体化学结构式)。

(1) (R)-2-丁醇 + TsCl(在吡啶中) (2) (S)-对甲苯磺酸二级丁基酯 + NaBr

(3) 环戊基甲醇 + $CrO_3 \cdot C_5H_5N \cdot HCl$ (4) 环戊基甲醇 + $Na_2Cr_2O_7/H_2SO_4$

(5) 叔丁醇钠 + 碘甲烷 (6) 溴乙烷 + 2-甲基-2-丁醇钠

9.10 完成下列反应，写出 A~G 的结构式。

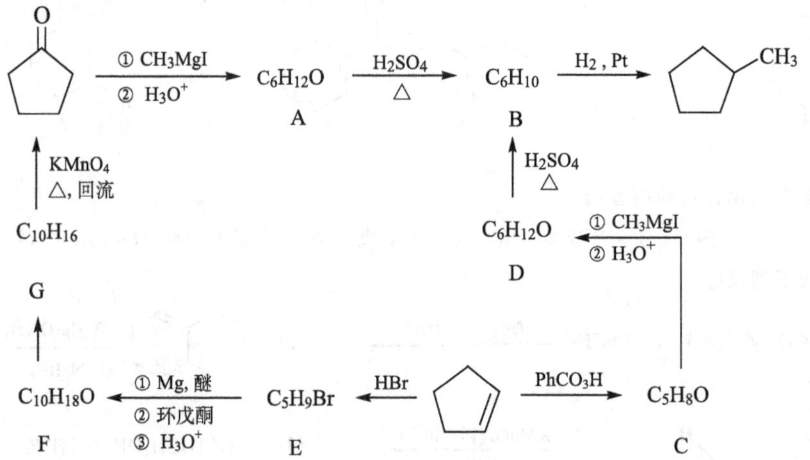

9.11 写出下列反应的中间体和产物的结构式。

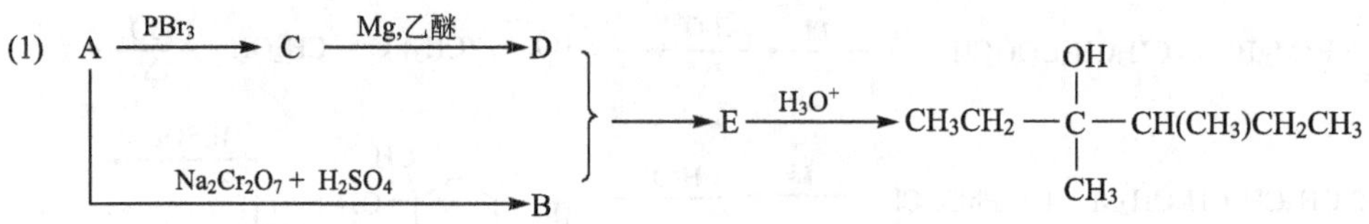

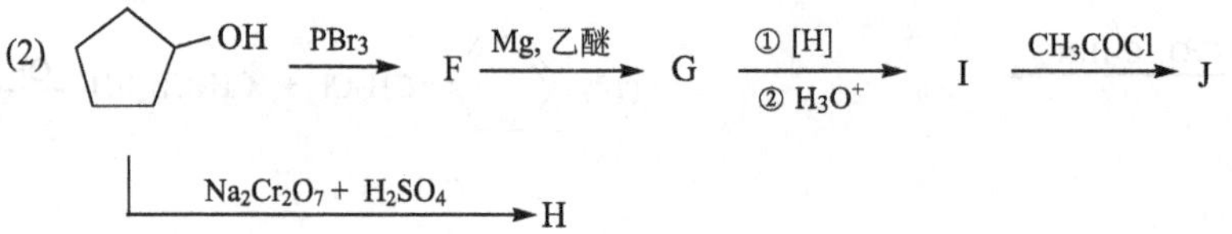

9.12 写出下列反应可能的反应机理。

(1)

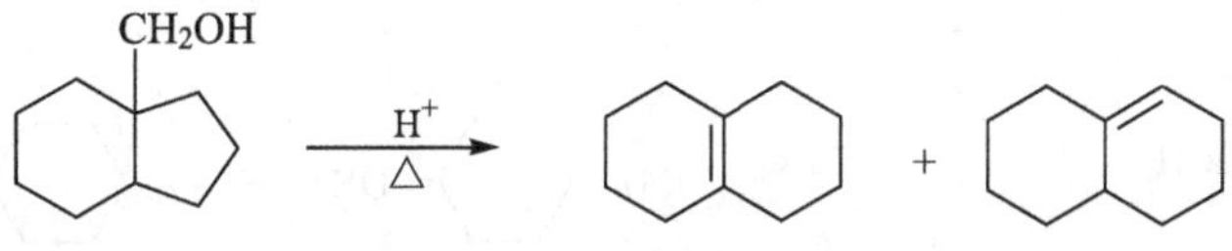

(2)

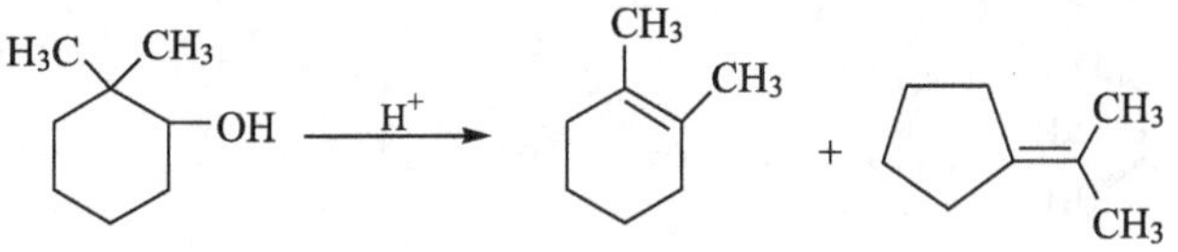

(3)

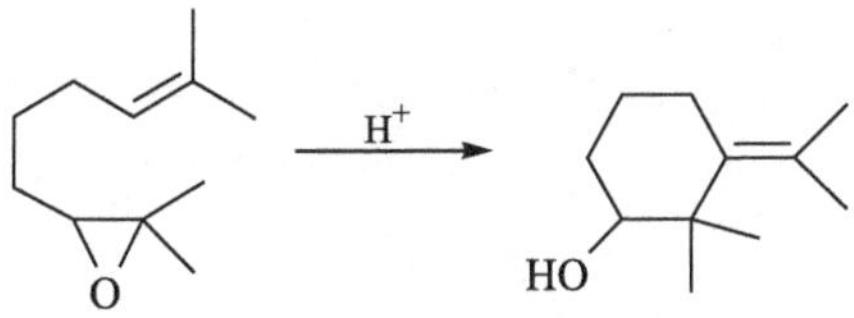

9.13　某学生试用下述反应合成亚甲基环丁烷,结果只得到少量的目标化合物,还有一些其他的产物,请写出它们的结构式和可能的反应机理。

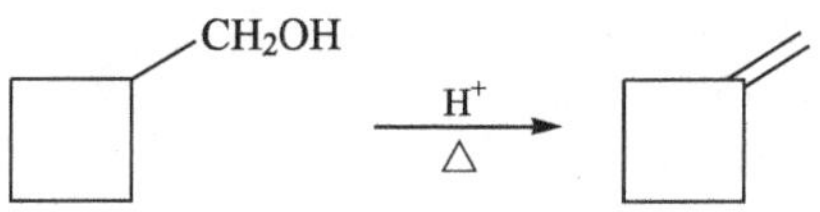

9.14　以环己醇和 C_4 以下的有机物为主要原料合成下列化合物(无机试剂任选)。

(1) 　　(2) 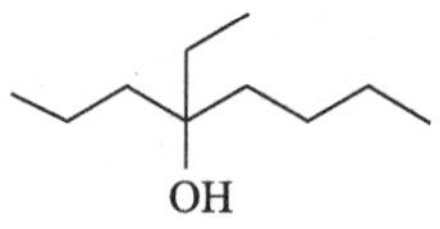 　　(3)

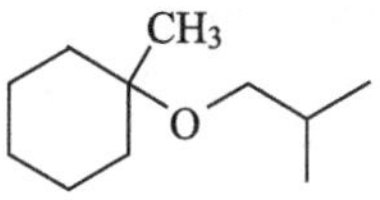

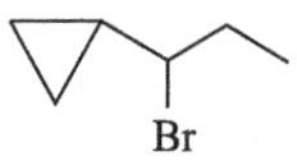

(4) 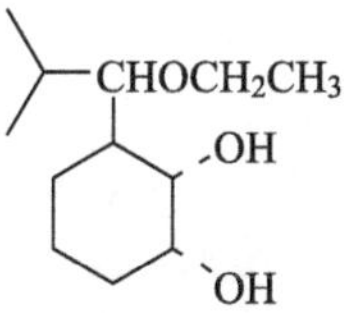 　　(5) 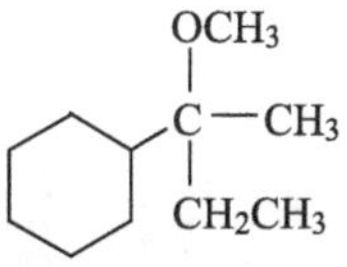 　　(6)

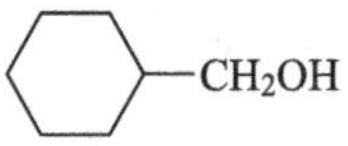

9.15　化合物 $A(C_6H_{10}O)$ 经催化加氢后生成 $B(C_6H_{12}O)$,B 经氧化生成 $C(C_6H_{10}O)$,C 与 CH_3MgI 反应再水解得到 $D(C_7H_{14}O)$,D 在 H_2SO_4 作用下加热生成 $E(C_7H_{12})$,E 与冷、稀 $KMnO_4$ 反应生成一个内消旋化合物 F。又知 A 与卢卡斯试剂($ZnCl_2/HCl$)反应立即出现浑浊。试写出 A～E 可能的构造式。

9.16　分子式为 $C_6H_{14}O$ 的化合物 A 能与 Na 作用,在酸催化下可脱水生成 B,用冷、稀 $KMnO_4$ 溶液氧化 B 可得到 C,其分子式为 $C_6H_{14}O_2$,C 与 HIO_4 作用只得到丙酮。试推测 A～C 的构造式,并写出相关反应式。

9.17　分子式为 $C_5H_{12}O$ 的一般纯度的醇,具有以下 ^{1}H NMR 数据,写出该醇的结构式。

$\delta=0.9(6H)$ 两重峰;$\delta=1.6(1H)$ 多重峰;$\delta=2.6(1H)$ 单峰;$\delta=3.6(1H)$ 多重峰;$\delta=1.1(3H)$ 两重峰。

9.18　完成下列转变。

(1) 　　(2)

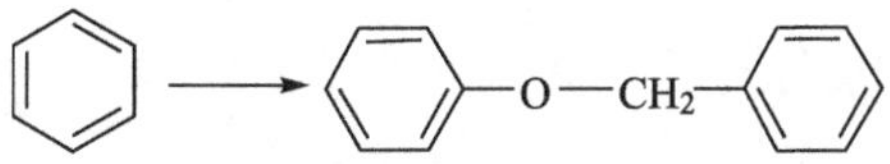

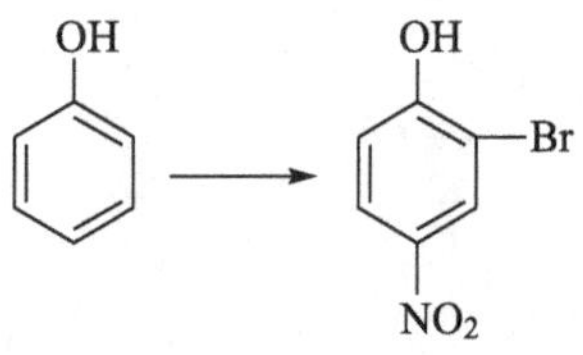

(3)

(4)

(5)

第 10 章 醚、环氧化合物、硫醚
（Ethers，Epoxides，Sulfides）

醚是通式为 R—O—R′的化合物，可以看作是水分子中的两个氢原子都被烃基取代的衍生物。醚分子中的 C—O—C 键俗称醚键，是醚的官能团。醚分子中的 R 和 R′可以是饱和烃基、不饱和烃基或芳基。两个烃基相同的醚称为单醚或对称醚，如 $C_2H_5OC_2H_5$（乙醚）；两个烃基不相同的醚称为混醚或不对称醚，如 $CH_3CH_2OCH_2CH=CH_2$（乙基烯丙基醚）。

脂环烃环上碳原子被一个或多个氧原子取代后所形成的化合物称为环醚，其中最重要的是三至六元环的醚。例如：

$\overset{H_2C—CH_2}{\underset{O}{\diagdown\diagup}}$	(五元环含O)	(六元环含两个O)
环氧乙烷	四氢呋喃	1,4-二氧六环(二噁烷)

分子中含有 $\overset{\diagup\diagdown}{\underset{O}{}}$ 结构的环醚称为环氧化合物（简称环氧化物）。

含有多个氧的大环醚因形似皇冠而称为冠醚。

醚分子中的氧原子被硫原子取代后形成的化合物称为硫醚，硫醚也有单硫醚（对称硫醚）和混硫醚（不对称硫醚）之分，如 CH_3SCH_3（甲硫醚）、$CH_3SCH_2CH_3$（甲乙硫醚）。

10.1 醚的结构和命名
（Structure and Nomenclature of Ethers）

10.1.1 醚的结构

脂肪醚的醚键中的氧原子为 sp^3 杂化，两对未共用电子对分别占据两个 sp^3 杂化轨道，另外两个 sp^3 杂化轨道分别与两个烃基碳的 sp^3 杂化轨道形成两个 σ 键。图 10-1 是二甲醚的结构，其键角∠COC 为 110°。

10.1.2 醚的命名

1. 普通命名法

图 10-1 二甲醚的结构

结构较简单的醚用普通命名法命名，即按其烃基来命名。命名单醚时习惯将名称前的"二"字省略。混合醚则按次序规则，较优的基团后列出命名。醚的英文名称是用 ether 作母体，两个烃基按第一个字母的字母顺序先后列出，书写时均隔开。例如：

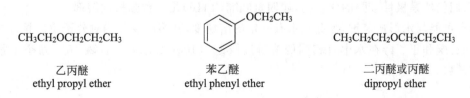

CH₃CH₂OCH₂CH₂CH₃	苯乙醚	CH₃CH₂CH₂OCH₂CH₂CH₃
乙丙醚	苯乙醚	二丙醚或丙醚
ethyl propyl ether	ethyl phenyl ether	dipropyl ether

2. 系统命名法

结构比较复杂的醚常用系统命名法命名,即把烃氧基(RO—)作为取代基来命名。烃氧基的英文名称是在相应烃基名称后面加上词尾"oxy",低于五个碳的烷氧基可以省略英文烷基词尾中的"yl",如 methoxy(甲氧基)、ethoxy(乙氧基)、pentyloxy(戊氧基)。若有不饱和键存在时,选取不饱和程度较大的烃基作为母体来命名。例如:

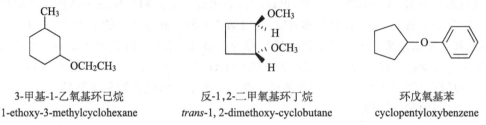

3-甲基-1-乙氧基环己烷　　　　　　　　反-1,2-二甲氧基环丁烷　　　　　　　　环戊氧基苯
1-ethoxy-3-methylcyclohexane　　　　*trans*-1, 2-dimethoxy-cyclobutane　　　cyclopentyloxybenzene

环状醚一般命名为环氧某烃,或者按杂环化合物命名。例如:

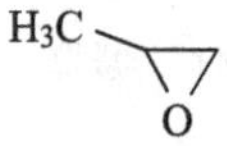

1,2-环氧丙烷　　　　　　　　　　　四氢呋喃　　　　　　　　　　1,4-二氧六环(二噁烷)
1,2-epoxypropane　　　　　　　tetrahydrofuran (THF)　　　　　　1,4-dioxane

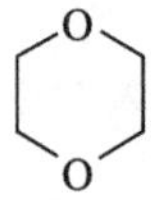

练习 10.1 命名下列化合物。

(1) $CH_3CH_2OCH(CH_3)_2$　　　(2) $ClCH_2CH_2OCH_3$　　　(3)　　　　　　　(4)

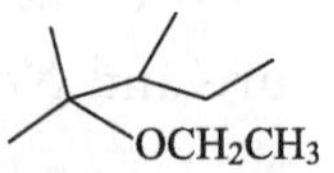

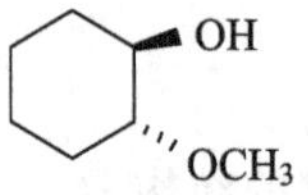

<h2 style="text-align:center">10.2　醚的物理性质和光谱性质</h2>
(Physical Properties and Spectroscopic Properties of Ethers)

10.2.1　物理性质

1. 沸点、偶极矩、溶解度

除含三个碳原子以下的醚为气体外,其余的醚在常温下通常为液体。由表 10-1 中的沸点数据可知,甲醚、乙醚的沸点比其相对分子质量相同的乙醇和正丁醇分别低了近 100℃和 83℃,主要原因是醚分子间不能通过氢键形成缔合分子。尽管醚分子中没有极性较强的醇羟基,但它们仍然是极性较强的化合物,如四氢呋喃(THF)是一种强极性溶剂。

醚有可能与水形成氢键,因此在水有一定的溶解度,其溶解度与相对分子质量相近的醇差不多,如乙醚和正丁醇在水中有相同的溶解度[8g·(100mL 水)$^{-1}$]。表 10-2 列举了常见醚的物理常数。

表 10-1   相对分子质量相近的醚、烷烃和醇的沸点和偶极矩

化合物	结构式	相对分子质量	沸点/℃	偶极矩/(C·m)
水	H_2O	18	100	6.3×10^{-30}
乙醇	CH_3CH_2OH	46	78	5.7×10^{-30}
甲醚	CH_3OCH_3	46	−25	4.3×10^{-30}
丙烷	$CH_3CH_2CH_3$	44	−42	3×10^{-31}
正丁醇	$CH_3CH_2CH_2CH_2OH$	74	118	5.7×10^{-30}
四氢呋喃		72	66	5.3×10^{-30}
乙醚	$CH_3CH_2OCH_2CH_3$	74	35	4.0×10^{-30}
正戊烷	$CH_3CH_2CH_2CH_2CH_3$	72	36	3×10^{-31}

表 10-2   常见醚的名称和物理常数

化合物	结构式	熔点/℃	沸点/℃	相对密度(d_4^{20})
甲醚	CH_3OCH_3	−138.5	−25	0.661
甲乙醚	$CH_3CH_2OCH_3$	—	8	0.697
乙醚	$CH_3CH_2OCH_2CH_3$	−116.62	35	0.714
正丙醚	$CH_3CH_2CH_2OCH_2CH_2CH_3$	−122	91	0.736
异丙醚	$(CH_3)_2CHOCH(CH_3)_2$	−86	68	0.741
苯甲醚		−37	154	0.99
二苯醚		27	259	1.07
四氢呋喃		−65	66	0.89
环氧乙烷		−111	13.5	—
1,4-二氧六环		12	101	—

2. 醚——极性溶剂

醚是许多有机反应理想的溶剂。它们能溶解大量的极性和非极性物质，极性物质在醚和醇中的溶解度差不多，非极性物质则更容易溶解在醚中，且醚作为溶剂的优点是沸点低，极易从产物中蒸发出来。下面四种醚类化合物常用作溶剂，其中 1,2-二甲氧基乙烷(DME)、四氢呋喃(THF)和 1,4-二氧六环都能与水互溶，只有乙醚微溶于水。

CH₃CH₂OCH₂CH₃　　　　CH₃OCH₂CH₂OCH₃

乙醚　　　　　　1,2-二甲氧基乙烷 (DME)　　　四氢呋喃(THF)　　　1,4-二氧六环
b.p. 35℃　　　　　　b.p. 82℃　　　　　　　b.p. 66℃　　　　　b.p. 101℃

　　醚分子间没有氢键缔合,非极性溶质不需能量来克服氢键之间的作用力,所以非极性物质更容易溶解在醚中。醚分子具有一定的偶极矩,是极性较强的化合物,能够作为氢键的受体,且醚的氧原子上的孤对电子能高效溶剂化阳离子,如图 10-2 所示。例如,离子型化合物碘化锂(LiI)在醚中表现出中等程度的溶解性,这是阳离子(Li⁺)被醚的未共用电子对溶剂化的结果。但醚不能作为氢键的供体,所以醚不像醇那样能很好地溶剂化阴离子,对于含有体积小、结构紧凑的阴离子的离子型化合物,由于需要强的溶剂效应克服离子键,所以往往难以溶解在醚中;而对于含有体积大、结构松散的阴离子的离子型化合物,如碘化物、乙酸和其他有机阴离子化合物,则更容易溶解在醚中。

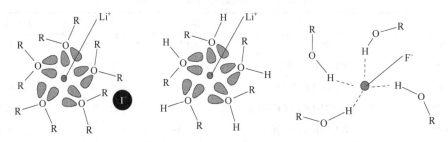

图 10-2　醚能溶解正离子而醇能溶解正离子和负离子

　　醚是非羟基的化合物(没有羟基),通常不与碱发生反应,因此醚常作溶剂,溶解那些需要极性溶剂来溶解的强极性的碱(如格氏试剂)。

3. 醚与试剂形成的稳定络合物

　　醚的一些特性,如极性、氧原子上带有孤对电子以及反应活性较小等,强化了许多试剂的

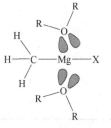

图 10-3　醚与格氏试剂的络合

形成和用途。例如,在无醚的条件下,格氏试剂不能形成,这可能是因为醚和镁原子共用醚的一对未共用电子,从而增强了试剂的稳定性并使其在溶液状态下稳定存在,见图 10-3。

　　醚能与亲电试剂形成稳定的络合物,如醚分子中的未共用电子对能稳定甲硼烷(BH₃)。甲硼烷常以二聚体形式存在,称为乙硼烷(B_2H_6)。乙硼烷是一种有毒的、能自燃和易挥发的气体,它能与四氢呋喃形成稳定络合物,常制成1mol·L⁻¹的 BH₃·THF 络合物溶液使用,便于计算和运输。BH₃·THF 试剂极大地方便了硼氢化反应的应用。例如:

　　三氟化硼作为一种路易斯酸催化剂广泛应用于各类有机反应中。和乙硼烷一样,BF₃ 也

是有毒气体,但 BF₃ 能和醚稳定络合,便于储藏和计量。例如:

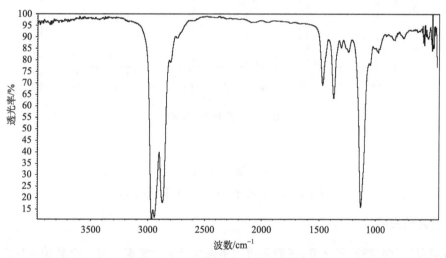

10.2.2 光谱性质

1. 红外光谱

醚分子中的 C—O 伸缩振动出现在 1200～1050cm⁻¹ 区域。尽管许多非醚类化合物在此区域也有相近的吸收谱带,但 IR 谱图仍然是有用的,因为醚分子中没有羰基和羟基,若某一分子含有氧原子,但 IR 谱图中没有羰基和羟基的特征吸收,则此分子可能为醚类化合物。图 10-4 是正丁醚的红外光谱图。

图 10-4 正丁醚的红外光谱图

2. 质谱

醚类化合物最重要的裂解反应是 α-断裂,生成较稳定的氧鎓离子。

氧鎓离子

另一常见的裂解反应是失去一个烷基:

或

$$\left[R_1-CH_2-O \overbrace{}{} R_2 \right]^+ \longrightarrow R_1-CH_2-O\cdot + R_2^+$$

图 10-5 是乙醚的质谱图,$m/z = 74$ 是分子离子峰;$m/z = 59$ 是 α-断裂生成氧鎓离子峰;$m/z = 31$ 的基峰是 α-断裂后再失去一个乙烯分子形成的 $\overset{+}{HO}=CH_2$ 峰。$m/z = 45$ 是失去一个乙基后形成的 $\overset{+}{HO}=CHCH_3$ 峰。

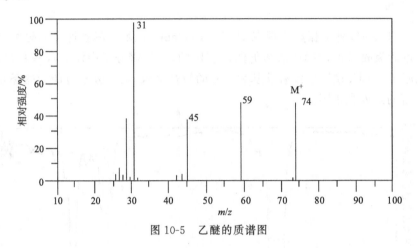

图 10-5 乙醚的质谱图

10.3 醚的化学反应
(Chemical Reactions of Ethers)

10.3.1 锌盐的生成

一般情况下,醚与碱、氧化剂、还原剂等均不发生反应。常温下醚与金属钠不反应,所以可用金属钠干燥醚。但醚有碱性,遇酸则生成锌盐,在强酸作用下加热,醚键会断裂。

由于醚的氧原子上带有电子对,是一种弱碱($pK_b \approx 17.5$),遇强的无机酸(如浓硫酸、浓盐酸等)或路易斯酸(如三氟化硼、氯化铝等)可形成锌盐。

$$R-O-R + HCl \longrightarrow R-\overset{+}{\underset{H}{O}}-R + Cl^-$$

锌盐可溶于强酸中,用冷水稀释则重新析出醚层,用此性质可分离、提纯醚。

醚与格氏试剂、三氟化硼、乙硼烷等可形成稳定的络合物(见 10.2.1)。

10.3.2 醚键的断裂

醚与质子形成锌盐后,碳氧键变弱,所以醚在强酸如 HI(或 HBr)作用下加热,醚键会断裂,产物为碘代烷和醇等。在过量 HI 存在下,则生成两分子碘代烷。例如:

$$CH_3CH_2OCH_2CH_3 \xrightarrow{HI} CH_3CH_2\overset{+}{\underset{\underset{H}{|}}{O}}CH_2CH_3 \xrightarrow[S_N2]{I^-} CH_3CH_2I \; + \; CH_3CH_2OH$$

$$CH_3CH_2OH \xrightarrow{HI} CH_3CH_2\overset{+}{O}H_2 \xrightarrow[S_N2]{I^-} CH_3CH_2I \; + \; H_2O$$

叔烷基醚与 HI 发生 S_N1 反应。例如：

$$(CH_3)_3COCH_3 \xrightarrow{HI} (CH_3)_3C\!-\!\overset{+}{O}H\!-\!CH_3 \underset{慢}{\rightleftharpoons} (CH_3)_3C^+ \; + \; CH_3OH$$

$$I^- \downarrow S_N1$$

$$(CH_3)_3CI$$

又如：

$$(CH_3)_3COCH_2CH_3 + HI \longrightarrow (CH_3)_3CI + CH_3CH_2OH$$

芳基烷基醚与 HI 作用，总是烷氧键断裂生成酚和卤代烷。这是氧原子与芳环间的共轭效应所致。例如：

10.3.3　醚的自动氧化

低级醚和空气长期接触会逐渐形成不易挥发的过氧化物，这种由空气中的氧产生的自发氧化反应称为自动氧化。例如：

$$CH_3CH_2\!-\!O\!-\!CH_2CH_3 \xrightarrow{O_2} CH_3CH_2O\underset{\underset{OOH}{|}}{C}HCH_3$$

过氧化物不稳定，加热时易爆炸，因此醚应放在棕色瓶中避光保存，也可以加入抗氧剂（如对苯醌）防止过氧化物生成。可用淀粉-碘化钾试纸检验醚中是否有过氧化物存在，若淀粉-碘化钾试纸变蓝，说明有过氧化物存在，此时可用还原剂（如 $FeSO_4/H_2SO_4$）除去过氧化物。

练习 10.2　写出下列反应的产物。

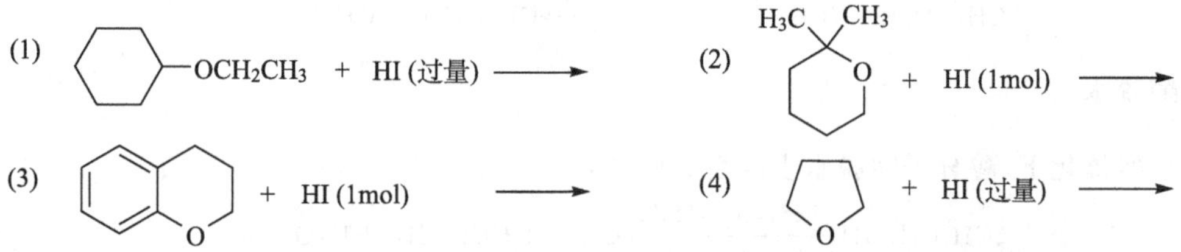

(1)

(2)

(3)

(4)

10.4 醚 的 制 备
（Preparation of Ethers）

10.4.1 威廉姆森合成法

威廉姆森合成法是制备混醚的一个方便的方法。此法是用卤代烃、烃基磺酸酯或硫酸酯与醇钠反应来制备混醚。反应通式为

$$RONa + R'L \longrightarrow ROR' + NaL$$
$$L: Br, I, OTs, OSO_2OR'' \quad R' = 1°R$$

例如：

$$(CH_3)_2CHONa + C_6H_5CH_2Cl \longrightarrow (CH_3)_2CHOCH_2C_6H_5$$

应选用伯卤代烷或仲卤代烷进行该反应，叔卤代烷在强碱（醇钠）的作用下只能得到烯烃。

制备烷芳醚时应选用酚钠与卤代烷反应，若制备芳甲醚或芳乙醚，可用硫酸二甲酯或硫酸二乙酯代替卤代烃。例如：

$$C_6H_5OH + CH_3CH_2CH_2I \xrightarrow[C_2H_5OH]{OH^-} C_6H_5OCH_2CH_2CH_3$$

$$C_6H_5OH + (CH_3)_2SO_4 \xrightarrow[C_2H_5OH]{OH^-} C_6H_5OCH_3$$

威廉姆森合成法是以 RO^- 或 ArO^- 作为亲核试剂进攻卤代烃（磺酸酯或硫酸酯），从而取代 X^-（或 $ROSO_3^-$、TsO^-）得到醚，反应属于 S_N2 机理。由于 RO^- 既可进攻 α-C 生成醚，又可进攻 β-H 生成烯烃，所以与 E2 反应竞争，反应机理如下：

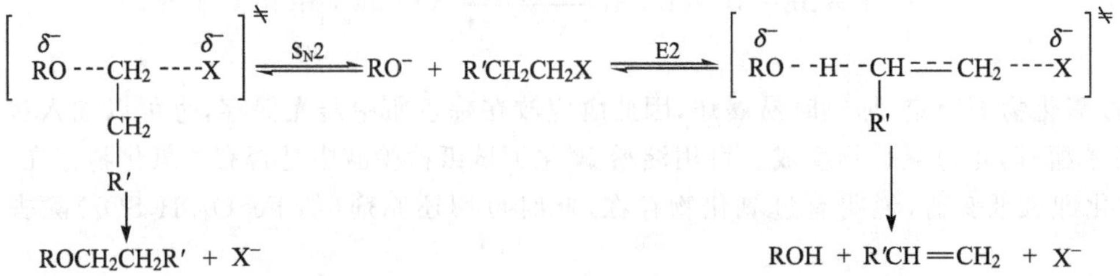

为减少副反应的发生，在制备混醚时应注意选择适当的原料。例如，制备乙基叔丁基醚时，应选用叔丁醇钠与溴乙烷为原料，以尽量减少叔卤代烷生成烯烃的副反应的发生。

$$CH_3CH_2Br + (CH_3)_3CONa \xrightarrow{C_2H_5OH} CH_3CH_2OC(CH_3)_3$$

10.4.2 醇脱水

在质子酸催化下，醇分子间脱水生成醚。例如：

$$2CH_3CH_2OH \xrightarrow[\text{或 } Al_2O_3, 240℃]{\text{浓 } H_2SO_4, 140℃} CH_3CH_2OCH_2CH_3 + H_2O$$

该反应适用于制备单醚，且应选用伯醇进行该反应，叔醇一般得到烯烃。

10.4.3　烯烃的烷氧汞化-去汞法

与烯烃的羟汞化反应相似(详见 3.4.2),烯烃用醇作溶剂进行溶剂汞化反应,然后用硼氢化钠还原,去汞生成醚,反应的取向符合马氏规则。该制备醚的方法适用范围广,副产物较少,还可避免碳架的重排。但二叔烷基醚不能用该方法制备,可能是空间障碍的影响。例如:

$$(CH_3)_3CCH\!\!=\!\!CH_2 \xrightarrow[\text{② NaBH}_4,\ OH^-]{\text{① Hg(OAc)}_2,\ CH_3OH} (CH_3)_3CCHCH_3$$
$$\underset{\displaystyle OCH_3}{|}$$

> **练习 10.3**　分别用烷氧汞化-去汞法和威廉姆森法合成下列醚(若其中某一方法不适用,说明原因)。
> (1) 2-甲氧基丁烷　　(2) 2-甲基-1-甲氧基环戊烷　　(3) 乙基环己基醚　　(4) 苯基叔丁基醚

10.4.4　乙烯基醚的合成

因为乙烯醇不存在,且乙烯型卤代物又难以发生亲核取代反应,所以不能用威廉姆森法合成乙烯基醚。可以用乙炔与醇在碱性条件下的亲核加成反应制备。例如:

$$HC\!\!\equiv\!\!CH + HOC_2H_5 \xrightarrow[160\sim180℃]{NaOH} H_2C\!\!=\!\!CH\!\!-\!\!O\!\!-\!\!C_2H_5$$

10.5　环氧化合物
(Epoxides)

环氧化合物是分子中含有 $\underset{O}{\triangle}$ 结构的环醚,它的性质与一般的醚差别很大,如环氧化合物通常由烯烃制备,容易与亲核试剂作用而发生开环反应。正是由于这些原因,环氧化合物是一类很有价值的有机合成中间体。

环氧化合物的命名是用环氧(epoxy)作词头,写在母体烃名称之前,除环氧乙烷外,命名其他环氧化合物时需用数字标明环氧的位置,并用短线与"环氧"相连。例如:

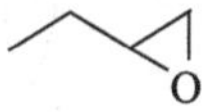

1,2-环氧丁烷 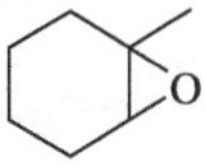　　　　　　1-甲基-1,2-环氧环己烷

10.5.1　环氧化合物的制备

绝大多数环氧化合物是通过烯烃和有机过氧酸反应制备的。若反应在酸性水溶液中进行,则生成的环氧化合物会开环生成邻二醇。因此,要制得环氧化合物,一般应将过氧酸溶于非质子溶剂(如 CH_2Cl_2)中,由于间氯过氧苯甲酸(MCPBA)有良好的溶解性,它被广泛用于

环氧化合物的制备。例如：

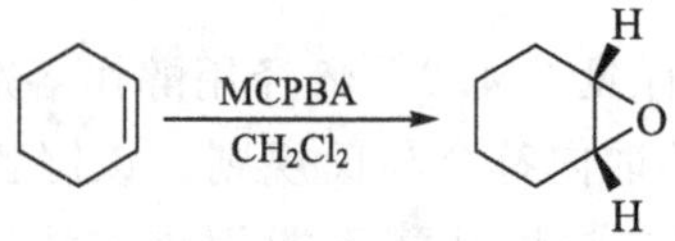

环氧化反应是一协同反应,得到立体专一性的产物。氧以同面方式加到双键的两个碳上,发生顺式加成反应。例如,顺-2-丁烯只生成顺-1,2-二甲基环氧乙烷,反-2-丁烯只生成反-1,2-二甲基环氧乙烷。

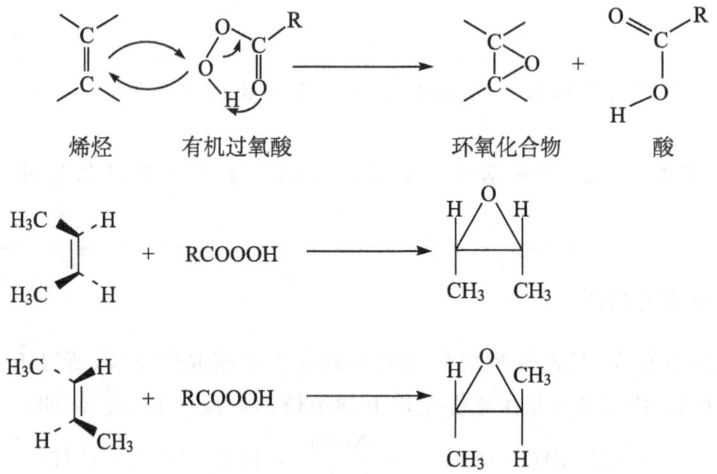

碱催化下的卤代醇的环化反应也可制备环氧化合物,此法类似于威廉姆森醚合成法。卤代醇可由烯烃与卤素的水溶液反应得到,下面是环戊烯与氯水反应生成氯𬬻离子,后者用氢氧化钠水溶液处理得到环氧化合物。例如：

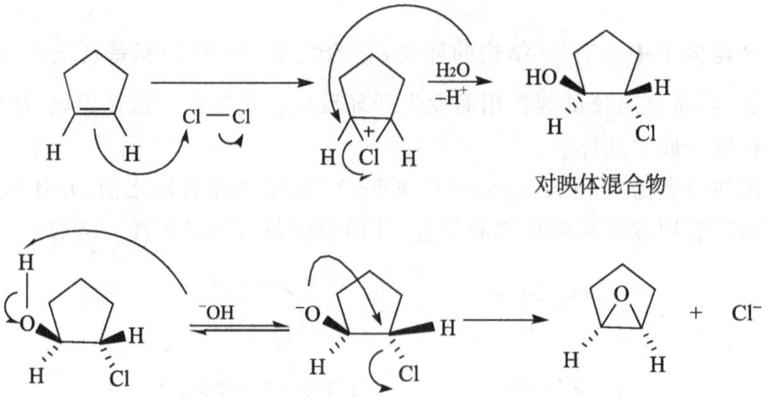

对映体混合物

练习 10.4　完成下列转化。

(1) 2-甲基丙烯──→2-甲基环氧丙烷　　(2) 1-苯基乙醇──→2-苯基环氧乙烷

(3) 5-氯-1-戊烯──→四氢吡喃　　(4) 5-氯-1-戊烯──→2-甲基四氢呋喃

10.5.2　环氧化合物的开环反应

环氧化合物是三元环,分子有环张力,在酸性和碱性条件下都可以发生开环反应。环氧化合物易与水、氢卤酸、醇、氨及格氏试剂等亲核试剂发生亲核取代反应,同时开环,这是环氧化合物最重要的反应。

1. 酸催化的开环反应

环氧化合物在酸催化下水解得到反式邻二醇,醇解得到反式邻羟基醚。例如,1,2-环氧环戊烷在酸催化下水解和醇解开环反应机理如下:

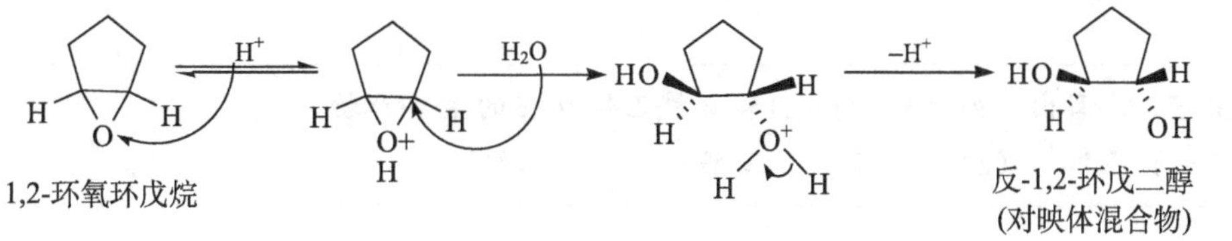

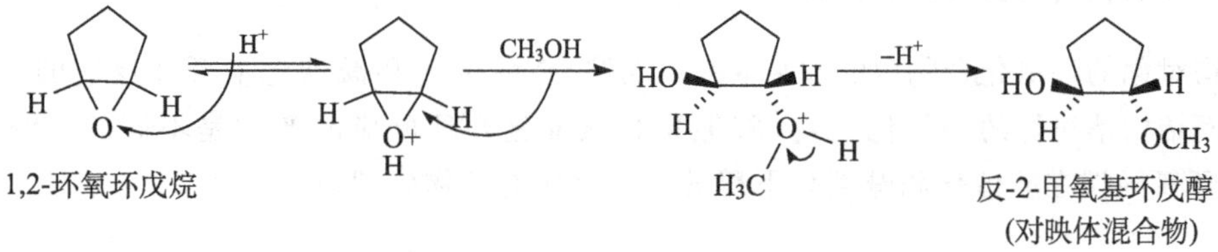

1,2-环氧环戊烷　　　　　　　　　　　　　　　　　　　　反-1,2-环戊二醇
　　　　　　　　　　　　　　　　　　　　　　　　　　　　（对映体混合物）

1,2-环氧环戊烷　　　　　　　　　　　　　　　　　　　　反-2-甲氧基环戊醇
　　　　　　　　　　　　　　　　　　　　　　　　　　　（对映体混合物）

2. 碱催化的开环反应

大部分醚类化合物在碱性条件下不能发生亲核取代和消除反应,这是因为烷氧负离子是一个不好的离去基团。由于环氧化合物开环能放出 $105kJ \cdot mol^{-1}$ 的能量,此能量足以使烷氧负离子离去,所以环氧化合物能在碱性条件下开环。例如,1,2-环氧环戊烷在碱催化下水解开环反应的反应机理如下:

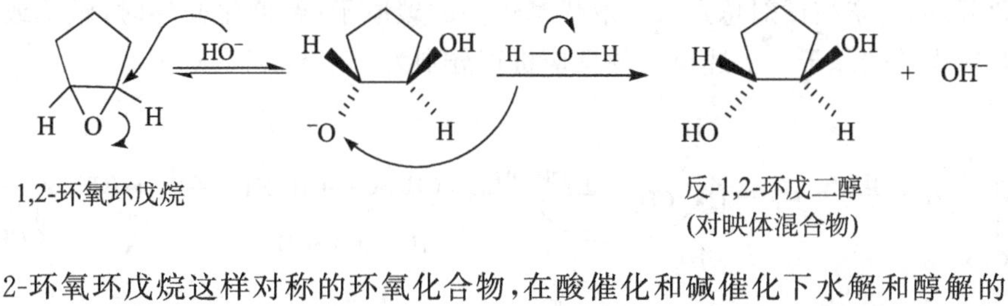

1,2-环氧环戊烷　　　　　　　　　　　　　　　反-1,2-环戊二醇
　　　　　　　　　　　　　　　　　　　　　　（对映体混合物）

像 1,2-环氧环戊烷这样对称的环氧化合物,在酸催化和碱催化下水解和醇解的产物是相同的,都得到反式邻二醇或反式邻羟基醚。由于酸催化反应能够在较温和条件下进行,所以除某些含有对酸敏感取代基的环氧化合物外,大部分开环反应都是在酸催化下进行的。然而,酸催化和碱催化下环氧化合物水解和醇解的反应机理是不同的。酸催化时氧原子首先质子化(形成易于离去的离去基团),然后水分子或醇分子从反面进攻质子化的环氧化合物得到反式邻二醇或反式邻羟基醚。碱催化时,碱(HO^{-})作为亲核试剂从氧原子的反面直接进攻环氧化合物,生成氧负离子中间体,后者接受质子后生成产物。

氨(胺)也可以使环氧化合物开环。环氧化合物与氨水反应可制得乙醇胺,乙醇胺的氮原子仍具有亲核性,可继续反应生成二乙醇胺和三乙醇胺等。

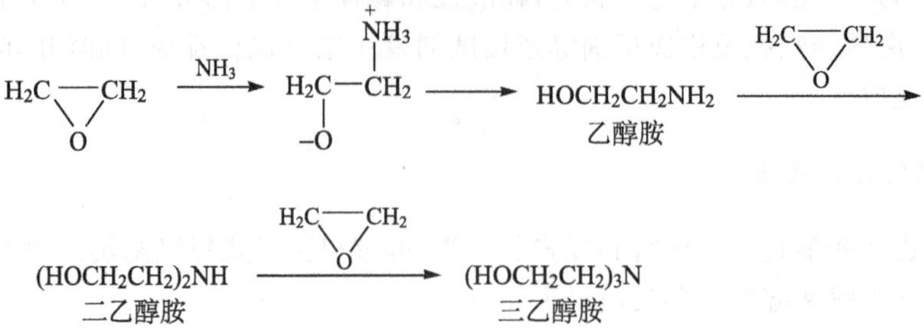

$$(HOCH_2CH_2)_2NH \xrightarrow{\quad} (HOCH_2CH_2)_3N$$
二乙醇胺　　　　　　　　三乙醇胺

练习 10.5　试写出下列试剂(1mol)和环氧乙烷反应的主要产物。
(1) 乙醇钠/乙醇　　(2) 氨　　(3) 苯酚　　(4) 苯胺

10.5.3　环氧化合物开环反应的取向

结构对称的环氧化合物(如 1,2-环氧环戊烷)在酸催化和碱催化下开环反应的产物是相同的。而结构不对称的环氧化合物,酸催化和碱催化开环反应的产物是不同的。例如,2-甲基-1,2-环氧丙烷在酸催化和碱催化下醇解开环反应的产物分别为

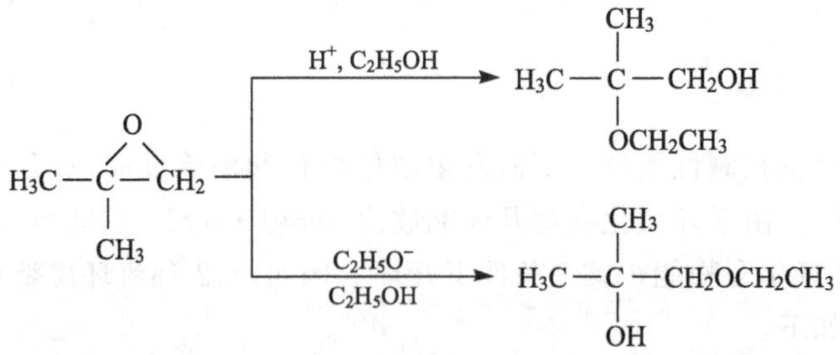

酸催化开环时,亲核试剂总是进攻取代基较多的碳原子;碱催化开环时,碱基或亲核试剂进攻取代基较少的碳原子。上述反应的反应机理分别为

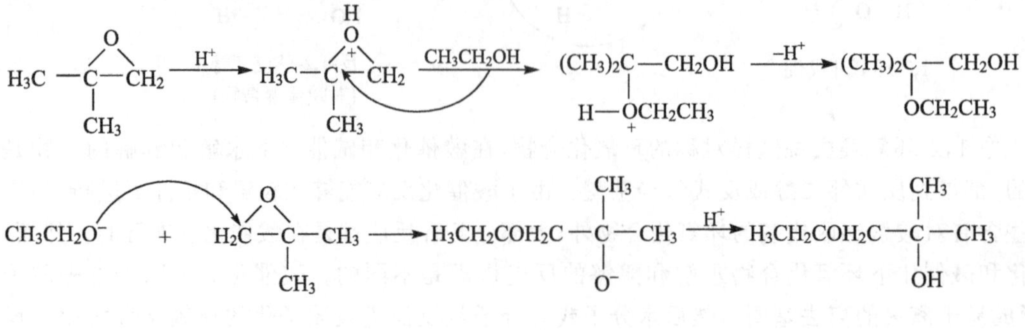

10.5.4　环氧化合物与格氏试剂和有机锂试剂的反应

环氧化合物与格氏试剂和有机锂试剂发生开环反应,水解后生成醇。反应通式如下:

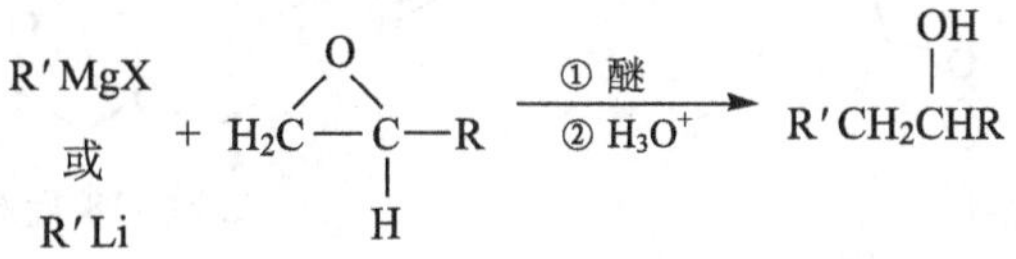

溴化正丙基镁与环氧乙烷反应后,酸性水解得到增长两个碳原子的伯醇,即 1-戊醇。

取代环氧化合物与有机金属试剂的反应具有选择性,亲核试剂优先进攻环氧化合物位阻较小的碳原子,特别是当环氧化合物中有一个碳原子的位阻很大时。例如:

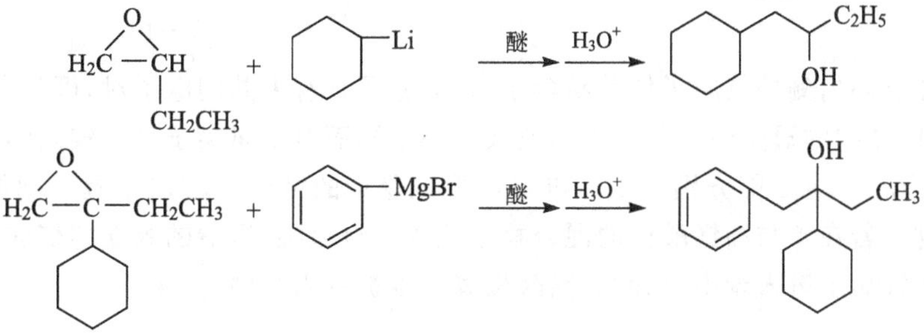

练习 10.6　完成下列反应。

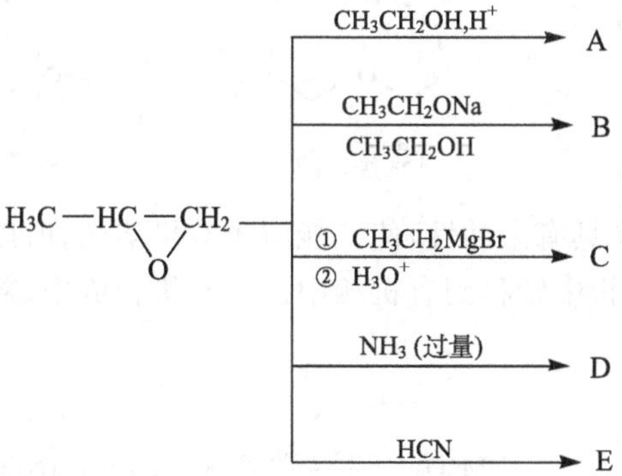

10.5.5　冠醚

冠醚是分子中具有 $-(CH_2CH_2O)_n$ 重复单元的环状醚,由于最初合成的冠醚形状像皇冠而得名。冠醚命名为 x-冠-y,其中 x 表示环上的原子总数,y 表示氧原子数,x、冠、y 之间均用半字线隔开。例如:

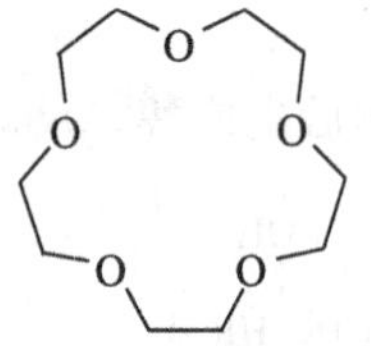

15-冠-5 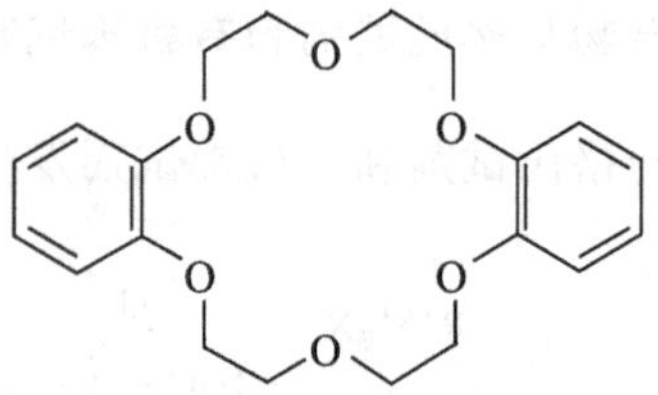　　　　　　　　　　　　　二苯基-18-冠-6

冠醚主要用威廉姆森合成法制备。例如：

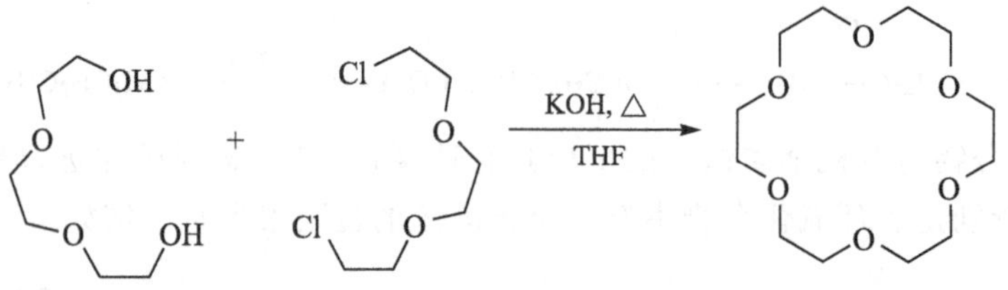

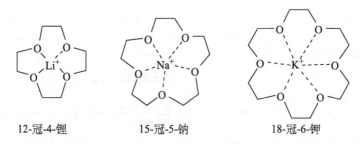

18-冠-6

冠醚中处于环内侧的氧原子使其易溶于水，氧原子具有未共用电子对，可与金属离子形成配价键，且不同结构的冠醚因其分子中的空穴大小不同而对金属离子具有较高的络合选择性。例如，12-冠-4 和 15-冠-5 能分别与 Li^+ 和 Na^+ 形成稳定的络合物，而 18-冠-6 则能与 K^+ 形成稳定的络合物。若在苯与高锰酸钾的混合物中放入一点冠醚，澄清的苯立即变成紫色，这是由于冠醚抓住了钾离子溶入苯中，同时高锰酸根离子也被带入苯中。

12-冠-4-锂　　　　　　　　15-冠-5-钠　　　　　　　　18-冠-6-钾

冠醚环外侧的亚甲基又具有亲油性，使其能溶于有机溶剂，所以冠醚能使极性的无机盐溶于有机溶剂，或者使其从水相中转移到有机相中。在有机合成中，冠醚常作为相转移催化剂使用。例如：

+ KMnO₄ $\xrightarrow[\text{100\%}]{\text{18-冠-6, 苯}}$ HOOC(CH₂)₄COOH

冠醚有一定的毒性，价格较贵且回收较难，使应用受到一定限制。

10.6　硫　　醚
（Sulfides）

硫醚的命名与醚的命名相似，只需要在"醚"字的前面加一个"硫"字，硫醚的英文名称是 sulfide。例如：

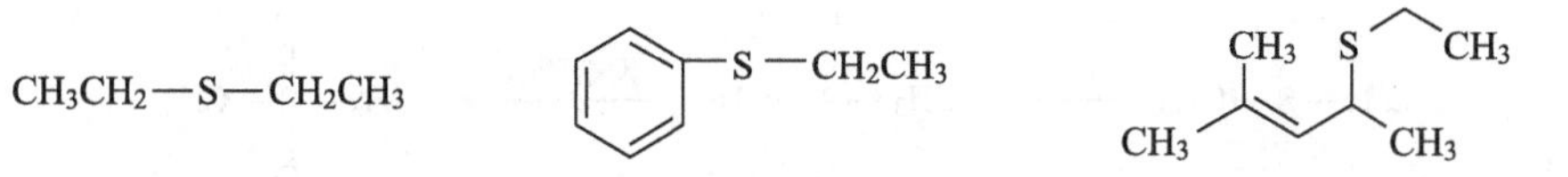

$$CH_3CH_2-S-CH_2CH_3$$

乙硫醚　　　　　　　　苯乙硫醚　　　　　　2-甲基-4-乙硫基-2-戊烯

diethyl sulfide　　　　ethyl phenyl sulfide　　4-ethylthio-2-methyl-2-pentene

10.6.1　硫醚的制备

因为硫醇的酸性比水强，与 NaOH 反应容易生成 RS^-，且 RS^- 的亲核性也比 HO^- 强，所以硫醚可方便地用类似威廉姆森的合成法制备。例如：

$$CH_3SH + NaOH \longrightarrow CH_3SNa + H_2O$$

$$CH_3SNa + CH_3CH_2CH_2Br \longrightarrow CH_3CH_2CH_2SCH_3$$

由于硫原子的原子半径比氧原子大，可极化性强，所以 RS^- 是比 RO^- 更好的亲核试剂，RS^- 与仲卤烷易发生高产率的 S_N2 取代反应。例如：

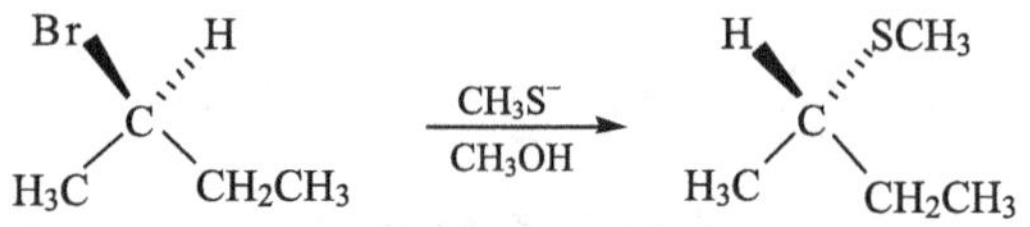

(R)-2-溴丁烷　　　　　　　　　　(S)-2-甲硫基丁烷

单硫醚也可用硫化钾与烷基化试剂直接进行亲核取代反应制备。例如：

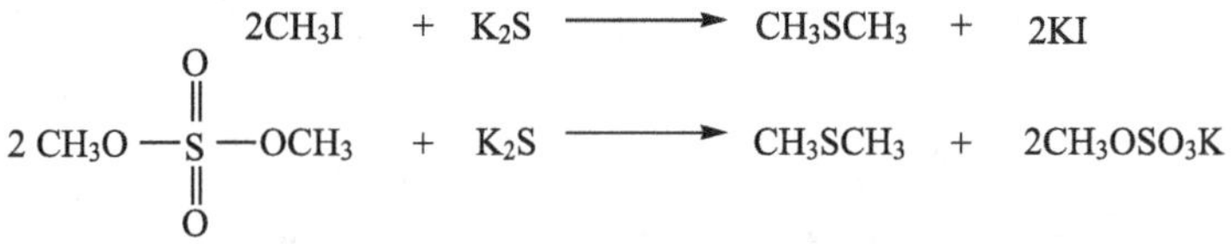

$$2CH_3I + K_2S \longrightarrow CH_3SCH_3 + 2KI$$

练习 10.7　如何用 1-丁醇、2-丙醇和其他试剂制备正丁基异丙基硫醚？

10.6.2　硫醚的性质

低级硫醚是无色液体，有臭味。硫醚的沸点比相应的醚高，因不能与水分子形成氢键而不溶于水。

硫醚的亲核性小于 RS^-，但比醚强。硫醚与叔胺相似，可与卤代烷形成相当稳定的盐，称为锍盐（$R_3S^+X^-$），锍盐是良好的烷基化试剂。例如：

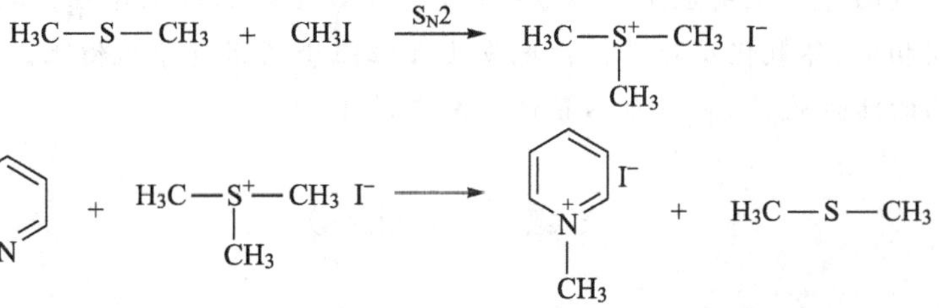

硫醚和醚相似，也是比较稳定的化合物，但容易被氧化，生成亚砜和砜。例如：

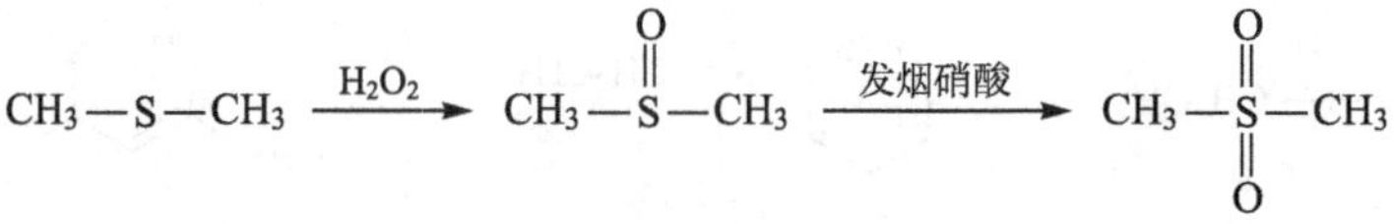

$$CH_3-S-CH_3 \xrightarrow{H_2O_2} CH_3-\overset{\overset{\displaystyle O}{\|}}{S}-CH_3 \xrightarrow{\text{发烟硝酸}} CH_3-\overset{\overset{\displaystyle O}{\|}}{\underset{\underset{\displaystyle O}{\|}}{S}}-CH_3$$

　　　　　　　　　　　　　　　　二甲亚砜　　　　　　　　　　　　二甲基砜

　　二甲亚砜(缩写为 DMSO)为无色液体,沸点 189℃,溶于水,是常用的非质子极性溶剂。另外,环丁砜

(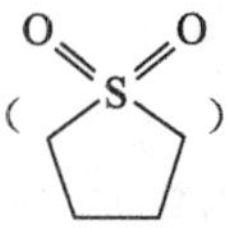　　　)也是常用的溶剂。

　　由于硫醚易被氧化,所以它可作为中等强度的还原剂。例如,二甲硫醚可用来还原臭氧化物。

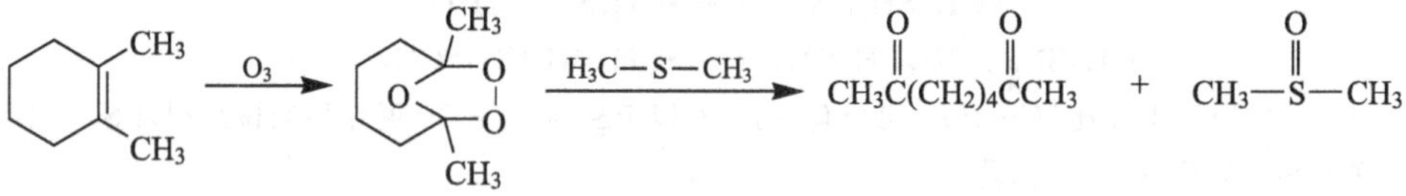

$$\text{（环己烯结构）} \xrightarrow{O_3} \text{（臭氧化物结构）} \xrightarrow{H_3C-S-CH_3} CH_3C(CH_2)_4CCH_3 \ + \ CH_3-\overset{\overset{\displaystyle O}{\|}}{S}-CH_3$$

知识亮点

保幼激素的合成

　　保幼激素(JH)是一种由雄性野蚕蛾分泌的控制昆虫幼体变态的物质。中间体(a)用过氧酸[如间氯过氧苯甲酸(MCPBA)]对 C_{10} 和 C_{11} 间的碳碳双键进行选择性环氧化反应,可以得到保幼激素。

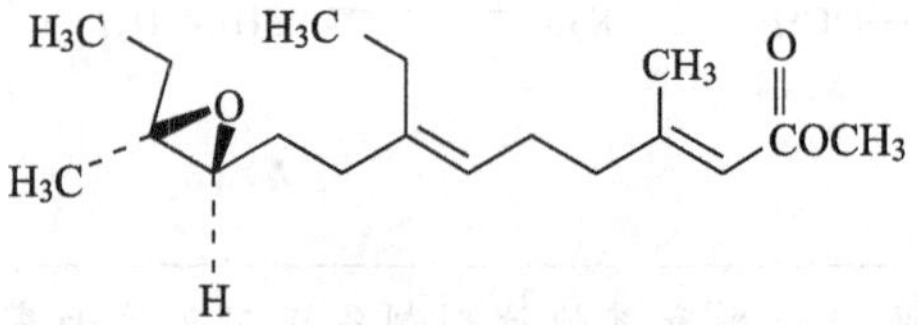

保幼激素 (JH)

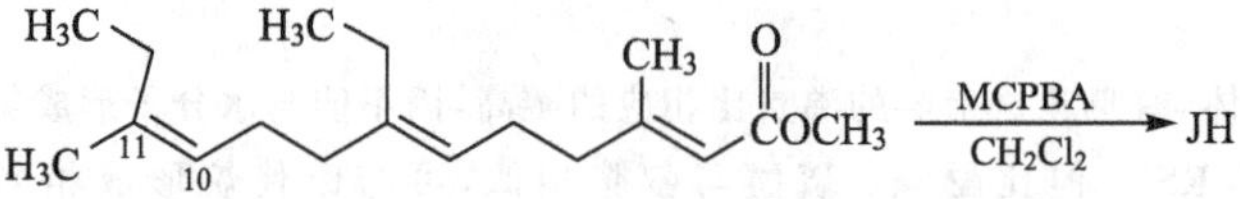

(a)

$$\text{(a)} \xrightarrow[CH_2Cl_2]{MCPBA} JH$$

　　过氧酸对双键的环氧化反应是立体专一的,原料烯烃的立体化学在产物中保持。与烯烃的亲电反应机理相似,环氧化反应选择性地发生在位阻小的富电子双键上。然而,遗憾的是保幼激素的类似物的活性较低,只有自然界保幼激素的 1/500。

习题（Exercises）

　　10.1　命名下列化合物。

(1) $(CH_3)_2CH—O—CH(CH_2CH_3)CH_2CH_3$

(2) $PhCH_2OCH_2CH_3$

(3) 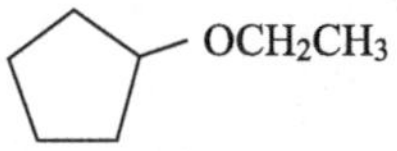 OCH_2CH_3

(4)

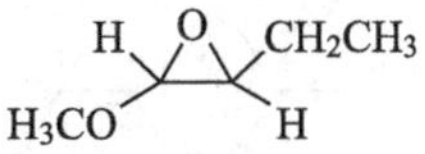

(5) $ClCH_2—O—CH_2CH(CH_3)CH_3$

(6)

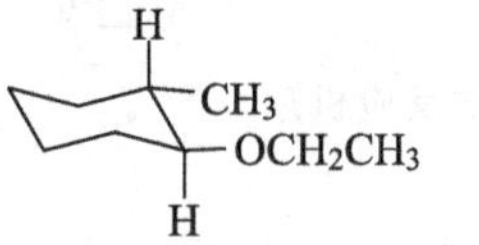

(7)
$$\begin{array}{l} CH_2OCH_2CH_3 \\ CHOCH_2CH_3 \\ CH_2OCH_2CH_3 \end{array}$$

(8) 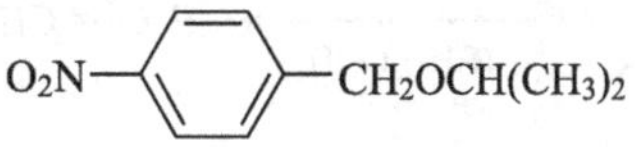 O_2N ... $CH_2OCH(CH_3)_2$

10.2 写出下列反应的产物。

(1) $CH_3CH_2—\underset{\underset{CH_3}{|}}{CH}—O—CH(CH_3)_2 \xrightarrow[\triangle]{HBr}$

(2) 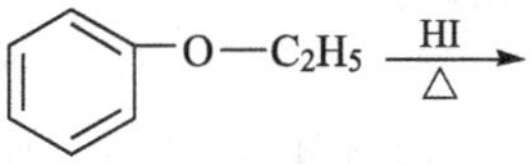 $O—C_2H_5 \xrightarrow[\triangle]{HI}$

(3) 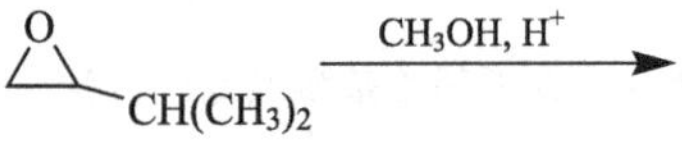 $\xrightarrow{CH_3OH, H^+}$

(4) $(CH_3)_3C—OK + CH_3CH_2CH_2Br \longrightarrow$

(5) 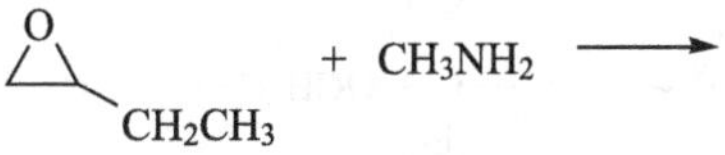 $+ CH_3NH_2 \longrightarrow$

10.3 完成下列反应。

(1) 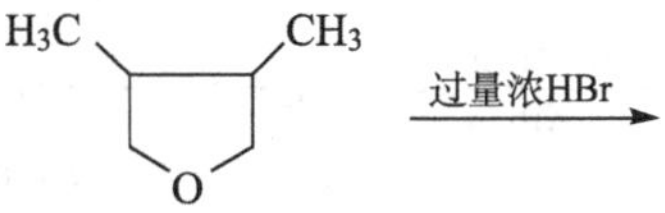 $\xrightarrow{过量浓HBr}$

(2) 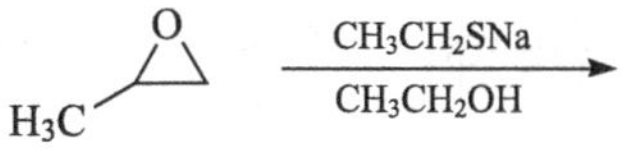 $\xrightarrow[CH_3CH_2OH]{CH_3CH_2SNa}$

(3) 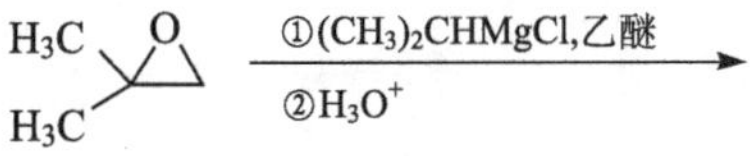 $\xrightarrow[②H_3O^+]{①(CH_3)_2CHMgCl,乙醚}$

(4) 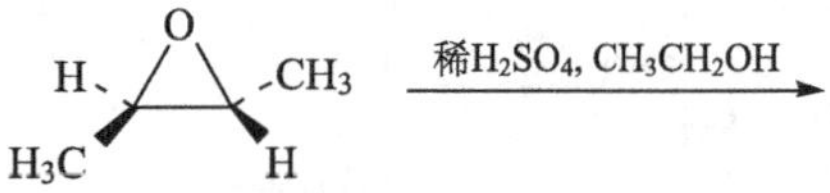 $\xrightarrow{稀H_2SO_4, CH_3CH_2OH}$

(5)  $\xrightarrow{过量H_2O_2}$

(6) 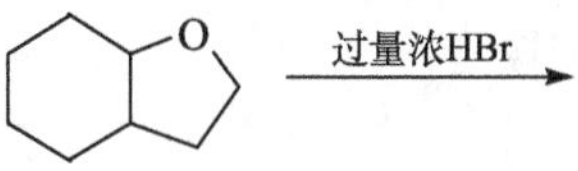 $\xrightarrow{过量浓HBr}$

(7) 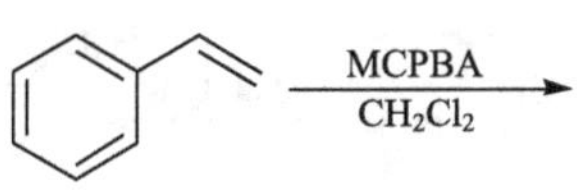 $\xrightarrow[CH_2Cl_2]{MCPBA}$

(8) 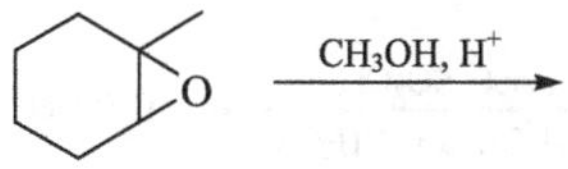 $\xrightarrow{CH_3OH, H^+}$

(9) 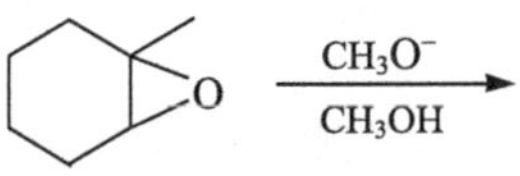 $\xrightarrow[CH_3OH]{CH_3O^-}$

(10) $ClCH_2CH_2CH_2CH_2Cl \xrightarrow{1mol Na_2S}$

10.4 由指定原料合成下列化合物。

(1) 由苯酚和 1-戊醇合成正戊基苯基醚

(2) 由 1-乙基环己烯合成 1-乙基-1-乙氧基环己烷

(3) 由反-2-己烯合成反-2,3-环氧己烷

（4）由(R)-2-丁醇合成(R)-二级丁基甲基醚和(S)-二级丁基甲基硫醚

（5）由丙烯和苯酚合成

$$\text{(CH}_3\text{)}_2\text{CHO}\!-\!\!\bigcirc\!\!-\!\text{C(CH}_3\text{)}_2\text{OCH}_2\text{CH}_2\text{CH}_3$$

10.5 试推断下列反应的反应机理。

(1)

$$\begin{array}{ccc} & 80\% & 15\% \end{array}$$

(2)
$$\text{H}_3\text{C}\!-\!\text{O}^- + \text{H}_2\text{C}\overset{O}{-}\text{CH}\!-\!\text{CH}_2\text{Cl} \longrightarrow \text{H}_2\text{C}\overset{O}{-}\text{CH}\!-\!{}^{14}\text{CH}_2\text{OCH}_3 + {}^{14}\text{H}_2\text{C}\overset{O}{-}\text{CH}\!-\!\text{CH}_2\text{OCH}_3$$
$$\qquad\qquad\qquad\qquad\qquad\qquad\qquad\qquad\text{主}\qquad\qquad\qquad\qquad\text{极少}$$

10.6 试写出 1-甲基-1,2-环氧环戊烷与下列试剂反应的主要产物。

（1）C_2H_5ONa/C_2H_5OH 　　　　　（2）H_2SO_4/C_2H_5OH

10.7 为什么不能使用下述方法制备叔丁基乙基醚？试设计合成叔丁基乙基醚最好的方法。

$$\text{CH}_3\text{CH}_2\text{ONa} + \text{H}_3\text{C}\!-\!\underset{\text{CH}_3}{\overset{\text{CH}_3}{\text{C}}}\!-\!\text{Br} \xrightarrow{\quad\times\quad} \text{H}_3\text{C}\!-\!\underset{\text{CH}_3}{\overset{\text{CH}_3}{\text{C}}}\!-\!\text{OCH}_2\text{CH}_3$$

10.8 用两种方法合成 2-乙氧基-1-苯基丙烷得到的产物具有相反的光学活性。试解释之。

10.9 从下列式中的信息推断化合物 A～C 的结构。

$$\text{A (C}_6\text{H}_{14}\text{O}_2) \xrightarrow[\text{(CH}_3\text{CH}_2\text{)}_3\text{N, CH}_2\text{Cl}_2]{2\text{CH}_3\text{SO}_2\text{Cl}} \text{B (C}_8\text{H}_{18}\text{S}_2\text{O}_6) \xrightarrow[\text{DMF}]{\text{Na}_2\text{S,H}_2\text{O,}} \text{C} \xrightarrow{\text{过量H}_2\text{O}_2}$$

10.10 完成下列反应。

(1) $\text{CH}_3\text{CH}_2\text{Br} + (\text{CH}_3)_3\text{CONa} \longrightarrow$

(2)

(3) $2\text{CH}_3\text{CH}_2\text{CH}_2\text{CH}_2\text{OH} \xrightarrow[140℃]{\text{H}^+}$

(4) $(\text{CH}_3)_3\text{CBr} + \text{CH}_3\text{CH}_2\text{ONa} \xrightarrow[\triangle]{\text{C}_2\text{H}_5\text{OH}}$

10.11　利用指定原料合成下列化合物（C_3 以下有机试剂和无机试剂任选）。

（1）用丙烯合成烯丙基叔丁基醚

（2）用正丁醇合成 2-丁酮和 1-氯-2-丁醇

10.12　化合物 A、B、C，分子式都是 C_8H_9BrO，均不溶于水，可溶于冷的 H_2SO_4 中。用 $AgNO_3$ 处理时，B 产生沉淀，而 A 和 C 不生成沉淀。A、B、C 都不与稀 $KMnO_4$ 和 Br_2/CCl_4 溶液作用。用热的碱性 $KMnO_4$ 氧化 A、B、C 后再酸化，A 生成酸 $D(C_8H_7O_3Br)$，B 生成酸 $E(C_8H_8O_3)$，C 不变化。用热的浓 HBr 处理时，A 变为 $F(C_7H_7OBr)$，B 变为 $G(C_7H_7OBr)$，C 变为 $H(C_6H_5OBr)$，E 变为 $I(C_7H_6O_3)$，已知 H 为邻溴苯酚，I 为邻羟基苯甲酸。当对羟基苯甲酸在 NaOH 存在下与 $(CH_3)_2SO_4$ 反应，然后酸化可得化合物 $J(C_8H_8O_3)$；J 与 Br_2/Fe 作用可得到 D。试确定 A～G 和 J 的结构。

第 11 章 醛 和 酮
(Aldehydes and Ketones)

醛和酮都是具有羰基($\diagdown$ C $=$ O)官能团的化合物,所以又统称为羰基化合物。羰基与两个烃基相连的化合物称为酮,酮的官能团是羰基,也称为酮基。羰基与一个氢原子和一个烃基相连的化合物称为醛(甲醛的羰基与两个氢原子相连),醛的官能团是醛基(—CHO)。

$$\diagup\diagdown C=O \qquad \begin{matrix}H\\ H\end{matrix}C=O \qquad \begin{matrix}R\\ H\end{matrix}C=O \qquad \begin{matrix}R\\ (R)\,R'\end{matrix}C=O$$

羰基　　　　甲醛　　　　　醛　　　　　　酮

根据醛、酮分子中烃基的不同,可分为脂肪族醛(酮)、脂环族醛(酮)、芳香族醛(酮);根据烃基是否饱和,可分为饱和醛(酮)、不饱和醛(酮)。根据醛、酮分子中羰基的数目,可分为一元醛、酮或二元醛、酮;在一元酮分子中,根据与羰基相连的两个烃基是否相同,又可分为单酮(对称酮)和混合酮(不对称酮)。

醛和酮广泛存在于自然界,其性质活泼,可以发生多种化学反应,尤其是羰基的亲核加成反应在有机合成上有重要用途。很多醛、酮是工业生产和实验室的常用原料和试剂。

11.1 醛和酮的命名
(Nomenclature of Aldehydes and Ketones)

11.1.1 系统命名法

醛和酮的系统命名与醇相似。脂肪族一元醛和酮的命名是选择含有羰基的最长碳链作为主链,从靠近羰基的一端开始依次编号,支链作为取代基。醛基位于碳链的一端,无需注明位次,但酮羰基则需将羰基的位次标明。英文命名是将相应烃名称的词尾"e"去掉,醛换为"al",酮换为"one"。例如:

$$\begin{matrix} & CH_3 & & O \\ & | & & \| \\ CH_3CHO & CH_3CHCH_2CHO & CH_3COCH_3 & CH_3CCH_2CH_3 \end{matrix}$$

乙醛　　　　3-甲基丁醛　　　丙酮　　　　丁酮
ethanal　　3-methylbutanal　propanone　2-butanone

不饱和醛、酮的命名是选择含羰基和不饱和键的最长碳链为主链,从靠近羰基一端开始编号。例如:

$$H_2C=CHCH_2CH_2CHO \qquad \begin{matrix}CH_3CH=CH-CH-CCH_3\\ \qquad\qquad | \quad \|\\ \qquad\qquad CH_3 \ O\end{matrix}$$

4-戊烯醛　　　　　　　　　3-甲基-4-己烯-2-酮
4-pentenal　　　　　　　　3-methyl-4-hexen-2-one

羰基在环内的脂环酮称为"环某酮",羰基在环外的脂环醛、酮则将环当作取代基命名。例如:

3-甲基环戊酮
3-methylcyclopentanone

3,3-二甲基环己烷甲醛
3,3-dimethylcyclohexanecarboxaldehyde

芳香族醛、酮的命名通常是将芳环作为取代基。当酮羰基和醛基出现在同一分子中时,以醛为母体,将酮的羰基氧原子作为取代基,用"氧代"(oxo)表示。例如:

1-苯基-1-乙酮
(苯乙酮)
1-phenylethanone

对氯苯乙酮
1-(4-chlorophenyl)ethanone

3-氧代戊醛
3-oxopentanal

在系统命名法中将基团 RCO—命名为烷酰基,HCO—命名为甲酰基,CH$_3$CO—命名为乙酰基。

11.1.2 普通命名法

醛的普通命名是按照氧化后生成的羧酸的普通名称来命名的,将相应的"酸"字改成"醛"字。碳链是从与醛基相邻的碳原子开始,以希腊字母 α、β、γ、…编号。英文命名是将相应羧酸的基本词尾"ic acid"去掉,然后加"aldehyde"。

酮的普通命名是按照羰基所连的两个烃基的名称来命名的,按次序规则,简单的在前,复杂的在后,然后加上"甲酮"。英文命名是用 ketone 作母体,两个烃基按第一个字母顺序先后列出,书写时均隔开。

当酮羰基与苯环连接时,命名为"某酰基苯"。英文命名是将相应羧酸的基本词尾"ic acid"去掉,然后加"ophenone"。例如:

β-溴丁醛
β-bromobutylaldehyde

甲基乙基甲酮
ethyl methyl ketone

乙酰苯 (习惯称苯乙酮)
acetophenone

在酮分子中,与羰基相邻的两个碳原子都是 α-碳原子,可分别用 α,α' 区别,其他碳原子的相对位置可以用希腊字母 β、γ、…及 β'、γ'、…依次表示。

除系统命名法和普通命名法外,醛还有些俗名,通常是由相应的酸的名称而来的。例如:

HCHO	CH$_3$(CH$_2$)$_{10}$CHO	CH$_3$CH=CHCHO	C$_6$C$_5$CH=CHCHO
蚁醛	月桂醛	巴豆醛	肉桂醛
formaldehyde	lauric aldehyde	crotonic aldehyde	cinnamic aldehyde

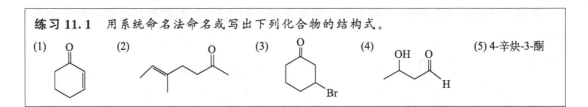

练习 11.1　用系统命名法命名或写出下列化合物的结构式。

(1)　(2)　(3)　(4)　(5) 4-辛炔-3-酮

11.2　羰基的结构
（Structure of Carbonyl Group）

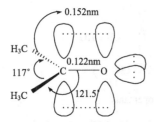

图 11-1　丙酮的结构

醛和酮的分子中都含有羰基,羰基中的碳原子是 sp² 杂化状态,它的三个 sp² 杂化轨道分别与两个烃基(酮)或一个烃基一个氢(醛)以及氧原子形成三个 σ 键,这三个 σ 键在同一平面上,键角约为 120°。碳原子剩下一个 p 轨道与氧原子的一个 p 轨道侧面交盖形成 π 键,该 π 键垂直于三个 σ 键所在的平面。例如,丙酮的结构如图 11-1 所示。

由于氧原子的电负性比碳原子大,所以羰基是极性基团,具有偶极矩,正极在碳的一边,负极在氧的一边。羰基的共振结构式和甲醛的偶极矩值如图 11-2 所示。

$$\mu = 7.57 \times 10^{-30} C \cdot m$$

图 11-2　羰基的共振式及甲醛的偶极矩

11.3　醛、酮的物理性质和光谱性质
（Physical Properties and Spectroscopic Properties of Aldehydes and Ketones）

11.3.1　物理性质

由于羰基的极性增加了醛、酮分子间的作用力,所以醛、酮的沸点比相对分子质量相近的烷烃和醚都高。但因为醛、酮分子间不能形成氢键,故其沸点低于相应的醇。例如,下列相对分子质量为 58 或 60 的化合物,按沸点逐渐升高的次序排列如下:

	$CH_3CH_2CH_2CH_3$	$CH_3OC_2H_5$	CH_3CH_2CHO	CH_3COCH_3	$CH_3CH_2CH_2OH$
	丁烷	甲乙醚	丙醛	丙酮	1-丙醇
沸点/℃	0	10	49	56	97

因为醛、酮的羰基能与水中的氢形成氢键,故低级醛、酮能溶于水。脂肪醛、酮的相对密度小于 1,芳香醛、酮的相对密度大于 1。常见一元醛、酮的熔点、沸点和水溶解度见表 11-1。

表 11-1 常见醛、酮的名称和物理常数

名称	熔点/℃	沸点/℃	溶解度/[g·(100g H₂O)⁻¹]
甲醛 HCHO	−92	−21	易溶
乙醛 CH₃CHO	−121	21	16
丙醛 CH₃CH₂CHO	−81	49	7
丁醛 CH₃(CH₂)₂CHO	−99	76	微溶
戊醛 CH₃(CH₂)₃CHO	−92	103	微溶
烯丙醛 CH₂=CHCHO	−87	52	30
2-丁烯醛 CH₃CH=CHCHO	−74	104	18
苯甲醛 C₆H₅CHO	−26	178	0.3
丙酮 CH₃COCH₃	−95	56	∞
丁酮 CH₃COCH₂CH₃	−86	80	26
2-戊酮 CH₃COCH₂CH₂CH₃	−78	102	6.3
2-己酮 CH₃COCH₂(CH₂)₂CH₃	−57	127	1.6
2-庚酮 CH₃COCH₂(CH₂)₃CH₃	−36	151	1.4
环己酮	−45	155	2.4
苯乙酮 C₆H₅COCH₃	21	202	不溶
二苯酮 C₆H₅COC₆H₅	48	306	不溶

11.3.2 光谱性质

1. 红外光谱

红外光谱在直接检测羰基的存在时非常有用,醛、酮羰基的红外光谱在 1750～1680cm⁻¹有一个非常强的伸缩振动吸收峰。脂肪醛(RCHO)和脂肪酮(R₂CO)中羰基的吸收位置分别为 1740～1720cm⁻¹ 和 1725～1705cm⁻¹;芳香醛(ArCHO)和烷芳酮(RCOAr)中羰基的吸收位置分别为 1717～1695cm⁻¹ 和 1700～1680cm⁻¹。当羰基与双键共轭,吸收向低波数位移。脂环酮羰基的伸缩振动吸收峰随环的增大移向低波数方向。醛在 2720cm⁻¹ 的 C—H 键伸缩振动吸收峰比较特征,可以用来鉴定醛基的存在。图 11-3 是苯乙酮的红外光谱图。

2. ¹H NMR 谱

在脂肪醛和芳香醛的 ¹H NMR 谱中,醛基氢的特征吸收峰出现在极低的低场,化学位移值 $\delta = 9 \sim 10$。由于羰基的吸电子效应,α-碳原子上的质子产生一定的去屏蔽效应,α-H 的化学位移值 $\delta = 2.0 \sim 2.9$。图 11-4 和图 11-5 分别为丙醛和苯乙酮的 ¹H NMR 谱图。

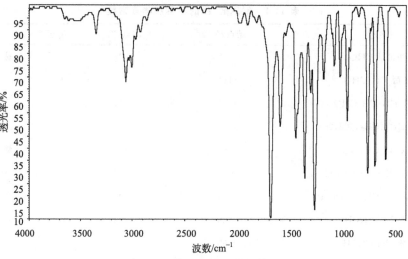

图 11-3　苯乙酮的红外光谱图

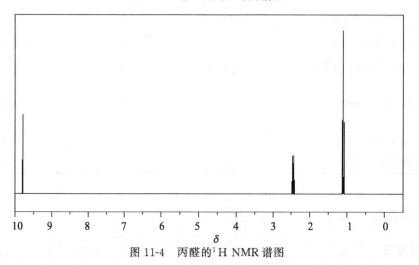

图 11-4　丙醛的 ^{1}H NMR 谱图

3. 紫外光谱

羰基的紫外特征光谱是由其氧原子上的非键孤对电子的 n→π^* 和 π→π^* 跃迁引起的。例如，在环己烷中，丙酮的 n→π^* 跃迁峰 $\lambda_{max}=285$nm（$\kappa=15$），π→π^* 跃迁峰 $\lambda_{max}=190$nm（$\kappa=1100$）。若羰基与碳碳双键共轭，吸收波长向长波方向位移。例如，3-丁烯-2-酮（CH_2=CHCOCH$_3$）有两个吸收峰，分别在 $\lambda_{max}=324$nm（$\kappa=24$，n→π^*）和 $\lambda_{max}=219$nm（$\kappa=3600$，π→π^*）。

11.4　醛和酮的化学反应
(Chemical Reactions of Aldehydes and Ketones)

醛和酮的分子中都含有活泼的羰基，羰基是极性官能团，氧原子上带有部分负电荷，碳原子上带有部分正电荷。亲核试剂易进攻带有正电性的羰基碳，导致 π 键断裂，生成两个 σ 键，因此醛和酮的主要反应是亲核加成反应。

受羰基的影响，与羰基直接相连的碳原子上的氢原子（α-氢原子）较活泼，具有一定的酸性，可以发生卤代反应、卤仿反应和羟醛缩合反应等。另外，羰基易发生一系列氧化还原反应。

11.4.1　亲核加成反应

1. 与氢氰酸加成

氢氰酸与羰基加成可逆地生成 α-羟基腈，简称氰醇。用液态 HCN 作反应溶剂，可使反应平衡向生成物的方向进行，但是大量使用 HCN 是危险的！典型的做法是将一种无机酸缓慢地滴加到氰化物（如氰化钠）和醛、酮的水溶液中，使氢氰酸一生成立即与醛、酮反应，反应通式如下：

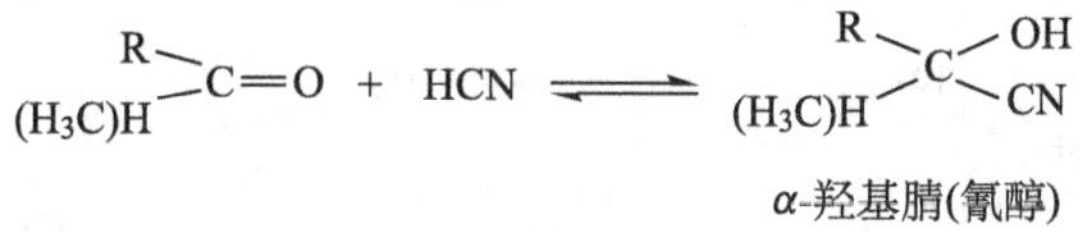

$$\text{(图) α-羟基腈(氰醇)}$$

醛、脂肪族甲基酮（CH_3COR）和八个碳以下的环酮均可发生此反应，ArCOR 反应产率低，ArCOAr 几乎不反应。

无碱存在时，氢氰酸与丙酮在 3～4h 内只有一半原料发生反应，若加入一滴 KOH 溶液，反应在 2min 内完成。若加入酸，反应速率大大减慢。这些实验事实说明，HCN 与丙酮反应时，CN$^-$ 起着决定性的作用。因为碱的存在可以增加 CN$^-$ 的浓度，而酸则相反。一般认为碱催化下 HCN 对羰基的加成反应机理如下：

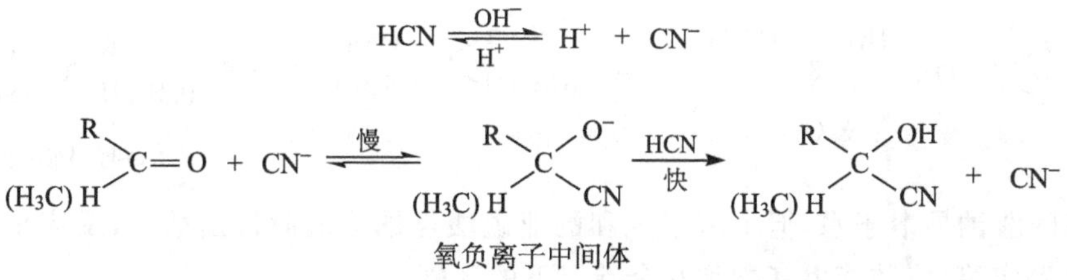

$$\text{(图) 氧负离子中间体}$$

上述反应机理说明,醛、酮与氢氰酸的加成反应分两步进行,第一步决定反应速率,是一个双分子反应,即反应速率取决于氧负离子中间体的形成及其稳定性,氧负离子中间体越稳定,越易形成,反应越易进行。因此,醛、酮羰基的活性(亲电性)是影响反应速率的重要因素。不同结构的醛和酮与氢氰酸发生加成反应的速率顺序为 HCHO > RCHO > ArCHO > CH_3COCH_3 > $RCOCH_3$ > RCOR > ArCOR。

醛、酮与氢氰酸加成的产物氰醇比原料醛、酮增长了一个碳原子,该反应是增长碳链的方法之一。另外,α-羟基腈具有双官能团,性质活泼,可以进一步转化为羧酸、胺等化合物,在有机合成上很有用处。例如:

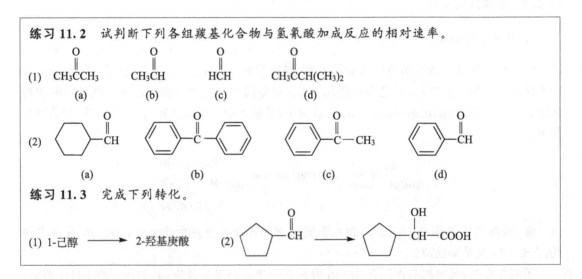

练习 11.2　试判断下列各组羰基化合物与氢氰酸加成反应的相对速率。

(1)　$CH_3\overset{O}{\overset{\|}{C}}CH_3$　　$CH_3\overset{O}{\overset{\|}{C}}H$　　$H\overset{O}{\overset{\|}{C}}H$　　$CH_3\overset{O}{\overset{\|}{C}}CH(CH_3)_2$

　　　　(a)　　　　　　(b)　　　　　(c)　　　　　　　(d)

(2)　（环己基）$\overset{O}{\overset{\|}{C}}H$　　（苯基）$\overset{O}{\overset{\|}{C}}$（苯基）　　（苯基）$\overset{O}{\overset{\|}{C}}-CH_3$　　（苯基）$\overset{O}{\overset{\|}{C}}H$

　　　　(a)　　　　　　　(b)　　　　　　　　(c)　　　　　　　(d)

练习 11.3　完成下列转化。

(1) 1-己醇 ⟶ 2-羟基庚酸　　(2)（环戊基）$\overset{O}{\overset{\|}{C}}H$ ⟶（环戊基）$\overset{OH}{\overset{|}{C}}H-COOH$

---

2. 与亚硫酸氢钠加成

醛、脂肪族甲基酮(CH_3COR)和八个碳以下的环酮可与亚硫酸氢钠的饱和溶液发生加成反应,生成结晶状的加成物,即 α-羟基磺酸钠。

$$\overset{R}{\underset{(CH_3)H}{}}C=O + \overset{HO}{\underset{O}{}}\overset{\|}{S}-O^-Na \rightleftharpoons \overset{R}{\underset{(CH_3)H}{}}\overset{ONa}{\underset{SO_3H}{C}} \rightleftharpoons \overset{R}{\underset{(CH_3)H}{}}\overset{OH}{\underset{SO_3Na}{C}}$$

$$\text{α-羟基磺酸钠}$$

α-羟基磺酸钠易溶于水,但不溶于饱和的亚硫酸氢钠溶液而析出结晶,反应现象明显,利用此反应可鉴定醛、脂肪族甲基酮和八个碳以下的环酮。

该反应是可逆的,若在产物中加入稀酸或稀碱,可使存在于体系中的微量亚硫酸氢钠分解而除去,利用此性质可分离或提纯醛、酮。

羰基与亚硫酸氢钠加成的反应机理如下:

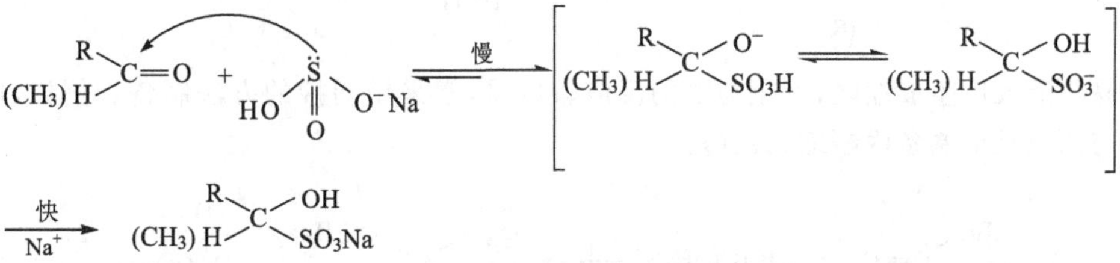

将 α-羟基磺酸钠与 NaCN 作用,则磺酸基可被氰基取代,生成 α-羟基腈,且产率较好。此法可避免使用剧毒的氢氰酸来制备 α-羟基腈(氰醇)和 α-羟基酸。例如:

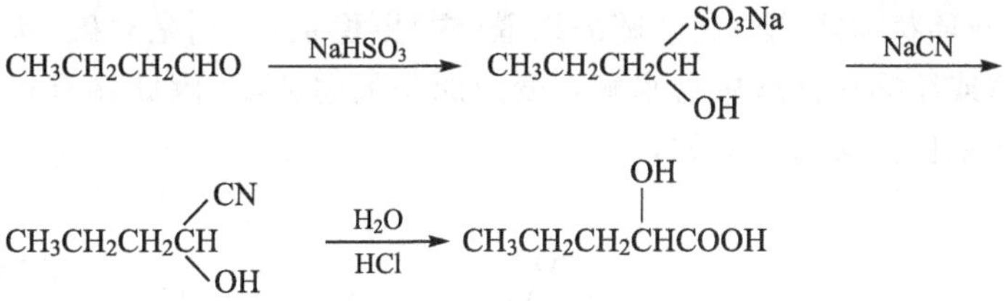

3. 与醇加成

在干燥氯化氢或浓硫酸的作用下,等物质的量的醛或酮与醇发生加成反应,生成的加成物称为半缩醛或半缩酮。

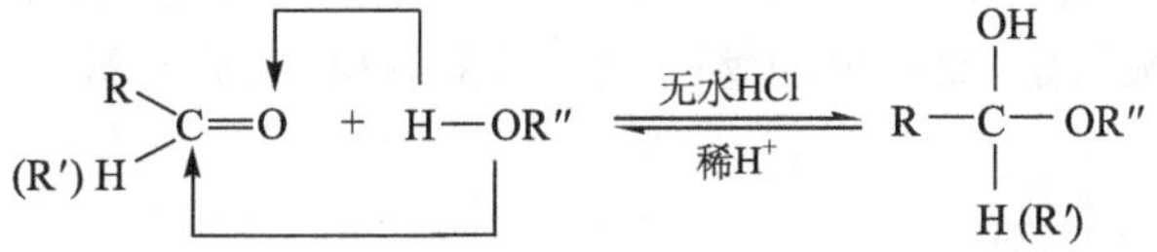

半缩醛或半缩酮一般不稳定,易分解成原来的醛或酮,因此不易分离。半缩醛或半缩酮可继续与另一分子醇反应,失去一分子水,生成稳定的化合物,称为缩醛或缩酮,并能从过量的醇中分离出来。

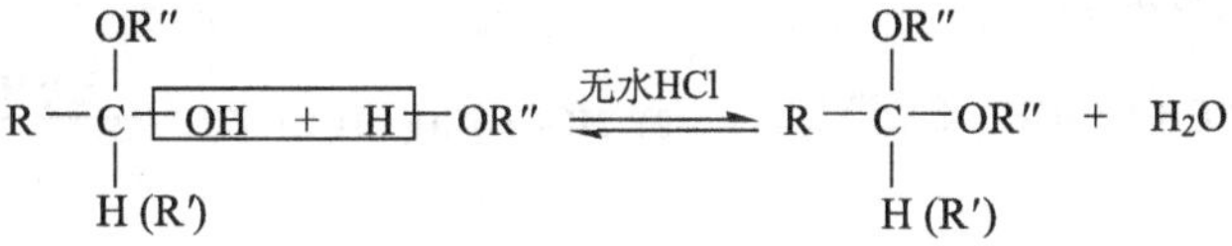

例如:

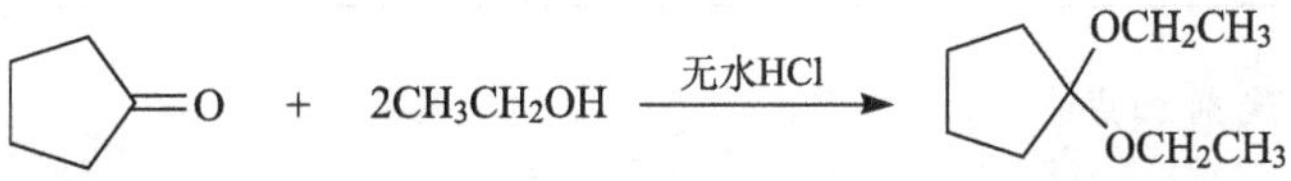

缩醛或缩酮可以看成是同碳二元醇的醚,性质与醚相似,对氧化剂和还原剂较稳定,且不

受碱的影响,但缩醛或缩酮又不同于醚,在稀酸中易水解转变成原来的醛或酮。

$$R—\underset{\underset{H(R')}{|}}{\overset{\overset{OR''}{|}}{C}}—OR'' + H_2O \xrightarrow{H^+} \underset{(R')H}{\overset{R}{}}C=O + 2R''OH$$

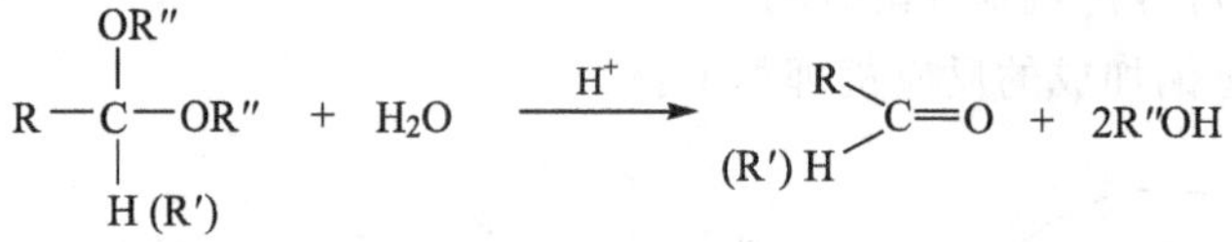

醛易与醇反应生成缩醛,但酮与醇的反应较困难,常采用间接的方法制备。例如,用原甲酸乙酯与丙酮反应制备丙酮缩二乙醇。

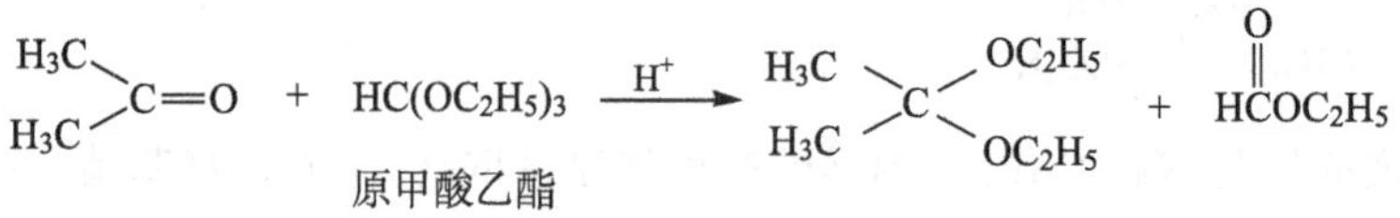

$$\underset{H_3C}{\overset{H_3C}{}}C=O + HC(OC_2H_5)_3 \xrightarrow{H^+} \underset{H_3C}{\overset{H_3C}{}}C\overset{OC_2H_5}{\underset{OC_2H_5}{}} + HCOC_2H_5$$

原甲酸乙酯

二元醇(特别是 1,2-乙二醇)是更有效的缩醛(酮)化试剂,用它们可以将醛(酮)转化为环状缩醛(酮),这种环状缩醛(酮)比开链的缩醛(酮)更稳定,特别是对碱、亲核试剂和还原剂等稳定。由于缩醛或缩酮在稀酸中易水解转变成原来的醛或酮,因此在有机合成中常用生成缩醛或缩酮的方法来保护羰基。例如:

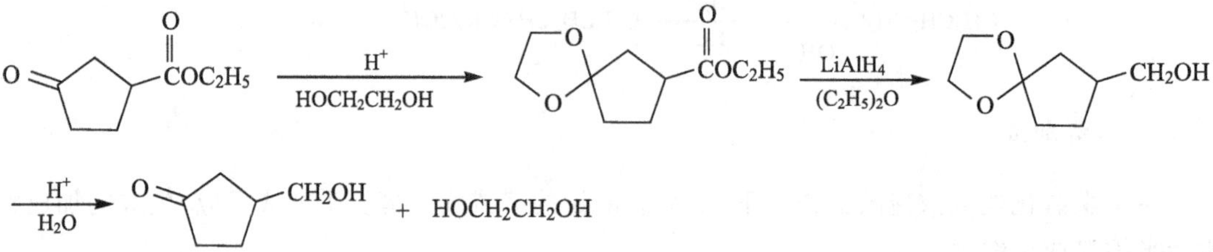

在路易斯酸如 BF_3 或 $ZnCl_2$ 催化下,硫醇能与醛(酮)反应生成硫代缩醛(酮),硫代缩醛(酮)在酸性水溶液中较稳定,而一般的缩醛(酮)对酸敏感,因此常被用作保护羰基的辅助方法。例如:

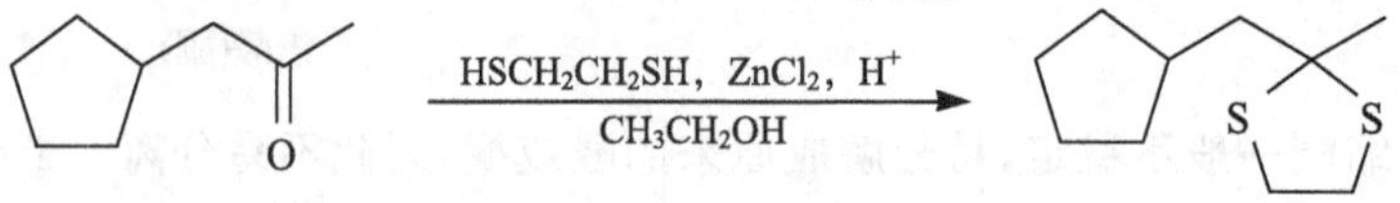

练习 11.4　完成下列反应。

(1) 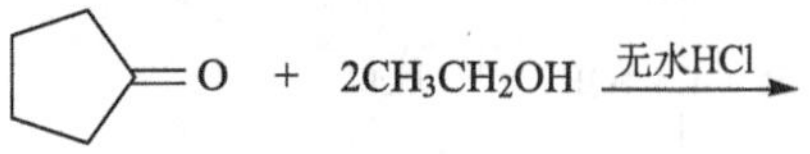 $+\ 2CH_3CH_2OH \xrightarrow{无水HCl}$ 　　(2) $HOCH_2CH_2CH_2CH_2CHO \xrightarrow{无水HCl}$

(3) 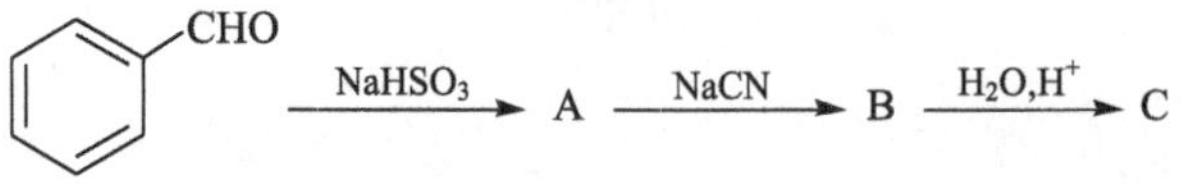 $\xrightarrow{NaHSO_3} A \xrightarrow{NaCN} B \xrightarrow{H_2O,H^+} C$

---

4. 与有机金属试剂加成

醛、酮与有机金属试剂(格氏试剂或有机锂试剂)作用生成加成产物,后者不必分离,可直接水解得到醇。例如：

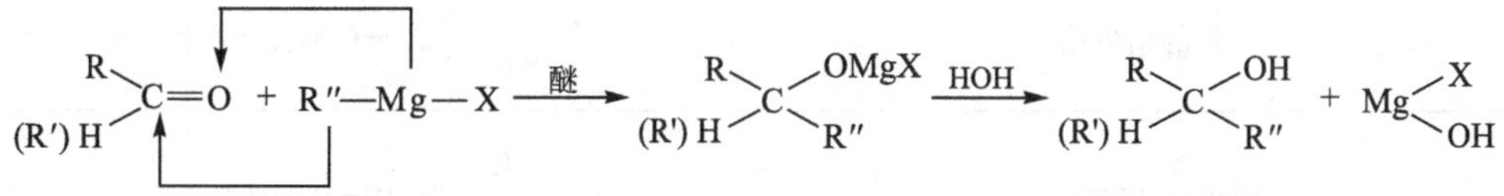

格氏试剂或有机锂试剂与不同的醛、酮反应,可制备伯、仲、叔醇(详见 9.7.3),反应通式如下：

$$(RLi)RMgX + HCHO \xrightarrow{(CH_3CH_2)_2O} \xrightarrow{H_2O,H^+} RCH_2OH$$

$$(RLi)RMgX + R'CHO \xrightarrow{(CH_3CH_2)_2O} \xrightarrow{H_2O,H^+} \underset{R'}{RCHOH}$$

$$(RLi)RMgX + R'\overset{O}{\overset{\|}{C}}R'' \xrightarrow{(CH_3CH_2)_2O} \xrightarrow{H_2O,H^+} RR'R''COH$$

例如：

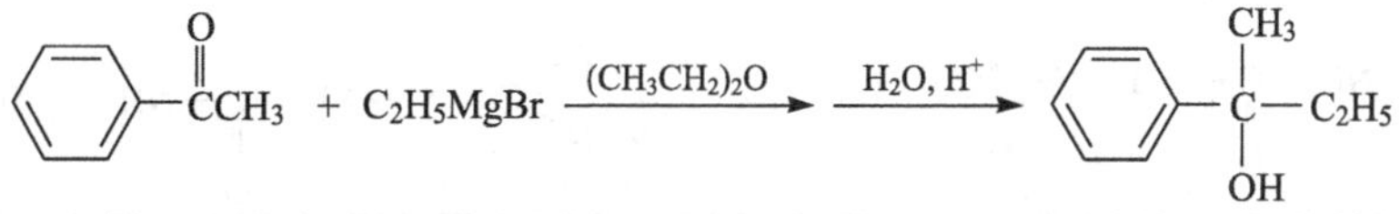

醛、酮还可以与炔钠反应生成炔醇。例如：

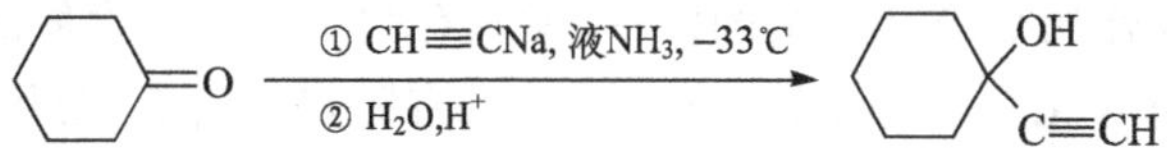

5. 与氨及其衍生物的加成缩合

一些氨的衍生物,如羟胺、肼、苯肼、2,4-二硝基苯肼、氨基脲等,可以看作是一类含氮的亲核试剂,它们可以与醛、酮发生亲核加成反应,然后失去一分子水,分别生成肟、腙、苯腙、2,4-二硝基苯腙、缩氨脲等(表 11-2),这种加成-消除反应为缩合反应,可用下列通式表示：

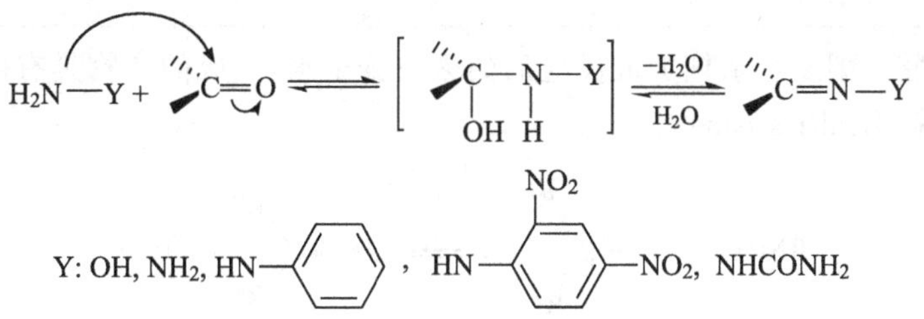

Y: OH, NH₂, HN—⟨苯基⟩, HN—⟨2,4-二硝基苯基⟩, NHCONH₂

例如：

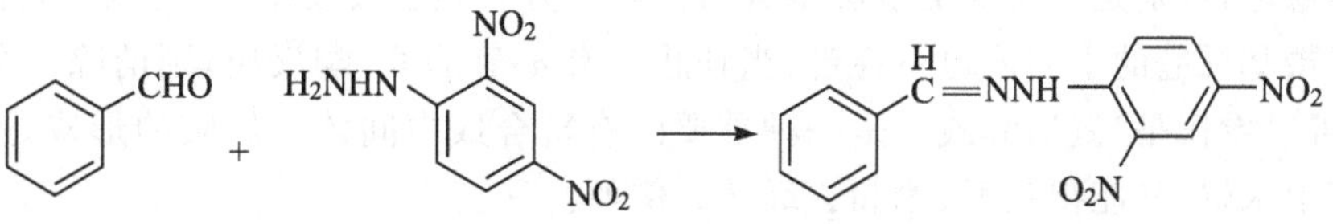

表 11-2　醛和酮与氨的衍生物的反应

氨的衍生物	与 $\mathrm{R\!\!\!\!\!\!^{R}_{R'(H)}}C{=}O$ 加成的产物
H$_2$NOH (羟胺)	$\mathrm{^{R}_{(R')H}}C{=}N{-}OH$ (肟)
H$_2$N—NH$_2$ (肼)	$\mathrm{^{R}_{(R')H}}C{=}N{-}NH_2$ (腙)
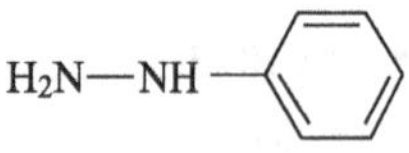 H$_2$N—NH—C$_6$H$_5$ (苯肼)	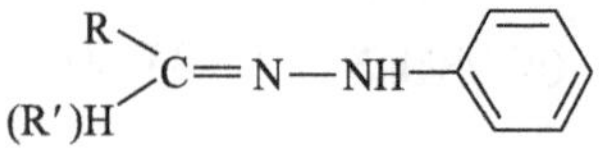 $\mathrm{^{R}_{(R')H}}C{=}N{-}NH{-}C_6H_5$ (苯腙)
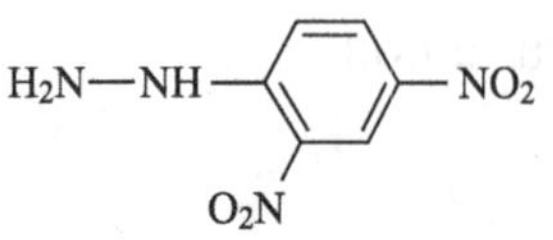 H$_2$N—NH—C$_6$H$_3$(NO$_2$)$_2$ (2,4-二硝基苯肼)	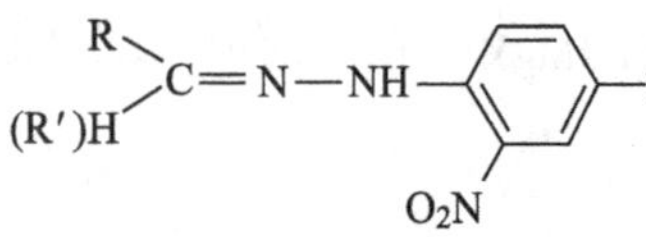 $\mathrm{^{R}_{(R')H}}C{=}N{-}NH{-}C_6H_3(NO_2)_2$ (2,4-二硝基苯腙)
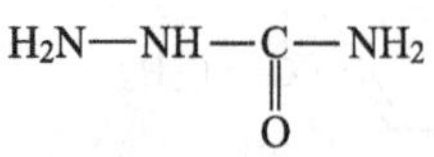 H$_2$N—NH—C(O)—NH$_2$ (氨基脲)	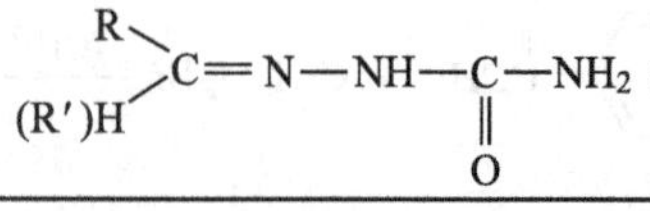 $\mathrm{^{R}_{(R')H}}C{=}N{-}NH{-}C(O){-}NH_2$ (缩氨脲)

　　氨及其衍生物的亲核性比碳负离子(如 CN$^-$、R$^-$)弱,反应一般需在酸的催化下进行 (pH=4～5),酸的主要作用是增加羰基的活性,使其有利于被上述含氮的亲核试剂进攻。

　　上述肟、腙、缩氨脲等化合物都是很好的结晶,具有固定的熔点,常用来鉴定醛或酮。它们在稀酸作用下往往可水解生成原来的醛或酮,因此又可用于分离、提纯醛或酮。

练习 11.5　完成下列反应。

(1)  + NH$_2$NHCONH$_2$ ⟶

(2) + H$_2$NHN—C$_6$H$_3$(NO$_2$)$_2$ 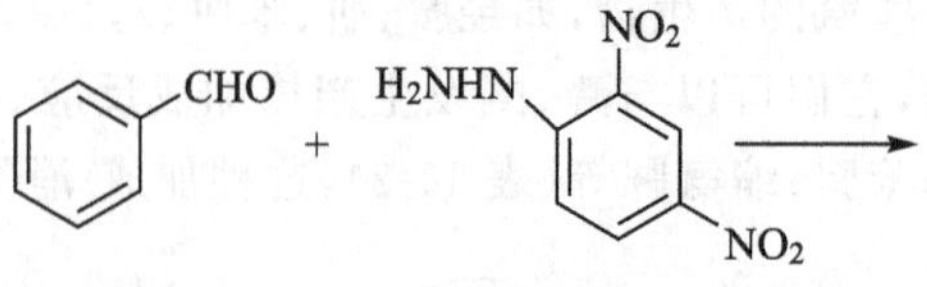 ⟶

　　氨和伯胺与醛或酮发生亲核加成反应后失去一分子水,生成的产物具有碳氮双键,称为亚胺,又称为席夫碱(Schiff's base)。

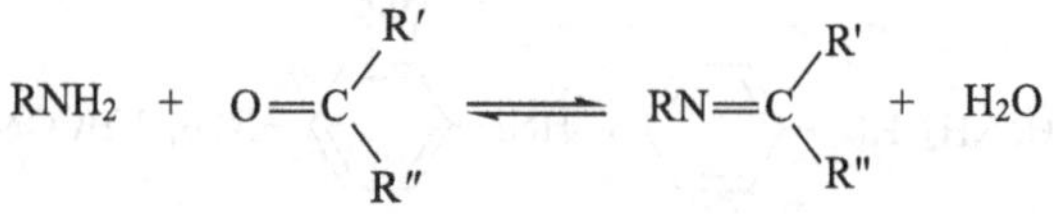

$$\mathrm{RNH_2 + O{=}C\!\!\!\!\!\!^{R'}_{R''} \rightleftharpoons RN{=}C\!\!\!\!\!\!^{R'}_{R''} + H_2O}$$

亚胺 (席夫碱)

　　亚胺不稳定,特别是脂肪族的亚胺很容易分解。芳香族亚胺较稳定,可以分离得到。

　　仲胺与羰基反应的中间体也不稳定,当仲胺与有 α-氢的醛、酮反应,则消除一分子水生成烯胺,烯胺可以看作是"氮烯醇式",是一种重要的有机合成中间体。烯胺的形成是可逆的,在稀酸水溶液中水解,又能得到醛、酮和二级胺。例如:

$$CH_3\overset{O}{\overset{\|}{C}}CH_3 + \underset{\underset{H}{N}}{\bigcirc} \underset{H^+}{\overset{}{\rightleftharpoons}} H_3C-\underset{\underset{CH_3}{|}}{\overset{\overset{OH}{|}}{C}}-N\bigcirc \underset{H^+,H_2O}{\overset{-H_2O}{\rightleftharpoons}} H_2C=\underset{\underset{CH_3}{|}}{C}-N\bigcirc$$

烯胺

练习 11.6 为什么氨和伯胺与醛或酮反应生成亚胺,而仲胺与含有 α-氢的醛、酮反应生成烯胺?

6. 与维悌希试剂加成——维悌希反应

维悌希(Wittig)试剂也称磷叶立德(ylide),是一种内鏻盐。醛、酮与维悌希试剂加成生成烯烃的反应称为维悌希反应。

维悌希试剂是用三苯基膦(C_6H_5)$_3$P 和卤代烷(如 RCH_2X)为原料,先制得季鏻盐,再用丁基锂等强碱处理,除去烷基上的 α-氢原子而制得的。例如:

$$(C_6H_5)_3P + RCH_2X \longrightarrow RCH_2\overset{+}{P}(C_6H_5)_3\overset{-}{X}$$

三苯基膦　　　　　　　　烷基三苯基鏻盐

$$RCH_2\overset{+}{P}(C_6H_5)_3\overset{-}{X} + CH_3(CH_2)_3Li \overset{THF}{\longrightarrow} R\overset{-}{C}H\overset{+}{P}(C_6H_5)_3 + CH_3CH_2CH_2CH_3 + LiX$$

磷叶立德

磷叶立德碳上的负电荷可以离域到磷原子上,形成碳膦双键。因此,磷叶立德有以下两种表示形式:

$$R\overset{-}{C}H\overset{+}{P}(C_6H_5)_3 \rightleftharpoons RCH=P(C_6H_5)_3$$

磷叶立德

磷叶立德中的碳负离子与醛、酮发生亲核加成反应,脱去三苯氧磷后得到烯烃。维悌希反应条件温和且产率较高,是选择性合成烯烃的一个有效方法。其反应通式如下:

$$(R^1)HC=O + (C_6H_5)_3P=C\overset{R^2}{\underset{R^3}{\big\langle}} \longrightarrow \overset{R}{\underset{(R^1)H}{\big\rangle}}C=C\overset{R^2}{\underset{R^3}{\big\langle}} + (C_6H_5)_3P=O$$

例如:

$$C_6H_5CHO + (C_6H_5)_3P=CHCH_3 \longrightarrow C_6H_5CH=CHCH_3 + (C_6H_5)_3P=O$$

$$\bigcirc=O + (C_6H_5)_3P=CH_2 \longrightarrow \bigcirc=CH_2 + (C_6H_5)_3P=O$$

练习 11.7 利用维悌希反应,选用合适的卤代烷与醛、酮为原料合成下列化合物。

(1) $Ph-HC=C(CH_3)_2$　　(2) 环己烷=CHCH$_3$　　(3) 环戊烷=CH$_2$

(4) $Ph-HC=CH-CH=CH-Ph$　(5) $Ph-C(CH_3)=CH_2$

11.4.2　氧化和还原反应

1. 氧化反应

醛有一个氢原子直接连在羰基上,易被土伦(Tollens)试剂和费林(Fehling)试剂等弱氧化剂氧化,反应现象很明显,通常用来鉴别醛和酮。

土伦试剂[$Ag(NH_3)_2OH$]是氢氧化银的氨溶液,反应时能将醛氧化成酸,它本身则被还原成金属银,若反应器很干净,析出的金属银将镀在容器内壁,形成银镜,所以醛与土伦试剂的反应又称银镜反应。醛与土伦试剂的反应可表示如下:

$$RCHO + 2Ag(NH_3)_2OH \xrightarrow{\triangle} 2Ag\downarrow + RCONH_4 + H_2O + 3NH_3$$

费林试剂是由硫酸铜溶液与酒石酸钾钠碱溶液混合而成的。在碱性介质中,红色的氧化亚铜沉淀显示了醛基官能团的存在。但费林试剂不能将芳醛氧化成芳酸,因此可以用费林试剂来鉴别脂肪醛和芳香醛。醛与费林试剂的反应可表示如下:

$$RCHO + 2Cu^{2+} \xrightarrow[\triangle]{NaOH,\ H_2O} Cu_2O\downarrow + RCONa + 4H^+$$
$$\text{砖红色}$$

酮不能被弱氧化剂氧化,但遇高锰酸钾、硝酸等强氧化剂则能被氧化而断碳链。碳链的断裂发生在酮基和 α-碳原子之间,生成各种低级羧酸的混合物,无制备价值。例如:

$$H_3C\overset{O}{\overset{\|}{C}}CH_2CH_3 \xrightarrow{HNO_3} CH_3COOH + CH_3CH_2COOH + HCOOH$$

环己酮在硝酸作用下,以 V_2O_5 为催化剂,生成己二酸,这是工业上制备己二酸的方法,己二酸是生产尼龙-66 的原料。

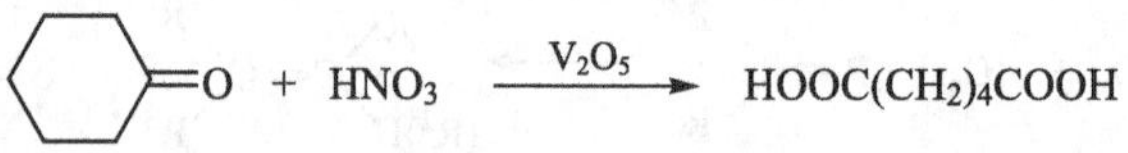

$$\text{(环己酮)}O + HNO_3 \xrightarrow{V_2O_5} HOOC(CH_2)_4COOH$$

当酮用过氧酸处理时,羰基被氧化成酯基,这一转化称为拜尔-维立格(Baeyer-Villiger)氧化(详见 14.4.1)。例如:

$$\underset{\text{丁酮}}{CH_3CCH_2CH_3} \xrightarrow{CF_3COOH,CH_2Cl_2} \underset{\text{乙酸乙酯}}{CH_3COCH_2CH_3}$$

2. 还原反应

1) 催化氢化

醛和酮在金属催化剂 Ni、Pd、Pt 的催化下,可分别被还原为伯醇和仲醇。

$$R{-}CHO + H_2 \xrightarrow{\text{雷尼 Ni}} RCH_2OH$$

$$R'{-}\overset{\overset{\displaystyle O}{\|}}{C}{-}R + H_2 \xrightarrow{\text{雷尼 Ni}} R'{-}\underset{\underset{\displaystyle R}{|}}{CH}{-}OH$$

用催化氢化法还原羰基化合物时，分子中的碳碳双键、亚硝基、氰基等也会同时被还原。例如：

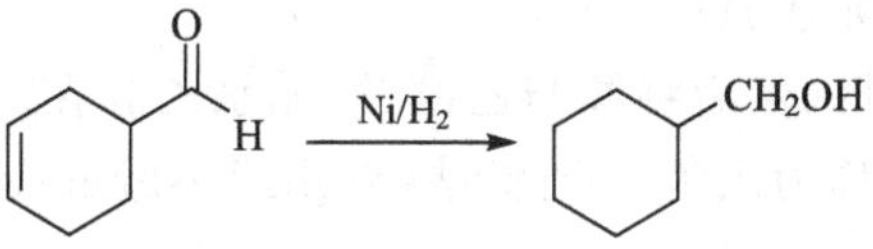

2）用金属氢化物还原

还原醛、酮中的羰基，最常用的金属氢化物还原剂是硼氢化钠（$NaBH_4$）和氢化铝锂（$LiAlH_4$）。硼氢化钠在碱性水或醇溶液中是一种缓和的还原剂，它只将醛、酮和酰卤中的羰基还原成羟基，因此可用于将不饱和醛、酮还原为不饱和醇。例如：

$$H_3CHC{=}CHCHO + NaBH_4 \xrightarrow{C_2H_5OH} H_3CHC{=}CHCH_2OH$$

氢化铝锂是一种强的还原剂，除碳碳双键和碳碳叁键外，几乎可以还原其他所有的不饱和基团，如醛、酮、羧酸、酯、酰胺、腈等，且反应产率很高。由于氢化铝锂能与质子溶剂反应，因此要在乙醚等非质子溶剂中使用，然后水解。例如：

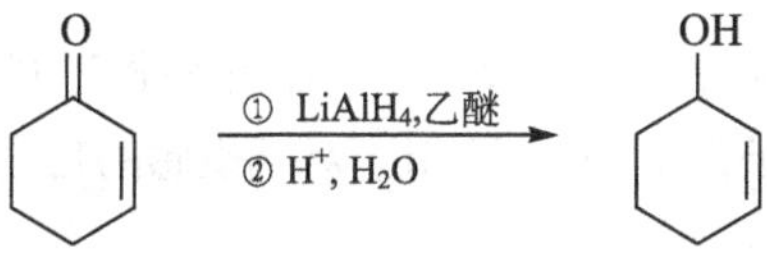

3）麦尔外因-彭杜尔夫还原法

异丙醇铝也是一个选择性很高的还原剂。在异丙醇铝和异丙醇的作用下，醛可被还原成伯醇，酮则被还原成仲醇，该反应称为麦尔外因-彭杜尔夫还原。例如：

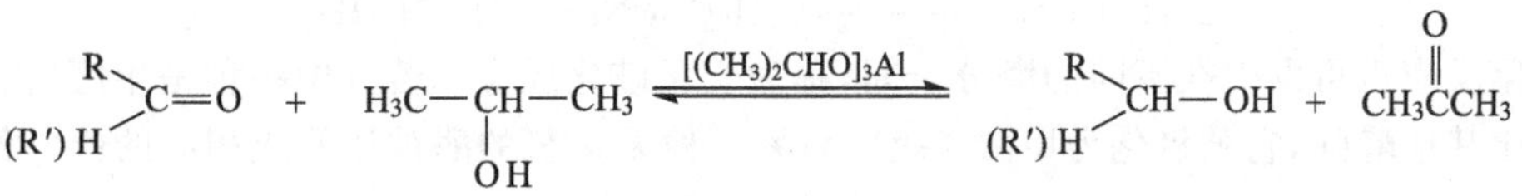

该反应的专一性很高，一般只使羰基与醇羟基互变而不影响其他基团。这是一个可逆反应，通过加入过量异丙醇或将生成的丙酮除去，可使平衡向右移动。当分子中含有碳碳双键或其他对酸不稳定的基团时，可用此法制备醇。例如：

$$CH_3\overset{\overset{\displaystyle O}{\|}}{C}CH{=}CH_2 + CH_3\overset{\overset{\displaystyle OH}{|}}{C}HCH_3 \xrightleftharpoons{[(CH_3)_2CHO]_3Al} CH_3\overset{\overset{\displaystyle OH}{|}}{C}HCH{=}CH_2 + CH_3\overset{\overset{\displaystyle O}{\|}}{C}CH_3$$

该反应的逆反应是欧芬耐尔氧化（详见 9.5.5），用于合成羰基化合物，若反应时加入大量的丙酮，可以使反应向生成酮的方向进行。

4) 克莱门森还原法

将醛或酮与锌汞齐和浓盐酸共同回流，可使羰基直接还原为亚甲基，称为克莱门森(Clemmensen) 还原法。它是将羰基还原成亚甲基的一种较好方法，在有机合成中常用于合成直链烷基苯。例如：

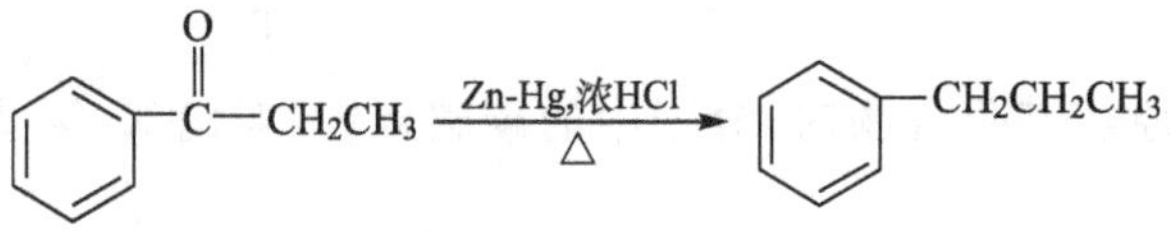

5) 沃尔夫-凯惜纳-黄鸣龙还原法

将醛或酮与肼反应生成腙，然后将腙与乙醇钠、无水乙醇在高压釜中加热到 180℃ 左右，放出氮气生成烃。这种方法称为沃尔夫-凯惜纳(Wolff-Kishner)还原法。

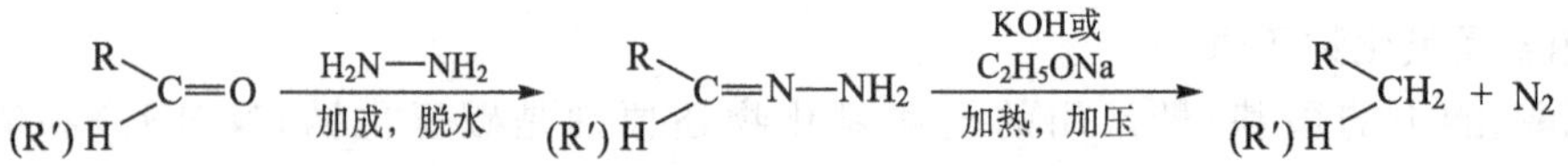

我国化学家黄鸣龙改进了这个方法，将醛或酮、氢氧化钠、肼的水溶液与高沸点的水溶性醇(如一缩二乙二醇或二缩三乙二醇，也称为二甘醇或三甘醇）一起加热，使醛、酮变成腙，然后将水和过量的肼蒸出，待温度达到腙的分解温度（195～200℃）时再回流 3～4h，使反应完全。这样反应可以在常压下进行，反应时间大大缩短，产率较高。例如：

$$C_6H_5COC_2H_5 \xrightarrow[\text{一缩二乙二醇}]{H_2N-NH_2,NaOH} C_6H_5CH_2C_2H_5$$

此反应将醛、酮中的羰基还原成亚甲基，反应在碱性条件下进行，可用于还原对酸敏感的醛、酮，而克莱门森还原反应在酸性条件下进行，适用于对碱敏感的化合物，因此两种方法可以互补。

6) 康尼查罗反应(歧化反应)

无 α-氢的醛与强碱共热时，发生自身氧化还原反应，即一分子醛被氧化成羧酸，在碱溶液中生成羧酸盐，另一分子醛被还原成醇，生成醇和羧酸的混合物。这个反应称为歧化反应，又称康尼查罗(Cannizzaro)反应。例如：

$$2C_6H_5CHO \xrightarrow{NaOH} C_6H_5COONa + C_6H_5CH_2OH$$

歧化反应也可发生在不同的醛分子间，称为交叉歧化反应。若其中一种是甲醛，由于甲醛还原性比其他醛强，它被氧化为甲酸（盐），而另一种无 α-氢的醛被还原成相应的醇。例如：

$$C_6H_5CHO + HCHO \xrightarrow{NaOH} C_6H_5CH_2OH + HCOONa$$

练习 11.8 写出下列反应的主要产物。

(1) 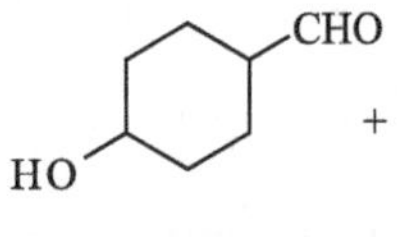

 + Ag_2O ⟶

(2) 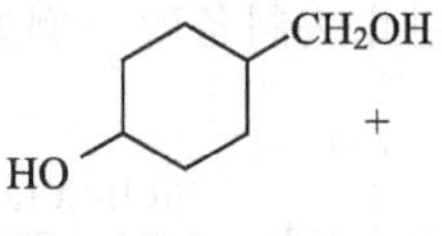

 + $K_2Cr_2O_7/H_2SO_4$ ⟶

(3) 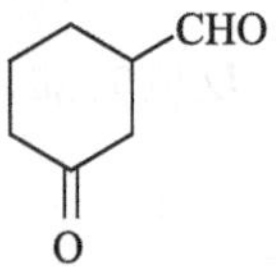

 + $Ag(NH_3)_2^+OH^-$ ⟶

(4) 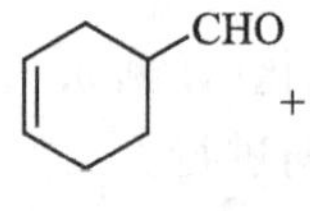

 + $KMnO_4$(冷、稀) ⟶

练习 11.9 写出下列反应的主要产物。

(1)

$$\xrightarrow[\triangle]{\text{Zn-Hg,浓HCl}}$$

(2)

$$\xrightarrow[\text{② KOH, 加热, 三甘醇}]{\text{① H}_2\text{NNH}_2}$$

(3)

$$\xrightarrow[\text{② H}^+, \text{H}_2\text{O}]{\text{① Zn-Hg,浓HCl}}$$

11.4.3　α-氢原子的反应

醛、酮活泼的 α-氢原子能发生卤代反应、卤仿反应和羟醛缩合反应等。

1. 卤代反应和卤仿反应

在酸或碱的催化下,醛、酮分子中的 α-氢原子容易被卤素取代,生成 α-卤代醛、酮。

用酸作催化剂时,可以通过控制卤素的用量,使反应主要生成一卤代、二卤代或三卤代产物。而用碱催化时,卤代反应速率很快,一般不易控制生成一卤代或二卤代产物,而是生成 α,α,α-三卤代醛、酮。生成的 α,α,α-三卤代醛、酮在碱性溶液中不稳定,易分解成三卤代甲烷(卤仿)和羧酸盐。例如:

$$\text{CH}_3\overset{\text{O}}{\overset{\|}{\text{C}}}\text{CH}_3 \xrightarrow[\text{慢}]{\text{Br}_2,\text{OH}^-} \text{CH}_3\overset{\text{O}}{\overset{\|}{\text{C}}}\text{CH}_2\text{Br} \xrightarrow[\text{快}]{\text{Br}_2} \text{CH}_3\overset{\text{O}}{\overset{\|}{\text{C}}}\text{CHBr}_2 \xrightarrow[\text{快}]{\text{Br}_2} \text{CH}_3\overset{\text{O}}{\overset{\|}{\text{C}}}\text{CBr}_3$$

$$\text{CH}_3\overset{\text{O}}{\overset{\|}{\text{C}}}\text{CBH}_3 \xrightarrow{\text{NaOH}} \text{CH}_3\overset{\text{O}}{\overset{\|}{\text{C}}}\text{—ONa} + \text{CHBr}_3$$

常把醛、酮与次卤酸钠水溶液作用生成三卤代甲烷(卤仿)的反应称为卤仿反应。凡具有 CH_3CO—结构的醛、酮(如乙醛和甲基酮)与卤素的氢氧化钠水溶液或次卤酸钠(NaOX)水溶液反应均可生成三卤代甲烷(卤仿)。

$$\text{CH}_3\overset{\text{O}}{\overset{\|}{\text{C}}}\text{CH}_3 + \underset{(\text{X}_2+\text{NaOH})}{\text{NaOX}} \longrightarrow \text{CH}_3\overset{\text{O}}{\overset{\|}{\text{C}}}\text{—ONa} + \text{CHX}_3 + \text{NaOH}$$

当卤素为碘时,黄色固体状的三碘甲烷(碘仿)从溶液中沉淀出来,该反应称为碘仿反应。碘仿反应可以鉴别含有 CH_3CO—结构单元的醛或酮。由于次碘酸钠(NaOI)是氧化剂,能将化合物中的 CH_3CHOH—氧化为 CH_3CO—,因此碘仿反应也可用于鉴别具有 CH_3CHOH—结构的仲醇。例如:

$$\text{C}_2\text{H}_5\overset{\text{OH}}{\overset{|}{\text{CH}}}\text{CH}_3 \xrightarrow[\text{② H}^+/\text{H}_2\text{O}]{\text{① I}_2,\text{NaOH}} \text{C}_2\text{H}_5\overset{\text{O}}{\overset{\|}{\text{C}}}\text{OH} + \underset{\text{碘仿 (黄色沉淀)}}{\text{CHI}_3} \downarrow$$

卤仿反应的另一用途是制备用其他方法不易制备的羧酸（盐）。例如：

$$(CH_3)_2C=CHCCH_3 \xrightarrow{Cl_2,NaOH} (CH_3)_2C=CH-\underset{\underset{O}{\|}}{C}-ONa + CHCl_3$$

2. 羟醛缩合反应

在稀碱溶液中，一分子醛的 α-氢原子加到另一分子醛的羰基氧原子上，其余部分加到羰基碳原子上，生成 β-羟基醛的反应称为羟醛缩合或醇醛缩合（aldol）反应。产物稍微受热，即失去一分子水，生成 α,β-不饱和醛。例如：

$$CH_3CHO + CH_3CHO \xrightarrow[5℃]{10\% NaOH} H_3C-\underset{\underset{OH}{|}}{CH}CH_2CHO \xrightarrow[-H_2O]{\triangle} \overset{\beta}{C}H_3CH=\overset{\alpha}{C}HCHO$$
$$\text{2-丁烯醛}$$

碱催化下，羟醛缩合反应的机理（以乙醛为例）表示如下：

$$CH_3\overset{O}{\overset{\|}{C}}H + OH^- \Longrightarrow \left[H_2C=\underset{\underset{H}{|}}{\overset{O^-}{\overset{|}{C}}} \longleftrightarrow H\bar{C}-\overset{O}{\overset{\|}{C}}-H \right] \xrightarrow{CH_3\overset{O}{\overset{\|}{C}}H} CH_3\underset{\underset{H}{|}}{\overset{O^-}{\overset{|}{C}}}-CH_2\overset{O}{\overset{\|}{C}}H$$

$$\xrightarrow{H_2O} CH_3\underset{\underset{H}{|}}{\overset{OH}{\overset{|}{C}}}-CH_2\overset{O}{\overset{\|}{C}}H \xrightarrow[-H_2O]{\triangle} \overset{\beta}{C}H_3CH=\overset{\alpha}{C}HCHO$$
$$\text{3-羟基丁醛}\qquad\qquad\text{2-丁烯醛}$$

除乙醛外，其他醛的羟醛缩合产物都是 α-碳带支链的 β-羟基醛或 α,β-不饱和醛，后者进一步催化加氢，得到饱和醇。例如：

$$2CH_3CH_2CHO \xrightarrow{\text{稀}OH^-} CH_3CH_2\underset{\underset{CH_3}{|}}{\overset{\overset{OH}{|}}{CH}}-CH-CHO \xrightarrow{\triangle}$$

$$CH_3CH_2CH=\underset{\underset{CH_3}{|}}{C}-CHO \xrightarrow{2H_2, Ni} CH_3CH_2CH_2\underset{\underset{CH_3}{|}}{CH}CH_2OH$$

羟醛缩合反应是一种能形成碳碳键的重要反应，用该反应可以制备比原料醛增加一倍碳原子的醛或醇，广泛应用于有机合成。

含有 α-氢原子的两种不同的醛进行的羟醛缩反应称为交叉羟醛缩合反应。交叉羟醛缩合能生成四种不同的 β-羟基醛，分离困难，实用意义不大。若用无 α-氢的醛（如甲醛、苯甲醛、α-呋喃甲醛等）与含有 α-氢的醛进行交叉羟醛缩合反应，在控制好反应条件的情况下，有一定的应用价值。例如，工业上用乙醛和甲醛（无 α-氢）反应来制备季戊四醇。

$$CH_3CHO + 4HCHO \xrightarrow[\text{或}Ca(OH)_2]{NaOH} HOH_2C-\underset{\underset{CH_2OH}{|}}{\overset{\overset{CH_2OH}{|}}{C}}-CH_2OH$$
$$\text{季戊四醇}$$

由于甲醛的羰基较活泼,进行交叉羟醛缩合时,首先由乙醛中三个 α-氢原子与三分子甲醛发生羟醛缩合,生成三羟甲基乙醛,后者与第四个甲醛分子发生康尼查罗反应,得到季戊四醇。

$$
3\ HCHO\ +\ H-\underset{\underset{H}{|}}{\overset{\overset{H}{|}}{C}}-CHO\ \xrightarrow{NaOH}\ HOCH_2-\underset{\underset{CH_2OH}{|}}{\overset{\overset{CH_2OH}{|}}{C}}-CHO\ \xrightarrow{HCHO,OH^-}\ HOH_2C-\underset{\underset{CH_2OH}{|}}{\overset{\overset{CH_2OH}{|}}{C}}-CH_2OH
$$

三羟甲基乙醛　　　　　　　　　季戊四醇

酮进行羟醛缩合反应时,平衡常数较小,只能得到少量的 β-羟基酮。

在稀碱存在下,芳醛(如苯甲醛)与具有 α-氢原子的醛或酮发生交叉羟醛缩合,然后脱水生成 α,β-不饱和醛或酮,这种反应称为克莱森-施密特(Schmidt)缩合。此反应常用于合成 α,β-不饱和醛或酮。例如:

$$
C_6H_5CHO\ +\ CH_3CHO\ \xrightarrow{NaOH,\ (C_2H_5)_2O}\ C_6H_5CH=CHCHO
$$

$$
C_6H_5CHO\ +\ CH_3\overset{\overset{O}{\|}}{C}CH_3\ \xrightarrow{NaOH,\ (C_2H_5)_2O}\ C_6H_5CH=CH\underset{\underset{O}{\|}}{C}CH_3
$$

此外,芳醛和脂肪族酸酐在相应酸的碱金属盐存在下加热,缩合生成 α,β-不饱和酸,该反应称为珀金(Perkin)反应。此方法用于合成 α,β-不饱和酸。例如:

$$
C_6H_5CHO+(CH_3CO)_2O\ \xrightarrow{CH_3COOK}\ C_6H_5CH=CHCOOH
$$

二酮化合物的分子内羟醛缩合反应是合成环状化合物的主要方法。例如:

3. 曼尼希反应

含有 α-H 的醛、酮与醛(一般为甲醛)及胺(伯胺或仲胺)发生的缩合反应称为曼尼希(Mannich)反应。反应时脱掉一分子水,生成的产物是 β-氨基酮,称为曼尼希碱。经曼尼希反应后,醛、酮的 α-H 被氨甲基(—CH_2NR_2)取代,因此曼尼希反应又称为氨甲基化反应。例如:

$$
R-\underset{\underset{O}{\|}}{C}-CH_3\ +\ HCHO\ +\ R_2NH\ \xrightarrow{H^+}\ R-\underset{\underset{O}{\|}}{C}-CH_2CH_2NR_2\ +\ H_2O
$$

曼尼希碱

曼尼希碱是重要的有机合成中间体。反应通常在酸性溶液中进行,除醛、酮外,其他含 α-H 的酯、腈等也可以发生此反应。

练习 11.10　写出下列羟醛缩合反应的主要产物。

(1) C₆H₅CHO + CH₃CHO ⟶

(2) 2 环己基CHO ⟶

(3) CH₂=CHCHO + CH₃CH₂CHO ⟶

11.4.4　醛、酮亲核加成反应的反应机理

羰基的亲核加成是醛、酮的重要反应,按反应机理可分为简单亲核加成和亲核加成缩合两类反应。前者包括醛、酮中的羰基与 HCN、$NaHSO_3$、ROH、RMgX 等的加成,后者包括羰基与氨及其衍生物的反应、羟醛缩合反应和维悌希反应等。

1. 简单亲核加成的反应机理

1)反应机理

简单亲核加成反应可以在碱性或酸性条件下进行。在碱性条件下进行的反应机理如下:

$$HNu \underset{H^+}{\overset{OH^-}{\rightleftharpoons}} H^+ + Nu^-$$

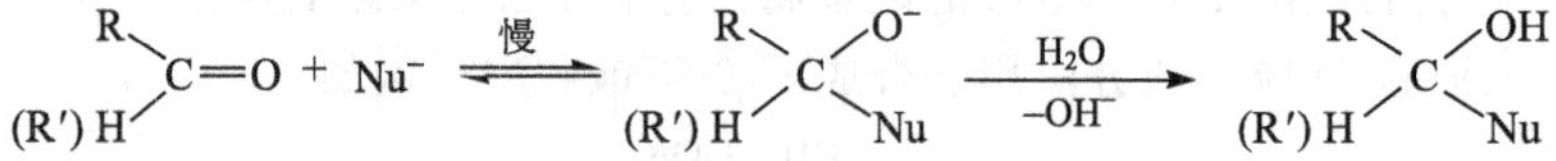

氧负离子中间体

例如,醛、酮与氢氰酸的加成反应需在碱性条件下进行,反应机理见 11.4.1。

酸催化的反应机理如下:

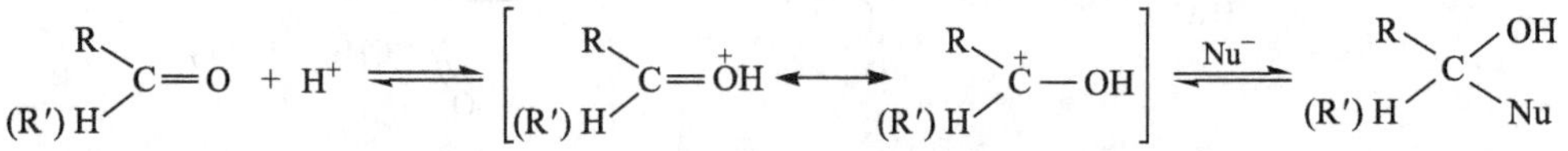

例如,醛、酮与醇在无水酸作用下生成半缩醛(酮),后者继续与另一分子醇反应,失去一分子水,生成稳定的化合物缩醛(酮),反应机理可表示如下:

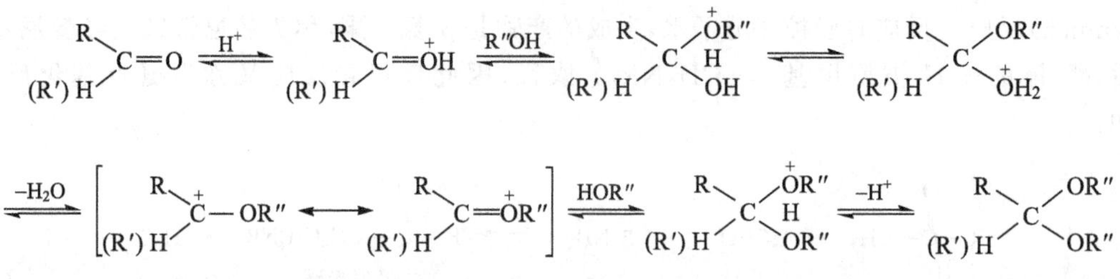

以上反应机理表明,加入酸的目的是使羰基中的氧质子化从而提高羰基碳上的正电荷量,增强羰基的活性。加入碱的目的是夺取亲核试剂 HNu 中的 H^+,生成亲核性更强的 Nu^-,使反应容易进行。

2)影响亲核加成反应的主要因素

由上述反应机理可知,简单亲核加成反应的主要特点是,反应分两步进行,第一步决定反应速率,即反应速率取决于氧负离子中间体的形成及其稳定性,氧负离子中间体越稳定,越易形成,反应越易进行。因此,醛、酮羰基的活性(亲电性)和亲核试剂的亲核性是影响反应速率的主要因素。

(1) 羰基的活性(亲电性)。

与羰基相连的取代基的电子效应和空间效应是影响醛、酮羰基活性的主要因素。羰基碳原子上的正电荷量越大,就越易受到亲核试剂的进攻,即羰基的活性越大。若羰基与吸电子基团相连,其碳原子上的正电荷量增加,羰基的活性就会增强。若与给电子基团相连,其碳原子上的正电荷量减少,羰基的活性就会降低。烷基的给电子效应减少了羰基碳上的正电荷量,所以醛羰基的活性大于酮羰基;芳基与羰基的 π-π 共轭效应使羰基碳上的正电荷因离域而分散,羰基的活性降低。亲核加成反应的活性顺序是芳香酮<烷芳酮<脂肪酮<芳醛<脂肪醛<甲醛。不同结构的醛和酮进行亲核加成反应的难易程度一般具有以下顺序:

$$HCHO > RCHO > ArCHO > CH_3COCH_3 > RCO\ CH_3 > RCOR > ArCOR$$

分析反应物羰基碳原子和氧负离子中间体碳原子的结构可知,反应物羰基碳原子是 sp^2 杂化,氧负离子中间体的碳原子是 sp^3 杂化,也就是说,中间体相对于反应物来说,基团的空间拥挤程度增加了。因此,空间效应对羰基的活性也有影响,当羰基上连有较大基团时,亲核加成反应不易进行。

(2) 亲核试剂的亲核性。

亲核试剂的亲核性也是影响亲核加成反应速率的主要因素之一,亲核试剂的亲核性越强,醛、酮亲核加成反应越易进行;亲核试剂的体积增大,将不利于亲核加成反应的进行(有关亲核试剂的亲核性详见 8.4.2)。

2. 亲核加成缩合的反应机理

醛、酮与氨及其衍生物的反应、羟醛缩合反应和维悌希反应等都是按亲核加成缩合的反应机理进行的。

(1) 醛、酮与氨的衍生物($H_2N—Y$)加成缩合反应的机理可用以下通式表示:

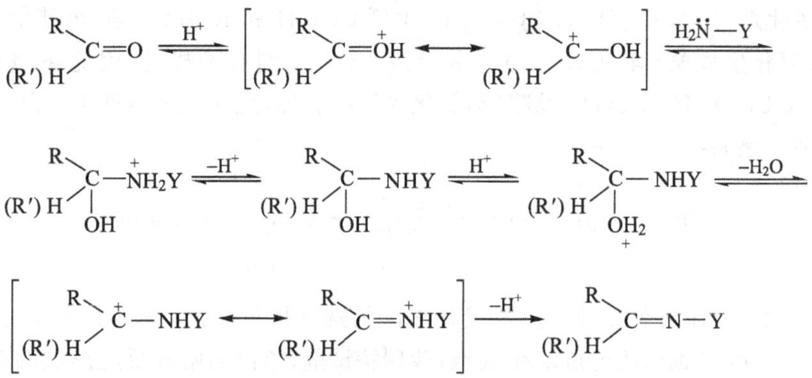

氨及其衍生物的亲核性较弱,反应一般需在酸的催化下进行(pH=4~5),酸的主要作用是增加羰基的活性,使其有利于被含氮的亲核试剂即氨的衍生物进攻。

(2) 碱催化下,羟醛缩合反应的机理(以丙醛为例)可表示如下:

$$CH_3CH_2CHO \underset{快}{\overset{OH^-}{\rightleftharpoons}} \left[\underset{烯醇负离子}{H_3CHC=C\overset{O^-}{\underset{H}{}}} \longleftrightarrow H_3CH\bar{C}-C\overset{O}{\underset{H}{}} \right] \underset{慢}{\overset{CH_3CH_2CHO}{\rightleftharpoons}}$$

$$CH_3CH_2\underset{CH_3}{\underset{|}{CH}}CHCHO \underset{快}{\overset{H_2O}{\rightleftharpoons}} CH_3CH_2\underset{CH_3}{\underset{|}{CH}}\overset{OH}{\underset{|}{CH}}CHCHO \overset{\triangle}{\rightleftharpoons} CH_3CH_2\underset{CH_3}{\underset{|}{C}}H=CCHO$$

由上述羟醛缩合反应的机理可知,反应的必要条件是要有 α-氢的醛、酮和碱催化的实验条件。第二步反应是速率控制步骤,反应速率取决于氧负离子的形成及其稳定性。

(3) 维悌希反应的机理(以丙酮为例)可表示如下:

$$H_3C-\overset{O}{\overset{\|}{C}}-CH_3 + (C_6H_5)_3P=CHCH_3 \longrightarrow \left[H_3C-\overset{O^-}{\underset{CH_3}{\underset{|}{C}}}-\overset{\overset{+}{P}(C_6H_5)_3}{CHCH_3} \right] \longrightarrow \left[H_3C-\overset{O-P(C_6H_5)_3}{\underset{CH_3}{\underset{|}{C}}}-CHCH_3 \right]$$

$$\overset{0℃}{\longrightarrow} H_3C-\underset{CH_3}{\underset{|}{C}}=CHCH_3 + \overset{O}{\overset{\|}{P}}(C_6H_5)_3$$

11.5　醛和酮的制备
(Preparation of Aldehydes and Ketones)

醛和酮的制备方法很多,前面已经学习了烯烃的臭氧化(详见 3.4.4)、炔烃的水化(详见 4.4.1)、芳烃的傅-克酰基化反应(详见 6.4.1 和 6.5.5)和醇的氧化(详见 9.5.5),特别是欧芬耐尔氧化(详见 9.5.5)等制备醛、酮的方法。下面对醇的氧化作一小结,再概述几种制备醛、酮的方法。

11.5.1　醇的氧化或脱氢

常用的氧化剂,如 $K_2Cr_2O_7$-H_2SO_4、CrO_3-CH_3COOH 和 $KMnO_4$ 等,可使伯醇氧化生成醛和酸,仲醇氧化生成酮(详见 9.5.5)。由于铬(Ⅵ)试剂有选择性,因此铬酸系列氧化剂(CrO_3-H^+,$K_2Cr_2O_7$-H^+,CrO_3-吡啶)不氧化烯烃和炔烃,且在无水条件下,可以避免醇被过度氧化为羧酸。例如:

$$CH_3\underset{CH_3}{\underset{|}{C}}H-(CH_2)_4CH_2OH \xrightarrow[CH_2Cl_2]{CrO_3-吡啶} CH_3\underset{CH_3}{\underset{|}{C}}H-(CH_2)_4CHO$$

将伯醇氧化成醛而避免醛进一步被氧化成酸的选择性氧化剂(详见 9.5.5)主要有:吡啶氯铬酸盐(PCC),PCC 也可将仲醇氧化成酮;沙瑞特试剂(铬酐与吡啶反应形成的铬酐-双吡啶络合物)和欧芬耐尔氧化法。

另一个温和并专一氧化烯丙醇的试剂是二氧化锰。例如:

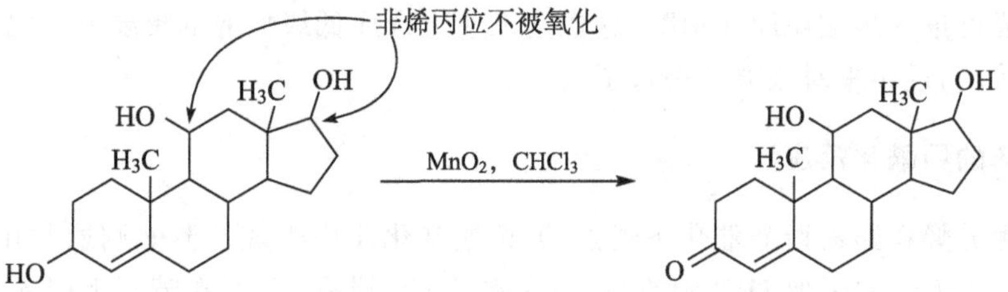

非烯丙位不被氧化

此外,在金属催化剂作用下,伯醇和仲醇在高温下脱氢分别生成醛和酮(详见 9.5.5)。

11.5.2　同碳二卤代烃水解

在酸或碱的催化下,同碳二卤代烃水解可制得醛、酮。因脂肪族同碳二卤代烃较难得到,故此法一般用来制备芳香醛、酮。例如:

$$C_6H_5CHCl_2 \xrightarrow{H_2O,\ Fe} C_6H_5CHO$$

11.5.3　羧酸衍生物的还原

用罗森孟德(Rosenmund)还原法可以将酰氯还原成醛,用毒化过的钯为催化剂,常压下酰氯加氢被还原为醛的方法称为罗森孟德还原法(详见 12.10.3)。

$$RCOCl \xrightarrow[\text{硫,喹啉}]{H_2/Pd\text{-}BaSO_4} RCHO\ +\ HCl$$

用氢化铝锂的衍生物(如三叔丁氧基氢化铝锂或三乙氧基氢化铝锂)可将酰氯或酰胺还原为醛。例如:

$$CH_3CH_2COCl \xrightarrow[\text{② } H_2O]{\text{① } LiAlH(t\text{-}BuO)_3,\text{乙醚}} CH_3CH_2CHO$$

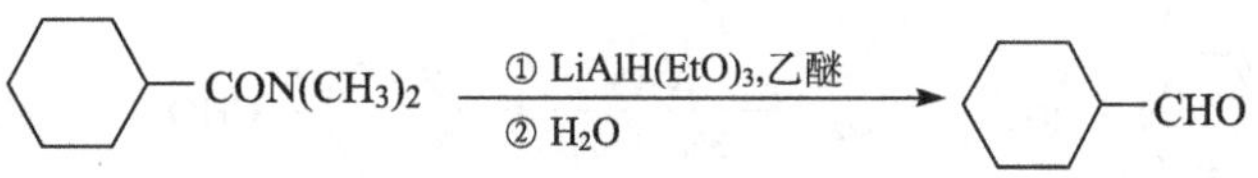

11.5.4　羰基合成反应

在催化剂(八羰基二钴或钴)作用下,烯烃($C_2 \sim C_{20}$ 烯烃)与 CO 和 H_2 作用生成醛的反应称为羰基合成反应。该反应生成比原烯烃多一个碳原子的醛,得到以直链醛为主的产物,这是工业上生产脂肪醛的一种方法。例如:

$$H_2C{=}CH_2 + CO + H_2 \xrightarrow[100\sim115^\circ C,\ 20MPa]{Co} CH_3CH_2CHO$$

$$CH_3CH{=}CH_2 + CO + H_2 \xrightarrow[\sim170^\circ C,\ 25MPa]{[Co(CO)_4]_2} CH_3CH_2CH_2CHO\ +\ \underset{\underset{CH_3}{|}}{CH_3CHCHO}$$

75%　　　　　25%

　　合成的醛可进一步被还原成伯醇,这也是工业上合成低级伯醇的重要方法之一,但该反应对设备要求较高,近年来对该方法进行了改进。

11.5.5　芳环的甲酰化反应

　　芳酮可由芳烃在路易斯酸催化下通过傅-克酰基化反应生成。芳醛则通常用芳烃的甲酰化反应制备。以 CO 和干燥 HCl 为原料,在无水 AlCl₃ 催化下,可在芳环上引入醛基,反应需要在 10~15MPa 的压力下进行,如果加入氯化铜,反应可在常压下进行。本反应适用于苯和烷基苯的甲酰化。例如:

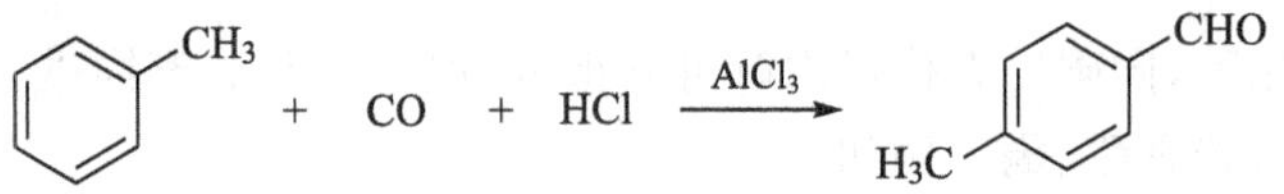

11.5.6　芳烃的氧化

　　芳烃侧链的 α-位在适当的条件下可被氧化,侧链为甲基的氧化成醛基,其他侧链氧化成酮(指 α-位上有两个氢的)。例如,用二氧化锰和硫酸作氧化剂将甲基氧化成醛基,用二氧化锰和硫酸镁作氧化剂将乙基氧化成酮羰基。例如:

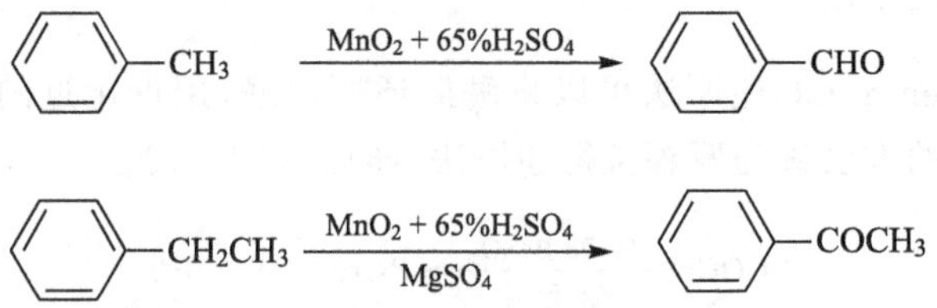

　　如用铬酐和乙酐作氧化剂,先得乙酸酯,水解后得醛。例如:

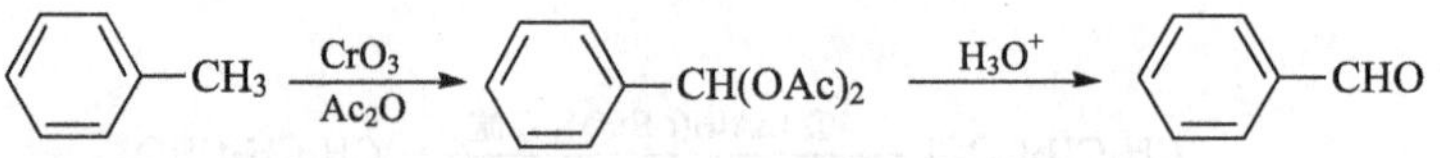

　　另外,甲苯在五氧化二钒催化下可以氧化生成苯甲醛。例如:

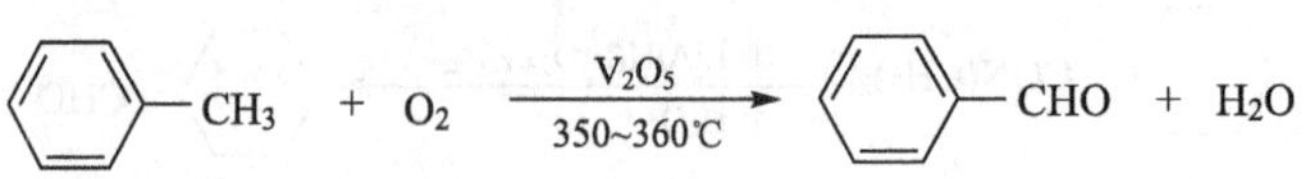

练习 11.11　按要求完成下列合成。

(1) 用四种不同的方法将甲苯转化为苯甲醛。

(2) 用两种不同的方法将甲苯转化为苯乙醛。

11.6　不饱和醛、酮

(Unsaturated Aldehydes and Unsaturated Ketones)

　　不饱和醛、酮是指分子中同时含有羰基和碳碳双键的化合物。根据碳碳双键和羰基的相

对位置不相同,不饱和醛、酮可分为以下三类:

(1) 烯酮:碳碳双键和羰基直接相连的化合物,如 CH_2 =C=O、R_2C =C=O,其性质非常活泼。

(2) α,β-不饱和醛 (酮):碳碳双键和羰基共轭的化合物,如 RCH =CHCHO、RCH =CHCOCH$_3$,其不仅具有羰基和碳碳双键的各种性质,还具有一些特性,是不饱和醛、酮中最重要的一类。

(3) 碳碳双键和羰基间隔一个以上碳原子的化合物,如 RCH =CH(CH$_2$)$_n$CHO($n \geqslant 1$),其兼具碳碳双键和羰基的性质。

11.6.1　乙烯酮

乙烯酮是最简单也是最重要的一种烯酮,一般用乙酸或丙酮直接热解得到。

$$\underset{\text{CH}_3\text{COH}}{\overset{\text{O}}{\|}} \xrightarrow[\text{700℃}]{\text{AlPO}_4} \text{H}_2\text{C} = \text{C} = \text{O} \ + \ \text{H}_2\text{O}$$

$$\underset{\text{CH}_3\text{CCH}_3}{\overset{\text{O}}{\|}} \xrightarrow{\text{700~850 ℃}} \text{H}_2\text{C} = \text{C} = \text{O} \ + \ \text{CH}_4$$

乙烯酮是无色气体,沸点-48℃,有刺激性,剧毒。它非常不稳定,只能在低温下保存。由于分子中有累积双键,化学性质特别活泼,能与含有活泼氢的化合物如水、醇、氨、酸等发生加成反应,在这些分子中引入乙酰基,因此它是一种重要的乙酰化试剂。

$$\text{H}_2\text{C} = \text{C} = \text{O} \ + \ \text{H} - \text{Z} \longrightarrow \text{H}_3\text{C} - \underset{}{\overset{\overset{\text{O}}{\|}}{\text{C}}} - \text{Z}$$

HZ: 含有活泼氢的化合物

例如:

$$\text{H}_2\text{C} = \text{C} = \text{O} \ + \ \text{H} - \text{OH} \longrightarrow \text{H}_3\text{C} - \underset{}{\overset{\overset{\text{O}}{\|}}{\text{C}}} - \text{OH}$$

乙烯酮不稳定,易聚合成二聚体即二乙烯酮(双乙烯酮)。二乙烯酮无色,有刺激性臭味,沸点217.4℃,不溶于水,溶于一般有机溶剂,是重要的有机合成原料,工业上用它合成乙酰乙酸乙酯(详见13.1.2)。

11.6.2　α,β-不饱和醛、酮的特性

α,β-不饱和醛、酮的结构特点是碳氧双键和碳碳双键形成了一个共轭体系,亲电试剂可以与碳碳双键发生亲电加成反应(3,4-加成),亲核试剂可以与碳氧双键发生1,2-加成,还可以与共轭体系发生1,4-加成(共轭加成)反应。

α,β-不饱和醛、酮与卤素、次卤酸只发生碳碳双键上的亲电加成反应。与氨的衍生物(如羟胺、肼、氨基脲等)主要发生碳氧双键上的亲核加成缩合反应,生成的亚胺类产物可从溶液中沉淀出来,得到1,2-加成产物。例如:

$$CH_3CH{=}CHCCH_3 \ (O) \xrightarrow{Br_2/CCl_4} CH_3CHBrCHBrCCH_3 \ (O)$$

$$C_6H_5CH{=}CHCCH_3 \ (O) \xrightarrow[-H_2O]{NH_2OH, \ H^+} C_6H_5CH{=}CHCCH_3 \ (N{-}OH)$$

α,β-不饱和羰基化合物与胺、HX、H_2SO_4、HCN、H_2O 等亲核试剂反应,通常以 1,4-加成(共轭加成)产物为主。反应经烯醇式中间体异构化为酮式,所以发生的是 1,4-加成反应,得到的是 3,4-加成产物。例如:

$$C_6H_5CCH{=}CH_2 \ (O) \xrightarrow{KCN, \ H^+} C_6H_5CCH_2CH_2CN \ (O)$$

反应过程为

$$C_6H_5CCH{=}CH_2 \ (O) \xrightarrow{KCN, \ H^+} C_6H_5C{=}CHCH_2CN \ (O^-) \xrightarrow{H^+} C_6H_5C{=}CHCH_2CN \ (OH) \rightleftharpoons C_6H_5CCH_2CH_2CN \ (O)$$

α,β-不饱和醛、酮与有机金属试剂的反应,可以发生 1,2-加成,也可以发生 1,4-加成。有机锂试剂几乎专一地亲核进攻羰基碳原子,发生 1,2-加成反应。格氏试剂往往生成 1,2-加成和 1,4-加成两种产物,有机铜锂试剂一般生成 1,4-加成产物。例如:

$$CH_3CH{=}CHCCH_3 \ (O) \xrightarrow[②\ H_2O]{①\ CH_3Li, \ (C_2H_5)_2O} CH_3CH{=}CHCCH_3 \ (OH)(CH_3)$$

$$C_6H_5CH{=}CHCHO \xrightarrow[②\ H_2O]{①\ C_2H_5MgBr} C_6H_5CH{=}CHCHOH \ (C_2H_5) + C_6H_5CHCH_2CH \ (C_2H_5)(O)$$

$$CH_3(CH_2)_5CH{=}CCH \ (O)(CH_3) \xrightarrow[②\ H_2O, \ -78°C]{①\ (CH_3)_2CuLi, \ THF} CH_3(CH_2)_5CHCHCH \ (CH_3)(O)(CH_3)$$

练习 11.12 写出下列反应的主要产物。

(1) $\xrightarrow[H_2(1\ mol)]{Pd}$

(2) $+ \ CH_3MgI \xrightarrow{H_2O}$

(3) $+ \ (CH_3)_2CuLi \xrightarrow[]{(CH_3CH_2)_2O} \xrightarrow{H_2O}$

知识亮点

布朗发现"硼氢化反应"

布朗(H. C. Brown,1912—)是美籍英国有机化学家。他一生有许多重大的研究发现,如发现硼氢化钠(NaBH$_4$)和氢化铝锂(LiAlH$_4$)的优良还原性,硼烷与不饱和有机物反应定量地转变成有机硼化合物的硼氢化反应等,其中最主要是发现了硼氢化反应(见 3.4.2)。硼氢化反应在高选择性(包括立体选择性)地合成天然产物方面有独特的功效,使有机硼化合物在有机合成中得到了广泛应用,硼氢化反应的发现有力地推动了有机硼化学的飞速发展。

布朗在研究生阶段就已开始了对硼烷结构和性能的研究。1953 年布朗先后发现了硼烷的金属化合物硼氢化钠和氢化铝锂具有优良的还原性能,硼氢化钠可以把醛或酮在很温和的情况下还原成醇,氢化铝锂则具有更强的还原性,可以还原羧酸及其衍生物,很快硼氢化钠和氢化铝锂均成为有机化学实验室中必备的试剂。然后,布朗又发现硼烷和烯烃反应可以合成烷基硼和其他有机硼化合物(硼氢化反应)。他发明的硼氢化-氧化反应和羟汞化-还原反应(见 3.4.2),使烯烃按不同的立体化学要求转变成醇,这些反应都具有高度的区域和立体选择性,反应条件温和,操作简便,产率很高,深受有机化学家的欢迎。

布朗和德国化学家维悌希(G. Wittig,1897—1987)分别把硼和磷的化合物发展成为有机合成中的重要试剂,因而共同荣获了 1979 年诺贝尔化学奖。

习题(Exercises)

11.1 命名下列化合物。

(1)　OHCCH$_2$CH$_2$CH$_2$CH(CH$_3$)CHO

(2)　H$_3$C—(环氧)—CHO

(3)　HO$_3$S—⟨苯环⟩—CHO

(4)　⟨苯环 CHO, Br 邻位⟩

11.2 写出下列化合物的结构式,并用系统命名法命名。

(1) β-氧代丁醛 (2) 4-硝基-2-萘甲醛
(3) 苯乙醛 (4) 甲基异丁基酮
(5) 乙基烯丙基酮 (6) α-溴代环己酮
(7) 乙基苯基酮 (8) (R)-甲基(2-氯丙基)酮

11.3 下列化合物哪些能与 2,4-二硝基苯肼反应?哪些能发生碘仿反应?哪些能发生银镜反应?哪些能发生自身羟醛缩合反应?哪些能发生康尼查罗反应?

(1)　HCHO

(2)　CH$_3$CHO

(3)　CH$_3$CHCH$_3$
　　　　　|
　　　　　OH

(4)　(CH$_3$)$_3$CCHO

(5)　CH$_3$CH$_2$CHCH$_2$CH$_3$
　　　　　　　|
　　　　　　　OH

(6)　CH$_3$COCH$_3$

11.4　完成下列反应，写出主要产物。

(1) $\xrightarrow[\text{CH}_3\text{CH}_2\text{OH}]{\text{HSCH}_2\text{CH}_2\text{SH, ZnCl}_2}$ (　　　) $\xrightarrow{\text{HgCl}_2\ \text{HgO}}$ (　　　)

(2) $\text{CH}_3\text{CH}\text{=}\text{CHCHO}$ + HCN ⟶ (　　　　　)

(3) $\xrightarrow{\text{KOH, H}_2\text{O}}$ (　　　　　)

(4) $\text{CH}_3\text{CH}_2\text{CH}\text{=}\text{CHCHO}$ $\xrightarrow{\text{LiAlH}_4}$ $\xrightarrow{\text{H}_2\text{O}}$ (　　　　　)

(5) $\xrightarrow{\text{LiAlH}_4}$ $\xrightarrow{\text{H}_2\text{O}}$ (　　　　)

(6) + $\xrightarrow{\text{CHCl}_3}$ (　　　　)

(7) + $(\text{C}_6\text{H}_5)_3\text{P}\text{=}\text{C}\begin{smallmatrix}\text{CH}_3\\\text{CH}_3\end{smallmatrix}$ ⟶ (　　　　)

(8) $\xrightarrow{\text{NaBH}_4}$ (　　　)

(9) $\xrightarrow{\text{MnO}_2 + 65\%\text{H}_2\text{SO}_4}$ (　　　　)

(10) $\xrightarrow{\text{浓 OH}^-}$ (　　　)

(11) $\xrightarrow{\text{I}_2, \text{NaOH}}$ (　　　)

(12) $\xrightarrow{\text{NaHSO}_3}$ (　　　) $\xrightarrow{\text{NaCN}}$ (　　　　)

(13) $\xrightarrow[\text{苯}]{\text{Mg}}$ $\xrightarrow{\text{H}_2\text{O}}$ (　　　) $\xrightarrow{\text{H}_2\text{SO}_4}$ (　　　)

(14) $\xrightarrow{2\text{Br}_2, \text{OH}^-}$ (　　　　)

(15) CH_2CHO + $\text{CH}_3\text{C}\equiv\text{CNa}$ ⟶ $\xrightarrow{\text{H}_3\text{O}^+}$ (　　　　)

(16) 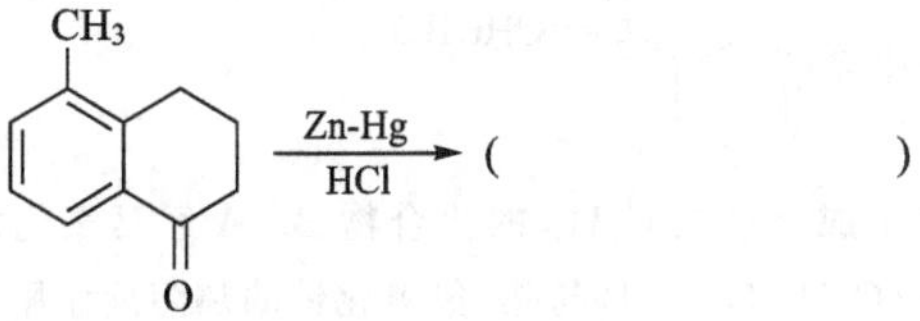 $\xrightarrow[\text{HCl}]{\text{Zn-Hg}}$ (　　　　　　　　　)

(17) 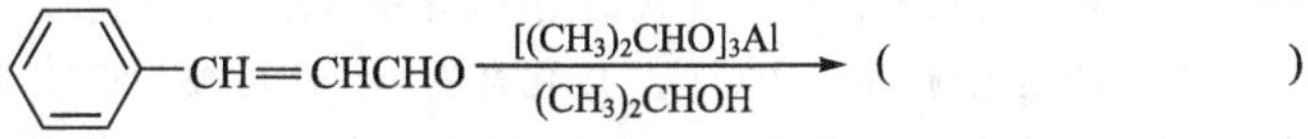 $\bigcirc\!\!-CH=CHCHO \xrightarrow[\text{(CH}_3)_2\text{CHOH}]{[(\text{CH}_3)_2\text{CHO}]_3\text{Al}}$ (　　　　　　　　　)

(18) 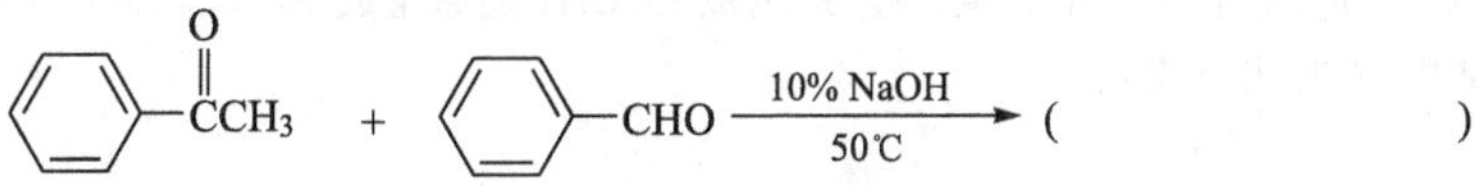 $+$ $\bigcirc\!\!-CHO \xrightarrow[50℃]{10\% \text{ NaOH}}$ (　　　　　　　　　)

11.5　如何将丙烯醛转化为甘油醛？旋光性甘油醛[如(S)-甘油醛]在稀的碱性水溶液中可转变为外消旋甘油醛及1,3-二羟基丙酮的混合物,试说明转变机理。

11.6　推测下列反应的可能机理。

(1) 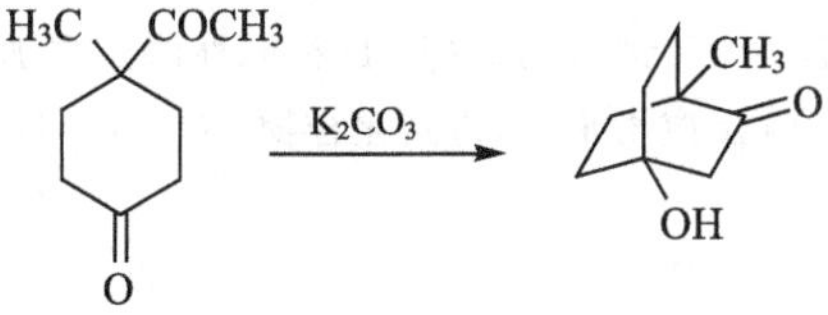 $\xrightarrow{\text{K}_2\text{CO}_3}$

(2) $\xrightarrow{(\text{CH}_3)_3\text{COK, C}_6\text{H}_6}$

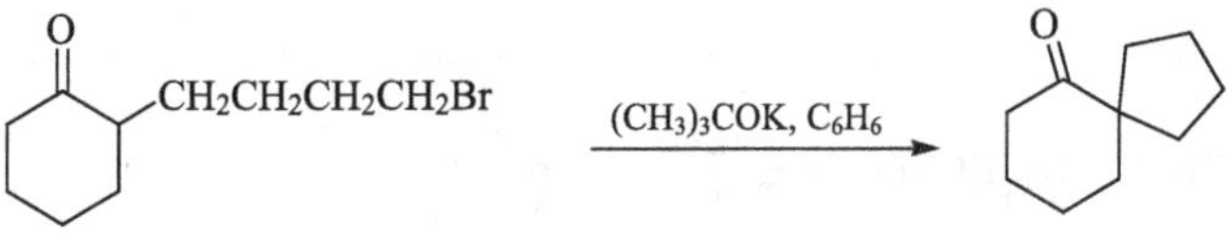

11.7　把下列各组化合物按羰基的活性排序。

(1) 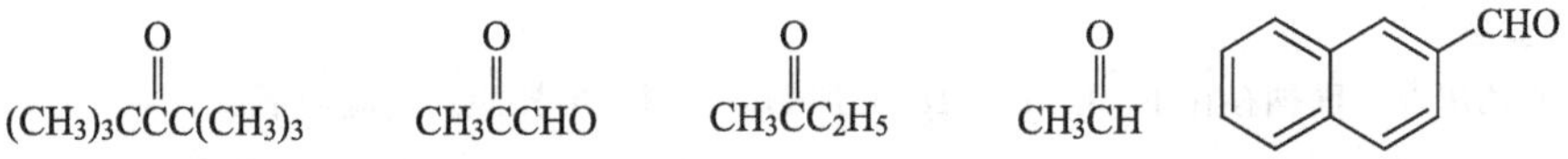
　　A　　　　　　B　　　　　　C　　　　　　D　　　　　　E

(2) 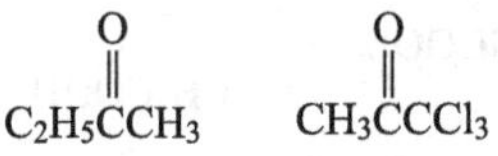
　　A　　　　B

(3) 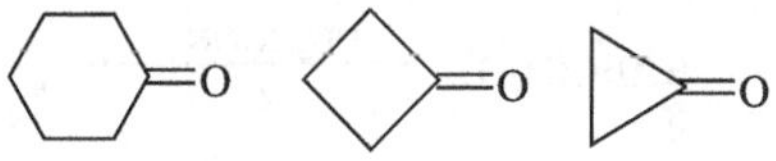
　　A　　　　B　　　　C

11.8　用化学方法区别下列化合物。

(1) 甲醛、乙醛、丙酮　　　(2) 2-戊酮、3-戊酮、戊醛、苯甲醛　　　(3) 丙醛、丙酮、丙醇、异丙醇

11.9　完成下列合成。

(1)

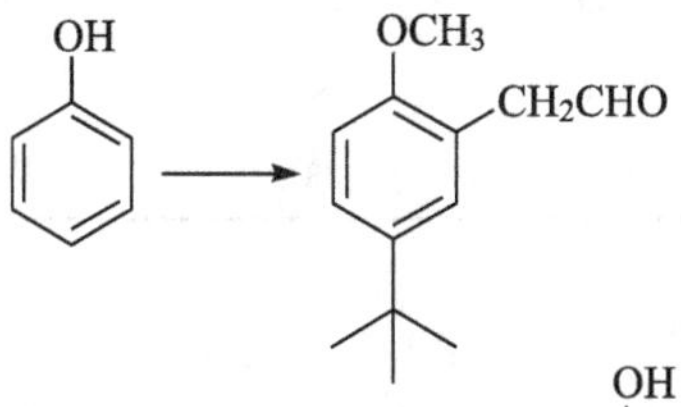

(2)

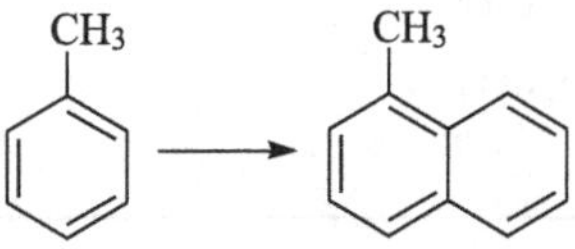

(3) 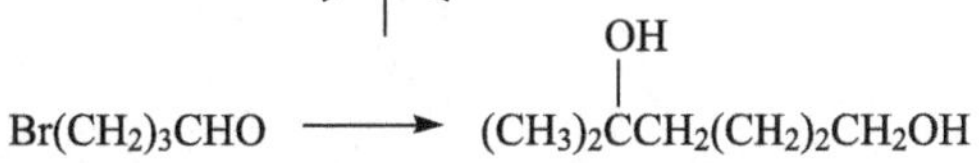 $Br(CH_2)_3CHO \longrightarrow (CH_3)_2CH\overset{OH}{\underset{|}{C}}CH_2(CH_2)_2CH_2OH$

11.10　完成下列合成。

(1) 1-溴丁烷——→2-己酮　　　(2) 对甲苯酚——→对甲氧基苯甲醛

(3) 甲苯 —→ 对正丙基甲苯　　　(4) 甲苯 —→ 肉桂醛　

11.11　化合物 A 的分子式为 C_6H_{10}，经催化氢化生成分子式 C_6H_{12} 的化合物 B。A 经臭氧化水解得到化合物 C（$C_6H_{10}O_2$）。C 与氧化银作用生成化合物 D（$C_6H_{10}O_3$）。D 与碘、氢氧化钠的热溶液作用得到碘仿和化合物 E（$C_5H_8O_4$）。D 与 Zn-Hg 作用后得到正己酸。试推断 A 的结构，并写出各步反应式。

11.12　两分子丙醛在稀 NaOH 溶液中低温反应（0～10℃），生成化合物 A。A 可被 $NaBH_4$ 还原生成 B，在稀酸中加热产生 C。C 在加压条件下被催化氢化生成 D，被 $LiAlH_4$ 还原生成 E，室温、常压下被催化氢化生成 F。推测 A～F 的结构，并写出反应式。

11.13　推测结构。

(1) 一个中性化合物，分子式为 $C_7H_{13}O_2Br$，不能形成肟或苯腙衍生物。其 IR 谱在 2850～2950cm^{-1} 有吸收，但 3000cm^{-1} 以上没有吸收峰，另一强吸收峰为 1740cm^{-1}。δ_H：1.0（3H，三重峰），1.3（6H，双重峰），2.1（2H，多重峰），4.2（1H，三重峰），4.6（1H，多重峰）。推断该化合物的结构，并指出谱图各峰归属。

(2) 化合物 A（C_8H_{14}）能使溴水褪色，被浓 $KMnO_4$ 氧化得直链化合物 B（$C_8H_{14}O_2$），B 能发生碘仿反应生成 C（$C_6H_{10}O_4$），C 加热到 300℃ 得到 D（C_5H_8O），D 的 ^1H NMR 谱有两组峰。D 在碱性溶液中加热得化合物 E（$C_{10}H_{14}O$），E 能与溴肼反应，又能使溴水褪色，与 CH_3Li 反应再水解，得到化合物 F（$C_{11}H_{18}O$）。试推测 A～F 的结构，并写出反应式。

11.14　推测下列反应的反应机理。

11.15　实验题。

用苯甲醛和乙酐在乙酸钠存在下，于 170～180℃ 加热回流制取肉桂酸。反应如下：

原料和产物的主要物理常数如下，试设计如何从反应混合物中分离得到肉桂酸。

原料产物	相对密度	熔点/℃	沸点/℃	溶解度(20℃)/[g·(100g)$^{-1}$]		
				H_2O	C_2H_5OH	$(C_2H_5)_2O$
苯甲醛	1.0504	—	180	0.33	∞	∞
乙酸	1.0871	—	140	13.6	∞	∞
肉桂酸	—	133	300	0.1	23	易溶

第 12 章　羧酸及其衍生物
(Carboxylic Acids and Carboxylic Acid Derivatives)

分子中含有羧基（$-\overset{\text{O}}{\underset{}{\text{C}}}-$OH，carboxy group）的化合物称为羧酸（carboxylic acid），羧基是羧酸的官能团。羧酸是有机酸，不仅广泛存在于自然界，而且对人类生活非常重要，如食用油是羧酸的甘油酯，肥皂是高级脂肪酸的钠盐，食用醋是 2% 的乙酸。同时，羧酸也是重要的化工原料，如羧酸是尼龙和涤纶等合成纤维的重要原料之一。

羧酸分子中烃基上的氢原子被其他原子或原子团取代得到的化合物称为取代酸，取代酸主要有卤代酸、羰基酸、羟基酸和氨基酸等。

羧基中的羟基被卤素、酰氧基、烷氧基和氨基等基团取代，分别得到酰卤、酸酐、酯和酰胺等，它们称为羧酸衍生物。

腈（nitrile）水解生成羧酸，因此该类化合物也放在本章讨论。

12.1　羧酸的分类和命名
(Classification and Nomenclature of Carboxylic Acids)

12.1.1　羧酸的分类

根据与羧基相连的烃基的结构不同，可以将羧酸分为脂肪族羧酸（RCOOH）和芳香族羧酸（ArCOOH）；根据分子中羧基的数目可以将羧酸分为一元羧酸和多元羧酸。脂肪族羧酸又分为饱和脂肪羧酸和不饱和脂肪羧酸。例如：

CH₃COOH		H₂C=CHCOOH	
乙酸	苯甲酸	丙烯酸	草酸
（饱和脂肪酸）	（芳香酸）	（不饱和脂肪酸）	（二元羧酸）

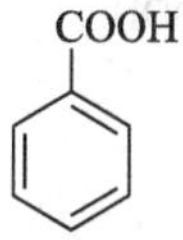

12.1.2　羧酸的命名

许多羧酸根据来源命名，如甲酸俗称蚁酸，因为蚂蚁会分泌出甲酸；乙酸俗称醋酸，它最初是由食醋中获得的；苹果酸、柠檬酸和酒石酸分别来源于苹果、柠檬和酿制葡萄酒时形成的酒石中；软脂酸、硬脂酸、油酸都是油脂水解得到的，并根据它们的性状命名。

1. 普通命名法

羧酸的普通命名法是选择含有羧基的最长碳链作为主链，从与羧基相邻的碳原子开始依次用 α、β、γ、δ、$\cdots$、ω 编号。例如：

H₂C=CCOOH
|
CH₃
α-甲基丙烯酸
α-methylacrylic acid

—CH₂CH₂CH₂COOH
γ-苯基丁酸
γ-phenylbutyric acid

CH₂CH₂CH₂CH₂CH₂COOH
|
OH
ω-羟基己酸
ω-hydroxycaproic acid

2. 系统命名法

羧酸的系统命名是选择含羧基的最长碳链作为主链,从羧基开始编号,书写时标明取代基的位置。英文名称是去掉相应碳原子数的母体烃的词尾"e",加上羧酸的特征词尾名称"oic acid"。例如:

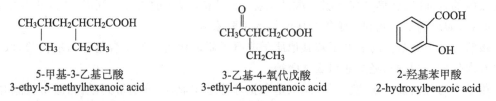

CH₃CHCH₂CHCH₂COOH
| |
CH₃ CH₂CH₃
5-甲基-3-乙基己酸
3-ethyl-5-methylhexanoic acid

O
‖
CH₃CCHCH₂COOH
|
CH₂CH₃
3-乙基-4-氧代戊酸
3-ethyl-4-oxopentanoic acid

COOH
OH
2-羟基苯甲酸
2-hydroxybenzoic acid

命名不饱和羧酸时,选择含有羧基及不饱和键的最长碳链为主链,从羧基开始编号,称为某烯(炔)酸。例如:

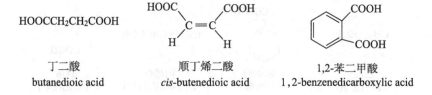

CH₃CH=CHCOOH
2-丁烯酸
2-butenoic acid

H₃CH₂C   H
      C=C
H₃C   CH₂COOH
(E)-4-甲基-3-己烯酸
(E)-4-methyl-3-hexenoic acid

二元羧酸的命名是选择包括两个羧基在内的碳链为主链,称为某二酸。英文命名是相应烃的名称后加 dioic acid。例如:

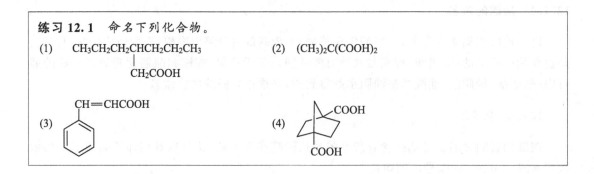

HOOCCH₂CH₂COOH
丁二酸
butanedioic acid

HOOC   COOH
    C=C
H   H
顺丁烯二酸
cis-butenedioic acid

COOH
COOH
1,2-苯二甲酸
1,2-benzenedicarboxylic acid

练习 12.1　命名下列化合物。

(1)　CH₃CH₂CH₂CHCH₂CH₂CH₃
　　　　　　　　　|
　　　　　　　CH₂COOH

(2)　(CH₃)₂C(COOH)₂

(3)　CH=CHCOOH

(4)　
COOH
COOH

练习 12.2 写出下列化合物的结构式。

(1) 4-氧代环己基甲酸　　　(2) 反-丁烯二酸

(3) 2-萘乙酸　　　　　　　(4) 3-甲基-5-甲氧基苯甲酸

12.2　羧酸的物理性质和光谱性质
(Physical Properties and Spectroscopic Properties of Carboxylic Acids)

12.2.1　物理性质

低级一元脂肪酸在室温下是液体,十个碳原子以上的一元脂肪酸、开链二元酸及芳香酸在室温下都是固体。低级脂肪酸有刺激性气味,高级脂肪酸由于挥发性较小,没有气味。

羧酸的沸点比相对分子质量相同或相近的醇还高,这是因为羧酸的极性比醇大,而且羧酸分子能以牢固的二聚体存在。

$$R-C\begin{matrix}O\cdots\cdots H-O\\\\O-H\cdots\cdots O\end{matrix}C-R$$

四个碳原子以下的羧酸可与水混溶,随着相对分子质量增加,羧酸在水中溶解性降低。

常见一元羧酸的物理性质见表 12-1。

表 12-1　常见一元羧酸的名称和物理常数

中文名称(俗名)	结构式	熔点/℃	沸点/℃	溶解度/[g・(100 g H₂O)⁻¹]	pK_a
甲酸(蚁酸)	$HCOOH$	8.4	100.5	混溶	3.76
乙酸(醋酸)	CH_3COOH	7	118	混溶	4.76
丙酸(初油酸)	CH_3CH_2COOH	−22	141	混溶	4.87
丁酸(酪酸)	$CH_3(CH_2)_2COOH$	−5	163.5	混溶	4.82
戊酸(缬草酸)	$CH_3(CH_2)_3COOH$	−35	186	3.7	4.85
己酸(羊油酸)	$CH_3(CH_2)_4COOH$	−2	205	0.97	4.83
十六酸(软脂酸)	$CH_3(CH_2)_{14}COOH$	63	269/0.01MPa	不溶	
十八酸(硬脂酸)	$CH_3(CH_2)_{16}COOH$	70	287/0.01MPa	不溶	
苯甲酸(安息香酸)	C_6H_5COOH	122	249	0.34	4.20
邻甲苯甲酸	$o\text{-}CH_3C_6H_4COOH$	106	259	0.12	3.91
间甲苯甲酸	$m\text{-}CH_3C_6H_4COOH$	112	263	0.10	4.27
对甲苯甲酸	$p\text{-}CH_3C_6H_4COOH$	180	275	0.30	4.38

12.2.2　光谱性质

1. 红外光谱

一元羧酸在液态和固态下是缔合的,故红外光谱中 O—H 的伸缩振动在 3300～

2500cm^{-1}表现为一强而宽的吸收峰,其中心在 3000cm^{-1} 附近。羧酸中羰基的伸缩振动在 1720～1690cm^{-1},C—O 键的伸缩振动在 1300～1100cm^{-1},是一强而宽的吸收峰。O—H 的弯曲振动吸收出现在 925cm^{-1} 附近。

羧酸盐的红外光谱图在 1650～1550cm^{-1} 有强峰,在 1440～1360cm^{-1} 有较弱的峰,分别是羧基负离子的不对称和对称伸缩振动吸收。

苯甲酸和丙酸的红外光谱图分别见图 12-1 和图 12-2。

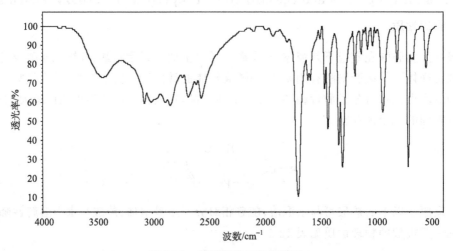

图 12-1　苯甲酸的红外光谱图

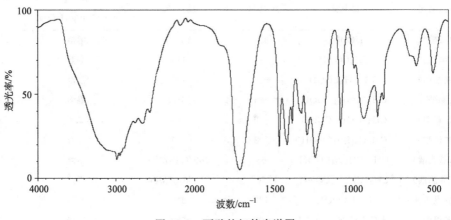

图 12-2　丙酸的红外光谱图

2. 氢核磁共振谱

由于氢键缔合的去屏蔽作用,羧基中质子的^{1}H NMR 吸收峰出现在很低的低场,化学位移值 $\delta=10\sim13$,在极性溶剂中由于能发生质子的快速交换,不出现该吸收峰。羧酸分子中 α-碳原子上的氢的吸收峰的化学位移值 $\delta=2.0\sim2.6$。图 12-3 为丙酸的^{1}H NMR 谱图。

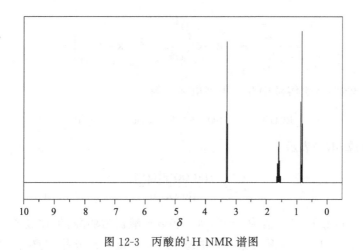

图 12-3　丙酸的 ^{1}H NMR 谱图

12.3　羧酸的酸性
（Acidity of Carboxylic Acids）

12.3.1　羧基的结构与羧酸的酸性

羧基是由羰基和羟基直接相连而成的,羧基具有如图 12-4 所示的结构。羧基中碳原子是 sp^2 杂化,三个 sp^2 杂化轨道分别与两个氧原子和一个氢原子(或碳原子)形成三个 σ 键,它们在同一平面上,键角接近 120°。羰基碳原子上未杂化的 p 轨道与羰基氧原子的 p 轨道都垂直于 σ 键所在的平面,彼此从侧面交盖形成一个 π 键;同时,羟基氧原子的未共用电子对所在的 p 轨道与碳氧双键的 π 键平行,在侧面交盖形成一个 p-π 共轭体系。p-π 共轭效应使两个碳氧键的键长平均化,经测定,甲酸中羧基的碳氧双键键长(0.123nm)比甲醛(0.120nm)和丙酮(0.121nm)的碳氧双键键长稍长,而碳氧单键键长(0.136nm)比甲醇中的碳氧单键键长(0.143nm)短,如图 12-5 所示。

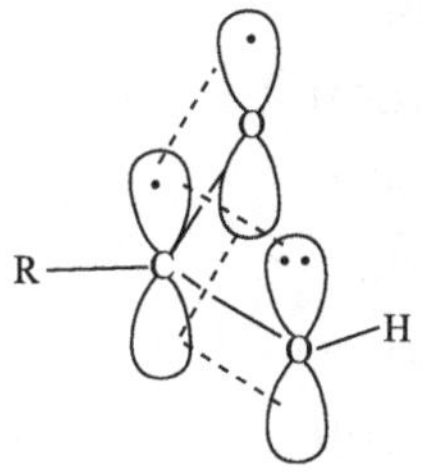

图 12-4　羧基的结构 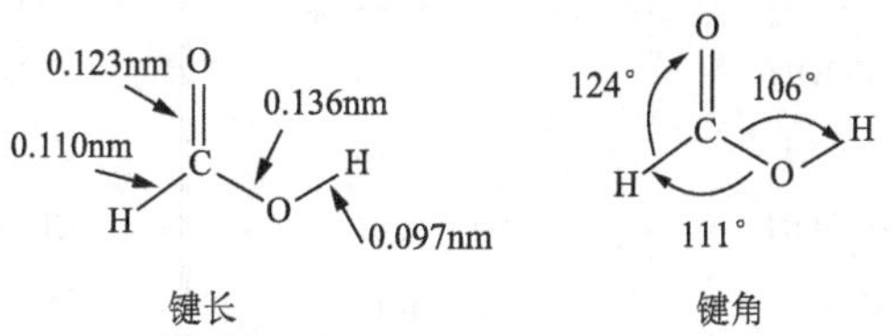　　　　图 12-5　甲酸的键长和键角

羧酸具有酸性是羧基的 p-π 共轭效应所致。p-π 共轭效应使羟基氧原子上的未共用电子对向羰基转移,电子离域的结果不仅使 O—H 键减弱,有利于氢质子的解离,使羧酸具有酸性,更重要的是由于 p-π 共轭效应,羧基解离后生成的羧酸根负离子(RCOO$^-$)的氧原子上的负电荷不是集中在一个氧原子上,而是均匀地分布在两个氧原子上,电荷分散使羧酸根负离子较稳定,因而容易生成,使羧酸具有酸性。羧酸根负离子的电荷分布如下:

$$R-C\overset{O}{\underset{O^-}{\diagdown}} \quad 或 \quad R-C\overset{O^{\frac{1}{2}-}}{\underset{O^{\frac{1}{2}-}}{\diagdown}} \quad 或 \quad \left. R-C\overset{O}{\underset{O}{\diagdown}} \right\}^-$$

羧酸都具有酸性,在水溶液中存在下列电离平衡:

$$RCOOH + H_2O \rightleftharpoons RCOO^- + H_3O^+$$

平衡常数用 K_a(或 pK_a)表示:

$$K_a = \frac{[RCOO^-][H_3O^+]}{[RCOOH]}$$

一般饱和一元羧酸的 pK_a 值为 4~5,所以多数羧酸仍为弱酸,但比碳酸($pK_{a1}=7$)、苯酚($pK_a=10$)、水($pK_a=15.7$)的酸性强,故羧酸可以和氢氧化钠成盐,与碳酸钠或碳酸氢钠作用放出二氧化碳。

$$RCOOH+NaOH \longrightarrow RCOONa+H_2O$$
$$RCOOH+NaHCO_3 \longrightarrow RCOONa+CO_2\uparrow+H_2O$$

利用羧酸的酸性和羧酸盐的性质,可以把它们与中性或碱性化合物分离。

12.3.2　影响羧酸酸性的因素

当测定条件相同时,羧酸的酸性取决于分子结构,结构不同,酸性不同。任何使羧酸根负离子稳定的因素都将增加其酸性,羧酸根负离子越稳定,越易生成,酸性就越强,反之酸性减弱。表 12-2 列出一些羧酸和取代羧酸的 pK_a 值。

表 12-2　一些羧酸和取代羧酸的 pK_a 值

羧酸	pK_a	羧酸	pK_a
CH_3COOH	4.76	$HOCH_2COOH$	3.87
CH_3CH_2COOH	4.87	CH_3OCH_2COOH	3.54
FCH_2COOH	2.66	$NCCH_2COOH$	2.74
$ClCH_2COOH$	2.81	$(CH_3)_3N^+CH_2COOH$	1.8
$Cl_2CHCOOH$	1.29	$CH_3CH_2CH_2COOH$	4.82
Cl_3CCOOH	0.78	$CH_3CH_2CHClCOOH$	2.86
$BrCH_2COOH$	2.87	$CH_3CHClCH_2COOH$	4.01
ICH_2COOH	3.13	$CH_2ClCH_2CH_2COOH$	4.52

从表 12-2 中的数据可以看出,羧基所连基团的电子效应对其酸性的影响非常显著。在饱和一元羧酸中,当 α-碳上连接具有吸电子诱导效应($-I$)的原子或基团时,羧酸根负离子的负电荷得到分散而较稳定,相应羧酸的酸性增强。反之,当连接具有供电子诱导效应($+I$)的基团时,相应羧酸的酸性减弱。由于诱导效应是随距离增加而减弱的,因而对酸性的影响也是随距离的增而减弱的,故酸性的强弱顺序为 $CH_3CH_2CHClCOOH > CH_3CHClCH_2COOH > CH_2ClCH_2CH_2COOH > CH_3CH_2CH_2COOH$。诱导效应具有加和性,连接具有相同性质的

基团越多,对酸性的影响就越大,所以酸性的强弱顺序是 $Cl_3CCOOH > Cl_2CHCOOH >$ $ClCH_2COOH > CH_3COOH$。

共轭效应对羧酸的酸性影响也较大,苯甲酸的酸性比一般脂肪酸(甲酸除外)强,原因是羧酸根负离子可与苯环共轭,使负电荷分散而稳定,酸性增强。连有供电子基团的苯甲酸的衍生物的酸性减弱,反之酸性增强。例如:

	苯甲酸	对甲基苯甲酸	对硝基苯甲酸
$pK_a(25℃)$	4.20	4.38	3.42

练习 12.3　将下列化合物按酸性大小次序排列。

(1)　(a)　CH_3CH_2COOH　　　　(b)　$H_2C=CHCOOH$　　　(c)　$HC\equiv CCOOH$

(2)　(a) 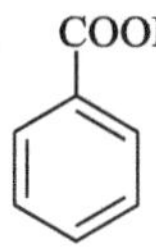　[苯甲酸结构式]　(b) 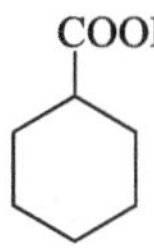　[环己烷甲酸结构式]　(c) 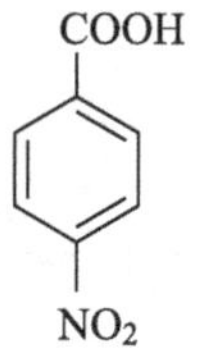　[对硝基苯甲酸结构式]　(d) 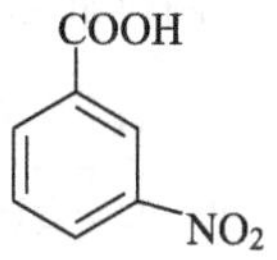　[间硝基苯甲酸结构式]

羧基的 p-π 共轭效应还使羰基碳上的正电荷密度减小,活性降低,因此羧酸中的羰基不具备醛、酮中羰基的性质。

12.4　羧酸的化学反应
(Chemical Reactions of Carboxylic Acids)

羧酸的反应主要在羧基上进行,受羧基极性的影响,羧酸的 α-H 能被卤素取代。

12.4.1　羧基中羟基的取代反应

羧基中的羟基可以被卤原子(X—)、酰氧基(RCOO—)、烷氧基(RO—)、氨基或取代氨基($H_2N—$、$RHN—$、$R_2N—$)取代,生成酰卤、酸酐、羧酸酯、酰胺或 N-取代酰胺,这些产物称为羧酸衍生物。

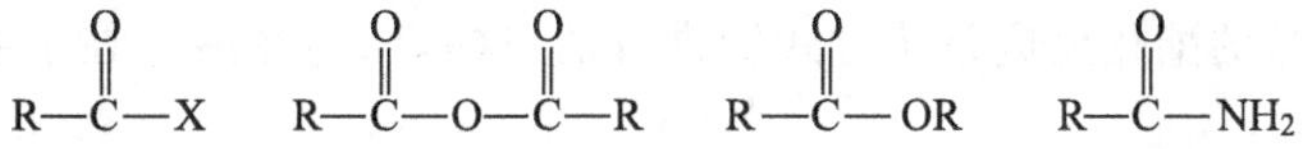

[结构式:R—C(=O)—X 酰卤　R—C(=O)—O—C(=O)—R 酸酐　R—C(=O)—OR 酯　R—C(=O)—NH₂ 酰胺]

羧酸分子中羧基上的羟基去掉后得到的基团($R—\overset{O}{\underset{}{C}}—$)称为酰基(acyl group)。

1. 成酯的反应

在强酸催化下,羧酸和醇反应脱去水生成酯,称为酯化反应。

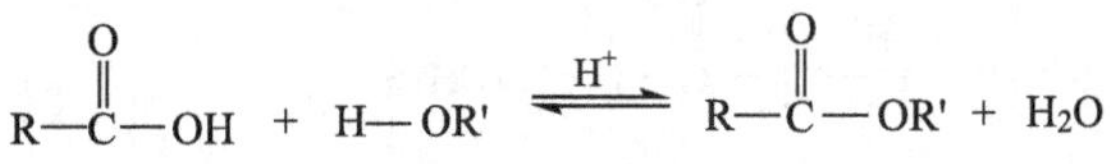

[反应式:R—C(=O)—OH + H—OR' ⇌(H⁺) R—C(=O)—OR' + H₂O]

酯化反应是可逆反应,达到平衡时只有部分羧酸转化为酯,其转化率与平衡常数 K 值有关。例如:

$$H_3C\!-\!\overset{O}{\overset{\|}{C}}\!-\!OH + CH_3CH_2OH \underset{}{\overset{H_2SO_4}{\rightleftharpoons}} H_3C\!-\!\overset{O}{\overset{\|}{C}}\!-\!OCH_2CH_3 + H_2O$$

$$K = \frac{[CH_3COOC_2H_5][H_2O]}{[CH_3COOH][CH_3CH_2OH]} = 3.38$$

对于上述反应,如果投入等物质的量的乙酸和乙醇,反应达到平衡时只有 65% 的乙酸转化为乙酸乙酯;如果乙醇投入量为乙酸的 10 倍,平衡时就有 97% 的乙酸转化成产物。在酯化反应中,一般采用加大廉价原料的投入量或从反应体系中移出生成的水的方法,使平衡向生成产物的方向移动。

酯化反应可能有以下两种脱水方式:

① $R\!-\!\overset{O}{\overset{\|}{C}}\!-\!OH + H\!-\!OR' \overset{H^+}{\rightleftharpoons} R\!-\!\overset{O}{\overset{\|}{C}}\!-\!OR' + H_2O$

② $R\!-\!\overset{O}{\overset{\|}{C}}\!-\!O\!-\!H + HO\!-\!R' \overset{H^+}{\rightleftharpoons} R\!-\!\overset{O}{\overset{\|}{C}}\!-\!OR' + H_2O$

在式①中发生的是羧酸的酰氧键断裂,而式②中是醇的烷氧键断裂,故方式①称为酰氧断裂,方式②称为烷氧断裂。大多数情况下酯化反应按方式①进行,如果此时用 ^{18}O 标记的醇与酸反应,^{18}O 在生成的酯中。

$$R\!-\!\overset{O}{\overset{\|}{C}}\!-\!OH + H\!-\!{}^{18}O\!-\!R' \rightleftharpoons R\!-\!\overset{O}{\overset{\|}{C}}\!-\!{}^{18}O\!-\!R' + H_2O$$

该反应的反应机理为

经实验证明叔醇的酯化反应是按方式②进行的,这是因为在酸存在下叔醇容易生成稳定的碳正离子。例如:

$$R\!-\!\overset{O}{\overset{\|}{C}}\!-\!OH + (CH_3)_3C\!-\!{}^{18}OH \overset{H^+}{\rightleftharpoons} R\!-\!\overset{O}{\overset{\|}{C}}\!-\!O\!-\!C(CH_3)_3 + H_2{}^{18}O$$

该反应的反应机理为

2. 成酰氯的反应

羧酸和无机酸的酰氯如 $SOCl_2$、PCl_3、PCl_5 等试剂作用,羧基中的羟基被氯取代生成酰氯。反应通式如下:

$$R-\overset{O}{\underset{}{C}}-OH + SOCl_2 \longrightarrow R-\overset{O}{\underset{}{C}}-Cl + SO_2\uparrow + HCl\uparrow$$

$$R-\overset{O}{\underset{}{C}}-OH + PCl_3 \longrightarrow R-\overset{O}{\underset{}{C}}-Cl + H_3PO_3$$

$$R-\overset{O}{\underset{}{C}}-OH + PCl_5 \longrightarrow R-\overset{O}{\underset{}{C}}-Cl + POCl_3 + HCl$$

酰氯很活泼,容易水解,实验室制备酰氯时通常用蒸馏的方法分离产物。如果是制备低沸点的酰氯(如乙酰氯,沸点 52℃),可以用三氯化磷制备,采用蒸出酰氯的方法将产物与亚磷酸(沸点 200℃)分离。若要制备高沸点的酰氯(如苯甲酰氯,沸点 197℃)一般用 PCl_5,副产物三氯氧磷沸点为 107℃,可以用蒸馏方法将它除去。羧酸和亚硫酰氯反应是实验室制备酰氯最常用的方法,因为该反应的副产物是氯化氢和二氧化硫,都是气体,有利于分离,且酰氯的产率较高。例如:

$$O_2N-\langle\rangle-COOH + PCl_5 \longrightarrow O_2N-\langle\rangle-COCl + POCl_3 + HCl$$

$$CH_3CH_2CH_2COOH + SOCl_2 \longrightarrow CH_3CH_2CH_2COCl + SO_2\uparrow + HCl\uparrow$$

3. 成酸酐的反应

羧酸在强脱水剂(如 P_2O_5)作用下或加热脱水生成酸酐。

$$R-\overset{O}{\underset{}{C}}-OH + HO-\overset{O}{\underset{}{C}}-R \xrightarrow[\triangle]{P_2O_5} R-\overset{O}{\underset{}{C}}-O-\overset{O}{\underset{}{C}}-R$$

高级酸酐可以用乙酸酐作为脱水剂制备。例如:

$$2\langle\rangle-COOH + (CH_3CO)_2O \longrightarrow (\langle\rangle CO)_2O + 2CH_3COOH$$

具有五元环和六元环的酸酐可以用二元酸直接加热脱水制备。例如:

酸酐还可以用酰氯和无水羧酸盐共热制备,通常用此法制备混合酸酐。例如:

$$CH_3CH_2\overset{\overset{\displaystyle O}{\|}}{C}-Cl + H_3C-\overset{\overset{\displaystyle O}{\|}}{C}-ONa \xrightarrow{\triangle} CH_3CH_2\overset{\overset{\displaystyle O}{\|}}{C}-O-\overset{\overset{\displaystyle O}{\|}}{C}-CH_3$$

4. 成酰胺的反应

羧酸与氨、伯胺(RNH_2)或仲胺(R_2NH)反应生成羧酸的铵盐,铵盐受热失水生成酰胺或 N-取代酰胺。例如:

$$CH_3COOH + NH_3 \longrightarrow CH_3COONH_4 \xrightarrow{\triangle} CH_3CONH_2 + H_2O$$

$$C_6H_5\overset{\overset{\displaystyle O}{\|}}{C}OH + C_6H_5NH_2 \xrightarrow{225℃} C_6H_5\overset{\overset{\displaystyle O}{\|}}{C}NHC_6H_5$$
$$94\%$$

12.4.2 脱羧反应

从羧酸或其盐中脱去羧基(失去二氧化碳)的反应,称为脱羧反应。脂肪一元酸一般难以脱羧,当在 α-碳上连有吸电子基如—COOH、—CN、—CO、—NO_2、—CCl_3、—C_6H_5 时,受热容易发生脱羧反应。例如:

$$HOOC—COOH \xrightarrow{\triangle} HCOOH + CO_2$$

$$CH_3-\overset{\overset{\displaystyle O}{\|}}{C}-CH_2COOH \xrightarrow{30\sim40℃} CH_3-\overset{\overset{\displaystyle O}{\|}}{C}-CH_3 + CO_2$$

12.4.3 α-氢原子的卤代反应

脂肪酸的 α-氢原子可被卤原子取代而生成 α-卤代羧酸。反应需要在少量红磷存在下才能进行。此反应称为赫尔-乌尔哈-泽林斯基(Hell-Volhard-Zelinski)反应。例如:

$$CH_3\overset{\overset{\displaystyle O}{\|}}{C}OH \begin{cases} \xrightarrow{Br_2+P} BrCH_2\overset{\overset{\displaystyle O}{\|}}{C}OH + HBr \\ \xrightarrow{Cl_2+P} ClCH_2\overset{\overset{\displaystyle O}{\|}}{C}OH + HCl \end{cases}$$

$$CH_3CH_2CH_2COOH + Br_2 \xrightarrow{P} CH_3CH_2\underset{\underset{\displaystyle Br}{|}}{C}HCOOH + HBr$$

红磷的作用是使羧酸与卤素反应先转变成酰卤,酰卤比羧酸容易发生 α-卤代反应,得到 α-卤代酰卤,后者再与羧酸作用生成 α-卤代羧酸。卤代羧酸中的卤原子可以发生亲核取代反应和消除反应。因此,羧酸经卤代后可以制备其他的取代羧酸。例如:

$$BrCH_2COOH + 2NH_3 \longrightarrow NH_2CH_2COOH + NH_4Br$$

12.4.4 还原反应

在一般情况下,羧酸中的羰基难以发生羰基的加成反应,也难以加氢还原。用强的还原剂

如氢化铝锂,可以将羧酸迅速还原成一级醇,产率较高。例如:

$$C_{17}H_{35}COOH \xrightarrow[\text{② } H_2O]{\text{① } LiAlH_4, (CH_3CH_2)_2O} C_{17}H_{35}CH_2OH$$

$$F_3C\!-\!\!\!\bigcirc\!\!\!-COOH \xrightarrow[\text{② } H_2O]{\text{① } LiAlH_4, (CH_3CH_2)_2O} F_3C\!-\!\!\!\bigcirc\!\!\!-CH_2OH$$

氢化铝锂是一种强的选择性还原剂,除碳碳双键和碳碳叁键外,它几乎可以还原所有的不饱和基团。因此,用氢化铝锂还原不饱和羧酸时,分子中的碳碳双键和碳碳叁键可以不被还原。

练习 12.4　完成下列反应。

(1) $CH_3CHCH_2COOH \xrightarrow[\text{H}^+]{CH_3CH_2{}^{18}OH}$
　　　　$|$
　　　　CH_3

(2) $\bigcirc\!\!-COOH \xrightarrow{PCl_5}$

(3) $CH_2CH_2CH_2COOH \xrightarrow{\triangle}$
　　$|$
　　NH_2

(4) $\square\!\!-COOH \xrightarrow[\text{② } H_2O]{\text{① } LiAlH_4, (C_2H_5)_2O}$

(5) $\bigcirc\!\!-COOH \xrightarrow{Br_2, P}$

(6) $\bigcirc\!\!\begin{smallmatrix}-COOH\\-COOH\end{smallmatrix} \xrightarrow[\triangle]{P_2O_5}$

(7) $O_2N\!-\!\!\!\bigcirc\!\!\!\begin{smallmatrix}-COOH\\(NO_2)\end{smallmatrix} \xrightarrow{\triangle}$ (带 NO_2)

(8) $\bigcirc\!\!-COONa + \bigcirc\!\!-CH_2Cl \longrightarrow$

12.5　羧酸的制备
(Preparation of Carboxylic Acids)

羧酸广泛存在于自然界,大多数一元羧酸以酯的形式存在于油脂(高级脂肪酸的甘油酯)和蜡(蜡的化学成分是 16 个以上的偶数碳的羧酸和高级一元醇生成的酯)中,故通常把链状饱和与不饱和一元羧酸称为脂肪酸(fatty acids)。油脂和蜡水解能得到多种脂肪酸的混合物,这是工业上获得高级脂肪酸的主要途径。此外,还有以下几种常见的合成羧酸的方法。

12.5.1　氧化法

前面的章节已经介绍,许多有机物氧化后生成羧酸,其中烯烃(详见 3.4.4)、炔烃(详见 4.4.4)、芳烃(详见 6.4.3)、醇(详见 9.5.5)、醛(详见 11.4.2)的氧化,还有酮的卤仿反应(参见 11.4.3)等具有制备意义。

12.5.2 腈水解

腈水解生成羧酸是合成羧酸的重要方法之一。例如：

$$C_6H_5CH_2Cl \xrightarrow{\text{NaCN, DMSO}} C_6H_5CH_2CN \xrightarrow{H_3\overset{+}{O}, \triangle} C_6H_5CH_2COOH$$

伯卤代烷和仲卤代烷与氰化钾或氰化钠反应后生成腈，腈水解可以合成增加一个碳原子的羧酸。此法不适用于叔卤代烷，因为叔卤代烷与氰化钾或氰化钠反应时易发生消除副反应。

12.5.3 格氏试剂与 CO_2 作用

用格氏试剂与二氧化碳进行亲核加成，然后水解，可以合成比卤代烃多一个碳原子的羧酸。将二氧化碳气体通入格氏试剂的醚溶液中，或将格氏试剂倾入干冰中，在后一种方法中，干冰不仅是试剂，而且也作为冷却剂。

$$RMgX + O=C=O \longrightarrow R-\overset{\overset{\displaystyle O}{\|}}{C}-OMgX \xrightarrow{H_2O, H^+} R-\overset{\overset{\displaystyle O}{\|}}{C}-OH$$

$$ArMgX + O=C=O \longrightarrow Ar-\overset{\overset{\displaystyle O}{\|}}{C}-OMgX \xrightarrow{H_2O, H^+} Ar-\overset{\overset{\displaystyle O}{\|}}{C}-OH$$

一些不能与氰化钾或氰化钠发生亲核取代反应的卤代烃，如叔卤代烃和卤代芳烃等，都可以通过格氏试剂与二氧化碳加成的方法，转变成高一级的羧酸。例如：

$$(CH_3)_3CCl \xrightarrow[\text{② } CO_2, \text{③} H_2O, H^+]{\text{① Mg, } (CH_3CH_2)_2O} (CH_3)_3CCOOH$$

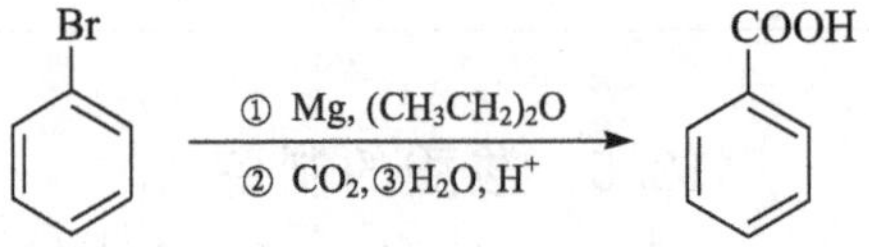

12.5.4 酚酸的制备

苯酚钠在加热、加压条件下与二氧化碳作用生成邻羟基苯甲酸（水杨酸），该反应称为柯尔伯-施密特合成。例如：

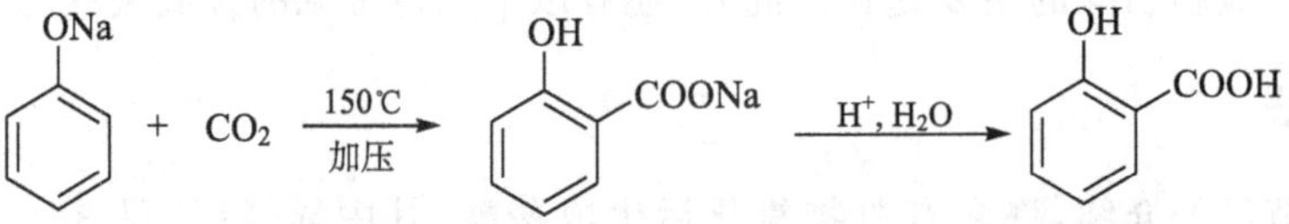

苯酚钾与 CO_2 作用，几乎定量得到对羟基苯甲酸钾，无机酸酸化后得到对羟基苯甲酸。

练习 12.5　如何实现下列转化？

(1) 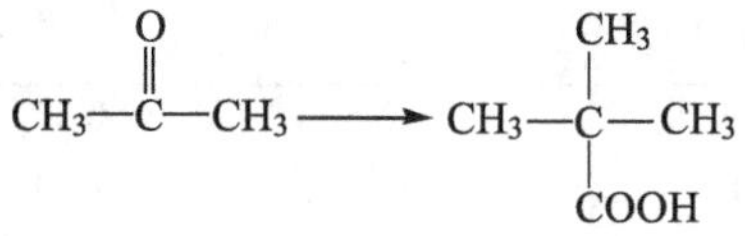　$CH_3-\overset{\overset{\displaystyle O}{\|}}{C}-CH_3 \longrightarrow CH_3-\overset{\overset{\displaystyle CH_3}{|}}{\underset{\underset{\displaystyle COOH}{|}}{C}}-CH_3$

(2)

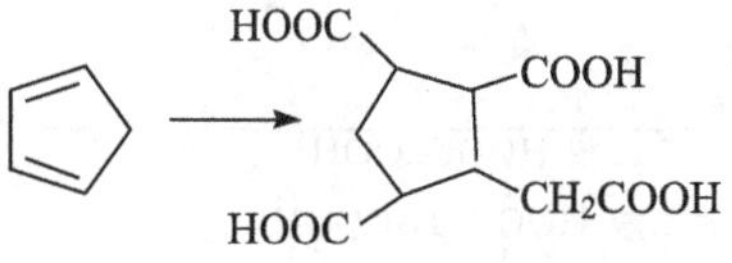

(3) 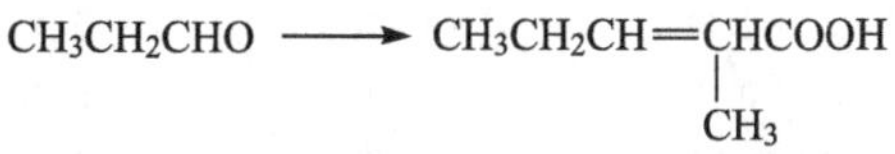　$CH_3CH_2CHO \longrightarrow CH_3CH_2CH=\overset{}{\underset{\underset{\displaystyle CH_3}{|}}{C}}CHCOOH$

(4)

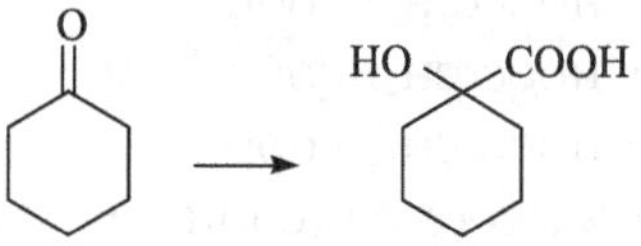

练习 12.6　完成下列转化。

(1)

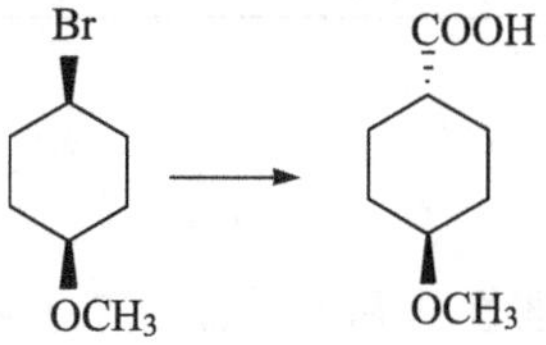

(2)

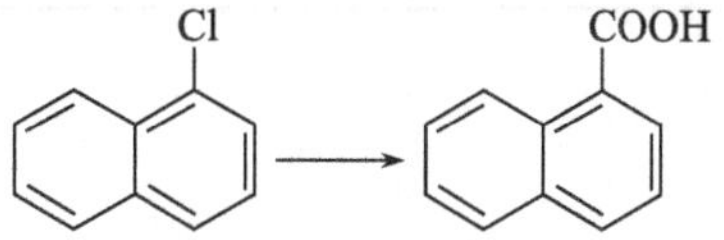

(3)　$HOCH_2CH_2Br \longrightarrow HOCH_2CH_2COOH$

12.6　二元羧酸
（Dicarboxylic Acids）

　　低级的直链二元羧酸广泛存在于自然界中,故常见的二元羧酸习惯上也使用俗名。例如：

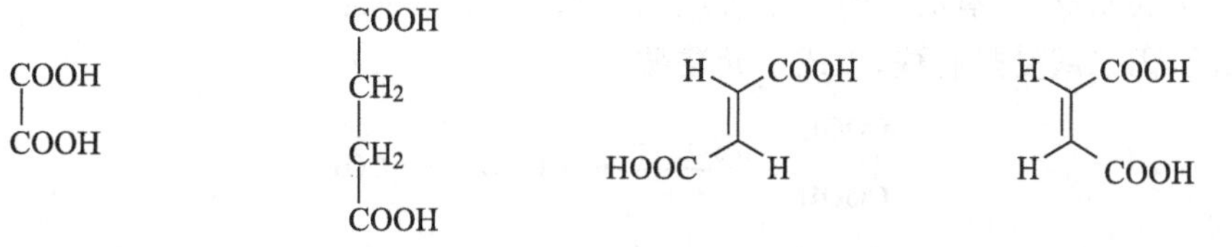

乙二酸	丁二酸	反丁烯二酸	顺丁烯二酸
ethanedioic acid	butanedioic acid	*trans*-butenedioic acid	*cis*-butenedioic acid
草酸	琥珀酸	富马酸	马来酸
oxalic acid	succinic acid	fumaric acid	maleic acid

12.6.1　物理性质

　　二元羧酸都是结晶固体。由于二元羧酸的碳链两端都有羧基,分子间吸引力增强,所以饱和二元羧酸的熔点比相对分子质量相近的一元酸高得多。低级二元羧酸能溶于水和乙醇,难溶于乙醚等极性较小或非极性的有机溶剂。常见二元羧酸的物理性质见表 12-3。

12.6.2　化学反应

　　一般情况下,二元羧酸可以发生羧基所有的反应,但某些反应取决于两个羧基间的距离。

表 12-3　常见二元羧酸的名称和物理常数

名称	熔点/℃	溶解度 /[g·(100g H₂O)⁻¹]	pK_{a_1}	pK_{a_2}
乙二酸 HOOCCOOH	189	8.6	1.27	4.27
丙二酸 HOOCCH₂COOH	136	74	2.85	5.70
丁二酸 HOOC(CH₂)₂COOH	188	5.8	4.21	5.64
戊二酸 HOOC(CH₂)₃COOH	98	63.9	4.34	5.41
己二酸 HOOC(CH₂)₄COOH	153	1.5	4.43	5.40
邻苯二甲酸 o-COOHC₆H₄COOH	207(分解)	0.7	3.0	5.40
间苯二甲酸 m-COOHC₆H₄COOH	348	0.01	3.28	4.60
对苯二甲酸 p-COOHC₆H₄COOH	>300(升华)	0.002	3.82	4.45

1. 酸性

二元羧酸分子中有两个可解离的氢,并可以生成两种盐,即酸性盐和中性盐。二元羧酸的解离常数 $K_{a_1} > K_{a_2}$。这是因为羧基是吸电子基,它的 $-I$ 诱导效应能增加另一个羧基的酸性;但第一个羧基解离后生成的带负电荷的羧酸根负离子是一个供电子基,其 $+I$ 效应使第二个羧基解离困难。当两个羧基距离很近时,这种相互影响较大。例如,乙二酸的 pK_{a_1} 值远小于 pK_{a_2} 值,也远小于一元羧酸的 pK_a 值。但随着两个羧基间碳原子数的增加,这种相互影响的作用减小,高级二元羧酸的 pK_{a_1} 值逐渐接近一元羧酸的 pK_a 值。

2. 热分解反应

低级二元羧酸对热比较敏感,由于两个羧基的位置不同,在加热条件下有的发生脱羧反应,有的发生脱水反应,有的同时发生脱羧和脱水反应。例如:

乙二酸、丙二酸受热脱羧,生成一元羧酸。

$$\begin{array}{c} COOH \\ | \\ COOH \end{array} \xrightarrow{166\sim180℃} HCOOH + CO_2$$

$$\begin{array}{c} COOH \\ | \\ CH_2 \\ | \\ COOH \end{array} \xrightarrow{\sim160℃} CH_3COOH + CO_2$$

丁二酸、戊二酸受热脱水,生成五元或六元环状酸酐。

己二酸、庚二酸在氧化钡或氢氧化钡存在下受热脱羧和脱水,生成五元或六元环酮。

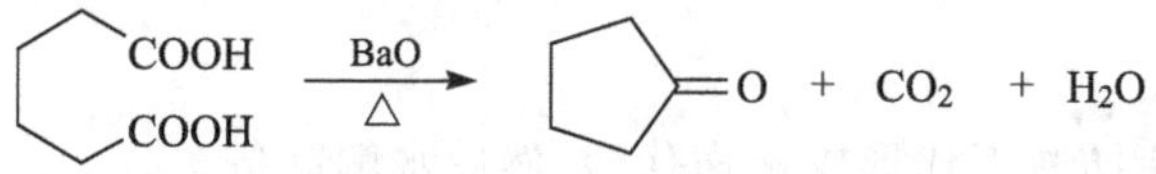

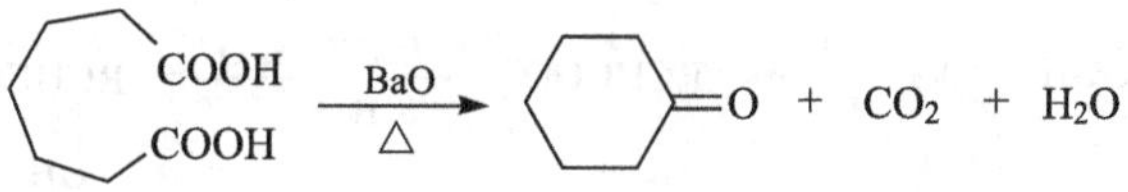

六个碳原子以上的二元酸受强热可以分子间失水,生成聚酐。

$$n\ \mathrm{HO_2C(CH_2)_mCO_2H} \xrightarrow[\triangle]{>300\,℃} \mathrm{HO}\!\left[\!\mathrm{C(CH_2)_mCO}\!\right]_n\!\mathrm{H} \qquad (m \geqslant 4)$$

练习 12.7　写出下列反应的产物。

(1)

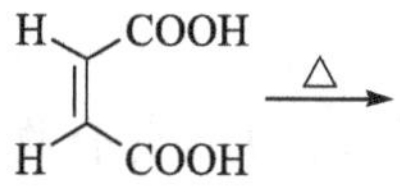

(2)

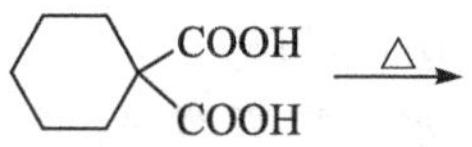

(3)

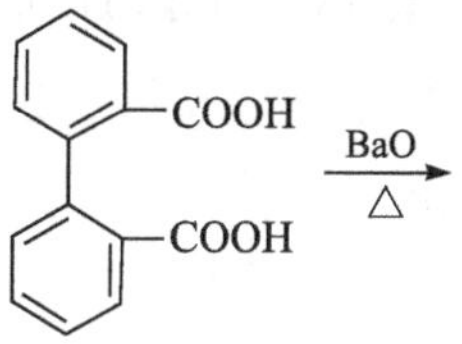

(4)

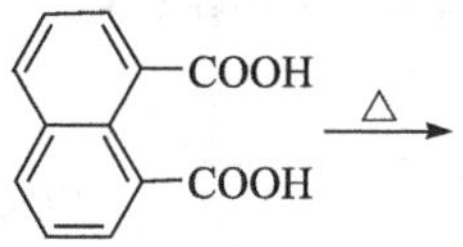

12.7　取代羧酸
(Substituted Carboxylic Acids)

按取代基团的不同,取代羧酸可分为卤代酸、羟基酸、羰基酸、氨基酸;按取代基与羧基的相对位置不同,取代酸可分为 α-取代酸、β-取代酸、γ-取代酸、δ-取代酸、……、ω-取代酸。由于氨基酸将在第 17 章详细介绍,卤代酸中卤素的反应与卤代烃中卤素的反应类似,故本节重点介绍羟基酸和羰基酸。

12.7.1　羟基酸

羟基酸可分为脂肪羟基酸和芳香羟基酸(酚酸),一般根据来源用其俗名。例如:

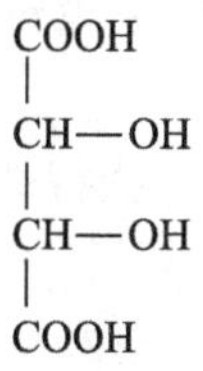

酒石酸　　　　苹果酸　　　　柠檬酸　　　　水杨酸　　　　没食子酸
trtaric acid　　malic acid　　citric acid　　salicylic acid　　gallic acid

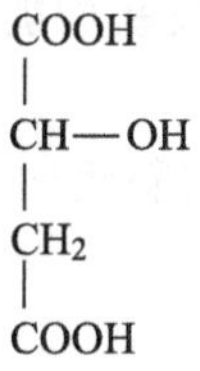

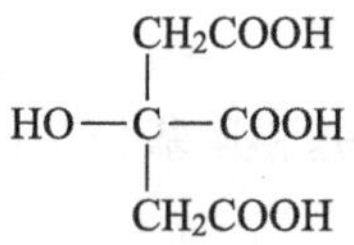

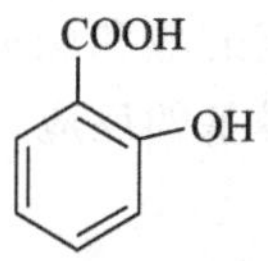

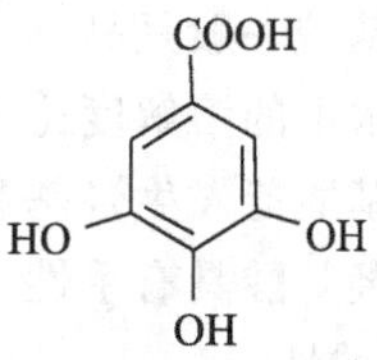

1. 羟基酸的制备

1）卤代酸水解

α-羟基酸可以由脂肪酸卤代形成 α-卤代酸，然后水解制备。

$$RCH_2COOH + X_2 \xrightarrow{P} \underset{\overset{|}{X}}{RCHCOOH} \xrightarrow[\text{② } H^+]{\text{① } OH^-, H_2O} \underset{\overset{|}{OH}}{RCHCOOH}$$

其他位置取代的羟基酸也可以由相应的卤代酸水解制备。

2）醛、酮与氢氰酸加成

醛、酮与氢氰酸加成生成的氰醇水解可以得到 α-羟基酸。

$$\underset{R}{\overset{R}{C}}=O + HCN \longrightarrow \underset{R}{\overset{R}{C}}\underset{CN}{\overset{OH}{}} \xrightarrow[\triangle]{H_3O^+} R-\underset{\overset{|}{OH}}{\overset{\overset{R}{|}}{C}}-COOH$$

3）由瑞佛马茨基反应制备 β-羟基酸

α-卤代酸酯与锌粉在苯、无水乙醚等溶剂中反应生成有机锌化合物，有机锌化合物与醛、酮加成后水解，得到 β-羟基酸或 β-羟基酸酯，该反应称为瑞佛马茨基（Reformatsky）反应。反应通式如下：

$$\underset{\overset{|}{X}}{CH_2COOR'} \xrightarrow[(CH_3CH_2)_2O]{Zn} \underset{\overset{|}{ZnX}}{CH_2COOR'} \xrightarrow{\underset{R_2}{\overset{R_1}{C}}=O} \underset{\overset{|}{CH_2COOR'}}{\overset{R_1}{\underset{R_2}{C}}-OZnX} \xrightarrow{H_2O}$$

$$\underset{\overset{|}{CH_2COOR'}}{\overset{R_1}{\underset{R_2}{C}}-OH} \xrightarrow[\text{② } H^+]{\text{① } OH^-, H_2O} \underset{\overset{|}{CH_2COOH}}{\overset{R_1}{\underset{R_2}{C}}-OH}$$

例如：

$$\text{环己酮} + \underset{\overset{|}{ZnBr}}{CH_2COOCH_2CH_3} \xrightarrow[\text{② } H_3O^+]{\text{① } C_6H_6} \text{（产物）}$$

本反应的中间体有机锌化合物与格氏试剂相似，用有机锌代替有机镁是为了减少副反应的发生，因为格氏试剂生成后，会立即与另一分子 α-卤代酸酯的酯基发生反应。

2. 羟基酸的性质

羟基酸一般是晶体或黏稠状液体。由于分子中的羟基和羧基均能与水形成氢键，因此羟基酸在水中的溶解度比相应的醇和酸都大。

羟基酸能发生羟基和羧基的反应。当羟基和羧基相对位置较近时，具有一些特殊的反应，且很多羟基酸具有手性。

1）酸性

羟基是吸电子基，所以一般羟基酸比母体羧酸的酸性强。例如，丙酸的 pK_a 值为 4.87，α-羟基丙酸的 pK_a 值为 3.87。

2）受热失水

不同的羟基酸在加热条件下发生不同形式的失水反应，α-羟基酸受热生成交酯。

$$2 \ \underset{OH}{RCHCOOH} \equiv R-\underset{C}{CH}\overset{O-H}{\underset{\underset{OH}{\parallel}}{}} + \underset{H-O}{HO}\overset{O}{\underset{CH-R}{\parallel}} \xrightarrow[\triangle]{-2H_2O} \text{交酯}$$

交酯

β-羟基酸受热生成 α,β-不饱和酸。

$$\underset{OH}{RCHCH_2COOH} \xrightarrow[\triangle]{-H_2O} RHC=CHCOOH$$

γ、δ-羟基酸受热生成五元环或六元环内酯。

$$\underset{OH}{RCHCH_2CH_2COOH} \xrightarrow[\triangle]{-H_2O} $$

$$\underset{OH}{RCHCH_2CH_2CH_2COOH} \xrightarrow[\triangle]{-H_2O} $$

羟基和羧基相距更远时，可以缩合形成高分子聚酯。

$$m \ HO(CH_2)_nCO_2H \xrightarrow[\triangle]{-(m-1)H_2O} H \left[O(CH_2)_n\overset{O}{\underset{\parallel}{C}} \right]_m OH$$

$$n \geqslant 5$$

3）羟基的氧化

羟基酸的羟基可以发生类似醇羟基的氧化反应，生成羰基酸。

$$\underset{OH}{RCHCH_2COOH} \xrightarrow{[O]} \underset{O}{RCCH_2COOH}$$

4）α-羟基酸的分解

α-羟基酸与稀硫酸共热，分解为醛或酮。

$$\underset{OH}{RCHCOOH} \xrightarrow{H_2SO_4(稀)} RCHO + HCOOH$$

12.7.2 羰基酸

最重要的羰基酸是丙酮酸（沸点为 65℃），与水混溶。在自然界中，丙酮酸是光合作用生成糖类的中间体。在生物体内，酮酸是糖、脂肪和蛋白质代谢的中间产物，这些中间产物可以在酶作用下发生一系列化学反应，为生命活动提供物质基础。受羰基的影响，酮酸具有一些特性。

1. 强酸性

由于羰基的强吸电子作用，酮酸的酸性增强，如丙酮酸（$pK_a = 2.5$）的酸性比丙酸

（pK_a＝4.87）强得多。

2. 分解反应

丙酮酸与稀硫酸或浓硫酸共热，分别发生脱羧或脱羰反应。例如：

$$CH_3\overset{O}{\overset{\|}{C}}COOH \xrightarrow{\text{稀}H_2SO_4} CH_3\overset{O}{\overset{\|}{C}}H \ + \ CO_2$$

$$CH_3-\overset{O}{\overset{\|}{C}}-COOH \xrightarrow{\text{浓}H_2SO_4} CH_3-\overset{O}{\overset{\|}{C}}-OH \ + \ CO$$

α-羰基酸和 β-羰基酸受热易脱羧分别转化为少一个碳原子的醛和酮。

$$R-\overset{}{\underset{\underset{O}{\|}}{C}}-COOH \xrightarrow[\triangle]{-CO_2} R-\overset{}{\underset{\underset{O}{\|}}{C}}-H$$

$$R-\overset{}{\underset{\underset{O}{\|}}{C}}-CH_2COOH \xrightarrow[\triangle]{-CO_2} R-\overset{}{\underset{\underset{O}{\|}}{C}}-CH_3$$

例如，乙酰乙酸（系统命名为 3-氧代丁酸或 3-丁酮酸）受热分解为丙酮和二氧化碳。

$$CH_3-\overset{}{\underset{\underset{O}{\|}}{C}}-CH_2COOH \xrightarrow[\triangle]{-CO_2} CH_3-\overset{}{\underset{\underset{O}{\|}}{C}}-CH_3$$

练习 12.8 完成下列反应，写出 A～H 的结构式。

(1)
$$\begin{array}{c}\text{COOH}\\\text{CH}_2\text{OH}\end{array} \xrightarrow{\triangle} A$$

(2)
$$\overset{\text{COOH}}{\bigcirc} \xrightarrow{Br_2,P} B \xrightarrow{NaOH,H_2O} C \xrightarrow[\triangle]{H^+} D$$

(3)
$$CH_3\overset{O}{\overset{\|}{C}}CH_2CH_2CH_2COOH \xrightarrow{NaBH_4} E \xrightarrow[\triangle]{H^+} F$$

(4)
$$CH_3CHO \xrightarrow{HCN} G \xrightarrow[\triangle]{H_3O^+} H$$

12.8 羧酸衍生物的命名

(Nomenclature of Carboxylic Acid Derivatives)

羧酸分子中的羟基被卤素、酰氧基、烷氧基和氨基等基团取代后生成的化合物称为羧酸衍生物，羧酸衍生物包括酰卤、酸酐、酯和酰胺。

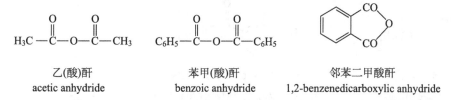

酰卤	酸酐	酯	酰胺
acyl halide	anhydride	ester	amide

1. 系统命名法

酰卤是根据分子中的酰基(acyl)命名的。常将酰基名称放在前面,卤素名称放在后面。英文命名是将相应的羧酸名称的词尾"ic acid"换成"yl halide"。例如:

<table>
<tr><td></td><td></td><td></td></tr>
<tr><td>CH₃CH₂—C—Cl</td><td>C—Br</td><td>(Z)-3-bromo-2-butenoyl chloride</td></tr>
</table>

丙酰氯
propanoyl chloride

苯甲酰溴
benzoyl bromide

(Z)-3-溴-2-丁烯酰氯
(Z)-3-bromo-2-butenoyl chloride

酸酐是根据它们水解所得的羧酸来命名的,即在相应羧酸名称后加上"酐"字。酸酐中两个酰基相同或不同时分别称为单酐或混酐,混酐的命名方法与混醚相似。英文命名是去掉相应羧酸名称词尾"acid",换成"anhydride"。例如:

H₃C—C—O—C—CH₃　　C₆H₅—C—O—C—C₆H₅

乙(酸)酐
acetic anhydride

苯甲(酸)酐
benzoic anhydride

邻苯二甲酸酐
1,2-benzenedicarboxylic anhydride

酯是根据水解所得羧酸和醇来命名的。在相应羧酸名称和醇的烃基名称之后加"酯"字。英文命名是将醇的烃基名称放在前面,后面羧酸名称词尾"oic acid"换成"ate"。例如:

CH₃CH₂C—OCH₂CH₃　　CH₃C—OCH₂C₆H₅　　COOCH₂CH₃

丙酸乙酯
ethyl propanate

乙酸苯甲酯(乙酸苄酯)
benzyl acetate

苯甲酸乙酯
ethyl benzoate

酰胺的命名和酰卤相似,若胺的氮原子还连着烃基,在烃基名称前加上"N-"表示,英文命名是将相应羧酸的词尾"oic acid"换成"amide"。例如:

C—NH₂　　H—C—N(CH₃)₂　　H₃C—C—NHCH₂CH₃

苯甲酰胺
benzamide

N, N-二甲基甲酰胺(DMF)
N, N-dimethyl formamide

N-乙基乙酰胺
N-ethyl acetamide

分子中含—COO—结构的环状化合物称为内酯,内酯的英文名称是将碳数相同的烷烃名称去掉"e",加上"olide"。分子中含—CONH—结构的环状化合物称为内酰胺。内酰胺的英文名称是在碳数相同的烷烃名称后加上"lactam"。例如:

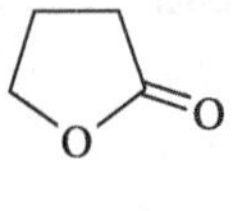

4-丁内酯　　　　　　　　　已内酰胺
4-butanolide　　　　　　　hexanelactam

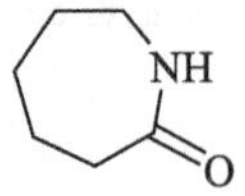

2. 普通命名法

将羧酸英文普通名称的词尾作相应的变化即可得到羧酸衍生物的英文普通名称,下面以丙酸为例说明词尾变化的一般规律。

$$CH_3CH_2COOH \qquad CH_3CH_2COCl \qquad (CH_3CH_2CO)_2O \qquad CH_3CH_2CONH_2$$

propionic acid　　　propionyl chloride　　propionic anhydride　　　propionamide

---

练习 12.9　命名下列化合物或根据名称写出化合物的结构式。

(1) $(CH_3CH_2CH_2CO)_2O$

(2) $(CH_3)_2CH-\overset{O}{\underset{}{C}}-OCH(CH_3)_2$

(3)

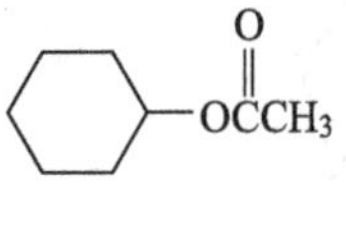

(4)

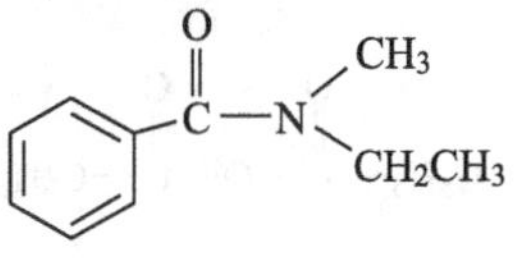

(5) 丙二酸二乙酯

(6) 2,5-环己二烯基甲酰氯

(7) 对甲基苯甲酰胺

(8) 邻苯二甲酸酐(苯酐)

12.9　羧酸衍生物的物理性质和光谱性质
（Physical Properties and Spectroscopic Properties of Carboxylic Acid Derivatives）

12.9.1　物理性质

低级酰卤和酸酐为具有刺激性气味的无色液体,高级的为固体。低级酯是易挥发且具有芳香气味的无色液体,十四碳以下的甲酯和乙酯室温下为液体。除甲酰胺外酰胺均为固体。

酰卤、酸酐和酯不能形成分子间氢键,它们的沸点比相对分子质量相近的羧酸低。酰胺分子间能形成氢键缔合,其沸点比相应的羧酸高。若氮原子上的氢被烃基取代,缔合程度减小,沸点降低,见表 12-4。

羧酸衍生物一般都能溶于乙醚、氯仿、丙酮等有机溶剂。酰卤和酸酐不溶于水,低级酰卤和酸酐遇水分解。低级酯在水中有一定溶解度,如室温下 100g 水可以溶解甲酸乙酯 30g,乙酸乙酯 8.5g。低级酰胺和腈能溶于水,如 N,N-二甲基甲酰胺和乙腈能与水混溶,其本身就是良好的非质子极性溶剂。常见羧酸衍生物的物理常数列于表 12-4。

表 12-4 常见的羧酸衍生物的名称和物理常数

化合物	沸点/℃	熔点/℃	化合物	沸点/℃	熔点/℃
乙酰氯 CH₃COCl	52	−112	苯甲酸酐 (C₆H₅CO)₂O	360	42
丙酰氯 CH₃CH₂COCl	80	−94	甲酸乙酯 HCOOC₂H₅	54	−80
丁酰氯 CH₃(CH₂)₂COCl	102	−89	乙酸甲酯 CH₃COOCH₃	57.5	−98
苯甲酰氯 C₆H₅COCl	197	−1	乙酸乙酯 CH₃COOC₂H₅	77	−83
乙酰溴 CH₃COBr	76.7		苯甲酸乙酯 C₆H₅COOC₂H₅	213	−34
乙酸酐 (CH₃CO)₂O	140	−73	甲酰胺 HCONH₂	200(分解)	2.5
丙酸酐 (CH₃CH₂CO)₂O	169	−45	乙酰胺 CH₃CONH₂	222	82
丁酸酐 [CH₃(CH₂)₂CO]₂O	198		苯甲酰胺 C₆H₅CONH₂	290	130
			N-甲基甲酰胺 HCONHCH₃	183	
邻苯二甲酸酐	284.5	132	N,N-二甲基甲酰胺 HCON(CH₃)₂	153	

12.9.2 光谱性质

1. 红外光谱

红外光谱可以为鉴定羧酸衍生物提供较多的信息,酰氯、酸酐、酯、酰胺都含羰基,所以在红外光谱中都能看到强的羰基伸缩振动吸收。表 12-5 列出了羧酸衍生物及醛、酮、羧酸的主要红外吸收。图 12-6、图 12-7、图 12-8 分别为丙酸酐、乙酸甲酯、苯甲酰胺的红外光谱图。

表 12-5 羧酸衍生物及醛、酮、羧酸的主要红外吸收

化合物	$\sigma_{C=O}$/cm⁻¹	化合物	$\sigma_{C=O}$/cm⁻¹	其他振动吸收/cm⁻¹
R—CHO	~1725	R—CO—O—CO—R	~1820(强),1760(较弱) 共轭:~1780(强),1720(较弱)	ν_{C-O}~1100, ν_{C-O}1300~1050
R—CO—R′	~1715	R—CO—OR′	1750~1740	
R—CO—OH	~1710	Ar—CO—OR′	1730~1715	
R—CO—Cl	1815~1795	R—CO—NH(R)₂	1680~1630	ν_{N-H} 3500~3300
Ar—CO—Cl	1785~1765	R—C≡N		$\nu_{C≡N}$ 2260~2220

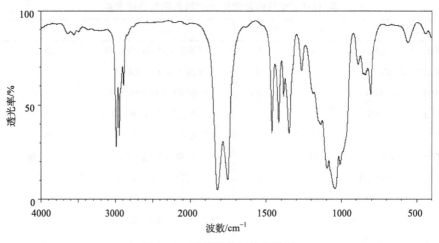

图 12-6　丙酸酐的红外光谱图

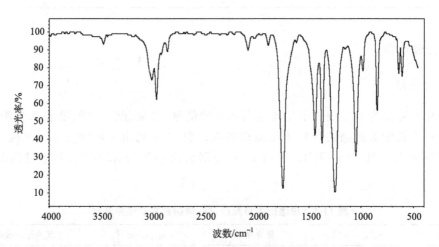

图 12-7　乙酸甲酯的红外光谱图

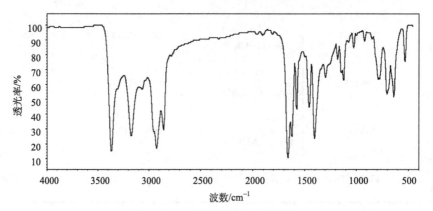

图 12-8　苯甲酰胺的红外光谱图

2. 核磁共振谱

由于羰基的吸电子作用,羧酸衍生物 α-碳原子上的质子去屏蔽,其化学位移值移向低场,$\delta=2\sim3$。酯中与烷氧基的氧相连的碳原子上的质子的化学位移值 $\delta=3.0\sim4.0$,酰胺中氮原子上的质子的化学位移值 $\delta=5\sim9.7$。具体的化学位移值与测定时的浓度和使用的溶剂有关。图 12-9 是乙酸乙酯的 ^{1}H NMR 谱图。

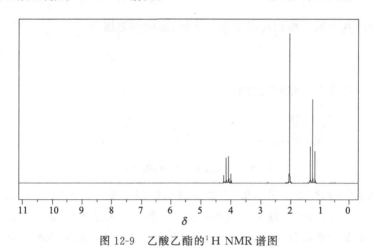

图 12-9　乙酸乙酯的 ^{1}H NMR 谱图

12.10　羧酸衍生物的化学反应
(Chemical Reactions of Carboxylic Acid Derivatives)

12.10.1　羧酸衍生物的结构

羧酸衍生物的分子结构如图 12-10 所示,由于分子中都含有酰基,因而羧酸衍生物有很多相同的反应,典型的反应是酰基碳上的亲核取代反应。与羧酸中酰基的结构一样,羧酸衍生物的酰基碳原子都是 sp² 杂化,三个 sp² 杂化轨道分别与一个羰基氧原子、一个碳原子(或氢原子)和一个 L 基团形成三个 σ 键,它们在同一平面上。酰基碳原子上的 L 基团中与酰基碳直接相连的原子(卤素、氧、氮)都具有较大的电负性,具有吸电子诱导效应(−I 效应),同时 L 基团中与酰基碳直接相连的卤素、氧、氮原子的 p 轨道上都具有未共用电子对,和羰基的 π 键形成 p-π 共轭体系,p-π 共轭效应使 p 轨道上的未共用电子对向羰基转移,具有

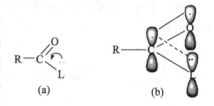

L= X,OCOR',OR',NH₂,NHR',NR'₂

图 12-10　羧酸衍生物的结构

给电子的共轭效应(+C 效应)。由于不同的羧酸衍生物的 L 基团具有不同的 −I 和 +C 效应,因此羧酸衍生物中羰基的活性大小顺序是酰卤＞酸酐＞酯＞酰胺,羧酸衍生物酰基碳上亲核取代反应的活性也是酰卤＞酸酐＞酯＞酰胺。

p-π 共轭效应使酰胺中的 C—N 键和酯中的 C—O 键具有部分双键性质,因此酰胺和酯的结构可表示如下:

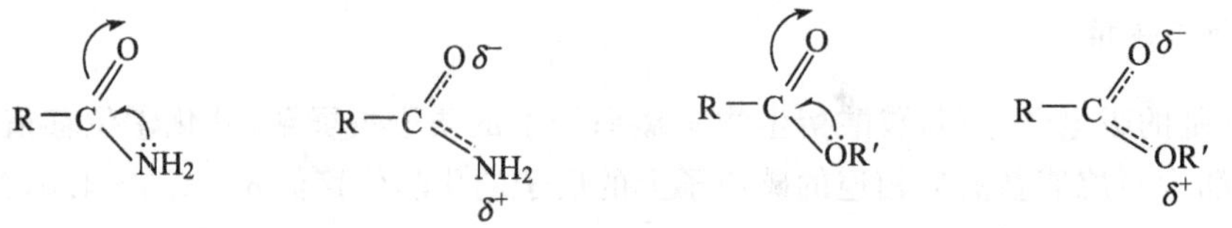

12.10.2　酰基上的亲核取代反应

羧酸衍生物酰基上的亲核取代反应包括水解、醇解和氨解等。

1. 水解

羧酸衍生物水解都生成相应的羧酸。

$$R-\overset{\overset{O}{\|}}{C}-L + H-OH \xrightarrow{\text{水解}} R-\overset{\overset{O}{\|}}{C}-OH + HL$$

$$L = X, OCOR', OR', NH_2, NHR', NR'_2$$

当酰基结构相同时，酰氯最易水解，乙酰氯遇水猛烈水解并放出氯化氢气体，当乙酰氯的蒸气与空气中的水蒸气接触时，能立即被水解而产生酸雾。随着相对分子质量增大，酰氯水解速率逐渐降低。酸酐与水的反应只有在加热下才容易进行，将乙酸酐滴入水中，乙酸酐立即沉入水底，若加热，则水解为乙酸。酯需要在酸或碱的催化下进行水解，酸催化下，酯的水解是酯化反应的逆反应，故反应不完全。碱催化下，酯的水解反应能进行得较完全，常用于羧酸的制备。酰胺的水解反应一般需要在酸或碱的催化下，经长时间回流才能完成，*N*-取代和 *N*,*N*-二取代酰胺更难水解。由于酰胺在水中具有一定的溶解度，且在水溶液中较稳定，所以许多酰胺可以用水作溶剂重结晶。例如：

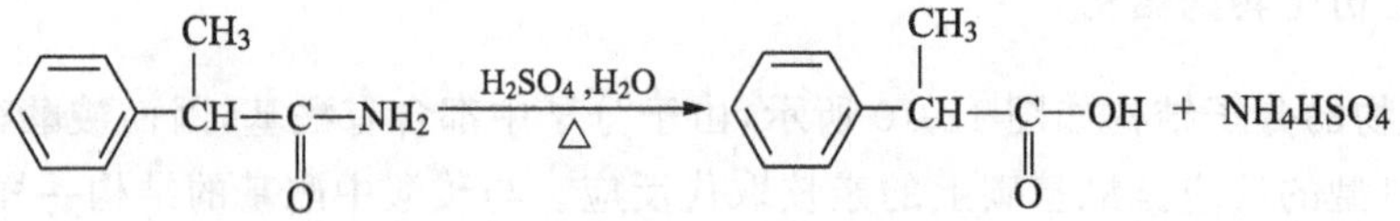

腈水解可以生成酰胺，后者继续水解生成羧酸。腈的水解也需要在酸或碱催化下加热进行。例如：

$$C_6H_5CH_2CN + H_2O \xrightarrow[50℃]{HCl} C_6H_5CH_2-\overset{\overset{O}{\|}}{C}-NH_2$$

$$C_6H_5CH_2CN + 2H_2O \xrightarrow[100℃,3h]{H_2SO_4} C_6H_5CH_2-\overset{\overset{O}{\|}}{C}-OH$$

综上所述，酰氯、酸酐、酯、酰胺水解反应的速率顺序如下：

$$R-\overset{\overset{O}{\|}}{C}-Cl > R-\overset{\overset{O}{\|}}{C}-O-\overset{\overset{O}{\|}}{C}-R > R-\overset{\overset{O}{\|}}{C}-OR' > R-\overset{\overset{O}{\|}}{C}-NH_2 > R-\overset{\overset{O}{\|}}{C}-NHR_2 > R-\overset{\overset{O}{\|}}{C}-NR_2$$

羧酸衍生物的醇解、氨解等其他亲核取代反应的速率顺序同上。

2. 醇解

羧酸衍生物与醇反应均生成酯,这一反应称为醇解。

$$R-\overset{\overset{\displaystyle O}{\|}}{C}-L \ + \ R''-OH \xrightarrow{\text{醇解}} R-\overset{\overset{\displaystyle O}{\|}}{C}-OR'' + HL$$

$$L = X, OCOR', OR', NH_2, NHR', NR'_2$$

酰氯与醇反应很快就能生成酯,常用此法来合成一些难以用羧酸直接酯化制备的酯(如酚酯的制备)。常在反应体系中加入碱,用来除去反应生成的氯化氢,这样不仅可以提高反应速率,还可以避免醇在酸性条件下发生取代、重排等副反应。例如:

$$CH_3-\overset{\overset{\displaystyle O}{\|}}{C}-Cl \ + \ HO-\text{(3,5-二甲苯基)} \xrightarrow[\text{(C}_2\text{H}_5)_2\text{O}]{\text{C}_5\text{H}_5\text{N}} CH_3\overset{\overset{\displaystyle O}{\|}}{C}-O-\text{(3,5-二甲苯基)} + C_5H_5N \cdot HCl$$

酸酐与醇反应比酰氯温和,酸或碱催化可以加快反应速率。由于酸酐比酰氯容易制备和保存,所以应用较广泛。例如,水杨酸与乙酸酐反应得到乙酰水杨酸,俗称"阿司匹林",是常用的止痛解热药。

$$\text{水杨酸} + (CH_3CO)_2O \longrightarrow \text{乙酰水杨酸(阿司匹林)}$$

水杨酸　　　　　　　　　　　　　　　　　　　　　　乙酰水杨酸
　　　　　　　　　　　　　　　　　　　　　　　　　　(阿司匹林)

酯在酸或碱的催化下与醇反应生成新的酯和新的醇,该反应称为酯交换反应。这是一个可逆反应,为使反应向右进行,常用过量的所希望形成酯的醇,或将反应生成的醇除去。酯交换反应还常用于将一种低沸点醇的酯转变为一种高沸点醇的酯。例如:

$$CH_2 = CHCOOCH_3 \ + \ n\text{-}C_4H_9OH \xrightarrow{H^+} CH_2 = CHCOOC_4H_9 \ + \ CH_3OH$$

在反应过程中应尽快将生成的甲醇除去,使反应顺利进行。

在工业上,聚乙烯醇就是用聚乙酸乙烯酯的酯交换反应制备的,这是酯交换反应的一个重要应用。

$$HC \equiv CH \ + \ CH_3COOH \xrightarrow{CH_3COONa} CH_3COOCH = CH_2 \xrightarrow{\text{聚合}} \left[\begin{array}{c} H_2C-CH \\ | \\ OCOCH_3 \end{array}\right]_n$$

乙酸乙烯酯　　　　　　　　　　　聚乙酸乙烯酯

$$\xrightarrow[\text{酯交换}]{CH_3OH, NaOH} \left[\begin{array}{c} H_2C-CH \\ | \\ OH \end{array}\right]_n \ + \ n\,CH_3COOCH_3$$

聚乙烯醇　　　　　　　蒸出

酯交换反应在工业上的另一个重要应用是涤纶的合成,由对苯二甲酸二甲酯与乙二醇通过酯交换反应生成对苯二甲酸二乙二醇酯,进一步聚合生成聚对苯二甲酸二乙二醇酯(涤纶)。

$$n \begin{array}{c} COOCH_3 \\ \text{苯环} \\ COOCH_3 \end{array} + n\ HOCH_2CH_2OH \xrightarrow[\triangle]{Zn(OAC)_2,\ Sb_2S_3} \left[\begin{array}{c} O \\ \| \\ C \end{array} \text{苯环} \begin{array}{c} O \\ \| \\ COCH_2CH_2O \end{array}\right]_n$$

涤纶

酰胺一般难以醇解,在酸性条件下醇解得到酯。例如:

$$\text{CH}_2=\text{CH}-\underset{\displaystyle \|}{\overset{\displaystyle O}{C}}-NH_2 \xrightarrow[H^+]{C_2H_5OH} \text{CH}_2=\text{CH}-\underset{\displaystyle \|}{\overset{\displaystyle O}{C}}-OC_2H_5$$

腈在酸性条件下(如盐酸,硫酸)用醇处理,也可得到羧酸酯。例如:

$$CH_3CN + C_2H_5OH \xrightarrow{HCl} \xrightarrow{H_3O^+} CH_3\underset{\displaystyle \|}{\overset{\displaystyle O}{C}}-OC_2H_5$$

3. 氨解

羧酸衍生物和氨或胺反应生成酰胺。

$$R-\underset{\displaystyle \|}{\overset{\displaystyle O}{C}}-L + H-N\begin{array}{c} H(R') \\ H(R'') \end{array} \longrightarrow R-\underset{\displaystyle \|}{\overset{\displaystyle O}{C}}-N\begin{array}{c} H(R') \\ H(R'') \end{array} + HL$$

上式中 L 的定义同水解和醇解通式中对 L 的定义。

酰氯与氨(或胺)迅速反应,有时是激烈反应,产物是酰胺和氯化氢,由于氯化氢能与原料氨(或胺)结合生成盐,为此常需要加入过量的氨来提高产率。在制备氮取代酰胺时,常加入碱如氢氧化钠、吡啶等,以吸收反应生成的氯化氢。例如:

$$\text{苯环}-\underset{\displaystyle \|}{\overset{\displaystyle O}{C}}Cl + HN\text{(哌啶环)} \xrightarrow{NaOH} \text{苯环}-\underset{\displaystyle \|}{\overset{\displaystyle O}{C}}-N\text{(哌啶环)}$$

酸酐较容易氨解生成酰胺和羧酸,是常用的酰化试剂。例如:

$$(CH_3CO)_2O + H_2N-\text{苯环}-CH(CH_3)_2 \longrightarrow CH_3\underset{\displaystyle \|}{\overset{\displaystyle O}{C}}-NH-\text{苯环}-CH(CH_3)_2$$

酯也可以发生氨解,由于氨(胺)本身既是亲核试剂又是碱,所以酯的氨解一般不需要加其他催化剂。例如:

$$\underset{\displaystyle OH}{CH_3\overset{\displaystyle |}{C}HCOC_2H_5}\overset{\displaystyle O}{} + NH_3 \xrightarrow[24h]{室温} \underset{\displaystyle OH}{CH_3\overset{\displaystyle |}{C}HCNH_2}\overset{\displaystyle O}{} + C_2H_5OH$$

练习 12.10　写出下列反应的产物。

(1)
$$\text{C}_6\text{H}_5\text{COOH} \xrightarrow{\text{SOCl}_2} \xrightarrow{\text{CH}_3\text{CH}_2\text{CHOHCH}_3}$$

(2)
$$\text{CH}_3\text{CO}-\text{C}=\text{CH}_2 + \text{环己醇} \xrightarrow[\triangle]{\text{TsOH}}$$
（甲基丙烯酮）

(3)
邻硝基-N-甲基苯胺 $+ (\text{CH}_3\text{CO})_2\text{O} \xrightarrow{\text{H}_2\text{SO}_4}$

(4)
水杨酸乙酯（邻羟基苯甲酸乙酯）$+$ 邻甲基苯胺 $\longrightarrow$

(5)
丁二酸酐 $+ \text{CH}_3\text{OH} \xrightarrow{\text{H}^+}$

(6)
吲哚-2-酮 $\xrightarrow[\triangle]{^-\text{OH}/\text{H}_2\text{O}}$

(7)
$$\text{NC(CH}_2)_3\text{CN} + 2\text{C}_2\text{H}_5\text{OH} \xrightarrow[\text{② H}_2\text{O}]{\text{① H}_2\text{SO}_4}$$

12.10.3　还原反应

1. 用催化氢化法还原

在羧酸衍生物中,酰氯最容易被还原。将酰氯与活性较小的催化剂在甲苯或二甲苯中回流,同时通入氢气,可以将酰氯还原成醛。常用催化剂是负载在硫酸钡上的钯,有时还再用硫化物处理,使催化剂活性降低,以避免生成的醛进一步加氢。此反应称为罗森孟德还原。若分子中同时存在硝基、卤素、酯基等均不受影响,该反应是制备醛的一种好方法。例如:

$$\text{2-萘甲酰氯} \xrightarrow[\text{二甲苯}\quad\triangle]{\text{H}_2, 5\%\text{Pd/BaSO}_4} \text{2-萘甲醛}$$

酰胺不易加氢还原,腈和酯能进行催化氢化。例如:

$$\text{C}_2\text{H}_5\text{OCO(CH}_2)_4\text{COOC}_2\text{H}_5 \xrightarrow{\text{H}_2,\text{CuCrO}_4} \text{OHCH}_2\text{(CH}_2)_4\text{CH}_2\text{OH}$$

$$\text{CN(CH}_2)_8\text{CN} \xrightarrow[\triangle]{\text{H}_2,\text{Ni(R)},\text{NH}_3} \text{NH}_2\text{CH}_2\text{(CH}_2)_8\text{CH}_2\text{NH}_2$$

2. 用氢化铝锂还原

羧酸衍生物都能被 LiAlH_4 还原,一般采用无水乙醚或四氢呋喃等非质子溶剂。酰氯、酸酐和酯被还原成伯醇,酰胺和腈则被还原成一级胺,产率都较高。例如:

$$\text{C}_6\text{H}_5\text{COCl} \xrightarrow[\triangle]{\text{LiAlH}_4,(\text{C}_2\text{H}_5)_2\text{O}} \xrightarrow{\text{H}_2\text{O}} \text{C}_6\text{H}_5\text{CH}_2\text{OH}$$

$$CH_3CH=CHCOOC_2H_5 \xrightarrow[\text{② } H_2O]{\text{① } LiAlH_4,(C_2H_5)_2O} CH_3CH=CHCH_2OH \ + \ C_2H_5OH$$

$$n\text{-}C_7H_{15}CN \xrightarrow[\text{② } H_2O]{\text{① } LiAlH_4,(C_2H_5)_2O} n\text{-}C_7H_{15}CH_2NH_2$$

N-烃基酰胺和 N,N-二烃基酰胺用 $LiAlH_4$ 还原,分别得到仲胺和叔胺。例如:

$$n\text{-}C_{11}H_{23}\overset{\overset{\displaystyle O}{\|}}{C}NHCH_3 \xrightarrow[\triangle]{LiAlH_4,(C_2H_5)_2O} \xrightarrow{H_2O} n\text{-}C_{11}H_{23}CH_2NHCH_3$$

3. 用金属钠-醇还原

酯与金属钠在质子溶剂如乙醇中还原生成两分子伯醇,且分子中的双键不受影响。例如:

$$CH_3CH=CHCH_2COOC_2H_5 \xrightarrow{Na/C_2H_5OH} CH_3CH=CHCH_2CH_2OH + C_2H_5OH$$

若反应在非质子溶剂如乙醚、甲苯、二甲苯中,纯氮气流存在下,剧烈搅拌和回流,则发生双分子还原,得 α-羟基酮(也称酮醇),此反应称为酮醇缩合(或偶姻反应)。例如:

$$2 \ (CH_3)_2CHCOOC_2H_5 \xrightarrow[\text{甲苯,} \triangle]{Na,N_2} \xrightarrow{H_2O} (H_3C)_2HC\overset{\overset{\displaystyle O}{\|}}{-}C\overset{\overset{\displaystyle OH}{|}}{-}CHCH(CH_3)_2$$

腈在金属钠/乙醇溶液中还原生成伯胺。

$$NC(CH_2)_4CN \xrightarrow{Na/C_2H_5OH} H_2NCH_2(CH_2)_4CH_2NH_2$$

练习 12.11　写出下列反应的产物。

(1) $C_2H_5O\overset{\overset{\displaystyle O}{\|}}{C}CH_2CH_2\overset{\overset{\displaystyle O}{\|}}{C}Cl \xrightarrow[\text{二甲苯,喹啉}]{H_2, Pd/BaSO_4}$

(2) $\xrightarrow[\text{② } H_2O]{\text{① } LiAlH_4,(C_2H_5)_2O}$

(3) $\xrightarrow{Na/CH_3CH_2OH}$

(4) $NC-\!\!\!\bigcirc\!\!\!-\overset{\overset{\displaystyle O}{\|}}{C}NHCH_3 \xrightarrow{H_2/Ni}$

(5) $\xrightarrow[\text{② } H_2O]{\text{① } Na,\text{二甲苯}}$

12.10.4　与格氏试剂的反应

　　酰卤、酸酐、酯都能和格氏试剂反应,与一分子格氏试剂反应的产物为酮(如果 R＝H,则生成醛),反应生成的酮(醛)如果继续与格氏试剂反应,则产物为含有两个与格氏试剂相同烃基的叔醇(或含有两个相同烃基的仲醇),反应通式如下:

$$R\!-\!\overset{\displaystyle O}{\overset{\|}{C}}\!-\!L + R'MgX \xrightarrow{\text{无水醚}} R\!-\!\overset{\displaystyle OMgX}{\underset{\displaystyle R'}{\overset{|}{\underset{|}{C}}}}\!-\!L \xrightarrow{-MgLX} R\!-\!\overset{\displaystyle O}{\overset{\|}{C}}\!-\!R'$$

$$R\!-\!\overset{\displaystyle O}{\overset{\|}{C}}\!-\!R' + R'MgX \xrightarrow{\text{无水醚}} R\!-\!\overset{\displaystyle OMgX}{\underset{\displaystyle R'}{\overset{|}{\underset{|}{C}}}}\!-\!R' \xrightarrow{H_2O,H^+} R\!-\!\overset{\displaystyle OH}{\underset{\displaystyle R'}{\overset{|}{\underset{|}{C}}}}\!-\!R'$$

$$L= X, OCOR'', OR''$$

　　由于酰氯与格氏试剂的反应活性比酮大,若控制格氏试剂不过量,并在低温下反应,一般可以得到酮。当反应试剂的空间位阻较大时也能得到酮。例如:

$$(CH_3)_3C\!-\!MgCl + (CH_3)_3C\!-\!\overset{\displaystyle O}{\overset{\|}{C}}\!-\!Cl \xrightarrow{\text{无水醚}} (CH_3)_3C\!-\!\overset{\displaystyle O}{\overset{\|}{C}}\!-\!C(CH_3)_3$$

　　若控制反应条件,酸酐与格氏试剂反应可以得到酮,当格氏试剂过量时生成叔醇。例如:

$$C_6H_5C\!-\!O\!-\!C\!-\!C_6H_5 \xrightarrow[\text{无水醚}]{CH_3MgI} C_6H_5\overset{\displaystyle O}{\overset{\|}{C}}\!-\!CH_3 \xrightarrow{CH_3MgI} \xrightarrow{H_2O} C_6H_5\overset{\displaystyle OH}{\underset{\displaystyle CH_3}{\overset{|}{\underset{|}{C}}}}\!-\!CH_3$$

　　酯羰基的活性比酮羰基的小,反应难以控制在生成酮的一步,故酯与格氏试剂反应通常得到叔醇。例如:

$$CH_3CH_2\overset{\displaystyle O}{\overset{\|}{C}}OC_2H_5 + 2\,CH_3CH_2CH_2MgBr \xrightarrow[\text{② }H_2O]{\text{① 无水乙醚}} CH_3CH_2\overset{\displaystyle OH}{\underset{\displaystyle CH_2CH_2CH_3}{\overset{|}{\underset{|}{C}}}}\!-\!CH_2CH_2CH_3$$

　　酰胺分子中有活性氢时,能使格氏试剂分解,N-取代的酰胺与格氏试剂反应产率低,在合成上意义不大。

腈与格氏试剂反应,产物水解生成酮。

$$RC{\equiv}N+R'MgX \longrightarrow \underset{\underset{R'}{|}}{RC{=}NMgX} \xrightarrow{H_2O} R{-}\overset{\overset{O}{\|}}{C}{-}R'$$

练习 12.12　格氏试剂与何种酯或醛、酮反应可以合成下列化合物? 写出合成路线。
(1) 2-苯基-2-丙醇　　　　　　(2) 4-庚醇　　　　　(3) 4-乙基-1,4-己二醇

12.10.5　酰胺氮原子上的反应

1. 酰胺的酸碱性

酰胺分子中的氮原子和酰基相连,p-π 共轭效应使氮原子上的未共用电子对向羰基转移,结果是氮原子上电子云密度降低,碱性比氨和胺小,氨、酰胺和酰亚胺的 pK_a 值分别为 34、15 和 7~10。酰亚胺氮上的氢原子受到两个羰基的影响,有一定的酸性,邻苯二甲酰亚胺和丁二酰亚胺的 pK_a 值分别为 7.4 和 9.6,可以与氢氧化钠或氢氧化钾成盐。例如:

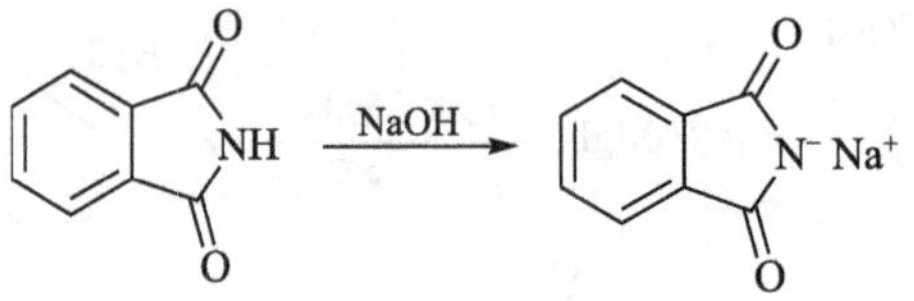

2. 酰胺脱水

酰胺在强脱水剂(如五氧化二磷或二氯亚砜)作用下受热,分子内脱水生成腈。例如:

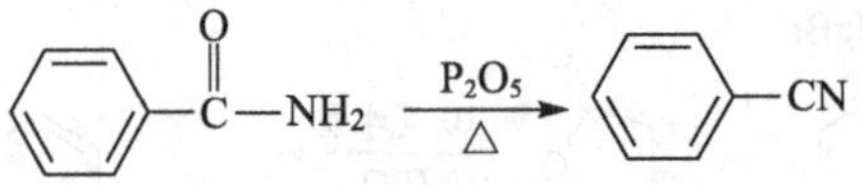

3. 霍夫曼降级反应

氮原子上的氢没有被取代的酰胺在 NaOH 或 KOH 水溶液中与卤素(Cl_2 或 Br_2)反应,失去羰基生成比酰胺少一个碳原子的伯胺,这个反应称为霍夫曼(Hofmann)降级反应(详见 14.4.1)。

$$R{-}\overset{\overset{O}{\|}}{C}{-}NH_2 \xrightarrow{X_2+NaOH} RNH_2 \ + \ Na_2CO_3 \ + \ NaX \ + \ H_2O$$

霍夫曼反应可以用于由羧酸制备少一个碳原子的伯胺。例如:

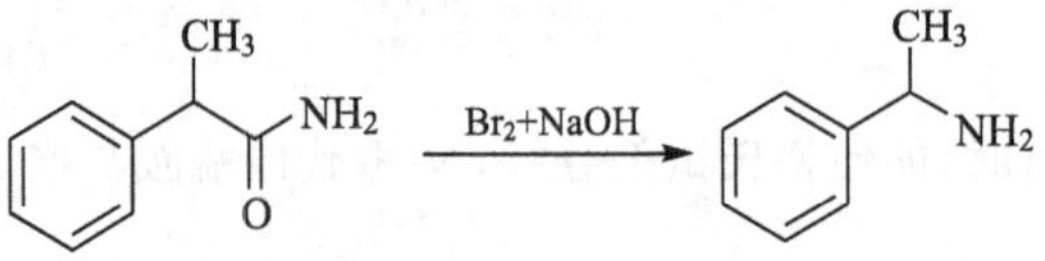

12.11　酰基碳上亲核取代反应的反应机理
（Mechanism：Nucleophilic Acyl Substitution）

12.11.1　反应机理及影响因素

1. 反应机理

羧酸衍生物的水解、醇解和氨解反应的反应机理可用下面的通式表示：

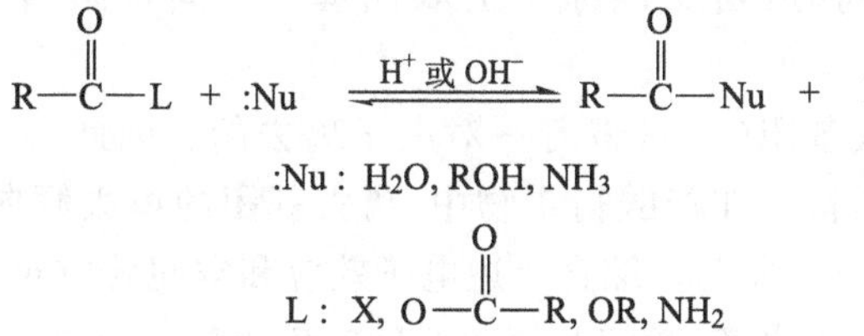

$$:Nu：H_2O, ROH, NH_3$$

$$L：X, O{-}\overset{O}{\overset{\|}{C}}{-}R, OR, NH_2$$

反应的结果是酰基碳上的取代基（—L）被：Nu 取代，因此这类反应称为酰基碳上的亲核取代反应。上述反应也可以看作是水、醇和氨中的一个氢原子被酰基（RCO—）取代，即水、醇和氨发生了酰基化反应。因此，酰氯、酸酐和酯都是常用的酰基化试剂，酰胺的酰化能力极弱，一般不用作酰基化试剂。

酰基碳上的亲核取代反应可以在碱或酸催化下进行。碱催化时碱即为亲核试剂，反应机理如下：

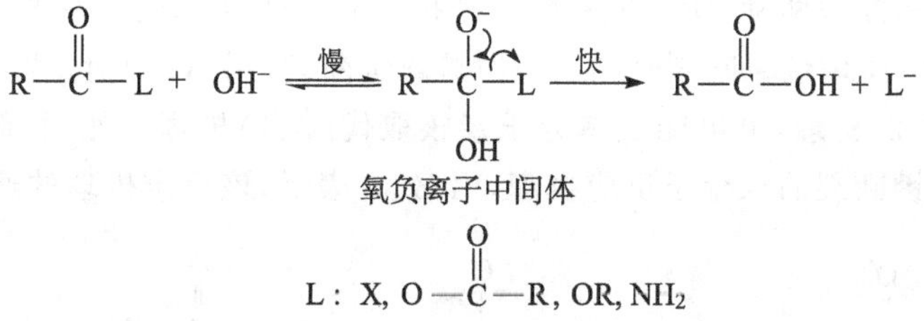

氧负离子中间体

$$L：X, O{-}\overset{O}{\overset{\|}{C}}{-}R, OR, NH_2$$

反应分两步进行，首先是 OH^- 进攻酰基碳原子，生成氧负离子中间体，这是决定反应速率的步骤，然后离去基（L）带着一对电子离去，恢复羧基结构，得到取代产物。这种取代反应是通过加成和消除两步进行的，因此这种反应机理称为加成-消除反应机理。

酸催化的反应机理如下：

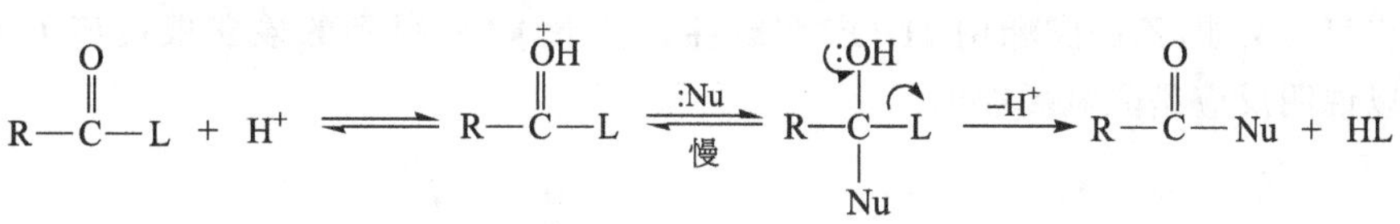

四面体中间体

式中 L 的定义同上。

酸催化使羰基氧质子化，增加了羰基的活性，有利于亲核试剂的进攻。亲核试剂对活化了的羰基进行亲核加成，得到四面体中间体，这是决定反应速度的步骤。然后离去基团离去，恢复羰基结构，得到取代产物。

2. 影响酰基碳上亲核取代反应的因素

在亲核试剂相同的情况下,影响酰基碳上亲核取代反应的主要因素是酰基中羰基的活性和离去基团的离去倾向。由上述反应机理可知,无论是酸催化还是碱催化,反应速率均取决于亲核试剂对酰基中羰基的加成,羧酸衍生物中羰基碳的正电性越大,其周围的空间位阻越小,越有利于亲核试剂进攻而生成氧负离子或四面体中间体,反应速率就越快。因此,当 α-碳原子上连有吸电子基团(如 Cl),且取代基的吸电子能力越强,吸电子取代基越多,反应速率就越快。反之,当 α-碳原子上连有给电子基团(如 R)时,反应速率就减慢,且取代基的给电子能力越强,反应速率就越慢。同时,当 α-碳原子上取代基的空间位阻增大时,反应速率会大大降低。

在第二步反应中,离去基团(L)是带着一对电子离去的。因此,离去基团的碱性越小,离去倾向越大,反应速率就越快。在羧酸衍生物中,离去基团的离去倾向是 $I^- > Br^- > Cl^- > RCOO^- > RO^- > HO^- > {}^-NH_2$。综合上述电子效应和空间效应对羰基活性和离去基团的离去倾向的影响,羧酸衍生物水解、醇解和氨解的反应活性顺序均是

$$R-\overset{O}{\underset{}{C}}-Cl > R-\overset{O}{\underset{}{C}}-Br > R-\overset{O}{\underset{}{C}}-O-\overset{O}{\underset{}{C}}-R > R-\overset{O}{\underset{}{C}}-OR' \approx R-\overset{O}{\underset{}{C}}-OH > R-\overset{O}{\underset{}{C}}-NH_2$$

12.11.2　酯的碱性水解机理——$B_{AC}2$

在羧酸衍生物中,对酯的水解机理研究得较多。根据反应条件的不同,酯的水解反应可分为酸(acid)催化水解和碱(base)催化水解。根据酯水解时分子中化学键断裂的方式,水解反应有酰氧断裂和烷氧断裂两种,所谓酰氧断裂是指反应时酰基与烷氧基的氧原子之间的化学键断裂,用 AC 表示;所谓烷氧断裂是指反应时烷氧键断裂,用 AL 表示;酯的水解反应可能是双分子亲核取代(S_N2)机理,也可能是单分子亲核取代(S_N1)机理。然而,酯水解最常见的机理是碱催化下酰氧键断裂的双分子反应机理,用 $B_{AC}2$ 表示,该反应机理的通式如下:

$$R-\overset{O}{\underset{}{C}}-OR' + OH^- \rightleftharpoons R-\overset{O^-}{\underset{OH}{C}}-OR' \rightleftharpoons R-\overset{O}{\underset{}{C}}-OH + {}^-OR' \rightarrow R-\overset{O}{\underset{}{C}}-O^- + HOR'$$

上述反应机理已被同位素标记实验所证明。例如,用 O^{18} 标记的乙酸乙酯碱性水解后,得到 $C_2H_5O^{18}H$。又如,乙酸戊酯用 H_2O^{18} 在碱性条件下水解,得到的羧酸根负离子中有 O^{18}。这些都可以说明反应是酰氧断裂的。

$$H_3C-\overset{O}{\underset{}{C}}\colon{}^{18}OC_2H_5 \xrightarrow[H_2O]{OH^-} H_3C-\overset{O}{\underset{}{C}}-O^- + H^{18}OC_2H_5$$

$$H_3C-\overset{O}{\underset{}{C}}-OC_5H_{11}\text{-}n \xrightarrow[H_2O]{{}^{18}OH^-} H_3C-\overset{O}{\underset{}{C}}-{}^{18}O^- + n\text{-}C_5H_{11}OH$$

另外，(R)-$(+)$-乙酸-1-苯乙酯碱性水解后生成(R)-$(+)$-1-苯乙醇，手性碳原子构型在反应前后保持不变，进一步证明了酰氧断裂的反应机理。

R-(+)-乙酸-1-苯乙酯　　　　　　　　　　　　　　　　　　　　　　R-(+)-1-苯乙醇

电子效应和空间效应对酯的 $B_{AC}2$ 反应速率有较大的影响，表 12-6 列出了电子效应和空间效应对酯碱性水解反应速率的影响。

表 12-6　电子效应和空间效应对酯碱性水解反应速率的影响

RCOOC$_2$H$_5$，H$_2$O(25℃)		RCOOC$_2$H$_5$，87.8%ROH(30℃)		CH$_3$COOR′，70%丙酮(25℃)	
R	相对速率	R	相对速率	R′	相对速率
CH$_3$	1	CH$_3$	1	CH$_3$	1
ClCH$_2$	290	CH$_3$CH$_2$	0.470	CH$_3$CH$_2$	0.431
Cl$_2$CH	6130	(CH$_3$)$_2$CH	0.100	(CH$_3$)$_2$CH	0.065
CH$_3$CO	7200	(CH$_3$)$_3$C	0.010	(CH$_3$)$_3$C	0.002
Cl$_3$C	23150	C$_6$H$_5$	0.102	环己基	0.042

由表 12-6 可知，当乙酸乙酯的 α-碳原子上连有吸电子基团（如 Cl）时，在相同的反应条件下，反应速率是乙酸乙酯的 290 倍，且取代基的吸电子能力越强（如 R＝CH$_3$CO），吸电子取代基越多（如 R＝Cl$_2$CH 或 Cl$_3$C），反应速率就越快。反之，连有给电子基团如 R 时，反应速率就减慢，如在相同的反应条件下的反应速率：乙酸乙酯：丙酸乙酯＝1：0.47；且取代基的供电子能力越强，反应速率就越慢，如反应速率是(CH$_3$)$_3$CCOOC$_2$H$_5$＜(CH$_3$)$_2$CHCOOC$_2$H$_5$＜CH$_3$CH$_2$COOC$_2$H$_5$＜CH$_3$COOC$_2$H$_5$）。当 α-碳原子上取代基的空间位阻增大，即 R 的体积增大时，或当 R′的体积增大时，反应速率就大大降低，如在相同的反应条件下反应速率为CH$_3$COOC(CH$_3$)$_3$＜CH$_3$COOCH(CH$_3$)$_2$＜CH$_3$COOCH$_2$CH$_3$＜CH$_3$COOCH$_3$。这些实验事实说明，$B_{AC}2$ 反应的第一步决定反应速率，即反应速率取决于氧负离子中间体的形成，以及形成后的氧负离子中间体的稳定性。当乙酸乙酯的 α-碳上连有吸电子基时，羰基的活性增加，有利于 OH$^-$ 对羰基亲核加成，氧负离子中间体容易生成，且生成后的氧负离子中间体较稳定，反应速率加快。反之，连有供电子基时反应速率减慢。当取代基 R 的体积增大，或 R′的体积增大时，由于空间位阻增大而不利于 OH$^-$ 对羰基亲核加成，氧负离子中间体不易生成，反应速率就减慢。

由于油脂在碱性条件下水解可以得到肥皂，故酯的碱性水解又称为皂化，详见 12.12.1。

12.11.3　酯的酸性水解机理——A$_{AC}$2，A$_{AL}$1

在酸性条件下，酯的水解是可逆反应。常见的反应机理有 A$_{AC}$2（酸性条件下酰氧断裂双分子机理）和 A$_{AL}$1（酸性条件下烷氧断裂单分子机理）。

1. A$_{AC}$2 机理

酯在酸性条件下酰氧断裂的双分子反应是羧酸与相应醇酯化反应的逆反应。反应机理如下：

$$R-\overset{\overset{\displaystyle O}{\|}}{C}-OR' \underset{快}{\overset{H^+}{\rightleftharpoons}} R-\overset{\overset{\displaystyle +OH}{\|}}{C}-OR' \underset{慢}{\overset{H_2O}{\longrightarrow}} R-\overset{\overset{\displaystyle OH}{|}}{\underset{\overset{\displaystyle +}{OH_2}}{C}}-OR' \underset{快}{\rightleftharpoons} R-\overset{\overset{\displaystyle :OH}{|}}{\underset{\overset{\displaystyle OH}{|}}{C}}-\overset{+}{\underset{H}{O}}R'$$

$$\underset{-R'OH}{\rightleftharpoons} R-\overset{\overset{\displaystyle +OH}{\|}}{C}-OH \xrightarrow{-H^+} R-\overset{\overset{\displaystyle O}{\|}}{C}-OH$$

对结构简单的一级和二级醇形成的酯来说,水解反应按酰氧键断裂双分子机理进行。例如:

$$C_6H_5-\overset{\overset{\displaystyle O}{\|}}{C} \dashv {}^{18}O-CH_3 + H_2O \overset{H^+}{\rightleftharpoons} C_6H_5-\overset{\overset{\displaystyle O}{\|}}{C}-OH + H-{}^{18}O-CH_3$$

取代基的电子效应和空间效应对酯的 $A_{AC}2$ 反应速率也会产生影响。例如,25℃时,乙酸甲酯、乙酸乙酯和乙酸异丙酯在盐酸溶液中水解的相对速率分别为 1、0.97 和 0.53。

比较上述反应速率说明,基团的空间位阻增大,反应速率减慢。$A_{AC}2$ 机理适用于结构较简单的一级和二级醇形成的酯。三级醇形成的酯,酸催化下水解一般按 $A_{AL}1$ 机理进行。

2. $A_{AL}1$ 机理

三苯甲醇的乙酸酯在用 H_2O^{18} 进行酸催化水解时,得到 $Ph_3CO^{18}H$ 的产物。

$$H_3C-\overset{\overset{\displaystyle O}{\|}}{C}-O-C(C_6H_5)_3 + H_2{}^{18}O \overset{H^+}{\rightleftharpoons} H_3C-\overset{\overset{\displaystyle O}{\|}}{C}-OH + H^{18}OC(C_6H_5)_3$$

上述同位素实验说明,反应是按烷氧键断裂的单分子机理进行的,反应机理如下:

$$H_3C-\overset{\overset{\displaystyle O}{\|}}{C}-O-C(C_6H_5)_3 \underset{快}{\overset{H^+}{\rightleftharpoons}} H_3C-\overset{\overset{\displaystyle +OH}{\|}}{C}-O-C(C_6H_5)_3 \underset{慢}{\rightleftharpoons} H_3C-\overset{\overset{\displaystyle OH}{|}}{C}=O + \overset{+}{C}(C_6H_5)_3$$

$$\overset{+}{C}(C_6H_5)_3 + H_2{}^{18}O \underset{快}{\rightleftharpoons} H-\overset{\overset{\displaystyle +}{|}}{\underset{H}{{}^{18}O}}-C(C_6H_5)_3 \underset{快}{\rightleftharpoons} HO^{18}C(C_6H_5)_3 + H^+$$

只有能生成稳定碳正离子的三级醇形成的酯才会按 $A_{AL}1$ 机理反应。

练习 12.13　完成下列反应。

(1) $H_3C-\overset{\overset{\displaystyle O}{\|}}{C}-O-C(CH_3)_3 + H_2{}^{18}O \overset{H^+}{\rightleftharpoons}$

(2) $H_3COOC\underset{}{\overset{CH_3}{\diagup}}\!\!\!\!\!\text{（苯环）}COOCH_3 \xrightarrow[H_2O]{{}^-OH\,(1mol)}$

(3) $H_3C-\overset{\overset{\displaystyle O}{\|}}{C}-OCH_3 + H_2{}^{18}O \overset{H^+}{\rightleftharpoons}$

12.12　油　脂
（Greases）

12.12.1　油脂的分类和组成

油脂来源于动植物,按在常温下的状态分为油和脂肪。在常温下为液态的油脂称为油,如豆油、花生油、菜籽油、棉籽油等。在常温下为固态和半固态的油脂称为脂肪,如猪油、牛油、羊油等。

油脂是高级脂肪酸的甘油酯,常见的是甘油三酸酯,结构通式如下:

$$
\begin{array}{l}
H_2C-O-\overset{\displaystyle O}{\overset{\|}{C}}-R\\[4pt]
HC-O-\overset{\displaystyle O}{\overset{\|}{C}}-R'\\[4pt]
H_2C-O-\overset{\displaystyle O}{\overset{\|}{C}}-R''
\end{array}
$$

式中 R、R′、R″ 相同的称为单纯甘油酯,不同的则称为混合甘油酯。天然的油脂大多为混合甘油酯,并具有 L 构型。

组成甘油酯的羧酸绝大多数是含偶数碳原子的饱和或不饱和的直链羧酸(脂肪酸)。一般含 16 或 18 个碳原子的脂肪酸最多,只有极少数含有支链、脂环、羟基的脂肪酸。多数脂肪酸在人体内均能合成,只有亚油酸、亚麻酸、花生四烯酸等是人体不能合成的,必须由食物提供,因此称为"必需脂肪酸"。表 12-7 列出油脂中常见的重要脂肪酸的名称和构造式。

表 12-7　常见油脂中所含的重要脂肪酸

	俗名	系统名	结构式
饱和脂肪酸	月桂酸	十二碳酸	$CH_3(CH_2)_{10}COOH$
	肉豆蔻酸	十四碳酸	$CH_3(CH_2)_{12}COOH$
	软脂酸(棕榈酸)	十六碳酸	$CH_3(CH_2)_{14}COOH$
	硬脂酸	十八碳酸	$CH_3(CH_2)_{16}COOH$
	花生酸	二十碳酸	$CH_3(CH_2)_{18}COOH$
	掬焦油酸	二十四碳酸	$CH_3(CH_2)_{22}COOH$
不饱和脂肪酸	鳌酸	9-十六碳烯酸	$CH_3(CH_2)_5CH=CH(CH_2)_7COOH$
	油酸	顺-9-十八碳烯酸	$CH_3(CH_2)_7CH=CH(CH_2)_7COOH$
	亚油酸*	9,12-顺,顺-十八碳二烯酸	$CH_2CH=CH(CH_2)_7COOH$ $\mid$ $CH=CH(CH_2)_4CH_3$
	亚麻酸*	顺,顺,顺-9,12,15-十八碳三烯酸	$CH_2CH=CH(CH_2)_7COOH$ $\mid$ $CH=CHCH_2CH=CHCH_2CH_3$
	花生四烯酸*	5,8,11,14-二十碳四烯酸	$CH_2CH=CH(CH_2)_3COOH$ $\mid$ CH $\mid$ $CHCH_2CH=CHCH_2CH=CH(CH_2)_4CH_3$

* 为必需脂肪酸。

12.12.2　油脂的物理性质

纯净的油脂是无色、无味的中性化合物。天然油脂因其中溶有维生素和色素,有的带有香味,有的带有特殊气味,而且有颜色。油脂的相对密度都小于 1,不溶于水,易溶于乙醚、氯仿、丙酮和苯等有机溶剂。油中不饱和脂肪酸的含量较高,由于不饱和脂肪酸中碳碳双键具有顺式结构,分子呈弯曲形,相互之间不能靠近,结构比较松散,故油的熔点较低。脂肪中饱和脂肪酸的含量较高,因为饱和脂肪酸具有锯齿形的长链结构,分子间能够相互靠近,吸引力较强,所以熔点较高。天然油脂一般都是混合物,故没有恒定的熔点和沸点。

12.12.3 油脂的化学性质

甘油酸酯可发生水解、加成、氧化等反应。

1）碱性水解——皂化反应

油脂在酸、碱、酶作用下水解成甘油和高级脂肪酸，在酸性条件下的水解反应是可逆的；在氢氧化钠、氢氧化钾等碱存在下水解，得到高级脂肪酸的钠或钾盐，它们是肥皂的主要有效成分，所以人们将油脂的碱性水解称为"皂化"。推而广之，羧酸酯的碱性水解也统称为皂化。

用油脂制备肥皂的反应式可以表示如下：

$$
\begin{array}{l}
R_1COOCH_2 \\
| \\
R_2COOCH \\
| \\
R_3COOCH_2
\end{array}
+ \ NaOH \longrightarrow
\begin{array}{l}
R_1COONa \\
\\
R_2COONa \\
\\
R_3COONa
\end{array}
+
\begin{array}{l}
CH_2OH \\
| \\
CHOH \\
| \\
CH_2OH
\end{array}
$$

油脂   十个碳以上的羧酸钠盐

从上面反应式可以看出，肥皂实际上是各种高级脂肪酸盐的混合物，这样更有利于各化合物性能的协调发挥，使肥皂具有更好的洗涤、去污、乳化、起泡、溶解、渗透等功能。

工业上把 1g 油脂完全皂化所需氢氧化钾的质量（单位：mg）称为该油脂的皂化值。皂化值可反映油脂的平均相对分子质量，皂化值越大，油脂的平均相对分子质量越小。

2）加氢

含不饱和脂肪酸的油脂分子中的碳碳双键在金属催化下可与氢发生加成反应，使不饱和脂肪酸变为饱和脂肪酸，并由液态变为半固态或固态。油脂的氢化又称为油脂的硬化，得到的氢化油又称硬化油，硬化油熔点较高，性质稳定而不易变质，便于储藏和运输，在工业上有许多用途，如制皂、食品工业中制造"人造奶油"等，并广泛应用于化妆品工业和脂肪酸工业中。

3）加碘

含不饱和脂肪酸的油脂分子中的碳碳双键可以与碘发生加成反应。100g 油脂所吸收碘的最大质量（单位：g）称为碘值。碘值用来判断油脂的不饱和度，碘值越大，表明油脂的不饱和度越高。

4）酸败

油脂在空气中放置过久常会变质，产生难闻的气味，这种变化称为油脂的酸败。酸败的原因是油脂中的不饱和脂肪酸在空气中的氧、水分和微生物的作用下发生了氧化反应，生成了过氧化物，过氧化物继续分解或氧化生成有臭味的低级醛和酸等。油脂的酸败程度可以用酸值来表示。酸值是指中和 1g 油脂中游离的脂肪酸所需氢氧化钾的质量（单位：mg），酸值越高，油脂酸败的程度越大。因此，油脂应避光冷藏，也可以加入少量抗氧化剂，如维生素 E 等。

皂化值、碘值和酸值是油脂重要的理化指标，药典对药用油脂的皂化值、碘值和酸值均有严格的要求。

油脂，特别是植物油脂是人类生存和生活不可缺少的食物和营养品。油脂又是重要的化工原料，它是可再生的原料，也是来源稳定的原料，同时油脂也是食品工业和医药工业的生产原料。

练习 12.14　解释下列名词。

（1）油脂 （2）脂肪 （3）皂化值 （4）碘值 （5）酸值 （6）皂化

 知识亮点（Ⅰ）

卡罗瑟斯试制成功尼龙

1935 年 2 月，世界著名高分子科学家、美国化学家、杜邦公司的卡罗瑟斯（W. H. Carothers，

1896—1937)首次合成出聚酰胺 66,并将这种合成纤维命名为尼龙(nylon)。尼龙的合成奠定了合成纤维工业的基础,使纺织品的面貌焕然一新,至今聚酰胺纤维仍是三大合成纤维之一。

　　1930 年,卡罗瑟斯和同事希尔(J. Hill)用乙二醇和癸二酸缩合制取聚酯,当他们从反应器中取出熔融的聚酯时发现,这种熔融的聚合物能抽出纤维状的丝来,而且冷却后仍能继续拉伸,且长度、强度和弹性大大增加,然而该聚酯熔点低(<100℃)、易水解,且易溶解在有机溶剂中而不适合商品化。1935 年初卡罗瑟斯改用戊二胺和癸二酸合成聚酰胺,实验结果表明,该聚酰胺纤维的强度和弹性均超过了蚕丝,但该聚酰胺的熔点较低,且原料价格很高,仍不适合商品化。接着卡罗瑟斯用己二酸和己二胺缩聚,首次合成出聚酰胺 66。聚酰胺 66 具有 263℃的高熔点,不溶于普通溶剂,且原料价格较便宜,在结构和性质上很接近天然丝,其耐磨性和强度超过当时任何一种纤维。1938 年 7 月杜邦公司完成了对聚酰胺 66 的中试,并于 1939 年投入工业生产。

 知识亮点(Ⅱ)

肥皂和合成洗涤剂

　　肥皂是高级脂肪酸的甘油酯,它的洗涤去污功能是基于高级脂肪酸盐的结构,长链的烃基具有亲油性,羧基负离子具有亲水性,分别称为亲油基和亲水基,见图 12-11。在水溶液中,长链烃基链因与水排斥而相互吸引在一起以减少与水的接触面积,具有聚集成胶束的倾向,羧基负离子则排列在近水端并将烃基包在中间,见图 12-12。在互不相溶的油-水体系中,高级脂肪酸盐将长链烃基插入油滴中,而将亲水的羧基负离子对着水相,这样就降低了油和水的表面排斥力(表面张力)。这种具有降低互相接触的两相的表面张力作用的化合物称为表面活性剂。

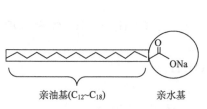

图 12-11　高级脂肪酸表面活
性剂的结构示意图

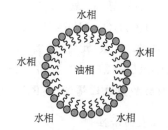

图 12-12　表面活性剂在水溶液中形
成胶团的结构示意图

　　将表面带有油污的固体浸泡在肥皂水溶液中时,高级脂肪酸盐将长链烃基插入油污中,这样就减小了油污粒子和固体表面的吸附力,在揉搓等机械力作用下,油污就从固体表面脱离,并进入胶束内部形成较稳定的乳化微粒,漂洗除去这些包裹着污垢的乳化微粒,从而完成清洗过程。

　　肥皂的缺点是不宜在含钙离子和镁离子的硬水及酸性水溶液中使用,因为肥皂可与钙和镁离子形成不溶性的脂肪酸钙和脂肪酸镁,在酸性水溶液中则形成不溶于水的脂肪酸,这样就降低或失去了肥皂的去污力。基于肥皂的去污原理,利用石油资源,人们研究和开发出合成洗涤剂。合成洗涤剂种类很多,按溶于水后分子中亲水基所带电荷的不同,将其分为阴离子型、阳离子型、两性离子型和非离子型四类。

1. 阴离子表面活性剂

阴离子表面活性剂是目前使用最多的一类用于洗涤产品的表面活性剂。常见的有以下几种：

(1) 羧酸盐型 $RCOO^-$，如 $C_{17}H_{35}COONa$。

(2) 磺酸盐型 RSO_3^-，如洗衣粉中的十二烷基苯磺酸钠(ABS)等。

(3) 硫酸酯盐型 $ROSO_3^-$，如 $C_{12}H_{25}OSO_3Na$。

2. 阳离子表面活性剂

阳离子表面活性剂洗涤功能差，但具有消毒和杀菌、抗静电、柔软纤维等功能。常见的有季铵盐型、吡啶盐型等，如二甲基十二烷基苄基溴化铵(俗称新洁尔灭)。

$$n\text{-}C_{12}H_{25} - \overset{\overset{\displaystyle CH_3}{|}}{\underset{\underset{\displaystyle CH_3}{|}}{N^+}} - CH_2C_6H_5 \quad Br^-$$

3. 非离子表面活性剂

非离子表面活性剂溶于水后不解离成离子，是中性化合物，其中的羟基和聚醚部分是亲水基，一般呈黏稠状，多作为液体洗涤剂的原料。这些非离子型表面活性剂与其他类型表面活性剂相容性好，故可以通过复配提高使用性能。应用最广泛的是聚氧乙烯醚型，主要有以下几种：

(1) 脂肪醇聚氧乙烯醚型：$RO(CH_2CH_2O)_nH$，俗称平平加系列，如 $C_{12}H_{25}O(CH_2CH_2O)_nH$，$n=2\sim20$。

(2) 烷基酚聚氧乙烯醚型：$R(C_6H_4)O(CH_2CH_2O)_nH$，俗称 OP 系列，如 $C_8H_{17}C_6H_4O(CH_2CH_2O)_nH$，$n=2\sim20$。

(3) 脂肪酸聚氧乙烯酯型：$RCOO(CH_2CH_2O)_nH$。

4. 两性表面活性剂

两性表面活性剂分子内同时带有正电荷和负电荷，具有阴离子型和阳离子型两种表面活性剂的性能，常作为特殊洗涤剂，除泡沫多、去污力强外，还具有良好的柔软和抗静电作用。常见的有以下几种：

(1) 氨基酸型：$RNHCH_2CH_2COO^-$。

(2) 甜菜碱型：$R - \overset{\overset{\displaystyle CH_3}{|}}{\underset{\underset{\displaystyle CH_3}{|}}{N^+}} - CH_2COO^-$。

习题（Exercises）

12.1　用系统命名法命名下列化合物。

(1)
$$Ph-CH=CH-CH_2COOH$$
(顺式, Ph 与 CH_2COOH 在同侧, H 在另侧)

(2) $HO_2CCHCH_2CH_2CHCOOH$ 两个 CH_3 取代

(3)
$$\underset{H_3CO}{\overset{H}{\underset{}{C}}}-CH_2COOH,\ CH_3\ 连碳$$

(4) 含 OH、H、H、COOH 的环己烷结构

(5) $H_3C-\overset{O}{\overset{\|}{C}}-\underset{}{}-CON(CH_3)_2$

(6) CH_3CHCH_2CN 带 CH_3

(7) 异丁酯的丙酸酯结构

(8) 六元环内酰胺 (δ-戊内酰胺)

(9) 乙酸苯甲酸混合酸酐
$$CH_3C(=O)-O-C(=O)C_6H_5$$

(10) 1-甲基环戊基甲酰溴
$$\overset{O}{\overset{\|}{C}}-Br,\ CH_3$$

12.2 写出下列化合物的结构。

(1) 十二碳酸   (2) 苯甲酸-2-氯乙酯

(3) γ-戊内酯   (4) 邻苯二甲酰亚胺

(5) 戊酰溴   (6) 2-甲基丙酸酐

(7) 丁酸异丙酯   (8) N-乙基苯甲酰胺

12.3 完成下列反应式。

(1) 水杨酸 $\xrightarrow{NaHCO_3}$ $\xrightarrow{H_2C=CH-CH_2Cl}$

(2) 2-羟基-5-羟甲基苯甲酸 $\xrightarrow{NaOH(过量)}$ $\xrightarrow{CH_3I(1mol)}$

(3) 对氯苄氯 (CH_2Cl ··· Cl) $\xrightarrow[(CH_3CH_2)_2O]{Mg}$ $\xrightarrow[②\ H_2O]{①\ CO_2}$ $\xrightarrow{PCl_3}$ $\xrightarrow{NH_3}$

(4) 环己烷-1,2-二乙酸 (COOH, COOH) $\xrightarrow[300℃]{Ba(OH)_2}$ $\xrightarrow{HCN}$ $\xrightarrow[\triangle]{H_3O^+}$

(5) δ-戊内酯 $\xrightarrow{C_6H_5MgBr}$ $\xrightarrow[②\ H_2O]{①\ C_6H_5MgBr}$

(6) $\underset{COOC_2H_5}{\overset{COOC_2H_5}{(CH_2)_4}}$ $\xrightarrow{Na/C_2H_5OH}$

(7) $H_2N-\overset{O}{\overset{\|}{C}}$ ··· $\overset{O}{\overset{\|}{C}}-OH$ (二甲基环戊烷) $\xrightarrow[\triangle]{Br_2 + NaOH}$

(8) $H_3CO-\overset{O}{\overset{\|}{C}}-Cl$ $\xrightarrow{NH_3}$

(9) 苯基-CHCH_2NH_2 (OH) $\xrightarrow{Ac_2O(1mol)}$

(10) $\overset{CH_3}{\underset{}{}}$ 内酯环 $=O$ $\xrightarrow{LiAlH_4}$

(11) $\underset{O}{\overset{O}{}}$ 丙二酰氯 (Cl, Cl) $\xrightarrow{H_2NCH_3}$

(12) 环状二酯 (1,4-二氧六环二酮) $\xrightarrow[\triangle]{\bar{O}H, H_2O}$

12.4 分离含苯甲酸、苯甲醚和苯酚的混合物。

12.5 完成下列合成。

(1)

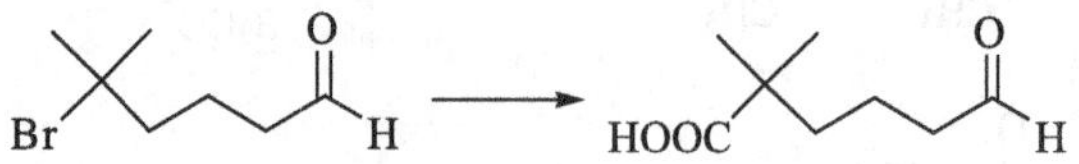

(2)

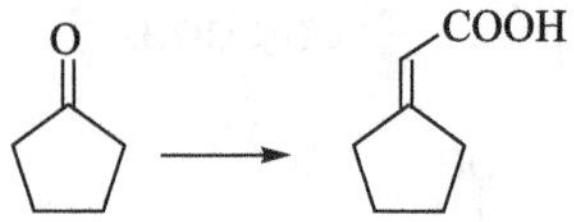

(3)

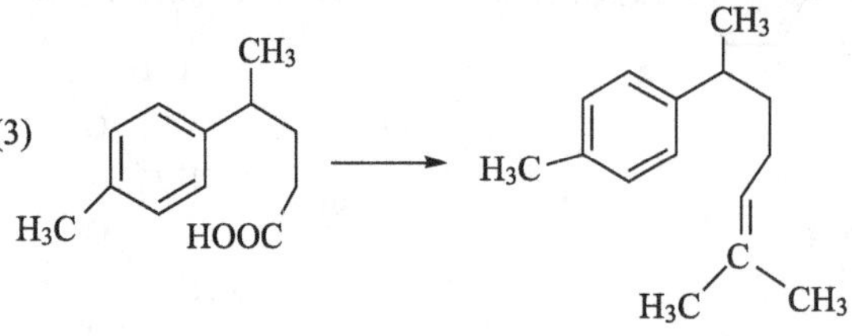

α-姜黄烯

(4)

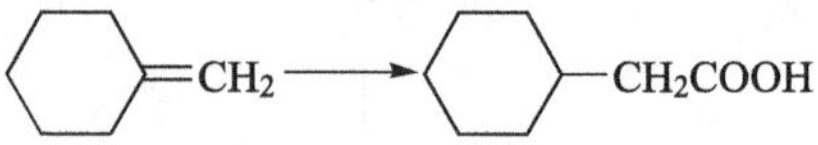

12.6 将下列各组化合物按酸性大小排序。

(1) (a) CH_3COOH　(b) 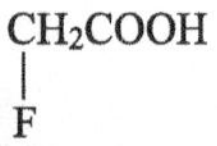 $\underset{F}{CH_2COOH}$　(c) 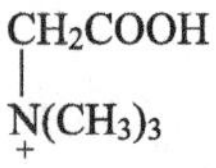 $\underset{\overset{+}{N}(CH_3)_3}{CH_2COOH}$　(d) 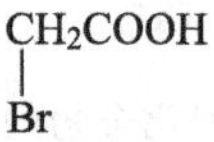 $\underset{Br}{CH_2COOH}$

(2)

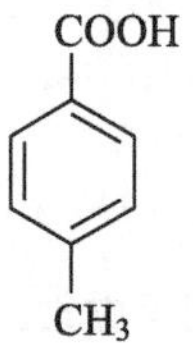

12.7 比较下列各组酯类化合物水解反应的活性大小顺序。

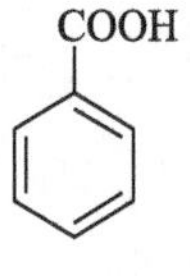

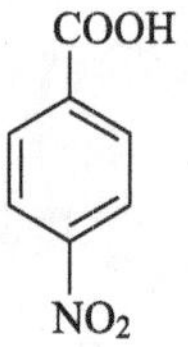

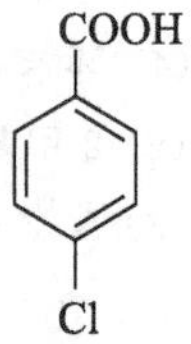

(1) (a) 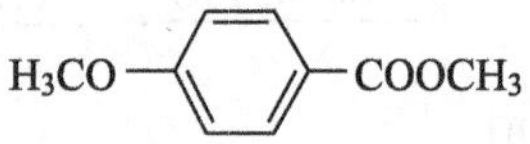 $H_3CO-\!\!\!\!\diagdown\!\!\!\!-COOCH_3$　(b) 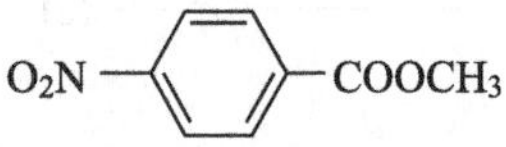 $O_2N-\!\!\!\!\diagdown\!\!\!\!-COOCH_3$　(c) 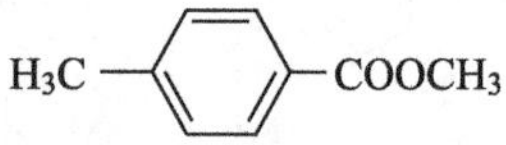 $H_3C-\!\!\!\!\diagdown\!\!\!\!-COOCH_3$

(d) 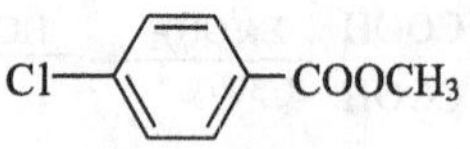 $Cl-\!\!\!\!\diagdown\!\!\!\!-COOCH_3$

(2) (a) 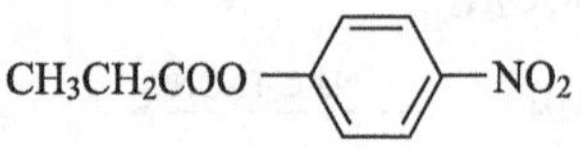 $CH_3CH_2COO-\!\!\!\!\diagdown\!\!\!\!-NO_2$　(b) 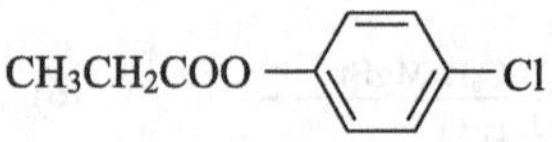 $CH_3CH_2COO-\!\!\!\!\diagdown\!\!\!\!-Cl$　(c) 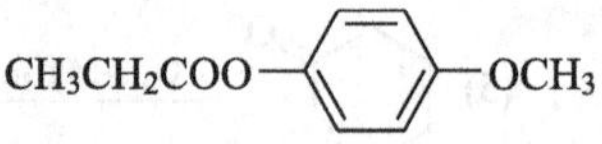 $CH_3CH_2COO-\!\!\!\!\diagdown\!\!\!\!-OCH_3$

(d) 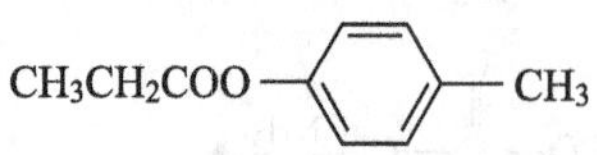 $CH_3CH_2COO-\!\!\!\!\diagdown\!\!\!\!-CH_3$

12.8 将下列化合物按碱性大小排序。

(1) $CH_3CH_2CONH_2$　　(2) NH_3　　(3) $CH_3CH_2CONHCH_3$　　(4) 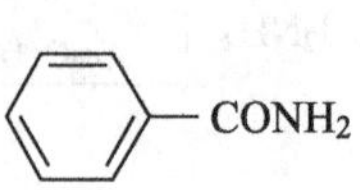 $\text{C}_6\text{H}_5-CONH_2$　　(5)

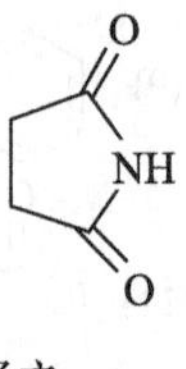

12.9 4-甲氧基苯甲酸是一种比苯甲酸弱的酸,但是甲氧基乙酸却比乙酸的酸性强,试解释之。

12.10　为下面的反应提出两种可能的机理,设计一个可以区分两种机理的同位素标记实验。

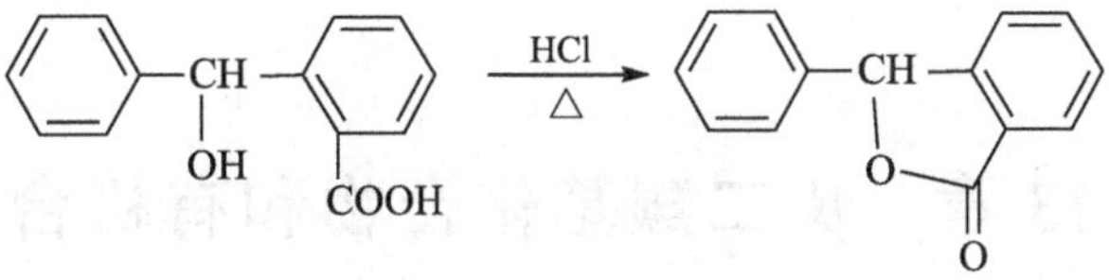

12.11　一位学生合成了下列化合物 1,为了提纯该化合物,他先滴加碱的水溶液,分液后酸化水层,然后用乙醚萃取,当他蒸去乙醚,检测发现产品已经完全转化为化合物 2。试回答下列问题:

(1) 化合物 1 和化合物 2 中成环的官能团各是什么?

(2) 由化合物 1 转化为化合物 2 是什么时候发生的(加碱还是加酸的时候)?

(3) 写出由化合物 1 转化为化合物 2 的反应机理。

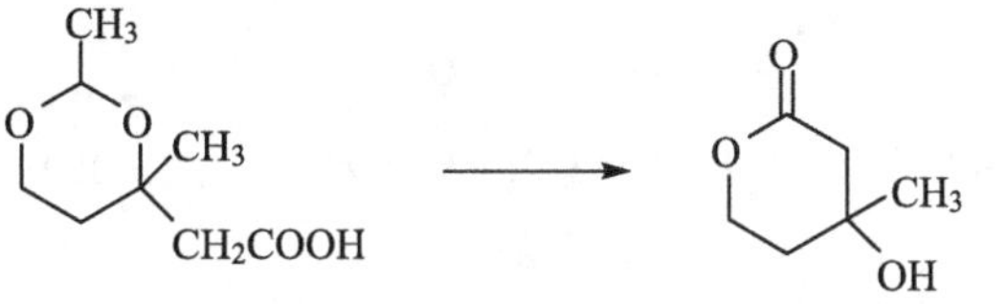

化合物1　　　　　　　　　　　　　　　化合物2

12.12　根据下列数据判断化合物的结构。

化合物 分子式	IR(σ/cm^{-1})	可能的结构		
		A	B	C
$C_4H_6O_2$ (1)	3070,1765,1649, 1370,1225,1140, 955,880	$CH_3COCH=CH_2$	$CH_2=CHCOCH_3$	$CH_3CH=CHCOH$
$C_8H_8O_2$ (2)	1715,1600,1500, 1280,730,690	 H_3C—⟨⟩—CHO	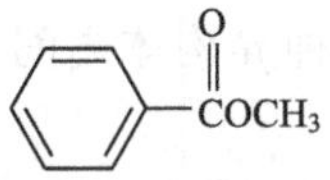 ⟨⟩—COCH$_3$	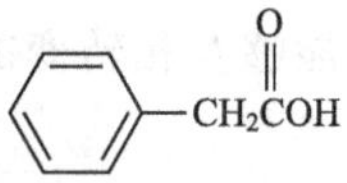 ⟨⟩—CH$_2$COH

12.13　苯的二取代衍生物 F($C_{12}H_{14}O_4$),IR 在 1720cm^{-1}、1500cm^{-1}、820cm^{-1}有较强吸收;^{1}H NMR:$\delta=8.1$(单峰),$\delta=4.4$(四重峰),$\delta=1.4$(三重峰),三种质子的峰面积比为 2∶2∶3。推测 F 的结构。

12.14　分子式为 $C_6H_{12}O$ 的化合物 A,将 A 氧化得 B,B 溶于 NaOH 水溶液,B 受热生成环状化合物 C,C 可以与羟胺生成肟,C 用 Zn-Hg/HCl 还原后得到 D,D 的分子式为 C_5H_{10}。试推测 A~D 的结构。

第13章 β-二羰基化合物和有机合成
(β-Dicarbonyl Compounds and Organic Synthesis)

13.1 β-二羰基化合物
(β-Dicarbonyl Compounds)

凡两个羰基中间被一个碳原子隔开的化合物称为β-二羰基化合物。例如：

$$\overset{O}{\overset{\|}{R-C}}-CH_2-\overset{O}{\overset{\|}{C}}-R' \qquad \overset{O}{\overset{\|}{R-C}}-CH_2-\overset{O}{\overset{\|}{C}}-OR' \qquad \overset{O}{\overset{\|}{RO-C}}-CH_2-\overset{O}{\overset{\|}{C}}-OR'$$

   β-二酮   β-酮酸酯   丙二酸二酯

上述β-二羰基化合物中的亚甲基因受到两个羰基吸电子的影响而具有很高的反应活性，称为活性亚甲基(或称为活泼亚甲基)。通过活性亚甲基的烃基化和酰基化可以将β-二羰基化合物转变成多种类型的化合物，在有机合成中有着重要的用途。

13.1.1 β-二羰基化合物的酮-烯醇互变异构

在一般情况下烯醇式是不稳定的，但β-二羰基化合物的烯醇式结构却具有一定的稳定性。例如，乙酰乙酸乙酯通常以酮式和烯醇式两种异构体的混合物形式存在，在室温条件下，液态乙酰乙酸乙酯平衡混合物中约含 7.5% 的烯醇式和 92.5% 的酮式异构体，它们能互相转变。这种能够互相转变的两种异构体之间存在的动态平衡现象称为互变异构现象。

$$H_3C-\overset{O}{\overset{\|}{C}}-CH_2-\overset{O}{\overset{\|}{C}}-OC_2H_5 \rightleftharpoons H_3C-\overset{OH}{\overset{|}{C}}=CH-\overset{O}{\overset{\|}{C}}-OC_2H_5$$

    酮式(92.5%)   烯醇式(7.5%)

上述酮式的沸点为 41℃(267 Pa)，烯醇式的沸点为 33℃(267 Pa)，在较低的温度下，用石英容器精馏，可以将这两种异构体分离。乙酰乙酸乙酯的烯醇式之所以较稳定，一方面是因为通过分子内氢键形成了一个较稳定的六元环；另一方面是烯醇式羟基氧上的未共用电子对可与碳碳双键和碳氧双键共轭，电子离域使分子能量降低。烯醇式沸点较低的原因也是因为存在分子内氢键。

酮式和烯醇式在酸和碱的催化下很容易发生互变。酸催化下互变的反应机理表达如下：

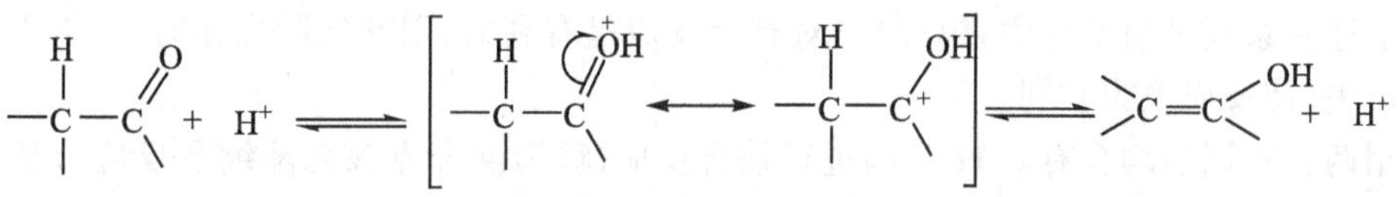

酮式　　　　　　　　　　质子化羰基　　　　　　　　　　烯醇式

碱催化下互变的反应机理表达如下：

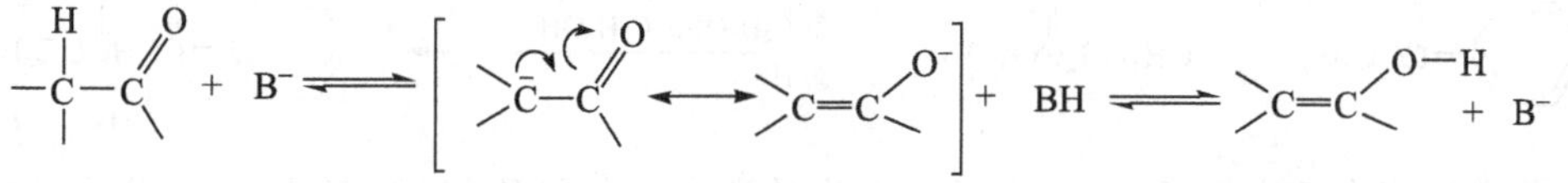

酮式　　　　　　碳负离子　　烯醇离子　　　　　　烯醇式

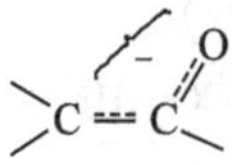

烯醇负离子

烯醇负离子的氧端和碳端都带有部分负电荷，因此有两个反应位点，这种具有双位反应性能的负离子称为两位负离子。一般碳端亲核性强，在亲核反应时，碳端作为亲核试剂进攻，形成碳碳键。氧端碱性强，与质子反应非常迅速，生成的产物是烯醇，但烯醇是不稳定的，若有足够的时间，最终都转变为稳定的羰基化合物。

13.1.2　β-二羰基化合物的合成

1. 克莱森酯缩合反应

两分子酯在碱作用下失去一分子醇生成 β-酮酸酯的反应称为酯缩合反应，也称为克莱森酯缩合反应。例如，乙酸乙酯在强碱（如乙醇钠、金属钠等）的催化下缩合，然后酸化得到乙酰乙酸乙酯（3-氧代丁酸乙酯）。

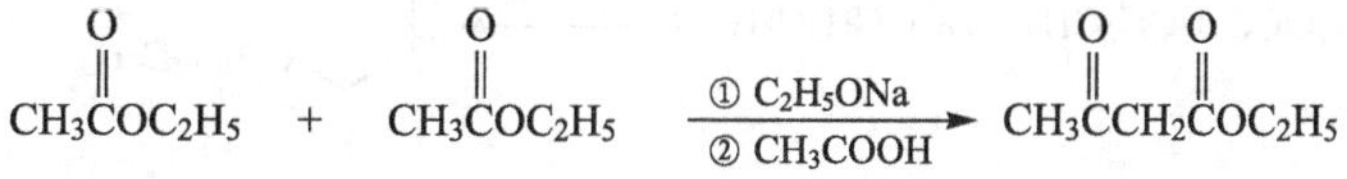

以乙酸乙酯为例，克莱森酯缩合反应的反应机理如下：

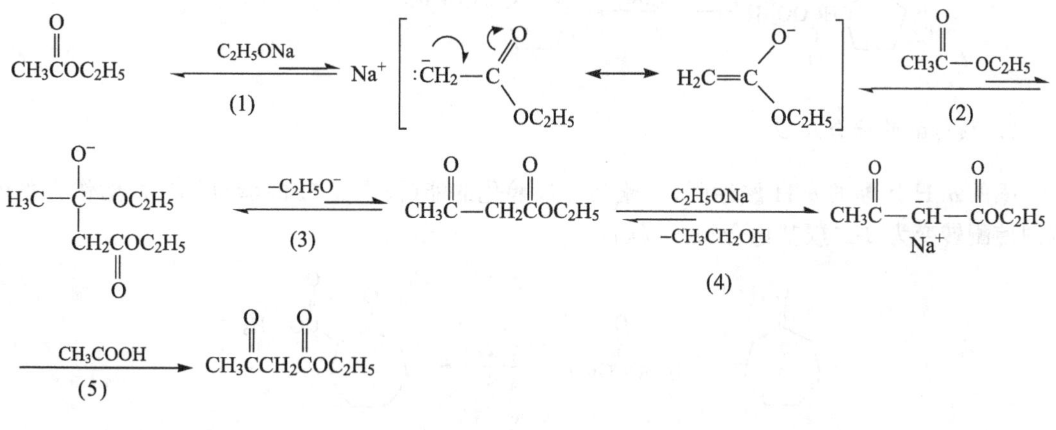

在上述一系列平衡反应中,第(4)步对整个反应是有利的,因此实际操作时,可将生成的乙醇蒸馏出去,使反应更为有利。

若用两种不同的均含有 α-H 的酯进行缩合反应(称为混合克莱森酯缩合反应),理论上可以得到四种产物,没有制备价值。当反应物之一是不含 α-H 的酯,如苯甲酸酯、甲酸酯、碳酸酯、乙二酸酯等,选择性的混合克莱森酯缩合反应是可能的。例如:

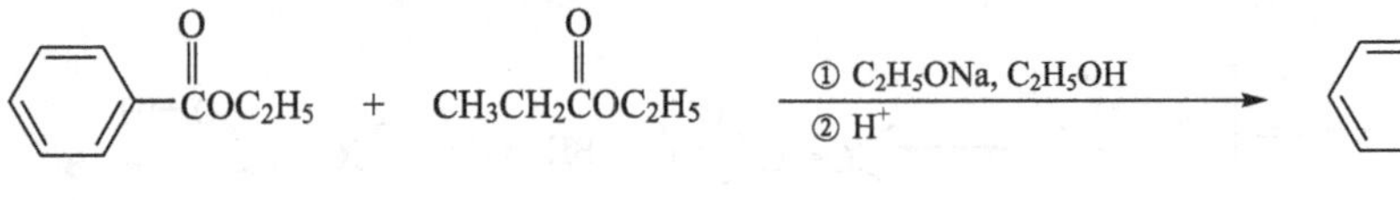

克莱森酯缩合反应是可逆的,生成的 β-酮酸酯在催化量的碱(如醇钠)和一分子醇的作用下,可发生克莱森酯缩合反应的逆反应,分解为两分子酯。

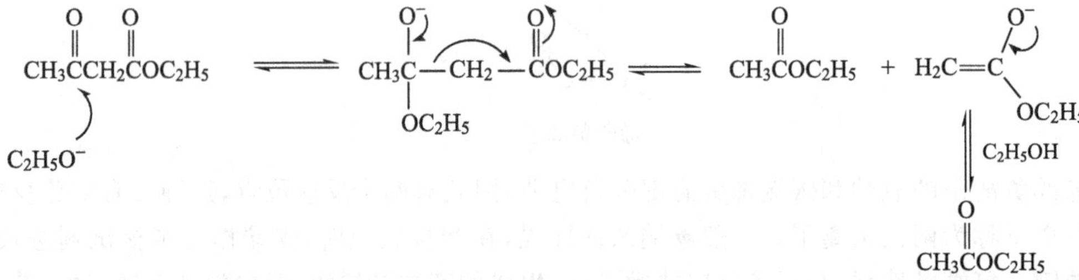

分子内进行的克莱森酯缩合反应可以用来制备五元或六元的环状 3-酮酸酯,称为迪克曼(Dieckmann)缩合反应。例如:

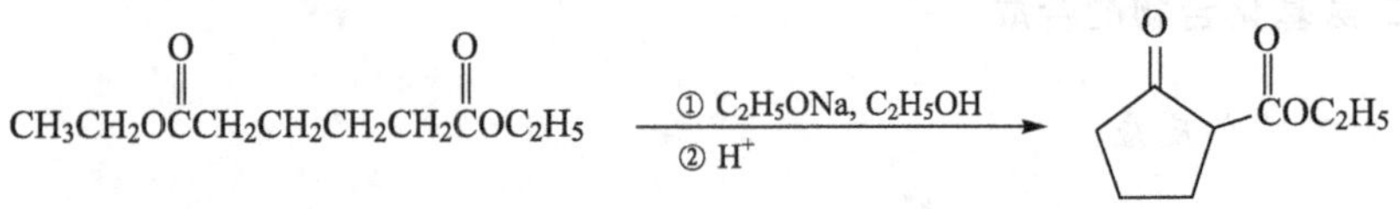

反应机理如下:

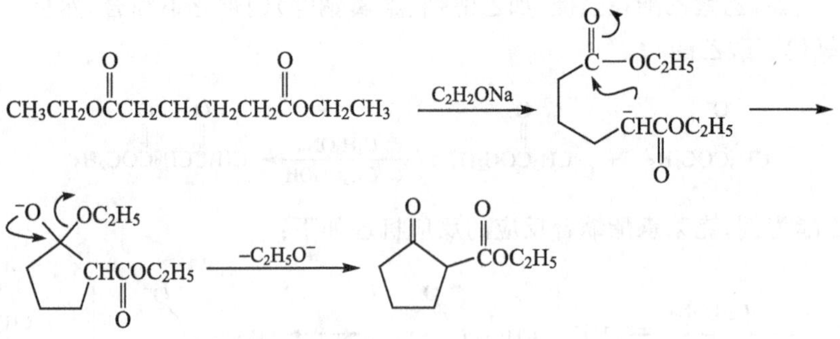

2. 酮与酯的缩合反应

酮的 α-H 比酯的 α-H 酸性强,当酮与非烯醇化的酯(没有 α-H 的酯)反应时,酯作为酰化试剂使酮转变为 β-二羰基化合物。例如:

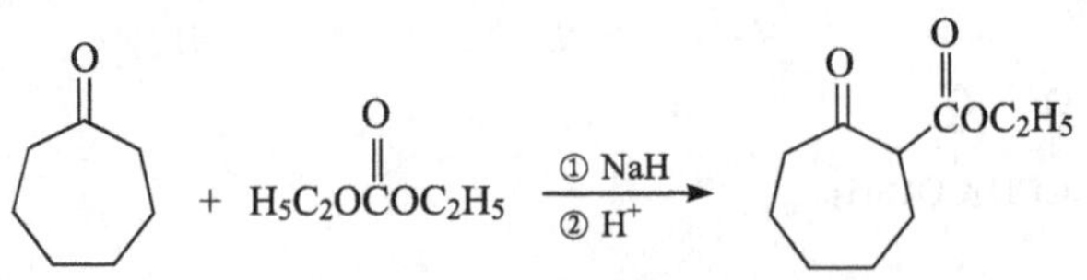

练习 13.1　完成下列反应式。

(1) $2CH_3CH_2COOC_2H_5 \xrightarrow[②H^+]{①C_2H_5ONa, C_2H_5OH}$

(2) $CH_3CH_2COOC_2H_5 + C_6H_5COOC_2H_5 \xrightarrow[②H^+]{①C_2H_5ONa, C_2H_5OH}$

(3) $CO(OC_2H_5)_2 + CH_3COCH_3 \xrightarrow[②H^+]{①C_2H_5ONa, C_2H_5OH}$

(4) $CH_3OOC(CH_2)_4COOCH_3 \xrightarrow[②H^+]{①C_2H_5ONa, C_2H_5OH}$

练习 13.2　用克莱森酯缩合反应或迪克曼反应合成下列化合物。

(1) 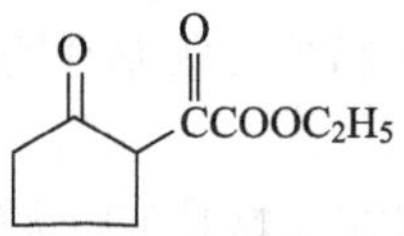 　(2) 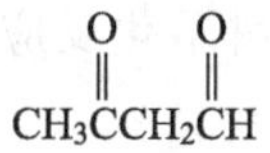 CH_3CCH_2CH（二羰基）　(3) 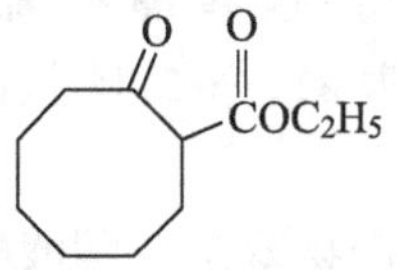 　(4)

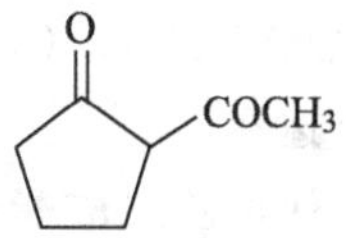

13.1.3　β-二羰基化合物的反应

1. α-烃基化反应和 α-酰基化反应

乙酰乙酸乙酯在碱作用下很容易形成烯醇负离子,它是一个两位负离子,具有双位反应性能:

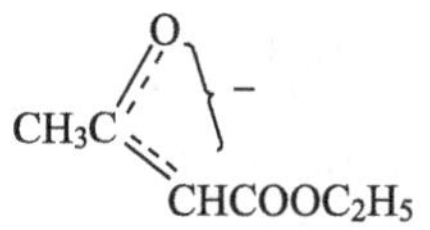

由于碳的亲核性比氧强,且碳烃基化速率比氧烃基化速率快,所以总的结果是碳烃基化。同样的理由,酰基化反应也发生在碳原子上。以乙酰乙酸乙酯为例,β-二羰基化合物的 α-烃基化反应和 α-酰基化反应可以表述如下:

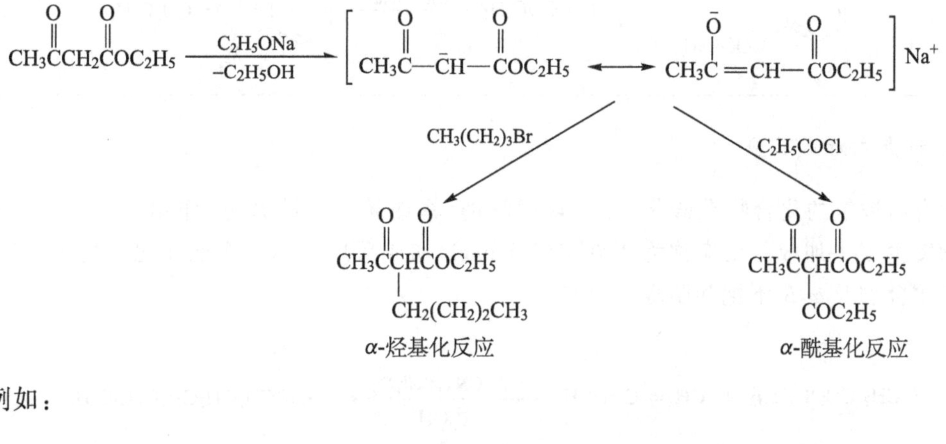

例如:

$$CH_3CCH_2COC_2H_5 + C_6H_5COCl \xrightarrow{C_2H_5ONa} CH_3CCHCOC_2H_5$$
$$\underset{COC_6H_5}{|}$$

（结构式中含有 O 双键标记于酮羰基上）

烃基化试剂以卤代烃最为普遍,磺酸酯、硫酸酯也可作为烃基化试剂。三级卤代烃在碱性条件下易发生消除,不宜作为烃基化试剂。例如:

$$(CH_3)_3CBr + CH_2(COOC_2H_5)_2 \xrightarrow{C_2H_5ONa} (CH_3)_3C-CH(COOC_2H_5)_2 + (CH_3)_2C=CH_2$$

常见的酰基化试剂有酯、酰卤、酸酐,不含 α-H 的酯如乙二酸二乙酯、甲酸酯、碳酸二乙酯、苯甲酸酯等尤为常用,这些酯在酰化反应中可分别引入—$COCO_2C_2H_5$,—CHO,—$COOC_2H_5$,—COC_6H_5 基团。β-二羰基化合物的酰基化反应是制备 1,3-二羰基化合物的重要途径。

使用乙二酸酯得到的产物既是 β-酮酸酯,又是 α-酮酸酯。α-酮酸酯在加热时可脱去羰基,为合成取代丙二酸酯及相关化合物提供了一条方便的途径。例如:

$$PhCH_2CO_2C_2H_5 + \underset{COOC_2H_5}{\overset{COOC_2H_5}{|}} \xrightarrow{C_2H_5ONa} Ph-HC\underset{C-CO_2C_2H_5}{\overset{COOC_2H_5}{<}} \xrightarrow{178℃} PhCH(COOC_2H_5)_2$$

练习 13.3 完成下列反应。

(1) $CH_3CH_2CH_2COOC_2H_5 + (COOC_2H_5)_2 \xrightarrow{C_2H_5ONa}$

(2) $CH_3CH_2CH_2COOC_2H_5 + C_6H_5COCl \xrightarrow{C_2H_5ONa}$

(3) $CH_2(COOC_2H_5)_2 + C_6H_5CH_2Cl \xrightarrow{C_2H_5ONa}$

练习 13.4 写出下列反应可能的反应机理。

$$\begin{array}{c}\text{（邻苯二甲酸二乙酯）} \overset{COOC_2H_5}{\underset{COOC_2H_5}{}} + CH_3COC_2H_5 \xrightarrow{C_2H_5ONa} \text{（2-乙氧羰基茚满-1,3-二酮）} CO_2C_2H_5\end{array}$$

---

2. 迈克尔加成反应

含有活泼氢的化合物在催化量碱(常用醇钠、季铵碱及苛性碱等)作用下,与 α,β-不饱和化合物发生 1,4-加成的反应称为迈克尔(Michael)加成反应。α,β-不饱和化合物为 α,β-不饱和羰基化合物及 α,β-不饱和腈等。例如:

$$CH_2(COOC_2H_5)_2 + CH_2=CHCCH_3 \xrightarrow[C_2H_5OH]{C_2H_5ONa (催化量)} CH_3CCH_2CH_2CH(COOC_2H_5)_2$$

反应机理如下:

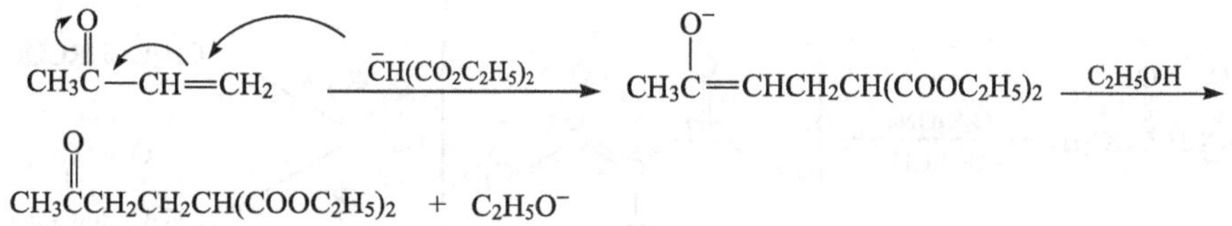

又如：

3. 鲁宾逊环合反应

上述迈克尔加成反应的产物可进一步发生分子内羟醛缩合或克莱森酯缩合反应，得到环状化合物，该反应称为鲁宾逊(Robinson)环合反应。例如：

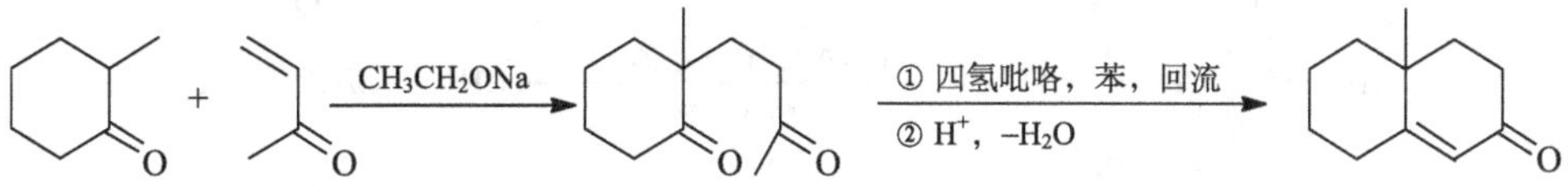

练习 13.5 完成下列反应，写出主要产物。

(1) 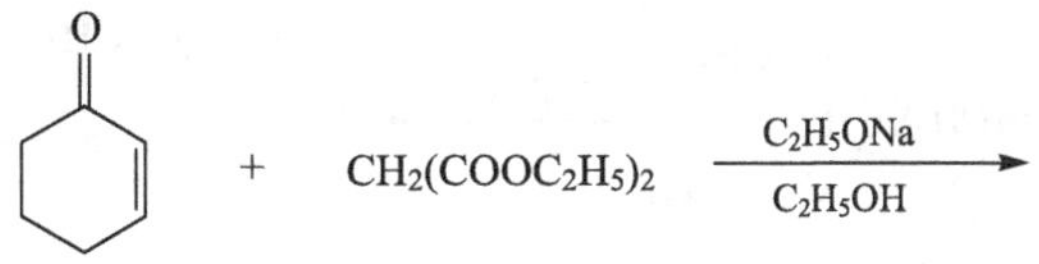 + $CH_2(COOC_2H_5)_2$ $\xrightarrow[C_2H_5OH]{C_2H_5ONa}$

(2) $CH_3COCH_2COOC_2H_5$ + $H_2C=CHCOOC_2H_5$ $\xrightarrow[C_2H_5OH]{C_2H_5ONa}$

(3) $CH_3COCH_2COCH_3$ + $H_2C=CHCN$ $\xrightarrow[C_2H_5OH]{C_2H_5ONa}$

练习 13.6 以 5-氧代己酸酯为原料合成 2,2-二甲基-1,3-环己二酮。

13.1.4 典型的 β-二羰基化合物在有机合成中的应用

1. 乙酰乙酸乙酯在合成中的应用

乙酰乙酸乙酯由乙酸乙酯经克莱森酯缩合反应得到，为无色具有水果香味的液体，沸点 181℃(分解)，微溶于水，可溶于多种有机溶剂，对石蕊呈中性，但能溶于氢氧化钠溶液。乙酰乙酸乙酯活性亚甲基上的氢原子具有较强的酸性(pK_a=11)，烷基化反应后用稀碱溶液水解，酸化后加热脱羧得到 3-取代甲基酮或 3,3-二取代甲基酮，这种分解称为酮式分解。例如：

$$CH_3COCH_2COOC_2H_5 \xrightarrow[-C_2H_5OH]{C_2H_5ONa} \left[\begin{array}{c} \\ H_3C-CH=C-OC_2H_5 \\ \end{array} \right]^- Na^+$$

$$\xrightarrow{R-X} CH_3COCHRCOOC_2H_5$$

$$\xrightarrow{2R-X} CH_3COCR_2COOC_2H_5$$

$$\xrightarrow[②\ H^+]{①\ 稀OH^-} \begin{array}{l} CH_3COCHRCOOH \\ CH_3COCR_2COOH \end{array}$$

$$\xrightarrow[-CO_2]{\triangle} \begin{array}{l} CH_3COCH_2R \\ CH_3COCH(R)(R) \end{array}$$

(两个R可以相同,也可以不同)

乙酰乙酸乙酯的烷基化产物若与浓碱共热,则 α-和 β-碳原子之间的键发生断裂,酸化后加热生成羧酸,这种分解称为酸式分解。例如:

$$H_3C-C-CH-C-OC_2H_5 \xrightarrow[酸式分解]{①\ 40\%OH^-,②H^+,③\triangle} CH_3CH_2CH_2C-OH$$
(其中 CH_2CH_3 为取代基)

在有机合成上,乙酰乙酸乙酯主要用来合成甲基酮和烷基取代的乙酸。

乙酰乙酸乙酯钠衍生物与二卤代烷作用,然后进行酮式分解可得到环烷基酮。例如:

$$CH_3COCH_2COOC_2H_5 \xrightarrow[②\ Br(CH_2)_4Br]{①\ C_2H_5ONa} Br(CH_2)_4CH \begin{array}{c} COCH_3 \\ COOC_2H_5 \end{array} \xrightarrow{C_2H_5ONa}$$ 环戊烷(1位连 COCH_3 和 COOC_2H_5)

$$\xrightarrow[酮式分解]{①\ 稀OH^-,②H^+,③\triangle}$$ 环戊基-C(=O)-CH_3

乙酰乙酸乙酯的活性亚甲基还可以发生酰基化反应。与酰氯或卤代酸酯作用,然后经酮式分解可得到 β-二酮或高级酮酸等。例如:

$$CH_3COCH_2COOC_2H_5 \xrightarrow[②\ CH_3CH_2COCl]{①\ C_2H_5ONa} CH_3COCHCOOC_2H_5 \\ (COC_2H_5) \xrightarrow{酮式分解} CH_3COCH_2COC_2H_5$$

$$CH_3COCH_2COOC_2H_5 \xrightarrow[②\ BrCH_2COC_6H_5]{①\ C_2H_5ONa} CH_3COCHCOOC_2H_5 \\ (CH_2COC_6H_5) \xrightarrow{酮式分解} CH_3CO(CH_2)_2COC_6H_5$$

2. 丙二酸二乙酯在合成中的应用

丙二酸二乙酯为无色有香味液体,沸点 199℃,微溶于水,具有微酸性($pK_a=13$)。丙二酸很活泼,受热易分解脱羧成乙酸,因此丙二酸二乙酯不能用丙二酸直接酯化制备,而是从氯乙酸钠经下面反应制备:

$$CH_2COONa \atop Cl \xrightarrow{NaCN} CH_2COONa \atop CN \xrightarrow[H_2SO_4]{C_2H_5OH} CH_2(COOC_2H_5)_2$$

与乙酰乙酸乙酯类似,丙二酸二乙酯的活性亚甲基与乙醇钠作用,生成相应的钠衍生物,后者可分别与一分子卤代烷或两分子卤代烷作用,生成一烷基取代或二烷基取代的丙二酸二乙酯,产物经碱性水解后酸化,加热脱羧后生成一取代或二取代的乙酸。例如:

$$CH_2(COOC_2H_5)_2 \xrightarrow{C_2H_5ONa} [CH(COOC_2H_5)_2]^- Na^+ \xrightarrow{RX} RCH(COOC_2H_5)_2$$

$$\xrightarrow[② H^+]{① NaOH, H_2O} \quad \begin{matrix} R \\ | \\ C \\ | \\ H \end{matrix}\begin{matrix} COOH \\ \\ COOH \end{matrix} \xrightarrow[-CO_2]{\triangle} \quad \begin{matrix} R \\ | \\ CHCOOH \\ | \\ H \end{matrix}$$

$$CH_2(COOC_2H_5)_2 \xrightarrow{C_2H_5ONa} [CH(COOC_2H_5)_2]^- Na^+ \xrightarrow{RX} RCH(COOC_2H_5)_2$$

$$\xrightarrow[② R'X]{① C_2H_5ONa} \begin{matrix} R \\ \\ R' \end{matrix}C(COOC_2H_5)_2 \xrightarrow[② H^+]{① NaOH, H_2O} \begin{matrix} R \\ \\ C \\ \\ R' \end{matrix}\begin{matrix} COOH \\ \\ COOH \end{matrix} \xrightarrow[-CO_2]{\triangle} \begin{matrix} R \\ \\ CHCOOH \\ \\ R' \end{matrix}$$

(RX,R'X为伯和仲卤代烷,R和R'可以相同或不同)

丙二酸二乙酯的钠衍生物也可与二卤代烷或卤代酸酯等作用,然后经水解、酸化、脱酸等反应生成二元羧酸。例如:

$$2CH_2(COOC_2H_5)_2 + \begin{matrix} Br\ Br \\ |\ | \\ CH_2CH_2 \end{matrix} \xrightarrow{2C_2H_5ONa} \begin{matrix} CH_2-CH(COOC_2H_5)_2 \\ | \\ CH_2-CH(COOC_2H_5)_2 \end{matrix} \xrightarrow[② H^+,③\triangle]{① NaOH, H_2O}$$

$$\begin{matrix} CH_2-CH_2COOH \\ | \\ CH_2-CH_2COOH \end{matrix}$$

$$CH_2(COOC_2H_5)_2 + ClCH_2COOC_2H_5 \xrightarrow{C_2H_5ONa} \begin{matrix} CH(COOC_2H_5)_2 \\ | \\ CH_2COOC_2H_5 \end{matrix} \xrightarrow[② H^+,③\triangle]{① NaOH, H_2O}$$

$$\begin{matrix} CH_2COOH \\ | \\ CH_2COOH \end{matrix}$$

丙二酸二乙酯与二卤代烃反应可制备环状羧酸。例如:

$$CH_2(CO_2C_2H_5)_2 \xrightarrow[② BrCH_2CH_2CH_2Br]{① NaOC_2H_5/C_2H_5OH} \square\begin{matrix} COOC_2H_5 \\ COOC_2H_5 \end{matrix} \xrightarrow[② \triangle]{① H^+} \square\begin{matrix} H \\ COOH \end{matrix}$$

3. 其他含活泼亚甲基的化合物在合成中的应用

当两个吸电子基(如—CHO,—COR,—COOH,—CN,—NO$_2$ 等)连接在同一碳原子上时,其亚甲基的氢原子具有活泼性,与强碱作用时,亚甲基上的氢原子能被烷基化。例如:

$$NCCH_2-\overset{O}{\overset{||}{C}}-OC_2H_5 \xrightarrow{C_2H_5I,\ 120℃} NC\overset{}{\underset{CH_2CH_3}{\overset{|}{CH}}}-\overset{O}{\overset{||}{C}}-OC_2H_5$$

醛、酮在弱碱(胺、吡啶等)存在下,与具有活泼 α-氢原子的化合物的缩合反应称为克诺文诺盖尔(Knoevenagel)缩合。例如:

$$C_6H_5CHO + \underset{\underset{CN}{|}}{CH_2COOC_2H_5} \xrightarrow{\text{哌啶}} C_6H_5CH=C\underset{CN}{\overset{COOCH_2CH_3}{<}}$$

克诺文诺盖尔反应在制备各类 α,β-不饱和化合物方面有较广泛的应用。例如：

$$\text{〇-CHO} + CH_2(COOH)_2 \xrightarrow[100℃]{\text{哌啶}} \text{〇-CH=C(COOH)_2} \xrightarrow[-CO_2]{\triangle} \text{〇-CH=CHCOOH}$$

> **练习 13.7**　由乙酰乙酸乙酯为主要原料合成下列化合物。
> (1) 2,4-己二酮　　　　　　　　　(2) 1-苯基 1,3-丁二酮
> (3) 甲基环戊基甲酸
> **练习 13.8**　由丙二酸二乙酯为主要原料合成下列化合物。
> (1) 1,2-环戊二甲酸　　　　　　　(2) γ-戊酮酸
> (3) 环戊基甲酸　　　　　　　　　(4) 戊酰胺

13.2　有 机 合 成
（Organic Synthesis）

　　有机合成是指应用有机化学反应合成有机化合物的过程，其任务是利用已有的原料制备新的、更复杂、更有价值的有机化合物，以适应人类生活、生产和科学研究的需要。有机合成是人类改造客观世界的重要工具之一，它能为工业和科研提供具有各种性能的分子，并建立有效的合成方法；能为理论研究提供特殊性能的分子，从而验证理论的正确性；还能用有机合成的方法证实有机分子结构的正确性等。有机合成是有机化学的重要组成部分，它对有机化学的发展起着重要的作用。

　　19 世纪中叶以来，有机合成化学的发展及其对社会的影响是惊人的。今天，有机合成的产品已成为人们日常生活不可缺少的主要部分，从衣、食、住、行到地质勘探，甚至航天飞行无一能离开有机合成的成果。21 世纪的三大发展学科——材料科学、生命科学和信息科学都与现代有机合成有着密切的联系，有机合成为这三大学科的发展提供了理论、技术和材料的支持。

　　本节将简单介绍有机合成的基础知识，设计有机合成路线的基本原则和方法，应用已学习的有机化学反应，学习并基本掌握设计目标化合物合成路线的方法和技巧。

13.2.1　设计有机合成路线的基本原则

　　合成一个目标分子一般包括三个步骤：第一步对目标分子的结构进行考察和剖析；第二步设计合理可行的合成路线；第三步实施对目标分子的合成。其中，设计并选择一条合理的合成路线是最重要的。通常设计有机合成路线必须考虑的基本原则是：

　　(1) 合成反应的产率：产品产率的高低是评价合成路线好坏的主要标准，因此合成路线要尽可能短，每个单元反应应尽可能有较高的产率，且必须尽可能避免或控制副反应的发生。

　　(2) 合成原料的选择：用合适的原料进行反应，有机合成才有意义。因此，反应所用的原

料和试剂的结构应相对简单、易得,且较便宜或容易大量制备。

(3) 合成反应的选择:必须符合原子经济性,尽量选用能使原料分子全部转化为产物分子的反应进行合成,提高原料利用率,减少"三废",保护环境。1996 年,P. A. Wender 教授对理想的合成提出了完整的定义:"一种理想的合成是用简单的、安全的、环境友好的、资源有效的操作,快速、定量地把廉价、易得的起始原料转化为天然或设计的目标分子"。

(4) 合成成本的核算:实验室的合成一般不太受成本的约束,但在工业生产上成本的核算是必须考虑和不能忽视的重要问题。

13.2.2　有机合成路线的设计

设计目标分子的合成路线主要包括四个方面的问题:①碳架的建立;②官能团的转化;③官能团的保护;④立体化学的选择和控制,其中碳架的建立是设计合成路线的核心。

对于结构较复杂的有机化合物的合成路线设计,碳架的建立往往是合成中最困难的问题之一,解决该问题的有效方法是采用逆合成分析法来设计合成路线。所谓逆合成分析法就是从分析目标产物(TM)的结构特点入手,逆实际合成的方向回推到起始原料(SM)来设计合理的合成路线的方法。在回推的过程中,能将复杂的目标分子结构逐渐简化,直至选出合适的原料。只要每步回推合理,就可以设计出合理的合成路线。

1. 逆合成分析法

逆合成分析法是一种解决合成设计的思考方法和技巧。从目标化合物出发,通过官能团的转化(FGI)、官能团增加(FGA)、官能团除去(FGR)、键的切断(Dis)、重排(Rearr.)等方法,推出生成目标分子的结构单元或片段,直至为最易得的原料或可供原料为止。这些过程称为转换,以双箭头($\Longrightarrow$)表示。这与合成目标分子的反应方向相反,合成反应过程以单箭头($\longrightarrow$)表示。

由逆合成分析可将目标分子通过不同的转换过程得到不同的起始原料。然后通过比较,得出最合理的断裂方式,再由原料开始正向选出最合理的合成路线,现举例说明如下。

例 13.1　　OH 的合成。

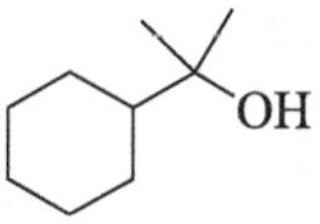

逆合成分析:该目标物可以有以下三种键的切断方法。

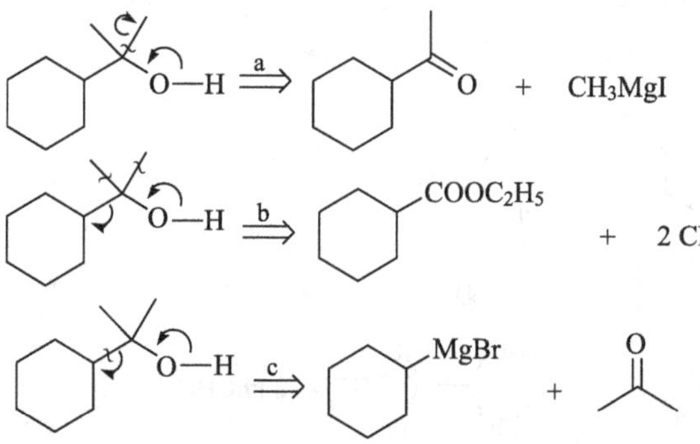

因为路线 c 所需原料较易得到,所以较合理。用路线 c 合成方法如下:

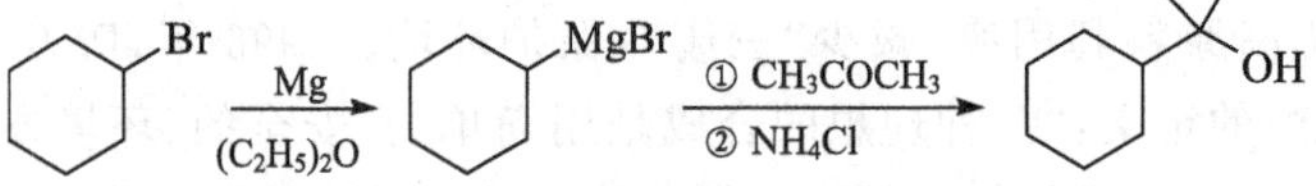

例 13.2 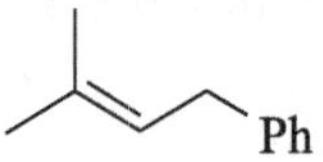 的合成。

逆合成分析:该目标物可以有以下两种键的切断方法。

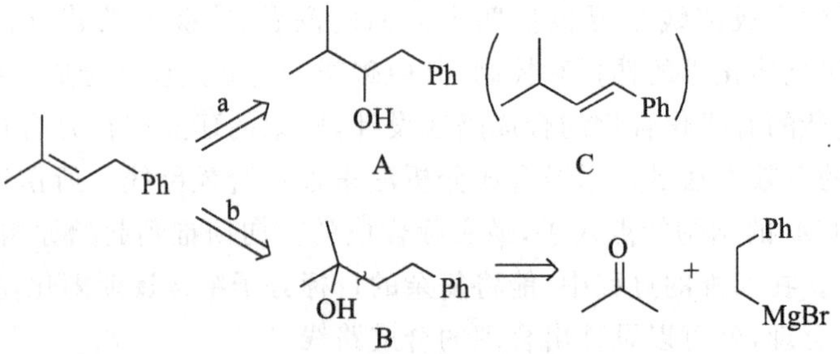

路线 b 优于 a,因为路线 b 的中间体 B 脱水生成目标化合物,而路线 a 的中间体 A 脱水将生成两种产物,且 C 是主产物。用路线 b 合成方法如下:

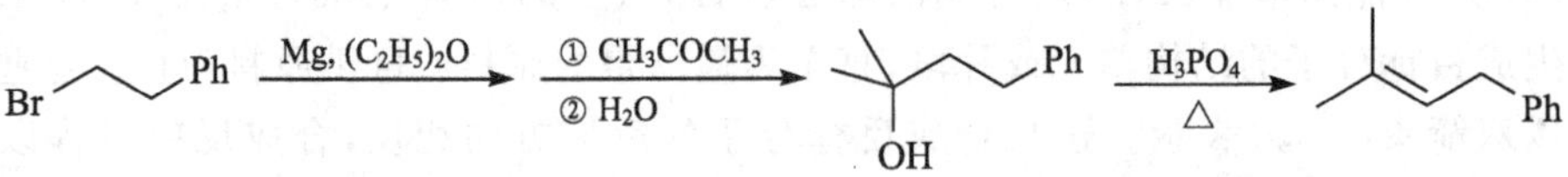

例 13.3 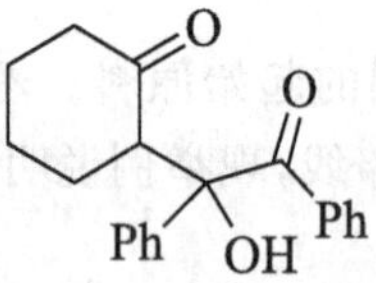 的合成。

逆合成分析:该目标物可以有以下两种键的切断方法。

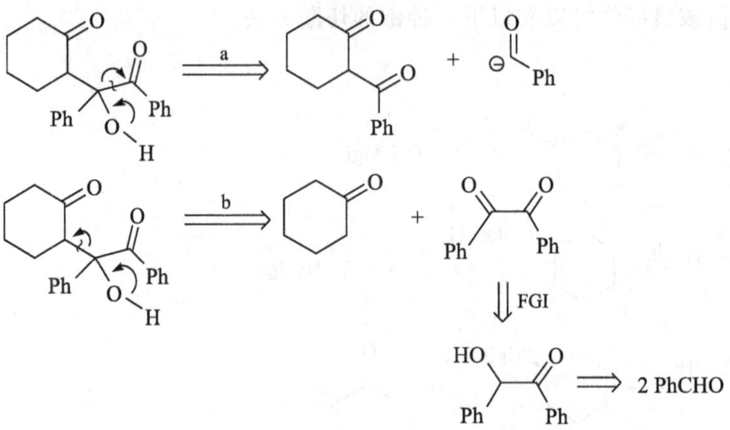

由于路线 b 的原料比 a 易得,因此路线 b 优于路线 a。用路线 b 合成方法如下:

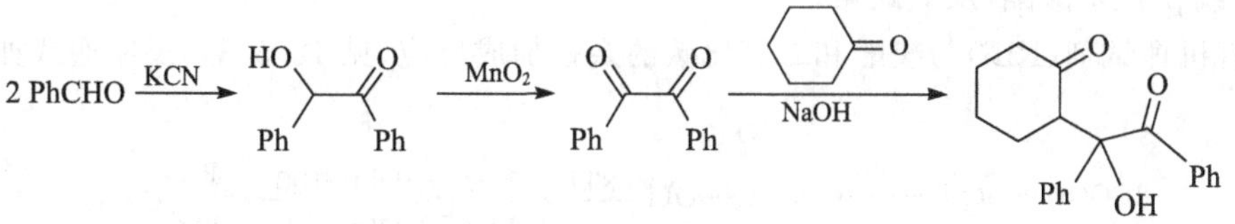

例 13.4　$CH_3CH_2CH_2CH_2CH_2CH_2COOC_2H_5$ 的合成。

逆合成分析:该目标物可以通过以下两种官能团增加方法设计合成路线。

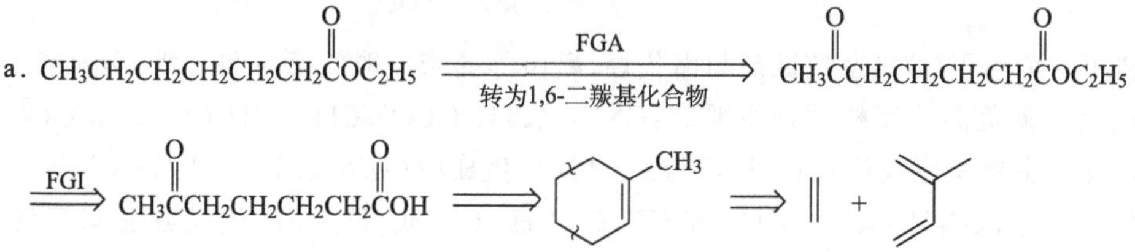

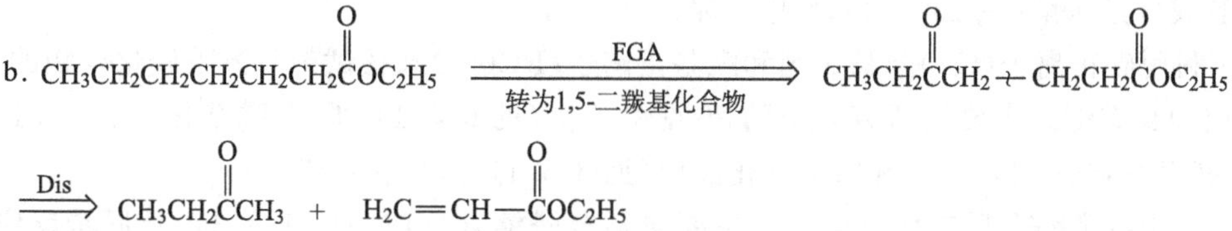

合成方法如下:

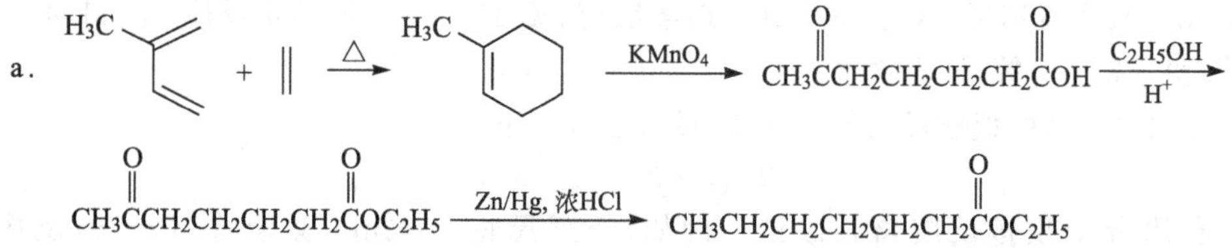

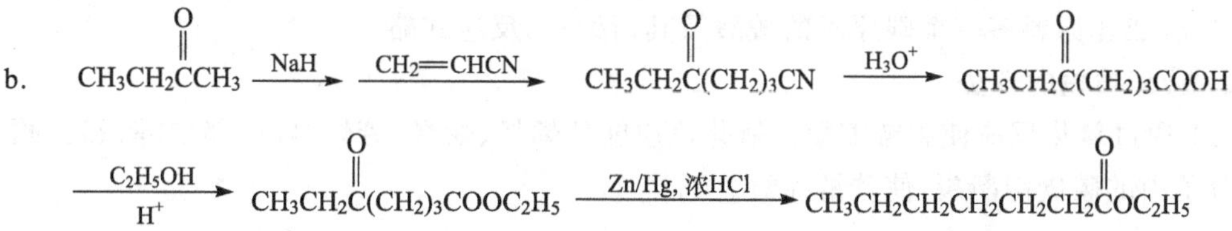

2. 碳架的形成

碳碳键的形成是有机合成的基础,它是通过官能团或官能团影响下的反应实现的。碳碳键形成的方法主要包括碳链增长、碳链缩短、碳环的形成和碳环的扩大和缩小等四个方面的问题。现概述如下:

1) 碳链增长的方法

(1) 利用金属有机化合物(有机镁、有机锂和有机锌试剂)增长碳链。

a. RMgX 与醛、酮和羧酸及其衍生物亲核加成后酸性水解可以得到比原料卤代烃碳链增长的产物,如与甲醛反应后得到增长一个碳原子的伯醇;与醛得到仲醇;与酮得到叔醇(见 9.7.3 和 11.4.1),与环氧乙烷得到增长两个碳原子的伯醇(见 10.5.4),与 CO_2 得到增长一个碳原子的羧酸(见 12.5.3),与酰卤得到酮,与酯得到叔醇(见 12.10.4),反应式略。

　　b. 有机锌试剂（$BrZnCH_2COOC_2H_5$）与醛、酮的亲核加成反应（瑞佛马茨基反应），产物为 β-羟基酸或 β-羟基酸酯，反应式略。

　　c. 有机锂试剂（RLi）与羧酸和二氧化碳的亲核加成反应（见 12.5.3），反应通式如下：

$$RCOOH + R'Li \longrightarrow R{-}\underset{\underset{O}{\|}}{C}{-}OLi \xrightarrow{R'Li} \underset{R'}{\overset{R}{>}}C\underset{OLi}{\overset{OLi}{<}} \xrightarrow{H_2O} \underset{R'}{\overset{R}{>}}C{=}O$$

$$RLi + CO_2 \longrightarrow R{-}\underset{\underset{O}{\|}}{C}{-}OLi \xrightarrow{R'Li} \underset{R'}{\overset{R}{>}}C\underset{OLi}{\overset{OLi}{<}} \xrightarrow{H_2O} \underset{R'}{\overset{R}{>}}C{=}O$$

　　（2）利用碳负离子（C^-）亲核试剂与卤代烃、酰卤等的亲核取代反应和与醛、酮的亲核加成反应增长碳链。碳负离子亲核试剂主要有：CN^-，$(C_2H_5OCO)_2CH^-$，$CH_3COCH^-COOC_2H_5$，$CH_3C{\equiv}C^-$ 等。主要反应包括：伯卤代烃与 CN^- 反应生成腈（见 8.3.1）；$CH_3C{\equiv}C^-$ 与卤代烃发生亲核取代反应；$(C_2H_5OCO)_2CH^-$ 和 $CH_3COCH^-COOC_2H_5$ 与卤代烃或酰卤等反应后成酮水解或成酸水解（见 13.1.4），反应式略。

　　（3）利用碳正离子（C^+）亲核试剂和酰基正离子（RCO^+）亲核试剂与芳香族化合物的亲电取代反应增长碳链。主要包括芳环上的傅-克烷基化（见 6.4.1）、傅-克酰基化（见 6.4.1）、加特曼-科赫甲酰化（见 11.5.5）和氯甲基化反应（见 8.6.1）等，反应式略。

　　（4）利用各类缩合反应增长碳链。主要包括羟醛缩合反应（见 11.4.3）、曼尼希反应（见 11.4.3）、克莱森-施密特缩合（见 11.4.3）、克莱森酯缩合（见 13.1.2）、迪克曼反应（见 13.1.2）、克诺文诺盖尔反应（见 13.1.4）、珀金反应（见 11.4.3）、维悌希反应（见 11.4.1）、迈克尔加成（见 13.1.3）等，反应式略。

　　（5）利用自由基的偶联反应增长碳链，反应通式如下：

$$R\cdot + \cdot R \longrightarrow R{-}R$$

　　（6）利用分子重排反应增长碳链。例如，经阿恩特（Ardnt）-艾斯特（Eister）反应（见 14.3.3）合成比原料多一个碳原子的羧酸及其衍生物，反应式略。

　　2）碳链缩短的方法

　　（1）通过氧化反应使碳链缩短。氧化反应能使烯烃、炔烃、芳烃侧链、邻二醇、邻二酮和卤仿等分子中的碳碳键断裂，使碳链缩短。例如：

黄樟素　　　　　　　　　　异黄樟素　　　　　　　　　胡椒醛

　　（2）通过脱羧反应使碳链缩短。例如：

（3）通过分子重排反应使碳链缩短，如霍夫曼重排反应等。例如：

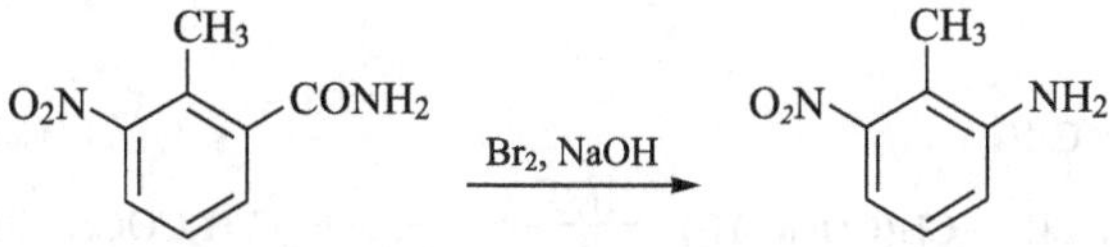

（4）通过烷烃的裂化与裂解使碳链缩短（见 2.4.2），反应式略。

3）碳环形成的方法

在有机合成中，主要通过下述方法形成碳环：

（1）利用分子内的亲核取代反应形成碳环，如丙二酸二乙酯与二卤代烃反应可制备环状羧酸（见 13.1.4），反应式略。

（2）利用分子内（间）的缩合反应，主要有迪克曼反应（见 13.1.2）、鲁宾逊环合反应（见 13.1.3）等形成碳环，反应式略。

（3）利用分子内的傅-克烷基化或酰基化反应形成碳环。例如：

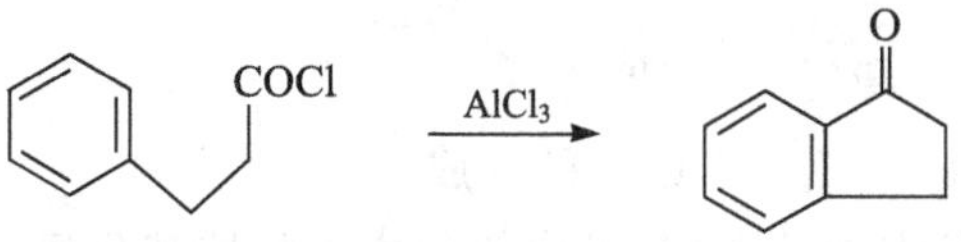

（4）利用第尔斯-阿尔德反应形成碳环（见 4.8.2），反应式略。

（5）利用烯烃与碳烯的加成反应形成碳环（见 3.4.6），反应式略。

4）碳环的扩大与缩小的方法

在有机合成中，主要利用频哪醇重排（见 14.4.1）和捷米扬诺夫重排（见 14.4.1）等反应使碳环扩大或缩小。例如：

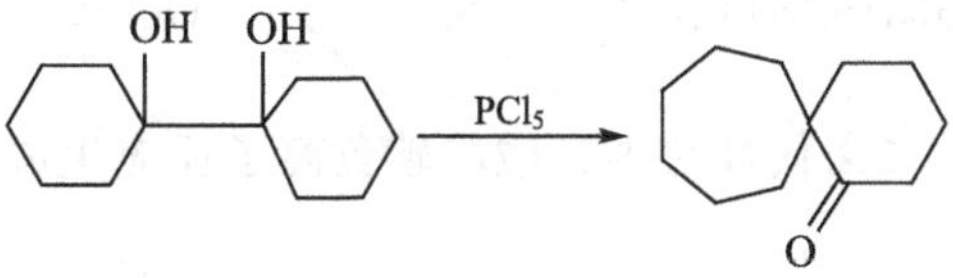

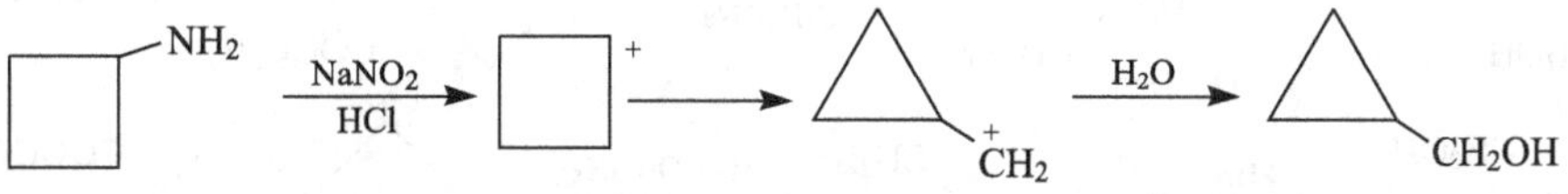

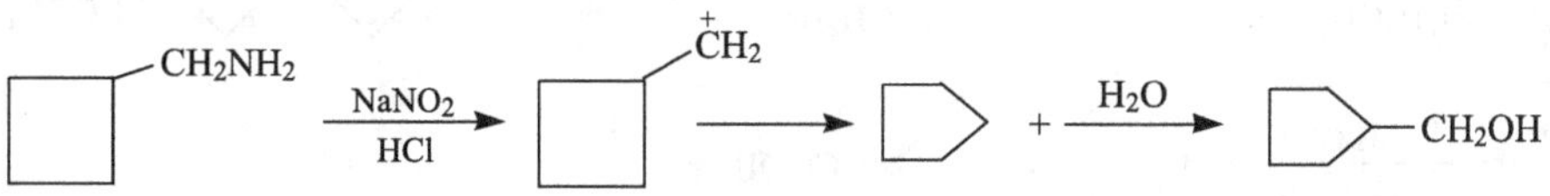

下面进一步举例说明有机合成中碳架形成的方法。

例 13.5 $C_6H_5CCH_2CHCH_2COOH$ 的合成。

分析：目标分子是一个 1,5-二羰基化合物，可由迈克尔反应制备。合成方法如下：

$$C_6H_5CHO \ + \ C_6H_5COCH_3 \xrightarrow{OH^-} C_6H_5COCH=CHC_6H_5 \xrightarrow[C_2H_5ONa]{CH_2(CO_2C_2H_5)_2}$$

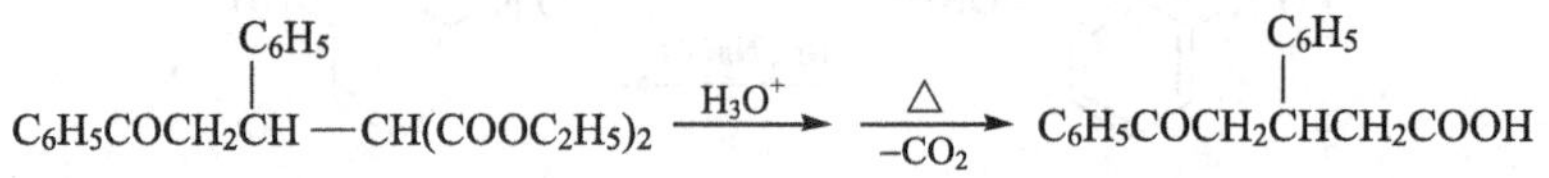

$$C_6H_5COCH_2\overset{\overset{\displaystyle C_6H_5}{|}}{CH}-CH(COOC_2H_5)_2 \xrightarrow{H_3O^+} \xrightarrow[-CO_2]{\triangle} C_6H_5COCH_2\overset{\overset{\displaystyle C_6H_5}{|}}{CH}CH_2COOH$$

例 13.6 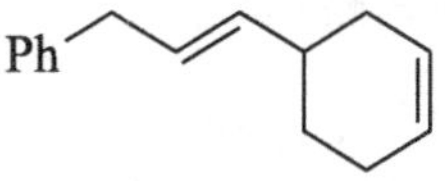 的合成。

分析：环外孤立双键可由维悌希反应制备,六元环可由第尔斯-阿尔德反应制备。合成方法如下：

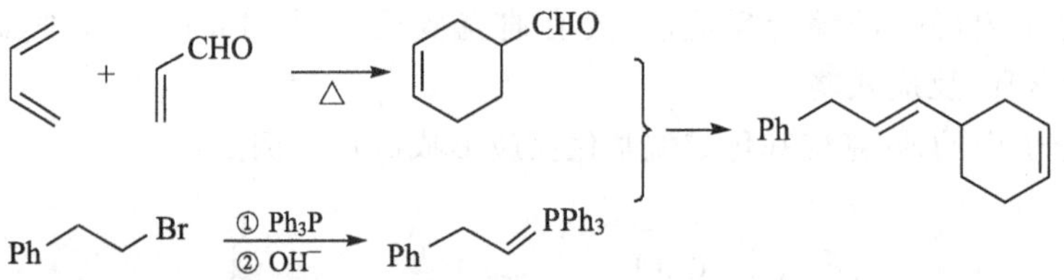

例 13.7 $C_6H_5CH_2CH_2CH_2CH_2CH_2CH_3$ 的合成。

分析：该目标物的制备需增长碳链,可由炔负离子的烷基化反应制备。合成方法如下：

$$C_6H_5CH=CH_2 \xrightarrow{Br_2} C_6H_5\overset{\overset{\displaystyle Br}{|}}{CH}-\overset{\overset{\displaystyle Br}{|}}{CH_2} \xrightarrow[\triangle]{KOH} C_6H_5C\equiv CH \xrightarrow[NH_3\,(l)]{NaNH_2} C_6H_5C\equiv C^-Na^+$$

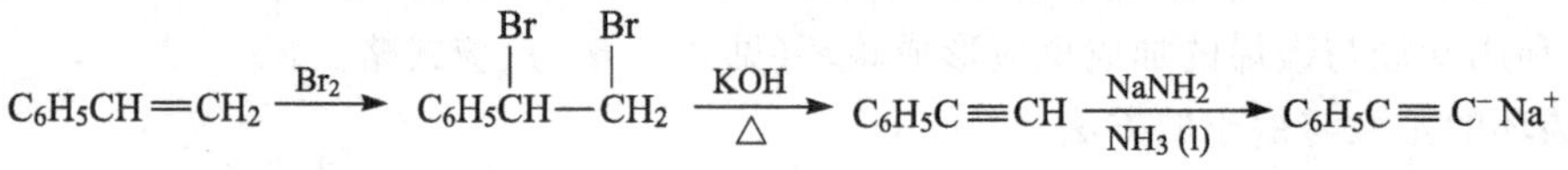

$$\xrightarrow{CH_3CH_2CH_2Br} C_6H_5C\equiv CCH_2CH_2CH_3 \xrightarrow{H_2/Pt} C_6H_5CH_2CH_2CH_2CH_2CH_3$$

例 13.8 由 $HOCH_2CH_2CH_2OH$ 合成 —COOH。

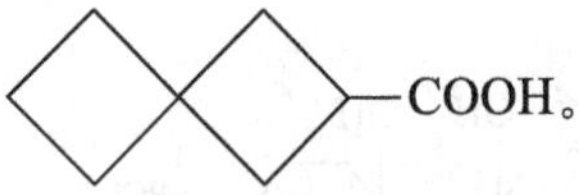

分析：小环化合物可由二卤代烃与丙二酸酯碳负离子反应生成。合成方法如下：

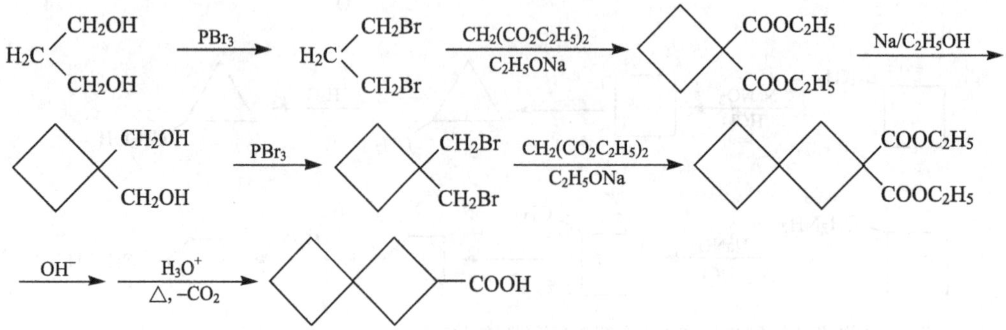

例 13.9 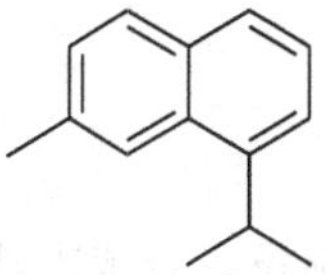 的合成。

分析：烷基取代的芳香族化合物可由傅-克酰基化制备。合成方法如下：

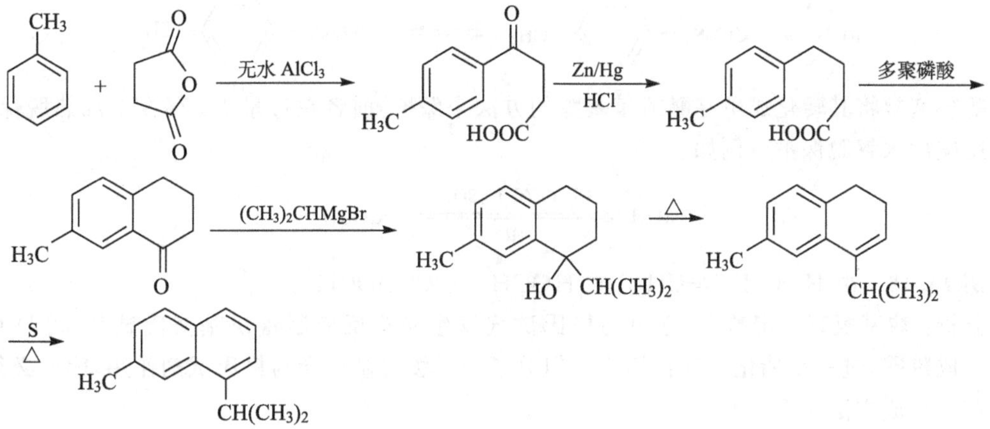

3. 官能团的转化

当碳架构成之后,往往需要通过官能团的转化(包括官能团的引入、消除或替代),才能达到目标分子的结构。因此,掌握各类官能团相互转化的反应,特别是那些有制备价值的官能团的反应,在有机合成中是十分重要的。

在有机分子中官能团的转化是通过取代、加成、消除、重排等反应使一种官能团转变成另一种官能团。在引入官能团时要特别要注意位置(区域)选择性。例如,不对称烯烃亲电加成时遵守马氏规则;消除反应中的札依采夫规则;芳烃亲电取代反应的定位效应;烯烃转变为醇时用硫酸水合法和用硼氢化氧化法引入羟基的位置不同;有机金属试剂对 α,β 不饱和酮的1,2-加成和1,4-加成等。另外,在有机合成中,有时需将一些官能团除去,如不饱和键的加氢、还原和芳香重氮盐的脱氮气反应等。

4. 官能团的保护

当原料或中间体中含有多个官能团时,为使其中一个官能团发生转化而其他官能团不受影响,通常将不希望转化的官能团保护起来,待反应完成后再将其复原,这称为官能团保护,官能团保护是有机合成中常用的方法。

在选择保护基团时要符合以下四方面的要求:①引入保护基的反应简单,产率高;②保护基能接受必要和尽可能多的试剂的作用;③除去保护基的反应简单,产率高;④保护基对不同的官能团能选择性地保护。下面介绍几种常见官能团的保护与去保护的方法。

1) 羟基的保护

醇羟基通常将其转化成四氢吡喃醚、羧酸酯或磺酸酯进行保护,前者用氢化、氢解或酸性水解去保护,后者用碱性或酸性水解去保护。例如:

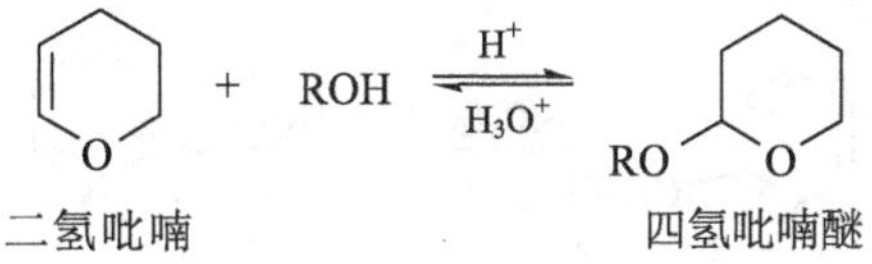

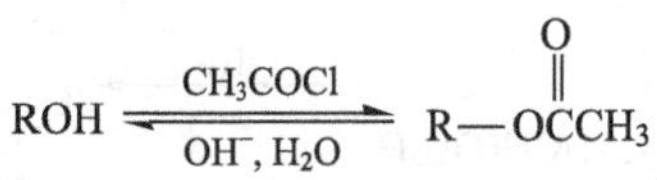

二氢吡喃　　　　　　　　　　　四氢吡喃醚

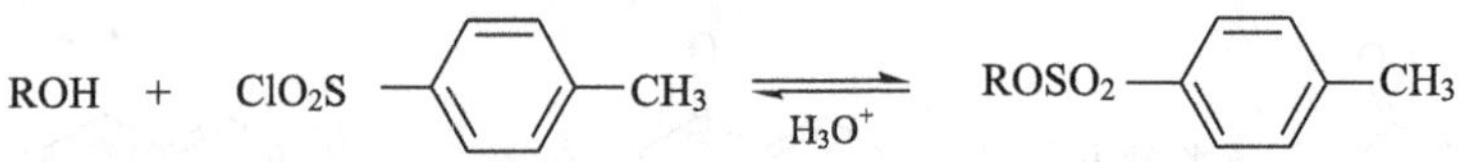

$$ROH + ClO_2S-\!\!\!\!\!\!\!\bigcirc\!\!\!\!\!\!\!-CH_3 \underset{H_3O^+}{\rightleftharpoons} ROSO_2-\!\!\!\!\!\!\!\bigcirc\!\!\!\!\!\!\!-CH_3$$

酚羟基常将其转化成甲基醚或苄基酯的方法来保护,前者在过量 HI 存在下加热脱保护,后者用碱性水解脱保护。例如:

$$ArOH \underset{HI}{\overset{CH_3I或(CH_3)_2SO_4}{\rightleftharpoons}} ArOCH_3$$

例 13.10　由 $HOCH_2C\equiv CH$ 合成 $HOCH_2C\equiv CCOOCH_3$。

分析:炔基氢有一定酸性,它可与格氏试剂发生交换反应制备炔基格氏试剂,再与 CO_2 反应生成羧酸,进一步酯化得到目标物。但分子中活泼羟基也会与格氏试剂作用,因此必须保护羟基。合成方法如下:

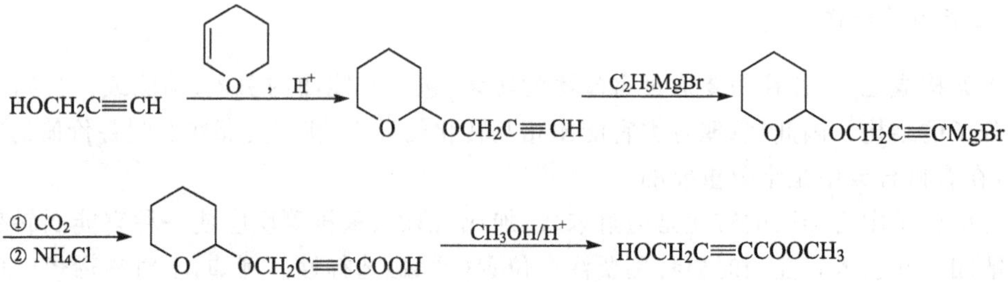

2) 羰基的保护

常将羰基转化成缩醛、缩酮,或转化成烯醇醚、烯醇酯或烯胺来保护,用酸性水解可以使缩醛(酮)脱保护。

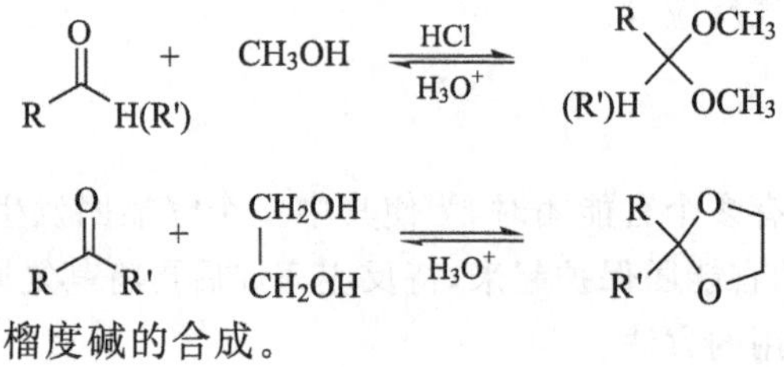

例 13.11　外消旋石榴度碱的合成。

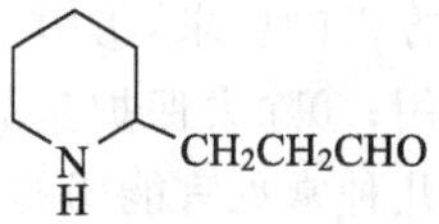

分析:反应中要用到有机锂试剂,有机锂试剂会与醛基反应,因此需将醛基用缩醛保护。合成方法如下:

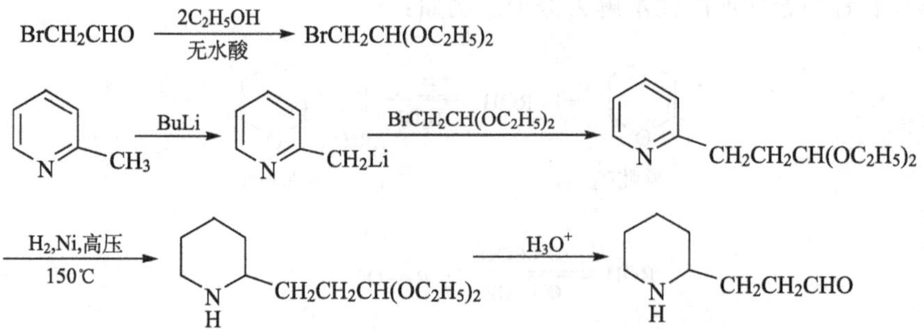

例 13.12　由香茅醛 [结构式] 出发合成 $HOOCCH_2CH_2CH(CH_3)CH_2CHO$。

分析：这是一个缩短碳链的反应,将香茅醛碳碳双键氧化成羧基,反应前必须将醛基用缩醛保护起来。合成方法如下：

[反应式：香茅醛 $\xrightarrow[\mp HCl]{2CH_3OH}$ 缩醛 $\xrightarrow{KMnO_4}$]

[反应式：$\xrightarrow{H_3O^+}$]

3）羧基的保护

最常用的方法是将其转化成酯,碱性水解可脱保护。

$$RCOOH \underset{OH^-}{\overset{R'OH,H^+}{\rightleftharpoons}} RCOOR'$$

4）氨基的保护

常将其转化成铵盐,或转化成苄胺或酰胺,用氢解法和水解法分别使苄胺和酰胺脱保护。

$$RNH_2 \underset{OH^-,H_2O}{\overset{CH_3COCl}{\rightleftharpoons}} RNHCOCH_3$$

5）碳碳双键的保护

通常采用加溴,然后用 Zn 脱溴的保护方法（反应式略）。

6）芳香合成中的保护

在芳香合成中,为了获得没有副产物的目标物,常采用磺酸基占位,反应后再脱去,这是制备芳香族化合物时常用的保护措施。例如,由氯苯合成 2,6-二硝基苯胺。

[反应式：氯苯 $\xrightarrow{H_2SO_4}$ $\xrightarrow{HNO_3}$ $\xrightarrow{H_2O}$ $\xrightarrow{NH_3}$ 2,6-二硝基苯胺]

5. 立体构型的控制

在有机合成中,有时对产物有一定的立体化学需求,如顺式、反式构型,环接点位置上的立体构型及手性中心的构型等。

1）顺式或反式烯烃构型的控制方法

一般可由炔烃选择性还原得到,反应通式如下：

[反应式：$R-C\equiv C-R' + H_2 \xrightarrow{Pd/BaSO_4}$ 顺式烯烃]

[反应式：$R-C\equiv C-R' \xrightarrow[NH_3(l)]{Na}$ 反式烯烃]

例 13.13　　$CH_3CHO, CH_3CH_2C \equiv CH \longrightarrow$

$$
\begin{array}{c}
CH_3CH_2 \quad\quad H \\
\quad C=C \\
H \quad\quad CHCH_2CHO \\
\quad\quad\quad CH_3
\end{array}
$$

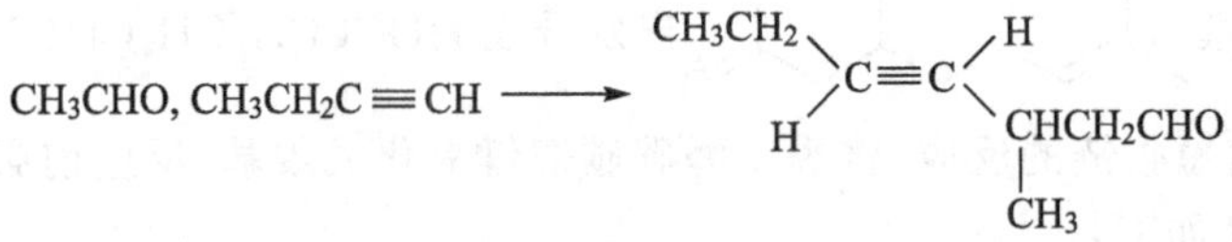

分析：产物要求是反式构型，因此可由炔烃经 $Na/NH_3(l)$ 还原得到。合成方法如下：

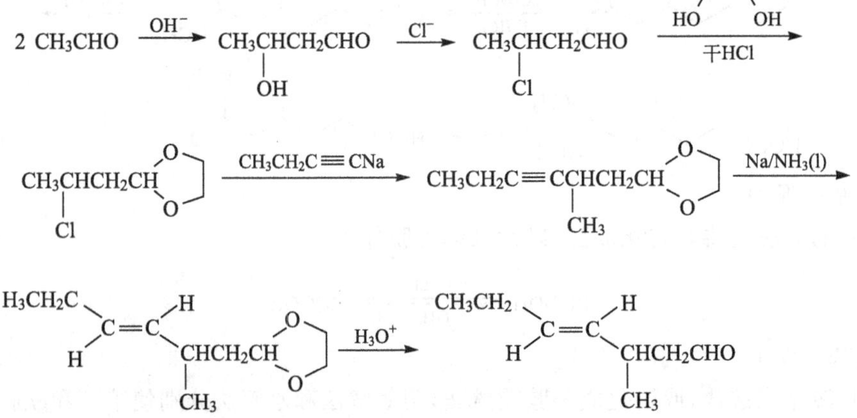

$$2\ CH_3CHO \xrightarrow{OH^-} \underset{OH}{CH_3CHCH_2CHO} \xrightarrow{Cl^-} \underset{Cl}{CH_3CHCH_2CHO} \xrightarrow[\mp HCl]{HO\diagdown\diagup OH}$$

$$\underset{Cl}{CH_3CHCH_2CH\!\!<\!\!\overset{O}{\underset{O}{\diagdown}}} \xrightarrow{CH_3CH_2C \equiv CNa} \underset{CH_3}{CH_3CH_2C \equiv CCHCH_2CH\!\!<\!\!\overset{O}{\underset{O}{\diagdown}}} \xrightarrow{Na/NH_3(l)}$$

$$
\begin{array}{c}
H_3CH_2C \quad\quad H \\
C=C \\
H \quad\quad CHCH_2CH\!\!<\!\!\overset{O}{\underset{O}{\diagdown}} \\
\quad\quad CH_3
\end{array}
\xrightarrow{H_3O^+}
\begin{array}{c}
CH_3CH_2 \quad\quad H \\
C=C \\
H \quad\quad CHCH_2CHO \\
\quad\quad CH_3
\end{array}
$$

2）顺式或反式 1,2-环己二醇构型的控制方法

可用环己烯不同的氧化反应得到。例如：

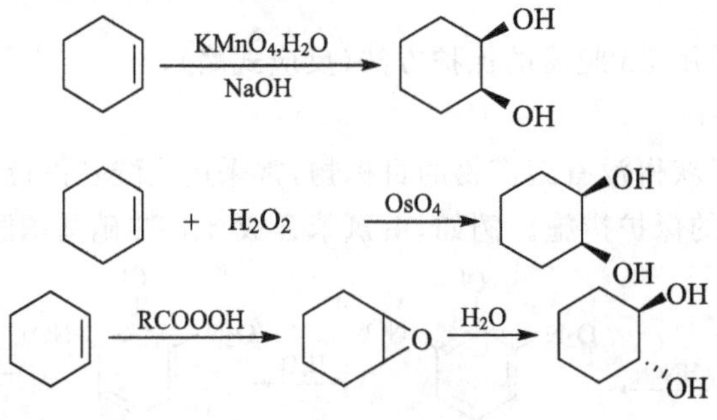

3）环并联构型的控制方法

第尔斯-阿尔德反应的产物在环连接点上的构型是顺式的。例如：

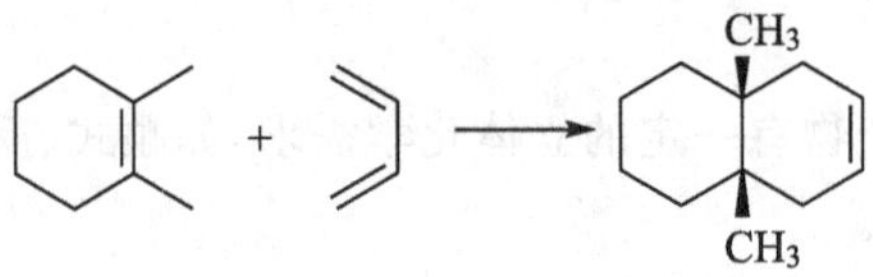

例 13.14

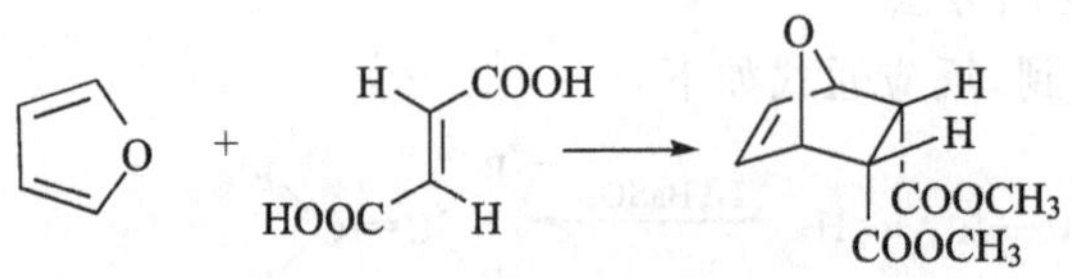

分析：目标物需用第尔斯-阿尔德反应制备，因此需先将反丁烯二酸转变成顺丁烯二酸。
合成方法如下：

$$\text{(顺丁烯二酸)} + Br_2 \longrightarrow \text{(±)-二溴丁二酸} \xrightarrow[\triangle]{2KOH} HOOC-C\equiv C-COOH$$

$$\xrightarrow{Pd/BaSO_4} \text{HOOC-CH=CH-COOH} \xrightarrow{CH_3OH, H^+} H_3COC-C=C-COCH_3 \xrightarrow[\triangle]{\text{(呋喃)}} \text{(双环加成产物)}$$

例 13.15 （—）-乳酸的合成。

分析：若用一般的方法还原丙酮酸，得到的是等量的左旋和右旋乳酸。如果丙酮酸先用手性（—）-薄荷醇酯化后再还原，由于薄荷醇中不对称因素的诱导作用，还原产物中的某一对映体占优势。水解后产物中的（—）-乳酸过量。合成方法如下：

$$CH_3C(O)-COOH + \underset{\text{(—)-薄荷醇（简写：}C_{10}H_{19}OH)}{HO-C_{10}H_{19}} \xrightarrow{\text{酯化}} CH_3C(O)-COOC_{10}H_{19} \xrightarrow{[H]} CH_3\overset{*}{C}HOHCOOC_{10}H_{19}$$

$$\xrightarrow{\text{水解}} \underset{\text{(—)-乳酸}}{CH_3\overset{*}{C}HOHCOOH}$$

13.2.3　工业合成

工业有机合成是一门研究工业规模，开发有机制备过程技术的科学。一般可以分为基本有机合成和精细有机合成两大类。前者主要用于由天然资源（如石油、煤、天然气等）生产基本的有机化工原料，其生产规模大，常采用连续性生产。后者主要用于医药、农药、染料、香料及各种溶剂、试剂和添加剂等精细化工产品的生产，一般生产工艺较复杂，生产规模较小，并采用间歇式生产。

从实验室研究到工业生产，不是简单地将反应瓶中的反应转移到反应釜中就可以的。实验室操作成功的反应，若要放大必须具备以下条件：①要有足够的基础实验数据；②对化学工艺过程的规律性有深入的了解；③要有可靠的设计计算方法；④化工设备选用方面尤其要注意材料的耐腐蚀性问题。将实验室的研究成果实现工业化生产，至少要研究和解决以下问题。

（1）原料与合成路线选择：首先不是所有的合成路线都可以工业化的，可工业化的合成路线首先涉及原料的选择。在现代化有机合成工业中，原料消耗费用往往要占生产成本的 60%～85%，因此选择何种起始原料有着十分重要的意义。原料与路线选择的原则之一是技术经济方面的可靠性、合理性；其次是国家资源的合理情况。例如，某些原料虽然合理，但必须进口，往往会因为采购问题而不能实现。

（2）工艺流程：即生产方法的操作程序，物料走向及各种机械设备的组合关系。工业生产必须考虑原料的储存和输送，母液的循环使用，加热和混匀的方式，精制的方法和步骤，设备之间的相对位置等。有些副产物还需进一步处理成副产品。此外，原料的循环使用，热量的回收利用，废气、废水、废渣的处理都必须一一考虑。实验室与工业生产还有一些概念上的考虑差异。例如，实验室对某步反应强调的是反应产率，而工业上考虑原料的回收，往往强调反应的转化率。

（3）操作方式：工业上既要考虑连续化，自动化操作，同时因某些产品量小、价高，市场变化导致产品切换更新快，常采用间隙操作。

（4）工程放大及设备：当生产方法、工艺路线和工艺流程确定之后，化工设备和化工机械的选型和设计往往成为开发过程中的关键一环。有时实验室取得了良好的实验结果,而放大成工业装置后,或者效率明显下降,或者无法正常操作,这就是所谓"放大效应"。

(5) 技术经济评价:一个项目能否工业化生产还必须通过技术经济评价来决定,即根据技术、经济和安全等三方面的考察结果进行评价。

技术方面主要考察技术上的可靠性、实用性和先进性,是否适合我国资源情况和国情特点。

经济方面还需考察市场需求情况,与同类技术或产品的竞争能力,以及该成果工业化后可能取得的经济效益和社会效益。

安全方面主要考察工业化生产对操作人员及环境是否"友好",以及对"三废"的可靠处理方法。

 知识亮点(Ⅰ)

逆合成分析法

逆合成分析法是美国有机化学家科里(E. J. Corey,1928—)于 1967 年创建的。科里从 20世纪 50 年代后期就开始进行有机合成的研究工作,几十年来,他和他的同事们合成了几百个重要的天然产物,主要涉及大环结构、杂环结构、倍半萜类化合物、多环异戊二烯类化合物、前列腺类化合物、白三烯类化合物。但是,科里在有机合成上的最大功绩,不在于他合成了几百个复杂的天然化合物,而在于他 1967 年创建了独特的有机合成方法——逆合成分析法,使考虑有机化合物合成的设计变成了有严格思维逻辑的科学步骤,因此该方法一诞生,就大大促进了有机合成化学的飞速发展。为表彰科里在有机合成的理论和方法学方面的贡献,1990 年 10月 17 日,瑞典皇家科学院授予科里诺贝尔化学奖。

此外,科里还开创了将计算机技术运用于有机合成的设计,1969 年他和他的学生卫普克(Wipke)编制了第一个计算机辅助有机合成路线设计的程序 OCSS(Organic Chemical Synthesis Simulation,有机化学合成模拟)。

 知识亮点(Ⅱ)

一种性信息素的合成

云杉蚜虫的性信息素可以用 10-溴-1-癸醇为原料经多步骤合成得到,反应过程中涉及官能团的保护、官能团的引入及立体化学控制等问题。

$$\underset{HC(CH_2)_9}{\overset{\overset{O}{\|}}{}} \quad \overset{H}{\underset{H}{C=C}} \overset{H}{\underset{C_2H_5}{}}$$

云杉蚜虫性信息素

用逆合成分析法推导合成路线:

$$\underset{HC(CH_2)_9}{\overset{\overset{O}{\|}}{}} \overset{H}{\underset{H}{C=C}}\overset{H}{\underset{C_2H_5}{}} \Longrightarrow \underset{OH(CH_2)_{10}}{} \overset{H}{\underset{H}{C=C}}\overset{H}{\underset{C_2H_5}{}} \Longrightarrow$$

$$HO(CH_2)_{10}C\equiv CCH_2CH_3 \Longrightarrow HO(CH_2)_{10}Br \ + \ NaC\equiv C—CH_2CH_3$$

值得注意的是，$HO(CH_2)_{10}Br$ 的 HO— 会与炔钠 $NaC\equiv CCH_2CH_3$ 反应。因此，应将 —OH 用醚的形式保护起来。合成路线如下：

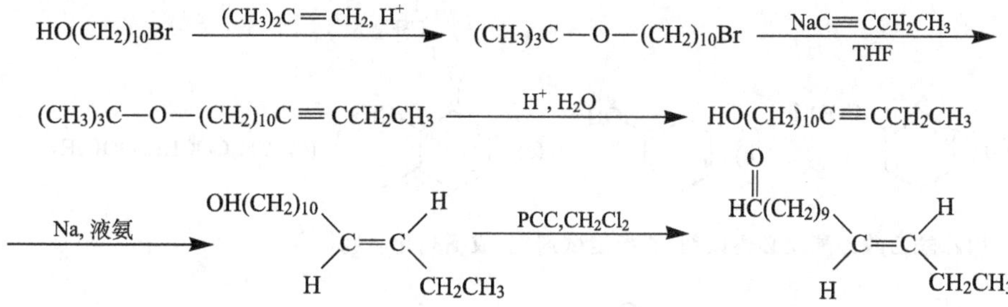

$$HO(CH_2)_{10}Br \xrightarrow{(CH_3)_2C=CH_2,\ H^+} (CH_3)_3C-O-(CH_2)_{10}Br \xrightarrow[THF]{NaC\equiv CCH_2CH_3}$$

$$(CH_3)_3C-O-(CH_2)_{10}C\equiv CCH_2CH_3 \xrightarrow{H^+,\ H_2O} HO(CH_2)_{10}C\equiv CCH_2CH_3$$

习题（Exercises）

13.1 命名下列化合物。

(1) $CH_3CH_2COCH_2CH_2CHO$

(2) $(CH_3)_2CHCOCH_2COOC_2H_5$

(3) $HOCH_2CH_2CHCH_2COOH$
 $\quad\quad\quad\quad\ \ CH_2CH_3$

(4) $CH_3CH(COOC_2H_5)_2$

(5) $CH_3COCHCOOC_2H_5$
 $\quad\quad\ \ COCH_2CH_3$

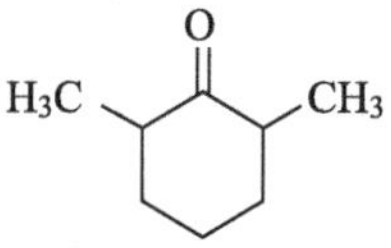

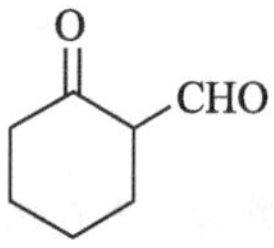

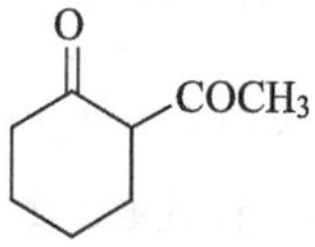

(6) $(CH_3)_2C=CHCH_2COOC_2H_5$

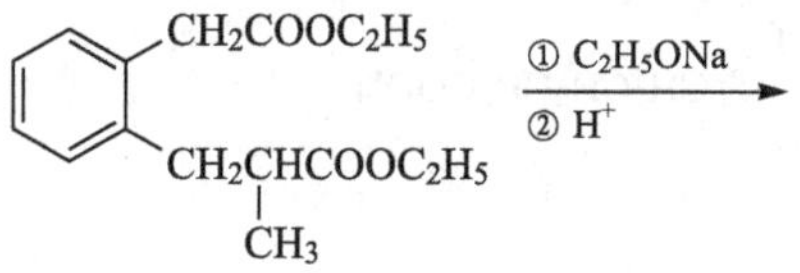

13.2 将下列化合物按 α-H 的酸性从强到弱排列。

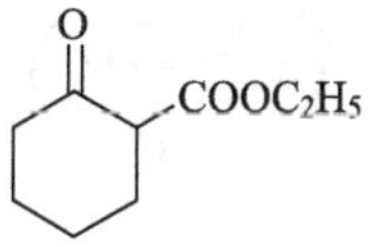

13.3 完成下列反应，写出主要产物。

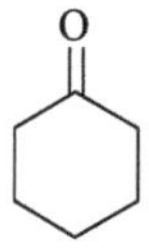

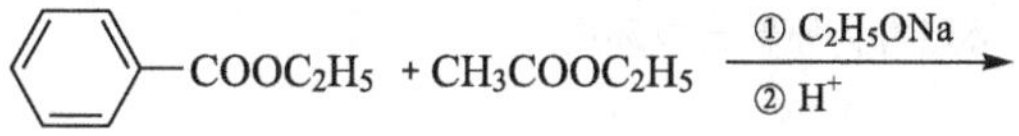

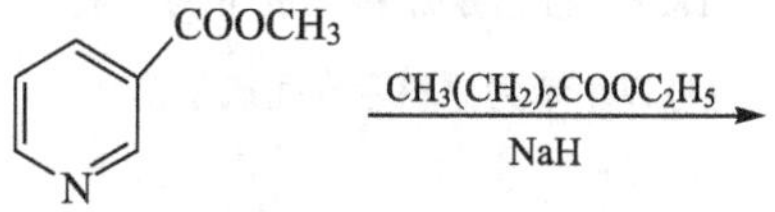

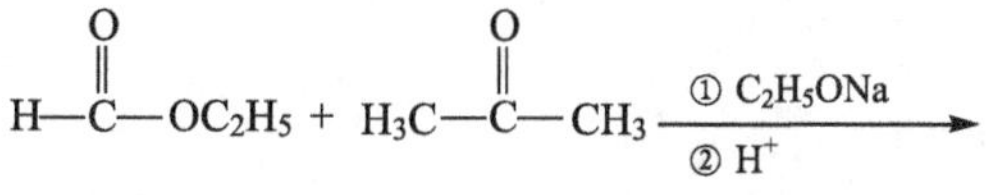

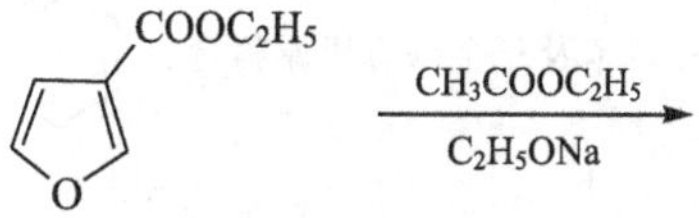

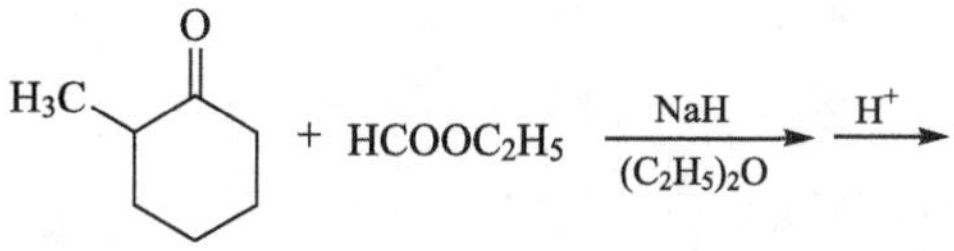

13.4　用化学方法区别下列各组化合物。

(1)　(a)　CH₃CH₂COCH₂COOC₂H₅

(b) 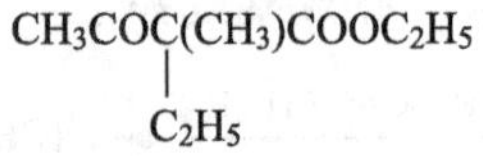　CH₃COC(CH₃)COOC₂H₅
　　　　　　　　　│
　　　　　　　　　C₂H₅

(2)　(a) 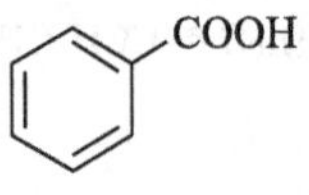 COOH

(b) 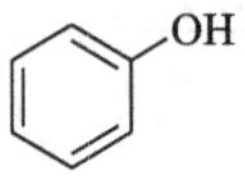 OH

(c)

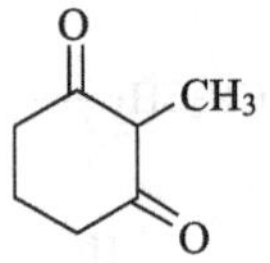

(d)　CH₃COCH₂COOC₂H₅

13.5　用乙酰乙酸乙酯及必要试剂(或指定试剂)合成下列化合物。

(1) 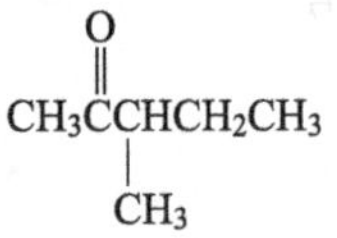　CH₃CCHCH₂CH₃　　　(2) 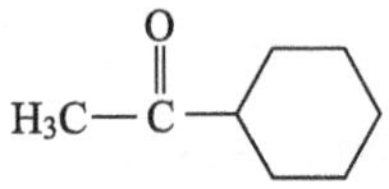　H₃C—C 环己基
　　　‖　│　　　　　　　　　　‖
　　　O　CH₃　　　　　　　　　O

(3)　CH₃CO(CH₂)₃COCH₃

(4)

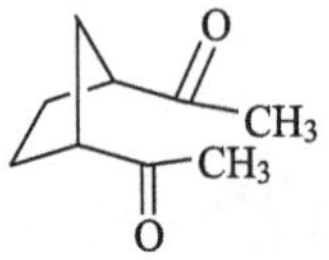

(5)　从 △ 合成 CH₃CCH₂CH₂CH₂Br
　　　　　　　　　　‖
　　　　　　　　　　O

13.6　用丙二酸酯及必要试剂合成下列化合物。

(1) 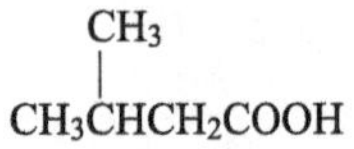　CH₃
　　　│
　　CH₃CHCH₂COOH

(2) 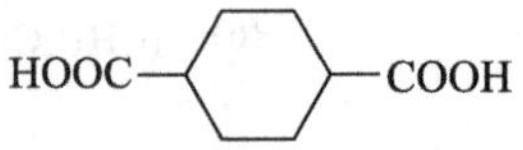　HOOC— 环己基 —COOH

(3) 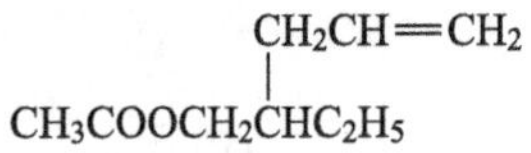　CH₃COOCH₂CHCH₂CH₃
　　　　　　　　│
　　　　　CH₂CH=CH₂

(4) 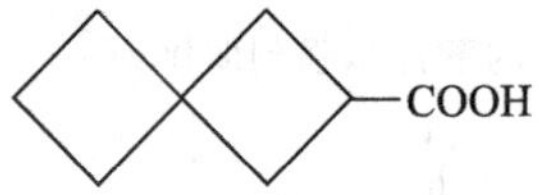 —COOH

(5)　C₆H₅CH₂CH₂COCH₂COOH

13.7　利用逆合成分析法,分析并合成下列化合物。

(1) 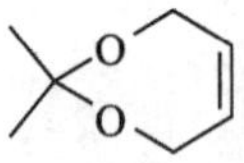 　(2) 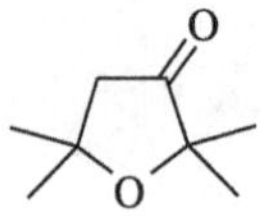 　(3)

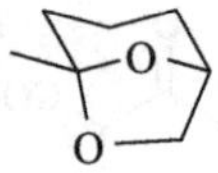

(4)

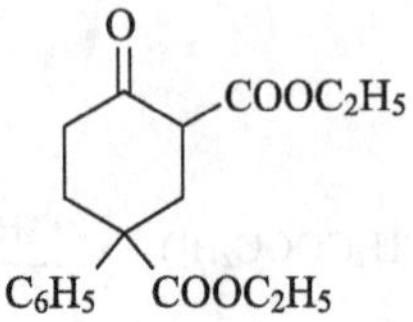

(5)

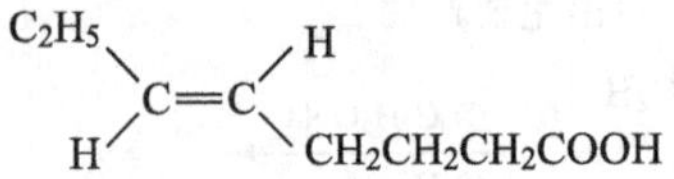

13.8　按指定原料完成下列合成。

(1) 以甲苯为原料合成间氯苯胺

(2) 以环己醇为原料合成环戊醇

(3) 以苯及三个碳有机原料合成

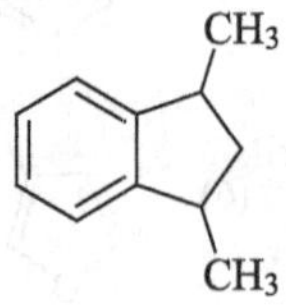

(4) 以丁醇为原料合成

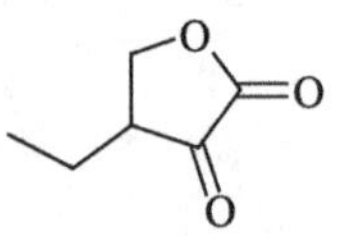

(5) 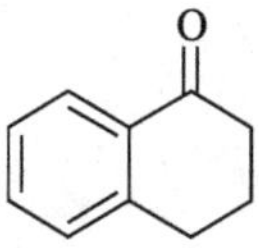 及四个碳以下有机原料合成 —CH₂OH

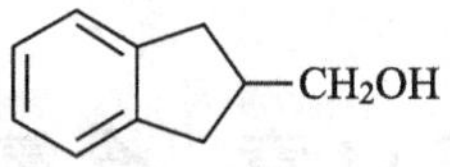

(6) 以四个碳以下的原料合成

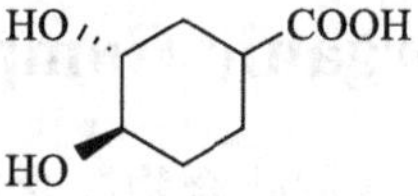

(7)

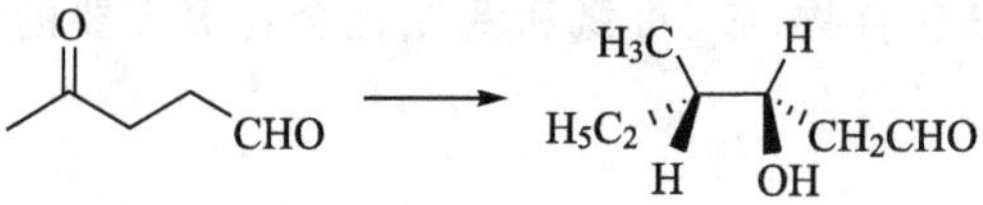

(8) 由乙酰乙酸乙酯合成

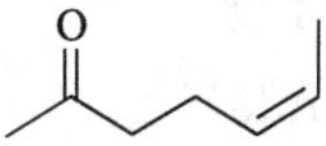

13.9 写出下列反应的反应机理。

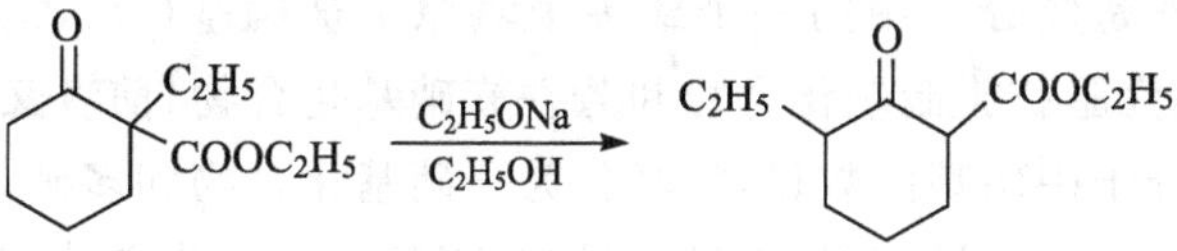

第 14 章 含氮有机化合物
(Nitrogenous Organic Compounds)

含氮有机化合物是指分子中含有 C—N 键的化合物。含氮有机化合物种类很多,如前面已学习的腈、酰胺等。本章将重点学习硝基化合物、胺、重氮和偶氮化合物等重要的含氮有机化合物。

14.1 硝基化合物
(Nitro Compounds)

硝基化合物可看作是烃分子中的一个或多个氢原子被硝基(—NO_2)取代后生成的衍生物,按烃基的不同可分为脂肪族硝基化合物和芳香族硝基化合物,前者又可分为伯、仲、叔硝基化合物。也可以根据分子中硝基的数目,将其分为一硝基化合物和多硝基化合物。

硝基化合物的命名与卤代烃相似,以烃为母体,硝基(nitro)为取代基命名。例如:

CH_3NO_2

硝基甲烷
nitromethane

$$\underset{\text{2-硝基丙烷}}{\underset{\text{2-nitropropane}}{CH_3\overset{\displaystyle NO_2}{\overset{\displaystyle |}{C}HCH_3}}}$$

2-硝基丙烷
2-nitropropane

硝基苯
nitrobenzene

现代价键理论认为,硝基中的氮原子采取 sp^2 杂化,三个 sp^2 杂化轨道分别与碳原子和两个氧原子形成三个共平面的 σ 键,氮原子未参加杂化的 p 轨道与两个氧原子的 p 轨道形成 π-π 共轭体系,且氮原子 p 轨道上含有一对孤对电子。由于 π 电子的离域,硝基上的负电荷均匀地分布在两个氧原子上,可用下面的共振式表示硝基化合物的结构:

$$R-\overset{+}{N}\overset{\displaystyle O}{\underset{\displaystyle O^-}{}} \longleftrightarrow R-\overset{+}{N}\overset{\displaystyle O^-}{\underset{\displaystyle O}{}}$$

14.1.1 物理性质和光谱性质

硝基化合物具有较高的偶极矩,如硝基甲烷(CH_3NO_2)的偶极矩为 14.33×10^{-30} C·m。一硝基烷为无色高沸点液体,微溶于水,但能与芳烃、醇、酸、酯等混溶,可以用作溶剂。芳香族硝基化合物大多为无色或淡黄色高沸点液体或固体,有苦杏仁气味,不溶于水而溶于有机溶剂。硝基化合物的相对密度都大于 1。多硝基化合物在受热时易分解而发生爆炸。一硝基烷的毒性不大,如硝基甲烷的毒性比丁醇还低,硝基丙烷的毒性也比苯、氨略低,因此硝基甲烷、硝基乙烷和硝基丙烷是油漆、染料、醋酸纤维的良好溶剂。但许多芳香族硝基化合物有毒,能使血红蛋白变性,吸入其蒸气、粉尘或长期与皮肤接触,均能引起中毒。

硝基化合物的红外特征吸收峰是硝基的 N—O 不对称和对称伸缩振动,吸收峰分别出现

在 $1660 \sim 1500 cm^{-1}$ 和 $1390 \sim 1260 cm^{-1}$ 区域,图 14-1 是硝基苯的红外光谱图。

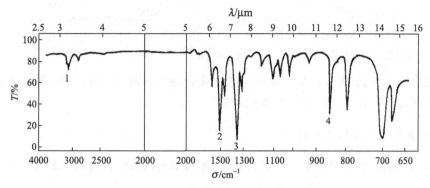

图 14-1　硝基苯的红外光谱图

在 ^1H NMR 谱图中,硝基的吸电子作用使邻近质子的化学位移向低场移动。在芳香族硝基化合物中,硝基使邻位氢的化学位移值增加 0.95,间位氢增加 0.17,对位氢增加约 0.33。图 14-2 是硝基苯的 ^1H NMR 谱图。

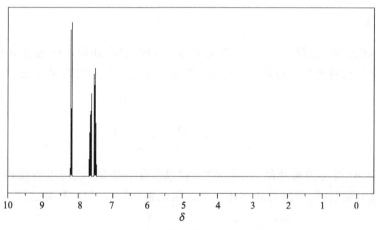

图 14-2　硝基苯的 ^1H NMR 谱图

在质谱图中,芳香族硝基化合物有较强的分子离子峰,且出现有判断价值的 $[M-NO]^+$ 和 $[M-NO_2]^+$ 离子峰。

14.1.2　硝基烷的反应

1. α-H 的酸性

硝基烷最显著的化学性质是它的酸性,如硝基甲烷、硝基乙烷和 2-硝基丙烷的 pK_a 值分别为 10.2、8.5 和 7.8,因此能与 NaOH 作用生成盐。

$$RCH_2NO_2 \; + \; NaOH \; \longrightarrow \; \left[R\bar{C}HNO_2 \right] Na^+ \; + \; H_2O$$

硝基烷的盐溶液被酸化后,生成一种不稳定的硝基烷异构体,具有强酸性,称为氮酸(nitronic acid）。硝基化合物在溶液中与氮酸形成动态平衡，故硝基化合物称为假酸式。

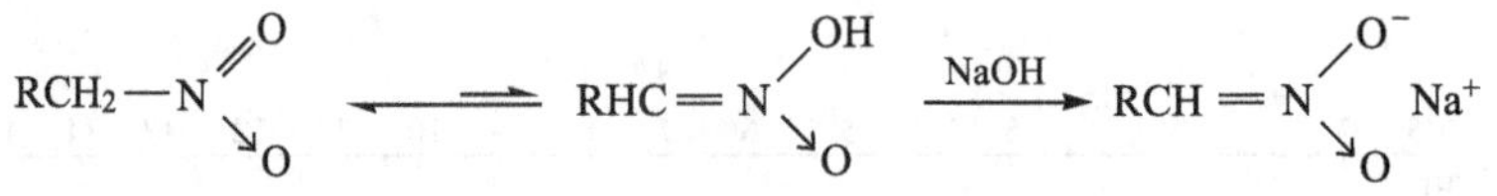

假酸式（硝基化合物）　　　　　酸式（氮酸）

硝基化合物的酸式-假酸式互变异构与羰基化合物的烯醇式-酮式互变异构现象相似，两者的主要区别是酸式存在的时间比烯醇式更长。

2. 与羰基化合物的缩合反应

具有 α-H 的伯、仲硝基化合物在碱存在下，能与某些羰基化合物发生缩合反应。例如：

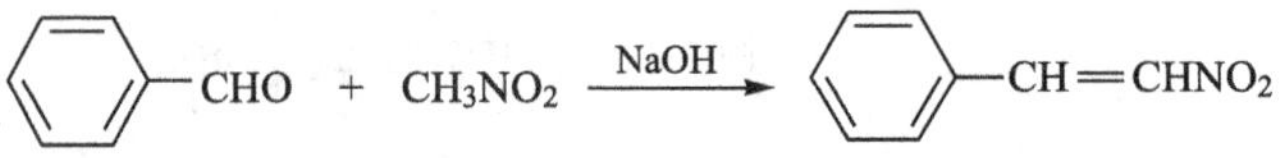

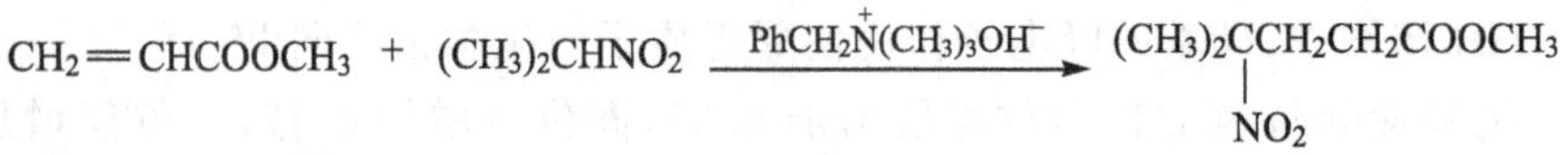

14.1.3 芳香族硝基化合物的反应

1. 还原反应

芳香族硝基化合物最重要的性质是能发生各种还原反应，还原产物因反应条件不同而异。工业上常用催化氢化将硝基化合物直接还原成苯胺，常用的催化剂是铜、镍或钯。

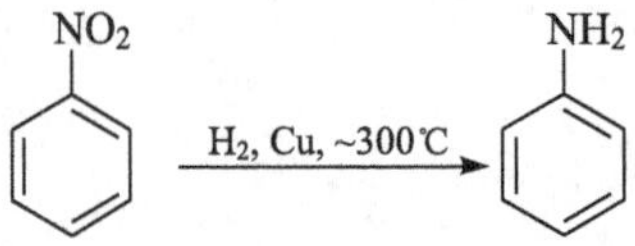

在酸性介质中（通常为稀盐酸）用金属铁、锌或氯化亚锡等，也可以直接将硝基还原为氨基。当芳环上连有羰基时，应用选择性还原剂二氯化锡和盐酸，只将硝基还原为氨基。例如：

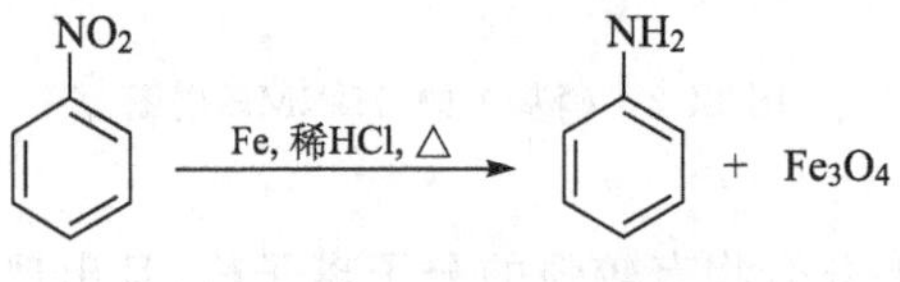

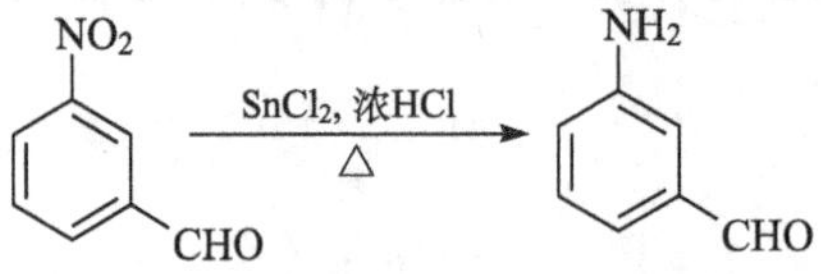

用钠或铵的硫化物、硫氢化物或多硫化物，如硫化钠、硫化铵、硫氢化钠、硫氢化铵等，可选择性地将多硝基化合物中的一个硝基还原为氨基，而且具有一定的实用意义。例如：

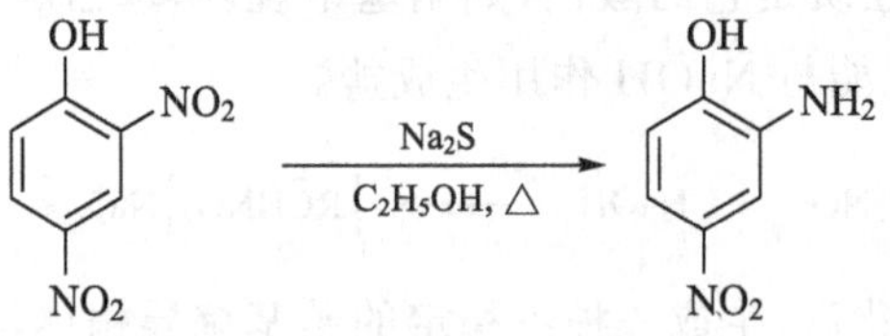

在碱性介质中,硝基苯被还原成两个分子缩合的产物。在酸性条件下,这些缩合产物都可进一步被还原成苯胺。例如:

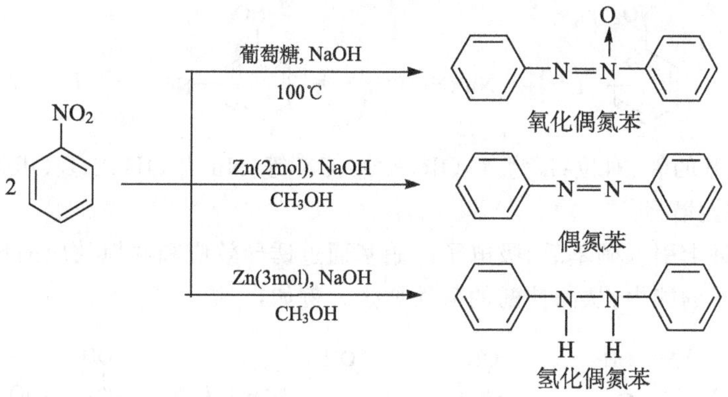

2. **硝基对芳环上邻、对位取代基的影响**

硝基与苯环相连后,对苯环呈现出较强的吸电子诱导效应和吸电子共轭效应,导致苯环上的电子云密度大大降低,亲电取代反应变得困难,但硝基可以使邻、对位上基团的反应活性增强。

1) 使邻、对位上卤原子容易被亲核试剂取代

苯环上的卤原子很难被羟基、烷氧基等亲核试剂取代,但当卤原子的邻、对位上有硝基存在时,反应很容易发生。例如:

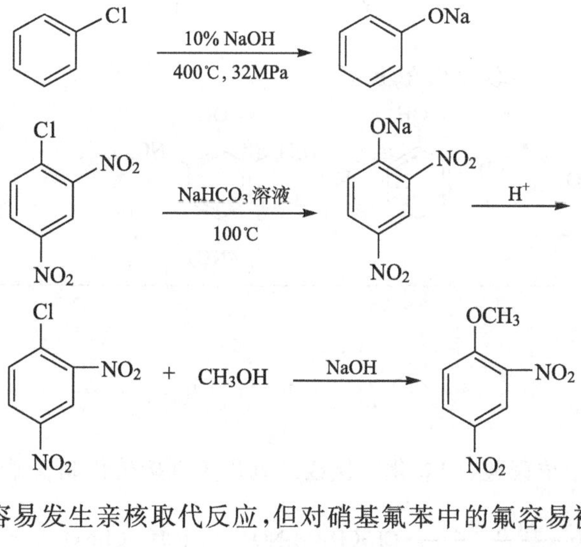

氟代苯不容易发生亲核取代反应,但对硝基氟苯中的氟容易被亲核试剂取代。例如:

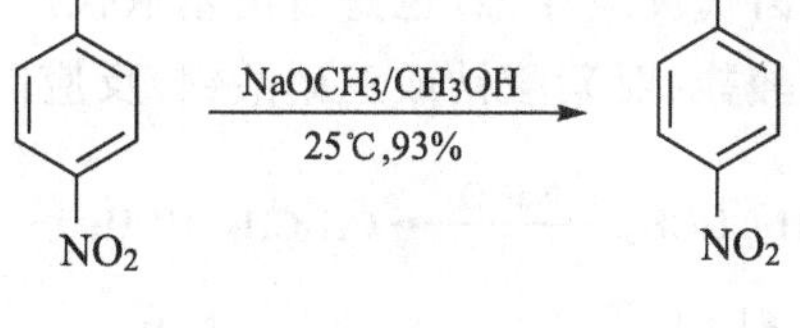

　　离去基团不只限于卤原子,也可以是—OR、—NO₂、—CN 等离去基团。因此,这类反应可用下列反应式表示:

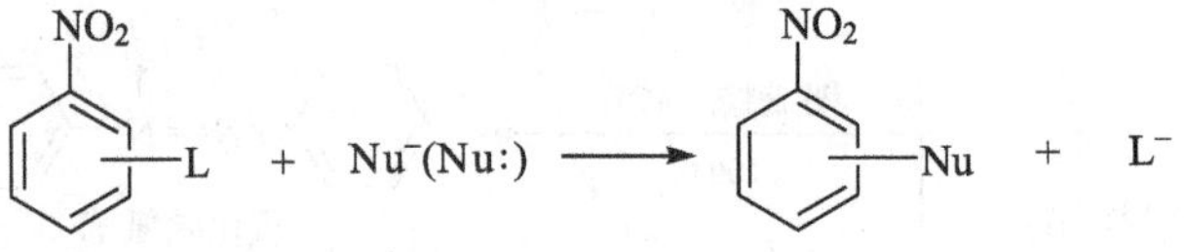

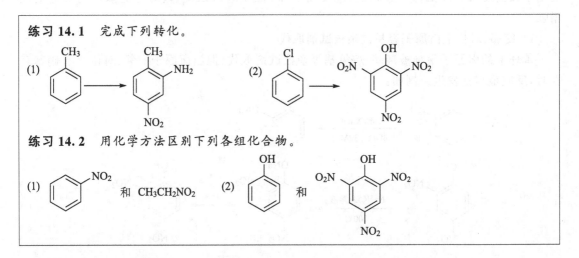

式中:L、Nu 在硝基的邻、对位;L 为 X、OR、NO₂、CN 等;Nu 为 OH、SH、OR 等。

　　2) 使酚的酸性增强

　　在苯酚的苯环上引入硝基后,吸电子的硝基通过诱导效应和共轭效应的传递,增加了羟基中的氢解离成质子的能力,从而使酚的酸性增强。例如:

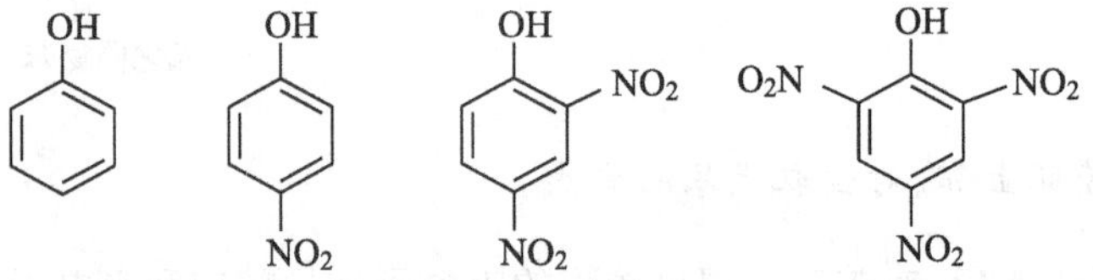

	OH	OH	OH	OH
pK_a	9.89	7.15	4.09	0.38

练习 14.1　完成下列转化。

(1)　　　　　　　　　　　　　　(2)

练习 14.2　用化学方法区别下列各组化合物。

(1)　　　　和 CH₃CH₂NO₂　　(2)　　　　和

14.1.4　硝基化合物的制备

1. 硝基烷的制备

　　工业上由烷烃在高温下用浓硝酸、四氧化二氮或二氧化氮直接硝化制备硝基烷。例如:

$$CH_3CH_2CH_3 \xrightarrow{NO_2,\ 200℃} CH_3CH_2CH_2NO_2 + (CH_3)_2CHNO_2$$

　　烷烃的硝化反应与烷烃的卤代反应相似,也是自由基取代反应。

　　实验室可用卤代烷与亚硝酸盐(亚硝酸钠或亚硝酸银)反应制备硝基烷。例如:

$$CH_3CH_2\underset{\underset{I}{|}}{C}HCH_3 \xrightarrow{NaNO_2} CH_3CH_2\underset{\underset{NO_2}{|}}{C}HCH_3 + NaI$$

2. 芳香族硝基化合物的制备

芳香族硝基化合物一般使用直接硝化反应制备,硝化时所用的试剂和反应条件因反应物不同而异(详见 6.4.1)。

14.2 胺
(Amines)

氨分子中的氢原子部分或全部被烃基取代后的化合物统称为胺(amine)。胺是一类重要的含氮有机化合物,广泛存在于生物界。氨基(—NH_2、—NHR、—NR_2,amino)是胺的官能团。

14.2.1 胺的分类和命名

1. 分类

根据胺分子中烃基的种类不同,胺可以分为脂肪胺和芳香胺。根据氮原子上烃基取代的数目,胺可以分为一级胺、二级胺、三级胺和四级铵盐,或称为伯胺、仲胺、叔胺和季铵盐。氢氧化铵中的四个氢原子都被烃基取代的化合物称为季铵碱。

$$NH_3 \quad RNH_2 \quad RR'NH \quad RR'R''N \quad R_4\overset{+}{N}Cl \quad R_4\overset{-}{N}OH$$

氨　　伯胺(1°)　仲胺(2°)　叔胺(3°)　季铵盐　季铵碱

上式中 R、R'、R″可以相同或不同。需要注意的是,与一级、二级和三级卤代烃和醇不同,一级、二级和三级胺是指分子中的氮原子与几个烃基相连,而不是烃基本身的结构,如$(CH_3)_3COH$是叔醇(三级),$(CH_3)_3CNH_2$是伯胺(一级)。分子中含有两个或三个氨基的化合物分别称为二元胺或三元胺。

2. 命名

1) 普通命名法

胺的普通命名是用烃基的名称加上"胺"字。烃基相同时,在前面用"二"或"三"表明烃基的数目;烃基不同时,则按顺序规则,"较优"的基团后列出。胺的英文名称是把 amine 写在烃基名称后面,烃基按字母顺序依次列出。例如:

CH_3NH_2	$NH(CH_3)_2$	$CH_3NHCH_2CH_3$	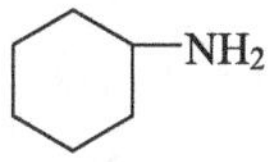 环己胺—NH_2	$NH_2CH_2CH_2NH_2$
甲胺	二甲胺	甲基乙基胺	环己胺	乙二胺
methylamine	dimethylamine	ethylmethylamine	cyclohexylamine	ethylenediamine

对于芳香仲胺或叔胺,需要在取代基前冠以"N"字,以表示这个基团是连接在氮上,而不是连接在芳环上。例如:

苯胺	N-甲基苯胺	N,N-二甲基苯胺	N-甲基-N-乙基苯胺
aniline	N-methylaniline	N,N-dimethylaniline	N-ethyl-N-methylaniline

2）系统命名法

结构比较复杂的胺用系统命名法命名，即烃为母体，氨基（amino）作取代基命名。胺的英文命名是去掉相应烃名称的词尾 e，加上 amine。例如：

苯甲胺	丁胺	4-甲基-2-氨基戊烷	4-氨基苯甲酸
benzenemethanamine	butanamine	2-amino-4-methylpentane	4-aminobenzoic acid

季铵盐和季铵碱可以看作是胺的衍生物来命名。例如：

$$(C_2H_5)_4\overset{+}{N}\overset{-}{I} \qquad\qquad (CH_3)_3\overset{+}{N}C_2H_5\overset{-}{O}H$$

碘化四乙铵　　　　　　　　　　三甲基乙基氢氧化铵

tetraethylammonium iodide　　　trimethylethylammonium hydroxide

练习 14.3　*命名下列化合物。*

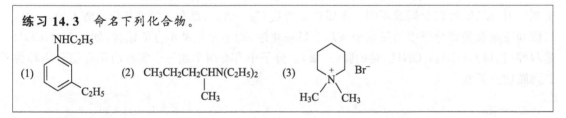

(1)　　　　　　(2) $CH_3CH_2CH_2CHN(C_2H_5)_2$ 下方 CH_3　　　　(3)

14.2.2　胺的结构

胺分子中的氮原子是不等性 sp^3 杂化态，其中三个 sp^3 杂化轨道与碳或氢生成 σ 键，第四个 sp^3 杂化轨道含有一对未共用电子对，胺分子具有角锥形结构，未共用电子对在角锥形的顶点。

氨　　　　　　　　　　三甲胺

若氮原子上连有三个不同的基团，分子就没有对称因素，它是手性的，理应存在一对对映体。但对于简单的手性胺来说，两种角锥构型转化的能垒相当低（约 $25\text{kJ} \cdot \text{mol}^{-1}$），可以迅速相互转化，因此这些胺是无光学活性的。

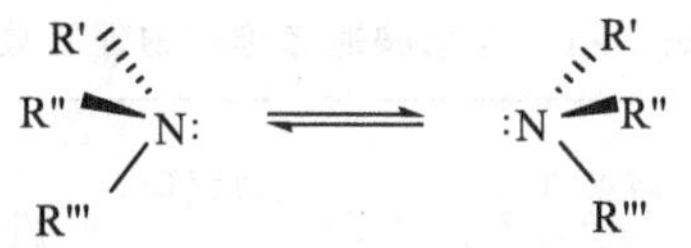
R'
R"
N:
R'''
:N
R'
R"
R'''

季铵盐是四面体结构，当氮原子上连有四个不同的基团时，存在着一对对映体，它们可以被拆分。例如：

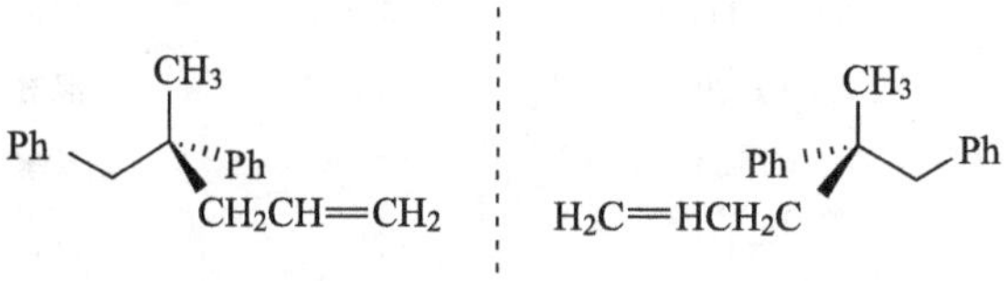
CH3
Ph
Ph
CH2CH=CH2
CH3
Ph
Ph
H2C=HCH2C

苯胺中的氮原子仍是角锥型的结构，H—N—H 键角为 113.9°，H—N—H 平面与苯环平面交叉的角度为 39.4°，如下所示：

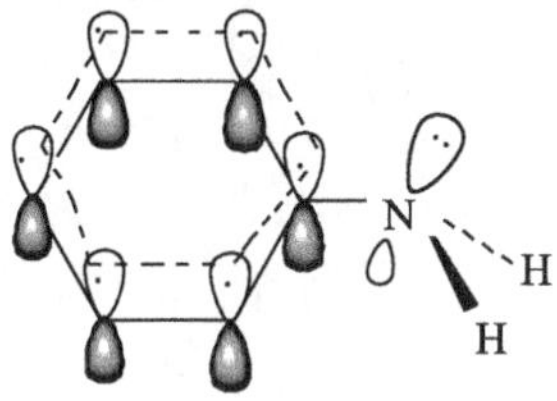
N
H
H

14.2.3　胺的物理性质和光谱性质

1. 物理性质

室温下，除甲胺、乙胺、二甲胺、三甲胺为气体外，其他的胺均为液体或固体。

与醇相似，伯胺和仲胺能形成分子间氢键，而叔胺的氮原子上没有氢，不能形成分子间氢键。因此，对于碳原子数相同的脂肪胺来说，一级胺的沸点最高，二级胺次之，三级胺最低。例如，丙胺的沸点为 48.7℃，甲乙胺的沸点为 36～37℃，三甲胺的沸点为 3℃。常见简单胺的物理常数见表 14-1。

胺都能与水形成氢键，因此低级胺能溶于水。但随着相对分子质量的增加，烃基的比例加大，其溶解度迅速降低。

气味往往也是鉴别物质的标志之一，胺有令人不愉快或是难闻的臭味，特别是低级脂肪胺，有臭鱼一样的气味。肉腐烂时能产生极臭且有剧毒的 1,4-丁二胺和 1,5-戊二胺。

芳胺也具有特殊的气味，毒性较大而且容易渗入皮肤，无论吸入它们的蒸气，或皮肤与其接触都能引起严重中毒。某些芳香胺有致癌作用，如联苯胺等。因此，应该注意避免皮肤接触芳胺或将芳胺吸入体内而引起中毒。

由于电负性大小次序为 O ＞ N ＞ C，因此脂肪胺的偶极矩比相应的醇小。芳香胺的偶极矩数值与脂肪胺的大小相近，但方向相反，说明芳胺中氮原子上的未共用电子对离域到苯环上了。

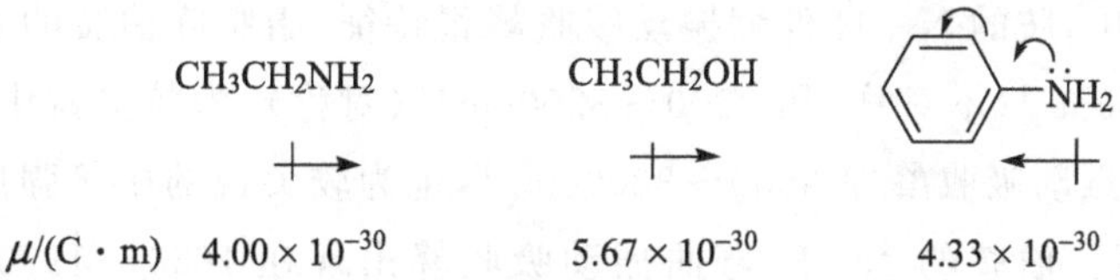
CH3CH2NH2
CH3CH2OH
NH2
μ/(C · m)
4.00 × 10^-30
5.67 × 10^-30
4.33 × 10^-30

表 14-1　常见胺的名称和物理常数

名称	熔点/℃	沸点/℃	溶解度 /[g · (100g H₂O)⁻¹]	pK_b(25℃)
甲胺 CH₃NH₂	−92	−7.5	易溶	3.38
二甲胺 (CH₃)₂NH	−96	7.5	易溶	3.27
三甲胺 (CH₃)₃N	−117	3	91	4.21
乙胺 CH₃CH₂NH₂	−80	17	混溶	3.36
二乙胺 (C₂H₅)₂NH	−39	55	易溶	3.06
三乙胺 (C₂H₅)₃N	−115	89	14	3.25
正丁胺 CH₃(CH₂)₃NH₂	−50	78	易溶	3.32
环己胺 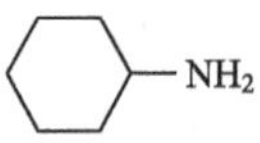 ⬡—NH₂		134	微溶	3.33
乙二胺 H₂NCH₂CH₂NH₂	8	117	溶	4.08
苄胺 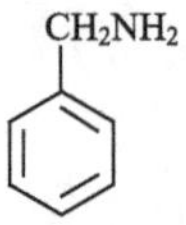 C₆H₅CH₂NH₂		185	混溶	4.67
苯胺 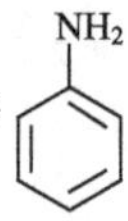 C₆H₅NH₂	−6	184	3.7	9.37
N-甲基苯胺 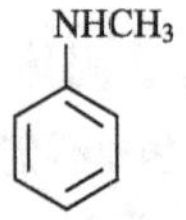 C₆H₅NHCH₃	−57	196	微溶	9.60
N,N-二甲基苯胺 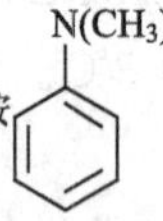 C₆H₅N(CH₃)₂	3	194	1.4	9.62
α-萘胺 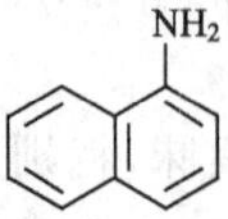	50	301	微溶	11.08
β-萘胺 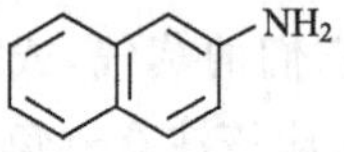	111～113	306	微溶	9.89

2. 光谱性质

在红外光谱图中,胺的 N—H 伸缩振动吸收峰很特征,脂肪族伯胺的 N—H 伸缩振动吸收峰在 3400～3300cm⁻¹(不对称)和 3300～3200cm⁻¹(对称),为较尖锐中等强度的吸收峰。仲胺的 N—H 伸缩振动吸收峰在 3500～3300cm⁻¹,也为较尖锐的中等强度的吸收峰。叔胺在此区域无吸收峰。伯胺的 N—H 弯曲振动吸收峰出现在 1650～1590cm⁻¹,且在 900～

650cm^{-1} 出现 N—H 非平面摇摆振动吸收峰。仲胺的 N—H 弯曲振动吸收峰很弱,但在 750~700cm^{-1} 出现 N—H 非平面摇摆振动强吸收峰。胺的 C—N 吸收峰(1360~1020cm^{-1})不特征,没有多大鉴别价值。异丁胺和苯胺的红外光谱图分别见图 14-3 和图 14-4。

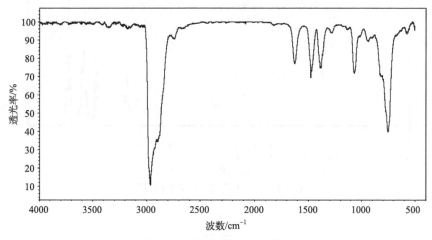

图 14-3　异丁胺的红外光谱图

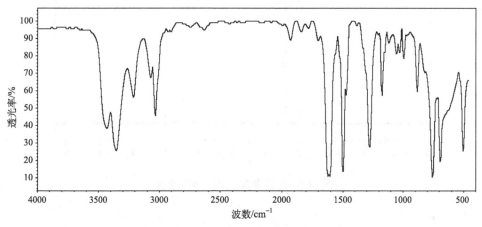

图 14-4　苯胺的红外光谱图

在 ^{1}H NMR 谱图中,脂肪族伯、仲胺氮原子上氢质子的化学移值 $\delta=0.5\sim4.0$。芳香胺氮原子上氢质子的化学移值 $\delta=2.5\sim5.0$。氮原子较大的电负性使 α-碳原子上的氢质子受到去屏蔽作用,化学位移移向低场 $\delta=2.2\sim2.8$,β-碳上氢质子的化学位移值 $\delta=1.1\sim1.7$。图 14-5 和图 14-6 分别给出了正丁胺和对氯苯胺的 ^{1}H NMR 谱图。

14.2.4　胺的碱性和成盐

胺分子中氮原子上的未共用电子对使其能接受质子而显碱性,进攻缺电子中心碳而显亲核性。因此,胺最重要的化学性质是它的碱性和亲核性。

胺是有机碱,但所有的胺都是弱碱,其水溶液呈弱碱性。

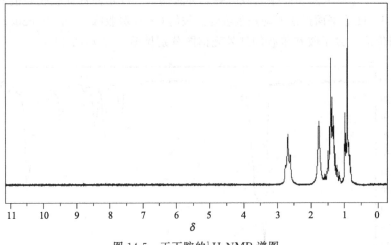

图 14-5　正丁胺的^{1}H NMR 谱图

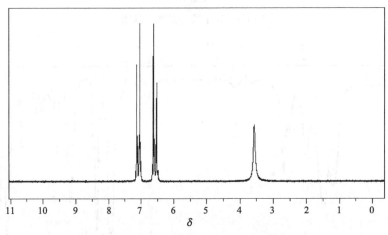

图 14-6　对氯苯胺的^{1}H NMR 谱图

$$RNH_2 \ + \ H_2O \ \Longleftrightarrow \ \overset{+}{R}NH_3 \ + \ OH^-$$

氨和一些常见胺在水溶液中测定的 pK_b 值如下：

	甲胺	二甲胺	三甲胺	氨	苯胺	对甲苯胺	对硝基苯胺
pK_b	3.38	3.27	4.21	4.76	9.37	8.92	13.0

上述氨和胺的 pK_b 值说明,脂肪胺的碱性大于氨,芳香胺的碱性则小于氨。烷基的给电子诱导效应使胺分子中氮原子上的电子云密度升高,有利于与 H$^+$ 结合,碱性比氨强。在气相中,碱性的强弱顺序是(CH$_3$)$_3$N ＞ (CH$_3$)$_2$NH ＞ CH$_3$NH$_2$＞ NH$_3$。芳胺的碱性比氨弱得多是因为氨基氮原子上的未共用电子对离域到芳环上,从而降低了与质子结合的能力,使其碱性显著减弱。

在水溶液中上述脂肪胺的碱性强弱顺序是二甲胺 ＞ 甲胺 ＞ 三甲胺,这是溶剂化作用的结果。在水溶液中,甲铵离子、二甲铵离子和三甲铵离子能分别与水形成如下氢键:

$$H_2O \cdots H - \overset{\overset{\displaystyle CH_3}{|}}{\underset{\underset{\displaystyle H \cdots OH_2}{|}}{N}}^{+} - H \cdots OH_2 \qquad H_3C - \overset{\overset{\displaystyle CH_3}{|}}{\underset{\underset{\displaystyle H \cdots OH_2}{|}}{N}}^{+} - H \cdots OH_2 \qquad H_3C - \overset{\overset{\displaystyle CH_3}{|}}{\underset{\underset{\displaystyle H \cdots OH_2}{|}}{N}}^{+} - CH_3$$

胺碱性的强弱主要取决于氮原子接受质子的能力及其生成的铵离子的稳定性。铵离子与水形成的氢键越多,铵离子越稳定,胺的碱性越强。甲铵离子有三个氢可与水形成氢键,二甲铵离子和三甲铵离子分别有两个和一个氢可与水形成氢键,从三种胺与水形成氢键后,生成的铵离子的稳定性来看,碱性的强弱顺序是伯胺 > 仲胺 > 叔胺,这与烷基的电子效应对三种胺碱性强弱的影响相反。在上述两种因素的共同影响下,在水溶液中,脂肪胺碱性强弱顺序为二甲胺 > 甲胺 > 三甲胺。

在氯仿、乙腈等非质子溶剂中测定胺的碱性时,避免了生成氢键的影响,其碱性强弱顺序与烷基电子效应的大小顺序一致。例如,下述三种胺的碱性强弱顺序为

$$(CH_3CH_2CH_2CH_2)_3N > (CH_3CH_2CH_2CH_2)_2NH > CH_3CH_2CH_2CH_2NH_2$$

芳环上连有吸电子基时芳胺的碱性减弱,若连有供电子基时,则使其碱性增强。

胺与酸反应生成烃基取代的铵盐,铵盐用碱处理后又释放出胺。

$$RNH_2 \quad + \quad HCl \quad \Longleftrightarrow \quad R\overset{+}{N}H_3Cl^-$$

$$R\overset{+}{N}H_3Cl^- \quad + \quad NaOH \quad \Longleftrightarrow \quad RNH_2 \quad + \quad NaCl \quad + \quad H_2O$$

季铵盐与氢氧化钠不起反应,但用湿的氧化银处理,可转变为氢氧化四烃基铵,即季铵碱。

$$2R_4\overset{+}{N}X \quad + \quad Ag_2O \text{(湿)} \quad \longrightarrow \quad 2R_4\overset{+}{N}OH^- \quad + \quad 2AgX$$

氢氧化四烃基铵为固体,其碱性与氢氧化钠和氢氧化钾相近,它具有强碱的一般性质,如能吸收空气中二氧化碳、易潮解、易溶于水等。

练习 14.4 按碱性由大到小的顺序排列下列各组化合物。

(1) (a) NH_3 (b) CH_3NH_2 (c) $C_6H_5NH_2$ (d) $(C_6H_5)_2NH$ (e) $(CH_3)_2NH$

(2) (a) $H_3CO-\langle\rangle-NH_2$ (b) $Cl-\langle\rangle-NH_2$ (c) $O_2N-\langle\rangle-NH_2$ (d) $O_2N-\langle\rangle-NH_2$

14.2.5 胺的反应

1. 烃基化

胺作为亲核试剂能与卤代烃发生 S_N2 反应,生成仲胺、叔胺的盐和季铵盐。仲胺、叔胺的盐和季铵盐分别用碱处理时生成游离的胺。在氨或胺的氮原子上引入烃基的反应称为氨或胺的烃基化反应。烃基化反应往往得到一级、二级、三级胺和季铵盐的混合物,实验室合成的意义不大。但此法可用于工业上合成胺类。例如:

$$CH_3NH_2 \xrightarrow{RBr} CH_3\overset{+}{N}HR\bar{B}r \xrightarrow[-HBr]{OH^-} CH_3NHR \xrightarrow{RBr} CH_3\overset{+}{N}HR_2\bar{B}r \xrightarrow[-HBr]{OH^-}$$

$$CH_3NR_2 \xrightarrow{RBr} CH_3\overset{+}{N}R_3\bar{B}r$$

2. 酰基化

脂肪族或芳香族的伯胺和仲胺与酰氯、酸酐或羧酸等酰基化试剂反应,生成 N-取代或 N,N-二取代酰胺,称为胺的酰基化反应。叔胺的氮原子上没有氢原子,故不发生酰基化反应。

酰胺在酸性或碱性的水溶液中加热很容易水解生成胺。在有机合成上常用生成酰胺的反应来保护氨基,常把芳胺酰化生成酰胺后再进行其他反应,最后用水解法除去酰基。例如:

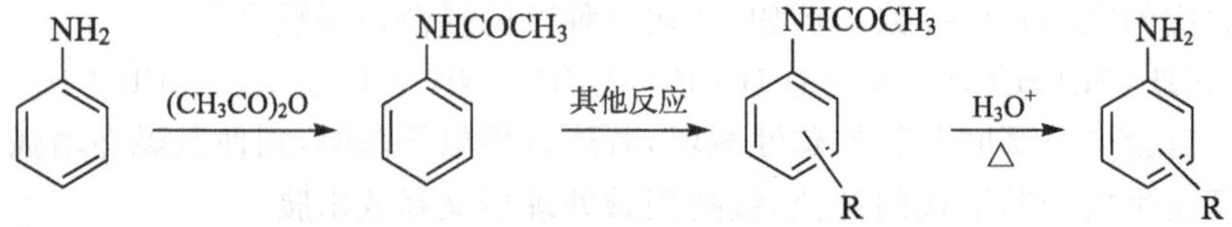

练习 14.5 以氯苯为原料合成除草剂敌稗。

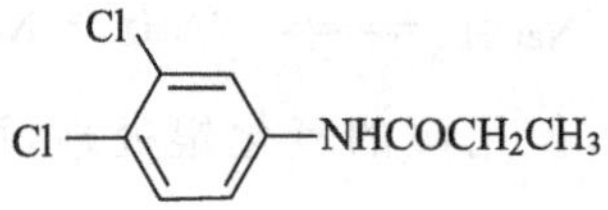

---

3. 磺酰化(兴斯堡反应)

与酰基化反应相似,脂肪族和芳香族的伯胺和仲胺在碱性(如 NaOH、KOH)溶液中均能与芳磺酰氯(如苯磺酰氯或对甲苯磺酰氯)反应,生成相应的磺酰胺,该反应称为兴斯堡(Hinsberg)反应。反应通式为

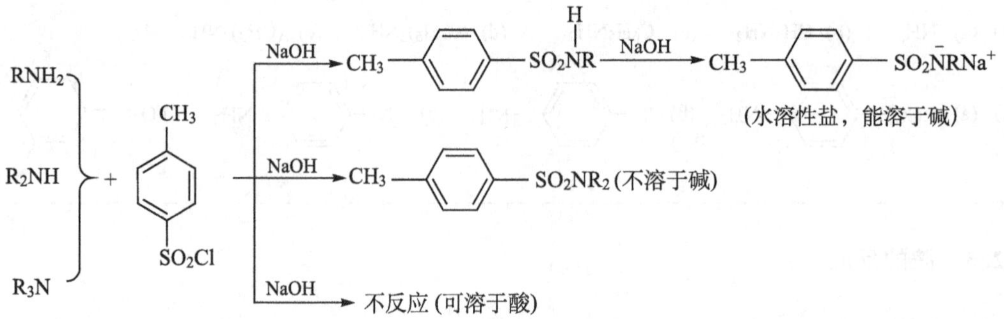

伯胺生成的磺酰胺的氮上还有一个氢原子,受磺酰基的影响而有弱酸性,可以溶于碱而生成盐。仲胺生成的磺酰胺,因氮上没有氢原子而不溶于碱。叔胺虽能与磺酰氯反应生成磺酰胺的盐,但被水解后又回到原来的叔胺而可溶于酸,所以认为不发生该反应。利用上述性质可鉴别伯、仲和叔胺。

可以用兴斯堡反应来分离伯胺、仲胺和叔胺的混合物。将混合物与对甲苯磺酰氯反应,不反应的叔胺通过蒸馏方法蒸出。剩下的混合物过滤,将不溶于碱的仲胺的对甲苯磺酰胺滤出,滤液酸化后沉淀出伯胺的对甲苯磺酰胺,然后将仲胺和伯胺的对甲苯磺酰胺分别与强酸共沸,水解后得到原来的仲胺和伯胺,这样就把三种胺分离开。

4. 与亚硝酸的反应

脂肪族伯胺与亚硝酸反应,生成极不稳定的脂肪族重氮盐,该重氮盐即使在低温下也会自动分解,定量放出氮气而生成碳正离子,该碳正离子可发生取代、重排、消除等一系列反应,生成卤代烃、醇、烯等混合物,在合成上没有实用价值,但由于反应定量地放出氮气,所以该反应可用来测定一级氨基的含量。例如:

$$CH_3(CH_2)_3NH_2 \xrightarrow{\text{NaNO}_2,\ \text{HCl}} CH_3(CH_2)_2CH_2\overset{+}{N}_2Cl^- \longrightarrow CH_3(CH_2)_2\overset{+}{C}H_2 + N_2\uparrow + Cl^-$$

$$CH_3CH_2CH_2\overset{+}{C}H_2 \begin{cases} \xrightarrow{\text{H}_2\text{O}} CH_3CH_2CH_2CH_2OH \\ \xrightarrow{\text{Cl}^-} CH_3CH_2CH_2CH_2Cl \\ \xrightarrow{-\text{H}^+} CH_3CH_2CH=CH_2 \end{cases}$$

$$\Big\downarrow \text{重排}$$

$$CH_3CH_2\overset{+}{C}HCH_3 \begin{cases} \xrightarrow{\text{H}_2\text{O}} CH_3CH_2CH(OH)CH_3 \\ \xrightarrow{\text{Cl}^-} CH_3CH_2CHClCH_3 \\ \xrightarrow{-\text{H}^+} CH_3CH=CHCH_3 \end{cases}$$

芳香族伯胺在低温下与亚硝酸(通常由无机酸,如盐酸、硫酸与亚硝酸盐作用生成)作用生成相应的重氮盐,此反应称为重氮化反应(详见 14.3.1)。在 5℃ 以下,芳香族重氮盐稳定,可以发生许多在合成上有价值的反应(详见 14.3.2)。芳香族伯胺与亚硝酸反应生成的重氮盐在加热时放氮,可以用于鉴别芳香族伯胺。

脂肪族和芳香族的仲胺与亚硝酸反应,均生成难溶于水的黄色油状或固体 N-亚硝基胺。例如:

(黄色油状物)

脂肪族叔胺不与亚硝酸反应,芳香族叔胺与亚硝酸作用发生芳环上的亲电取代反应——亚硝化反应。例如:

(绿色晶体)

伯、仲、叔胺与亚硝酸反应的产物不同,且反应的现象明显,据此可鉴别伯、仲、叔胺。

练习 14.6　用化学方法：①分离 N-甲苯胺、邻甲苯胺和 N,N-二甲苯胺；②鉴别 N-甲苯胺、邻甲苯胺和 N,N-二甲苯胺。

5. 胺的氧化

胺类化合物很容易被氧化，通常久置的胺会被氧化成深色的混合物，其组成很复杂。在相同的氧化剂的作用下，伯、仲、叔胺的氧化产物不同。例如：

$$RCH_2NH_2 \xrightarrow{H_2O_2} RCH=N-OH$$
肟

$$R_2NH \xrightarrow{H_2O_2} R_2N-OH$$
羟胺

$$R_3N \xrightarrow{H_2O_2} R_3N \rightarrow O$$
氧化胺

芳胺易被各种氧化剂氧化，苯胺用二氧化锰和硫酸或重铬酸钾和硫酸氧化生成对苯醌。

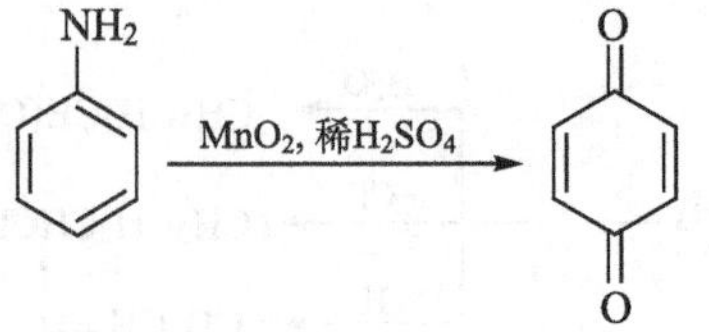

用过氧化氢或过氧酸氧化芳香族叔胺，则得到氧化胺。例如：

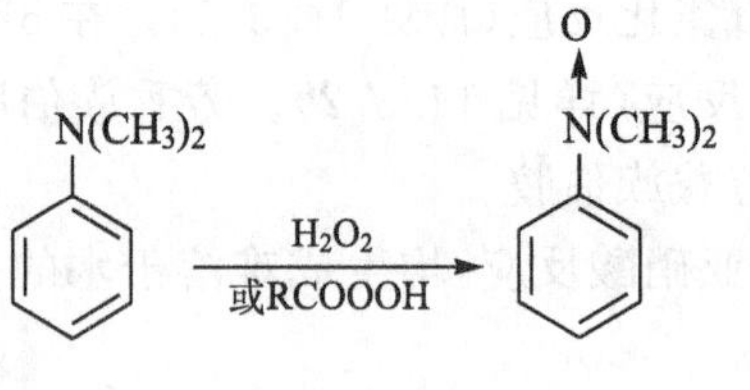

6. 芳胺芳环上的亲电取代反应

1）卤代反应

苯胺与溴反应难以停留在一取代阶段，甚至在水溶液中，苯胺与溴迅速反应生成 $2,4,6$-三溴苯胺白色沉淀，这个反应可用于苯胺的定性及定量分析。例如：

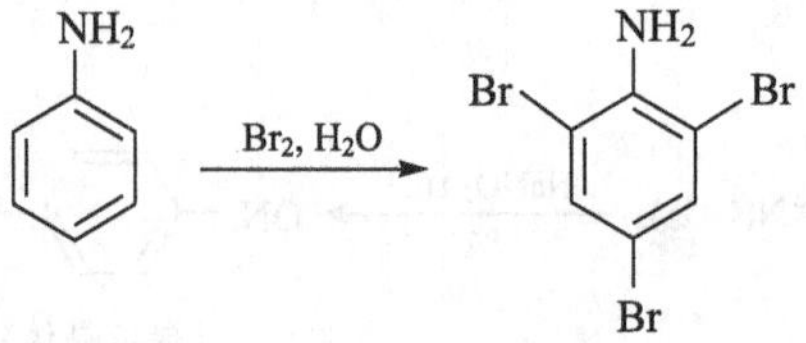

如要制取一溴苯胺，则应先降低苯胺的活性，再进行溴代，可以采用以下两种方法，分别得到对溴苯胺和间溴苯胺。

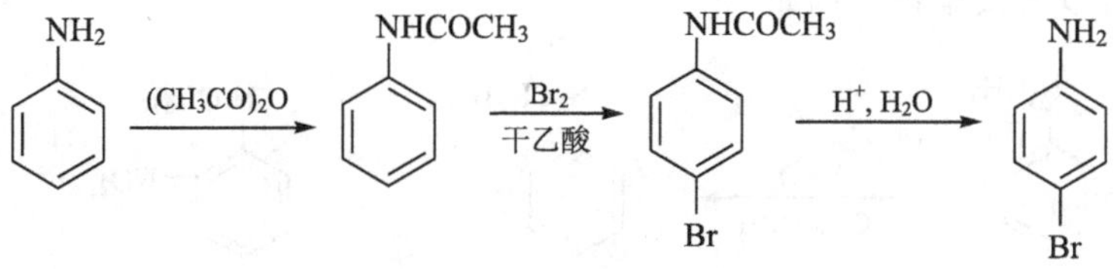

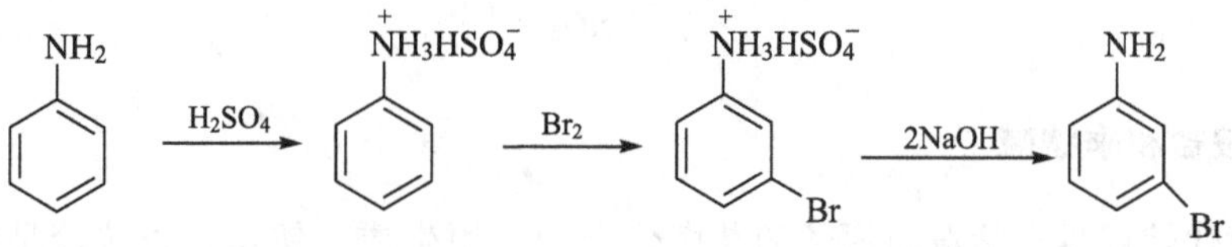

2）磺化反应

苯胺与浓硫酸反应生成苯胺硫酸氢盐,若将此盐在 $180 \sim 190℃$ 烘焙,得到对氨基苯磺酸。这是工业上生产对氨基苯磺酸的方法。因分子内同时含有碱性的氨基和酸性的磺酸基,故能在分子内生成盐,称为内盐。例如:

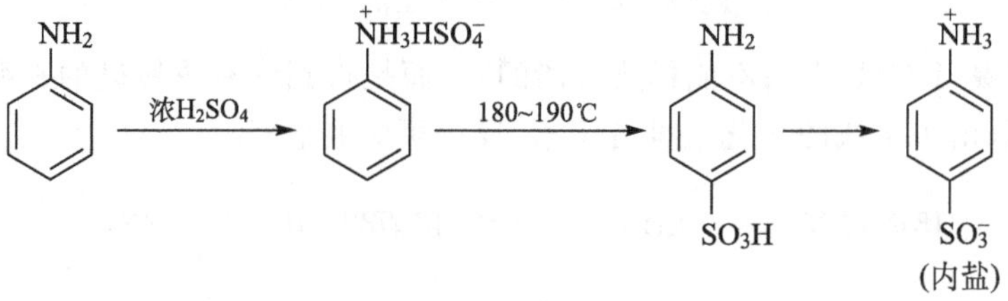

3）硝化反应

硝酸具有强氧化性,故苯胺不能直接硝化。为避免发生氧化副反应,可先乙酰化,将氨基保护起来,然后依次硝化、水解,这样主要得到对位异构体。若要制备邻位异构体,则将酰化后的乙酰苯胺先磺化,然后依次硝化、水解。例如:

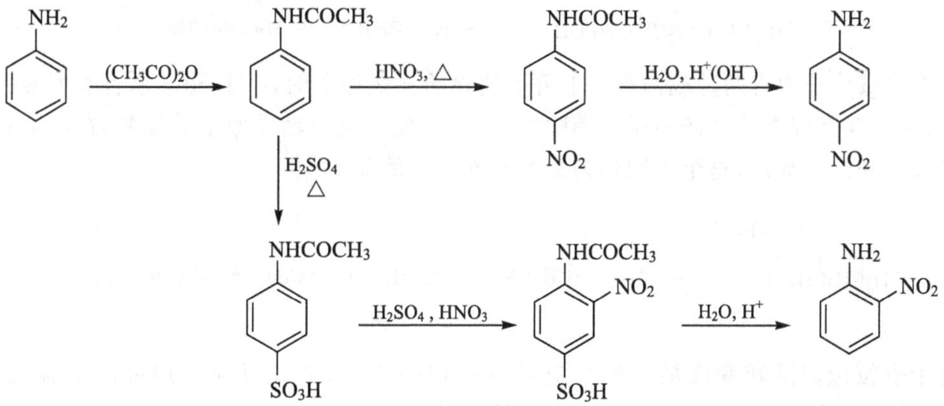

若要得到间硝基苯胺,先将苯胺溶于浓硫酸形成盐,然后硝化,最后与碱作用。例如:

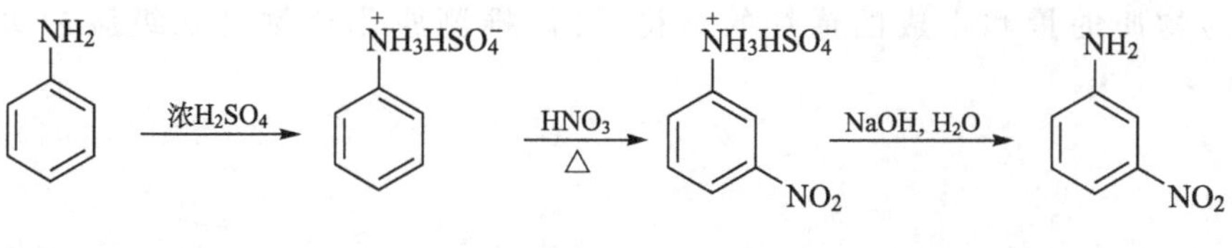

芳香族叔胺可以直接硝化。例如:

$$
\underset{}{}\xrightarrow[\text{CH}_3\text{COOH}]{\text{HNO}_3}
$$

14.2.6　季铵盐和季铵碱

叔胺与卤代烷或具有活泼卤原子的芳卤化合物作用生成季铵盐。季铵盐是白色的晶体,具有盐的性质,能溶于水而不溶于有机溶剂。季铵盐熔点高,加热到熔点时即分解成叔胺和卤代烷。

$$R_3N + R'X \longrightarrow [R_3NR']^+X^-$$

$$[R_3NR']^+X^- \xrightarrow{\triangle} R_3N + R'X$$

季铵盐与强碱(KOH)作用不能释放游离的胺,而是得到含有季铵碱的平衡混合物。若与湿的氧化银作用,由于生成的卤化银难溶于水,反应可顺利进行。

$$[R_3NR']^+X^- + KOH \rightleftharpoons [R_3NR']^+OH^- + KX$$

$$2[R_3NR']^+X^- + Ag_2O \xrightarrow{H_2O} 2[R_3NR']^+OH^- + 2AgX\downarrow$$

季铵碱与氢氧化钾一样是强碱,它具有碱的一般性质。将季铵碱加热到 $100 \sim 150\,^\circ\text{C}$,则发生分解反应。含有 β-氢原子的季铵碱分解时,OH^- 进攻 β-氢原子,发生 E2 消除反应,离去基团是 R_3N ,生成烯烃和叔胺。例如:

$$(CH_3CH_2)_3\overset{+}{N}CH_2CH_3\ OH^- \xrightarrow{\triangle} (CH_3CH_2)_3N + H_2C=CH_2$$

当季铵碱分子中有两种或两种以上可被消除的 β-氢原子时,OH^- 进攻酸性相对较强的 β-氢原子,即从含氢较多的 β-碳原子上消除氢原子,主要生成双键碳原子上烃基较少的烯烃,即霍夫曼(Hofmann)烯烃,这个规则称为霍夫曼规则。例如:

$$
\underset{\text{CH}_3\text{CH}_2\text{CHCH}_3}{\overset{\overset{\displaystyle N^+(CH_3)_3OH^-}{|}}{}} \xrightarrow{\triangle} (CH_3)_3N + \underset{95\%}{H_3CH_2CHC=CH_2} + \underset{5\%}{H_3CHC=CHCH_3}
$$

由于季铵碱消除转变成烯烃的反应具有一定的取向,故此反应常用来测定胺的结构。例如,要测定一个未知的胺的结构,可用过量的碘甲烷与它作用生成季铵盐,这一过程称为彻底甲基化,然后用湿的氧化银处理,得到相应的季铵碱,再进行热分解。从反应过程中消耗碘甲烷的物质的量和生成的烯烃的结构,可以推测原化合物是几级胺和碳的骨架。例如:

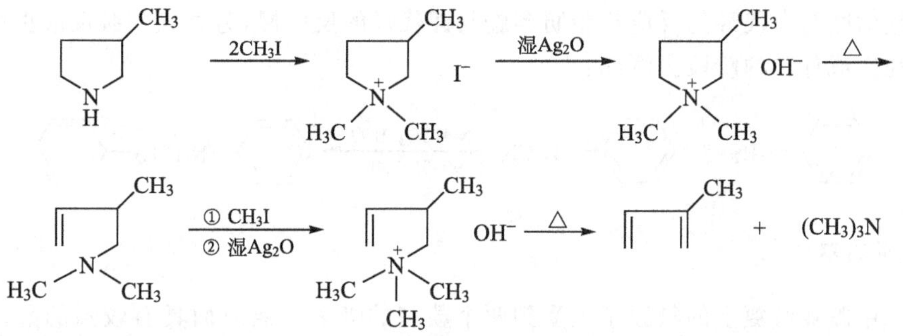

不含 β-氢原子的季铵碱分解时，发生 S_N2 反应。例如：

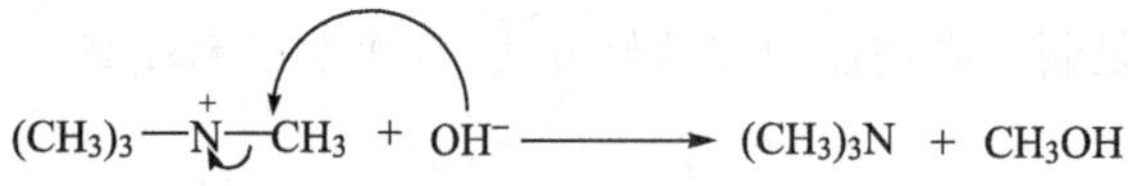

$$(CH_3)_3\!-\!\overset{+}{N}\!-\!CH_3 \ + \ OH^- \longrightarrow (CH_3)_3N \ + \ CH_3OH$$

　　因为季铵盐在有机相和水相中都有一定的溶解性，它可使某一负离子从一相（如水相）转移到另一相（如有机相）中，促使反应发生，所以季铵盐是最常用的相转移催化剂。与冠醚相比，其显著的特点是无毒和价格便宜。一般含 16 个碳的季铵盐可产生较好的相转移催化效果，如氯化四正丁基铵、氯化三乙基苄基铵等。用氯化四正丁基铵作相转移催化剂后，下面反应的产率可达到 65% 以上，否则产率小于 5%。

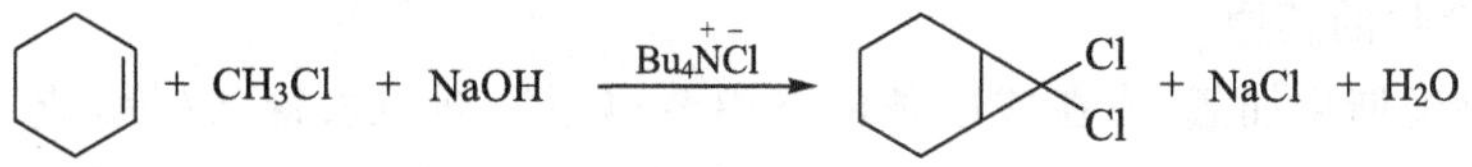

练习 14.7　完成下列反应。

(1) 　　　　(2)

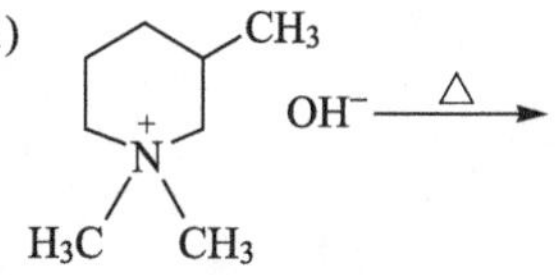

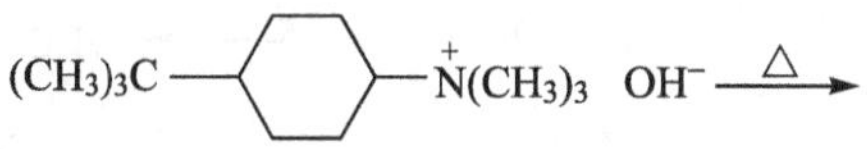

14.2.7　胺的制备

1. 氨或胺的烃基化

　　卤代烃与氨或胺可以发生亲核取代反应（详见 8.3.1），产物是伯、仲和叔胺及铵盐的混合物，合成意义不大。但当氨过量时，产物以伯胺为主。

$$RCH_2X \ + \ NH_3(过量) \longrightarrow RCH_2NH_2 \ + \ HX$$

　　芳香卤代烃的卤素很难被氨或胺取代，只有当芳环上连有很强的吸电子基时，才能发生芳环上的亲核取代反应。例如：

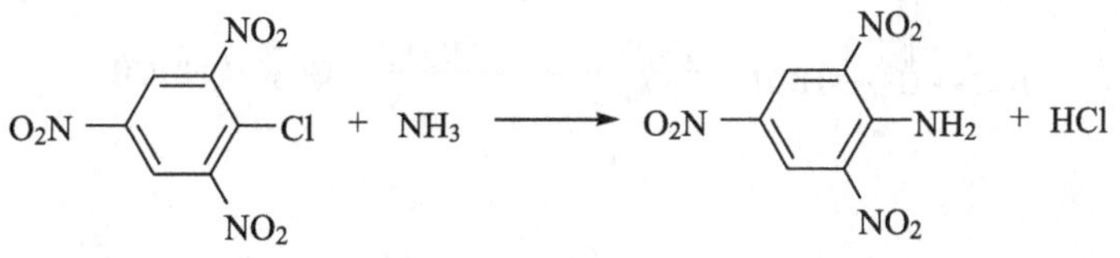

芳香族伯胺与卤代烃的反应比脂肪族胺与卤代烃的反应慢，芳香族仲胺反应更慢，因此反应可停留在生成仲胺的阶段。例如：

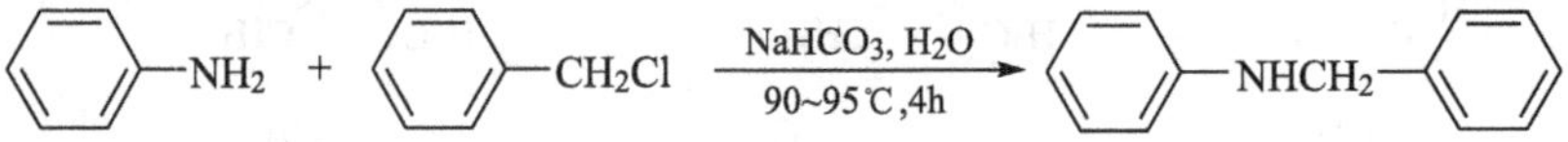

2. 盖布瑞尔合成

邻苯二甲酰亚胺氮上的氢原子因受到两个羰基的吸电子效应而具有较强的酸性，故邻苯二甲酰亚胺能与氢氧化钾或氢氧化钠溶液作用生成盐。该盐的负离子是一个亲核试剂，与伯卤代烷发生 S_N2 反应，生成 *N*-烷基邻苯二甲酰亚胺，然后水解得伯胺。该合成方法称为盖布瑞尔(Gabriel)合成法，是制取高纯度伯胺的好方法，且通常产率较高。

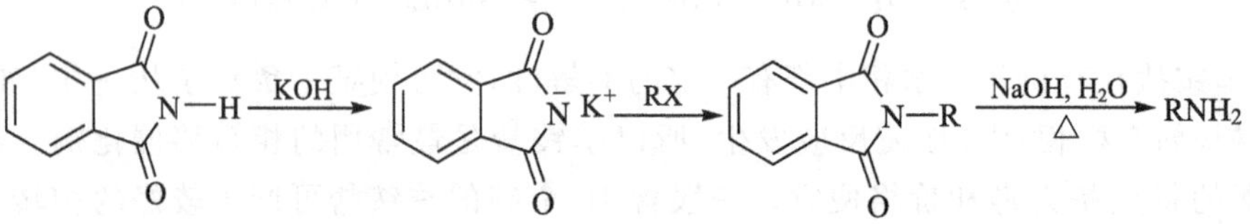

3. 含氮化合物的还原

1) 硝基化合物的还原

硝基化合物经催化加氢，或在酸性条件下用金属还原剂(铁、锡、锌等)或 $LiAlH_4$ 还原的产物为芳胺。用硫化铵、硫氢化钠或硫化钠等，在适当条件下能选择性地还原芳香族二硝基化合物中的一个硝基(详见 14.1.3)。例如：

$$H_3C—NO_2 \xrightarrow[\triangle]{H_2/Pt} H_3C—NH_2$$

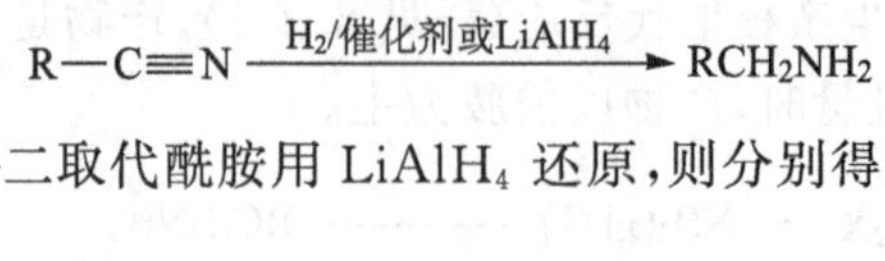

2) 腈和酰胺的还原

腈催化氢化或用 $LiAlH_4$ 还原可生成增加一个碳原子的伯胺。

$$R—C\equiv N \xrightarrow{H_2/催化剂或LiAlH_4} RCH_2NH_2$$

酰胺、*N*-取代和 *N*,*N*-二取代酰胺用 $LiAlH_4$ 还原，则分别得到伯、仲和叔胺。例如：

$$H_3C—\overset{O}{\overset{\|}{C}}—NH_2 \xrightarrow[乙醚]{LiAlH_4} \xrightarrow{H_2O} CH_3CH_2NH_2$$

$$H_3C—\overset{O}{\overset{\|}{C}}—NHCH_3 \xrightarrow[乙醚]{LiAlH_4} \xrightarrow{H_2O} CH_3CH_2NHCH_3$$

4. 醛和酮的还原氨(胺)化

将醛或酮与氨或伯胺作用生成亚胺,亚胺不稳定而难以分离得到。若将醛或酮与氨或伯胺的混合物进行催化加氢,则亚胺分子中的 C═N 键可被还原生成相应的胺,这一反应称为还原氨(胺)化。催化加氢的催化剂通常使用镍。一些氢化试剂也可以使亚胺分子中的 C═N键被还原,常用氰基硼氢化钠($NaBH_3CN$),该试剂的特点是可在酸性介质(pH=2~3)中反应(在此条件下 $NaBH_4$ 水解)。还原氨(胺)化反应通式如下:

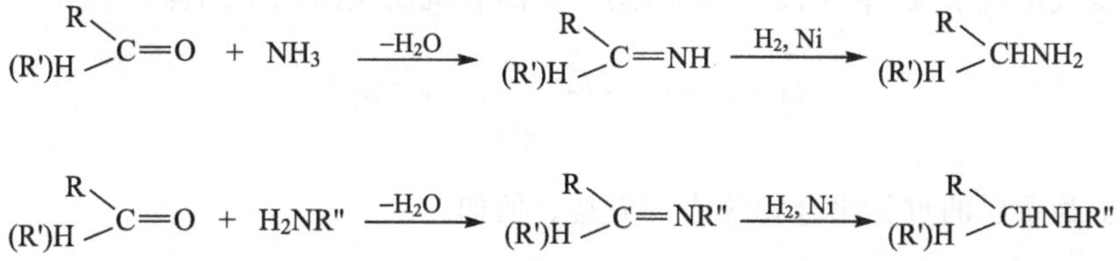

$$\underset{(R')H}{\overset{R}{>}}C{=}O + NH_3 \xrightarrow{-H_2O} \underset{(R')H}{\overset{R}{>}}C{=}NH \xrightarrow{H_2,\ Ni} \underset{(R')H}{\overset{R}{>}}CHNH_2$$

$$\underset{(R')H}{\overset{R}{>}}C{=}O + H_2NR'' \xrightarrow{-H_2O} \underset{(R')H}{\overset{R}{>}}C{=}NR'' \xrightarrow{H_2,\ Ni} \underset{(R')H}{\overset{R}{>}}CHNHR''$$

许多脂肪族和芳香族醛、酮都可以发生还原氨(胺)化反应,该反应是制备 R_2CHNH_2 和 R_2CHNHR' 的好方法,由于仲卤代烷的氨(胺)解易发生消除反应,故此类具有仲烷基的胺用卤代烷的氨(胺)解是难以得到的。例如:

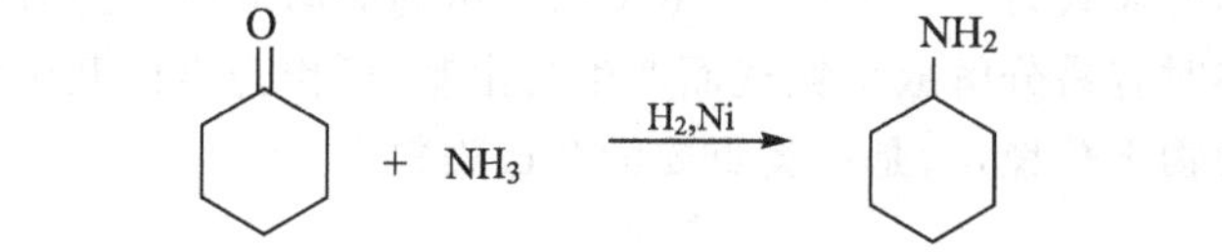

$$(C_2H_5)_2CO + H_2NCH_2CH_3 \xrightarrow[C_2H_5OH]{H_2,Ni} (C_2H_5)_2CHNHCH_2CH_3$$

在氨与醛(或酮)的还原氨化过程中,已生成的伯胺会进一步与醛(或酮)反应,生成仲胺,所以要用过量的氨,以减少仲胺的生成。例如:

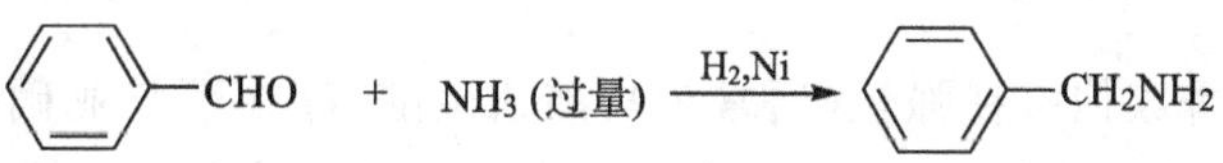

5. 由酰胺降级制备

酰胺经霍夫曼降级反应,得到比原酰胺少一个碳原子的伯胺(详见 12.10.5)。例如:

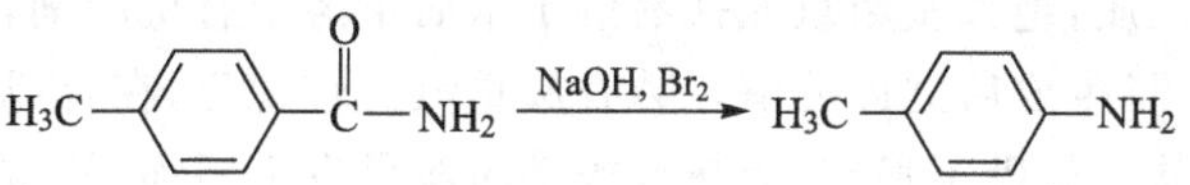

练习 14.8 完成下列转化。

(1) 环己酮──→环己胺

(2) 苯甲酸──→N,N-二甲基苄胺

(3) 1-环己烯基甲醇──→2-(1-环己烯基)乙胺

14.3　重氮和偶氮化合物
（Diazo and Azo Compounds）

　　重氮和偶氮化合物都含有—N＝N—官能团,该官能团一端与烃基相连的化合物称为重氮化合物,两端都与烃基相连的化合物称为偶氮化合物。

　　重氮化合物的通式为 R_2CN_2,最简单的重氮化合物是重氮甲烷 CH_2N_2。重氮化合物极易脱去一分子氮气形成卡宾,卡宾又称碳烯,是重要的有机反应活性中间体。例如:

$$CH_2N_2 \longrightarrow \text{:}CH_2 + N_2 \uparrow$$
卡宾

　　另一类更为重要的重氮化合物称为重氮盐。例如:

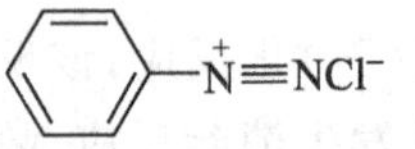

氯化重氮苯 (苯重氮盐酸盐) 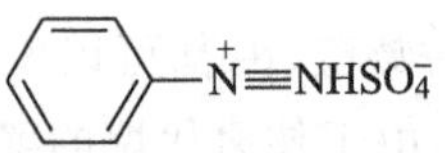　　　　　　苯重氮硫酸盐

　　偶氮化合物的结构通式为 R—N＝N—R′（R、R′可为脂肪烃基或芳香烃基）。脂肪族偶氮化合物在光照或加热时容易分解放出氮气而产生自由基,可作为自由基引发剂,如偶氮二异丁腈。芳香族偶氮化合物十分稳定,是一类重要的合成染料。

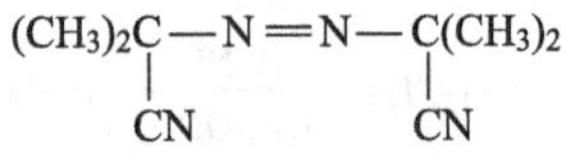

$$(CH_3)_2C—N＝N—C(CH_3)_2$$
　　　CN　　　　　　CN

偶氮二异丁腈

14.3.1　芳香族重氮盐的制备

　　在 0～5℃下,芳香族伯胺在强酸（通常为盐酸或硫酸）存在下与亚硝酸反应,生成重氮盐的反应称为重氮化反应。氯化重氮苯是最简单的芳香族重氮化合物。例如:

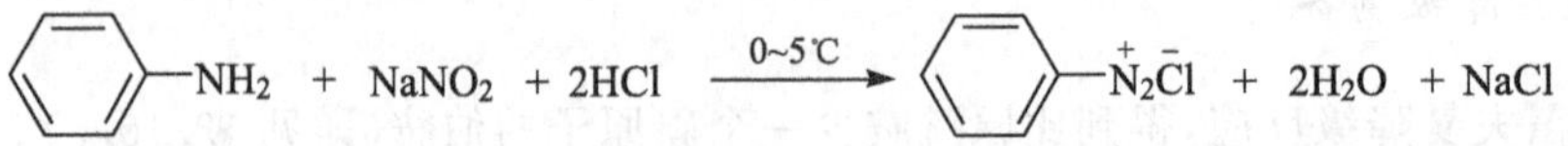

$$C_6H_5NH_2 + NaNO_2 + 2HCl \xrightarrow{0\sim5℃} C_6H_5N_2Cl + 2H_2O + NaCl$$

　　重氮盐具有盐的性质,绝大多数重氮盐易溶于水而不溶于有机溶剂,其水溶液能导电。脂肪族重氮盐不稳定,一旦生成后立即分解。芳香族重氮盐较稳定,在合成中具有重要作用。干燥的硫酸或盐酸重氮盐一般极不稳定,受热或震动时容易发生爆炸,故重氮盐一般不经分离就可直接用于后续的反应。

14.3.2　芳香族重氮盐的反应

　　芳香族重氮盐的化学性质很活泼,能发生很多反应,一般可分为两类:失去氮的反应和保留氮的反应。

1. 失去氮的反应

芳香族重氮盐在一定的条件下分解,重氮基可被—OH、—X、—CN、—H 和—NO₂ 取代,生成相应的酚、芳基卤、芳腈、芳烃和硝基芳烃,同时释放出氮气。

1) 重氮基被氢原子取代

重氮盐酸盐在次磷酸(H₃PO₂)作用下,重氮基被氢原子取代。若用乙醇作还原剂,也可使重氮硫酸盐失去氮被还原。一般用次磷酸的效果比乙醇好,产率分别为 80% 和 50%。例如:

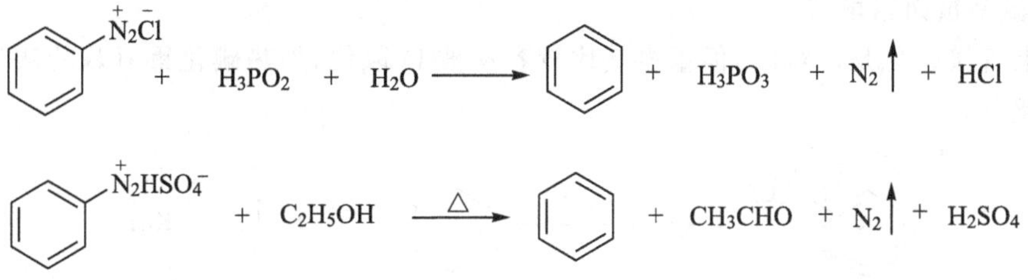

此反应在有机合成中有重要用途。例如,1,3,5-三溴苯的制备,该化合物用苯的溴化是无法制备的,但用下面的方法可以制备。

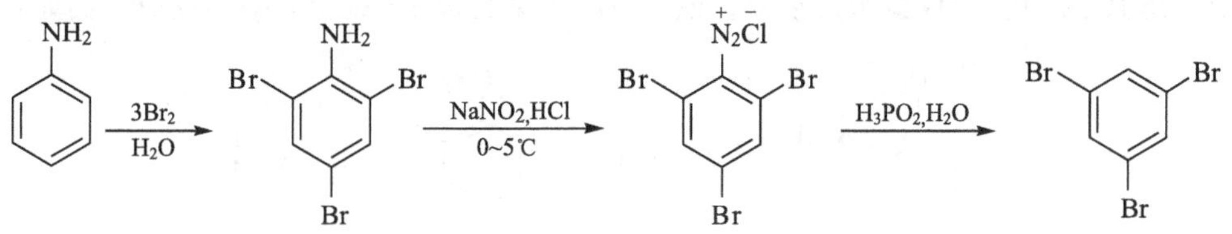

2) 重氮基被羟基取代

加热芳香重氮硫酸盐,重氮盐水解生成酚并放出氮气,该反应称为重氮盐的水解反应。例如:

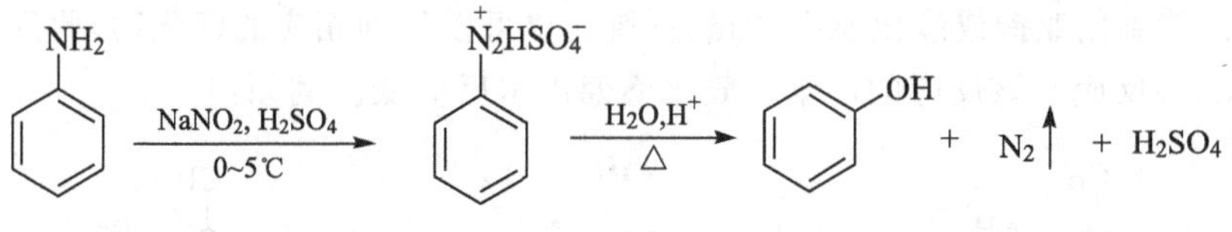

由于此法产率不高,一般为 50%~60%,故主要用于制备无异构体的酚或用其他方法难以得到的酚,如间硝基苯酚的制备。

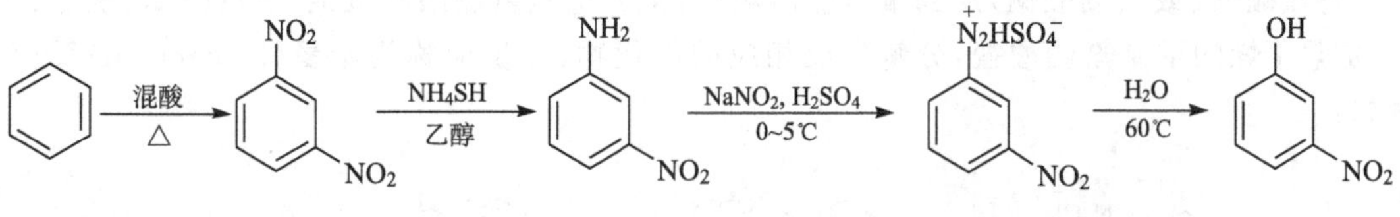

重氮盐水解反应分两步进行,第一步是重氮盐分解,失去氮后生成苯基正离子,这步反应决定反应速率,第二步是苯基正离子与水分子反应生成苯酚。

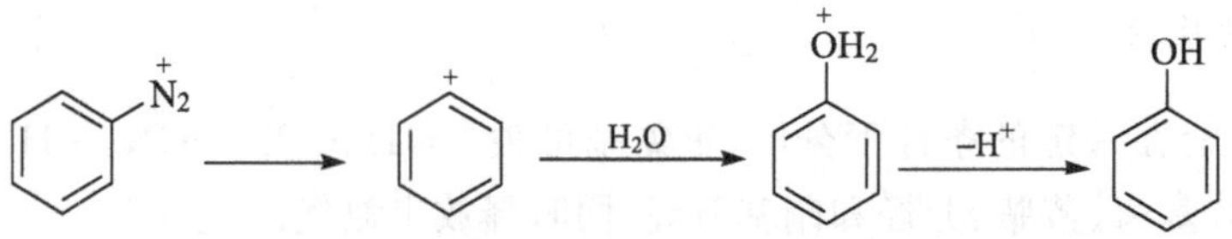

用重氮盐制备酚时一般不用盐酸盐,因为反应体系中的 Cl^- 作为亲核试剂也能与苯基正离子反应,生成氯苯副产物;同时反应生成的酚还可能与重氮盐发生偶联反应(见本节"保留氮的反应");强酸性的硫酸溶液不仅可使偶联反应减少到最低程度,且可升高水解反应的温度,使水解反应更迅速、彻底。

3) 重氮基被卤素取代

芳环上直接碘化是困难的,但重氮基比较容易被 I^- 取代,加热碘化重氮苯的碘化钾溶液,即可生成碘苯。

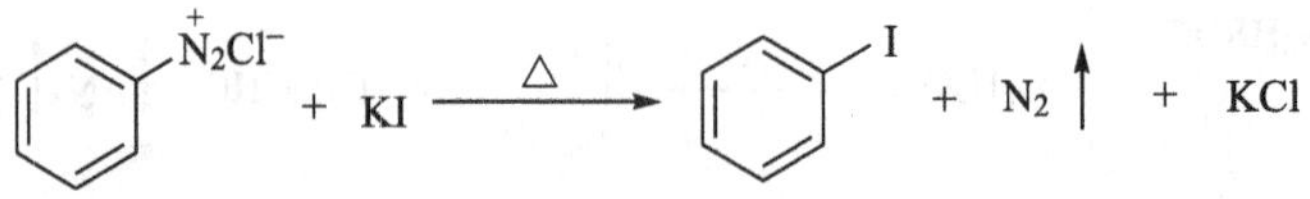

此反应是将碘原子引入苯环的好方法。但利用这个方法很难使其他卤素(如氟、氯、溴)引入苯环。用氯化亚铜或溴化亚铜作催化剂,重氮盐在氢氯酸或氢溴酸溶液中加热,重氮基可分别被氯或溴原子取代,生成氯苯或溴苯。该反应称为桑德迈尔(Sandmeyer)反应。例如:

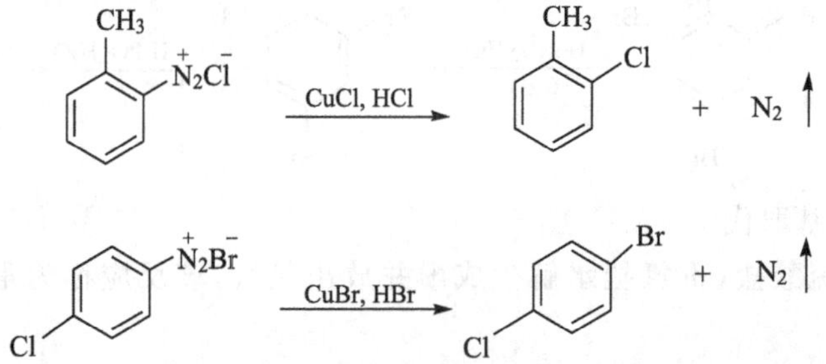

用铜粉代替氯化亚铜或溴化亚铜,加热重氮盐也可以得到相应的卤化物,此反应称为加特曼(Gattermann)反应。该反应的产率一般比桑德迈尔反应低。例如:

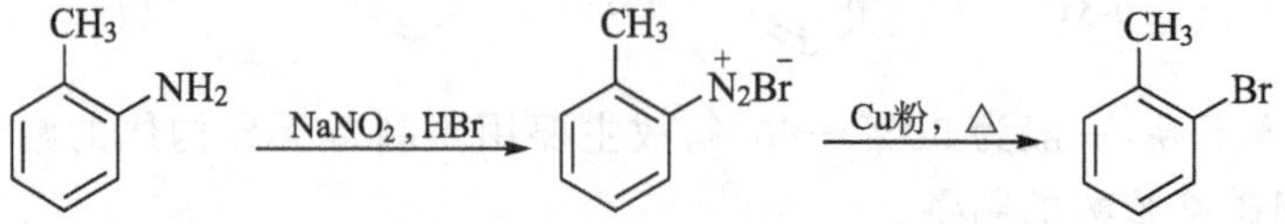

将氟硼酸(或氟硼酸钠)加到重氮盐溶液中,生成重氮氟硼酸盐沉淀,然后过滤、洗涤、干燥,加热干燥的重氮氟硼酸盐,分解生成相应的氟代物,此反应称为希曼(Schiemann)反应。例如:

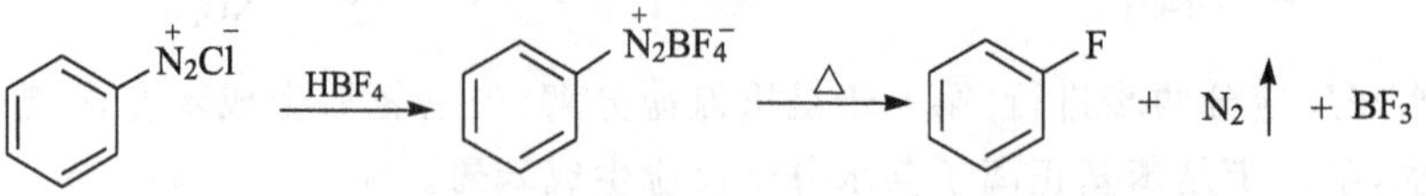

在有机合成中,利用重氮盐被卤素取代的反应,可以制备一些不易或不能直接卤化得到的

卤代芳烃及其衍生物。

4）重氮基被氰基取代

重氮盐与氰化亚铜的氰化钾水溶液作用，或在铜粉存在下与氰化钾溶液作用，重氮基可被氰基取代。前者属于桑德迈尔反应，后者属于加特曼反应。例如：

上述重氮基被其他基团取代的反应可用来制备一些不能用直接方法制备的芳烃及其衍生物。例如，由硝基苯制备 2,6-二溴苯甲酸。

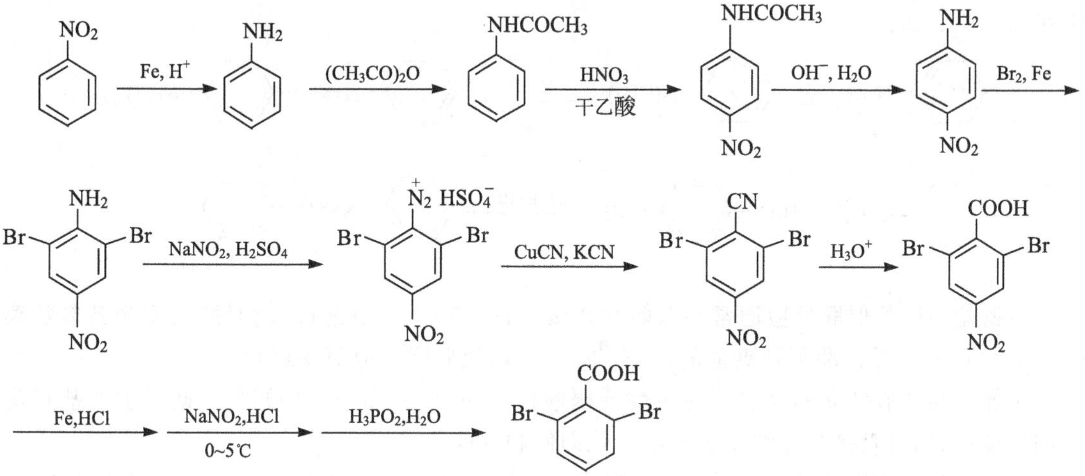

练习 14.9　以甲苯为原料合成间溴甲苯。

练习 14.10　以对硝基苯胺为原料合成 1,2,3-三溴苯。

练习 14.11　完成下列转化。

（1）间硝基苯胺──→间硝基苯酚　　　（2）邻硝基甲苯──→邻羟基苯甲酸

---

2. 保留氮的反应

1）还原反应

重氮盐可被二氯化锡和盐酸、锌和乙酸、亚硫酸钠、亚硫酸氢钠等还原成苯肼。例如：

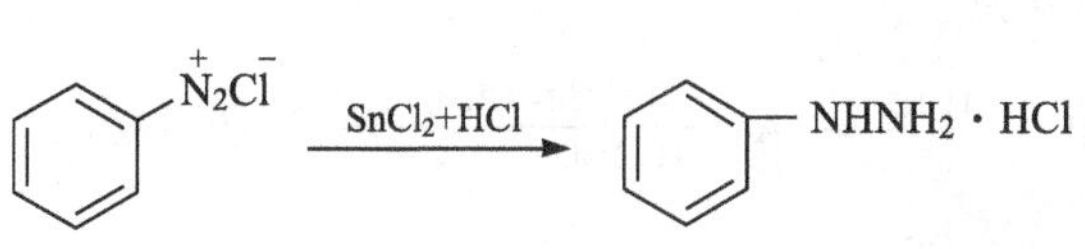

苯肼盐酸盐

苯肼是无色油状液体，沸点 242℃，不溶于水，有毒。苯肼具有碱性，重氮盐在酸性溶液中被还原，得到苯肼盐酸盐，用碱处理释放出苯肼。

2) 偶联反应

重氮盐在弱酸或中性介质中与芳胺反应,或在弱碱性介质中与酚类反应,生成颜色鲜艳的偶氮化合物的反应称为偶联反应,反应通式如下:

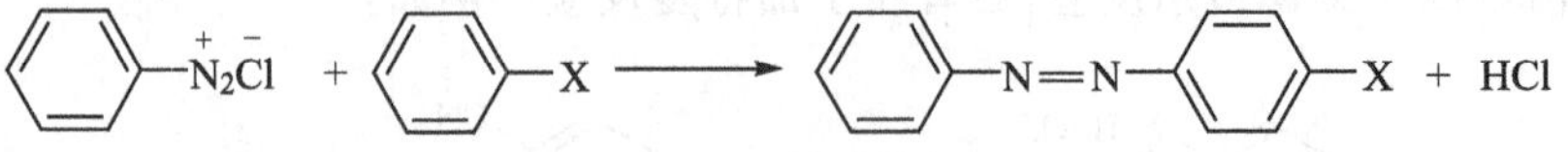

$$X=OH, NH_2, NHR, NR_2$$

偶联反应是重氮正离子作为亲电试剂,进攻芳胺或酚类,发生芳环上的亲电取代反应。重氮正离子是弱的亲电试剂,它只能与芳胺和酚类发生偶合。由于—OH 和—NH$_2$ 等均是邻、对位定位基,因此偶联反应发生在酚羟基和氨基的对位,当对位被占据时,发生在邻位,而不发生在间位。例如:

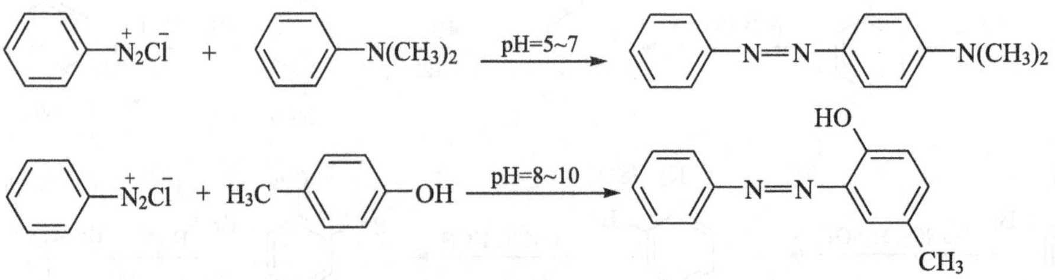

重氮盐与酚的偶联反应通常在弱碱性介质(pH=8~10)中进行,此时酚转变为芳氧负离子(Ar—O$^-$),它是比酚羟基更强的邻、对位定位基,使偶联反应更易进行。

重氮盐与芳胺偶联的反应要在中性或弱酸性介质(pH=5~7)中进行,此时重氮盐正离子的浓度最大,可直接与芳胺发生亲电取代即偶联反应。

重氮盐与芳胺和酚的偶联反应都不能在强酸或强碱性介质中进行,因为在强酸性介质中,芳胺和酚都将被质子化后生成—OH$_2^+$ 和—N$^+$HR$_2$ 吸电子基,使偶联反应不能发生。偶联反应也不能在强碱性介质中进行,因为此时重氮盐正离子生成重氮酸或其盐,后两者均不是亲电试剂,都不能发生偶联反应。

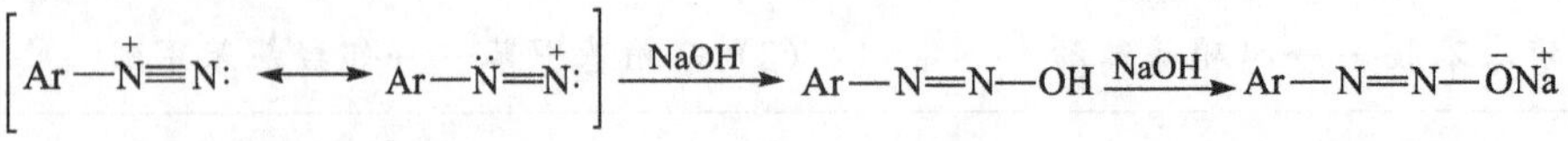

许多芳胺的重氮盐与酚类或芳胺偶联,通常得到有颜色的化合物。因为分子中含有偶氮基(—N=N—),故称为偶氮染料。合成偶氮染料是偶联反应最重要的用途。

练习 14. 12 完成下列反应。

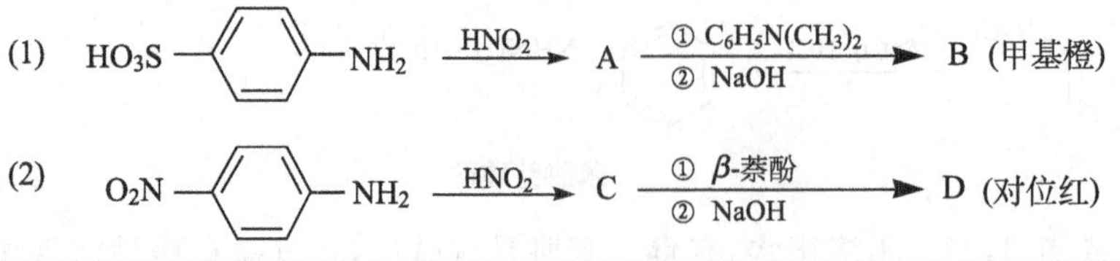

14.3.3 重氮甲烷

重氮甲烷是深黄色气体,沸点−23℃,剧毒,易爆炸(200℃爆炸),它能溶于乙醚,一般均使用它的乙醚溶液。重氮甲烷非常活泼,能够发生多种类型的反应,是重要的有机合成试剂。它是一个线型分子,其结构用下列共振极限式表示:

$$:\bar{C}H_2 - \overset{+}{N} \equiv N: \quad \longleftrightarrow \quad H_2C = \overset{+}{N} = \overset{-}{N}:$$

1. 重氮甲烷的制备

重氮甲烷很难用甲胺和亚硝酸直接作用制得,最常用而又非常方便的方法是使 N-甲基-N-亚硝基对甲苯磺酰胺在碱作用下分解制得,N-甲基-N-亚硝基对甲苯磺酰胺由对甲苯磺酰氯经胺解和亚硝化反应制备。例如:

$$H_3C-\!\!\!\bigcirc\!\!\!-SO_2Cl \xrightarrow{CH_3NH_2} H_3C-\!\!\!\bigcirc\!\!\!-SO_2NHCH_3 \xrightarrow{HNO_2}$$

$$H_3C-\!\!\!\bigcirc\!\!\!-\underset{\underset{NO}{|}}{SO_2NCH_3} \xrightarrow{NaOH} H_3C-\!\!\!\bigcirc\!\!\!-SO_2ONa + CH_2N_2 + H_2O$$

2. 重氮甲烷的反应

1) 与酸性化合物反应

重氮甲烷与羧酸作用,放出氮气而生成羧酸甲酯。

$$R-\overset{\overset{\displaystyle O}{\|}}{C}-OH + CH_2N_2 \longrightarrow R-\overset{\overset{\displaystyle O}{\|}}{C}-O-CH_3 + N_2\uparrow$$

重氮甲烷分子中的碳原子有碱性,可接受羧酸中的质子,转变成甲基重氮离子,随后羧酸根负离子作为亲核试剂进攻甲基重氮离子,放出氮气而生成羧酸甲酯。该反应的机理可表示如下:

$$R-\overset{\overset{\displaystyle O}{\|}}{C}-OH + \bar{C}H_2-\overset{+}{N}\equiv N \longrightarrow RCOO^- + H_3C-\overset{+}{N}\equiv N$$

$$RCOO^- + H_3C-N\equiv N \longrightarrow R-\overset{\overset{\displaystyle O}{\|}}{C}-OCH_3 + N_2\uparrow$$

此反应主要用于一些贵重羧酸的酯化反应,产率可达 100%。例如:

$$\underset{\text{COOH}}{\text{CH}_3} + CH_2N_2 \xrightarrow[25℃]{(C_2H_5)_2O} \underset{\text{COOCH}_3}{\text{CH}_3} + N_2\uparrow$$

其他的酸,如氢卤酸、磺酸、酚和烯醇都可以与重氮甲烷反应,分别生成卤甲烷、磺酸甲酯、酚的甲醚和烯醇甲醚等。因此,重氮甲烷是一种应用广泛的甲基化试剂。

2) 与酰氯反应

重氮甲烷与酰氯反应首先生成重氮甲基酮,重氮甲基酮在氧化银催化下与水共热,经沃尔夫重排(Wolff Rearrangement,反应机理详见 14.4.1),生成比原料酰氯多一个碳原子的羧酸。这一反应称为阿恩特(Ardnt)-艾斯特(Eister)反应。

$$R-\overset{\overset{\displaystyle O}{\|}}{C}-Cl \xrightarrow{CH_2N_2} R\overset{\overset{\displaystyle O}{\|}}{C}CHN_2 \xrightarrow[H_2O]{Ag_2O} RCH_2COOH$$

阿恩特-艾斯特反应是将羧酸通过酰氯转变成它高一级同系物的重要方法之一。例如：

$$Ph-\overset{\overset{\displaystyle CH_3}{|}}{\underset{\underset{\displaystyle C_2H_5}{|}}{C}}-CO_2H \xrightarrow[\substack{② CH_2N_2 \\ ③ Ag_2O,\ H_2O}]{① SOCl_2} Ph-\overset{\overset{\displaystyle CH_3}{|}}{\underset{\underset{\displaystyle C_2H_5}{|}}{C}}-CH_2CO_2H \xrightarrow[\substack{② CH_2N_2 \\ ③ Ag_2O,\ H_2O}]{① SOCl_2} Ph-\overset{\overset{\displaystyle CH_3}{|}}{\underset{\underset{\displaystyle C_2H_5}{|}}{C}}-CH_2CH_2CO_2H$$
$$45\%$$

练习 14.13　完成下列转化。

3）形成卡宾，与烯烃反应生成环丙烷

重氮甲烷在光的作用下分解成最简单的卡宾——亚甲基卡宾（也称为碳烯）。

$$H_2\overset{-}{C}-\overset{+}{N}\equiv N \xrightarrow{h\nu} \ :CH_2 \ + \ N_2 \uparrow$$
$$\text{亚甲基卡宾}$$

在有双键化合物存在的情况下，卡宾与其发生加成反应生成环丙烷。反应保持原有双键的构型，通常是立体专一的。例如：

双环[4.1.0]庚烷

顺-1,2-二乙基环丙烷

14.4　分 子 重 排
(Molecular Rearrangements)

分子重排（molecular rearrangement）指某种化合物在试剂、温度或其他因素的影响下，发生分子中某些基团的迁移或分子内碳原子骨架改变的反应。重排的结果可能是生成原来化合物的同分异构体；还可能是失去某些简单的分子（如水等）而生成另一种化合物。分子重排通常是一种不可逆过程，它不同于两种异构体间的互变，后者是可逆的异构化反应。

按照反应机理可将分子重排反应分为亲核重排、亲电重排和自由基重排。

14.4.1　亲核重排

亲核重排又称缺电子重排，重排反应通式为

$$
\begin{array}{c}
\underset{\underset{Z}{|}}{-C}-\overset{+}{A} \longrightarrow \underset{\underset{|}{|}}{\overset{|}{C}}-\underset{\underset{|}{Z}}{\overset{+}{A}} \\
\text{碳正离子}
\end{array}
$$

式中,A 一般为 C、N、O 等原子,而 Z 为 X 原子或 H 原子,或是含有 O、S、N、C 等原子的基团。亲核重排的主要特点是:在重排过程中,迁移基团(Z)带着一对电子从 C 原子迁移到另一个缺少一对电子的 A 原子上,且多数亲核重排是 1,2-重排,即基团的迁移发生在相邻的两个原子之间;经重排生成的碳正离子可以发生取代反应或消除反应等。

按照 A 原子的不同,亲核重排反应又可以分为:重排到缺电子的碳原子上、重排到缺电子的氮原子上和重排到缺电子的氧原子上三类反应。

1. 重排到缺电子的碳原子上

重排到缺电子的碳原子上的反应是指一个原子或基团带着一对电子转移到相邻的缺电子的碳原子(碳正离子或碳烯)上的重排反应。主要包括以下几种。

1) 丙基阳离子重排

重氮丙烷脱去氮气形成丙基碳正离子,后者重排成异丙基碳正离子的反应称为丙基阳离子重排。通过重排反应,生成更加稳定的碳正离子。例如:

$$
CH_3CH_2CH_2NH_2 \xrightarrow{NaNO_2/HCl} CH_3CH_2CH_2\overset{+}{N_2} \xrightarrow{-N_2} CH_3CH_2\overset{+}{C}H_2 \xrightarrow{重排} CH_3\overset{+}{C}HCH_3
$$

2) 瓦格涅尔-麦尔外因重排

瓦格涅尔-麦尔外因重排(Wagner-Meerwein rearrangement)一般是指醇在酸性条件下发生的重排反应,是典型的经碳正离子中间体的亲核重排反应。重排后碳架通常发生改变,重排生成的碳正离子活性中间体可进行 S_N1 和 E1 等反应。例如:

$$
\underset{\underset{CH_3}{|}}{\overset{\overset{CH_3}{|}}{H_3C-C}}-\underset{\underset{OH}{|}}{\overset{\overset{H}{|}}{C}}-CH_3 \xrightarrow[100\sim110℃]{无水乙二酸} \underset{\underset{CH_3}{|}}{\overset{\overset{CH_3}{|}}{H_3C-C}}-CH=CH_2 + H_2C=\underset{\underset{}{}}{\overset{\overset{CH_3}{|}}{C}}-CH(CH_3)_2 + (H_3C)_2C=C(CH_3)_2
$$

$$
\begin{array}{ccc}
3\% & 31\% & 61\% \\
(Ⅰ) & (Ⅱ) & (Ⅲ)
\end{array}
$$

上述反应的结果是:产物(Ⅰ)仅有 3%,重排产物(Ⅱ)和(Ⅲ)共有 92%。原因是反应经碳正离子中间体发生了瓦格涅尔-麦尔外因重排,反应机理如下:

$$
\underset{\underset{CH_3}{|}}{\overset{\overset{CH_3}{|}}{H_3C-C}}-\underset{\underset{OH}{|}}{\overset{\overset{H}{|}}{C}}-CH_3 \xrightarrow{H^+} \underset{\underset{CH_3}{|}}{\overset{\overset{CH_3}{|}}{H_3C-C}}-\underset{\underset{\overset{+}{O}H_2}{|}}{\overset{\overset{H}{|}}{C}}-CH_3 \xrightarrow{-H_2O} \underset{\underset{CH_3}{|}}{\overset{\overset{CH_3}{|}}{H_3C-C}}-\underset{\underset{H}{|}}{\overset{\overset{+}{|}}{C}}-CH_3 \xrightarrow{甲基重排}
$$

$$
\underset{\underset{CH_3}{|}}{\overset{\overset{+}{|}}{H_3C-C}}-\underset{\underset{CH_3}{|}}{\overset{\overset{H}{|}}{C}}-CH_3 \xrightarrow{-H^+} (H_3C)_2C=C(CH_3)_2 + H_2C=\underset{\underset{}{}}{\overset{\overset{CH_3}{|}}{C}}-CH(CH_3)_2
$$

3) 捷米扬诺夫重排

脂肪族伯胺或脂环族伯胺与 HNO_2 作用时也可发生此类的亲核碳正离子重排反应,该重排反应称为捷米扬诺夫重排(Demyanov Rearrangement)。例如:

$$\underset{CH_3CHCHNH_2}{\overset{Ph\ CH_3}{|\quad|}} \xrightarrow{HNO_2/HOAc} \underset{CH_3CHCHN_2^+}{\overset{Ph\ CH_3}{|\quad|}} \xrightarrow{-N_2} \underset{CH_3CH\overset{+}{C}H}{\overset{Ph\ CH_3}{|\quad|}} \xrightarrow{重排} \underset{CH_3\overset{+}{C}CH_2CH_3}{\overset{Ph}{|}}$$

碳正离子中间体　　　　　　　（Ⅰ）

$$+\ \underset{\overset{|}{CH_3}}{\overset{H}{\underset{|}{CH_3\overset{+}{C}CHPh}}} +\ \underset{PhCH\overset{+}{C}(CH_3)_2}{\overset{H}{|}} \xrightarrow{HOAc} \underset{CH_3\overset{|}{C}CH_2CH_3}{\overset{Ph}{\underset{OAc}{|}}} +\ \underset{CH_3CH\overset{|}{C}HPh}{\overset{OAc}{\underset{CH_3}{|}}} +\ \underset{PhCHCH(CH_3)_2}{\overset{OAc}{|}}$$

（Ⅱ）　　　　　（Ⅲ）　　　　　　　　（主产物）

在上述反应中生成的碳正离子中间体可以发生氢重排,生成碳正离子(Ⅰ);还可以发生苯基重排和甲基重排,分别生成碳正离子(Ⅱ)和(Ⅲ),由于碳正离子(Ⅰ)最稳定,故其相应亲核取代产物为主产物。

脂环族伯胺与 HNO_2 作用发生的捷米扬诺夫重排反应,可发生扩环重排,得到张力较小的环。例如:

4) 频哪醇重排

邻二叔醇(频哪醇)在 H_2SO_4 作用下重排生成频哪酮的反应称为频哪醇重排(pinacol rearrangement)反应。

$$\underset{\overset{|}{OH}\ \overset{|}{OH}}{R_1-\overset{\overset{R_2}{|}}{C}-\overset{\overset{R_3}{|}}{C}-R_4} \xrightarrow{H_2SO_4} R_1-\overset{\overset{O}{\|}}{C}-\overset{\overset{R_2}{|}}{\underset{\underset{R_4}{|}}{C}}-R_3$$

频哪醇　　　　　　　　频哪酮

反应机理为

$$\underset{\overset{|}{OH}\ \overset{|}{OH}}{R_1-\overset{\overset{R_2}{|}}{C}-\overset{\overset{R_3}{|}}{C}-R_4} \xrightarrow{H^+} \underset{\overset{+}{O}H_2\ \overset{|}{OH}}{R_1-\overset{\overset{R_2}{|}}{C}-\overset{\overset{R_3}{|}}{C}-R_4} \xrightarrow{-H_2O} \underset{\overset{+}{}\ \overset{|}{OH}}{R_1-\overset{\overset{R_2}{|}}{C}-\overset{\overset{R_3}{|}}{C}-R_4} \xrightarrow[1,2-迁移]{R_3重排}$$

$$\underset{\overset{|}{R_3}\ \overset{|}{OH}}{R_1-\overset{\overset{R_2}{|}}{C}-\overset{+}{C}-R_4} \xrightarrow{-H^+} \underset{\overset{|}{R_3}\ \overset{\|}{O}}{R_1-\overset{\overset{R_2}{|}}{C}-C-R_4}$$

对于不对称的频哪醇,能生成较稳定碳正离子的羟基将优先离去。例如:

$$
\underset{\underset{OH}{\overset{Ph}{|}}}{\overset{\overset{CH_3}{|}}{Ph-C-}}\underset{\underset{OH}{|}}{\overset{CH_3}{\overset{|}{C}}}-CH_3 \xrightarrow{H^+} \underset{\underset{+}{\overset{Ph}{|}}}{\overset{\overset{CH_3}{|}}{Ph-C-}}\underset{\underset{OH}{|}}{\overset{CH_3}{\overset{|}{C}}}-CH_3 \xrightarrow{CH_3迁移} \underset{\underset{CH_3}{|}}{\overset{\overset{Ph}{|}}{Ph-C-}}\underset{\underset{+}{|}}{\overset{OH}{\overset{|}{C}}}-CH_3 \xrightarrow{-H^+} \underset{\underset{CH_3}{|}}{\overset{\overset{Ph}{|}}{Ph-C-}}\overset{O}{\overset{||}{C}}-CH_3
$$

对于对称的频哪醇,生成碳正离子中间体后,基团的迁移倾向主要取决于迁移基团的亲核能力,一般为芳基>烷基,氢的迁移能力不定。例如,下述反应中发生的是苯基迁移重排反应。

$$
\underset{\underset{OH}{\overset{CH_3}{|}}}{\overset{\overset{CH_3}{|}}{Ph-C-}}\underset{\underset{OH}{|}}{\overset{CH_3}{\overset{|}{C}}}-Ph \xrightarrow{H^+} \underset{\overset{CH_3}{|}}{\overset{\overset{CH_3}{|}}{Ph-C-}}\underset{\underset{OH}{|}}{\overset{CH_3}{\overset{|}{\underset{+}{C}}}}-Ph \xrightarrow{Ph迁移} \underset{\underset{CH_3}{|}}{\overset{\overset{Ph}{|}}{Ph-C-}}\underset{\underset{OH}{|}}{\overset{+}{\overset{|}{C}}}-CH_3 \xrightarrow{-H^+} \underset{\underset{CH_3}{|}}{\overset{\overset{Ph}{|}}{Ph-C-}}\overset{O}{\overset{||}{C}}-CH_3
$$

除邻二叔醇外,邻氨基醇与 HNO_2 反应、邻卤代醇与 $AgNO_3$ 反应,也能生成类似的碳正离子,发生类似的重排反应,如邻氨基醇的重排反应。

$$
\underset{\underset{OH}{\overset{CH_3}{|}}}{\overset{\overset{CH_3}{|}}{H_3C-C-}}\underset{\underset{NH_2}{|}}{\overset{CH_3}{\overset{|}{C}}}-CH_3 \xrightarrow[重氮化]{HNO_2} \underset{\underset{OH}{\overset{CH_3}{|}}}{\overset{\overset{CH_3}{|}}{H_3C-C-}}\underset{\underset{N_2^+}{|}}{\overset{CH_3}{\overset{|}{C}}}-CH_3 \xrightarrow{-N_2} \underset{\underset{OH}{|}}{\overset{\overset{CH_3}{|}}{H_3C-C-}}\underset{\underset{+}{|}}{\overset{CH_3}{\overset{|}{C}}}-CH_3 \xrightarrow{重排}
$$

$$
\underset{\underset{OH}{|}}{\overset{\overset{+}{|}}{H_3C-C-}}\underset{\underset{CH_3}{|}}{\overset{CH_3}{\overset{|}{C}}}-CH_3 \xrightarrow{-H^+} \overset{O}{\overset{||}{H_3C-C-}}\underset{\underset{CH_3}{|}}{\overset{CH_3}{\overset{|}{C}}}-CH_3
$$

频哪醇重排反应的立体化学研究结果表明:在重排过程中,迁移基团和离去基团彼此处于反式,且在重排反应中迁移基团的构型保持不变。例如:

5)沃尔夫重排

α-重氮酮在氧化银存在下与水共热转变为烯酮的反应称为沃尔夫重排,α-重氮酮可由酰氯与重氮甲烷作用制备,反应机理如下:

$$
\overset{O}{\overset{||}{R-C-}}Cl + H_2\bar{C}-\overset{+}{N}\equiv N \longrightarrow \underset{\underset{Cl}{|}}{\overset{\overset{O^-}{|}}{R-C-}}CH_2N_2 \xrightarrow{-Cl^-} \overset{O}{\overset{||}{R-C-}}\underset{\underset{H}{|}}{\overset{H}{\overset{|}{C}}}-\overset{+}{N}\equiv N \xrightarrow{-H^+}
$$

$$
\overset{O}{\overset{||}{R-C-}}\underset{\underset{H}{|}}{\overset{}{C}}=\overset{+}{N}=\bar{N} \xrightarrow[H_2O]{Ag_2O} \left[\overset{O}{\overset{||}{R-C-}}CH: \right] \xrightarrow{沃尔夫重排} RHC=C=O \xrightarrow{H_2O} RCH_2COOH
$$

重氮甲基酮　　　　酰基碳烯(酰基卡宾)　　　　烯酮

在氧化银存在下,α-重氮酮与水共热,脱氮得到酰基碳烯(酰基卡宾),酰基碳烯是一个缺电子的碳中心,烃基带着一对电子重排生成烯酮,后者水解得到比原酰氯多一个碳原子的羧酸。

烯酮极为活泼,水解生成羧酸,醇解生成酯,氨解生成酰胺或取代酰胺,沃尔夫重排是制备比原料羧酸在 α-位增加一个碳原子的羧酸或其衍生物的好方法。

2. 重排到缺电子的氮原子上

重排到缺电子的氮原子上的反应是指一个原子或基团带着一对电子转移到相邻的缺电子的氮原子(乃春或乃春正离子)上的重排反应。乃春也称氮烯,具有与碳烯(卡宾)相似的结构。

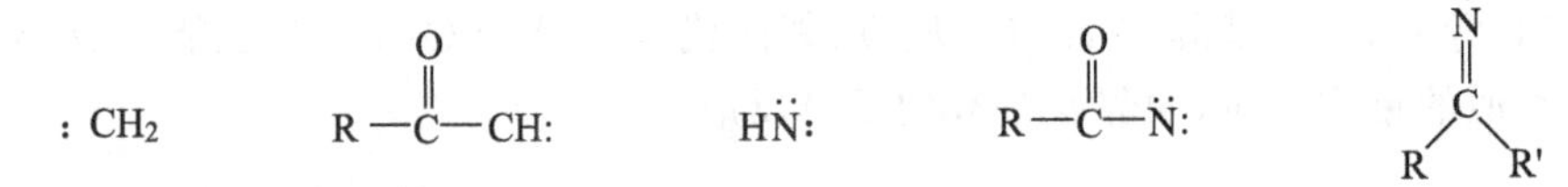

| : CH₂ | R—C—CH: | HN: | R—C—N: | 乃春正离子 |
| 碳烯(卡宾) | 酰基碳烯 | 氮烯(乃春) | 酰基氮烯 | |

1) 霍夫曼重排

氮原子上没有取代基的酰胺在碱性溶液中与氯或溴作用,经酰基乃春(酰基氮烯)中间体重排为异氰酸酯,后者在碱性溶液中很容易水解后脱羧,生成比原来酰胺少一个碳原子的伯胺,该重排反应是德国化学家霍夫曼(A. W. von Hofmann,1818—1892)于 1882 年发现的,因此称为霍夫曼重排反应。霍夫曼重排是从酰胺制备比它少一个碳原子的伯胺的方法,故该反应也称为霍夫曼降级反应(详见 12.10.5),反应机理如下:

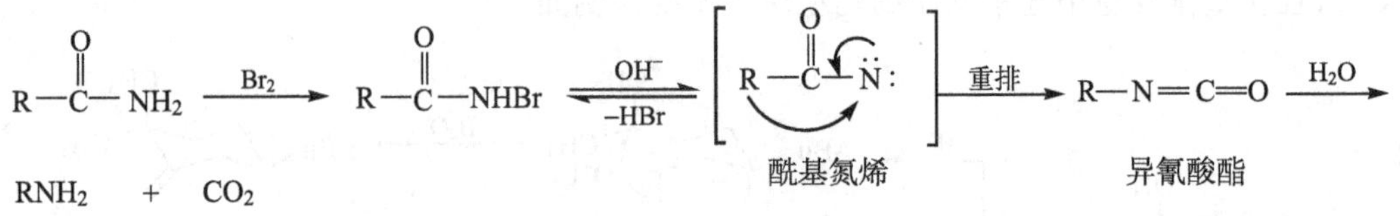

在霍夫曼重排中,若迁移基团为手性碳原子,基团迁移后,手性碳原子的构型保持不变。例如:

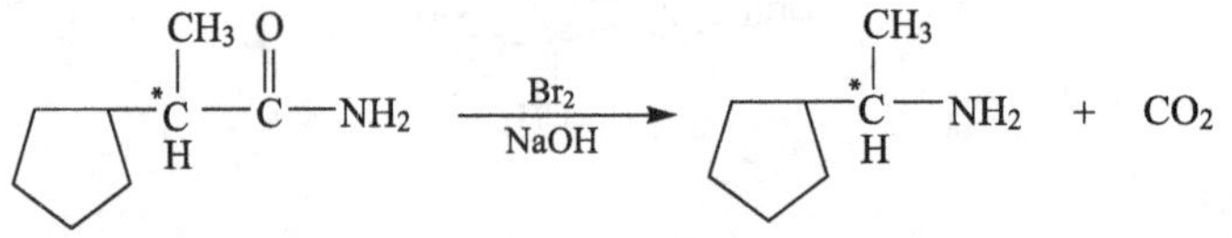

与霍夫曼重排反应机理类似的还有柯提斯(T. Curtius,1857—1928)重排和施密特(K. F. Schmidt,1887—1971)重排等,它们都是经过乃春重排成异氰酸酯的分子内重排反应,在重排过程中迁移基团的构型保持不变。

2) 柯提斯重排和施密特重排

将羧酸制成不稳定的酰基叠氮,在惰性溶剂中,酰基叠氮化合物在光照下脱氮后得到活性中间体酰基氮烯,后者加热重排后得到异氰酸酯,此反应称为柯提斯重排(Curtius rearrangement)反应。异氰酸酯经水解后脱羧得到比原料羧酸少一个碳原子的伯胺。

从羧酸出发制备酰基叠氮的方法如下:

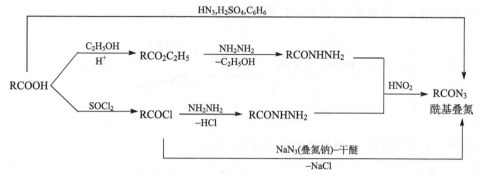

酰基叠氮脱氮、重排、水解后脱羧生成伯胺的反应机理如下：

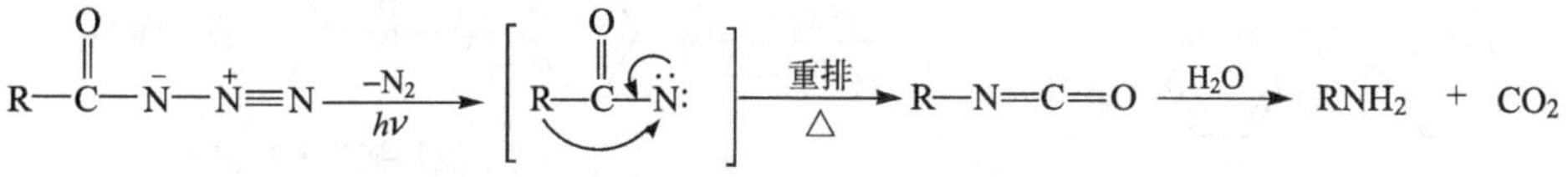

$$
\underset{\text{酰基叠氮}}{R-\overset{O}{\overset{\|}{C}}-\overset{-}{N}-\overset{+}{N}\equiv N} \xrightarrow[h\nu]{-N_2} \Bigg[\underset{\text{酰基氮烯}}{R-\overset{O}{\overset{\|}{C}}-\ddot{N}:}\Bigg] \xrightarrow[\triangle]{\text{重排}} \underset{\text{异氰酸酯}}{R-N=C=O} \xrightarrow{H_2O} RNH_2 + CO_2
$$

例如：

H$_3$CO—⟨苯环⟩—CO$_2$C$_2$H$_5$ $\xrightarrow[\text{② } HNO_2]{\text{① } NH_2NH_2}$ H$_3$CO—⟨苯环⟩—CON$_3$ $\xrightarrow[-N_2]{C_6H_6,\ \triangle}$

H$_3$CO—⟨苯环⟩—N=C=O $\xrightarrow[\triangle]{H_2O}$ H$_3$CO—⟨苯环⟩—NH$_2$ + CO$_2$

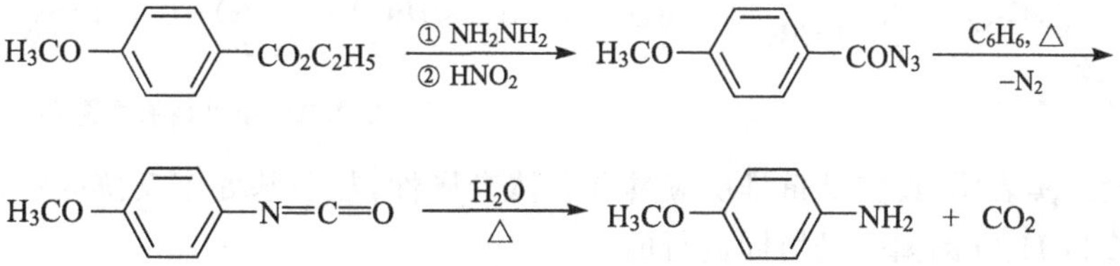

80%　　　　　　　　　　　　　　　　　85%

将羧酸和等物质的量的叠氮酸在惰性溶剂中，用硫酸催化缩合得到酰基叠氮，后者受热分解，放出氮气后重排生成异氰酸酯，然后水解生成比原来酰胺少一个碳原子的伯胺的反应称为施密特(Schmidt rearrangement)重排。

$$
R-\overset{O}{\overset{\|}{C}}-OH + HN_3 \xrightarrow[C_6H_6]{H_2SO_4} RNH_2 + CO_2 + N_2
$$

由于叠氮酸毒性大，易爆炸，不能直接使用，通常是用羧酸、NaN$_3$ 和 H$_2$SO$_4$ 在氯仿中制得。

3) 贝克曼重排

贝克曼重排(Beckmann rearrangement)是指醛或酮的肟在酸性试剂(浓 H$_2$SO$_4$、PCl$_5$ 等)作用下重排为取代酰胺的反应。该重排反应是德国有机化学家贝克曼(E. O. Beckmann, 1853—1923)于 1886 年首次发现的，因此以他的名字命名。酮肟贝克曼重排机理如下：

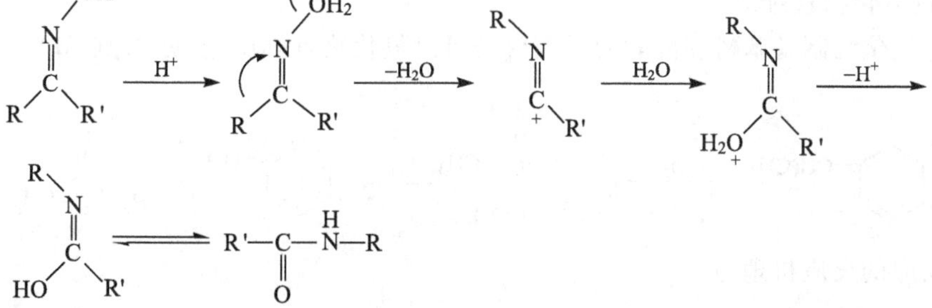

$$
\underset{R}{\overset{N-OH}{\underset{\|}{\underset{C}{\shortmid}}}}\ \overset{H^+}{\longrightarrow}\ \underset{R}{\overset{N-\overset{+}{O}H_2}{\underset{\|}{\underset{C}{\shortmid}}}}\ \overset{-H_2O}{\longrightarrow}\ \overset{R}{\underset{\|}{\underset{\overset{+}{C}}{N}}}\ \overset{H_2O}{\longrightarrow}\ \underset{H_2\overset{+}{O}}{\overset{R}{\underset{\|}{\underset{C}{N}}}}\ \overset{-H^+}{\longrightarrow}
$$

$$
\underset{HO}{\overset{R}{\underset{\|}{\underset{C}{N}}}}\ \Longleftrightarrow\ R'-\overset{O}{\overset{\|}{C}}-\overset{H}{\underset{}{N}}-R
$$

若迁移基团为手性碳原子,迁移后其构型保持不变。例如:

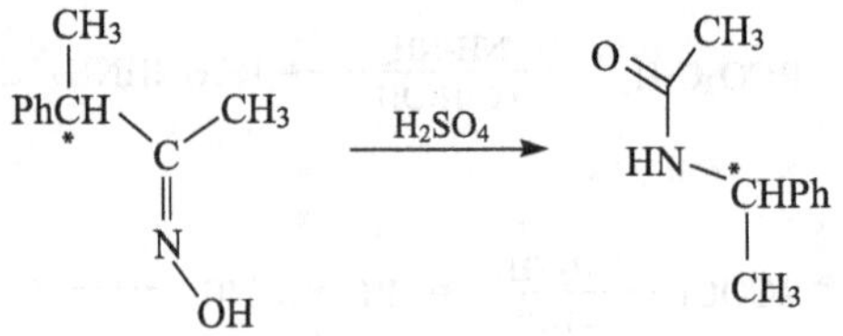

当酮肟有顺反异构体时,重排产物也有两种。例如:

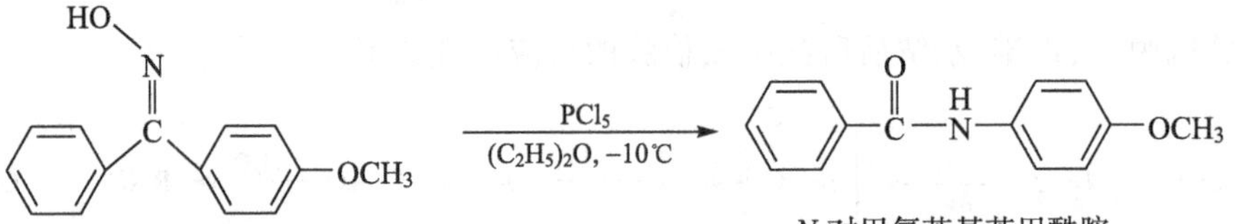

N-对甲氧苯基苯甲酰胺

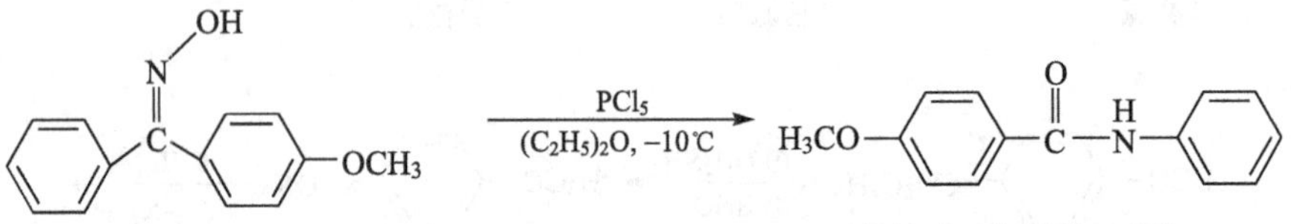

N-苯基对甲氧基苯甲酰胺

许多实验事实表明:贝克曼重排反应具有立体专属性,与羟基处于反位的烃基发生重排,且烃基的迁移和 H_2O 的离去是协同进行的。

贝克曼重排反应可用于确定酮类化合物的结构,更大的用途是在工业上生产己内酰胺。用环己酮为原料,经与羟胺反应生成环己酮肟,后者在硫酸、多聚磷酸等酸性催化剂的作用下发生贝克曼重排反应,得到己内酰胺。

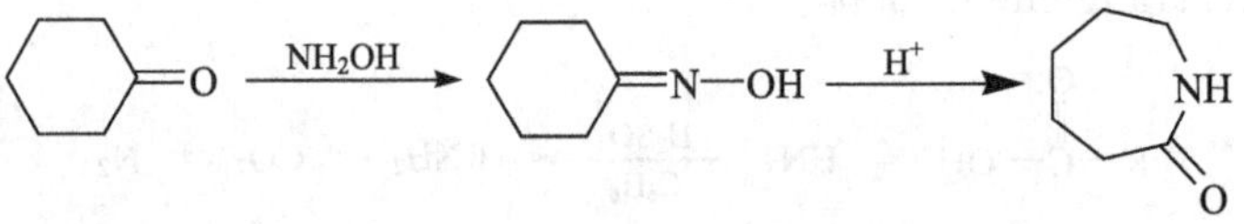

己内酰胺是合成聚己内酰胺(又称耐纶 6,我国商品名为锦纶 6)的单体,锦纶 6 的抗拉强度和耐磨性优异,有弹性,主要用于制造合成纤维,也可用作工程塑料。锦纶的出现和与棉布的混纺大大提高了衣料的耐磨性。

3. 重排到缺电子的氧原子上

重排到缺电子的氧原子上的重排反应主要有氢过氧化物重排和拜尔-维立格重排。

1) 氢过氧化物重排

异丙苯氧化法制备苯酚和丙酮的反应就是氢过氧化物重排反应(见 9.10 节)。

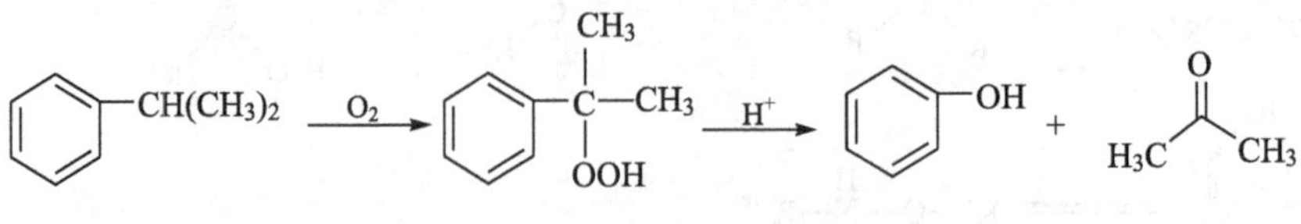

上述反应的反应机理为

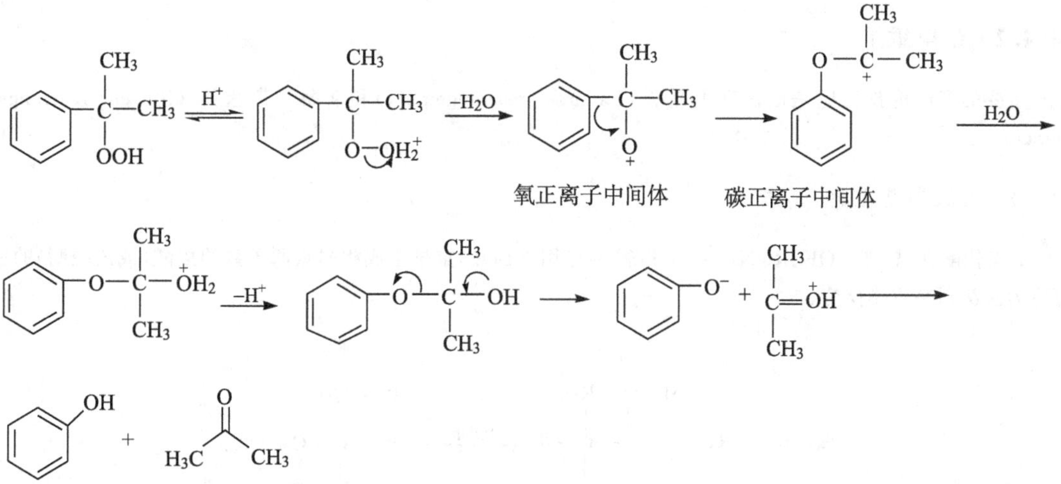

异丙苯被 O_2 氧化生成氢过氧化异丙苯，它在酸的作用下发生 O—O 键的断裂，生成缺电子的氧正离子中间体，经 $C \rightarrow O^+$ 的亲核重排后生成碳正离子中间体，此重排称为氢过氧化物重排 。氢过氧化异丙苯在强酸或酸性离子交换树脂作用下分解生成苯酚和丙酮，此为目前工业上合成苯酚的最重要方法。

2）拜尔-维立格重排

在过氧酸如间氯过氧苯甲酸、过氧乙酸、过氧苯甲酸、过氧三氟乙酸等的作用下，酮被氧化成相应的酯的反应称为拜尔-维立格重排(Baeyer-Villiger rearrangement)反应。醛可以进行同样的反应，氧化的产物是相应的羧酸。为避免生成的酯在酸性条件下发生酯交换反应，常在反应物中加入磷酸二氢钠，以保持溶液接近中性。该反应机理如下：

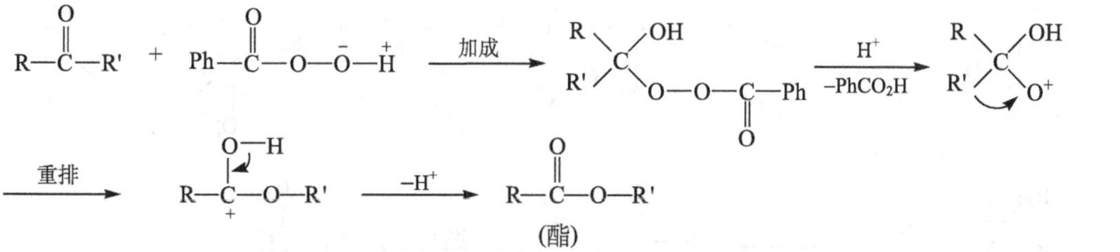

在不对称酮的重排中，基团的亲核性越大，则其迁移的倾向也越大，各种烃基迁移的难易顺序大致如下(从易到难)：苯基＞叔烷基＞仲烷基～环烷基＞伯烷基＞环丙基＞甲基。例如：

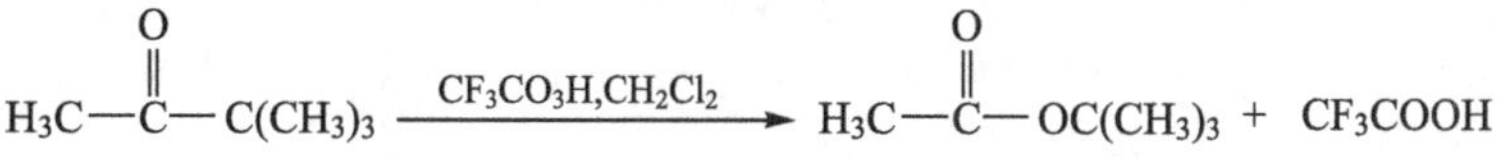

练习 14.14　完成下列反应。

(1) 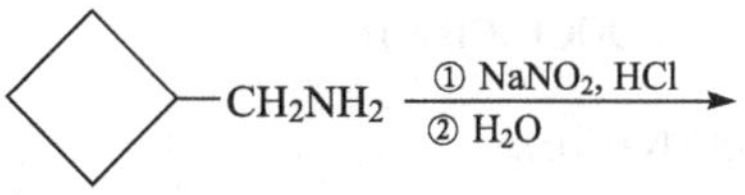

(2) $C_6H_5COCH_2CH_3 \xrightarrow{CH_3COOOH}$

(3) 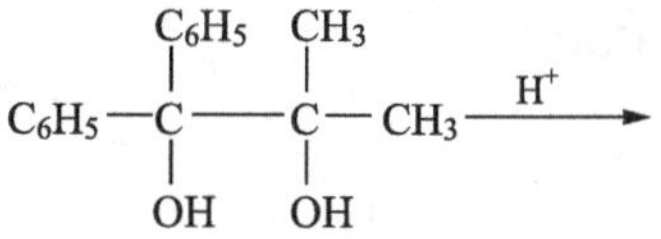

(4) 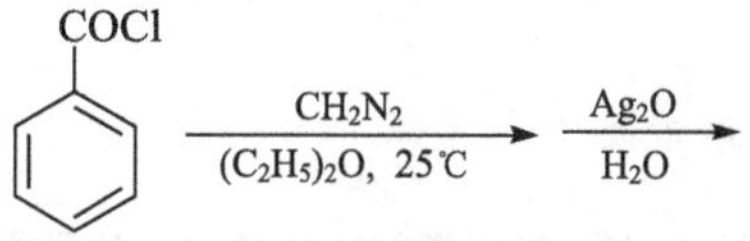

14.4.2　亲电重排

重要的亲电重排反应是法沃斯基重排(Favorski rearrangement)和斯蒂文斯重排（Stevens rearrangement）。

1. 法沃斯基重排

α-卤代酮在碱(如 ROK、RONa、NaOH 等)的作用下加热,重排生成相同碳原子数的羧酸(或羧酸酯)的反应称为法沃斯基重排反应。

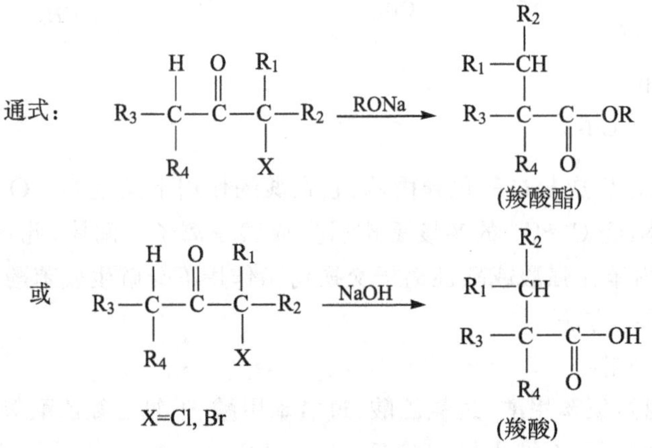

通式：

（羧酸酯）

或

X=Cl, Br

（羧酸）

反应机理如下：

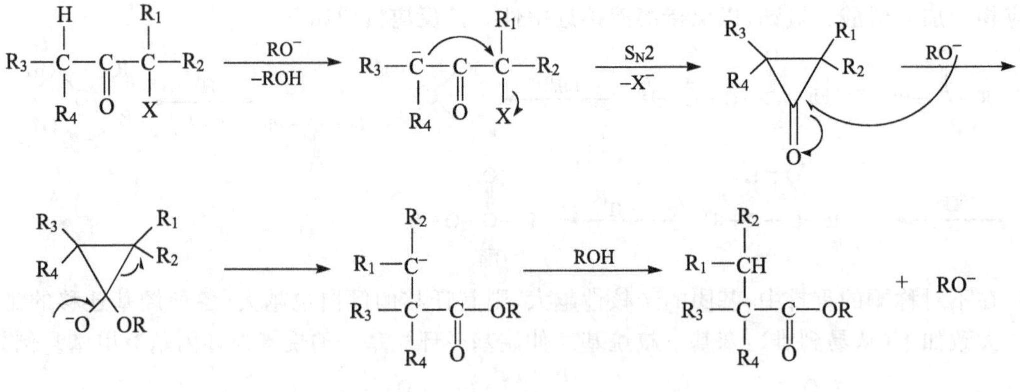

例如：

$$
\underset{\underset{Cl}{|}}{(CH_3)_2CHCOC(C_2H_5)_2} \xrightarrow{n\text{-}C_3H_7ONa}
\begin{array}{l}
(C_2H_5)_2CHC(CH_3)_2 \\
\qquad\quad | \\
\quad COOCH_2CH_2CH_3
\end{array}
$$

$$
\underset{\underset{Cl}{|}}{(CH_3)_2CHCOC(C_2H_5)_2} \xrightarrow{NaOH}
\begin{array}{l}
(C_2H_5)_2CHC(CH_3)_2 \\
\qquad\quad | \\
\quad COOH
\end{array}
$$

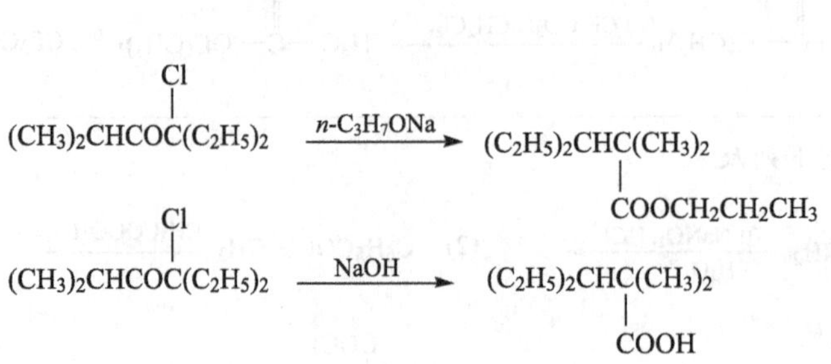

2. 斯蒂文斯重排

在强碱作用下,含有 α-氢原子的季铵盐或锍盐脱去 α-氢形成碳负离子,烃基从氮原子或硫原子迁移到相邻的碳负离子上的重排反应称为斯蒂文斯重排。迁移基团常为苄基或烯丙基。例如：

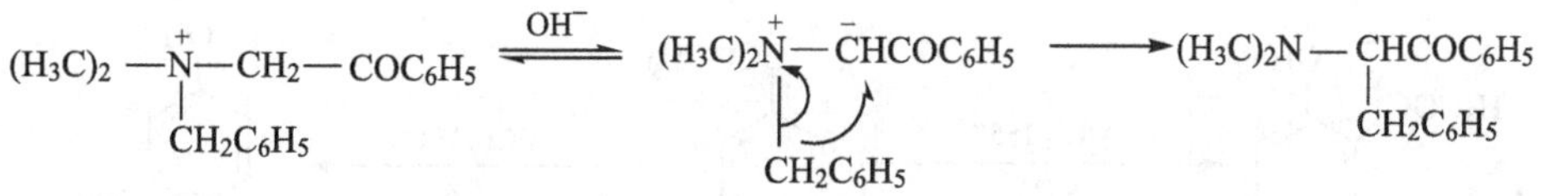

实验事实表明,在重排过程中迁移基团的构型保持不变,且 C—N 键的断裂和 C—C 键的形成是协同进行的。例如：

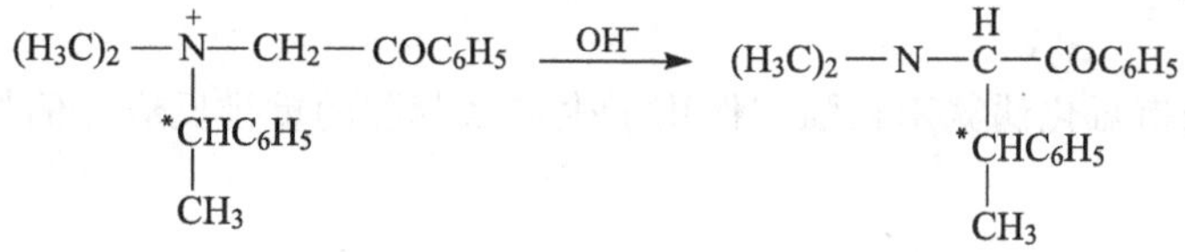

14.4.3　芳环上的重排

重要的芳环上的重排反应包括克莱森重排、弗利斯(Fries)重排和联苯胺(benzidine)重排等。

1. 克莱森重排

烯醇类或酚类的烯丙基醚在加热条件下发生烯丙基从氧原子迁移至碳原子上的重排反应称为克莱森(Claisen)重排。克莱森重排反应是在芳环上直接引入烯丙基的简易方法,也是引入正丙基的间接方法。该重排反应属于[3,3]-σ迁移反应(详见 9.11 节)。例如：

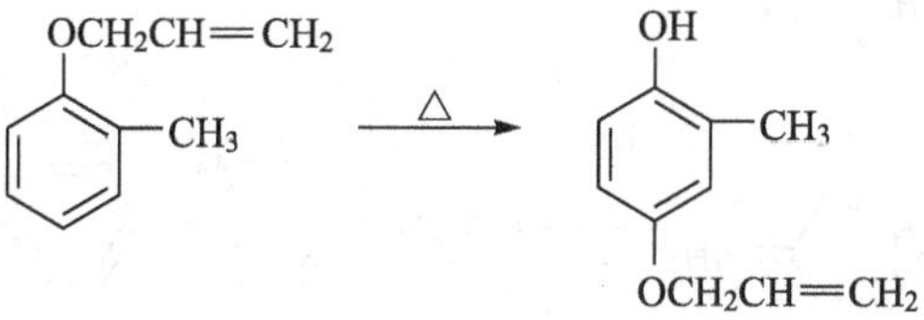

2. 弗利斯重排

羧酸的酚酯在路易斯酸(如 $AlCl_3$、$ZnCl_2$、$FeCl_3$)催化下加热,酰基迁移至苯环的邻位或对位上,生成酚酮的重排反应称为弗利斯(Fries)重排。

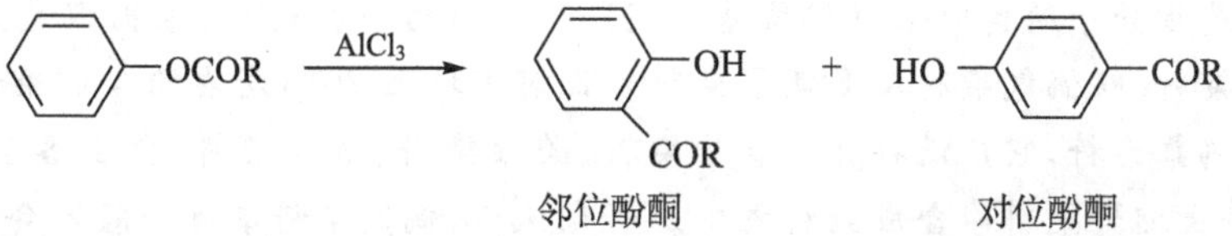

重排产物中邻位与对位异构体的比例主要取决于酚酯的结构、反应温度和催化剂浓度。一般情况下得到的是两种异构体的混合物,但通常低温有利于生成对位异构体,高温有利于生

成邻位异构体。例如：

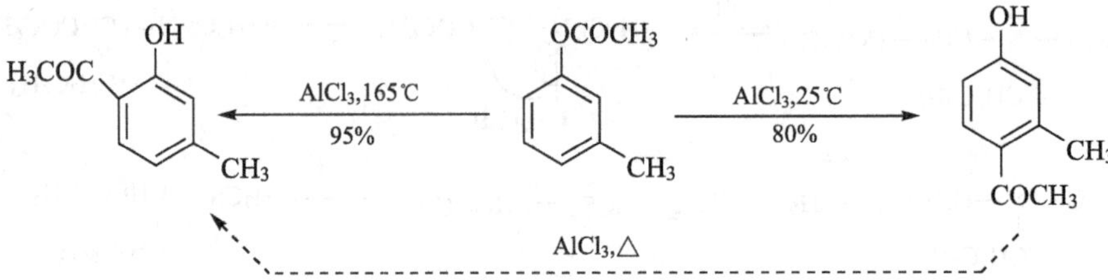

$$\text{H}_3\text{COC} \quad \xleftarrow[95\%]{\text{AlCl}_3,165℃} \quad \text{OCOCH}_3 \quad \xrightarrow[80\%]{\text{AlCl}_3,25℃} \quad \text{OH, CH}_3, \text{COCH}_3$$

$$\xdashrightarrow{\text{AlCl}_3,\triangle}$$

这是一种重要的合成酚酮的方法，酚的芳环上有给电子基时，反应容易进行，甚至低温下也能反应；酚的芳环上有间位定位基的羧酸酚酯不能发生此反应。

3. 联苯胺重排

联苯胺重排是指氢化偶氮苯在强酸作用下生成联苯胺的重排反应。例如：

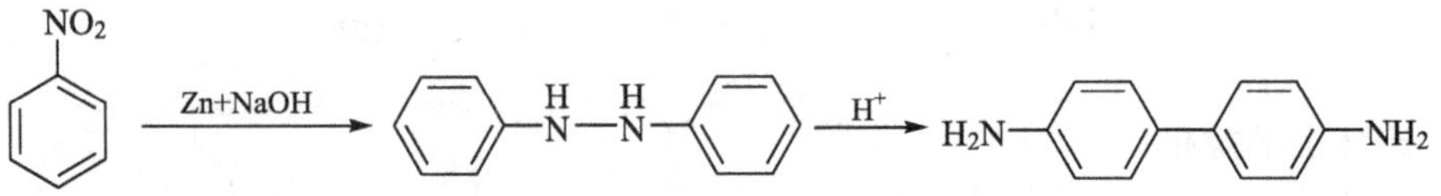

$$\text{NO}_2 \xrightarrow{\text{Zn+NaOH}} \text{(PhNH-NHPh)} \xrightarrow{\text{H}^+} \text{H}_2\text{N-}\bigcirc\text{-}\bigcirc\text{-NH}_2$$

联苯胺重排可能是通过正离子自由基进行的，反应机理如下：

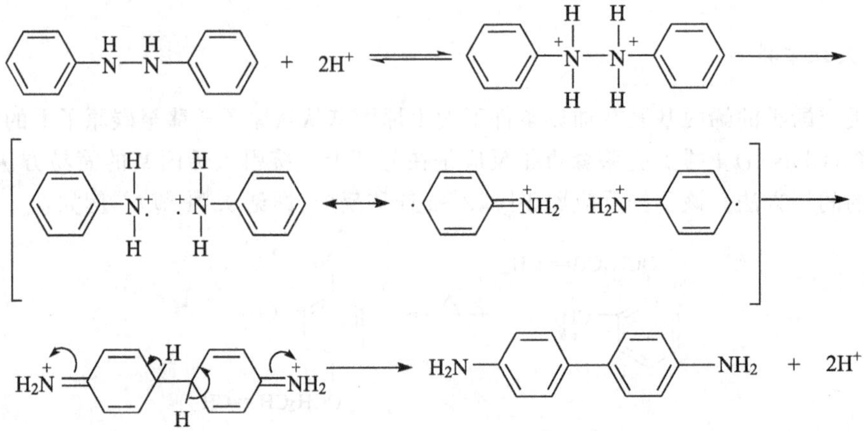

（反应机理图）

$$\text{H}_2\text{N-}\bigcirc\text{-}\bigcirc\text{-NH}_2 + 2\text{H}^+$$

知识亮点

偶氮染料与苏丹红

偶氮染料是指分子结构中含有偶氮基（—N＝N—）的一类染料，根据偶氮基数目的多少可分为单偶氮染料、双偶氮染料及多偶氮染料。目前市场上 70% 左右的合成染料都是以偶氮结构为基础的偶氮染料，它广泛存在于直接染料、酸性染料、活性染料、金属络合染料、分散染料、阳离子染料及缩聚染料等合成染料之中。研究认为，偶氮染料本身一般不会对人体产生有害影响，但一些用"芳胺类中间体"合成的偶氮染料有严重的致癌毒性，因其与人体皮肤长期接触之后，会因人表面皮肤的弱酸性环境而极易发生还原反应，并使偶氮基断裂，生成大量芳胺类化合物。其反应式如下：

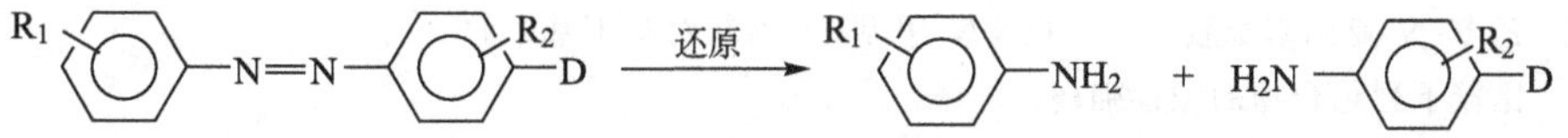

芳胺类化合物极易使人体细胞诱发病变,对人体皮肤甚至膀胱、输尿管等器官都会产生极其严重的致癌损害,因此用"芳胺类中间体"合成的偶氮染料称为"致癌芳香胺染料",是违禁的偶氮染料。

苏丹红是一种人工合成的化学染色剂,常作为工业染料被广泛用于溶剂、油、蜡、汽油的增色以及鞋、地板等增光方面。该物质对人体的肝、肾器官具有明显的毒性作用,在我国禁止用于食品中。经毒理学研究表明,进入体内的苏丹红主要通过胃肠道微生物还原酶、肝和肝外组织微粒体和细胞质的还原酶进行代谢,在体内代谢成相应的胺类物质。在多项体外致突变试验和动物致癌试验中发现,苏丹红的致突变性和致癌性与代谢生成的胺类化合物有关。已知苏丹红系列的结构简式如下:

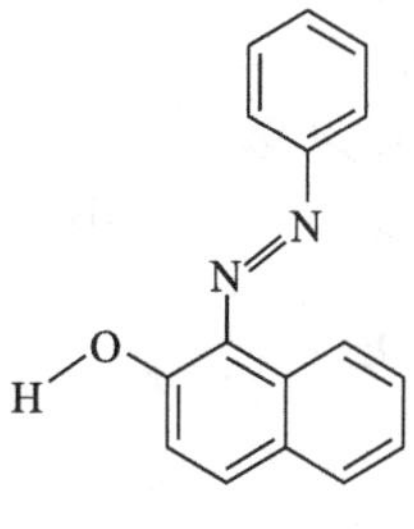

苏丹红 I

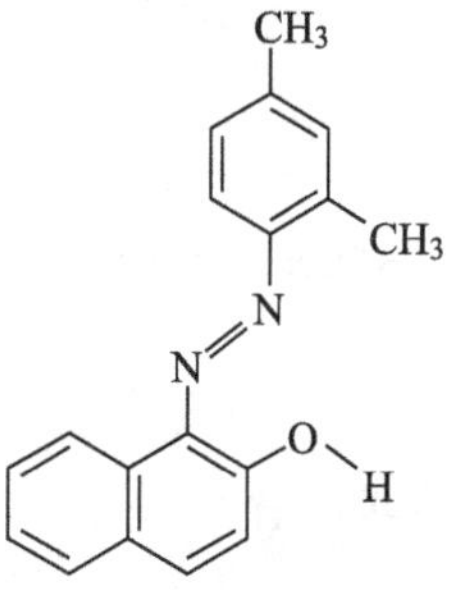

苏丹红 II

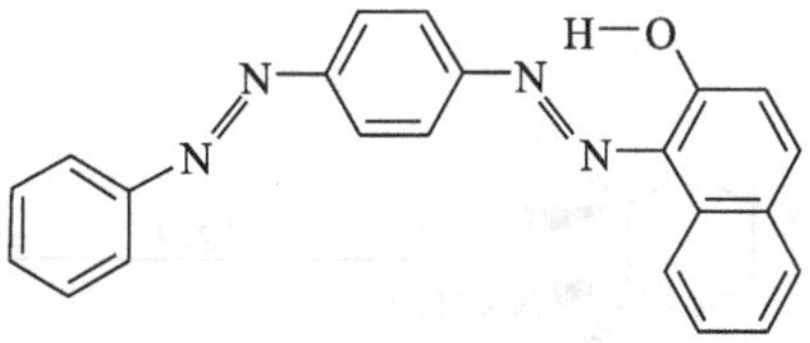

苏丹红 III

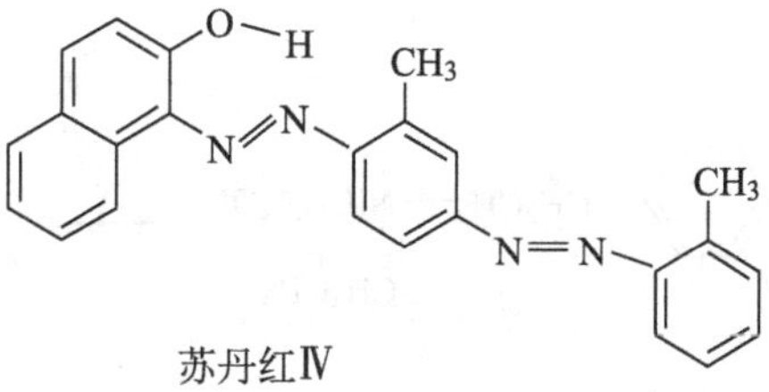

苏丹红 IV

习题 (Exercises)

14.1 命名下列化合物。

(1) 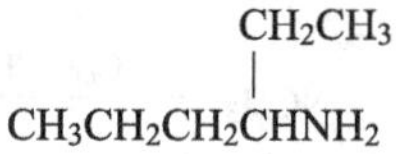 $CH_3CH_2CH_2\overset{\underset{|}{CH_2CH_3}}{CH}NH_2$

(2) $H_3CH_2C-\overset{\underset{|}{CH_3CH_2CHCH_3}}{N}-CH_2CH_3$

(3) $H_2N-\overset{\underset{|}{CH_3}}{\underset{|}{\overset{|}{C}}}-H$ (CH_2CH_3)

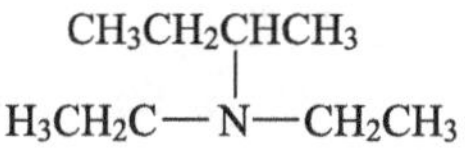

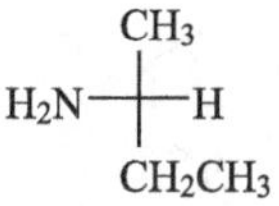

(4)

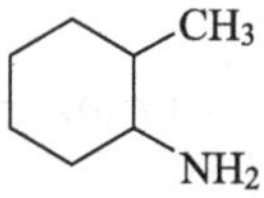

(5) $HOCH_2CH_2NHCH_2CH_2NH_2$

(6) $(CH_3)_4N^+Br^-$

14.2 写出下列化合物的结构式。

(1) N,N-二甲基-3-环己烯胺　　　(2) 2,4-二硝基苯胺

(3) 氯化重氮苯　　　　　　　　　(4) N-苯基苯甲胺

(5) 苯胺氢溴酸盐　　　　　　　　(6) 反-1,4-环己基二胺

（7）N-乙基-N-亚硝基苯胺　　　（8）N-甲基-N-乙基对叔丁基苯胺

14.3 比较下列化合物的碱性强弱。

（1）　（a）　NH_3　　　（b）　$CH_3CH_2NH_2$　　　（c）　$C_6H_5NH_2$

（2）　（a） 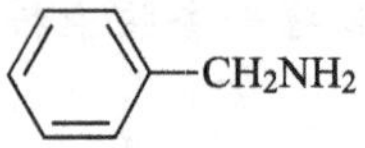　　　（b） 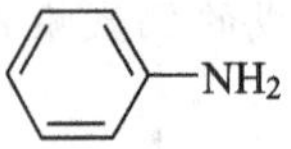　　　（c） 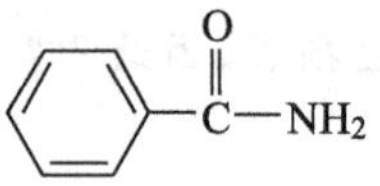　

（3）　（a） 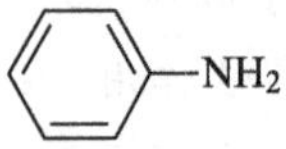　　　（b） 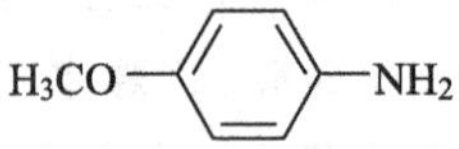　H_3CO——NH_2　　（c） 　O_2N——NH_2

14.4 写出下列反应的产物。

（1） 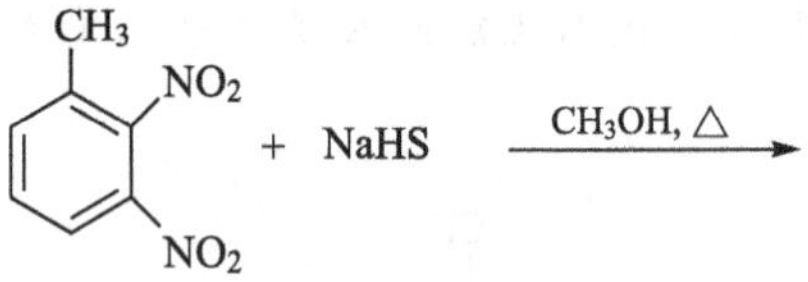　　$+$　NaHS　$\xrightarrow{CH_3OH, \triangle}$

（2） 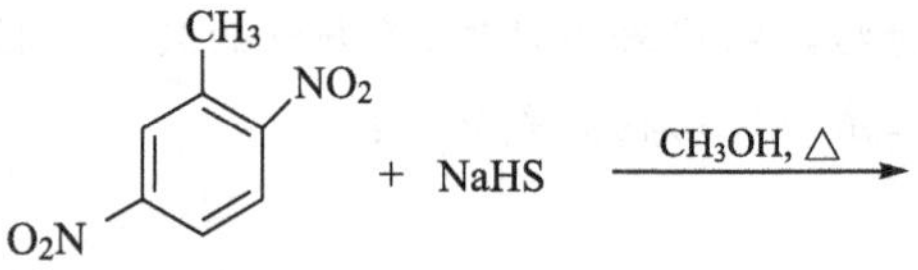　　$+$　NaHS　$\xrightarrow{CH_3OH, \triangle}$

（3） 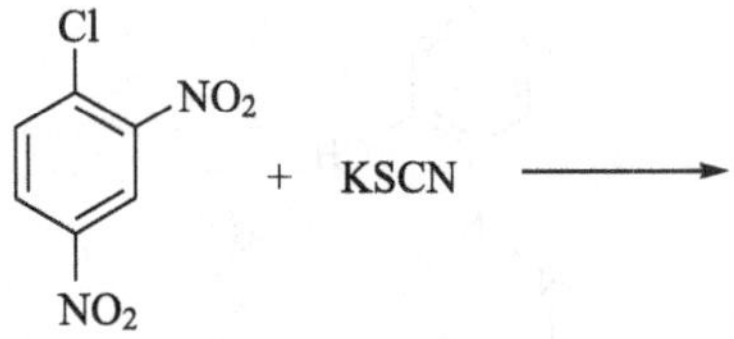　　$+$　KSCN　$\longrightarrow$

（4） 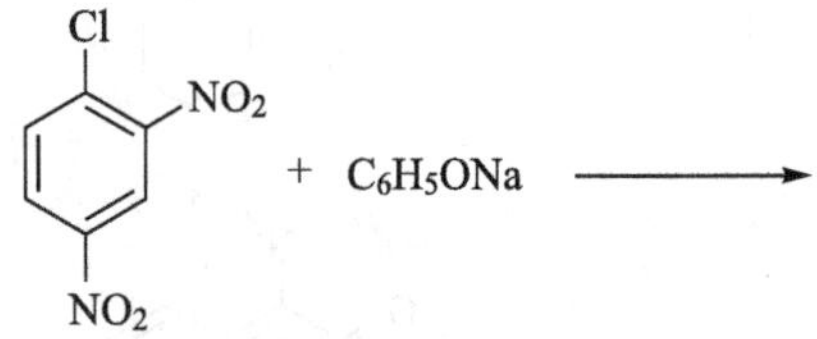　　$+$　C_6H_5ONa　$\longrightarrow$

14.5 完成下列反应式。

（1）　CH_3NO_2　$\xrightarrow{C_6H_5CHO,NaOH}$

（2） 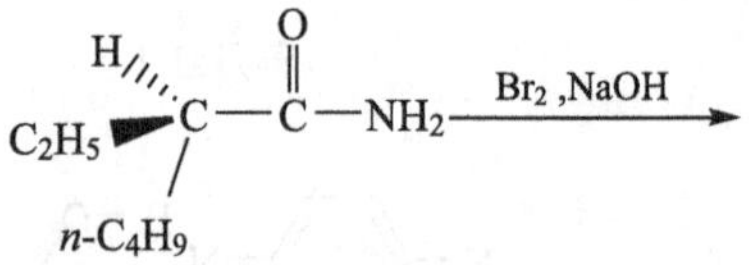　　$\xrightarrow{Br_2,NaOH}$

（3） 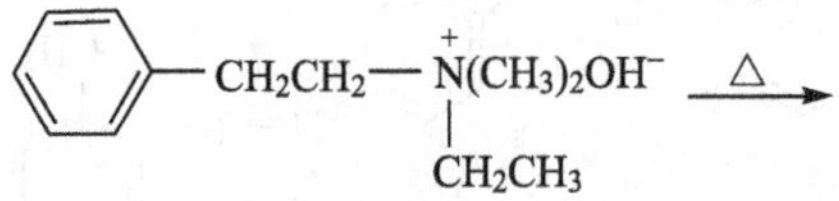　　$\xrightarrow{\triangle}$

（4） 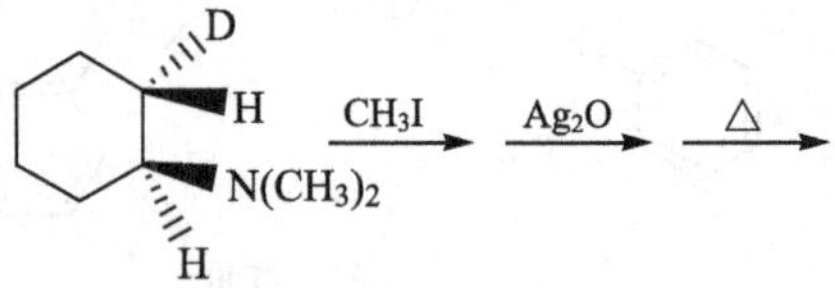　　$\xrightarrow{CH_3I}$　$\xrightarrow{Ag_2O}$　$\xrightarrow{\triangle}$

（5） 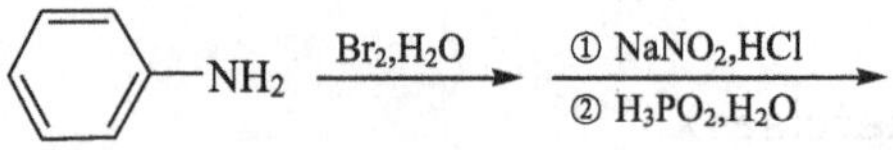　—NH_2　$\xrightarrow{Br_2,H_2O}$　$\xrightarrow[\text{② } H_3PO_2,H_2O]{\text{① } NaNO_2,HCl}$

14.6 写出下列反应的产物。

（1） 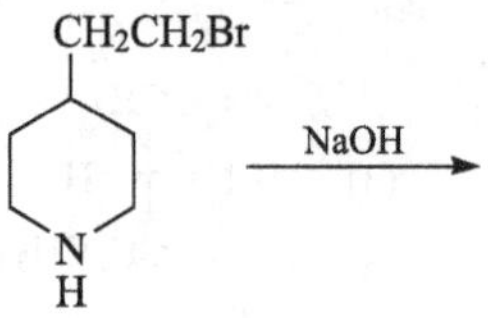　　$\xrightarrow{NaOH}$

（2） 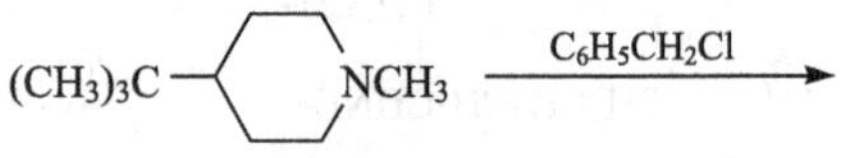　$(CH_3)_3C$—NCH_3　$\xrightarrow{C_6H_5CH_2Cl}$

（3）　NH　$+$　　$\longrightarrow$

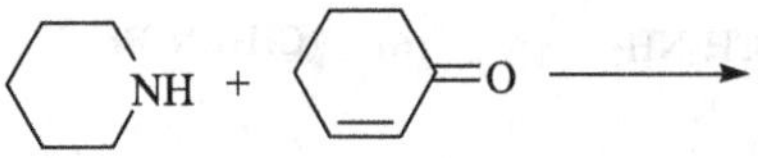

（4） 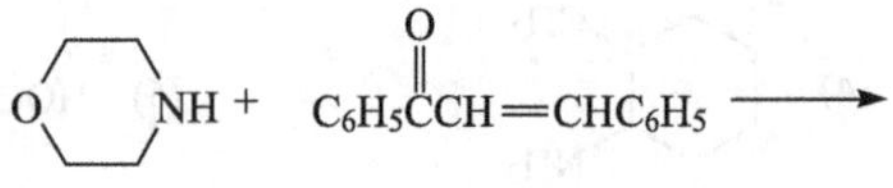　NH　$+$　$C_6H_5CCH=CHC_6H_5$　$\longrightarrow$

（5）　$n\text{-}C_4H_9NH_2$　$+$　$2\,H_2C$—CH_2　$\longrightarrow$

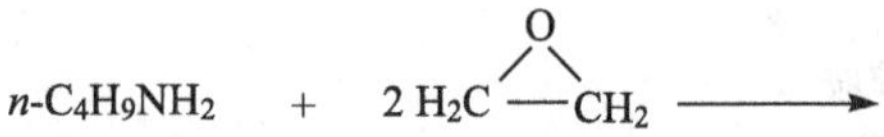

（6） 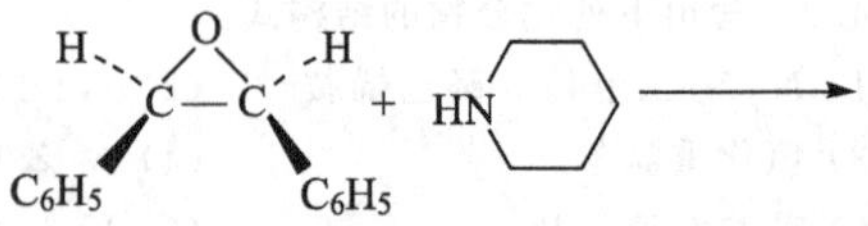　　$+$　HN　$\longrightarrow$

14.7　写出下列化合物热分解的主要产物。

(1)
$$CH_3CH_2\overset{\underset{\displaystyle CH_3}{|}}{\overset{\displaystyle CH_3}{\underset{|}{N^+}}}CH_2CH_2CH_3\ OH^-$$

(2)
$$(CH_3)_3CCH_2C(CH_3)_2$$
$$\underset{\displaystyle N^+(CH_3)_3\ OH^-}{|}$$

(3)
$$CH_3CH_2CH_2\overset{\underset{\displaystyle CH_3}{|}}{\overset{\displaystyle CH_3}{\underset{|}{N^+}}}CH_2CH(CH_3)_2\ OH^-$$

(4) 环戊烷-1-基，CH_3 和 N^+(CH_3)_3 OH^-

14.8　写出下列反应的产物。

(1) 苯基-N_2^+Cl^- + HO-苯-OH →

(2) O_2N-苯-N_2^+Cl^- + HO-苯 →

(3) O_2N-苯-N_2^+Cl^- + 苯(HO_2C、HO) →

(4) HO_3S-苯-N_2^+Cl^- + 萘(HO) →

(5) H_2N-萘-OH + 苯-N_2^+Cl^- —pH=5→

14.9　由苯和甲苯出发合成下列化合物。

(1) 间氯溴苯

(2) 2-甲基-5-乙基苯甲酸

(3) 3-溴-4-碘甲苯

(4) N-苄基-2-甲苯胺

(5) 3,5-二溴甲苯

(6) 4-氯-3,5-二溴苯乙酸

(7) COOH-苯-N=N-苯-N(CH_3)_2

(8) H_3C-苯-N=N-苯-N(CH_3)_2

14.10　完成下列转变。

(1) 由 2-溴甲苯出发合成 2-甲苯胺

(2) 由氯苯出发合成 2,4-二硝基氟苯

(3) 由硝基苯出发合成 3,3′-二硝基联苯

(4) 由 4-硝基叔丁基苯合成 3-氯叔丁基苯

14.11　化合物 A($C_7H_{15}N$)用 CH_3I 处理,得到水溶性盐 B($C_8H_{18}NI$),将 B 置于氢氧化银悬浮液中共热,得到 C($C_8H_{17}N$),将 C 用 CH_3I 处理后,再与氢氧化银悬浮液共热,得到三甲胺和化合物 D(C_6H_{10}),吸收 2 mol 氢后,生成的化合物其 ^{1}H NMR 谱只有两个信号峰,D 与丙烯酸乙酯作用得到 3,4-二甲基-3-环己烯甲酸乙酯。推测 A～D 的结构式。

14.12　某化合物 A,分子式 $C_{14}H_{12}N_2O_3$,不溶于水、稀酸或稀碱。A 水解生成一个相对分子质量为 167 ±1 的羧酸 B 和另一产物 C,C 与对甲苯磺酰氯反应生成不溶于 NaOH 溶液的固体。B 在 Fe 加 HCl 溶液中加热回流生成 D,D 在 0℃与 $NaNO_2$、H_2SO_4 作用再与 C 反应生成化合物 E。推测 A～D 的结构式。

HOOC-苯-N=N-苯-NHCH_3

E

14.13　分子式为 $C_{15}H_{15}NO$ 的化合物 A,不溶于水、稀盐酸和稀氢氧化钠。A 与氢氧化钠一起回流时慢慢溶解,同时有油状化合物浮在液面上。用水蒸气蒸馏法将油状产物分出,得化合物 B。B 能溶于稀盐酸,与对甲苯磺酰氯作用生成不溶于碱的沉淀。把去掉 B 以后的碱性溶液酸化,有化合物 C 分出。C 能溶于碳酸氢钠,其熔点为 182℃。推测 A~C 的结构式。

14.14　用化学方法区别下列各组化合物。

(1) (a) N-甲基苯甲胺　　(b) N,N-二甲基苯甲胺　　(c) 对甲基苯甲胺　　(d) N,N-二甲基苯胺

(2) (a) 对甲基苯胺　　(b) N,N-二甲基环己基胺　　(c) 对甲基苯甲胺　　(d) N-甲基苯胺

14.15　分离对甲苯胺、对甲苯酚和萘的混合物。

第 15 章　杂环化合物
(Heterocyclic Compounds)

杂环化合物是指由碳原子和至少一个其他原子所组成的环状化合物。环内碳以外的原子称为杂原子,最常见的杂原子有氮原子、硫原子和氧原子。杂环化合物是数目最庞大的一类有机物,占已知有机物的二分之一。杂环化合物广泛存在于自然界,与生物学有关的重要化合物多数为杂环化合物,如核酸、某些维生素、抗生素、激素、色素和生物碱等。杂环化合物的应用范围极其广泛,涉及医药、农药、染料、生物膜材料、超导材料、分子器件、储能材料等领域。

杂环化合物可分为脂杂环和芳杂环两大类。没有芳香性的杂环化合物称为脂杂环化合物,它们具有与相应脂肪族化合物类似的性质,如环氧乙烷、四氢呋喃和 1,4-二氧六环等都具有醚的性质,γ-丁内酯具有酯的所有特性。

本章重点讨论的是具有一定芳香性的芳杂环化合物,平时也称为杂环化合物。芳杂环化合物可以分为单杂化和稠杂环两大类,稠杂环是由苯环和杂环或多个杂环稠合而成的。例如:

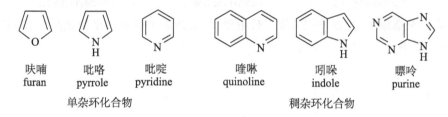

| 呋喃 | 吡咯 | 吡啶 | 喹啉 | 吲哚 | 嘌呤 |
| furan | pyrrole | pyridine | quinoline | indole | purine |

单杂环化合物　　　　　　　稠杂环化合物

15.1　杂环化合物的命名
(Nomenclature of Heterocyclic Compounds)

我国有两种命名杂环化合物的方法,一种是音译命名法,另一种是 IUPAC 置换命名法。

音译法是根据 IUPAC 推荐的通用名,按英文名称的译音来命名,并用带"口"旁的同音汉字来表示环状化合物。例如:

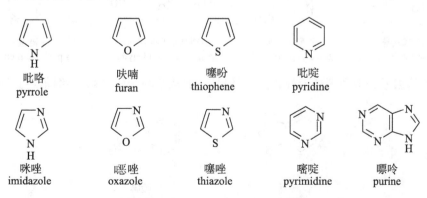

吡咯　　　　　呋喃　　　　　噻吩　　　　　吡啶
pyrrole　　　　furan　　　　thiophene　　　pyridine

咪唑　　　　　恶唑　　　　　噻唑　　　　　嘧啶　　　　　嘌呤
imidazole　　　oxazole　　　thiazole　　　pyrimidine　　　purine

吡唑　　　　　异噁唑　　　　　异噻唑　　　　　哒嗪　　　　　吡嗪
pyrazole　　　isoxazole　　　isothiazole　　pyridazine　　pyrazine

吲哚　　　　苯并呋喃　　　　苯并噻吩　　　　喹啉　　　　异喹啉
indole　　　benzofuran　　benzothiophene　quinoline　　isoquinoline

　　杂环上有取代基时,以杂环为母体,将环编号以注明取代基的位次,编号一般从杂原子开始。含有两个或两个以上相同杂原子的单杂环编号时,把连有氢原子的杂原子编为1,并使其余杂原子的位次尽可能小;如果环上有多个不同杂原子时,按氧、硫、氮的顺序编号。例如:

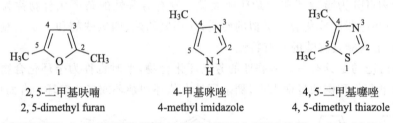

2,5-二甲基呋喃　　　　　4-甲基咪唑　　　　　4,5-二甲基噻唑
2,5-dimethyl furan　　4-methyl imidazole　4,5-dimethyl thiazole

　　当只有一个杂原子时,也可用希腊字母编号,靠近杂原子的第一个位置是 α-位,其次为 β-位、γ-位等。例如:

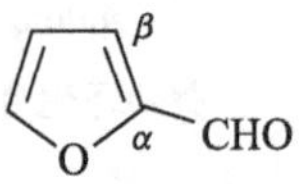

α-呋喃甲醛　　　　　　γ-甲基吡啶
α-furaldehyde　　　γ-methyl pyridine

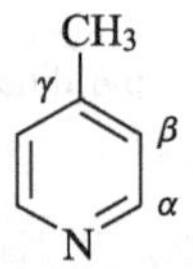

　　当环上连有不同取代基时,编号根据顺序规则及最低系列原则。结构复杂的杂环化合物将杂环当作取代基来命名。例如:

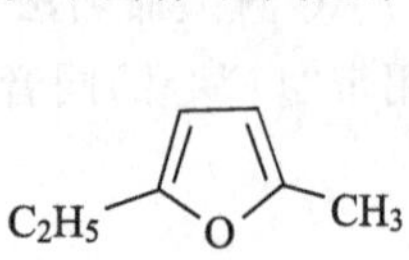

2-甲基-5-乙基呋喃　　　2-乙酰基吡咯　　　5-硝基-2-呋喃甲醛　　　4-吡啶甲酸
2-methyl-5-ethyl furan　2-acetyl pyrrole　5-nitro-2-furaldehyde　4-pyridine methanoic acid

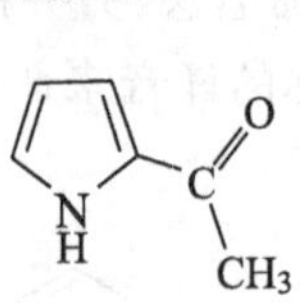

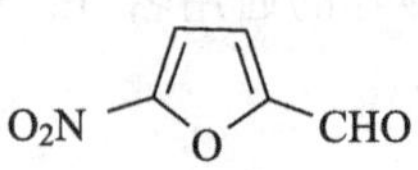

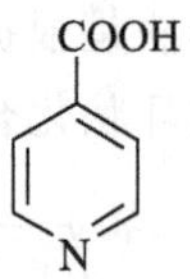

　　稠杂环的编号一般和稠环芳烃相同,但编号一般从杂环开始,然后再编苯环。例如:

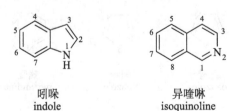

吲哚　　　　　　　异喹啉
indole　　　　　isoquinoline

少数稠杂环有特殊的编号顺序。例如,嘌呤的编号如下:

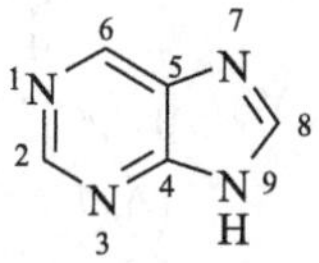

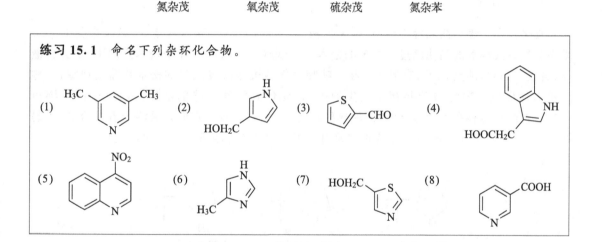

嘌呤　　　　　　　　　　　2, 6, 8-三羟基嘌呤
purine　　　　　　　　　　2, 6, 8-trihydroxyl purine

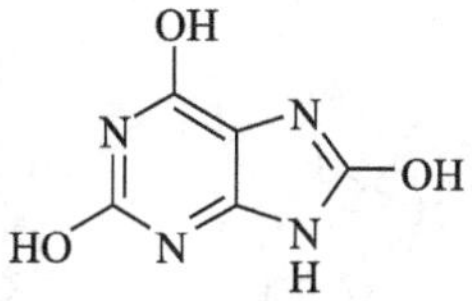

　　IUPAC 置换命名法是将杂环母核看成是相应碳环母核中的一个或多个碳原子被杂原子取代而成,命名时只需在碳环母体名称前加上某杂即可。例如,五元杂环相应的碳环为环戊二烯(也称为茂),所以下列化合物的名称为

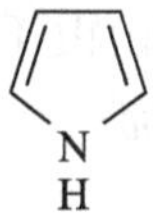

氮杂茂 　　　　　氧杂茂 　　　　　硫杂茂 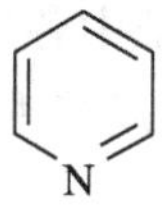　　　　　氮杂苯

练习 15.1　命名下列杂环化合物。

(1)　　　　　(2)　　　　　(3)　　　　　(4)

(5)　　　　　(6)　　　　　(7)　　　　　(8)

15.2　五元杂环化合物
(Five-Membered Heterocyclic Compounds)

15.2.1　呋喃、噻吩和吡咯

1. 结构和芳香性

　　呋喃、噻吩和吡咯是重要的含有一个杂原子的五元杂环化合物,它们成环的四个碳原子和一个杂原子都是 sp^2 杂化,彼此以 σ 键相连。四个碳原子和一个杂原子的 p 轨道都垂直于环所在的平面,碳原子的 p 轨道中各有一个电子,杂原子的 p 轨道上有一对未共用电子,彼此侧面平行交盖,形成一个由五个轨道六个电子组成的闭合共轭体系,如图 15-1 所示,其结构特点符合休克尔 $4n+2$ 规则,因此具有芳香性,易发生取代反应,而不易发生加成反应。

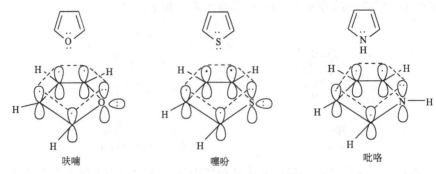

图 15-1　呋喃、噻吩、吡咯的结构

由于氧、硫、氮等杂原子的电负性比碳原子大,环上电子云密度分布不像苯环那样均匀,所以呋喃、噻吩、吡咯分子中各原子间的键长不相等,芳香性比苯差。由于杂原子的电负性强弱顺序是氧>氮>硫,所以芳香性强弱顺序是苯>噻吩>吡咯>呋喃。

2. 物理性质

吡咯存在于煤焦油和骨焦油中,是无色液体,有弱的苯胺气味,熔点 $-23℃$,沸点 $131℃$。吡咯蒸气或其醇溶液能使浸过浓盐酸的松木片呈现红色。呋喃存在于松木焦油中,是无色液体,熔点 $-86℃$,沸点 $31℃$,有氯仿气味。呋喃蒸气遇被盐酸浸湿过的松木片即呈现绿色,称为松木片反应。噻吩与苯共存于煤焦油中,是无色有特殊气味的液体,熔点 $-38℃$,沸点 $84℃$。在浓硫酸存在下,与靛红一同加热显示蓝色,反应灵敏。它们都易溶于有机溶剂,不易溶于水。呋喃、噻吩和吡咯与相应的脂环化合物四氢呋喃、四氢噻吩和四氢吡咯的偶极矩值如下:

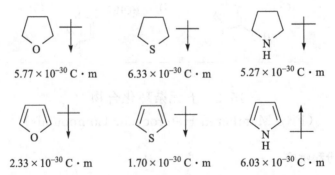

$5.77 \times 10^{-30} C \cdot m$　　　$6.33 \times 10^{-30} C \cdot m$　　　$5.27 \times 10^{-30} C \cdot m$

$2.33 \times 10^{-30} C \cdot m$　　　$1.70 \times 10^{-30} C \cdot m$　　　$6.03 \times 10^{-30} C \cdot m$

分析上述数据可知:呋喃和噻吩与相应的脂环化合物四氢呋喃和四氢噻吩的偶极矩方向相同,但偶极矩的数值减小,说明极性降低;吡咯与相应的脂环化合物四氢吡咯的偶极矩方向相反,且偶极矩的数值增加。原因是脂环化合物四氢呋喃、四氢噻吩和四氢吡咯的杂原子的电负性都比碳大,电负性的大小顺序为 O(3.5)>N(3.0)>S(2.6),均具有吸电子的诱导效应 $(-I)$,使碳原子和杂原子之间的 σ 键的一对电子偏向杂原子,故分子具有极性。在芳香体系的呋喃、噻吩和吡咯中,由于杂原子上的一对 p 电子参与了共轭,电子均匀化的结果使杂原子上的电子向碳环转移,具有给电子的共轭效应 $(+C)$,也就是说芳香体系五元杂环的诱导效应 $(-I)$ 和共轭效应 $(+C)$ 的方向是相反的。而 $+C$ 效应的大小顺序是 N>O>S(由于硫是 3p

轨道与碳的 2p 轨道共轭，+C 效应相对较小），综合两种电子效应，呋喃和噻吩的电子效应是 -I>+C，故偶极矩方向与四氢呋喃、四氢噻吩相同，但偶极矩的数值减小，即极性降低。而在吡咯中的电子效应是 +C>-I，故偶极矩的方向改变，且偶极矩值大于相应的脂环化合物四氢吡咯。

3. 光谱性质

由于呋喃、噻吩和吡咯均形成闭合的芳香共轭体系，在外磁场中，环上质子与苯环上的质子相似，处于去屏蔽区域，故环上氢的吸收峰移向低场，呋喃、噻吩、吡咯环上氢的化学位移值如下：

$$呋喃 \quad \alpha_{-H} \quad \delta=7.42 \quad \beta_{-H} \quad \delta=6.37$$
$$噻吩 \quad \alpha_{-H} \quad \delta=7.30 \quad \beta_{-H} \quad \delta=7.10$$
$$吡咯 \quad \alpha_{-H} \quad \delta=6.68 \quad \beta_{-H} \quad \delta=6.22$$

4. 化学反应

1) 芳香亲电取代反应

呋喃、噻吩、吡咯都具有芳香性，可以发生芳香亲电取代反应，且亲电取代反应都比苯容易进行。在一般情况下，亲电取代反应的活性顺序为吡咯>呋喃>噻吩>苯。呋喃、噻吩、吡咯发生亲电取代反应时，亲电基团主要进入 α-位。

(1) 卤代反应。

呋喃、噻吩、吡咯比苯活泼，一般不需催化剂，在室温就可直接卤代。不活泼的碘则需在催化剂作用下进行。例如：

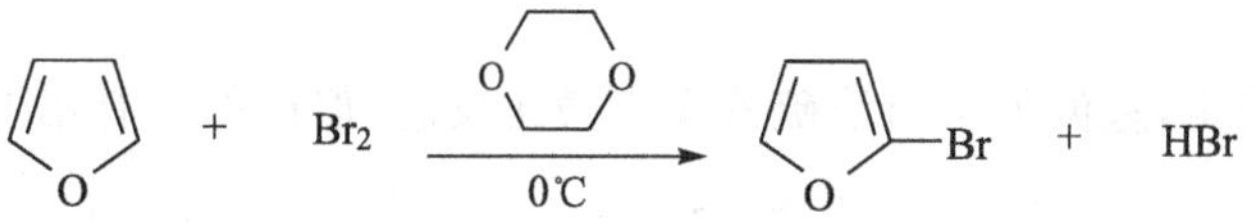

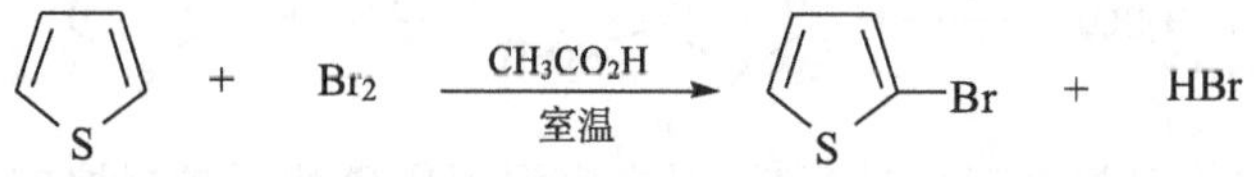

吡咯极易卤代，如与碘-碘化钾溶液作用，生成的不是一元取代产物，而是 2,3,4,5-四碘吡咯。

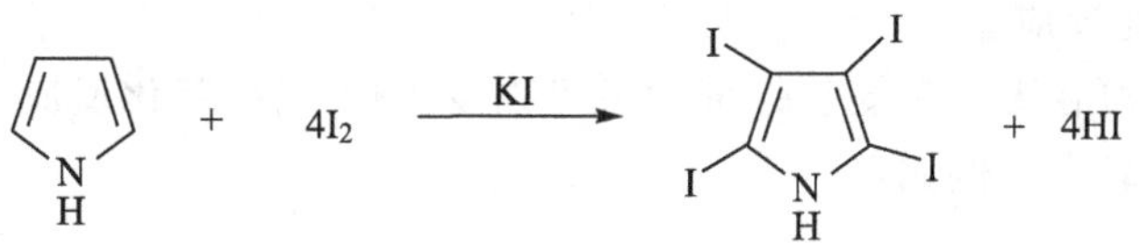

噻吩在氧化汞的作用下，与碘反应，生成 2-碘噻吩。

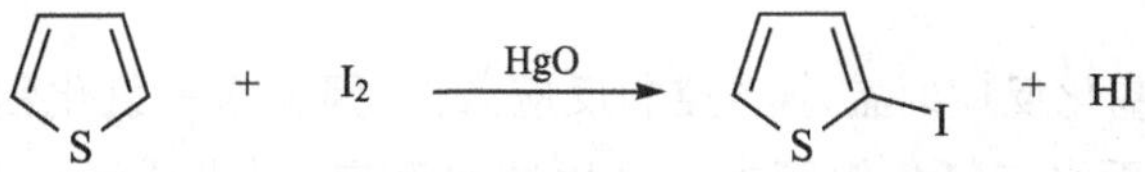

(2) 硝化反应。

呋喃、噻吩和吡咯很容易被氧化，甚至能被空气氧化，因此一般不用硝酸硝化，通常用比较温和的非质子硝化剂——乙酰基硝酸酯（CH₃COONO₂）硝化，反应需在低温下进行，硝基主要进入 α-位。例如：

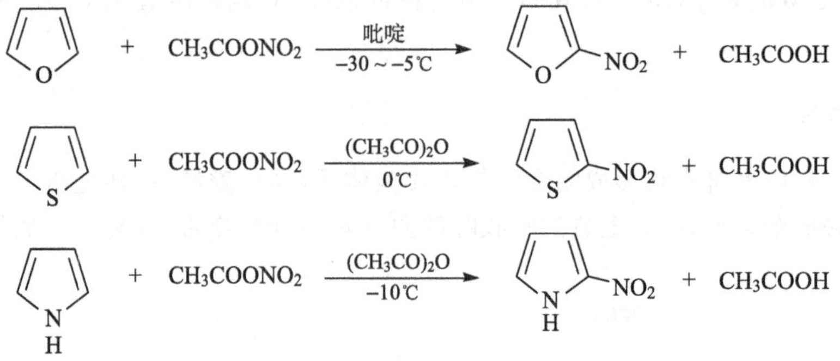

（3）磺化反应。

呋喃、噻吩和吡咯都要避免用硫酸进行磺化，因此常用温和的非质子磺化试剂，如用吡啶与三氧化硫的加合物作为磺化剂进行反应。例如：

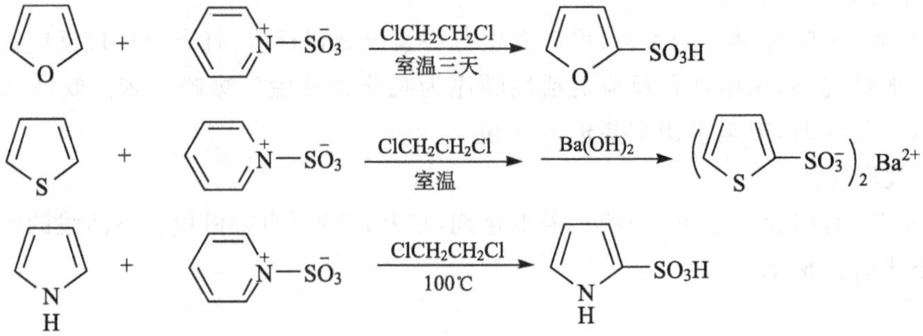

噻吩对酸比较稳定，室温下可与浓硫酸发生磺化反应，但产率没有用上述试剂高。

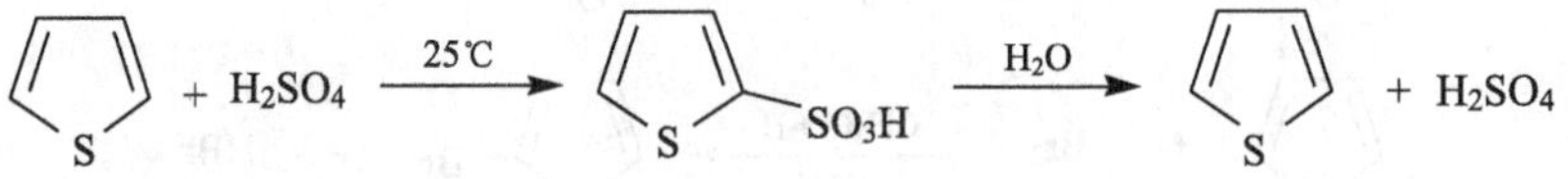

存在于煤焦油中的苯常含有少量噻吩，可在室温下用硫酸反复提取的方法来提纯苯，因为噻吩比苯易磺化，磺化后的噻吩溶于浓硫酸中，可以与苯分离，然后水解将磺基去掉，即可纯化苯，同时得到噻吩。

（4）傅-克酰基化反应。

呋喃和酰氯、酸酐在无水三氯化铝催化下可以发生傅-克酰基化反应，若用酸酐在三氟化硼催化下反应，产率较高。例如：

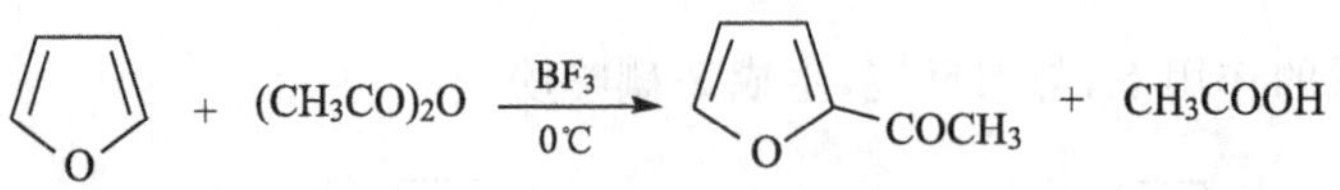

噻吩进行傅-克酰基化反应时需小心控制反应条件，因无水三氯化铝等易与噻吩生成树脂状物质。因此，必须将无水三氯化铝等先与酰化试剂反应，制成活泼的亲电试剂后，再与噻吩反应。吡咯可以用乙酸酐在 150～200℃下直接酰化。例如：

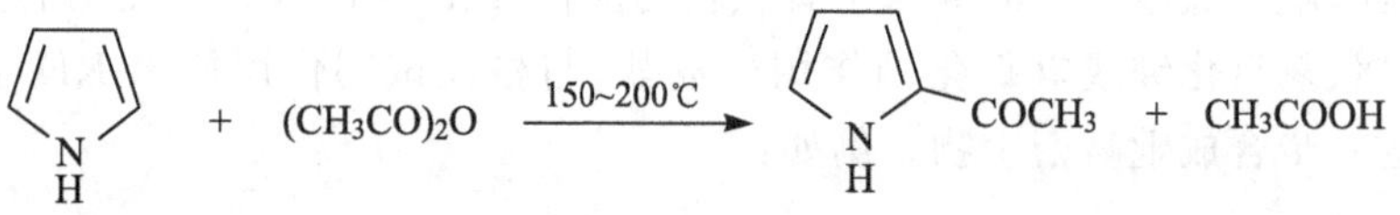

呋喃、噻吩和吡咯发生傅-克烷基化反应时,一般得到多取代产物,合成的意义不大。

2) 加成反应

呋喃、噻吩和吡咯均可进行催化加氢反应,产物是失去芳香性的脂杂环化合物。呋喃和吡咯可以用一般催化剂还原;噻吩中的硫能使催化剂中毒,需使用特殊催化剂。

四氢呋喃是有机合成中常用的溶剂;四氢吡咯(也称吡咯烷)的碱性($pK_b=2.7$),比吡咯($pK_b=13.6$)强得多,具有脂肪族仲胺的性质,可以和一般的酸形成稳定的铵盐;四氢噻吩可以被过量的过氧化氢、高锰酸钾或硝酸氧化成环丁砜,环丁砜是一种重要的溶剂。例如:

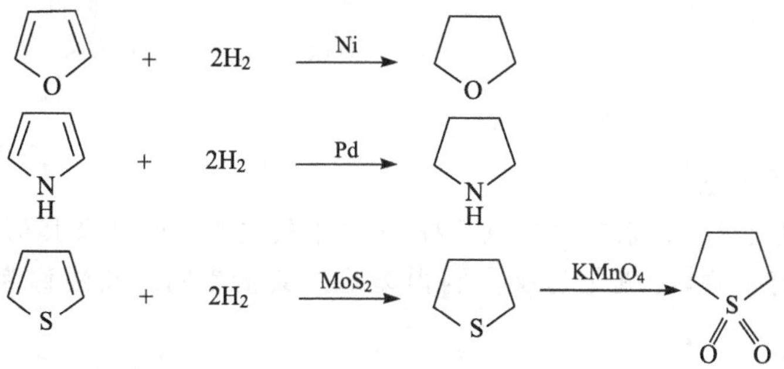

呋喃和吡咯还可作为双烯体,与亲双烯体(如顺丁烯二酸酐等)发生环加成反应;噻吩在加压下才能与亲双烯体加成。例如:

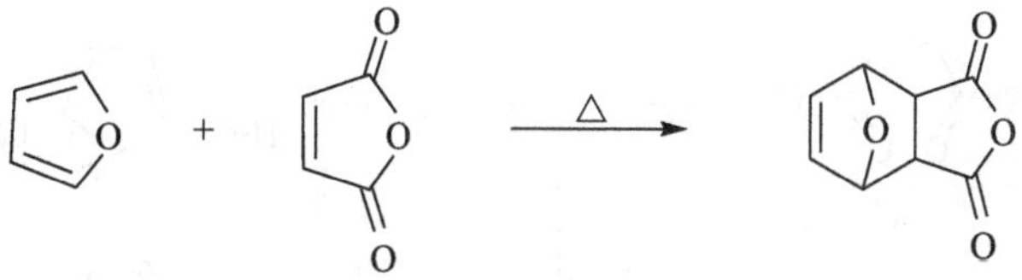

练习 15.2　写出下列反应的主要产物。

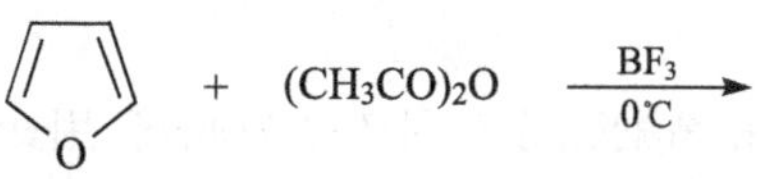

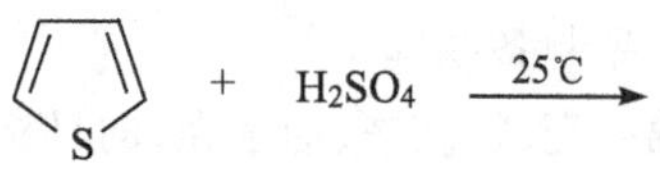

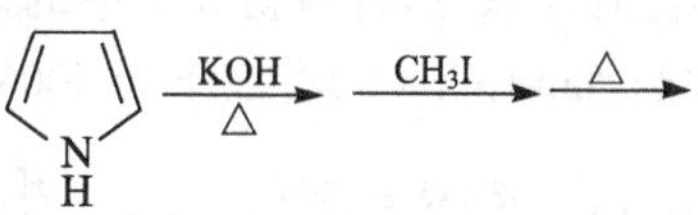

练习 15.3　预测四氢吡咯与下列试剂反应的产物。

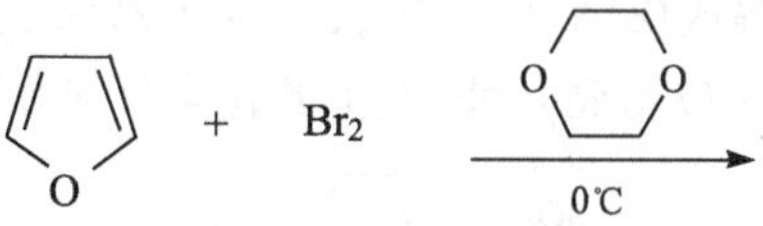

(1) HCl 水溶液　　(2) 乙酸酐　　(3) 用碘甲烷重复处理,继续用 Ag_2O 处理然后加热

3) 吡咯的弱碱性和弱酸性

从结构上分析,吡咯是环状二级胺,但由于氮原子上的未共用电子对参与环的共轭体系,因此氮原子上电子云密度降低,质子化的能力减弱,其碱性极弱($pK_b=13.6$),是比苯胺还弱

的碱。另一方面,吡咯氮原子上的氢原子有微弱的酸性(pK_a=15),其酸性比醇强,比苯酚弱。吡咯可与碱金属、氢氧化钾或氢氧化钠作用生成盐,与格氏试剂作用放出 RH 而生成吡咯卤化镁,并用来进一步合成吡咯衍生物。例如:

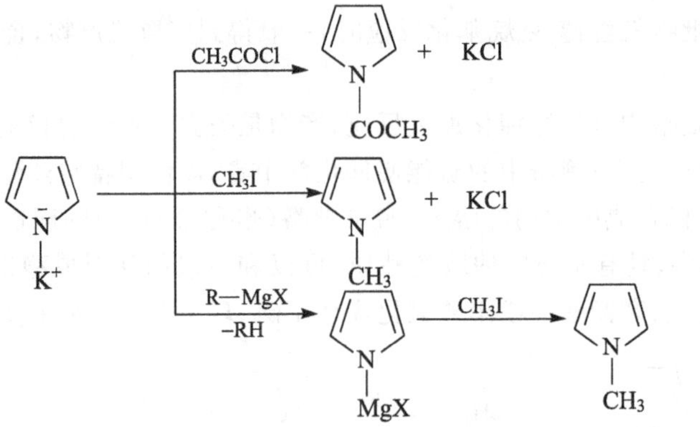

5. 制备方法

1) 帕尔-诺尔合成法

以 1,4-二羰基化合物为原料,在无水酸性条件下失去水得呋喃及其衍生物,与氨或胺反应制得吡咯及其衍生物,与硫化物反应制得噻吩及其衍生物。此法称为帕尔-诺尔(Paal-Knorr)合成法。

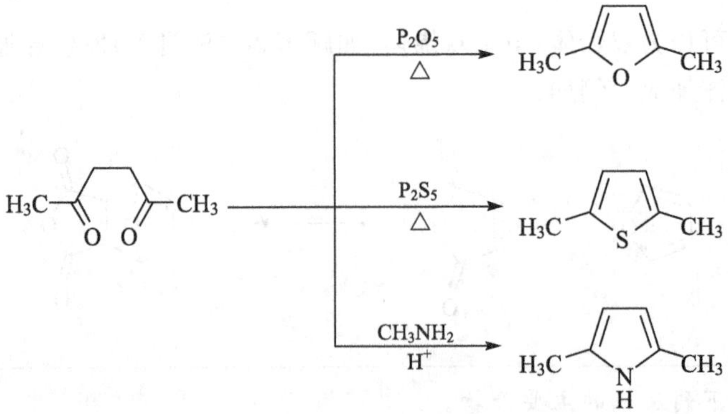

2) 用农副产品制备呋喃

以玉米芯、棉籽壳、甘蔗渣、油茶壳、向日葵籽壳、稻壳和高粱壳等农副产品为原料,用盐酸或硫酸为催化剂,经加压蒸煮,将植物纤维中的多聚戊糖水解成戊糖,戊糖脱去三分子水而生成糠醛,糠醛在催化剂(ZnO、Cr_2O_3)存在下于 400℃加热,失去 CO 得到呋喃,发生的化学反应如下:

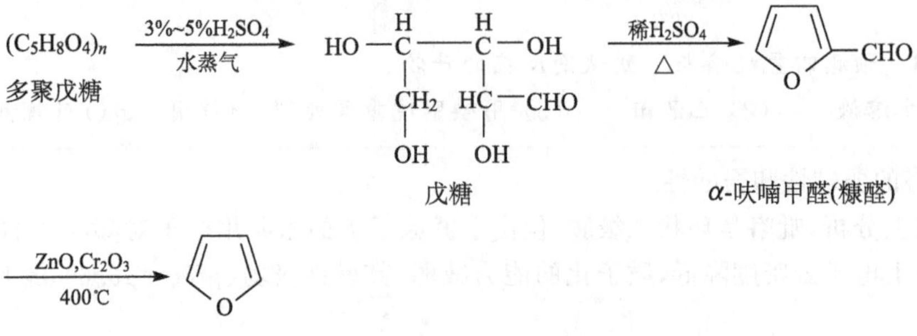

3) 吡咯的诺尔合成法

用氨基酮与具有更强活泼 α-氢的 β-酮酸酯或 β-二酮类进行缩合反应,制备吡咯及其衍生物,此法称为诺尔(Knorr)合成法。

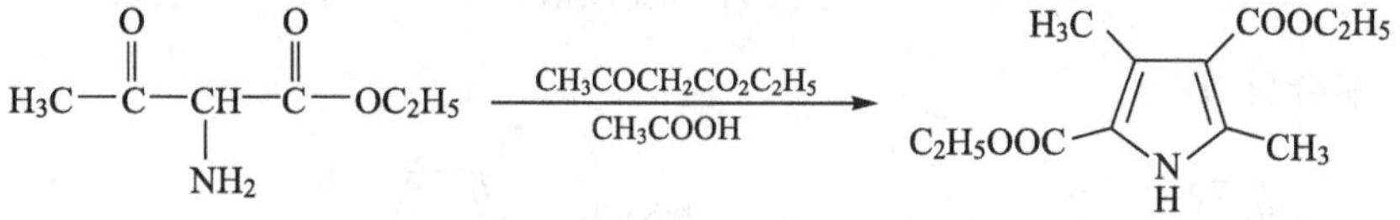

练习 15.4　由杂环化合物或易得的取代杂环化合物为原料合成下列化合物。

(1)

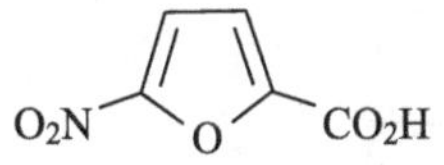

(2)

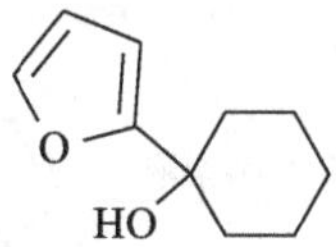

(3)

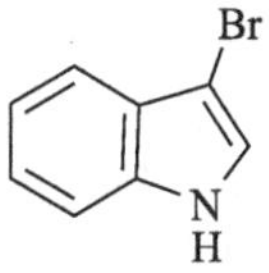

(4)

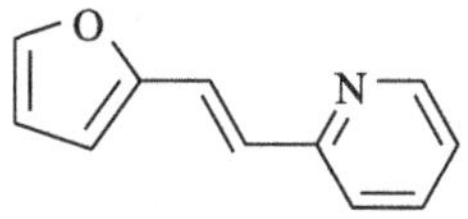

15.2.2　一些重要的五元杂环化合物

1. 糠醛 (α-呋喃甲醛)

纯糠醛为无色透明油状液体,沸点为 161.7℃,闪点(闭口杯法)为 60℃,易燃。工业糠醛为淡黄色或琥珀色透明液体,储存中如接触空气或受光、受热易变成红棕色,甚至变成棕褐色。糠醛对皮肤和黏膜有刺激作用,特别对眼角膜刺激较大,使用时需注意安全防护。糠醛是重要的化工原料,用于生产糠醇、四氢糠醇和四氢呋喃等呋喃族化合物;还用于生产糠醛苯酚树脂、糠醛丙酮树脂和广泛用于铸造业的呋喃树脂。糠醛还广泛用于制药和其他有机合成工业方面。糠醛是良好的溶剂,常用作精炼石油的溶剂,以溶解石油中的含硫物质及环烷烃等。糠醛还可用于精制松香、色素,溶解硝酸纤维素等。

糠醛主要是以农副产品为原料制备的,具体见 15.2.1 中呋喃的制备。

糠醛含有无 α-H 的醛基和呋喃环,故具有无 α-H 的醛(如甲醛、苯甲醛等)及呋喃的一些性质,如容易发生氧化、还原、歧化、羟醛缩合以及安息香缩合反应等。

1) 氧化还原反应

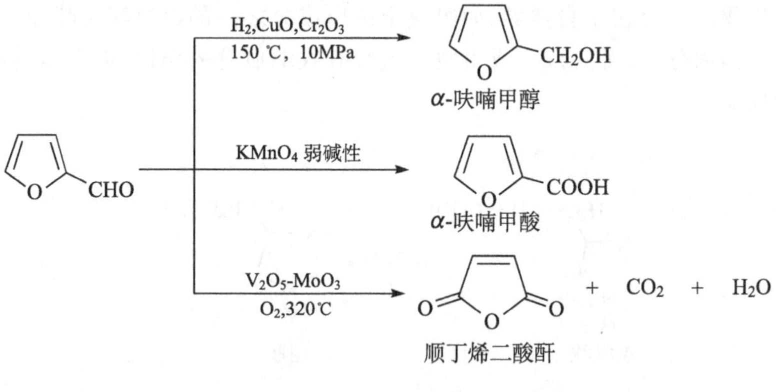

2）歧化反应

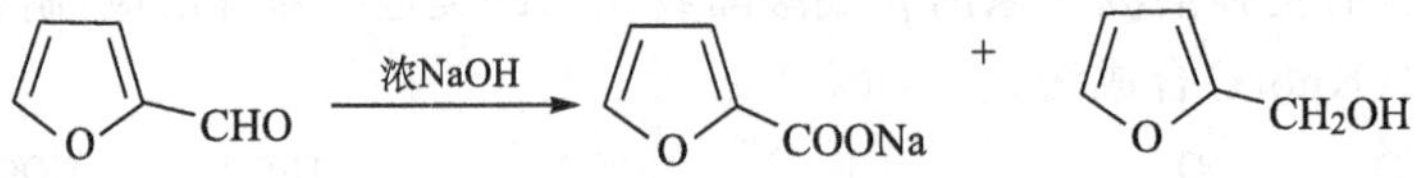

3）羟醛缩合反应

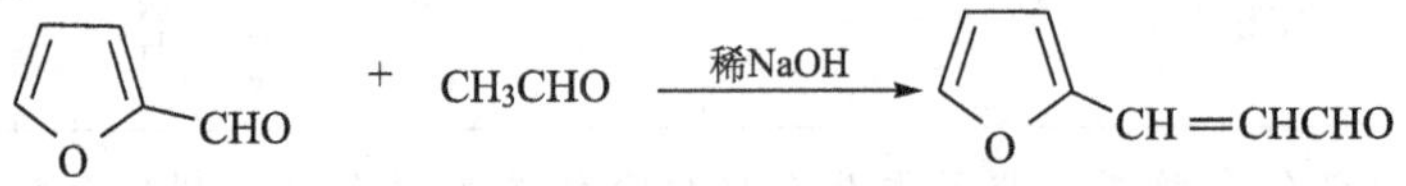

4）安息香缩合反应

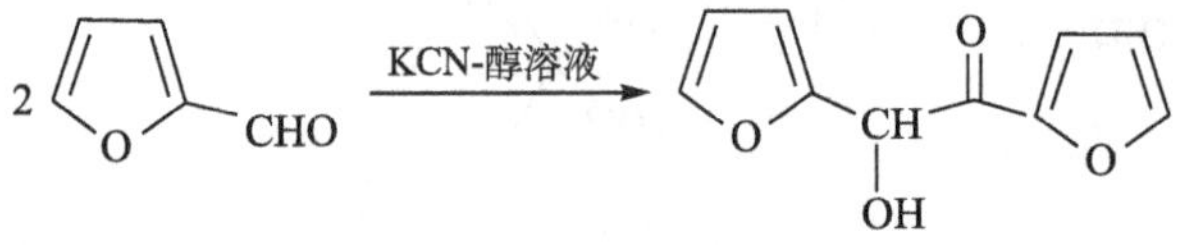

2. 咪唑、噻唑和吡唑

含有两个杂原子(其中至少有一个氮原子)的五元杂环称为唑。常见的有咪唑、噻唑和吡唑。它们都具有闭合的 6π 电子共轭体系，所以都具有一定的芳香性。

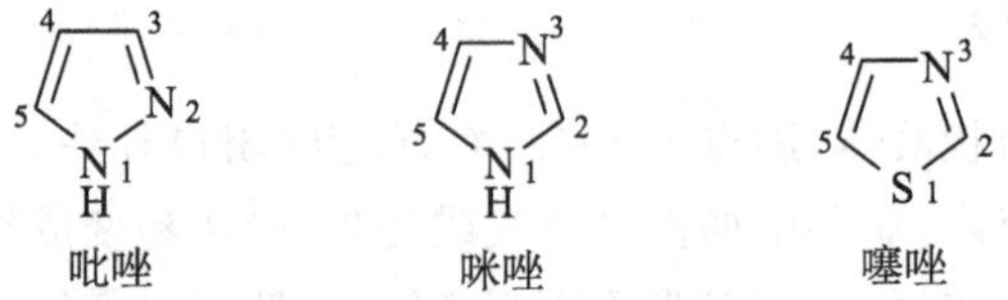

吡唑　　　　　　咪唑　　　　　　噻唑

1）咪唑

咪唑为棱柱状结晶，熔点 $90\sim91℃$，沸点 $257℃$，溶于水和有机溶剂，显弱碱性($pK_b=6.9$)。咪唑有互变异构现象，即 1-位 N 原子上的 H 可以移至 3-位 N 原子上，所以 4-甲基咪唑等于 5-甲基咪唑。

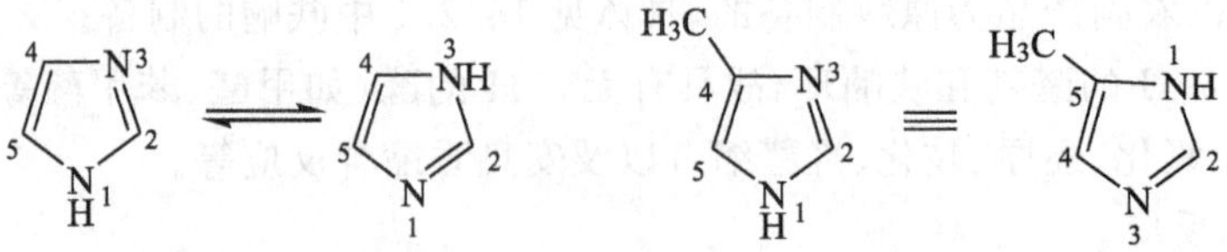

咪唑的衍生物广泛存在于自然界，如组成蛋白质成分之一的组氨酸是咪唑的衍生物，组氨酸经酶的作用或体内分解，可脱羧变成组胺。组胺有收缩血管的作用，但人体内组胺含量过多时会发生过敏反应。

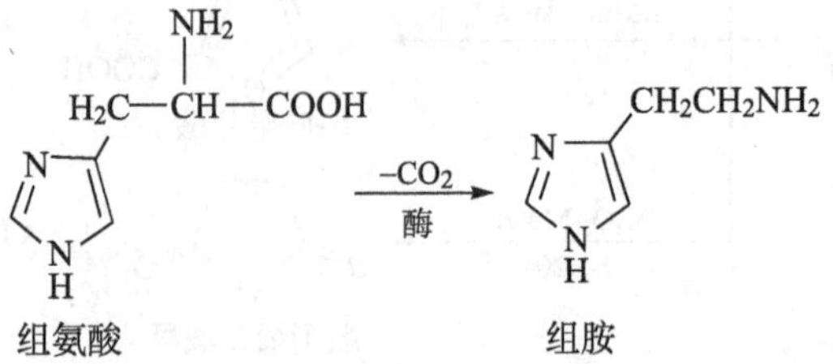

组氨酸　　　　　　　　　　　　组胺

2) 噻唑

噻唑是无色有吡啶臭味的液体,沸点 117 ℃,具有弱碱性,与水混溶。噻唑的衍生物在医药上很重要,青霉素和维生素 B_1 等都是噻唑的衍生物。青霉素有多种,基本结构为

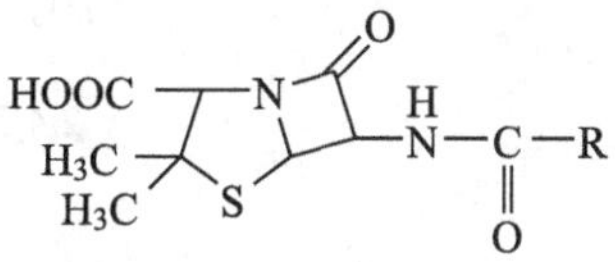

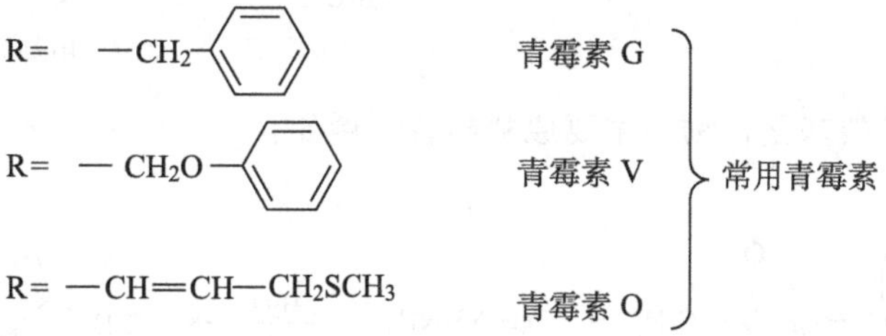

$$R= \quad —CH_2\text{—} \qquad 青霉素\ G \ \Big\}$$

$$R= \quad —CH_2O\text{—} \qquad 青霉素\ V \ \Big\} \quad 常用青霉素$$

$$R= \quad —CH\text{=}CH—CH_2SCH_3 \qquad 青霉素\ O \ \Big/$$

维生素 B_1 又称硫胺素,在体内以焦磷酸酯的形式存在,简称 TPP。维生素 B_1 是糖代谢过程中 α-酮酸氧化脱羧酶系的一种辅酶,又称羧化辅酶。在催化丙酮酸脱羧过程中,噻唑起了重要的作用。维生素 B_1 的结构如下:

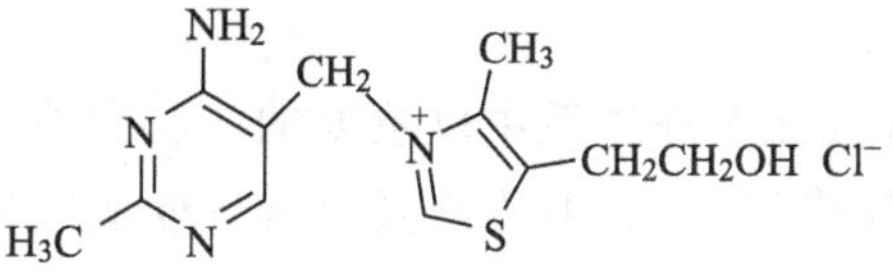

3) 吡唑

吡唑也有互变异构现象,它的 3-位和 5-位是等同的。

5-吡唑酮是一类具有解热、镇痛作用的非甾类抗炎药物。例如,俗名分别为"安乃近"和"羟基保泰松"的两种药物分子,其结构为

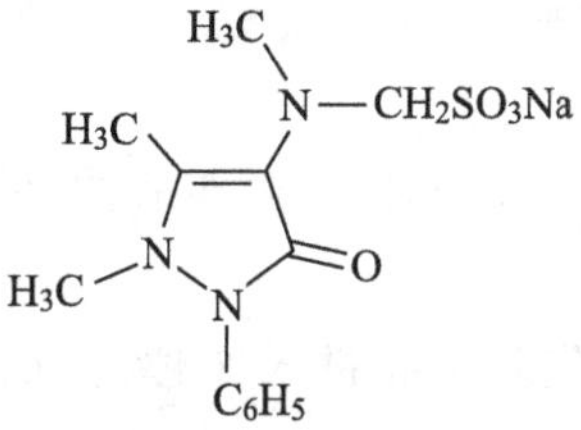

安乃近 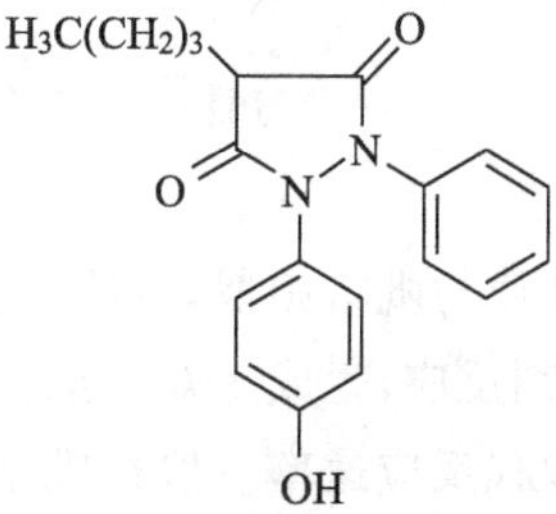　　　　　　　　　　　　　　羟基保泰松

4) 咪唑、噻唑和吡唑的制备

咪唑和噻唑可以用 1,4-二羰基化合物为主要原料制备。例如:

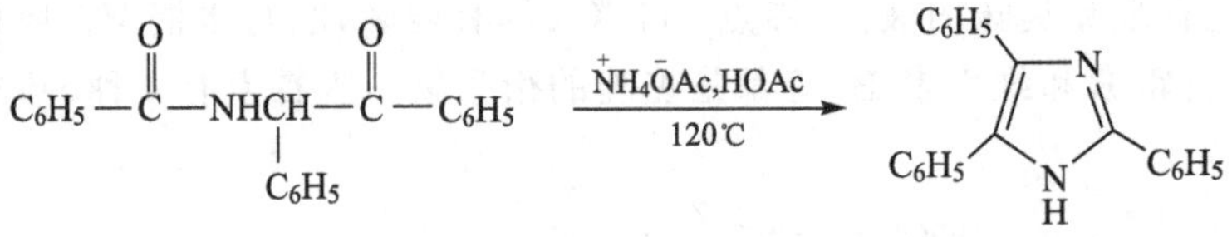

$$C_6H_5-\overset{\overset{O}{\|}}{C}-NHCH-\overset{\overset{O}{\|}}{C}-C_6H_5 \quad \xrightarrow[120℃]{\overset{+}{N}H_4\bar{O}Ac,HOAc}$$

2,4,5-三苯基咪唑

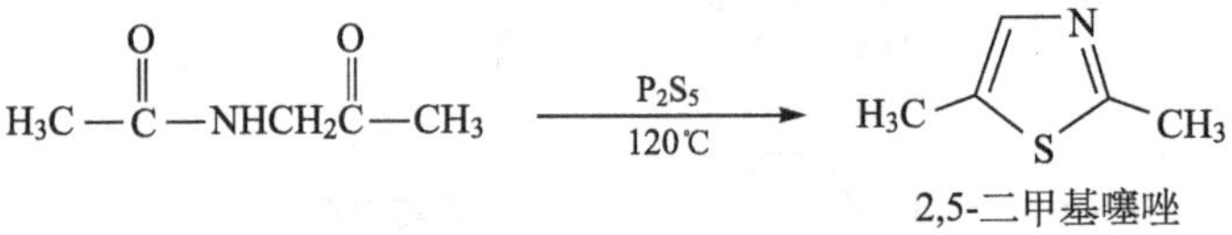

$$H_3C-\overset{\overset{O}{\|}}{C}-NHCH_2\overset{\overset{O}{\|}}{C}-CH_3 \quad \xrightarrow[120℃]{P_2S_5}$$

2,5-二甲基噻唑

吡唑则用 1,3-二羰基化合物为主要原料制备。例如:

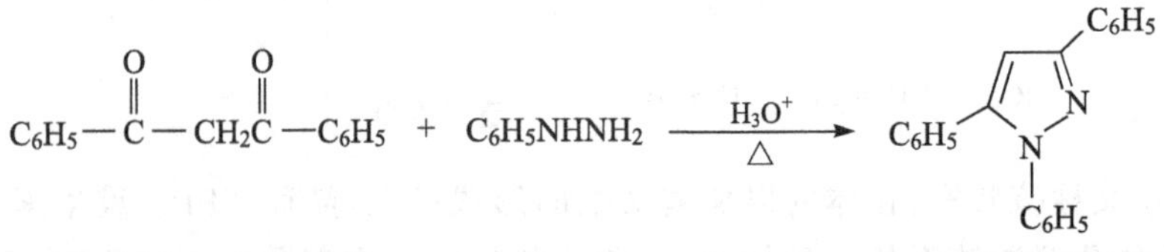

$$C_6H_5-\overset{\overset{O}{\|}}{C}-CH_2\overset{\overset{O}{\|}}{C}-C_6H_5 \quad + \quad C_6H_5NHNH_2 \quad \xrightarrow[\triangle]{H_3O^+}$$

1,3,5-三苯基吡唑

3. 吲哚

吲哚及其衍生物是苯并五元杂环体系中较重要的一类化合物。吲哚是白色晶体,熔点52.5℃,沸点254℃。蛋白质降解时,其中的色氨酸组分变成吲哚和 3-甲基吲哚,它们是粪便的臭气成分,但高度稀释的纯吲哚溶液有素馨花香味,故可用作香料,常用于茉莉、紫丁香、荷花和兰花等日用香精的配方中,用量一般为千分之几。吲哚衍生物广泛存在于动植物体内,如素馨花、柑橘花、蛋白质中的色氨酸、哺乳动物及人脑中思维活动的重要物质 5-羟基色胺、植物生长调节剂 3-吲哚乙酸和植物染料靛蓝中都含有吲哚环。一些吲哚衍生物的结构式如下:

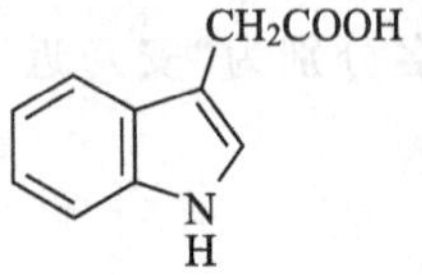

3-吲哚乙酸 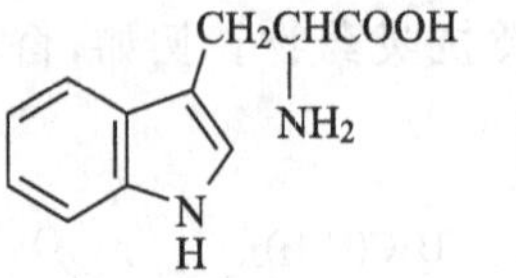　　　　色氨酸 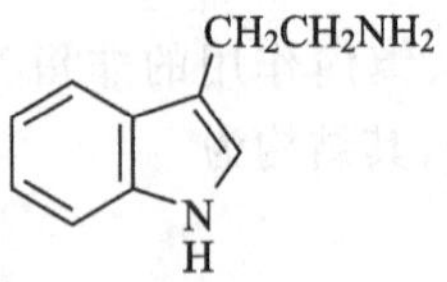　　　　色胺 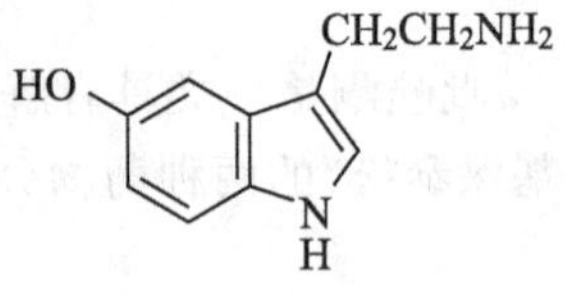　　　　5-羟基色胺

吲哚的化学性质与吡咯相似,碱性极弱($pK_b=16.97$),但有微弱酸性,可以生成钠盐或钾盐,后者与烷基化剂反应,生成 1-烷基取代吲哚。

吲哚的亲电取代反应速率一般比吡咯略慢,取代基主要进入 3-位,但如果 3-位已有取代基,则亲电试剂主要进攻 2-位。例如:

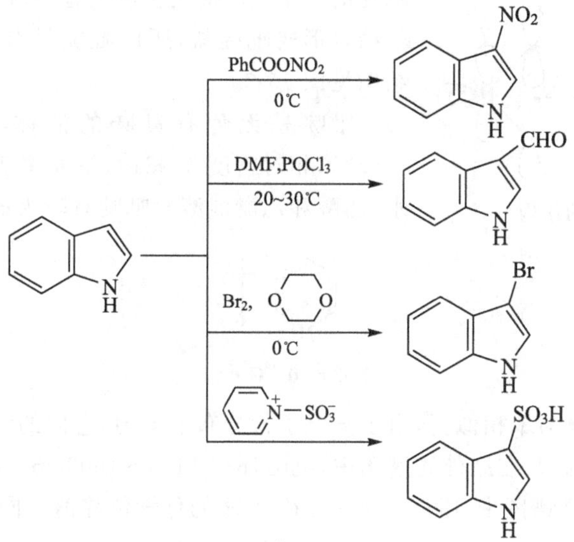

费歇尔吲哚合成法是合成吲哚及其衍生物的重要方法。以芳基腙为原料,在酸催化下加热,可以得到吲哚衍生物。例如:

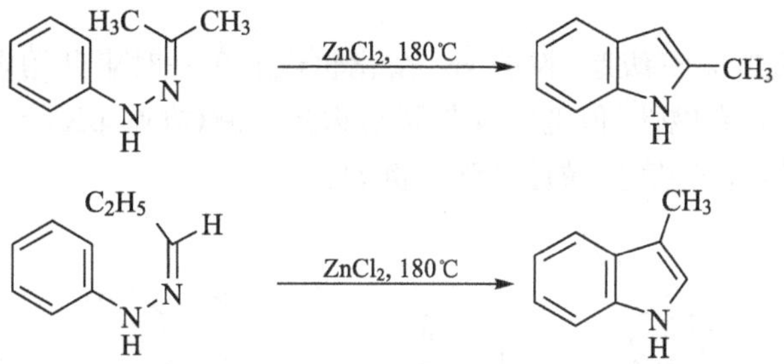

15.3 六元杂环化合物
(Six-Membered Heterocyclic Compounds)

六元杂环化合物中最重要的是吡啶,存在于煤焦油、骨焦油和页岩油中。在自然界,植物所含的生物碱中不少都含有吡啶环结构,如维生素 PP、维生素 B_6、烟碱(又称尼古丁)辅酶Ⅰ及辅酶Ⅱ等。吡啶是重要的有机合成原料(如合成药物)、良好的有机溶剂和有机合成催化剂。吡啶用作溶剂时,往往需要干燥成无水吡啶,因其能与无水 $CaCl_2$ 络合,故应使用碱性物质如固体氢氧化钾或固体氢氧化钠干燥吡啶,也可以加入苯,通过共沸蒸馏除去吡啶中的水分。

15.3.1 吡啶的结构、物理性质和光谱性质

吡啶可以看作是苯分子中一个 CH 原子团被一个 sp^2 杂化的氮原子置换的六元杂环化合物。吡啶环中,五个 C 原子和一个 N 原子的 p 轨道与环的平面垂直,侧面交盖而成一个闭合的共轭体系。六个 p 轨道各提供一个 p 电子,形成一个由六个轨道、六个电子组成的大 π 键,π电子数符合休克尔 $4n+2$ 规则,所以吡啶具有一定的芳香性。由于氮原子的电负性比碳大,吡啶环上的电子云密度小于苯环,且 π 电子云的分布是不均匀的,所以吡啶的芳香性比苯小。

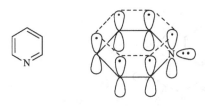

图 15-2　吡啶的结构

吡啶的一个 sp² 杂化轨道上有一对未共用电子,可以和质子结合形成吡啶盐,所以吡啶具有一定的碱性。吡啶的结构见图 15-2。

吡啶是无色有臭味的液体,沸点 115.5℃,熔点 −42℃,相对密度 0.9819,折光率 1.5095(20℃),可以与水、乙醇和乙醚混溶。吡啶有较大的偶极矩,其值如下:

$$7.53 \times 10^{-30} C \cdot m$$

吡啶的光谱性质也与苯相似,但由于 π 电子云分布不均匀,它们的红外光谱图和 ¹H NMR 谱图与苯有些区别。例如,在红外光谱图中,吡啶环在 1430～1600cm⁻¹ 有四条谱带,而苯只有两条谱带。在 ¹H NMR 谱图中,吡啶环的 α-、β-、γ-H 的化学位移值不同。例如:

　　　　α-H　β-H　γ-H
δ　8.52　7.16　7.55

15.3.2　吡啶的碱性

如图 15-2 所示,吡啶是三级胺,氮的 sp² 杂化轨道上有一对未共用电子,可以与质子结合形成吡啶盐,所以吡啶具有碱性,但吡啶及其同系物是弱碱(吡啶 pK_b=8.8),其碱性小于氨,大于苯胺。当环上有给电子基时,碱性增强。例如:

pK_a　　　5.17　　　5.97　　　5.68　　　6.02

吡啶能与卤素、一些路易斯酸(如三氧化硫)及非质子硝化剂(如 $NO_2^+ BF_4^-$)等生成相应的吡啶盐,这些盐都是固体,可用作温和的卤代、磺化及硝化试剂。例如:

许多在硫酸或硝酸中不稳定的化合物可用上述试剂进行磺化和硝化。例如:

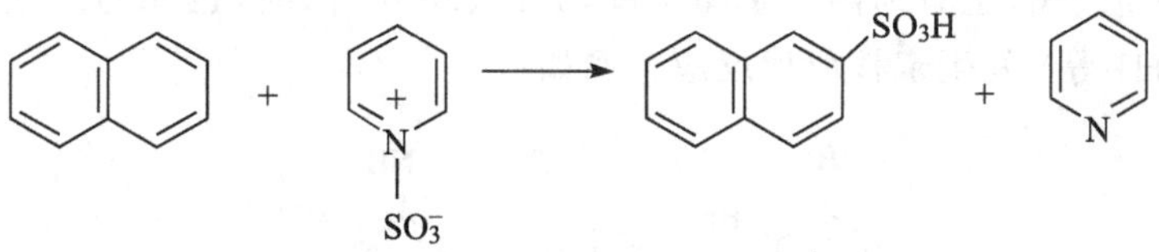

萘 + 吡啶鎓-SO₃⁻ ⟶ 萘-2-SO₃H + 吡啶

15.3.3　吡啶的反应

1. 芳香亲电取代反应

吡啶亲电取代反应的活性小于苯,其反应活性与硝基苯相当。在极强的条件下,吡啶可以发生卤代、硝化、磺化等反应,但不能发生傅-克烷基化和酰基化反应。取代反应发生在 β-碳原子上。例如:

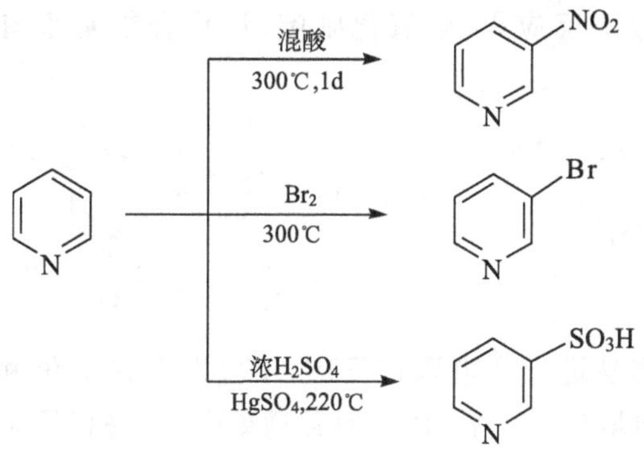

$$
\text{吡啶}
\begin{cases}
\xrightarrow[300℃,1d]{\text{混酸}} & 3\text{-}NO_2\text{-吡啶} \\
\xrightarrow[300℃]{Br_2} & 3\text{-}Br\text{-吡啶} \\
\xrightarrow[HgSO_4,220℃]{\text{浓}H_2SO_4} & 3\text{-}SO_3H\text{-吡啶}
\end{cases}
$$

当吡啶环上连有 RO—、NH_2— 等给电子基时,有助于亲电取代反应的进行,但反应活性仍低于相应的苯系化合物。

2. 芳香亲核取代反应

1) 烷基化或芳基化

吡啶与烷基锂或芳基锂加成,得到二氢吡啶锂盐,锂盐在氧化剂如空气、硝基苯作用下,或加热使环芳构化,都可以得到 α- 或 γ-烷基(芳基)吡啶,且主要是 α-烷基(芳基)吡啶。例如:

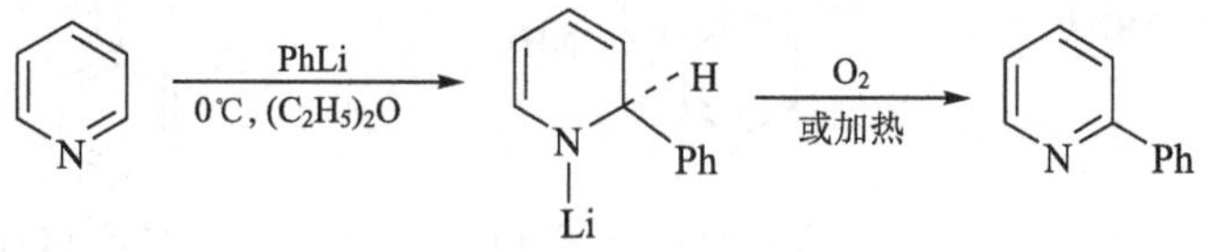

$$
\text{吡啶} \xrightarrow[0℃,(C_2H_5)_2O]{PhLi} \text{2-Ph-二氢吡啶锂盐} \xrightarrow[\text{或加热}]{O_2} \text{2-Ph-吡啶}
$$

2) 氨基化

吡啶与氨基钠反应生成 2-氨基吡啶,这个反应称为齐齐巴宾(Chichibabin)反应,若 2-位被占据,则得到 4-氨基吡啶,但产率很低,该反应的机理尚不清楚。例如:

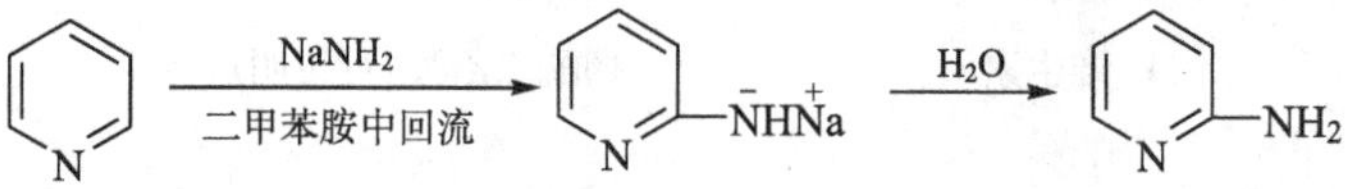

$$
\text{吡啶} \xrightarrow[\text{二甲苯胺中回流}]{NaNH_2} \text{2-}\overline{N}HNa\text{-吡啶} \xrightarrow{H_2O} \text{2-}NH_2\text{-吡啶}
$$

当吡啶的 α-或 γ-位上有易离去基团（如 Cl、Br、NO$_2$ 等）时，也能与亲核试剂（如 NH$_3$、RNH$_2$、RO$^-$、OH$^-$ 等）发生亲核取代反应。例如：

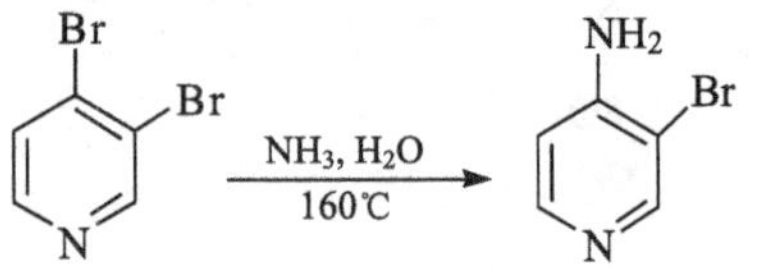

3. 氧化反应

吡啶环不易被氧化，因此烷基吡啶氧化时，主要是侧链氧化，生成吡啶羧酸。例如：

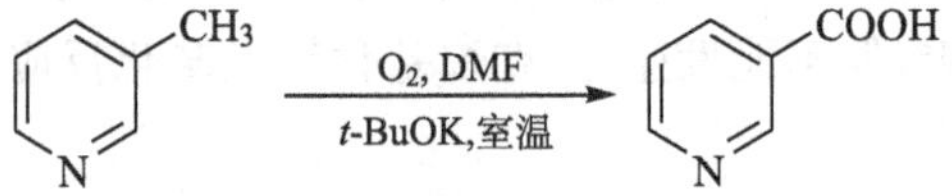

吡啶与过氧化氢或过酸反应得 N-氧化吡啶，该化合物是很有用的有机合成中间体。例如：

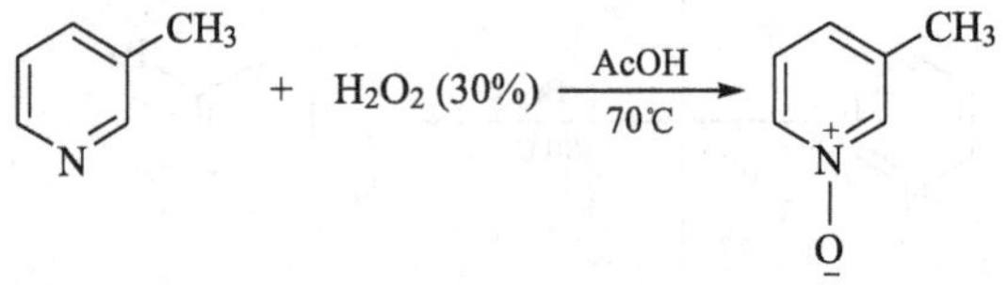

N-氧化吡啶比吡啶容易进行亲电取代反应，反应发生在 α-位和 γ-位，且主要发生在 γ-位。N-氧化吡啶发生亲电取代反应后，用三氯化磷处理，又将得回吡啶，故 N-氧化吡啶常用来活化吡啶，以利于进行亲电取代反应。例如：

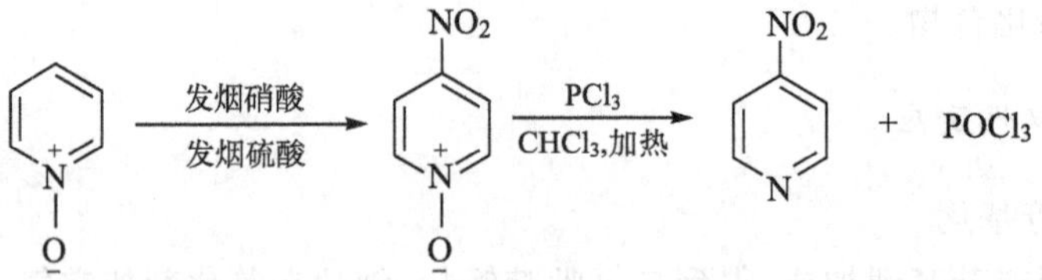

许多药物分子都含有吡啶环。例如：

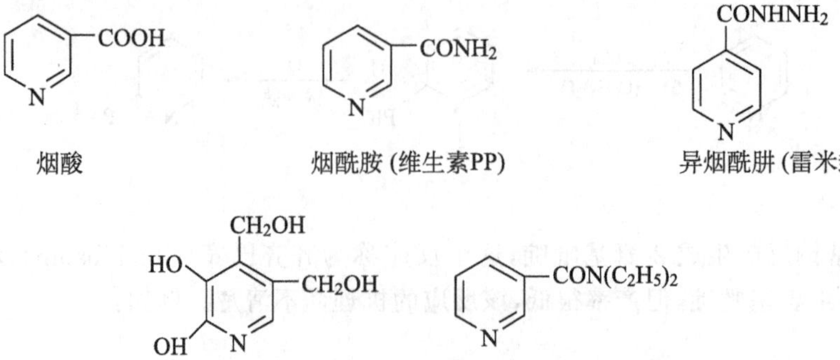

烟酸　　　　烟酰胺 (维生素PP)　　　　异烟酰肼 (雷米封)

维生素B$_{12}$　　　　烟酰二乙胺 (可拉明)

4. 还原反应

吡啶在催化剂作用下氢化或用化学试剂如金属钠与无水乙醇还原，得到六氢吡啶。例如：

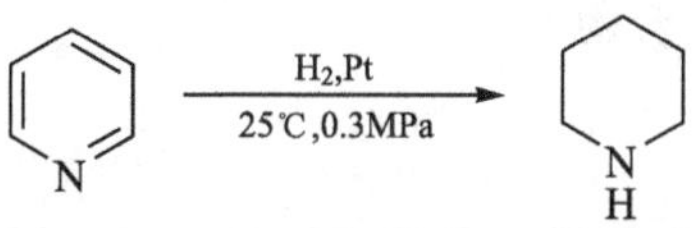

练习 15.5 吡啶进行亲电卤代反应时,为什么不能用三溴化铁、三氯化铁等路易斯酸?

15.3.4 吡啶的制备

吡啶及其衍生物的重要合成方法是汉奇(Hanfzsch)合成法,该法用两分子 β-羰基酸酯、一分子醛和一分子氨缩合,得到吡啶及其衍生物。利用不同的 β-羰基酸酯和醛,可以得到不同的取代吡啶。例如:

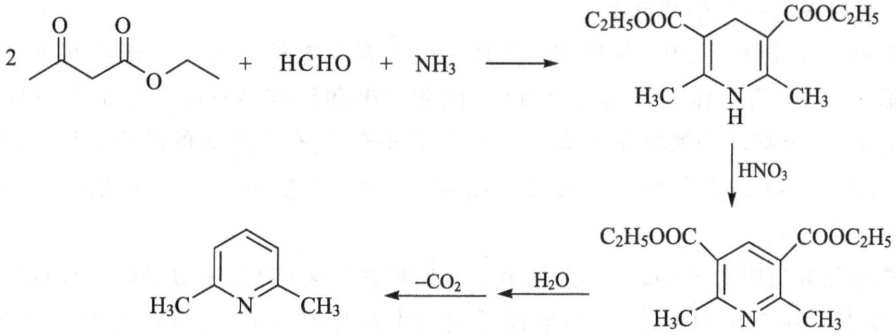

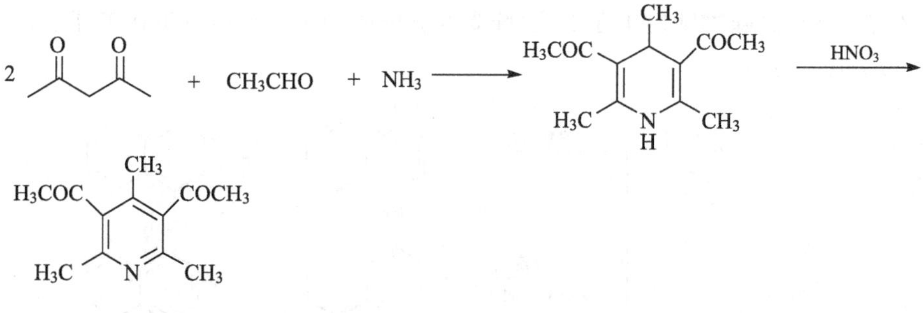

练习 15.6 写出下列反应的产物。

(1) 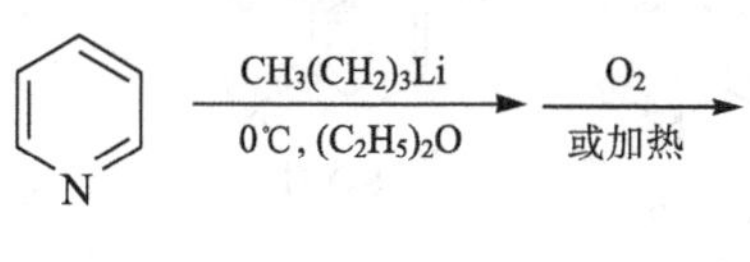 吡啶 $\xrightarrow[0℃, (C_2H_5)_2O]{CH_3(CH_2)_3Li}$ $\xrightarrow[\text{或加热}]{O_2}$

(2) 4-氯吡啶 $\xrightarrow[CH_3OH, \triangle]{CH_3COONa}$

(3) 4-甲基吡啶 $\xrightarrow[\text{② } H_2NNH_2]{\text{① } SOCl_2}$ $\xrightarrow{KMnO_4}$

(4) 吡啶 $\xrightarrow[300℃, 1d]{\text{混酸}}$

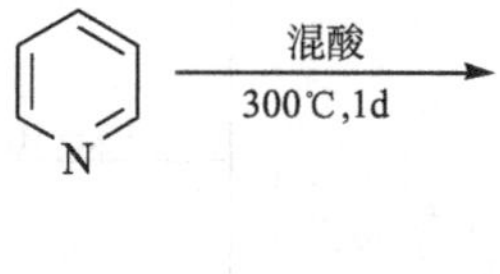

(5) 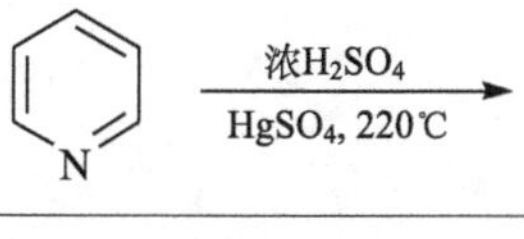 吡啶 $\xrightarrow[HgSO_4, 220℃]{\text{浓}H_2SO_4}$

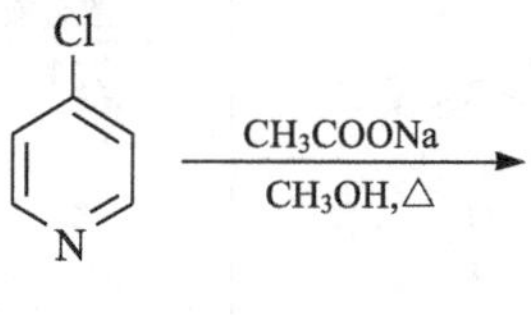

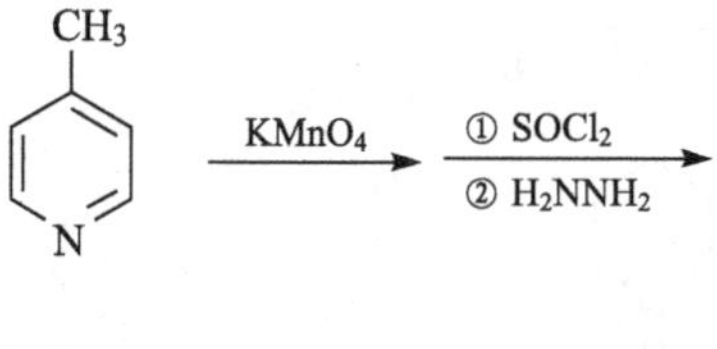

15.3.5　一些重要的六元杂环化合物

1. 喹啉和异喹啉

喹啉和异喹啉互为异构体,由苯环与吡啶环稠合而成,是重要的含一个杂原子的六元杂环苯并体系。

喹啉　　　　　　　异喹啉

喹啉在常温时是无色油状液体,沸点 237℃,难溶与水,易溶于有机溶剂。喹啉有恶臭,气味似吡啶。异喹啉为低熔点固体,沸点 243℃,熔点 27℃,气味似苯甲醛,几乎不溶于水,能溶于稀酸,能与多数有机溶剂混溶。

在喹啉和异喹啉分子中,苯环和吡啶环上的所有 π 电子形成一个相互重叠的大 π 体系,π电子数都等于 10,符合休克尔 $4n+2$ 规则,因此喹啉和异喹啉都有一定的芳香性。在喹啉和异喹啉分子中,吡啶环的氮原子上有一对未共用电子,具有三级胺的结构,显弱碱性,能与酸生成盐,碱性的大小顺序是异喹啉＞吡啶＞喹啉。喹啉、吡啶和异喹啉共轭酸的 pK_a 值分别为4.94、5.17 和 5.4。

在喹啉和异喹啉分子中,苯环上的电子云密度高于吡啶环,所以亲电取代反应发生在苯环上,都主要发生在 5-位和 8-位;亲核取代反应发生在吡啶环上,喹啉主要发生在 2-位及 4-位,且主要发生在 2-位,异喹啉则发生在 1-位;喹啉和异喹啉的氧化反应发生在苯环上,还原反应发生在吡啶环上。例如:

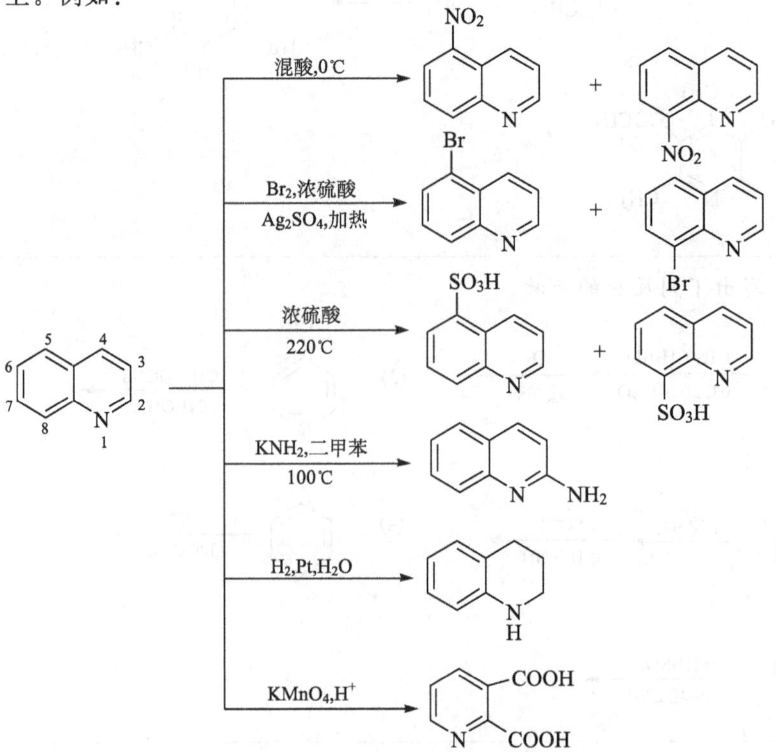

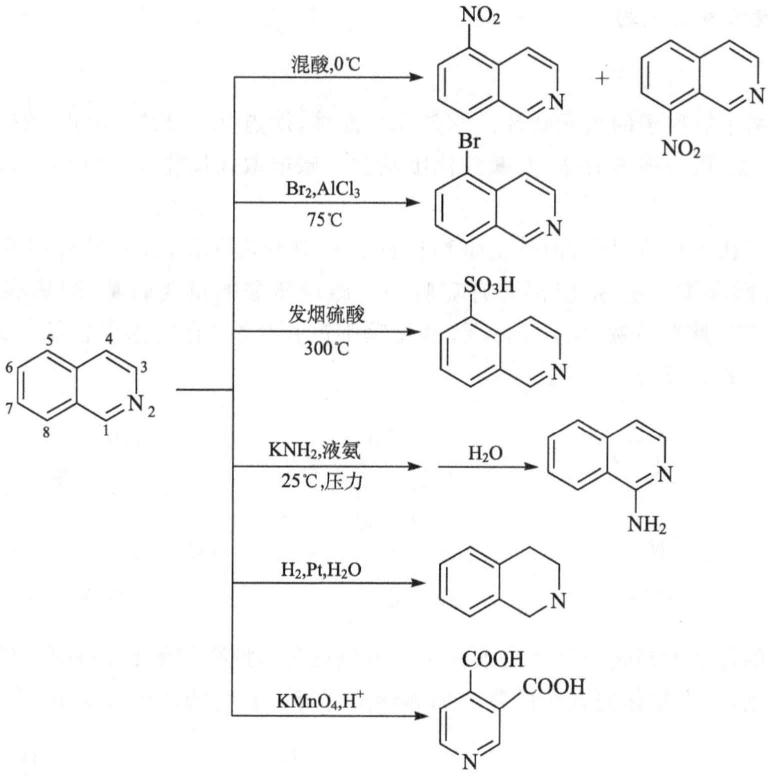
混酸,0℃
Br₂,AlCl₃
75℃
发烟硫酸
300℃
KNH₂,液氨
25℃,压力
H₂O
H₂,Pt,H₂O
KMnO₄,H⁺
NO₂
Br
SO₃H
NH₂
COOH
COOH

合成喹啉环的常用方法是斯克洛甫(Skraup)法。将芳香族伯胺与甘油、硫酸和一种氧化剂一起加热反应，得到喹啉环。例如：

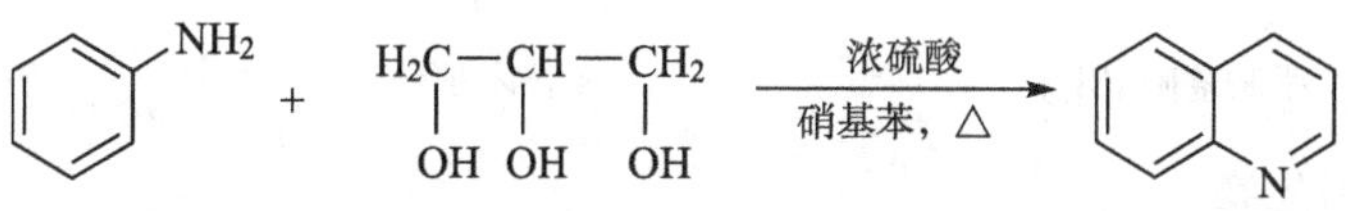
浓硫酸
硝基苯，△

其反应过程为

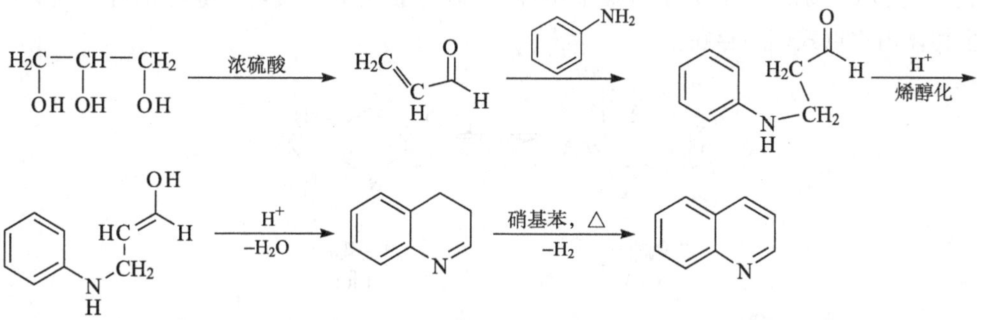
浓硫酸
H⁺
烯醇化
H⁺
−H₂O
硝基苯，△
−H₂

喹啉类化合物常以生物碱的形式广泛存在于植物界，其中许多具有重要的药用价值，如抗癌药、杀虫药和心血管药等。异喹啉能制造药物和高效杀虫剂，氧化后可制成吡啶羧酸，它的衍生物可用于制造彩色影片和染料。

练习 15.7　用斯克洛甫法分别合成 8-羟基喹啉和 6-甲基喹啉。

2. 嘧啶、嘌呤及衍生物

1) 嘧啶

嘧啶是含两个氮原子的六元杂环。它是无色晶体,熔点 20～22℃,沸点 123～124℃,易溶于水,具有弱碱性,可与强酸成盐,其碱性比吡啶弱。亲电取代反应比吡啶困难,但亲核取代反应比吡啶容易。

嘧啶很少存在于自然界中,但其衍生物在自然界中普遍存在,有的具有特殊的生理活性,非常重要,如核酸和维生素 B_1 中都含有嘧啶环。组成核酸的重要碱基:胞嘧啶(cytsine,C)、尿嘧啶(uracil,U)、胸腺嘧啶(thymine,T)都是嘧啶的衍生物,它们都存在烯醇式和酮式的互变异构体(详见 16.5 节)。

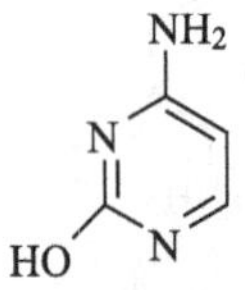

胞嘧啶 C 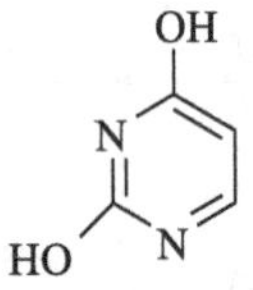　　　　　尿嘧啶 U 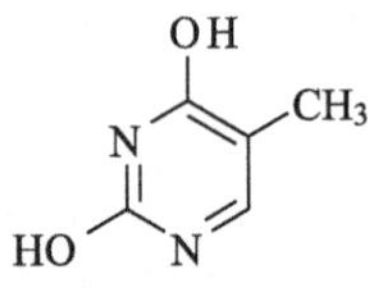　　　　　胸腺嘧啶 T

一些重要的药物如磺胺药物和安眠药中含有嘧啶环,如磺胺嘧啶(SD)能使许多细菌感染的疾病得到控制,还有用作安眠药的鲁米那和佛罗那等。它们的结构式如下:

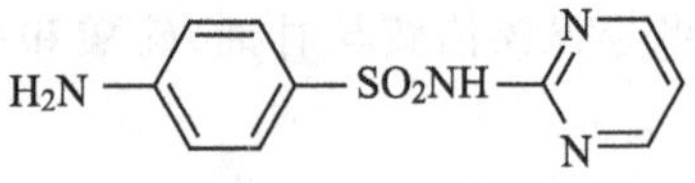

磺胺嘧啶(SD) 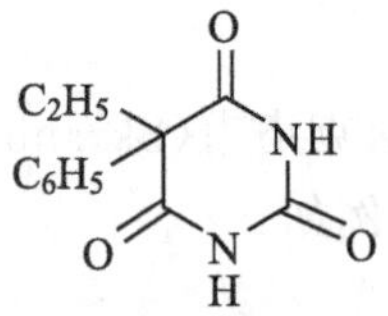　　　　　鲁米那 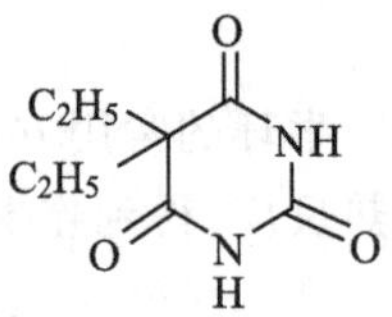　　　　　佛罗那

2) 嘌呤及其衍生物

嘌呤可以看作是一个嘧啶环和一个咪唑环稠合而成的稠杂环化合物。嘌呤为无色晶体,熔点 216～217℃,易溶于水,其水溶液呈中性,但能与酸或碱生成盐。嘌呤也有互变异构体,但在生物体内多以式(Ⅱ)存在。

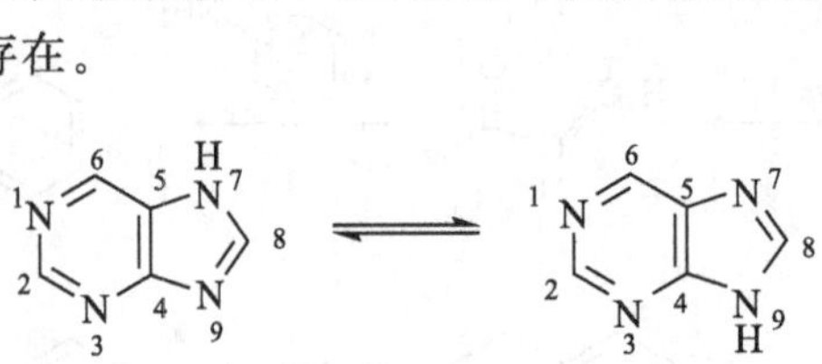

7-氢嘌呤　　　　　9-氢嘌呤
(Ⅰ)　　　　　　　(Ⅱ)

嘌呤本身在自然界中尚未发现,但它的氨基及羟基衍生物广泛存在于动植物体内,如组成核酸的嘌呤碱基腺嘌呤(adenine,A)和鸟嘌呤(guanine,G)是嘌呤的重要衍生物(详见 16.5 节)。例如:

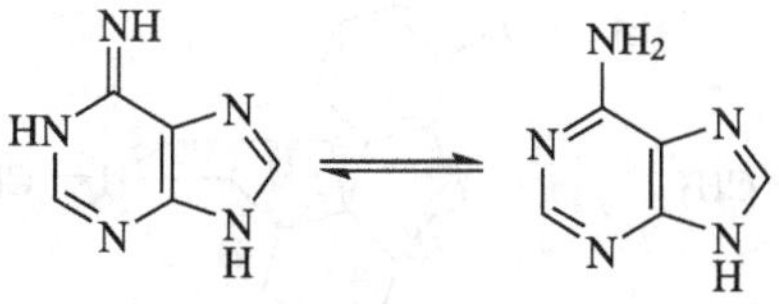

6-氨基嘌呤，腺嘌呤 (A) 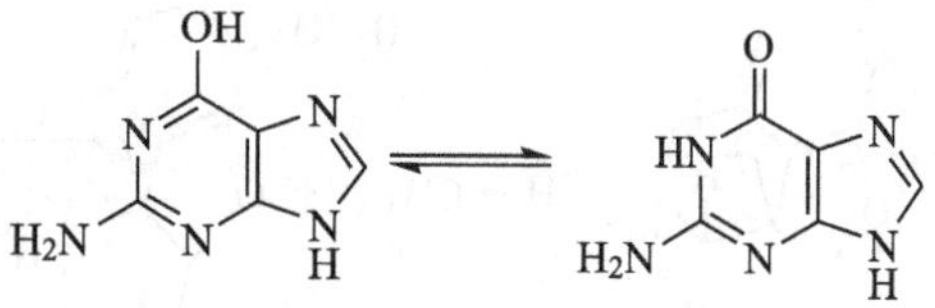　　　　2-氨基-6-羟基嘌呤　　2-氨基-6-氧代嘌呤

鸟嘌呤 (G)

尿酸是一种无色结晶，难溶于水，存在于鸟和爬行动物的排泄物中，人尿中也含少量尿酸，其酸性很弱，结构式如下：

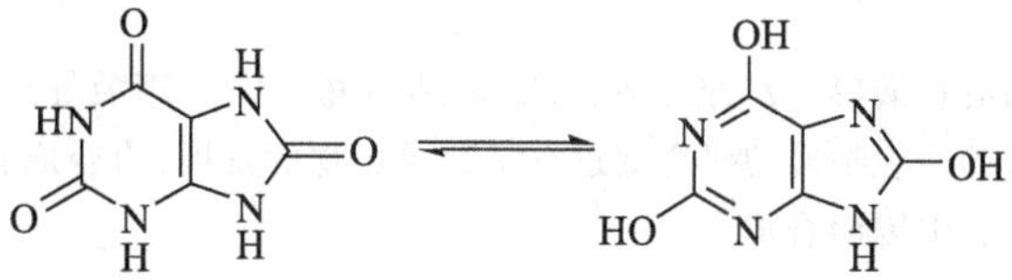

黄嘌呤存在于茶叶及动植物组织和人尿中。咖啡碱(见 15.4.1)、茶碱和可可碱都是黄嘌呤的甲基衍生物，存在于咖啡、茶叶和可可中，具有兴奋中枢神经的作用，其中以咖啡的作用最强。

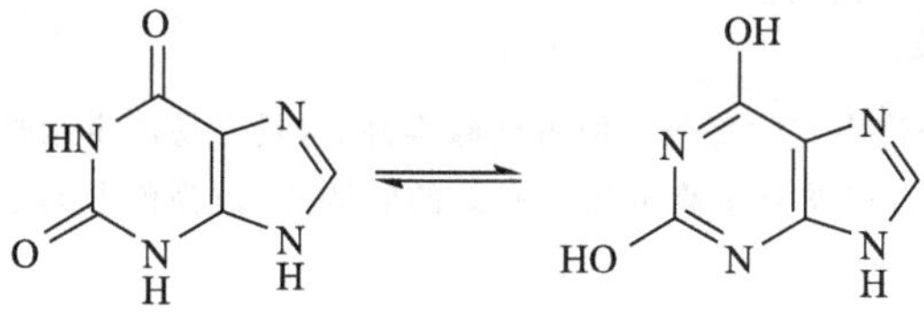

黄嘌呤 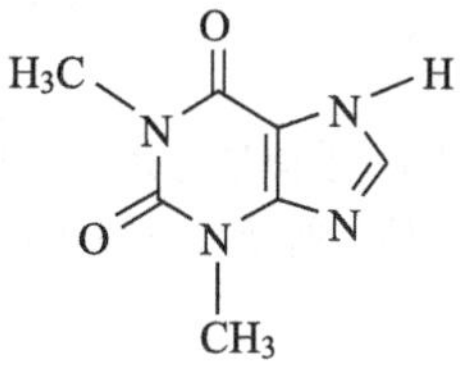　　　　　　　　　　　茶碱 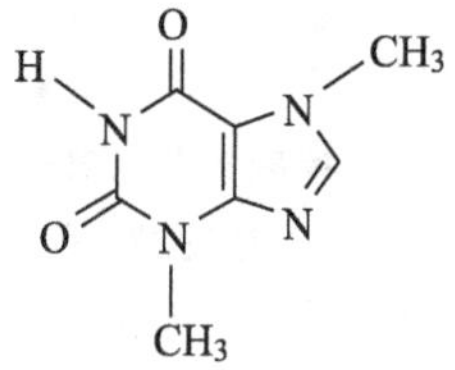　　　　　　可可碱

15.4 生 物 碱

（Alkaloids）

15.4.1 生物碱概述

生物碱是存在于生物体内的一类含氮碱性有机化合物的总称，由于生物碱主要存在于植物中，也称植物碱。我国使用中草药的历史悠久，许多中草药的有效成分都是生物碱，如麻黄、当归、贝母、曼陀罗和黄连等。目前对生物碱的结构测定和性质的研究是开发新药的主要途径之一。大多数生物碱的结构复杂，分子中含有含氮的杂环，与植物中的有机酸成盐而存在。植物产地不同时，生物碱的含量不同。生物碱的毒性较大，量小可治疗疾病，量大时可能引起中毒，使用时应注意剂量。也有一些生物碱是毒品，如海洛因、吗啡和可待因等。一些重要的生物碱的结构式如下：

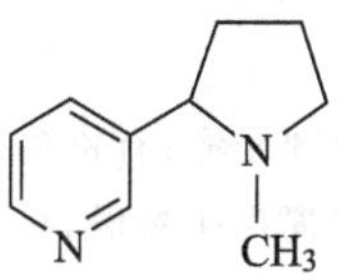

烟碱 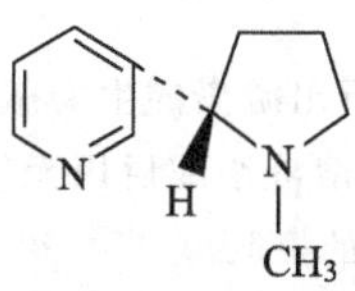　　　　　　　尼古丁 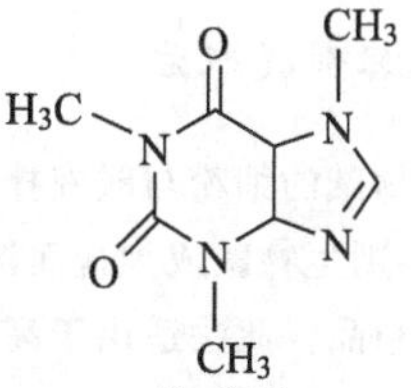　　　　　　　咖啡碱

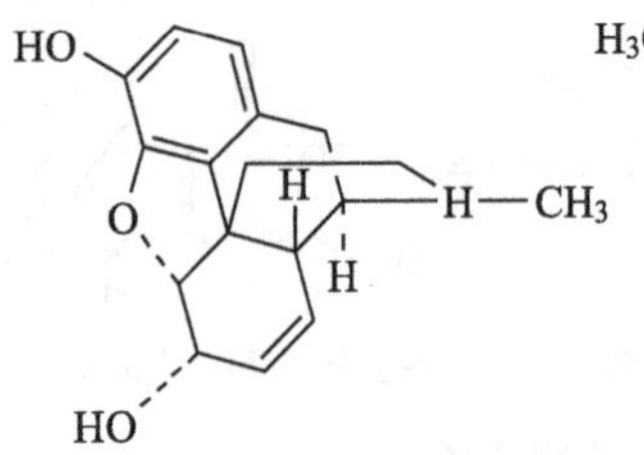

吗啡 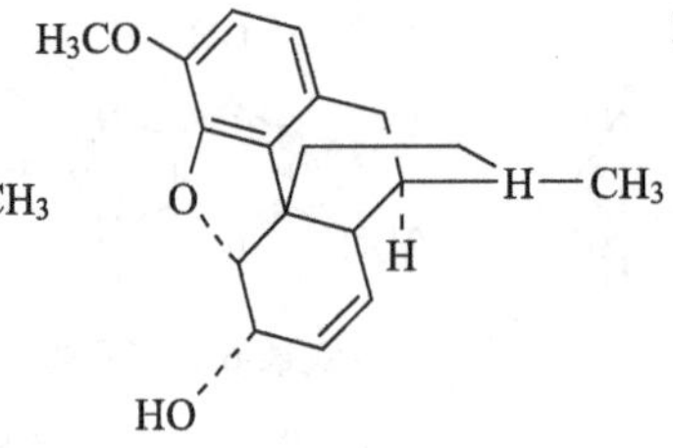　　　　　　　　　　可待因 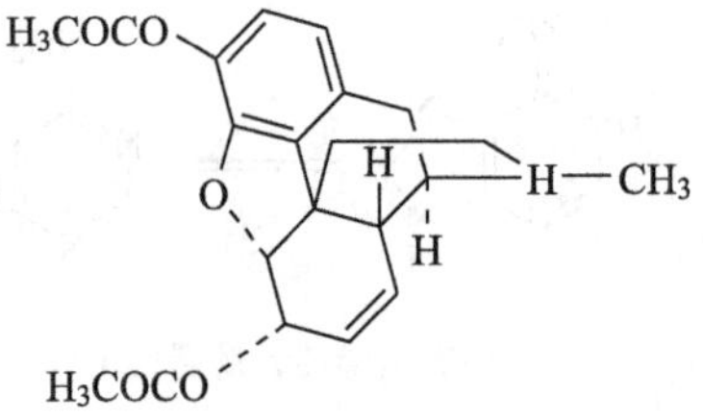　　　　　　　　　　海洛因

　　海洛因、吗啡和可待因都可以从鸦片中得到,蒸发罂粟汁得到的残余物就是鸦片,它含 10％吗啡和 5％可待因,海洛因则由吗啡制得。海洛因和吗啡是成瘾麻醉剂,它们改变人的精神状态和行为,其中海洛因成瘾更快,危险性更大。

　　生物碱在植物体内常与有机酸(果酸、柠檬酸、乙二酸、琥珀酸、乙酸、丙酸等)结合成盐而存在,也有和无机酸(磷酸、硫酸、盐酸)结合的。生物碱的研究促进有机合成药物的发展,为合成新药提供线索,如古柯碱化学的研究导致局部麻醉剂普鲁卡因的合成。

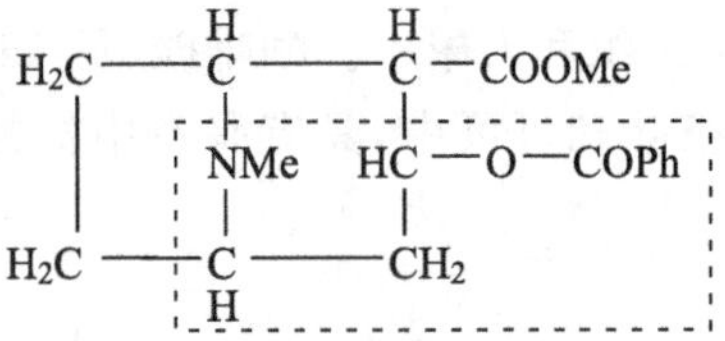

古柯碱

　　古柯碱具有局部麻醉的效能,上面结构式中虚线部分代表有效部分。但古柯碱毒性大,具有易产生毒瘾等缺点,于是发展了代用品的研究,药学家合成出许多比古柯碱分子简单而更有效的麻醉药,如普鲁卡因是一种良好的局部麻醉药。

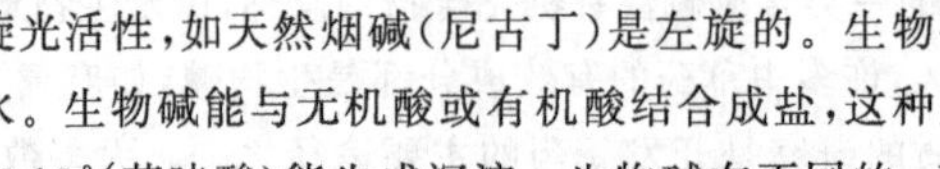

$$H_2N—\bigcirc—COOCH_2—CH_2N(C_2H_5)_2 \cdot HCl$$

普鲁卡因

15.4.2　生物碱的一般性质

　　游离生物碱一般是无色固体结晶,有色的很少(但黄连素是黄色),液体也很少(但烟碱为液体),有苦味。分子中含有手性碳原子,具有旋光活性,如天然烟碱(尼古丁)是左旋的。生物碱一般能溶于氯仿、乙醇、醚等有机溶剂,多数不溶或难溶于水。生物碱能与无机酸或有机酸结合成盐,这种盐一般易溶于水。生物碱的中性或酸性水溶液与一些试剂(如 10％苦味酸)能生成沉淀。生物碱在不同的 pH 条件下能显示不同的颜色反应。利用生物碱的沉淀反应和颜色反应,可以检测中草药中生物碱的存在和鉴定生物碱。

15.4.3　生物碱的提取方法

1. 有机溶剂提取法

　　将含有生物碱的细粉与碱液拌匀研磨,以析出游离的生物碱;再用有机溶剂浸泡;有机溶剂浸出液用稀酸抽提(萃取),则生物碱成为盐而溶于水中;水溶液浓缩后用无机碱中和则游离出生物碱;再用有机溶剂进行重结晶可得精品。此法适用于高含量生物碱的提取。

2. 稀酸提取法

将含有生物碱的细粉用稀酸浸泡,浸泡液用阳离子交换树脂分离就可得生物碱。此法适用于低含量而名贵的生物碱的提取。

 知识亮点(Ⅰ)

一些为生物碱领域做出杰出贡献的化学家

吗啡是一种毒品,具有成瘾性,是鸦片中的主要生物碱,它可以从罂粟的蒴果或者从罂粟杆中提取得到,在医学上,吗啡一直是解除剧痛最有效的传统药物。

1806 年,年仅 23 岁的德国青年药剂师赛提纳(F. W. A. Sertürne,1783—1841)首次从黑色的鸦片中分离得到一种白色粉末,其含量可高达 7%~14%。他首先将这种白粉放入狗食中,狗吃了后很快昏倒在地,且用木棍棒打,狗也毫无知觉。赛提纳还不惜冒着生命危险,亲自做人体试验。在服用一定剂量的白粉后,他也昏厥过去,差点丧了命。由于吃了这种白粉后会产生一种想入非非的感觉,赛提纳将其以希腊睡梦之神的名字命名为"吗啡"。

吗啡的结构式是英国生物化学家罗宾森(R. Robinson,1886—1975)于 1925 年成功确定的。罗宾森凭借渊博的有机化学知识和高超的实验技术于 1946 年又确定了马钱子碱的结构式,马钱子碱来自于马钱子和相关植物,用于毒杀啮齿类动物和其他害虫,医学上作为中枢神经系统的兴奋剂使用。罗宾森在生物碱结构测定方面的开创性工作,开拓了有机化学一个新的生物碱领域,为此他荣获了 1947 年诺贝尔化学奖。

另一位在生物碱领域做出杰出贡献的科学家是美国化学家伍德沃德。1944 年,年仅 27 岁的伍德沃德和他的同事们合成了治疗疟疾的重要生物碱——奎宁(金鸡纳碱)。奎宁是一种喹啉型生物碱,存在于茜草科金鸡纳树皮中。伍德沃德还人工合成了胆固醇、肾上腺皮质激素、番木鳖碱、利血平、类固醇、马钱子碱、羊毛甾醇、麦角酸等。1960 年,他用 55 步合成了叶绿素,取得了令人瞩目的成就,为此他荣获了 1965 年诺贝尔化学奖。

吗啡　　　　　　　　　马钱子碱　　　　　　　金鸡纳碱 (奎宁)

 知识亮点(Ⅱ)

尼古丁和癌症

尼古丁是烟草的一种自然成分。当人吸烟的时候,香烟中的尼古丁被吸入肺的深处,在那里很快地被吸收到血液中,然后传送到心脏、脑、肝和脾脏。尼古丁影响身体的许多器官,包括心脑血管、内分泌系统以及身体的新陈代谢。尼古丁会出现在人奶和子宫颈的分泌物中,它能够经肝和肺的代谢,其中少量则由肾脏排泄出去。代谢后的尼古丁被分解成古第安宁和氧化尼古丁。

香烟烟雾中的尼古丁转化成强致癌性物质的机理已了解得越来越清楚了,第一步是四氢吡咯中氮的 *N*-亚硝化,然后氧化和开环产生两个 *N*-亚硝基二烷胺(*N*-亚硝胺)的混合物,都是强致癌物。

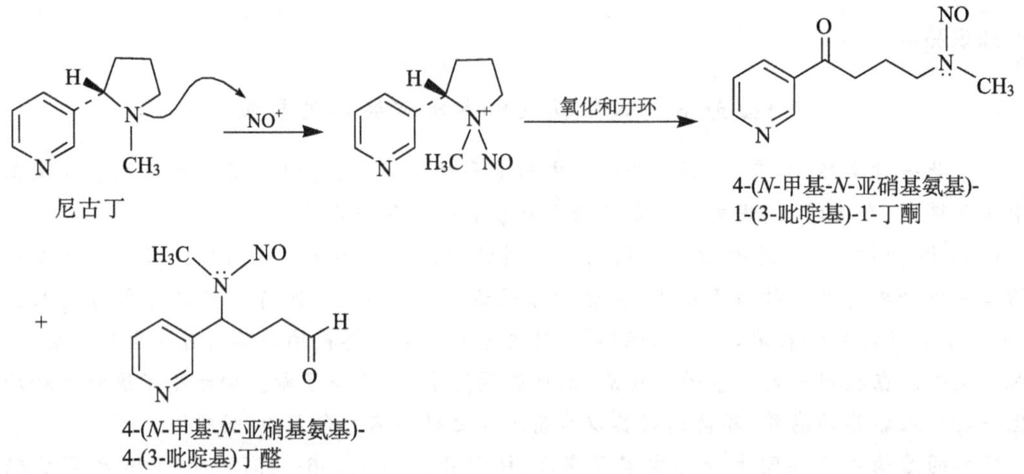

尼古丁

4-(*N*-甲基-*N*-亚硝基氨基)-
1-(3-吡啶基)-1-丁酮

4-(*N*-甲基-*N*-亚硝基氨基)-
4-(3-吡啶基)丁醛

N-亚硝基二烷胺的亚硝基氧质子化后,成为活泼的烷基化试剂,能够将甲基转移到生物分子(如 DNA)的亲核位点。留下的重氮氢氧化物,通过重氮离子分解为碳正离子,后者又会对身体造成进一步的伤害。

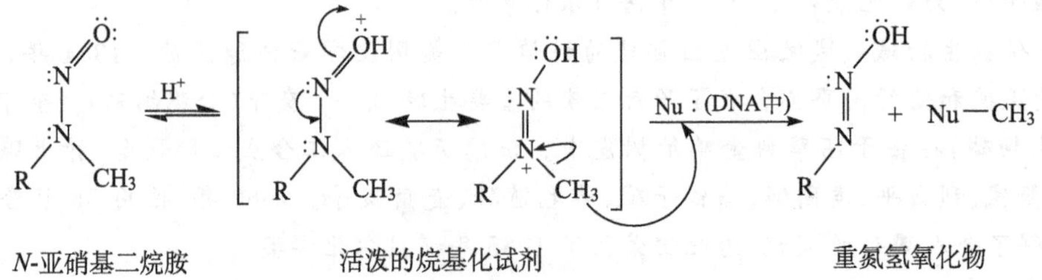

N-亚硝基二烷胺　　　　活泼的烷基化试剂　　　　重氮氢氧化物

习题(Exercises)

15.1 命名下列化合物或写出化合物的结构式。

(1) 4-乙基-2-溴噻吩　(2) 糠醛　(3) 哌啶　(4) 烟碱　(5) 5-氯-3-喹啉乙酸　(6) 6-甲基-1-氯异喹啉

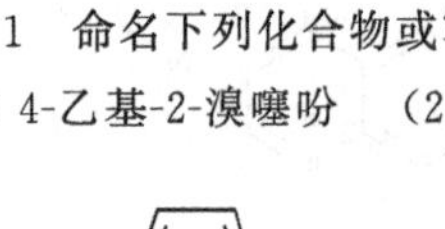

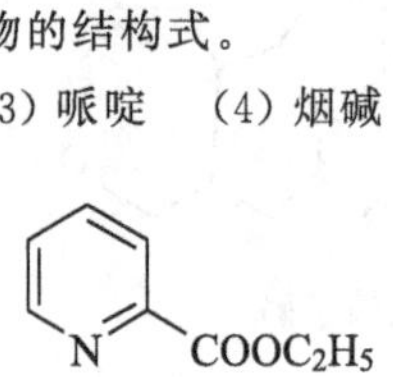

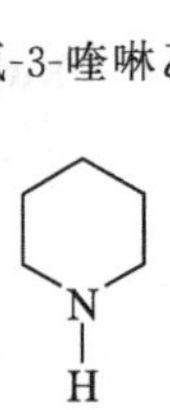

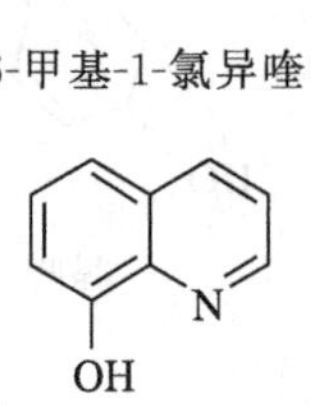

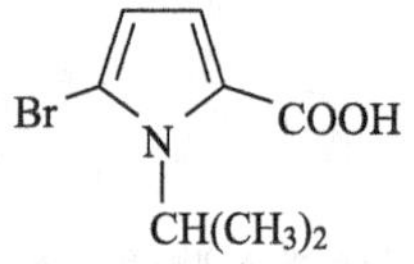

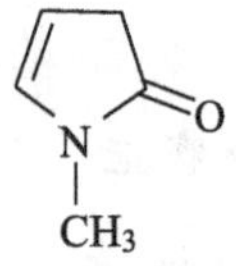

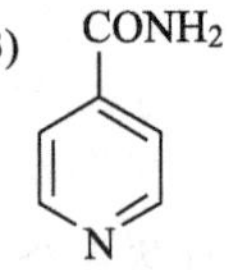

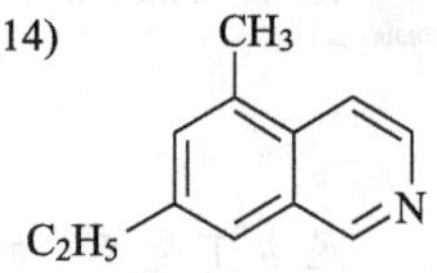

15.2 按碱性大小顺序排列下列各组化合物。

(1)(a) 吡咯　(b) 吡啶　(c) 六氢吡啶

(2)(a) 苯胺　(b) 甲胺　(c) 吡啶

(3) (a) 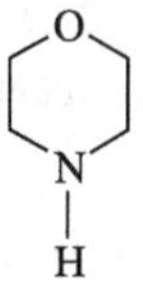 　(b) 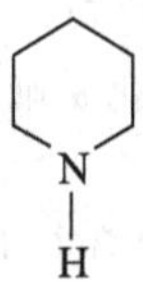 　(c)

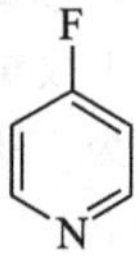

(4) (a) 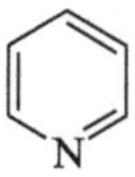 　(b) 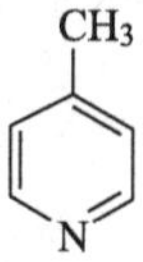 　(c)

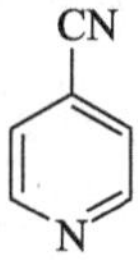

15.3　完成下列反应式。

(1) 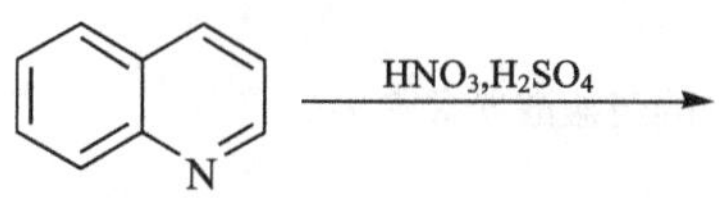 $\xrightarrow{HNO_3,H_2SO_4}$

(2) $\xrightarrow{KMnO_4}$

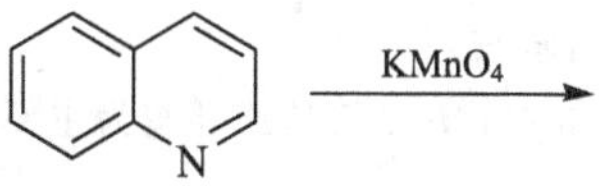

(3) $\xrightarrow{HNO_3,H_2SO_4}$

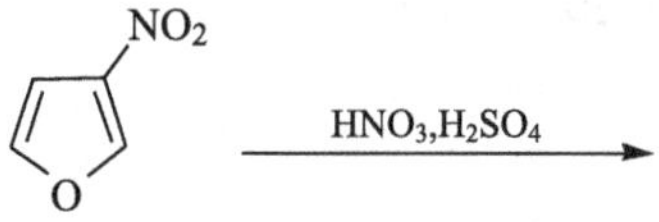

(4) $\xrightarrow{C_2H_5ONa}$

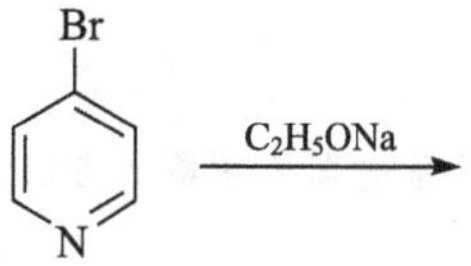

(5) 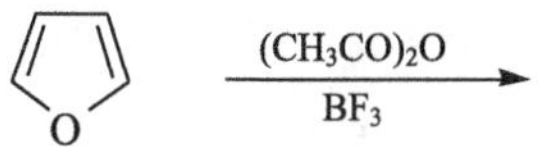 $\xrightarrow[BF_3]{(CH_3CO)_2O}$

(6) 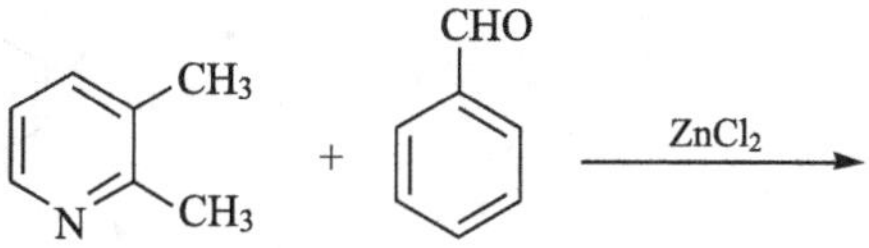 ＋ $\xrightarrow{ZnCl_2}$

(7) 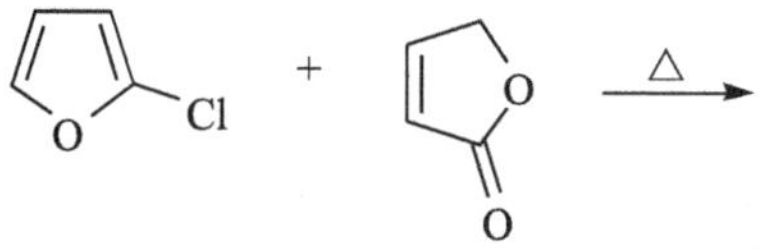 ＋ $\xrightarrow{\triangle}$

(8) 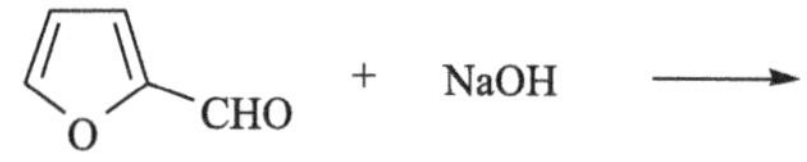 ＋ NaOH $\longrightarrow$

(9) 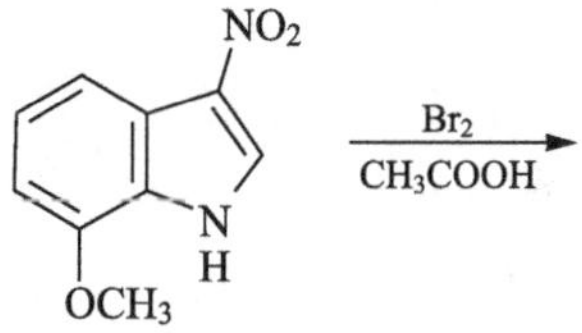 $\xrightarrow{Br_2}{CH_3COOH}$

(10) 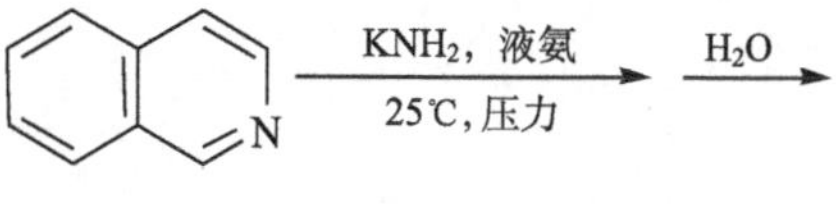 $\xrightarrow[25℃,压力]{KNH_2,液氨}$ $\xrightarrow{H_2O}$

(11) 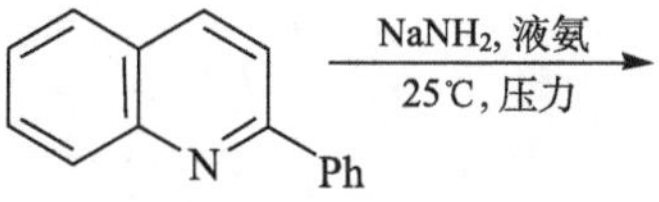 $\xrightarrow[25℃,压力]{NaNH_2,液氨}$

(12) 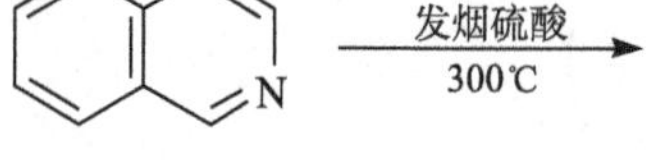 $\xrightarrow[300℃]{发烟硫酸}$

15.4　从指定原料合成化合物。

（1）由 4-甲基吡啶合成 4-氰基吡啶

（2）由糠醛合成 5-氯-2-呋喃甲酸乙酯

（3）由苯合成

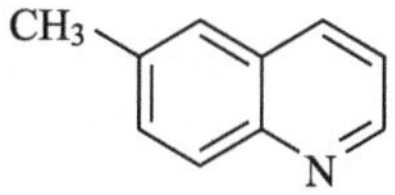

（4）由 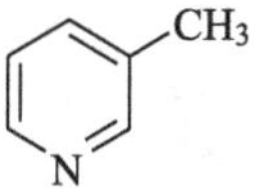 合成

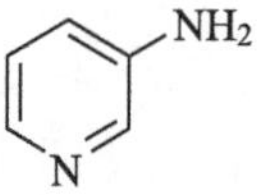

（5）由 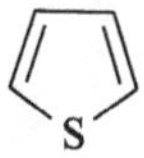 合成

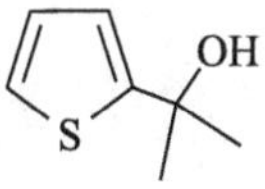

15.5　古液碱 A($C_8H_{15}NO$) 是存在于古柯植物中的一种生物碱,它不溶于 NaOH 而能溶于 HCl,与苯磺酰氯生成盐,与苯肼能生成相应的腙,与 $I_2/NaOH$ 作用生成黄色沉淀和一种羧酸 B,B 的分子式为 $C_7H_{13}NO_2$,后者被强烈氧化,则变为古液酸 C($C_6H_{11}NO_2$),C 为 N-取代氢化 α-吡咯甲酸。试推测 A～C 的结构式。

15.6　一含氮杂环的衍生物 A,它与强酸水溶液加热,反应得到化合物 B($C_6H_{10}O_2$)。B 与苯肼呈正反应,与土伦、费林试剂显负反应。B 的 IR 谱图在 1715cm^{-1} 有强吸收,^{1}H NMR 谱在 2.6 及 2.8 有两个单峰,这两个单峰面积之比为 2:3。请写出 A、B 的构造式。

15.7　用化学方法鉴别下列各组化合物。

(1) 呋喃与四氢呋喃

(2) 8-羟基喹啉与 8-甲基喹啉

(3) 噻吩与苯

(4) 六氢吡啶与苯胺

15.8　用甲苯和 N,N-二乙基乙醇胺为主要原料合成局部麻醉药盐酸普鲁卡因。

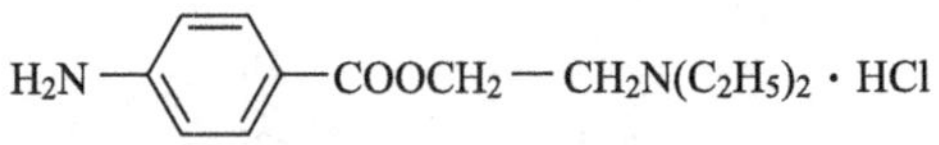

$$H_2N-\!\!\!\!\!\bigcirc\!\!\!\!\!-COOCH_2-CH_2N(C_2H_5)_2 \cdot HCl$$

15.9　试提出合成苯基-3-吡啶甲酮的方法。

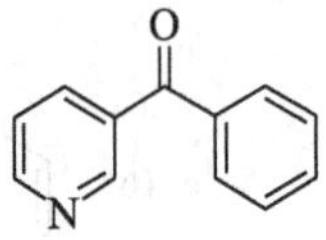

第16章 糖和核酸
(Saccharides and Nucleic Acids)

16.1 糖的分类和命名
(Classification and Nomenclature of Saccharides)

糖类化合物是自然界分布最广的有机化合物,它是由碳、氢和氧三种元素组成的。大多数糖类化合物可用通式 $C_m(H_2O)_n$(m 和 n 为正整数)表示,故也称碳水化合物,如葡萄糖的分子式为 $C_6H_{12}O_6$,可用 $C_6(H_2O)_6$ 表示。后来发现,糖类化合物不是由碳和水结合而成,且有些糖类化合物的结构并不符合上述通式,如鼠李糖的分子式为 $C_6H_{12}O_5$。另外一些化合物如乙酸($C_2H_4O_2$)等,分子式符合 $C_m(H_2O)_n$,但其结构和性质与糖类化合物不同。因此,碳水化合物这一名称已失去原有意义,但因沿用已久,现仍在使用。从结构上看,糖类化合物是多羟基醛或多羟基酮,以及能水解生成多羟基醛或多羟基酮的化合物。按照相对分子质量的大小,糖类化合物可分为以下三类。

(1) 单糖(monosaccharide):不能水解成更小分子的多羟基醛或多羟基酮的糖类化合物称为单糖。含有醛基的单糖称为醛糖(aldose),含有酮基的单糖称为酮糖(ketose)。根据分子中碳原子的数目,可分别称为某醛糖或某酮糖。例如,葡萄糖是一种己醛糖,果糖是一种己酮糖。

(2) 寡糖(oligosaccharide):也称低聚糖,能水解得到两个、三个或几个单糖分子的糖类化合物称为寡糖。寡糖中最重要的是双糖(disaccharide),如麦芽糖,纤维二糖和蔗糖等都是重要的双糖。麦芽糖和纤维二糖水解后都得到两分子葡萄糖,蔗糖水解后得到一分子葡萄糖和一分子果糖。

(3) 多糖(polysaccharide):多糖可以看作是十个以上甚至几百或几千个单糖失水而成的糖类化合物,如淀粉和纤维素,它们水解都可以得到几百或数千个葡萄糖分子。

单糖可以按系统命名法命名,但由于单糖分子中常有多个手性碳原子,立体异构体很多,因此一般根据来源命名。例如:

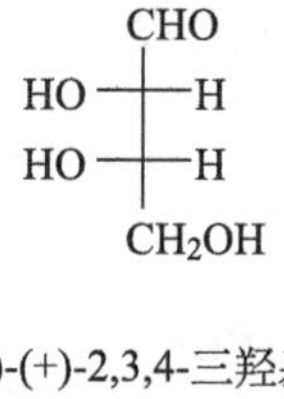

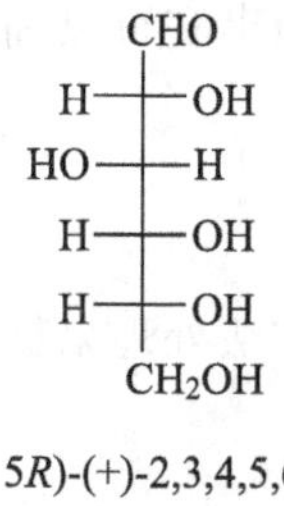

系统命名法: (2S, 3S)-(+)-2,3,4-三羟基丁醛

普通命名法: L-(+)-赤藓糖

(2R, 3S, 4R, 5R)-(+)-2,3,4,5,6-五羟基己醛

D-(+)-葡萄糖

16.2　单　糖
（Monosaccharides）

16.2.1　单糖的开链结构

　　单糖的结构是根据它们的化学性质推导出来的,现以葡萄糖为例,简单说明单糖构造式是如何推导的。

　　首先,经元素定性、定量测定,确证葡萄糖的经验式是 CH_2O,根据它的相对分子质量是180,从而确定其分子式为 $C_6H_{12}O_6$,那么这些原子在分子中是如何排列的呢? 在研究并确定葡萄糖的结构时,是以下列实验事实为依据的:

　　(1) 葡萄糖用钠汞齐还原可生成己六醇,己六醇进一步用氢碘酸彻底还原得正己烷,说明葡萄糖是一个含有六个碳原子的直链化合物。

　　(2) 葡萄糖能与一分子 NH_2OH 缩合生成肟,说明其分子中含有一个羰基。

　　(3) 葡萄糖用溴水氧化后生成葡萄糖酸($C_6H_{12}O_7$),被 HNO_3 氧化后生成四羟基己二酸(葡萄糖二酸)。由于氧化过程中碳链未断裂,说明葡萄糖所含的羰基是一个醛基。

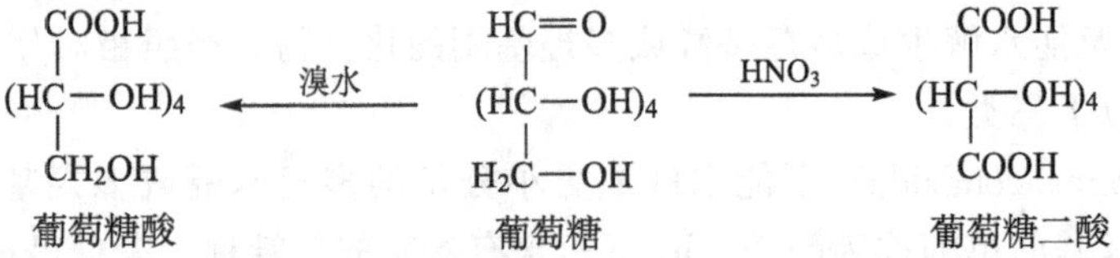

　　(4) 葡萄糖与乙酸酐作用可生成五乙酰基衍生物[$C_6H_7O(OOCCH_3)_5$],说明它含有五个羟基。由于两个羟基在同一个碳上的结构是不稳定的,所以这五个羟基应该分别连在五个碳原子上。

　　(5) 葡萄糖与 HCN 加成后水解生成六羟基庚酸(庚糖酸),后者被 HI 还原后得到正庚酸,进一步证明了葡萄糖是一种己醛糖。

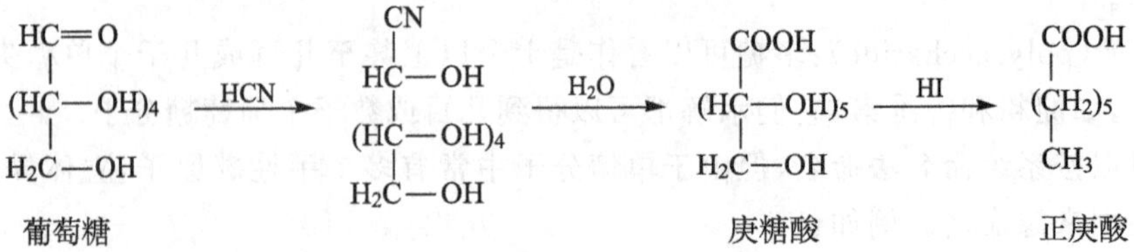

　　根据以上实验事实可以确证葡萄糖的构造式为

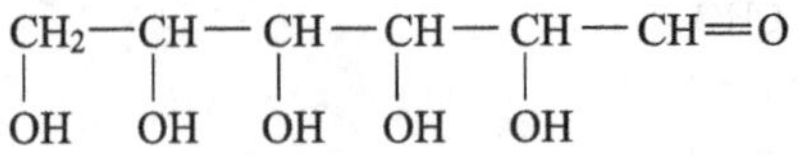

　　采用同样的方法处理果糖,可确证果糖的构造式为

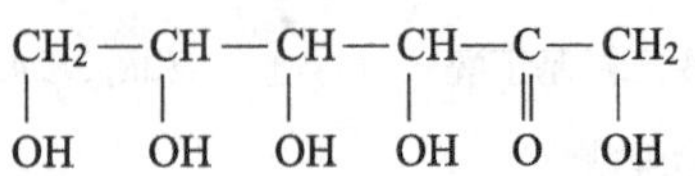

　　单糖的开链结构常用费歇尔投影式表示,下面是 D-(＋)-葡萄糖的费歇尔投影式:

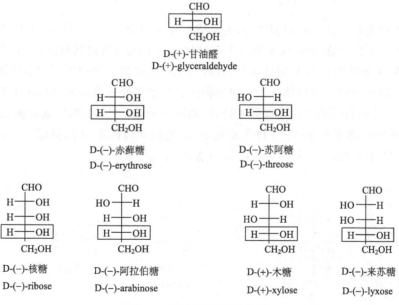

用费歇尔式表示单糖的构型时规定：糖中的羰基必须位于投影式的上端，碳原子的编号从靠近羰基的一端开始。D-(＋)-葡萄糖的构型可分别用上述式(1)~式(4)表示，式(2)省去了手性碳原子上的氢，式(3)省去了手性碳原子上的羟基和碳氢键，将式(3)中的醛基用△表示，就得到式(4)。在上述四种表示方法中，式(3)是应用最广泛的。

以甘油醛为标准，根据单糖费歇尔投影式中最下面的一个手性碳原子(编号最大的手性碳原子)的构型，单糖可以分为 D 系列和 L 系列。若该手性碳原子的构型与 D-甘油醛的结构相同，则属于 D 系列，若与 L-甘油醛的结构相同，则属于 L 系列。

自然界中的糖类大多数是 D 型糖，且大多数六个碳原子以下的 D 型醛糖都可以在自然界中找到。图 16-1 是含 3~6 个手性碳原子的 D 系列醛糖的构型式及其普通命名。

图 16-1　D 系列醛糖的构型

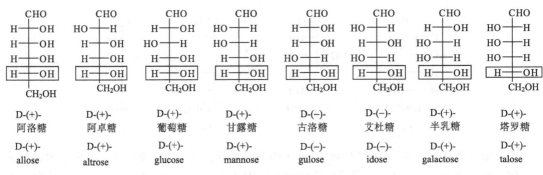

图 16-1(续)

由图 16-1 可知,糖的 D 构型和 L 构型与旋光方向(＋)和(－)不是固定关系,即 D 型糖不一定是右旋的,L 型糖不一定是左旋的。

在糖化学中,通常采用 D、L 标记单糖的构型,但 D/L 命名法仅标记了单糖分子中最大手性碳原子的构型,若采用 R/S 命名法来标记,就可以标记糖分子中所有手性碳原子的构型。例如,D-葡萄糖是$(2R,3S,4R,5R)$-2,3,4,5-五羟基己醛。

> **练习 16.1** 　用 R/S 命名法命名下列单糖分子。
>
> | | | |
> |---|---|---|
> | CHO | CHO | CHO |
> | H——OH | H——OH | HO——H |
> | H——OH | HO——H | HO——H |
> | H——OH | H——OH | H——OH |
> | CH$_2$OH | CH$_2$OH | CH$_2$OH |
> | （Ⅰ） | （Ⅱ） | （Ⅲ） |

许多糖类化合物之间是密切相关的,有时它们仅仅只有一个手性碳原子的构型不同。例如,D-葡萄糖和 D-甘露糖,两者仅是第一个不对称碳原子(C_2)的构型相反,其余手性碳原子的构型相同。像 D-葡萄糖和 D-甘露糖这样,只有一个手性碳原子的构型不同而其他手性碳原子的构型完全相同的非对映异构体称为差向异构体。一般需要标出差向异构体中不相同的手性碳原子的位置,若没有明确指出该碳原子位置,则默认为是 C_2。例如,D-葡萄糖和 D-甘露糖是 C_2 差向异构体或简称差向异构体。D-葡萄糖的 C_3 差向异构体是 D-阿洛糖,C_4 差向异构体是 D-半乳糖,而 D-赤藓糖的 C_2 差向异构体是 D-苏阿糖。例如:

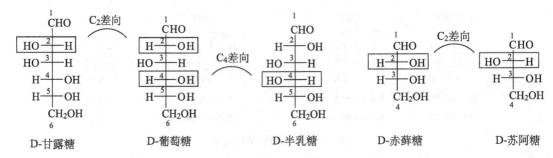

此外,也常用"赤式"和"苏式"表示含有两个相邻而不相同的手性碳原子的化合物。按规

则写出其费歇尔投影式后,与赤藓糖一样,两个相同的原子或基团在直立碳链同侧的称为赤式(erythro-),与苏阿糖一样在碳链两侧的称为苏式(threo-)。例如:

$$
\begin{array}{cccc}
\text{D-(–)-赤藓糖} & \text{L-(+)-赤藓糖} & \text{D-(–)-苏阿糖} & \text{L-(+)-苏阿糖}
\end{array}
$$

$$
\begin{array}{cccc}
(2R,3S) & (2S,3R) & (2R,3R) & (2S,3S)
\end{array}
$$

$$
\begin{array}{cc}
\text{苏-2,3-二羟基丁酸} & \text{赤-2,3-二羟基丁酸}
\end{array}
$$

16.2.2　单糖的变旋光现象和氧环式结构

新配制的单糖溶液,其比旋光度会随时间变化而变化,逐渐增大或减小,最后达到恒定值,这种现象称为变旋光现象(mutamerise)。例如,D-(+)-葡萄糖在不同条件下可得到两种结晶:从水中结晶出来的熔点为 146℃,25℃时比旋光度为+112°;从乙酸中结晶出来的熔点为 150℃,比旋光度为+18.7°。若将上述两种不同的葡萄糖结晶分别溶于水,可观察到它们的比旋光度都逐渐发生变化,前者从+112°逐渐降至+52.7°,后者从+18.7°逐渐升至+52.7°,当二者的比旋光度变至+52.7°后,均不再改变。用葡萄糖的开链结构是无法解释它的变旋光现象的。

葡萄糖还有一些化学性质也不能用开链结构来解释。例如,D-葡萄糖能与一分子甲醇生成缩醛,而一般的醛需要消耗 2mol 醇生成缩醛;葡萄糖在 IR 中没有羰基的伸缩振动吸收峰,在 ^{1}H NMR 中没有醛基的质子峰。后来的研究表明,葡萄糖实际上主要以 δ-氧环式存在,即 δ-碳原子(C_5)上的羟基与醛基作用生成了环状半缩醛,如下所示:

$$
\begin{array}{ccc}
\beta\text{-D-(+)-葡萄糖} & \text{D-葡萄糖} & \alpha\text{-D-(+)-葡萄糖} \\
(\sim 63.6\%) & \text{开链式} & (\sim 36.4\%) \\
& (<0.0026\%) &
\end{array}
$$

糖分子中的醛基与羟基作用形成环状半缩醛结构时,原醛基的碳成为手性碳原子,所以有两种异构体存在。这个手性碳原子称为半缩醛碳原子,也称苷原子,与苷原子相连的羟基称为苷羟基或半缩醛羟基。苷羟基与最大手性碳原子上的羟基在同一侧的称为 α-型,反之称为 β-

型。α-D-(＋)-葡萄糖和 β-D-(＋)-葡萄糖的差别仅在于链端的一个手性碳原子的构型不同，其他手性碳原子的构型完全相同，故它们互为差向异构体(emimer)，这种差向异构体还互称为正位异构体，或称为异头物，苷原子称为异头碳。α-和 β-两种构型可通过开链式相互转化。

上述 D-(＋)-葡萄糖的开链式和 α-型、β-型葡萄糖形成的平衡是在一定条件下建立起来的动态平衡。若将某种存在形式的葡萄糖放入水中，环状的 α-型和 β-型两种异构体之间可以通过开链式相互转变，在未达到平衡时，各种形式的糖的浓度不断变化，所以旋光度也在不断变化，直至达到平衡时，旋光度值才恒定，这就是葡萄糖等单糖有变旋光现象的原因。

D-(＋)-葡萄糖达到平衡后，α-型约占 36.4％，β-型约占 63.6％，开链式<0.0026％，可见 D-(＋)-葡萄糖主要以环状半缩醛形式存在，故能与一分子甲醇生成缩醛。由于开链式结构的浓度太低，以致仪器检测不到，故葡萄糖在 IR 中没有羰基的伸缩振动吸收峰，在 ^{1}H NMR 中没有醛基的质子峰。

值得指出的是，D-(＋)-葡萄糖分子虽然主要以环状结构存在，而在溶液中(或在生物体内)很多化学行为是通过开链式进行的，所以葡萄糖能与土伦试剂、费林试剂、苯肼、溴水等反应(见 16.2.6)。

练习 16.2　什么是差向异构体？试举例说明它与异头物的区别。

练习 16.3　葡萄糖溶解于水后能产生变旋光现象，请对此实验现象给予合理的解释。

16.2.3　单糖的哈沃斯式

单糖的环状结构通常用哈沃斯(Haworth)透视式来表示。下面以 D-葡萄糖为例，说明将单糖的费歇尔投影式转变成哈沃斯透视式的书写步骤(图 16-2)。在图 16-2 中，式(Ⅰ)是 D-

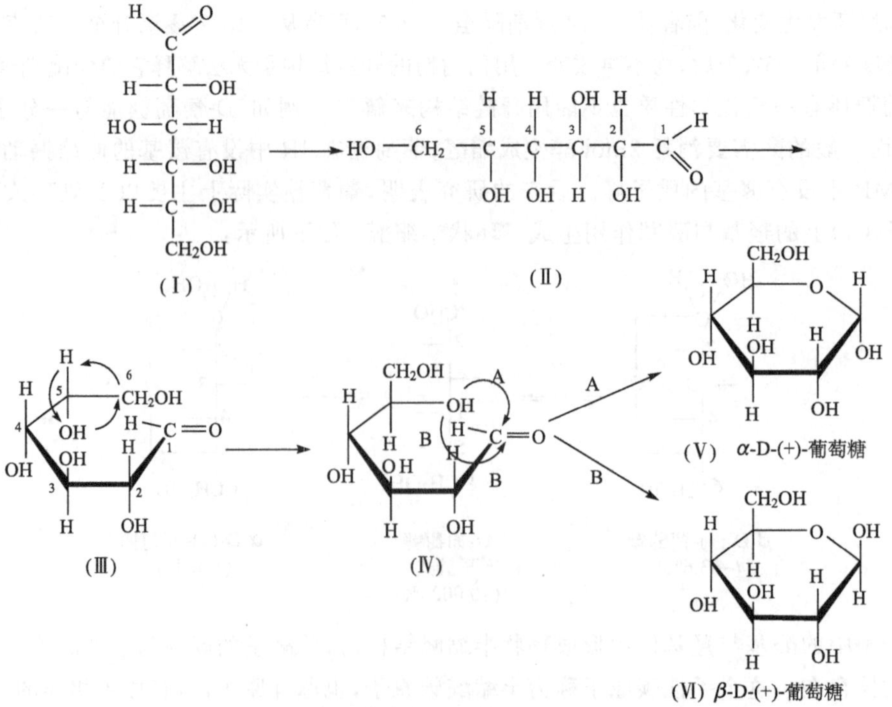

图 16-2　将 D-葡萄糖的费歇尔投影式书写成哈沃斯透视式的示意图

葡萄糖的费歇尔投影式，四个手性碳上的羟基或氢分别在碳链的左边或右边；将式(Ⅰ)碳链按顺时针方向放成水平后得到式(Ⅱ)，式(Ⅱ)中的氢原子和羟基分别在碳链的上方和下方；将式(Ⅱ)碳链在水平位置向上弯成式(Ⅲ)，并将 C_5 绕 C_4—C_5 键轴逆时针旋转 120°得到式(Ⅳ)；在式(Ⅳ)中，当 C_5 羟基从平面的上方进攻羰基连接成环时，生成的苷羟基与式(Ⅲ)中最大手性碳原子(C_5)上的羟基均在平面下方，得到的是 α-D-(+)-葡萄糖(Ⅴ)；当 C_5 羟基从平面的下方进攻羰基连接成环时，生成苷羟基在平面的上方，得到的是 β-D-(+)-葡萄糖(Ⅵ)。

上述 α-D-葡萄糖(Ⅴ)和 β-D-葡萄糖(Ⅵ)均是以 δ-碳原子(C_5)上的羟基与醛基作用生成的环状半缩醛，称为 δ-氧环式，由于 δ-氧环式的骨架与吡喃环相似，所以把具有六元环结构的糖类称为吡喃糖(pyranose)。若是 γ-碳原子(C_4)上的羟基与醛基作用生成的环状半缩醛称为 γ-氧环式，γ-氧环式的骨架与呋喃环相似，因此具有五元环结构的糖称为呋喃糖(furanose)。

D-(—)-果糖也具有开链式和氧环式结构，在水溶液中，也存在开链式与 δ-氧环式和 γ-氧环式的动态平衡，有变旋光现象。吡喃果糖和呋喃果糖的结构式可表示如下：

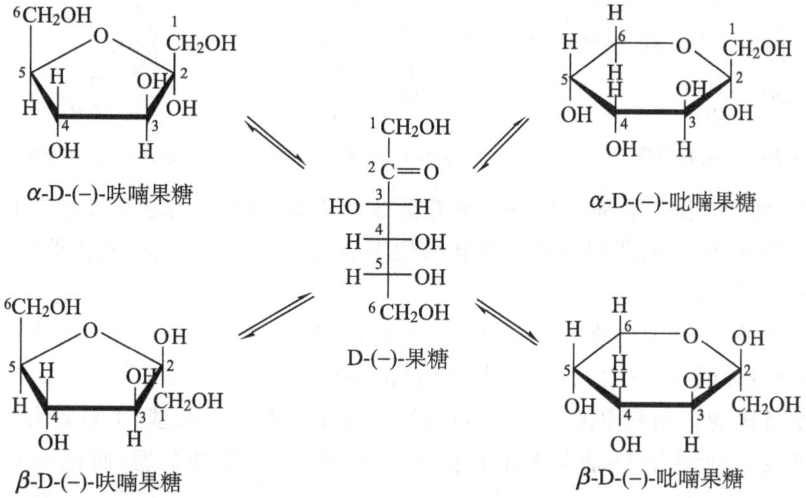

16.2.4　吡喃型单糖的构象式

哈沃斯透视式不能真实地反映环状半缩醛式的三维空间结构，经研究证明，在晶体中吡喃型半缩醛环具有椅式构象。α-D-吡喃葡萄糖和 β-D-吡喃葡萄糖的构象式分别为

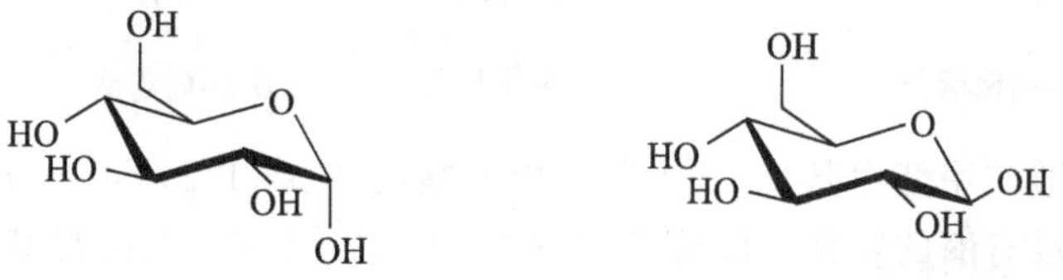

α-D-吡喃葡萄糖(37%)　　　　β-D-吡喃葡萄糖(63%)

从 D-吡喃葡萄糖的构象式可以看到，在 β-D-吡喃葡萄糖的构象式中，体积大的取代基—OH 和—CH_2OH 都处在 e 键上；而 α-D-吡喃葡萄糖中有一个—OH 处在 a 键上，即 β-型是比较稳定的优势构象，因而在平衡体系中含量较多。

> **练习 16.4** 写出 α-D-吡喃古洛糖的哈沃斯式。

16.2.5 糖苷的生成

糖苷(glucoside)是环状糖的半缩醛羟基与另一分子化合物中的羟基、氨基或巯基等生成的失水产物。糖苷也称配糖体,形成苷的非糖物质(如甲醇)称为配基或苷元。糖与配基之间的键称为苷键(glucosidic bond)。α-型的半缩醛羟基与配基形成的键称为 α-苷键,β-型的半缩醛羟基与配基形成的键称为 β-苷键。

糖苷的化学名称是用构成此糖苷的糖的名称后加苷字,将配基的名称及其所连接碳的构型写在糖名称的前面。例如,在 α-或 β-D-吡喃葡萄糖的甲醇溶液中通入氯化氢,即可生成甲基-α-D-吡喃萄糖苷和甲基-β-D-吡喃萄糖苷。

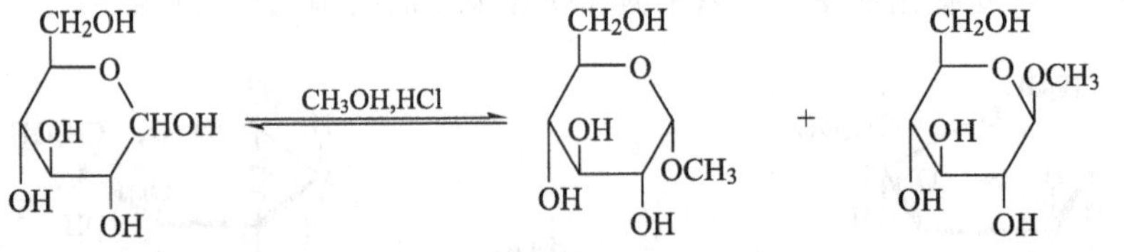

α-或β-D-吡喃葡萄糖　　　　甲基-α-D-吡喃葡萄糖苷　　　甲基-β-D-吡喃葡萄糖苷

甲基-α-D-葡萄糖苷和甲基-β-D-葡萄糖苷是非对映体,用物理方法可以把它们分离。由于在糖苷分子中没有苷羟基,所以环状的糖苷结构不能与开链结构互变,糖苷没有变旋光现象,也不具有羰基的特性。

糖苷像一般的缩醛一样,在碱性条件下是稳定的,但在酸性条件下很容易水解。用酸处理糖苷水溶液,苷键即断裂而生成糖和非糖物质(配基或苷元)。例如,甲基-α-D-葡萄糖苷在酸性溶液中即水解成葡萄糖和甲醇。苷水解成糖后,分子中有了苷羟基,于是异头体就可以通过开链式相互转变,因此由 α-D-葡萄糖苷水解得到的不单是 α-D-葡萄糖,而是 α-和 β-两种葡萄糖的混合物。

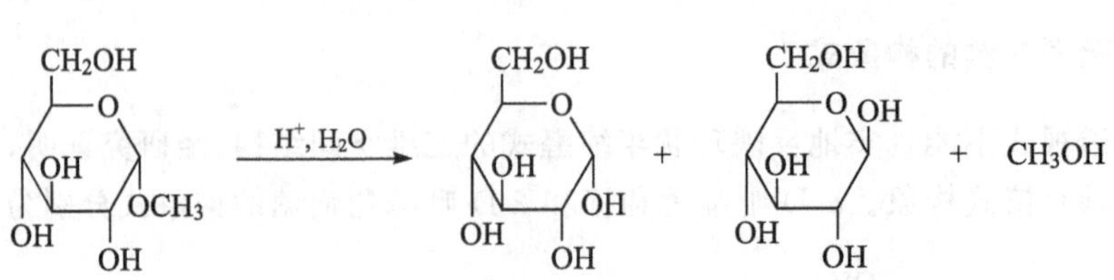

甲基-α-D-葡萄糖苷　　　　α-D-葡萄糖　　　　β-D-葡萄糖

D-葡萄糖用硫酸二甲酯甲基化,五个羟基均被醚化,生成 1,2,3,4,6-五-O-甲基-D-葡萄糖苷,它是一个糖苷,没有醛的特性。D-葡萄糖的 C_2、C_3、C_4 和 C_6 上的羟基与硫酸二甲酯生成的甲基醚较稳定,在一般条件下不容易被水解。C_1 上的苷羟基与硫酸二甲酯生成的甲基醚像缩醛一样,很容易被酸性水解,故酸性水解后生成 2,3,4,6-四-O-甲基葡萄糖,四-O-甲基葡萄糖含有苷羟基,具有醛的特性。例如:

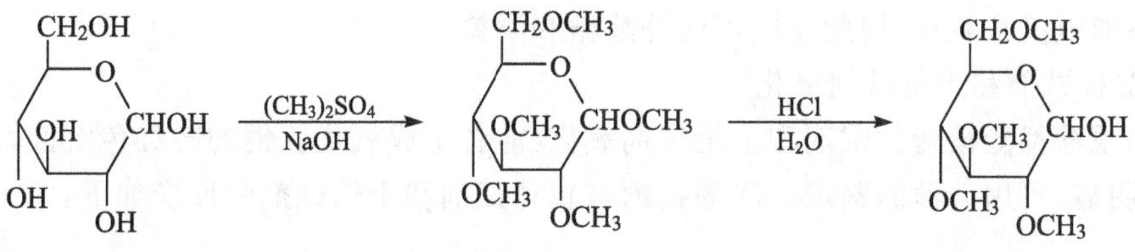

D-葡萄糖　　　　1,2,3,4,6-五-*O*-甲基-D-葡萄糖苷　　　2,3,4,6-四-*O*-甲基葡萄糖

16.2.6　单糖的反应

单糖是多羟基醛或多羟基酮,所以具有醛、酮和醇的共性。此外,糖还有一些特殊的性质,如糖脎的生成、差向异构化等。

1. 氧化反应

1）用硝酸氧化

醛糖用稀硝酸氧化,醛基和羟甲基均被氧化成羧基,生成 D-葡萄糖二酸。例如:

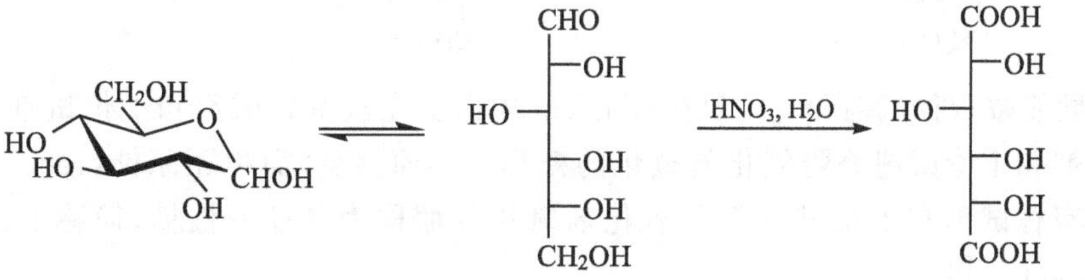

D-葡萄糖　　　　　　　　　　　　　　　　　　　D-葡萄糖二酸

果糖用稀硝酸氧化,将会导致 C_1—C_2 之间的键断裂,生成 D-果糖二酸。

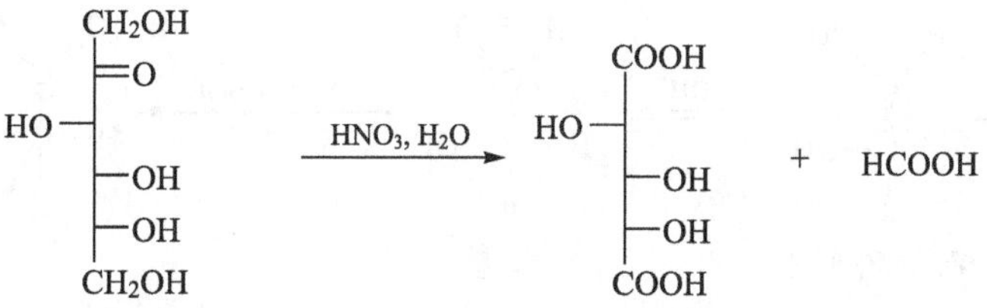

D-果糖　　　　　　　　D-果糖二酸

若用浓硝酸氧化,醛糖和酮糖都会发生碳碳键的断裂。

2）用溴水氧化

溴水可以把醛糖的醛基氧化成羧基,生成糖酸,在 pH=5.0 时,己醛糖直接氧化成醛糖酸的内酯。例如:

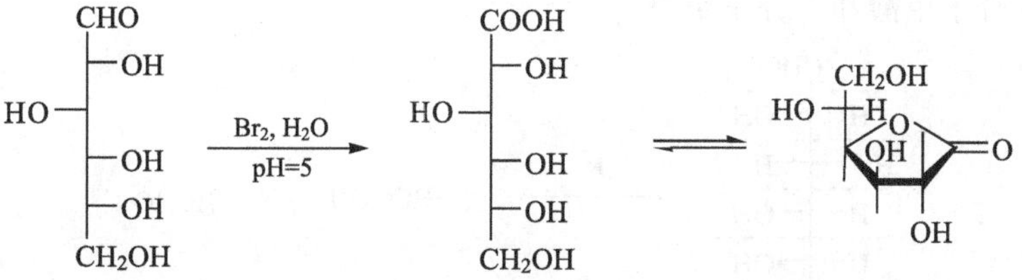

D-葡萄糖　　　　　　D-葡萄糖酸　　　　　D-葡萄糖酸-γ-内酯

酮糖不能被溴水氧化,用此反应可区分醛糖和酮糖。

3) 用费林试剂和土伦试剂氧化

醛糖和酮糖都能被费林试剂和土伦试剂氧化,前者生成氧化亚铜的砖红色沉淀,后者生成银镜,现象明显,可用于糖的鉴定。D-葡萄糖与费林试剂和土伦试剂的反应如下:

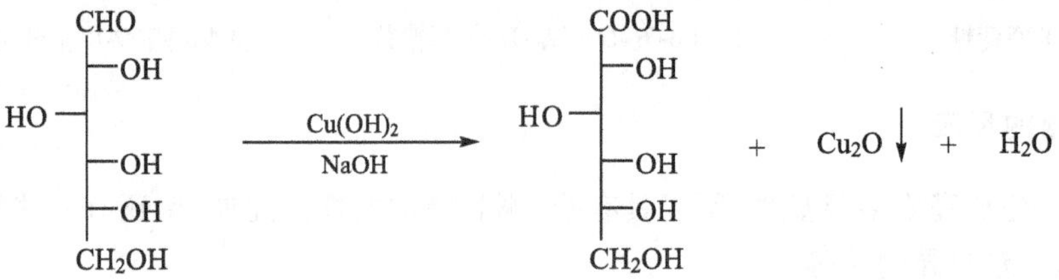

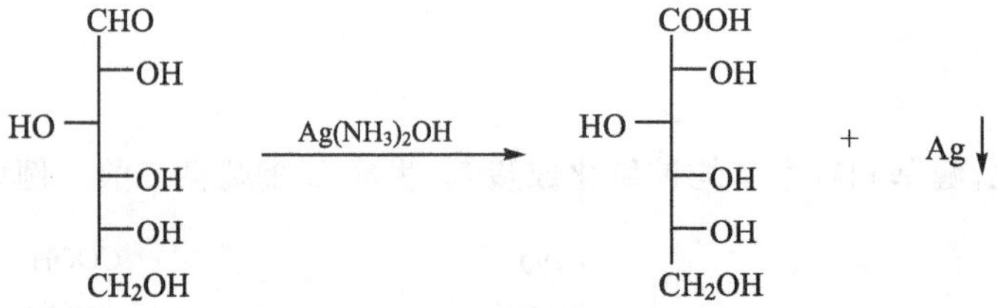

α-羟基酮能被费林试剂和土伦试剂氧化,故酮糖也能被费林试剂和土伦试剂氧化。凡是能被费林试剂和土伦试剂等弱氧化剂氧化的糖称为还原性糖,简称还原糖(reducing sugar);凡是不能被费林试剂和土伦试剂等弱氧化剂氧化的糖称为非还原性糖,简称非还原糖(non reducing sugar)。

费林试剂和土伦试剂都是碱性试剂,醛糖和酮糖在稀碱液中会发生差向异构化作用,故不能用费林试剂和土伦试剂来区分醛糖和酮糖。糖的差向异构化作用可用下式表示:

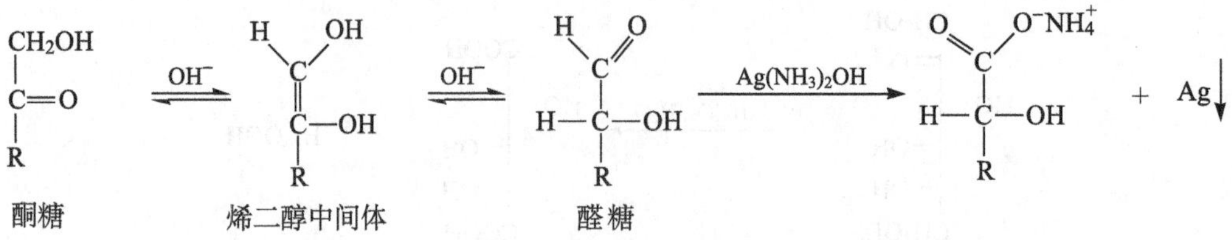

$$R=(OH)_nCH_2OH$$

4) 用高碘酸氧化

高碘酸可氧化邻二醇、α-羟基醛和α-羟基酮。糖是多羟基醛或多羟基酮,很容易被高碘酸氧化,同时碳碳键发生断裂。糖在被高碘酸氧化时,每断裂一个碳碳键需消耗 1mol 高碘酸,反应是定量的,故该反应在测定糖的结构时很有用。例如,D-葡萄糖被高碘酸氧化,发生碳碳键断裂,生成 5 分子甲酸和 1 分子甲醛。

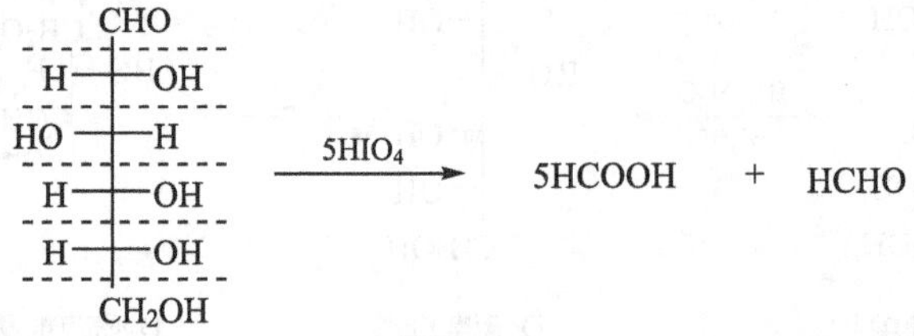

2. 还原反应

糖的羰基可被催化加氢或金属氢化物还原，生成糖醇(alditol)。该反应也常用于糖结构的测定。例如，D-葡萄糖催化加氢生成 D-葡萄糖醇(也称 L-山梨糖醇)；D-果糖用硼氢化钠还原，得到 D-葡萄糖醇和 D-甘露糖醇，还原反应如下：

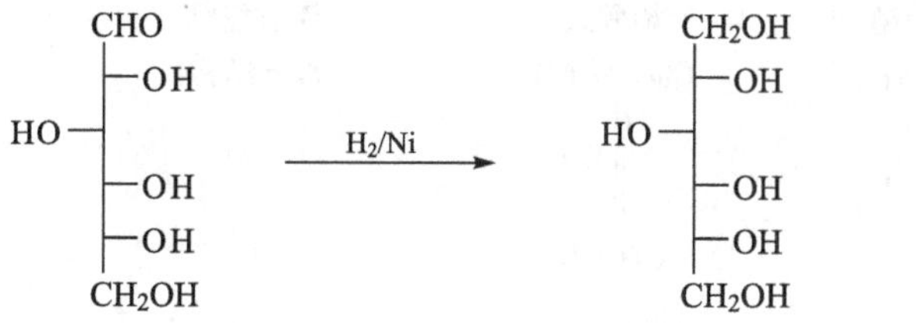

D-葡萄糖　　D-葡萄糖醇 (L-山梨糖醇)

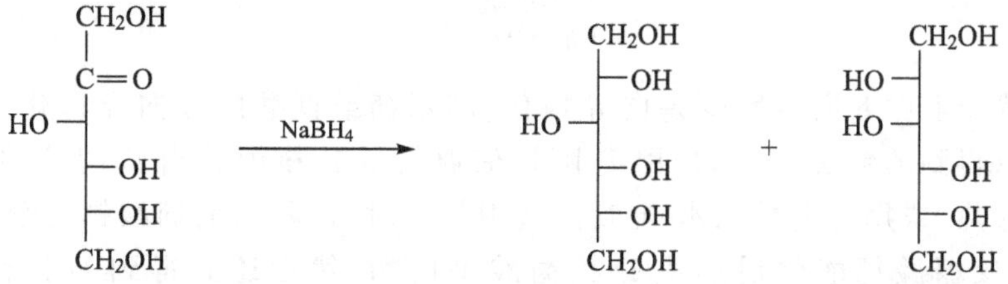

D-果糖　　D-葡萄糖醇 (L-山梨糖醇)　　D-甘露糖醇

山梨糖醇是从草莓类植物山梨中首次被分离出来的，在工业上通过葡萄糖催化加氢制备。山梨糖醇不仅可作为糖的替代物，还是制备维生素 C 的起始原料。

3. 糖脎的生成

醛糖和酮糖酮与苯肼反应生成糖苯腙，当苯肼过量时，糖的 α-羟基被苯肼氧化生成羰基，进一步与苯肼反应，生成一种不溶于水的黄色结晶，称为糖脎(osazone)。例如：

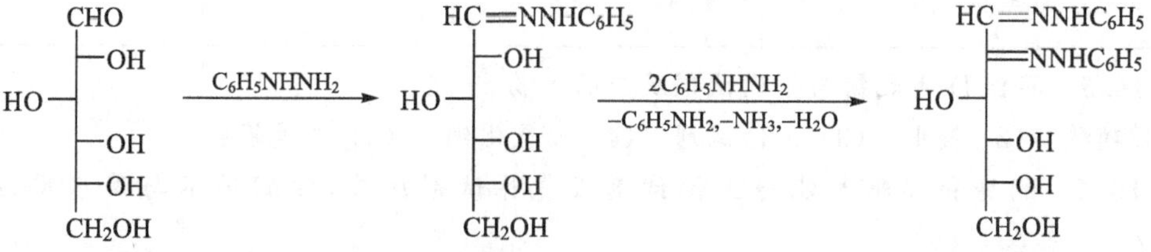

D-葡萄糖　　D-葡萄糖苯腙　　D-葡萄糖脎

不同的糖生成不同的糖脎，不同的糖脎的晶形不同，且在反应中生成的速率也不相同，因此可以根据糖脎的晶形及生成的时间来鉴定糖。

生成糖脎的反应发生在 C_1 和 C_2 上，不涉及其他碳原子，所以只是 C_1 和 C_2 构型不同的糖将生成相同的糖脎，也就是说，凡能生成相同糖脎的己糖，它们 C_3、C_4、C_5 的构型是相同的。例如，D-葡萄糖、D-甘露糖和 D-果糖生成相同的糖脎。

4. 差向异构化

用稀碱溶液处理葡萄糖时，葡萄糖发生 C_2 差向异构化，除得到 D-葡萄糖外，还有 D-甘露糖。此外,D-葡萄糖和 D-甘露糖可通过互变异构转变为 D-果糖,因为这三个糖的 C_3、C_4 和 C_5 的构型是相同的。上述差向异构化和互变异构化可用下式表示:

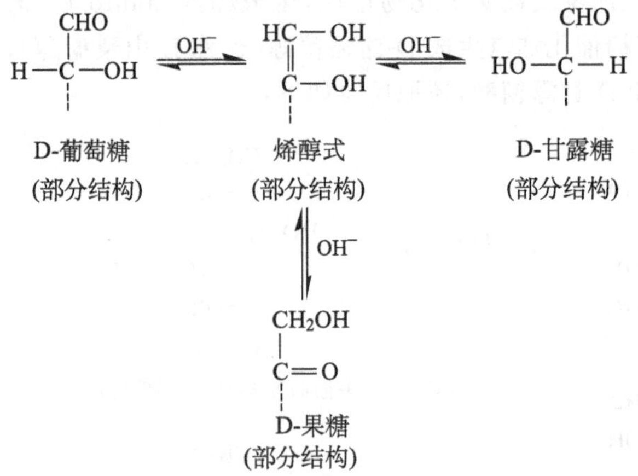

糖酸在碱性条件下也能发生差向异构化,利用糖或糖酸的差向异构化,可以制备一些自然界难以得到的糖类。例如,用 D-阿拉伯糖制备 D-核糖。当 D-阿拉伯糖酸钙与氢氧化钙一起加热,或用游离酸在水-吡啶溶液中加热时,D-阿拉伯糖酸钙可部分转化成 D-核糖酸钙,D-核糖酸钙酸化后形成 D-核糖酸-γ-内酯,然后还原得到 D-核糖,这是合成 D-核糖的一种方法。D-阿拉伯糖可用 D-葡萄糖的降解得到(见本章"知识亮点"),反应式如下:

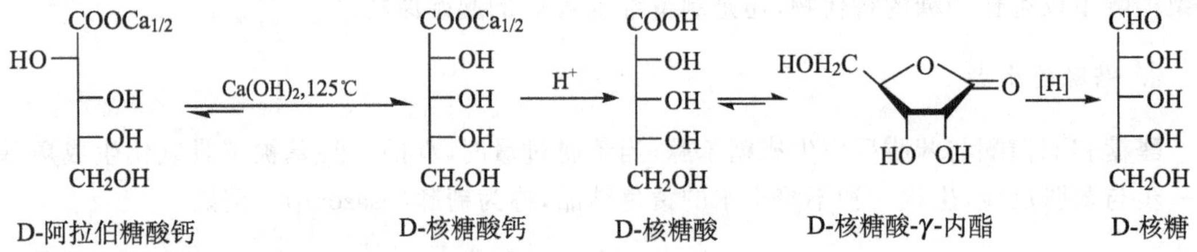

> **练习 16.5** 写出 D-半乳糖与下列试剂反应的产物。
> (1)稀硝酸 (2)溴水 (3)土伦试剂 (4)硼氢化钠 (5)过量苯肼
> **练习 16.6** 酮糖和醛糖都能与土伦试剂或费林试剂反应,但酮糖不与溴水反应,为什么?
> **练习 16.7** D-半乳糖用碱处理,得到什么产物?这些产物能用成脎反应分离吗?

5. 糖的递升和递降

糖的递升反应是指使糖的碳链增长的反应,常用的方法是克利安尼(Kiliani)氰化增碳法。例如,D-甘油醛经克利安尼反应后得到 D-赤藓糖和 D-苏阿糖。

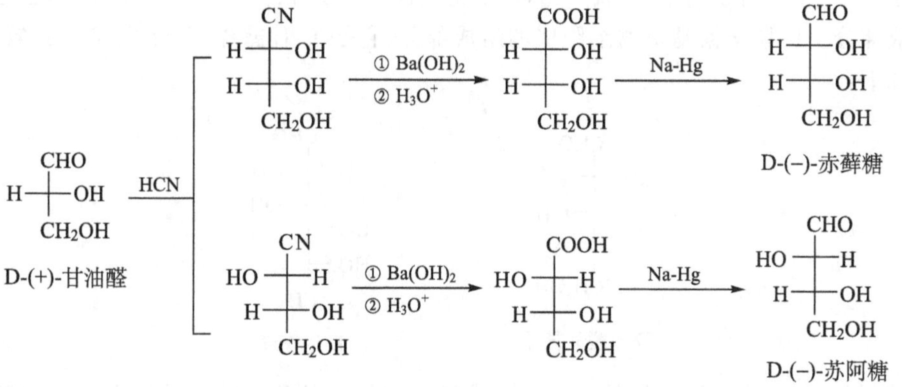

CN ① Ba(OH)₂ COOH CHO
H—OH ②H₃O⁺ H—OH Na-Hg H—OH
H—OH ———→ H—OH ———→ H—OH
CH₂OH CH₂OH CH₂OH
D-(−)-赤藓糖

CHO HCN
H—OH
CH₂OH
D-(+)-甘油醛

CN ① Ba(OH)₂ COOH CHO
HO—H ②H₃O⁺ HO—H Na-Hg HO—H
H—OH ———→ H—OH ———→ H—OH
CH₂OH CH₂OH CH₂OH
D-(−)-苏阿糖

糖的递降反应是指使糖的碳链缩短的反应,常用的方法是芦福(Ruff)递降法。糖酸的钙盐在芦福试剂[Fe(OAc)₃ 或 Fe³⁺]的作用下,用过氧化氢氧化,得到一个不稳定的 α-羰基酸,后者失去二氧化碳,得到低一级的醛糖。例如,D-葡萄糖经芦福反应递降为 D-阿拉伯糖。

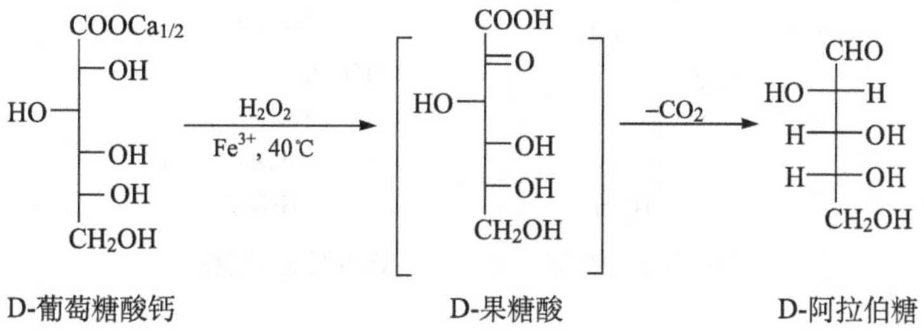

COOCa₁/₂ COOH CHO
HO—OH H₂O₂ HO—=O −CO₂ HO—H
—OH ———→ —OH ———→ H—OH
—OH Fe³⁺,40℃ —OH H—OH
CH₂OH CH₂OH CH₂OH
D-葡萄糖酸钙 D-果糖酸 D-阿拉伯糖

还有一种重要的糖的递降反应是佛尔(Wohl)递降法。糖与羟胺反应生成糖肟,然后在乙酸酐作用下乙酰化,失去一分子水后生成乙酰化的腈化物,在甲醇钠的甲醇溶液中发生酯交换反应,同时发生羰基与氰化氢加成的逆反应,失去氰化氢,生成少一个碳原子的醛糖。例如,L-(+)-苏阿糖经佛尔反应递降为 L-(−)-甘油醛。

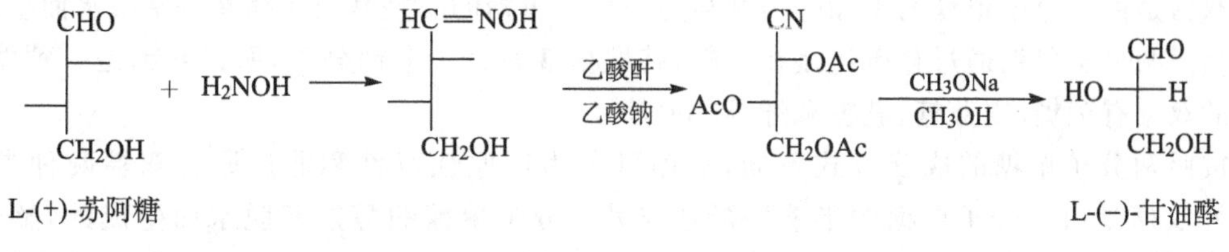

CHO HC=NOH CN CHO
| + H₂NOH ——→ | 乙酸酐 AcO—OAc CH₃ONa HO—H
CH₂OH CH₂OH 乙酸钠 CH₂OAc CH₃OH CH₂OH
L-(+)-苏阿糖 L-(−)-甘油醛

糖的递升和递降反应既可以用于合成,也可以用于糖的结构的测定(见本章"知识亮点")。

> **练习 16.8** 醛糖 E 具有旋光性,与硼氢化钠反应后得到非旋光性的糖醇。E 发生芦福降解生成 F,而 F 的糖醇没有旋光性。F 发生芦福降解生成具有旋光性的 D-甘油醛。试写出 E、F 以及它们的非旋光性糖醇的结构和名称。

16.2.7　脱氧糖和氨基糖

单糖分子中的羟基脱去氧原子后形成的多羟基醛或多羟基酮称为脱氧糖。例如,D-2-脱氧核糖是 D-核糖 C_2 上羟基的脱氧产物，D-2-脱氧核糖和 D-核糖均是重要的戊糖，也是核酸的重要组成部分。L-鼠李糖是植物细胞壁的组成部分，它是 L-甘露糖 C_6 上羟基的脱氧产物，其结构式如下：

$$
\begin{array}{cc}
\text{CHO} & \text{CHO} \\
\text{H}\!-\!|\!-\!\text{H} & |\!-\!\text{OH} \\
|\!-\!\text{OH} & |\!-\!\text{OH} \\
|\!-\!\text{OH} & \text{HO}\!-\!| \\
\text{CH}_2\text{OH} & \text{HO}\!-\!| \\
 & \text{CH}_3 \\
\text{D-2-脱氧核糖} & \text{L-鼠李糖}
\end{array}
$$

在单糖分子中，除苷羟基外的其他羟基被氨基取代后的化合物称为氨基糖。多数天然氨基糖是己糖分子中 C_2 上的羟基被氨基取代的产物。例如，D-2-氨基葡萄糖和 D-2-氨基半乳糖是很多糖和蛋白质的组成部分，广泛存在于自然界中，具有重要的生理作用，其结构式如下：

$$
\begin{array}{cc}
\text{CHO} & \text{CHO} \\
|\!-\!\text{NH}_2 & |\!-\!\text{NH}_2 \\
\text{HO}\!-\!| & \text{HO}\!-\!| \\
|\!-\!\text{OH} & \text{HO}\!-\!| \\
|\!-\!\text{OH} & |\!-\!\text{OH} \\
\text{CH}_2\text{OH} & \text{CH}_2\text{OH} \\
\text{D-2-氨基葡萄糖} & \text{D-2-氨基半乳糖}
\end{array}
$$

16.3　双　　糖
(Disaccharides)

16.3.1　概述

双糖是由一分子单糖的半缩醛羟基与另一分子单糖的醇羟基或半缩醛羟基脱水而生成的化合物。两分子单糖通过苷键连接在一起，其配糖基为另一个糖分子，所以双糖是一种糖苷。重要的双糖有蔗糖、麦芽糖、乳糖和纤维二糖等。

按照两分子单糖的成苷方式不同，双糖可分为还原性双糖和非还原性双糖两种类型。还原性双糖是由一分子单糖的半缩醛羟基与另一分子单糖的醇羟基脱水而生成的，整个分子保留了一个半缩醛羟基，可以由氧环式转变成开链式，因此具有变旋光现象，能成脎，有还原性，如纤维二糖、乳糖和麦芽糖。非还原性双糖是由两分子单糖的半缩醛羟基脱去一分子水形成的，不能由环氧式转变成开链式，所以不能成脎，无变旋光现象，无还原性，如蔗糖。

16.3.2　重要的双糖

1. 麦芽糖

淀粉经麦芽或唾液酶作用，可部分水解成麦芽糖（maltose）。麦芽糖是无色片状结晶，熔点 160～165℃，甜度为蔗糖的 40%，是食用饴糖的主要成分。

　　麦芽糖的分子式是 $C_{12}H_{22}O_{11}$，用无机酸水解麦芽糖仅得到葡萄糖，说明它是由两分子葡萄糖脱水而生成的。

　　酶对糖类的水解是有选择性的。例如，麦芽糖酶只能使 α-葡萄糖苷水解，而对 β-葡萄糖苷无效；苦杏仁酶只能使 β-葡萄糖苷水解，而对 α-葡萄糖苷无效。麦芽糖酶可以使麦芽糖水解，说明麦芽糖是通过 α-葡萄糖苷键将两个葡萄糖单元连接在一起的。实验事实还表明，麦芽糖是由一分子 α-葡萄糖的苷羟基与另一分子葡萄糖 C_4 上的羟基脱水而形成的，具有一个 α-1,4-苷键，麦芽糖的结构式如下：

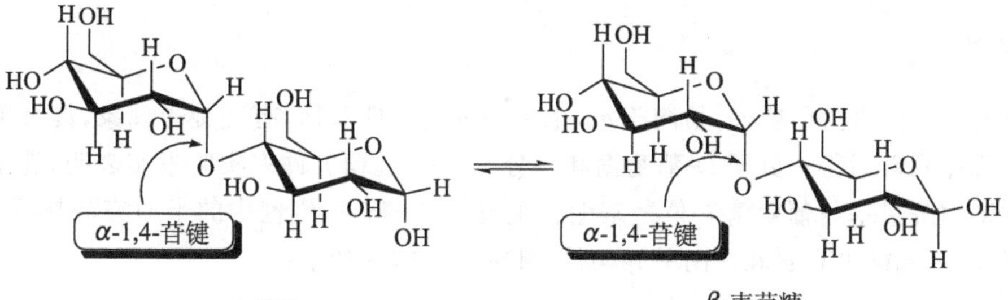

α-麦芽糖　　　　　　　　　β-麦芽糖

　　麦芽糖具有半缩醛羟基，故有 α- 和 β- 两种异头物，且两种异头物处于动态平衡，α-异头物的比旋光度是 $+168°$，β-异头物的比旋光度是 $+112°$，经变旋光达到平衡后的比旋光度是 $+136°$。麦芽糖是还原性双糖，具有单糖的性质，有变旋光现象，可被土伦试剂、费林试剂、Br_2/H_2O、HNO_3 等氧化，可以成脎等。

　　像麦芽糖这样的还原性双糖的命名是将保留半缩醛羟基的糖作为母体，另一个糖作为取代基，所以 β-麦芽糖的命名为

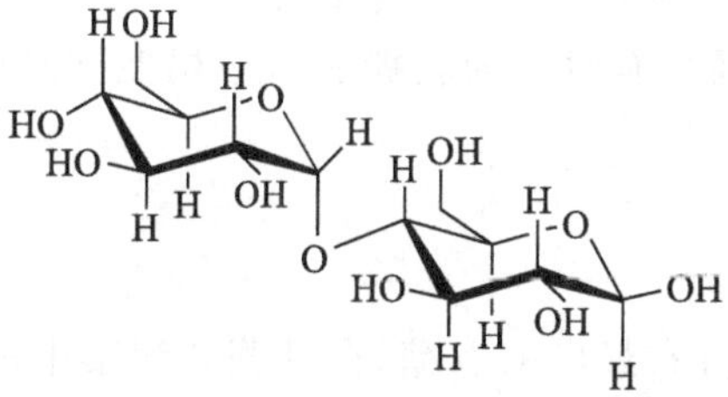

4-O-(α-D-吡喃葡萄糖基)-β-D-吡喃葡萄糖

2. 纤维二糖

　　纤维二糖(cellobiose)是白色晶体，熔点 225℃，可溶于水，具有右旋性，它的分子式也是 $C_{12}H_{22}O_{11}$，可以由纤维素部分水解得到。与麦芽糖一样，水解纤维二糖得到两分子 D-葡萄糖，但是水解纤维二糖必须用 β-葡萄糖苷酶，说明纤维二糖是由一个 β-1,4-葡萄糖苷键将两个葡萄糖单元连接在一起的双糖。与麦芽糖一样，纤维二糖也有 α 和 β 两种异头物，且两种异头物处于动态平衡，有变旋光现象，属于还原性双糖，具有单糖的化学性质。α- 和 β-纤维二糖的结构式和命名如下：

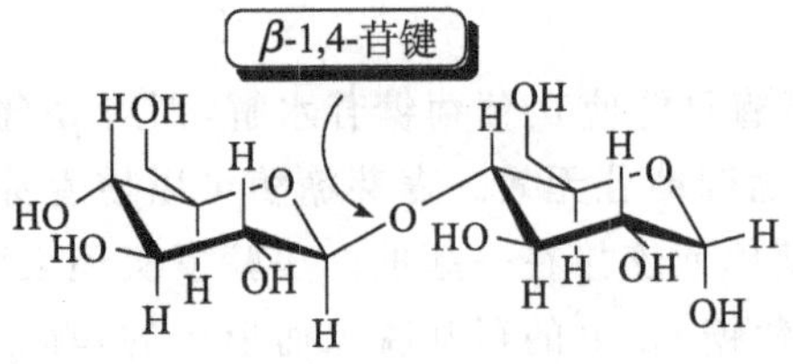

4-O-(β-D-吡喃葡萄糖基)-α-D-吡喃葡萄糖 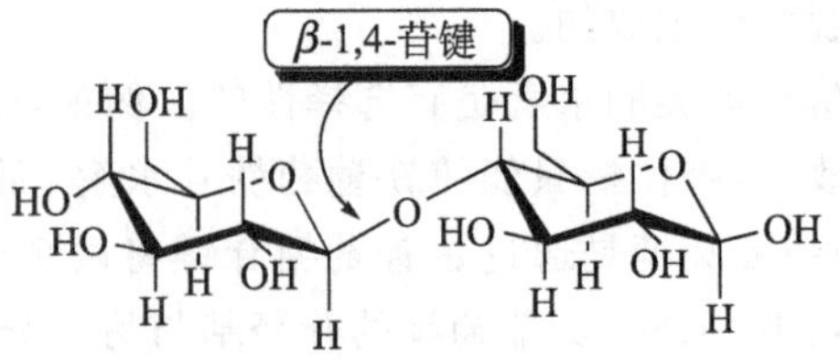　　　　　4-O-(β-D-吡喃葡萄糖基)-β-D-吡喃葡萄糖

3. 乳糖

乳糖(lactose)为白色粉末,易溶于水,也是一种还原性双糖,有变旋光现象,具有单糖的化学性质。乳糖水解后得一分子 D-葡萄糖和一分子 D-半乳糖。许多实验事实表明,乳糖是由 β-半乳糖的半缩醛羟基与葡萄糖 4-位羟基缩合生成的 β-糖苷。乳糖中的半缩醛羟基可以分为 α型和 β 型,所以乳糖也有 α 和 β 两种异构体,乳糖的结构式如下:

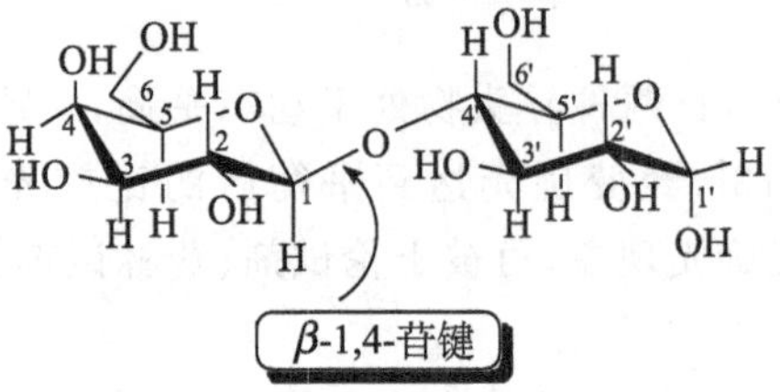

4-O-(β-D-吡喃半乳糖基)-α-D-吡喃葡萄糖 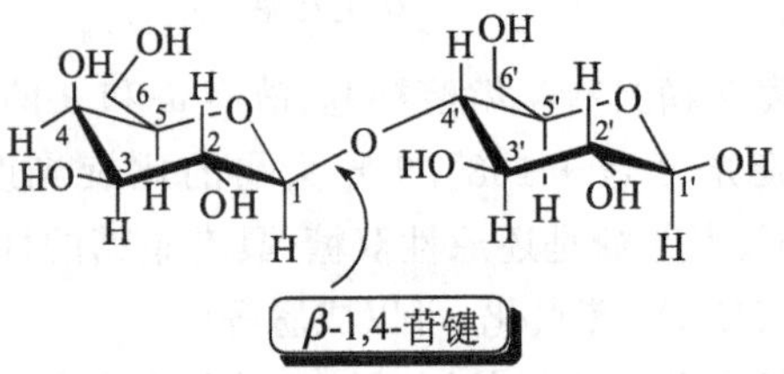　　　　　4-O-(β-D-吡喃半乳糖基)-β-D-吡喃葡萄糖

乳糖存在于哺乳动物的乳液中,人乳中含量为 6%～8%,牛乳中含量为 4%～6%。乳糖的水解需要一种半乳糖苷酶(有时称为乳糖酶),牛奶变酸是因为其中所含的乳糖变成了乳酸。

4. 蔗糖

蔗糖(sucrose)是自然界分布最广的双糖,在甘蔗和甜菜中的含量很高,所以甘蔗和甜菜是制取蔗糖的原料。蔗糖为无色晶体,熔点 180℃,易溶于水,加热到 200℃左右变成褐色。蔗糖的甜味仅次于果糖,比葡萄糖、麦芽糖和乳糖甜。

蔗糖的分子式也是 $C_{12}H_{22}O_{11}$,在酸或碱催化下水解生成一分子 D-(+)-葡萄糖和一分子 D-(−)-果糖。它不能还原费林试剂和土伦试剂,说明是非还原性双糖。它不能与苯肼作用,也没有变旋光现象,说明蔗糖的分子中没有半缩醛羟基(苷羟基),不能由氧环式转变为开链式,也说明蔗糖是由葡萄糖和果糖的苷羟基间脱水而生成的双糖。

蔗糖能用麦芽糖酶水解,还能用一种使 β-果糖苷水解的酶(转化糖酶)水解,说明蔗糖既是一种 α-葡萄糖苷,也是一种 β-果糖苷。命名像蔗糖这样的非还原性双糖时,可以任意选一个糖苷为母体,另一个糖为取代基,所以蔗糖有下述两种化学名称。蔗糖的结构式和命名如下:

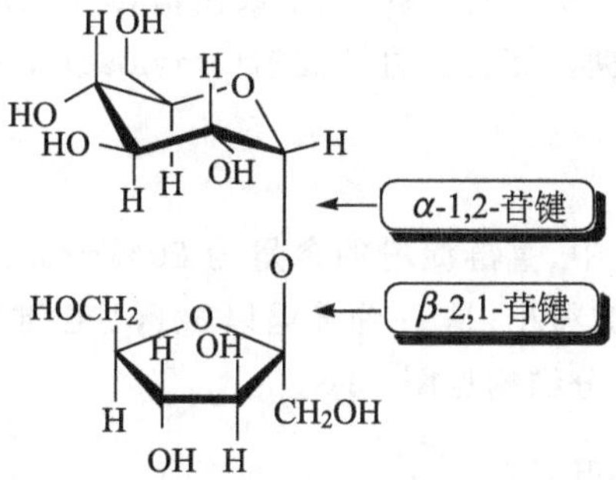

β-D-呋喃果糖基-α-D-吡喃葡萄糖苷

或α-D-吡喃葡萄糖基-β-D-呋喃果糖苷

蔗糖的比旋光度为 $+66.5°$，水解后生成的葡萄糖的比旋光度为 $+52.7°$，果糖的比旋光度为 $-92.4°$。由于果糖的比旋光度（绝对值）比葡萄糖大，所以蔗糖水解后的混合物是左旋的。在蔗糖水解过程中，比旋光度由右旋逐渐变为左旋，所以蔗糖的水解也称为转化反应，一般把蔗糖经水解生成的葡萄糖和果糖的混合物称为转化糖。

$$C_{12}H_{22}O_{11} + H_2O \xrightarrow{H^+} C_6H_{12}O_6 + C_6H_{12}O_6$$

蔗糖	D-(+)-葡萄糖	D-(−)-果糖
$[\alpha]_D^{20} = +66.5°$	$[\alpha]_D^{20} = +52.7°$	$[\alpha]_D^{20} = -92.4°$

转化糖　$[\alpha]_D^{20} = -20°$

转化糖中含有果糖，所以比葡萄糖和蔗糖甜。蜜蜂中含有转化酶，可以水解蔗糖得到转化糖，因此蜂蜜中大部分是转化糖，它是葡萄糖和果糖的过饱和混合物。

练习 16.9　用简单化学方法区别下列各组化合物。
（1）葡萄糖和蔗糖　　　（2）麦芽糖和蔗糖　　　（3）淀粉和蔗糖

16.4　多　　糖
（Polysaccharides）

多糖广泛存在于自然界，有些多糖是构成动植物体的骨干物质，如纤维素、甲壳质等；另一些是动植物体的储备养料，如淀粉、肝糖等，在需要的时候，它们会在有关酶的影响下分解成单糖。

多糖是天然高分子化合物，一分子多糖水解后可以生成几百或数千个单糖分子，因此多糖可以看作是许多个单糖分子彼此缩水而成的糖苷。多糖的性质与单糖、双糖不同，一般不溶于水，即使能溶于水，也只能生成胶体溶液。另外，多糖都没有甜味，无还原性，不具有变旋光现象。

16.4.1　淀粉

淀粉（starch）存在于许多植物的种子、茎和根块中，是无色无味的颗粒，没有还原性，不溶于一般的有机溶剂,用酸处理淀粉使其水解,先生成糊精,继续水解得到麦芽糖和异麦芽糖,水解的最终产物是 D-(＋)-葡萄糖。淀粉由直链淀粉(amylose)和支链淀粉(amylopectin)组成。

1. 直链淀粉

在玉米和马铃薯等的淀粉中,直链淀粉的含量为 20%～30%,直链淀粉能溶于热水而不成糊状,相对分子质量比支链淀粉小,是 D-葡萄糖以 α-1,4-苷键聚合而成的链状化合物,所以称为直链淀粉。直链淀粉的部分结构见图 16-3。

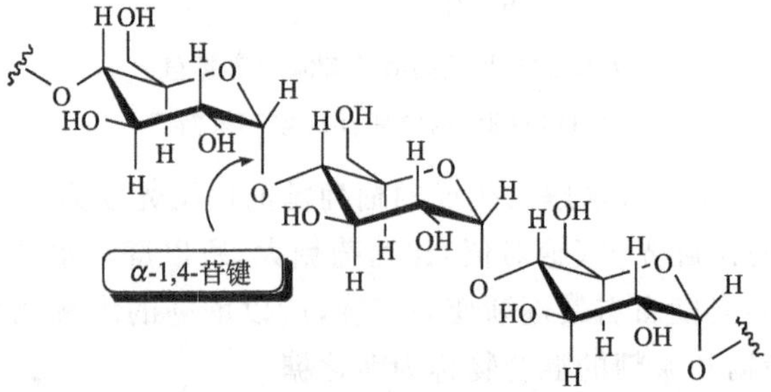

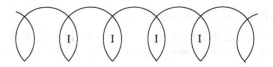

图 16-3　直链淀粉的部分结构示意图

直链淀粉并非直线形分子,而是呈逐渐弯曲的形式,并借分子内氢键卷曲成螺旋状。直链淀粉遇碘显蓝色,碘与淀粉之间并不是形成了化学键,而是碘分子钻入了螺旋当中的空隙(图16-4),碘分子与淀粉之间借助范德华力联系在一起,形成了一种络合物,这种络合物呈深蓝色,这是用淀粉-碘化物来检测氧化剂的基础。将被检测物质加入含有碘化钾的淀粉水溶液中,若被检测物是一种氧化剂,部分碘离子会被氧化成碘分子,与淀粉形成蓝色的络合物。

图 16-4　碘和淀粉的络合示意图

2. 支链淀粉

支链淀粉是一种不溶性淀粉,在淀粉中的含量为 70%～90%。支链淀粉也是由葡萄糖组成的,它与直链淀粉的区别在于它的支链性。在支链淀粉的结构中,每隔 20～30 个葡萄糖单元就会出现一个支化点,并通过 α-1,6-苷键与主链相连。图 16-5 是支链淀粉的部分结构示意图。

3. 环糊精

淀粉经环糊精糖基转化酶水解,可得到一种环状低聚糖,称为环糊精(cyclodextrins)。环糊精是由 6～12 个 D-葡萄糖单位以 α-1,4-苷键连接起来的闭环结构,其六聚、七聚和八聚体可一一分离出来。根据所含葡萄糖单位的个数(6、7、8)分别称为 α-、β 和 γ-环糊精。图 16-6 是 α-环糊精的结构式,图 16-7 是其七聚体的结构式。

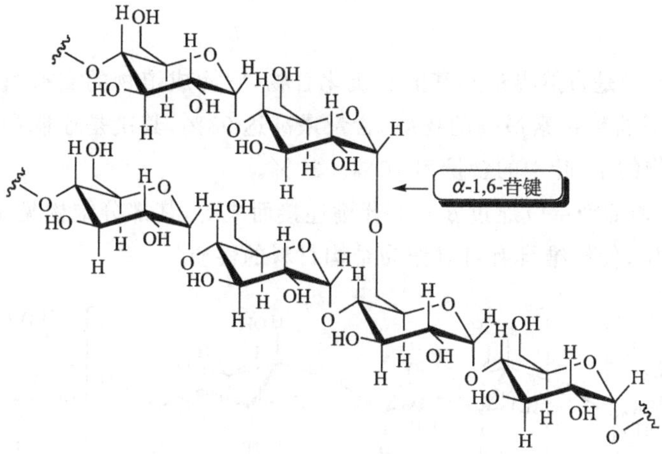

图 16-5　支链淀粉的部分结构示意图

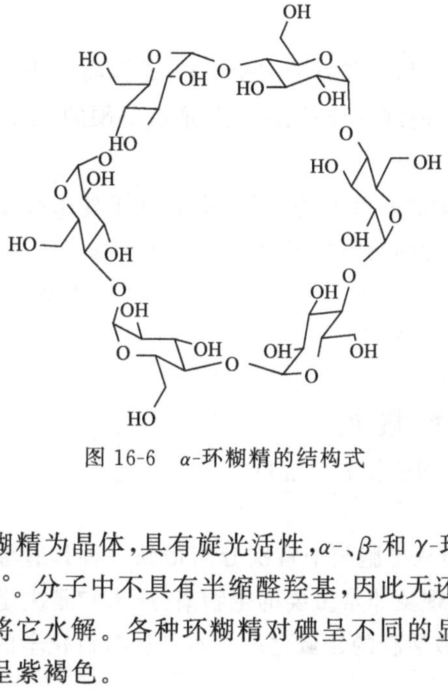

图 16-6　α-环糊精的结构式

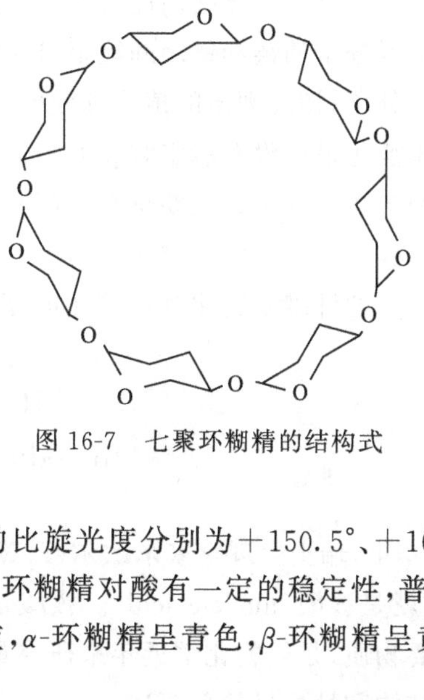

图 16-7　七聚环糊精的结构式

环糊精为晶体，具有旋光活性，α-、β 和 γ-环糊精的比旋光度分别为＋150.5°、＋160.0°和＋177.4°。分子中不具有半缩醛羟基，因此无还原性。环糊精对酸有一定的稳定性，普通淀粉酶难以将它水解。各种环糊精对碘呈不同的显色反应，α-环糊精呈青色，β-环糊精呈黄色，γ-环糊精呈紫褐色。

环糊精为圆筒形，圆筒中有一空穴，其孔径与芳环尺度相近。α-、β 和 γ-环糊精的孔径分别为 0.6nm、0.8nm 和 1.0nm。这三种环糊精空间深度为 0.7~0.8nm，故和冠醚相似，可选择性地与一些有机物形成包合物。例如，α-环糊精能与苯环形成包合物，β-环糊精能与蒽环形成包合物。环糊精呈现具有极性的外侧和非极性的内侧的结构，它可包合非极性分子，而形成的包合物却能溶于极性溶剂，在有机合成中常用作相转移催化剂。环糊精的上述特性现已广泛应用于有机化合物的分离、合成和医药工业等方面。

16.4.2　纤维素

纤维素(cellulose)是自然界最丰富的有机化合物,它构成植物的支持组织,是植物细胞壁的主要组分。棉花是含纤维素最高的物质,含量最高达 98%,其次是亚麻和木材,木材中的含量为 50%,一般植物的干、叶中的含量为 10%～20%。

纤维素是由 D-葡萄糖单位通过 β-1,4-苷键连接而成的,其部分结构见图 16-8。这种键的排列相当坚固和稳定,使纤维具有可以作为结构材料的性质。

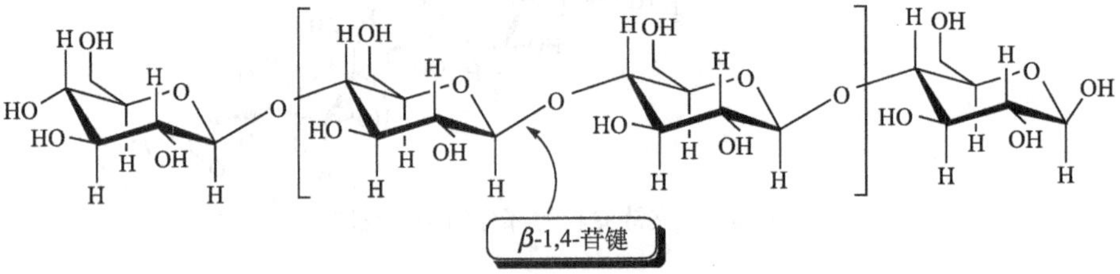

图 16-8　纤维素的部分结构示意图

纤维素用 β-1,4-苷键将葡萄糖单位连接在一起,它和直链淀粉一样,是没有分支的链状分子。纤维素分子的链和链之间能借分子间氢键像麻绳一样拧在一起,形成坚硬的、不溶于水的纤维状高分子,构成理想的植物细胞壁。

人体消化道中没有能水解 β-1,4-葡萄糖苷键的纤维素酶,因此不能直接食用纤维素。而食草动物却能以纤维为主要饲料,因为在这些动物的肠道中能分泌出纤维素酶,将纤维素分解成纤维二糖,再由纤维二糖分解成 D-葡萄糖。当一头牛吃了干草后,这些纤维素酶可将 20%～30%的纤维素转化为可消化的糖。

16.5　核 酸 概 论
(Introduction of Nucleic Acid)

1869 年,瑞士生理学家米歇尔(F. Miescher)从细胞核中首次分离得到一种具有酸性的新物质,这就是核酸(nucleic acid)。核酸是对生命现象非常重要的生物高分子,它是决定生命遗传的重要物质,是生物化学近年来研究最广泛、最活跃的领域之一。本节从有机化学的角度对核酸的结构和性质做简单概述。

核酸分为核糖核酸(ribonucleic acid,简称 RNA)和脱氧核糖核酸(deoxyribonucleic acid,简称 DNA)两大类。RNA 主要分布于细胞质中,DNA 主要存在于细胞核内。核酸是核糖衍生物的聚合物,构成它的单体是核苷酸。核苷酸是由核苷和磷酸组成的,而核苷可以分解成戊糖和碱基。RNA 的戊糖是核糖,碱基是胞嘧啶、尿嘧啶和腺嘌呤、鸟嘌呤;DNA 的戊糖是 2-脱氧核糖,碱基是胞嘧啶、胸腺嘧啶和腺嘌呤、鸟嘌呤。核酸的组成可表示如下:

- 核酸
  - 核糖核酸(RNA) ←聚合— 核糖核苷酸
    - D-核糖的核苷
      - D-核糖
      - 碱基
        - 胞嘧啶
        - 尿嘧啶
        - 腺嘌呤
        - 鸟嘌呤
    - 磷酸
  - 脱氧核糖核酸(DNA) ←聚合— 脱氧核糖核苷酸
    - D-2-脱氧核糖的核苷
      - D-2-脱氧核糖
      - 碱基
        - 胞嘧啶
        - 胸腺嘧啶
        - 腺嘌呤
        - 鸟嘌呤
    - 磷酸

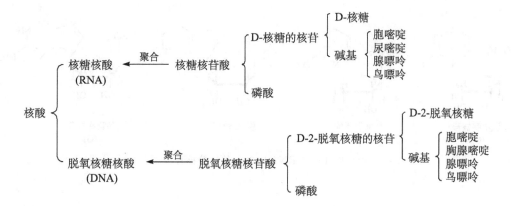

16.5.1　核糖核酸

1. 核糖核苷和核糖核苷酸

核糖核苷(ribonucleoside)是核糖的糖苷，它是由 β-D-呋喃核糖的半缩醛羟基和碱基物质胞嘧啶、尿嘧啶的嘧啶环上的仲胺基或腺嘌呤、鸟嘌呤的嘌呤环上的仲胺基形成的缩醛。

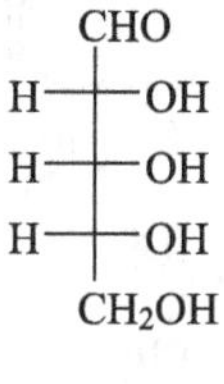

D-核糖

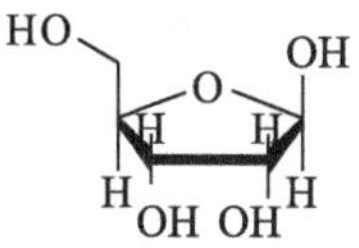

β-D-呋喃核糖

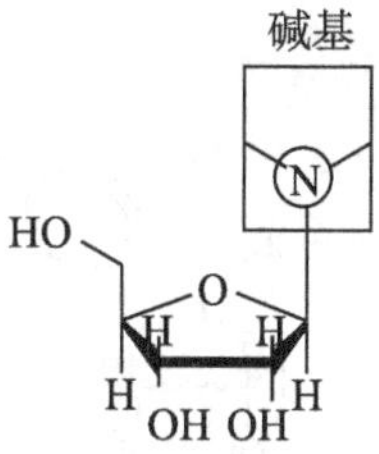

核糖核苷

RNA 中的四种碱基被分为两类：一类是嘧啶碱，如胞嘧啶和尿嘧啶；另一类是嘌呤碱，如腺嘌呤和鸟嘌呤，结构式如下：

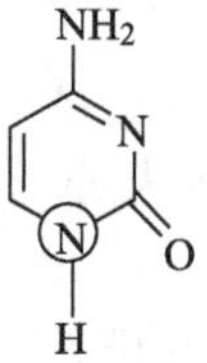

胞嘧啶 (C)

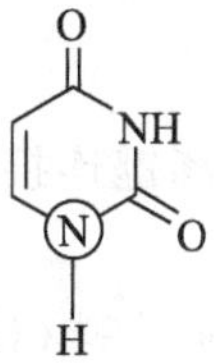

尿嘧啶(U)

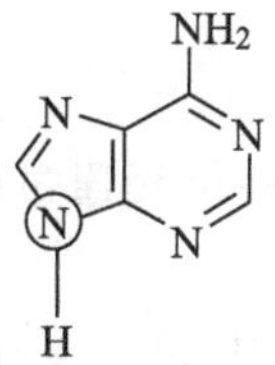

腺嘌呤(A)

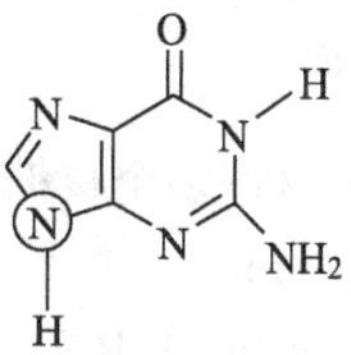

鸟嘌呤(G)

上述四种杂环碱基通过圆圈所示的氮原子上的氢原子与核糖形成苷键后，得到四种核糖核苷：胞嘧啶核苷、尿嘧啶核苷、腺嘌呤核苷和鸟嘌呤核苷，如图 16-9 所示。

核糖核苷 5′-位上的羟基与磷酸酯化生成的磷酸酯即核糖核苷酸(ribonucleotide)，四种常见的核糖核苷酸及其符号如图 16-10 所示。

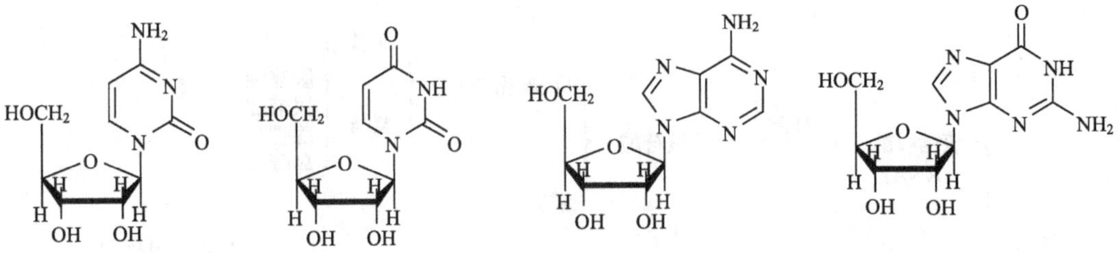

胞嘧啶核苷 (C)　尿嘧啶核苷 (U)　腺嘌呤核苷 (A)　鸟嘌呤核苷 (G)

图 16-9　RNA 中的四种核糖核苷

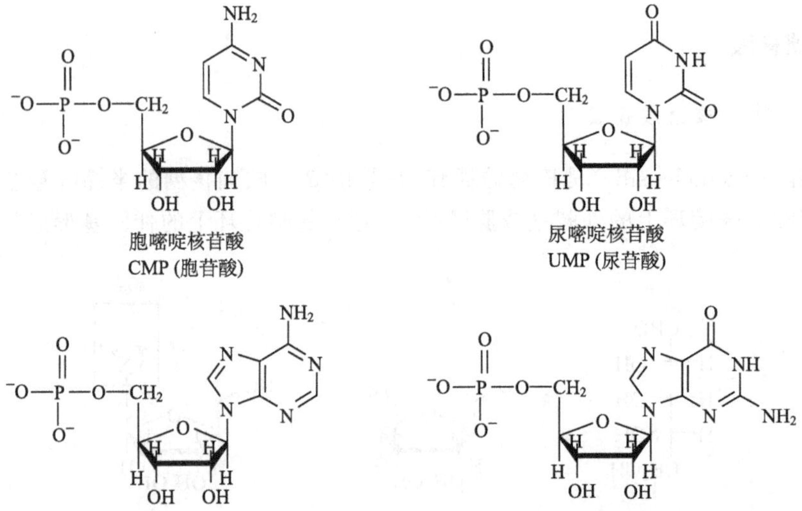

胞嘧啶核苷酸 CMP (胞苷酸)　尿嘧啶核苷酸 UMP (尿苷酸)

腺嘌呤核苷酸 AMP (腺苷酸)　鸟嘌呤核苷酸 GMP (鸟苷酸)

图 16-10　四种常见的核糖核苷酸

2. 核糖核酸

核糖核酸是由许多个核糖核苷酸单元通过磷酸酯键连接在一起的大分子。RNA 的部分结构片段见图 16-11。

由图 16-11 可知,在 RNA 结构中,每个核苷酸的 5′-碳(核糖的末端碳)上有一个磷酸基,3′-碳上有一个羟基,一个核苷酸 5′-位上的磷酸基与另一个核苷酸 3′-位碳上的羟基脱水形成一个磷酸酯键,通过磷酸酯键把两个核苷酸连在一起。在 RNA 这个分子中,通常都有两个端基,一个是自由的 3′-端基,另一个是自由的 5′-端基。

16.5.2　脱氧核糖核酸

1. 脱氧核糖核苷和脱氧核糖核苷酸

脱氧核糖核苷(deoxyribonucleoside)是 DNA 的组成部分。它是由 β-D-2-脱氧呋喃核糖

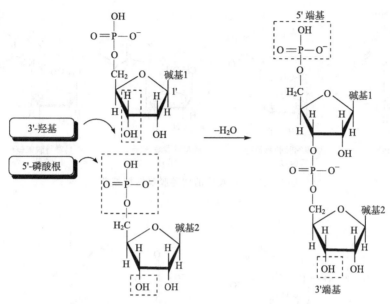

图 16-11　核糖核酸（RNA）的部分结构片段

的半缩醛羟基和碱基物质胞嘧啶和胸腺嘧啶的嘧啶环上的仲胺基、腺嘌呤和鸟嘌呤的嘌呤环
上的仲胺基形成的缩醛（糖苷）。

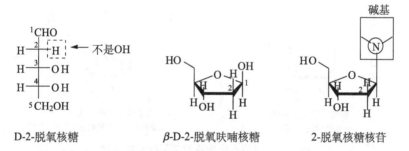

　　DNA 与 RNA 的区别仅在于所含的嘧啶碱基不同，在 DNA 中最常见的四种碱基为胞嘧
啶、胸腺嘧啶、腺嘌呤和鸟嘌呤。DNA 中胸腺嘧啶（T）代替了 RNA 中的尿嘧啶（U），而胸腺
嘧啶只是比尿嘧啶多一个甲基。

尿嘧啶（U）　　　　　　胸腺嘧啶（T）

　　上述四种碱基与核糖形成苷键后得到 DNA 中四种脱氧核糖核苷，如图 16-12 所示。
　　与核糖核苷酸相似，脱氧核糖核苷酸（deoxyribonucleotide）是由上述四种脱氧核糖核苷
5′-位上的羟基与磷酸形成的磷酸酯，见图 16-13。

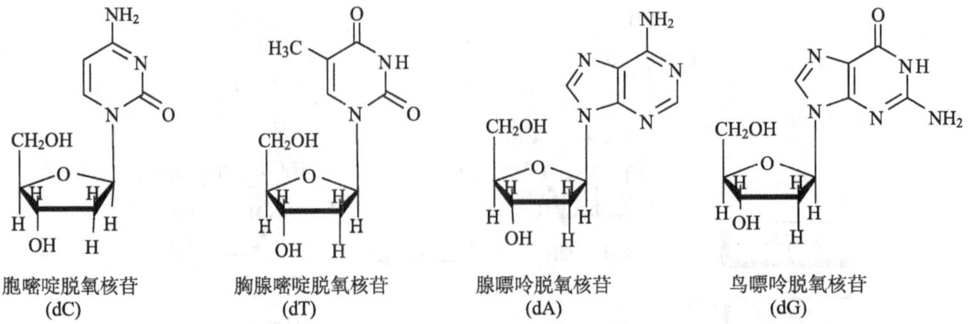

胞嘧啶脱氧核苷　　　胸腺嘧啶脱氧核苷　　　腺嘌呤脱氧核苷　　　鸟嘌呤脱氧核苷
(dC)　　　　　　　　(dT)　　　　　　　(dA)　　　　　　　(dG)
图 16-12　DNA 中的四种脱氧核糖核苷

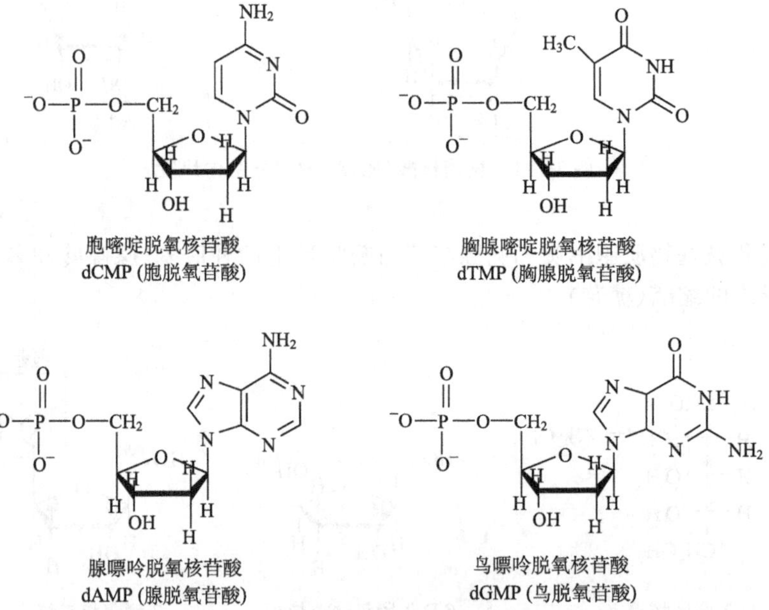

胞嘧啶脱氧核苷酸　　　　　　　　　　胸腺嘧啶脱氧核苷酸
dCMP (胞脱氧苷酸)　　　　　　　　　dTMP (胸腺脱氧苷酸)

腺嘌呤脱氧核苷酸　　　　　　　　　　鸟嘌呤脱氧核苷酸
dAMP (腺脱氧苷酸)　　　　　　　　　dGMP (鸟脱氧苷酸)
图 16-13　DNA 中的四种脱氧核糖核苷酸

2. 脱氧核糖核酸

　　脱氧核糖核酸的基本结构类似于 RNA 的结构,所不同的是 DNA 是以脱氧核糖核苷酸与磷酸形成的磷酸酯,图 16-14 是 DNA 的部分结构片段。在 DNA 中脱氧核糖核苷酸的排列顺序(也称碱基顺序)称为 DNA 的一级结构。

16.5.3　核酸的结构

　　核酸与蛋白质相同,也有一级结构、二级结构和三级结构。核酸的一级结构是指组成核酸的各核苷酸的排列顺序,也称碱基顺序。核酸的二级结构和三级结构是核酸的空间结构,是指多核苷酸内或链与链之间通过氢键折叠卷曲而成的构象。例如,DNA 的双螺旋结构就是核酸的二级结构。

　　1953 年,沃森(J. D. Waston)和克里克(F. H. Crick)根据 DNA 纤维的 X 射线衍射谱图,首次提出了著名的 DNA 双螺旋结构模型(图 16-15)。按照这个结构,DNA 是由两条平行的脱氧核糖核酸链彼此盘绕成右

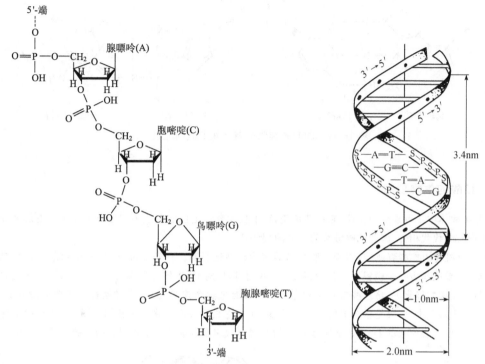

图 16-14　DNA 的部分结构片段　　　　　　　　　图 16-15　DNA 的双螺旋结构模型

手螺旋,如图 16-15 所示,两条链通过嘧啶碱基和嘌呤碱基以氢键相连固定下来,链上的碱基裹在双螺旋的内部,每两个配对的碱基以氢键相连形成一层"阶梯"。

在 DNA 中,两条互补链间的空间恰好能容纳一个嘌呤碱和一个嘧啶碱,因此链上的碱基以一个嘌呤碱和一个嘧啶碱进行配对,即 A 和 T 配对,G 和 C 配对,这就是"碱基互补"原则。图 16-16 为 DNA 部分双链结构的示意图。

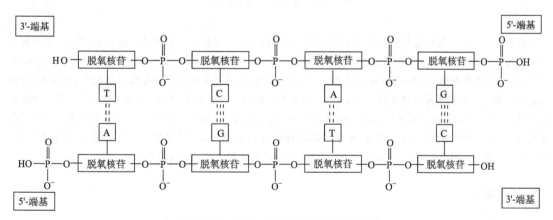

图 16-16　DNA 的部分双链结构示意图

碱基之间形成氢键非常重要,两条链主要是靠氢键将它们联系在一起的,图 16-17 显示了嘧啶碱和嘌呤碱之间形成氢键的情况,A-T 相补,形成两个氢键,G-C 相补,形成三个氢键,也正是由于氢键的存在,两条链之间保持着恒定的距离。

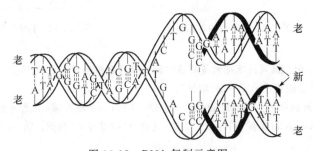

图 16-17　嘌呤碱和嘧啶碱之间形成的氢键

鸟嘌呤(G)　　胞嘧啶(C)　　　　腺嘌呤(A)　　胸腺嘧啶(T)

16.5.4　核酸的生物功能

　　核酸是生物体中不可缺少的物质,它在遗传变异、生长发育和蛋白质合成中起着重要作用。正是这种物质,才使生命模式代代相传,因此把核酸称为生命的"蓝图"。

　　DNA 在有机体内控制着遗传,它能按照自己的结构精确地复制。首先是母体 DNA 中两条链分开成两个单股,每一个单股作为一个模板,按它的互补顺序(A 对 T,G 对 C)将核苷酸聚合,并与原来每一股上的碱基形成氢键。在酶的催化下,将这些按规定顺序排列的核苷酸逐个连接起来,这样就得到两个双股的 DNA 分子。在每一个双股中,一股是新合成的,一股是原来的,碱基的顺序和原来完全相同。图 16-18 说明了这个过程,白色的双股代表原来的 DNA,部分为两个单股,黑色代表新合成的两个单股。两股的碱基是互补的。

图 16-18　DNA 复制示意图

　　核酸的另一个生物功能是蛋白质的生物合成。在蛋白质的生物合成过程中是按照 DNA 模板,在细胞之中由三种主要类型的 RNA 来完成的。它们是信使 RNA(messenger RNA,mRNA)、转移 RNA(transfer RNA,tRNA)和核糖体 RNA(ribosomal RNA,rRNA)。mRNA 分子中的核苷酸排列顺序是由 DNA 决定的,而蛋白质肽链中的氨基酸排列顺序是由 mRNA 的核苷酸排列顺序决定的,即在 mRNA 链上按一定顺序排列的碱基,每三个组成一个遗传密码,每个密码代表一种氨基酸,因此 mRNA 是蛋白质合成的模板。tRNA 在接受 mRNA 的遗传信息后,负责将各种氨基酸转移到合适的位置,然后将排列成序的氨基酸接成肽链。rRNA 是一种小的球状颗粒体,它存在于细胞质内,蛋白质合成就是在 rRNA 中完成的。

 知识亮点

葡萄糖构型的确证

　　葡萄糖是一种己醛糖,有 4 个手性碳原子,可以有 16 个光学异构体,在这 16 个己醛糖中哪一个是葡萄糖呢? 19 世纪末,德国化学家费歇尔几乎用了 10 年的时间,确证了葡萄糖及其他醛糖的构型。

　　首先,费歇尔用芦福降解反应,将葡萄糖降解为 D-(＋)-甘油醛,说明葡萄糖是 D 系列的糖,即 C_5 的构型确证了。

　　在芦福降解反应过程中,费歇尔发现,葡萄糖和甘露糖给出了相同的戊醛糖 D-(—)-阿拉伯糖,这就把葡萄糖和甘露糖的构型与戊醛糖中的阿拉伯糖联系在了一起。

　　在进一步的芦福降解过程中,费歇尔又发现,D-(—)-阿拉伯糖降解生成的丁醛糖为 D-(—)-赤藓糖。D-(—)-赤藓糖可能有下面(Ⅰ)和(Ⅱ)两种结构:

$$
\begin{array}{c}
\text{CHO} \\
\text{H}-\text{OH} \\
\text{H}-\text{OH} \\
\text{CH}_2\text{OH}
\end{array}
\xrightarrow{\text{HNO}_3}
\begin{array}{c}
\text{COOH} \\
\text{H}-\text{OH} \\
\text{H}-\text{OH} \\
\text{COOH}
\end{array}
$$

（Ⅰ）　　　　　　　内消旋酒石酸
　　　　　　　　　（无光学活性）

$$
\begin{array}{c}
\text{CHO} \\
\text{HO}-\text{H} \\
\text{H}-\text{OH} \\
\text{CH}_2\text{OH}
\end{array}
\xrightarrow{\text{HNO}_3}
\begin{array}{c}
\text{COOH} \\
\text{HO}-\text{H} \\
\text{H}-\text{OH} \\
\text{COOH}
\end{array}
$$

（Ⅱ）　　　　　　　酒石酸
　　　　　　　　　（有光学活性）

　　当费歇尔将 D-(—)-赤藓糖用硝酸处理时,得到非光学活性的内消旋酒石酸,说明赤藓糖的结构是式(Ⅰ)。费歇尔想到,能够降解成 D-(—)-赤藓糖的两个戊醛糖中,一定有一个是 D-(—)-阿拉伯糖,即 D-(—)-阿拉伯糖的结构可能为式(Ⅲ)或式(Ⅳ)。

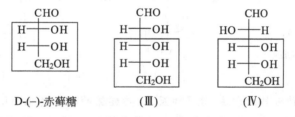

D-(–)-赤藓糖　　　　　（Ⅲ）　　　　　（Ⅳ）

　　于是,费歇尔将 D-(—)-阿拉伯糖用硝酸氧化,得到一个有光学活性的醛糖二酸((Ⅵ),说明 D-(—)-阿拉伯糖的构型应为式(Ⅳ)。此时 C_3、C_4 和 C_5 的构型已被确证了。

$$
\begin{array}{c}
\text{CHO} \\
\text{H}-\text{OH} \\
\text{H}-\text{OH} \\
\text{H}-\text{OH} \\
\text{CH}_2\text{OH}
\end{array}
\xrightarrow{\text{HNO}_3}
\begin{array}{c}
\text{COOH} \\
\text{H}-\text{OH} \\
\text{H}-\text{OH} \\
\text{H}-\text{OH} \\
\text{COOH}
\end{array}
\qquad
\begin{array}{c}
\text{CHO} \\
\text{HO}-\text{H} \\
\text{H}-\text{OH} \\
\text{H}-\text{OH} \\
\text{CH}_2\text{OH}
\end{array}
\xrightarrow{\text{HNO}_3}
\begin{array}{c}
\text{COOH} \\
\text{HO}-\text{H} \\
\text{H}-\text{OH} \\
\text{H}-\text{OH} \\
\text{COOH}
\end{array}
$$

（Ⅲ）　　　　　　（Ⅴ）　　　　　（Ⅳ）　　　　　（Ⅵ）
　　　　　　　　　无光学活性　　　　　　　　　有光学活性

　　为了进一步确证 C_2 的构型,费歇尔把 D-葡萄糖和 D-甘露糖与苯肼作用,结果生成了相同的糖脎,说明 D-葡萄糖和 D-甘露糖互为差向异构体,由于葡萄糖和甘露糖的降解产物均为 D-(—)-阿拉伯糖,进一步说明 D-葡萄糖和 D-甘露糖互为 C_2 差向异构体,也就是说葡萄糖和甘露糖可能分别具有式(Ⅶ)和式(Ⅷ)的结构。

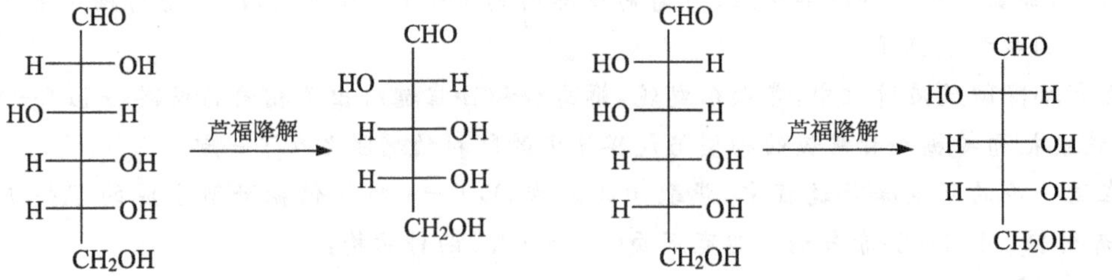

(VII)　　　　　D-(−)-阿拉伯糖　　　　(VIII)　　　　D-(−)-阿拉伯糖

将式（VII）的头、尾对调后再旋转 180°，变成一个新的化合物（IX）；而将式（VIII）的头、尾对调后再旋转 180°仍为本身（VIII）。也就是说，可以用头、尾对调的方法来区别 D-甘露糖和 D-葡萄糖。

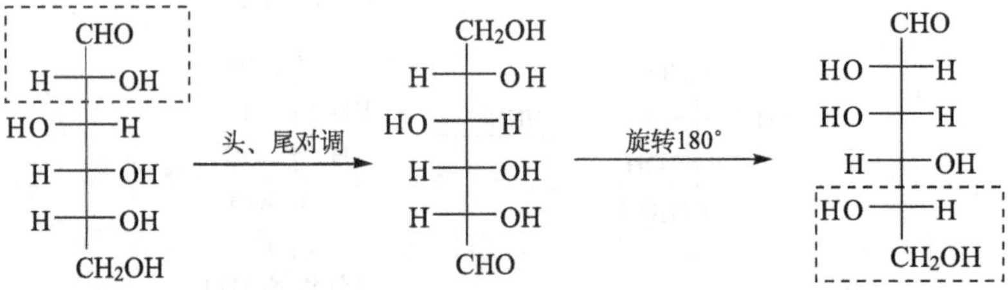

费歇尔建立了一种巧妙的方法，经多步反应，将醛糖的醛基转化为醇羟基，或将末端的醇羟基转化为醛基，实现了用头、尾对调来区分 D-葡萄糖和 D-甘露糖的想法。

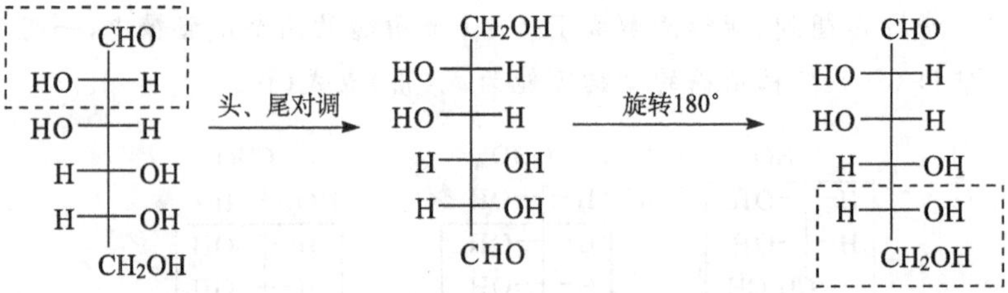

头、尾对调换

当 D-葡萄糖进行了上述多步反应后，得到两个化合物，其中一个仍为 D-葡萄糖，另一个为 L-古罗糖，即式（IX）；而当 D-甘露糖进行了上述多步反应后，只得到一个化合物，仍为 D-甘露糖，说明式（VII）是 D-葡萄糖的结构，而式（VIII）是 D-甘露糖的结构。

通过上述方法，费歇尔不仅确证了 D-葡萄糖糖的构型，也确证了其他多种单糖的构型。为此他获得了 1902 年诺贝尔化学奖。

习题（Exercises）

16.1　给出 D-甘露糖与下列试剂反应后的主要产物,并命名产物。

(1) 过量苯肼　　(2) HNO_3　　(3) Br_2/H_2O　　　　(4) 土伦试剂

(5) 高碘酸　　(6) CH_3OH/HCl　(7) $(CH_3)_2SO_4$, $NaOH$　(8) 芦福递降

(9) 将(7)的产物酸性水解　　(10) 催化氢化

16.2　下列哪些是还原糖? 哪些是非还原糖?

(1) D-甘露糖　　　(2) D-阿拉伯糖　　(3) D-山梨糖　　(4) L-来苏糖

(5)

(6)

(7) 甲基-β-D-葡萄糖苷　　(8) 淀粉　　(9) 蔗糖　　(10) 纤维素

16.3　一己醛糖用温热的稀 HNO_3 氧化,得到无光学活性的化合物。己醛糖应有怎样的结构? 写出相关的反应简式。

16.4　葡萄糖还原时得到单一的葡萄糖醇,果糖还原时则生成两种差向异构体,其中之一就是葡萄糖醇。试解释其原因。

16.5　葡萄糖经乙酰化后产生两种异构的五乙酰衍生物,后者不和苯肼、土伦试剂反应,如何解释这一现象?

16.6　化合物 A 分子式为 $C_5H_{10}O_4$,有旋光性,和乙酸酐反应生成二乙酯,但不和土伦试剂反应。A 用稀酸处理得到甲醇和 B($C_4H_8O_4$),后者有旋光性,和乙酸酐反应生成三乙酯。B 经还原可生成无旋光性的 C($C_4H_{10}O_4$),后者可和乙酸酐反应生成四乙酯。B 温和氧化的产物 D 是一个羧酸($C_4H_8O_5$),用芦福递降法,B 递降后得到 D-甘油醛。根据上述实验事实,确定 A~D 的构型式。

16.7　一种自然界中存在的双糖($C_{12}H_{22}O_{11}$),可还原费林试剂,用 β-葡糖苷酶水解为两分子 D-吡喃葡萄糖。若将此双糖甲基化后再水解,则得到等量的 2,3,4,6-四-O-甲基-D-吡喃葡萄糖和 2,3,4-三-O-甲基-D-吡喃葡萄糖。写出此双糖的结构式。

16.8　有两种化合物 A 和 B,分子式均为 $C_5H_{10}O_4$,与 Br_2 作用得到分子式相同的酸 $C_5H_{10}O_5$,与乙酸酐反应均生成三乙酯,用 HIO_4 作用都得到一分子 H_2CO 和一分子 HCO_2H,与苯肼作用,A 能生成脎,而 B 则不能。推导 A 和 B 的结构,写出上述反应过程。找出 A 和 B 的手性碳原子,写出对映异构体。

16.9　有一个糖类化合物溶液,用费林试剂检验没有还原性。如果加入麦芽糖酶放置片刻再检验则有还原性。经分析用麦芽糖酶处理后的溶液知道其中含有 D-葡萄糖和异丙醇。写出原化合物的结构式。

第 17 章 氨基酸、多肽、蛋白质
（Amino Acids，Polypeptides，Proteins）

蛋白质（protein）是天然高分子化合物，是生命的物质基础。与生命活动相关的蛋白质大约是由 20 种氨基酸通过酰胺键构成的，氨基酸是构筑蛋白质的基石，因此首先学习氨基酸。

17.1 氨 基 酸
（Amino Acids）

17.1.1 氨基酸的分类和命名

氨基酸是羧酸分子中烃基上的一个或几个氢原子被氨基取代后生成的化合物。根据氨基和羧基的相对位置，氨基酸可分为 α-氨基酸、β-氨基酸和 γ-氨基酸等。

$$RCH_2CH_2\underset{\underset{NH_2}{|}}{C}HCOOH \qquad RCH_2\underset{\underset{NH_2}{|}}{C}HCH_2COOH \qquad R\underset{\underset{NH_2}{|}}{C}HCH_2CH_2COOH$$

α-氨基酸 $\qquad\qquad$ β-氨基酸 $\qquad\qquad$ γ-氨基酸

在氨基酸分子中可以含有多个氨基或羧基，氨基和羧基的数目相等的称为中性氨基酸，如亮氨酸；氨基数目多于羧基的称为碱性氨基酸，如赖氨酸；羧基数目多于氨基的称为酸性氨基酸，常见的如谷氨酸。

氨基酸可以按系统命名法命名，即羧酸作母体，氨基作取代基来命名，但氨基酸一般用俗名。例如：

$$CH_3\underset{\underset{CH_3}{|}}{C}HCH_2\underset{\underset{NH_2}{|}}{C}HCOOH \qquad NH_2(CH_2)_4\underset{\underset{NH_2}{|}}{C}HCOOH \qquad HOOCCH_2CH_2\underset{\underset{NH_2}{|}}{C}HCOOH$$

4-甲基-2-氨基戊酸 $\qquad$ 2,6-二氨基己酸 $\qquad$ 2-氨基戊二酸
（亮氨酸）$\qquad\qquad$（赖氨酸）$\qquad\qquad$（谷氨酸）

组成蛋白质的氨基酸主要是 α-氨基酸，可用通式 $RCH(NH_2)COOH$ 表示。除 R＝H（甘氨酸）外，其他天然氨基酸都具有旋光性。α-氨基酸中的 α-碳原子都是手性碳原子，手性碳原子的构型通常用 R/S 命名法标记，但与糖类化合物一样，氨基酸的构型更习惯用 D/L 命名法标记。D 或 L 也是以甘油醛为标准来确定的。

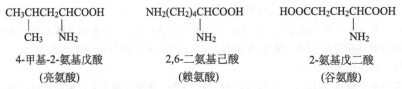

L-甘油醛 $\qquad$ L-氨基酸 $\qquad$ D-甘油醛 $\qquad$ D-氨基酸

α-氨基酸的构型一般用费歇尔投影式表示，书写 α-氨基酸的费歇尔投影式时，一般将羧基写在竖线的上方，R 基写在竖线的下方，氨基和氢写在横线的两侧。若氨基的位置与 L-甘油醛中羟基的位置一致，就定义为 L-氨基酸；若氨基的位置与 D-甘油醛中羟基的位置一致，就定义为 D-氨基酸，天然的氨基酸多数是 L 型的。例如：

$$H_2N-\overset{COOH}{\underset{CH_3}{|}}-H$$

L-丙氨酸
(2S)

$$H_2N-\overset{COOH}{|}-H \quad H-|-OH \atop CH_3$$

L-苏氨酸
(2S,3R)

蛋白质中的 α-氨基酸的名称、缩写、代号、结构式和等电点数据列于表 17-1。

表 17-1　蛋白质中的 α-氨基酸的名称、结构和等电点

类别	俗名	系统命名	英文缩写	字母代号	汉字代号	结构式	等电点(pI)
中性氨基酸	甘氨酸 glycine	2-氨基乙酸	Gly	G	甘	$CH_2COOH \atop NH_2$	5.97
	丙氨酸 alanine	2-氨基丙酸	Ala	A	丙	$CH_3CHCOOH \atop NH_2$	6.00
	缬氨酸* valine	3-甲基-2-氨基丁酸	Val	V	缬	$(CH_3)_2CHCHCOOH \atop NH_2$	5.96
	亮氨酸* leucine	4-甲基-2-氨基戊酸	Leu	L	亮	$(CH_3)_2CHCH_2CHCOOH \atop NH_2$	5.98
	异亮氨酸* isoleucine	3-甲基-2-氨基戊酸	Ile	I	异亮	$CH_3CH_2CH-CHCOOH \atop CH_3\ \ NH_2$	6.02
	苯丙氨酸* phenylalanine	3-苯基-2-氨基丙酸	Phe	F	苯丙	$C_6H_5CH_2CHCOOH \atop NH_2$	5.48
	丝氨酸 serine	2-氨基-3-羟基丙酸	Ser	S	丝	$HOCH_2CHCOOH \atop NH_2$	5.68
	苏氨酸* threonine	2-氨基-3-羟基丁酸	Thr	T	苏	$CH_3CH-CHCOOH \atop OH\ \ NH_2$	5.60
	酪氨酸 tyrosine	2-氨基-3-对羟基苯丙酸	Tyr	Y	酪	$HO-\langle\rangle-CH_2CHCOOH \atop NH_2$	5.66
	半胱氨酸 cysteine	2-氨基-3-巯基丙酸	Cys	C	半胱	$HSCH_2CHCOOH \atop NH_2$	5.07
	蛋氨酸* methionine	2-氨基-4-甲硫基丁酸	Met	M	蛋	$CH_3SCH_2CH_2CHCOOH \atop NH_2$	5.74
	天冬酰胺 asparagine	2-氨基丁酰胺酸	Asn	N	天冬-NH_2	$H_2NCCH_2CHCOOH \atop O\ \ NH_2$	5.41
	谷氨酰胺 glutamine	2-氨基戊酰胺酸	Gln	Q	谷-NH_2	$H_2NCCH_2CH_2CHCOOH \atop O\ \ NH_2$	5.65
	脯氨酸 proline	四氢吡咯-2-甲酸	Pro	P	脯	(吡咯烷-COOH)	6.30
	色氨酸* tryptophan	2-氨基-3-吲哚丙酸	Trp	W	色	(吲哚-CH_2CHCOOH, NH_2)	5.89

续表

类别	俗名	系统命名	英文缩写	字母代号	汉字代号	结构式	等电点（pI）
碱性氨基酸	赖氨酸* lysine	2,6-二氨基己酸	Lys	K	赖	$H_2NCH_2(CH_2)_3\underset{\underset{NH_2}{\mid}}{C}HCOOH$	9.74
	精氨酸 arginine	2-氨基-5-胍基戊酸	Arg	R	精	$H_2N\underset{\underset{NH}{\mid}}{C}NH(CH_2)_3\underset{\underset{NH_2}{\mid}}{C}HCOOH$	10.76
	组氨酸 histidine	2-氨基-4-咪唑丙酸	His	H	组	$\underset{}{}$CH$_2$CHCOOH（咪唑环 HN⎯N）NH$_2$	7.59
酸性氨基酸	天冬氨酸 aspartic acid	2-氨基丁二酸	Asp	D	天冬	$HOOCCH_2\underset{\underset{NH_2}{\mid}}{C}HCOOH$	2.77
	谷氨酸 glutamic acid	2-氨基戊二酸	Glu	E	谷	$HOOCCH_2CH_2\underset{\underset{NH_2}{\mid}}{C}HCOOH$	3.22

注：带 * 号的八种氨基酸为必需氨基酸。

练习 17.1　分别用系统命名法和俗名命名下列氨基酸。

(1) $NH_2CH_2CH_2COOH$

(2) $C_6H_5CH_2\underset{\underset{NH_2}{\mid}}{C}HCOOH$

(3) $HOOCCH_2CH_2\underset{\underset{NH_2}{\mid}}{C}HCOOH$

(4) $(CH_3)_2CH\underset{\underset{NH_2}{\mid}}{C}HCOOH$

(5) $CH_3\underset{\underset{OH}{\mid}}{C}H\underset{\underset{NH_2}{\mid}}{C}HCOOH$

(6) $NH_2CH_2\underset{\underset{OH}{\mid}}{C}HCH_2CH_2\underset{\underset{NH_2}{\mid}}{C}HCOOH$

17.1.2　氨基酸的物理性质

由于氨基酸分子中既有碱性的氨基，又有酸性的羧基，分子内的氨基与羧基能反应生成盐，称为内盐，故分子以内盐的形式存在，即以两性离子或偶极离子的形式存在。

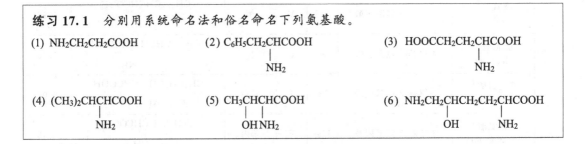

例如：

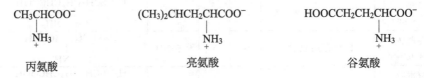

丙氨酸　　　　　　　　亮氨酸　　　　　　　　谷氨酸

α-氨基酸以两性离子的形式存在，极性较大，故在水中有一定的溶解度，但不溶于有机溶剂。α-氨基酸的偶极矩比相对分子质量相近的胺和羧酸大得多。例如，相对分子质量相近的甘氨酸、丙酸和丁胺的偶极矩值如下：

$$H_2NCH_2COOH \qquad CH_3CH_2COOH \qquad CH_3CH_2CH_2CH_2NH_2$$

甘氨酸　　　　　　　丙酸　　　　　　　　丁胺

$46.7\times10^{-30}C\cdot m$　　$5.67\times10^{-30}C\cdot m$　　　$4.67\times10^{-30}C\cdot m$

由于两性离子间的静电引力较强,所以 α-氨基酸的熔点很高,并多数在熔化时分解。因此,α-氨基酸的熔点不是一种能用于鉴定的可靠的物理常数。

17.1.3　氨基酸的化学性质

氨基酸分子内既含有氨基又含有羧基,因此它们具有氨基和羧基的典型性质。由于两种官能团在分子内相互影响,它们又具有一些特殊的性质。

1. 酸碱性和等电点

氨基酸是两性分子,既能与酸反应,又能与碱反应,在水溶液中存在下列平衡:

$$
\underset{\text{正离子}}{R-\overset{\overset{+}{N}H_3}{\underset{|}{C}H}-COOH} \underset{H^+}{\overset{OH^-}{\rightleftharpoons}} \underset{\text{偶极离子}}{R-\overset{\overset{+}{N}H_3}{\underset{|}{C}H}-COO^-} \underset{H^+}{\overset{OH^-}{\rightleftharpoons}} \underset{\text{负离子}}{R-\overset{NH_2}{\underset{|}{C}H}-COO^-}
$$

上述平衡说明:在强酸性溶液中,氨基酸以正离子形式存在,电解时,它移向负极;在强碱性溶液中,氨基酸以负离子形式存在,电解时,它移向正极。若调节电解池的 pH,在该 pH 下,正、负离子的浓度完全相等,氨基酸既不移向负极,也不移向正极,这时溶液的 pH 称为该氨基酸的等电点(isoelectric point,pI)。在等电点时,氨基酸主要以两性离子存在,此时氨基酸在水中的溶解度最小,可以结晶析出。值得注意的是,等电点并不是中性点。不同的氨基酸具有不同的等电点。一般中性 α-氨基酸的等电点 pH$=5\sim6$,酸性 α-氨基酸的等电点 pH$=2.8\sim3.2$,碱性 α-氨基酸的等电点 pH$=7.6\sim10.8$。

由于不同氨基酸的等电点不同,并且在等电点时的溶解度最小,故可用调节等电点的方法将某些氨基酸从混合溶液中沉淀出来,达到分离氨基酸混合物的目的。还可以利用在同一 pH 时不同的氨基酸所带电荷的不同而对氨基酸混合物进行电泳分离。

2. 羧基的反应

α-氨基酸分子中的羧基具有典型的羧基的性质,如它能成酰卤、成酯、成酐、成酰胺等,还能与碱、氢化铝锂等反应。除此之外,α-氨基酸酯能与肼作用生成酰肼,酰肼与亚硝酸作用则生成叠氮化合物。

$$
\underset{}{H_2N-\overset{R}{\underset{|}{C}H}-COOH} \longrightarrow H_2N-\overset{R}{\underset{|}{C}H}-COOR' \overset{NH_2NH_2}{\longrightarrow} H_2N-\overset{R}{\underset{|}{C}H}-CONHNH_2
$$

$$
\overset{HNO_2}{\longrightarrow} H_2N-\overset{R}{\underset{|}{C}H}-CON_3
$$

叠氮化合物与另一氨基酸酯作用即能缩合成二肽,此法称为叠氮法接肽,用此法合成的肽能保持产品的光学纯度。

$$
ZNH-\overset{R}{\underset{|}{C}H}-CON_3 \;+\; H_2N-\overset{R'}{\underset{|}{C}H}-COOR'' \longrightarrow ZNH-\overset{R}{\underset{|}{C}H}-CO-NH-\overset{R'}{\underset{|}{C}H}-COOR''
$$

两分子氨基酸在适当条件下加热,分子中的氨基与羧基相互作用,失去两分子水生成二酮吡嗪。

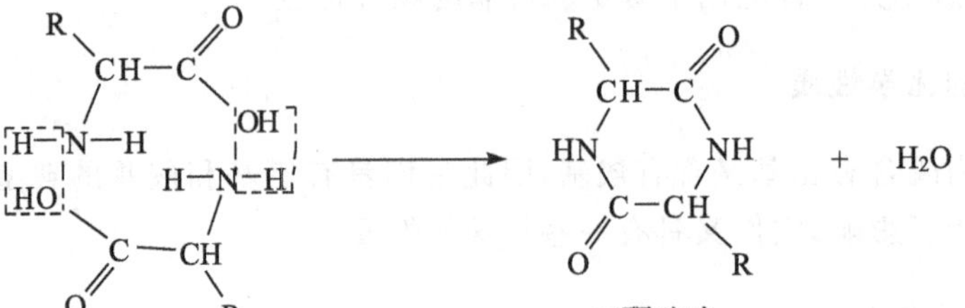

二酮吡嗪

3. 氨基的反应

α-氨基酸分子中的氨基具有典型的氨基的性质,如能发生酰基化、烷基化反应,还能与酸、亚硝酸等反应。

1) 氨基的酰基化

氨基酸分子中的氨基与乙酰氯、乙酸酐、苯甲酰氯、邻苯二甲酸酐等酰化剂反应,能被酰基化成酰胺。

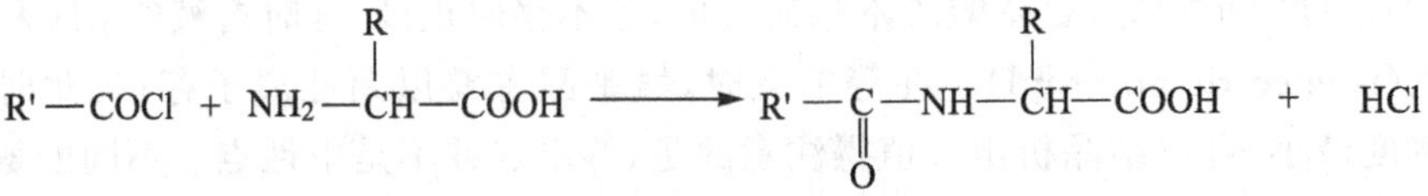

在蛋白质和多肽的合成中,为了保护氨基常用苄氧甲酰氯(也称氯甲酸苯甲酯)作为酰化剂(见 17.2.3),该试剂易引入,引入后对多种试剂较稳定,同时还能用多种方法把它脱下来,是常用的保护氨基的试剂。

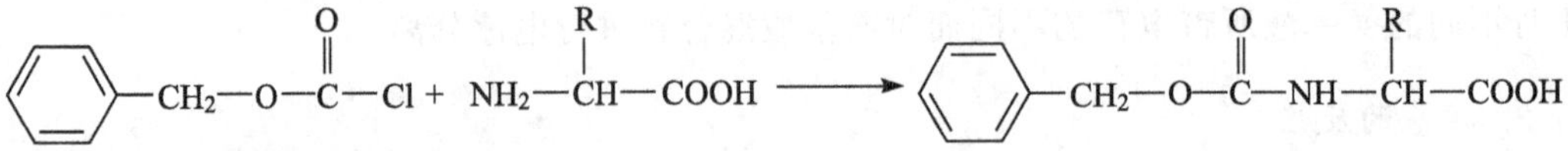

2) 氨基的烃基化

氨基酸与 RX 或 PhX 等作用,发生烃基化反应,生成 N-烃基氨基酸。例如:

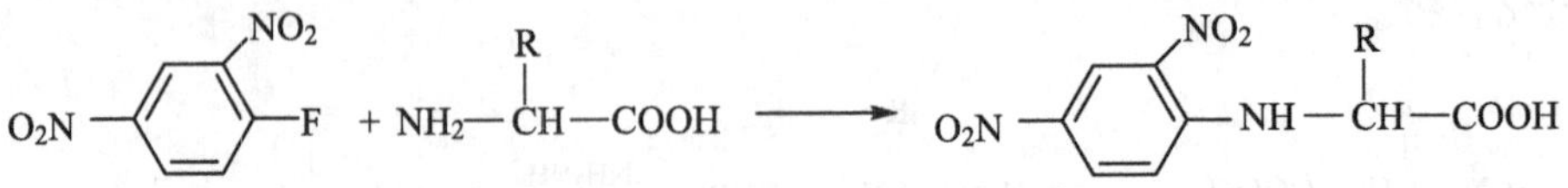

氟代二硝基苯在多肽结构分析中用作测定 N-端的试剂(见 17.2.2)。

3) 与亚硝酸反应

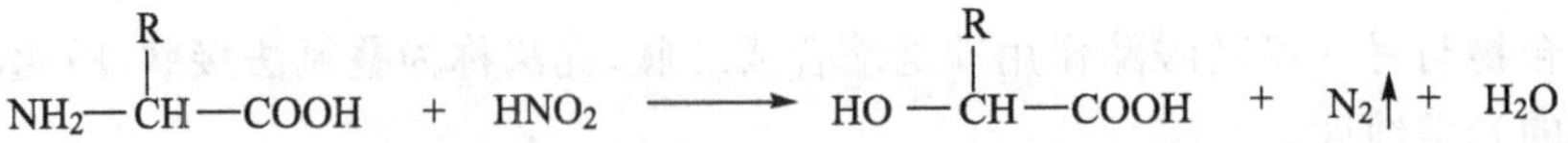

α-氨基酸与亚硝酸的反应是定量完成的,测定 N_2 的体积便可计算出含有伯胺基的氨基酸中氨基的含量。

4. 与水合茚三酮反应

α-氨基酸的水溶液可以和水合茚三酮反应,生成蓝色或紫红色的有色物质。该反应十分灵敏,几微克 α-氨基酸就能显色,所以常用水合茚三酮为显色剂,定性鉴定 α-氨基酸。还可以用紫外分光光度法定量测定 α-氨基酸的含量,因为生成的紫色溶液在 570nm 有强吸收,其强度与参与反应的氨基酸的量成正比。

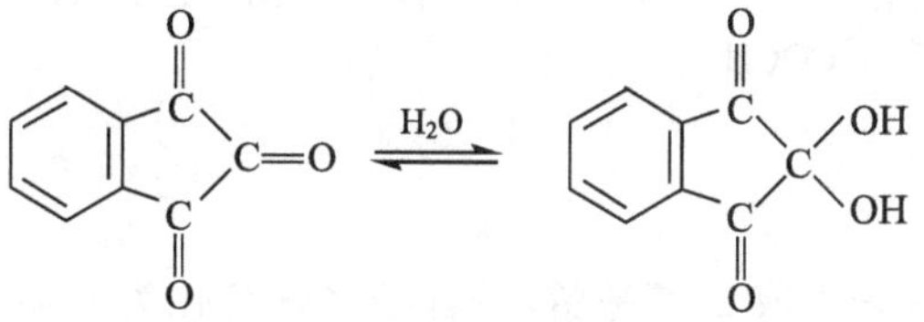

茚三酮　　　　　　　　　水合茚三酮

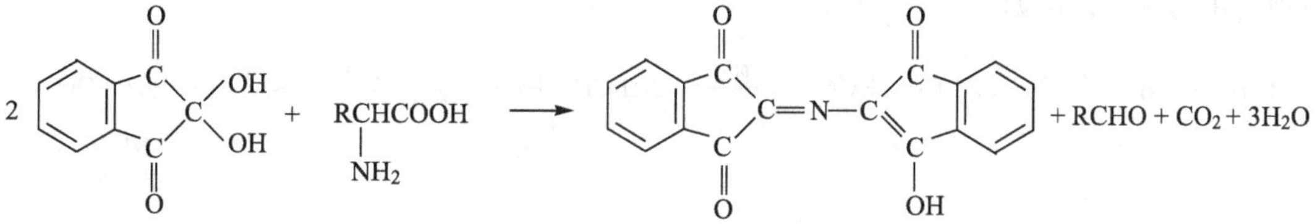

(蓝紫色)

练习 17.2　pH 分别为 2、4、8、11 时,甘氨酸在水溶液中主要以什么形式存在?

练习 17.3　写出色氨酸、半胱氨酸和组氨酸在 pH=6 的电泳分离情况。

练习 17.4　下列氨基酸在水溶液中,溶液呈酸性、碱性还是中性?

(1) Glu　　(2) Gln　　(3) Leu　　(4) Phe　　(5) Arg　　(6) Ser

17.1.4　氨基酸的制备

氨基酸的制备主要有蛋白质水解、有机合成和发酵法。α-氨基酸的合成主要有以下四种方法。

1. α-卤代酸氨解

α-卤代酸与氨反应可以得到 α-氨基酸。例如:

$$H_3C-\underset{Br}{CH}-COOH \;+\; NH_3 \xrightarrow{H_2O,25℃} H_3C-\underset{NH_2}{CH}-COOH$$

此法有副产物仲胺和叔胺生成,不易纯化,因此常用盖布瑞尔法代替。

2. 盖布瑞尔合成法

与制备伯胺的方法相似,用 α-卤代酸酯和邻苯二甲酰亚胺钾反应,然后水解,可以制得较纯的 α-氨基酸,此法称为盖布瑞尔(Gabrial)合成法。例如:

①KOH, H₂O　②HCl

... (邻苯二甲酰亚胺钾盐) + Br—CH(CH₃)—COOR' ⟶ ...N—CH(CH₃)—COOR'

$$\xrightarrow[\text{② HCl}]{\text{① KOH, H}_2\text{O}}$$

邻苯二甲酸(COOH, COOH) + H_2N—CH(CH₃)—COOH + R'OH

3. 斯瑞克合成法

利用醛与氢氰酸和氨反应,首先生成 α-氨基腈,后者经水解转化为 α-氨基酸,此法即为斯瑞克(Strecker)合成法。从合适的醛出发,用此法可以得到许多 α-氨基酸,是制备 α-氨基酸的一种有用的方法。例如:

$$C_6H_5CH_2CHO \xrightarrow{HCN} \underset{\overset{|}{OH}}{C_6H_5CH_2CHCN} \xrightarrow{NH_3} \underset{\overset{|}{NH_2}}{C_6H_5CH_2CHCN} \xrightarrow[\text{② H+}]{\text{① NaOH, H}_2\text{O}} \underset{\overset{|}{\overset{+}{N}H_3}}{C_6H_5CH_2CHCOO^-}$$

(±)苯丙氨酸

4. 丙二酸酯合成法

丙二酸酯是合成 α-氨基酸的重要原料,此法应用的方式多种多样,下面介绍的是溴化丙二酸酯合成法。例如:

$$\underset{\overset{|}{COOC_2H_5}}{H_2C\overset{COOC_2H_5}{}} \xrightarrow[\text{CCl}_4]{Br_2} Br-CH\overset{COOC_2H_5}{\underset{COOC_2H_5}{}} \longrightarrow \quad \text{...}N-CH\overset{COOC_2H_5}{\underset{COOC_2H_5}{}}$$

$$\xrightarrow[\text{② C}_6\text{H}_5\text{CH}_2\text{Br}]{\text{① C}_2\text{H}_5\text{ONa}} \quad \text{...}N-\overset{COOC_2H_5}{\underset{\underset{CH_2C_6H_5}{|}}{\overset{|}{C}}}-COOC_2H_5 \xrightarrow[\text{② HCl}]{\text{① NaOH}} \quad (COOH, COOH) + \underset{\overset{|}{CH_2C_6H_5}}{H_2N-CH-COOH}$$

用上述合成方法合成的 α-氨基酸是外消旋体,拆分后才能得到 D-和 L-α-氨基酸。近年来氨基酸的不对称合成发展很快,特别是不对称催化反应,可立体选择性地合成所需构型的氨基酸。

练习 17.5　分别用三种不同的方法制备(±)-苯丙氨酸。

17.2 多　肽
（Polypeptides）

17.2.1　多肽的分类和命名

α-氨基酸分子间的氨基与羧基脱水,通过酰胺键相连接而成的化合物称为肽。连接 α-氨基酸单元的酰胺键（—CONH—）又称为肽键。

由两个 α-氨基酸组成的肽称为二肽,由三个 α-氨基酸组成的肽称为三肽,依此类推。一般十肽以下的统称寡肽或低聚肽,由十一个以上 α-氨基酸组成的肽称为多肽。例如：

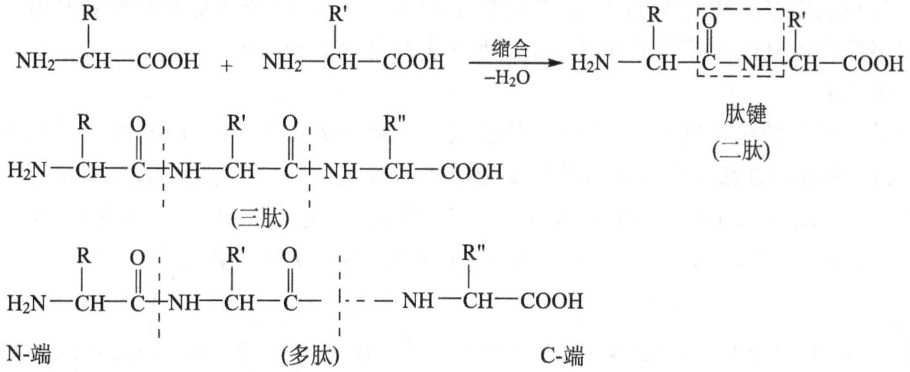

在多肽链中,带有游离氨基的氨基酸单元称为 N-端;带有游离羧基的氨基酸单元称为 C-端。写肽链时一般总把 N-端写在左边,C-端写在右边。

多肽化合物的命名是令 C-端氨基酸为母体,肽链中的其他氨基酸看作是酰基取代基,放在母体前命名。酰基的排列顺序是从 N-端开始,依次按组成多肽的氨基酸的顺序称为某氨酰某氨酰……某氨酸（简写为某-某-……某）,母体名称和各酰基名称之间用一短线分开。例如：

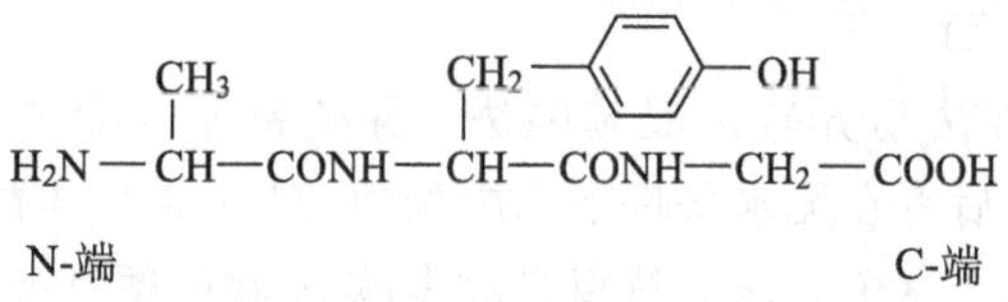

丙氨酰-酪氨酰-甘氨酸
简称：丙-酪-甘（Ala-Tyr-Gly）

练习 17.6　命名下列肽,并给出简写名称。

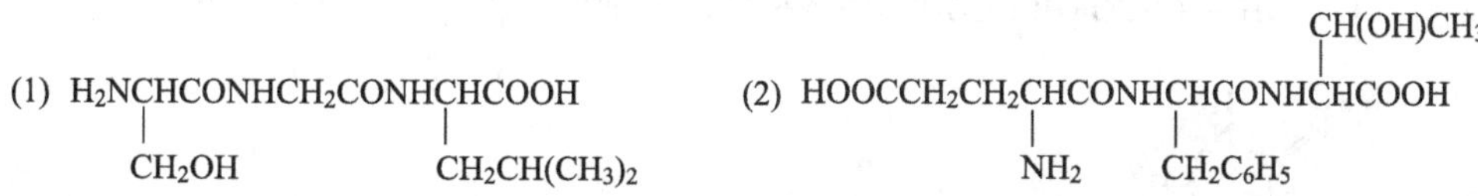

(1) $H_2NCHCONHCH_2CONHCHCOOH$
　　　$\quad$ CH$_2$OH $\qquad\qquad$ CH$_2$CH(CH$_3$)$_2$

(2) HOOCCH$_2$CH$_2$CHCONHCHCONHCHCOOH
　　　$\qquad\qquad$ NH$_2$　　CH$_2$C$_6$H$_5$　　CH(OH)CH$_3$

17.2.2　多肽结构的测定

由于肽的结构与其生理功能之间有着密切的关系,所以要研究多肽结构的测定。要测定一个多肽的结构,首先要知道这个多肽分子是由哪些氨基酸组成的,每一种氨基酸的数目有多少,然后再确定这些氨基酸在多肽分子中的排列顺序。

1. 肽的水解

首先将某多肽与 $6mol \cdot L^{-1}$ 盐酸于 112℃加热 24～72h,使其彻底水解,得到氨基酸混合物;然后用适当的方法,如电泳、离子交换层析或氨基酸分析仪等,测定氨基酸的种类,再根据测定的多肽的相对分子质量,算出该多肽中所含的各种氨基酸的数目。

2. 氨基酸顺序的测定

测定多肽中氨基酸的排列顺序通常有两种方法:一种是端基分析法,另一种是酶部分水解法。

1) 端基分析法

端基分析法就是选用特殊的实验,鉴定肽链的 N-端和 C-端分别是哪两种氨基酸。端基分析是测定多肽中氨基酸顺序的重要步骤,分析方法有化学法和酶解法。

(1) 化学法。

利用某些有效的化学试剂,与多肽中的游离氨基或游离羧基发生反应,然后将反应产物水解,其中与试剂结合的氨基酸容易与其他部分分离和鉴定。利用化学法测定 N-端的一种有效试剂是 2,4-二硝基氟苯(dinitrofluorobenzene,DNFB),它与多肽分子中 N-端的游离氨基作用,经水解后得到黄色的 N-(2,4-二硝基苯基)氨基酸,很容易分离和鉴定。

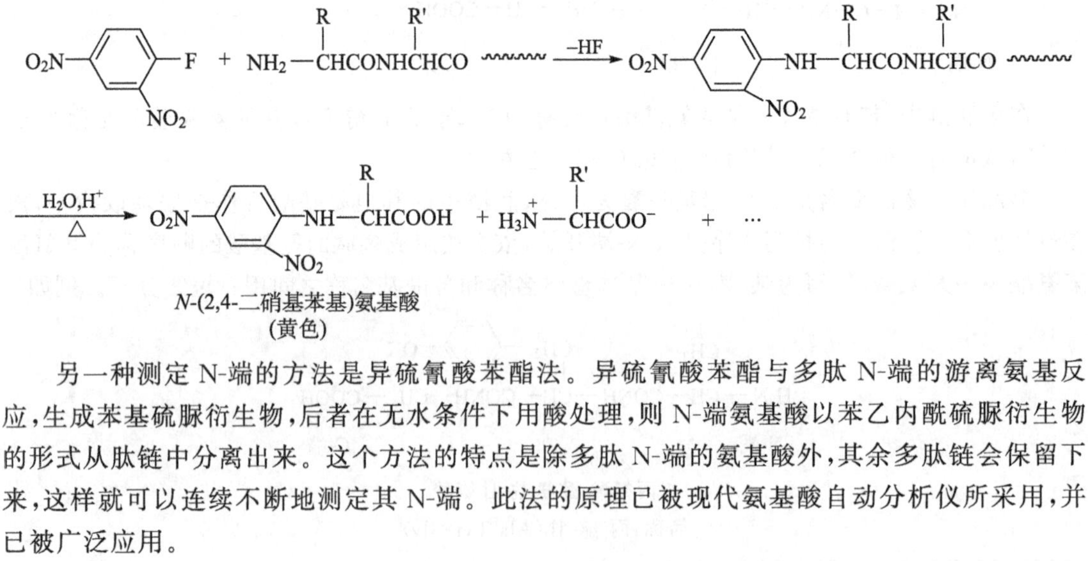

N-(2,4-二硝基苯基)氨基酸
(黄色)

另一种测定 N-端的方法是异硫氰酸苯酯法。异硫氰酸苯酯与多肽 N-端的游离氨基反应,生成苯基硫脲衍生物,后者在无水条件下用酸处理,则 N-端氨基酸以苯乙内酰硫脲衍生物的形式从肽链中分离出来。这个方法的特点是除多肽 N-端的氨基酸外,其余多肽链会保留下来,这样就可以连续不断地测定其 N-端。此法的原理已被现代氨基酸自动分析仪所采用,并已被广泛应用。

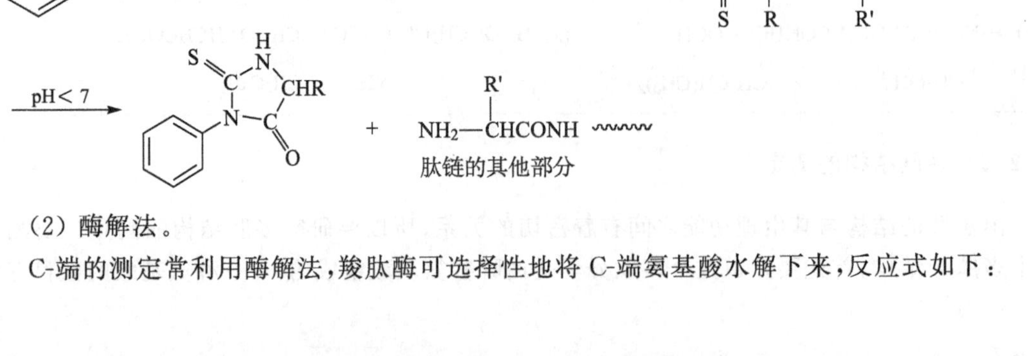

肽链的其他部分

(2) 酶解法。

C-端的测定常利用酶解法,羧肽酶可选择性地将 C-端氨基酸水解下来,反应式如下:

$$\text{\textasciitilde\textasciitilde\textasciitilde NH—}\underset{|}{\overset{R}{CH}}\text{CONH}\underset{|}{\overset{R'}{CH}}\text{COOH} \xrightarrow[\text{羧肽酶}]{H_2O} \text{\textasciitilde\textasciitilde\textasciitilde NH—}\underset{|}{\overset{R}{CH}}\text{COOH} + H_2N\text{—}\underset{|}{\overset{R'}{CH}}\text{COOH}$$

N-端也可以用酶水解测定,用氨肽酶处理,可以从 N-端水解多肽,反应式如下:

$$NH_2\text{—}\underset{|}{\overset{R}{CH}}\text{CONH}\underset{|}{\overset{R'}{CH}}\text{CONH}\text{\textasciitilde\textasciitilde\textasciitilde} \xrightarrow[\text{氨肽酶}]{H_2O} NH_2\text{—}\underset{|}{\overset{R}{CH}}\text{COOH} + H_2N\text{—}\underset{|}{\overset{R'}{CH}}\text{CONH}\text{\textasciitilde\textasciitilde\textasciitilde}$$

追踪这些酶水解得到的游离氨基酸,就可以测定多肽中氨基酸的排列顺序。对于很长的肽链,还要结合部分酶水解法进行分析。

2)酶部分水解法

测定肽链氨基酸顺序的一个关键是用酶催化肽键部分水解,通常用蛋白酶将肽链部分水解,每种酶往往只能水解一定类型的肽键,如胰蛋白酶优先水解碱性氨基酸(如赖氨酸和精氨酸)羧基上的肽键,胃蛋白酶优先水解苯丙氨酸、酪氨酸和色氨酸氨基上的肽键。经酶部分水解后,一个长的肽链被分解为许多小肽分子,然后将这些小肽分离,再用端基分析法确定这些较小的肽链中氨基酸的排列顺序,这样多次地重复进行,最后推出原来多肽分子中各种氨基酸的排列顺序。

17.2.3　多肽的合成

多肽的合成是一项重要的有机合成,近年来取得了很大的进展。从合成技术上,可以分为传统的液相合成和固相合成两大类。

1. 传统的液相合成

传统的液相多肽合成是分步缩合反应。在这个过程中,一个氨基酸的氨基与另一个氨基酸的羧基进行缩合并纯化,重复多次,直至生成目标多肽。为了得到目标多肽,基本的方法是用一个保护了氨基的氨基酸与另一个保护了羧基的氨基酸在缩合剂的作用下缩合。然而,将两个相应的保护了氨基和羧基的氨基酸放在溶液中,一般并不能形成肽键,要想形成酰胺键,常需要将保护了氨基的氨基酸的羧基活化,或用有效的缩合剂(失水剂)使氨基和羧基结合起来。现在最有效和常用的失水剂是二环己基碳化二亚胺。下面先介绍保护氨基和羧基的方法,以及活化羧基的方法,再以二肽丙氨酰甘氨酸为例,说明接肽的方法。

1)氨基的保护

用于保护氨基的两个最重要的化合物是氯甲酸苯甲酯和氯甲酸叔丁酯。

(1)氯甲酸苯甲酯。

氨基酸与氯甲酸苯甲酯反应生成 N-苯甲氧羰基氨基酸,接肽反应完成后,用 Pd-C 催化氢解脱去保护基苯甲氧羰基。例如,甘氨酸的保护与去保护如下:

$$\overset{+}{H_3N}CH_2COO^- + \text{（苯环）—}CH_2O\overset{O}{\overset{\|}{C}}Cl \xrightarrow{NaOH} \text{（苯环）—}CH_2O\overset{O}{\overset{\|}{C}}NHCH_2COOH$$

甘氨酸　　　　　　　　　　　　　　　　　　　　　　　　　　 N-苯甲氧羰基甘氨酸

$$\text{（苯环）—}CH_2O\overset{O}{\overset{\|}{C}}NHCH_2COOH \xrightarrow{H_2/Pd\text{-}C} \text{（苯环）CH}_3 + HO\overset{O}{\overset{\|}{C}}NHCH_2COOH$$

N-苯甲氧羰基甘氨酸　　　　　　　　　　　　　　　　　　 $\longrightarrow CO_2 + \overset{+}{H_3N}CH_2COO^-$

（2）氯甲酸叔丁酯。

氨基酸与氯甲酸叔丁酯反应生成 N-叔丁氧羰基氨基酸。接肽反应完成后，该保护基叔丁氧羰基在温和的酸性条件下水解即可脱去。例如：

$$
\underset{H_3NCHCOO^-}{\overset{R}{\mid}} + (CH_3)_3COCCl \xrightarrow[\text{② } H_3O^+]{\text{① } OH^-} (CH_3)_3COCNHCHCOOH
$$

$$
(CH_3)_3COCNHCHCOOH \xrightarrow[25\ ℃]{HCl\ 或 CF_3COOH} \underset{H_3NCHCOO^-}{\overset{R}{\mid}} + CO_2 + CH_2=C(CH_3)_2
$$

2）羧基的保护

羧基的保护方法是转变成酯，常用的是苄酯和叔丁酯，苄酯可以用催化氢解的方法除去保护基，叔丁酯在温和的酸性条件下水解即可脱保护。例如：

$$
\underset{\overset{\mid}{NH_3}}{\overset{R-CH-COO^-}{}} \xrightarrow[H_3C-\bigcirc-SO_3H]{PhCH_2OH} H_2N-CHCOOCH_2Ph \xrightarrow{Pd/H_2} \underset{\overset{\mid}{NH_3}}{R-CH-COO^-}
$$

3）活化羧基的方法

活化羧基的方法主要有混合酸酐法和活化酯法。

（1）混合酸酐法。

先将保护了氨基的 Z-氨基酸（Z 为保护基）与三乙胺反应生成盐，后者与氯甲酸乙酯反应，生成混合酸酐，再经酸酐氨解，生成一个氨基被 Z 保护、羧基被酯保护的二肽，用碱性水解酯，然后 Pd-C 催化氢解，将保护基脱掉后得到二肽。

$$
ZNHCHRCOOH \xrightarrow{N(C_2H_5)_3} ZNHCHRCOONH(C_2H_5)_3 \xrightarrow{ClCOOC_2H_5}
$$

$$
\underset{\text{（混合酸酐）}}{ZNHCHRCOCOC_2H_5} \xrightarrow[\text{接肽}]{H_2N-CHCOOCH_3 \atop R'} ZNHCHRCONHCHR'COOCH_3
$$

$$
\xrightarrow{OH^-,H_2O} \xrightarrow{H_2,\ Pd-C} H_3NCHRCONHCHR'COO^-
$$

（2）活化酯法。

将保护了氨基的 Z-氨基酸与对硝基苯酚反应，使羧基转变成活性高的对硝基苯酯基，再经酯的氨解完成接肽，最后通过温和水解将保护基 Z 和酯基除去。

$$
ZNHCHRCOOH \xrightarrow{HO-\bigcirc-NO_2} ZNHCHRCOOC_6H_4NO_2\text{-}p \xrightarrow[\text{接肽}]{H_5N-CHCOOC_2H_5 \atop R'}
$$

$$
ZNHCHRCONHCHR'COOC_2H_5 \xrightarrow{温和水解} H_3NCHRCONHCHR'COO^-
$$

除用活化羧基的方法外，还常用有效的失水剂（或称缩合剂）使氨基和羧基结合起来，其中最重要的是二环己基碳化二亚胺（DCC），它可以使醇或胺酰化，自身在反应中与水结合转变成不溶的二环己基脲。将分别保护了氨基和羧基的两个氨基酸与二环己基碳化二亚胺反应完成接肽。用 Pd-C 催化氢解，一步将两个保护基去掉。例如：

$$ZNHCHRCOOH + \text{(环己基)}-N=C=N-\text{(环己基)} + H_2NCHR'COOCH_2C_6H_5 \longrightarrow$$

二环己基碳化二亚胺

$$ZNHCHRCONHCHR'COOCH_2C_6H_5 + \text{(环己基)}-NHCONH-\text{(环己基)}$$

二环己基脲

$$\downarrow \text{H}_2, \text{Pd-C}$$

$$\overset{+}{H_3}NCHRCONHCHR'COO^-$$

4) 多肽合成

下面以二肽丙氨酰甘氨酸为例，说明接肽的方法。

（1）保护 N-端丙氨酸的氨基。

$$H_2N-\underset{\underset{CH_3}{|}}{CH}-\overset{\overset{O}{\|}}{C}-OH \xrightarrow{\text{B(氨基保护试剂)}} BHN-\underset{\underset{CH_3}{|}}{CH}-\overset{\overset{O}{\|}}{C}-OH$$

（2）活化 N-端丙氨酸的羧基。

$$BHN-\underset{\underset{CH_3}{|}}{CH}-\overset{\overset{O}{\|}}{C}-OH \xrightarrow{\text{A(羧基活化试剂)}} BHN-\underset{\underset{CH_3}{|}}{CH}-\overset{\overset{O}{\|}}{C}-A$$

（3）保护 C-端甘氨酸的羧基。

$$NH_2CH_2COOH \xrightarrow{\text{Z(羧基保护试剂)}} NH_2CH_2COOZ$$

（4）接肽。

$$BHN-\underset{\underset{CH_3}{|}}{CH}-\overset{\overset{O}{\|}}{C}-A + NH_2CH_2COOZ \longrightarrow BHN-\underset{\underset{CH_3}{|}}{CH}-\overset{\overset{O}{\|}}{C}-NHCH_2COOZ$$

（5）脱去保护基。

$$BHN-\underset{\underset{CH_3}{|}}{CH}-\overset{\overset{O}{\|}}{C}-NHCH_2COOZ \xrightarrow{OH^-, H_2O} \xrightarrow{H_2, \text{Pd-C}} H_2N-\underset{\underset{CH_3}{|}}{CH}-\overset{\overset{O}{\|}}{C}-NHCH_2COOH$$

练习 17.7 写出 Lys-Leu-Met 的结构式并命名。

练习 17.8 写出包含 Ala、Phe 和 Gly 三种氨基酸的任意四种可能的三肽的结构式并命名。

2. 固相合成和组合合成

上述液相合成法的每一步反应都需将所得产物分离、提纯，且产品的产率随着分离、提纯等操作次数的增多而呈指数下降,最终所需多肽的产率较低。20 世纪 60 年代,梅里菲尔德(R. B. Merrifield)发展了固相合成多肽的方法,避免了上述缺点,大大缩短了合成所需的时间并提高了产率。

固相合成是在不溶的聚苯乙烯树脂表面进行的反应。把用二乙烯基苯交联的聚苯乙烯进行氯甲基化,在树脂的苯环上引入氯甲基(—CH$_2$Cl)。当它和氨基酸的水溶液一起搅拌时,很容易生成苯甲酯。然后将该树脂与另一个 N-端被保护的氨基酸在缩合剂中振荡,结果得到 N-端有保护基的二肽。用 HCl/CH$_3$COOH 处理,可以去掉保护基。重复上述步骤,得到所需的多肽。最后用三氟乙酸和溴化氢处理,就把合成的肽链从树脂上分离下来。上述步骤可用下式简单表示,式中 P 表示保护基:

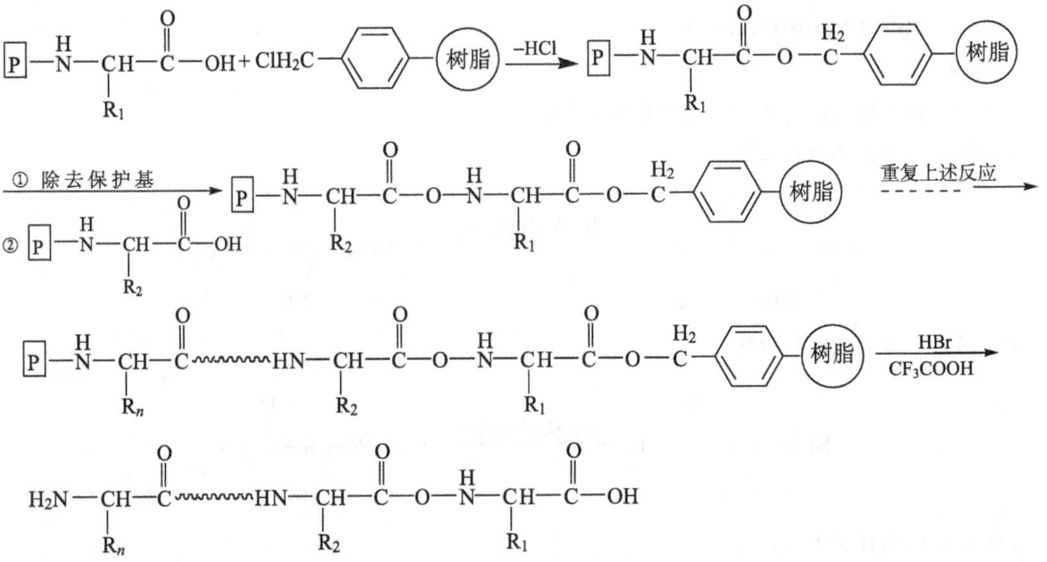

固相合成法的优点是用过量的试剂可以使反应更快而有效地进行,过量的试剂、副产物和溶剂容易洗去,最后只有产物留在树脂上,省去分离中间产物的步骤,易于自动化。

目前固相合成法已有很大进展,已有各种适合不同肽链端氨基酸的树脂。应用此原理的固相合成仪(自动化合成)也被广泛应用,每步反应产率均在 99% 以上,并已合成上千种多肽。

采用固相合成法可快捷地获得含数十个氨基酸残基的多肽,但是绝大多数具有生理活性的蛋白质(或多肽)分子含有的氨基酸数目常多达上百,超过固相合成法的上限,因而无法用这种常规方法一次性地获得目标分子。为了克服这一困难,有必要将一个大的蛋白质分子分割成几个小的多肽片段,分别合成出这些小的片段,然后用一种高效、便捷的方法将这些片段按一定顺序连接起来,即可合成较大的多肽或蛋白质,这就是多肽片段缩合合成法,也称组合合成。

17.3　蛋　白　质
(Proteins)

蛋白质是一类含氮的天然高分子化合物,它在生命现象和生命过程中起着决定性的作用,主要表现在两个方面:一方面是起组织结构的作用,如角蛋白组成皮肤、毛发、指甲、头角,骨胶蛋白组成腱、骨,肌球蛋白组成肌肉等;另一方面是起生理调节作用,如各种酶对生物化学反应起催化作用,血红蛋白在血液中输送氧气等。

17.3.1　蛋白质的分类

根据蛋白质的形状和溶解度可将蛋白质分为纤维蛋白和球蛋白。纤维蛋白的分子为细长形,不溶于水,如蚕丝、指甲、毛发、角、蹄等;球蛋白呈球形或椭球形,一般能溶于水或含有盐类、酸、碱和乙醇的水溶液,如酶、蛋白激素等。

　　按化学组成,蛋白质可以分为简单蛋白和结合蛋白。简单蛋白完全水解只生成氨基酸。结合蛋白完全水解后的混合物中,除含有氨基酸外,还含有糖、脂肪、核酸、磷酸以及色素等非蛋白成分,其中非蛋白质部分称为辅基。例如,核蛋白的辅基为核酸,而血红蛋白的辅基为血红素分子。

17.3.2　蛋白质的性质

　　蛋白质是由氨基酸组成的高分子化合物,结构复杂,相对分子质量很大。但无论其肽链有多长,链端仍有游离的氨基和羧基存在。另外,有的肽链的侧链中含有极性基团,如赖氨酸的氨基,谷氨酸和天冬氨酸的羧基,半胱氨酸的巯基,酪氨酸的酚羟基等。因此,蛋白质能表现出与氨基酸相似的性质。但蛋白质是大分子化合物,所以也表现出一些它特有的性质。

1. 等电点和胶体性质

　　和氨基酸相似,蛋白质也是两性物质,它与强酸和强碱都可以生成盐。在强酸性溶液中,蛋白质以正离子状态存在;在碱性溶液中则以负离子状态存在。在某一 pH 溶液中,蛋白质成两性离子,这时溶液的 pH 就是该蛋白质的等电点(pI)。蛋白质的两性电离可以用下式表示:

$$P{\nearrow}^{NH_2}_{\searrow COOH}$$

$$P{\nearrow}^{NH_3^+}_{\searrow COOH} \underset{H^+}{\overset{OH^-}{\rightleftharpoons}} P{\nearrow}^{NH_3^+}_{\searrow COO^-} \underset{H^+}{\overset{OH^-}{\rightleftharpoons}} P{\nearrow}^{NH_2}_{\searrow COO^-}$$

$$\text{阳离子} \qquad\qquad \text{两性离子} \qquad\qquad \text{阴离子}$$
$$pH < pI \qquad\qquad pH = pI \qquad\qquad pH > pI$$

式中:P 代表蛋白质母体。

　　由于各种蛋白质分子中所含碱性的氨基和酸性的羧基的数目不同,因而等电点也各不相同。蛋白质在等电点时有特殊的理化性质,如水溶性最小,在电场中既不向正极移动,也不向负极移动。因此,利用蛋白质的两性和等电点,可以分离、提纯蛋白质。

　　由于蛋白质分子颗粒的直径一般为几纳米,已达到胶粒(1~100nm)范围,因而蛋白质溶液有胶体性质,具有一定的稳定性。主要原因是:①蛋白质分子中含有许多亲水基,如—COOH、—NH₂、—OH 等,它们处于颗粒表面,在水溶液中能与水起水合作用形成水化膜,水化膜的存在增强了蛋白质溶液的稳定性;②蛋白质是两性化合物,颗粒表面都带有电荷,由于同性电荷相互排斥,因此蛋白质分子间不会互相凝聚成更大的颗粒沉降。由于不同的蛋白质分子所带的电荷量是不同的,因此可以应用电泳技术来分离、提纯各种蛋白质。此外,还可以采用半透膜渗析来纯化蛋白质。蛋白质溶液的胶体性质在生命活动中起着极为重要的作用。

2. 变性

许多蛋白质受热、紫外光照射或化学试剂(如强酸、重金属盐、乙醇、丙酮等)作用时,性质会发生改变,如溶解度降低,甚至凝固,这种现象称为蛋白质的变性。

一般认为蛋白质的变性是蛋白质的二级、三级结构发生了改变或遭受破坏,结果使肽链松散开来,导致蛋白质的一些理化性质发生改变,一些生物活性丧失。例如,蛋白质变性后,由于肽链被松开,原来处于结构内部的疏水基外翻,导致水溶性大为降低。蛋白质的变性与生命过程密切相关,人的衰老过程必然伴随着人体蛋白质的变性。因此,防止蛋白质变性也是防衰老研究的一个重要课题。

3. 盐析

蛋白质溶液与其他胶体一样,在各种不同的因素影响下也会从溶液中析出沉淀。沉淀蛋白质的方法很多,最常用的是盐析法。在蛋白质溶液中加入无机盐[如 $NaCl$、$(NH_4)_2SO_4$、Na_2SO_4 等],当加入的盐达到一定的浓度时,蛋白质就从溶液中析出,这种作用称为盐析。盐析是可逆的过程,盐析出来的蛋白质可以再溶于水,且并不影响其性质。所有的蛋白质在浓的盐溶液中都会析出沉淀,但不同的蛋白质盐析所需的盐的最低浓度是不相同的,利用盐析的性质可以分离不同的蛋白质。

除盐析法之外,用乙醇、丙酮等对水有很强亲和力的有机溶剂处理蛋白质的水溶液时,蛋白质也会从溶液中沉淀出来,该过程在初期也是可逆的。但用重金属离子如 Hg^{2+}、Pd^{2+} 等处理蛋白质的水溶液时,则形成不溶性的蛋白质,这个过程是不可逆的。

4. 显色反应

蛋白质中含有不同的氨基酸,可以和不同的试剂发生特殊的显色反应,这些反应可以用来鉴别蛋白质。例如:

(1) 茚三酮反应:蛋白质和氨基酸一样,能和茚三酮反应,呈现蓝紫色。

(2) 缩二脲反应:蛋白质和缩二脲($NH_2CONHCONH_2$)一样,在 $NaOH$ 溶液中加入 $CuSO_4$ 稀溶液时呈现紫色或粉红色,称为缩二脲反应。二肽以上的肽和蛋白质都发生该显色反应。

(3) 蛋白黄色反应:蛋白质中存在有苯环的氨基酸(如苯丙氨酸、酪氨酸、色氨酸),遇浓硝酸呈黄色。这是由于苯环发生了硝化反应,生成黄色的硝基化合物。皮肤接触浓硝酸变黄就是这个缘故。如果遇到碱溶液,则黄色加深,转为橙色。

(4) 米伦(Millon)反应:含有苯酚结构氨基酸(如酪氨酸)的蛋白质与米伦试剂(硝酸汞、亚硝酸汞、硝酸及亚硝酸的混合溶液)共热,即生成砖红色的沉淀。

(5) 乙酸铅反应:含硫的蛋白质(如含半胱氨酸)与碱共热后和乙酸铅反应,可生成黑色的硫化铅沉淀。

17.3.3 蛋白质的结构

蛋白质的相对分子质量很大,最小的在一万左右,大的可达数千万。人体内的蛋白质有几百种,但其结构已研究清楚的只有极少数。蛋白质结构分为一级、二级、三级和四级结构。一级结构也称为初级结构,二、

三、四级结构统称蛋白质的高级结构或空间结构,蛋白质的生理作用、不稳定性和容易变性等特征主要与它们的高级结构有关。

1. 一级结构

蛋白质分子中氨基酸的种类、数目和排列顺序是蛋白质最基本的结构,称为一级结构。每种蛋白质分子都有自己特有的氨基酸的组成和排列顺序,它是由基因上遗传密码的排列顺序所决定的,各种氨基酸按遗传密码的顺序通过肽键连接起来,氨基酸排列顺序决定了蛋白质特定的空间结构,即蛋白质的一级结构决定了蛋白质的二级、三级等高级结构。1953 年,英国科学家桑格(F. Sanger)首先测定了胰岛素(insulin)的一级结构,胰岛素由 51 个氨基酸组成,分为 A、B 两条链,A 链 21 个氨基酸,B 链 30 个氨基酸。A、B 两条链之间通过两个二硫键连接在一起,A 链另有一个链内二硫键。图 17-1 给出了牛胰岛素的一级结构。

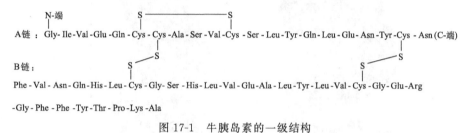

图 17-1　牛胰岛素的一级结构

1965 年我国生化学者首先合成了生物活性与天然产品基本相同的蛋白质——牛胰岛素。

2. 二级结构

组成蛋白质的多肽链借助氢键使肽链卷曲盘旋和折叠,形成一定的空间结构。肽链的这种依靠氢键缔合后的空间排列情况称为蛋白质的二级结构。蛋白质的二级结构主要有两种方式,一种是 α-螺旋(α-helix),另一种是 β-折叠(β-sheet)。

一条肽链通过一个酰胺键中的羰基氧与另一酰胺键中氨基的氢形成氢键而绕成的螺旋形称为 α-螺旋(图 17-2),螺环每转一圈的距离大约是 0.54nm,这样的旋转幅度约相当于 3.6 个氨基酸单位,这个螺旋是通过肽链中一个氨基酸单位的氨基与其相隔的第五个氨基酸单位的羰基形成氢键固定下来的。这种螺旋的结果使得多肽链的长度大为缩短。

另一种二级结构也是靠氢键将肽链拉在一起,称为 β-折叠,如图 17-3 所示。

3. 三级结构

蛋白质的多肽链在各种二级结构的基础上进一步盘旋或折叠,形成具有一定规律的更为复杂的三维空间结构,称为蛋白质的三级结构。肽链中除含有酰胺键外,有的氨基酸分子中还含有羟基、巯基、烃基、游离氨基和羧基等,这些基团借助静电力、氢键、二硫键和范德华力等,将肽链或链中的某一部分连接起来,使蛋白质在二级结构的基础上进一步卷曲折叠,形成具有一定规律的更为复杂的蛋白质的三级结构。在卷曲折叠时,倾向于把亲水的极性基团暴露于表面,而疏水的非极性基团包在中间。球状蛋白质往往比纤维状蛋白质卷曲折叠得更厉害。例如,肌红蛋白是一种球蛋白,其一级结构是由 153 个氨基酸组成的一条多肽链,二级结构基本上是 α-螺旋体,此 α-螺旋的肽链进一步卷曲折叠形成近似球状的三级结构,如图 17-4 所示。

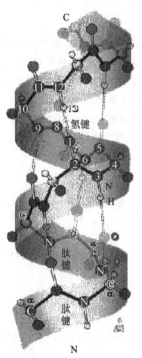

图 17-2 α-螺旋的结构

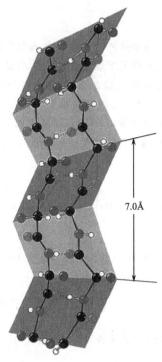

图 17-3 β-折叠的结构

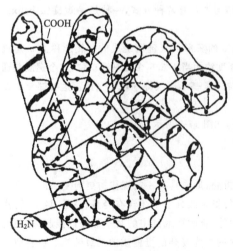

图 17-4 肌红蛋白的三级结构

4. 四级结构

蛋白质的四级结构是指由两条或两条以上具有独立三级结构的多肽链通过非共价键的相互作用结合而形成的特定空间立体结构。这种具有独立三级结构的多肽链称为亚基或亚单位。亚基键的缔合作用依赖于静电力、氢键、疏水键作用和范德华力等,其中以静电力和氢键为主。例如,血红蛋白的相对分子质量为 65000,它由两条 α-链和两条 β-链组成,是一个含有两种不同亚基的四聚体。α-链由 141 个氨基酸组成,β-链由 146 个氨基酸组成,各自都有一定的排列顺序,α-链和 β-链的三级结构都与肌红蛋白相似。各自的三级结构再通过盐键、氢键等次级键相互嵌合,形成一个具有生理功能的血红蛋白分子。

17.3.4　酶

　　酶是由活细胞合成的蛋白质,它参与生物体内的代谢,是生物化学过程中的催化剂。按酶的组成成分,酶可以分为单纯蛋白酶和结合蛋白酶。单纯蛋白酶不含非蛋白物质,如淀粉酶等。结合蛋白酶除含蛋白质外,还含有非蛋白物质,如氧化酶等。酶按其催化性能可以分为氧化还原酶、转移酶、水解酶、裂解酶、异构酶和连接酶六种。

　　酶是一种生物催化剂,它具有一般催化剂的特征,如只催化热力学上允许进行的反应,只需极少量就能加速反应,且在反应中本身不被消耗等。与一般催化剂不同的是,酶具有很好的区域选择性和立体选择性,催化效率极高,比用一般催化剂的反应速率快 $10^6 \sim 10^{13}$ 倍。与实验室进行的同类反应相比,酶催化的反应不需要高温、高压、强酸、强碱等剧烈条件,在体内即能顺利而迅速地进行(参见本章"知识亮点"中 L-多巴的微生物酶转化法制备)。

　　酶是蛋白质,一般对环境条件极为敏感,当温度或 pH 等变化时,酶的活性会发生改变,甚至失去活性。

 知识亮点

L-多巴

　　L-多巴又称左旋多巴,化学名 L-3,4-二羟基苯丙氨酸 (L-3,4-dihydroxylphenylalanine,L-DOPA),是生物体内一种重要的生物活性物质。1961 年,Bitkmayer 等发现左旋多巴具有抗帕金森病作用,这是帕金森病药物治疗史上的革命性创举。左旋多巴还可用来治疗多动综合征、肝昏迷、CO 中毒、锰中毒、精神病、心力衰竭、溃疡病、脱毛症、调节人的性功能等。左旋多巴于 1973 年上市,临床应用已达 30 年。L-DOPA 的生产方法有化学合成、从天然植物中提取以及微生物酶转化三条主要途径。

1. L-DOPA 的化学合成

用邻苯二酚为原料合成 L-DOPA 的合成路线如下:

$$
\text{邻苯二酚} \xrightarrow{\text{甲基化}} \text{(二甲氧基苯)} \xrightarrow{\text{氯甲基化}} \xrightarrow{\text{水解}} \text{(醛)}
$$

$$
\xrightarrow[\text{NH}_2\text{CH}_2\text{COOH}]{\text{Ac}_2\text{O}} \xrightarrow{\text{水解}} \xrightarrow{\text{氢化}} \xrightarrow{\text{水解}} \quad (\pm)\text{-DOPA}
$$

　　用化学法合成多巴的途径有许多,但遇到的一个主要困难是合成出来的产品是等量的 D 型和 L 型的外消旋体混合物,只有 L-DOPA 有生物活性,具有治疗帕金森等病的疗效,而 D-DOPA 会引起毒性反应。近年来,人们用 α,β-不饱和-α-氨基酸通过不对称催化加氢的办法,立体选择性地合成 L-DOPA。

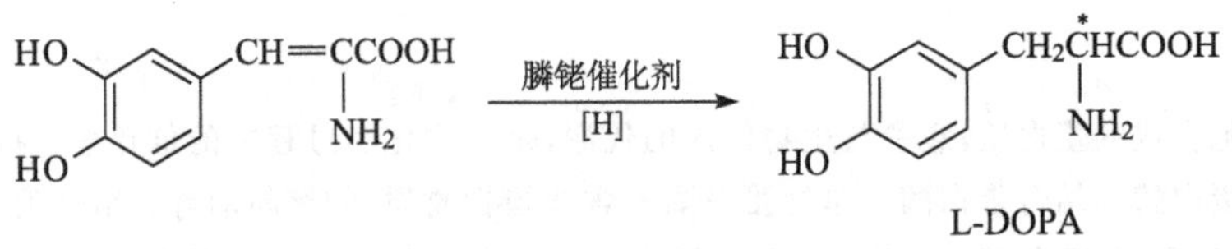

L-DOPA

2. 从植物中提取 L-DOPA

植物中的天然 DOPA 都是 L 型的。1913 年就有人从蚕豆籽苗种豆荚中提取出 L-DOPA，1949 年也有人从野生植物藜豆中提取出 L-DOPA。1972 年我国科学家从豆科植物藜豆种子中提取 L-DOPA 获得成功。

3. 微生物酶转化法生产 L-DOPA

人们利用微生物生产 L-DOPA 就是利用了代谢途径中的某些酶(如酪氨酸酶、酪氨酸分解酶、转移酶)将不同的底物转变成 L-DOPA。例如，利用微生物的酪氨酸分解酶以邻苯二酚、丙酮酸和氨为底物合成 L-DOPA，此法被证明是一种最经济且最有前途的方法。

习题（Exercises）

17.1 写出下列 α-氨基酸的费歇尔投影式，并用 R/S 标记法表示它们的构型。

(1) L-苯丙氨酸 (2) L-亮氨酸 (3) L-蛋氨酸 (4) L-赖氨酸 (5) L-丝氨酸 (6) L-半胱氨酸

17.2 选择题。

(1) 氨基酸在等电点时表现为( )。

A. 溶解度最大 　　B. 溶解度最小 　　C. 化学惰性 　　D. 向阴极移动

(2) 下列与水合茚三酮显色的是( )

A. 葡萄糖 　　B. 氨基酸 　　C. 核糖核酸 　　D. 淀粉

(3) 色氨酸的等电点为 5.89，当其溶液的 pH＝7 时，它( )。

A. 以负离子形式存在，在电场中向正极移动

B. 以正离子形式存在，在电场中向正极移动

C. 以负离子形式存在，在电场中向负极移动

D. 以正离子形式存在，在电场中向负极移动

(4) 赖氨酸的等电点为 9.74，当其溶液的 pH＝7 时，它( )。

A. 以负离子形式存在，在电场中向正极移动

B. 以正离子形式存在，在电场中向正极移动

C. 以负离子形式存在，在电场中向负极移动

D. 以正离子形式存在，在电场中向负极移动

(5) 下列化合物中既可以和盐酸又可以和氢氧化钠发生反应的是( )。

A. C_2H_5COOH 　　B. $C_2H_5NH_2$ 　　C. H_2NCH_2COOH 　　D. C_2H_5OH

(6) α-螺旋和 β-折叠是蛋白质的( )结构。

A. 一级 　　B. 二级 　　C. 三级 　　D. 四级

(7) 羧肽酶法是用来鉴别( )。

A. 氨基酸 　　B. 蛋白质的 C-端氨基酸 　　C. 肽键 　　D. 蛋白质的 N-端氨基酸

(8) 二环己基碳化二亚胺是一种有效的( )。

A. 氨基保护剂　　　　B. 羧基活化剂　　　　C. 失水剂　　　　D. 羧基保护剂

17.3　写出下列氨基酸分别与过量盐酸或过量氢氧化钠水溶液作用的产物。

(1) 脯氨酸　(2) 酪氨酸　(3) 丝氨酸　(4) 天冬氨酸

17.4　用简单化学方法鉴别下列各组化合物。

(1) 苏氨酸和丝氨酸　　　　(2) 乳酸和丙氨酸

17.5　某化合物分子式为 $C_3H_7O_2N$，有旋光性，能分别与 NaOH 或 HCl 成盐，并能与醇成酯，与 HNO_2 作用时放出氮气，写出此化合物的结构式。

17.6　由 3-甲基丁酸合成缬氨酸，产物是否有旋光性？为什么？

17.7　下面的化合物是二肽、三肽还是四肽？指出其中的肽键、N-端及 C-端氨基酸，此肽可被认为是酸性的、碱性的还是中性的？

$$(CH_3)_2CHCH_2\underset{\underset{NH_2}{|}}{CH}CONH\underset{\underset{CH_2CH_2SCH_3}{|}}{CH}CONHCH_2COOH$$

17.8　写出下列反应的主要产物。

(1) $CH_3\underset{\underset{NH_2}{|}}{CH}COOC_2H_5 + H_2O \xrightarrow[\triangle]{HCl}$

(2) $CH_3\underset{\underset{NH_2}{|}}{CH}COOC_2H_5 \xrightarrow{(CH_3CO)_2O}$

(3) $CH_3\underset{\underset{NH_2}{|}}{CH}COOH \xrightarrow{HNO_2(过量)}$

(4) $CH_3\underset{\underset{NH_2}{|}}{CH}CONH\underset{\underset{CH_2CH(CH_3)_2}{|}}{CH}CONHCH_2COOH \xrightarrow[H^+]{H_2O}$

(5) $CH_3\underset{\underset{NH_2}{|}}{CH}COOH \xrightarrow{CH_3CH_2COCl}$

(6) $(CH_3)_2CHCH_2\underset{\underset{NH_2}{|}}{CH}COOH \xrightarrow{CH_3OH(过量)}$

(7) $CH_3CH_2\underset{\underset{CH_3}{|}}{CH}-\underset{\underset{NH_2}{|}}{CH}COOH \xrightarrow{CH_3I(过量)}$

(8) $CH_3\underset{\underset{NH_2}{|}}{CH}COOH \xrightarrow{\triangle}$

(9) $HO-\langle\rangle-CH_2\underset{\underset{NH_2}{|}}{CH}COOH \xrightarrow{Br_2/H_2O}$

(10) $CH_3\underset{\underset{NH_2}{|}}{CH}COOH + O_2N-\langle\rangle-F \text{(带 NO}_2\text{)} \longrightarrow$

(11) $NH_2CH_2CH_2CH_2CH_2COOH \xrightarrow{\triangle}$

17.9　某三肽完全水解后，得到甘氨酸及丙氨酸。若将此三肽与亚硝酸作用后再水解，则得乳酸、丙氨酸及甘氨酸。写出此三肽的可能结构式。

17.10　某九肽经部分水解，得到下列三肽：丝-脯-苯丙，甘-苯丙-丝，脯-苯丙-精，精-脯-脯，脯-甘-苯丙，脯-脯-甘及苯丙-丝-脯。以简写方式排出此九肽中氨基酸的顺序。

第 18 章　类　　脂

（Lipids）

　　类脂是一类包括多种分子结构和具有不寻常的生物化学作用的天然化合物,通常是指磷脂、糖脂、蜡、萜类和甾族化合物等。这类化合物不溶于水而易溶于乙醚、丙酮及氯仿等有机溶剂,且常与油脂一起共同存在于生物体内,因此将它们称为类脂化合物。

　　依据类脂化合物能否被水解生成长链脂肪酸,类脂分成简单类脂和复杂类脂两大类。不能被水解的类脂称为简单类脂,主要包括萜类化合物和甾族化合物。萜类和甾族化合物是广泛分布于植物、昆虫和微生物等体内的一类有机化合物,有重要的生理作用。经水解能够得到长链脂肪酸的类脂称为复杂类脂。按照水解后得到的长链脂肪酸以外的产物不同,复杂类脂又分为磷脂、蜡和糖苷脂等。

18.1　复　杂　类　脂
（Complicated Lipids）

18.1.1　磷脂

　　磷脂是指含磷酸的类脂化合物,广泛存在于植物种子(如大豆),动物的脑、卵、肝和微生物体内。根据磷脂的组成和结构,可分为磷酸甘油酯(甘油磷脂)和神经磷脂(鞘磷脂)两类。

　　1. 甘油磷脂

　　甘油磷脂又称磷酸甘油酯,其母体结构是磷脂酸,即一分子甘油与两分子脂肪酸和一分子磷酸通过酯键结合而成的化合物。

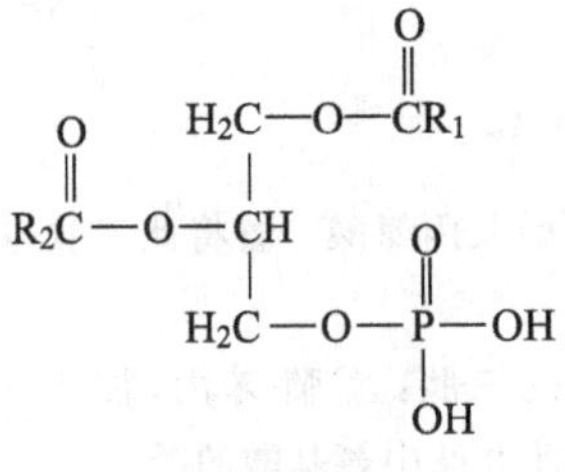

磷脂酸

　　通常 R_1 为饱和脂肪基,R_2 为不饱和脂肪基,所以 C_2 是手性碳原子。磷脂酸有一对对映体,天然磷脂酸为 R 构型。磷脂酸中的磷酸与其他物质结合,可以得到各种不同的甘油磷脂,最常见的是卵磷脂和脑磷脂。

卵磷脂又称磷脂酰胆碱,是磷脂酸分子中的磷酸与胆碱[$HOCH_2CH_2N^+(CH_3)_3OH^-$]中的羟基酯化而成的化合物。脑磷脂又称磷脂酰胆胺,是磷脂酸分子中的磷酸与胆胺($HOCH_2CH_2NH_2$)中的羟基酯化而成的化合物。胆碱磷酸酰基和胆胺磷酸酰基可以连在甘油基的 α- 或 β- 位上,故有 α- 和 β- 两种异构体,天然卵磷脂和脑磷脂均为 α- 型,结构式如下:

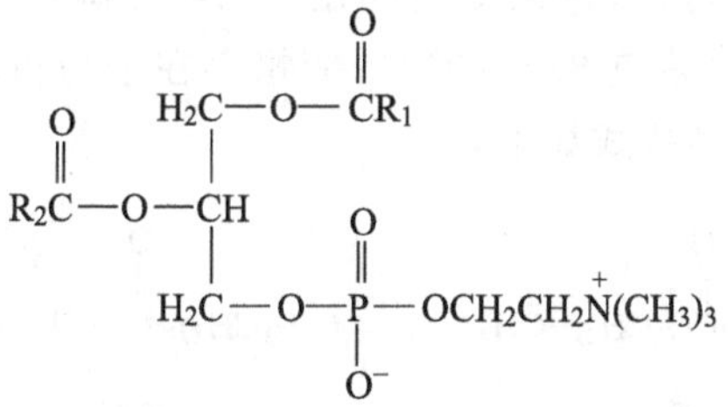

$$
\begin{array}{ll}
\text{L-}\alpha\text{-卵磷脂} & \text{L-}\alpha\text{-脑磷脂}
\end{array}
$$

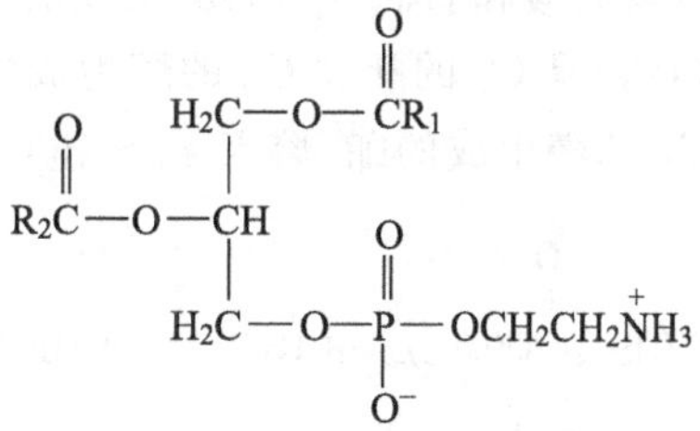

卵磷脂为白色蜡状固体,吸水性强,不溶于水和丙酮,易溶于乙醚、乙醇及氯仿。它存在于脑和神经组织及植物的种子中,在卵黄中含量丰富。卵磷脂完全水解可得到甘油、脂肪酸、磷酸和胆碱。连在 C_1 和 C_2 上的饱和脂肪酸通常是软脂酸和硬脂酸,不饱和脂肪酸通常是油酸、亚油酸、亚麻酸和花生四烯酸等。在空气中放置,分子中的不饱和脂肪酸被氧化,生成黄色或棕色的过氧化物。

脑磷脂通常与卵磷脂共存于脑、神经组织和许多组织器官中,在蛋黄和大豆中含量也较丰富。脑磷脂完全水解时可得到甘油、脂肪酸、磷酸和胆胺。脑磷脂的结构和理化性质与卵磷脂相似,在空气中放置易变棕黄色。脑磷脂易溶于乙醚,难溶于丙酮,与卵磷脂不同的是难溶于冷乙醚中,据此可分离卵磷脂和脑磷脂。

2. 神经磷脂

神经磷脂又称鞘磷脂,其组成和结构与卵磷脂、脑磷脂不同,鞘磷脂的主链是鞘氨醇(神经氨基醇)而不是甘油,鞘氨醇的结构式如下:

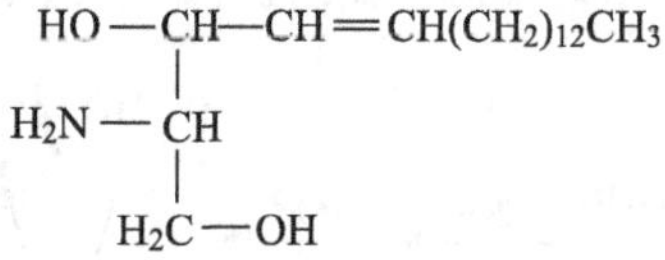

$$
\begin{array}{l}
HO-CH-CH=CH(CH_2)_{12}CH_3 \\
\quad\quad | \\
H_2N-CH \\
\quad\quad | \\
H_2C-OH
\end{array}
$$

鞘氨醇的氨基与脂肪酸以酰胺键相连,形成 N-脂酰鞘氨醇,即神经酰胺。神经酰胺的羟基与磷酸胆碱结合生成鞘磷脂,即神经磷脂。

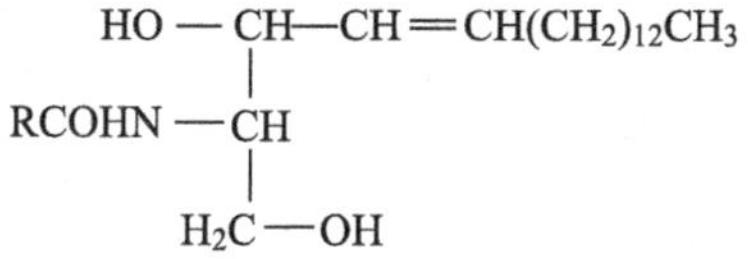

$$
\begin{array}{ll}
\text{神经酰胺} & \text{神经磷脂 (鞘磷脂)}
\end{array}
$$

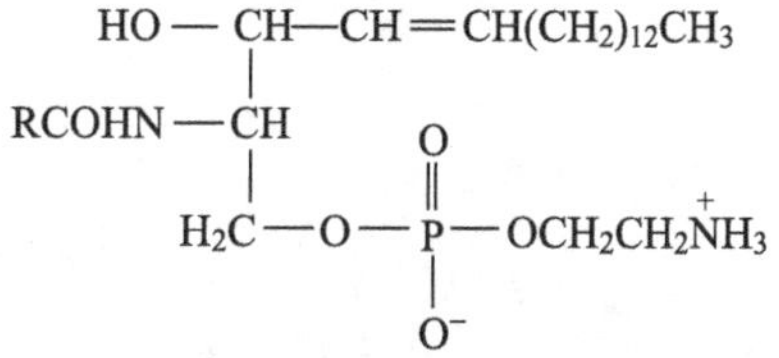

鞘磷脂是白色晶体,不溶于丙酮和乙醚,而溶于热乙醇中。因为分子中碳碳双键较少,所以化学性质比较稳定,不像卵磷脂和脑磷脂那样易在空气中被氧化。鞘磷脂大量存在于脑和神经组织中,是围绕神经纤维鞘样结构的一种成分,也是细胞膜的重要成分之一。

18.1.2　蜡

蜡是 16 个以上偶数碳原子的羧酸和高级一元醇形成的酯,它在动物的皮肤和毛、鸟的羽毛,以及许多植物的果实和叶子上形成疏水和绝缘的外层。蜂蜡由蜂房制取,存在于蜜蜂的腹部,是 $C_{25} \sim C_{27}$ 的酸和 $C_{30} \sim C_{32}$ 的醇生成的酯(熔点 60～62℃);存在于巴西棕榈叶表面的巴西棕榈蜡(巴西蜡)是 C_{25} 的酸和 C_{30} 的醇生成的酯(熔点 83～90℃);鲸蜡存在于鲸鱼的头部,是 C_{15} 的酸和 C_{16} 的醇生成的酯(熔点 41～46℃)。结构式如下:

$$
\underset{\text{蜂蜡}}{CH_3(CH_2)_{23\sim25}\overset{\displaystyle O}{\overset{\|}{C}}O(CH_2)_{29\sim31}CH_3}
\qquad
\underset{\text{巴西蜡}}{CH_3(CH_2)_{23}\overset{\displaystyle O}{\overset{\|}{C}}O(CH_2)_{29}CH_3}
\qquad
\underset{\text{鲸蜡}}{CH_3(CH_2)_{13}\overset{\displaystyle O}{\overset{\|}{C}}O(CH_2)_{15}CH_3}
$$

蜡水解可以得到相应的高级羧酸和高级醇,蜡可用于制造防水剂、光泽剂,还用来制造蜡纸。

18.1.3　前列腺素

前列腺素是 C_{20} 脂肪酸的衍生物,首次从前列腺分泌物中提取得到,是一种具有许多生物功能的极强的类激素物质,其作用包括肌肉刺激、抑制血小板凝聚、降低血压、提高应急反应及促进分娩等。

前列腺素有两个长侧链,这两个侧链互成顺式构型,其中一个侧链以羧基为链端,分子中均含有一个五元环体系。前列腺素含有的 20 个碳原子的标号如下:

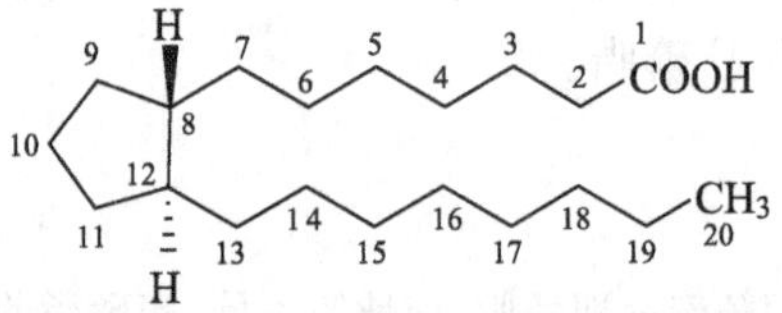

前列腺素来源于花生四烯酸(一种有四个顺式双键 20 个碳原子的脂肪酸)。PG 的意思是前列腺素,F 的意思是 C_9 位置上有羟基,2 说明有两个双键,α 的意思是羟基垂直向下。

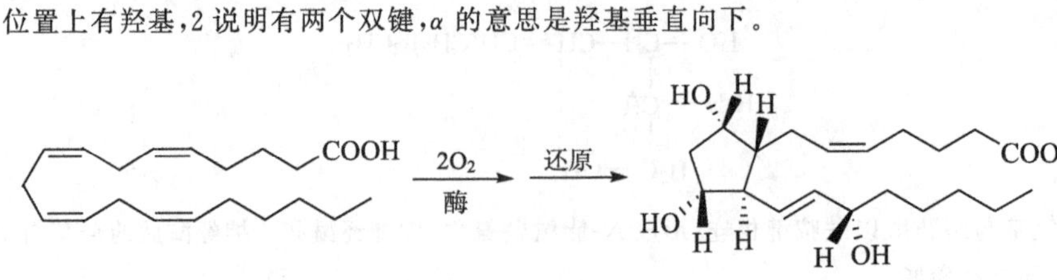

花生四烯酸　　　　　　　　　　　　　　　　PGF$_{2\alpha}$

18.2　萜　类
（Terpenes）

18.2.1　萜类化合物的结构组成和分类

1887 年,德国化学家沃勒克(O. Wallach)测定了一些萜类化合物的结构,发现萜类都是由两个或多个五碳原子的异戊二烯 (2-甲基-1,3-丁二烯)分子以头尾相连的方式结合起来的,即萜类化合物的碳架可分为若干个异戊二烯单位,曾称为异戊二烯规则。

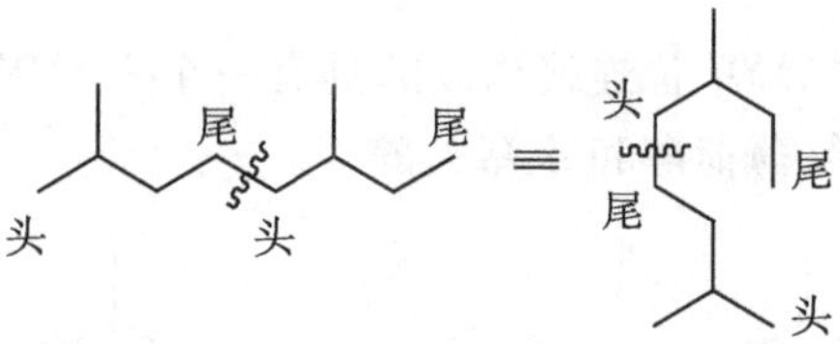

研究表明,绝大多数萜类化合物分子中的碳原子数是异戊二烯五个碳原子的倍数,按所含异戊二烯单位数,萜类化合物可分为单萜、倍半萜、双萜、三萜、四萜和多萜(表 18-1)。

表 18-1　萜类化合物的分类

萜的类别	异戊二烯单位数	碳原子数
单萜	2	10
倍半萜	3	15
双萜	4	20
三萜	6	30
四萜	8	40
多萜	>8	>40

萜类化合物又可以按照碳原子的连接方式分类,分为开链萜、单环萜和多环萜等。

18.2.2　萜类化合物的实例

1. 单萜

单萜是精油的主要成分之一,精油是不溶于水且具有芳香气味的挥发性油状液体,它是从植物的花、叶、果皮、种子和树皮中,经水蒸气蒸馏提取得到的,可作为药物和香料使用。根据碳架不同,单萜可分为开链单萜、单环单萜和双环单萜三类。

1) 开链单萜

开链单萜是由两个异戊二烯单位连接构成的链状化合物,重要的有月桂烯、橙花醇、香叶醇和柠檬醛等。

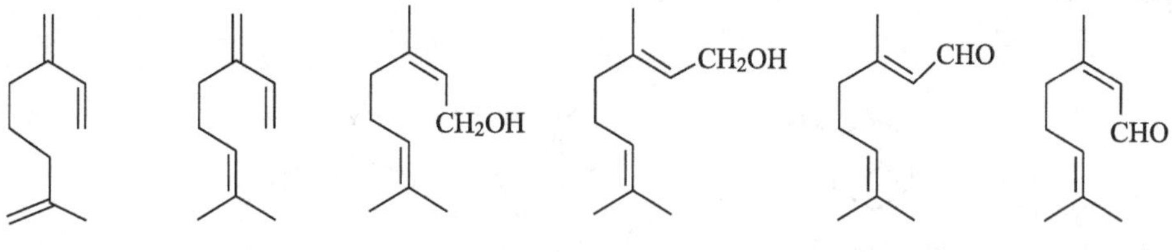

α-月桂烯　　　β-月桂烯　　　橙花醇　　　香叶醇　　　柠檬醛a　　　柠檬醛b

月桂烯最早从月桂油中分离得到,后来在松节油等精油中均有发现。橙花醇是一种珍贵的香料,存在于玫瑰油、橙花油和香茅油中。香叶醇是橙花醇的反式异构体,存在于玫瑰油、香叶油和依兰油中,具有显著的玫瑰香气。与香叶醇和橙花醇相应的醛是柠檬醛,柠檬醛有 a、b

两种,存在于柠檬香油和橘子油中,也是制造香料的重要原料。

2) 单环单萜

单环单萜是由两个异戊二烯单位连接构成的具有一个六元碳环的化合物,它们都以稳定的椅式构象存在,主要有苧烯、薄荷醇和α-萜品醇等。

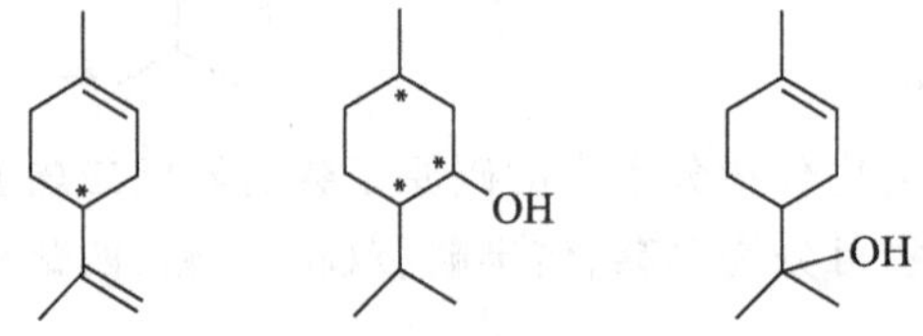

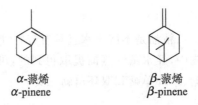

苧烯　　　　左旋薄荷醇　　　　α-萜品醇

苧烯又称柠檬烯,分子中有一个手性碳原子,有两个光学异构体,具有柠檬的香味,可用作香料和溶剂。薄荷醇又称薄荷脑,分子中有三个手性碳原子,应有八个光学异构体。由天然薄荷油分离得到的是左旋薄荷醇,具有芳香清凉气味,防腐及局部止痒的功效,广泛应用于医药、化妆品、糖果和饮料中。萜品醇又称松油醇,存在于松油、橙花油中,具有紫丁香气味,广泛用作香精。

3) 双环单萜

双环单萜的骨架是由一个六元环分别与一个三元环、或一个四元环、或一个五元环公用若干个原子构成的。双环单萜属于桥环化合物,可用桥环化合物的命名原则命名。重要的双环单萜主要有蒎烯、樟脑和冰片等。蒎烯存在于松节油中,有α-和β-两种异构体,α-蒎烯是松节油的主要成分,也是自然界中存在较多的一种萜类化合物,β-蒎烯是松节油的次要成分,它们的结构式如下:

α-蒎烯　　　　　　β-蒎烯
α-pinene　　　　　β-pinene

樟脑属于双环单萜,化学名为2-莰酮或1,7,7-三甲基二环[2.2.1]-2-庚酮,是白色晶状粉末或无色半透明的固体。樟脑分子虽然有两个手性碳原子,但由于桥环的存在,实际上只存在一对对映异构体。

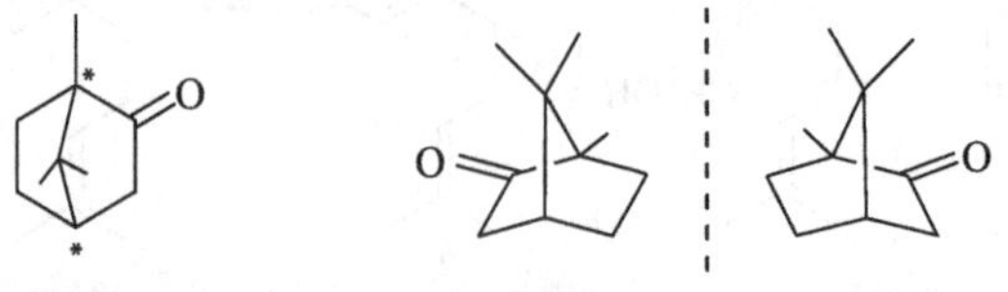

樟脑　　　　(+)-樟脑　　　　(−)-樟脑

樟脑是我国的特产,天然樟脑为右旋体,主要存在于樟树中。(+)-樟脑$[\alpha] = +43°\sim 44°$,熔点为$124\sim 129℃$。合成的樟脑为外消旋体。工业上用α-蒎烯经过下列反应合成樟脑:

樟脑有强心效能,是呼吸循环系统的兴奋剂,为急救良药。樟脑也是化妆品工业的重要原料。

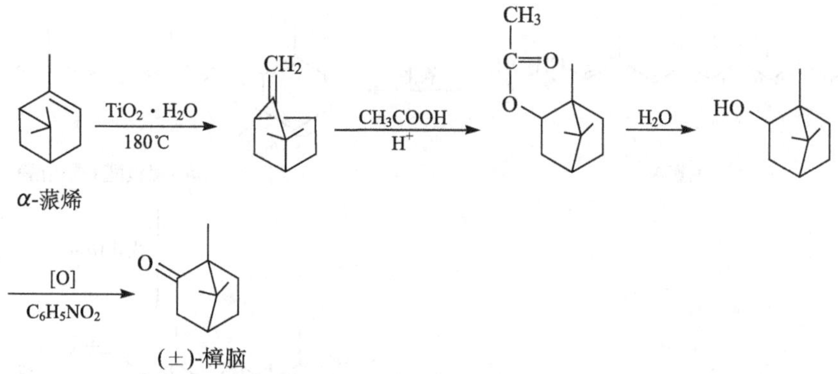

冰片又称龙脑或 2-莰醇。根据分子中羟基的取向不同，分为内型和外型两种，内型异构体称为冰片，外型异构体称为异冰片，它们的结构式如下：

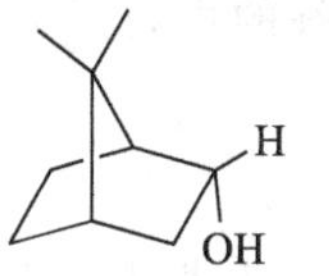

冰片

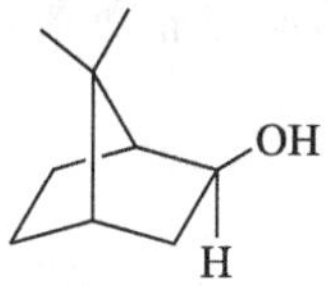

异冰片

冰片存在于某些地区的樟树中，可以通过樟脑还原来制备，工业上也可以用蒎烯为原料来生产冰片。异冰片可以用右旋的天然樟脑为原料，经氢化铝锂或用催化氢化还原制备。冰片具有樟脑的气味，广泛应用于配制香精和日用化工品中。冰片性微寒，味辛苦，有通窍、止痛等功效，故中医中也常用。

2. 双萜

双萜是由四个异戊二烯单位连接而构成的一类萜类化合物，如维生素 A、松香酸等。维生素 A 是视觉系统的一种重要营养素，它是一种油溶性的物质，存在于蛋黄和鱼肝油中。维生素 A 分为维生素 A_1（一般称为维生素 A）和维生素 A_2，维生素 A_2 的活性是维生素 A_1 的 40%。人体内缺乏维生素 A 会导致眼膜和眼角硬化症和夜盲症。它们的结构式如下：

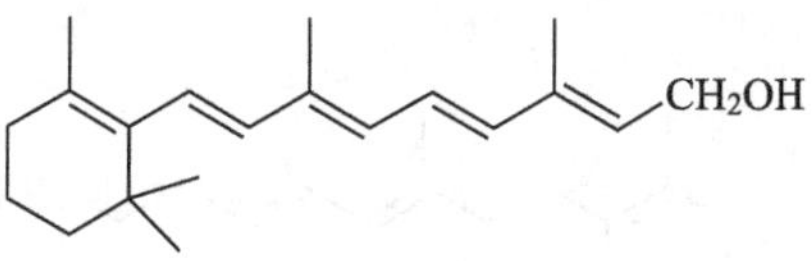

维生素A_1

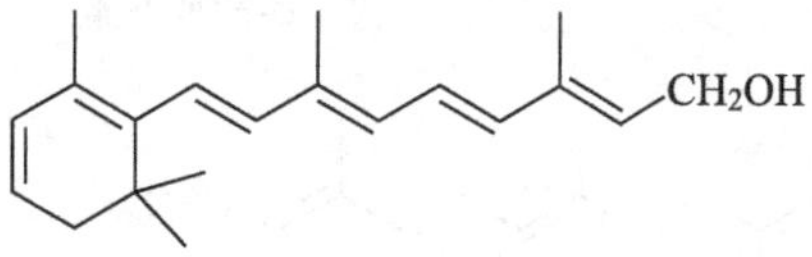

维生素A_2

维生素 A 分子中主链上的双键都是反式的，它的生化反应与视觉有关系，酶催化氧化维生素 A_1，可将其转化成 *trans*-视黄醛（视黄醛）。视黄醛是构成视觉细胞内感光物质的化合物，其基本结构是一种共轭醛。视黄醛存在于人眼的光受体细胞中，但在它完成生物细胞功能之前必须异构化为 *cis*-视黄醛（新视黄醛），新视黄醛与视蛋白的一个氨基酸结合成亚胺，是视网膜的主要光敏色素，称为视紫红质。因此，补充维生素 A 有助于治疗夜盲症。

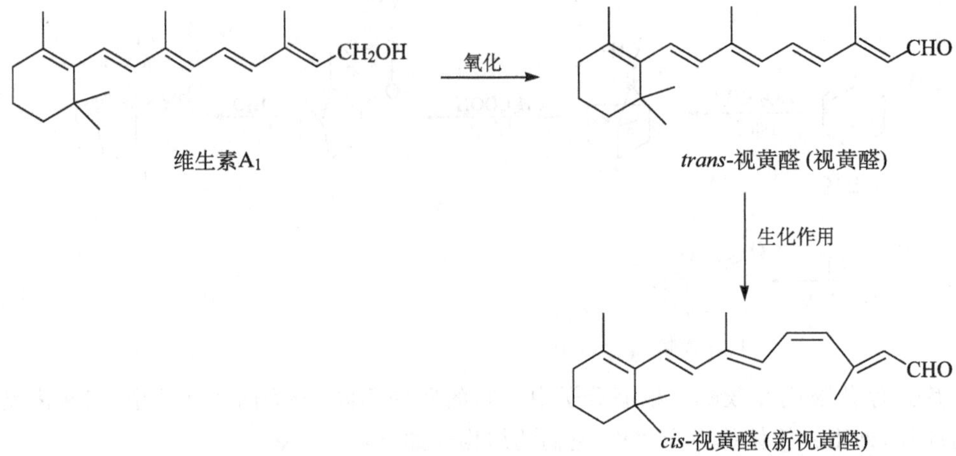

维生素A₁　　氧化　　*trans*-视黄醛 (视黄醛)

生化作用

cis-视黄醛 (新视黄醛)

双萜中另一个重要的化合物是松香酸,它是松香的主要成分,松香是造纸、制皂和涂料工业的原料。

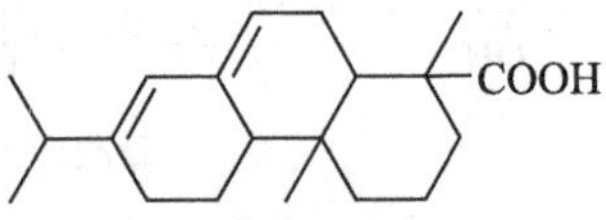

松香酸

3. 四萜

四萜是由八个异戊二烯单位连接而构成的一类萜类化合物。由于最早发现的四萜多烯色素来自胡萝卜素,所以通常把四萜称为胡萝卜类色素。胡萝卜素广泛存在于植物的叶、茎和果实中,它有 α-、β-、γ- 三种异构体,其中 β-胡萝卜素在动植物体内转化为维生素 A,所以能治夜盲症。

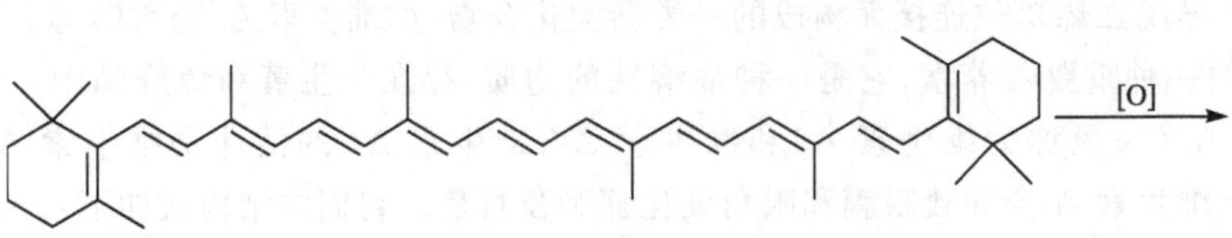

β-胡萝卜素　　[O]

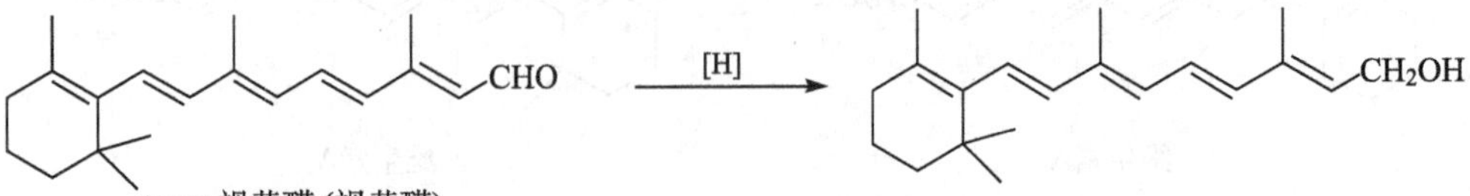

trans-视黄醛 (视黄醛)　　[H]　　维生素A₁

三种胡萝卜素的结构式如下:

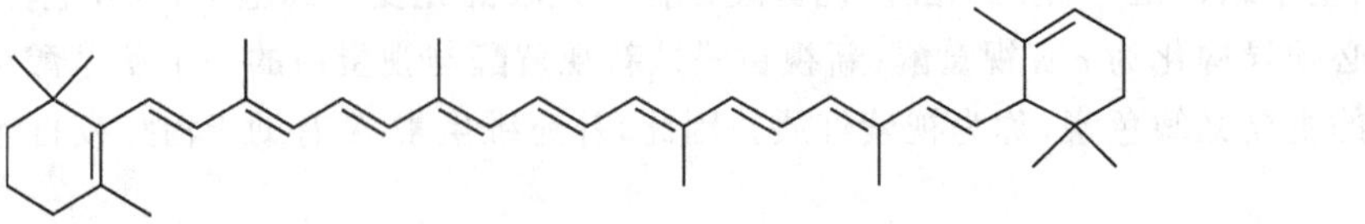

α-胡萝卜素

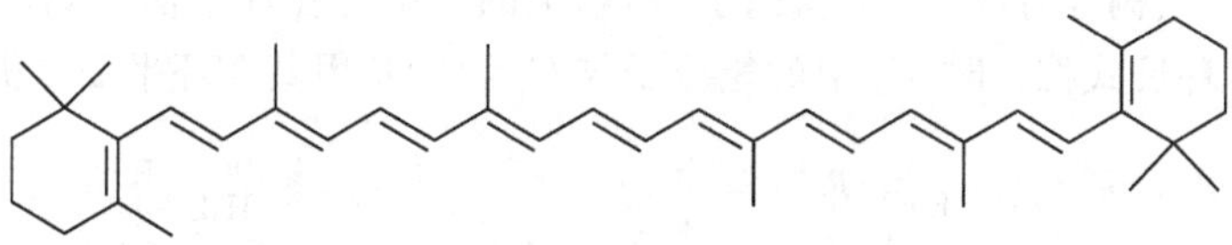

β-胡萝卜素

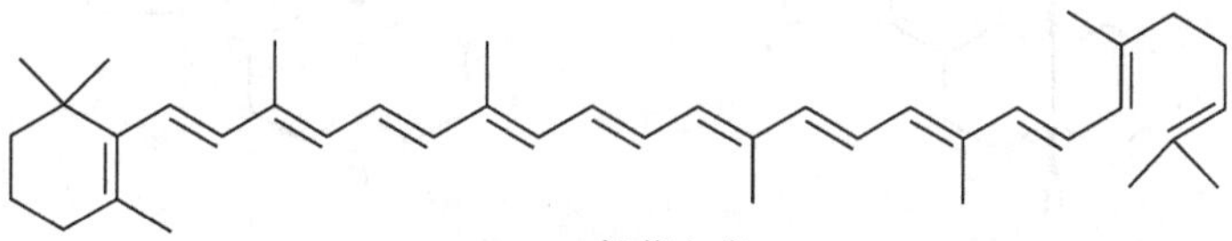

γ-胡萝卜素

番茄红素由于从番茄内取得而得名,其实存在于很多果实中。其结构与 β-胡萝卜素相似,只是两端没有环。结构式如下:

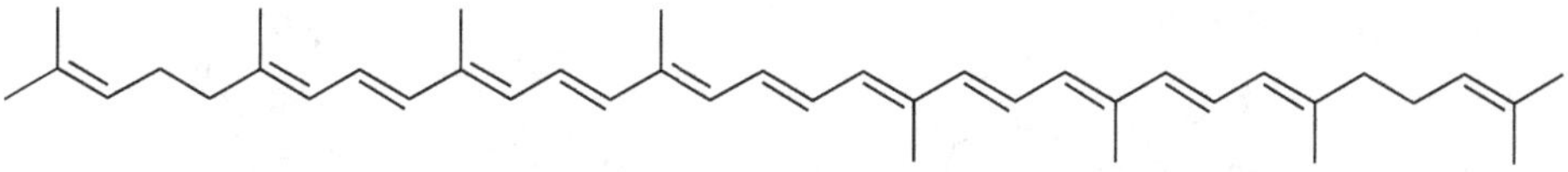

番茄红素

18.3 甾族化合物
（Steroids）

甾族化合物是一类广泛存在于动植物体内并在动植物的生命活动中起着重要作用的天然物质。例如,肾上腺皮质激素对人体的盐代谢和糖代谢具有重要作用;性激素是高等动物性腺的分泌物,它们的生理作用很强,能控制性生理,促进动物发育,具有维持第二特征的作用等;有的甾族化合物可以为甾体药物的原料。

18.3.1 甾族化合物的基本骨架和构象式

甾族化合物都含有环戊并多氢菲基本碳骨架（简称甾环）。四个稠合的碳环从左到右分别标记为 A、B、C、D,稠合环上一般连有三个侧链,其中 C_{18}、C_{19} 的甲基通常称为角甲基,R 为具有 2、4、5、8、9、10 个碳原子的侧链,所有碳原子按特殊规定编号:

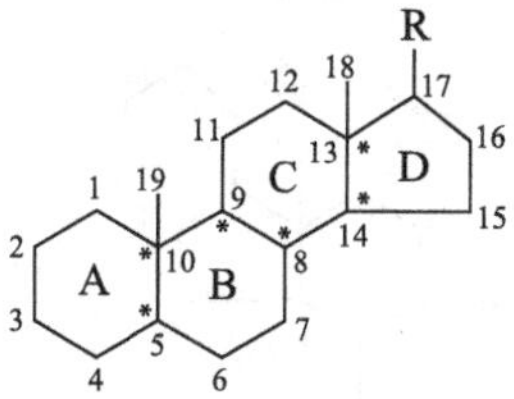

甾族化合物分子中含有多个手性碳原子,就 A、B、C、D 四个环来说,就有六个手性碳原子,因此可能有 $2^6 = 64$ 个异构体。为了表示甾族化合物的构型,一般将甾族化合物中位于平面之上的基团称为 β-构型,用楔形线（╱）表示,位于平面之下的基团称为 α-构型,用虚线（╱）表示,未知构型者用波线（╱）表示,称为 ε 键。在天然甾族化合物中,B 和 C 环、C 和 D 环之间是以反式相连的,A 和 B 环有顺式相连和反式相连两种。因此,天然的甾族化合物只有两种构

型。当 A 和 B 环顺式稠合时,C_5 上的氢原子与 C_{10} 上的角甲基在环平面同侧,用锲形线表示,称为 5β-型。当 A、B 环反式稠合时,C_5 上的氢原子与 C_{10} 上的角甲基在环平面异侧,称为 5α-型。

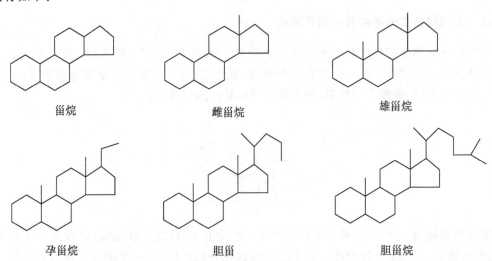

5β-型(A、B顺式)　　　　　　　　5α-型(A、B反式)

　　构象研究表明,甾族化合物的环系均以椅式构象存在,当 A、B 反式相连时,两环以 ee 键稠合;当 A、B 顺式相连时,两环以 ea 键稠合。

5α-型(A、B反式)　　　　　　　　5β-型(A、B顺式)

18.3.2　甾族化合物的命名

　　很多自然界存在的甾族化合物都有各自的习惯名称,常用与其来源或生理作用相关的俗名命名,如麦角甾醇、胆甾醇等。甾族化合物的系统命名是以烃类的基本结构作母体名称,加上前、后缀表明取代基的位次、名称、构型等。根据 C_{10}、C_{13} 和 C_{17} 的侧链不同,甾族化合物母体的名称如下:

甾烷　　　　　　　　　雌甾烷　　　　　　　　　雄甾烷

孕甾烷　　　　　　　　　胆甾　　　　　　　　　胆甾烷

　　当母核中有碳碳双键时,将“烷”改成“烯”、“二烯”、“三烯”等,双键的位次可以用阿拉伯数字表示,还可以用“△”表示,如△^{1,4}表示在 1,2-位和 4,5-位各有一个双键,△$^{5(10)}$表示 5-位和 10-位间有一个双键。例如:

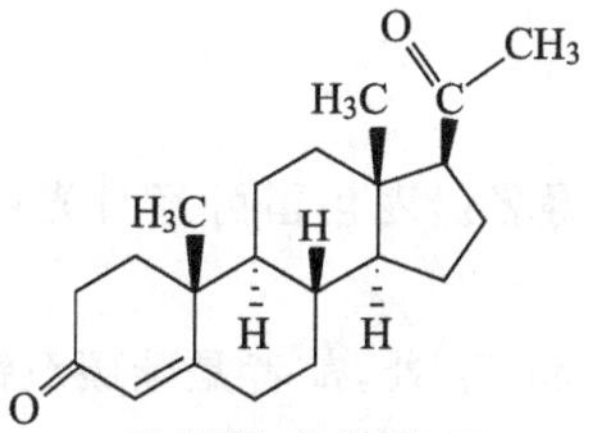

孕甾酮 (黄体酮)

孕甾-4-烯-3,20-二酮

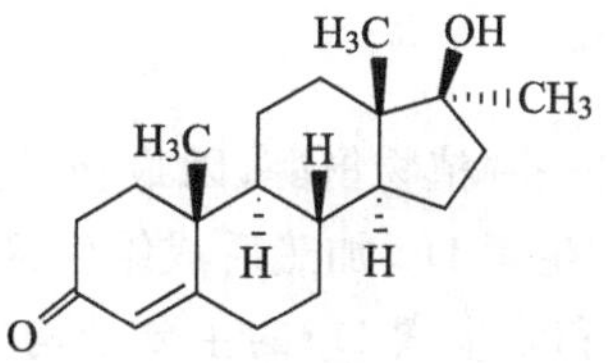

甲睾酮

17-α-甲基-17-β-羟基-雄甾-4-烯-3-酮

18.3.3　甾族化合物的实例

1. 胆固醇

胆固醇是最重要的动物甾醇,因是胆结石的主要组成成分,故称为胆固醇。胆固醇广泛存在于人与动物的脂肪、血液、脑和脊髓中,尤其在脑和脊髓组织中的含量最高,通常以醇或酯的形式存在于体内。因为它是最早发现的甾族化合物,所以又称为胆甾醇。人体胆固醇代谢作用发生障碍会引发动脉粥样硬化。

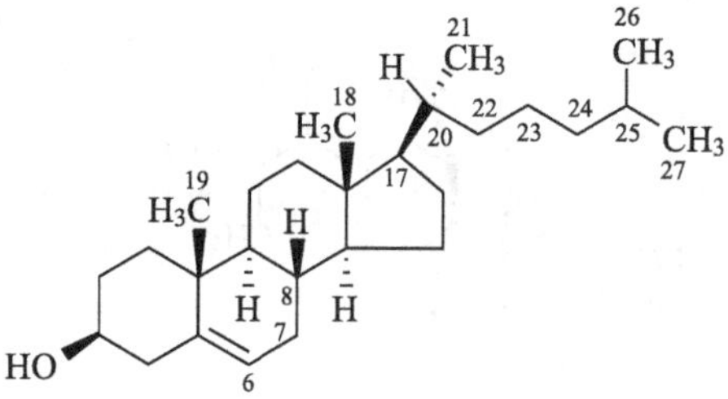

胆固醇

2. 7-脱氢胆固醇

胆固醇 C_7 和 C_8 间脱去一分子氢形成双键后就是 7-脱氢胆固醇,它也是一种动物固醇,存在于人体皮肤中,经紫外光照射可转化为维生素 D_3。维生素 D 可促进人体对钙、磷的吸收。在医药上也可利用胆固醇合成维生素 D_3。

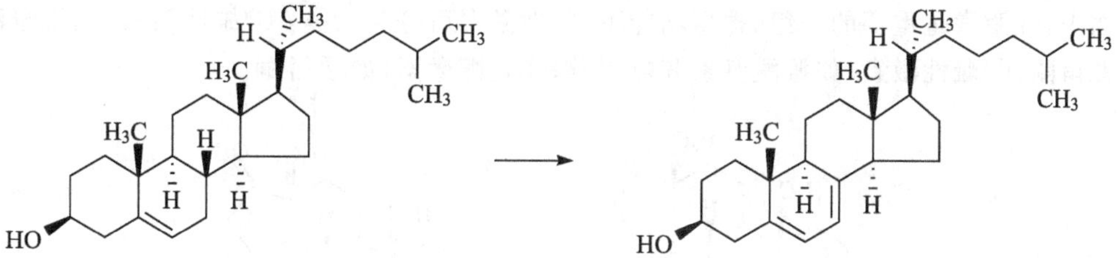

胆固醇　　　　　　　　　　　　　　　　7-脱氢胆固醇

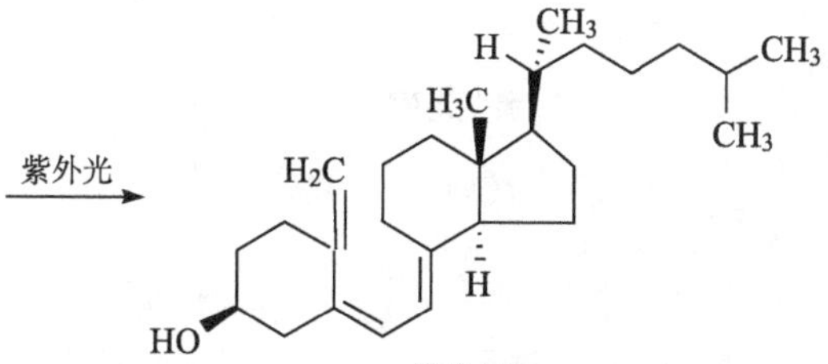

紫外光

维生素D_3

3. 麦角甾醇

麦角甾醇是一种植物甾醇,因最初从麦角中得到而得名。麦角甾醇经日光照射,其 B 环开裂而形成原维生素 D_2,加热后成维生素 D_2。

维生素 D_2 和维生素 D_3 的主要结构差别在侧链 C_{22} 和 C_{23} 处,前者是碳碳双键,后者是饱和的,两者都有防止软骨病的效能。通常所说的维生素 D 实际上是 D_2 和 D_3 的统称。值得指出的是,没有所谓的维生素 D_1。

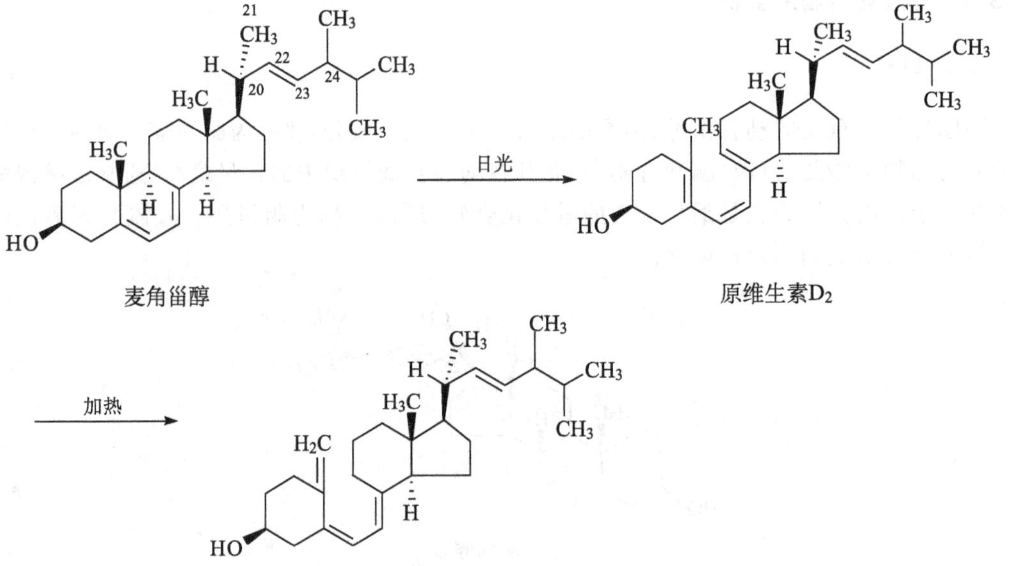

麦角甾醇　　　　　　　　　　　　　　　　　原维生素D_2

维生素D_2

4. 甾族性激素

激素是动物体内各种内分泌腺分泌的一类具有重要生理和生化活性的化学物质。在甾族化合物中,性激素是重要的一组,根据功能不同,性激素可分为三类:①雄性激素,如雄酮激素和睾丸甾酮;②雌性激素,如雌酮激素和雌二醇;③妊娠激素,如孕甾酮。

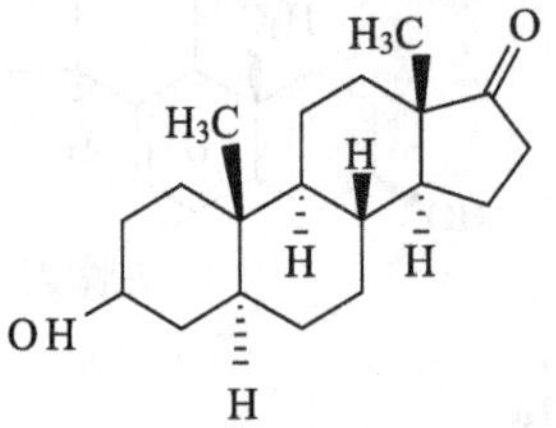

雄酮激素 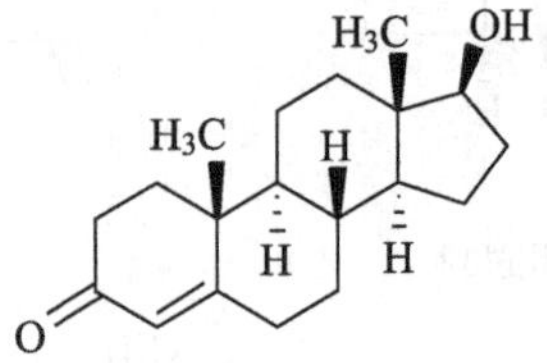　　　　　　　　　　　　　睾丸甾酮

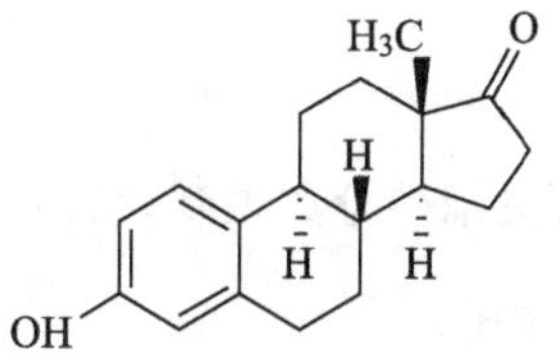

雌酮激素

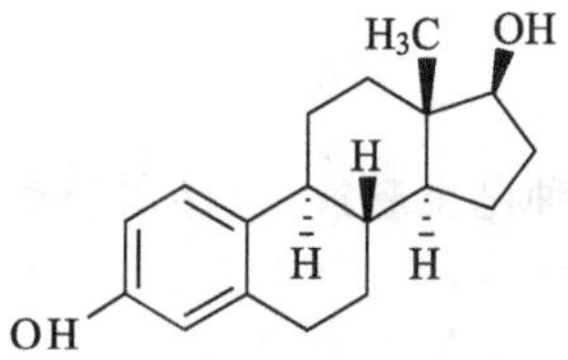

雌二醇

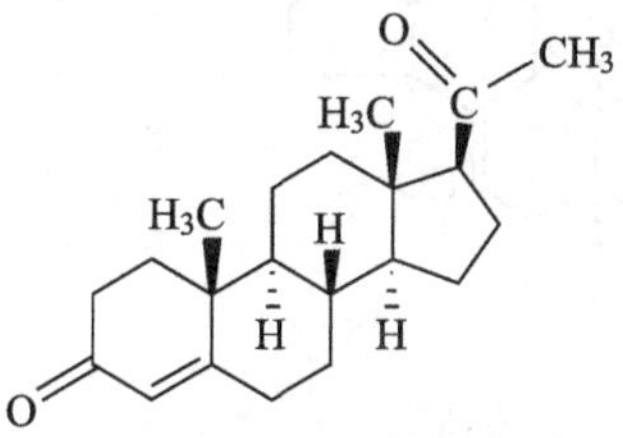

孕甾酮

观察雌酮激素和雄酮激素的结构,两者的主要区别一是在 A 环,雌酮激素是一个苯环,是一个酚,雄酮激素为环己烷,是一个二级醇;另一区别是雄酮激素比雌酮激素多了一个角甲基。这结构上的差别就决定了两性第二特征的区别!

睾丸甾酮产生于睾丸,是主要的雄性激素,负责控制男性(雄性)特征(低沉的声音、胡须、正常的体格)。雌二醇是主要的雌性激素,控制女性第二特征的发育,参与调节月经周期。孕甾酮负责在受精卵着床之前使子宫做好准备。

人工合成的某些性激素类物质如炔诺酮,能阻止未孕妇女的排卵,是一种最流行的避孕药。

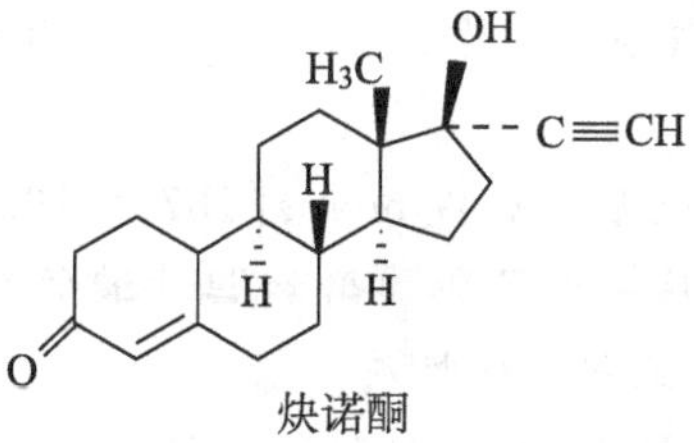

炔诺酮

5. 肾上腺皮质激素

肾上腺皮质激素是甾族化合物中另一类重要的激素,如皮质甾酮、可的松等。肾上腺皮质激素对动物是极其重要的,缺乏它们会引起机能失常以致死亡。可的松可以调节糖类的新陈代谢,已用作药物,治疗风湿性关节炎有特效。

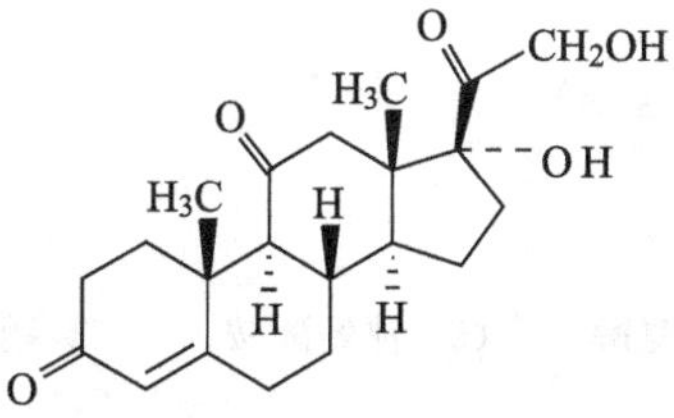

可的松

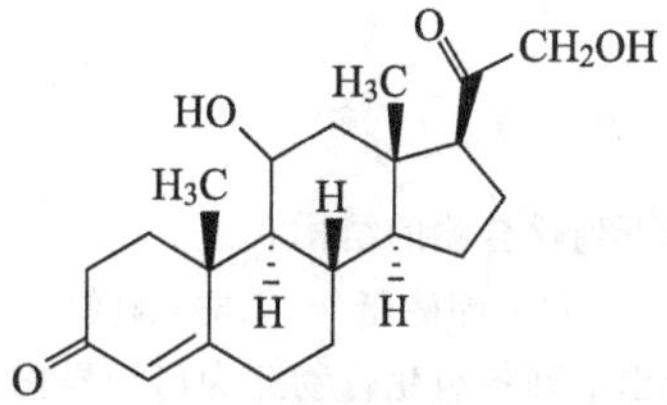

皮质甾酮

6. 蜕皮激素

蜕皮激素是一种昆虫激素,也存在于植物中,从蚕蛹中分离得到,结构式如下:

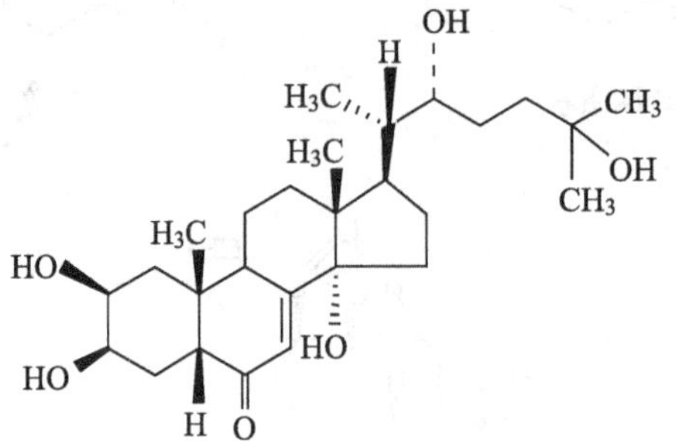

蜕皮激素

 知识亮点

构象和构象分析

早在 20 世纪 30 年代,挪威化学家哈塞尔(O. Hassel,1897—1981)就用 X 射线衍射等方法对许多环己烷的衍生物进行了结构分析,首次发现了环己烷的船式和椅式构象,并明确指出,船式和椅式构象可以通过分子的热运动相互转换。哈塞尔的研究把对有机化学中结构的分析深入到了构象,并根据化合物分子的构象来分析化合物的物理和化学性质,提出构象分析的概念,构象分析成为立体化学发展的一个里程碑。然而,由于第二次世界大战爆发,哈塞尔的成就被暂时埋没。

20 世纪初,德国化学家温道斯(A. Windaus,1876—1959)和德国有机化学家维兰德(H. O. Wieland,1877—1957)先后测出了胆固醇和胆汁酸的结构,但是他们无法解释这类具有重要生理活性的甾族化合物的某些特殊性质。

英国有机化学家巴顿(D. H. R. Barton,1918—1998)在详细了解了哈塞尔工作的基础上,用 X 射线衍射技术对甾族化合物进行结构分析后发现:在甾族化合物的四个环中,有三个有环己烷骨架的环都是以椅式构象存在的,并明确指出这正是甾族化合物具有某些特殊性质的原因。20 世纪 50 年代初,巴顿发表了关于构象分析的著名论文,在科学界引起巨大反响。60 年代后,巴顿又发明了一种合成醛甾酮的简便方法,即著名的"巴顿式反应"。巴顿因测定了一些有机物的三维构象所做的贡献而与哈塞尔共获 1969 年诺贝尔化学奖。

习题（Exercises）

18.1　写出下列化合物的结构式。

(1) 磷脂酸　　　(2) 卵磷脂　　　(3) 脑磷脂　　　(4) 鞘氨醇　　　(5) 神经酰胺　　　(6) 鞘磷脂

18.2　试指出下列各组化合物互为何种异构体。

(1) α-月桂烯和 β-月桂烯　　　(2) 香叶醇和橙花醇　　　(3) 柠檬醛 a 和柠檬醛 b

18.3　将下列化合物划分为若干个异戊二烯单位,并指出它们分别属于哪一类萜(单萜、倍半萜等)。

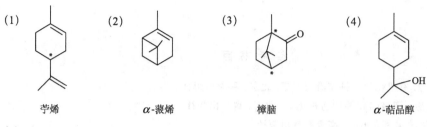

(1) 苧烯　　　(2) α-蒎烯　　　(3) 樟脑　　　(4) α-萜品醇

(5)

维生素A$_1$

(6)

β-胡萝卜素

18.4　甾族化合物具有什么样的基本骨架? 请画出两种天然甾族化合物的构型式和构象式。

18.5　试用简单的化学方法区别下列化合物。

(1) 雌二醇和雌酮激素　　　(2) 雌二醇和雄酮激素　　　(3) 睾丸甾酮和孕甾酮

参 考 书 目

杜灿萍，麻生明. 2011. 有机化学学科前沿与展望. 北京：科学出版社

范望喜，董元彦，王旭，等. 2014. 简明有机化学. 北京：科学出版社

高鸿宾. 2007. 有机化学. 4 版. 北京：高等教育出版社

李景宁. 2011. 有机化学（上、下）. 5 版. 北京：高等教育出版社

李艳梅，赵圣印，王兰英. 2014. 有机化学. 2 版. 北京：科学出版社

宋海南. 2013. 有机化学. 北京：科学出版社

邢其毅，裴伟伟，徐瑞秋，等. 2005. 基础有机化学（上、下）. 3 版. 北京：高等教育出版社

Solomons T W G, Fryhle C B. 2004. Organic Chemistry. 8th ed. 英文影印版（第八版）. 北京：化学工业出版社

Wade Jr L G. 2004. Organic Chemistry. 5th ed. 英文影印版（第五版）. 北京：高等教育出版社